普通高等教育"十五"国家级规划教材

食品工程原理(第二版)

冯 骉 主编

U0219947

中国轻工业出版社

图书在版编目(CIP)数据

食品工程原理/冯骉主编. —2 版. —北京:中国轻工业出版社,
2018.8
普通高等教育"十五"国家级规划教材
ISBN 978-7-5019-9120-4

Ⅰ.①食⋯ Ⅱ.①冯⋯ Ⅲ.①食品工程学—高等学校—教材
Ⅳ.①TS201.1

中国版本图书馆 CIP 数据核字(2012)第 308739 号

责任编辑:张 靓   责任终审:滕炎福   封面设计:锋尚设计
版式设计:王超男   责任校对:燕 杰   责任监印:张 可

出版发行:中国轻工业出版社(北京东长安街 6 号,邮编:100740)
印　　刷:北京君升印刷有限公司
经　　销:各地新华书店
版　　次:2018 年 8 月第 2 版第 6 次印刷
开　　本:787×1092 1/16 印张:36.75
字　　数:849 千字
书　　号:ISBN 978-7-5019-9120-4 定价:72.00 元
邮购电话:010 - 65241695
发行电话:010 - 85119835 传真:85113293
网　　址:http://www.chlip.com.cn
Email:club@ chlip.com.cn
如发现图书残缺请与我社邮购联系调换
KG1022-111544

前言（第二版）

食品工程包含的单元操作诸多，不可能也无必要逐一讨论。食品工程原理作为一门基础技术课程，与化工原理有许多相似之处。然而，作为面向食品工业的课程，它也有自身的特点。近年来，国内外此方面的教材和参考书较多，各有特色，它们的共同点是强调原理部分，除传递是各单元操作的主线外，对处理工程问题的各种数学方法的介绍和讨论也是重点。

本书以传递的原理来研究食品工业常见的单元操作，在保持和强调基本原理的同时兼顾食品工业的特点，适当吸收近年来发展迅速的新单元操作，以体现当今食品工程发展的风貌。同时注意介绍处理工程问题的方法，如数学模型法、因次分析法、经验和半经验模型法等。为此，对一些原理上尚不成熟，工业生产中主要以经验做处理的操作予以简化或舍去，对一些主要为技术性介绍的内容也作了简化。

自本书第一版问世以来，陆续收到一些读者的意见和建议，中国轻工业出版社也提供了许多参考信息，并建议结合实践使用的经验进行修订。与此同时，编者对各高等学校的有关专业开设本课程的情况进行了调研。在此基础上，我们对《食品工程原理》进行了全面修订。与第一版相比，第二版保留了以动量传递、热量传递和质量传递为主线的叙述顺序，在阐述单元操作时注重对处理工程问题的方法的分析，以使学生逐步培养和形成工程观点。同时适当简化了对三大传递中最复杂的动量传递的分析，以降低学生入门的难度。根据食品专业的特点和对本课程的要求，第二版删去了"衡算方程"和"传质原理"两章，将关于微分衡算的内容融入相应的章节。同时删去了一些工程上已少用的内容和方法，以及一些虽然在食品工业中有应用，但人们的认识还不够深入，还停留在定性或经验阶段的技术性知识点，从而使全书篇幅明显减少，叙述更简洁。

2005 年出版的第一版是集体智慧的结晶，参加编写的人员均来自教学科研的第一线，其中江南大学冯骉编写绪论和第 4 章、第 6 章第 2 节、第 8 章第 3 和第 4 节、第 9 章第 3、第 4 和第 5 节、第 10 章、第 12 章、附录以及全书的统稿；徐涵庆编写第 7 章、第 8 章第 1 和第 2 节、第 9 章第 1 和第 2 节；四川大学卢晓黎编写第 3 章；四川大学夏素兰编写第 1 章；华南理工大学林庆生编写第 5 章和第 6 章第 1、第 3 节；吉林大学周业军编写第 1 章和第 2 章。第二版修订工作由江南大学冯骉和涂国云承担。在此对所有参编人员的劳动表示衷心的感谢。

限于编写人员的水平，缺陷和错误在所难免，恳切希望广大读者提出宝贵意见。

编者
2013 年元月于无锡

目　录

绪　论

一、食品工程学的发展与特点

1.食品工程学与化学工程学

现代食品工业的发展史,是从个体小工业向现代工业发展的历史。

从本质上说,食品工业与化学工业和其他一些工业相似,都是将自然资源经过某些加工工序,加工成为各种材料或制成品,以满足人类的需要,因此都可以称为加工工业。而由于食品对人类的生存和繁衍具有第一重要性,因此在人类的历史上,食品加工的出现远早于化学工业。但由于社会经济的发展还没有产生改变小生产方式的迫切需要,由于科学技术的发展还没有解决食品工业生产中的某些关键问题,使得人类长期以来一直以家庭和手工的方式加工食品,加工的规模远未达到工业化的程度,食品的小生产方式延续了数个世纪。直至今日,仍有一些食品的生产与其说是科学,不如说是艺术。真正意义上的食品工业只是在一百多年前才出现,其标志是尼古拉·阿佩尔发明的罐藏法,它使食品能够长时间贮藏和长距离运输。此后,路易·巴斯德阐明了食品腐败的原理,为解决食品的贮藏和输送问题提供了科学依据。由于社会的发展,人们需要大量地贮藏和运输食品,各项食品加工技术便应运而生,食品工业才作为一种产业而受到社会的重视。发展至今,食品工业已能大规模地、重复性地生产许多人们常用的食品,如快餐食品和方便食品等,并能使大部分食品的生产实现工业化,使人们在家庭食品加工上耗用的时间大大减少,适应了现代社会发展的需要。

另一方面,化学工业的发展速度却远快于食品工业,以至于食品工业的许多理论和实践是直接从化学工业引入的,其中最重要的原因是化学工业较早地实现了大规模工业化生产。化学工业的发展与石油的开发密切相关。石油既是重要的能源,又是重要的化工原料,石油的开发提出了许多课题,化学工程学就是在此基础上发展起来的。它以蒸馏、吸收、加热、过滤等石油工业所必需的技术设计理论为主体,其最初的定义是"研究原料加工的方法和技术的科学"。1923 年首部论述单元操作的著作《化学工程原理》在 MIT 出版,标志着化学工程学的诞生。而化学工程学的发展,又大大地推动了化学工业。

2.从化学工程学到过程工程学

随着化学工业的发展,化学工程学的定义扩大为"研究使原料的组成、能量或物态发生变化的过程和方法,以及所得到的产品及其用途的工程学",通俗的表达,就是要在工业规模以连续方式实现那些在实验室内以间歇方式实现的过程。从其诞生至今,化学工程学的内涵一直在不断扩展,但是单元操作仍是其中最主要和最基础的部分。

单元操作是人们在长期的生产实践中,通过归纳、抽象和总结,把不同化工生产过程分解为若干基本操作过程而得出的概念。一个具体的化工生产过程可以分解为一系列单元操作的组合。单元操作概念提出是一大突破,它使人们可以统一通常被认为是不同的化工生产技术,抛弃各项技术的个性,系统而深入地研究其内在规律,从而更有效地推进化工生产技术的发展。而所有单元操作的综合,就构成了化学工程的基础——化工原理。

进一步的研究指出,单元操作中所发生过程的本质是传递。从 20 世纪 60 年代起提出了"三传一反"的概念,将化工单元操作分为遵循动量传递规律、热量传递规律和质量传递规律的操作三大类,至今这一概念仍是化工原理课程的基础。例如,属于动量传递单元操作的有:流体输送、沉降、过滤、混合等,属于热量传递单元操作的有加热、冷却、蒸发、冷凝等,属于质量传递单元操作的有蒸馏、吸收、萃取、吸附、膜分离等。因此,对单元操作的学习和研究,实际上也是为进一步研究传递的机理和规律打下了基础。

实际上,还有许多两种或三种传递兼而有之的操作如干燥、结晶等,以及热力过程、粒子过程等。因此,以传递特性分类也有其不完善之处,而较新的分类方法则将单元操作分为以下三大类:

(1)流体力学和传热过程;

(2)涉及分散粒子的过程;

(3)混合物的分离过程。

不难看出,新的分类包含的范围更广,而这一点对食品加工尤其重要。

今天,化学工程学的原理已经扩展到其它的工业领域,特别是食品和其它加工工业领域。而这些工业中对单元操作和传递过程的研究,又反过来丰富了化学工程学。因此,为更准确地表示这些原理的普遍适用性,将化学工程学扩展为"过程工程学"(Process Engineering)已成为共识。

3. 食品工程的特点

食品加工科学化的一个重要方面是单元操作的概念被引入食品加工领域。食品加工过程同样可以分解为一系列单元操作的组合,这些单元操作的机理同样是动量、热量和质量传递,单元操作计算的主要内容同样是物料衡算、能量衡算、平衡关系和过程速率,化学工程中常用的理论和方法同样适用于食品工程。从这一意义上说,化学工程学的大部分内容可以容易地应用于食品工业中。

但是,食品工程也有自身的一些特点。从单元操作的角度看,化学工程涉及最多的是气-液系统的操作,如蒸馏、吸收等。对这些单元操作的研究构成了化工原理的最精华部分,其理论和方法已经推广到其它许多单元操作。而食品工业所涉及的单元操作比化学工业广泛,其中的相当一部分,如粉碎、结晶、离心分离等,还缺乏成熟的理论,而蒸馏和吸收这些化学工程研究较为深入、理论较为成熟的单元操作反而在食品工业应用不多,这就大大增加了用数学模型方法处理食品工业操作的困难。

食品工业中引入和运用化工单元操作的研究之所以迟缓,原因还在于食品工业具有如下一些特点:

(1)食品工业的原料大多是农、林、牧、副、渔业的动植物产品,这些原料的结构和成分非常复杂。大部分原料是活的生物体,其成分不仅随土壤、气候等条件而变化,而且在成熟、输送和贮藏过程中也在不断变化。这些变化一方面给加工带来许多不方便,另一方面还影响产品的色、香、味和营养,即影响产品的内在品质。

(2)热敏性、易氧化和易腐性变质是动、植物原料显而易见的共有特点。为避免食品加工的高温破坏和氧化变质,不得不采用低温、低压的加工条件。生产时间中更多地采用真空操作和冷冻操作,而这两类操作的计算在很大程度上还只是半经验甚至经验的。

（3）食品工业涉及的固体和液体多，气体少，使得化学工业中研究最多的气－液操作及其理论难有用武之地。与气－液系统相比，固体和液体形成的体系在相间传递和分离两方面都要复杂和困难得多。

（4）食品加工过程中的液体，特别是大分子溶液，常为非牛顿液体。

二、单位、因次和换算

物质、物体、现象或过程的可以定量给出的属性称为物理量。除了基本量以外的任何物理量都是可以定义的，这一定义与计量单位无关。因此，物理量都是用数字和单位的组合表示的，两者缺一不可。由于历史、地区和学科发展的不同，出现了多种单位制。在每一种单位制中，选择几个独立的物理量，规定其单位，称为基本量。其余物理量即为基本量的组合，称为导出量。导出量中各基本量的次方即称为量纲或因次。量纲式揭示了物理单位的特性，物理方程两边的量纲必须一致，即所谓量纲一致性原则，是整理实验数据常用方法——量纲分析法的依据。

在科学研究中曾广泛使用物理单位制，而在工程领域则较多地使用工程单位制，美国至今仍在使用英美单位制，这些单位制各有其优缺点。在实际应用中，各种单位制并存，很不方便。1960 年 10 月第十一届国际计量大会通过了一种新的单位制，称为国际单位制，代号为 SI 制，是最完整、最合理、通用性最强的单位制，在国际上迅速得到推广。

SI 制总共采用 7 个基本量，它们是：长度（m）、质量（kg）、时间（s）、热力学温度（K）、物质的量（mol）、发光强度（cd）、电流强度（A）。根据物理量的大小，可以在基本单位前加上表示十进制倍数或分数的词冠。国家标准 GB3100～3102—1993，以 SI 制为基础，除 SI 制中的基本单位、导出单位和辅助单位外，增加了少数非 SI 制单位如分、小时、日、海里等。经过多年的努力，这一标准已在全国推开。

对于单位符号的使用和书写，有以下规则：

（1）单位符号的字母一律用正体，不附省略号，无复数形式，不附加任何其它标记或符号。

（2）单位符号一般为小写字母，单位名称来源于人名时第一个字母用大写，但升的符号可用小写也可用大写。

（3）表示十进制倍数或分数的词冠写在单位符号前，与单位符号之间不留间隙，且不允许使用两个以上词冠并列而成的组合词冠。

（4）用斜线表示相除时，若分母中包含两个以上的单位符号，整个分母应加括号，如：W/（m・K）。

（5）分子量纲为 1 而分母有量纲的组合单位的符号，一般不用分式而用负数幂形式，如：波数单位用 m^{-1} 而不用 1/m。

当前，多数国家已经采用 SI 制，但还有一些国家采用别的单位制，在过去的文献资料中又是多种单位制并存。因此，需要掌握单位制的换算方法。在物理量的换算中常见的有两种情况：物理单位的换算和经验公式的换算。

（1）物理单位的换算　同一物理量用不同单位制表示时，其数值是不同的。例如，直径为 1m 的容器，用英制单位表示即为 3.2808in。常用物理量之间的换算关系可参考有关的教材或手册。若查不到一个导出物理量的换算关系，则可以从构成该单位的基本单位入手，将单位之间的换算系数相乘或相除,得到新的换算系数。

[例0-1]将传热系数860kcal/(m² · h · ℃)换算成SI制,即W/(m² · K)。

解:从附录查得:1kcal = 4.186kJ 又 1h = 3600s

故:860kcal/(m² · h · ℃) = 860kcal/(m² · h · ℃) × (4.187 × 10³J/kcal)/(3600s/h) = 1000W/(m² · K)

由此得:1kcal/(m² · h · ℃) = 1.163W/(m² · K)

(2)经验公式的换算 经验公式是根据实验数据整理而成的公式,式中各物理量只代表指定单位制的数字部分。进行换算时有两种方法:一是先将各物理量换算成经验公式指定的单位,再代入公式计算;二是将公式中的常数进行变换,得到用新单位制表示的经验公式。

[例0-2]以英制表示的计算式:

$$G = 2.45u^{0.8}\Delta p$$

式中 G——单位为lb(质)/(ft² · h);

u——单位为ft/s;

Δp——单位为atm。试换算成以SI制表示的公式。

解:SI制中G'的单位为kg/(m² · s),u'的单位为m/s,$\Delta p'$的单位为Pa,故:

$$G = 0.4536/(0.30482 \times 3600) = 0.001356G'$$

$$u = 0.3048u' \qquad \Delta p = 1.013 \times 10^5 \Delta p'$$

从而 $$0.001356G' = 2.45 \times (0.3048u')^{0.8} \times (1.013 \times 10^5 \Delta p')$$

即 $$G' = 7.075 \times 10^7 u'^{0.8}\Delta p'$$

应指出的是,经验公式中物理量的指数只表示物理量对过程的影响程度,与单位制的选取无关。因此,在单位换算过程中,物理量的指数保持不变。

在《量和单位》一书中,除对物理量的定义和使用作了严格的规定外,还对用于表示物理量的符号作了规定,以便统一各学科的符号。在本书的编写中,全部使用SI制,同时对某些常用的非SI制单位,介绍了换算关系。对于物理量的符号,也尽量使用《量和单位》中所规定的符号。可是由于本课程涉及多门学科,各学科的符号间存在一定的矛盾,不可能完全照搬标准中规定的符号。实际上,标准也不可能考虑到所有的物理量。因此,对一些在使用标准规定的符号时可能产生矛盾的量,仍使用工业生产中约定俗成的符号,特此说明。

参考文献

1. T. T. Romeo, Fundamentals of Food Process Engineering, 2nd Edition, ASPEN Publication, 1999

2. J. -J. Bimbenet et al, Génie des Procédés Alimentaires, RIA Editions, 2002

3. W. L. McCabe et al, Unit Operations of Chemical Engineering, 6th Edition, McGraw - Hill, 2001

4. W. J. Beek et al, Transport Phenomena, 2nd Edition, John Wiley & Sons, 1999

5. R. Rautenbach. 膜工艺—组件和装置设计基础. 王乐夫译. 北京:化学工业出版社,1998

6. 时均等. 膜技术手册. 北京:化学工业出版社,2001

7. 柴诚敬,张国亮. 化工流体流动与传热. 北京:化学工业出版社,2000

8. 贾绍义,柴诚敬. 化工传质与分离过程. 北京:化学工业出版社,2001

9. 陈敏恒等. 化工原理(第二版). 北京:化学工业出版社,1999

10. 杨世铭,陶文铨. 传热学. 北京:高等教育出版社,1998

11. 孔珑. 流体力学. 北京:高等教育出版社,2003

第一章 流体流动和输送

化工、石油、制药、生物、食品、环境等许多生产领域中的处理对象多为流体,从原料输入到成品输出,许多工序都在一定的流动状态下进行。设备中发生的传热、传质和化学反应与流体流动状态密切相关,流动参数的改变将迅速波及整个系统,直接影响所有设备的操作状态。因此,掌握流体流动的规律是解决流体输送以及研究传热、传质过程及设备的重要基础。

流体输送是过程工程中最为普遍的单元操作之一,其主要任务是满足对工艺流体的流量和压强的要求。流体输送系统包括:输送管路、输送机械和流动参数测控装置。本章将重点讨论流体流动的基本原理,并运用基本原理分析和解决流体输送过程的基本计算问题。

第一节 流体的物理性质

一、连续介质假定

人们熟知物质的三种常规聚集状态是气、液、固三态。气态和液态物质统称为流体。大量的作无序随机运动的分子构成的流体,分子之间有一定的间隙,如常温常压下的气体,分子间的距离约为 3.3×10^{-9} m。若以单个分子而论,流体是不连续的。但如果以其尺度远小于流体的宏观尺度,而又远大于分子平均自由程的流体微团作为考察对象,则可认为流体是由大量的彼此间无间隙的流体质点组成,流体质点连续布满整个流体空间,从而流体的物理性质和运动参数在空间上也是连续分布的,这就是连续介质假定。实践证明,连续介质假定对绝大多数流体都适用,但是当流动体系的特征尺寸与分子平均自由程相当时,例如微孔中高真空稀薄气体的流动,连续介质假定即受到限制而不能应用。

作为连续介质,流体的密度、压强、温度等各种物理量和运动参数均是空间位置 (x,y,z) 和时间 θ 的连续函数。数学上将某物理量随空间和时间的连续分布函数称为该物理量的场,式(1-1)和式(1-2)分别表示流体的密度场和速度场:

$$\rho = \rho(x,y,z,\theta) \tag{1-1}$$
$$u = u(x,y,z,\theta) \tag{1-2}$$

二、流体的密度

流体的密度是流体在空间某点上单位体积流体所具有的质量,以 ρ 表示,即:

$$\rho = \lim_{\Delta V \to 0} \frac{\Delta m}{\Delta V} = \frac{\mathrm{d}m}{\mathrm{d}V} \tag{1-3}$$

式中　ΔV——流体质点或微团体积。

在 SI 单位制中,ρ 的单位为 kg/m^3,其倒数 v 称为比体积。表 1-1 所示为几种常见流体食品的密度和比体积。

表 1 –1	几种常见流体食品的密度和比体积(15℃)	
食品	密度 $\rho/(kg/m^3)$	比体积 $v/(m^3/kg)$
10% 食盐水	1070	9.37×10^{-4}
20% 食盐水	1150	8.71×10^{-4}
20% 糖液	1080	9.27×10^{-4}
40% 糖液	1180	8.50×10^{-4}
牛乳	$1030 \sim 1040$	$9.27 \times 10^{-4} \sim 9.63 \times 10^{-4}$
芝麻油	$910 \sim 930$	$1.07 \times 10^{-3} \sim 1.1 \times 10^{-3}$
猪油	$910 \sim 920$	$1.09 \times 10^{-3} \sim 1.1 \times 10^{-3}$
椰子油	$910 \sim 940$	$1.06 \times 10^{-3} \sim 1.1 \times 10^{-3}$

流体的密度是压强和温度的函数。但压强对液体的密度影响很小,通常可忽略不计,因此液体的密度可仅视为温度的函数。气体的密度随压强和温度而改变,其值可用气体状态方程进行计算。在气体的温度不太低而压强也不太高的情况下,可用理想气体状态方程计算:

$$\rho = m/V = pM/(RT) \tag{1-4}$$

式中　m——质量,kg;

　　　V——体积,m^3;

　　　p——压强,Pa;

　　　M——摩尔质量,kg/mol;

　　　T——热力学温度,K;

　　　R——气体常数,其值为 8.314 J/(mol·K)。

气体混合物可按加成法则,根据各组分的体积分数 φ_i 计算:

$$\rho_m = \sum \varphi_i \rho_i \tag{1-5}$$

若混合气体可按理想气体处理,则可用式(1-4)计算其密度,但式中的 M 值应该用平均摩尔质量 M_m 代替:

$$M_m = \sum M_i y_i \tag{1-6}$$

式中　y_i——组分 i 的摩尔分数。

液体混合物的密度也可按加成法则计算,即混合前后各组分的体积保持不变:

$$v_m = 1/\rho_m = \sum (w_i/\rho_i) \tag{1-7}$$

式中　w_i——组分 i 的质量分数。

三、流体的可压缩性和温度膨胀性

流体最显著的宏观特征是无定形,易于流动。改变压强和温度时,流体的体积还会随之发生变化。温度一定时,由压强变化引起体积发生相对变化的性质称为流体的可压缩性;而压强一定时,由温度变化引起体积发生相对变化的性质称为流体的温度膨胀性。通常,用等温压缩率 $\kappa_T(m^2/N)$ 表征流体的可压缩性;用体膨胀系数 $\alpha_V(1/K)$ 表征流体的温度膨胀性,其定义式分别为:

$$\kappa_T = -\frac{1}{V}\left(\frac{\partial V}{\partial p}\right)_T \tag{1-8}$$

$$\alpha_V = \frac{1}{V}\frac{\partial V}{\partial T} \tag{1-9}$$

κ_T定义式(1-8)中的负号表示压强增加时,体积缩小。对理想气体,$\kappa_T = 1/p$,$\alpha_V = 1/T$。

流体的上述宏观性质是由流体内部微观结构和分子间力所决定的。流体分子处于永不停息的随机热运动和相互碰撞之中,这给予分子动能,使之趋于离散,而分子间存在的相互作用力又给予分子势能,使之趋于团聚。气体的分子平均动能远远大于分子间相互作用势能,分子近似作自由的无规则运动,因此表现出易流动、可压缩和易膨胀的宏观性质,为可压缩流体。液体的分子热运动动能与分子间相互作用势能基本势均力敌。液体分子间距离仅比固体稍大,其分子排列类似于固体中的非晶体,但分子热振荡的振幅比固体大且平衡位置频繁改变,宏观上即表现为液体易流动但压强和温度对其体积影响小的性质。测试表明,一般情况下液体的体积压缩系数很小,如水的体积压缩系数约为 $4.85 \times 10^{-10}\,\mathrm{m^2/N}$,故一般可忽略液体的压缩性,而将液体称为不可压缩流体。

四、流体的黏性

(一)牛顿黏性定律

当静止的流体受到一持续施加的切向力时,即发生流动。流动时速度不同的相邻流体层间存在着相互作用力,称为流体的剪切力,又称为流体的内摩擦力或黏性力,流体所具有的这一特性称为流体的黏性。

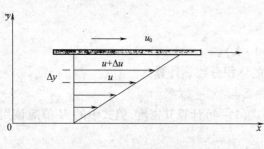

图 1-1 流体的黏性

考察如图 1-1 所示的间距很小的两平行平板间的流体层。若将下板固定,对上板施加一恒定的平行于平板的力 F,使上板以速度 u_0 沿 x 方向作匀速运动。由于流体的黏性作用,紧贴上板的流体层附着于板面上以速度 u_0 随板一起运动,而紧贴固定板的流体层附着于板面上静止不动。两板间其余各层流体的速度则介于这两者之间,且从上到下逐渐减小,形成沿垂直于流体流动方向

(y 方向)的速度分布。紧邻流体层间存在着速度差,即存在着相对运动,从而存在着相互作用力。速度高的流体层施加一切向力于速度低的流体层,拖着向其运动方向流动;而速度低的流体层则以大小相等方向相反的力反作用于速度高的流体层,阻碍其运动。这个相互作用力即为流体的内摩擦力,亦为流体流动的阻力,若要保持流体以一定的速度流动,则必须对其做功,克服此阻力。

实验证明,对大多数流体,任意两紧邻流体层之间作用的剪切力 F 与法向速度梯度以及作用面积成正比,即:

$$F = -\mu A \frac{\mathrm{d}u}{\mathrm{d}y} \tag{1-10}$$

或:

$$\tau = \frac{F}{A} = -\mu \frac{\mathrm{d}u}{\mathrm{d}y} \tag{1-11}$$

式中 $\dfrac{\mathrm{d}u}{\mathrm{d}y}$——法向速度梯度,$1/\mathrm{s}$;

A——剪切力的作用面积,m^2;

μ——比例系数,称为流体的动力黏度或简称黏度,$\mathrm{Pa \cdot s}$;

τ——剪应力,Pa。

式(1-10)称为牛顿黏性定律,式中负号可理解为流体所受的剪切力与其流速方向相反。服从牛顿黏性定律的流体称为牛顿型流体,所有的气体和大多数低相对分子质量的液体为牛顿型流体,如空气、水、食用油等。而剪应力与法向速度梯度的关系不服从牛顿黏性定律的流体则统称为非牛顿型流体,如相对分子质量很大的高分子溶液,以及蛋白质或多糖类的溶液或悬浮液等,都是非牛顿流体。

实际流体,无论气体或液体,均具有黏性。而在流体力学的研究中,为简化理论分析,引入了理想流体的概念,所谓理想流体是指无黏性($\mu = 0$)的流体,即流体流动时不存在黏性力。对实际流体,只有当其黏性力的影响很小近而可忽略不计时,才可视为理想流体。

(二)流体的黏度

黏度是影响流体流动的重要物理性质之一,不同流体的黏度相差可能很大,一般通过实验测定并由式(1-10)关联而得。本书附录给出了一些常见气体和液体的黏度。

在 SI 单位制中,黏度的单位为 $\mathrm{Pa \cdot s}$。较早的手册或文献中更常用泊($\mathrm{P,dyn \cdot s/cm^2}$)或厘泊($\mathrm{cP}$)表示黏度。其换算关系为:

$$1\mathrm{cP} = 0.01\mathrm{P} = 10^{-3}\mathrm{Pa \cdot s}$$

流体的黏性还可用黏度与密度的比值来表示,即:

$$\nu = \mu/\rho \tag{1-12}$$

式中 ν——运动黏度,在 SI 单位制中单位为 $\mathrm{m^2/s}$。

气体的黏度随温度升高而增加,液体的黏度随温度升高而降低。理想气体的黏度与压强无关,实际气体和液体的黏度一般是随压强升高而增加的,但在 $4.0\mathrm{MPa}$ 以下,液体黏度随压强变化不大。一般在工程计算中均忽略压强对黏度的影响。一般液体食品多为复杂的多组分物系,因此黏度还受其它因素的影响,特别是浓度的影响。

第二节 流体静力学

一、流体的受力

既然流体可作为连续介质处理,其受力必然服从于牛顿力学定律。外界作用在流体上的力可分为体积力与表面力。

(一)体积力

体积力即场力,是一种非接触力。例如,地球引力、流体加速运动时所受的惯性力以及带电流体所受的静电力等。重力场中任何物质都受重力的作用,重力的大小与物质的质量成正比,因此体积力也称为质量力。对质量为 m,密度为 ρ 的流体,场力的一般表达形式为:

$$F = ma = \rho Va \tag{1-13}$$

式中加速度 a 由力场特性决定,重力场的加速度值是重力加速度 g,离心力场的加速度值是离心加速度 $r\omega^2$。

(二)表面力

表面力是由与流体表面相接触的物质(包括相邻流体)施加给该流体的作用力,其大小与作用面积成正比。作用于流体上的表面力可分为垂直于表面的力和平行于表面的力。压力是垂直作用于表面的力,作用在流体单位面积上的压力称为压强。剪切力是平行作用于表面的力,作用在流体单位面积上的剪切力称为剪应力。压强和剪应力的单位均为 N/m^2 或 Pa。

二、流体压强的度量

压强为外部作用力(包括流体柱自身的重力)在流体中的传播,其方向始终与作用面相垂直且指向作用面的法向。无论流体运动与否,压强始终存在,静止流体中的压强称为静压强。可以证明,在静止流体中作用于某一点不同方向上的压强在数值上是相等的。

压强的单位除用 N/m^2 即 Pa 外,其它常用的计量单位有:atm(标准大气压)、at(工程大气压)、流体柱高度、kgf/cm^2 等。一些常用压强单位之间的换算关系如下:

$$1atm = 101300N/m^2 = 1.033kgf/cm^2 = 10.33mH_2O = 760mmHg$$

$$1at = 98070N/m^2 = 1kgf/cm^2 = 10mH_2O = 735.6mmHg$$

可直接用压力计测量流体在某点或某截面的压强,但压力计的测量元件通常处于大气压作用下,因此其测量值往往是流体真实压强(也称绝对压强)与被测点处的外界大气压之差。当被测流体的绝对压强大于外界大气压时,压力计所测得的压强值称为表压,即:

$$绝对压强 = 大气压强 + 表压$$

当被测流体的绝对压强小于外界大气压时,压力计所测得的压强值称为真空度,即:

$$绝对压强 = 大气压强 - 真空度$$

[例 1 – 1]某果汁蒸发浓缩釜顶部装有一与釜内气相空间相通的真空表,其读数为 400mmHg。问釜内果汁蒸发的绝对压强为多少? 若通入夹套内的加热饱和蒸汽的压强为 0.2MPa(表压),问该加热饱和蒸汽的绝对压强及温度为多少? 当地大气压强为 0.1013MPa。

解:(1)因真空表上的读数即为真空度,故釜内果汁蒸发的绝对压强 p 为:

$$p = 大气压强 - 真空度 = 0.1013 - (400/760) \times 0.1013 = 0.0480MPa$$

(2)表压为 0.2MPa 的饱和蒸汽的绝对压强 p 为:

$$p = 大气压强 + 表压 = 0.1013 + 0.2 = 0.3013MPa$$

查饱和蒸汽表,绝对压强为 0.3013MPa 的饱和蒸汽所对应的饱和温度为 133.3℃。

三、流体静力学基本方程

考察图 1 – 2 所示直角坐标系中静止流体空间任意位置 (x,y,z) 处的微元体 $dxdydz$ 的受力情况。微元体的面 $dxdy$、$dydz$、$dzdx$ 分别与所对应的坐标轴正交。对静止的流体,作用其上的表面力仅有静压力。若设流体处于重力场中,则作用在此微元体上的体积力仅为重力,其方向在坐标 z 的负方向。

根据力的平衡,在 z 方向上:

$$\left[p_z - \left(p_z + \frac{\partial p}{\partial z} \mathrm{d}z \right) \right] \mathrm{d}x\mathrm{d}y - \rho g\mathrm{d}x\mathrm{d}y\mathrm{d}z = 0 \tag{1-14}$$

展开并用 $\mathrm{d}x\mathrm{d}y\mathrm{d}z$ 除以上式得：

$$\frac{\partial p}{\partial z} + \rho g = 0 \tag{1-15}$$

在 x 及 y 方向上，仅有静压力存在，仿照上述推导可得：

$$\frac{\partial p}{\partial x} = 0 \tag{1-16}$$

$$\frac{\partial p}{\partial y} = 0 \tag{1-17}$$

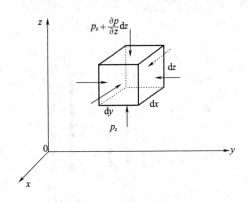

图 1-2　静止流体的受力分析

式（1-15）～式（1-17）表明，在重力场中静压强仅与垂直位置有关，而与水平位置无关。

设流体不可压缩，即流体的密度 ρ 为常数，积分得：

$$p/\rho + gz = 常数 \tag{1-18}$$

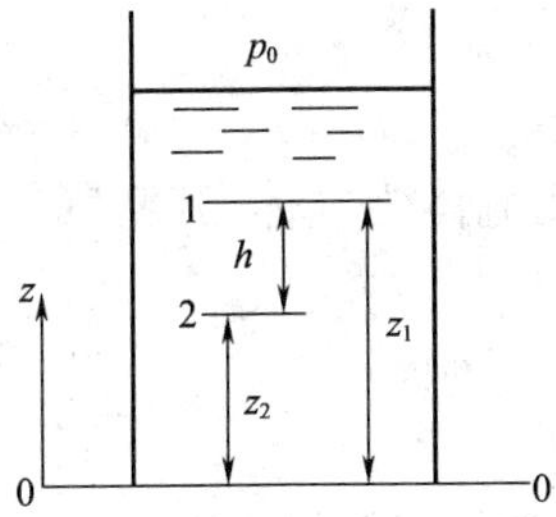

式中各项的单位均为 J/kg，p/ρ 称为流体的压强能，gz 称为流体的位能，均为流体的机械能。式（1-18）表明单位质量静止流体的压强能与位能的总和（称为总势能）保持不变。

在如图 1-3 所示的静止液体中，任取两水平截面 z_1 和 z_2，两截面处对应的压强分别为 p_1 和 p_2，则有：

$$p_1/\rho + gz_1 = p_2/\rho + gz_2 \tag{1-19}$$

或：

$$p_2 = p_1 + \rho gh \tag{1-20}$$

图 1-3　静止流体内的压强分布

式中　$h = z_2 - z_1$——两截面间的距离。

若用 h 代表距液面的位置，而液面上的压强为 p_0，则 h 截面处流体的压强：

$$p = p_0 + \rho gh \tag{1-21}$$

式（1-18）～式（1-21）均称为流体静力学基本方程式，表达了如下的流体静力学原理：

①重力场中静止流体总势能不变，静压强仅随垂直位置而变，与水平位置无关，压强相等的水平面称为等压面；

②静止液体内任意点处的压强与该点距液面的距离呈线性关系；

③液面上方的压强大小相等地传遍整个液体。

四、压强的静力学测量

图 1-4 所示为几种常见的液柱压差计，利用流体静力学原理来测量流体的压强或压差。由透明材料制作的 U 形管液柱压差计，内装与被测流体密度不同，且不互溶、不反应的指示剂。压差计两端分别与压强为 p_1 和 p_2 的两个测压口相连接，如果 $p_1 \neq p_2$，则指示剂将显示出高度差 R，R 值正比于两测压口之间的压差。若压差计的一端与被测流体相连，另一端与大气相通，则显示值是测点处流体的绝对压强与大气压强之差，即表压强或真空度。根据

11

使用场合的不同,可采用不同形式的压差计,也可组合使用。

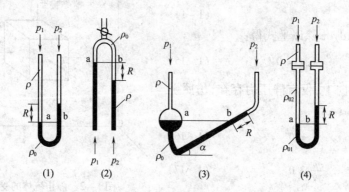

图 1-4 液柱压力计

1. 普通 U 形管压差计

如图 1-4(1)所示,为最常用的一种液柱压差计,指示剂密度 ρ_0 大于被测流体密度 ρ。U 形管内位于同一水平面上的 a、b 两点在相连通的同一静止流体内,根据流体静力学原理,两点处静压强相等,由此可得:

$$p_1 - p_2 = R(\rho_0 - \rho)g \qquad (1-22)$$

式(1-22)即为由指示液高度差 R 计算压差的公式。若被测流体为气体,其密度较指示液密度小得多,上式可简化为:

$$p_1 - p_2 = R\rho_0 g \qquad (1-23)$$

2. 倒置 U 形管压差计

如图 1-4(2)所示,用于测量液体的压差。指示剂密度 ρ_0 小于被测液体密度 ρ。a、b 两等压面如图所示,根据流体静力学原理可导出被测两点压差的计算公式为:

$$p_1 - p_2 = R(\rho - \rho_0)g \qquad (1-24)$$

3. 倾斜 U 形管压差计

如图 1-4(3)所示,采用倾斜 U 形管可在测量较小的压差 Δp 时,得到较大的读数 R_1 值。压差计算式为:

$$p_1 - p_2 = R_1 \sin\alpha(\rho_0 - \rho)g \qquad (1-25)$$

4. 双液体 U 形管压差计

双液体 U 形管压差计是一种微差压差计,如图 1-4(4)所示,两支管的顶端各有一个扩大室。一般要求扩大室内径应大于 U 形管内径的 10 倍。压差计内装有密度分别为 ρ_{01} 和 ρ_{02} 的两种指示剂。有微压差 Δp 存在时,两扩大室液面高差很小,以致可忽略不计,但 U 形管内却可得到一个较大的 R 读数。此微差压差计的压差计算式为:

$$p_1 - p_2 = R(\rho_{01} - \rho_{02})g \qquad (1-26)$$

由式(1-23)~式(1-26)可知,对一定的压差 Δp 而言,R 值的大小与所用的指示剂密度直接有关,$(\rho_{01} - \rho_{02})$ 越小,R 值就越大,读数精度也越高。对双液柱压差计,只要所选两种指示液的密度差足够小,即便是很小的微压差信号,也可获得能满足读数精度要求的 R 值。

[例 1-2]如附图所示的密闭室内装有一测定室内气压的 U 形压差计和一监测水位高

度的压强表。当指示剂为水银的 U 形压差计读数 R 为 40mm,压强表读数 p 为 32.5kPa 时,试求水位高度 h。

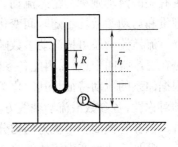

解:根据流体静力学基本原理,若室外大气压为 p_a,则室内气压 p_0 为:

$$p_0 = p_a - R(\rho_{Hg} - \rho_g)g \approx p_a - R\rho_{Hg}g$$
$$= p_a - 0.04 \times 13600 \times 9.81 = p_a - 5336.6$$

这样,水深 h 处的绝对压强为:

$$p = 32.5 \times 10^3 + (p_a - 5336.6) = p_a + 27163.4$$

而: $$p_a + 27163.4 = p_a + h\rho_{H_2O}g$$

故: $$h = 27163.4/(\rho_{H_2O}g) = 27163.4/(1000 \times 9.81) = 2.77(m)$$

例 1-2　附图

[例 1-3]用附图所示的复式 U 形压差计检测输水管路中孔板元件前后 A、B 两点的压差。倒置 U 形管段上方指示剂为空气、中间 U 形管段为水。水和空气的密度分别为 $\rho = 1000kg/m^3$ 和 $\rho_0 = 1.2$ kg/m^3。在某一流量下测得 $R_1 = z_1 - z_2 = 0.32m$,$R_2 = z_3 - z_4 = 0.5$ m。试计算 A、B 两点的压差。

解:复式 U 形压差计可以在有限的高度空间范围内拓宽测量范围。根据流体静力学原理,各标高点流体压强为:

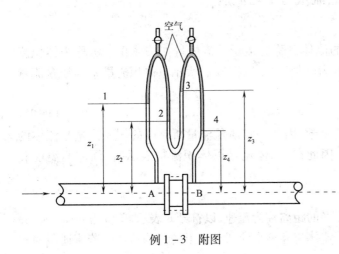

空气

例 1-3　附图

$$p_A = p_1 + \rho g z_1$$
$$p_1 = p_2 - \rho_0 g(z_1 - z_2)$$
$$p_2 = p_3 + \rho g(z_3 - z_2)$$
$$p_3 = p_4 - \rho_0 g(z_3 - z_4)$$
$$p_4 = p_B - \rho g z_4$$

故: $$p_A - p_B = \rho g[(z_1 - z_2) + (z_3 - z_4)] - \rho_0 g[(z_1 - z_2) + (z_3 - z_4)] = (\rho - \rho_0)g(R_1 + R_2)$$
$$= (1000 - 1.2) \times 9.81 \times (0.32 + 0.5) = 8034.5(Pa)$$

若忽略空气柱的质量,则有 $p_1 \approx p_2$,$p_3 \approx p_4$,因而:

$$p_A - p_B = \rho g(R_1 + R_2) = 1000 \times 9.81 \times (0.32 + 0.5) = 8044.2(Pa)$$

第三节　流体流动的基本概念

一、稳态与非稳态流动

作为连续介质,流体的各物理量和运动参数可表达为空间位置(x,y,z)和时间 θ 的连续函数。流动状态不仅与空间位置有关,还与时间有关的流动称为非稳态流动,而仅与空间位置有关的流动则称为稳态流动。稳态流动时空间各点与流动相关的流速、流量和压强等物理量和运动参数均不随时间变化。

流体流动还可按流动参数随空间坐标变化的特征来划分流动体系。严格说流体流动都是在三维空间中进行，因此各参数都是三维空间坐标的连续函数。但在处理实际问题时，可根据体系的流动特征将其简化为二维或一维流动。例如流体在圆管内的流动，由于流动的轴对称性，各参数沿流动轴线方向（管长方向）和管截面上的半径方向变化，为二维流动；若各参数在管截面上可视为均匀分布，则为一维流动。

食品工业生产中流体的输送多属于在圆管内的连续稳态流动过程，且计算中各参数通常取管截面上的平均值，故本章着重讨论稳态一维流动问题。

二、流量与平均流速

(一)流量

单位时间内流经管道某一截面的流体量称为流量。流体量如按体积表示称为体积流量，以符号 q_V 表示；如按质量表示则称为质量流量，以符号 q_m 表示。体积流量 q_V 与质量流量 q_m 之间的关系为：

$$q_m = q_V \rho \qquad (1-27)$$

由于流体的密度是温度和压强的函数，因此一定质量流量所对应的体积流量与流体的状态紧密相关，这对气体尤为突出。因此，当气体流量以体积流量表示时，须注明温度和压强。

(二)平均流速

单位时间内流体在流动方向上流经的距离称为流速，以符号 u 表示，单位为 m/s。

在工程计算中通常所称的流速指流体流经整个流通截面上的平均流速。若流通截面积为 A，则：

$$u = q_V/A \qquad (1-28)$$

气体的流速须注明其温度和压强。

由于黏性的存在，流体在管内流动时，管道截面上各点的流速是不同的，管中心处流速最大，越靠近管壁流速越小，至管壁处流速降为零。换言之，沿管截面的半径方向上存在着流速分布。流体流经流通截面上某点的流速，称为点速度。本书后续章节若无特别说明，u 均指平均流速。

与式(1-28)相对应，在流通截面上若按质量流量计算，则有：

$$w = q_m/A \qquad (1-29)$$

w 称为质量流速或质量通量，单位为 $kg/(m^2 \cdot s)$。因质量流量不随流体的温度和压强变化，在气体管路的计算中有时采用质量通量更为简便。

质量流量、体积流量、流速及质量通量 w 的关系为：

$$q_m = q_V \rho = uA\rho = wA \qquad (1-30)$$

三、流动的形态与雷诺数

(一)流动的形态

随流体的物性、流速以及流道截面几何形状等因素的不同，流体流动时将表现出不同的流动形态。按流体流动的内部结构形态来区分,可分为两种最为基本的流动形态,即层流与湍流。这是由英国物理学家雷诺(Reynolds)通过实验发现并总结出来的。

著名的雷诺实验清晰地建立了层流与湍流流形的直观图像。雷诺实验装置如图 1-5 所示。在液面高度保持恒定的水箱下部水平安装一根直径为 d 的玻璃管 A,管出口端安装一阀门 B,用以调节管内水的流量。在水箱上部的容器 C 中装有红墨水作为示踪剂,示踪剂经针管 D 从管 A 进口端喇叭口中心引入到管轴线上作为指示液。

实验现象如图 1-5 右图所示。在低流速下,示踪剂沿管轴线形成一根清晰的流线,平稳地流向出口端。表明管内流体质点有秩序地分层顺着轴线平行流动,即管中的水一层套着一层,呈层状流动,层与层流体质点间无宏观混合,这种流形称作层流或滞流。逐渐加大管内流速,起初管轴线上的示踪剂仍能保持一条平稳的流线。当流速增大到某一临界值时,示踪剂流线开始波动、弯曲,说明分层平行流动的秩序已受流体质点的横向运动所影响,流形开始转变。进一步增加管内流速,则可观察到示踪剂流线抖动加剧,继而断裂,最后在出口位置处与水流主体完全混合,即示踪剂分布于整个流道截面,表明流体质点总体上沿管轴线方向流动的同时还有任意方向上的随机脉动,完全破坏了分层平行流动的结构,这种流形称为湍流。

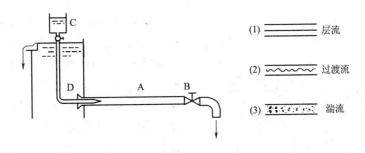

图 1-5 雷诺实验
A—水平玻璃管 B—阀门 C—示踪剂容器 D—针管

(二)雷诺数

层流与湍流是截然不同的两种流动形态,在一定的条件下可相互转化。实验现象表明除流速 u 对流形的转变有最直接的影响外,流道几何尺寸(如管径 d)和流体物性(密度 ρ、黏度 μ)也都有影响。通过大量的研究,雷诺发现可将这几个主要影响因素组合成一个无量纲数群来判断流形,此数群称为雷诺数,以符号 Re 表示,即:

$$Re = \frac{du\rho}{\mu} \qquad (1-31)$$

其判据为:$Re < 2000$ 时,流动属层流;$Re > 4000$ 时,流动属湍流;$2000 < Re < 4000$ 时,流动为过渡状态,可能是层流亦可能是湍流,视外界条件而定。

实验证明,不管圆管直径、流速和流体性质如何变化,只要 Re 数相等,流动形态就是一样的。Re 数是一个无量纲数群,组成该数群的各物理量必须采用一致的单位,其中的 u 为特征速度,对于圆管内的流动,即为流通截面上的平均流速。

当外界情况对流动产生干扰时,如管道的轻微振动、流体流向的突变等,会增强流体的湍动,此时,处于 $2000 < Re < 4000$ 过渡状态下的层流将可能转化为湍流。即便 $Re < 2000$,流

体质点间也可能发生宏观混合。但是,一旦干扰消失,$Re < 2000$ 的流动将重新回到层流状态,而已从过渡状态转化为湍流的流动一般则保持湍流流动。因此,$Re < 2000$ 的层流是稳定的层流,而过渡状态的层流是不稳定的。一般工程计算中,当 $Re > 2000$ 时即可作湍流处理。

(三)湍流的基本特征

湍流是重要的流动形态,工业生产中涉及流体流动的单元操作,如流体的输送、搅拌混合、传热等大多数都是在湍流下进行。湍流不仅可以在管内流动中产生,也可以由其它方式产生。一般而言有两种情形:一种是由流体与固体壁面的接触流动而发生,称为壁湍流,例如流体流经管道、明渠或浸没物体时;另一种是由不同速度流动的两液层之间的接触而发生,称为自由湍流,如将流体喷射到大量静止流体中时。

现代测试技术表明,湍流中不断产生无数大小不等的涡团,作无规则的运动。大的涡流形成后,又被分裂成小的涡流,直至最小的涡流消失。最小涡流的直径约为 $1mm$,其内部仍含有大约 10^{15} 个分子。更小的涡流由于黏性应力的存在而很快消失。因此,湍流流动不是分子现象。

从能量观点看,湍流是一种传递过程。大涡流的能量由流体主流的位能供给,大涡流破裂成小涡流时,即发生动能的传递。而当小涡流因黏性作用而消失时,其机械能即转化为热能而耗散于流体中。

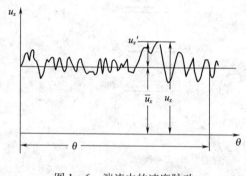

图 1-6　湍流中的速度脉动

在湍流流体中,管内流动的流体质点除总体沿管轴线方向流动外还有任意方向上的运动,因此空间任意点上的速度都是不稳定的,大小和方向不断改变。图 1-6 是流体点速度在 x 方向上的分量 u_x 随时间变化的波形图。由图可见,u_x 随时间作无规则变化,并围绕某一平均值上下跳动。流速波形不仅反映了湍动的强弱与频率,同时也说明宏观上仍然有一个稳定的时间平均值。湍流流体的其它参数如温度、压强等也有类似性质。

上述瞬时流速 u_x 在某一时间段 θ 的平均值称为时均流速,用 $\overline{u_x}$ 表示,即:

$$\overline{u_x} = \frac{1}{\theta} \int_0^\theta u_x d\theta \qquad (1-32)$$

根据统计的观点,可以将湍流瞬时速度 u_x、u_y、u_z 表达为时均速度 $\overline{u_x}$、$\overline{u_y}$、$\overline{u_z}$ 与脉动速度 u'_x、u'_y、u'_z 的迭加,即:

$$u_x = \overline{u_x} + u'_x$$
$$u_y = \overline{u_y} + u'_y \qquad (1-33)$$
$$u_z = \overline{u_z} + u'_z$$

对不可压缩流体在 x 方向的一维流动,y、z 两个方向的时均速度均为零,但脉动速度仍然存在,脉动速度的值时正时负,其时均值为零。

湍流与层流内部结构形态的差异必将导致流体内部质点间相互作用力的差异。当流体在管内作层流流动时,层与层流体质点间无宏观混合,即无径向脉动速度,流体内部动量、热量和质量在径向上的传递依赖于分子扩散。因此,层流时只有在流体层间作随机运动的分子间的动量交换所产生的内摩擦力,该力服从牛顿黏性定律。湍流时,流体质点在径向上的脉动使得有速度差的上下层质点相互掺混(称为涡流扩散),这将极大地加速流体在径向上动量、热量和质量的交换,但由此产生的动量交换也带来了附加的剪应力,称涡流剪应力或雷诺应力。湍流时流体的摩擦剪应力或黏性力由分子的扩散和流体质点的宏观涡流扩散两部分产生,仿照牛顿黏性定律可表达为:

$$\tau = (\mu + \mu') \frac{\mathrm{d}\bar{u}_x}{\mathrm{d}y} \tag{1-34}$$

式中 μ' 称为涡流黏度。黏度 μ 是流体的物理性质,与流体的流动状态无关。μ' 则代表流体质点脉动的强弱,与流体的流动状态紧密相关。在圆管流通截面上,由于不同半径处流速不同,因而 μ' 值也不同。

四、边界层和边界层的分离

(一)流动边界层

流体流经固体壁面时,由于黏性力的存在,在壁面附近产生了速度梯度,这一存在速度梯度的区域称为流动边界层。例如流体进入圆管时,圆管进口处的流速 u_0 均匀一致,如图1-7所示。进入管内,壁面将黏附一层流体滞止不动,由于黏性的作用,该层流体将使与其相邻的流体层减速,受内摩擦影响而产生速度梯度的区域即为边界层。边界层厚度 δ 随流动距离增加而增加。直到距入口端某一个距离 x_0 处,边界层在管中心线汇合并占据整个管截面。自该点后边界层不再改变,管内流动状态也维持不变,称为充分发展了的流动。充分发展的管内流形属层流还是湍流,取决于汇合点处边界层内的流动属层流还是湍流。不过,即使边界层为湍流边界层,管壁附近也必然存在很薄的一层流体,其内的流动为层流,这层流体称为层流底层。管内流速越大,Re 越大,湍动越剧烈,层流底层就越薄。x_0 以前的管段称为流动进口段,进口段内流型是随距离而变的。

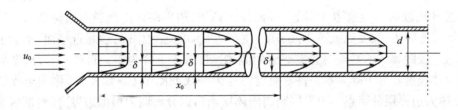

图1-7　圆管入口边界层的发展

流体平行流过平板壁面时,也存在类似的边界层发展过程,如图1-8所示。流体以均匀流速 u_0 接近平板前缘,流到平板上即受固体壁面影响形成不断发展的边界层。流体离开壁面的距离越远,受壁面的影响就越小,内摩擦作用也越弱。在某一个垂直距离处流体的速度等于 $0.99u_0$,即基本不受边界层影响,定义此距离为流动边界层厚度 δ。该厚度以外未受壁面影响的区域称为外流区或主流区。平板上流动边界层的厚度也随流动距离而增加,并且还会由层流边界层发展成湍流边界层,不过在湍流边界层与固体壁面之间也总存在一层流底层。

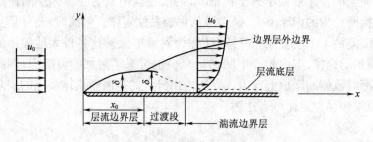

图 1-8　平板流动边界层的发展

(二)边界层的分离

以上讨论的圆管和平板流动,流动方向与固体壁面是平行的。当固体壁面为曲面或与流动方向不平行,例如流体横掠过圆柱面时,边界层内的流动将变得相当复杂并且会出现旋涡。产生旋涡的根源在于边界层内的流体与固体壁面分离并产生倒流,这个现象被称作边界层的分离。下面以不可压缩黏性流体横掠过圆柱体(图 1-9)为例考察边界层的发展和分离。

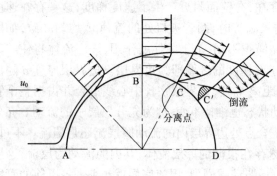

图 1-9　边界层的分离

流速均匀的流体从上游到达圆柱体表面,在法线正对着来流方向的 A 点处流体滞止,动能全部转化为静压能,该点压强最高,迫使流体向两侧绕流并受固体表面的阻滞而形成边界层。随着流动距离的增加,阻滞作用不断向垂直于流动的方向传扩,因此边界层不断增厚。在柱体的迎流面,即图中 B 点以前,流道逐渐缩小,流速不断增加,因而压强不断降低,边界层内流体流动方向与压强降的方向一致,称为顺压强梯度。越过 B 点以后,流道渐扩而流速下降,压强渐增,边界层内出现逆压强梯度。流体流动既要克服摩擦阻力,又要克服逆压强梯度,使流体的动能迅速下降,越靠近壁面,动能下降越快。经过一段距离到达 C 点时紧靠壁面的流体速度首先下降为零。自该点起,离壁面不同距离的流体速度相继下降为零。将零速度面连为一线如图中 C-C′所示,称为边界层分离面,C 点称为边界层分离点。边界层脱离固体壁面后以分离面为虚拟边界,在外部区域形成脱体边界层,这就是边界层分离。在固体壁面与脱体边界层之间,近壁的流体在逆压强梯度推动下倒流而形成旋涡区,流体微团激烈碰撞、混合,消耗机械能。

边界层的分离造成了流体的能量消耗,即形成了流动阻力。把这一阻力称为形体阻力,以区别于由黏性力引起的摩擦阻力。总阻力为形体阻力和摩擦阻力之和。当流体流过障碍物时,都会产生形体阻力。在许多情况下,形体阻力成为主要的阻力。

第四节　流体流动的质量衡算和能量衡算

守恒原理是自然界最为普遍的法则。根据守恒原理,对一定的流体流动体系进行物料衡算、能量衡算和动量衡算,可获得与流体流动相关的参数如流速、压强等的变化规律。

　　守恒原理的运用都是针对一定体系而言,即须划定衡算范围。此范围可以是宏观的,如一段管道、一台设备;也可以是微观的,即微元体积。宏观衡算得到的是空间平均结果,只有通过微观(或微分)衡算建立微分方程,才能表达流体内部传递现象的规律,求得流场的分布。

　　本节将以管路流动体系作为衡算对象,分别由物料衡算、能量衡算得到宏观的连续性方程和柏努利方程,以解决流体流动及流体输送中的应用问题。

一、质量衡算与连续性方程

　　流动体系均服从质量守恒定律。若衡算体系(控制体)内的流体包含 n 个组分,对任一组分 i 进行质量衡算,都会有:

输入控制体的质量流量 − 输出控制体的质量流量 + 控制体内生成的质量流量 = 控制体内质量的累积速率

　　即

$$q_{mi,\text{in}} - q_{mi,\text{out}} + r_i = \mathrm{d}m_i/\mathrm{d}\theta \qquad (i = 1, 2, \cdots, n) \tag{1-35}$$

式中各项的单位均为 kg/s。对 n 个组分的质量衡算式求和,并且注意到控制体内反应物消耗的质量速率($r_i < 0$)和产物生成的质量速率($r_i > 0$)之代数和为零:

$$\sum_1^n r_i = 0 \tag{1-36}$$

　　则可得到控制体内流体总的质量守恒方程为:

$$q_{m,\text{in}} - q_{m,\text{out}} = \frac{\mathrm{d}m}{\mathrm{d}\theta} \tag{1-37}$$

　　若流体在如图 1-10 所示的变直径管道中作稳态流动,取截面积为 A_1 和 A_2 的两截面间的管段作为衡算范围,则

$$q_{m,\text{in}} - q_{m,\text{out}} = 0$$

　　即在稳态流动情况下,管路中无质量积累,流进与流出管路的质量流量相等。若两截面处流体的速度分别为 u_1、u_2,密度分别为 ρ_1、ρ_2,则有:

$$\rho_1 u_1 A_1 = \rho_2 u_2 A_2 \tag{1-38}$$

　　式(1-38)即为管内稳态流动的连续性方程,是管路计算的基本方程之一。

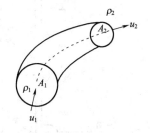

图 1-10　稳态流动的质量守恒

　　对不可压缩流体,密度为常数。式(1-38)可写为:

$$u_1 A_1 = u_2 A_2 \tag{1-39}$$

　　式(1-39)表明不可压缩流体稳态流动时,流体流速与管道截面积成反比。若对应的管径分别为 d_1、d_2,则有:

$$u_1/u_2 = (d_2/d_1)^2 \tag{1-40}$$

　　即流体流速与管径平方成反比。

　　[例 1-4]密度为 920kg/m³ 的椰子油流经大小管组成的串联管路,大小管尺寸分别为 $\phi38\text{mm} \times 2.5\text{mm}$ 和 $\phi25\text{mm} \times 2.5\text{mm}$。已知椰子油在大管中的流速为 1.8m/s,试分别求椰子油在大管和小管中的体积流量、质量流量及质量流速。

解：以下标 1、2 分别表示大小管，则大小管段的流通截面积分别为：

$$A_1 = \pi d_1^2/4 = 3.14 \times 0.033^2/4 = 8.549 \times 10^{-4} (\text{m}^2)$$

$$A_2 = \pi d_2^2/4 = 3.14 \times 0.02^2/4 = 3.14 \times 10^{-4} (\text{m}^2)$$

设椰子油不可压缩，对此稳态流动过程：

$$q_{V1} = q_{V2} = u_1 A_1 = 1.8 \times 8.549 \times 10^{-4} = 1.539 \times 10^{-3} (\text{m}^3/\text{s}) = 5.54 (\text{m}^3/\text{h})$$

$$q_{m1} = q_{m2} = q_{V1}\rho = 1.539 \times 10^{-3} \times 920 = 1.416 (\text{kg/s}) = 5097.6 (\text{kg/h})$$

椰子油在小管中的流速：

$$u_2 = A_1 u_1/A_2 = 8.549 \times 10^{-4} \times 1.8/(3.14 \times 10^{-4}) = 2.72 (\text{m/s})$$

大小管中的质量流速则分别为：

$$w_1 = u_1 \rho = 1.8 \times 920 = 1656 [\text{kg}/(\text{m}^2 \cdot \text{s})]$$

$$w_2 = u_2 \rho = 2.72 \times 920 = 2502.4 [\text{kg}/(\text{m}^2 \cdot \text{s})]$$

二、能量衡算与柏努利方程

（一）总能量衡算方程

图 1 – 11 所示为一稳态流动体系，流体由管路 1 – 1′ 截面流入，至 2 – 2′ 截面流出，流动方向与管路截面垂直，两截面间安装有流体输送机械和换热器，与外界环境有热、功交换。由于是稳态流动，故流体由 1 – 1′ 与 2 – 2′ 两截面流入与流出的质量流率相等，即 $q_{m1} = q_{m2} = q_m$，系统中也无能量积累，因此可写出能量守恒方程：

流动输入能量的速率 + 从环境吸热的速率 = 流动输出能量的速率 + 对环境作功的速率　（1 – 41）

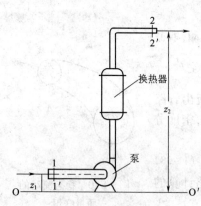

单位质量流体在流动时输入和输出的能量有：

（1）贮存于物质内部的能量即热力学能 U（曾称内能）。

（2）流体由于运动而产生的动能 $u^2/2$。

（3）流体受重力作用而具有的位能 gz。

（4）流体流动作的流动功，又称推进功或静压能。单位质量流体的流动功为流体的比体积与压强的乘积 pv。

此外，流体输送机械对单位质量流体所作的功为 W_e，以输入的功为正；流体与环境交换的热量为 Q_0，以流体吸收热量为正。

图 1 – 11　稳态流动体系的能量守恒

由此，以单位质量流体为基准的稳态流动系统的能量衡算式为：

$$U_1 + \frac{u_1^2}{2} + gz_1 + p_1 v_1 + Q_0 + W_e = U_2 + \frac{u_2^2}{2} + gz_2 + p_2 v_2 \qquad (1-42)$$

式中各项单位为 J/kg。

式（1 – 42）中所包括的能量可分为两类：一类是机械能，包括动能、位能和静压能；另一类是内能和热。流体流动与输送过程是各种机械能和外功、交换热量之间相互转换和耗散的过程。下面将对总能量衡算方程作进一步变换，得到流体流动的机械能衡算方程。

(二)机械能衡算方程

流体流动体系不仅总能量守恒,对理想流体而言,流体的三项机械能之和(称总机械能)也守恒,对黏性流体则因"摩擦生热"有部分机械能转变为了热能或内能。流体的机械能转换为热能的过程是不可逆的,称为机械能损耗或阻力损失。由热力学第一定律可知,流体内能的变化等于流体所吸收的热量减去它所作的膨胀功,即:

$$\Delta U = Q - \int_{v_1}^{v_2} p\mathrm{d}v \tag{1-43}$$

而
$$Q = Q_0 + \sum h_{\mathrm{f}}$$

式中　Q_0——单位质量流体与环境交换的热能,J/kg;

$\sum h_{\mathrm{f}}$——单位质量流体因克服流动阻力而消耗的机械能,即阻力损失,J/kg。

将式(1-43)代入式(1-42)得:

$$\frac{\Delta u^2}{2} + g\Delta z + \Delta(pv) - \int_{v_1}^{v_2} p\mathrm{d}v + \sum h_{\mathrm{f}} = W_{\mathrm{e}} \tag{1-44}$$

式中
$$\Delta(pv) = \int_{p_1}^{p_2} v\mathrm{d}p + \int_{v_1}^{v_2} p\mathrm{d}v$$

故
$$\frac{\Delta u^2}{2} + g\Delta z + \int_{p_1}^{p_2} v\mathrm{d}p + \sum h_{\mathrm{f}} = W_{\mathrm{e}} \tag{1-45}$$

对不可压缩流体,密度为常数,式中积分项变为:

$$\int_{p_1}^{p_2} v\mathrm{d}p = \int_{p_1}^{p_2} \frac{\mathrm{d}p}{\rho} = \frac{\Delta p}{\rho}$$

这样,式(1-45)化简为:

$$(u_2{}^2/2 + gz_2 + p_2/\rho) - (u_1{}^2/2 + gz_1 + p_1/\rho) = W_{\mathrm{e}} - \sum h_{\mathrm{f}} \tag{1-46}$$

上式为不可压缩流体的机械能衡算式。可见,流体输送机械输入的功 W_{e} 用于增加流体的机械能和克服流动阻力。流体也可通过机械(如汽轮机、水轮机等)对外输出功($W_{\mathrm{e}} < 0$),流体的机械能因此而下降。若流动体系的 $W_{\mathrm{e}} = 0$,则:

$$(u_1{}^2/2 + gz_1 + p_1/\rho) - (u_2{}^2/2 + gz_2 + p_2/\rho) = \sum h_{\mathrm{f}} \tag{1-47}$$

说明流体由 1-1 截面流入体系,至 2-2 截面流出,即使并无功的输入输出,机械能也不守恒,其差值为克服流体流动阻力所消耗的一部分机械能。对于理想流体的流动,由于流体无黏性($\mu = 0$),因而无摩擦阻力,即 $\sum h_{\mathrm{f}} = 0$,从而:

$$u_1{}^2/2 + gz_1 + p_1/\rho = u_2{}^2/2 + gz_2 + p_2/\rho \tag{1-48}$$

式(1-48)即为著名的柏努利方程,表明理想流体流动中存在的三种机械能(动能、位能与静压能)可相互转换,但三者之和保持不变,即总机械能守恒。习惯上将黏性流体的机械能衡算式(1-46)及式(1-47)也称为柏努利方程。

分析式(1-46),可知实际流体柏努利方程用于管路计算时,其机械能项仅取决于流体进、出管路两截面处的有关参数,而阻力损失则与流体流经的整个路径有关,即包括了进、出两截面间全部管路的流动阻力损失。此外,式(1-46)中的 W_{e} 是流体输送机械对单位质量流体所作的有效功,是选择流体输送机械的重要依据。若管路输送的流体的质量流量为 q_m,则输送流体所需供给的功率 P_{e}(即流体输送机械的有效功率)为:

$$P_{\mathrm{e}} = W_{\mathrm{e}} \cdot q_m \tag{1-49}$$

单位为 W。如果流体输送机械的效率为 η，则实际消耗的功率即流体输送机械的轴功率为：

$$P = P_e/\eta = W_e \cdot q_m/\eta \qquad (1-50)$$

（三）柏努利方程的应用

连续性方程与柏努利方程是解决流体输送问题最重要、最基本的两个方程，应用时须注意以下几个问题：

（1）衡算范围　首先应根据具体问题在流体流动系统中确定衡算范围，对管路系统，也就是确定流体流入和流出系统的两截面位置。所选的截面应与流体流动方向垂直，截面上各点的总势能（位能与静压能之和）也应相等。因此截面应选在均匀管段，且与管轴线垂直。为简化计算，所选的两个截面应尽可能是已知条件最多的截面，而待求的参数应在两截面上或在两截面之间。

（2）基准面　计算位能的基准水平面可任取。基准面处流体的位能为零，若使两计算截面之一为基准面，可使方程简化。

（3）单位　求解方程时还应注意各项单位的一致性。

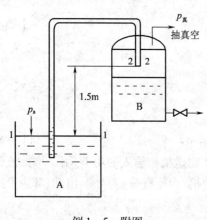

例 1-5　附图

柏努利方程是对不可压缩流体的稳态流动推导而得的，在非稳态流动情况下对某一瞬时也成立。对可压缩流体，若在所取系统两截面之间流体的绝对压强变化小于 10%，仍可使用式（1-46）进行计算，但式中的流体密度应取两截面之间的流体的平均密度。

[例 1-5]如附图所示，用抽真空的方法使容器 B 内保持一定真空度，使溶液从敞口容器 A 经导管自动流入容器 B 中。导管内径 30mm，容器 A 的液面距导管出口的高度为 1.5m，管路阻力损失可按 $\sum h_f = 5.5u^2$ 计算（不包括导管出口的局部阻力），溶液密度为 1100kg/m³。试计算送液量每小时为 3m³ 时，容器 B 内应保持的真空度。

解：取容器 A 的液面 1-1 截面为基准面，导液管出口为 2-2 截面，在该两截面间列柏努利方程，有：

$$u_1{}^2/2 + gz_1 + p_1/\rho = u_2{}^2/2 + gz_2 + p_2/\rho + \sum h_f$$

式中：$p_1 = p_a$，$z_1 = 0$，$u_1 = 0$，$p_2 = p_a - p_真$，$z_2 = 1.5m$

$$u_2 = q_V/A_2 = 3/(3600 \times 0.785 \times 0.03^2) = 1.18(m/s)$$

$$\sum h_f = 5.5u^2 = 5.5u_2{}^2$$

所以：$p_a = (z_2 g + u_2{}^2/2 + 5.5u_2{}^2)\rho = (1.5 \times 9.81 + 6 \times 1.18^2) \times 1100 = 2.54 \times 10^4(Pa)$

[例 1-6]某输水管网中有一渐缩管如附图所示，其大端直径 $d_1 = 500mm$，小端直径 $d_2 = 250mm$，长度 $l = 1.5m$。用一 U 形管压差计测量大、小两端的压差，指示液为水银。当输水量 $q_V = 0.194m^3/s$ 时，测得 R 值为 70mmHg。试求：（1）渐缩管大、小两端的压差；（2）水流过渐缩管的阻力损失。

解:(1)如附图所示,取渐缩管大、小两端面分别为
1-1和2-2截面,根据流体静力学基本原理,两端面处的
压强差为:

$$p_1 - p_2 = (z_2 - z_1)\rho g + (\rho_0 - \rho)Rg = 1.5 \times 1000 \times 9.81 +$$
$$(13600 - 1000) \times 0.07 \times 9.81 = 2.34 \times 10^4 (\text{Pa})$$

(2)以1-1截面为基准面,在1-1和2-2两截面间
列柏努利方程:

$$u_1{}^2/2 + gz_1 + p_1/\rho = u_2{}^2/2 + gz_2 + p_2/\rho + h_f \qquad (1)$$

其中:$z_1 = 0, z_2 = 1.5\text{m}, u_1 = 0.194/(0.785 \times 0.5^2) =$
$0.99(\text{m/s}), u_2 = u_1 \times 0.5^2/0.25^2 = 3.96(\text{m/s})$

而 $\qquad\qquad p_1 - p_2 = 2.34 \times 10^4 \text{Pa}$

将以上诸参数值代入(1)式,求得阻力损失为:

$$h_f = \frac{2.34 \times 10^4}{1000} - 1.5 \times 9.81 + \frac{0.990^2 - 3.96^2}{2} = 1.33(\text{J/kg})$$

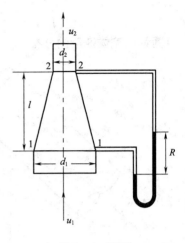

例1-6　附图

第五节　流体流动的阻力

前文讨论了黏性流体流动时存在流动阻力并消耗机械能的现象。对管内流动,需要进
而确定流动阻力的大小。完整的管路系统主要由两部分组成,一是直管段,二是管路上所安
装的阀门、弯头、变径、三通等各种阀件与管件。流体流经直管段的阻力主要为内摩擦阻力,
而流体流经各阀件、管件时,除了内摩擦阻力外,流道的突变还将引起边界层分离,从而产生
较大的形体阻力。流体流经管件和阀件等时产生的阻力称为局部阻力。在局部阻力中,形
体阻力常常成为主要阻力。据此,在管路计算中将管路阻力划分为两类,即流体在直管中流
动的直管阻力和流体流经各种阀件、管件时的局部阻力。

柏努利方程中的 $\sum h_f$ 是指所确定的衡算管路系统内单位质量流体的总流动阻力损失,
即直管阻力损失与局部阻力损失的总和。若用 h_f 表示单位质量流体的直管阻力损失,用 $h_f{}'$
表示单位质量流体的局部阻力损失,则:

$$\sum h_f = h_f + h_f{}' \qquad\qquad (1-51)$$

产生直管阻力损失和局部阻力损失的机理虽有所不同,对于如图1-12所示的等径稳
态流动管路,因1-1与2-2两截面处 $u_1 = u_2$,由柏努利方程:

$$\sum h_f = (gz_1 + p_1/\rho) - (gz_2 + p_2/\rho) \qquad (1-52)$$

可见阻力损失均表现为流体势能的降低。习惯上常用
具有压强单位的 Δp_f 表示管路流动的阻力损失,即:

$$\Delta p_f = \rho \sum h_f = (\rho gz_1 + p_1) - (\rho gz_2 + p_2) \qquad (1-53)$$

Δp_f 的意义为单位体积流体的阻力损失([N/m²] = [J/
m³])。应注意 Δp_f 与柏努利方程中的两截面的压差 $\Delta p = p_2$
$- p_1$ 是完全不同的概念,只有在等径的水平管内流动时,在
数值上 $\Delta p_f = - \Delta p$。

下面分别讨论直管阻力损失与局部阻力损失的计算。

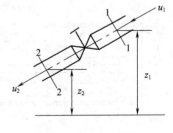

图1-12　等径管路

一、直管阻力损失的计算

(一)圆管内流体速度的分布

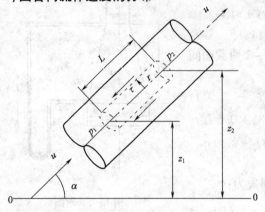

图 1 – 13　圆管中流体的力平衡

流体内部存在内摩擦力,使流体内存在速度差,流动阻力就是内摩擦力的体现,这一阻力与流体速度的分布紧密相关。流体在圆管内作稳态流动时,速度分布存在于管径方向上。设流体在如图 1 – 13 所示的圆直管内作稳态流动。在流体中取一半径为 r,长度为 L 的流体柱作受力分析,则该流体柱受力为:

两截面上的压力　　　　$\pi r^2 p_1$ 与 $\pi r^2 p_2$

外表面上的剪切力　　　$2\pi rL\tau$(τ 为流体柱外表面所受的剪应力)

流体柱的重力　　　　　$\pi r^2 L\rho g\sin\alpha$

流体为稳态流动,即为匀速运动,因此在流动方向上该流体柱所受各力之和为零,即:

$$\pi r^2 p_1 - \pi r^2 p_2 - \pi r^2 L\rho g\sin\alpha - 2\pi rL\tau = 0$$

因 $\sin\alpha = (z_2 - z_1)/L$,整理上式:$(p_1 - p_2) + (z_1 - z_2)\rho g = 2L\tau/r$

对比式(1 – 53)得:

$$\tau = r\Delta p_f/2L \tag{1 – 54}$$

式中 Δp_f 为单位体积流体的阻力损失,与半径 r 无关。式(1 – 54)即为圆管中流通截面上的剪应力 τ 的分布式,该式表明剪应力沿径向为线性分布。在管中心处 $r = 0$,剪应力等于零;在管壁处 $r = R$,剪应力最大。若用 τ_s 表示,则:$\tau_s = R\Delta p_f/2L$。

剪应力与流体内部的流速分布直接相关,以下就圆管内流动的简单情况推导其关系。

1. 层流时的速度分布

式(1 – 54)对层流和湍流均成立。层流时的剪应力可由牛顿黏性定律表述,对圆管:

$$\tau = -\mu\frac{\mathrm{d}u_r}{\mathrm{d}r} \tag{1 – 55}$$

将其代入式(1 – 54),并根据 $r = R$ 时,$u_R = 0$ 这一边界条件,有:

$$\int_0^{u_r}\mathrm{d}u_r = \frac{-\Delta p_f}{2\mu L}\int_R^r r\mathrm{d}r$$

积分上式得到圆管内层流速度分布为:

$$u_r = \frac{\Delta p_f R^2}{4\mu L}\left[1 - \left(\frac{r}{R}\right)^2\right] \tag{1 – 56}$$

上式表明,层流时流体在圆管内的速度分布呈抛物线,如图 1 – 14 所示。

管中心处 $r = 0$,流速为最大:

$$u_{max} = \frac{\Delta p_f R^2}{4\mu L} \tag{1 – 57}$$

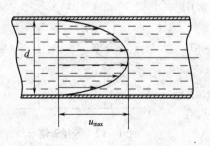

图 1 – 14　层流时的流速分布

从流速分布出发可导出半径为 R 的圆管内流体

稳态层流时的体积流量：

$$q_V = \int_0^R 2\pi r u_r \mathrm{d}r = \frac{\pi R^2 \Delta p_f}{2\mu L}\int_0^R \left[1 - \left(\frac{r}{R}\right)^2\right]r\mathrm{d}r = \frac{\pi R^4 \Delta p_f}{8\mu L} \qquad (1-58)$$

管内流体的平均速度为：

$$u = \frac{q_V}{A} = \frac{R^2 \Delta p_f}{8\mu L} \qquad (1-59)$$

对比式 $(1-57)$ 得：

$$u/u_{\max} = 1/2 \qquad (1-60)$$

因此管内层流的流速分布又可表达为：

$$u_r = u_{\max}\left[1 - \left(\frac{r}{R}\right)^2\right] = 2u\left[1 - \left(\frac{r}{R}\right)^2\right] \qquad (1-61)$$

2. 湍流时的速度分布

湍流与层流的情况大不一样。从雷诺实验可知，虽宏观上流速沿管轴线方向有一个定值，但微观上流体质点随时处于紊乱的湍动之中，难于观察到流线的存在。湍流波动加剧了管内流体的混合与传递，使时均速度在截面上、尤其是在管中心部位分布更趋平坦，如图 1-15 所示。湍流速度分布难于像层流一样用解析方法表达，通过实验研究，发现了如下的 $1/n$ 次方规律：

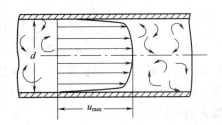

图 1-15　湍流时的流速分布

$$\frac{u_r}{u_{\max}} = \left(1 - \frac{r}{R}\right)^{\frac{1}{n}} \qquad (1-62)$$

而

$$\frac{u}{u_{\max}} = \frac{1}{\pi R^2}\int_0^R \left(1 - \frac{r}{R}\right)^{\frac{1}{n}}2\pi r\mathrm{d}r = \frac{2n^2}{(n+1)(2n+1)} \qquad (1-63)$$

式中 n 的取值范围与 Re 有关：

$4 \times 10^4 < Re < 1.1 \times 10^5$ 时，$n = 6$

$1.1 \times 10^5 < Re < 3.2 \times 10^6$ 时，$n = 7$

$Re > 3.2 \times 10^6$ 时，$n = 10$

在上述 Re 范围内，平均流速与最大流速的比值约为：

$$u/u_{\max} = 0.79 \sim 0.87 \qquad (1-64)$$

可见湍流时的速度分布比之层流时要均匀得多。

（二）直管阻力计算式

设管内径为 d，在管壁面处 $(r = R = d/2)$ 应用式 $(1-54)$：

$$\Delta p_f = 4L\tau_s/d \qquad (1-65)$$

可见，流体在直圆管内作稳态流动时，直管阻力损失正比于壁面处的剪应力，比例系数为直管长度与直径之比的 4 倍。直管阻力损失又称为摩擦阻力，壁面处的剪应力 τ_s 成为表征直管阻力损失的特征量。层流时壁面处的剪应力 τ_s 可由牛顿黏性定律表述，进而由速度分布式 $(1-56)$ 求得其值。湍流时因存在流体质点的涡流扩散，τ_s 虽也可由仿照牛顿黏性定律式写出的式 $(1-34)$ 表述，但却难以用于计算。

在流体流动阻力的研究中，将 τ_s 与管内单位体积流体的平均动能 $\rho u^2/2$ 之比定义为摩

擦因子 f:

$$f = \frac{\tau_s}{\rho \frac{u^2}{2}} \tag{1-66}$$

或

$$\frac{f}{2} = \frac{\tau_s}{\rho u^2} \tag{1-67}$$

从动量传递的角度,摩擦因子的物理意义为向壁面传递的动量通量 τ_s 与管内轴向流动的平均动量通量之比。这个比值隐含了流体流动结构对传递特性的影响,在以后分析传热与传质问题时也具有重要的类比意义。

将式(1-66)表示的 τ_s 代入式(1-65)并整理得:

$$\Delta p_f = 4f \frac{L}{d} \frac{\rho u^2}{2} = \lambda \frac{L}{d} \frac{\rho u^2}{2} \tag{1-68}$$

或

$$h_f = \Delta p_f / \rho = \lambda \cdot \frac{L}{d} \cdot \frac{u^2}{2} \tag{1-69}$$

式(1-68)和式(1-69)即为普遍使用的直管阻力计算式,式中 $\lambda = 4f$ 称为摩擦因数。上式为直管阻力的计算提供了一种简洁明了的表达方式,即直管阻力损失正比于流体的动能和流动距离,反比于管径。从而把对流体阻力问题的研究归结于对摩擦因子 f 或摩擦因数 λ 的研究。

层流时,壁面处剪应力为:

$$\tau_s = -\mu \frac{du_r}{dr} \bigg|_{r=R} = -2u\mu \frac{d}{dr} \left[1 - \left(\frac{r}{R} \right)^2 \right]_{r=R} = \frac{4\mu u}{R} = \frac{8\mu u}{d} \tag{1-70}$$

代入式(1-65)得:

$$\Delta p_f = \frac{8\mu L u}{R^2} = \frac{32\mu L u}{d^2} \tag{1-71}$$

式(1-71)表达了层流时的流动阻力 Δp_f 与流速 u、流体黏度 μ 以及流道直径 d 和流动距离 L 参数之间的关系,称为哈根-泊谡叶方程。可见,层流摩擦阻力损失与流速成正比。显然,Δp_f 是维持管内以流速 u 稳态流动所需的推动力。

比较式(1-69)与式(1-71)可得层流时摩擦因数为:

$$\lambda = \frac{64}{\frac{du\rho}{\mu}} = \frac{64}{Re} \tag{1-72}$$

可见层流时 λ 与 Re 成反比。

(三)直管阻力损失的实验研究

1. 管壁粗糙度及其影响

工业上使用的管子可以按其内壁的光滑程度分为两大类,一类为光滑管,如玻璃管、塑料管、黄铜管等;另一类为粗糙管,如钢管、铸铁管等。两者的区别不在于材料而在于壁面的光滑度。通常将壁面凸出部分的平均高度 ε 称为绝对粗糙度,而将绝对粗糙度与管内径的比称为相对粗糙度。

管壁粗糙度对摩擦因数的影响方式随流型和雷诺数的不同而异。层流时,管壁表面凹凸不平的地方被平稳、互不干扰的流体层所覆盖,粗糙度对摩擦因数无影响。湍流时,如果 ε 小于层流内层的厚度,则凹凸不平处仍处于层流的流体中,粗糙度对摩擦因数仍无影响,此时的管子为水力光滑管。但如果 ε 大于层流内层的厚度,壁面粗糙物将暴露于湍流主体中,加剧旋涡运动和流体质点的碰撞,增加形体阻力。Re 越大,层流内层越薄,粗糙度的影响越显著。常用工业管道的绝对粗糙度见表 1－2。

表 1－2　　　　　　　　　　　　常用工业管道的绝对粗糙度

管道类别	ε/mm	管道类别	ε/mm
无缝黄铜管、铜管及铅管	0.01～0.05	干净玻璃管	0.0015～0.01
新的无缝钢管、镀锌铁管	0.1～0.2	橡皮软管	0.01～0.03
新的铸铁管	0.3	木管道	0.25～1.25
具有轻度腐蚀的无缝钢管	0.2～0.3	陶土排水管	0.45～6.0
具有显著腐蚀的无缝钢管	0.5 以上	很整平的水泥管	0.33
旧的铸铁管	0.85 以上	石棉水泥管	0.03～0.8

2. 量纲分析法

湍流时流动形态复杂,难于用解析法得到理论方程,因此只能用实验的方法解决这一问题。

在理论的指导下通过实验发现、归纳出影响过程的物理量的作用规律,从而建立可以指导实践的经验方程,是工程科学一种重要的研究方法。由于影响过程的因素往往很多,要单独研究每一个变量不仅使实验工作量浩繁,而且难以从实验结果归纳出具有指导意义的经验方程。由此在大量实践的基础上产生了一种称为量纲分析或因次分析的方法,并在工程实验研究中广为应用。

量纲分析法将变量组合成几个量纲为 1 的准数或特征数,建立特征数之间的关系方程,即特征数方程,然后用实验确定方程中的参数。由于特征数的数目较少,实验工作量因而大大减少。

量纲分析法的基础有两条:

(1)量纲一致性原则:一个正确的物理方程,等号两端的量纲(或因次)必然相同;

(2)任何数学函数均可用一幂函数近似表示。

用量纲分析法解物理问题的过程为:

(1)通过实验或理论分析找出影响所研究的过程的所有因素;

(2)用一幂函数近似表示物理过程;

(3)列出所有物理量的量纲;

(4)写出量纲等式,比较幂函数的两边,得到关于指数的方程组;

(5)解关于指数的方程组,用其中的一些指数(即参数)表示其它指数;

(6)代回幂函数,将相同指数的物理量组合,得到特征数方程;

(7)做实验确定特征数方程中的参数。

以湍流阻力计算为例,首先通过分析归纳出对过程的主要影响因素。湍流时影响阻力损失的因素可归结为三个方面:流体的性质、流道的几何尺寸及流动速度。对流体流动最有影响的流体性质是流体的密度和黏度,而圆管最具代表性的流道几何尺寸是管径、长度和管

壁绝对粗糙度(管内壁面凸出部分的平均高度)。这样,流动阻力损失一般化的表达式可写为:

$$\Delta p_f = f(d, L, u, \rho, \mu, \varepsilon) \qquad (1-73)$$

将其具体表达为幂函数形式:

$$\Delta p_f = K d^a L^b u^c \rho^e \mu^f \varepsilon^g \qquad (1-74)$$

将式(1-74)中各物理量的量纲用基本量纲表达:

$\Delta p_f : MT^{-2}L^{-1}$ $d:L$ $L:L$ $u:LT^{-1}$ $\rho:ML^{-3}$ $\mu:ML^{-1}T^{-1}$ $\varepsilon:L$

根据量纲分析法的原则,等号两端的量纲相同,即:

$$[MT^{-2}L^{-1}] = [L]^a[L]^b[LT^{-1}]^c[ML^{-3}]^e[ML^{-1}T^{-1}]^f[L]^g \qquad (1-75)$$

比较两边的量纲,得到关于各物理量的幂指数的三个代数方程:

$$[M]:1 = e + f$$
$$[T]:-2 = -c - f \qquad (1-76)$$
$$[L]:-1 = a + b + c - 3e - f + g$$

这一方程组只有三个方程。以 b, f, g 为独立指数,可以解出另外三个指数:

$$a = -b - f - g$$
$$c = 2 - f \qquad (1-77)$$
$$e = 1 - f$$

用这三个独立指数重新将式(1-74)表达为:

$$\Delta p_f = K d^{-b-f-g} L^b u^{2-f} \rho^{1-f} \mu^f \varepsilon^g \qquad (1-78)$$

将式(1-78)中指数相同的物理量组合成为新的变量群,即无量纲数群或称特征数,得到:

$$\frac{\Delta p_f}{\rho u^2} = K \left(\frac{du\rho}{\mu}\right)^{-f} \left(\frac{\varepsilon}{d}\right)^g \left(\frac{L}{d}\right)^b \qquad (1-79)$$

式中, $\dfrac{\Delta p_f}{\rho u^2}$ 称为欧拉数,用符号 Eu 表示; $\dfrac{du\rho}{\mu}$ 为雷诺数 Re; $\dfrac{\varepsilon}{d}$ 为管壁相对粗糙度。

通过量纲分析,将含7个变量的物理方程变换成了只含4个量纲为1数群的方程。这是量纲分析法的普遍规律,称为 π 定理。π 定理可描述为:一个物理方程可以变换为量纲为1数群方程,独立的量纲为1数群的个数等于原方程变量数减去基本量纲数。按量纲为1数群方程来规划实验,不仅可以减少实验自变量个数,从而大幅度地减少实验次数,更重要的是可以从实验结果归纳出更具有指导意义的普遍化规律。所以在过程工程中应用广泛。要特别注意的是,方程的使用范围应该与获得该方程的实验过程中量纲为1数群的取值范围相一致。

若将式(1-79)改写为:

$$h_f = \frac{\Delta p_f}{\rho} = 2K \left(\frac{du\rho}{\mu}\right)^{-f} \left(\frac{\varepsilon}{d}\right)^g \left(\frac{L}{d}\right)^b \frac{u^2}{2} \qquad (1-80)$$

与式(1-69)比较,可知式中指数 $b = 1$,而:

$$\lambda = 2K \left(\frac{du\rho}{\mu}\right)^{-f} \left(\frac{\varepsilon}{d}\right)^g \qquad (1-81)$$

其中系数 K 和指数 f、g 都需要通过实验数据关联确定,因此待定的函数关系也可写为:

$$\lambda = f(Re, \varepsilon/d) \qquad (1-82)$$

3. 摩擦因数图

对一系列具有不同相对粗糙度 ε/d 的直管,在不同的 Re 下测定摩擦因数 λ 的值,将实验数据以 ε/d 为参数,在双对数坐标中标绘,便得到可以广泛应用的直管摩擦因数曲线图,如图 1-16 所示。该图分为四个区域:

(1) $Re \leqslant 2000$ 为层流区,摩擦因数 λ 与相对粗糙度 ε/d 无关,与 Re 数为直线关系,即符合式(1-72)的解析结果 $\lambda = 64/Re$。

(2) $2000 < Re < 4000$ 由层流向湍流的过渡区,由于过渡流常常是不稳定的,难于准确判定其流形,工程应用上从可靠的观点出发一般按湍流处理。

(3) $Re > 4000$ 为湍流区,λ 随 ε/d 增加而上升,随 Re 增加而下降。有一个转折点,超过此点后 λ 与 Re 无关。转折点以下(即图中虚线以下)粗糙管的曲线可用下式表示:

$$\frac{1}{\sqrt{\lambda}} = 1.74 - 2\lg\left(\frac{2\varepsilon}{d} + \frac{18.7}{Re\sqrt{\lambda}}\right) \tag{1-83}$$

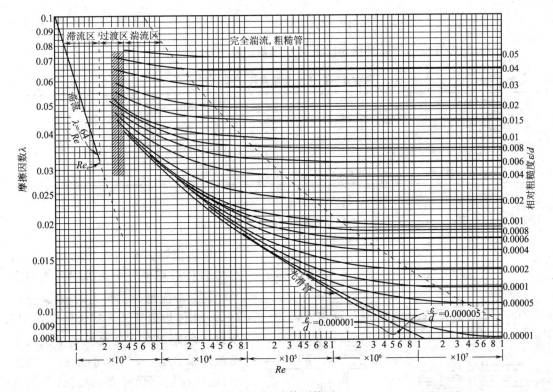

图 1-16 摩擦因数图

对光滑管,在 $Re = 3000 \sim 10^5$ 范围,则可使用更为简单的柏拉修斯(Blasius)公式:

$$\lambda = \frac{0.3164}{Re^{0.25}} \tag{1-84}$$

(4) 湍流区中虚线以上区域 完全湍流区或阻力平方区。在该区内 λ 与 Re 无关而只随相对粗糙度 ε/d 变化,对一定的管道而言,λ 为常数。根据式(1-69),此时摩擦阻力正比于 u^2,故称为阻力平方区。由于该区内 Re 足够大,因此可以从式(1-83)中略去等号右端括号中第二项,得到:

$$\frac{1}{\sqrt{\lambda}} = 1.74 - 2\lg\left(\frac{2\varepsilon}{d}\right) \qquad (1-85)$$

(四)非圆形截面管道的当量直径

对非圆形截面管道内流动的阻力损失,实验证明使用当量直径 d_e 来代替圆管直径 d 是行之有效的。当量直径的定义为:

$$d_e = 4 \times \frac{流通截面积}{流体浸润周边} \qquad (1-86)$$

流体浸润周边即同一流通截面上流体与固体壁面接触的周长。

用当量直径计算非圆形截面管道的 Re 时,流速必须用实际流速,稳定层流的判据仍然是 $Re < 2000$。对比研究的结果表明,湍流情况下计算结果与实验一般比较吻合,但与圆形截面几何相似性相差过大时,例如环形截面管道或长宽比例超过 3:1 的矩形截面管道,其误差较大。层流情况下的偏差则十分显著,需根据非圆形管的截面形状给予修正,摩擦因数的修正计算式为:

$$\lambda = \frac{C}{Re} \qquad (1-87)$$

一些非圆形管道的当量直径和修正值 C 见表 1-3。

表 1-3　　　　　　　　　一些非圆形管的当量直径 d_e 和修正值 C

非圆形管的截面形状	d_e	C	非圆形管的截面形状	d_e	C
正方形,边长为 a	a	57	长方形,长为 $2a$,宽为 a	$1.3a$	62
等边三角形,边长为 a	$0.58a$	53	长方形,长为 $4a$,宽为 a	$1.6a$	73
环形,环宽 $= (d_2 - d_1)/2$	$d_2 - d_1$	96			

二、局部阻力损失的计算

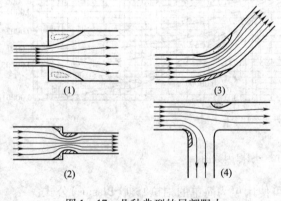

图 1-17　几种典型的局部阻力

在流道截面和流动方向突变的阀件或管件处极易发生边界层分离而产生涡流。如流道突然扩大时[图 1-17(1)],流体以射流流入扩大的流道中,要经一段距离后才能充满整个扩大了的流道截面,流动方向的下游压强上升,流体在逆压强梯度下流动,发生边界层分离,在射流与壁面之间的空间产生涡流。又如流道突然缩小时[图 1-17(2)],在流动方向上压强下降,流体在顺压强梯度下流动,本应不发生边界分离,但由于流体流动的惯性,进入缩小管道的流体将继续收缩至某一最小截面(称为缩脉),然后才重新扩大至充满整个流道。在此段流体是处于逆压强梯度下流动,从而引发边界层分离和回流漩涡。流动方向的突变[图 1-17(3)、(4)]引起的边界层分离也将产生额外的阻力损失。

综上所述,流体主体脱离边壁,旋涡区的形成是造成局部阻力损失的主要原因。显然有局部阻力存在的流道处其流动现象十分复杂,兼之管件种类和规格繁多,因此更多地依赖于实验测定。工程上通常采用阻力系数法和当量长度法两种近似方法计算。

(一)阻力系数法

仿照计算直管阻力的 Fanning 公式,将局部阻力损失表为动能的倍数,即:

$$h_f' = \zeta u^2/2 \tag{1-88}$$

式中 ζ——局部阻力系数,由实验测定。

常用管件的局部阻力系数值见表 1-4。

表 1-4　　　　　　　　　　　　　　常用管件的局部阻力系数

管件和阀件名称	ζ 值						
标准弯头	$45°,\zeta=0.35$			$90°,\zeta=0.75$			
90°方型弯头	1.3						
180°回弯头	1.5						
活管接	0.4						

弯管	φ　　R/d	30°	45°	60°	75°	90°	105°	120°
	1.5	0.08	0.11	0.14	0.16	0.175	0.19	0.20
	2.0	0.07	0.10	0.12	0.14	0.15	0.16	0.17

突然扩大 $A_1u_1 \rightarrow A_2u_2$　　$\zeta=(1-A_1/A_2)^2$　　$h_f=\zeta u_1^2/2$

A_1/A_2	0	0.1	0.2	0.3	0.4	0.5	0.6	0.7	0.8	0.9	1.0
ζ	1	0.81	0.64	0.49	0.36	0.25	0.16	0.09	0.04	0.01	0

突然缩小 $A_1u_1 \rightarrow A_2u_2$　　$\zeta=0.5(1-A_2/A_1)$　　$h_f=\zeta u_2^2/2$

A_2/A_1	0	0.1	0.2	0.3	0.4	0.5	0.6	0.7	0.8	0.9	1.0
ζ	0.5	0.45	0.40	0.35	0.30	0.25	0.20	0.15	0.10	0.05	0

出管口(管→容器)　　u　　$\zeta=1$(用管中流速)

入管口(容器→管)　　$\zeta=0.5$　　$\zeta=0.04$　　$\zeta=3\sim1.3$　　$\zeta=0.5+0.5\cos\theta+0.2\cos^2\theta$

水泵进口 没有底阀　　$2\sim3$

有底阀	d/mm	40	50	75	100	150	200	250	300
	ζ	12	10	8.5	7.0	6.0	5.2	4.4	3.7

续表

管件和阀件名称	ζ 值							
闸阀	全开		3/4 开		1/2 开		1/4 开	
	0.17		0.9		4.5		24	
标准截止阀(球心阀)	全开 ζ = 6.4				1/2 开 ζ = 9.5			

蝶阀	α	5°	10°	20°	30°	40°	45°	50°	60°	70°
	ζ	0.24	0.52	1.54	3.91	10.8	18.7	30.6	118	751

旋塞	φ		5°		10°		20°		40°		60°
	ζ		0.05		0.29		1.56		17.3		206

角阀(90°)	5
单向阀	摇板式 ζ = 2 球形单向阀 ζ = 70
水表(盘形)	7

注:其他管件、阀件等的 L_e 或 ζ,可参阅有关资料。

(二)当量长度法

仿照 Fanning 公式,认为局部阻力损失与某个长度 L_e 的直管阻力损失相当,即:

$$h'_f = \lambda \frac{L_e}{d} \frac{u^2}{2} \tag{1-89}$$

式中管件的当量长度 L_e 通过实验测定。工业常见管件的当量长度可由图 1-18 查取。

上述两种算法中,对突然扩大和突然缩小的管件,流速 u 都取小截面的流速。

从容器进入管道也是一种突然缩小,从管道进入容器也是一种突然扩大,这两种情况都可以看作是 $A_1/A_2 = 0$ 的极端情形,其阻力系数分别取为 0.5 和 1(见表 1-4)。

[例1-7]如图所示,某溶剂在位差推动下由容器 A 流入容器 B。为保证流量恒定,容器 A 设置溢流管,两容器间用均压管连通来保持液面上方压强相等。溶剂由容器 A 底部一具有液封作用的倒 U 形管排出,该管顶部与均压管相通。容器 A 液面距排液管下端 6.0m,排液管为 φ60mm × 3.5mm 钢管,由容器 A 至倒 U 形管中心处,水平管段总长 3.5m,其间有球阀 1 个(全开),90°标准弯头 3 个。要达到 12m³/h 的流量,试求倒 U 形管最高点距容器 A 内液面的高差 H。(溶剂的密度为 900kg/m³,黏度为 0.6×10^{-3} Pa·s)

解:溶剂在管中的流速:$u = 12/(3600 \times 0.785 \times 0.053^2) = 1.51$ m/s

$Re = du\rho/\mu = 0.053 \times 1.51 \times 900/0.0006 = 1.2 \times 10^5$(湍流)

取钢管绝对粗糙度 $\varepsilon = 0.3$ mm,则 $\varepsilon/d = 0.3/53 = 5.66 \times 10^{-3}$

查图 1-16 得摩擦因数 $\lambda = 0.032$

由表 1-4 查得管件局部阻力系数如下:管进口突然缩小 $\zeta_1 = 0.5$,90°的标准弯头 $\zeta_2 = 0.75$,球心阀(全开) $\zeta_3 = 6.4$。

以容器 A 液面为 1-1 截面,倒 U 形管最高点处为 2-2 截面,并以该截面处管中心线所在平面为基准面,列柏努利方程有:

$$H = z_1 - z_2 = \left(\frac{u_2^2}{2g} - \frac{u_1^2}{2g}\right) + \left(\frac{p_2}{\rho g} - \frac{p_1}{\rho g}\right) + \frac{\sum h_{f,1-2}}{g}$$

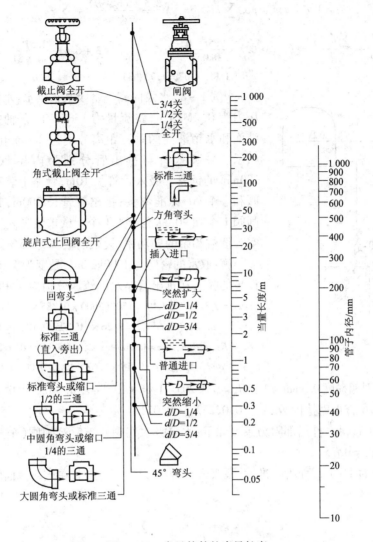

图 1-18 常见管件的当量长度

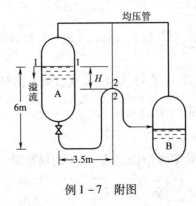

例 1-7 附图

33

式中 $\quad u_1 = 0, u_2 = u, p_1 = p_2, \sum h_{f,1-2} = \left[\lambda \dfrac{3.5 + (6 - H)}{d} + \sum \zeta\right] \dfrac{u^2}{2}$

故 $H = \dfrac{u_2^2}{2g} + \dfrac{\sum h_{f,1-2}}{g} = (1 + 0.032 \times \dfrac{9.5 - H}{0.053} + 0.5 + 0.75 \times 3 + 6.4) \dfrac{1.51^2}{2 \times 9.81} = 1.85 - 0.07H$

$$H = 1.85/1.07 = 1.73(\text{m})$$

[例 1-8]水泵向高位密闭水箱供水,水箱中液面上方压力为 0.2MPa,管路流量为 150m³/h,泵轴中心线距水池液面和水箱液面的垂直距离分别为 2.0m 和 25m,如附图所示。泵吸入管与排出管分别为内径 205mm 和内径 180mm 的钢管。吸入管管长 10m,管路上装有一个吸水底阀和一个 90°标准弯头;排出管管长 200m,其间有全开的闸阀 1 个和 90°标准弯头 1 个。试求泵吸入口处 A 点的真空表读数和泵的轴功率,设泵的效率为 65%。

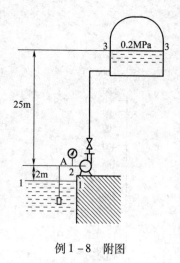

例 1-8 附图

解:取水的密度为 1000kg/m³,黏度为 1.0×10^{-3}Pa·s,设泵的吸入和排出管水的流速分别为 u_A 和 u_B,则:

$$u_A = q_V/(0.785 d_A^2) = 150/(3600 \times 0.785 \times 0.205^2) = 1.26\text{m/s}$$

$$u_B = u_A(d_A/d_B)^2 = 1.26 \times (0.205/0.18)^2 = 1.63\text{m/s}$$

$$Re_A = d_A u_A \rho/\mu = 0.205 \times 1.26 \times 1000/0.001 = 2.58 \times 10^5$$

$$Re_B = d_B u_B \rho/\mu = 0.18 \times 1.63 \times 1000/0.001 = 2.93 \times 10^5$$

取管壁绝对粗糙度 0.3mm,则:$\varepsilon/d_A = 0.3/205 = 1.46 \times 10^{-3}$ $\quad \varepsilon/d_B = 0.3/180 = 1.67 \times 10^{-3}$

由图 1-16 查得摩擦因数:$\lambda_A = 0.022, \lambda_B = 0.021$

由表 1-4 查得管件局部阻力系数如下:水泵吸水底阀 $\zeta_1 = 5.2$,闸阀(全开) $\zeta_2 = 0.17$,90°标准弯头 $\zeta_3 = 0.75$。

取水池液面 1-1 截面为基准面,泵吸入点处 A 为 2-2 截面,在该两截面间列柏努利方程,有:

$$\frac{p_1}{\rho} = z_2 g + \frac{p_2}{\rho} + \frac{u_2^2}{2} + \sum h_{f,1-2}$$

式中 $\quad p_1 = 0, p_2 = -p_a, u_2 = u_A$

$$\sum h_{f,1-2} = (\lambda \frac{L}{d_A} + \sum \zeta) \frac{u_A^2}{2} = (0.022 \times \frac{10}{0.205} + 5.2 + 0.75) \times \frac{1.26^2}{2} = 5.57(\text{J/kg})$$

所以:$p_{\text{真}} = z_2 \rho g + (1 + \lambda \frac{L}{d_A} + \sum \zeta) \frac{\rho u_A^2}{2} = 2 \times 1000 \times 9.81 + \frac{1.26^2 \times 1000}{2}(1 + 7.02) = 2.60 \times 10^4(\text{Pa})$

又取水箱液面为 3-3 截面,在 1-1 与 3-3 截面间列柏努利方程有:

$$W_e = (z_3 - z_1)g + \frac{p_3 - p_1}{\rho} + \sum h_{f,1-3}$$

式中 $\quad \sum h_{f,1-3} = \sum h_{f,1-2} + \sum h_{f,2-3}$

由于排出管路较长,与直管阻力相比,$\sum h_{f,2-3}$ 中的局部阻力损失可忽略不计,所以:

$$W_e = (25 + 2) \times 9.81 + \frac{0.2 \times 10^6}{1000} + 5.57 + 0.021 \times \frac{200}{0.18} \times \frac{1.63^2}{2} = 501.4(\text{J/kg})$$

又管路质量流量:$\quad q_m = \rho q_V = 1000 \times 150/3600 = 41.7(\text{kg/s})$

故泵的轴功率：　　$P = W_e q_m / \eta = 501.4 \times 41.7 / 0.65 = 32.2 \times 10^3 (\text{W})$

第六节　流体输送管路的计算

一、管径的确定

连续性方程、柏努利方程和阻力损失计算式是解决不可压缩流体输送管路计算的最基本方程。例如,图 1 – 19 所示的流体输送管路,在 1 – 1 和 2 – 2 截面间列柏努利方程可得：

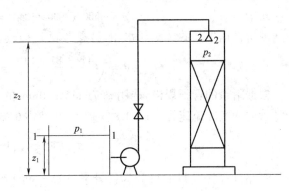

图 1 – 19　流体输送系统

$$W_e - \left[\left(\frac{1}{2}u_2{}^2 + gz_2 + \frac{p_2}{\rho} \right) - \left(\frac{1}{2}u_1{}^2 + gz_1 + \frac{p_1}{\rho} \right) \right] = \sum h_f \quad (1-90)$$

可见当两截面上的机械能一定时,所需输入外加功 W_e 的大小即动力消耗的多少取决于管路流体流动的阻力损失。对一定的流体输送任务(体积流量一定),管径 d 和管内流速 u 关系为：

$$d = \sqrt{\frac{4q_V}{\pi u}} \quad (1-91)$$

由式(1 – 91)可知,管径 d 与 $\sqrt{u}$ 成反比,流速越高,所需管径越小。对一定输送量,减小管径意味着降低管路系统造价,但由前面相关的讨论可知,完全湍流时阻力损失约正比于流速的平方,因此管径减小流速提高会导致流动阻力大大增加,即动力消耗增加,设备运转的操作费用增加;反之,降低流速,管径增大,操作费用降低而管路造价增加。因此,管路设计时,须根据流体的性质及具体的情况通过经济核算来确定适宜流速,使管路造价费用与操作费用之和为最低。

表 1 – 5 所示为某些流体在管道中的常用流速范围,表中数据也反映了流体的性质对流速选择的影响。通常,对于黏度较大的流体,如油类、浓酸及浓碱等液体,应取较低流速;对密度小的流体应取较高的流速,如气体的流速远高于液体,因为相同的质量流量下气体的体积流量远大于液体,若用较低的流速,管径将很大,管路造价大增。此外,对于含有固体悬浮物的流体,为防止固体物的沉积而堵塞管道,流速不应太低。

表 1 – 5　　　　　　　　　　　　**某些流体在管道中常用流速范围**

流体种类	常用流速/(m/s)	流体种类	常用流速/(m/s)
水及一般液体	1 ~ 3	压强较高的气体	15 ~ 25
黏度较大的液体	0.5 ~ 1	饱和水蒸气	
低压气体	8 ~ 15	0.8MPa 以下	40 ~ 60
易燃、易爆的低压气体(如乙炔等)	< 8	0.3MPa 以下	20 ~ 40
		过热水蒸气	30 ~ 50

确定管径的具体步骤为:首先根据流体的性质选择一流速,然后由式(1-91)得到一计算管径,并查阅管道标准对其计算值进行圆整。最终所确定的经济、合理的最佳管径(或适宜流速)是在选择若干不同流速的计算与对比的基础上产生的。

[例1-9]用泵将牛乳送至一常压高位槽,输送量为14500 kg/h,试确定适宜的输送管规格。已知牛乳的密度为1040kg/m³。

解:根据式(1-91)计算管内径,

式中 $$q_V = q_m/\rho = 14500/(3600 \times 1040) = 3.87 \times 10^{-3}(\text{m}^3/\text{s})$$

因所输送牛乳的性质与水相近,参考表1-5,选取 $u = 2.0\text{m/s}$,所以:

$$d = \sqrt{\frac{4 \times 3.87 \times 10^{-3}}{3.14 \times 2}} = 0.0497(\text{m})$$

根据附录的管子规格,选用 φ57mm×3.0mm 的不锈钢管。

管内的实际流速为 $u = 3.87 \times 10^{-3}/(0.785 \times 0.051^2) = 1.9(\text{m/s})$

二、管 路 计 算

管路计算按其目的可分为设计型计算与操作型计算两类。设计型计算通常是针对一定的流体输送任务(质量流量 q_m 或体积流量 q_V、输送距离 L、输送目标点的静压强 p_2 和垂直距离 z_2)和流体的初始状态(静压强 p_1、垂直距离 z_1),确定合理且经济的管路和输送机械。操作型计算则是针对已有的管路系统,核算当某一个或几个操作参数发生改变时,管路系统其它参数的变化情况,如对一定的管路系统,提高流体的输送量,核算其流体输送机械的能力。上述两类计算虽解决的问题不同,但计算所遵循的基本原理以及所采用的基本计算式是完全一致的。连续性方程、柏努利方程和流动阻力损失计算式是流体输送管路设计的基础。

(一)简单管路

简单管路即无分支的管路,既可以是等径,也可以由不同管径或截面形状的管道串联组成。简单管路的基本特点是:

(1)通过各段管路的质量流量不变,即服从连续性方程:

$$q_m = q_{V1}\rho_1 = q_{V2}\rho_2 = \cdots = \text{常数} \qquad (1-92)$$

对于不可压缩流体,体积流量也不变:

$$q_V = q_{V1} = q_{V2} = \cdots = \text{常数} \qquad (1-93)$$

或 $$q_V = u_1 A_1 = u_2 A_2 = \cdots = \text{常数} \qquad (1-94)$$

(2)全管路的流动阻力损失为各段直管阻力损失及所有局部阻力之和:

$$\sum h_f = h_{f1} + h_{f2} + \cdots + \sum h_f' \qquad (1-95)$$

(二)并联管路

图1-20 并联管路

并联管路即流体由主管分流后又汇合于一主管的管路,如图1-20所示。其特点:

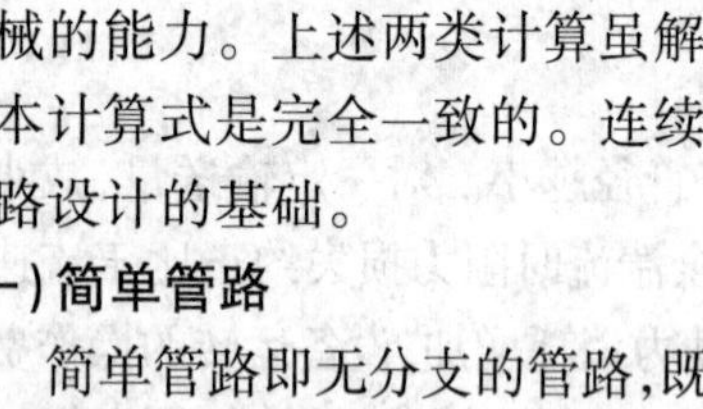

(1)主管中的质量流量等于并联各支管内质量流量之和:

$$q_m = q_{m1} + q_{m2} + q_{m3} \qquad (1-96)$$

对不可压缩流体:

$$q_V = q_{V1} + q_{V2} + q_{V3} \tag{1-97}$$

（2）由于任一并联处流体的总势能（位能与静压能之和）唯一,因此若分别对三个支管在分流点 A 与合流点 B 两截面间列柏努利方程,可推知单位质量的流体无论通过哪一根支管,阻力损失都相等,即:

$$h_{fA-B} = h_{f1} = h_{f2} = h_{f3} \tag{1-98}$$

但须注意,因每一支管通过的流量不等,所以每一支因流动阻力所损耗的功率并不相等。

（3）并联各支管流量分配具有自协调性。如各管段的阻力损失为:

$$h_{fi} = \lambda_i \frac{L_i}{d_i} \frac{u_i^2}{2} \tag{1-99}$$

式中 L_i 是包括局部阻力当量长度在内的支管阻力计算长度。又因为:

$$u_i = 4q_{Vi} / \pi d_i^2 \tag{1-100}$$

所以图 1-20 中三个支管的流量分配比为:

$$q_{V1} : q_{V2} : q_{V3} = \sqrt{\frac{d_1^5}{\lambda_1 L_1}} : \sqrt{\frac{d_2^5}{\lambda_2 L_2}} : \sqrt{\frac{d_3^5}{\lambda_3 L_3}} \tag{1-101}$$

（三）分支管路

如图 1-21 所示,由主管分支、支管上再分支的管网在工程上十分常见。分支点既可以是分流点,也可以是交汇点,这取决于支管上流体的流向。在任一个分支点处,若支管段内流体的机械能小于该点处主管上的值,则主管上的流体向支管分流;反之则由支管向主管交汇。以分流为例,分支管路的特点:

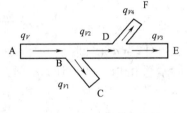

图 1-21　分支管路

（1）主管质量流量等于各支管质量流量之和,对图 1-21 所示的管路系统,可以表示为:

$$q_m = q_{m1} + q_{m2} = q_{m1} + (q_{m3} + q_{m4}) = q_{V1}\rho_1 + q_{V2}\rho_2 = q_{V1}\rho_1 + (q_{V3}\rho_3 + q_{V4}\rho_4) \tag{1-102}$$

对不可压缩流体即为:

$$q_V = q_{V1} + q_{V2} = q_{V1} + (q_{V3} + q_{V4}) \tag{1-103}$$

（2）以图 1-21 中分支点 B 为上游截面,分别对 C、D、E、F 各支管列柏努利方程:

$$u_B^2/2 + p_B/\rho + gz_B = u_C^2/2 + p_C/\rho + gz_C + \sum h_{f,BC} = u_D^2/2 + p_D/\rho + gz_D + \sum h_{f,BD}$$
$$= u_E^2/2 + p_E/\rho + gz_E + \sum h_{f,BD} + \sum h_{f,DE} = u_F^2/2 + p_F/\rho + gz_F + \sum h_{f,BD} + \sum h_{f,DF} \tag{1-104}$$

分支点处流体分流或合流时也存在阻力损失,总的来看,此项阻力损失与总阻力损失相比,常常是比较小的,因此许多工程场合将它忽略不计。

分支管路设计时,必须满足能量需求最大的支管的输送要求,其它支管可以通过改变管路阻力的方法调节流体机械能大小。无论分流或交汇,分支管路系统各支管与主管之间总是相互牵制的,任何一条支管流动状况的改变都会影响到系统内所有的支管,因此管路计算较为复杂。一般原则是逆着流动方向,由远而近对每一个分支点进行分解,逐一列出方程,编程计算。

［例 1-10］如附图所示,一水动力机械从水库引水喷射,设计流量 300m³/h,喷嘴出口处射流速度 32m/s。喷口处距水库液面垂直距离 80m,引水钢管长度为 300m（包括局部

阻力的当量长度），试计算适宜的引水管直径。水的密度为 1000kg/m^3，黏度为 $1.305 \times 10^{-3}\text{Pa} \cdot \text{s}$。

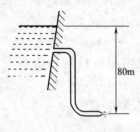

例 1 – 10　附图

解：设管内流速为 u，喷嘴出口处为 u_0，由水库水面到喷嘴出口列柏努利方程，有：

$$g\Delta z = \frac{u_0^2}{2} + \lambda \frac{L + \sum L_e}{d} \frac{u^2}{2}$$

将 $u = \frac{4q_V}{\pi d^2} = \frac{300}{3600 \times 0.785 d^2} = \frac{0.106}{d^2}$ 及已知数据代入上式，

得： $$80 \times 9.81 = \frac{32^2}{2} + \lambda \frac{300}{2d} \times \left(\frac{0.106}{d^2}\right)^2$$

整理得： $$\frac{\lambda}{d^5} = 161.4 \tag{1}$$

显然，若 ε/d、Re 已知，由图 1 – 16 或式（1 – 83）查出或计算出摩擦因数 λ，即可得管径 d。

取钢管 $\varepsilon = 0.3\text{mm}$，则：

$$\varepsilon/d = 0.0003/d \tag{2}$$

又 $$Re = \frac{du\rho}{\mu} = \frac{0.106 \times 1000}{d \times 1.305 \times 10^{-3}} = \frac{8.12 \times 10^4}{d} \tag{3}$$

可见，当 d 未知时，ε/d 和 Re 不确定，λ 也不能确定，因而 d 需试差求解。

本题由式（1 – 83）计算 λ，即：

$$\frac{1}{\sqrt{\lambda}} = 1.74 - 2\lg\left(\frac{2\varepsilon}{d} + 18.7\frac{1}{Re\sqrt{\lambda}}\right) \tag{4}$$

试差求解 d 的大致步骤如下：

（a）根据管内湍流时 λ 值大致在 $0.02 \sim 0.04$ 的范围设一个 λ 的初值；

（b）将初设 λ 代入式（1）计算出 d；

（c）将 d 代入式（2）和式（3）计算出相应的 ε/d 和 Re；

（d）将 ε/d 和 Re 代入式（4）得到 λ 的计算值。

将（d）所得 λ 计算值与初设值进行比较，并根据差值大小对初设值进行调整，如此循环直至达到满意的计算精度。对本题，计算结果为：$\lambda = 0.0233$，$u = 3.63\text{m/s}$，$Re = 4.75 \times 10^5$，$d = 0.1705\text{m}$。

[例 1 – 11]将密度为 1030kg/m^3，黏度为 $2.12\text{mPa} \cdot \text{s}$ 的牛乳由常压高位槽 A 分别流入反应器 B 和容器 C 中，如附图所示。器 B 内压强为 0.03MPa（表压），器 C 中真空度为 0.01MPa。总管为 $\varphi57\text{mm} \times 3.5\text{mm}$，管长（$20 + z_A$）m，通向器 B 的管路为 $\varphi32\text{mm} \times 2.5\text{mm}$，长 15m，通向器 C 的管路为 $\varphi32\text{mm} \times 2.5\text{mm}$，长 20m（以上各管长均包括各种局部阻力的当量长度在内）。所有管道皆为不锈钢管，绝对粗糙 ε 取为 0.15mm。如果器 B 要求的供应量为 2000kg/h，器 C 要求的供应量为 3000kg/h，问

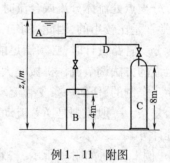

例 1 – 11　附图

高位槽液面至少应高于地面多少米?

解:已知 $p_A = 0$(表压), $z_B = 4m$, $z_C = 8m$, $p_B = 3 \times 10^4 Pa$, $p_C = -1 \times 10^4 Pa$

以 D 表示分支点,则各管段的流速为:

$$u_{AD} = (2000 + 3000)/(3600 \times 1030 \times 0.785 \times 0.05^2) = 0.687(\text{m/s})$$

$$u_{DB} = 2000/(3600 \times 1030 \times 0.785 \times 0.027^2) = 0.942(\text{m/s})$$

$$u_{DC} = 3000/(3600 \times 1030 \times 0.785 \times 0.027^2) = 1.41(\text{m/s})$$

各管段的相对粗糙度及雷诺数为:

$$\varepsilon/d_{AD} = 0.15/50 = 0.003 \quad Re_{AD} = d_{AD}u_{AD}\rho/\mu = 0.05 \times 0.687 \times 1030/0.00212 = 1.67 \times 10^4$$

$$\varepsilon/d_{DB} = 0.15/27 = 0.0056 \quad Re_{DB} = d_{DB}u_{DB}\rho/\mu = 0.027 \times 0.942 \times 1030/0.00212 = 1.24 \times 10^4$$

$$\varepsilon/d_{DC} = 0.15/27 = 0.0056 \quad Re_{DC} = d_{DC}u_{DC}\rho/\mu = 0.027 \times 1.41 \times 1030/0.00212 = 1.85 \times 10^4$$

根据上述各管段的相对粗糙度及雷诺数查图 1 - 16,得:

$$\lambda_{AD} = 0.032 \quad \lambda_{BD} = 0.038 \quad \lambda_{DC} = 0.037$$

各管段阻力损失:

$$\sum h_{f,AD} = \lambda_{AD}L_{AD}u_{AD}^2/(2d_{AD}) = 0.032 \times (20 + z_A) \times 0.687^2/(2 \times 0.05) = (3.02 + 0.15z_A)(\text{J/kg})$$

$$\sum h_{f,DB} = \lambda_{DB}L_{DB}u_{DB}^2/(2d_{DB}) = 0.038 \times 15 \times 0.942^2/(2 \times 0.027) = 9.37(\text{J/kg})$$

$$\sum h_{f,DC} = \lambda_{DC}L_{DC}u_{DC}^2/(2d_{DC}) = 0.037 \times 20 \times 1.41^2/(2 \times 0.027) = 27.2(\text{J/kg})$$

由 A 到 B 支路计算,即在高位槽 A 液面与器 B 内奶管流出截面间列柏努利方程:

$$z_A = z_B + (p_B - p_A)/(\rho g) + (\sum h_{f,AD} + \sum h_{f,DB})/g$$

代入相关数据: $z_A = 4 + 3 \times 10^4/(1030 \times 9.81) + (3.02 + 0.15z_A + 9.37)/9.81$

故: $$z_A = 8.36m$$

由 A 到 C 支路计算,即在高位槽 A 液面与器 C 内奶管流出截面间列柏努利方程:

$$z_A = z_C + (p_C - p_A)/\rho g + (\sum h_{f,AD} + \sum h_{f,DC})/g$$

代入相关数据: $z_A = 8 - 1 \times 10^4/(1030 \times 9.81) + (3.02 + 0.15z_A + 27.2)/9.81$

故: $$z_A = 10.25m$$

比较两个支路的计算结果取 $z_A = 10.25m$,即高位槽液面至少高出地面 10.25m 才能满足器 C 的要求,但对器 B 则有富余,可用阀门调到 B 支路要求的流量。

三、管路特性曲线

对任一个包含流体输送机械在内的管路系统,柏努利方程表达了从输送起点截面 1 - 1 到目标点截面 2 - 2 之间流体的能量转换关系。用 g 通除该式,有:

$$u_1^2/2g + p_1/\rho g + z_1 + H_e = u_2^2/2g + p_2/\rho g + z_2 + \sum H_f \tag{1-105}$$

此式即为以单位重量流体为计算基准的柏努利方程。式中各项单位均为 m 流体柱,其中 $H_e = W_e/g$, $\sum H_f = \sum h_f/g$,分别称为泵压头与损失压头,而 $u^2/(2g)$、$p/(\rho g)$、z 则相应简称为速度头、静压头、位压头。显然,为了提高流体的机械能并克服管路系统的阻力损失,必须要求流体输送机械向每单位重量流体提供的机械能即泵压头为:

$$H_e = (u_2^2 - u_1^2)/2g + (p_2 - p_1)/\rho g + (z_2 - z_1) + \sum H_f \tag{1-106}$$

H_e 又称为管路的扬程,其物理意义等价于将该流体提升 H_e 的高度而使之具有的位能。要注意,扬程 H_e 与流体的升扬高度 $(z_2 - z_1)$ 是完全不同的。

分析上式可知,对同样的流体输送任务而言,不同的管路系统其流动阻力损失 $\sum H_f$ 不同,因而要求的压头 H_e 不同;同一管路系统输送不同的流量时流动阻力不同,因此要求的压头 H_e 也不同。

由直管阻力损失计算式可知:

$$\sum H_f = \sum \left[\left(\lambda \frac{L}{d} + \zeta \right) \frac{u^2}{2g} \right] \tag{1-107}$$

又根据管路中的流速 u 与体积流量 q_V 的关系,式(1-106)可写为:

$$H_e = \frac{\Delta p}{\rho g} + \Delta z + \frac{1}{2g} \left[\left(\frac{16}{\pi^2 d_2^4} - \frac{16}{\pi^2 d_1^4} \right) + \sum \frac{16 \left(\lambda \frac{L}{d} + \zeta \right)}{\pi^2 d^4} \right] q_V^2 \tag{1-108}$$

对一定的管路系统,上式方括号中仅摩擦因数与流量有关,但当管内流动达湍流时,λ 值变化较小。若流动进入阻力平方区,则 λ 与流量无关,这样若令:

$$K = \frac{1}{2g} \left[\left(\frac{16}{\pi^2 d_2^4} - \frac{16}{\pi^2 d_1^4} \right) + \sum \frac{16 \left(\lambda \frac{L}{d} + \zeta \right)}{\pi^2 d^4} \right] \tag{1-109}$$

式(1-108)则简化为:

$$H_e = \Delta p / (\rho g) + \Delta z + K q_V^2 \tag{1-110}$$

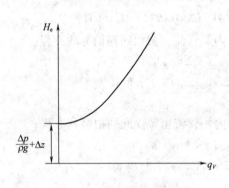

图 1-22 管路特性曲线

式(1-110)称为管路特性方程,表述了一定管路系统输送流体的流量与所需提供的机械能的关系。代表管路特性方程的曲线称为管路特性曲线,如图 1-22 所示。对一定的管路系统,通常($\Delta p / \rho g + \Delta z$)是固定不变的,而 K 值则与管路情况有关。K 值越大,曲线越陡峭,表明输送相同的流量需输送机械提供的扬程更大,所以 K 值代表了管路系统的阻力特性。

[例 1-12]拟用泵将 20℃ 水由敞口贮池打入一常压洗涤塔内。贮池液面距塔内水喷淋器出口有 10m 位差,管路为 $\varphi 57mm \times 3.5mm$ 钢管,绝对粗糙度为 0.2mm。出口管路上有一调节阀,管路总长 40m(包括除调节阀以外的所有局部阻力的当量长度)。试求:(1)阀全开时管路特性方程(设流动处于阻力平方区);(2)输送流量为 20m³/h 时,管路所需的压头及消耗的功率。

解:(1)水 20℃ 时,查得 $\rho = 998.2 kg/m^3$,$\mu = 0.001 Pa \cdot s$。因流动处于阻力平方区,由 $\varepsilon/d = 0.2/50 = 0.004$ 查图 1-16 得 $\lambda = 0.028$,查表 1-4,全开调节阀 $\zeta = 0.17$。

在贮池液面与塔内水喷淋器出口两截面间列柏努利方程即得管路特性方程:

$$H_e = \Delta p / \rho g + \Delta z + K q_V^2$$

式中 $\Delta p = 0$,$\Delta z = 10m$,$K = \frac{1}{2g} \sum \frac{16 \left(\lambda \frac{L}{d} + \zeta \right)}{\pi^2 d^4} = \frac{0.028 \times \frac{10}{0.05} + 0.17}{2 \times 9.81 \times 0.785^2 \times 0.05^4} = 2.99 \times 10^5$

故 $H_e = 10 + 2.99 \times 10^5 q_V^2$

(2)当 $q_V = 20m^3/h = 5.56 \times 10^{-3} m^3/s$ 时

管路所需压头　　　$H_e = 10 + 2.99 \times 10^5 \times (5.56 \times 10^{-3})^2 = 19.24 (m)$

管路所消耗的功率

$$P_e = H_e q_V \rho g = 19.24 \times 5.56 \times 10^{-3} \times 998.2 \times 9.81 = 1047.5 (\text{W})$$

四、可压缩流体的管路计算

气体的密度与其压强密切相关。因此,当可压缩流体在管道中作稳态流动时,由于克服流动阻力而引起的压强降将导致流体沿管程密度的改变,这样,沿管程质量流量相等而体积流量不等,流速也相应改变。若两截面之间气体的压强变化较小时,管路计算中仍可采用不可压缩流体的柏努利方程进行计算。但两截面间压强变化较大时,如较长距离的输送,则须考虑其差异。

在一长度为 L 的等径直管中取一长为 $\mathrm{d}L$ 的微元段,在该微元长度内流体流动的摩擦阻力为:

$$\mathrm{d}h_f = \lambda \frac{\mathrm{d}L}{d} \frac{u^2}{2} \tag{1-111}$$

此阻力即为流体流经 $\mathrm{d}L$ 微元段后的机械能改变量,因而对此微元段有:

$$\mathrm{d}\left(\frac{u^2}{2}\right) + \frac{\mathrm{d}p}{\rho} + g\mathrm{d}z = -\lambda \frac{\mathrm{d}L}{d} \frac{u^2}{2} \tag{1-112}$$

在一定条件下积分上式即可得到气体在直管内流动的机械能衡算方程。

式(1-112)中流速 u 和密度 ρ 均随管长 L 变化,而流速 u 和密度 ρ 的关系为:

$$u = w/\rho = wv \tag{1-113}$$

同时将 Re 表达为:

$$Re = \frac{du\rho}{\mu} = \frac{dw}{\mu} \tag{1-114}$$

由于摩擦因数 $\lambda = f(Re, \varepsilon/d)$,对等径管而言,$d$、$w$ 为常数,在等温或温度改变不大的情况下气体黏度也基本为常数,即 Re 数和 ε/d 均为常数,因此 λ 沿管长可视为不变。在此条件下,将式(1-113)代入微分式(1-112)并以 v^2 通除各项,得到:

$$w^2 \frac{\mathrm{d}v}{v} + \frac{\mathrm{d}p}{v} + \frac{g\mathrm{d}z}{v^2} + \lambda \frac{w^2}{2d}\mathrm{d}L = 0 \tag{1-115}$$

由于气体的比体积大(密度小),其位能改变可忽略不计。这样,在 L 管长间对上式积分得:

$$w^2 \ln \frac{v_2}{v_1} + \int_{p_1}^{p_2} \frac{\mathrm{d}p}{v} + \frac{\lambda w^2 L}{2d} = 0 \tag{1-116}$$

上式中的积分项取决于气体的 $p-v$ 关系。按理想气体处理时,有:

等温过程　　　　　　　　$pv = $ 常数 $\tag{1-117}$

绝热过程　　　　　　　　$pv^\gamma = $ 常数 $\tag{1-118}$

多变过程　　　　　　　　$pv^k = $ 常数 $\tag{1-119}$

γ、k 分别为气体的绝热指数和多变指数。

将适合过程特征的相应表达式代入式(1-116)并积分,即可获得气体输送管路计算的机械能衡算式。以多变过程为例:

$$w^2 \ln \frac{v_2}{v_1} + \frac{k}{k+1}\left(\frac{p_1}{v_1}\right)\left[\left(\frac{p_2}{p_1}\right)^{\frac{k+1}{k}} - 1\right] + \frac{\lambda w^2 L}{2d} = 0 \tag{1-120}$$

等温过程 $k=1$,且 $p_1 v_1 = p_2 v_2 = pv = RT/M$,由上式可得:

$$w^2 \ln \frac{v_2}{v_1} + \frac{p_2^2 - p_1^2}{2p_1 v_1} + \frac{\lambda w^2 L}{2d} = 0 \qquad (1-121)$$

将与平均压强 $p_m = (p_1 + p_2)/2$ 相对应的平均密度 $\rho_m = M(p_1 + p_2)/(2RT)$ 代入式(1-121)并整理得：

$$p_1 - p_2 = \frac{w^2}{\rho_m}(\ln \frac{p_1}{p_2} + \frac{\lambda L}{2d}) \qquad (1-122)$$

式(1-122)为可压缩流体在直管内流动时的压降计算式,等式右端第一项反映动能的变化,第二项反映流动摩擦阻力。可见,可压缩流体在等径直管内流动时的静压能下降,一部分用于流体膨胀所引起的动能增加,另一部分用于克服摩擦阻力损失。若流体膨胀程度不大,即较之阻力损失项动能项可忽略不计时,则有：

$$p_1 - p_2 = \lambda \frac{L}{d} \frac{w^2}{2\rho_m} = \rho_m \lambda \frac{L}{d} \frac{u_m^2}{2} \qquad (1-123)$$

式中 $u_m = w/\rho_m$。式(1-123)与不可压缩流体水平直管中流动的柏努利方程相一致。

第七节　流速和流量的测定

流速是流体运动最为基本的参数,测定流速分布对于了解流动结构和过程强化的机理,开发新型设备都有很大的帮助。流量则是对生产过程进行调节和控制的重要参数。现代测试技术可以提供流场内部详尽的流速分布信息,生产上用得更为普遍的则是根据流体动力学原理的一些测量方法。本节介绍食品工业生产中常见的以流体流动守恒原理为基础设计的流速、流量测量装置。

一、测　速　管

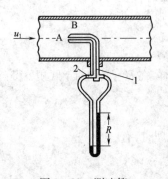

图 1-23　测速管
1—静压管(外管)　2—冲压管(内管)

测速管又称皮托管,是由流体冲压能(动压能 $u^2/2$ 与静压能 p/ρ 之和)与静压能之差检测流速的测量元件。如图 1-23 所示,测速管的主要结构为一同心套管,内管前端开口,外管前端封闭,距端头一定距离在外管壁上沿周向开有几个小孔。测量时,由充满内管、外管的被测流体将测口处的压强分别传递到压差测量装置如 U 形差压计的两个端口。内管前端开口 A 正对来流方向,迎面而来的流体必在 A 点处停滞,该点称为驻点。根据柏努利方程,来流的动能与势能之和在驻点处全部转化为势能,即：

$$u_1^2/2 + p_1/\rho + gz_1 = p_A/\rho + gz_A \qquad (1-124)$$

而距 A 点很近的 B 点外管壁上测压小孔的法线与流动方向垂直,因此所感受的压强为测点处流体的静压强。忽略测速管本身对流速的干扰以及 A、B 两点间流体的阻力损失,则在来流与 B 点之间的柏努利方程为：

$$u_1^2/2 + p_1/\rho + gz_1 = u_1^2/2 + p_B/\rho + gz_B \qquad (1-125)$$

即

$$p_1/\rho + gz_1 = p_B/\rho + gz_B \qquad (1-126)$$

将其代入式(1-124),即得到测速管测量流速的基本公式：

$$u_1 = \sqrt{\frac{p_A - p_B}{\rho} + g(z_A - z_B)} \qquad (1-127)$$

由于 A、B 之间相距很近,因此无论管道是否水平放置,其垂直位差一般都可忽略不计。当 U 形差压计指示液的密度为 ρ_0,其读数为 R 时,$p_A - p_B = R(\rho_0 - \rho)g$,故:

$$u_1 = \sqrt{\frac{2gR(\rho_0 - \rho)}{\rho}} \qquad (1-128)$$

测速管测得的是点速度,若以流量测量为目的,还必须在同一截面上进行多点测量,得到速度分布后积分求算或由多点测量值求出平均流速进而求得流量。对圆管内的层流或湍流,因流速分布规律为已知,如层流时平均流速为管中心最大流速的 1/2,所以通过测量其管中心处的 u_{max} 就可得到管截面上的平均流速 u。圆管中 u/u_{max} 与雷诺数的关系见图 1-24,Re_{max} 与 Re 分别为最大流速 u_{max} 和平均流速 u 下的雷诺数。

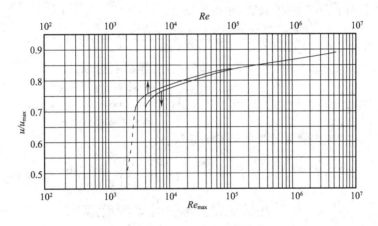

图 1-24　u/u_{max} 与 Re 的关系

测速管的优点是结构简单,对被测流体的阻力小,尤其适用于低压、大管道气体流速的测量。缺点是输出的压差信号较小,一般需要放大后才能较为精确地显示其读数。

测速管的安装应保证内管开口截面严格垂直于来流方向,否则就不满足式(1-124)和式(1-125)的测量原理。测速管自身因为制造精度等方面的原因也会引起偏差,一般出厂时经过校验并标明校正系数。为了尽可能满足测速管的测量原理,还应注意:

(1)测点应位于均匀流速段。通常上、下游应有 50 倍管径的直管长度,大管径的倍数可适当减少。一般厂方提供的产品样本中会给出安装的具体要求。

(2)尽量减少测速管对流动的干扰,一般选取测速管直径应小于管径的 1/50。

[例1-13]用如图 1-23 所示的毕托管测定空气在管道中的流量。已知管内径为 200mm,测量点表压为 8kPa,空气温度为 30℃,用水作指示剂的 U 形管压差计读数为 10mmH$_2$O。试求:(1)管道中空气的质量流量;(2)为了提高读数精度,拟采用以乙醇水溶液和煤油为指示剂的双液柱微压差计。若要使压差读数放大 10 倍,乙醇水溶液的密度以及质量分数为多少?(水、乙醇和煤油的密度可分别取为 1000kg/m^3、789kg/m^3 和 850kg/m^3)

解:(1)管道中空气的密度

$$\rho = \frac{29}{22.4} \times \frac{273}{303} \times \frac{101.3 + 8}{101.3} = 1.26 \ (kg/m^3)$$

管中心处空气的流速

$$u_{max} = \sqrt{\frac{2gR(\rho_0 - \rho)}{\rho}} = \sqrt{\frac{2 \times 9.81 \times 0.01 \times (1000 - 1.26)}{1.26}} = 12.5(\text{m/s})$$

查得30℃空气的黏度 $\mu = 1.86 \times 10^{-5} \text{Pa} \cdot \text{s}$

$$Re_{max} = du_{max}\rho/\mu = 0.2 \times 12.5 \times 1.26/(1.86 \times 10^{-5}) = 1.69 \times 10^5$$

查图 1 - 24 得 $\qquad u/u_{max} = 0.82$

所以 $u = 0.82u_{max} = 0.82 \times 12.5 = 10.3(\text{m/s})$

故管道中空气的质量流量 $q_m = q_V\rho = \pi d^2 u\rho/4 = 0.785 \times 0.2^2 \times 10.3 \times 1.26 = 0.408(\text{kg/s})$

（2）以 ρ_0、ρ_{01} 和 ρ_{02} 分别表示水、乙醇水溶液和煤油的密度，则：

用 U 形管压差计测量时，$\Delta p = p_1 - p_2 = (\rho_0 - \rho)gR \approx \rho_0 gR$

用双液柱微压差计测量时，$\Delta p = p_1 - p_2 = (\rho_{01} - \rho_{02})gR'$

因 Δp 相同，由上两式整理得乙醇水溶液密度：

$$\rho_{01} = \frac{\rho_0 R + \rho_{02}R'}{R'} = \frac{1000 \times 10 + 850 \times 10 \times 10}{10 \times 10} = 950(\text{kg/m}^3)$$

以酒精水溶液质量为基准，并设酒精与水混合后体积不变，则：

$$\rho_{01} = \frac{m}{V} = \frac{m}{V_A + V_0} = \frac{m}{\dfrac{w_A}{\rho_A} + \dfrac{w_0}{\rho_0}}$$

将 $w_0 = 1 - w_A$ 代入上式并整理得酒精的质量分数：

$$w_A = \frac{\rho_A(\rho_0 - \rho_{01})}{\rho_{01}(\rho_0 - \rho_A)} = \frac{789 \times (1000 - 950)}{950 \times (1000 - 789)} = 0.1968$$

二、孔板流量计与文丘里流量计

（一）孔板流量计

孔板流量计是通过改变流体在管道中的流通截面积而引起动能与静压能改变来检测流量的装置。如图 1 - 25 所示，其主要元件是在管道中插入的一块中心开圆孔的板，流体流经孔板时因流道缩小、流速增加，即动能增加，且由于惯性作用从孔口流出后继续收缩形成一最小截面（图中 2 - 2 截面），称为缩脉。缩脉处流速最大因而静压相应最低，在孔板前上游截面 1 - 1 与缩脉截面 2 - 2 之间列柏努利方程：

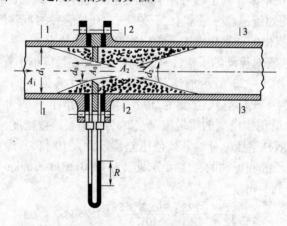

图 1 - 25 孔板流量计

$$\frac{u_1^2}{2} + \frac{p_1}{\rho} = \frac{u_2^2}{2} + \frac{p_2}{\rho} \tag{1-129}$$

即

$$\sqrt{u_2^2 - u_1^2} = \sqrt{\frac{2(p_1 - p_2)}{\rho}} \tag{1-130}$$

但是,以上方程中缩脉截面 2-2 的准确轴向位置以及截面积均难以确定,因此 u_2、p_2 也难以确定。加上实际流体通过孔板的阻力损失等尚未计及的因素,一般工程上采用规定孔板两侧测压口位置,用孔口流速 u_0 代替 u_2 并相应乘上一个校正系数 C 的办法对式(1-130)进行修正:

$$\sqrt{u_0^2 - u_1^2} = C\sqrt{\frac{2(p_a - p_b)}{\rho}} \tag{1-131}$$

p_a、p_b 为孔板两侧测压口处的流体压强。根据连续性方程,对不可压缩流体:

$$u_1 = u_0(d_0/d_1)^2 \tag{1-132}$$

将其代入式(1-131):

$$u_0 = \frac{C}{\sqrt{1 - (d_0/d_1)^4}}\sqrt{\frac{2(p_a - p_b)}{\rho}} \tag{1-133}$$

令 $C_0 = \dfrac{C}{\sqrt{1 - (d_0/d_1)^4}}$,式(1-133)变为:

$$u_0 = C_0\sqrt{\frac{2(p_a - p_b)}{\rho}} \tag{1-134}$$

当采用 U 形压差计检测其压差时,若指示液的密度为 ρ_0,读数为 R,则:

$$u_0 = C_0\sqrt{\frac{2R(\rho_0 - \rho)g}{\rho}} \tag{1-135}$$

故体积流量:

$$q_V = C_0 A_0\sqrt{\frac{2R(\rho_0 - \rho)g}{\rho}} \tag{1-136}$$

式中 C_0 为孔板流量系数,简称孔流系数,取决于管内流动的 Re 和孔口截面积与管道截面积的比值,以及取压方式、孔板加工与安装情况等多方面因素,需通过实验测定。按照规定方式加工、安装的标准孔板流量计,由实验测得的孔流系数 C_0 与 Re、$(d_0/d_1)^2$ 的关系如图 1-26 所示。由图可见,当 Re 增加到某个值以后,C_0 值即不再随其改变而仅由 $(d_0/d_1)^2$ 决定。因此设计或选用孔板流量计时,其测量范围应尽量落在 C_0 值为常数的区域。一般 C_0 取值在 0.6~0.7。

孔板流量计安装时,须保证其上、下游

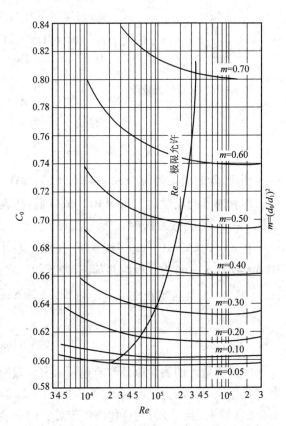

图 1-26 孔板流量计的孔流系数

均有一定长度的直管段,通常上游直管长度应大于$10d_1$,下游至少应大于$5d_1$。

孔板流量计的优点是构造简单,制作、安装方便因而应用十分广泛。其缺点是被测流体阻力损失大,原因在于孔板的锐孔结构使流体流过时产生突然缩小和突然扩大的局部阻力损失。

(二)文丘里流量计

文丘里流量计也是通过改变流体流通截面积引起动能与静压能改变来进行测量的,其原理与孔板流量计相同,但结构上采取渐缩后渐扩的流道,如图1-27所示。渐缩渐扩的流道很好地避免了旋涡的形成,因此较之孔板流量计流动阻力大大下降。

文丘里流量计的计算公式仍可采用式(1-136)的形式,所不同的是用文丘里流量系数C_V代替其中的孔流系数C_0,即:

$$q_V = C_V A_0 \sqrt{\frac{2R(\rho_0 - \rho)g}{\rho}} \qquad (1-137)$$

文丘里流量系数C_V由实验测定。在湍流情况下,喉径与管径比在$0.25 \sim 0.5$,C_V的值一般为$0.98 \sim 0.99$。

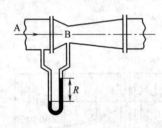

图1-27 文丘里流量计

[例1-14]在$\varphi 60mm \times 3.5mm$的管路中安装有一孔径为30mm的标准孔板流量计,管内输送20℃的液态苯。试确定流量达多少时,该孔板的孔流系数C_0才与流量无关,并估算该流量下孔板压差计可检测到的压差。

解:由附录查得20℃时苯的密度$\rho = 879kg/m^3$,黏度$\mu = 0.737 \times 10^{-3} Pa \cdot s$

因 $A_0/A = (d_0/d)^2 = (0.03/0.053)^2 = 0.32$

所以,由图1-26可查得,该孔板的孔流系数C_0为定值的最小Re为1.05×10^5,与此Re数对应的管内苯的流速为:

$$u = \frac{\mu}{\rho d}Re = \frac{0.737 \times 10^{-3}}{879 \times 0.053} \times 1.05 \times 10^5 = 1.66(m/s)$$

相应,苯的流量为:$q_V = \pi d^2 u/4 = 0.785 \times 0.053^2 \times 1.66 = 3.66 \times 10^{-3}(m^3/s)$

即管内苯的流量达$3.66 \times 10^{-3} m^3/s$后,孔流系数$C_0$为一定值,不随流量的增加而改变,查图1-26该$C_0$值为0.64。

在$q_V = 3.66 \times 10^{-3} m^3/s$流量下,孔板压差计所检测到的压差可由式(1-137)估算,式中$\Delta p = Rg(\rho_0 - \rho)$为孔板两侧苯流动的压差,故:

$$\Delta p = \left(\frac{q_V}{C_0 A_0}\right)^2 \frac{\rho}{2} = \left(\frac{3.66 \times 10^{-3}}{0.64 \times 0.785 \times 0.03^2}\right)^2 \times \frac{879}{2} = 28.8(kPa)$$

三、转子流量计

转子流量计的测量原理与前述一定缩口截面积下测量其压差随流量改变的孔板流量计和文丘里流量计的方法有所不同。如图1-28所示,转子流量计是由一微带锥形的垂直玻管(锥度约4°,且上大下小)和放置于玻管内一直径略小于玻管直径的转子构成,转子材料的密度大于被测流体的密度。无流体通过时,转子沉置于锥管底部。当流体自下而上流过锥形管,在流经转子与锥形玻管壁之间的环隙通道时,由于流道截面减小、流速增大,流体静压随之降低,这样在转子上、下截面形成了压差$(p_1 - p_2)$,该压差施加于转子一垂直向上的推力。对一定的流量计,其转子的重量一定,当压差产生的推力大于转子的重量时,转子将上浮。随着转子上浮,环隙截面积增大,流速随之下降,因而转子上、下截面的压差又减小。当转子上浮到某一高度其向上推力恰等于转子的重量时,转子将悬浮于此高度上。若改变流体的流量,转子上、下截面压差随之改变,转子上浮或下沉直至其向上推力等于转子的重量而悬浮于一新的高度上。

设转子密度为ρ_f,体积为V_f,最大截面积为A_f,被测流体的密度为ρ,转子上、下截面流体的压差为$p_1 - p_2$,则当转子稳定悬浮于某一高度时,有:

$$(p_1 - p_2)A_f = V_f \rho_f g \qquad (1-138)$$

在转子上、下截面(图$1-28$中$1-1$、$2-2$截面)间列柏努利方程,用流体通过环隙的流速u_0表示$2-2$截面的流速u_2,且不计阻力损失,$p_1 - p_2$可表达为:

$$(p_1 - p_2) = (z_2 - z_1)\rho g + (u_0^2/2 - u_1^2/2)\rho \qquad (1-139)$$

上式表明流体在转子上、下两端面处产生压差的原因:一是流体在两截面的位能差;二是动能差。而位能差形成的压差作用于转子上的力即为浮力。

由连续性方程,流速u_1与u_0关系为:

$$u_1 = u_0 A_0/A_1 \qquad (1-140)$$

其中A_1、A_0分别为锥形管面积和转子稳定高度z_2处的环隙流通截面积,将其代入式$(1-139)$,并用转子截面积A_f通乘各项,得:

$$(p_1 - p_2)A_f = (z_2 - z_1)A_f \rho g + A_f \rho[1 - (A_0/A_1)^2]u_0^2/2 \qquad (1-141)$$

对比式$(1-138)$,并用转子体积V_f代替式中的$(z_2 - z_1)A_f$,得:

$$u_0 = \frac{1}{\sqrt{1 - (A_0/A_1)^2}}\sqrt{\frac{2V_f(\rho_f - \rho)}{\rho A_f}} \qquad (1-142)$$

将上述推导中尚未计的转子形状与流动阻力等因素的影响一并考虑,式$(1-142)$改写为:

$$u_0 = C_R \sqrt{\frac{2V_f(\rho_f - \rho)}{\rho A_f}} \qquad (1-143)$$

式中C_R为转子流量计校正系数(也称为流量系数),包含(A_0/A_1)及诸多因素的影响,由实验测定。不同形状的转子,流量系数C_R随环隙处Re数而变化的规律有所不同,但Re较大时,C_R均可为常数。设计或选用转子流量计时,应使其工作在C_R为定值的Re数范围内,这样根据式$(1-142)$,不论转子位置的高低、流量的大小,环隙内流体的速度u_0始终为一常数。

转子流量计的体积流量为:

$$q_V = A_0 u_0 = A_0 C_R \sqrt{\frac{2V_f(\rho_f - \rho)g}{\rho A_f}} \qquad (1-144)$$

式中环隙面积A_0正比于转子在锥管中的高度。

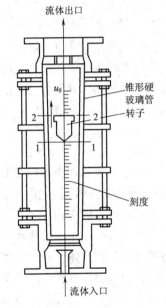

图$1-28$　转子流量计

流体出口

u_0

锥形硬玻璃管

转子

2　　2

1　　1

刻度

流体入口

转子流量计出厂时一般使用20℃的水或者20℃、0.1MPa的空气进行流量标定并直接按高度刻度。如被测流体与标定条件不符应进行刻度换算。根据式(1-144),在流量系数 C_R 保持为常数的条件下,其换算公式为:

$$q'_V = q_V \sqrt{\frac{\rho(\rho_f - \rho')}{\rho'(\rho_f - \rho)}} \qquad (1-145)$$

式中 q_V'、ρ'——被测流体的体积流量和密度;

  q_V、ρ——标定流体的体积流量和密度。

参照以上方法,对改变转子材料即 ρ_f 改变的情况也可进行换算。

第八节 非牛顿流体的流动

层流流动时,其剪应力 τ 与速度梯度 du/dy(又称剪切形变速率或剪切率)的关系不服从牛顿黏性定律式的流体统称为非牛顿流体。高分子溶液、聚合物熔体、浓悬浮液、乳浊液等为典型的非牛顿流体,因此在食品生产中所广泛涉及的乳液、固液浓缩物以及如奶油、果酱、巧克力等这类成糊状或乳状的成品、半成品食品多属非牛顿流体。

一、非牛顿流体的主要类型

非牛顿流体在流动行为上与牛顿流体的差异,本质上是由流体内部的剪应力与剪切变形速率(即速度梯度)之间的关系决定的。描述剪应力与剪切率(即速度梯度)之间关系的方程称为流体的本构方程。牛顿黏性定律即为牛顿流体的本构方程。非牛顿流体种类繁多,特性各异,几乎不可能找到一个通用的本构方程。迄今在非牛顿流体的研究领域中针对不同的非牛顿流体已研究出多种形式的本构方程。总体上,非牛顿流体可分为两个大类,一类是剪应力与速度梯度的关系不随剪应力的作用时间而改变的流体,另一类是其关系随剪应力作用时间而改变的流体,具有此特性的流体又称为触变性流体。本节仅对前一类非牛顿流体作一扼要介绍,此类流体又可分为塑性流体、假塑性流体与胀塑性流体等。

(一)塑性流体

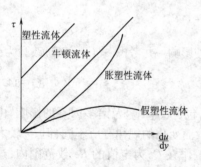

图 1-29 非牛顿流体的性质

许多浓缩的悬浮液或乳浊液,如泥浆、油墨、油漆以及食品中的干酪、巧克力浆等会表现出一种力学上的塑性行为,即流体承受的剪应力超过一定值后才开始发生流动变形,如图 1-29 所示。理想塑性流体称为宾汉姆(Bingham)流体,其本构方程为

$$\tau = \tau_0 + K\frac{du}{dy} \qquad (1-146)$$

式中 τ_0——屈服应力;

  K——塑性黏度。

式(1-146)与牛顿黏性定律比较,差别在于剪应力与速度梯度的线性关系不通过原点。

(二)假塑性流体与胀塑性流体(幂律流体)

大多数非牛顿流体的本构方程可表述为如下的幂函数形式,即:

$$\tau = K \left(\frac{\mathrm{d}u}{\mathrm{d}y} \right)^n \tag{1-147}$$

式中　K——稠度系数,单位为 $Pa \cdot s^n$;

　　　n——流变指数,量纲为 1。K 与 n 均需通过实验测定。服从式(1-147)的流体又称为幂律流体。根据 n 值的大小,幂律流体又可分为:

1. 假塑性流体($n < 1$)

$n < 1$ 时,流体的剪应力随速度梯度的增大而逐渐减小(图 1-29),即出现剪切稀化现象,如不对称的长链高分子流体,静止时分子之间交错缠绕,在剪应力作用下分子或质团逐渐有序排列,且随剪应力加大有序程度增加,分子间作用力减小,因此表观黏度下降。食品工业中的非牛顿流体大多属于假塑性流体,如蛋黄酱、番茄酱、果酱、血液等。

2. 胀塑性流体($n > 1$)

$n > 1$ 时,流体的剪应力随速度梯度值的增大而逐渐上升(图 1-29),即出现剪切增稠现象,如食品工业中的浓淀粉溶液和蜂蜜等。

二、非牛顿流体在圆管内的流动

由本构方程可见,塑性流体当剪应力超过一定值后即完全或近似表现出牛顿流体的流动行为,而幂律流体则不能,其剪应力与速度梯度表现出明显的非线性特征。因此,下面将重点针对幂律流体进行讨论。

(一)幂律流体在管内层流时的速度分布

从力平衡出发推导出的式(1-54)代表了稳态流动时流体内部剪应力在管截面上的分布,该式对非牛顿流体同样成立。将圆管内幂律流体的本构方程式代入得:

$$\Delta p_f r / (2L) = K (\mathrm{d}u / \mathrm{d}r)^n \tag{1-148}$$

式中 Δp_f 为单位体积流体的阻力损失,与半径 r 无关。积分上式并利用边界条件 $r = R, u = 0$,即得到幂律流体在圆管内层流时的速度分布:

$$u_r = \left(\frac{\Delta p_f}{2KL} \right)^{\frac{1}{n}} \left(\frac{n}{n+1} \right) R^{\frac{n+1}{n}} \left[1 - \left(\frac{r}{R} \right)^{\frac{n+1}{n}} \right] \tag{1-149}$$

由该流速分布式可导出圆管内稳定层流时的体积流量为:

$$q_V = \frac{\pi n}{3n+1} \left(\frac{\Delta p_f}{2KL} \right)^{\frac{1}{n}} R^{\frac{3n+1}{n}} \tag{1-150}$$

管中心处 $r = 0$,其流速为最大,等于:

$$u_{\max} = \left(\frac{\Delta p_f}{2KL} \right)^{\frac{1}{n}} \left(\frac{n}{n+1} \right) R^{\frac{n+1}{n}} \tag{1-151}$$

因管内平均流速 $u = q_V / (\pi R^2)$,故:

$$u = u_{\max} \left(\frac{1+n}{1+3n} \right) \tag{1-152}$$

(二)幂律流体管内流动时的阻力损失

仿照牛顿流体,将非牛顿流体在管内流动的阻力 h_f 表示为:

$$h_f = \lambda \frac{L}{d} \frac{u^2}{2} = 4f \frac{L}{d} \frac{u^2}{2} \tag{1-153}$$

层流时,将壁面处 $(r = R) \tau_s$ 的计算式代入摩擦因数计算式:

$$f = \frac{2\tau_s}{\rho u^2} = \frac{\frac{R\Delta p_f}{2L}}{\frac{\rho u^2}{2}} = \frac{K\left(\frac{\Delta p_f}{2KL}\right)R}{\frac{\rho u^2}{2}}$$ (1-154)

利用式(1-151)及式(1-152),并整理得:

$$f = \frac{2Ku_{max}^n \left(\frac{n+1}{n}\right)^n}{R^n \rho u^2} = \frac{2Ku^n \left(\frac{3n+1}{n}\right)^n}{\left(\frac{d}{2}\right)^n \rho u^2} = \frac{16}{\frac{\rho d^n u^{2-n}}{K} \left(\frac{4n}{3n+1}\right)^n 8^{1-n}}$$ (1-155)

令:$$Re^* = \frac{\rho d^n u^{2-n}}{K} \left(\frac{4n}{1+3n}\right)^n \cdot 8^{1-n}$$ (1-156)

则:$$f = 16/Re^*$$ (1-157)

Re^* 称为非牛顿流体的广义雷诺数。式(1-157)形式上与牛顿流体管内层流摩擦因数计算式一致,实际上 Re^* 已经包括了 $n=1$ 的牛顿流体的情况。幂律流体在光滑圆管内湍流流动时,由实验测定所得范宁摩擦因子与广义雷诺数的关系见图1-30。

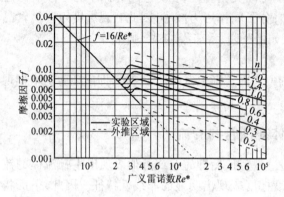

图1-30 范宁摩擦因子与广义雷诺数的关系

第九节 液体输送机械

为流体提供机械能的机械设备统称为流体输送机械,主要用于将流体以一定的流量从一处送往另一处,或提高流体的压强或造成真空度以满足加工工艺的要求。食品工业生产中,当加工的对象为流体时,流体输送机械是必不可少的。流体的种类及输送要求多种多样,因此流体输送机械的种类繁多。一般将输送液体的机械通称为泵,输送气体的机械通称为风机或压缩机,负压条件下工作的气体输送机械又称为真空泵。

按其工作原理,流体输送机械又可分为:

(1)离心式、轴流式(统称叶轮式) 利用高速旋转的叶轮使流体获得动能并转变为静压能;

(2)容积式或正位移式(往复式、旋转式) 利用活塞或转子的周期性挤压使流体获得静压能与动能;

(3)流体动力式 利用流体高速喷射时动能与静压能相互转换的原理吸引输送另一种流体。

本节以离心泵为代表重点讨论流体输送机械的工作原理和工作特性,并扩展到对其它类型的流体输送机械的了解。更为专业性的知识则应从新出版的规范、手册、专著或专业科技期刊中补充。

一、离 心 泵

离心泵是典型的高速旋转叶轮式液体输送机械,在泵类机械中具有很好的代表性。其特点是泵的流量与压头灵活可调、输液量稳定且适用介质范围广。

（一）离心泵的主要部件及工作原理

1. 离心泵的主要部件

离心泵的构造如图 1 − 31 所示,其主要部件为叶轮、泵壳和轴封装置。

（1）叶轮　叶轮是离心泵直接对液体做功的部件,紧固于与电机相连的泵轴上随电机高速旋转。叶轮上的叶片通常为后弯形式,一般有 4 ~ 12 片,两叶片之间构成流体的流道。按其机械结构,叶轮可分为敞式、半蔽式和蔽式,如图 1 − 32 所示。蔽式叶轮内流道易堵塞,只适用于输送清洁液体;敞式叶轮不易堵塞,可用于输送含有固体颗粒的悬浮液,但效率较低;半蔽式介于二者之间。

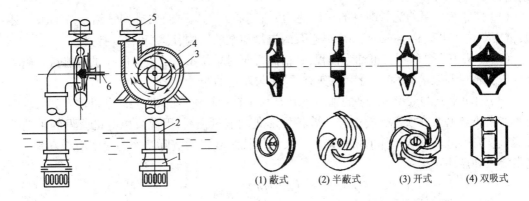

图 1 − 31　离心泵装置

1—底阀　2—吸入管路　3—叶轮
4—泵壳　5—排出管路　6—泵轴

图 1 − 32　离心泵的叶轮

(1) 蔽式　(2) 半蔽式　(3) 开式　(4) 双吸式

（2）泵壳　泵壳通常为蜗壳形,这样可在叶轮与泵壳间形成逐渐扩大的流道,使得由叶轮外缘抛出的液体的流速可逐渐减小,即有效地将液体的大部分动能转化为静压能。

（3）轴封装置　在固定不动的泵壳和转动的泵轴之间进行的密封称为轴封。常用的轴封装置有填料函和机械密封。填料函一般采用浸油或涂石墨的石棉绳等作为填料。机械密封又称为端面密封,较之填料密封具有结构紧凑、功率消耗小和使用时间长等优点。

2. 离心泵的工作原理

如图 1 − 31 所示,泵壳中央的吸入口与吸入管路相连接,吸入管路底部装有单向底阀,以保证泵停止工作时吸入管路中的液体不倒流。泵壳侧旁的出口与管路相连接,出口管路上装有调节阀。

开启离心泵前须在泵壳内灌满被输送的液体。泵启动后,泵轴带动叶轮随电机同步高速旋转,而泵壳内叶片间的液体随着叶轮高速旋转,并在离心力作用下沿着叶片之间的流道向叶片外缘运动。液体的速度不断增加,机械能不断提高直至从叶轮外缘抛出。液体离开叶轮进入蜗壳后在蜗壳的约束下继续沿切向流动,由于蜗壳流道逐渐扩大、流体速度不断减慢,因而动能不断转换为静压能,流体压强不断升高,最后沿切向流出蜗壳进入排出管路。与此同时,在叶轮中心入口处则因液体的向外运动而形成一低压区,使泵外液体得以在势能差的推动下被连续地吸入泵内。可见,离心泵的工作过程不仅是叶轮向液体提供能量的过程,还包括了蜗壳内液体的动能转换为静压能的过程以及液体从吸入管路连续地进入叶轮的过程。

离心泵启动时,若泵内未充满液体或离心泵在运转过程中发生漏气,均会使泵壳内积存空气。因空气的密度小,旋转后产生的离心力也小,叶轮中心区形成的低压不足以将密度远大于气体的液体吸入泵内,此时离心泵虽在运转却不能正常输送液体,此现象称为"气缚"。可见,离心泵启动前的灌液排气和运转时防止空气的漏入对泵的正常工作十分重要。

(二)离心泵的主要性能参数和特性曲线

1.离心泵的主要性能参数

离心泵的性能参数即为表征离心泵特性的参数,主要有泵的流量 q_V、压头(扬程)H、转速 n、轴功率 P 和效率 η。

(1)流量 q_V 泵的流量即泵的送液能力,指离心泵单位时间内排到管路系统的液体体积,常用单位为 l/s、m^3/s 或 m^3/h。离心泵的流量与泵的结构、尺寸和转速有关。

(2)压头 H 泵的压头也称为扬程,是指离心泵对单位重量的液体所提供的能量。离心泵的压头不仅与泵的结构、尺寸和转速有关,还与输送的流量有关。

(3)轴功率 P 与效率 η 泵的轴功率 P 是指泵轴运转所需的功率,即电机输入到泵轴的功率。由于离心泵在实际运转中存在着各种形式的能量损耗,因此泵由电机获得的轴功并不能全部有效地转换为流体的机械能。定义流体从泵获得的实际功率为泵的有效功率 P_e,则由流量和压头可得:

$$P_e = Hq_V\rho g \qquad (1-158)$$

而有效功率与轴功率的比值即为离心泵的效率 η:

$$\eta = P_e/P = Hq_V\rho g/P \qquad (1-159)$$

η 值恒小于 1,为反映离心泵能量损失大小的参数。离心泵在运转过程中的能量损失主要有三种形式,即容积损失、水力损失和机械损失。

容积损失是一部分已获得能量的高压液体由叶轮出口处通过叶轮与泵壳间的缝隙或从平衡孔漏返回到叶轮入口处的低压区造成的能量损失。采用半蔽式和蔽式叶轮可有效地减少这类能量损失。

水力损失是进入离心泵的黏性液体在整个流动过程中产生的摩擦阻力、局部阻力以及液体在泵壳中冲击而造成的能量损失。离心泵蜗壳的形状按液体离开叶轮后的自由流动轨迹螺旋线设计,目的就在于使液体动压头转换为势压头的过程中能量损失最小。在叶轮与泵壳间安装一固定不动的带有叶片的导轮,也可减少此项能量损失。

机械损失是泵轴与轴承之间、泵轴与密封填料之间等产生的机械摩擦造成的能量损失。

上述三类损失的大小通常又用与之对应的效率来表示,即容积效率 η_v、水力效率 η_h 和机械效率 η_m。离心泵的总能量损失为上述各项损失之和,其效率(也称总效率)也由上述三项效率构成,即:

$$\eta = \eta_v\eta_h\eta_m \qquad (1-160)$$

η 与泵的结构、尺寸、制造精度、流量以及液体性质等多种因素有关,一般为 50% ~ 70%,大型泵可达 90%。

2.离心泵的特性曲线

离心泵的压头 H,轴功率 P 和效率 η 均随流量而变。描述压头、轴功率、效率与流量关系的曲线称为离心泵的特性曲线,即 $H-q_V$、$P-q_V$、$h-q_V$ 曲线。离心泵的特性曲线反映了泵的基本性能,是正确选择和使用离心泵的主要依据,由制造厂实验测定后附于产品样本或说明书中。

离心泵的特性曲线中最重要的是 $H-q_V$ 曲线。如果假设叶轮有无穷多的叶片,可以推得理想情况下的 $H-q_V$ 曲线,称为离心泵基本方程。离心泵基本方程是直线方程,其斜率视叶片的形状而定。对前弯叶片,斜率为正;对后弯叶片,斜率为负;对平直叶片,斜率为零。前弯叶片在流量增加时,压头也增加,但主要是流体的动能增加,于输送不利(增大阻力损失),因此工业上都用后弯叶片。而平直叶片的泵称为旋涡泵,一般视做另一类泵。

实际的 $H-q_V$ 曲线并不是直线,而是向下弯的曲线,由实验测定。图 1-33 即为 IS100-32-125 型离心泵在转速 $n=2900\text{r/min}$ 下的特性曲线。

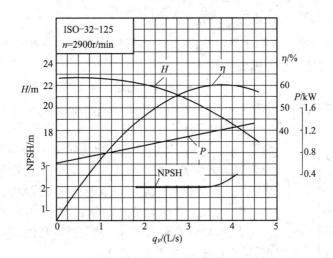

图 1-33　IS100-32-125 型离心泵在转速 $n=2900\text{r/min}$ 下的特性曲线

3.特性曲线的讨论

(1)$H-q_V$ 曲线　$H-q_V$ 曲线代表的是在一定转速下流体流经离心泵所获得的能量与流量的关系,是最为重要的一条特性曲线。离心泵的压头 H 随流量 q_V 的增加而下降,对一定的离心泵,当输送管路的阻力有所增加时其输送的流量将随之下降。

(2)$P-q_V$ 曲线　在一定转速下,泵的轴功率随输送流量的增加而增大,流量为零时,轴功率最小。因此启动离心泵时应关闭出口阀,使启动电流最小,保护电机。

(3)$\eta-q_V$ 曲线　当流量为零时,泵的效率为零。随流量增大,泵的效率曲线出现一极大值即最高效率点,在与之对应的流量下工作,泵的能量损失最小。最高效率点即为离心泵的设计点,铭牌上标出的 H、q_V、P 性能参数即为该点下的数据。一般将最高效率值的 92% 的范围作为泵的高效区,泵应该在该范围内操作。

4.特性曲线的变换

由制造厂提供的离心泵的特性曲线是在一定转速下用常温清水为工质实验测定的。若输送的液体性质与此相差较大时,泵的特性曲线将发生变化,应加以修正,使之变换为符合输送液体性质的新的特性曲线。

(1)液体密度的影响　测试表明,离心泵的流量、压头及效率均与液体密度无关,因此

$H - q_V$曲线与$\eta - q_V$曲线不随被输送液体的密度的改变而变。离心泵所需的轴功率则随液体密度的增加而增加,$P - q_V$曲线要变,用式(1-159)进行计算。

(2)液体黏度的影响　液体黏度的改变将直接改变其在离心泵内的能量损失。若所输送液体的黏度增大,泵送流量、压头减小,效率降低,而轴功率增大,因此,$H - q_V$、$P - q_V$、$\eta - q_V$曲线都将随之而变。测试表明,对运动黏度$\nu < 20 \times 10^{-6} \, m^2/s$的液体,黏度变化对其离心泵特性曲线的影响可不计,而超过此值时则应进行换算。有关手册上给出了不同条件下通过实验得到的换算系数。

(3)叶轮转速的影响　改变叶轮转速来调节离心泵的流量是一种节能的操作方式。叶轮转速的改变将使泵内流体流动状态发生改变,其特性曲线随之而变。当液体的黏度不大,且离心泵的效率可视为不变时,泵的流量、压头、轴功率与转速的关系可近似表达为:

$$\frac{q'_V}{q_V} = \frac{n'}{n} \qquad \frac{H'}{H} = \left(\frac{n'}{n} \right)^2 \qquad \frac{P'}{P} = \left(\frac{n'}{n} \right)^3 \qquad (1-161)$$

式(1-161)称为离心泵的比例定律,可用于换算转速变化在$\pm 20\%$范围内离心泵的特性曲线,其准确程度是工程上可接受的。

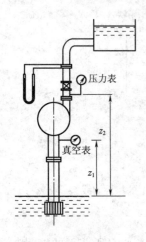

例1-15　附图

[例1-15]用清水测定某离心泵的特性曲线,实验装置如附图所示。当调节出口阀使管路流量为$25 m^3/h$时,泵出口处压力表读数为0.28MPa(表压),泵入口处真空表读数为0.025MPa,测得泵的轴功率为3.35 kW,电机转速为2900r/min,真空表与压力表测压截面的垂直距离为0.5m,泵进、出管路直径相同。试由该组实验测定数据确定出与泵的特性曲线相关的其它性能参数。

解:与泵的特性曲线相关的性能参数有泵的转速n、流量q_V、压头H、轴功率P和效率η。其中流量和轴功率已由实验直接测出,压头和效率则需进行计算。

以真空表和压力表两测点为1,2截面,对单位重量流体列柏努利方程,有:

$$H = (z_2 - z_1) + \frac{p_2 - p_1}{\rho g} + \frac{u_2^2 - u_1^2}{2g} + \sum H_{f,1-2}$$

据题意,$u_1 = u_2$,若略去$\sum H_{f,1-2}$,则该流量下泵的压头:

$$H = (z_2 - z_1) + \frac{p_2 - p_1}{\rho g} = 0.5 + \frac{(0.28 + 0.025) \times 10^6}{1000 \times 9.81} = 31.6 (m)$$

泵的有效功率:　$P_e = Hq_V\rho g = 31.6 \times 25 \times 1000 \times 9.81/3600 = 2150 (W)$

因而　　　　　　　$\eta = P_e/P = 2.15/3.35 = 64.2\%$

(三)离心泵的汽蚀现象与安装高度

1. 离心泵的汽蚀现象

由离心泵的工作原理可知,对如图1-34所示高位安装的离心泵,从整个吸入管路到泵的吸入口直至叶轮内缘,液体的压强是不断降低的。研究表明,叶轮内缘处的叶片背侧是泵内压强最低点。当该点处的压强低至输送液体的饱和蒸汽压时部分液体将气化,产生的气泡随即被液流带入叶轮的高压区,在此气泡因受压缩而凝聚。由于凝聚点处产生瞬间真空,造成周围液体高速冲击该点,产生剧烈的水击,这种现象称为汽蚀。

汽蚀时所发生的局部水击冲击力可高达数十兆帕,冲击频率可高达数千赫兹,且水击能量瞬时转化为热量,水击点局部瞬时温度可达200℃以上,因此离心泵噪声大、泵体振动,流量、压头、效率都明显下降。更严重的是高频冲击加之高温腐蚀的作用使叶片表面产生一个个凹穴,严重时成海绵状而迅速破坏。因此,必须严格防止汽蚀现象产生。

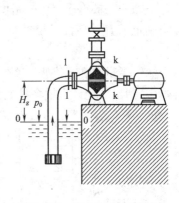

图1-34　离心泵的安装高度

2. 离心泵的安装高度

防止汽蚀现象产生的最有效的措施是把离心泵安装在恰当的高度位置上,以确保泵内压强最低点的压强高于操作温度下被输送液体的饱和蒸汽压p_v。由于k-k截面处的真实压强难于测量,工程上以泵入口处压强p_1来表征。常用的方法有汽蚀余量法和允许吸上高度法。

(1) 汽蚀余量法　对1-1和k-k截面列柏努利方程有:

$$\frac{u_1^2}{2g} + \frac{p_1}{\rho g} = \frac{u_k^2}{2g} + \frac{p_k}{\rho g} + \sum H_{f,1-k} \tag{1-162}$$

在一定流量下,当$p_k = p_v$时,汽蚀发生,令此时的p_1为$p_{1,min}$,且定义:

$$\Delta h_{min} = u_1^2/(2g) + p_{1,min}/(\rho g) - p_v/(\rho g) = u_k^2/(2g) + \sum H_{f,1-k} \tag{1-163}$$

上式中的Δh_{min}称为离心泵的最小汽蚀余量,是反映离心泵汽蚀性能的重要参数,主要与泵的内部结构和输送的流量有关。在泵的样本中,在实验确定的临界汽蚀余量Δh_{min}的基础上,加上一定裕量,给出了允许汽蚀余量Δh,记为$NPSH$。并规定,泵入口允许的最小压强$p_{1,允}$应满足:

$$NPSH = u_1^2/(2g) + p_{1,允}/(\rho g) - p_v/(\rho g) \tag{1-164}$$

再在图1-34中所示的0-0和1-1截面之间列柏努利方程,并取$p_1/(\rho g) = p_{1,允}/(\rho g)$,则为避免发生汽蚀现象离心泵的最大允许安装高度$H_{g,允}$为:

$$H_{g,允} = (p_0 - p_v)/(\rho g) - NPSH - \sum H_{f,0-1} \tag{1-165}$$

对一定型号规格的离心泵,从样本中查得允许汽蚀余量后,根据具体管路情况由上式即可计算出最大允许安装高度$H_{g,允}$,实际安装高度H_g应小于$H_{g,允}$。

由式(1-165)可看出,减少吸入管路的阻力,可提高泵的安装高度。因此,一般离心泵的入口接管直径都较出口管直径大。此外,液体的温度越高,饱和蒸汽压p_v也就越高,允许的安装高度越低,因此在输送较高温度的液体时,尤其要注意离心泵的安装高度问题。

(2) 允许吸上真空度法　设泵入口处允许的最低压强为p_1,则对应的最高真空度为$(p_a - p_1)$,故定义允许吸上真空度为:

$$H_s' = (p_a - p_1)/(\rho g) \tag{1-166}$$

H_s'值由泵的制造厂在10m水柱下用20℃清水测得,若操作条件与测定条件不同,则按下式进行换算:

$$H_s = \left[H_s' + (H_a - 10) - \left(\frac{p_v}{9810} - 0.24 \right) \right] \times \frac{1000}{\rho} \tag{1-167}$$

式中　H_a——操作条件下液面上方的压强,m液柱;

　　　　p_v——被输送液体的饱和蒸汽压,Pa;

ρ——被输送液体的密度，kg/m^3。

确定了 H_s' 值后，仍在图 1-34 所示的 0-0 和 1-1 间列柏努利方程，可得安装高度为：

$$H_{g,允} = H_s - u_1^2/(2g) - \sum H_{f,0-1} \tag{1-168}$$

汽蚀余量法和允许吸上真空度法都可以用来确定泵的安装高度。在泵的制造厂提供的样本中，列出了允许汽蚀余量或允许吸上真空度的值，作为确定安装高度的基础。

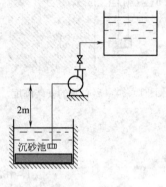

例 1-16 附图

[例 1-16] 用转速为 1850r/min 的 50WG 型离心杂质泵将温度为 20℃，密度为 1080kg/m³ 的食品加工废水从敞口沉砂池送往一处理池中，泵流量为 22m³/h。由泵样本查得，在该流量下，泵的汽蚀余量为 5.3m。受安装位置所限，泵入口较沉砂池液面高出 2m。试求：(1)泵吸入管路允许的最大阻力损失为多少？(2)若泵吸入管长为 20m(包括局部阻力的当量长度)，管路摩擦因数取 0.03，泵入口管路的直径至少应为多大？

解：(1)在离心泵的安装高度和管路流量一定的条件下，为避免汽蚀发生，泵吸入管路允许的最大损失应按式(1-165)计算，即：

$$\sum H_{f,0-1} = p_0/(\rho g) - p_v/(\rho g) - NPSH - H_g$$

题中：
$$p_0 = 101.3kPa \qquad NPSH = 5.3m$$

20℃ 水的饱和蒸气压 $p_v = 2.34kPa$，故吸入管路允许的最大阻力损失为：

$$\sum H_{f,0-1} = 101300/(1080 \times 9.81) - 2340/(1080 \times 9.81) - 5.3 - 2 = 2.04(m)$$

(2)由
$$\sum H_{f,0-1} = \lambda u^2(L+L_e)/(2dg) \qquad 及 \quad u = 4q_V/(\pi d^2)$$

有
$$d = \left[\frac{8\lambda(L+L_e)q_V^2}{\pi^2 g \sum H_{f,0-1}}\right]^{\frac{1}{5}} = \left(\frac{8 \times 0.03 \times 20 \times 22^2}{3.14^2 \times 9.81 \times 3600^2 \times 1.54}\right)^{\frac{1}{5}} = 0.065(m)$$

(四)离心泵的流量调节与组合操作

1. 离心泵的工作点

离心泵的特性曲线代表的是离心泵自身所具有的输送能力，与管路系统无关。但当安装在一定管路系统中的离心泵工作时，管路的流量即为泵输出的流量，管路所获得的压头(机械能)即为泵所提供的压头。因此，离心泵运转下的工作性能参数不仅与泵的性能有关，还与管路特性有关。

若管路内的流动处于阻力平方区，前已述及的管路特性方程为管路特性的表征。将离心泵的特性曲线($H-q_V$ 曲线)与管路特性曲线(H_e-q_V 曲线)联立，得一交点，称为离心泵的工作点，如图 1-35 所示的 M 点。M 点的流量和压头也就是所选定的离心泵处在一定管路系统中运转时，所输出的实际流量和提供的有效压头。

2. 离心泵的流量调节

工厂操作中经常要遇到对离心泵及其管路系统进行调节以满足工艺上对流体的流量和压头的要求，实际上这对应着改变泵的工作点位置。显然，改变管路特性曲线或离心泵的特性曲线均可使泵的工作点发生位移，即改变泵的输出。

(1)改变管路特性曲线　改变管路流动阻力(例如改变泵出口管路上调节阀的开启度)，管路特性曲线将发生相应的变化。如图 1-36 所示，原离心泵工作点位置在 M 处，关小阀门,管路阻力增加,工作点由 M 上移至 M_2,流量减少。这种调节方法的主要优点是操作简单,但管路上阻力损失大且可能使泵的工作点位于低效率区,因此多在调节幅度不大但需经常调节的场合下使用。

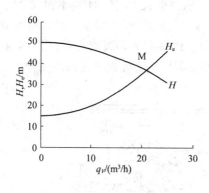

图 1-35　离心泵的工作点

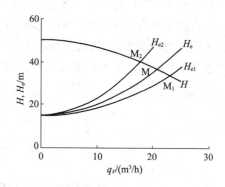

图 1-36　改变管路特性以调节流量

（2）改变泵的特性曲线　改变泵的叶轮转速可改变泵的特性曲线。如图 1-37 所示,工作点相应移动。与阀门调节相比,这种调节方法不额外增加管路阻力损失,并在一定范围内能保持泵在高效区工作,能量利用更经济。因此,随着电机变频调速技术的推广,通过改变叶轮转速来调节流量的方法在大功率流体输送系统中应用越来越多。

［例 1-17］一离心泵在高效区的特性曲线可用方程 $H = 23 - 3.85 \times 10^4 q_V^2$ 表示（H 单位为 m,q_V 单位为 m^3/h）。试校核对例 1-12 中的管路系统,当输送流量为 $20 m^3/h$ 时,该泵能否满足要求？此时管路所消耗的功率为多少？

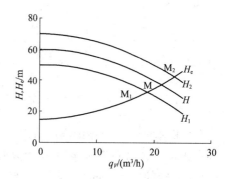

图 1-37　改变泵的特性以调节流量

解:由例 1-12 可知,该管路系统的调节阀全开时,其管路特性方程为:

$$H_e = 10 + 2.99 \times 10^5 q_V^2$$

当输送流量 $q_V = 20 m^3/h = 5.56 \times 10^{-3} m^3/s$ 时

管路所需的压头 $H_e = 10 + 2.99 \times 10^5 \times (5.56 \times 10^{-3})^2 = 19.24 (mH_2O)$

泵的压头 $H = 23 - 3.85 \times 10^4 \times (5.56 \times 10^{-3})^2 = 21.81 (mH_2O)$

因为 $H > H_e$,故该泵可用。此时可通过减小出口管路上调节阀的开启度来满足流量的要求。

在离心泵的工作点处,泵送流量及提供的压头分别为:

$$q_V = 5.56 \times 10^{-3} m^3/s, H = H_e = 21.81 mH_2O$$

管路消耗的功率 $P_e = H q_V \rho g = 21.81 \times 5.56 \times 10^{-3} \times 998.2 \times 9.81 = 1187.5 (W)$

（五）离心泵的类型与选用

1. 离心泵的类型

离心泵是应用最为广泛的液体输送机械,类型很多且产品结构与性能在不断改进,型号亦不断增加。目前我国生产的仅工业离心泵就多达几十个系列,此处仅从选用的角度,对食品工业生产中常用的清水泵、耐腐蚀泵、油泵、杂质泵、液下泵、屏蔽泵等作一扼要介绍。

(1)清水泵 离心清水泵广泛用于输送各种不含固体颗粒的、物理化学性质类似于水的介质。离心清水泵有若干系列,常用的有 IS 系列、D 系列、S 或 Sh 系列等。IS 系列为最简单的单级单吸式离心清水泵,结构简图如图 1-38 所示。D 系列为多级离心泵,用于需要压头较高的场合,S 或 Sh 系列为双吸式离心泵,适宜于流量大但压头要求不太高的场合。

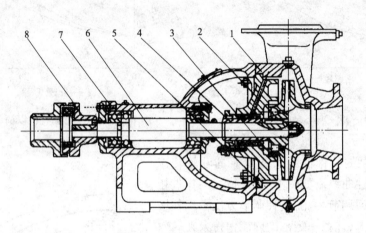

图 1-38 IS 型离心泵

1—泵体 2—叶轮 3—密封环 4—护轴 5—后盖 6—泵轴 7—托架 8—联轴器

在泵样本或产品目录中离心清水泵的型号和规格的表达方式如:IS100-80-125,其中 IS 为单级单吸式离心清水泵;100 为泵吸入口的直径(mm);80 为泵排出口的直径(mm);125 为泵叶轮的外径(mm)。又如:D160-120×8,其中 D 为节段式多级离心泵;160 为泵设计点流量(m^3/h);120 为泵设计点单级扬程(m);8 为泵的级数。

(2)耐腐蚀泵 输送腐蚀性流体必须选用耐腐蚀泵。耐腐蚀泵所有与流体介质接触的部件都采用耐腐蚀材料制作。不同材料耐腐蚀性能不一样,选用时应多加注意。耐腐蚀离心泵有多种系列,其中常用的系列代号为 F。需要特别注意耐腐蚀泵的密封性能,以防腐蚀液外泄。操作时还不宜使耐腐蚀泵在高速运转或出口阀关闭的情况下空转,以避免泵内介质发热加速泵的腐蚀。

(3)油泵 油泵用于输送石油及油类产品,油泵系列代号为 Y,双吸式为 YS。因油类液体具有易燃、易爆的特点,因此对此类泵密封性能要求较高。输送 200℃以上的热油时,还需设冷却装置。一般轴承和轴封装置带有冷却水夹套。

(4)杂质泵 离心杂质泵有多种系列,常分为污水泵、无堵塞泵、渣浆泵、泥浆泵等。这类泵的主要结构特点是叶轮上叶片数目少,叶片间流道宽,有的型号泵壳内还衬有耐磨材料。

(5)液下泵 液下泵是一种立式离心泵,整个泵体浸入在被输送的液体贮槽内,通过一根长轴,由安放在液面上的电机带动。由于泵体浸没在液体中,因此轴封要求不高,可用于输送工业生产过程中各种腐蚀性液体。

（6）屏蔽泵　屏蔽泵是一种无泄漏泵。其结构特点是叶轮直接固定在电机的轴上，并置于同一密封壳体内。可用于输送易燃易爆、剧毒或贵重等严禁泄漏的液体。

除上述外，还有多种类型的离心泵如自吸式离心泵、潜水泵、低温泵、磁力泵等，在泵类机械产品目录中有详细介绍。

2. 离心泵的选用

流体输送机械的选用原则是先选型号，再选规格。具体选用离心泵时，首先应根据所输送液体的性质和操作条件，确定泵的类型，而后根据管路系统及输送流量 q_V、所需压头 H_e 确定泵的型号。所选的泵提供流量 q_V 和压头 H 的能力应比管路系统所要求的稍大。要注意，所选泵应在高效区范围工作。工程实践中，总是在可靠性前提下，综合造价、操作费用、使用寿命等多方面因素作出最佳选择。

工业上泵的样本有两种形式，一种是以表格形式提供的产品目录，另一种是某一系列泵的综合特性曲线图，以流量为横坐标，扬程为纵坐标，每一扇形下即为所对应的泵型号。

［例 1-18］试选用一离心泵以满足例 1-12 所述管路系统输水的要求。

解：由例 1-12 可知，该管路系统要求：输水量 $q_V = 20\text{m}^3/\text{h}$，压头 $H_e = 19.2\text{mH}_2\text{O}$

根据此管路要求，从离心泵样本或手册中查得 IS65-50-125 离心泵可满足要求，该离心泵在高效区的主要性能参数如下：流量 15~30m^3/h，扬程（压头）21.8~18.5m，效率 58%~68%，轴功率 1.54~2.22 kW，汽蚀余量 2.2~3.0m。

二、往　复　泵

（一）往复泵的工作原理

往复泵是典型的容积式泵，其结构主要由泵缸、活塞、活塞杆、吸入和排出单向阀（活门）构成。图 1-39 所示为单动往复泵的原理图。活塞经曲柄连杆机构在外力驱动下作往复运动，当活塞往右运动时泵缸内形成低压而使排出阀关闭、吸入阀开启，液体被吸入泵缸；活塞达到右至点后转而向左移动，挤压缸内液体使压强升高，吸入阀关闭、排出阀被顶开，迫使液体排出泵外，进入管路系统。活塞往复运动一次，完成一次吸入和排出，称为单动往复泵。显然，单动往复泵输送液体是不连续的，流量曲线与活塞排液冲程的速度变化规律相一致，是半周正弦曲线，如图 1-41（1）所示。往复泵的这一固有缺陷不仅会引起流体的惯性阻力损失，增加能量消耗，而且会诱发管路系统的机械振动。采用双动泵对此有所改善。如图 1-40所示，双动泵缸体两端各有一组吸入、排出单向阀，活塞运动时，在其两侧同时进行着吸入与排出，因此可基本实现连续输液，其流量曲线如图 1-41（2）所示。采用多缸并联且使各缸活塞运动相差一定相位，可进一步改善往复泵输送的不均匀性，如图 1-41（3）所示为相位角差 $2\pi/3$ 的三缸单动往复泵的流量曲线。

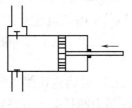

图 1-39　单动往复泵

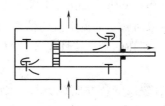

图 1-40　双动往复泵

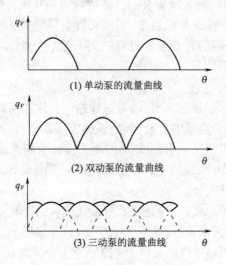

(1) 单动泵的流量曲线

(2) 双动泵的流量曲线

(3) 三动泵的流量曲线

图 1-41　往复泵的流量曲线

往复泵是依靠外界与泵内压差而吸入液体的,因此和离心泵一样,往复泵的吸上高度也受限制。

(二)往复泵的特性曲线及工作点

往复泵的理论平均流量可按如下计算:

单缸单动泵:

$$q_{VT} = Asn \qquad (1-169)$$

单缸双动泵:

$$q_{VT} = (2A - a)sn \qquad (1-170)$$

式中　q_{VT}——往复泵的理论平均流量,m^3/s;

　　　A——活塞面积,m^2;

　　　s——活塞的冲程(活塞在左右两端点间移动的距离),m;

　　　n——活塞往复的频率,$1/s$;

　　　a——活塞杆的截面积,m^2。

然而,由于活门不能及时启闭和活塞环密封不严等影响,容积损失是很难避免的。因此往复泵的实际平均流量 q_V 小于理论平均流量:

$$q_V = \eta_V q_{VT} \qquad (1-171)$$

η_V 为容积效率,由实验测定。一般小型泵($q_{VT} = 0.1 \sim 30 m^3/h$)的 η_V 为 $0.85 \sim 0.90$;中型泵($q_{VT} = 30 \sim 300 m^3/h$)的 η_V 为 $0.90 \sim 0.95$,大型泵($q_{VT} \geqslant 300 m^3/h$)的 η_V 为 $0.95 \sim 0.99$。

可见,往复泵所输出的流量仅与活塞所扫过的体积以及泵的容积效率有关,而与泵所提供的压头以及泵所在的管路特性无关,即泵的容积效率 η_V 一定时,其平均流量:

$$q_V = 常数 \qquad (1-172)$$

上式即为往复泵的特性曲线方程。结合管路特性曲线,可确定往复泵的工作点,如图 1-42 中 a、a' 点。实际上,在压头较高时往复泵的平均流量会随压头的升高略微减小,这是由容积损失增大造成的。

由往复泵的工作点可确定其泵的压头。若工作点处泵的流量为 q_V，压头为 H，则往复泵的功率：

$$P = Hq_V\rho g/\eta \qquad (1-173)$$

式中　η——往复泵的总效率，由实验测定，一般在 $0.65 \sim 0.85$。

(三)往复泵的流量调节

往复泵的流量与管路特性无关，而所提供的压头则完全取决于管路情况(具有这种特性的泵称为正位移泵)。若在往复泵出口安装调节阀，不仅不能调节流量，且随阀门开启度减小、要求泵提供的压头增大，管路阻力增加，泵的压头随之增加。若操作不当，出口阀完全关闭，则会使泵的压头剧增，一旦超过泵的机械强度或发动机的功率限制，设备将受到损坏。因此，往复泵不能采用调节出口阀的方法进行流量调节。

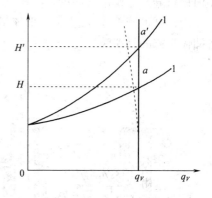

图 1-42　往复泵的特性曲线与工作点

与一般正位移泵一样，往复泵通常采用旁路流程调节流量，如图 1-43 所示。增加旁路，并未改变泵的总流量，只是使部分液体经旁路又回到泵的进口，从而减小了主管路系统的流量。显然，这种调节不经济，只适用于变化幅度小的经常性调节。

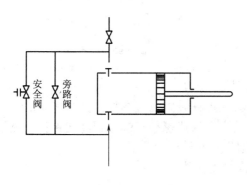

图 1-43　往复泵的流量调节

往复泵的流量调节还可采用改变活塞行程或改变驱动机构的转速来达到。带有变速装置的电动往复泵采用改变转速来调节流量是一种较经济且常用的方法。

三、其它类型泵

(一)计量泵

计量泵又称比例泵，其工作原理与往复泵相同。计量泵的传动装置是通过偏心轮把电机的旋转运动变成柱塞的往复运动。偏心轮的偏心距可调，以此来改变柱塞往复的行程，从而达到调节和控制泵的流量的目的。

计量泵一般用于要求输液量十分准确或几种液体要求按一定配比输送的场合。

(二)隔膜泵

往复泵和计量泵由于活塞或活柱直接摩擦缸体，因而不适宜输送腐蚀性液体或悬浮液。图 1-44 所示的隔膜泵，用弹性金属薄片或耐腐蚀性橡皮制成的隔膜将活塞与被输送液体隔开，与活塞相通的一侧则充满油或水。当活塞往复运动时，迫使隔膜交替向两侧弯曲，将液体吸入和排出。隔膜泵因其独特的结构，使输送液体的种类得以拓宽。

(三)齿轮泵

齿轮泵属旋转类正位移泵，主要构件是泵壳和一对相互啮合的齿轮，如图 1-45 所示。运动时，两个齿轮在泵的吸入口脱离啮合，形成低压区，液体被吸入并随齿轮的转动被强行压向排出端。在排出端两齿轮又相互啮合形成高压区将液体挤压出去。

齿轮泵可产生较高的扬程,但流量小。适用于输送高黏度液体或糊状物料,但不宜输送含固体颗粒的悬浮液。

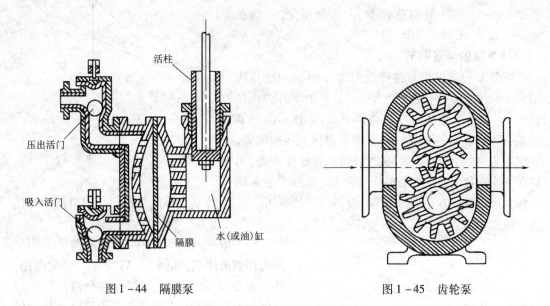

图1-44 隔膜泵　　　　　　　　　　图1-45 齿轮泵

(四)螺杆泵

螺杆泵按螺杆的数目,有单螺杆泵、双螺杆泵、三螺杆泵以及五螺杆泵。螺杆泵的工作原理与齿轮泵相似,是借助转动的螺杆与泵壳上的内螺纹或螺杆与螺杆相互啮合将液体沿轴向推进,最终由排出口排出。图1-46所示为双螺杆泵结构示意图。

螺杆泵压头高、效率高、无噪声、适用于输送高黏度液体。

(五)旋涡泵

旋涡泵是靠离心力的作用来输送液体,是一种特殊类型的离心泵,如图1-47所示。旋涡泵主要由叶轮和泵体构成,叶轮是一个圆盘,四周由凹槽构成的叶片成辐射状排列,叶片数目可多达几十片。叶轮旋转过程中泵内液体随之旋转的同时,又在径向环隙的作用下多次进入叶片反复作旋转运动,从而获得较高能量。

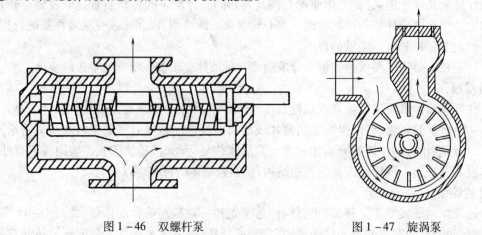

图1-46 双螺杆泵　　　　　　　　　图1-47 旋涡泵

旋涡泵的效率一般较低,通常为 20% ~ 50%。旋涡泵的压头随流量增大而下降很快,采用这种泵只有输送小流量时才可获得高压头。与离心泵不同,旋涡泵的轴功率随流量增大而下降,流量为零时,轴功率最大。为此,启动泵时应将出口阀全开。旋涡泵一般也用旁路进行流量调节。

旋涡泵结构简单,加工容易,可采用耐腐材料制造,适用于高压头、小流量、不含固体颗料且黏度不大的液体。

第十节　气体输送机械

气体输送在食品加工生产中有着广泛的应用,如干燥固体产品所采用的气流干燥、流化床干燥、喷雾干燥中的热风输送,冷冻、速冻食品工艺中的冷风输送,以及食品生产车间的通风换气等。

气体输送机械与液体输送机械的工作原理基本相似,但气体密度远较液体小且可压缩,使得气体输送机械结构与工作特性上又有别于液体输送机械。这主要体现在:一定质量流量下气体输送的体积流量大,因此输送机械的体积必然大,而且气体输送管路的常用流速要比液体输送管路大得多。而通常流体流动阻力正比于流速的平方,因此输送相同的质量流量,气体输送要求提供的压头相应也更高。由于气体的可压缩性,在输送机械内部气体压强变化时,其体积和温度随之变化。上述特点决定了气体输送机械结构设计更为复杂,选用上必须考虑的影响因素也更多。

本节重点讨论几种主要的气体输送机械的结构特点和工作特性。气体输送机械除按结构和工作原理作类似于液体输送机械的分类外,一般还以气体的出口压强或者进、出口压强比(称为压缩比)将其分为以下四类:

通风机	出口压强不大于 15kPa(表压)	压缩比为 1 ~ 1.15
鼓风机	出口压强为 15kPa ~ 0.3MPa(表压)	压缩比小于 4
压缩机	出口压强 0.3MPa 以上(表压)	压缩比大于 4
真空泵	用于减压抽吸,出口压强为大气压	

一、通　风　机

工业上常用通风机按其结构形式有轴流式和离心式两类。轴流式通风机(图 1 - 48)的特点是排风量大而风压很小,一般仅用于通风换气,不用于气体输送。离心式通风机的应用则十分广泛,并按其产生风压的大小将其分为以下三种:

低压离心通风机	出口风压小于 1.0kPa(表压)
中压离心通风机	出口风压 1.0 ~ 3.0kPa(表压)
高压离心通风机	出口风压 3.0 ~ 15.0kPa(表压)

(一)离心通风机的结构

离心通风机与离心泵的结构和工作原理基本相同。主要差异在于离心通风机为多叶片叶轮,且因输送流体体积大,叶轮直径一般较大而叶片较短。叶片有平直、前弯和后弯几种形式。平直叶片一般用于低压通风机;前弯叶片的通风机送风量大,但效率低;高效通风机的叶片通常是后弯叶片。图 1 - 49 所示为一低压离心通风机,主要由蜗壳形机壳和叶轮组成。蜗壳的气体通道截面有矩形和圆形两种,一般低、中压通风机多为矩形。

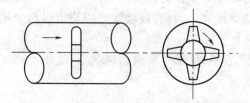

图 1-48　轴流式通风机

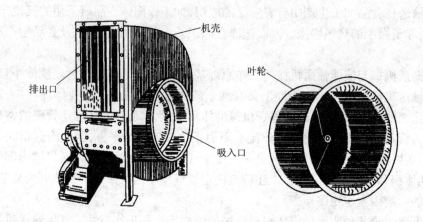

图 1-49　离心式通风机

(二)离心通风机的主要性能参数和特性曲线

　　1. 离心通风机的主要性能参数

　　离心通风机的主要性能参数及其定义均与离心泵相似,有风量 q_V、风压 H_T、轴功率 P 和效率 η。风量是指气体通过进风口的体积流量,按进口状态计,与泵的结构、尺寸和转速有关。

　　风压也称全风压,是单位体积气体通过风机后所获得的能量。风压不仅与通风机的结构、尺寸和转速有关,还与输送的风量有关。以通风机进口为 1 截面、出口为 2 截面,以单位体积气体为基准列柏努利方程,可得:

$$H_T = (z_2 - z_1)\rho g + (p_2 - p_1) + \rho(u_2^2 - u_1^2)/2 \qquad (1-174)$$

当空气直接由大气吸入通风机时,u_1 可视为零,且 $(z_2 - z_1)\rho g$ 可忽略,上式简化为:

$$H_T = (p_2 - p_1) + \rho u_2^2/2 = H_p + H_k \qquad (1-175)$$

式中　　H_p——风机的静风压;

　　　　H_k——风机的动风压。

可见通风机的全风压是由静风压和动风压两项组成。

　　轴功率 P 是选配电动机的依据。通风机的轴功率与全风压 H_T、风量 q_V 和效率 η 的关系为:

$$P = H_T q_V/\eta \qquad (1-176)$$

2. 离心通风机的特性曲线

与离心泵一样,离心通风机的特性曲线是指通风机在一定的转速下其风压、功率、效率与流量的关系曲线,在通风机出厂前由制造厂实验测定,如图 1 – 50 所示,其中的 $H_T - q_V$ 曲线代表全风压与风量的关系,$H_p - q_V$ 曲线代表静风压与风量的关系。

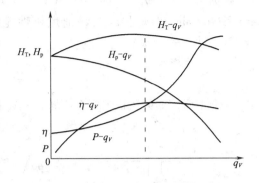

图 1 – 50　离心通风机的特性曲线

(三)离心通风机的选用

离心通风机的选用原则和方式与离心泵完全相似,即首先根据所输送气体的性质(如含尘量、腐蚀性等)和操作条件,确定风机的类型,而后根据管路系统送风量及所需风压确定风机的型号。应注意,产品样本中所列通风机的性能是在 20℃、0.1MPa 条件下用空气测定的,该条件下空气的密度为 $1.2kg/m^3$。若实际输送气体的条件与上述试验测定条件不同,应首先将实际条件下的风压 H_T 换算为测定条件下的值 H_T',而后按 H_T' 数据选用风机。若实际输送气体的密度为 ρ,因为 $H_T/\rho = H_T'/\rho'$,所以:

$$H_T' = H_T\rho'/\rho = 1.2H_T/\rho \qquad (1 – 177)$$

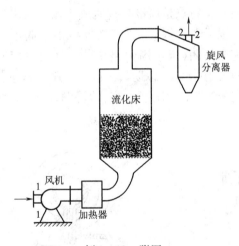

例 1 – 19　附图

[例 1 – 19]用附图所示的流化床干燥系统干燥某种粒状食品,流化床操作温度 60℃,最大流量为 5500m³/h。已知最大流速下空气通过加热器的阻力损失为 2200Pa,流化床阻力损失为 4500Pa,旋风分离器的阻力损失为 1500Pa。整个管路阻力损失为 1000Pa,设风机入口空气温度为 30℃,大气压强为 96.5kPa,试选择一适合的通风机。

解:选择通风机的主要依据是输送系统所需的风量和全风压。为此,取风机入口为 1 – 1 截面,旋风分离器空气出口为 2 – 2 截面,忽略经过流化床后气体质量流速的改变,在两截面间对单位体积流体列柏努利方程:

$$H_T = (z_2 - z_1)\rho g + (p_2 - p_1) + \rho(u_2^2 - u_1^2)/2 + \rho g\sum H_{f,1-2}$$

上式中 $(z_2 - z_1)$ 可忽略,$p_2 = p_1$,$u_1 \approx u_2$,所以:

$$H_T = \rho g\sum H_{f,1-2} = 2200 + 4500 + 1500 + 1000 = 9200(Pa)$$

将所需的 H_T 换算成样本状况下的值。

操作状况 30℃下,空气的密度 $\rho = 1.293 \times 273 \times 96.5/(303 \times 101.3) = 1.11(kg/m^3)$

故:
$$H_T' = 1.2H_T/\rho = 1.2 \times 9200/1.11 = 9946(Pa)$$

忽略流化床内压强与大气压强的差值,30℃下空气流量:

$$q_V = 5500 \times (273 + 30)/(273 + 60) = 5004.5(m^3/h)$$

根据所需风量 $q_V = 5004.5\text{m}^3/\text{h}$ 和风压 $H_T' = 9946\text{Pa}$，从风机样本中查得 9 – 19No. 7. 1（$n = 2900\text{r/min}$）可满足要求，该通风机性能如下：风量 4610 ~ 6454m³/h，全风压 11717 ~ 11807Pa，轴功率 37 kW。

二、鼓 风 机

工业上常用的鼓风机主要有旋转式和离心式两种类型。

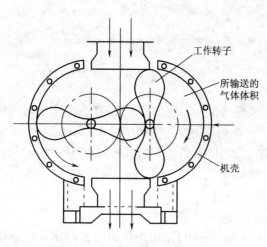

图 1 – 51 罗茨鼓风机

（一）罗茨鼓风机

旋转式鼓风机的类型很多，罗茨鼓风机是其中最常用的一种。罗茨鼓风机的工作原理与齿轮泵很相似。如图 1 – 51 所示的结构，机壳内有两个腰形转子，两转子之间、转子与机壳之间间隙很小，转子能自由转动又无过多泄漏。当两转子反向旋转时，可使气体从一侧吸入，而从另一侧强行排出。如改变两转子的旋转方向，则吸入与排出口互换。

罗茨鼓风机属容积式风机（正位移类型），其特点是风量与转速成正比而与出口压强无关。因此，罗茨鼓风机出口阀不可完全关闭，流量用旁路调节。且出口应安装稳压气罐和安全阀。罗茨鼓风机工作时，温度不能超过 85℃，以防转子因热膨胀而卡住。

罗茨鼓风机的出口压强一般不超过 80kPa（表压）。出口压强过高，泄漏量增加，效率降低。

（二）离心鼓风机

离心鼓风机又称透平鼓风机（turboblower），其工作原理与离心泵相同，如图 1 – 52 所示。因单级风机不可能产生较高风压，所以风压较高的离心鼓风机采用多级，其结构也与多级离心泵类似。

离心鼓风机的送气量大，但出口压强仍不高，一般不超过 0.3MPa（表压），即压缩比不大，因而无需冷却装置，各级叶轮的直径大小也大致相同。

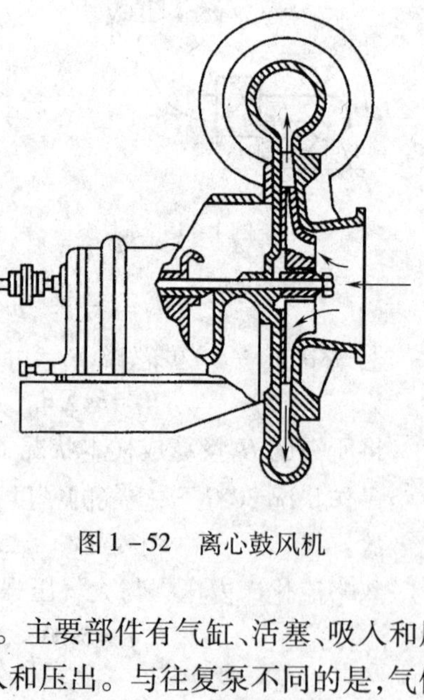

三、压 缩 机

工业上使用的压缩机主要有往复式和离心式两种类型。

（一）往复式压缩机

1. 理想压缩循环

往复式压缩机的基本结构和工作原理与往复泵相似。主要部件有气缸、活塞、吸入和压出活门，依靠活塞往复运动和活门的交替动作将气体吸入和压出。与往复泵不同的是，气体

图 1 – 52 离心鼓风机

压缩过程体积缩小、密度增大、温度升高。参考图 1 - 53 所示的单动往复压缩机活塞运行位置及与之对应的气体 $p - V$ 状态变化图,对压缩机的工作循环分析如下:

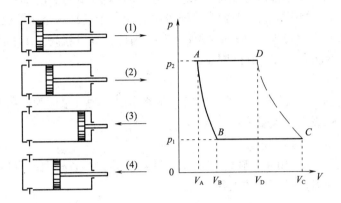

图 1 - 53　往复式压缩机原理

活塞运行到左止点位置[图 1 - 53(1)],排气终了,为防止撞击缸盖,活塞端面与气缸盖之间必须留有一很小的间隙称为"余隙"。残留在余隙中的高压气体压强为 p_2、体积 V_A,如 $p - V$ 图中状态点 A 所示。V_A 则定义为余隙容积。随着活塞调转方向往右运行,压出活门关闭,余隙中的残留气体随之膨胀;活塞运行至图 1 - 53(2)所示位置,缸内压强降至入口管路压强 p_1,此阶段为膨胀阶段,在 $p - V$ 图上由曲线 AB 代表。活塞继续右移,气缸内压强略低于 p_1,吸入活门开启,吸入管路中的气体被吸入气缸直至活塞到达图 1 - 53(3)所示的右止点位置,此阶段为吸气阶段,在 $p - V$ 图上由水平线 BC 代表。活塞由右止点位置调转方向往左运行,吸入活门关闭,缸内气体受压缩而升压,直至活塞运行至图 1 - 53(4)所示位置,缸内气体压强达到排气管内压强 p_2,此阶段为压缩阶段,在 $p - V$ 图上由曲线 CD 代表。活塞继续左移,气缸内压强略高于 p_2,压出活门开启,气体在 p_2 的压强下从气缸中排出,直至活塞运行至左止点。此阶段为排出阶段,在 $p - V$ 图上由水平线 DA 代表。

由上述讨论可知,压缩机的一个工作循环是由膨胀—吸入—压缩—排出四个阶段构成。根据热力学第一定律,可以证明在一个工作循环中活塞对气体所做的功即为 $p - V$ 图上封闭曲线 $ABCDA$ 所包围的面积。若气缸没有余隙容积($V_A = 0$),则压缩机的一个工作循环仅由吸入—压缩—排出三个阶段构成,称为理论循环过程。

2. 实际压缩循环

余隙的存在不仅减少气体吸入量而且增加压缩机能量损耗。定义余隙容积 V_A 与活塞单程扫过的容积($V_C - V_A$)之比为余隙系数 ε,而将实际吸入的气体体积($V_C - V_B$)与($V_C - V_A$)之比定义为压缩机的容积系数 λ_V,即:

$$\varepsilon = V_A / (V_C - V_A) \tag{1 - 178}$$

$$\lambda_V = (V_C - V_B) / (V_C - V_A) \tag{1 - 179}$$

式中　V_B——余隙气体由 p_2、V_A 状态膨胀到吸气压强 p_1 时的体积。

若此过程为多变过程,对理想气体 $pV^k =$ 常数(k 为多变指数),即:

$$V_B = V_A (p_2 / p_1)^{1/k} \tag{1 - 180}$$

因此 $$\lambda_v = \frac{V_C}{V_C - V_A} - \frac{V_B}{V_C - V_A} = 1 + \varepsilon - \varepsilon \left(p_2/p_1 \right)^{\frac{1}{k}} = 1 - \varepsilon \left[\left(p_2/p_1 \right)^{\frac{1}{k}} - 1 \right] \qquad (1-181)$$

可见,压缩机的容积系数 λ_v 随余隙系数 ε 和压缩比 (p_2/p_1) 的增大而下降,并有可能达到 0,即残留在余隙中的高压气体在膨胀阶段可以充满整个气缸以至压缩机不能吸入新鲜气体。因此,余隙系数不宜过大,一般约为 3% ~ 8%,高压气缸可略高。压缩比也不能过高,当 ε 一定时,其极限值同样受 $\lambda_v \rightarrow 0$ 的限制。

3. 排气量

理论循环过程 $\varepsilon = 0$, $\lambda_v = 1$,在进气压强 p_1 状态下吸入的气量即为容积 V_C。若活塞面积为 A,其行程为 s,则吸入的气量为:

$$V_C = As \qquad (1-182)$$

V_C 也称为行程容积。由于存在气缸余隙、气体流动阻力、各种泄漏等因素,实际排气量小于理论排气量,两者用排气系数关联:

$$V_{\min} = \lambda_d V_C \qquad (1-183)$$

排气系数的 λ_d 值一般为容积系数的 80% ~ 95%。

4. 功率

若气体为理想气体,压缩为多变过程,气体自状态 p_1、V_C 压缩至 p_2 后,其容积 V_D、排出温度 T_2 与压缩比的关系分别为:

$$\frac{V_C}{V_D} = \left(\frac{p_2}{p_1} \right)^{\frac{1}{k}} \qquad (1-184)$$

$$\frac{T_2}{T_1} = \left(\frac{p_2}{p_1} \right)^{\frac{k-1}{k}} \qquad (1-185)$$

式中 T_1——吸气温度。

在一个理论循环中,活塞对气体所作的功 W 可由气体的 $p-V-T$ 关系导出:

$$W = p_1 V_{\min} \frac{k}{k-1} \left[\left(\frac{p_2}{p_1} \right)^{\frac{k-1}{k}} - 1 \right] \qquad (1-186)$$

实际功率高于理论功率,两者之比即为压缩机的效率。

5. 多级压缩

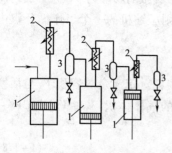

图 1-54 三级压缩流程
1—气缸 2—中间冷却器
3—油水分离器

由此可见,压缩功与压缩气体温度都随压缩比增加而增加。工业生产中常常需要将气体从常压提高到数十、数百大气压乃至更高,如此高的压缩比,无论是压缩机的容积系数、压缩功,还是排气温度都不允许单级压缩。压缩机的实际压缩比应远小于极限值,一般不超过 8。因此,终压高(超过 0.5 ~ 1.0MPa)的压缩机都为多级压缩机,图 1-54 所示为三级压缩机的流程示意图。气体经上一级气缸压缩后,通过中间冷却器和油水分离器进入下一级气缸再压缩。采用多级压缩可避免单级压缩比过高而引起的排出气体超温、容积系数低的问题,而且由于级间冷却使气体体积减小并使压缩过程接近于等温过程,因此还可减少功耗。

多级压缩时,各级的压缩比为总压缩比的一部分。若取各级间压缩比相等,对一个 n 级压缩,可推得每级压缩比为总压缩比(p_2/p_1)的 n 次根,此条件下压缩气体的消耗功最小。

往复式压缩机的选用,应首先根据所输送气体的性质确定压缩机的类型,如空气压缩机、氨气压缩机、氢气压缩机等。而后再根据生产能力和排出压强,从产品目录或样本中选择合适的型号。需注意,一般标出的排气量是以 20℃、101.33kPa 状态下的气体体积表示的。

由其结构所决定,往复式压缩机的排气量与往复泵一样是脉动的。因此,一般出口处要设一贮气罐,这既可使气体平稳输出,又可使由压缩机气缸带出的油沫和水得以分离。

(二)离心式压缩机

离心式压缩机又称透平压缩机,其主要结构和工作原理与离心鼓风机相似,但离心式压缩机有更多的叶轮级数(通常在 10 级以上)和更高的转速,因此可产生很高的风压。由于压缩比较高,气体体积收缩大,温度也高,所以压缩机也常分成几段,每段又包括若干级,叶轮直径逐级减小,且在各段之间设有中间冷却器。离心式压缩机流量大,供气均匀,体积小,维护方便,且机体内无润滑油污染气体。离心式压缩机在现代大型合成氨工业和石油化工企业中有很多应用,其压强可达几十兆帕,流量可达几十万立方米。

四、真 空 泵

(一)真空泵的分类和选择

真空泵是将气体从低于大气压的状态压缩提压至某一压强(通常为大气压)而排出的气体输送机械,用于从设备或系统中抽出气体,而使其中的绝对压强低于外界大气压强的场合。许多食品生产的单元操作常在真空下进行,如蒸发、结晶、干燥、冷冻、过滤以及产品的成型和包装等,因此真空泵在食品生产中的应用极为广泛。

真空区域按其绝对压强的高低通常划分为:低真空($1 \times 10^5 \sim 1 \times 10^3$ Pa)、中真空($1 \times 10^3 \sim 1 \times 10^{-1}$ Pa)、高真空($1 \times 10^{-1} \sim 1 \times 10^{-6}$ Pa)、超高真空($1 \times 10^{-6} \sim 1 \times 10^{-10}$ Pa)以及极高真空($< 1 \times 10^{-10}$ Pa)。食品生产中所采用的真空操作一般在低真空和中真空范围。

真空泵按其工作原理可分为:往复式、旋转式、流体喷射式等,它们主要用在需低、中真空的场合;此外,还有扩散泵、分子泵、离子泵、冷凝泵等,这些类型的泵则主要用于获得高真空、超高真空或极高真空。本节仅就食品生产中常用的几种真空泵作简要介绍。

(二)往复式真空泵

往复式真空泵的工作原理与往复式压缩机基本相同,结构上也无多大差异,只是因抽吸的气体压强很小,要求排出和吸入阀门更加轻巧灵活,易于启动。此外,当往复式真空泵达较高真空度时,泵的压缩比很高,如 95% 的真空度,压缩比约为 20 左右,为减少余隙的不利影响,真空泵气缸设有一连通活塞左、右两端的平衡气道。在排气终了时让平衡气道短时间连通,使余隙中的残留气体从活塞的一侧流至另一侧,从而减少余隙的影响。

往复式真空泵属干式真空泵,不适宜抽吸含有较多可凝性蒸气的气体。

(三)旋转式真空泵

1. 水环真空泵

水环真空泵主要由呈圆形的泵壳和带有辐射状叶片的叶轮组成。叶轮偏心安装,如图 1-55 所示。泵内充有一定量的水,当叶轮旋转时,水在离心力作用下形成水环。水环具有密封作用,将叶片间的空隙密封分隔为大小不等的气室。随叶轮的旋转,密封气室由小变大形成真空时,将气体由吸入口吸入;当密封气室由大到小时,气体被压缩,在排气口排出。

水环真空泵属湿式真空泵,可用于抽吸夹带有少量液体的气体,最高真空度可达85%。该泵结构简单紧凑,操作可靠,使用寿命长,但效率较低,一般为30%~50%,所能产生的真空度还受限于泵体内水温下水的饱和蒸汽压。水环真空泵运转时应保持液封水的置换流动,这样既可不断地补充水以维持泵内的液封,又可带走热量保持低的水温。

2. 旋片真空泵

图1-56所示为旋片真空泵,主要由泵壳、带有两个旋片的偏心转子和排气阀片组成。当转子按图中所示箭头方向旋转时,旋片在弹簧及自身离心力的作用下,紧贴壁面随转子滑动,这样使吸气工作室扩大,形成真空,气体被吸入。当旋片转子转至垂直状态时,吸气完毕。随转子的继续旋转气体被压缩,当气体压强超过排气阀上方的压强时,阀被顶开,气体通过油层经排气口排出。泵在工作时,旋片始终将泵腔分为吸气、排气两个工作室,即转子每转一周,完成两次吸、排气过程。

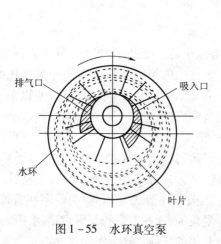

图1-55 水环真空泵

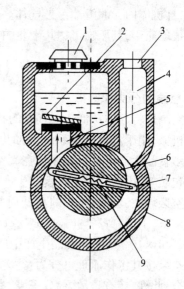

图1-56 旋片真空泵
1—排气口 2—排气阀门
3—吸气口 4—吸气管 5—排气管
6—转子 7—旋片 8—泵体 9—弹簧

旋片泵的主要部分浸没于真空油中,以确保对各部件缝隙的密封和对相互摩擦部件的润滑。旋片泵属干式真空泵,适用于抽除干燥或含有少量可凝性蒸气的气体。不适宜抽除含尘和对润滑油起化学反应的气体。旋片真空泵可达较高的真空度,如能有效控制管路与泵等接口处的空气漏入,且采用高质量的真空油,真空度可达99.99%以上。

3. 喷射真空泵

喷射泵可用于抽送气体、液体或产生真空,用于抽真空时称为真空喷射泵。在食品生产中,喷射泵主要用于抽真空。喷射泵的结构简图如图1-57所示,其工作原理是利用工作流体高速通过喷嘴射流时所发生的能量转换,即静压能转换为动能,从而在喷嘴出口局部区域造成真空将气体吸入泵内,被抽吸的气体与工作流体在泵体内混合后进入扩散管,随流道增大,流体的速度降低,流体的部分动能又转换为静压能,升压后的混合流体从压出口排出。

喷射泵的工作流体可以是水蒸气,也可以是水,相应称之为蒸汽喷射泵和水喷射泵。喷射泵结构简单,无运动部件,可抽吸含有固体微粒以及有腐蚀性的气体。但喷射泵工作流体消耗大,且效率低(一般仅 10% ~ 25%),因此较少用于输送流体而主要用于抽真空。

单级喷射真空泵可达到 90% 的真空度,如要获得更高的真空度,可采用多级喷射泵即多个喷射泵串联使用。

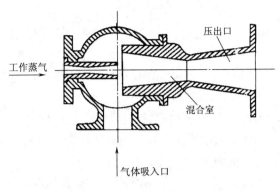

图 1 - 57　喷射真空泵

与液体和气体输送机械的选用类似,真空泵的选用也应先选类型,再确定规格。也就是首先根据被抽气体的种类、固体杂质含量、带液量以及系统对油蒸气有无限制等情况确定真空泵的类型,如湿式或干式,机械式或流体喷射式等,而后根据系统对真空度和抽气速率的要求确定真空泵的型号。通常所选真空泵的极限真空度应比系统要求的真空度高 0.5 ~ 1 个数量级。

本章主要符号

A——面积,m^2

F——力,N

L——长度,m

R——半径,m

U——单位质量流体的热力学能,J/kg

W——功,J/kg

f——摩擦因子

q_m——质量流量,kg/s

r——半径,m

v——比体积,m^3/kg

z——高度,m

δ——厚度,m

ε——余隙系数

η——效率

λ_V——容积系数

μ'——涡流黏度,Pa·s

θ——时间,s

τ——剪应力,Pa

ζ——阻力系数

Eu——欧拉数

H——扬程或压头,m

P——功率,W

Re——雷诺数

V——体积,m^3

d——直径,m

p——压强,Pa

q_V——体积流量,m^3/s

u——流速,m/s

w——质量流速或质量通量,$kg/(m^2 \cdot s)$

$\sum h_f$——阻力损失,J/kg

ε——粗糙度,m

γ——绝热指数

λ——摩擦因数

μ——黏度,Pa·s

ν——运动黏度,m^2/s

ρ——密度,kg/m^3

ω——角速度,1/s

本 章 习 题

习题 1-1 烟道气的组成约为 N_2 75%，CO_2 15%，O_2 5%，H_2O 5%（体积分数）。试计算常压下 400℃时该混合气体的密度。

习题 1-2 已知成都和拉萨两地的平均大气压强分别为 0.095MPa 和 0.062MPa。现有一果汁浓缩锅需保持锅内绝对压强为 8.0kPa。问这一设备若置于成都和拉萨两地，表上读数分别应为多少？

习题 1-3 用如附图所示的 U 形管压差计测定吸附器内气体在 A 点处的压强以及通过吸附剂层的压强降。在某气速下测得 R_1 为 400mmHg，R_2 为 90mmHg，R_3 为 40mmH$_2$O，试求上述值。

习题 1-4 一虹吸管放于牛乳贮槽中，其位置如图所示。贮槽和虹吸管的直径分别为 D 和 d，若流动阻力忽略不计，试计算虹吸管的流量。贮槽液面高度视为恒定。

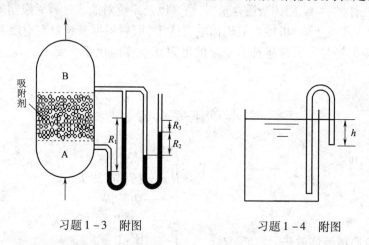

习题 1-3　附图　　　　　习题 1-4　附图

习题 1-5 密度为 920kg/m^3 的椰子油由总管流入两支管，总管尺寸为 φ57mm×3.5mm，两支管尺寸分别为 φ38mm×2.5mm 和 φ25mm×2.5mm。已知椰子油在总管中的流速为 0.8m/s，且 φ38mm×2.5mm 与 φ25mm×2.5mm 两支管中流量比为 2.2。试分别求椰子油在两支管中的体积流量、质量流量、流速及质量流速。

习题 1-6 用一长度为 0.35m 的渐缩管将输水管路由内径 100mm 缩至 30mm。当管内水流量为 0.52m^3/h，温度为 10℃时。问:(1)在该渐缩管段中能否发生流形转变;(2)管内由层流转为过渡流的截面距渐缩管大端距离为多少？

习题 1-7 直径为 1.0m 的稀奶油高位槽底部有一排出孔，其孔径为 15mm。当以2.0 m^3/h 的固定流量向高位槽加稀奶油的同时底部排出孔也在向外排出奶油。若小孔的流量系数 C_d 为 0.62(C_d 为孔口实际流量与理想流量之比)。试求达到出奶油与进奶油流量相等时高位槽的液位及所需的时间(假设高位槽最初是空的)。

习题 1-8 用压缩空气将密度为 1081kg/m^3 的蔗糖溶液从密闭容器中送至高位槽，如附图所示。要求每批的压送量为 1.2m^3，20min 压完，管路能量损失为 25J/kg，管内径为 30mm，密闭容器与高位槽两液面差为 16m。求压缩空气的压强为多少(表压)？

习题 1 - 9　敞口高位槽中的葡萄酒(密度为 985kg/m³)经 φ38mm×2.5mm 的不锈钢导管流入蒸馏锅,如图所示。高位槽液面距地面 8m,导管进蒸馏锅处距地面 3m,蒸馏锅内真空度为 8kPa。在本题特定条件下,管路摩擦损失可按 $\sum h_f = 6.5u^2$ J/kg(不包括导管出口的局部阻力)计算,u 为葡萄酒在管内的流速(m/s)。试计算:(1)导管 A - A 截面处葡萄酒的流速;(2)导管内葡萄酒的流量。

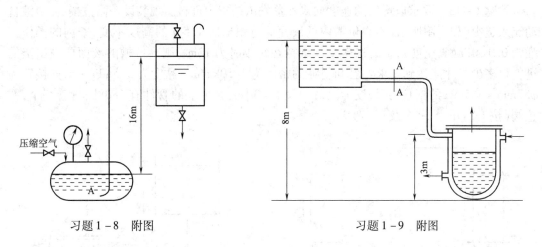

习题 1 - 8　附图　　　　　　　　　　　习题 1 - 9　附图

习题 1 - 10　如附图所示,水从离地面 18m 处用 φ273mm×5mm,长 35m(包括局部阻力损失的当量长度)的管道连接到离地面 10m 处,并测得高低两处压强分别为 348kPa 和 418kPa(表压)。试确定:(1)水的流动方向;(2)若管路摩擦因数取 0.026,管路中水的流量为多少?

习题 1 - 11　如图所示,槽内水位维持不变,槽底部与内径为 50mm 的钢管联结,管路中 B 处装有一 U 形管压差计,指示剂为水银。当阀门关闭时读数 $R = 350$mmHg,$h = 1200$mm。(1)阀门部分开启时,测得 $R = 250$mm,$h = 1250$mm,若 AB 段能量损失为 10J/kg,问管内流量为多少 m³/h?(2)阀门全开时,若 AB 段与 BC 段的能量损失分别按 $\sum h_{f,AB} = 1.6u^2$ J/kg,$\sum h_{f,BC} = 7u^2$ J/kg 计算(不包括管出口阻力),u 为管内流速。问 B 点处(压差计处)的压强为多少?

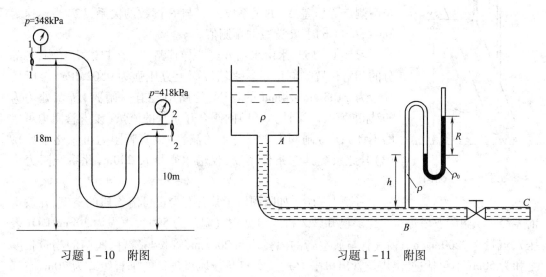

习题 1 - 10　附图　　　　　　　　　　　习题 1 - 11　附图

习题 1-12　如图所示的一冷冻盐水循环系统,盐水循环量为 $30m^3/h$ 时,盐水流经换热器 A 的阻力损失为 50 J/kg,流经换热器 B 的阻力损失为 60 J/kg,管路中流动的阻力损失为 30 J/kg。管路系统采用同直径管子,盐水密度为 $1100kg/m^3$(忽略泵进、出口的高差),试计算:(1)若泵的效率为 68%,泵的轴功率为多少?(2)若泵出口压强为 0.26MPa(表压),泵入口压力表读数为多少?

习题 1-13　要求以均匀的速度向果汁蒸发浓缩釜中进料。现装设一高位槽,使料液自动流入釜中(如附图所示)。高位槽内的液面保持距槽底 1.5m 的高度不变,釜内的操作压强为 0.01MPa(真空度),釜的进料量须维持在每小时为 $12m^3$,则高位槽的液面要高出釜的进料口多少米才能达到要求? 已知料液的密度为 $1050kg/m^3$,黏度为 3.5mPa·s,连接管为 $\varphi57mm \times 3.5mm$ 的钢管,其长度为 $[(x-1.5)+3]m$,管道上的管件有 180° 回弯管一个,截止阀(按 1/2 开计)一个及 90°弯头一个。

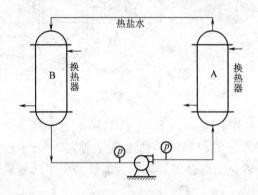

习题 1-12　附图

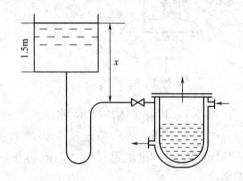

习题 1-13　附图

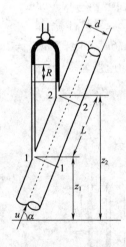

习题 1-14　附图

习题 1-14　如附图所示,拟安装一倒 U 形管压差计测量 L 管段的阻力损失。管内流体密度 $\rho = 900kg/m^3$,黏度 $\mu = 1.5mPa·s$;指示剂为空气 $\rho_0 = 1.2kg/m^3$;管内径 $d = 50mm$,管壁绝对粗糙度 $\varepsilon = 0.3mm$。试推导:(1)管路条件 (L, d, ε) 和流速 u 一定时,倾角 α 与两测点静压差 Δp 的关系以及 α 与 R 读数的关系;(2)当流速为 2m/s,L = 1m 时,R 读数的预测值。

习题 1-15　水由水箱 A 经一导管路流入敞口贮槽 B 中,各部分的相对位置如图所示。水箱液面上方压强为 0.02MPa(表压),导管为 $\varphi108mm \times 4mm$ 的钢管,管路中装有一闸阀,转弯处均为 90°标准弯头。试计算:(1)闸阀全开时水的流量(设直管阻力可忽略不计);(2)闸阀 1/2 开时水的流量(设直管阻力可忽略不计);(3)若此系统其它条件不变,仅输水管增长 200m,此系统阻力为若干?

习题 1-16　如附图所示某含有少量可溶物质的空气,在放空前需经一填料吸收塔进行净化。已知鼓风机入口处空气温度为 50℃,压强为 $30mmH_2O$(表压),流量为 $2200m^3/h$。输气管与放空管的内径均为 200mm,管长与管件、阀门的当量长度之和为 50m(不包括进、出塔及管出口阻力),放空口与鼓风机进口的垂直距离为 20m,空气通过塔内填料层的压降约为 $200mmH_2O$,管壁绝对粗糙度 ε 可取为 $0.15mm$,大气压为 0.1 MPa。求鼓风机的有效功率。

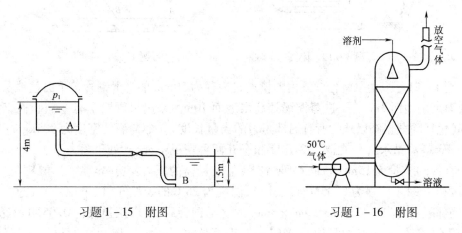

习题 1-15　附图　　　　　　　　习题 1-16　附图

习题 1-17　用 $\phi 60mm \times 3.5mm$ 钢管从敞口高位槽中引水至一常压吸收塔内。高位槽液面与水喷头出口高差 $10m$,管路流量最大可达 $15m^3/h$。现需将流量增加到 $25m^3/h$。试求:(1)管路不变,在管路中增加一台泵,该泵的功率;(2)管路布局不变,换新的管子,管子的直径。以上计算中摩擦因数可视为不变,忽略进出口损失。

习题 1-18　距某植物油罐 A 液面 $2.5m$ 深处用一根油管向油箱 B 放油,连接 A、B 的油管为 $\phi 45mm \times 2.5mm$ 不锈钢管,长度 $20m$,油出口距油箱 B 液面 $0.5m$,如附图所示。该植物油的 $\rho = 930kg/m^3$,$\mu = 40mPa \cdot s$。试求两液面高度稳定不变时,流经管道的流量。

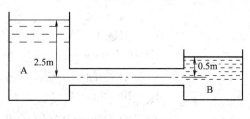

习题 1-18　附图

习题 1-19　为调节加热器出口空气的温度,在空气加热器的进出口并联一旁路(附图)。已知鼓风机出口压强为 $0.03MPa$(表),温度为 $25℃$,流量为 $340m^3/h$,空气通过换热器的压降为 $0.01MPa$。若旁路管长 $6m$,管路上标准弯头两个,截止阀一个(按 $1/2$ 开计)。试确定当旁路通过最大气量为总气量的 15% 时,所用管子的规格($\varepsilon = 0.2mm$)。

习题 1-20　温度为 $20℃$ 的空气以 $2000m^3/h$ 的流量通过 $\phi 194mm \times 6mm$ 的钢管管路 ABC 于 C 处进入一常压设备,如附图所示。现因生产情况变动,C 处的设备要求送风量减少为 $1200m^3/h$。另需在管道上的 B 处接出一支管 BD,要求从此支管按每小时 $800m^3$ 的流量分气,于 D 处进入另一常压设备。设管道 BC 间和 BD 间各管段局部阻力系数之和分别为 7 及 4,试计算 BD 分气支管的直径。

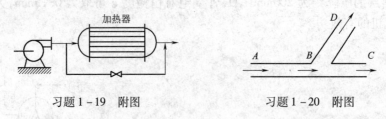

习题 1-19　附图　　　　　　　　　　　习题 1-20　附图

习题 1-21　拟用泵将葡萄酒由贮槽通过内径为 50mm 的光滑铜管送至白兰地蒸馏锅。贮槽液面高出地面 3m,管子进蒸馏锅处高出地面 10m。泵出口管路上有一截止阀,管路总长 80m(包括除截止阀以外的所有局部阻力的当量长度)。葡萄酒的密度为 985kg/m³,黏度为 1.5mPa·s。试求:(1)在阀 1/2 开度和全开两种情况下,流动处于阻力平方区时的管路特性方程;(2)流量为 15m³/h 时,两种情况下管路所需的压头及功率。

习题 1-22　压强为 0.35MPa(表压),温度为 25℃ 的天然气(以甲烷计)经过长 100m(包括局部阻力的当量长度)φ25mm×3mm 的水平钢管后,要求压强保持 0.05MPa(表压)。如视为等温流动,天然气的黏度为 0.011cP,钢管的绝对粗糙度取为 0.15mm,大气压强为 0.1MPa。求天然气的质量流量。

习题 1-23　0℃ 的冷空气在直径为 600mm 的管内流动,将毕托管插入管的中心位置,以水为指示液,读数为 4mm,试求冷空气的流量。

习题 1-24　用一转子流量计测定温度为 60℃,压强为 0.3MPa 的二氧化碳气体的流量。该转子流量计上的刻度是由 20℃、0.1MPa 空气标定的,转子材料为铝材。当转子流量计上读数为 5m³/h 时,二氧化碳的实际流量应为多少? 若将转子换为同形状、同大小的不锈钢转子,在此读数下二氧化碳的流量又为多少? (铝与不锈钢的密度分别为 $\rho_{f1} = 2670$kg/m³,$\rho_{f2} = 7900$kg/m³)

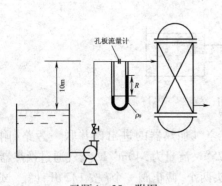

孔板流量计

10m

R

ρ_0

习题 1-25　附图

习题 1-25　用离心泵将敞口贮槽中的大豆油(密度为 940kg/m³,黏度为 40mPa·s,)送往一精制设备中,如附图所示。设备内压强保持 0.01MPa(表压),贮槽液面与设备入口之间的垂直距离为 10m,管路为 φ57mm×4mm 的钢管($\varepsilon = 0.2$mm),管道总长 60m(包括除孔板流量计在外的所有局部阻力的当量长度)。管路上装有孔径 $d_0 = 16$mm 的孔板流量计。今测得连接孔板的指示剂为水银的 U 形管差压计的读数 $R = 250$mm,孔板阻力可取所测得压差的 80%。试求泵消耗的轴功率,泵的效率取为 65%。

习题 1-26　某油田用 φ300mm×15mm 的钢管,将原油送到炼油厂。管路总长 160 km,送油量为 240000 kg/h,油管允许承受的最大压强为 6.0MPa(表)。已知原油黏度为 187mPa·s,密度 890kg/m³,忽略两地高差和局部阻力损失,试求中途需要多少个泵站?

习题 1-27　在用水测定离心泵的性能中,当排水量为 12m³/h 时,泵的出口压力表读数为 0.38MPa,泵入口真空读数为 200mmHg,轴功率为 2.3 kW。压力表和真空表两测压点的垂直距离为 0.4m。吸入管和压出管的内径分别为 68mm 和 41mm。两测点间管路阻力损失可忽略不计。大气压强为 0.1MPa。试计算该泵的效率，并列出该效率下泵的性能。

习题 1-28 某厂根据生产任务购回一台离心水泵，泵的铭牌上标着：$q_V = 12.5\text{m}^3/\text{h}$、$H = 32\text{mH}_2\text{O}$、$n = 2900\text{r/min}$、$NPSH = 2.0\text{mH}_2\text{O}$。现流量和扬程均符合要求，且已知吸入管路的全部阻力为 $1.5\text{mH}_2\text{O}$ 柱，当地大气压为 0.1MPa。试计算：(1) 输送 20℃的水时，离心泵允许的安装高度；(2) 若将水温提高到 50℃时，离心泵允许的安装高度又为多少？

习题 1-29 某食品厂为节约用水，用一离心泵将常压热水池中 60℃的废热水经 $\varphi 68\text{mm} \times 3.5\text{mm}$ 的管子输送至凉水塔顶，并经喷头喷出而入凉水池，以达冷却目的，水的输送量为 $22\text{m}^3/\text{h}$，喷头入口处需维持 0.05MPa（表压），喷头入口的位置较热水池液面高 5m，吸入管和排出管的阻力损失分别为 $1\text{mH}_2\text{O}$ 和 $4\text{mH}_2\text{O}$。试选用一台合适的离心泵，并确定泵的安装高度。（当地大气压为 0.099MPa）

习题 1-30 一管路系统的特性曲线方程为 $H_e = 20 + 0.0065q_V^2$。现有两台同型号的离心泵，该泵的特性曲线可用方程 $H = 30 - 0.0025q_V^2$ 表示（上两式中 H_e 和 H 的单位为 m，q_V 的单位为 m^3/h）。试求：(1) 当管路输送量为 $30\text{m}^3/\text{h}$ 时，安装一台泵能否满足要求？(2) 若将两泵联合安装在管路中，该管路可输送的最大流量为多少？

习题 1-31 某双动往复泵，其活塞直径为 180mm，活塞杆直径为 50mm，曲柄半径为 145mm。活塞每分钟往复 55 次。实验测得此泵的排水量为 $42\text{m}^3/\text{h}$。试求该泵的容积效率 η。

习题 1-32 温度为 15℃的空气直接由大气进入风机，并通过内径为 800mm 的管道送至燃烧炉底，要求风量为 $20000\text{m}^3/\text{h}$（以风机进口状态计），炉底表压为 $1100\text{mmH}_2\text{O}$。管长 100m（包括局部阻力当量长度），管壁粗糙度 0.3mm。现库存一离心通风机，其铭牌上的流量为 $21800\text{m}^3/\text{h}$，全风压为 $1290\text{mmH}_2\text{O}$，问此风机是否合用？（大气压为 0.1MPa）

习题 1-33 实验中测定一离心通风机的性能，得以下数据：气体出口处压强为 $23\text{mmH}_2\text{O}$，入口处真空度为 $15\text{mmH}_2\text{O}$，送风量为 $3900\text{m}^3/\text{h}$。吸入管路与排出管路的直径相同。通风机的转速为 960r/min，其所需要轴功率为 0.81kW。试求此通风机的效率。若将此通风机的转速增为 1150r/min，问转速增大后，此通风机的送风量和所需的轴功率各为若干？

第二章　机械分离

非均相混合物在食品工业中十分常见,在生产过程中或在获得最终产品的阶段,常常需要分离。例如,用结晶的方法提纯产品,需将晶体与母液分离;用溶剂萃取的方法从天然产物中提取生物活性物质,需将溶液与固体杂质分离。

非均相混合物按物态的不同而分为液-固、液-气和气-固体系。固体颗粒分散在液体中的混合物称悬浮液,分散在气体中的混合物称含尘气体。小液滴分散在气体中形成含雾气体。常将小于1μm的颗粒称为"胶质",分散在液体中称"溶胶",分散在气体中则称"气溶胶"。在混合物中处于分散态的物质称分散相,处于连续状态的物质称连续相。

各种非均相混合物的分离操作通常都是利用其两相物理性质上的差异,即采用机械分离。颗粒与流体的性质有许多差异,其中最基本且应用最多的是颗粒的尺度差异和颗粒与流体的密度差,以此为基础的过滤和沉降单元操作是本章讨论的重点。

第一节　流体与粒子的相对运动

对非均相混合物进行机械分离,其过程必涉及颗粒-流体两相间的相对运动。例如,沉降操作的基础是颗粒和流体间的相对运动,过滤操作的基础是流体通过颗粒床层的运动。不仅如此,颗粒-流体两相间的相对运动也广泛存在于许多化学反应以及如干燥、结晶、吸附、气力输送等单元操作中。因此,掌握非均相物系的流体力学基本规律是开发、设计此类过程与设备的重要基础。

一、颗粒在流体中的运动

(一)曳力与曳力系数

范宁摩擦因子 f 将流体流经管壁面时所受到的壁面剪应力 τ_s 与流体的动量通量 ρu^2 直接关联:

$$\tau_s = f\frac{\rho u^2}{2} \tag{2-1}$$

流体与分散于其中的固体颗粒之间有相对运动时,流体对颗粒表面施加的力称为曳力。由于颗粒表面几何形状和流体绕颗粒流动的流场这两者的复杂性,流体与颗粒表面之间的动量传递规律远比在固体壁面上要复杂得多。实践表明,式(2-1)很好地表达了流体与管壁面之间的动量传递规律,可将此关系引申于颗粒-流体两相流动体系。

考虑到颗粒表面的复杂性,因此不用剪应力 τ_s 而用颗粒表面的总曳力 F_d,且将流体与颗粒的作用面积 A_p 定义为颗粒在流体流动方向上的投影面积,并用曳力系数 C_D 代替范宁摩擦因子 f。这样由式(2-1)得:

$$F_d = C_D A_p \frac{\rho u^2}{2} \tag{2-2}$$

与管内流动的摩擦因子或摩擦因数类似,曳力系数 C_D 也受诸多因素的影响,如颗粒性质尤其是表面几何特性、流体物性以及流速的大小等。大量实验研究表明,曳力系数 C_D 是颗粒雷诺数 Re_p 的函数,其关系如图 2-1 所示。

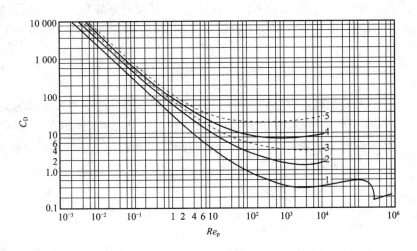

图 2-1 曳力系数与颗粒雷诺数的关系

1—$\phi_A = 1$ 2—$\phi_A = 0.806$ 3—$\phi_A = 0.6$ 4—$\phi_A = 0.22$ 5—$\phi_A = 0.125$

颗粒雷诺数 Re_p 的定义则为:

$$Re_p = \frac{d_p u \rho}{\mu} \tag{2-3}$$

式中　d_p——颗粒直径,m;

　　　μ——流体的黏度,Pa·s;

　　　ρ——流体的密度,kg/m^3。

图 2-1 中的曲线 1 代表球形颗粒($\phi_A = 1$),该曲线按 Re_p 的值可分为四个区域,每个区域可用相应的公式表示。

(1)$10^{-4} < Re_p < 1$,为层流区。在该区域内,曳力正比于流速和黏度的一次方,故有:

$$C_D = 24/Re_p \tag{2-4}$$

当 Re 小于 10^{-4} 后,布朗运动的影响显著,式(2-4)不再成立。

(2)$1 < Re_p < 1000$,为过渡区。实验发现,$Re_p > 1$ 后,流体在颗粒表面发生边界层分离,尽管边界层内仍维持层流,但颗粒尾部已形成许多旋涡,消耗流体的机械能。尾部旋涡区即尾流区的形成使颗粒所受的形体曳力增大,而摩擦曳力所占比重有所下降。在该区域内,曳力与流速的 1.4 次方成正比,而仅与黏度的 0.6 次方成正比。曳力系数可表达为:

$$C_D = 18.5/Re_p^{0.6} \tag{2-5}$$

(3)$1000 < Re_p < 2 \times 10^5$,为湍流区。$Re_p$ 增大超过 1000 以后,尾流中旋涡进一步加强,形体曳力所占比重已居控制地位,以致摩擦曳力可以忽略不计。在该区域内,曳力与流体的黏度无关而与流速的平方成正比。曳力系数为:

$$C_D \approx 0.44 \tag{2-6}$$

(4)$Re_p > 2 \times 10^5$,为湍流边界层区。Re_p 达到 2×10^5 后,边界层内的流动也转变为湍流,

流体动能增大使边界层分离点向后移动,尾流收缩、形体曳力骤然下降。实验结果显示此时曳力系数下降且呈现不规则的现象,C_D 的值大约保持在 0.1。

(二)颗粒的自由沉降与沉降速度

颗粒与流体相对运动时,最为典型的过程是单颗粒(或充分分散、互不干扰的颗粒群)在流体中借助于重力的自由沉降。根据牛顿第二定律,颗粒在其所受合力的方向上会产生加速度,即:

$$\sum F = m\frac{du}{dt} \tag{2-7}$$

颗粒在流体中受的力有:场力、浮力和曳力。在重力场中即为向下的重力 F_g,向上的浮力 F_b 和与颗粒运动方向相反的曳力 F_D,如图 2-2 所示。若设流体的密度为 ρ,颗粒的密度为 ρ_s,直径为 d_p,颗粒与流体的相对速度为 u,则有:

重力　　$F_g = \pi d_p^3 \rho_s g / 6$

浮力　　$F_b = \pi d_p^3 \rho g / 6$

曳力　　$F_D = C_D \dfrac{\pi}{4} d_p^2 \dfrac{\rho u^2}{2}$

图 2-2　颗粒在流体中的受力

不难看出,颗粒所受的重力和浮力均与流速 u 无关,但曳力与流速有关。随流速的增加,颗粒所受曳力增加,颗粒沉降的加速度则随之逐渐减小。当达到合力为零时,即曳力等于颗粒的净重力(重力 - 浮力),颗粒的加速度降至零,颗粒与流体之间将保持匀速运动,这个速度称为颗粒的沉降速度,用 u_t 表示。根据力平衡得:

$$\frac{\pi}{6}d_p^3(\rho_s - \rho)g = C_D \frac{\pi}{4}d_p^2 \frac{\rho u_t^2}{2} \tag{2-8}$$

$$u_t = \sqrt{\frac{4d_p(\rho_s - \rho)g}{3C_D\rho}} \tag{2-9}$$

在颗粒达到匀速的沉降速度之前,有一加速或减速过程(视颗粒的初速度而定),但一般此过程很短,工程上可以忽略不计。

由式(2-9)可见,沉降速度 u_t 由颗粒与流体的综合特性决定。对于一定的颗粒 - 流体体系,颗粒雷诺数 Re_p 一定,则 C_D 一定,与之对应的 u_t 也就一定。根据 Re_p 的不同,曳力系数 C_D 应在式(2-4)~式(2-6)中择一计算。若将各式代入式(2-9),便可得到球形颗粒在各雷诺数范围内的沉降速度 u_t 的计算式。

(1)$10^{-4} < Re_p < 1$(斯托克斯公式)

$$u_t = \frac{d_p^2(\rho_s - \rho)g}{18\mu} \tag{2-10}$$

(2)$1 < Re_p < 1000$(阿伦公式)

$$u_t = 0.27\sqrt{\frac{d_p(\rho_s - \rho)gRe_p^{0.6}}{\rho}} \tag{2-11}$$

(3)$1000 < Re_p < 2\times10^5$(牛顿公式)

$$u_t = 1.74\sqrt{\frac{d_p(\rho_s - \rho)g}{\rho}} \tag{2-12}$$

由于在计算出 u_t 之前 Re_p 的大小未知,因此计算要用试差法。但当颗粒直径较小时,其沉降通常处于层流区,故斯托克斯公式应用较多。

上述 u_t 的计算公式也可灵活应用于确定颗粒粒度 d_p、密度 ρ_s 或流体的物性。如根据所测得的颗粒在某已知物性流体中的沉降速度,则若已知颗粒的 ρ_s 即可由 u_t 公式求 d_p,或已知 d_p 可求 ρ_s。

颗粒的沉降速度 u_t 是颗粒在流体中受到的曳力、浮力与重力平衡时颗粒与流体间的相对速度,取决于流、固两相的性质,与流体的流动与否无关。但颗粒在流体中的绝对速度 u_p 则与流体的流动状态直接相关。当流体以流速 u 向上流动时,三个速度间的关系为:

$$u_p = u - u_t \tag{2-13}$$

显然,$u = 0$ 即流体静止时,$u_p = -u_t$,颗粒向下运动;当 $u = u_t$ 时,$u_p = 0$,颗粒静止地悬浮在流体中;而 $u > u_t$ 时,$u_p > 0$,颗粒向上运动;$u < u_t$ 时,$u_p < 0$,颗粒向下运动。

[例 2-1] 直径为 $100\mu m$ 的少量玻璃珠分散于 $20℃$ 的清水中,已知玻璃珠的密度 $\rho_s = 2500 kg/m^3$,水的密度 $\rho = 998.2 kg/m^3$,水的黏度 $\mu = 1 mPa \cdot s$。试求:(1)玻璃珠的沉降速度;(2)若水以 $0.02 m/s$ 的速度向上流动,水中玻璃珠的绝对速度是多少?

解:(1)少量玻璃珠分散于水中,其沉降运动可视为自由沉降。设沉降属层流,按式(2-10),沉降速度为:

$$u_t = \frac{d_p^2(\rho_s - \rho)g}{18\mu} = \frac{(100 \times 10^{-6})^2 \times (2500 - 998.2) \times 9.81}{18 \times 0.001} = 0.00818(m/s)$$

校核 Re_p: $\quad Re_p = \frac{d_p u_t \rho}{\mu} = \frac{100 \times 10^{-6} \times 0.00818 \times 998.2}{0.001} = 0.817 < 1$

可见层流假设成立,玻璃珠在水中的自由沉降速度为 $0.00818 m/s$。

(2)由定义可知,颗粒在流体中的沉降速度是颗粒与流体的相对速度。因此,当水以 $u = 0.02 m/s$ 的速度向上流动时,水中玻璃珠的绝对速度 u_p 为:

$$u_p = u - u_t = 0.02 - 0.00818 = 0.0182(m/s)$$

即玻璃珠将以 $0.0182 m/s$ 的绝对速度在水中向上运动。

(三)非球形颗粒的几何特征与曳力系数

颗粒与流体相对运动时,颗粒受到的曳力与颗粒的大小、形状、表面积等几何特性直接相关。球形颗粒若直径一定,则大小、表面积均一定。非球形颗粒的表述则较难,工程上通常采用与球形颗粒相对比的当量直径和球形度来表征非球形颗粒的主要几何特征。

1. 等体积直径 d_e

若某一非球形颗粒的体积为 V_p,将体积与之相等的球形颗粒的直径定义为该颗粒的等体积当量直径 d_e,即:

$$d_e = \sqrt[3]{\frac{6V_p}{\pi}} \tag{2-14}$$

2. 等表面积当量直径 d_A

若某一非球形颗粒的表面积为 A_p,将表面积与之相等的球形颗粒的直径定义为该颗粒的等表面积当量直径 d_A,即:

$$d_A = \sqrt{\frac{A_p}{\pi}} \tag{2-15}$$

3. 等比表面积当量直径 d_a

颗粒的比表面积定义为颗粒的表面积与其体积之比。对直径为 d 的球形颗粒,其比表面积 a 为:

$$a = \frac{A}{V} = \frac{6}{d} \qquad (2-16)$$

若某一非球形颗粒的比表面积为 $a_p = A_p / V_p$，将比表面积与之相等的球形颗粒的直径定义为该颗粒的等比表面积当量直径 d_a，即：

$$d_a = \frac{6}{a_p} = \frac{6V_p}{A_p} \qquad (2-17)$$

显然对球形颗粒以上定义的三个当量直径相等，对非球形颗粒而言则不然，主要因为非球形颗粒的比表面积随其形状不同而改变。而表面积对颗粒与流体之间的传递行为有很大影响，因此有必要对影响颗粒比表面积的形状因素加以定量描述。

4.形状系数

将球形颗粒的比表面积 a 与体积相等的非球形颗粒比表面积 a_p 之比定义为非球形颗粒的形状系数（或称为球形度）：

$$\varphi_A = \frac{a}{a_p} \qquad (2-18)$$

显然，球形颗粒的 $\phi_A = 1$，非球形颗粒 $\phi_A < 1$。体积相同时颗粒形状与球形差别越大，其比表面积越大，球形度就越小。

由式(2-14)~式(2-18)可导出上述定义的非球形颗粒几何参数之间有下列关系：

$$\varphi_A = \left(\frac{d_e}{d_A} \right)^2 = \frac{d_a}{d_e} \qquad (2-19)$$

可见，只要确定其中两个，即可表征其余两个，即非球形颗粒大小和面积的表征需两个参数。工程上多采用较易测量的等体积当量直径 d_e 和具有直观意义的形状系数 ϕ_A。

图2-1也给出了非球形颗粒曳力系数随颗粒雷诺数 Re_p 变化的实验曲线。图中非球形颗粒的雷诺数 Re_p 采用等体积当量直径为特征尺寸。由图可见，对于相同的 Re_p，曳力系数因颗粒的形状而异。颗粒球形度越小，曳力系数越大，说明颗粒所受的曳力越大。

二、流体通过固定床的流动

许多单元操作是以流体通过固体颗粒层的方式进行的，固体颗粒层称为固定床，不少设备是以固定床为特征的，例如固定床催化反应器、固定床吸附分离器、固定床离子交换器等。流体在固定床中的流动状态直接影响到传热、传质与化学反应的进行。

(一)颗粒床层的几何特性

颗粒床层由大量颗粒组成，流体通过颗粒与颗粒之间的空隙而流动，流道曲折多变、纵横交错，加之各单颗粒大小不可能完全相同，床层的几何特性既与单颗粒的几何性质有关，也与组成床层的颗粒的大小分布以及堆集状态有关。

1.平均粒度

测量颗粒粒度有筛分法、光学法、电学法、流体力学法等多种几何或物理方法与仪器，根据颗粒群的粒度范围和测量要求来选用。工业上常见固定床中的混合颗粒，粒度一般大于 $70\mu m$，通常采用筛分的方法来分析颗粒群的粒度分布。

国际标准组织 ISO 规定的标准筛是由一系列孔径不等的、筛孔为正方形的金属丝网筛组成，相邻两筛号筛孔尺寸之比约为 $\sqrt{2}$。由于历史的原因，各国还保留一些不同的筛孔制，例如常见的泰勒制，即是以筛网上每英寸长度的筛孔数为筛号，国内将其称之为目数。

采用筛分的方法进行粒度分析时,根据颗粒的粒度范围选择一组(或全套)筛号连续的标准筛,筛孔最小的置于底层,筛孔最大的置于顶层,依次重迭放置于振筛机上。通过计量的混合颗粒放在最顶层的筛上,振动过筛后,在每一号筛内比筛孔大的颗粒截留于筛上(称为筛留量),比筛孔小的颗粒落入下一层筛(称为筛过量)。如此逐层筛分,混合颗粒即按其粒度大小而被截留在不同筛号的筛面之上。若筛分后某筛上的筛留物质量为 m_i,在全部混合颗粒试样中所占的质量分数为 w_i,其粒径介于上、下相邻两筛筛孔直径 $d_{p,i-1}$ 和 d_{pi} 之间。如果 $d_{p,i-1}$ 与 d_{pi} 相差不大,可把这部分颗粒的直径取为:

$$d_{pmi} = (d_{p,i-1} + d_{pi})/2 \tag{2-20}$$

利用筛分分析数据,可以根据颗粒-流体两相流动过程的特点确定一个具有代表性的混合颗粒的平均直径。对于流体通过固定床的流动,颗粒的比表面对流动的影响最大,因此通常以比表面积相等的原则定义混合颗粒的平均直径 d_{pm}。

对于球形颗粒,密度为 ρ_s 的单位质量混合颗粒中,粒径为 d_{pi} 的颗粒的质量分数为 w_i,则比表面:

$$a = \frac{\sum \dfrac{w_i a_i}{\rho_s}}{\dfrac{1}{\rho_s}} = \sum w_i a_i = \sum \frac{6 w_i}{d_{pi}} \tag{2-21}$$

按比表面相等的原则,与之等效的混合颗粒平均直径:

$$d_{pm} = \frac{6}{a} = \frac{1}{\sum \dfrac{w_i}{d_{pi}}} \tag{2-22}$$

对于非球形颗粒,按同样的原则可得:

$$d_{pm} = \frac{1}{\sum \dfrac{w_i}{d_{Ai}}} = \frac{1}{\sum \dfrac{w_i}{\phi_{Ai} d_{ei}}} \tag{2-23}$$

式中　d_{ei}——第 i 号筛上筛留物的等体积当量直径;

ϕ_{Ai}——其球形度。

也可用质量平均求混合颗粒的平均直径:

$$d_{pm} = \sum w_i d_{pi} \tag{2-24}$$

2. 床层的空隙率、自由截面和比表面

颗粒床层的几何特性是由混合颗粒的几何特性和颗粒的堆积状态共同决定的。

(1)床层的空隙率　定义颗粒床层中空隙体积 V_0 与床层总体积 V_b 之比为床层空隙率 ε:

$$\varepsilon = V_0/V_b = (V_b - V_p)/V_b \tag{2-25}$$

在床层内颗粒体积 V_p 相同的条件下,床层总体积 V_b 会因颗粒形状、粒度分布、装填松紧程度以及颗粒尺寸与容器尺寸之比等因素的不同而不同,空隙率也随之改变。均匀球形颗粒床层的空隙率约在 0.26～0.48,非均匀颗粒床层则因小颗粒可以嵌入大颗粒间的空隙之中而使床层空隙率减小。颗粒的粒度分布越宽,床层空隙率越小。乱堆的非球形颗粒床层空隙率约在 0.47～0.70。

颗粒床层中空隙率并不均匀,尤其是容器壁面附近区域的空隙率总是比中心区域大,导致流动阻力减小。粒径与容器直径之比越大,这种现象越显著。床层空隙率对流体流动阻力有很大影响,下面定义的床层自由截面对此有更清楚的反映。

（2）床层的自由截面 颗粒床层横截面上可供流体流通的空隙面积称为床层自由截面。对于各向同性的颗粒床层，自由截面与床层截面之比等于床层空隙率，其分布状况与空隙率相同。靠近壁面处空隙率较大，自由截面的比例也大，因此，流动阻力较小，流速较大。这种现象称为壁效应。壁效应往往造成不利的影响，设计中应加以考虑并设法在装填颗粒时采取措施使之减小。

（3）床层的比表面积 定义单位体积床层具有的颗粒的表面积为床层比表面积 a_b。假设颗粒都是点接触，因而几乎不使其裸露于流体中的表面积减少，则床层比表面积为单位体积床层中所有颗粒的表面积之和，即：

$$a_b = (1 - \varepsilon)a \tag{2-26}$$

可见对空隙率一定的颗粒床层，比表面积主要取决于颗粒大小，颗粒越小，包含的颗粒数越多，床层比表面就越大。

（二）流体通过固定床的压降

流体在颗粒床层纵横交错的空隙通道中流动，受密集而细小的颗粒表面阻力作用，流速的方向与大小时刻在变化，一方面使流体在床层截面上的流速分布趋于均匀，另一方面使流体产生相当大的压降。由于流体通道的几何结构十分复杂，其压降的理论计算十分困难，必须用实验方法解决。从流体在圆管内的阻力损失计算式和流体对颗粒表面曳力的计算式可知，流体与固体表面之间的动量交换，总是与流动距离或两相作用面积成正比。因此，可以把颗粒床层的不规则通道虚拟为一组长为 L_e 的平行细管，其总的内表面积等于床层中颗粒的全部表面积，总的流动空间等于床层的全部空隙体积，如图 2-3 所示。床层的当量直径可表达为：

$$d_{eb} = \frac{4 \times 床层的流通截面积}{床层的湿润周边}$$

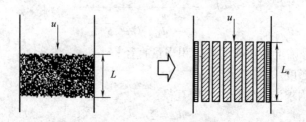

图 2-3 流体通过固定床的平行细管模型

分子、分母同乘 L_e，上式成为：

$$d_{eb} = \frac{4 \times 床层空隙体积}{床层颗粒的全部表面积}$$

分子、分母同除以床层总体积，则得到虚拟管组的当量直径与床层空隙率 ε 和床层比表面积 a_b 或颗粒比表面积 a 的关系为：

$$d_{eb} = \frac{4\varepsilon}{a_b} = \frac{4\varepsilon}{a(1 - \varepsilon)} \tag{2-27}$$

将流体通过颗粒床层的流动简化为上述长为 L_e、当量直径 d_{eb} 的管内流动，因颗粒床层的阻力而引起的流体压降 Δp 可引用直管摩擦阻力损失计算公式的形式表达为：

$$\Delta p_b = \lambda \frac{L_e}{d_{eb}} \frac{\rho u_1^2}{2} \tag{2-28}$$

式中 u_1 为流体在虚拟细管内的流速,等价于流体在床层颗粒空隙间的实际(平均)流速,u_1 与空床流速(又称表观流速)u、空隙率 ε 的关系为:

$$u_1 = u/\varepsilon \tag{2-29}$$

工程上为了直观对比的方便,将流体通过颗粒床层的阻力损失表达为单位床层高度上的压降:

$$\frac{\Delta p_b}{L} = \lambda \frac{L_e}{L d_{eb}} \frac{\rho u_1^2}{2} = (\lambda \frac{L_e}{8L}) \frac{(1-\varepsilon)a}{\varepsilon^3} \rho u^2 = \lambda' \frac{(1-\varepsilon)a}{\varepsilon^3} \rho u^2 \tag{2-30}$$

式中 λ' 称为固定床流动摩擦因数,实际上是把流体通过颗粒床层的流动简化为虚拟管组流动的模型参数,其值由流动体系的特征决定。固定床摩擦系数 λ' 是床层雷诺数的函数,床层雷诺数 Re_b 的定义为:

$$Re_b = \frac{d_{eb} u_1 \rho}{4\mu} = \frac{\rho u}{a(1-\varepsilon)\mu} \tag{2-31}$$

具体函数形式必须通过实验确定。康采尼(Kozeny)的实验研究发现,在床层雷诺数 Re_b <1 的情况下:

$$\frac{\Delta p_b}{L} = 5 \frac{(1-\varepsilon)^2 a^2 \mu u}{\varepsilon^3} \tag{2-32}$$

式(2-32)称康采尼方程,其适用范围为 Re_b <1,误差在 10% 以内。

欧根(Ergun)在更宽的 Re_b 数范围内(0.17~420)进行实验研究,获得了如下的关联式:

$$\lambda' = 4.17/Re_b + 0.29 \tag{2-33}$$

将该式代入式(2-30)可得:

$$\frac{\Delta p_b}{L} = 4.17 \frac{a^2 (1-\varepsilon)^2}{\varepsilon^3} \mu u + 0.29 \frac{a(1-\varepsilon)}{\varepsilon^3} \rho u^2 \tag{2-34}$$

若以颗粒的等比表面积当量直径 d_a 代替上式的颗粒比表面 a,则:

$$\frac{\Delta p_b}{L} = 150 \frac{(1-\varepsilon)^2}{\varepsilon^3 d_a} \mu u + 1.75 \frac{(1-\varepsilon)}{\varepsilon^3 d_a} \rho u^2 \tag{2-35}$$

也可采用颗粒的球形度 ϕ_A 与等体积当量直径 d_e 的乘积 $\phi_A d_e$ 代替上式的 d_a。式(2-34)与式(2-35)均称为欧根方程,其误差范围在 ±25% 之内。

当 Re_b <2.8(Re_p 约小于 10)时,欧根方程右侧第二项与第一项相比较小可以忽略,则:

$$\frac{\Delta p_b}{L} = 150 \frac{(1-\varepsilon)^2}{\varepsilon^3 d_a^2} \mu u \tag{2-36}$$

即流体通过床层空隙的流动为层流时,压降与流速和黏度的一次方均成正比。

当 Re_b >280(Re_p 约大于 1000)时,欧根方程右侧第一项与第二项相比较小可以忽略,则:

$$\frac{\Delta p_b}{L} = 1.75 \frac{(1-\varepsilon)}{\varepsilon^3 d_a} \rho u^2 \tag{2-37}$$

即流体在床层空隙中的流动为湍流时,压降与流速的平方成正比而与黏度无关。

由于颗粒-流体两相流动体系几何结构与流动形态的复杂性,不同的研究者得到的压降计算关系式往往有所差别,甚至同一研究者对同样的颗粒仅因装填方式稍有差别而使实验结果很难重复。其主要原因是床层几何特性参数 ε 和 a 对流动的影响十分敏感且影响方式十分复杂,工程实践中应充分重视此类非确定性因素的影响。

[例2-2]某吸附器的内径为 1.8m,吸附剂层高 3.0m,吸附剂颗粒为柱状,高 5mm,直

径 3mm，床层空隙率 0.38。操作状态下吸附器的平均体积流量为 1500m³/h，气体的平均密度为 25.5kg/m³，平均黏度为 1.7×10^{-5}Pa·s。试计算气体通过催化剂床层的压降。

解：该吸附剂床层为非球型颗粒床层，流体通过床层的阻力损失与颗粒的比表面直接相关，因此采用颗粒的等比表面积当量直径作为颗粒的特征尺寸。吸附剂的比表面积：

$$a = \frac{3.14 \times 0.003 \times 0.005 + 2 \times 3.14 \times 0.003^2/4}{3.14 \times 0.003^2 \times 0.005/4} = 1733.3(\text{m}^2/\text{m}^3)$$

所以，等比表面积当量直径：$d_a = 6/a = 6/1733.3 = 0.0035(\text{m})$

气体在反应器内的表观气速：$u = q_V/A = 1500/(3600 \times 0.785 \times 1.8^2) = 0.164(\text{m/s})$

$$\Delta p_b = [150 \frac{(1-\varepsilon)^2}{\varepsilon^3 d_a^2}\mu u + 1.75 \frac{(1-\varepsilon)}{\varepsilon^3 d_a}\rho u^2]L$$

$$= [150 \times \frac{(1-0.38)^2 \times 1.7 \times 10^{-5} \times 0.164}{0.38^3 \times 0.0035^2} + 1.75 \times \frac{(1-0.38) \times 25.5 \times 0.164^2}{0.38^3 \times 0.0035}] \times 3 = 12.34(\text{kPa})$$

第二节 沉 降

沉降是利用固体颗粒或液滴与流体间的密度差，使悬浮在流体中的固体颗粒借助于外场作用力产生定向运动，从而实现与流体相分离或者使颗粒相增稠、流体相澄清的单元操作。随外场作用方式不同，沉降可划分为重力沉降、离心沉降和电沉降三种主要方式。

一、重 力 沉 降

（一）自由沉降与干扰沉降

重力沉降是利用流体中的固体颗粒受重力作用而自然沉降的原理，将颗粒和流体分离的过程，是最简单的一种沉降分离方式。前面已经讨论了颗粒的沉降速度 u_t 及其计算，悬浮液中固体颗粒通常很细小，因此沉降多处于斯托克斯定律区（$Re_p < 1$），其沉降速度 u_t 的计算式为：

$$u_t = \frac{d_p^2(\rho_s - \rho)g}{18\mu} \tag{2-10}$$

重力沉降分离中，颗粒沉降速度的大小决定了两相分离的难易程度。由式（2-10）可见，颗粒沉降速度 u_t 正比于沉降推动力（$\rho_s - \rho$）g 和颗粒粒径的平方 d_p^2。因此当颗粒与流体的密度差不大、粒径也不大时，沉降速度会很小，因而低密度的细颗粒就很难分离。

计算沉降速度 u_t 的式（2-10）~式（2-12）是在自由沉降条件下导出的关系式。当流体中颗粒的含量较高时，颗粒沉降时彼此相互影响，颗粒的沉降不再是自由沉降，而是干扰沉降，这在液-固重力沉降分离中更为突出。

实验发现，在颗粒含量较高的浓悬浮液中，只要所含颗粒粒径大小相差不超过 6 倍，则所有颗粒都将以大致相同的速度沉降，这就是干扰沉降的表现形式。其原因为颗粒与颗粒之间相互碰撞产生动量交换，使大颗粒沉降受阻滞而小颗粒被加速。干扰沉降速度与颗粒浓度有关。仅当颗粒浓度 <0.2%，或者颗粒之间距离大于 10~20 倍粒径时，方可忽略颗粒之间相互作用而按自由沉降计算。

从干扰沉降条件下的间歇沉降试验可以观察到颗粒群的沉降呈现如下规律：混合均匀的悬浮液在直立圆筒中静置一段时间，即会从上到下出现 A、B、C、D 四个分区，如图 2-4 所示。A 区为清液区;B 区为均匀沉降区,该区颗粒分布均匀,浓度与原始悬浮液相同($c = c_0$);C 区为浓缩区,此区自上而下颗粒浓度增高,粒度也增大;D 区为沉淀堆集的沉聚区。

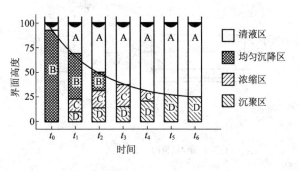

图 2-4 干扰沉降

随着沉降过程进行,A、D 两区逐渐扩大,B 区逐渐缩小,A、B 两区界面为清水与浑水的分界面,故此界面又称为浑液面。该界面将等速下行直至与 B、C 两区的界面合并,B 区消失($t = t_3$ 时)。A、B 界面相对于器壁下降的速度 u_c 称为原始悬浮液中颗粒的表观沉降速度。由于颗粒下降而引起的流体上升置换运动的存在,颗粒在流体中的沉降速度 u_t 要大于表观沉降速度 u_c。

B 区消失后,A、C 界面下行直至 C 区消失($t = t_5$ 时),此时刻称为临界沉降点,体系只有 A、D 两区且界面清晰。此后便转入沉淀压缩过程,沉淀区颗粒之间的间隙逐渐紧缩,液体被排挤而上升到清液区,颗粒压紧阶段所需的时间往往很长。

此外,壁效应也会对颗粒的沉降速度产生影响。颗粒粒径 d_p 与容器直径 D 之比值越大,壁效应影响越大。一般当 d_p/D 大于 0.01 时,壁效应影响会使颗粒的沉降速度减小。

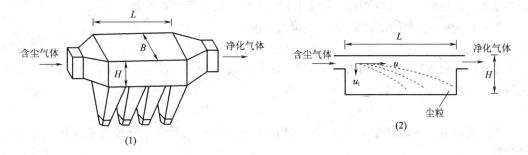

图 2-5 降尘室

(二)降尘室

分离含尘气体中颗粒的重力沉降设备称为降尘室,如图 2-5(1)所示,这是一种结构最为简单的重力沉降设备。含尘气体从进口经扩大段后流速降为 u,进入流通截面积为 $H \times B$ 的降尘段[图 2-5(2)],尘粒随气流向出口端流动的同时以 u_t 的速度在垂直方向上沉降。若设颗粒的水平移动速度即气流速度,则颗粒通过长度为 L 的降尘段的时间,即流体在降尘段的停留时间为 $t = L/u$,而粒径为 d_p、沉降速度为 u_t 的颗粒从高度为 H 的顶部降至底部所需时间为 $t' = H/u_t$。为使颗粒在降尘室内全部沉降下来,应满足 $t \geqslant t'$,即:

$$L/u \geqslant H/u_t \tag{2-38}$$

由此条件确定设备的最大生产能力(即最大处理气体流量)为:

$$q_V = uHB = u_t LB \tag{2-39}$$

可见降尘室的生产能力理论上正比于颗粒的沉降速度和沉降方向上的截面积,即降尘室的面积,而与沉降室的高度无关。因此工业上降尘设备多为扁平形状或一室多板结

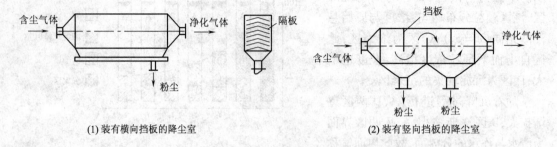

(1) 装有横向挡板的降尘室　　　　　　　(2) 装有竖向挡板的降尘室

图 2-6　降尘室结构

构,图 2-6 所示为两种常见的装有隔板的降尘室。在气速相同的情况下,装有横向隔板的降尘室[图 2-6(1)]除尘效果更好。因为隔板间基本上保持了相同的流动速度,而颗粒达到隔板通道底部的沉降距离更短。为了便于清灰,可将隔板装成可翻动或倾斜式。

式(2-36)与式(2-37)也是确定降尘室结构尺寸的依据。而对一定结构尺寸的降尘室,当气体处理量一定时,结合式(2-37)与式(2-10)可求得理论上该降尘室所能全部捕集的最小颗粒粒径:

$$d_{p,min} = \sqrt{\frac{18\mu q_V}{(\rho_s - \rho)gLB}} = \sqrt{\frac{18\mu uH}{(\rho_s - \rho)gL}} \qquad (2-40)$$

显然,粒径小于 $d_{p,min}$ 的颗粒在停留时间 t 内就不能全部沉降下来。

若粒径为 d_p 的颗粒在时间 t 内垂直降落高度为 y:

$$y = u_t t = u_t L/u \qquad (2-41)$$

如果降尘段入口处颗粒分布是均匀的,则定义该降尘室对粒径为 d_p 的颗粒的分级效率 η_d 为:

$$\eta_d = y/H = u_t t/H = u_t L/(uH) = LBu_t/q_V \qquad (2-42)$$

对结构尺寸一定的降尘室设备,按上式可求出不同粒径颗粒的分级效率或作出分级效率曲线。

[例 2-3] 欲利用重力沉降除去烟气中粒径在 50μm 以上的烟尘,已知烟气流量为 3000m³/h(标准状态计),烟气温度为 130℃,烟气密度为 0.87kg/m³,烟气黏度为 0.0215mPa·s,烟尘密度为 2150kg/m³。试设计一重力降尘室。

解:130℃下烟气流量 $q_V = q_{V0}T/T_0 = 3000 \times (273 + 130)/(273 \times 3600) = 1.23$(m³/s)

设烟尘沉降属斯托克斯定律区,按式(2-10),若 $\rho_s - \rho \approx \rho_s$,则沉降速度:

$$u_t = \frac{d_p^2 \rho_s g}{18\mu} = \frac{(50 \times 10^{-6})^2 \times 2150 \times 9.81}{18 \times 2.15 \times 10^{-5}} = 0.136(m/s)$$

$$Re_p = \frac{u_t \rho d_p}{\mu} = \frac{0.136 \times 0.87 \times 50 \times 10^{-6}}{2.15 \times 10^{-5}} = 0.275 < 1 \text{ 故以上计算有效。}$$

取沉降室内烟气流速 $u = 0.5$m/s,沉降室高度 $H = 2.0$m,由式(2-37)可知,降尘室长度最小需:

$$L = uH/u_t = 2 \times 0.5/0.136 = 7.35(m)$$

显然,降尘室过长,应采用装有横向隔板的多层降尘室。取隔板数 $n = 3$,每层高度 $\Delta H = 0.45$m,则总高:　　　$H = \Delta H(n+1) = 0.45 \times 4 = 1.8$(m)

沉降室长度：$\qquad L = \Delta H u/u_t = 0.45 \times 0.5/0.136 = 1.65(\text{m})$

取 $L = 1.8\text{m}$，则降尘室宽度：$B = q_V/[(n+1)\Delta Hu] = 1.23/(4 \times 0.45 \times 0.5) = 1.37(\text{m})$

取 $B = 1.4\text{m}$。室内烟气实际流速：

$$u = q_V/[(n+1)\Delta HB] = 1.23/(4 \times 0.45 \times 1.4) = 0.488(\text{m/s})$$

由式(2-40)计算得该降尘室能捕集的最小粒径：

$$d_{p,\text{min}} = \sqrt{\frac{18\mu u H}{(\rho_p - \rho)gL}} = \sqrt{\frac{18 \times 2.15 \times 10^{-5} \times 0.488 \times 0.45}{2150 \times 9.81 \times 1.8}} = 47.3 \times 10^{-6}(\text{m}) < 50 \times 10^{-6}(\text{m})$$

故所设计的多室降尘室能满足生产要求。

(三)沉降槽

沉降槽是在重力场中实现悬浮液澄清或增稠的液-固分离设备，也称为增稠器，根据操作方式有间歇式和连续式之分，图2-7是典型的连续沉降槽示意图。悬浮液经中心管在距液面0.3~1.0m处流入沉降槽，为减少扰动，悬浮液流出的速度应较低。清液往上流动经沉降槽上缘溢出进入出水槽；固体颗粒往下沉降至底部后，由缓慢转动的刮泥机聚集进入排泥管。

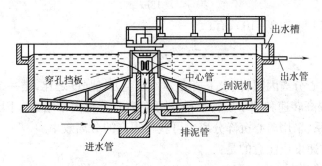

图2-7 连续沉降槽

因悬浮液中颗粒的浓度一般较高，沉降多属于干扰沉降，所以，在沉降槽中沉降增稠时，自上而下可主要分成类似于前述的干扰沉降试验所示的几个区。设计连续操作的重力沉降槽，除了遵循直径大、高度小的一般规律外，还应根据工艺要求和物系的干扰沉降性质，恰当地确定位于液面以下料浆的进口位置，以使料浆均匀、缓和地分散到横截面上而不致引起大的扰动。任何位置处颗粒的沉降应大于清液上升速度，以保证液相澄清要求。进料位置以下还应有足够的沉降高度以保证旋转耙下方浓缩料浆达到要求的稠度。因连续沉降过程固-液两相的运动规律与间歇过程并不完全相同，利用间歇试验数据进行放大设计时应参考有关设计手册，选取安全系数。

二、离心沉降

(一)离心沉降速度

从式(2-10)可知，小颗粒的沉降速度很小，从而用重力沉降难于分离。若将颗粒置于离心力场中，则其沉降速度可以大大提高，使分离效率提高。

设离心力场的旋转半径为 r，旋转角速度为 ω，则切向速度为 $u_T = r\omega$，体系受到的离心加速度为 $r\omega^2$ 或 u_T^2/r。若固体颗粒的密度大于流体的密度，则当颗粒随流体旋转时，因其所受离心力的差异，颗粒与流体在离心力方向(径向)上将发生相对运动，颗粒飞离中心，从而得以分离。颗粒在径向上相对于流体向外运动的过程,即为颗粒的离心力沉降过程。

与颗粒在重力场中的沉降受力相似,离心力场中的颗粒在径向上也受到三个力,即为径向向外的离心力 F_c,径向向内的向心力 F_b 和曳力 F_D(与颗粒的运动方向相反,即径向向内)。若颗粒的切向速度为 u_T,则有:

离心力 $$F_c = \pi d_p^3 \rho_s u_T^2 / (6r)$$

向心力 $$F_b = \pi d_p^3 \rho u_T^2 / (6r)$$

曳力 $$F_D = C_D \pi d_p^2 \rho u_r^2 / (8r)$$

当合力为零时,颗粒与流体在径向上的相对速度 u_r 就是它在该处的离心沉降速度:

$$u_r = \sqrt{\frac{4d_p(\rho_s - \rho)u_T^2}{3C_D \rho r}} \qquad (2-43)$$

对细小的颗粒,其沉降多处于斯托克斯区($Re_p < 1$),将曳力系数表达式代入式(2 - 41),则:

$$u_r = \frac{d_p^2(\rho_s - \rho)u_T^2}{18\mu r} \qquad (2-44)$$

比较式(2 - 42)与式(2 - 10),有:

$$\frac{u_r}{u_t} = \alpha = \frac{u_T^2}{rg} \qquad (2-45)$$

式中 a 称为离心分离因数,代表了离心力场与重力场强度之比,是一个重要的参数。由式(2 - 45)可见,提高转速和减小旋转半径均可使离心分离因素增大。因此,即使对密度差小、颗粒很细的体系,采用离心沉降分离也可获得很高的分离效率。

关于离心沉降速度应注意的是:

(1)它不是一个常量;

(2)它的方向为径向向外;

(3)它是颗粒运动绝对速度的径向分量。颗粒还受到重力的作用,但与离心力相比可忽略不计;

(4)在以上推导中设切向速度 u_T 为常数,这是以旋风分离器为代表的离心沉降设备的特点。另有一类沉降离心机,其特点是角速度 ω 为常数,此时式(2 - 45)中的 u_T 应该用 $r\omega$ 代替,将在下文中讨论。

(二)旋风分离器

1. 旋风分离器的原理

典型的离心沉降分离设备是旋流分离器,其特征是设备静止不动,流体在设备内旋转,流体的切向速度可看作为常数。旋流分离器既可用于气 - 固体系,也可用于液 - 固体系的分离,前者称旋风分离器,后者称旋液分离器。工业上使用最多的是旋风分离器。

旋风分离器结构简单、操作方便,是系列化的气 - 固分离设备,广泛适用于含颗粒浓度为 $0.01 \sim 500 \text{ g/m}^3$、粒度不小于 $5\mu\text{m}$ 的气体净化与颗粒回收操作,尤其是各种气 - 固流态化装置的尾气处理。标准式旋风分离器的基本结构和工作原理如图 2 - 8 所示,主体上部为一圆柱,下部为一圆锥,上部中央有一同心排气管,各部分的尺寸均与圆柱的直径成比例。含尘气体以较高的线速度沿切向进入器内,在外筒与排气管之间形成旋转向下的外旋流,到达锥底后以相同的旋向折转向上,形成内旋流,直至达到上部排气管流出。颗粒在内、外旋转流场中均受离心力作用向器壁方向抛出,在重力作用下沿壁面下落到排灰口被排出,气体因此而得到净化。

器内的静压强在器壁附近最高,往中心逐渐降低,在气芯中为负压。因此如果出口密封不良,已收集在器底的灰尘会被重新扬起,严重降低分离效率。

2.旋风分离器的性能

旋风分离器的主要性能指标是颗粒分离效率和流体阻力损失,二者具有紧密的关系。

(1)临界直径　旋风分离器能够全部除掉的最小颗粒的粒径也是分离效率的标志,称为临界粒径。假定颗粒的离心沉降最大距离为排气管外壁至外筒内壁的径向间距,根据旋风分离器的几何尺寸比例,该间距与进气矩形管宽度 B 相等(图2-8),又若其沉降速度可由式(2-45)计算,则该粒径的颗粒到达器壁所需的沉降时间为:

$$t' = \frac{B}{u_r} = \frac{18\mu Br_m}{d_c^2(\rho_s - \rho)u_T^2} \qquad (2-46)$$

式中　r_m——平均旋转半径。

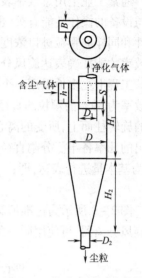

图2-8　标准式旋风分离器

$$h = \frac{D}{2}; B = \frac{D}{4}; D_1 = \frac{D}{4};$$
$$H_1 = 2D; H_2 = 2D; S = \frac{D}{8}; D_2 = \frac{D}{4}$$

假定气体在旋风分离器内的旋转次数为 N(标准旋风分离器可取 $N=5$),则其停留时间为:

$$t = 2\pi r_m N/u_T \qquad (2-47)$$

为使粒径为 d_c 的颗粒在旋风分离器内全部沉降下来,应满足 $t \geq t'$。当 $t = t'$ 时可得其临界粒径,若取 $\rho_s - \rho \approx \rho_s$,有:

$$d_c = \sqrt{\frac{9\mu B}{\pi u_T \rho_s N}} \qquad (2-48)$$

式(2-48)虽是基于一定简化假设而得,但实践证明此式较准确地表达了旋风分离器的结构参数和操作参数对分离效率的影响。

(2)旋风分离器的分离效率　理论上凡直径大于 d_c 的颗粒都能完全被分离。但事实上,在旋风分离器内由于诸多因素而造成的局部涡流可将 $d \geq d_c$ 的粒子在达到器壁前被气流带走,或沉降后又重新扬起;而 $d < d_c$ 的粒子,由于聚结或靠近旋风分离器外筒壁进入,也可从气体中分离下来,实际分离的临界直径往往比计算值大。因此引入了分离效率的概念。

分离效率是衡量气流在旋风分离器内净化程度的指标。分离效率有两种表示方法:总效率和分效率。

总效率即被旋风分离器除掉的总的颗粒质量占进口含尘气体中全部颗粒质量的分率:

$$\eta_0 = (c_1 - c_2)/c_1 \qquad (2-49)$$

式中　c_1、c_2——进、出口气体中颗粒的质量浓度。

分效率称粒级效率。根据颗粒的粒径大小分级,将入口气体中某一粒级 d_i 的颗粒被旋风分离器除掉的分率定义为粒级效率:

$$\eta_i = (c_{i1} - c_{i2})/c_{i1} \qquad (2-50)$$

式中　c_{i1}、c_{i2}——进、出口气体中平均粒径为 d_i 的颗粒的质量浓度。显然:

$$\eta_0 = \sum w_i \eta_i \tag{2-51}$$

式中　w_i——进口气体中粒径为 d_i 的颗粒的质量分数。

通常工业上用总效率表示旋风分离器的分离效率。但是总效率表示总的除尘效果,不仅与设备的操作性能有关,也与进口气体中颗粒的粒度分布有关。同一台设备、同样的操作条件和同样的颗粒进口浓度,分离粗颗粒时的总效率远高于分离细尘粒。因此必须使用粒级效率才能准确表达旋风分离器的工作性能。

工程上更多地采用一个称为分割直径 d_{50} 的指标来评价旋风分离器的性能。d_{50} 即是粒级效率为 50% 的颗粒的直径,其物理意义是假定这样的颗粒在旋风分离器中会位于一个假想的旋转柱面上,所受的离心力与流体对其径向运动的阻力平衡,因此沉降于器壁和被气流带出的几率各半。分割直径 d_{50} 可以更多地反映旋风分离过程特征,所以粒级效率也常采用 d_{50} 为基本量进行表达,即:

$$\eta_i = f(d_i/d_{50}) \tag{2-52}$$

图 2-9 所示为标准型旋风分离器的 $\eta_i - d_i/d_{50}$ 关系曲线。对同一型式且尺寸比例相同的旋风分离器,可使用同一条 $\eta_i - d_i/d_{50}$ 曲线,这给旋风分离器效率的估计带来了方便。

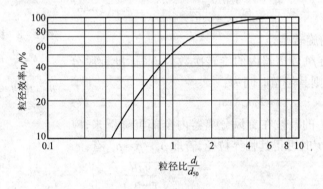

图 2-9　标准旋风分离器的 $\eta_i - d_i/d_{50}$ 曲线

作为预测,可以假想 d_{50} 颗粒所在的旋转柱面位于颗粒沉降距离的中点即 $B/2$ 位置处,所以有:

$$d_{50} = \sqrt{\frac{9\mu B}{2\pi u_{\mathrm{T}} \rho_s N}} = \frac{d_c}{\sqrt{2}} \tag{2-53}$$

对标准型旋风分离器,$N = 5$,故得:

$$d_{50} = 0.27\sqrt{\frac{\mu D}{u_{\mathrm{T}} \rho_s}} \tag{2-54}$$

(3)旋风分离器的阻力损失　旋风分离器的使用场合大多具有流量大、压头低的特点,因此气体通过旋风分离器产生的流体阻力损失往往成为风机选型和动力消耗的主要依据。

旋风分离器内的流场十分复杂,影响阻力的因素很多,工程上主要还是采用经验公式,将阻力损失 Δp 表达为:

$$\Delta p = \zeta \rho u_{\mathrm{T}}^2/2 \tag{2-55}$$

式中阻力系数 ζ 主要由旋风分离器的结构决定。同一结构型式,不论其尺寸大小,阻力系数 ζ 接近定值。常用型号的旋风分离器 ζ 值在 5.0~8.0,手册中有对应的数据;新型号则应通过实验测定。

由式(2-55)可见,提高入口气速 u_T 虽可提高分离效率,但阻力却成平方地增加,这往往是不经济的。一般将气体通过旋风分离器的压降控制在 0.5~2kPa,即将入口气速限制在 15~25m/s,而采取缩小直径、多台并联的方式以综合满足分离效率与处理大气量的要求。

3. 旋风分离器的型式

旋风分离器种类繁多,分类方法也各有不同。根据其结构形式,旋风分离器可分为:长锥体、圆筒体、扩散式以及旁通式。我国已定型了多种系列的旋风分离器,制定了系列标准,各系列均以直径 D 为特性尺寸,其余尺寸均为 D 的倍数。标准型旋风分离器是代表性的形式,除此而外,常用的还有 XLT、XLT/A、XLP/A、XLP/B 以及 XLK 型等。

XLP 型是一种带旁路的旋风分离器,有 A、B 两种形式,图 2-10 所示为 XLP/B 型。其特点为进气口上沿稍低于筒体顶部,因此含尘气体进入筒体后随之分为两路,较大的颗粒随向下旋转的主流气体运动,沉到筒壁落下;细微粒则随一小部分气体在顶部旋转聚集形成灰环,再随气流经旁路分离室旋转向下并沿壁面落下。这种结构的旋风分离器能促进细粉尘的聚结,故对细粉的分离效率较高。阻力系数一般为 6~7。

XLK 型(图 2-11)为扩散式旋风分离器,又称带倒锥体的旋风除尘器,并在锥的底部装有反射屏,反射屏可使已被分离的粉尘沿着锥体与反射屏之间的环缝落入灰斗,有效防止了上升的净化气体重新把粉尘卷起带出,从而提高了除尘效率。适用于捕集粒度在 5~10μm 的干燥的非纤维颗粒粉尘。阻力系数在 7.5~9。

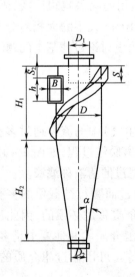

图 2-10 XLP/B 型旋风分离器

$h = 0.6D$ $B = 0.3D$ $D_1 = 0.6D$ $D_2 = 0.3D$ $H_1 = 1.7D$
$H_2 = 2.3D$ $S = 0.8D + 0.3D$ $S_2 = 0.28D$ $\alpha = 14°$

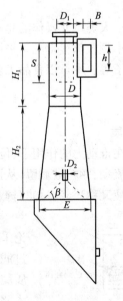

图 2-11 XLK 型旋风分离器

$h = D$ $B = 0.26D$ $D_1 = 0.6D$ $D_2 = 0.1D$
$H_1 = 2D$ $H_2 = 3D$ $S = 1.1D$ $E = 1.65D$ $\beta = 45°$

[例 2-4] 用一直径为 0.35m 的 XLP/B 型旋风分离器能有效地从某流化干燥器排放的空气中分离出粒径在 10μm 以上的粉尘。空气进旋风分离器的流量为 1000m³/h(标准),温度为 200℃,颗粒密度为 2350kg/m³,并测得气体通过旋风分离器的压降为 1244Pa。现因干

燥物料的变化,干燥器出口气量增至 $1450 \mathrm{m}^3/\mathrm{h}$(标准),温度仍为 $200℃$,且因管路阻力的增加,气体通过旋风分离器允许的最大压降须降至 920.0Pa。为完成此分离任务,拟增加一台同型号的旋风分离器,试确定此旋风分离器的尺寸。

解:由附录表查得 $200℃$ 下空气密度 $\rho = 0.746 \mathrm{kg/m}^3$,黏度 $\mu = 2.6 \times 10^{-5} \mathrm{Pa \cdot s}$

原工况下,直径为 0.35m 的旋风分离器的入口气速 u_T 为:

$$u_T = q_V/(AB) = 1000 \times 473/(3600 \times 273 \times 0.6 \times 0.35 \times 0.3 \times 0.35) = 21.83(\mathrm{m/s})$$

旋风分离器的阻力系数:$\zeta = 2\Delta p/(u_T^2 \rho) = 2 \times 1244/(21.83 \times 0.746) = 7$

因处理气量增加,而允许压降减小,故两台旋风分离器采用并联操作。因此,当 $\Delta p' = 920 \mathrm{Pa}$ 时,旋风分离器的进口气速:

$$u_T' = (2\Delta p/\zeta \rho)^{1/2} = [2 \times 920/(7 \times 0.746)]^{1/2} = 18.77(\mathrm{m/s})$$

由图 2-10 可查得 XLP/B 型标准旋风分离器的结构尺寸比例,据此计算处理气量。

$D = 0.35\mathrm{m}$ 的旋风分离器处理气量:

$$q_V = hBu_T = 0.6D \times 0.3D \times u_T = 0.18 \times 0.35^2 \times 18.77 = 0.414(\mathrm{m}^3/\mathrm{s}) = 1490.1(\mathrm{m}^3/\mathrm{h})$$

增设旋风分离器需处理气量 $q_V' = 1450 \times 473/273 - 1490.1 = 1022.2(\mathrm{m}^3/\mathrm{h})$

增设旋风器直径 $D = [1022.2/(3600 \times 0.6 \times 0.3 \times 18.77)]^{1/2} = 0.29(\mathrm{m})$

取 $D = 0.3\mathrm{m}$。

第三节 过 滤

过滤是一大类单元操作的总称。过滤的方式很多,适用的物系也很广泛,固-液、固-气、大颗粒、小颗粒都很常见。采用膜过滤甚至可以分离 10nm 大小的大相对分子质量蛋白质和病毒粒子等。本章以食品工业上最为多见的悬浮液为主讨论过滤基本问题。

一、过滤操作的基本概念

(一)过滤介质

过滤是在推动力的作用下,位于一侧的悬浮液(或含尘气)中的流体通过多孔介质的孔道向另一侧流动,颗粒被截留,从而实现流体与颗粒的分离操作过程,如图 2-12 所示。被过滤的悬浮液又称滤浆,过滤时截留下的颗粒层称滤饼,滤过的清液称滤液。

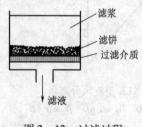

图 2-12 过滤过程

过滤介质即为使流体通过而颗粒被截留的多孔介质。无论采用何种过滤方式,过滤介质总是必须的,因此过滤介质是过滤操作的要素之一。对过滤介质的共性要求是多孔、理化性质稳定、耐用和可反复使用等。可用作过滤介质的材料很多,主要可分为如下几类:

(1)织物介质 织物是最常用的过滤介质,工业上称为滤布(网),由天然纤维、玻璃纤维、合成纤维或者金属丝编织而成。可截留的最小颗粒视网孔大小而定,一般在几到几十微米范围。

(2)多孔材料 制成片、板或管的各种多孔性固体材料,如素瓷、烧结金属或玻璃、多孔性塑料以及滤纸和压紧的毡与棉等。此类介质较厚,孔道细,能截留 $1 \sim 3 \mu \mathrm{m}$ 的微小颗粒。

（3）固体颗粒床层　由沙、木炭之类的固体颗粒堆积而成的床层,称作滤床,用作过滤介质使含少量悬浮物的液体澄清。

（4）多孔膜　由特殊工艺合成的聚合物薄膜,最常见的是醋酸纤维膜与聚酰胺膜。膜过滤属精密过滤,可以分离 5nm 的微粒。

根据工艺要求和悬浮液的性质以及颗粒浓度、粒度分布等多方面因素选择合适的过滤介质及其组合方式,往往关系到过滤操作的成败。

（二）滤饼过滤与深层过滤

根据过滤过程的机理,有滤饼过滤和深层过滤之分。滤饼过滤又称为表面过滤。使用织物、多孔材料或膜等作为过滤介质,过滤介质的孔径不一定要小于最小颗粒的粒径。过滤开始时,部分小颗粒可以进入甚至穿过介质的小孔,但很快即由颗粒的架桥作用使介质的孔径缩小形成有效的阻挡,如图 2－13 所示。被截留在介质表面的颗粒形成称为滤饼的滤渣层,透过滤饼层的则是被净化了的滤液。随滤饼的形成,真正起过滤介质作用的是滤饼本身,因此称作滤饼过滤。滤饼过滤主要用于含固体量较高（ ＞1％ ）的场合。

图 2－13　架桥现象

深层过滤一般应用介质层较厚的滤床类（如沙层、硅藻土等）作为过滤介质。颗粒小于介质孔隙进入到介质内部,在长而曲折的孔道中被截留并附着于介质之上。深层过滤无滤饼形成,主要用于净化含固量很少（ ＜0.1％ ）的流体,如水的净化、烟气除尘等。

（三）滤饼的压缩性和助滤剂

过滤的推动力是压差,在过滤过程中形成的滤饼也处在压差的作用下。不同结构的滤饼在压差作用下的表现是不同的,由刚性粒子构成的滤饼在压差作用下大体维持原来的空隙率,称为不可压缩性滤饼;而由一些胶体大分子形成的滤饼则会被压缩,空隙率减小,导致滤饼层对过滤的阻力增加,这样的滤饼称为可压缩性滤饼。滤饼的可压缩性用压缩指数 s 表示,s 为一恒小于 1 的常数。s 值越小,滤饼的可压缩性也越低。不可压缩滤饼 $s＝0$。典型物料的压缩指数值见表 2－1。显然,可压缩性滤饼对过滤是不利的。

表 2－1		典型物料的压缩指数		
物料	s		物料	s
硅藻土	0.01		滑石	0.51
碳酸钙	0.19		黏土	0.56
钛白（絮凝）	0.27		硫酸锌	0.69～0.6
高岭土	0.33		氢氧化铝	0.9

当滤饼为可压缩滤饼时,为改善过滤速率,可以加入某种刚性粒子,称为助滤剂,如活性炭、硅藻土等。助滤剂加入的方式有两种,一种是直接加入到滤浆中,使形成的滤饼结构改变,成为不可压缩性;另一种是先在过滤介质上铺一层助滤剂,成为不可压缩滤饼。

（四）过滤的操作方式

根据使用的过滤设备、过滤介质及所处理的物系的性质和产品收集的要求,过滤操作分为间歇式与连续式两种主要方式。

以滤饼过滤为例。流体通过滤饼的流动实际上是通过固定床的流动。过滤过程中滤饼不断增厚、阻力不断上升,流体的通过能力则不断减小。到达一定的阶段,必须将滤饼移去。无论是以滤饼还是滤液为产品,卸料之前用清液置换滤饼中存留的滤液并且洗涤滤饼都是必要的。卸料后清洗过滤介质,使被堵塞的网孔"再生",以便新一轮操作正常运行。由此可见,滤饼过滤包括了过滤、洗涤、卸料和处理过滤介质等四个不同的阶段。很多情况下是分阶段间歇操作,不少自动化的过滤机也可以连续操作完成全部或其中部分阶段。即使连续操作,这四个阶段仍然各有其操作特性。

根据提供过滤推动力的方式,又有重力过滤、加压过滤、真空过滤和离心过滤之分,其目的都是克服过滤阻力。

二、过 滤 设 备

过滤是应用最为广泛的单元操作之一,既有各种不同类型的系列化、大型化、通用化的过滤设备载于手册与样本之中,更有许多结构新颖的过滤装置随过程工业的发展而不断问世。本节仅以工厂中最常见的板框压滤机、叶滤机和转筒真空过滤机为例进行介绍。

(一)板框压滤机

压滤机通过直接给悬浮液加压而实现过滤,其历史最久且已有超过 100 种以上的结构设计应用于工业中,最为常见的是板框式压滤机。

板框式压滤机的结构如图 2 - 14 所示,由交替排列的滤板、滤框和夹于板框之间的滤布叠合组装压紧而成。板框的数目视工艺要求在机座长度范围内可灵活调节。板和框的结构如图 2 - 15 所示,在角上相同位置上开有孔,框的孔又有小孔通向框内。框的两侧覆以滤布,框内即为滤饼。板的表面有沟槽,以便液体流动,下端开小孔,滤液即从小孔排出。板又

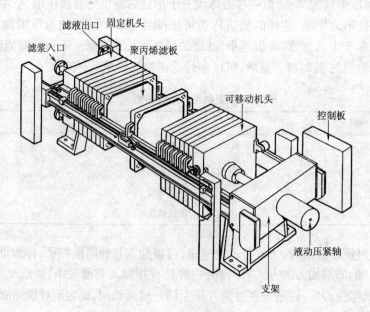

图 2 - 14　板框压滤机

有两种,一种为洗涤板,在洗涤液通道角上开小孔,以便让洗涤液流入;另一种无小孔,为过滤板。为表示区别,在板或框外留一小钮或其它标记,一般过滤板为一钮,框为二钮,洗涤板为三钮。组装时,按钮数 1 – 2 – 3 – 2 – 1… 的顺序排列。组装好后,角上即形成如连通流道,由机头上的接管阀门控制悬浮液、滤液及洗液的进出。过滤操作的流道如图 2 – 16 所示。悬浮液从通道进入滤框,滤液在压力下穿过滤框两边的滤布,沿滤布与滤板凹凸表面之间形成的沟道流下,既可单独由每块滤板上设置的出液旋塞排出,称为明流式;也可汇总后排出,称为暗流式。过滤阶段结束,若需对框内形成的滤饼进行洗涤,则应选用可洗涤的机型。洗涤液由洗涤板上的通道进入其两侧与滤布形成的凹凸空间,穿过滤布、滤饼和滤框另一侧的滤布后排出。由上述可知,洗涤液的行程(包括滤饼和滤布)约为过滤终了时滤液行程的 2 倍而流通面积却为其 1/2,因此,洗涤速率约为过滤终了速率的 1/4。洗涤终了,若有必要可引入压缩空气使滤饼脱湿后再拆开过滤机卸出滤饼,结束一次过滤操作。然后清洗、整理、重新组装、准备下一次操作。

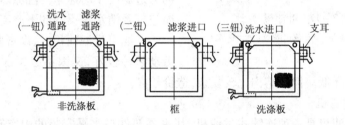

图 2 – 15　滤板和滤框

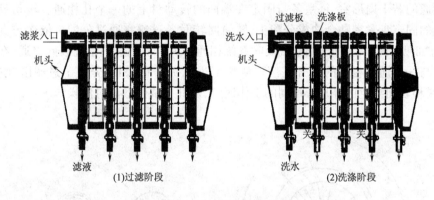

图 2 – 16　过滤操作的物料流程

　　板框压滤机的滤板和滤框的材质可为铸铁、碳钢、不锈钢、塑料等,聚乙烯和聚丙烯是目前较为广泛使用的材料。常用规格的板框其厚度为 25 ~ 60mm,边框长为 0.2 ~ 2.0m,框数由生产所需定,有数个至上百个不等。板框压滤机的操作压强一般在 0.3 ~ 1.0MPa。

　　板框压滤机具有结构简单紧凑、过滤面积大并可承受较高的压差等优点。其缺点是间歇式操作,所费的装、拆、清洗时间较长,劳动强度大,生产效率较低。板框式压滤机主要用于含固体量较多的悬浮液过滤。

(二)叶滤机

　　如图 2 – 17 所示,叶滤机主要由起过滤作用的滤叶和起密闭作用的筒体构成,操作为间

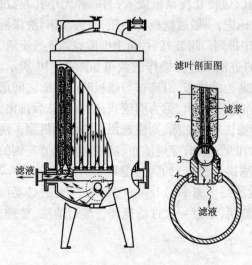

图 2-17 叶滤机
1—滤饼 2—滤布 3—拔出装置 4—橡胶圈

歇式。滤叶有圆形和矩形等多种形式,由金属丝网组成的框架上覆以滤布构成,使用时将多块平行排列的滤叶组装成一体插入箱体内,滤叶浸于悬浮液中。悬浮液在压力下送入叶滤机或借真空泵进行抽吸,滤液穿过滤布进入丝网构成的中空部分,并汇集于下部总管流出,颗粒则沉积在滤布上形成滤饼,当滤饼达到一定厚度时,停止过滤。

过滤结束后,根据要求可通入洗涤液对滤饼进行洗涤,洗涤液的行程和流通面积与过滤终了时滤液的行程和流通面积相同,因此,在洗涤液与滤液的性质接近的情况下,洗涤速率约为过滤终了时速率。洗涤后,可用振动或压缩空气及清水等反吹卸下滤渣。

叶滤机过滤面积大,设备紧凑,密闭操作,劳动条件较好,又因不必每次循环装卸滤布,劳动强度也大大降低。但其结构比较复杂,造价较高。

(三)转筒真空过滤机

转筒真空过滤机是一种连续式过滤机,其主要部件是水平安装的中空转筒,也称转鼓,如图 2-18 所示。转筒的多孔表面上覆盖有滤布,筒的下部浸入悬浮液中。转筒内部分隔成互不相通的若干扇形室,每室各与固定在端面的转动盘上的一个孔相通。转动盘与固定在机架上的固定盘紧密贴合构成分配头,转筒回转时各过滤室通过分配头依次与真空抽滤系统、洗水抽吸回收系统和压缩空气反吹系统相通。为了不使这些系统彼此串通,在固定盘上设有不与任何通道相通的非开孔区。从整个过滤机来看,相应分为了过滤区、洗涤脱水区、卸料区和表面再生区等几个不同的工作区域,由此构成连续的过滤操作。

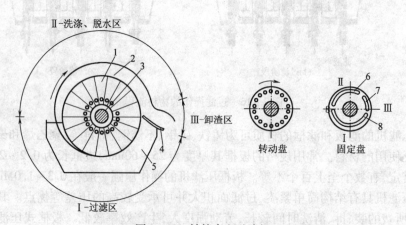

图 2-18 转筒真空过滤机
1—转筒 2—滤饼 3—分配头 4—刮刀 5—滤浆 6—吸走洗水的真空凹槽
7—通入压缩空气的凹槽 8—吸走滤液的真空凹槽

转筒旋转一周,每一个扇形室依次完成真空过滤、洗涤、脱水、吸干滤饼和压缩空气吹松、刮刀卸料、反吹清洗表面等全部操作。如当转筒的某一扇形室浸入滤浆中时,与该室相通的转动盘上的小孔即与固定盘上的抽吸滤液的真空凹槽 8 相通,此时依靠真空在转筒内外形成的压差在转筒表面上进行过滤,滤饼形成。随转筒转动,该扇形室带着附着在滤布上的滤饼离开悬浮液槽依次进行滤饼洗涤、脱水直至卸下滤饼。

转筒真空过滤机转速多在 $0.1 \sim 3 \text{r/min}$,浸入悬浮液中的吸滤面积约占全部表面的30% ~ 40%。滤饼厚度范围大约 $3 \sim 40\text{mm}$。具有连续进料、操作自动化等优点,且便于在转鼓表面预涂助滤剂后用于黏、细物料的过滤。但过滤推动力有限,滤饼含液量较大,常达30%。

三、过 滤 计 算

(一)过滤基本方程

过滤速度的定义:

$$u = \frac{\mathrm{d}V}{A\mathrm{d}t} \tag{2-56}$$

式中　$\mathrm{d}V$——$\mathrm{d}t$ 时间内通过过滤面的滤液量;

　　　A——过滤面积。

可见过滤速度 u 是单位时间内通过单位过滤面积的滤液量,即过滤通量,是代表过滤设备生产强度的关键参数。

与众多的单元过程类似,过滤通量也遵循如下规律:

$$过滤通量 \propto \frac{过滤推动力}{过滤阻力} \tag{2-57}$$

过滤过程可视作流体通过固定床的流动,且液体在滤饼空隙中的流动多属层流,故低 Re_b 数的固定床流速与压降的有关公式同样适用。若任意瞬时滤饼的厚度为 L,相应的滤液累计体积为 V,此时的过滤速度为 u,对应的推动力为:

$$\Delta p = \Delta p_1 + \Delta p_2 \tag{2-58}$$

式中　Δp_1——通过滤饼的压降;

　　　Δp_2——通过过滤介质的压降。

根据欧根方程可得过滤速度 u 分别与推动力 Δp_1 与 Δp_2 的关系式。

对滤饼层:

$$u = \frac{\mathrm{d}V}{A\mathrm{d}t} = \frac{\varepsilon^3 (\varphi_\mathrm{A} d_\mathrm{e})^2 \Delta p_1}{150 (1-\varepsilon)^2 L\mu} \tag{2-59}$$

式中 d_e、ϕ_A、ε 是滤饼颗粒及滤饼床层特征参数,令:

$$r = \frac{150 (1-\varepsilon)^2}{\varepsilon^3 (\varphi_\mathrm{A} d_\mathrm{e})^2} \tag{2-60}$$

$$R = rL \tag{2-61}$$

则:

$$u = \frac{\mathrm{d}V}{A\mathrm{d}t} = \frac{\Delta p_1}{rL\mu} = \frac{\Delta p_1}{R\mu} \tag{2-62}$$

式中　r——滤饼的比阻,即单位厚度滤饼的阻力,反映滤饼的性质对过滤阻力的影响,其单位为 m^{-2}。

R——滤饼的阻力。

可见,过滤速度或过滤通量正比于过滤滤饼两侧的压差,反比于滤饼的阻力和滤液的黏度。

同理,对过滤介质层:

$$u = \frac{dV}{Adt} = \frac{\Delta p_2}{r_m L_m \mu} = \frac{\Delta p_2}{R_m \mu} \qquad (2-63)$$

式中　L_m——过滤介质的厚度;

　　　r_m——过滤介质的比阻。

一般情况下滤饼与过滤介质的过滤面积相等,所以过滤速度也相等。因此:

$$u = \frac{dV}{Adt} = \frac{\Delta p}{rL\mu + r_m L_m \mu} \qquad (2-64)$$

滤饼厚度可通过滤饼体积与滤液体积成正比的关系而表达为:

$$L = vV/A \qquad (2-65)$$

式中　v——与单位体积滤液相当的滤饼体积。

过滤中,过滤介质的阻力一般为定值,可将其表达成厚度为 L_e 的当量滤饼的过滤阻力,即:

$$r_m L_m = rL_e \qquad (2-66)$$

利用式(2-65)的关系进一步将上式用当量滤液体积 V_e 表达成:

$$r_m L_m = rvV_e/A \qquad (2-67)$$

将其代入式(2-64)得:

$$\frac{dV}{Adt} = \frac{A\Delta p}{rv\mu(V + V_e)} \qquad (2-68)$$

或写为过滤速率的形式:

$$\frac{dV}{dt} = \frac{A^2 \Delta p}{rv\mu(V + V_e)} \qquad (2-69)$$

式中滤饼的比阻 r 与滤饼的可压缩性关系很大。可压缩滤饼在压差作用下变形,空隙率减小,比阻上升,可将比阻与压差的关系表示为:

$$r = r_0 \Delta p^s \qquad (2-70)$$

式中　r_0——滤饼在单位压差下的比阻;

　　　s——恒小于 1 的滤饼压缩指数,对不可压缩滤饼,$s = 0$。

将式(2-70)代入式(2-69),并令滤饼常数 $k = 1/r_0 v\mu$,得:

$$\frac{dV}{dt} = \frac{A^2 \Delta p^{1-s}}{r_0 v\mu(V + V_e)} = \frac{kA^2 \Delta p^{1-s}}{V + V_e} \qquad (2-71)$$

此式即为过滤基本方程,代表任意瞬间的过滤速率与物性性质、操作压强差及累计滤液量之间的关系,是过滤计算最基本的关系式。

由过滤基本方程可知,随过滤介质表面上的滤饼厚度的增加(滤液体积与之成正比增加),过滤阻力也随之增加,若保持过滤推动力不变,则过滤速度必然下降。过滤计算的基本问题即是要确定过滤速度与推动力、阻力等因素的具体关系。

(二)过滤过程计算

积分过滤基本方程(2-71),可以将累积滤液量 V 表达为操作时间和操作条件等因素的函数,以便设计应用。为此必须明确式中各参数与时间的关系,这是由过滤操作特性决定的。最典型的操作方式是恒压过滤和恒速过滤,实际生产中常常采用这两种方式的组合。

1. 恒压过滤

恒压过滤时压差 Δp 为常数,积分式(2-71)得:

$$\int_0^V 2(V + V_e)\,\mathrm{d}V = \int_0^t 2kA^2\Delta p^{1-s}\,\mathrm{d}t = \int_0^t KA^2\,\mathrm{d}t$$

式中 $K = 2k\Delta p^{1-s}$ 称为过滤常数,单位为 m^2/s。积分结果为:

$$V^2 + 2VV_e = KA^2t \qquad (2-72)$$

式(2-72)即为恒压过滤方程。

若恒压过滤开始时过滤介质上已经形成一定厚度的滤饼,或者已经通过一定体积的滤液,只要改变积分限重新积分即可。

如果用 q 代表单位面积累积通过的滤液体积,即:

$$q = V/A \qquad (2-73)$$

则可将式(2-72)表达为:

$$q^2 + 2qq_e = Kt \qquad (2-74)$$

如果过滤介质的阻力与滤饼相比较小可以忽略不计,即 $V_e = 0$、$q_e = 0$,还可进一步简化。

2. 恒速过滤和先恒速后恒压过滤

恒速过滤即 $\dfrac{\mathrm{d}V}{A\mathrm{d}t} = u_c$ 为常数,在此条件下滤液量与过滤时间成正比:

$$V = Au_c t \qquad (2-75)$$

或:

$$q = u_c t \qquad (2-76)$$

代入过滤基本方程得:

$$\frac{\mathrm{d}q}{\mathrm{d}t} = \frac{\Delta p^{1-s}}{r_0 v\mu(q + q_e)} = u_c = 常数 \qquad (2-77)$$

当悬浮液和过滤介质一定时,r_0、v、μ、u_c、q_e 均为常数,当 $s = 0$ 时,$r = r_0$,由上式得到:

$$\Delta p = \mu r_0 v u_c^2 t + \mu r_0 v u_c q_e = at + b \qquad (2-78)$$

由上式可知,要保持恒速,过滤压差将随滤液量的增加而成线性增加,这将使过滤后期阶段的操作压差过高,因而是不合理的。实际中往往以较低的恒速开始过滤操作,待压差上升到一定值后,即转入恒压过滤直至终了。这种组合方式的过滤操作可以由过滤基本方程式积分求解得到:

$$(q^2 - q_R^2) + 2q_e(q - q_R) = K(t - t_R) \qquad (2-79)$$

式中　t_R——转为恒压过滤时的时间;

　　　q_R——t_R 时得到的滤液量。注意 t 为总过滤时间,q 为总滤液量。

[例2-5]拟采用 BMS4/420-U 型板框压滤机过滤颗粒浓度为 $40\mathrm{kg/m}^3$,颗粒密度为 $2450\mathrm{kg/m}^3$ 的某悬浮液。已通过小试在过滤压强差 $\Delta p = 0.1 \sim 0.6\mathrm{MPa}$,测得滤饼的比阻 $r_0 = 5.86 \times 10^{12} 1/\mathrm{m}^2$,压缩指数 $s = 0.19$,过滤介质的当量滤液体积 $q_e = 0.05\mathrm{m}^3/\mathrm{m}^2$。同时也测得滤饼含水的质量分数约为 32%。该型号板框机的过滤面积为 $4\mathrm{m}^2$,滤框尺寸为 300mm ×

340mm，滤框厚 30mm，共有滤框 20 个。悬浮液的温度为 30℃，水的密度为 995.7kg/m³，黏度为 80.07×10^{-5} Pa·s。过滤首先在 $\Delta p = 0.2$ MPa 恒压差下进行，在得到 $1m^3$ 滤液量后，再将过滤压强差升至 0.5MPa。试求滤饼充满框时过滤所需时间。

解：根据该机型的参数，框装满滤饼时滤饼体积：

$$V_s = 0.3 \times 0.34 \times 0.03 \times 20 = 0.0612 (m^3)$$

$1m^3$ 悬浮液所得滤饼质量：$\quad 40/(1 - 0.32) = 58.82 (kg)$

$1m^3$ 悬浮液所得滤饼体积：$40/2450 + (58.82 - 40)/995.7 = 0.0352 (m^3)$

滤饼与滤液体积比：$\quad v = 0.0352/(1 - 0.0352) = 0.0365 (m^3/m^3)$

框装满时所得滤液量：$\quad V_2 = V_s/v = 0.0612/0.0365 = 1.68 (m^3)$

$\Delta p = 0.2$ MPa 时：

$$K = 2k\Delta p^{1-s} = \frac{2\Delta p^{1-s}}{r_0 \mu v} = \frac{2 \times (0.2 \times 10^6)^{1-0.19}}{5.86 \times 10^{12} \times 80.07 \times 10^{-5} \times 0.0365} = 2.297 \times 10^{-4} (m^2/s)$$

根据恒压过滤方程，在 $\Delta p = 0.2$ MPa 下，$V_1 = 1.0m^3$ 所需的时间为：

$$t_1 = \frac{V^2 + 2VV_e}{KA^2} = \frac{1^2 + 2 \times 1 \times 0.05 \times 4}{2.297 \times 10^{-4} \times 4^2} = 380.9 (s)$$

在 $\Delta p = 0.5$ MPa 下 $K' = 2.297 \times 10^{-4} \times \left(\frac{0.5}{0.2}\right)^{1-0.19} = 4.825 \times 10^{-4} (m^2/s)$

所以在 $\Delta p = 0.5$ mPa 下，滤液量从 $V_1 = 1.0m^3$ 到 $V_2 = 1.68m^3$ 所需时间为

$$t_2 = \frac{(V_2^2 - V_1^2) + 2q_e A(V_2 - V_1)}{K'A^2} = \frac{(1.68^2 - 1^2) + 2 \times 0.05 \times 4 \times (1.68 - 1)}{4.825 \times 10^{-4} \times 4^2} = 271.3 (s)$$

故过滤总需时间 $\quad t = t_1 + t_2 = 380.9 + 271.3 = 652.2 (s)$

(三)过滤常数

过滤基本方程中的滤饼常数 k，滤饼压缩指数 s，当量滤液体积 V_e 或 q_e 和过滤常数 K 等都必须由过滤实验测定。整理式(2-74)，可以得到以 K 和 q_e 为参数的直线方程：

$$\frac{t}{q} = \frac{q}{K} + \frac{2q_e}{K} \tag{2-80}$$

该方程表明，在恒压过滤条件下，t/q 与 q 的函数关系是以 $1/K$ 为斜率、$2q_e/K$ 为截距的直线，通过实验测得不同时刻单位过滤面积的滤液量 q，即可由上式回归得到 K 和 q_e。

进一步对过滤常数 K 的定义式：

$$K = 2k\Delta p^{1-s} \tag{2-81}$$

两端取对数，得：

$$\lg K = \lg(2k) + (1-s)\lg(\Delta p) \tag{2-82}$$

此式是 $\lg K$ 关于 $\lg(\Delta p)$ 的直线方程，斜率为 $(1-s)$、截距为 $\lg(2k)$。在不同的压差下进行恒压过滤实验，由式(2-80)求得与之对应的过滤常数 K，再通过上式回归出滤饼常数 k 和压缩指数 s。

[例2-6]在实验室中采用一个边长为 $0.21m \times 0.23m$ 的小型板框对某固体粉末与水的悬浮液进行过滤实验。悬浮液固体含量为 25kg/m³，温度为 20℃。试验分别测定了在过滤压差 Δp 为 0.1MPa、0.3MPa、0.4MPa 下，在不同过滤时间下所得的滤液体积量，试验数据见本例附表1。试求：(1)各 Δp 下的过滤常数 K 及过滤介质的当量滤液体积 q_e；(2)滤饼常数 k 及滤饼压缩指数 s。

附表1

试验序号	I	II	III
$\Delta p/\text{MPa}$	0.1	0.3	0.4
V/m^3		t/s	
0.00	0	0	0
0.01	74.0	29.6	22.6
0.02	214.3	95.1	74.5
0.03	448.0	205.2	170.7
0.04	756.2	351.7	285.8
0.05	1120.2	530.8	423.2

解:(1)由试验数据计算出不同条件下的 q 与 t/q,列于本题附表2中。在直角坐标上分别标绘出不同 Δp 下的 t/q 与 q 值,得三条直线。读取直线的斜率和截距即可求得 K 和 q_e。以试验I为例:

$$1/K = 3564.5 \qquad K = 0.000281\,\text{m}^2/\text{s}$$
$$2q_e/K = 329.6 \qquad q_e = 0.0462\,\text{m}^3/\text{m}^2$$

本例附表3中列出了试验I,II,III的相关计算结果。上述结果也可直接用最小二乘法回归得到。

附表2

试验序号		I		II		III	
$\Delta p/\text{MPa}$		0.1		0.3		0.4	
V/m^3	$q/(\text{m}^3/\text{m}^2)$	t/s	t/q	t/s	t/q	t/s	t/q
0.01	0.1035	74.0	714.8	29.6	285.9	22.6	218.3
0.02	0.2070	214.3	1035.1	95.1	459.3	74.5	359.8
0.03	0.3106	448.0	1442.6	205.2	660.7	170.7	549.7
0.04	0.4141	756.2	1826.2	351.7	849.4	285.8	690.2
0.05	0.5176	1120.2	2164.2	530.8	1025.5	423.2	817.6

注:过滤面积 $A = 0.21 \times 0.23 \times 2 = 0.0966\,\text{m}^2$

附表3

试验序号	I	II	III
$\Delta p/\text{MPa}$	0.1	0.3	0.4
$t/q \sim q$ 直线斜率 $1/K/(\text{s}/\text{m}^2)$	3564.5	1805.6	1477.0
$t/q \sim q$ 直线的截距 $2q_e/K/(\text{s}/\text{m})$	329.6	95.43	68.43
$K/(\text{m}^2/\text{s})$	2.81×10^{-4}	5.54×10^{-4}	6.84×10^{-4}
$q_e/(\text{m}^3/\text{m}^2)$	0.0462	0.0264	0.0238

（2）将附表 3 中三次试验的 $K - \Delta p$ 数标绘于对数坐标上，得一直线，见本例附图。读取直线的斜率和截距求得 s 和 k，即：

$$s = 0.365 \qquad k = 9.35 \times 10^{-8} \, \text{m}^2/(\text{Pa} \cdot \text{s})$$

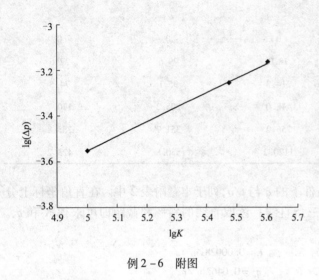

例 2 - 6　附图

续过滤机，$b = 1$；对板框过滤机，$b = 4$。

（四）滤饼的洗涤

洗涤过程既是恒压过程，又是恒速过程，而洗涤速率与滤饼的情况有关，即与过滤终了时的情况有关。从过滤设备的结构可知，若洗涤液的黏度与滤液相同，洗涤时的压差等于过滤终了时的压差，则叶滤机和转筒连续过滤机的洗涤速率约等于过滤终了时速率，而板框过滤机的洗涤速率约为过滤终了时速率的 1/4。因此：

$$\left(\frac{\mathrm{d}V}{\mathrm{d}t} \right)_{\text{w}} = \frac{1}{b} \left(\frac{\mathrm{d}V}{\mathrm{d}t} \right)_{\text{E}} = \frac{KA^2}{2b(V + V_{\text{e}})} \tag{2-83}$$

式中 b 为一倍数，对叶滤机和转筒连

若洗涤水的黏度与滤液相差较大，或洗涤用的压差与过滤时不同，则应对洗涤速率作校正。校正时假设洗涤速率与洗水的黏度成正比，也与洗涤压差成正比。

（五）过滤机的生产能力

过滤机的生产能力一般以单位时间得到的滤液量 q_V 表示，当以滤饼为产品时也有用单位时间得到的滤饼量来表示。连续操作与间歇操作生产能力的计算方法稍有不同。

1. 间歇式过滤机

间歇式过滤机每一个操作循环包括过滤、洗涤和卸料清洗等辅助操作三个阶段。如各阶段所费的时间分别为 t，t_{w} 和 t_{D}，且在一个操作循环中的过滤时间 t 内累积滤液量为 V，则生产能力应为累积滤液量与一个操作循环所需的总的时间之比：

$$q_V = \frac{V}{t + t_{\text{w}} + t_{\text{D}}} = \frac{V}{\sum t} \tag{2-84}$$

生产中应尽量缩短辅助操作时间 t_{D} 以提高生产能力。但要注意，对恒压过滤操作，过度增加过滤时间 t 在每一次循环中所占比例，并不意味着就能提高生产能力。这是因为恒压操作的过滤速率随过滤时间的增长而下降。

（1）洗涤时间为常数时的最佳过滤周期　由恒压过滤方程得过滤时间为：

$$t = (V^2 + 2VV_{\text{e}})/(KA^2) \tag{2-85}$$

代入式（2-83），整理得：

$$q_V = \frac{KA^2 V}{V^2 + 2VV_{\text{e}} + (t_{\text{w}} + t_{\text{D}})KA^2} \tag{2-86}$$

将 q_V 对 V 求导并令导数为零，得：

$$V^2 = (t_{\text{w}} + t_{\text{D}})KA^2 \tag{2-87}$$

这就是最佳过滤周期。特别是,若滤布的阻力可以忽略,则有:

$$V^2 = KA^2 t \tag{2-88}$$

代入式(2-87)可得:

$$t = t_w + t_D \tag{2-89}$$

(2)洗涤水量与滤液量之比为常数时的最佳过滤周期　设洗涤水量与滤液量之比为 a,则洗涤时间为:

$$t_w = 2abV(V + V_e)/(KA^2) \tag{2-90}$$

代入式(2-84),整理得:

$$q_V = \frac{KA^2 V}{(1 + 2ab)V^2 + (2 + 2ab)VV_e + t_D KA^2} \tag{2-91}$$

将 q_V 对 V 求导并令导数为零,得:

$$V^2 = KA^2 t_D/(1 + 2ab) \tag{2-92}$$

若滤布的阻力可以忽略,则有:

$$t = t_D/(1 + 2ab) \tag{2-93}$$

2. 连续式过滤机

连续式过滤机与间歇式过滤机相同。所不同的是,在生产周期的任一时刻,过滤机不同部位同时进行着过滤、洗涤、卸饼和清洗整备的操作。可将这种分区的概念等价转换为分时的概念。无论是旋转或水平回转的过滤机,在360°的范围内,起过滤作用的表面所占的比例是一定的,如对转筒真空过滤机,即为其浸没于料浆之中的部分占整个转筒表面的分率(图2-19)。将浸没部分所对应的圆心角 β 与 2π 之比称为浸没度 ϕ:

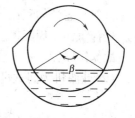

图2-19　浸没度

$$\phi = \beta/(2\pi) \tag{2-94}$$

对于以转速 n(r/min)匀速旋转的过滤机,浸没度等价于过滤时间在旋转周期中所占的比例,所以每个周期中有效的过滤时间为:

$$t = 60\phi/n \tag{2-95}$$

每一周期可得的滤液量为:

$$V = \sqrt{KA^2 \frac{60\varphi}{n} + V_e^2} - V_e \tag{2-96}$$

从而其生产能力:

$$q_V = \frac{V}{\sum t} = \frac{Vn}{60} = \frac{1}{60}\sqrt{60KA^2\varphi n + n^2 V_e^2} - V_e n \tag{2-97}$$

若介质阻力可忽略不计,则:

$$q_V = \frac{1}{60}\sqrt{60KA^2\varphi n} \tag{2-98}$$

可见,转筒真空过滤机生产能力与 $\sqrt{n}$ 成正比,即转速高生产能力大。但实际操作中,转速一般不会超过 3r/min。因为转速较高时形成的滤饼薄且含液率高,这不仅会增加卸除滤饼的难度,也将影响滤饼质量和滤液收率。

[例2-7]固体颗粒的质量分数为10%的某种悬浮液,实际测得其滤饼常数 $k = 8.05 \times 10^{-10} \mathrm{m}^2/(\mathrm{Pa \cdot s})$,$q_e = 0.03\mathrm{m}^3/\mathrm{m}^2$,滤饼为不可压缩,含水30%(质量分数),颗粒密度

$1800kg/m^3$,水的密度为$1000kg/m^2$。现用一台回转真空过滤机过滤,所用介质与实验相同。已知过滤机转筒直径为1.0m,长度为1.2m,浸入角度β为120℃,转速n为0.5r/min。试求:(1)真空度为65.5kPa时,回转真空过滤机的生产能力和滤饼厚度;(2)若采用叶滤机,过滤压差不变,完成上述同样的过滤任务,所需的过滤面积为多少? 取叶滤机过滤终了时滤饼厚度为15mm,滤饼用相当于滤液体积1/10的清水进行洗涤,其余辅助时间为10min。

解:(1)过滤常数　　$K = 2k\Delta p = 2 \times 8.05 \times 10^{-10} \times 65.5 \times 10^3 = 1.05 \times 10^{-4}(m^2/s)$

转鼓过滤面积　　　　$A = \pi DL = 3.14 \times 1 \times 1.2 = 3.768(m^2)$

回转过滤机生产能力

$$q_V = \frac{1}{60} \sqrt{60KA^2\varphi n + n^2 V_e^2} - V_e n$$

$$= \frac{1}{60}(\sqrt{60 \times 1.05 \times 10^{-4} \times 3.768^2 \times \frac{120}{360} \times 0.5 + 0.5^2 \times 3.768^2 \times 0.03^2} - 3.768 \times 0.03 \times 0.5)$$

$$= 1.3 \times 10^{-3}(m^3/s)$$

100kg悬浮液中固体颗粒的体积　　$10/1800 = 5.56 \times 10^{-3}(m^3)$

100kg悬浮液所得滤饼中水的体积　　$\frac{10}{1-0.3} \times 0.3 \times \frac{1}{1000} = 4.29 \times 10^{-3}(m^3)$

100kg悬浮液中水的体积　　$(100-10)/1000 = 0.09(m^3)$

滤饼与滤液体积比　　$v = (5.56 + 4.29) \times 10^{-3}/(0.09 - 4.29 \times 10^{-3}) = 0.115$

转筒每转一周所得滤液量　　$V = 60q_V/n = 60 \times 1.3 \times 10^{-3}/0.5 = 0.156(m^3)$

故滤饼厚度　　　　$L = Vv/A = 0.156 \times 0.115/3.768 = 4.76 \times 10^{-3}(m)$

(2)叶滤机为间歇过滤操作,当滤饼厚度$L = 15mm$时

$$q = V/A = L/v = 0.015/0.115 = 0.13(m^3/m^2)$$

$$t = (q^2 + 2qq_e)/K = (0.13^2 + 2 \times 0.13 \times 0.03)/(1.05 \times 10^{-4}) = 235.2(s)$$

根据题意洗涤时间$t_w = 0.1 \times 2q(q+q_e)/K = 0.2 \times 0.13 \times (0.13+0.03)/(1.05 \times 10^{-4}) = 39.6(s)$

因此当生产能力$q_V = 1.3 \times 10^{-3} m^3/s$时,叶滤机工作一个周期所得滤液量

$$V = q_V(t + t_w + t_D) = 1.3 \times 10^{-3} \times (235.2 + 39.6 + 600) = 1.137(m^3)$$

所需过滤面积　　　　$A = V/q = 1.137/0.13 = 8.75(m^2)$

第四节　离心分离

一、概　论

离心分离是利用离心惯性力实现物料间固-液、液-液、液-液-固相间分离的操作,在食品工业上经常碰到的是液-固相(悬浮液)或液-液相(乳浊液)的分离。实现离心分离的专用设备称为离心机。

离心机的具体结构型式较多,但主要部件均为一快速旋转的转鼓,垂直或水平安装于轴上。根据分离原理的不同,可分为离心过滤、离心沉降两种。过滤式离心机的转鼓周壁开孔,转鼓内铺设滤布或筛网,旋转时悬浮液被离心力甩向转鼓周壁,固体颗粒被筛网截留在鼓内形成滤饼,而液体经滤饼和筛网的过滤由鼓壁开孔甩离转鼓,从而达到固液分离的目的。沉降式离心机的转鼓周壁无孔,旋转时悬浮液在离心力作用下,相对密度较大的

固体颗粒先向鼓壁沉降形成沉渣,澄清液由转鼓顶端溢出甩离转鼓,从而达到悬浮液澄清的目的。

表征离心机分离性能的参数是其分离因数,定义为离心力场强度与重力场强度之比:

$$\alpha = r\omega^2/g \qquad\qquad (2-99)$$

离心机的旋转速度为一常数,因此分离因数应用式(2-99)表示,而旋风分离器内气流的切向速度为常数,故用式(2-45)表示分离因数。

依分离因数的大小,可以将离心机分为:

常速离心机　　　$\alpha < 3000$

高速离心机　　　$\alpha = 3000 \sim 5 \times 10^4$

超速离心机　　　$\alpha > 5 \times 10^4$

分离因数的极限取决于材料的强度。由于离心机转鼓转速很高,分离因数很高,分离效果好,比重力式分离设备高出 3000 倍以上。在如此高的分离因数下,重力的影响可以忽略不计。

由式(2-99)可知,增大转鼓半径和增加转速都有利于提高离心机的分离因数,特别是转速的提高比转鼓的增大更为有利。但由于设备强度的限制,两者的增加都是有限度的。

按操作方式,又可将离心机分为间歇式和连续式两大类。按转鼓轴线的方向,又可分为卧式和立式两大类。

二、沉降式离心机

沉降离心机的种类很多,应用于各种悬浮液或乳浊液,尤其是粒度细小、密度差不大的体系的分离。离心分离因数达 50000 以上的超高速离心机甚至可以使不同相对分子质量的蛋白质分子在具有密度梯度的溶液中分级。

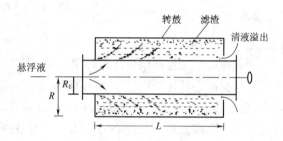

图 2-20　沉降离心机的工作原理

沉降离心机的工作性能可通过图 2-20 所示转鼓内液层及颗粒运动形态加以表达。应该指出的是,由于重力与离心力相比已经小到可以忽略不计,无论转轴水平或垂直放置都不影响理论分析。

(一)无孔转鼓离心机

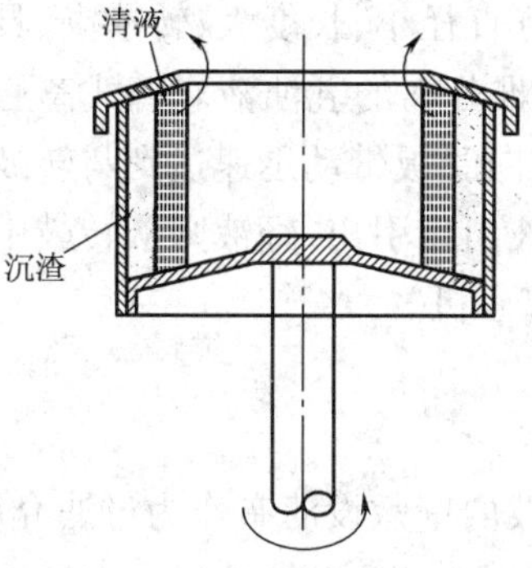

无孔转鼓离心机为间歇操作,以图 2-21 所示的立式转鼓沉降离心机为例。悬浮液由转鼓底部加入,随同转鼓高速旋转,在离心力作用下颗粒向转鼓壁沉降,清液则从内层溢流。随着鼓壁上沉渣增厚,液体有效流道面积减小,轴向流速增大,临界粒径随之增大,溢流液的澄清度降低,到一定程度时则停止加料,降速后用机械刮刀或停机后人工卸出沉渣。这类离心机通常用于处理粒度为 $5 \sim 40\mu m$、固液密度差大于 $50kg/m^3$、固含量小于 10% 的悬浮液分离。

图 2-21　立式转鼓沉降离心机

(二)螺旋卸料沉降离心机

螺旋卸料沉降离心机为连续操作,有卧式和立式两

种,以卧式较为多见,如图2-22所示。悬浮液经加料管由螺旋内筒进料孔进入,随同转鼓高速旋转,固体沉降到鼓壁,由与转鼓有一定转速差的螺旋向小端输送并排出,清液则由转鼓大端溢流而出。此类离心机分离因素可达6000,其处理悬浮液粒度和固含量范围均很宽,适用面很广。可处理粒度2~5μm,固含量小于10%~50%,固液密度差大于50kg/m³的悬浮液。

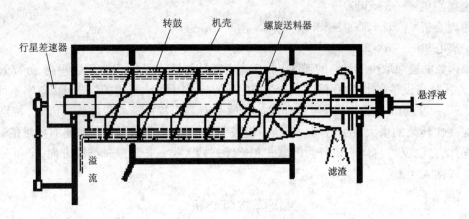

图2-22 螺旋卸料沉降离心机

(三)碟式离心机

碟式离心机又称薄层分离沉降离心机,图2-23所示为转鼓周边带排渣喷嘴的碟式离心机。这类离心机转鼓内装有一叠随转鼓一同旋转的倒锥形碟片,碟片间隙为0.5~1.5mm。分离因数可达3000~10000,是一种高速离心机。悬浮液由中心管引入转鼓,分配在碟片之间形成薄层流动。在离心力作用下,颗粒沉降到碟片内侧表面并向外滑动。清液则沿碟片外侧表面向内流动。碟片不仅扩展了颗粒沉降面,而且缩短了沉降距离,因此具有较大的生产能力和较高的分离效率,适于处理颗粒粒径0.1~100μm、固体含量小于25%的悬浮液。

(四)管式离心机

如图2-24所示,管式离心机结构简单,特点是转鼓(管)直径小、长度大、转速高、具有很高的分离效率,可以处理颗粒粒径为0.01μm的悬浮液和难分离的乳浊液。管式离心机可连续操作,悬浮液或乳浊液由转鼓下端加入,被转鼓内的纵向肋板带动迅速达到与转鼓同角速度旋转。在离心力作用下,颗粒或重液层甩向鼓壁由重液出口引出,轻液则从转鼓中心部位溢出。管式离心机的离心分离因数可达65000,属超速离心机。

三、过滤式离心机

离心过滤机是离心分离机的一种,在高速旋转的多孔转鼓内壁敷设滤布作为过滤介质。离心过滤的推动力由随转鼓高速旋转的液层自身的惯性离心力产生,迫使悬浮液中的液体穿过颗粒层和滤布流到转鼓外部空间。

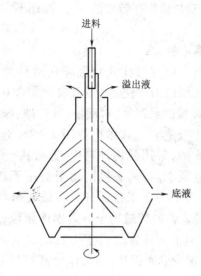

图 2-23　碟式离心机

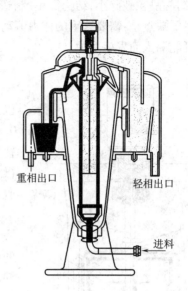

图 2-24　管式离心机

(一)三足式离心机

三足式离心机是世界上最早出现的离心机,按滤渣卸料方式、卸料部位和控制方法的不同,有人工上卸料、吊袋上卸料、人工下卸料、刮刀下部卸料、上部抽吸卸料、自动刮刀下部卸料和密闭防爆等结构形式。

图 2-25 所示为人工上部卸料的三足式离心机示意图,离心机的安装是使整个机体固定在三个支脚上,故名为三足式。支脚固定在地基上,在支脚上借弹簧将离心机外壳悬起,使整个机体被弹性地支撑住,处于挠性状态。当物料在转鼓内分布不均匀时,转鼓能自动调整,因而振动大大减小,起到减振作用。这种离心机的主轴粗而短,所以能保持良好的刚性,同时整个机器高度降低,有利于从上盖加料及卸料。

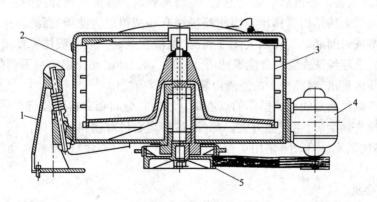

图 2-25　三足式离心机

1—支脚　2—外壳　3—转鼓　4—电动机　5—皮带轮

三足式离心机对物料的适应性强,可用于各种不同浓度和不同固相颗粒粒度的悬浮液分离,对结晶晶粒破碎小,结构简单,制造与安装方便,操作维修易于掌握,易于实现密闭操作。其主要缺点是:需要繁重的体力劳动,轴承与传动装置均在转鼓的下方,操作不方便,且液体有可能漏入而发生腐蚀。

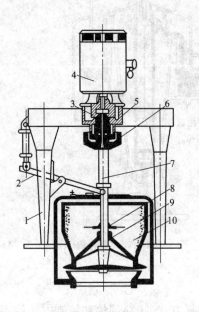

图 2 - 26 上悬式离心机
1—机架 2—密封罩提升装置 3—联轴器
4—电动机 5—轴承室 6—刹车轮
7—主轴 8—布料盘 9—密封罩 10—转鼓

(二)上悬式离心机

上悬式离心机有过滤式与沉降式两种型式,但以过滤式的使用最为广泛,主要用来分离含 0.01 ~ 0.1mm 中细颗粒的悬浮液,对蔗糖、葡萄糖、味精、食盐等的脱水十分适宜。其结构如图 2 - 26 所示,其操作是间歇式的,采用低速加料、全速分离、洗涤和脱水。待滤渣脱水后,离心机制动至低速下卸除滤渣,洗网后进入下一个工作循环。转鼓底形状有锥底和平底两种。锥底转鼓用于分离固体颗粒较松散的物料,在低速下固体颗粒借重力自动由底部落下卸料,使晶粒很少受到损坏,如白糖分蜜就是采用这种离心机。

上悬式离心机的优点是:卸除滤渣较快、较易;支承和传动装置不与液体接触而不受腐蚀;处理结晶物料时,采用重力卸料则晶形保持完整无破损,适用于味精、砂糖类晶体物料的分离;结构简单、操作与维修方便。其缺点是:主轴较长且易磨损,运转时振动较大,卸料时要先提起锥罩后才能将滤渣刮下,劳动强度较大。

(三)刮刀卸料离心机

刮刀卸料离心机均是卧式安装的,图 2 - 27 所示为其结构示意图。其长径比相应减小,对直径大的转鼓采用双支承结构形式,提高机器的运行性能。分离操作时,将离心机启动到全速后,经进料管向转鼓加入被分离的悬浮液,滤液穿过过滤介质进入机壳的排出管排出。固相被过滤介质截留成为滤渣,当滤渣达到一定厚度时由料层限位器或时间继电器控制关闭加料阀,滤渣在全速下脱除液体。如果滤渣需要洗涤,开启洗液阀,洗液经洗涤管充分洗涤滤渣。之后,刮刀油缸动作推动刮刀切削滤渣,切下的滤渣落入料斗内排出,对黏性大的滤渣由螺旋输送器输出。

刮刀卸料离心机虽然是间歇式操作的离心机,但加料、分离和卸料等各道工序都在全速下进行。所以其操作周期短、生产能力大。此外,这种离心机对物料的适应性强,设有滤渣洗涤装置,机器结构紧凑,体积小,采用了控制。其缺点是刮刀寿命短,设备振动较严重,晶体破损率较大。

(四)活塞推料离心机

活塞推料离心机如图 2 - 28 所示,推送器装在转鼓内部与转鼓一同旋转并通过活塞杆与液压缸中往复运动的活塞相连。悬浮液由锥形布料器均匀分布在转鼓端部区域,滤液经滤网和鼓壁上的开孔甩出被收集,滤饼层则被往复运动的活塞推送器一段一段地往前推送。在适当的轴向位置引入洗水洗涤滤饼,洗液分别收集,脱水后的滤饼则被推出机外。

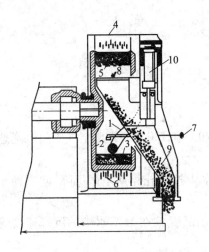

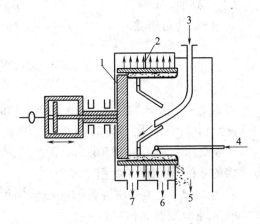

图 2-27　刮刀卸料离心机

1—加料管　2—转鼓　3—滤网　4—外壳　5—滤饼
6—滤液　7—冲洗管　8—刮刀　9—渣槽　10—液压缸

图 2-28　活塞推料离心机

1—活塞推送器　2—转鼓　3—原料液
4—洗涤水　5—脱水固体　6—洗涤液　7—滤液

活塞推料离心机基本上是连续式过滤离心机,各道工序除卸料为脉动之外,其余都是连续操作,所有工序都在全速下进行。因此,过滤强度大,劳动生产率高。适用于易滤滤浆中含固形物 30% ~ 50%、粒度 0.25 ~ 10mm 物料的脱水,不宜用来分离胶状物料、无定形物料或滤饼层拱起不能维持正常的卸料。

本章主要符号

A——面积,m^2　　　　　　　　　B——宽度,m

C_D——曳力系数　　　　　　　　D——直径,m

F——力,N　　　　　　　　　　H——高度,m

K——过滤常数,m^2/s　　　　　L——长度,m

L——厚度,m　　　　　　　　　R——阻力,1/m

Re——雷诺数　　　　　　　　　V——体积,m^3

a——比表面积,1/m　　　　　　c——气体中颗粒的质量浓度,kg/m^3

d——直径,m　　　　　　　　　k——滤饼常数,$(m^3 \cdot s)/kg$

m——质量,kg　　　　　　　　n——转速,r/min

p——压强,Pa　　　　　　　　q——单位面积累积通过的滤液体积,1/m

q_V——流量,m^3/s　　　　　　r——半径,m

r——比阻,$1/m^2$　　　　　　　s——压缩指数

t——时间,s　　　　　　　　　u——速度,m/s

u_t——沉降速度,m/s　　　　　　v——与单位体积滤液相当的滤饼体积

w——质量分数　　　　　　　　α——离心分离因素

ε——床层空隙率　　　　　　　η——粒级效率

111

φ——浸没度 ϕ_A——颗粒球形度

μ——黏度,Pa·s   ρ——密度,kg/m³

ω——旋转角速度,1/s

本 章 习 题

习题2-1 试求粒度为50μm的某谷物的粉粒在20℃和100℃的常压空气中的沉降速度,并分析其计算结果。已知该谷物的密度 $\rho_s = 1480kg/m^3$。

习题2-2 密度为1850kg/m³的微粒,在20℃的水中按斯托克斯定律沉降,问直径相差一倍的微粒,其沉降速度相差多少?

习题2-3 已测得密度为1100kg/m³的某球形豆制品颗粒在15℃水中的沉降速度为2.8mm/s,求此豆制品颗粒的直径。

习题2-4 用落球黏度计测定20℃时密度为1400kg/m³的糖蜜的黏度。该黏度计由一光滑钢球和玻璃筒组成,如附图所示。试验测得密度为7900kg/m³,直径为0.2mm的钢球在盛有此糖蜜的玻璃筒中的沉降速度为10.2mm/s,问此糖蜜的黏度为多少?

习题2-4 附图

习题2-5 一矩形降尘室,长10m,宽5m,其中有20块隔板,隔板间的距离为0.1m,用以分离含尘气体中的微粒,微粒的密度是2500kg/m³,微粒中最小粒径为10μm,气体的黏度为0.0218mPa·s,密度为1.1kg/m³。试求:(1)最小微粒的沉降速度;(2)若需将最小微粒沉降下来,气体的最大流速不能超过多少?(3)此降尘室能够处理的气体量为多少?

习题2-6 拟用长4m、宽2m的降尘室净化3000m³/h的常压空气,气温为25℃,空气中含有密度2000kg/m³的尘粒,欲要求净化后的空气中所含尘粒小于10μm,试确定降尘室内需设多少块隔板?

习题2-7 有一旋风分离器分离气流中的颗粒,在正常操作时,其进口气速为20m/s,由于突然事故,使处理气体量减少40%,问此旋风分离器能够完全分离出的最小颗粒将有何变化?

习题2-8 使用($B = D/4$、$A = D/2$)标准型旋风分离器收集流化床煅烧器出口的碳酸钾粉尘,粉尘密度为2290kg/m³,旋风分离器的直径 $D = 650mm$。在旋风分离器入口处,空气的温度为200℃,流量为3800m³/h(200℃)时,求此设备能分离粉尘的临界直径 d_c(取 $N = 5$)。

习题2-9 在100℃的热空气中含砂粒之粒度分布(质量分数)为:

粒径范围/μm	10 以下	10~20	20~30	30~40	40 以上
质量分数/%	10	10	20	20	40

已知砂粒的密度为2200kg/m³,若此含尘气流在一降尘室中分离,其分离效率为60%;在另一旋风分离器中分离,其分离效率可达90%,现将流量降低50%,问新的情况下两种分离器的分离效率各为若干?设砂粒的沉降均符合斯托克斯定律。

习题 2 - 10　某圆柱形吸附剂的尺寸为直径 4mm，高 8mm。试分别求该吸附剂的等体积直径、等表面积当量直径、等比表面积当量直径以及球形度。

习题 2 - 11　一固定床吸附器，床层由比表面积 $a = 1250m^2/m^3$ 的圆柱形吸附剂组成，床层的高度为 1.5m，空隙率为 0.42。当温度为 150℃ 及压强为 0.02MPa（表压）时，在每平方米吸附层的截面上每小时通过 1800m^3（标准状况）的混合气体，试计算通过吸附层的流体压降。已知 150℃ 及 0.12MPa（绝压）时该混合气体的密度为 0.8kg/m^3，黏度为 0.025mPa·s。

习题 2 - 12　用活性炭固定床脱除某溶液的色度，溶液温度为 20℃，密度为 830kg/m^3，黏度为 1.3mPa·s。使用的活性炭平均粒径为 0.85mm，床层直径为 0.3m，填充高度为 0.6m，空隙率为 0.43。当活性炭层上方在大气压下保持 1.0m 液层高度，而床层下方集液容器内抽真空减压至 40kPa（真空度）时，问该溶液的处理量有多大？

习题 2 - 13　恒压下过滤某含渣的果汁，由实验已测得过滤中截留的浆渣滤饼的压缩指数为 0.55。现已知在 0.2MPa 的压差下，过滤 1 h 后可得 3m^3 的清果汁。问在其它条件相同下，若过滤 1 h 后要得到 5m^3 的清果汁需采用多大的过滤压差？设介质阻力忽略不计。

习题 2 - 14　某厂用压滤机恒压过滤某种胶状悬浮液，1m^2 过滤面积过滤 15min 后得滤液 1.2m^3，继续过滤至 1h，共得滤液 4m^3，此时滤框已充满，即停止过滤。试依据上述测试数据确定其恒压过滤方程。如果过滤前在滤布面上涂一层助滤剂（其厚度可略而不计），则滤布阻力可降至原来的 1/3，问涂上助滤剂后滤框充满所需时间为多少？

习题 2 - 15　今有一实验装置，以 0.3MPa 的恒压过滤某水悬浮液，测得过滤常数 $K = 5 \times 10^{-5}m^2/s$，$q_e = 0.01m^3/m^2$。又测得滤饼体积与滤液体积之比 $v = 0.08m^3/m^3$。现拟在生产中采用 BMY50—810/25 型板框压滤机来过滤同样的料液，过滤压强和所用滤布也与实验时相同（此板框压滤机的 B 代表板框式，M 代表明流，Y 代表采用液压压紧装置，这一型号的滤机滤框空间的长与宽均为 810m，框的厚度为 25mm，共 20 个框）。试计算：(1)过滤至框内全部充满滤渣时所需过滤时间；(2)过滤后以相当滤液量 1/10 的清水进行洗涤，求洗涤时间；(3)洗涤后卸渣、重装等操作共需 15min，求压滤机的生产能力，以每小时平均可得多少立方米滤饼计。

习题 2 - 16　有一浓度为 9.3% 的水悬浮液，固相的密度为 2200kg/m^3，于一小型过滤机中测得此悬浮液的滤饼常数 $k = 1.1 \times 10^{-4}m^2/(atm·s)$，滤饼的空隙率为 40%。现用一台 GP5 - 1.75 型回转真空过滤机进行生产（此过滤机的转鼓直径为 1.75m，长度为 0.98m，过滤面积为 5m^2，浸入角度为 120°），生产时采用的转速为 0.5r/min，真空度为 600mmHg，试求此过滤机的生产能力（以滤液量计）和滤饼厚度。假设滤饼不可压缩，过滤介质的阻力可忽略不计。

习题 2 - 17　某回转真空过滤机转速为 1.5r/min，今将转速提高至 2.5r/min，若其它情况不变，问此过滤机的生产能力有何变化？设介质阻力可忽略不计。

习题 2 - 18　一台 BMS30 - 635/25 型板框压滤机（过滤面积为 30m^2）在 0.25MPa（表压）下恒压过滤，经 30min 充满滤框，共得滤液 2.4m^3，过滤后每次拆装清洗时间需 15min。现若改用一台 GP20 - 2.6 型回转真空过滤机来代替上述压滤机，转筒的直径为 2.6m，长为 2.6m，过滤面积有 25% 被浸没，操作真空度为 600mmHg，问真空过滤机的转速应为多少才能达到同样的生产能力？设滤渣为不可压缩，过滤介质的阻力可忽略不计。

习题 2 – 19　工厂用一台加压叶滤机过滤某种悬浮液,先以恒速过滤 15min 得到滤液 2.5m³,达到泵的最大压头,然后再继续进行恒压过滤 1h,问:(1)总共可得滤液多少立方米? (2)如果叶滤机的去渣、重装等需 15min。此滤机的生产能力为多少 m³/h? (3)如果要此过滤机的生产能力为最大,则每一循环应为多少时间? 生产能力又是多少 m³/h? 设介质阻力忽略不计。

习题 2 – 20　加压叶滤机过滤面积为 4.5m²,在 0.2MPa(表压)下用某种料浆进行恒压过滤实验,测得:

过滤时间/(t/min)	5	10	15	20	25	30
滤液量/(V/L)	490	795	1035	1235	1425	1575

试求过滤常数 K、q_e。

习题 2 – 21　有一转鼓真空过滤机,转速为 2r/min,每小时可得滤液 4m³。若滤布阻力忽略不计,问每小时要获得 5m³ 滤液,转鼓转速应为多少? 此时转鼓表面滤饼的厚度为原来的几倍? 假定所用的真空度不变。

习题 2 – 22　用板框压滤机过滤某糖汁。滤框边长为 810mm。已测得操作条件下过滤常数 $K = 6.2 \times 10^{-5} m^2/s$,$q_e = 0.01 m^3/m^2$,每得 1m³ 滤液的滤饼体积为 0.1m³,滤饼洗涤及卸饼、重装等共费时 25min。要求过滤机的生产能力为 15m³/h(按滤液计)。试计算:(1)至少需几个框;(2)框的厚度。

习题 2 – 23　用板框压滤机恒压过滤某悬浮液。悬浮液中固相质量分数为 0.1。固相密度 $\rho_s = 2000 kg/m^3$,液相为密度 $\rho = 1100 kg/m^3$ 的水溶液,每 1m³ 滤饼中含 600 kg 溶液,其余全为固相。已知操作条件下过滤常数 $K = 9.8 \times 10^{-5} m^2/s$,$q_e = 0.02 m^3/m^2$,板框尺寸为 810mm×810mm×25mm,共 26 个框。求:(1)滤框全部充满所需的时间及所得的滤液体积;(2)过滤完毕后用 0.5m³ 清水洗涤,洗涤时表压与过滤时相同,洗水黏度为滤液黏度的 75%,求洗涤时间。

第三章　以动量传递为特征的混合单元操作

本章讨论以混合为目的的单元操作,而混合是借动量传递实现的,因此,这类单元操作的共同特征是动量传递。从本质上说,混合是将两种或两种以上不同物料互相混杂,使成分浓度达到一定程度的均匀性的操作。混合需要借助外力使物料形成某种特定的运动才能进行,这就是搅拌。混合和搅拌是两个不同的术语,混合着眼于物料分散的均匀程度,搅拌则着眼于物料的运动及其激烈程度。某种物料可以被搅拌但无混合的效果,但为达到一定程度的混合一般都需要搅拌。混合是搅拌的目的,搅拌是达到混合的手段。混合后的物料可以是均相的,也可以是非均相的。

食品工业中涉及的体系是多种多样的,实现混合的方法也就各不相同。对于一些非均相体系,混合的均匀度不只是要求分散质分布均匀,还要求分散质进一步微粒化,以达到更高的稳定性和更细致的均匀性。若分散相为固相,操作称为均质;若分散相为液相,操作称为乳化。

流态化也是达到混合的手段之一,流态化常常作为实现热量或质量传递的手段,一般是兼有动量传递和热量/质量传递的操作。

混合在食品工业中的应用有:

涉及固体与液体间的混合:组分的溶解、酵母或细菌的悬浮、含固体(水果、酵母等)食品的混匀、结晶等。

涉及液体与气体间的混合:好氧生物反应器、二氧化碳在液体中的溶解等。

涉及液体间的混合:互溶或不互溶液体间的混合。

涉及固体间的混合:固体食品的生产(茶 – 咖啡混合物、糕点混合粉、冰淇淋粉)。

第一节　搅　　拌

一、混合的理论

(一)混合均匀度的表示

混合的均匀度指一种或几种组分的浓度或其它物理量的均匀性。在混合过程中,整个物料体积内浓度或其他物理量的分布一直在不断变化,并趋于均匀。只要混合尚未达到绝对均匀,物料内部就总存在着浓度差异。为比较全面地反映混合的均匀程度,提出了"分离强度"和"分离尺度"两个指标,两者的意义和关系如图 3 – 1 所示。

分离尺度表示高浓度或低浓度区域体积的大小,更准确地说是可分散参量(如组分浓度、温度等物理量)的未分散部分的大小。混合在很大程度上是流体团块之间的混合,因此某参量的未分散部分就与流体团块相对应,表示为流体团块大小的平均值。在图 3 – 1 中,黑点表示某一组分,其分布即代表了混合的均匀程度。横坐标表示分离尺度,从左往右,方格越来越大,即分离尺度越来越大,混合物的均匀度越来越低。分离尺度衡量的是宏观混合

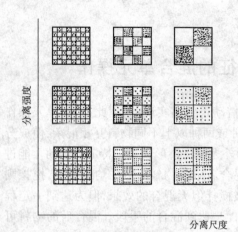

分离强度

分离尺度

图 3-1　混合均匀度的表示

的结果,分离尺度越小,被混合组分被分散的程度就越高,混合的均匀度也就越高。

分离强度表示相邻团块间可分散参量的差异,也就是团块中的参量值与完全混合均匀后的参量理论平均值之间的差异。在图 3-1 中,用纵坐标表示分离强度,从下往上,相邻方格中黑点数目的差异越来越大,即分离强度越来越大,混合物的均匀度越来越低。分离强度衡量的是微观混合的结果,分离强度越小,组分在微观上混合的均匀度就越高。

随着混合的进行,混合均匀度逐渐增高,流体团块的大小也在变化。另一方面,团块的大小不可能是均匀的,而是随机的。要完全描述分离尺度,必须知道这些团块大小的概率分布函数。团块中浓度或温度等物理量与总体平均值之间的偏差也是有一定分布的随机变量。所以,一般采用抽样检查的统计分析方法来检验混合的效果。

(二) 混合的机理

混合过程可能有三种机理:对流混合、分子扩散混合和剪力混合。

对互不相溶组分的混合,由于混合器运动部件表面与物料间的相对运动,分离尺度逐渐降低。但因物料内部不存在分子扩散现象,故分离强度不可能降低,这种混合称对流混合。

对互溶组分的混合,除对流混合外,还存在扩散混合。当混合物分离尺度小于某值以后,由于组分间接触面积的增加及扩散距离的缩短,大大增加了溶解扩散的速率,使混合物的分离强度不断下降,混合过程就变成以扩散为主的过程,称为扩散混合。

混合过程一般是在搅拌容器内进行的。搅拌容器内存在着两种流动,一是物料的总体循环流动,二是搅拌叶轮产生的剪切或湍动。总体流动将液体分散成较大的液团,并将其带到搅拌器内的每个部位,实现宏观上的混合。总体流动的作用是消除物理量的局部梯度,如浓度梯度或温度梯度等。而叶轮产生的剪切或湍动则同时起对流混合和扩散混合的作用。高度湍流在流体内产生旋涡,旋涡对液团有破碎作用,旋涡越小,破碎作用越大,所形成的液团也越小。湍流越强烈,所产生的旋涡越小,数量越多。此时不仅分离尺度下降较快,分离强度也因扩散作用的加强而显著下降。因此,湍流越强烈,混合作用也越强烈。

对于低黏度流体的混合,上述的两种流动均起重要作用。从加强湍流的角度看,总体流动的作用往往更为显著,因为它可以较快地降低均方差。在选择搅拌叶轮和确定搅拌系统的几何尺寸时,应该尽量使两种流动之间维持一定的比例,有时还采取其它措施促进总体流动,以优化搅拌的效果。

对于两种互不相溶的液体,混合的结果是使一相分散于另一相中。为减小分离尺度,必须减小液滴的尺寸。湍流程度越高,液滴的尺寸越小。另一方面,由于表面张力的作用,液滴有合并的趋向。实际的液滴尺寸取决于破碎和合并两种趋势之间的抗衡。

气体在液体中的分散与此类似,但气体与液体间的密度差大,两相间的分离容易,两相的混合就困难一些。因此,在气-液传质设备中,更重视气泡的形成和分布,即更重视混合。为达到小尺度的宏观混合,必须尽可能减小气泡的尺寸,而气泡的破碎主要靠高度的湍流。

固体粒子在液体中的分散则比较复杂。首先是固体表面被液体所润湿,然后是粒子团被打散。若固体可溶于液体,则混合的结果是形成真溶液。分离尺度随溶解的进行而逐渐减小,同时湍流扩散使分离强度减小。若固体不可溶于液体,则粒子大小不会改变,即分离尺度不会减小,搅拌的结果是形成悬浮液。由于粒子有沉降的趋向,故搅拌器产生的流动必须阻止粒子的沉降,但不一定要形成高度均匀的悬浮液。

对高黏度流体的混合,既无明显的分子扩散,又难以造成良好的湍流以分割组分元素。这种情况下混合的主要机理是剪力。剪力的作用使组分被拉成越来越薄的料层,使一种组分所独占的区域尺寸减小。如图3-2所示,平行板间有两种黏性流体,初始时主成分以离散的黑色小方块存在。在剪

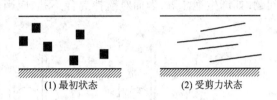

(1) 最初状态　　　(2) 受剪力状态

图3-2　流体剪力的混合作用

力作用下,小方块被拉长。如果剪力充分大,其厚度就会小到肉眼分不清的程度,所看到的是一片均匀的颜色。在食品工业中广泛使用的挤压设备内,混合就是主要靠剪切实现的。

食品工业常遇到非牛顿流体。多数非牛顿流体为假塑性流体,随着剪切作用的加强,黏度减小。但是,搅拌器内各点的剪切速率是不同的,靠近搅拌叶轮处的剪切速率远高于离叶轮较远的区域,从而严重影响混合的效果。在这样的场合,往往采用大直径的叶轮,以增强剪切的效果。

二、搅拌器的流动性能

(一)搅拌系统的构成

混合过程一般在搅拌容器内进行。不同的生产过程对混合的分离强度和分离尺度有不同的要求。要分析具体工艺过程对混合的要求,然后根据此要求选择或设计合适的搅拌系统。

一个完整的搅拌系统如图3-3所示,一般包括以下部件:一个圆筒形容器(称为搅拌槽),一个机械搅拌器(又称叶轮),搅拌轴,测温装置,取样装置等。搅拌叶轮一般装在中央,也有斜插,偏心安装或水平安装的。

(二)搅拌叶轮

搅拌系统中最重要的部件是叶轮。叶轮的作用是带动液体作运动,其中轴向和径向速度对混合起主要作用,轴向速度使液体形成上下循环,切向速度使液体绕轴作圆周转动,形成速度不同的

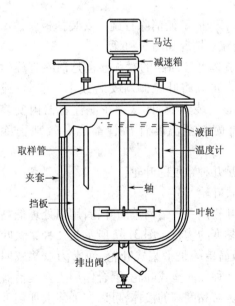

马达
减速箱
液面
温度计
取样管
夹套
挡板
轴
叶轮
排出阀

图3-3　典型搅拌系统

液层,在离心力作用下,产生表面下凹的旋涡。

不同形状的叶轮使液体作不同的运动。根据流体流入、流出搅拌叶轮的方式和叶轮产

生的流体运动方式,可以把叶轮分为轴向流式叶轮和径向流式叶轮两大类。前者使液体从轴向流入叶轮,并从轴向流出,使流体作上下循环,形成总体流动,如图3-4(1)所示,典型的例子是螺旋桨式叶轮。后者使液体从轴向流入,从径向流出,产生较高的剪切速率。而从径向流出的液体被容器壁阻挡后分别向上和向下流动,最终也产生轴向的总体流动,如图3-4(2)所示,典型的例子是涡轮式叶轮。

当转速较高时,液面严重下凹,甚至使叶轮暴露于空气中,将空气卷入,这就是打旋现象,如图3-5所示。打旋现象一方面减少了容器的有效体积,空气的卷入还会造成其它的问题,如产生泡沫等,因而对搅拌混合不利,应当设法消除。

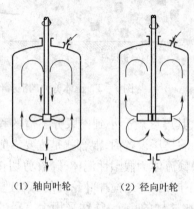

（1）轴向叶轮　　　（2）径向叶轮

图3-4　流体在搅拌容器内的流动

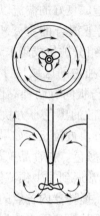

图3-5　打旋现象

根据打旋现象的产生原理,只要破坏旋涡的圆周运动,就能消除打旋。安装挡板就是消除打旋的有效方法之一。安装挡板后容器内流体的流动情况如图3-6所示。

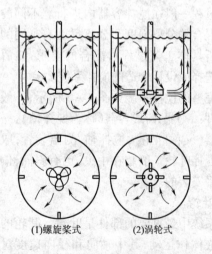

（1）螺旋桨式　　　（2）涡轮式

图3-6　装有挡板后容器内的流动情况

破坏流体循环回路的对称性也是消除打旋的有效方法。可以将叶轮倾斜安装或水平安装,或将叶轮偏心安装。推而广之,在搅拌容器内安装蛇管、导流筒甚至温度计插管都能有效地消除打旋。

下面是几种常见的叶轮:

1. 桨式叶轮

桨式叶轮是一种最简单的叶轮,用以处理低黏度或中等黏度的物料。图3-7所示为几种桨式叶轮,其中最简单的是平桨式叶轮,通常为双桨或四桨。它是一种径向流式叶轮,混合作用主要是借剪切实现的。对黏度高的液体,可以在平桨上加装垂直桨叶,成为框式叶轮。锚式叶轮与框式相似,但外缘与槽壁的间隙甚小,便于从槽壁上除去结晶或沉淀物。框式叶轮和锚式叶轮的特点是其直径与搅拌容器直径之比都比较大,剪切作用较强,多用于高黏度流体。也可以将桨叶做成倾斜状,使搅拌器具有一定程度的轴流作用,此时叶轮便兼有轴向流式和径向流式的优点。倾斜桨叶有两种,一种是桨叶倾斜(一般45°),但桨叶轴与搅拌轴仍成垂直,如图3-7(2)所示;另一种是减小桨叶轴与搅拌轴间的夹角,成为倒伞形,如图3-7(3)所示。

桨式叶轮转速较慢,在大型设备中的转速约20~150r/min,外缘圆周速度约3~8m/s。其混合效率较差,局部剪力效应也有限,不易发生乳化作用。桨叶的制造和更换则较容易。

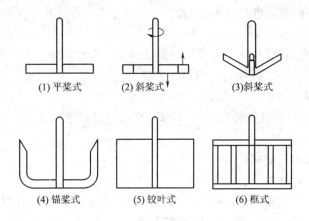

(1) 平桨式　(2) 斜桨式　(3)斜桨式

(4) 锚桨式　(5) 铰叶式　(6) 框式

图3-7　桨式叶轮

2. 涡轮式叶轮

如图3-8所示,在一圆盘上安装6个叶片,就成为涡轮式叶轮。它也是一种径向流式叶轮,其转速范围为30~500r/min,叶端圆周速度的大小与平桨式叶轮相似。也可将叶片做成倾斜状,或取消叶板,只有6片叶片,此时其结构更像是桨式搅拌器。它适于处理多种物料,混合生产能力较高,局部剪力效应也较高。若取消叶片,就成为圆盘叶轮,其边缘也可以做成锯齿状。这种叶轮的剪切作用更强。也有将叶片做成长桨形,同时缩小圆盘,实际上成为平桨式叶轮。

3. 螺旋桨式叶轮

螺旋桨式叶轮由2~3片螺旋桨组成,见图3-9。螺旋桨式叶轮的转速较高,可在400r/min以上,圆周速度比前两类叶轮高一些,最高可达25m/s。螺旋桨式叶轮适用于低黏度液体的搅拌,是典型的轴向流式叶轮。它的混合能力较高,但若简单地放在中央,则易产生打旋现象。偏心安置、倾斜安置或水平安置时则又会改变整个系统的重心位置,甚至影响系统的稳定性,因此最常见的消除打旋方法是安装挡板或导流筒。

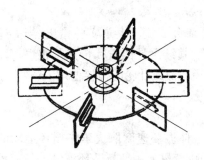

图3-8　涡轮式叶轮　　　　　图3-9　螺旋桨式叶轮

以上几种叶轮只是基本形状,其中每一种都有很多变型,产生各种不同的搅拌效果。

(三)标准搅拌系统

搅拌操作的计算至今尚无较完善的理论,设计时多采用先做小型试验再放大的方法。而搅拌系统的几何尺寸对液体流型和搅拌效果有相当重大的影响,在某种搅拌系统中得到的结果不一定适用于几何尺寸不同的其它搅拌系统。因此有必要定义一种"标准"搅拌系统,作为对搅拌操作研究并进行放大、设计的基础。事实上,标准搅拌系统可满足多数工艺过程对搅拌的要求。

在标准搅拌系统中,所有几何尺寸均与搅拌槽直径 D 相联系。具体的几何尺寸为:

(1)槽为圆筒形、平底,或周边带圆角的平底,直径为 D;

(2)液体深度 $H = D$;

(3)挡板数目为4,垂直安装在槽壁,并从底部起延伸到液面之上,挡板宽度 $W_b = D/10$;

(4)叶轮直径 $d = D/3$;

(5)叶轮下部离槽底的高度等于 d;

(6)叶轮的几何尺寸如下:

涡轮式叶轮:叶片宽为叶轮外径的1/5,长为叶轮外径的1/4,叶片数为6;

螺旋桨式叶轮:三瓣叶片,螺距等于叶轮直径;

平直桨式叶轮:叶片数为4或6,叶片宽为叶轮直径的1/5;

倾斜桨式叶轮:叶片宽仍为叶轮直径的1/5,倾斜度为45°。

若加装蛇管或导流筒,其几何尺寸亦有具体的定义。

早期定义的标准搅拌系统用的是涡轮式叶轮,且无挡板,现已推广至螺旋桨式、平桨式和倾斜桨式叶轮,而且一般是带挡板的。

(四)叶端速度与流动状态

搅拌叶轮的作用相当于去掉外壳的离心泵叶轮。若忽略热效应,可以用研究流体流动的一般方法来研究液体在搅拌槽内的流动。搅拌槽内液体作一定的运动,液体的流动型态同样可用 Re 数衡量,但应当用叶端速度作为特性流速。叶端速度定义为叶轮或叶片边缘的运动线速度:

$$u_0 = \pi n d \tag{3-1}$$

叶端速度决定了叶轮区的最大剪切速率,它是衡量搅拌槽中流体动力学状态的一个重要指标,也是叶轮的一个重要操作参数。

在计算 Re 数时,以叶端速度为特性速度,以叶轮直径 d 作为特性尺寸,略去常数 π 后,Re 数的定义式为:

$$Re = n d^2 \rho / \mu \tag{3-2}$$

搅拌槽内液体的流动型态同样可分为层流和湍流。大量实验指出,当 Re 数小于 10 时为层流,此时各流体层呈平行流动,互不干扰,其结果是传质和传热都很慢。而当装有轴向流式叶轮的搅拌槽内 Re 数大于 10^5,或装有径向流式叶轮的搅拌槽内 Re 数大于 10^4 时,其流动为湍流。显然,湍流对混合更有利。

(五)排液量与循环量

搅拌操作时,液体在槽内作循环运动。液体循环速度取决于作循环运动的液体的体积流量。叶轮排出液体的体积流量称为叶轮的排液量 q_{Vp},参与循环流动的所有液体的体积流量称为循环量 q_{Vc}。由于叶轮排出液的夹带作用,循环量可能远大于排液量。

叶轮排液量 $q_{V\text{p}}$ 可以用以下公式计算:

$$q_{V\text{p}} = N_{\text{qp}} n d^3 \qquad (3-3)$$

式中 N_{qp} 是一个无量纲的特征数,称为排液数,它主要取决于叶轮和搅拌系统的几何尺寸,也与 Re 数和下文将讨论的 Fr 数有关。对于几何形状相似、又无打旋现象的系统,N_{qp} 随 Re 数变化的曲线是唯一的。在湍流条件下,N_{qp} 为一常数。对螺旋桨式叶轮,N_{qp} 值为 0.5,对桨式叶轮或涡轮式叶轮,其值在 0.785 ~ 0.85。

搅拌槽体积与排液量之比称为排液时间:

$$\theta_{\text{p}} = V/q_{V\text{p}} \qquad (3-4)$$

θ_{p} 实际上是同一液体前后两次通过叶轮所用的平均时间,亦即液体通过叶轮的频率的倒数。对于某些操作而言,液体通过叶轮的频率是一个重要参数。

类似地,可以用以下公式计算循环量和循环时间:

$$q_{V\text{c}} = N_{\text{qc}} n d^3 \qquad (3-5)$$
$$\theta_{\text{c}} = V/q_{V\text{c}} \qquad (3-6)$$

N_{qc} 称为循环数,与排液数 N_{qp} 相似。在湍流情况下,对于标准搅拌系统,无论何种叶轮,均有:

$$q_{V\text{c}}/q_{V\text{p}} = N_{\text{qc}}/N_{\text{qp}} = 1.8 \qquad (3-7)$$

三、搅拌器的功率消耗

搅拌系统的功率消耗是槽内液体搅拌程度和运动状态的度量,也是搅拌系统放大的重要依据。搅拌功率与下列因素有关:叶轮直径 d,转速 n,液体的密度 ρ 和黏度 μ,重力加速度 g,搅拌槽直径 D,液体深度 H,挡板的数目、大小、位置和形状,以及搅拌槽的其他几何尺寸。对于几何形状相似的搅拌系统,特别是标准搅拌系统,要考虑的因素只剩下 d、n、ρ、μ、g,即有:

$$P = f(d, n, \rho, \mu, g) \qquad (3-8)$$

应用量纲分析法,得到特征数方程:

$$\frac{P}{\rho n^3 d^5} = A \left(\frac{d^2 n \rho}{\mu} \right)^{\alpha_1} \left(\frac{d n^2}{g} \right)^{\alpha_2} \qquad (3-9)$$

或写成:

$$Np = A Re^{\alpha_1} Fr^{\alpha_2} \qquad (3-10)$$

式中 Np——功率数,也常称为搅拌的欧拉数;

Fr——弗鲁德(Froude)数,它代表了搅拌力与重力之比。

将式(3-10)改写成:

$$\Phi = Np/Fr^{\alpha_2} = A Re^{\alpha_1} \qquad (3-11)$$

Φ 称为功率函数。用实验测得的大量数据绘成 $\Phi - Re$ 曲线,称为功率曲线。图 3-10 即为装备涡轮式叶轮的标准搅拌系统的功率曲线。图中同时绘出了无挡板但其它尺寸相同的搅拌系统的功率曲线,实际上,最初的标准搅拌系统的定义就是以涡轮式叶轮为搅拌叶轮,且不带挡板,后来则包含了挡板。现在一般都带挡板,而且叶轮也推广到其它的一些常用叶轮。

从图中可见,在层流情形下,$\Phi - Re$ 关系在双对数坐标中为一直线。此时黏性力较大,重力影响可忽略。大量实验数据表明此直线的斜率为 -1,因此有:

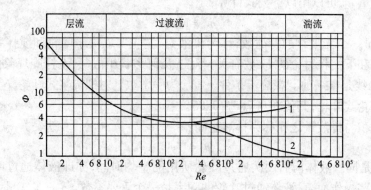

图 3-10　装备涡轮式叶轮的标准搅拌系统的功率曲线

1—有挡板　2—无挡板

$$\Phi = K_1/Re \qquad (3-12)$$

常数 K_1 的值与搅拌叶轮的型式有关。

在湍流情形下，$\Phi - Re$ 关系为水平直线。此时有：

$$\Phi = K_2 \qquad (3-13)$$

从图 3-10 知有挡板时的常数 K_2 值与无挡板时的 K_2 值是不同的。表 3-1 所示为一些搅拌叶轮装在标准搅拌系统中时的 K_1 和 K_2 值。

表 3-1　　　　　　　　　　　　　某些搅拌叶轮的 K_1 和 K_2 值

搅拌		K_1	K_2
螺旋桨式	三叶片，螺距 $= d$	41.0	0.32
	三叶片，螺距 $= 2d$	43.5	1.00
涡轮式	四平片	70.0	4.50
	六平片	71.0	6.10
	六弯片	70.0	4.80
	扇形	70.0	1.65
桨式	双叶单平桨 $d/w = 4$	43.0	2.25
	$d/w = 6$	36.0	1.60
	$d/w = 8$	33.0	1.15
	四叶双平桨 $d/w = 6$	49.0	2.75
	六叶三平桨 $d/w = 6$	71.0	3.82

在过渡区，一直到 $Re = 300$ 以前，功率函数 Φ 只取决于 Re 数。在 $Re > 300$ 后开始出现打旋现象。搅拌中产生的中央旋涡是一种重力效应，如果用挡板或其他措施消除了旋涡，则重力的影响可以忽略，Φ 仍只与 Re 数有关，可查图由 Re 数求取 Φ 且 $\alpha_2 = 0$ 即 $\Phi = Np$。而当无挡板时，Fr 数将发生影响，应先由图 3-10 根据 Re 查取 Φ 值，然后用下式求 Np：

$$Np = \Phi \times Fr^{\alpha_2} \qquad (3-14)$$

式中指数 α_2 的值可用下式计算：

$$\alpha_2 = \frac{\beta_1 - \lg Re}{\beta_2} \qquad (3-15)$$

一些搅拌叶轮的 β_1 和 β_2 值见表 $3-2$。

表 $3-2$ $Re > 300$ 时一些搅拌叶轮的 β_1 和 β_2 值

叶轮型式	β_1	β_2
涡轮式叶轮	1	40
螺旋桨式叶轮 $d/D = 0.48$	2.6	1.8
0.37	2.3	18
0.33	2.1	18
0.3	1.7	18
0.22	0	18

图 $3-11$ 所示为若干不同型式的搅拌系统的功率曲线。其它搅拌系统的功率曲线可查有关文献。

实际使用的搅拌叶轮形式多种多样，可能查不到对应的功率曲线。可以根据型式相近的搅拌叶轮的功率曲线估算，再对几何形状的影响进行校正。

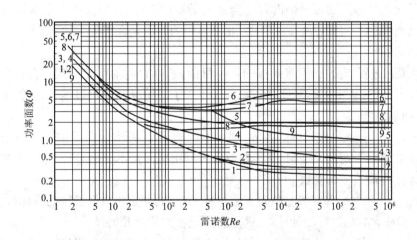

图 $3-11$ 一些不同型式搅拌叶轮的功率曲线

1—螺旋桨,螺距等于直径,无挡板   2—螺旋桨,螺距等于直径,4 块宽度为 $0.1D$ 的挡板

3—螺旋桨,螺距等于 2 倍直径,无挡板   4—螺旋桨,螺距等于 2 倍直径,4 块宽度为 $0.1D$ 的挡板

5—六平叶片涡轮,无挡板   6—六平叶片涡轮,4 块宽度为 $0.1D$ 的挡板   7—六弯叶片涡轮,4 块宽度为 $0.1D$ 的挡板

8—扇形涡轮,8 个叶片,45°角,4 块宽度为 $0.1D$ 的挡板   9—平桨,2 个叶片,4 块宽度为 $0.1D$ 的挡板

[例 $3-1$]用三叶螺旋桨式搅拌系统将维生素浓缩液混入糖蜜中。叶轮直径 $0.9m$,转速 $50r/min$,槽直径 $1.8m$。已知糖蜜的黏度为 $6.6Pa \cdot s$,密度为 $1520kg/m^3$,槽内液层深度 $1.8m$。试估算所需的功率。

解：$d = 0.9m$ $n = 50r/min = 5/6 \ r/s$ $\rho = 1520kg/m^3$ $\mu = 6.6Pa \cdot s$

$$Re = d^2 n\rho/\mu = 0.9^2 \times 5 \times 1520/(6 \times 6.6) = 155$$

查图 3 – 11 曲线(1),并考虑到可忽略重力的影响得：$Np = 1.2$

$$N = Np\rho n^3 d^5 = 1.2 \times 1520 \times \left(\frac{50}{60}\right)^3 \times 0.6^5 = 82.08(\text{W})$$

由所给数据知,该系统的几何尺寸符合标准搅拌系统,故无需校正。

四、相似理论和搅拌系统的放大

(一)搅拌系统放大的一般方法

在对某一单元操作或某一设备进行设计和操作计算时,常用的方法有两大类：

一是数学模型法,即从现有的知识出发建立描述所研究的单元操作或过程的数学模型。这样的模型可以是建立在理论基础上的理论模型,也可以是从实践中归纳出的经验模型,还可以是理论和实践相结合的半经验模型。数学模型法并不排斥实验,相反地,模型中的参数必须通过实验才能确定。而且,任何模型都必须经过实践的检验,被证明是符合实际的以后方能用于工业生产。

二是逐级放大法,即先在一小型设备上做试验,使表示工艺特征的参数达到生产的要求,然后按一定准则,放大到较大的设备上。大设备的几何尺寸一般比小型设备大几倍到几十倍,最多不超过百倍的规模,以保证放大的可靠性。逐级放大法成本较高,但结果比较可靠。

搅拌系统的放大问题至今仍没有完全令人满意的方法,特别是没有令人满意的数学模型。然而已有相当的实践经验积累,在工业上常用的方法是逐级放大法,放大过程应遵循以下步骤：

(1)对工艺过程作分析,明确操作的具体目的,选择合适的叶轮型式。在选择叶轮型式时,主要应根据被处理液体的黏度、体积、含固体粒子的情况及混合过程的目的,参照各种叶轮的性能,进行选择。

(2)确定用以表征操作目的的参数,例如单位体积功率消耗、混合时间、叶端速度等,从而确定放大准则。所谓放大准则,系指在放大过程中应保持不变的参数,这一参数应是对特定工艺过程而言最重要的参数。

(3)进行小型试验,确定各参数对工艺过程的影响,并定出放大准则的具体数值。

(4)根据放大准则进行设计计算,确定生产设备的主要几何尺寸。

(5)最后应考虑机械上、经济上和其他方面的限制,例如材料的强度、振动、腐蚀等,对放大结果作必要的修正。

(二)相似理论

逐级放大时使用的重要工具是相似理论。以几何系统为例,如果大、小两系统各对应几何尺寸之间的比例相同,则此两系统为几何相似。在几何相似的系统中,各对应的几何尺寸之比称为相似常数或放大比。图 3 – 12 中有 3 个大小不同的三角形,它们都是几何相似的。对此可得相似常数的定义为：

$$a_{AB} = l_{1A}/l_{1B} = l_{2A}/l_{2B} = l_{3A}/l_{3B} \tag{3 - 16}$$

$$a_{BC} = l_{1B}/l_{1C} = l_{2B}/l_{2C} = l_{3B}/l_{3C} \tag{3 - 17}$$

放大比的特点是：两相似系统间只有一个放大比,但当一对相似现象被另一对相似现象取代时,放大比是变化的。在图 3－12 中,三角形 A 和三角形 B 的对应边之比为 a_{AB},三角形 B 和三角形 C 的对应边之比为 a_{BC},显然 $a_{AB} \neq a_{BC}$。

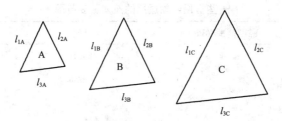

图 3－12　几何相似和放大比

另一方面,如果将同一三角形的两个几何量相比,也可以得到一系列常数:

$$k_{12} = l_{1A}/l_{2A} = l_{1B}/l_{2B} = l_{1C}/l_{2C} \tag{3－18}$$

$$k_{13} = l_{1A}/l_{3A} = l_{1B}/l_{3B} = l_{1C}/l_{3C} \tag{3－19}$$

$$k_{23} = l_{2A}/l_{3A} = l_{2B}/l_{3B} = l_{2C}/l_{3C} \tag{3－20}$$

这样定义的常数称为相似定数。同一三角形的两个几何量之比与另一相似三角形的相应几何量之比必然是相等的。因此,相似定数是相似三角形的共性。换言之,相似定数的特点是一对相似现象被另一对相似现象取代时保持为常数。

相似的概念可以推广到物理系统。放大比表示相似系统对应点上某物理量的比值,相似定数为系统中两个位置上某物理量之比。当一对相似现象被另一对相似现象取代时,相似常数是变化的,而相似定数则保持不变。

物理现象的相似是通过物理量的相似来表示的。若几何相似系统的各对应位置上各物理量之比为常数,则系统为物理相似系统。例如,若两几何相似系统在对应点上的速度之比为常数,则此两系统为速度相似系统。在几何相似的系统中,对应点或对应部分沿几何相似的轨迹运动,且通过几何相似路程所需的时间之比为一常数,则系统为时间相似。除了时间相似外,物理相似还包含运动相似、动力相似和能量相似。运动相似意味着对应点的速度之比为常数,动力相似指作用在流体微团上各力中同类力的方向相同,大小成比例,实际上意味着 Re 数相等。几何相似、运动相似和动力相似是两个流场完全相似的重要特征和条件。

根据相似的定义可以推导出,在相似系统的对应点上,无量纲数群的值必然相等,这样的数群称为相似准数或相似特征数,前面讨论过的 Re、Np、Fr 等都是相似准数。

对于相似现象,有以下定理:

(1)凡物理相似的现象,其相似准数的数值相等。此定理的逆定理也成立。

(2)某一现象各物理量之间的关系,可表示成相似准数之间的函数关系,因此应以相似准数之间的关系来处理数据。这实际上也是量纲分析法的依据。

在搅拌操作中,定义标准搅拌系统正是为了保持系统的几何相似。当满足了几何相似以后,系统的 $Re \sim \Phi$ 关系曲线就是唯一的,放大时就有了依据。实际上,前面已经讨论过的许多系列设备,如离心泵、通风机、旋风分离器等都是以一个特征尺为基准,其它几何尺寸均与此特征尺寸成比例,就是根据相似原理设计制造的。

(三)搅拌叶轮的选择

搅拌叶轮的选择依据,是被搅拌物料的物性(黏度、密度等)、物料的体积和工艺要求。

为正确地选择叶轮,应了解各种叶轮的特性,表 3-3 所示为一些常用叶轮适用的液体黏度范围,可供参考。

表 3-3　　　　　　　　　　　　一些常用叶轮适用的液体黏度范围

叶轮	黏度范围/(Pa·s)	叶轮	黏度范围/(Pa·s)
平桨	<10	螺旋柱	2~100
涡轮	<50	螺旋带	0.03~40
螺旋桨	<3	空气搅拌	<1
锚式	0.1~2	液体射流	<1
栅式	$1 \sim 10^5$		

(四)湍流搅拌器内的流动分析和放大准则的确定

根据湍流的理论,湍流时空间任一点处的瞬时速度可表示为时均速度与脉动速度之和。若三个坐标方向上的时均速度大小相等,则称流动为各向同性流动。

在湍流下,搅拌槽内的流动可以分为两类:一类是流体主体流动引起的旋涡的流动,称为初级流动;另一类是流体分子或分子团在旋涡内的流动,称为次级流动。主体流动不仅导致旋涡的流动,还使流动的主体破碎为旋涡。实际上,在槽内存在着不同大小的旋涡,它们的传递特性是不同的。

对于大旋涡,以旋涡尺寸为特性尺寸的 Re 数较大,它们只将一小部分能量通过黏性摩擦转变为热量,大部分能量则传递给较小的旋涡。对于小旋涡,以旋涡尺寸为特性尺寸的 Re 数较小,它们将大部分能量通过黏性摩擦转变为热量,同时自己本身衰减乃至消失。对于小旋涡的混合起重要作用的操作,单位体积的能耗 P/V 为一重要的特征参数,应该作为放大的依据。

进一步的研究指出,湍流下单位质量流体的功率消耗与流速的三次方成正比,而与 Re 数无关。这与前面的功率曲线是一致的。而且,一般情况下只有在叶轮处被排开的流体的流速才正比于叶端速度 πnd,其余位置的流体的流速则正比于 nd^2。在几何相似的系统中,无论是轴向叶轮还是径向叶轮,在相应的几何位置上,平均流速是相等的。这样,在几何相似的系统中,对于那些以剪切为重要特征的操作,叶端速度是一重要参数,应该作为放大的依据。

理论上,对一般的搅拌操作,要求两系统满足几何相似、运动相似和动力相似,如伴随有传热过程,还要求满足热相似。实际上,要同时满足这些相似条件肯定是不可能的。这就要求工程技术人员从分析工艺过程的特性出发,确定放大准则。

常用的几种放大准则如下:

(1)单位液体体积的功率消耗,一般而言,若流体物性不变,放大比不大,它还是可行的。

(2)叶端速度 u_0,主要适用于要求液体压头与排液量之比较高的场合。

(3)平均排液时间 θ_p,在湍流情况下,保持 θ_p 不变即是保持 n 不变,它适用于过程结果取决于流体循环速度的搅拌操作。

(五)按功率数据的放大

按功率数据进行放大,必须满足的相似条件较少,放大较易成功。对于低黏度和中等黏度液体的搅拌,这是常用的放大方法。

几何相似的系统可以使用同一条功率曲线。因此,如果大、小两设备满足几何相似,在抑制打旋的条件下只要 Re 数相等,功率数便相等,这样就可以由小设备测得的功率来计算工业设备在 Re 数相等的条件下操作时的功率消耗。

如果两设备不满足几何相似,就不能使用同一条功率曲线。如果同时满足 P/V、θ_p、πnd 为常数的放大准则,就有:

$$P/V = 常数 \tag{3-21}$$
$$\theta_p = 常数 \tag{3-22}$$
$$\pi nd = 常数 \tag{3-23}$$

将式(3-21)和式(3-22)相乘,再除以式(3-23)的平方,并代入式(3-35)和式(3-36),在湍流条件下就有:

$$P/(n^3 d^5) = 常数 \tag{3-24}$$

这实际上相当于功率数相等的放大原则。

(六)按工艺过程结果的放大

在工业上,搅拌是为达到一定生产效率而采用的手段。因此,根据工艺过程和目的的不同,表征操作特性的参数也不同。上面介绍的几个放大准则就是常常考虑的准则。此外,还有采取下面两个放大准则的:

(1) Re 数不变,即 nd^2 不变(设大小设备所用的液体相同);

(2) Fr 数不变,即 $n^2 d$ 不变。

很显然,上述准则彼此无法协调一致。为找出对稳定的工艺过程而言最重要的参数,最可靠的方法是用试验来确定放大准则,其步骤如下:

(1)用若干体积不同但几何相似的搅拌系统作试验,测定设备的几何尺寸,分析过程的工艺参数,确定表征工艺结果的指标,同时测定各自的操作参数如 n、P 等;

(2)计算上述的数群和参数如 Re、Fr、u_0、P/V 等,将这些数群与设备的几何尺寸相关联;

(3)观察特征数与工艺指标的关系,在达到所希望的工艺效果的前提下,若某一特征数或参数的值大体相等,那么它就应作为放大准则。

此外,对常见的一些操作过程,结合文献中的经验也可帮助确定放大准则,下面是一些实例:

(1)互溶液体的搅拌均质 间歇搅拌时的放大准则为循环时间不变,对几何相似系统,此准则转化为转速不变。连续搅拌时的放大准则为循环流量与设备体积之比保持不变,对几何相似系统,此准则也转化为转速不变。

(2)蛇管或夹套与液体间的传热 应当将流动问题和传热问题合在一起考虑,实际上无法同时保持流动相似和热相似,应突破标准搅拌系统的几何尺寸比例,采用较高的 d/D 比。

(3)固-液系统中维持粒子的悬浮 一般要求维持循环速度为常数和单位体积的功率消耗为常数,这样必然无法保持几何相似,因此工业装置与试验装置之间不能保持几何相似。

(4)使固-液系统完全均匀 此时只要求维持循环速度为常数,这样完全可以而且应该保持几何相似。而对于几何相似系统,此条件意味着保持叶端速度为常数。

(5)不互溶液体的分散 理想的放大准则是同时保持单位体积的功率消耗 P/V、叶端速

度 πnd 和排液时间 θ_p 不变,显然无法保持几何相似。推荐的叶轮是涡轮。

[例 3 - 2]某食品添加剂的生产。先用直径为 0.2m 的小型搅拌釜进行试验,小型搅拌釜的几何尺寸采用有挡板的标准搅拌系统。物料的密度为 1050kg/m³,黏度为 0.03Pa·s。在转速 1510r/min 时,获得良好的生产效果。然后再用直径分别为 0.5m 和 1m 的中试设备进行试验,达到与小型搅拌釜相同生产效果时的转速分别为 610r/min 和 300r/min。今欲制造容积为 15m³ 的大型设备,问其直径和转速应为多少?

解:根据三套设备的生产参数,分别计算 Re、Fr、πnd、Np、P/V 等的值,得下表:

D/m	d/m	n/(1/s)	Re	Np	P/W	V/m³	P/V	πnd/(m/s)	Fr
0.2	0.067	25.2	3915	5.5	0.00103	0.00628	0.164	5.27	4.30
0.5	0.167	10.2	9984	5.9	0.000171	0.0981	0.00174	5.32	1.76
1	0.333	5	19444	6	4.57×10^{-5}	0.785	5.82×10^{-5}	5.23	0.850

从表中可以看出,在三套试验中叶端速度大体上为一常数,因此可以确定应当用叶端速度作为放大准则。这样,取大型设备的叶端速度为 5.25m/s,由此计算:

搅拌釜直径 $\qquad D = (V/\pi H)^{1/2} = (V/\pi)^{1/3} = (15/0.785)^{1/3} = 2.67(\text{m})$

叶轮直径 $\qquad\qquad d = D/3 = 2.67/3 = 0.89(\text{m})$

搅拌转速 $\qquad n = u_0/(\pi d) = 5.25/(3.14 \times 0.89) = 1.876\ 1/\text{s} = 113(\text{r/min})$

五、几种特殊情况下的混合和搅拌

(一)非牛顿流体的搅拌

非牛顿流体的搅拌比牛顿流体更为复杂,不仅理论尚不成熟,经验积累也相对较少。一般的解决办法是将研究牛顿流体的方法和结果推广到非牛顿流体。将前述方法和概念应用于非牛顿流体时,Np 数的定义不变,但 Re 数的定义较为困难,因为黏度不是常数。普遍的方法是 Metzner - Otto 法。

将表观黏度代入 Re 数定义式进行计算。将指数模型应用于非牛顿流体,在平均速度梯度下的平均表观黏度为:

$$\mu_{\text{app}} = K' \left(\frac{du}{dy}\right)_{\text{av}}^{n-1} \qquad (3-25)$$

搅拌槽内的平均速度梯度近似地与转速成正比,即:

$$\left(\frac{du}{dy}\right)_{\text{av}} = C'n \qquad (3-26)$$

C' 为一常数,其值与非牛顿流体的种类和搅拌槽的几何尺寸有关。

将式(3-26)代入式(3-25)得:

$$\mu_{\text{app}} = K'(C'n)^{n-1} \qquad (3-27)$$

然后将此平均表观黏度用于计算 Re 数:

$$Re = \rho nd/\mu_{\text{app}} \qquad (3-28)$$

在实践中,先在小型设备中用非牛顿流体作试验,在一定转速下测功率,算出功率数 Np。然后用一高黏度牛顿流体作试验,使流动为层流,同样测功率。在功率数相等的条件下,可求出非牛顿流体的 Re 数,从而由 Re 数的定义求出平均表观黏度 μ_{app}。求出 μ_{app} 后就可用式(3-26)求出 C' 值,常见的 C' 值在 10~15。最后再求得其他条件下的 μ_{app} 值,从而利用功率曲线进行计算。

对宾汉姆流体,方法基本相同,但 Re 数的计算略有不同,可以用:

$$Re' = \frac{n\mu_{app}Re}{n\mu_{app} + 0.1\mu_p} \tag{3-29}$$

计算时,先用黏度计测定塑性黏度 μ_p 和表观黏度 μ_{app},再用式(3-28)由 μ_{app} 计算 Re 数,然后用式(3-29)计算校正的 Re 数 Re',最后用功率曲线求取功率数和功率消耗 P。

(二)高黏度流体的搅拌

在高黏度液体的混合中,混合机理主要是剪切,而剪切只能由运动的固体表面造成,剪切速率取决于固体表面之间的相对运动速度及表面间的距离。因此,用于高黏度物料的搅拌器,叶轮直径与槽径之比都相当大,已经超出标准搅拌系统的定义。常用的有:锚栅式叶轮、螺旋轴搅拌器、螺旋带搅拌器和静力混合器。

锚栅式叶轮是由平桨式叶轮演变而来的。对于有夹套的槽中的传热以及消除固体在槽壁上的积累特别有效。

螺旋轴搅拌器是在搅拌轴上安装螺旋制成,有利于造成良好的轴向流动。但若轴放在槽中央,又不设挡板,壁面附近的液体将几乎静止不动,因此应在槽内装设挡板。

螺旋带搅拌器与螺旋轴搅拌器十分相似,其基本特点是液体从上到下高度翻转,它可给出较好的搅拌效果,对假塑性流体的搅拌尤其适合,在各种型式的螺旋带搅拌器中,以螺距与螺旋直径相等的双螺带式最为有效。

对于高黏度液体的搅拌功率,上面介绍的计算方法同样适用。对于具体的搅拌器,有时有更简单、实用的特征数关联式。

(三)浆体与塑性固体的混合

当固体和液体混合形成黏度极高的浆体(如巧克力浆)或塑性固体(如面团)时,混合物的黏度很大,流动极为困难,混合变成一个只依靠机械力来减小分离尺度的问题,所用的设备称为捏和机。捏和机的捏和作用是由运动部件在局部区域的动作而产生,物料被压向器壁,折叠后包以更新的物料。同时物料必须被带往造成主体移动动作的区域,而局部动作又使物料的新鲜部分再次出现。如此反复进行,达到均匀捏和的目的。常用于高黏度浆体和塑性固体混合的设备有:

1. 混合锅

混合锅是食品工业广泛应用的设备,如图 3-13所示。图中(1)的锅体不动,而混合元件随本身转动外兼作行星式运动;(2)的锅体安装在转动轴上转动,混合元件则偏心安装于靠近锅壁处作固定的转动。

固定式混合锅通常为开式,锅底为半球形锅,可以在与机架连结的支座上升降,并装有手柄以人工方法卸除物料。转动式混合锅的基本原理是由转盘带动锅体所作的圆周运动,将物料带往混合元件的作用范围之内进行混合。混

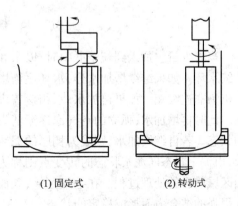

(1)固定式　　　(2)转动式

图 3-13　混合锅的工作原理

合元件最普遍的是框式,叉式也有广泛应用。也有的将桨叶做成扭曲状,增加轴向运动。

2. 捏和机

捏和机的原理是利用位于容器内的两个转动元件的若干混合动作的结合,尽可能达到物料移动和局部捏和、拉延和折叠的良好效果。捏和机由容器、搅拌臂(或称桨叶)、传动装置和支架等组成,如图 3 - 14 所示。桨叶以 Z 形桨式最为普遍,两桨叶并不与转轴成平行,而是略带螺旋形,桨叶与槽底的间隙甚小,容器为矩形,装在另一固定转轴上,以便于卸料。

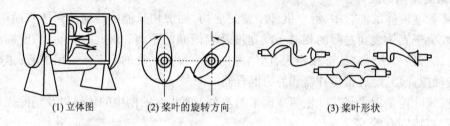

(1) 立体图   (2) 桨叶的旋转方向   (3) 桨叶形状

图 3 - 14　捏和机

3. 螺旋式捏和机

螺旋式捏和机如图 3 - 15 所示,与单螺旋挤压机相似。螺杆连续转动,又沿轴作来回运动。机壳内侧有固定的凸齿,螺片上又有几个缺口。螺杆旋转时带动物料运动。同时,由于轴的往复运动,使固定齿在螺片缺口间交叉,因间隙很小,故物料同时受到轴向和径向剪力。这种设备适于处理需要较长停留时间的物料。

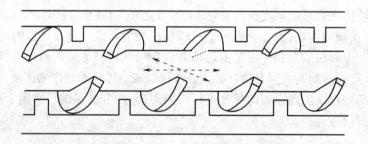

图 3 - 15　螺旋式捏和机的原理

当将少量水加入到粒子群中时,以水和粒子的接触点为中心,水附着在粒子上,成为不连续水环。如果继续增加水分,水环逐渐增大而互相连结起来,但空隙内空气仍为连续相,水仍为非连续相。如果再加水,水相覆盖表面,空气变为非连续相,但粒子仍为均匀散粒状态。此时再增加水,孤立的空气泡逐渐消失,终于达到固液两相的毛细区域,成为塑性泥土的状态。若再继续加水,则成为稠厚的泥浆状。由散粒状态向泥土状态的转变点称可塑界限,由泥土状态向泥浆状态的转变点则称为液化界限。所谓捏和操作的过程实际上属于毛细区域前后的处理过程。在毛细区域,表面上形成了水合被膜。以此膜隔开的粒子相互间有很强的结合力而形成稳定的状态。

(四)液-固系统的混合

当固体可溶于液体时,搅拌的作用多半是促进其溶解。而当固体不溶于液体时,整个系统成为非均相系统,一方面,在重力的作用下,固体粒子将在液体中沉降;另一方面,搅拌的结果使系统成为悬浮液。根据搅拌强度的不同,可能出现两种不同的情况:一类是达到充分的混合,成为"均匀"的悬浮液。这里所谓"均匀"是指再增加搅拌速度已不能影响固体在容器内的限度分布;另一类是维持悬浮态,即固体粒子处于运动之中,整个系统并不出现沉降分层的现象,但粒子在容器内有不同浓度。对于细小粒子而言,实际上已达到充分混合,成为均匀悬浮液,而对于较大的粒子而言,它们只是处于运动之中,在容器内的分布仍是不均匀的。

均匀悬浮液较接近于混合的目的,但维持悬浮状态所需的能量要少得多,而且在工艺上常常已能满足要求。显然,从经济角度考虑,并无必要使所有的系统都达到均匀悬浮液。

因此,对于液-固系统的混合及其放大,依目的不同而有不同的方法:

(1)如果生产的目的是要求达到均匀悬浮液,那么表征此操作的为一最小转速,即达到均匀悬浮液时搅拌器的最小转速。而放大的依据有两个,一个是单位体积的功率消耗,另一个是循环速度或排液速度。

如果搅拌器底面较接近容器底,那么在放大时应使 q_{Vp} 和 P/V 为常数,如果搅拌器底面离容器底较远,那么在放大时应使 q_{Vc} 和 P/V 为常数。不难看出,无论是哪一种情况,都不能维持小试设备和工业大生产设备之间的几何相似。放大得到的大设备与小设备之间无几何相似性。

相比较而言,搅拌器底部离容器底较近时比较有利于搅拌过程。

(2)如果生产上只需维持粒子的悬浮状态,那么也存在一个维持悬浮态的最小转速。当转速大于此最小转速以后,放大准则就是 u_c 为常数。显然,此时可以而且应当使大设备与小型试验设备在几何上相似。

实际上,由于几何相似的系统中 d/D 为一定值,上述的 u_c 为常数等价于 πnd 为常数,亦即搅拌器外缘切向速度为常数。

(五)固体的混合

固体混合的机理与捏和一样,也是对流、扩散和剪切同时发生的过程。固体混合时,重要的是防止发生分离现象。一般,两种粒子有显著密度差和粒度差者易发生分离。混合器内存在速度梯度时,因粒子群的移动也易发生分离。对干燥的颗粒,由于长时间混合而带电,也易发生分离。

影响混合速率和混合均匀度的因素甚为复杂,归纳起来有两类,一类与被混合的物料有关,包括形状、表面状态、粒度分布、密度、装载密度、含水量、休止角、流动性等;另一类与混合设备有关,包括尺寸、形状、搅拌器尺寸、结构材料、构形和间隙、表面加工等设备结构参数,以及设备操作参数,如每批加料量、物料填充率、物料添加方法和速率、搅拌器或容器的转速等。

固体混合一般用间歇操作。主要采用两种方法:一种是利用一个容器和一个或一个以上的旋转混合元件进行混合,混合元件把物料从器底移送到上部,后面形成的空缺为由重力作用而运动的物料填补,并产生侧向的运动;另一种是使容器本身旋转,引起垂直方向的运动。侧向运动则来自于固定挡板引起的物料折流。

最简单的设备为一绕其轴旋转的水平圆筒,但混合效率不高。图3-16所示为几种改良型。图中(1)为双锥混合器,由两个锥筒和一段短圆筒联接而成。它克服了水平转筒中物料水平运动不良的缺点,转动时物料产生强烈的滚动作用和良好的横向运动。(2)为双联混合筒,由两段互成一定角度的圆柱连接而成。由于设备的不对称性,物料时聚时散,产生更好的混合作用。

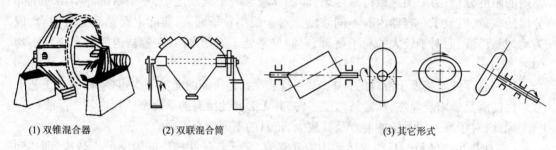

(1) 双锥混合器　　　　(2) 双联混合筒　　　　　　　　(3) 其它形式

图3-16　旋转筒式混合器

第二节　流态化和气力输送

当流体通过颗粒床层时的流速超过某一限度时,床层就要浮起,此时床层将具有许多固定床所没有的特性,这就是流化床。用技术术语来说,将固体粒子分散在气体或液体中,使整个体系成为类似于流体体系的操作称为流态化。流态化技术的设备结构简单,生产强度大,易于实现连续化和自动化操作。在食品工业中主要用于加热、速冻、干燥、造粒、混合、洗涤、浸出等场合,在干燥和造粒中的应用尤为广泛。流态化操作具有以下优点:

(1)颗粒流动平稳,类似液体,故可实现连续自动控制;

(2)固体颗粒迅速混合,流体和颗粒之间的传热和传质速率较其它接触方式为高。

由于上述优点,所以流态化在食品工业中的应用渐趋广泛。但流态化也有一些缺点,床内物料的浓度趋于均一,降低了平均传质推动力;颗粒的相互撞击以及颗粒与器壁的撞击造成大量的磨损,会形成细小的粉尘。因此,流态化的应用也受到一定的限制。

而当流体速度大于颗粒的沉降速度以后,稳定的颗粒床层将不再存在,固体颗粒将被气流或液流带出,称为气力输送或水力输送。在食品工业中,气力输送和水力输送都有广泛的应用。特别是气力输送,比水力输送应用更为广泛。例如采用气力输送处理谷物、麦芽、糖、可可、茶叶、碎饼干、盐等颗粒体食品,以及面粉、乳粉、鱼粉、饲料、淀粉及其它粉体食品。气力输送的优点是:

(1)可以进行长距离的连续的集中输送和分散输送,输送布置灵活,可沿任何方向输送,而且结构简单、紧凑,占地面积小,使用、维修方便;

(2)输送对象物料范围较广,粉状、颗粒状、块状、片状物料均可;

(3)输送过程中可同时进行混合、粉碎、分级、干燥、加热、冷却和除尘等操作;

(4)输送中可避免物料受潮、污染或混入杂质,保持质量和卫生,且没有粉尘飞扬,保证操作环境良好。

另一方面,气力输送也存在动力消耗大、物料容易磨损、不能输送含油制品和潮湿易结块或黏结性物料等缺点。

一、流态化现象

(一)流体经过固体颗粒床层流动时的三种状态

当流体自下而上通过固体颗粒床层时,随着颗粒特性和气体速度的不同,存在着三种状态:固定床、流化床和气力输送,见图 3－17。相应地,流体通过床层的压降 Δp 与空塔速度 u 有如图 3－18 所示的关系。

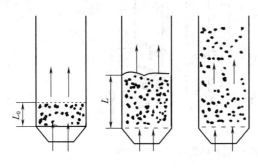

图 3－17　流体通过床层的三个变化阶段

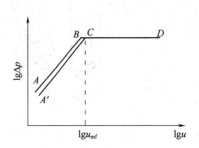

图 3－18　流化床的 Δp－u 关系

1.固定床状态

当流体速度较小时,固体颗粒静止不动,流体从颗粒间的缝隙中穿过。此时与前一章中的过滤床层相似,流体通过床层所发生的压降 Δp 与空塔速度 u 在对数坐标纸上成线性关系,见图 3－18 中曲线的 AB 段。这种直线关系一直延续到 u 达到某一定值,此时 Δp 约等于单位横截面积上床层的质量减去其浮力,固体颗粒位置略有调整,床层略有膨胀、变松,空隙率稍有增大,但固体颗粒仍保持紧密接触,见图中线段 BC。从开始操作至 C 点的阶段称为固定床阶段。

2.流化床状态

固定床操作到 C 点后,床层开始发生改变,颗粒开始悬浮于流体中,成为流态化状态。在颗粒特性、床层几何尺寸和流体速度一定时,流态化系统具有确定的性质,如密度、热导率、黏度等。这时床层高度和空隙率虽不断随流速的增大而增大,但经过床层的压降基本不随流体而变,如图中 CD 段所示,此阶段称为流化床阶段。当从 D 点开始降低流速作相反方向操作时,到达 C 点后即转入静止的固定床,而不回到 B 点的状态。这主要是由于原始固定床层经历一次流化过程之后,颗粒重新排列,成为空隙率稍为增大的固定床。因此流化床相反操作至 C 点后即转向沿 CA' 线的固定床操作。与 C 点相应的流速称为临界流化速度 u_{mf},其相应的空隙率则称为临界空隙率 ε_{mf}。

3.气力(或水力)输送状态

如果流化操作至 D 点后继续增大流速,则固体颗粒随同流体一起从流化管中带出。这时,床层空隙率增大,压降减低,颗粒在流体中形成悬浮状态。这个阶段称为气力输送阶段(或水力输送阶段)。对流化操作来讲,超过 D 点,正常操作就遭到破坏。与 D 点相对应的流速称为最大流化速度(或称颗粒的带出速度或悬浮速度),以 u_t 表示。

(二)流化床的主要特征

从整体看,流化床宛如沸腾的液体,所以又称为沸腾床。它具有以下主要特征:

(1)流化床具有类似于液体的性质。例如,密度比床层密度小的物体能浮在床层的上界面;床体倾斜时床层表面仍保持水平;颗粒能像液体那样从器壁的孔口流出;两个床层高度不同的流化床相联通时,界面能自动调整平衡;床层任意两截面间的压强关系服从静力学方程等,见图 3 - 19。

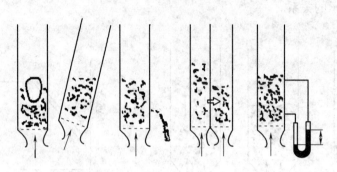

图 3 - 19 流化床类似液体的特性

(2)固体颗粒在流化中处于悬浮状态,并作不停的剧烈运动。因此,颗粒得到强烈的混合,传热和传质均非常迅速,床层内的温度和浓度等物理量趋于均匀。

(3)颗粒的剧烈运动使颗粒间和颗粒与器壁间产生强烈的碰撞和摩擦,在使传热和传质得到强化的同时,颗粒可能因碰撞而破碎,器壁会磨损,流动阻力增加。

(4)由于小颗粒比大颗粒更容易流态化,所以流化床大多是用小颗粒实现的。这样,颗粒的比表面大,更有利于传递的进行。

(5)在气 – 固流化床中,由于气泡的运动,气体与颗粒的接触时间是不均匀的。以气泡形式通过床层的气体,其接触时间较短。而乳化相中的气体与颗粒的接触时间较长。

(三)散式流态化和聚式流态化

以上所述为理想流态化的状况,但实际情况与此相比有所不同。液 – 固系统的流态化比较接近于理想状况,而气 – 固系统的流态化则与理想状况差别较大。两种系统流化床的 $\Delta p – u$ 关系如图 3 – 20 所示。

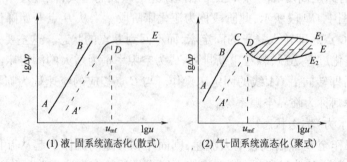

(1)液-固系统流态化(散式)   (2)气-固系统流态化(聚式)

图 3 – 20 散式和聚式流态化的 $\Delta p – u$ 关系

在液－固系统中,当流速增加到临界流化速度以上时,床层就平稳而逐渐地膨胀,空隙率逐渐变大。液体为连续相,均匀而稳定地从固体颗粒间穿过,而固体颗粒为分散相,在正常情况下,观察不到明显的不均匀现象,床层具有稳定的上界面,而且在极限速度未达到之前,压降基本保持不变。这样的床层称为散式流化床或平稳流化床。这种现象称为散式流态化。

气－固系统的表现与上述有区别。当流速超过临界流化速度时,就出现很大的不稳定性。这时流化床没有稳定的上界面,界面以每秒数次的频率上下波动,压降也随之波动,但固定在图中 DE_1 和 DE_2 之间的范围内,其平均值可由 DE 来表示。从现象来看,一部分气体以"鼓泡"形式高速流经床层,另一部分气体则渗流入颗粒较为密集的"浓相区"。穿过床层的鼓泡到达床面后破裂,并向上溅起若干固体颗粒。同时床层中的固体颗粒产生剧烈的运动,发生颗粒间的混合和搅拌作用。这种床层称为聚式流化床,或称鼓泡流化床。上述现象称为聚式流态化。

上述将液－固和气－固系统的流态化分别归属于散式和聚式,是对一般常用的介质而言。实际上,用液体来流化较重、较大的颗粒时,也能出现聚式流态化;相反,粒度较细、分布较宽、相对密度较小的颗粒,用气体流化,也可获得近似散式的现象。实际上,一般的气－固流态化系统,当气速超过临界流化速度不多时,也具有散式流态化的特征。

两种流态化型态可用如下数群判别:

$$Fr_{mf}Re_{mf}(\frac{\rho_s - \rho_f}{\rho_f})(\frac{L_{mf}}{D})$$

$$Re_{mf} = d_p u_{mf} \rho_f / \mu_f \tag{3-30}$$

式中　ρ_s、ρ_f——固体和流体的密度,kg/m^3;

$\quad\quad L_{mf}$——临界流化条件下的床层高度,m;

$\quad\quad \mu_f$——流体黏度,$Pa\cdot s$;

$\quad\quad D$——流化管的直径,m。

当上面的数群小于 100 时,为散式流态化,大于 100 时为聚式流态化。目前工业上应用较多的是气体操作的流化床,因此大多属于聚式流态化。

(四)沟流和腾涌

沟流和腾涌是流化床中常见的不正常现象。

1. 沟流

沟流的特征是流体通过床层形成短路,结果流体通过床层时分布不均匀,有大量流体没有与固体颗粒很好地接触就通过床层。有沟流现象时的 $\Delta p - u$ 关系如图 3-21 所示,图中 AB 是固定床阶段,床层开始膨胀在比按床层重量计算的 Δp 稍高的压降下出现,在 B 点以后压降突然下降并且延续到 C 点后,压降开始上升。但在有沟流的床层中,压降始终低于 Δp,其差值表示沟流的严重程度。造成沟流的原因主要是分布板未能使气体分布均匀、气速过小、粒度过细、密度过大等,其中分布板的合理与否特别重要。

2. 腾涌

腾涌状态主要发生在气－固流化床中。如果床层高度与直径之比过大,气速过高时,就会产生气泡的相互聚合,形成大气泡。当气泡直径长大到与床径相等时,就将床层分成几段,成为一段气泡一段颗粒层的相互间隔,颗粒层被气泡向上推动,到达上部后气泡破裂引起部分颗粒分散下落,这就是腾涌现象。出现腾涌现象时,气泡向上推动颗粒层,由于颗粒层与器壁的摩擦阻力造成压降大于理论值,而在气泡破裂时又低于理论值,压降 Δp 在理论值附近上下波动。图 3 - 22 所示为在 S 点以后发生腾涌现象。

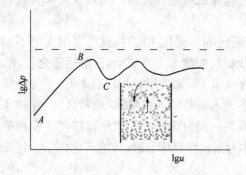

图 3 - 21   沟流发生后的 $\Delta p - u$ 关系

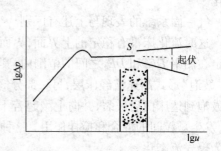

图 3 - 22   腾涌发生后的 $\Delta p - u$ 关系

床层发生腾涌现象,使气 - 固的接触不良,器壁磨损加剧,同时引起设备振动,因此应该尽量避免。如床层过高,可以增加挡板,破坏气泡长大,避免腾涌现象发生。

二、流化床的流体力学特性

(一)流化床的压降

当固体颗粒床操作的流速达到临界流化速度 u_{mf} 时,颗粒就悬浮在流体中,与此相应的床层空隙率为 ε_{mf}。此时,作用在颗粒上有两个力:一为向下作用的重力,另一为向上作用的浮力和流体阻力。对于处于悬浮状态的临界流化点,以上两力应互成平衡,即:

$$L_{mf}A(1 - \varepsilon_{mf})\rho_s g = L_{mf}A(1 - \varepsilon_{mf})\rho_f g + A\Delta p \tag{3-31}$$

整理后得:

$$\Delta p = L_{mf}(1 - \varepsilon_{mf})(\rho_s - \rho_f)g \tag{3-32}$$

在临界点之后,若流速继续增大,则床层空隙率 ε 和床层高度 L 也随之增大,但上述两种力的平衡仍维持不变。且由于 $L(1 - \varepsilon) = L_{mf}(1 - \varepsilon_{mf})$,故流化床的压降 Δp 仍保持近似定值,即:

$$\Delta p = L_{mf}(1 - \varepsilon_{mf})(\rho_s - \rho_f)g = L(1 - \varepsilon)(\rho_s - \rho_f)g \tag{3-33}$$

上述关系式是在忽略了下列阻力的条件下得出的:流体与器壁的摩擦阻力、颗粒彼此之间的摩擦阻力和颗粒与器壁之间的摩擦阻力。这些阻力都很小,因此计算结果的误差并不很大。

(二)临界流化速度

临界流化速度又称最小流化速度,它对流化床的研究、设计和操作都是一个很重要的参数。影响临界流化速度的因素很多,到目前为止,已提出不少半经验的计算公式,下面介绍较常用的一种。

流体以层流流经固定床时的压降公式由欧根方程给出:

$$\frac{\Delta p}{L} = 150\frac{(1 - \varepsilon)^2}{\varepsilon^3 d_p^2}\mu u + 1.75\frac{(1 - \varepsilon)}{\varepsilon^3 d_p}\mu u^2 \tag{3-34}$$

在颗粒很小($Re_p < 20$)时右边第二项可以忽略不计,粒子为非球形时用 $\phi_A d_e$ 代替 d_p。

将此式用于临界流化点时令式(3-34)与式(3-33)相等,有:

$$u_{mf} = \frac{\varphi_s^2 \varepsilon_{mf}^3 d_e^2 (\rho_s - \rho_f) g}{150 \mu (1 - \varepsilon_{mf})}$$

(3-35)

由于球形度 ϕ_A 和临界流化床空隙率 ε_{mf} 一般很难得到,这就限制了公式的使用。实验发现对工业上的常见情形,$(1 - \varepsilon_{mf})/\phi_A^2 \varepsilon_{mf}^3 \approx 11$,因而有:

$$u_{mf} = \frac{d_e^2 (\rho_s - \rho_f) g}{1650 \mu}$$

(3-36)

颗粒粒度不均匀时,建议采用如下以质量分布加权调和平均值来计算:

$$d_p = \frac{100}{\sum \dfrac{f_M(d) \Delta d}{d_{pi}}}$$

(3-37)

式中 $f_M(d) \Delta d$——颗粒各筛分组的质量分数,%;

　　d_{pi}——各筛分组颗粒的平均直径,$d_{pi} = \sqrt{d_1 d_2}$,m;

　　d_1, d_2——上下筛目尺寸,m。

式(3-36)只能给出临界流化速度的估算值。当床层由大小相差悬殊(6倍以上)的粒子组成时,不能用此式估算流化速度,因为此时小颗粒可能已经流化而大粒子尚处于静止状态。一般而言,最可靠的方法是用实验测临界流化速度。

(三)最大流化速度和流化操作速度

最大流化速度是流化床操作中流体速度的上限,它在数值上等于颗粒的沉降速度。对沉降速度为 u_t 的粒子,当流体速度 $u_f = u_t$ 时,粒子的绝对速度为零,粒子即悬浮于流体中。也有人把此时的流体速度称为颗粒的悬浮速度,在数值上即等于颗粒的沉降速度。

就流化床的操作而言,上述速度显然是理论上的最大流化限度。只要 u_f 大于 u_t 一个极微小的数值,粒子就会被气流带走。可见,流化床的最大流化速度实质上就是颗粒的沉降速度。如果流化床的颗粒为球形,且沉降是在层流区进行时,即当:

$$Re_p = d_p u_t \rho_f / \mu_f < 0.4$$

(3-38)

时,可直接应用斯托克斯定律来计算 u_t。如果 $Re_p > 0.4$,则可按图3-23所示的校正系数对 u_t 进行修正。对于非球形颗粒还要乘以如下的校正系数 C:

$$C = 0.843 \lg(\phi_A / 0.065)$$

(3-39)

为了避免从床层中带出固体颗粒,流化床操作速度必须保持在 u_{mf} 和 u_t 之间。在计算 u_{mf} 时,须用床层中实际颗粒粒度分布的平均直径,而计算 u_t 时,则须用具有相当数量的最小颗粒的粒度。

u_t / u_{mf} 比值的大小,可作为流化操作是否机动灵活的一项指标。其上、下限值可直接采用下式来计算,如:

对细颗粒,$Re_p < 0.4$:

$$u_t / u_{mf} = 91.6$$

(3-40)

对大颗粒,$Re_p > 1000$:

$$u_t / u_{mf} = 8.72$$

(3-41)

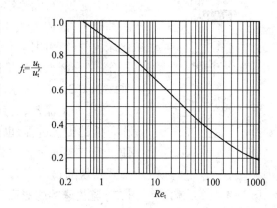

图3-23　不符合斯托克斯定律时的修正系数(球形粒子)

可见,大颗粒的 u_t/u_{mf} 比值较小,说明其操作灵活性较小,颗粒为差。u_t/u_{mf} 之比值常在 10:1 和 90:1 之间。

在确定具体操作速度时,必须将工艺上许多有关因素综合地加以分析比较,然后选取合适的操作速度。工业上常用的操作速度为 $0.2 \sim 1.0 \text{m/s}$。

操作速度与临界流化速度之比称为流化数,即:

$$K = u/u_{mf} \tag{3-42}$$

[例 3-3]具有某种粒度分布的面粉,其平均直径 $d_p = 200\mu\text{m}$,密度 $\rho_s = 1400\text{kg/m}^3$。假设球形度 $\phi_s = 1$,床层的临界空隙率 $\varepsilon_{mf} = 0.4$。以空气为流化介质,其性质是 $\mu_f = 0.0178\text{mPa.s}, \rho_f = 1.204\text{kg/m}^3$。为避免粉粒的带出,求床层中允许的空气最小速度和最大速度。

解:本题实际是求临界流化速度和带出速度。

$$u_{mf} = \frac{\varphi_s^2 \varepsilon_{mf}^3 d_e^2 (\rho_s - \rho_f) g}{150\mu(1 - \varepsilon_{mf})} = \frac{0.4^3 \times 0.0002^2 (1400 - 1.204) \times 9.81}{150 \times 0.0178 \times 10^{-3} (1 - 0.4)} = 0.0219(\text{m/s})$$

$$Re_{pmf} = d_p u_{mf} \rho_f / \mu_f = 0.0002 \times 0.0219 \times 1.204/(0.0178 \times 10^{-3}) = 0.296 < 20$$

故 u_{mf} 不需作校正。

$$u_t = d^2 g(\rho_s - \rho_f)/(18\mu) = 0.0002^2 \times 9.81 \times (1400 - 1.204)/(18 \times 0.0178 \times 10^{-3}) = 1.71(\text{m/s})$$

$$Re_{pt} = d_p u_t \rho_f / \mu_f = 0.0002 \times 1.71 \times 1.204/(0.0178 \times 10^{-3}) = 23.1$$

由图 3-23 查得修正系数为 0.55。

故得修正后的带出速度为:$u_t = 1.71 \times 0.55 = 0.941(\text{m/s})$

三、流化床的结构和计算

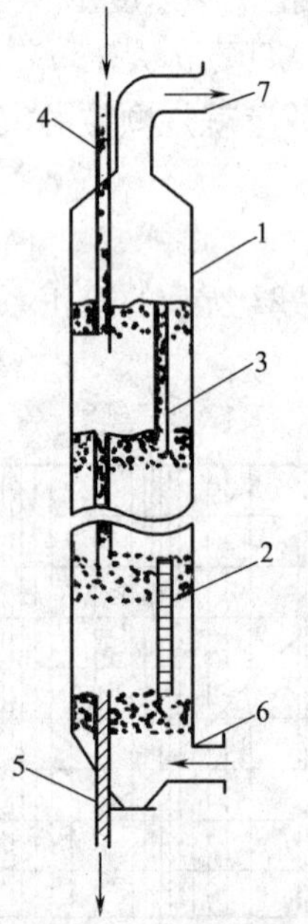

图 3-24 多层流化床
1—壳体 2—分布板
3—溢流管 4—加料口
5—出料口 6—气体进口
7—气体出口

(一)流化床的结构形式

流化床结构大致有两种类型:单层流化床和多层流化床。其结构主要包括:壳体、床内分布板、粉状固体回收系统、挡板及挡网、内换热器等装置。

单层流化床的结构比较简单。以气-固流态化为例,气体自下向上通过分布板均匀上升,使固体流态化,固体物料则连续加入和排出,固体与气体之间可以是逆流,也可以是并流。由于流化床内气体和固体颗粒存在着返混的现象,不论是并流还是逆流操作,都会降低传质推动力,尤以并流为甚。针对这样的缺点,就采取如图 3-24 所示的多层流化床结构。固体颗粒自最上层加入,逐层向下流动,达到多级逆流操作的目的。对不分段控制操作条件的工艺过程,也可以利用这种结构的特点。多层塔还可以使上升气流通过各层分布板进行再分配,以避免部分气体以气泡形式很快通过床层而不能充分发挥其反应作用。

(二)流化床的膨胀高度和分离高度

流态化设备的总高度为密相段的高度和稀相段的高度之和,此两段高度实际上就是膨胀高度和分离高度。

1.流化床的膨胀高度

流化操作进入临界点后,继续增大流速,床层就开始膨胀,空隙率和床层高度也逐渐增大。对于液-固系统,许多研究者提出了空隙率 ε 与流化速度 u 的关联式,如:

$$u/u_t = \varepsilon^n \tag{3-43}$$

式中 n 是 Re_p 的函数,其关系为:

当 $0.2 < Re_p < 1$ 时,　　　　$n = (4.35 + 175d_p/D)Re_p^{-0.03}$

当 $1 < Re_p < 200$ 时,　　　　$n = (4.45 + 18d_p/D)Re_p^{-0.1}$

当 $200 < Re_p < 500$ 时,　　　$n = 4.45Re_p^{-0.1}$

当 $Re_p > 500$ 时,　　　　　　$n = 2.39$

对于气-固系统的流化床,也有一些研究者提出了若干关联式。由于气-固流化系统的料层上界面剧烈地起伏波动,且随床层直径和流化速度而变,因此测定上界面的位置有困难,从一定尺寸的设备中得到的结果运用到其他尺寸的设备中时也发生差异。

已知不同速度下的空隙率,可以算出在此速度下床层的膨胀高度:

$$L/L_{mf} = (1 - \varepsilon_{mf})/(1 - \varepsilon) \tag{3-44}$$

式中 L/L_{mf} 称为膨胀比。

2. 流化床的分离高度

分离高度也称夹带分离高度。流化床中固体颗粒由于粒度分布很宽,或者操作中因相互撞击、摩擦而产生一部分微粒。在密相段的上部空间,气泡上升至床层表面破裂时将固体颗粒抛向空间,不同的粒子各有其带出速度。带出速度大于操作速度的粒子上升至一定高度后就会落回床层,而带出速度小于操作速度的粒子就会被气流带走。因此床层表面以上的空间中,气流中粒子的夹带量不同。而在某一高度之后,粒子夹带量才趋于一定值而不再减小。

夹带分离高度是指夹带接近于常数的气体出口处距床层料面的高度。对经济的设计来说,气体出口或旋风分离器入口没有必要比分离高度更高。图 3-25 表示分离高度与流化床直径及气速之间的关系。由图可看出,对于给定的粒子和流化床,气速加倍时,H_T 增加约 70%。而对一定的气速,H_T 则随床径的增大而增加。

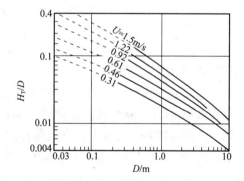

图 3-25　分离高度与流化床直径及气速之间的关系

(三)流化床的壳体及主体尺寸

最常见的流化床壳体是一个圆柱形容器,下部带有一个圆锥形的底。在圆筒形容器和圆锥形底之间装有气体分布板(多孔板)。当气体进入锥形部分之后,即通过分布板而上升,以使固体颗粒流化。锥形底和分布板的作用都是为了使气体均匀分布,保证较好的流化质量。

流化床的主体尺寸包括直径和总高度。直径根据通过床层的气体总量 q_V 和流化床的操作速度 u 用体积流量公式计算。

气体分布板的作用是:支承物料,均匀分布气体,创造良好的流化条件。由于流化床操作大部分是热过程,因此要求分布板能耐热,且受热后不会变形,以免影响气体的均匀分布,一般采用金属分布板。

四、气 力 输 送

当流体速度超过带出速度后,物料在空气动力作用下被悬浮而后被输送,因此物料在气流中的悬浮是研究气力输送问题的出发点。

(一)颗粒在垂直管中和水平管中的悬浮

颗粒在垂直管中和水平管中的悬浮机理及运动状态是不相同的。在垂直管内,颗粒的受力情况完全与沉降中一样。颗粒本身所受的重力、气体浮力与气体对颗粒运动的阻力成平衡时,颗粒就悬浮在某一高度,并与管壁相脱离。在水平管内,由于气流运动方向与颗粒的重力方向相垂直,颗粒的悬浮运动就很复杂。颗粒之所以能克服重力而悬浮于流体中,主要是如下几种力作用的结果,见图3-26。

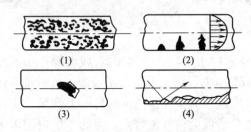

图3-26(1)湍流时气体质点在垂直方向的分速度产生垂直向上的力;

图3-26(2)气流沿管截面存在速度分布,管中心处速度最大,愈靠近管壁,速度愈低。由于气流的速度梯度,颗粒存在着旋转。根据玛格纽斯效应,逆气流方向的一侧所受的压强高于顺气流一侧的压强,因而管中下部的颗粒在此压强下被悬浮;

图3-26(3)由于颗粒形状的不规则,气流推力在垂直方向上产生分力;

图 3-26 颗粒在水平管中的悬浮作用

图3-26(4)颗粒间的相互碰撞或颗粒与管壁间的碰撞,使颗粒跳跃,或受到反作用力在垂直方向上的分力的作用。

上述分析仅表示水平管内颗粒悬浮受力的可能性,并不表示各力同时都起作用。

(二)颗粒在管中的运动状态

气力输送中,颗粒在管道中的运动状态与气流速度有直接关系。在垂直管内,当气流速度为颗粒悬浮速度时,颗粒呈流态化状态而自由悬浮在气流中;气流速度超过悬浮速度时,颗粒基本上均匀散布在气流中被气流所输送。在水平管道中,将气流速度与颗粒运动状态的关系进行分析,可得到图3-27所示的各种状态。

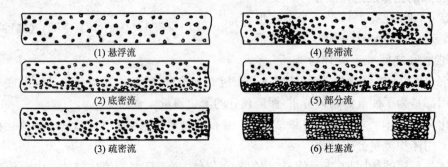

图3-27 输送速度与运动状态的关系

图中图 3 - 27(1)为悬浮流,即输送气流速度大时,颗粒基本上接近均匀分布,在气流中呈悬浮状态被输送;图 3 - 27(2)为底密流,即颗粒愈接近管底分布愈密,一面作不规则的旋转、碰撞,一面被输送;图 3 - 27(3)为疏密流,即颗粒悬浮输送的极限状态,为疏密不均的流动,有部分颗粒在管底滑动,但尚无停滞现象;图 3 - 27(4)为停滞流,即大部分颗粒失去悬浮能力,在管底局部聚集,使管子流动截面变窄,从而使气速增大,又把停滞的颗粒群吹走。颗粒就这样处于停滞、集积、吹走反复交替的不稳定的输送状态;图 3 - 27(5)为部分流,即输送气流速度过小,颗粒堆积在管底,气流在上部流动,只有部分颗粒在气流作用下作不规则移动,类似于沙丘的流动;图 3 - 27(6)为柱塞流,即堆积料层充满整个输送管截面上,靠空气的压强推动输送。

上述不同的流动状态与颗粒的物理性质有关。但对同一物料,主要受气流速度的支配。要得到完全的悬浮的气力输送,必须要有足够的气流速度。但是过大的气流也不必要,因为这将造成很大的输送阻力和较大的磨损。

(三)气力输送的形式

气力输送的形式,按照物料和气流在管道中两相流动的特征来分类,可分为稀相流输送(即普通气力输送)、密集流输送和间断流输送三种,其中稀相流气力输送又可分为如下三类。

1. 吸引式(或称真空式)气力输送

吸引式是将物料和大气混合一起吸入系统进行输送,系统内保持一定的真空,物料随气流送到指定地点后经分离器(卸料器)将物料分出,分出的含尘气体经除尘器净化后,由风机排出,见图 3 - 28。吸引式输送分低真空和高真空两种。低真空输送工作负压约在 10kPa 以下,高真空输送工作负压约在 10 ~ 50kPa。

吸引式气力输送的供料设备结构简单,由于系统在负压下工作,灰尘不致外扬,易保持车间卫生条件,特别适用于多

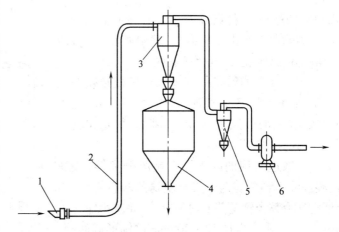

图 3 - 28 吸引式输送系统
1—吸嘴 2—输料管 3、5—分离器 4—降尘器 6—风机

点吸料向一处集中的输送场合。但动力消耗大,对管道、设备要求严格密封,避免漏气,不宜于大容量长距离输送。

2. 压送式(或称压力式)气力输送

压送式是依靠压气机械排出的高于大气压的气流,将物料与气流混合一起而进行输送,系统内保持正压,物料送到指定地点后,经分离器将物料分出并可自动排出,分离出来的空气经净化后被排出,见图 3 - 29。压送式输送可分低压压送式和高压压送式。低压压送式通常的排气压强在 50kPa 以下,高压压送式的压强为 100 ~ 700kPa。

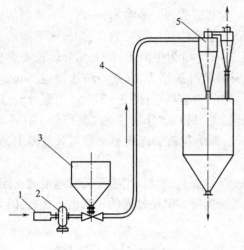

图 3－29　压送式输送系统

1—空气入口　2—鼓风机

3—料斗　4—输料管　5—分离器

压送式气力输送时,通过鼓风机的是洁净空气,故鼓风机的工作条件较好。这种输送形式适用于大容量长距离的输送,特别适用于从一个供料点到多个卸料点的分散输送。其缺点是由于系统内处于正压,故供料设备结构复杂,要求高。

3. 吸引压送混合式气力输送

混合式为吸引式和压送式气力输送装置的组合。如图 3－30 所示,风机前属真空系统,风机后属正压系统。真空部分可从几点吸料集中送到一个分离器内,分离出来的物料经加料器送入压力系统,及至送到指定位置之后,经第二个分离器分出物料并排出,分离出来的空气经净化后排出。这种输送方式特别适用于从几点吸料而同时又分散输送到不同地点的输送场合,但气体输送机械易磨损。由于系统比较复杂,除非在特殊情况下须综合考虑吸引式和压送式两者的优点时才采用。

（四）气力输送系统的组成

气力输送系统由供料装置、输料管路、卸料装置、闭风器、除尘装置、气力输送机械等组成。

用于食品气力输送的气体输送机械必须保证空气流洁净无毒,不含机油,含尘少。较多的是离心通风机、离心鼓风机、罗茨鼓风机、往复式真空泵、水环式真空泵等。

气力输送常用的除尘器有旋风分离器、袋滤器、湿法除尘器等。对于气力输送的输料管路,为保证空气沿整个管道截面均匀分布,并减小输送中的阻力,一般多为内径 50～300mm 的圆形截面管。在吸嘴或物料管的可动部分与固定部分的连接处,可采用挠性管。

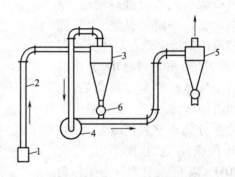

图 3－30　吸引压送混合式输送系统

1—吸嘴　2—输料管

3、5—分离器　4—风机　6—旋转加料器

弯头是气力输送中最容易产生压强损失和物料破损的部位,并且黏附性的细粉也容易在弯头处附着。弯头的压强损失随曲率半径而变,曲率半径越大,则压强损失越小,通常采用曲率半径为内径的 5～15 倍。

供料装置是用来将需要输送的物料送入输送管道的一种设备。目前用得最多的有如下几种:

（1）吸嘴　吸嘴是吸引式气力输送的供料装置。根据使用条件和输送物料的性质的不同,吸嘴有许多不同的形式。

（2）旋转式加料器　旋转式加料器适用于压送式的气力输送,但也可以用作吸引式输送中的卸料器。旋转式加料器的器壳内装有转子,转子上有 6 ~ 8 个叶片。物料由上部料斗落下,进入转子的叶片之间,随同转子一起旋转至下部,由排出口排出,进行供料。旋转式加料器是一种容积式加料器,其加料量直接与叶轮转速相关。一般在工作时,叶片格室内并不全部为物料充满。格室内物料的体积与格室的几何体积之比,称为容积效率 η_V,一般取 0.75 ~ 0.85。

(3)螺旋式加料器 螺旋式加料器是把粉状物料送入高混合比的输料管时广泛应用的一种加料装置。物料借转动的加料螺旋被送至混合室后,又被装在混合室下部的喷嘴所喷出的压缩空气带出到输料管中。这种加料器的优点是结构坚固,适用于高温、高混合比物料的输送,但其动力消耗比其他型式的大。

(4)喷射式加料器 喷射式加料器实际上就是文丘里管,粉粒物料入口位于喉部。压缩空气从喷嘴高速喷出,依靠喷射作用对粉粒物料进行吸引,物料随喷出的空气一起被输送。这种供料器没有运动部件,受料口为负压,无空气上吹现象;扩压后为正压,所以分离器的结构可以简化,可向正压处供料。缺点是高压空气耗量大,效率较低,并且在输送硬颗粒时,喉部磨损严重。

(5)空气槽 当空气通过粉粒料层使之流化时,由于物料休止角减小而流动性增加,呈现出类似液体的性质。空气槽就是利用此一性质使颗粒在倾斜度为 4° ~ 10°的槽中靠重力作用而产生流动的供料装置。空气槽没有运动部件,操作管理方便,功率消耗很少,设备简单、输送量大,不会发生堵塞现象,特别适用于面粉等容易流化的粉料,但对粒度大、水分多、不易流化的物料则不能使用,对在空气中易潮解的物料也不适用。

卸料器又称物料分离器,是将随气流一起输送的物料分离下来的设备。从广义上说,卸料器也属于除尘器。但气力输送的卸料器内物料的混合比为 3 ~ 6,特别是高压压气式,混合比高达几十,而一般除尘器内每立方米空气中灰尘含量只有十几克。因此,对卸料器还要考虑磨损问题。常用的卸料器有离心式和沉降式两种。

闭风器又称锁风器。压送式输送中卸料器内是正压,其中物料可借重力及内外压差来排除。但是,对吸引式输送,卸料器内是负压。如果不采取相应的措施,当卸料器排料阀开启后,将发生物料的反吹现象,致使物料不能排出。类似这种反吹现象也同样发生在压送式输送中的加料口处。所以要装设相应的装置,保证吸引式输送中卸料器内的负压而又能使物料顺利排出。前述的旋转加料器、螺旋加料器,就是闭风器的两种较好类型。

(五)输送气流速度和混合比

输送气流速度和混合比是气力输送计算中的关键参数。

在气力输送中,由于颗粒之间和颗粒与管壁之间的相互摩擦、碰撞或黏附作用以及输送管中气流速度分布不均匀,输送颗粒物料所需气流速度要大于其悬浮速度的几倍,输送粉状物料则要大几十倍。速度过小则可能产生堵塞,如果速度过大,不但所需的功率增加,而且输料管、弯头的磨损也加剧,分离器和除尘器的尺寸也要增大,所以应选择适当的气流速度。均匀地输送物料所需的最小气流速度随物料性质、混合比、加料器的类型及构造、输送管内径和长度以及配管方式而变化。气流速度的经验系数如表 3 - 4 所示,混合比高时,可取较大的值。若干食品物料常用的输送气流速度见表 3 - 5。

表 3 - 4	气流速度的经验系数
输送物料情况	气流速度
松散物料在垂直管中	$u_a \geqslant (1.3 \sim 1.7)u_t$
松散物料在倾斜管中	$u_a \geqslant (1.5 \sim 1.9)u_t$
松散物料在水平管中	$u_a \geqslant (1.8 \sim 2.0)u_t$
有一个弯头的上升管	$u_a \geqslant 2.2u_t$
有两个弯头的垂直或倾斜管	$u_a \geqslant (2.4 \sim 10)u_t$
管路布置较复杂时	$u_a \geqslant (2.6 \sim 5.0)u_t$
相对密度大、成团的黏结性物料	$u_a \geqslant (5.0 \sim 10.0)u_t$
细粉状物料	$u_a \geqslant (50 \sim 100)u_t$

表 3 - 5		若干食品物料常用的输送气流速度 u_a			
物料名称	$u_a/(m/s)$	物料名称	$u_a/(m/s)$	物料名称	$u_a/(m/s)$
小麦	$15 \sim 24$	大麦	$15 \sim 25$	大米	24
糙米	$15 \sim 25$	玉米	$25 \sim 30$	玉米淀粉	$10 \sim 17$
花生	15	砂糖	25	干细盐	$27 \sim 30$
稻谷	$16 \sim 25$	细粒盐	$27 \sim 30$	大豆	$18 \sim 30$
薯干	$18 \sim 22$	粗粒盐	$27 \sim 30$	棉籽	23
咖啡豆	12	绿豆芽	24	面粉	$10 \sim 17$
麦芽	20				

在气力输送中,单位时间内被输送物料的质量 q_{ms} 与输送空气的质量 q_{ma} 之比称为混合比,以 R_s 表示。即:

$$R_s = q_{ms}/q_{ma} \qquad (3-45)$$

确定合理的混合比 R_s 可保证输送系统能耗小和工作可靠。混合比 R_s 愈大,输送能力愈大。但是混合比过大,在同样的气流速度下可能产生堵塞,使输送压强增高。对吸引式和低压压送输送有可能会超过压气机械所允许的吸气压强或排气压强。因此混合比受到物料性质、输送方式以及输送条件等因素的限制。松散物料可选大一些的,而潮湿易结块的物料和粉状物料可选小一些的。吸引式输送因风压较低可选小一些的,而压送式输送因风压较高则可选大一些的。在设计时要考虑输送条件和参考各种实例来选取混合比的数值。对于小麦、面粉等原料的气力输送,可参考如下的混合比数据:

小麦输送: $R_s = 3 \sim 10$

普通面粉: $R_s = 0.5 \sim 4$

细粒度面粉(110 ~ 140 目): $R_s = 6 \sim 20$

第三节　均质和乳化

一、概　　述

食品工业中常常需要使一相物质分散于另一相中,其中的分散相往往是多种成分,各成分又有不同的粒度;分散介质往往不是纯水,而是可溶性物质的水溶液。若分散相粒子在尺度上还不到胶体状态,并且两相存在密度差,那么重力沉降作用将使液体分层。若分散相粒子的大小达到胶体的大小即 $0.001 \sim 0.1\mu m$,体系的稳定性将大大提高。对于胶体,粒子的带电性是决定其稳定性的关键。带同性电荷的粒子相互排斥,因而不会凝集。如果粒子之间失去此相互排斥作用,那么粒子就有聚集的可能。

分散相成分在体系中的含量较高时,其粒度对整个体系的流变性质会有很大的影响。粒度越小,黏度越大。液态食品的光学性质、风味、口感等还受分散相物质的影响。往往分散相的粒度越小,分散越均匀,食品特有的风味也就越强,口感就变得细腻。此外,如果分散相是营养物质,那么粒度的大小将直接影响到营养物质的吸收率。

均质和乳化是提高多相体系稳定性的常用方法。均质可使食品的粒度降至显微或亚显微级水平,使粒度的分布变窄。经均质处理后,粒子的粒度减小,并与周围分散介质中的某些物质接触结合,从而形成更为稳定的体系。食品的其它品质,如复水性、口感、营养吸收性等也得到改善。均质还可用于破碎生物细胞,以提高提取有用成分的得率。

当分散相本身是液体时,使分散相物质微粒化、均匀化的过程称为乳化,乳化包含了粉碎和混合双重意义。乳化时除了必要的机械力和操作条件控制以外,一般还要加适当助剂,尤其是乳化剂。

二、乳化液的类型和稳定性

(一)乳化液的构成类型

食品乳化液通常有两种类型,即水包油型与油包水型。牛乳和冰淇淋为典型的水包油型乳化体系。黄油和人造奶油是典型的油包水型乳化产品。形成何种类型的乳化液,与组成物料的物性、两相的比例、乳化剂的类型及乳化液的制备方法等有关。

乳化液分散相液滴的直径一般在 $0.1 \sim 10\mu m$,工业化生产的食品乳化液中的脂肪球的直径范围通常在 $0.1 \sim 2.5\mu m$,应用高效均质机生产的含乳型乳化制品(如冷冻甜食)中的脂肪球直径平均值可控制在 $0.5\mu m$ 以下。

(二)乳化液的流变与稳定性

乳化液的稳定性通常以乳化液分散相的上升(或沉降、絮凝)和聚合的速度来衡量。一般说来,乳化液的流动性受连续相液体支配。当连续相为水相时,乳化液的黏度通常较低,连续相为油相时,黏度通常较高。分散相的体积含量也是影响乳化液流动性的因素,分散相物质在乳化液中的体积含量升高会使乳化液的流动性降低。

当分散相的体积分数超过60%时,乳状液的可塑性大大增加。例如,一般蛋黄酱的分散相体积占总体积的70%以上,是一种相当黏稠、几乎没有什么流动性的水包油型乳化液,但看起来很像是一种油包水型乳化液。对于均一球形分散相液滴,所占总体积比率理论上最高可达 74%。但如果分散相是可变形的,那么这个比例还可以增大。

理论上说,乳化液的稳定性是相对的。由互不相溶的水和油两相用人工搅拌方式制成的乳化液,不论是油包水还是水包油型,都是很不稳定的。分散相与连续相间存在密度差是分散相沉降或上浮,最终使乳化液分层的根本原因,两相的相对移动速度可以用斯托克斯定律描述。

分散相的液滴始终存在着由小变大的趋势,分散相液滴聚结的原因是在两相的界面处存在着自由能,这种自由能与单位体积乳化液内两相间的界面积成正比,因而与分散相液滴的大小成反比。两相界面存在的能总是力图通过收缩界面使两相间保持最小的接触面积,从而降低自由能。分散相液滴趋于球形体是这种作用的表现形式之一,液滴自发并合成大滴是这种收缩界面效应的另一表现形式。因此,为了获得稳定的乳化液,除了使分散相液滴的直径足够小以外,还必须消除两相间存在的界面张力,为此在配制乳化液时要加入乳化剂。

乳化液两相的黏度也是其稳定性的重要因素。分散相液滴的黏度高时,可减慢液滴间的并合;而连续相黏度高时,分散相的上浮或沉降速度将减慢。连续相的黏度对分散相液滴并合的程度也起很大的影响。液滴并合是因液滴互相碰撞引起的,增大黏度对这种碰撞有阻碍作用。在乳化液中,以增加黏度为目的而加入的物质为增稠剂。

由于黏度与温度有关,一般温度越高黏度越低。因此,有些乳化产品,必须及时降温并在低温下保存,才能稳定。

分散相液滴的带电状态也是乳化液稳定的一个因素。由于液滴带同种电荷,在液滴之间存在一种相互排斥作用,有阻止分散相并合的作用。使用离子型表面活性剂作乳化剂,或者使用食盐之类的电解质,对增加分散相液滴的带电性,促进乳化液的稳定性有显著的效果。

(三)食品乳化剂

在乳化液制备时,乳化剂是决定乳化液的类型及稳定性的主要因素之一。食品工业中使用的乳化剂必须具备下列性质:无毒、无味、无色,可以降低表面张力,可以很快地吸附在界面上形成稳固的膜,不易发生化学变化,亲水基和憎水基之间有适当的平衡,可以稳定所要的乳化液,可以产生大的电动势,在低浓度时也可以有效地发挥作用,此外还要价格便宜。

食品乳化剂一般可以分为大分子、小分子和固体粉末三大类。在大分子类中,又可以分为蛋白质、多糖取代物两类。小分子表面活性剂类是由脂肪酸的多醇衍生物组成的,它们可以用亲水醇类物(如甘油)与脂肪酸直接脂化产生,但更经常的是由油脂水解得到的。固体粉末类乳化剂中最典型的是芥末。

在三类乳化剂中,小分子表面活性剂是制备乳化液时最有意义的一类食品乳化剂,大多数小分子表面活性剂型的乳化剂是加工而成的食品添加剂,多数食品乳状液的类型是由这类小分子表面活性剂型乳化剂所确定的。从化学结构看,小分子表面活性剂型乳化剂可以分为离子型、非离子型和两性型。离子型表面活性剂又可分为阴离子型和阳离子型两类。由于阳离子型表面活性剂有一定的毒性,因此食品中不使用阳离子型表面活性剂作乳化剂。大多数用作食品乳化剂的是非离子型的,少数是阴离子型的。

固体粉末是很有意义的一类乳状液稳定剂。以固体粉末为乳化剂时,稳定性主要取决于界面膜的机械强度。固体粉末形成 O/W 型乳状液的条件是固体粉末更易为水所润湿,同样形成 W/O 型乳状液的条件是粉末更易为油所润湿。

界面张力的降低在很大程度上受乳化剂的亲脂性支配,乳化剂的亲脂性越强,越能降低界面张力。在理想条件下,使用乳化剂可以使油 – 水的表面张力降低 20 ~ 25 倍。但是,由于表面积的增加,使油最终在水中乳化的结果是界面张力增加上百万数量级。因此,乳化剂降低表面张力的效应不足以获得稳定的乳化液。

表面活性剂型乳化剂对于油和水的相对亲和程度称为乳化剂的亲水 – 亲油平衡值,简称 HLB 值。低 HLB 值的乳化剂易于形成油包水型乳化液(如人造奶油),高 HLB 值(> 10)的乳化剂趋向于形成水包油型乳化液。

复合乳化剂的 HLB 值可由组分中各乳化剂的 HLB 按质量加成原则算出。例如,山梨醇酐单硬脂酸酯(HLB = 4.7)占 45% ,聚氧化乙烯山梨醇酐单硬脂酸酯(HLB = 14.9)占 55% ,则总 HLB = (4.7 × 0.45) + (14.9 × 0.55) = 10.3。

三、均 质 机 理

(一)均质的机理

液体分散体系中分散相颗粒或液滴破碎的直接原因是受到剪切力和压力作用。在层流流动中,分散相粒子所受的应力可分解为切向应力和法向应力。切向应力趋向于使粒子变形,并引起它的旋转。法向应力则产生粒子内部与外部的压差 Δp_1。这个压差的大小沿粒子表面变化,而在与主流方向成 $\pi/4$ 弧度处达到最大的负值。

对于乳状液,当速度梯度不大时,液滴在此压差作用下要产生变形,但并不破裂,而靠界面张力保持在一起。另一方面,界面张力本身又产生一个界面两侧的压差 Δp_σ。对于未变形液滴,$\Delta p_\sigma = 2\sigma/R$。对于变形的液滴,$\Delta p_\sigma = \sigma(1/R_1 + 1/R_2)$,$R_1$、$R_2$ 为曲面上某点的曲率半径。当速度梯度相当大,致使 $\Delta p_G > \Delta p_\sigma$ 时,液滴便发生破裂。

对于悬浮液,粒子在流体中同样会受到类似的应力作用。当这类应力超过了使固体粒子保持完整性的限度时,即超过了屈服应力范围,就产生了粒子的变形和破碎。

引起这种微粒化作用的剪切力和压力的强度,在不同的均质设备中有差异。由简单的搅拌机到高压均质机,强度依次增强。引起剪切和压力作用的具体流体力学效应主要有湍流效应和空穴效应。

高速流动的流体本身会对流体内的粒子或液滴产生强大的剪切力作用,这就是湍流效应。产生均质作用的另一个原因是高速流动会产生剧烈的微湍流作用,而在湍流的边缘存在更大的局部速度梯度,处于这种局部速度梯度下的粒子因而会受到剪切作用。加工过程中所有高度分散化流体在一定条件下均会产生湍流。

空穴理论认为,流体受高速旋转体作用或流体流动存在突然压降的场合会产生空穴小泡,这些小泡破裂时会在流体中释放出很强的冲击波。如果这种冲击波发生在粒子附近,就会造成粒子的破裂。超声波振动时会产生类似的空穴效应。高能的超声波在流体中传播时,会使流体周期性地受到拉伸和压缩两种作用,这种拉抻和压缩作用会使流体中存在的小泡发生膨胀和收缩。在高压振幅的作用下,小泡发生破裂,从而释放出能量。

一般认为,均质作用往往是几种效应同时作用的结果。

(二)均质效应与影响因素

均质效应通常用均质前后的某一可量化的评价指标的变化来表示,这一指标可以是分散相粒子的粒度、被均质物料的滴径或其它物理指标。粉碎比即均质前后的粒度(滴径)之比是最常用的均质效应指标之一,其定义为:

$$X = d_{p0}/d_p \qquad (3-46)$$

式中　d_{p0}——均质前料液的粒度,m;

　　　d_p——均质后料液的粒度,m。

影响均质效应的因素很多。一般说来,均质设备的类型、物料的温度和设备的操作条件在一定程度都可影响料液的均质化程度。

设备的类型对于均质的效果有很大的影响。高压均质机通常被认为是均质效果最好的均质设备,但通常只适合于处理黏度较低的物料。黏度较高的物料可以用胶体磨或超声波均质器处理。

一般而言,在一定的范围内,均质效应与物料的温度呈正相关性。因此,在多数场合可以考虑提高进料的温度,以增强均质的效果。但是物料温度的升高受到两方面因素的制约,一是物料的热敏性,二是设备的工作温度上限。

对某一具体的物料,只有选择适当的均质设备才能获得好的均质效果。各种均质设备都有调节均质效果的操作参数,如高压均质机的均质压强、胶体磨盘片间的距离、超声波的共振频率范围等都可用来控制均质效果。必须根据对料液均质程度的要求,合理地控制这些参数。

从前面的均质机理讨论可知,均质化现象与液滴所受的应力、滴径大小和表面张力有关。在实用上可把剪应力 τ、初始时液滴平均直径 d_{p0} 和表面张力 σ 三者组合成一个韦勃(Weber)数 $We_\tau = \tau d_{p0}/\sigma$,以此来归纳均质化现象。由于剪应力近似地正比于液体通过均质阀的压强降 Δp_H,故上述韦勃数中的 τ 又可被 Δp_H 所替代而成为如下形式的修正韦勃数:

$$We_\tau = d_{p0}\Delta p_H/\sigma \qquad (3-47)$$

此特征数可以和均质效应关联,构成确定均质所需压强的特征数方程:

$$We_p = k_1 X^m \qquad (3-48)$$

式中 k_1, m 为经验常数,应由具体均质机的实测来确定。m 值范围据文献介绍在 1~3.1。

另外,也有将上面的关联式改为如下更一般的形式:

$$We_p = k_1(X-1)^m \qquad (3-49)$$

显然,当 $X=1$(即无微粒化现象发生)时,We_p 趋于零,表示所需的均质压强为零。可见,此式比前一式更为可取。

设均质机的生产能力为 q_V,则均质化所必需的功率消耗为:

$$P_p = \Delta p_H q_V = k_1 \sigma X^m/d_{p0} \qquad (3-50)$$

(三)均质处理的操作方式

均质设备可以安排成三种操作方式,即简单通过方式、循环通过方式和连续－循环通过方式。现以用高压均质机对微生物细胞进行均质破碎为例,说明这三种处理模式下的不同情形。

1.简单通过方式

这种模式是在一定压强下将物料一次通过均质机进行处理。对于大多数物料,在选定的设备条件下,经过一次处理可以达到预期的均质效果。但有些物料,即使将设备的控制条件调到极限,物料通过均质设备一次处理后仍不能满足要求。在这种情形下,可以考虑进行重复处理或循环处理,以获得所要求的处理效果。

2. 循环通过方式

这种方式使从均质机出来的物料回流到贮料槽,与未经均质的物料混合进行循环处理,实际上是间歇操作。

3. 连续－循环通过方式

这一方式经过均质机的物料被分成两部分,一部分以产品的形式不断地处理排出,另一部分回到贮料器与新进入系统的物料混合再进入均质机进行均质处理。

在以上三种方式中,第一种最为简单。如果物料经一次处理可以达到要求,那么这种处理方式就可用于连续式加工流程,可以使机器获得最大的处理效率。然而,如果物料必须重复经过均质机的处理,那么第一种方式就只能是间歇式的,并且设备的效率大大降低。第二种方式是间歇式的,效率低。当处理量小,而一次均质达不到要求时,用这种方式处理比较简单。只要控制处理时间,就可以达到处理要求。当处理量大,一次均质达不到要求时,最好采用第三种方式。第三种方式实际上是介于第一、第二种方式之间的一种方式。只要调节回流比,就可以获得不同的处理效果。这也是这种模式方便和适应性强的特征。

物料通过均质机时会有大量能量转为热能,使物料温度升高。对于热敏性物料的均质处理,可以在均质机后加一个热交换器,以除去物料经处理后多出的热量。

(四)乳化的基本方法

最为普通的制备乳化液的机械手段是均质、捏和、搅拌和切割。机械力可以在一定的条件下使乳化物的连续相液滴变小并分散于分散相之中,而在另一条件下也可以使已经分相了的连续相物聚集变大。因此,关键是要控制操作条件,包括温度、时间、两相的组成比例、乳化剂及其他助剂的正确选择和适当的添加量等,甚至投料次序也是一个重要的影响因素。

除了借搅拌作用加入机械力外,还可采用如均质机和胶体磨等强力机械。然而,即使采用强力机械进行微粒化,因形成的分散液滴能很快并合,所以也不可能分散为大量的极细微粒。

乳化液形成的方法基本上可以分为凝聚法和分散法两种。

1. 凝聚法

凝聚法是将呈分子状态分散的液体凝聚成适当大小的液滴的方法。例如,把油酸在酒精中溶解成分子状态,然后加到大量的水中并不断搅拌,则油酸分子将凝聚析出而成乳化分散物。

2. 分散法

分散法是将一种液体加到另一种液体中,同时进行强烈搅拌而生成乳化分散物的方法。这是以机械力强制作用使之分散的方法,工业上主要应用此法。分散法又有机械强制分散法、同时乳化法、转相法、浆体法、自然乳化法等几种。

上述方法为乳化的基本方法,在实际应用上根据不同要求可将几种方法组合或作一定的改变。

四、均质和乳化设备

所有的均质设备都是通过强有力的流体力学作用而达到均质目的的。均质设备作用于液体的能量一般相当集中,这样可使液体受到高能量密度的作用。

按能量类型和机构特点,可以将均质设备分为旋转式和压力式两大类。旋转型均质设备由转子或转子－定子系统构成,直接将机械动能传递给受处理的介质。胶体磨是典型的旋转式均质设备,搅拌机、乳化磨也属于旋转型均质设备。压力式均质设备首先使液体介质获得高压能,这种高压能液体在通过均质设备的均质机构时,压能转化为动能,从而获得流体力学作用。最为典型的压力型均质设备是高压均质机,超声波乳化器也是一种压力型的均质设备。

(一)高压均质机

食品工业中使用广泛的均质设备是高压均质机和胶体磨,在许多场合两者可以替代使用。由于高压均质机的适应性较广,因此使用较多的是高压均质机,以至于人们常常狭义地认为,均质就是用高压均质机对液体物料进行处理。

高压均质机主要由柱塞式高压泵(即往复式高压泵)和均质阀两部分构成。总体上,它只是比高压泵多了起均质作用的均质阀而已,所以有时也被称为高压均质泵。除了生产能力方面的差异外,高压均质机在结构方面的差异,主要表现在柱塞泵的类型、均质阀的级数以及压强控制方式不同。典型的高压均质机如图3－31所示。

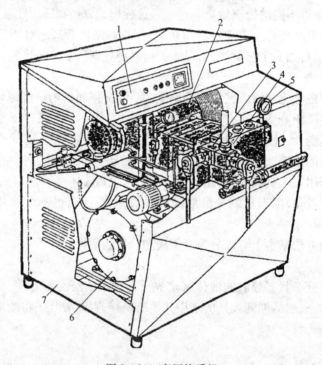

图3－31 高压均质机
1—控制盘 2—传动机构 3—均质头 4—泵体 5—高压表 6—电机 7—机座及外壳

由于单柱塞泵输出流量的波动性,它多用于实验规模的小型高压均质机中。工业生产规模的均质机中使用的是多柱塞泵,目前以流量输出较为稳定的三柱塞泵用得较多。也有采用多达六七个柱塞的高压柱塞泵,流量输出更为稳定。

高压均质机的最大工作压强是其重要性能之一,它主要由高压柱塞泵结构及所配备的驱动电机所规定。一般的范围在6.9～103.4MPa。

均质阀通常与柱塞泵的输出端相连,是对料液产生均质作用的部件,也调节均质压强。均质阀有单级的和双级的两种。单级均质阀只在实验规模的均质机上用,现代工业用均质机中大多采用双级均质阀。双级均质阀实际上是两个单级均质阀的串联而成。使用双级均质阀时,一般将所需总均质压力的 10% ~ 15% 分配给第二级均质阀。

(二)胶体磨

胶体磨属于转子 – 定子式均质设备,由一可高速旋转的磨盘(转动件)与一固定的磨面(固定体)所组成。两表面间有可调节的微小间隙,物料就此间隙中通过。胶体磨除上述主件外,还有机壳、机架和传动装置等。

物料通过间隙时,由于转动件高速旋转,附于旋转面上的物料速度最大,而附于固定面上的物料速度为零,其间产生较高的速度梯度,使物料受到强烈的剪切摩擦和湍动骚扰,产生微粒化分散化作用。

胶体磨的普通形式为卧式,如图 3 – 32 所示。其转动件随水平轴旋转,固定件与转动件之间的间隙通常为 50 ~ 150μm,依靠转动件的水平位来调节。料液在重力作用下经旋转中心处流入,经过两磨面夹成的间隙后,由磨盘外侧排出,转动件的转速范围在 3000 ~ 15000r/min,这种胶体磨适用于黏性相对较低的物料。黏度相对较高的物料,可采用立式胶体磨(见图 3 – 33),转速范围在 3000 ~ 10000r/min。由于磨片成水平方向转动,因此卸料和清洗都很方便。

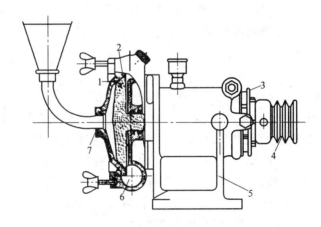

图 3 – 32　卧式胶体磨
1—工作面　2—转动件　3—调整环　4—皮带轮　5—机座　6—卸料口　7—进料口

胶体磨的磨面通常为不锈钢光面,但也有金刚砂毛面型的,以此对固体粒子磨碎,并促进均质效果。与高压均质机一样,料液从胶体磨获得的能量也只有部分用于微粒化,而大部分转化成摩擦热量。为了控制料温不至于在均质时过度升高,胶体磨外壳通常是通冷水的夹层。

(三)超声波乳化器

超声波使液体产生均质作用的主要原因是它可引起空穴效应,适用于液体食品均质用的均为机械系统超声波发生器。图 3 – 34 所示为一种流体动力式超声波均质器。均质管腔内有一楔形薄簧片,于波节处被固定夹住,置于一呈长方形的开口处前方。获得一定压强的液体由小口处冲

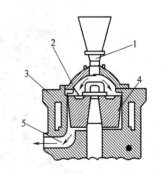

图 3 – 33　立式胶体磨
1—进料口　2—转动件　3—固定件
4—工作面　5—卸料口

出,形成一股射流冲向簧片,引起簧片产生频率范围通常为 17～30 kHz 的振动。产生的能量虽然较低,但足以在舌簧片的附近造成空穴作用,使乳化液或悬浮液的分散相碎化分散。

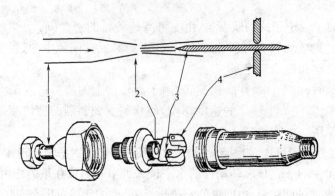

图 3-34　流体动力式超声波乳化器结构

1—进料管　2—矩形缝隙　3—簧片　4—夹持装置

超声均质器应用范围也较广。一些原来用高压均质机进行均质的产品改用超声波均质器处理后,仍然可以获得相当的微粒化程度,而且可以降低所需的压强,从而使所需的功率降低。

(四)离心式均质机

图 3-35(1)所示为离心均质机转鼓的内部结构。由转鼓中心进入的料液在高速旋转的分离碟片区获得很大的离心力,很快地按密度大小分层。密度最大的杂质被甩至转鼓的四周,脱脂乳沿转鼓内壁上升到出口处,稀奶油分离后进入稀奶油室,与均质盘[如图 3-35(2)所示]相遇,圆盘上有 12 个左右的尖齿,齿的前端边缘呈流线型,后端边缘则削平,圆盘在稀奶油室中旋转,而稀奶油受到剪切并跟着圆盘旋转,以此产生空穴作用,将稀奶油中的脂肪球打碎。当脂肪球被打碎程度未达到要求时,可以再回稀奶油室作进一步处理。均质盘直径和齿数多少与脂肪球破碎程度和功率消耗有关。

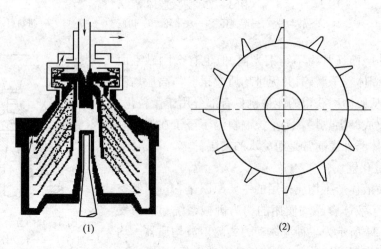

(1)　　　　　　　　　　　　　　(2)

图 3-35　离心均质机转鼓及均质圆盘结构

本章主要符号

D——直径,m

L——床层高度,m

R——半径,m

V——体积,m^3

a——比表面积,m^2/m^3

d_p——颗粒直径,m

p——压强,Pa

u——流速,m/s

w_i——质量分数

ϕ_A——球形度

θ——时间,s

σ——表面张力,N/m

ψ——捏和有效角度范围,rad

Ψ——功率函数,$=Np/Fr^{a2}$

Re——雷诺数,$=du\rho/\mu$

Fr——弗鲁德(Froude)数,$=dn^2/g$

H——液体深度,m

P——功率,W

R_s——混合比

W_b——挡板宽度,m

d——叶轮直径,m

n——搅拌器转速,1/s

t——温度,K

w——叶片宽度,m

ε——空隙率

ρ——黏度,Pa·s

ρ——密度,kg/m^3

τ——剪应力,Pa

Eu——欧拉数,$=\Delta p/(\rho u^2)$

K——流化数,$=u/u_{mf}$

Np——功率数,$=P/(n^3 d^5 \rho)$

We——韦勃(Weber)数,$=\tau d_{p0}/\sigma$

本 章 习 题

习题3-1　用平桨式叶轮搅拌液体,搅拌已达湍流。原用的桨叶直径为容器直径的1/3,今拟以容器直径的1/4的桨叶直径代替。要求功率数相等,问转速应如何改变?

习题3-2　用一具有6个平直叶片的涡轮搅拌器在标准搅拌系统内搅拌果浆。果浆密度1100kg/m^3,黏度20mPa·s。搅拌槽直径1.65m,有挡板。若马达的功率消耗为1.6 kW,求其转速。

习题3-3　为制取某种难溶的矿物盐稀溶液,使矿物盐在容器内与30℃水混合,采用平桨式搅拌器,搅拌叶轮直径500mm,所消耗的功率为0.0385 kW,试估算叶轮转速(稀溶液物性可用水的物性代替)。

习题3-4　实践证明,糖蜜和维生素浓缩液在直径0.6m,深0.75m的容器内,采用直径0.3m,转速450r/min的三叶旋桨式搅拌器搅拌,可以得到很好的混合。今欲设计规模更大的设备,容器直径1.8m,欲达到小设备同样的混合效果。试问容器深度、搅拌桨直径和转速应各取何值为宜? 电动机功率有多大改变? 混合物黏度为6.6Pa·s、密度1520kg/m^3。设放大基准为Re相等且放大时应保持几何相似。

习题3-5　在一有挡板的搅拌槽内,用带圆盘平直叶片的涡轮搅拌器搅拌黏度为10mPa.s,密度950kg/m^3的溶液。装置有关尺寸比例为:$d/D=1/3$,$W/d=1/5$,$H/d=3$,$h/d=1$,搅拌槽直径0.9m,叶轮转速480r/min。现有一电机能提供1.5 kW的有效功率,问此电机是否能驱动上述搅拌器,再核算该电机能驱动上述搅拌器的最高转速有多大?

习题 3-6　具 6 个平直叶片的涡轮搅拌器装于直径 $D=1.5\text{m}$ 的搅拌槽中央,叶轮直径 $d=0.5\text{m}$,距槽底 $h=0.5\text{m}$,转速 $n=90\text{r/min}$,槽为平底,无挡板,被搅拌液体 $\mu=200\text{mPa}\cdot\text{s}$,$\rho=1060\text{kg/m}^3$,槽内液体深度 1.5m,试计算搅拌功率,若在槽内装置 4 块宽 0.15m 的挡板,其他条件不变,再求此时所需功率。

习题 3-7　一搅拌槽装有螺旋桨式叶轮。转速 500r/min,功率消耗 17kW,物料为 $\rho=1200\text{kg/m}^3$,$\mu=1.6\text{Pa}\cdot\text{s}$ 的甘油,系统为标准系统,有挡板。求槽直径。

习题 3-8　大豆的密度为 1200kg/m³,直径为 5mm,堆积成高度为 0.3m 的固定床层,空隙率为 0.4,若 20℃的空气流过床层时,空床流速为 0.5m/s,试求压降。又问空床流速达何值时,流化方才开始? 此时压降为何值?

习题 3-9　一砂滤器在粗砂砾层上铺有厚 750mm 的砂粒层,以过滤工业用水。砂砾的密度为 2550kg/m³,粒径为 0.75mm,床层松密度为 1400kg/m³。今于过滤完毕后用 14℃的水以 0.02m/s 的空床流速进行砂粒层的返洗。问砂粒层在返洗时是否处于流化状态?

习题 3-10　鲜豌豆近似为球形,其直径为 6mm,密度为 1080kg/m³。拟于 -20℃冷气流中进行流化冷冻。豆床在流化时的高度为 0.3m,空隙率为 0.4。冷冻进行时,空气速度等于临界速度的 1.6 倍。试估算:(1)流化床的临界流化速度和操作速度;(2)通过床层的压降。

习题 3-11　小麦粒度为 5mm,密度为 1260kg/m³。面粉的粒度为 0.1mm,密度为 1400kg/m³。当同样以 20℃空气来流化时,试分别求其流化速度的上、下限值,并作此散料和粉料流化操作的比较(比较 u_t/u_{mf})。

第四章 传 热

热传递在食品工业有着广泛的应用。在食品生产过程中，物料的加热、蒸发浓缩、结晶、干燥、蒸馏，或者是冷却、冷冻等过程，以及设备、管道的保温和隔热，都是热传递所讨论的内容。

在加热或冷却的过程中，有的物料需要吸收热量，有些物料则需要放出热量。生产过程中不但要考虑所需要的传热量，而且还应该考虑保证一定的传热速率，才能满足生产的需要。因此要求对这些传热过程进行合理的控制。

在满足生产的工艺条件、保证生产正常进行的前提下，还应该考虑过程的经济性。这牵涉到合理的选择设备及利用热能的问题。传热性能良好且结构紧凑的热交换设备，有利于节省设备费用的投资和热能的有效利用；如果热交换设备的传热性能不良或传热面积过小，则难于有效利用低品位的热能，造成操作费用的增加。

学习传热的目的，主要是分析影响传热速率的因素，掌握控制热传递速率的一般规律。

第一节 热传递的基本传递方式

热的基本传递方式有三种：热传导、热对流和热辐射。在工程上和日常生活中所遇到的各种各样的热量传递现象都是这三种现象的组合。

一、热 传 导

热传导也称导热，这种热传递发生在两个温度不同、相互接触的物体之间或同一物体内部不同温度的各部分之间。由于高温部分的微观粒子(分子、原子或电子)的运动比较剧烈，通过碰撞或振动将能量传给相邻的低温部分的微观粒子，这种能量的传递方式称为导热。在导热中，物体内部各部分之间没有宏观的相对运动。

固体的导热主要是通过自由电子的运动和晶格结构的振动来实现的，前者是金属导热的主要形式，因此良导电体也是良导热体；后者是绝缘体导热的主要方式。液体和气体的导热主要是通过分子的不规则热运动，分子相互碰撞而传递热量。但液体和气体内部一旦存在温度差，即使流体是静止的，也会产生密度差，从而导致自然对流传热，因此在流体中导热和对流是同时发生的。

实验指出，通过某一面积为 S、两侧面温度均匀的平板的热流量 Q(单位为 W)与平板两侧的温度差 Δt 及面积 S 成正比，与板厚 b 成反比，即：

$$Q = \lambda S \frac{\Delta t}{b} \tag{4-1}$$

或：

$$Q = \frac{\Delta t}{\dfrac{b}{\lambda S}} \tag{4-2}$$

可见，平板导热的推动力为温度差 Δt，而 $R = b/(\lambda S)$ 称为导热的热阻。其中 λ 为一比例系数,称为热导率或导热系数,单位是 W/(m·K)或 W/(m·℃),是一个很重要的物性参数。

二、热 对 流

热对流也称为对流传热,是指流体各部分之间发生相对的宏观位移而导致的热量传递。当流体微团发生相对位移时,即将热量从一处带到另一处,从而导致热量的传递,这种热传递方式就是热对流。由于只有液体和气体的微团才可以发生相对位移,故热对流只能发生在流体介质中。

流体的相对位移可以由流体内部的密度差而引起,这种对流称为自然对流;也可以用外加能量的方法使流体流动而引起,这种对流称为强制对流。工程上常使流体流经一固体表面,流体与固体壁面之间即发生强制对流传热。对流传热的热流量与固体壁和流体间的温度差 Δt 及接触面积 S 成正比,比例系数记为 α,即:

$$Q = S\alpha\Delta t \tag{4-3}$$

或:

$$Q = \frac{\Delta t}{\frac{1}{S\alpha}} \tag{4-4}$$

式(4-3)称为牛顿冷却定律。在热对流中,推动力为固体壁与流体之间的温度差 Δt,而热对流的热阻 $R = 1/(S\alpha)$,其中的比例系数 α 称为表面传热系数或对流传热系数,其单位为 W/(m²·K)。

三、热 辐 射

热量以电磁波形式传递的现象称为辐射。电磁波的传播可以在真空中进行,因此辐射传热与导热和对流传热的明显不同点在于前者是非接触传热,而后者是接触传热。两个温度不同、互不接触的物体,依靠本身向外发射辐射能和吸收外界投射到本身上的辐射能来实现热量传递的过程就是热辐射。

两固体间的辐射传热不仅与两固体的吸收率、反射率、形状及大小有关,而且与两者间的距离和相互位置有关。两黑体间的辐射传热量与换热物体热力学温度 T 的 4 次方之差成正比,即:

$$Q = \sigma(T_1^4 - T_2^4) \tag{4-5}$$

式中 σ——斯忒藩-玻耳兹曼(Stefan-Boltzmann)常数,$\sigma = 5.669 \times 10^{-8}$ W/(m²·K⁴);

T_1 和 T_2——热物体和冷物体的热力学温度;

$T_1^4 - T_2^4$——黑体辐射传热的推动力。

四、实际的传热过程

在实际生产的传热问题中,往往不是以上述三种传热方式的某一种单独存在,而是以两种或三种方式同时出现。以间壁式的热交换器为例,参与热交换的冷热流体被一固体壁隔开。这时,热冷流体之间的热量传递过程是:

(1)热流体与所接触的固体壁面之间进行对流传热;

(2)在固体壁内,高温的固体表面向低温的固体表面的热传导;

(3)固体壁面与其接触的冷流体之间的对流传热。

这种由多种传热方式组合而成的传热过程也称为综合传热过程,实际的传热过程多为综合传热过程。

五、能 量 方 程

对流动的流体进行考察时,可以采用两种方法,分别称为欧拉方法和拉格朗日方法。

欧拉方法是在固定的空间位置上,对一定的空间体积进行观察,考察运动参数在空间的分布及其随时间的变化。被考察的空间体积称为控制体,控制体的边界面称为控制面,它总是封闭表面。

拉格朗日方法则以确定的流体质点所组成的微团作为研究对象,观察者与微团一起运动,考察各物理量与时间的关系。被考察的流体微团的集合即称为系统,系统之外所有与系统发生作用的物质统称为外界,将系统和外界分开的真实或假想的表面称为系统的边界。

对同一物理现象,可以用拉格朗日方法进行观察,也可以用欧拉方法进行观察,所得的结果相同,应根据具体的问题选择某一种较为简便的方法。

一般而言,物理量在场内的分布是空间位置(x、y、z)和时间 τ 的连续函数。以温度为例,其分布可以写成:

$$\rho = f(x, y, z, \tau) \tag{4-6}$$

将式(4-6)对时间取全微分,得:

$$\frac{\mathrm{d}t}{\mathrm{d}\tau} = \frac{\partial t}{\partial \tau} + \frac{\partial t}{\partial x}\frac{\mathrm{d}x}{\mathrm{d}\tau} + \frac{\partial t}{\partial y}\frac{\mathrm{d}y}{\mathrm{d}\tau} + \frac{\partial t}{\partial z}\frac{\mathrm{d}z}{\mathrm{d}\tau} \tag{4-7}$$

式(4-7)中温度对时间的导数,可以有 3 种形式,每种形式都具有各自的物理意义。

1. 偏导数 $\partial t/\partial \tau$

可以想象在某一固定点处考察温度的变化,此时 $\mathrm{d}x/\mathrm{d}\tau$、$\mathrm{d}y/\mathrm{d}\tau$、$\mathrm{d}z/\mathrm{d}\tau$ 均为零,全导数等于偏导数,故偏导数表示某固定点处流体温度随时间的变化率。

2. 全导数 $\mathrm{d}t/\mathrm{d}\tau$

全导数可以理解为观测者在流体中以任意速度运动,同时考察密度的变化。式(4-7)中的 $\mathrm{d}x/\mathrm{d}\tau$、$\mathrm{d}y/\mathrm{d}\tau$ 和 $\mathrm{d}z/\mathrm{d}\tau$ 分别表示观测者的运动速度在三个坐标方向上的分量,此速度并不等于流体的速度。此时温度对时间的变化率除与时间和空间位置有关外,也与观测者的运动速度有关。

3. 随体导数 $\mathrm{D}t/\mathrm{D}\tau$

如观测者以与流体流动的速度相同的速度运动,则有:

$$u_x = \mathrm{d}x/\mathrm{d}\tau \qquad u_y = \mathrm{d}y/\mathrm{d}\tau \qquad u_z = \mathrm{d}z/\mathrm{d}\tau$$

式中的 u_x、u_y、u_z 为流体的流速在 3 个坐标轴方向上的分量,这就是拉格朗日方法,这种导数称为"随体导数",或称"拉格朗日导数"。一般地,随体导数的符号可记为:

$$\frac{\mathrm{D}}{\mathrm{D}\tau} = \frac{\partial}{\partial \tau} + u_x\frac{\partial}{\partial x} + u_y\frac{\partial}{\partial y} + u_z\frac{\partial}{\partial z} \tag{4-8}$$

随体导数由两部分组成,一是物理量的局部变化,即物理量在空间的一个固定点处随时间的变化,称为"局部导数",如式(4-6)中右侧的第一项 $\partial t/\partial \tau$;二是物理量的对流变化,即由于流体的运动所发生的变化,称为"对流导数",如式(4-6)中右侧的后三项。

用拉格朗日方法考察流动流体内的热量传递,考察的是固定质量的微元控制体。若不考虑辐射热的影响,则微元控制体的表面与周围流体进行的能量传递可以认为仅仅是由于热传导。另外,由于观察者是追随微元控制体运动,所以微元控制体没有位能的变化,同时它与观察者之间没有相对运动,其动能的变化亦为零。将热力学第一定律应用于微元控制体,得:

$$\Delta U = q - w \tag{4-9}$$

流体做的功:

$$w = \int_{v_1}^{v_2} p \mathrm{d}v - h_f \tag{4-10}$$

式中　v_1、v_2——比体积;

$\quad\quad\int_{v_1}^{v_2} p \mathrm{d}v$——可逆膨胀功;

$\quad\quad h_f$——摩擦功。

代入式(4-9),得:

$$\Delta U = q - (\int_{v_1}^{v_2} p \mathrm{d}v - h_f) \tag{4-11}$$

用随体导数的形式表达为:

$$\frac{\mathrm{D}U}{\mathrm{D}\tau} = \frac{\mathrm{D}q}{\mathrm{D}\tau} - p\frac{\mathrm{D}v}{\mathrm{D}\tau} + \frac{\mathrm{D}h_f}{\mathrm{D}\tau} \tag{4-12}$$

式(4-12)中各项的意义为:左侧为单位质量流体热力学能的变化率,右侧第一项为单位质量流体从周围流体以传导方式传热的速率,第二项为单位质量流体做体积膨胀功的速率,第三项为单位质量流体由于摩擦而损耗的功率。

取微元六面作作为微元,其体积为 $\mathrm{d}x\mathrm{d}y\mathrm{d}z$,质量为 $\rho\mathrm{d}x\mathrm{d}y\mathrm{d}z$,由于采用了拉格朗日方法,所以其质量不变,而 ρ 与 $\mathrm{d}x\mathrm{d}y\mathrm{d}z$ 在流体运动过程中则可以改变。式(4-12)各项均乘以 $\rho\mathrm{d}x\mathrm{d}y\mathrm{d}z$ 得:

$$\rho \frac{\mathrm{D}U}{\mathrm{D}\tau}\mathrm{d}x\mathrm{d}y\mathrm{d}z = \rho\frac{\mathrm{D}q}{\mathrm{D}\tau}\mathrm{d}x\mathrm{d}y\mathrm{d}z - p\rho\frac{\mathrm{D}v}{\mathrm{D}\tau}\mathrm{d}x\mathrm{d}y\mathrm{d}z + \rho\frac{\mathrm{D}h_f}{\mathrm{D}\tau}\mathrm{d}x\mathrm{d}y\mathrm{d}z \tag{4-13}$$

由于不考虑热辐射,式(4-13)右侧第一项只是周围流体对微分控制体的热传导,则进入微分控制体的净热量速率为:

$$-\left[\frac{\partial(Q/A)_x}{\partial x} + \frac{\partial(Q/A)_y}{\partial y} + \frac{\partial(Q/A)_z}{\partial z}\right]\mathrm{d}x\mathrm{d}y\mathrm{d}z$$

它表示单位体积流体所吸收能量的速率,根据傅里叶定律,它等于 $\lambda\nabla^2 t$。

令 $\rho\partial h_f / \partial\tau = \varphi$,将以上两项代入式(4-13):

$$\rho\frac{\mathrm{D}U}{\mathrm{D}\tau} + p\rho\frac{\mathrm{D}v}{\mathrm{D}\tau} = \lambda\nabla^2 t + \varphi \tag{4-14}$$

引入焓:

$$h = U + pv \tag{4-15}$$

则:

$$\frac{\mathrm{D}h}{\mathrm{D}\tau} = \frac{\mathrm{D}u}{\mathrm{D}\tau} + p\frac{\mathrm{D}v}{\mathrm{D}\tau} + v\frac{\mathrm{D}p}{\mathrm{D}\tau} \tag{4-16}$$

代入式(4-14):

$$\rho\frac{\mathrm{D}h}{\mathrm{D}\tau} = \frac{\mathrm{D}p}{\mathrm{D}\tau} + \lambda\nabla^2 t + \varphi \tag{4-17}$$

若考虑内热源的存在,以 q' 表示单位时间内,单位体积中热源生成的热量,则上式可写为:

$$\rho\frac{\mathrm{D}h}{\mathrm{D}\tau} = \frac{\mathrm{D}p}{\mathrm{D}\tau} + \lambda\nabla^2 t + \varphi + q' \tag{4-18}$$

式(4-18)即能量方程,是传热计算中普遍适用的基本方程。在实际的传热过程中,该方程中的某些项并不存在或相对极小,可以略去不计。式(4-18)中的 φ 为流体摩擦产热的速率,它与流体的速度及黏度有关。除非对于高速或黏度很高的流体流动,一般工程领域中流体的摩擦热与其它各项相比,可以忽略不计。若不存在内热源,则 φ 亦为零。

对不可压缩流体的对流传热,ρ 为常数,若定容比热容 c_v 为常量且与定压比热容 c_p 大致相等,忽略 U 随 p 的变化时,有:

$$\rho \frac{\mathrm{D}h}{\mathrm{D}\tau} - \frac{\mathrm{D}p}{\mathrm{D}\tau} = \rho c_p \frac{\mathrm{D}t}{\mathrm{D}\tau} \tag{4-19}$$

代入式(4-18)可得:

$$\frac{\mathrm{D}t}{\mathrm{D}\tau} = \frac{\lambda}{\rho c_p}(\nabla^2 t) \tag{4-20}$$

式中 $\lambda/\rho c_p$ 为热扩散率或导温系数,以 a 表示,于是:

$$\frac{\mathrm{D}t}{\mathrm{D}\tau} = a\,\nabla^2 t \tag{4-21}$$

上式在直角坐标系上的展开式为:

$$\frac{\partial t}{\partial \tau} + u_x \frac{\partial t}{\partial x} + u_y \frac{\partial t}{\partial y} + u_z \frac{\partial t}{\partial z} = a\left(\frac{\partial^2 t}{\partial x^2} + \frac{\partial^2 t}{\partial y^2} + \frac{\partial^2 t}{\partial z^2}\right) \tag{4-22}$$

第二节 热 传 导

一、温度场和傅立叶定律

(一)温度场和温度梯度

只要物体的内部有温度差的存在,就会有热量从高温部分传向低温部分。温度通常是空间和时间的函数,在某一瞬间,空间各点温度的集合称为温度场。如果温度场不随时间的变化而变化,则称为稳态温度场。根据温度场与空间坐标的关系,温度场可以分为一维温度场、二维温度场和三维温度场。同样,导热也可以分为一维导热、二维导热和三维导热。如果温度场中的温度只沿着一个坐标方向变化,则称为一维温度场,其温度分布为:

$$t = f(\tau, x) \tag{4-23}$$

进一步地,一维稳态温度场的温度分布为:

$$t = f(x) \tag{4-24}$$

在温度场中,同一时刻相同温度的各个点构成了一个等温面。因为空间的任意点不可能同时具有两个不同的温度,因此,不同的等温面彼此不能相交。由于等温面上没有温差,故没有热量传递。而沿着等温面的法向具有最大的温度变化率,这个变化率称为温度梯度,记为 $\mathrm{grad}\, t$:

$$\mathrm{grad}t = \lim_{\Delta x \to 0} \frac{\Delta t}{\Delta x} = \frac{\partial t}{\partial x} \tag{4-25}$$

对于一维温度场,若温度沿 x 方向变化,等温面 x 及 $x + \Delta x$ 的温度分别为 $t(x, \tau)$ 及 $t(x + \Delta x, \tau)$,则温度梯度为:

$$\mathrm{grad}t = \lim_{\Delta n \to 0} \frac{t(x + \Delta x, \tau) - t(x, \tau)}{\Delta x} = \frac{\partial t}{\partial x} \tag{4-26}$$

温度梯度是矢量,其方向垂直于等温面,并以温度增加的方向为正。

(二)傅立叶定律

对于固体中的导热,由于不存在宏观运动,速度为零,所有随体导数均变为偏导数。此

外固体的密度亦为常数,且 $\varphi = 0$,故式(4-22)可写成:

$$\frac{1}{a}\frac{\partial t}{\partial \tau} = \frac{\partial^2 t}{\partial x^2} + \frac{\partial^2 t}{\partial y^2} + \frac{\partial^2 t}{\partial z^2} \tag{4-27}$$

式(4-27)为固体中无内热源存在时的非稳态热传导方程,通常称为傅立叶场方程或傅立叶第二定律。

对于无内热源存在时的稳态导热,上述方程变为简单形式——傅立叶第一定律。它指出:在单位时间内通过微元等温面 dS 的热量 dQ 正比于温度梯度 $\partial t / \partial n$,其方向与温度梯度相反,即:

$$dQ = -\lambda \frac{\partial t}{\partial n} dS \tag{4-28}$$

对于一维温度场,有:

$$dQ = -\lambda \frac{\partial t}{\partial x} dS \tag{4-29}$$

式(4-28)和式(4-29)中的 dQ/dS 称为热流密度或热通量,记为 q,其意义是单位时间内单位面积上传递的热量。在稳态导热时,任一处的 q 都不随时间变化。

二、热 导 率

式(4-28)和式(4-29)中的 λ 称为热导率或导热系数,在数值上等于单位导热面积、单位温度梯度、在单位时间内所传导的热量,是表征物质导热能力的一个参数,其值与物质的组成、结构、密度、温度和压强等因素有关。

(一)固体的热导率

在所有的固体中,金属是最好的导热体。在各种工业用的纯金属中,银的热导率就像它的导电能力一样是最好的,然后依次轮到紫铜、黄金、铝。纯金属的热导率也和电导率一样,随着温度的升高而有所减少。不过,在高温下,除黑色金属外,λ 值近乎不变。合金及高合金钢则随温度上升而 λ 值增大。固体中,λ 值最小的是保温材料,其次是建筑材料。通常把室温下 λ 值小于 $0.2W/(m \cdot K)$ 的材料称为"热绝缘材料"。表4-1所示为部分常用固体的热导率。

经验表明,在有限的温度范围内,固体的热导率与温度间的关系可以表示为:

$$\lambda = \lambda_0 (1 + \beta_0 t) \tag{4-30}$$

式中　λ_0——0℃时的热导率,$W/(m \cdot K)$;

　　　β_0——温度系数,大多数金属材料为负值,而大多数非金属材料为正值,单位为 $1/K$。

表 4-1　　　　　　　　　　　　常用固体材料的热导率

固体	温度 $t/℃$	热导率 $\lambda/[W/(m \cdot K)]$	固体	温度 $t/℃$	热导率 $\lambda/[W/(m \cdot K)]$
铝	300	230	铜	100	377
镉	18	94	熟铁	18	61
铸铁	53	48	铅	100	33
镍	100	57	银	100	412
钢(1%C)	18	45	不锈钢	20	16

续表

固体	温度 t/℃	热导率 λ/[W/(m·K)]	固体	温度 t/℃	热导率 λ/[W/(m·K)]
石墨	0	151	石棉板	50	0.17
石棉	0~100	0.15	混凝土	0~100	1.28
保温砖	0~100	0.12~0.21	建筑砖	20	0.69
绒毛毯	0~100	0.047	棉毛	30	0.05
玻璃	30	1.09	云母	50	0.43
硬橡皮	0	0.15	锯屑	20	0.052
软木	30	0.043	玻璃毛	–	0.041

(二)液体的热导率

液体分金属液体和非金属液体两类,前者热导率较高,后者较低。在非金属液体中,水的热导率最大。除去水和甘油外,绝大多数液体的热导率随温度升高而略有减小。一般说来,溶液的热导率低于纯液体的热导率。表4-2所示为一些液体的热导率值。

表4-2 一些常见液体的热导率

液体	温度 t/℃	λ/[W/(m·K)]	液体	温度 t/℃	λ/[W/(m·K)]
50%醋酸	20	0.35	60%甘油	20	0.38
丙酮	30	0.17	40%甘油	20	0.45
苯胺	0~20	0.17	正庚烷	30	0.14
苯	30	0.16	水银	28	8.36
30%氯化钙盐水	30	0.55	90%硫酸	30	0.36
80%乙醇	20	0.24	60%硫酸	30	0.43
水	30	0.62			

(三)气体的热导率

与固体和液体相比,气体的热导率最小,气体不善于热传导,但有利于保温、绝热。工业上所使用的保温材料,如玻璃棉等,就是因为其空隙中有气体,所以其热导率小,适用于保温隔热。

在相当大的压强范围内,气体热导率随压强的变化很小,工程计算中常可忽略压强对气体热导率的影响。另一方面,气体的热导率随温度的升高而增大。常见的一些气体的热导率见表4-3。

表4-3 一些常见气体的热导率

气体	温度 t/℃	λ/[W/(m·K)]	液体	温度 t/℃	λ/[W/(m·K)]
氢	0	0.17	水蒸气	100	0.025
二氧化碳	0	0.015	氮	0	0.024
空气	0	0.024	乙烯	0	0.017
空气	100	0.031	氧	0	0.024
甲烷	0	0.029	乙烷	0	0.018

三、平壁的稳态热传导

(一) 单层平壁的稳态热传导

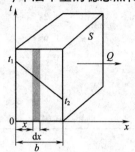

图 4-1 单层平壁稳态热传导

图 4-1 所示为一个由均匀固体物质组成的单层平壁。平面壁的厚度为 b，面积为 S，假设平壁的导热系数 λ 不随温度变化，为常数，平壁的温度只沿着垂直于壁面的 x 轴方向变化，即等温面皆为垂直于 x 轴的平行平面。若平壁两侧的温度 t_1 及 t_2 恒定，当 $x=0$ 时，$t=t_1$；$x=b$ 时，$t=t_2$。根据傅立叶定律，有：

$$Q = -\lambda S \frac{dt}{dx} \tag{4-31}$$

分离变量后积分，得：$\displaystyle\int_{t_1}^{t_2} dt = -\frac{Q}{\lambda S}\int_0^b dx$

$$t_2 - t_1 = -\frac{Q}{\lambda S}b \tag{4-32}$$

从式(4-32)可以看出，平壁内的温度分布是线性的。如果热导率不是常数，则温度分布将是非线性的。

式(4-32)可以改写为：

$$Q = \lambda S \frac{t_1 - t_2}{b} = \frac{t_1 - t_2}{\dfrac{b}{\lambda S}} = \frac{\Delta t}{R} \tag{4-33}$$

式(4-33)中，$\Delta t = t_1 - t_2$ 为导热的推动力，而 $R = b/(\lambda S)$ 则为导热的热阻。由式(4-33)可以看出，单位时间通过壁面所传递的热量和壁材的热导率 λ、壁的面积 S 以及壁面两侧的温度差 Δt 成正比，而与壁面的厚度 b 成反比；或者说，导热速率与过程的推动力 Δt 成正比，与过程的阻力 R 成反比。

[例 4-1] 有一厚度为 240mm 的砖墙，已知砖墙的内壁温度为 600℃，外壁温度为 100℃，假设砖墙在此温度范围内的平均热导率 λ 为 0.69W/(m² · K)，试求每平方米的砖墙通过的热量。

解：$\qquad\qquad b = 240mm = 0.24m,\ \lambda = 0.69W/(m^2 \cdot K)$

由 $\qquad\qquad\qquad\qquad Q = \dfrac{\lambda S}{b}(t_1 - t_2)$

得 $\qquad\quad \dfrac{Q}{S} = \dfrac{\lambda}{b}(t_1 - t_2) = \dfrac{0.69}{0.24}(600 - 100) = 1437.5\ (W/m^2)$

(二) 多层平壁的稳态热传导

图 4-2 所示为三层平壁的热传导，假设这三层平壁的厚度分别为 b_1、b_2 和 b_3，各层的材质均匀，它们的热导率皆视为常数并分别记为 λ_1、λ_2 和 λ_3，层与层之间的接触良好，相互接触的表面上温度相等，各等温面皆为垂直于 x 轴的平行平面。平壁的面积为 S，在稳态导热的过程中，穿过各层的热量必相等。按照单层平壁的稳态热传导的处理方法，可以得到下列方程：

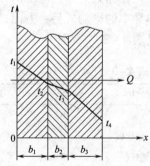

图 4-2 多层平壁的稳态热传导

第一层：$\qquad\qquad Q_1 = \lambda_1 S \dfrac{t_1 - t_2}{b_1}$

即：
$$Q_1 \frac{b_1}{\lambda_1 S} = t_1 - t_2 = \Delta t_1$$

同理,对第二和第三层,有：
$$Q_2 \frac{b_2}{\lambda_2 S} = t_2 - t_3 = \Delta t_2$$

$$Q_3 \frac{b_3}{\lambda_3 S} = t_3 - t_4 = \Delta t_3$$

对于稳态的热传导过程,$Q_1 = Q_2 = Q_3 = Q$,因此有：

$$Q(\frac{b_1}{\lambda_1 S} + \frac{b_2}{\lambda_2 S} + \frac{b_3}{\lambda_3 S}) = \Delta t_1 + \Delta t_2 + \Delta t_3$$

$$Q = \frac{\Delta t_1 + \Delta t_2 + \Delta t_3}{\frac{b_1}{\lambda_1 S} + \frac{b_2}{\lambda_2 S} + \frac{b_3}{\lambda_3 S}} = \frac{t_1 - t_4}{\frac{b_1}{\lambda_1 S} + \frac{b_2}{\lambda_2 S} + \frac{b_3}{\lambda_3 S}} \qquad (4-34)$$

即
$$Q = \frac{\Delta t_1 + \Delta t_2 + \Delta t_3}{R_1 + R_2 + R_3} = \frac{t_1 - t_4}{\sum_{i=1}^{3} R} \qquad (4-35)$$

式(4-34)和式(4-35)中,分子表示的是总的温差,即导热的总推动力,而分母则为总的导热阻力,总热阻为串联的各层平壁热阻之和。

同理,对于 n 层平壁,导热速率方程式为：

$$Q = \frac{t_1 - t_{n+1}}{\sum_{i=1}^{n} \frac{b_i}{\lambda_i S}} = \frac{t_1 - t_{n+1}}{\sum R} \qquad (4-36)$$

式中 i —— n 层平壁的壁层序号。

[例4-2]一燃烧炉的炉壁由三层材料组成,如附图所示。最内层是耐火砖,中间保温砖,最外层为建筑砖。已知:耐火砖 $b_1 = 150mm$,$\lambda_1 = 1.06W/(m \cdot K)$;保温砖 $b_2 = 300mm$,$\lambda_2 = 0.15W/(m \cdot K)$;建筑砖 $b_3 = 240mm$,$\lambda_3 = 0.69W/(m \cdot K)$。今测得炉膛内壁温度为1000℃,建筑砖外侧温度为30℃。试求:(1)单位面积的热损失;(2)耐火砖和保温砖之间的界面温度;(3)保温砖与建筑砖之间的界面温度。

解:(1)求单位面积的散热损失即热通量 q:

$$\sum R = \frac{b_1}{\lambda_1 S} + \frac{b_2}{\lambda_2 S} + \frac{b_3}{\lambda_3 S} = \frac{1}{S}(\frac{b_1}{\lambda_1} + \frac{b_2}{\lambda_2} + \frac{b_3}{\lambda_3}) = \frac{1}{S}(\frac{0.15}{1.06} + \frac{0.3}{0.15} + \frac{0.24}{0.69}) = \frac{2.489}{S}$$

$$q = \frac{Q}{S} = \frac{t_1 - t_4}{S \sum R} = \frac{t_1 - t_4}{2.489} = 389.7(W/m^2)$$

(2)求耐火砖和保温砖之间的界面温度 t_2:

由
$$q_1 = q = Q/S = \lambda_1(t_1 - t_2)/b_1$$

有 $(t_1 - t_2) = qb_1/\lambda_1 = 389.7 \times 0.15/1.06 = 55.1(℃)$

故得 $t_2 = t_1 - 55.1 = 1000 - 55.1 = 944.9(℃)$

(3)求保温砖与建筑砖之间的界面温度 t_3:

由
$$q_3 = q = Q/S = \lambda_3(t_3 - t_4)/b_3$$

有 $(t_3 - t_4) = qb_3/\lambda_3 = 389.7 \times 0.24/0.69 = 135.5(℃)$

故得 $t_3 = t_4 + 135.5 = 30 + 135.5 = 165.5(℃)$

从例4-2的计算可知,各层的温度降是不同的。耐火砖层热阻为0.143K/W,温度降为55.1℃;保温砖层

例4-2 附图

热阻为 2.0K/W,温度降为 779.4℃;建筑砖层热阻为 0.348K/W,温度降为 165.5℃。这些数字的比较说明,各层的温度降与其热阻成正比,材料层的热阻越大,该层的温度降也就越大。

四、圆筒壁的稳态热传导

在生产过程中,常常用到圆筒形的管道和设备,许多换热器的换热面也是由圆管所构成。这些圆筒管壁内的导热过程同样可以利用傅立叶定律进行计算。不同的是,圆筒壁的导热面积不是一个定值,而是沿着半径的方向逐渐变化。

(一)单层圆筒壁的稳态热传导

图 4-3 所示为一个单层的圆筒壁,设圆筒的内半径为 r_1,内壁温度为 t_1,外径为 r_2,外内壁温度为 t_2。温度只沿半径方向变化,等温面为同心圆柱面。在半径 r 处取一厚度为 dr 的薄层,若圆筒的长度为 L,则半径为 r 处的传热面积 $S = 2\pi r L$。根据傅立叶定律,对此薄圆筒层可写出导热的热量为:

$$Q = -\lambda S \frac{dt}{dr} = -\lambda 2\pi r L \frac{dt}{dr}$$

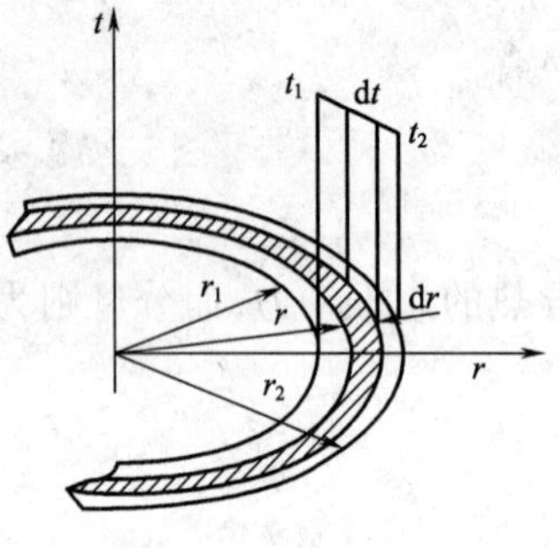

图 4-3 单层圆筒壁的稳态热传导

分离变量得: $\quad Q \frac{dr}{r} = -\lambda 2\pi L dt$

假设导热系数 λ 为常数,在圆筒壁的内半径和外半径间进行积分,有:

$$Q \int_{r_1}^{r_2} \frac{dr}{r} = -2\pi L\lambda \int_{t_1}^{t_2} dt$$

积分得:

$$Q\ln \frac{r_2}{r_1} = 2\pi L\lambda (t_1 - t_2)$$

移项得:

$$Q = 2\pi L\lambda \frac{t_1 - t_2}{\ln \dfrac{r_2}{r_1}} \tag{4-37}$$

将式(4-37)改写成下面的形式:

$$Q = \frac{2\pi L(r_2 - r_1)\lambda(t_1 - t_2)}{(r_2 - r_1)\ln \dfrac{2\pi r_2 L}{2\pi r_1 L}}$$

$2\pi r_2 L$ 是圆筒壁外表面的面积,记为 S_2;$2\pi r_1 L$ 是圆筒壁内表面的面积,记为 S_1;$r_2 - r_1$ 是圆筒壁的厚度,记为 b。则式(4-37)可以进一步变成为下面的形式:

$$Q = \frac{(S_2 - S_1)\lambda(t_1 - t_2)}{(r_2 - r_1)\ln \dfrac{S_2}{S_1}} = \lambda S_m \frac{t_1 - t_2}{b} = \frac{t_1 - t_2}{\dfrac{b}{\lambda S_m}} \tag{4-38}$$

式中 S_m 是对数平均面积,$S_m = \dfrac{S_2 - S_1}{\ln \dfrac{S_2}{S_1}}$。当 $S_2/S_1 < 2$ 时,可用算术平均面积进行计算,即

$$S_m = \frac{S_2 + S_1}{2}。$$

在圆筒壁的稳态热传导中,各圆筒面的传热速率相等。但由于它们的面积不等,故热通量也不相等。即使热导率为常数,温度分布也不是线性的。

(二)多层圆管壁的稳态热传导

如果热量在多层圆管壁的最内侧表面和最外侧表面之间传递,要依次经过各层,则属于多层圆管壁的热传导。多层圆管壁的导热方程式可以采用与多层平壁相同的方法导出。

图 4-4 所示为三层圆筒的稳态导热过程,它的整个过程可以视为是多个圆筒壁串联起来的导热过程。假定各层的厚度分别为 $b_1 = r_2 - r_1$、$b_2 = r_3 - r_2$、$b_3 = r_4 - r_3$;各层的导热系数 λ_1、λ_2 和 λ_3 皆视为常数,层与层之间的接触良好,相互接触的表面温度相等,各等温面皆为同心圆柱面。由式(4-38)可以得到各层的导热量为:

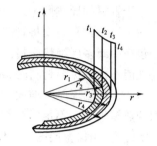

图 4-4　多层圆筒壁的稳态热传导

第一层　　　$Q_1 = \dfrac{2\pi L \lambda_1 (t_1 - t_2)}{\ln \dfrac{r_2}{r_1}}$

第二层　　　$Q_2 = \dfrac{2\pi L \lambda_2 (t_2 - t_3)}{\ln \dfrac{r_3}{r_2}}$

第三层　　　$Q_3 = \dfrac{2\pi L \lambda_3 (t_3 - t_4)}{\ln \dfrac{r_4}{r_3}}$

根据 $Q_1 = Q_2 = Q_3 = Q$ 以及各层温差之和等于总温差的原则,整理上面三式,得:

$$Q = \frac{2\pi L (t_1 - t_4)}{\dfrac{1}{\lambda_1}\ln\dfrac{r_2}{r_1} + \dfrac{1}{\lambda_2}\ln\dfrac{r_3}{r_2} + \dfrac{1}{\lambda_3}\ln\dfrac{r_4}{r_3}} \qquad (4-39)$$

同理,对于 n 层圆筒壁,穿过各层的热量的一般表达式为:

$$Q = \frac{2\pi L (t_1 - t_{n+1})}{\sum\limits_{i=1}^{n} \dfrac{1}{\lambda_i}\ln\dfrac{r_{i+1}}{r_i}} \qquad (4-40)$$

[例 4-3]有一 $\varphi 80\text{mm} \times 7.5\text{mm}$ 的蒸汽管道,管外壁 $t_2 = 220℃$,为了减少热损失,拟用 $\lambda_2 = 0.15\text{W}/(\text{m}\cdot\text{K})$ 的保温材料进行保温,要求每米管道上的热损失不大于 150W、保温壁的外层温度低于 $t_3 = 35℃$。问:(1)保温层的厚度最少应有多厚? (2)假设管材的热导率 $\lambda_1 = 45\text{W}/(\text{m}\cdot\text{K})$,问蒸汽管道壁的温度降 $(t_1 - t_2)$ 是多少?

解:(1)按题意,每米长度的管道的热损失 Q/L,将式(4-40)应用于保温壁,有:

$$\frac{Q}{L} = \frac{2\pi \lambda_2 (t_2 - t_3)}{\ln \dfrac{r_3}{r_2}}$$

即:　　　　　　　　$150 = \dfrac{2 \times 3.14 \times 0.15 \times 185}{\ln \dfrac{r_3}{0.04}}$

$$\ln \frac{r_3}{0.04} = \frac{174.27}{150} = 1.1618 \qquad r_3 = 0.128\text{m}$$

得保温层的最小厚度应为:　　　$b_2 = 128 - 40 = 88\,(\text{mm})$

(2)由于是稳态传热,所以各层的导热量 Q/L 相同,对管材层,有:

$$\frac{Q}{L} = \frac{2\pi\lambda_1(t_1 - t_2)}{\ln\frac{r_2}{r_1}}$$

即：

$$150 = \frac{2 \times 3.14 \times 45 \times (t_1 - t_2)}{\ln\frac{0.04}{0.0325}}$$

$$t_1 - t_2 = 0.11℃$$

由于管材的导热性能好,导热的热阻小,所以管壁的温度降只有0.11℃。

在工厂中常常需要将管路保温,以减少热量(或冷量)的损失。保温的方法通常是在管道外包一层或多层绝热材料。通常热损失随保温层厚度的增加而减少。但是在小直径管外包扎性能不良的保温材料时,在某些情况下,热损失可能反而随保温层厚度的增加而增加。这是由于当保温层厚度增大时,传热面积随之加大,使热损失加大。如果保温层的热阻增大导致的热损失减小不足以补偿传热面积增加导致的热损失增加,那么总的净热损失便会增加。实际上,当保温层的厚度增加时,起初总的热损失是增加的;当厚度进一步增加时,热损失即会减少。因此存在一临界半径,当保温层的外半径达到临界半径时,热损失为最大,只有外半径大于临界半径后,才能使热损失减少。

第三节　对流传热

一、对流传热与对流传热系数及其主要的影响因素

(一)对流传热分析和对流传热系数

在工业上,冷热流体之间的传热通常是通过间壁式的换热器来完成的,流体与固体壁面之间的传热是流体的导热和对流联合作用的结果,统称为对流传热。

对流传热主要是靠流体质点的移动和混合来完成,故对流传热与流体的流动状况密切相关。流体在流经固体壁面时形成流动边界层,边界层的厚度与流动有关。当流动为湍流时,边界层为湍流边界层。湍流边界层可以分为层流内层、缓冲层和湍流层三部分。在壁面上存在着一层完全不动的薄膜层,在这一薄膜层中热传递的方式只能是导热。在靠近壁面的层流内层中,流体微团在与壁面垂直的方向上无扰动,热传递也靠导热进行。在缓冲层中,热传递是导热和对流的组合。而在湍流层中,流体剧烈湍动,涡流传热比分子传热(即导热)强烈得多,导热作用可以忽略不计。就热阻而言,层流内层虽然很薄,却占了大部分的热阻。根据傅立叶定律,有：

$$dQ = -\lambda \frac{\partial t}{\partial x}\Big|_{x=0} dS \tag{4-41}$$

式中　$\frac{\partial t}{\partial x}\Big|_{x=0}$——流速为零的薄膜层内的温度梯度;

λ——流体的热导率;

x——方向垂直于壁面。

另外,根据牛顿冷却定律,壁面与流体之间的传热量 dQ 可以写成：

$$dQ = \alpha(t_w - t)dS = \alpha\Delta t dS \tag{4-42}$$

式中　$t_w - t$——壁面温度与流体温度之间的温差。

将式(4-41)和式(4-42)联立可得:

$$\alpha = -\frac{\lambda}{t_w - t}\frac{\partial t}{\partial x}\Big|_{x=0} \tag{4-43}$$

α 称对流传热系数或表面传热系数,也常被称为"传热膜系数",简称"膜系数"。一些典型的对流传热系数值见表4-4。

表4-4   典型的对流传热系数值

传热情况	$\alpha/[\,W/(m^2 \cdot K)\,]$	传热情况	$\alpha/[\,W/(m^2 \cdot K)\,]$
水的沸腾	2300~23000	蒸汽冷凝	1700~28000
氨的沸腾	1700~28000	氨冷凝	5100~9100
牛奶在水平冷却器内流过	1100~3700	空气流过墙壁面	
空气在管 $\varphi25mm$ 内流$(u=3m/s)$	40	自然对流	9.4
水在 $\varphi25mm$ 管内流$(u=1.2m/s)$	5300	风速$6.7m/s$	34

(二)传热边界层

当流体流过固体壁面时,形成了流动边界层,在流动边界层内存在速度梯度,边界层外为湍流主体,可视为速度均匀。如果流动伴随着热量传递,则由于传热的影响,壁面附近的流体中将存在温度梯度。仿照流动边界层,可以引入传热边界层的概念。

传热边界层的定义与流动边界层相似,指存在温度梯度的区域。引入传热边界层的概念以后,流过壁面的流体即分为热边界层和主体流体两部分,在传热边界层内集中了全部的传热阻力,而在主体流体中则温度是均匀的。从对流动边界层内各层流体热阻的分析可以看出,传热边界层和流动边界层是并存的,两者既有联系又有区别,一般而言传热边界层比流动边界层要薄一些。

当流体流入平壁或圆管时,传热边界层同样有一个建立的过程,从入口开始传热边界层厚度逐渐增加。与流动边界层不同的是,传热边界层不是逐渐稳定于一厚度,而是随着传热壁面的延长逐渐减薄直至消失。当流体在管内流动时,流动边界层在入口以后逐渐变厚,最后达到管子中心,成为完全发展的边界层。以后,流体再向前流动,管截面上的速度分布保持不变。在对流传热的管道中,其传热边界层的发展与此类似。由管子入口到一定距离之后,传热边界层发展到管子中心,传热边界层也达到完全发展。此后流体继续向前流动,传热继续进行,温度分布显然与流动边界层不同。随着加热的进行,整个截面上各点温度渐趋一致。可以认为,经过无限长管道以后,流体整个截面上各点温度都与壁温相等,温度梯度消失,传热亦即停止。

(三)对流传热系数的确定方法

用牛顿冷却定律处理复杂的对流换热,实质上是把所有复杂的影响因素集中于对流传热系数上。因而,对流换热的研究主要也就在于如何确定对流传热系数上。式(4-43)指出:只要求得壁面处的温度梯度,就可以计算对流传热系数。但是,要求得温度梯度就必须求出温度分布,而温度分布只能在解出能量方程后方能确定。又能量方程中出现了速度分布,而速度分布的确定依赖于求解运动方程和连续性方程。由于方程的非线性特点和边界条件的复杂性,实际上还不能用这一理论方法解决湍流传热的计算问题。另一方面,壁面上滞止不动的薄膜层内的温度梯度是无法测定的,所以无法用式(4-43)来确定对流传热系数 α 的数值。但从式(4-43)不难看出:除了流体的性质和温差之外,对流传热系数还决定于流速为零的薄膜层内的温度梯度。流体的流速越高,对流越强烈,则壁面上滞止不动的薄膜层就越薄,而且该层的温度梯度就越大,α 的数值也就越大。

在工程实践中确定对流传热系数的方法主要有两种,一是应用量纲分析法,结合实验,建立经验方程式;二是借助相似类比,建立摩擦因数与对流传热系数的关系,从摩擦因数求取对流传热系数。本章主要讨论前一种方法。

影响对流传热系数的因素很多,主要有:

(1)流体的状态 液体或气体,以及过程是否有相变,有相变时的对流传热系数比无相变时的对流传热系数大得多;

(2)流体的物理性质 影响较大的物性有密度、比热容、热导率和黏度等;

(3)流体的运动状态 层流、过渡流或湍流;

(4)流体的对流状态 自然对流或强制对流;

(5)传热表面的形状、位置及大小 如管、板、管束、管径、管子长度和排列、放置方式等。

由以上的分析可见,影响对流传热系数的因素多而且复杂,为了针对不同的情况进行理论和实验的研究,并建立相应的对流传热系数的关联式,将对流传热分成液体无相变对流传热和有相变对流传热两大类。无相变对流传热又分成强制对流传热和自然对流传热两种,有相变对流传热则分成冷凝对流传热和沸腾对流传热两种。下面分别对这几种情况进行讨论。

二、流体无相变时的对流传热过程的量纲分析

综上所述,影响对流传热的因素很多。若用实验方法建立经验模型,则因变量太多而使实验工作量巨大,因此采用量纲分析法。

以无相变对流传热系数的计算为例。无相变时影响对流传热的主要因素有:设备的特征尺寸 l、流体的流速 u、密度 ρ、黏度 μ、定压比热容 c_p、热导率 λ 及单位质量流体的升浮力 $\rho g \beta \Delta t$(其中 β 为体积的膨胀系数)。所以对流传热系数为:

$$\alpha = f(u, l, \mu, \lambda, \rho, c_p, \rho g \beta \Delta t) \qquad (4-44)$$

此函数式用幂函数表示为:

$$\alpha = K u^a l^b \mu^c \lambda^d \rho^e c_p{}^k (\rho g \beta \Delta t)^i \qquad (4-45)$$

根据量纲一致性原理,有:

$$M \Theta^{-1} T^{-3} = (LT^{-1})^a L^b (ML^{-1}T^{-1})^c (MLT^{-3}\Theta^{-1})^d (ML^{-3})^e (L^2T^{-2}\Theta^{-1})^k (ML^{-2}T^{-2})^i \quad (4-46)$$

从而得:

M: $\qquad\qquad\qquad 1 = c + d + e + i$

Θ: $\qquad\qquad\qquad -1 = -d - k$

T: $\qquad\qquad\qquad -3 = a - c - 3d - 2k - 2i$

L: $\qquad\qquad\qquad 0 = a + b - c + d - 3e + 2k + 2i$

选择 a、k、i 为已知变量,用于表示其它另4个变量,可解得:

$$b = a + 3i - 1$$

$$c = k - a - 2i$$

$$d = 1 - k$$
$$e = a + i$$

将解得的结果代入式(4-45),得:

$$\alpha = Ku^a l^{a+3i-1} \mu^{k-a-2i} \lambda^{1-k} \rho^{a+i} c_p^{\ k} (\rho g \beta \Delta t)^i \qquad (4-47)$$

再将指数相同的物理量归并在一起,得:

$$\frac{\alpha l}{\lambda} = K\left(\frac{lu\rho}{\mu}\right)^a \left(\frac{c_p\mu}{\lambda}\right)^k \left(\frac{l^3\rho^2 g\beta\Delta t}{\mu^2}\right)^i \qquad (4-48)$$

式(4-48)可以进一步写成:

$$Nu = KRe^a Pr^k Gr^i \qquad (4-49)$$

最后,对于不同的传热情况,用实验方法求取式(4-49)中的参数 K、a、k、i。

特征数关联式(4-48)或式(4-49)是一个半经验公式,应用时应注意以下几点:

(1)应用范围:所引用的关联式中各特征数的数值应根据建立关联式时的实验范围来确定使用范围。

(2)特性尺寸:关联式中的各特征数 Nu、Re 及 Gr 中的特征尺寸应选择对流体流动或对对流传热发生主导影响的几何尺寸。

(3)定性温度:流体在对流传热过程中的温度是变化的,确定特征数中流体的物性参数如 c_p、μ、ρ 等所依据的温度即为定性温度,不同的关联式确定定性温度的方法往往不同。

(4)单位:特征数是一个无量纲的数群,其中涉及到的物理量必须用统一的单位制度。

了解各特征数的物理意义,对于深入理解对流传热的本质十分必要。

(1)努塞尔数 努塞尔数 Nu 是壁面处温度梯度和平均温度梯度的比值。在平均温度梯度 $\Delta t/l$ 一定的条件下,壁面处的温度梯度越大,Nu 也越大,因为壁面处温度梯度恒大于平均温度梯度,故努塞尔数恒大于1,甚至远大于1。

(2)雷诺数 雷诺数表示惯性力和黏滞力之比,反映了流体流动的状态对对流传热系数的影响。Re 小,表示黏滞力起控制作用,抑制流层的扰动,Re 大,惯性力大,扰动程度大,层流内层减薄,壁面处的温度梯度加大,从而使对流传热系数加大,有利于传热。

(3)普兰特数 普兰特数由三个物性参数组成,表示物性对对流传热系数的影响。Pr 是流体传递动量和热量能力相对大小的量度,反映了流动边界层与传热边界层厚度之间或相应的速度分布和温度分布之间的对比关系。

当 $Pr=1$ 时,流动边界层的厚度与热边界层的厚度相等;$Pr>1$,流动边界层厚度大于热边界层厚度;$Pr<1$,流动边界层厚度小于热边界层厚度。

(4)格拉斯霍夫数 格拉斯霍夫数是反映自然对流特征的一个特征数,反映了自然对流的强弱程度。

三、流体无相变对流传热系数的经验关联式

在讨论实际问题时,式(4-49)可以根据具体的情况进行简化。如:Gr 数代表的是自然对流对对流传热的影响,因此在讨论强制对流时,Gr 数可以忽略,即:

$$Nu = f(Re, Pr)$$

而在自然对流时,上升力的影响较大,此时 Re 数的影响可以忽略,即:

$$Nu = f(Gr, Pr)$$

下面介绍几种常见的无相变对流传热情况下对流传热系数的计算方法。

(一)流体在管内强制对流时的对流传热系数

1.流体在圆形直管内强制湍流时的对流传热系数

在此情况下,对流传热系数的经验关联式为:

$$Nu = 0.023Re^{0.8}Pr^n \qquad (4-50)$$

式(4-50)适用于低黏度的液体,适用范围为:$Re > 10^4$,$0.7 < Pr < 160$,管长与管径之比 $L/d > 50$。当 $L/d = 30 \sim 40$ 时,α 增加 $2\% \sim 7\%$,因管子入口处扰动较大,所以 α 较高。使用时要注意下列问题:

(1)特征尺寸用管内径 d;

(2)定性温度取流体进出口温度的算术平均值;

(3)流体被加热时,$n = 0.4$,流体被冷却时 $n = 0.3$。

n 值的不同是为了考虑边界层内流体与主体流体之间因温度不同而导致的黏度差异对传热的影响。若边界层内流体的黏度高于主体流体的黏度,则传热阻力就略大一些;反之,边界层内流体的黏度低于主体流体的黏度,则传热阻力就略小一些。液体黏度随温度的变化与气体相反,但液体的 Pr 数大于 1 而气体的 Pr 数小于 1。总的结果是当流体被加热时 Pr 数的指数略高于被冷却时 Pr 数的指数。

(4)对高黏度流体,为考虑壁面与流体主体之间的黏度差的影响,引进一个无量纲的黏度比,式(4-50)改写为:

$$Nu = 0.027Re^{0.8}Pr^{0.33}\left(\frac{\mu}{\mu_w}\right)^{0.14} \qquad (4-51)$$

式中,μ_w 为壁温下的流体黏度,μ 为流体在定性温度下的黏度,其它物理量的定性温度与特性尺寸均与前面相同。由于壁温难于确定,用下面的近似计算也可以满足工程计算的需要:

当液体被加热时:$\quad\left(\dfrac{\mu}{\mu_w}\right)^{0.14} = 1.05$

当液体被冷却时:$\quad\left(\dfrac{\mu}{\mu_w}\right)^{0.14} = 0.95$

当气体被加热或被冷却时:$\quad\left(\dfrac{\mu}{\mu_w}\right)^{0.14} = 1$

[例 4-4]常压下空气以 15m/s 的流速在长为 4m,$\varphi60mm \times 3.5mm$ 的钢管中流动,温度由 150℃升至 250℃。试求管壁对空气的对流传热系数。

解:此题为空气在圆形直管内作强制对流。定性温度 $t_m = (150 + 250)/2 = 200℃$,定性尺寸 $d = 0.053m$。查 200℃时空气的物理数据如下:$c_p = 1.026 \times 10^3$ J/(kg·K),$\lambda = 0.03928W/(m·K)$,$\mu = 26.0 \times 10^{-6}Pa·s$,$\rho = 0.746kg/m^3$。

$$L/d = 4/0.053 = 75.5 > 50$$

$$Re = \frac{du\rho}{\mu} = \frac{0.053 \times 15 \times 0.746}{26 \times 10^{-6}} = 2.26 \times 10^4 > 10^4 \quad (湍流)$$

$$Pr = \frac{c_p\mu}{\lambda} = \frac{1.026 \times 10^3 \times 26.0 \times 10^{-6}}{0.03928} = 0.68$$

空气被加热时,用 $n = 0.4$ 代入式(4-50),得:

$$Nu = 0.023Re^{0.8}Pr^{0.4} = 0.023 \times 22600^{0.8} \times 0.68^{0.4} = 60.4$$

$$\alpha = \frac{\lambda}{d}Nu = \frac{0.03928}{0.053} \times 60.4 = 44.8 \quad [W/(m^2·K)]$$

2.流体在圆形直管内作过渡流时的对流传热系数

流体在过渡流时（$Re = 2300 \sim 10000$），用式（4-50）计算出对流传热系数之后，再将计算所得的结果乘以校正系数 f。校正系数 f 按下面的公式计算：

$$f = 1 - \frac{6 \times 10^5}{Re^{1.8}} \qquad (4-52)$$

［例4-5］一套管换热器，套管为 $\varphi 89 \mathrm{mm} \times 3.5 \mathrm{mm}$ 钢管，内管为 $\varphi 25 \mathrm{mm} \times 2.5 \mathrm{mm}$ 钢管，环隙中为 $100 \mathrm{℃}$ 的饱和水蒸气冷凝，冷却水在内管中流过，进口水温为 $15 \mathrm{℃}$，出口水温为 $35 \mathrm{℃}$，冷却水流速为 $0.4 \mathrm{m/s}$，试求管壁对水的对流传热系数。

解：此题为流体在圆形直管内流动。定性温度 $t_\mathrm{m} = (15 + 35)/2 = 25 \mathrm{℃}$。查 $25\mathrm{℃}$ 时水的物性如下：$c_p = 4.179 \times 10^3 \mathrm{J/(kg \cdot K)}$，$\lambda = 0.608 \mathrm{W/(m \cdot K)}$，$\mu = 9.027 \times 10^{-4} \mathrm{Pa \cdot s}$，$\rho = 997 \mathrm{kg/m^3}$。

$$Re = \frac{du\rho}{\mu} = \frac{0.02 \times 0.4 \times 997}{9.027 \times 10^{-4}} = 8836 \qquad （属过渡流）$$

$$Pr = \frac{c_p\mu}{\lambda} = \frac{4.179 \times 10^3 \times 9.027 \times 10^{-4}}{0.608} = 6.2$$

$$f = 1 - \frac{6 \times 10^5}{Re^{1.8}} = 1 - \frac{6 \times 10^5}{8836^{1.8}} = 0.9524$$

$$\alpha = 0.023 \frac{\lambda}{d} Re^{0.8} Pr^n f = 0.023 \times \frac{0.608}{0.02} \times 8836^{0.8} \times 6.2^{0.4} \times 0.9524 = 1978 [\mathrm{W/(m^2 \cdot K)}]$$

3. 流体在圆形直管内强制层流时的对流传热系数

流体在圆形直管内强制层流时，其换热过程由于自然对流和热流方向的影响，情况比较复杂，对流传热系数的计算误差也较大。当管径比较小、流体与壁面的温差不大时（即 $Gr < 25000$），自然对流的影响可以忽略。这时对流传热系数可以用下式计算。

$$Nu = 1.86 \left(Re \times Pr \times \frac{d}{L}\right)^{1/3} \left(\frac{\mu}{\mu_w}\right)^{0.14} \qquad (4-53)$$

式中，特征尺寸是管子的内径 d，L 为管子的长度。式（4-53）的使用范围为：$Re < 2300$，$(Re \cdot Pr \cdot d)/L > 10$，$L/d > 60$。

当 $Gr > 25000$ 时，强制层流的温度差引起的自然对流对对流传热的影响不可忽略，可按式（4-53）计算出对流传热系数，然后乘以校正系数 f'。f' 的计算公式如下：

$$f' = 0.8 \times (1 + 0.015 Gr^{1/3}) \qquad (4-54)$$

4. 流体在弯管内呈强制对流时的对流传热系数

如图4-5所示，流体流经弯管时，流体将受到离心力的作用，这种离心力使横截面上的流体形成二次环流，导致扰动加剧，层流底层变薄，对流传热系数加大。在这种情况下的对流传热系数计算方法是先按直管的经验关联式计算出 α，再乘上一个校正系数 f''，即可得到流体在弯管内呈强制对流时的对流传热系数 α'。校正系数 f'' 由下式计算：

$$f'' = 1 + 1.77 \frac{d}{R} \qquad (4-55)$$

即：

$$\alpha' = f'' \times \alpha = \left(1 + 1.77 \frac{d}{R}\right)\alpha \qquad (4-56)$$

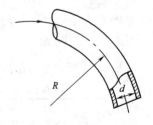

图4-5　弯管

5. 在非圆形管内强制对流时的对流传热系数

流体在非圆形管内强制对流时的对流传热系数可使用上述圆管的关联式进行计算,但需要将内径改为当量直径 d_e,当量直径 d_e 按下式计算:

$$d_e = 4 \times \frac{流体流动截面积}{润湿周边} \qquad (4-57)$$

某些关联式以传热当量直径为特征尺寸,其定义与式(4-57)相似,只是将润湿周边改为传热周边,使用时应注意。

(二)流体在管外强制对流时的对流传热系数

流体在管外垂直流过时分为流过单管和管束两种情况,工业上所用换热器中多为流体垂直流过管束。管束的排列又分为直列和错列两种,如图4-6所示。流体在管束外垂直流过时的对流传热系数可用下式计算:

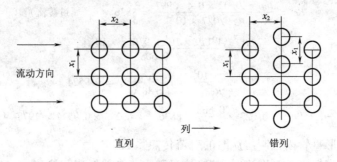

图4-6 管束的排列

$$Nu = C\varepsilon Re^n Pr^{0.4} \qquad (4-58)$$

式中,C、ε、n 均由实验确定。其经验数值见表4-5。ε 和 n 视管子的排列方式不同而异。当管子垂直流经管束时,在第一列的后面形成涡流。在直列式管束中,从第二列起,由于前面一列管子的屏障,管子被涡流冲击的程度较缓和。而在错列式管束中,涡流和湍动很强烈,故对流传热系数逐渐增大到第三列,而后保持不变。流体的冲击程度与管子之间的距离 x_1 和 x_2 的数值有关。在其它条件相同时,错列式管束的对流传热系数大于直列式。

表4-5　　　　　　　　　流体垂直流过管束时的 C、ε 和 n 值

列序	直列			错列		C
	n	ε		N	ε	
1	0.6	0.171	0.6	0.171	$x_1/d = 1.2 \sim 3$ 时:	
2	0.65	0.151	0.6	0.228	$C = 1 + 0.1x_1/d$	
3	0.65	0.151	0.6	0.290	$x_1/d > 3$ 时:	
4	0.65	0.151	0.6	0.290	$C = 1.3$	

式(4-58)的使用范围为:$Re = 5000 \sim 70000$,$x_1/d = 1.2 \sim 5$,$x_2/d = 1.2 \sim 5$。

使用式(4-58)应注意以下几点:

①特性尺寸取管子的外径;

②定性温度取流体进、出口温度的算术平均值;

③流速 u 取每列管子中最窄处的流速;

④由于各列的对流传热系数不同,故取对流传热系数的平均值,可按下式求取:

$$\alpha_{m} = \frac{\alpha_1 S_1 + \alpha_2 S_2 + \cdots + \alpha_n S_n}{S_1 + S_2 + \cdots + S_n} = \frac{\sum \alpha_i S_i}{\sum S_i} \tag{4-59}$$

式中　α_i——各列的对流传热系数,$W/(m^2 \cdot K)$;

　　　S_i——各列传热管的外表面积,m^2。

[例4-6]有一列管式换热器,管束由 $\varphi 89mm \times 3.5mm$,长度相等的钢管组成,管子排列方式为错列,管内为 $p = 200kPa$ 的饱和水蒸气冷凝,管外为 $p = 100kPa$ 的空气被加热,空气进口的温度为15℃,出口为45℃。空气垂直流过管束,沿流动的方向共有管子10列,每列有管子10行,行、列的管间距皆为110mm。已知空气流过最窄处的速度为10m/s,试求空气的平均对流传热系数。

解:由式(4-58),有:　　　　　$\alpha = C\varepsilon \frac{\lambda}{d} Re^n Pr^{0.4}$

$x_1/d = x_2/d = 110/89 = 1.235$,比值在 $1.2 \sim 5$,由表4-5得:

$$C = 1 + 0.1 \frac{x_1}{d} = 1 + 0.1 \times 1.235 = 1.124$$

空气的定性温度:$t_m = (15 + 45)/2 = 30$℃查30℃时空气的物性数据得:$c_p = 1 \times 10^3 J/(kg \cdot K)$,$\lambda = 0.0267 W/(m \cdot K)$,$\mu = 1.86 \times 10^{-5} Pa \cdot s$,$\rho = 1.165 kg/m^3$

$$Re = \frac{du\rho}{\mu} = \frac{0.089 \times 10 \times 1.165}{1.86 \times 10^{-5}} = 55744$$

$$Pr = \frac{c_p\mu}{\lambda} = \frac{1 \times 10^3 \times 1.86 \times 10^{-5}}{2.67 \times 10^{-2}} = 0.70$$

查表4-5得:错列时第一列到第三列的 n、ε 的数值分别为:$n_1 = n_2 = n_3 = 0.6$,$\varepsilon_1 = 0.171$,$\varepsilon_2 = 0.228$,$\varepsilon_3 = 0.290$

$$\alpha_1 = 1.124 \times 0.171 \times \frac{0.0267}{0.089} \times 55744^{0.6} \times 0.70^{0.4} = 35.1[W/(m^2 \cdot K)]$$

$$\alpha_2 = 1.124 \times 0.228 \times \frac{0.0267}{0.089} \times 55744^{0.6} \times 0.70^{0.4} = 46.9[W/(m^2 \cdot K)]$$

$$\alpha_3 = 1.124 \times 0.290 \times \frac{0.0267}{0.089} \times 55744^{0.6} \times 0.70^{0.4} = 59.7[W/(m^2 \cdot K)]$$

因为第三列以后的对流传热系数不变,每根管子的传热面积也不变,故:

$$\alpha_m = \frac{\alpha_1 + \alpha_2 + 8 \times \alpha_3}{10} = 55.96[W/(m^2 \cdot K)]$$

(三)自然对流传热系数

自然对流是流体密度差异而引起的,流体的运动与壁面的形状有关。当壁面垂直安置时,根据壁面与主体流体间的温度差而有不同的流型。温差大时(从而 Gr 值大),流体以湍流为主;温差小时,以层流为主。但即使是湍流的情形,从平壁下缘开始的一段高度内仍存在层流层。因此,平壁局部表面传热系数对不同高度处是不相同的。开始时,由于层流膜逐渐增厚,表面传热系数随高度逐渐减小。在层流边界层向湍流边界层过渡时,表面传热系数就逐渐变大。然后又保持不变。当壁面水平放置时,对流传热系数显然不会有上述的变化。而当自然对流传热发生在有限空间即壁面间距离较小时,壁面附近的流体之间会互相干扰,发生内部环流。环流的高度决定于壁面间的距离、流体的种类和对流过程的强弱。

自然对流的对流传热系数仅与反映自然对流的 Gr 数和 Pr 数有关,其一般关系式为:

$$Nu = C(GrPr)^n \qquad (4-60)$$

式中 C 和 n 由实验确定。实验结果表明,C 和 n 可由 Gr 和 Pr 的乘积确定,它们间的关系见表4-6。

在使用式(4-60)时应注意下面几点:

①定性尺寸 l 的选择　对水平圆管,定性尺寸取圆管的外径 d_o,对于垂直管或垂直板,定性尺寸取管长或板高 L。

②定性温度取壁温 t_w 和流体平均温度 t_m 的算术平均值。

③Gr 数中的 Δt 取壁温与流体的温度差。

表4-6	式(4-60)中的 C 和 n 值	
$GrPr$	C	n
$1 \times 10^{-3} \sim 5 \times 10^2$	1.18	1/8
$5 \times 10^2 \sim 2 \times 10^7$	0.54	1/4
$2 \times 10^7 \sim 1 \times 10^{13}$	0.135	1/3

[例4-7]一竖直蒸汽管,管径为 $\varphi152mm \times 4.5mm$,管长为4m,若管外壁温度为110℃,周围空气温度为20℃,试计算该管单位时间内散失的热量。

解:定性温度 $t_m = (110+20)/2 = 65$℃。对理想气体,体积膨胀系数 $\beta = 1/T$,T 为热力学温度。

故 $$\beta = 1/(273+65) = 0.00295$$

65℃时空气的物性为:$c_p = 100.5$ J/(kg·K),$\lambda = 0.02928$ W/(m·K),$\nu = \mu/\rho = 1.95 \times 10^{-5}$ m²/s,$\rho = 1.076$ kg/m³

可得:
$$Pr = \frac{c_p \mu}{\lambda} = \frac{c_p \nu \rho}{\lambda} = \frac{100.5 \times 19.5 \times 10^{-6} \times 1.076}{0.02928} = 0.72$$

$$Gr = \frac{\beta g \Delta t l^3}{\nu^2} = \frac{2.95 \times 10^{-3} \times 9.81 \times (110-20) \times 4^3}{(19.5 \times 10^{-6})^2} = 4.38 \times 10^{11}$$

$$PrGr = 0.72 \times 4.38 \times 10^{11} = 3.15 \times 10^{11}$$

查表4-6得:$C = 0.135$　$n = 1/3$

$$\alpha = 0.135 \frac{\lambda}{d}(Gr \cdot Pr)^{1/3} = 0.135 \frac{0.02928}{4} \times (3.15 \times 10^{11})^{1/3} = 6.67 [W/(m^2 \cdot K)]$$

$$Q = \alpha S \Delta t = 6.67 \times 0.152 \times 4 \times (110-20) = 1146(W)$$

四、流体有相变时的对流传热系数

蒸汽遇冷冷凝,液体受热沸腾,都是有相变化的传热过程,工业上的制冷及蒸发浓缩等过程都是冷凝传热和沸腾传热的过程。

(一)蒸汽冷凝时的对流传热系数

蒸汽与低于其饱和温度的壁面接触时,将放出潜热而冷凝成液体。冷凝的方式有两种,一为膜状冷凝,一为滴状冷凝。

膜状冷凝是指冷凝液体能够润湿壁面,在壁面上展开成膜的冷凝过程。膜状冷凝时,壁面上存在一层液膜,冷凝所放出的热量必须穿过液膜才能传递到壁面上,液膜层就成为壁面与蒸汽间传热的主要热阻。由于冷凝液会藉重力沿管壁往下流,故液膜越往下越厚,对流传热系数也随着降低。如果壁面有足够的高度且冷凝量较大,则壁下部液膜会出现冷凝液的湍流流动,对流传热系数复又增加。

如果冷凝液不能完全润湿壁面,则会在壁面上形成一个个小液滴,且不断地成长变大,在非水平壁面上受重力作用而沿壁滚下。在下滚的过程中,一方面汇合遇到的液滴,合并成更大的液滴,一方面扫清沿途所有的液滴,使壁面重新暴露在蒸汽中,这种冷凝方式称为滴状冷凝。滴状冷凝时没有完整的液膜的阻碍,热阻很小,其对流传热系数约为膜状冷凝的5~10倍甚至更高。

在工业生产过程中所遇到的冷凝过程多为膜状冷凝过程,即使是滴状冷凝,也因大部分壁面在蒸汽中暴露一段时间之后,会被冷凝液所润湿,很难维持滴状冷凝的状况。所以工业上冷凝器的设计均按膜状冷凝处理。

1. 蒸汽在水平管外冷凝

蒸汽在水平管外冷凝时的对流传热系数可用下式计算

$$\alpha = 0.725 \left(\frac{r\rho^2 g\lambda^3}{n^{2/3}\mu d_o \Delta t} \right)^{1/4} \tag{4-61}$$

式中　r——蒸汽冷凝潜热(汽化潜热),取饱和温度 t_s 下的数值,J/kg;

　　　n——水平管束在垂直列上的管子数,若单根水平管,则 $n=1$。

式中的 $\Delta t = t_s - t_w$,密度、热导率和黏度均取冷凝液的物性值,冷凝液膜的定性温度取蒸汽饱和温度和壁面温度的算术平均值,又称膜温,即 $t_m = (t_s + t_w)/2$,特征尺寸取管子的外径 d_o。

2. 蒸汽在垂直管外(或垂直板上)冷凝

当蒸汽在垂直管外(或垂直板上)冷凝时,其对流的传热系数与壁下部的流动状况有关,决定冷凝液膜的层流或湍流的数值仍为 Re 数。对冷凝系统而言,Re 数的定义为:

$$Re = \frac{d_e(u\rho)}{\mu} = \frac{\frac{4S}{l}\frac{W}{S}}{\mu} = \frac{4\frac{W}{s}}{\mu} = \frac{4M}{\mu} \tag{4-62}$$

式中　d_e——当量直径,m;

　　　S——冷凝液的流通面积,m^2;

　　　l——冷凝液的湿润周边,m;

　　　W——冷凝液的质量流量,kg/s;

　　　M——冷凝负荷,即单位长度上冷凝液的质量流量,kg/(m·s)。

当 $Re < 2100$ 时,液膜的流动为层流,其对流传热系数可用下式计算:

$$\alpha = 1.13 \left(\frac{r\rho^2 g\lambda^3}{\mu l \Delta t} \right)^{1/4} \tag{4-63}$$

当 $Re > 2100$ 时,液膜的流动为湍流,其对流传热系数计算式为:

$$\alpha = 0.068 \left(\frac{r\rho^2 g\lambda^3}{\mu l \Delta t} \right)^{1/3} \tag{4-64}$$

在式(4-63)和式(4-64)中,定性尺寸皆取垂直管长或板高,物性为冷凝液的物性,定性温度仍取膜温。

由式(4-63)和式(4-64)可以看出,在层流时 α 随 Re 的增加而减小,而在湍流时 α 则

随 Re 的增加而增大,在 $Re = 2100$ 时为最小。

[例 4 - 8]压强为 98.1kPa 的饱和水蒸气在 $\varphi 33.5\text{mm} \times 3.25\text{mm}$ 的水平钢管外冷凝,管外壁温度为 95℃,试求蒸汽冷凝时的对流传热系数。

解:$p_s = 98.1\text{kPa}$,$t_s = 99.1$℃,冷凝液膜的平均温度为:$t_m = (99.1 + 95)/2 = 97.05$℃

水在 97℃ 时的物性数据为:$\rho = 960.5\text{kg/m}^3$,$\lambda = 0.6814\text{W}/(\text{m} \cdot \text{K})$,$\mu = 29.22 \times 10^{-5}\text{Pa} \cdot \text{s}$;$t_s = 99.1$℃ 时,$r = 2266 \times 10^3 \text{J/kg}$;$\Delta t = 99.1 - 95 = 4.1$℃

$$\alpha = 0.725 \left(\frac{r\rho^2 g\lambda^3}{n^{2/3}\mu d_o \Delta t}\right)^{1/4} = 0.725 \left(\frac{2266 \times 10^3 \times 960.5^2 \times 9.81 \times 0.6814^3}{29.22 \times 10^{-5} \times 0.0335 \times 4.1}\right)^{1/4} = 14500\left[\text{W}/(\text{m}^2 \cdot \text{K})\right]$$

3. 影响冷凝传热的其它因素

(1)蒸汽的流速和流动方向　蒸汽具有一定的流速,蒸汽的流动会在气液界面上产生摩擦,若蒸汽与液膜的流向相同,这种摩擦会加速液膜的流动,使液膜减薄,传热加快,但若蒸汽的流速小于 10m/s,这种影响可以忽略。当蒸汽流速达到 40 ~ 50m/s 时,对流传热系数可提高 30% 左右。若蒸汽与液膜的流向相反,则液膜的流动因受阻而变厚,使对流传热系数下降,若蒸汽的流速很高,将液膜吹离壁面,对流传热系数则大大增加。

(2)不凝性气体　蒸汽中含有不凝气体时,即使含量极微,也会对冷凝传热产生十分有害的影响。例如,当水蒸气中含有 1% 的空气时,冷凝对流传热系数可降低 60% 左右。不凝气体通常是锅炉给水除气不彻底而带入的空气,也会是溶液生产过程所产生的其它不凝性气体,这些不凝性气体会在液膜外侧积聚而形成一层气膜,蒸汽必须先以扩散的方式穿过此气膜才能到达液膜,进行冷凝,因而热阻增大,对流传热系数下降。因此,在冷凝器的操作中,及时排除不凝性气体至关重要。

(3)过热蒸汽　当蒸汽为过热时,壁面附近的蒸汽要在气相下先冷却到饱和温度,然后才在壁面上冷凝,可见此时的冷凝传热实际上是冷却和冷凝这两个过程的组合。在冷却过程中,蒸汽内产生温度梯度并向液膜传递显热,但这部分热量与总热量相比很小,同时又因蒸汽冷凝时体积急剧缩小,过热蒸汽急速冲向液面,因此,过热蒸汽的冷凝与饱和蒸汽的冷凝差别很小,仍按饱和蒸汽冷凝进行处理。

(4)冷凝面的高度、布置方式及结构　对垂直壁面,沿冷凝液流动方向的尺寸增大,沿途液膜逐步增厚,会降低其对流传热系数。只有在很长的垂直壁面的下部才可能进入湍流,使对流传热系数上升。为了强化传热,可以采用某些改变壁面形状的措施,如在垂直壁面上开若干纵向沟槽,使冷凝水沿沟槽流下,以达到减薄冷凝液膜,提高对流传热系数的目的。

对于水平布置的管束,从上部的管排流下的冷凝液会使下面管排壁面上的液膜加厚,造成对流传热系数下降。为此,可采用错列的方式,或安装除去冷凝液的挡板。

(二)液体沸腾时的对流传热系数

工业上经常需要将液体加热使之沸腾蒸发,如锅炉中把水汽化成水蒸气、蒸发器将溶液蒸发浓缩,都属于沸腾传热。工业的液体沸腾分两种情况:一是大容积沸腾(或称池内沸腾),一是管内流动沸腾。

1. 大容积饱和沸腾

液体的主体温度达到饱和温度 t_s,加热壁面的温度 t_w 高于饱和温度所发生的沸腾称为饱和沸腾。液体被加热沸腾时,气泡只在加热面上某些粗糙不平的点上发生,这些点称为汽化中心。气泡生成后,由于壁温较高,液体温度也略高于气泡内温度,传入的热量继续使气泡周围的液体汽化,因此气泡在脱离加热面后,会长大到一定的程度。在气泡上升的过程中,或表面破裂,或在消失之前上升到液体表面。当一批气泡脱离加热面后,另一批新的气泡又在不断形成。气泡的不断形成、长大、脱离引起了受热面附近液层的剧烈扰动,故液体沸腾时的对流传热系数比无相变时的对流传热系数要大得多。在一定的范围内,t_s 与 t_w 相差越大,沸腾越激烈,沸腾时的对流传热系数亦越大。大容积沸腾过程的 Δt(t_w 与 t_s 之差)与沸腾对流传热系数的关系,称为沸腾曲线,如图 4－7 所示。

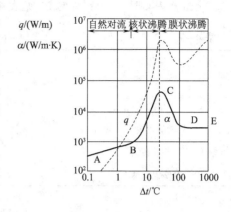

图 4－7　常压下水沸腾时 α 与 Δt 的关系

沸腾曲线可以分为 3 个区域:

(1)自然对流区　曲线的 AB 段,为自然对流区。在接近加热表面的位置,液体稍微过热,故只有少量的汽化核心产生。这时,气泡少,长大的速度也慢,受热面附近的液层受到的骚扰也不大,因此热量的传递以自然对流为主。对流传热系数随温度差的增加而增加。

(2)核状沸腾区　BC 段为核状沸腾区或泡核沸腾区。随着温度差的加大,汽化核心数目增加,气泡长大的速度急速增快,对液体产生强烈的搅拌作用,造成对流传热系数随温度差的增加而显著增加。

(3)膜状沸腾区　CD 段为膜状沸腾区。由于温差继续增大,气泡的形成过快,充满了加热体的表面,阻止了新的液体取代其位置而与加热面接触。此时气泡破裂连成一片,形成了蒸汽薄膜,覆盖在加热体的表面。热量在传导到液体之前,必须通过此薄膜。由于蒸汽的热导率很小,从而使传热困难,对流传热系数急剧下降。

在膜状沸腾区的 D 点之后,Δt 继续增大,加热面的温度进一步提高,则热辐射的影响愈来愈显著,对流传热系数也随之升高。

由核状沸腾转化为膜状沸腾的温度差称为临界温度差。工业上的沸腾多维持在核状沸腾状态,应注意控制温度差不能超过临界温度差,否则会导致对流传热系数急剧下降。泡核沸腾的主要特点是气泡在加热面上形成和发展,并脱离表面而上升。因此,凡是影响气泡生成强度的因素,均能影响沸腾对流传热系数。

气泡生成强度与液体的物理性质有密切关系,主要的性质是液体与蒸汽的界面张力和液体润湿加热面的能力。表面张力愈小,润湿能力愈大,则气泡生成的强度亦愈大。同时,气泡生成强度还与热流密度、液体密度和热导率等有关,对流传热系数将随这些量的增大而升高。气泡生成强度还与表面的材质、粗糙度和污染情况有关。不同的材质和水的接触角是不同的;光滑表面的对流传热系数小于粗糙表面,因为粗糙面孔膜多,因而汽化核心增多。此外,气泡生成强度还与外界压强有关。在同一 Δt 下,压强增加时,由于汽化核心数增加,虽然气泡平均成长速度降低,对流传热系数还是增加的。

关于沸腾对流传热系数的计算,目前的认识还很肤浅,通常使用的有纯经验式或特征数关系式两种,但都不够完善。下面介绍的是经验式:

$$\alpha = A\Delta t^{2.5} B^{t_s} \tag{4－65}$$

式中　t_s——蒸汽的饱和温度,℃。

当 $\Delta t < 19℃$ 时，a' 和 b' 为常数，见表 4 – 7。

表 4 –7	式(4 –65)中 a' 和 b' 的数值	
液体	a'	b'
水	−0.96	0.025
甲醇	−1.11	0.027
四氯化碳	−1.55	0.022
10%硫酸钠	−1.47	0.029
24%氯化钠	−2.43	0.031

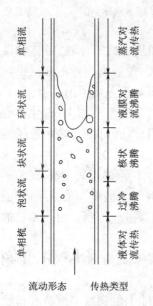

图 4 –8　竖管内液体沸腾示意图

2. 管内沸腾传热

图 4 – 8 所示为垂直管内液体沸腾过程中出现的流动形态和传热类型。液体在管内自下而上分为几个不同的流动形态和传热类型，液体从进入管内至产生气泡的这一段为单相液体的无相变对流传热过程；再往上升，液体开始产生气泡，但液体主体尚为达到饱和温度，处于过冷状态，称为过冷沸腾；继而，液体被加热到饱和温度，气泡汇合形成了块状流，进入了核状沸腾区；随着气化的继续进行，流体中的蒸汽含量增加，大气块进一步合并而在管中形成汽芯，进入环状流的形态，这一阶段的传热称为液膜对流沸腾；最后，环状液膜受热蒸发，逐渐变薄，直至液膜消失，进入干蒸汽的单相流动区。

在不同的区域，流体呈现不同的流动形态和传热类型，它们的对流传热系数也相差甚大，其中以液膜对流沸腾和核状沸腾区为最大。一条垂直的加热管子中不一定具有上述所有的各种流动形态和传热类型，因为这与管子下端口的液体温度、传热温差以及管子的长度等因素有关。

管内沸腾传热的典型例子是蒸发器内的传热，有关的对流传热系数计算式将在"蒸发"一节中介绍。

五、流化床中的对流传热

在食品工业中，流态化常用于加热、冷冻、干燥等过程，这些过程多半伴随着传热。而且由于流化床中粒子或微团之间产生剧烈的湍动，传递的强度常常很高，这是流态化技术应用广泛的主要原因。

(一)流化床中传热的特点

流化床的一个显著特征是它内部温度分布的均匀性。流化床内温度分布均匀性主要是由于：

(1)固体粒子的热容远较气体为大，因此，热惯性大；

(2)粒子剧烈运动，粒子与气体之间的热交换强度高；

（3）剧烈的沸腾运动所产生的对流混合,消灭了局部热点和冷点。

尽管流化床的传热强度很高,在靠近床壁处仍存在一定厚度的流体膜,传热阻力主要集中于流体膜内。影响流体膜厚度的因素有靠近膜的固体粒子的运动速度和床层的密度。由于流化床内粒子的急剧骚动,使流体膜厚度显著减小,从而大大地提高了床壁与床层之间的对流传热系数。据实验测定,流化床的对流传热系数约为固定床的10倍,为空管的75~100倍。可见,流化床具有优越的传热性能。

在流化床中同时存在着如下三种形式的传热:

（1）流化床床层与床壁或物体表面之间的传热　处于剧烈运动中的整个床层,犹如沸腾液体,它向壁面或物体表面的传热过程包含着热传导、热对流及热辐射。

（2）固体颗粒与流体间的传热　床层中的固体颗粒与流体之间有着强烈的相对运动,热量借对流传热的方式在颗粒表面与流体间传递。

（3）固体颗粒相互间的传热　温度不同的粒子之间,因相互频繁地碰撞接触,以热传导的方式进行传热。因固体热导率高,故这种传热速率一般甚高,通常不是整个流化床传热的控制因素。

（二）流化床床层与床壁间的传热

床层与器壁间对流传热的机理和流体与固体表面间的对流传热相似。因为床内流体的剧烈运动,使靠器壁的薄膜变薄,故对流传热系数比单纯流体与固体壁间的对流传热系数为高。

在气－固体流化床中,固体颗粒在近壁处只有轴向向下的运动,而无径向的水平运动。当热量由固体壁传入床层时,先以传导方式通过薄膜,薄膜附近的粒子获得热量成热粒子。热粒子又因靠壁处的气流速度慢而向下作沉降运动,最后到达底部,与进入的冷流体混合达到平衡,而后又与进入的流体一起沿中心上升至顶部,又向器壁运动,形成一大循环。

颗粒之所以沿器壁向下运动,主要由于近器壁处的流体是速度缓慢的层流层。在向下作沉降运动时,还受靠器壁层流区、缓冲区流体介质运动的影响,其下降运动不完全是自由落体运动,而是一种不规则的运动。一般颗粒运动的速度约0.03~0.05m/s,并随中心主流流速而变。由于颗粒的不规则运动,撞击、摩擦边界,使薄膜变薄,同时又作为固体载热体而直接带走热量,故大大提高了床壁与床层之间的对流传热系数。

由上述可见,床层与器壁之间的传热机理远较一般流体对流传热机理复杂,因此影响传热的因素也较多,除辐射效应一般忽略不计外,流体的性质（如密度、黏度、比定压热容、热导率）、颗粒的性质（如直径、密度、球形度、比定压热容、热导率）、临界流化条件、流动条件（流速、空隙率）、几何特征（床层直径、静止床层高度、传热面长度）等均有影响。许多研究者进行了大量实验,并将实验数据整理成特征数方程。例如,列文斯比尔－沃尔顿关联式为:

$$\frac{\alpha d_p}{\lambda} = 0.6\left(\frac{d_p u \rho}{\mu}\right)^{0.3}\left(\frac{c_p \mu}{\lambda}\right) \tag{4-66}$$

实验以玻璃珠、煤、催化剂为流化颗粒,粒度范围为0.15~4.34mm,以空气为流化介质,所用的容器直径为0.103m。

（三）流化床中固体颗粒与流体间的传热

固体颗粒与周围介质之间的对流传热机理完全与前几节所述的对流传热相同。实验证明,只有在分布板上面附近的区域内（大约25mm左右）才存在温度差,气－固之间传热主要集中在此区域内进行,在此区域外可视为温度均匀。这主要是由于在这个区域内部颗粒与气体间的传热速率极高,这样高的传热速率并不是因为气－固之间的对流传热系数很高,而是因为流体与颗粒间具有很大的接触表面积。对流传热系数一般不超过 5.81 ~ 227W/(m² · K)的范围,而 1m³ 床层的接触表面积则往往可达 3280 ~ 49200m²。

对颗粒与流体间的传热问题的研究,由于不易测出固体颗粒的温度等困难,而显得不够成熟。下面介绍沃尔顿等人提出的关联式:

$$\frac{\alpha d_p}{\lambda} = 0.0028 \left(\frac{d_p u \rho}{\mu}\right)^{1.7} \left(\frac{d_p}{D}\right)^{-0.2} \tag{4-67}$$

第四节 辐 射 传 热

一、基 本 概 念

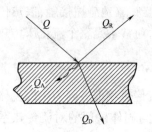

图 4 - 9 辐射能的吸收、反射和透过

不直接接触的两物体可以不依赖其间的任何介质而传递辐射热量,通常把物体发射辐射能以及辐射能的传播统称为辐射。自然界中凡是温度高于绝对零度的物体,都会不停地向四周发射辐射能。辐射能是以电磁波的形式发射并进行传播的,电磁波的波长范围极广,但是具有实际意义的是波长范围为 0.4 ~ 20 μm,包括波长范围为 0.4 ~ 0.8 μm 的可见光线和波长范围为 0.8 ~ 20 μm 的红外光线,它们统称为热射线。当热射线与另一物体相遇时则可被吸收、反射和透过。其中被吸收的部分可以转化为热能,见图 4 - 9。根据能量守恒定律,有:

$$Q_A + Q_R + Q_D = Q \tag{4-68}$$

即

$$\frac{Q_A}{Q} + \frac{Q_R}{Q} + \frac{Q_D}{Q} = 1$$

或

$$A + R + D = 1 \tag{4-69}$$

式中,A、R 和 D 分别为物体的吸收率、反射率和透过率。

当 $A = 1$,$R = D = 0$ 时,表明辐射能全部被吸收。能全部吸收辐射能的物体称为黑体。自然界并不存在绝对的黑体,但某些物体十分接近于黑体,例如没有光泽的黑墨表面,其吸收率 $A \approx 0.96 \sim 0.98$。

当 $R = 1$,$A = D = 0$ 时,表明辐射能全部被反射。能全部反射辐射能的物体称为镜体。自然界也不存在绝对镜体,有一些物体接近于镜体,例如表面抛光的铜,其反射率 $R = 0.97$。

当 $D = 1$,$A = R = 0$ 时,表明辐射能全部透过物体,这类物体称为透热体,例如对称双原子的气体 O_2、N_2、H_2 等都是透热体。

工业上常见的物体被称作"灰体",灰体能部分地吸收发射来的热射线,其余的则反射回去,即 $A + R = 1$。固体材料的反射率和吸收率的大小取决于物体的性质、温度和表面状况。

二、斯忒藩 - 玻耳兹曼定律与物体的辐射能力

单一波长的辐射称为单色辐射,实际辐射线中包含了各种波长的辐射。单位面积物体

在单位时间内发射的辐射能称为物体的辐射力,单位为 W/m^2,如果辐射是单色的,则称为光谱辐射力或单色辐射力。当物体表面温度 T 一定时,光谱辐射力仅与波长 λ 有关。黑体光谱辐射力与波长间的关系用普朗克(Plank)定律描述:

$$E_{b\lambda} = \frac{c_1 \lambda^{-5}}{e^{c_2/(\lambda T)} - 1} \tag{4-70}$$

式中 c_1——第一辐射常量,其值为 $3.742 \times 10^{-16} W \cdot m^2$;

c_2——第二辐射常量,其值为 $1.4387 \times 10^{-2} m \cdot K$。

根据式(4-70)可以标绘 $E_{b\lambda}$ 与 λ 的关系曲线,曲线有一最高值,表示在给定温度下的最大辐射能力,对应的波长即为热效应最大的波长。研究表明此波长在 $0.4 \sim 20 \ \mu m$,因此此范围内的射线称为热射线。

将式(4-70)积分,即得到黑体辐射力 E_0 与其表面的热力学温度 T 的关系:

$$E_b = \sigma_0 T^4 \tag{4-71}$$

式中 σ_0——斯忒藩 – 玻耳兹曼常量,又称黑体辐射常数,$\sigma_0 = 5.669 \times 10^{-8} W/(m^2 \cdot K^4)$。

式(4-71)称为斯忒藩 – 玻耳兹曼定律,它表明,黑体辐射力与其表面的热力学温度的 4 次方成正比。在实际的应用中,式(4-71)常写成:

$$E_b = C_0 \left(\frac{T}{100}\right)^4 \tag{4-72}$$

式中 C_0——黑体辐射系数,$C_0 = 5.669 W/(m^2 \cdot K^4)$。

在相同的温度下,实际物体的辐射力 E 恒小于黑体辐射力 E_b。为了描述不同物体的辐射力的差异,通常以黑体辐射力 E_b 作为基准,引进物体黑度 ε 的概念,定义为:

$$\varepsilon = E/E_b \tag{4-73}$$

E 为实际物体的辐射力,黑度 ε 即为实际物体的辐射力与同温度下的黑体辐射力之比。它表示实际物体的辐射能力接近于黑体的程度。

灰体的辐射力同样可以用黑度 ε 来表征,由式(4-71)和式(4-72)得灰体的辐射力的表达式为:

$$E = \varepsilon C_0 \left(\frac{T}{100}\right)^4 \tag{4-74}$$

或

$$E = C \left(\frac{T}{100}\right)^4 \tag{4-75}$$

式中 C——灰体辐射系数。某些工业材料的黑度见表4-8。

表4-8 常用工业材料的黑度值

材料	温度 $t/℃$	黑度 ε	材料	温度 $t/℃$	黑度 ε
红砖	20	0.93	铜(氧化的)	200～600	0.57～0.87
钢板(氧化的)	200～600	0.8	铜(磨光的)	–	0.03
钢板(磨光的)	940～1100	0.55～0.61	铝(氧化的)	200～600	0.11～0.19
铸铁(氧化的)	200～600	0.64～0.78	铝(磨光的)	225～575	0.039～0.057
耐火砖	–	0.8～0.9			

三、克希霍夫(Kirchoff)定律

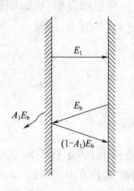

图 4 - 10　克希霍夫定律的推导

灰体的辐射力与吸收比之间的关系如图 4 - 10 所示。设有两个非常接近的平面 Ⅰ 与 Ⅱ,Ⅰ 为灰体,Ⅱ 为黑体。以单位时间单位面积为基础,灰体和黑体的吸收率、辐射力以及绝对温度分别为 A_1、E_1、T_1 和 A_0($=1$)、E_b、T_2,且 $T_1 >T_2$。在 Ⅰ、Ⅱ 之间没有任何能够吸收辐射能的物质存在。这时,一个物体发射的辐射能完全被另一个物体所吸收或反射。在这些条件下,讨论两物体间的热量平衡。

灰体 Ⅰ 所发射的能量 E_1 投射到黑体 Ⅱ 上被完全吸收,而由黑体 Ⅱ 发射的能量 E_b 投射到灰体 Ⅰ 上则只能部分被吸收,即 A_1E_b 的能量被吸收,其余的部分,$(1 - A_1)E_b$ 被反射回去,仍落在黑体 Ⅱ 上又被黑体吸收,因此,两壁间热交换的结果,就灰体而言,发射的能量为 E_1,吸收的能量为 A_1E_0,其差额为($E_1 - A_1E_b$)。

当两壁间的辐射换热达到平衡时,即当 $T_1 = T_2$ 时,灰体所发射的辐射能必与其所吸收的辐射能相等,即:

$$E_1 = A_1E_b$$

或

$$\frac{E_1}{A_1} = E_b \tag{4 - 76}$$

若下标 i 代表任一灰体壁面,有

$$\frac{E_1}{A_1} = \frac{E_2}{A_2} = \frac{E_3}{A_3} = \cdots = \frac{E}{A} = E_b \tag{4 - 77}$$

此式称为克希霍夫定律。该式表明,任何物体的辐射力与其吸收率之比值恒等于同温度下的黑体辐射力,即:

$$E = AE_b = AC_0 \left(\frac{T}{100}\right)^4 \tag{4 - 78}$$

将式(4 - 78)与式(4 - 74)比较,得:

$$A = \varepsilon = \frac{E}{E_b} \tag{4 - 79}$$

上式说明在相同的温度下,物体的吸收率与黑度在数值上相等。如前所述,大多数工程材料可视为灰体,对于灰体,在一定的温度范围内,其黑度 ε 为一定值,故灰体的吸收率在一定的范围内亦为一定值。

四、两固体间的相互传热

工业上常遇见的两固体间的相互辐射传热,皆可视为灰体之间的热辐射。两固体间由于热辐射而进行热交换时,从一个物体发射出来的辐射能只能有一部分到达另一物体。而到达的这一部分由于要反射出一部分能量,所以不能全部吸收。同理,从另一物体反射回来的辐射能,亦只有一部分回到原物体。而返回的这一部分辐射能又部分的反射和部分的吸收。这种过程将继续反复进行。当然,经过多次反复后,继续被吸收或反射的能量将是微不

足道的,而总的结果是能量从高温物体转向低温物体。事实上,两固体之间的辐射传热不仅和两固体的吸收率、反射率、形状和大小有关,而且与两者间的距离和相互位置有关。

以两面积很大而相互平行的灰体平板间的辐射传热为例,见图 4 - 11。若两板间为透热体,而且从一板发射出的辐射能全部投射在另一板上,由于两板都是灰体,故 $A + R = 1$。

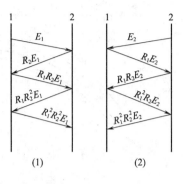

图 4 - 11　平行灰体平板间的辐射

假设从板 1 发射出辐射能 E_1,到达板 2 后被吸收了 A_2E_1,其余部分 R_2E_1 被反射到板 1。这部分辐射能又被板 1 吸收和发射,如此无穷往返进行。直到被完全吸收为止。从板 2 发射出的辐射能也经历同样的过程。两板间单位时间内、单位面积上净的辐射传热量为两板的辐射总能量之差:

$$Q_{1-2} = E_1A_2(1 + R_1R_2 + R_1^2R_2^2 + \cdots) - E_2A_1(1 + R_1R_2 + R_1^2R_2^2 + \cdots)$$

式中的 $(1 + R_1R_2 + R_1^2R_2^2 + \cdots)$ 为一无穷级数,它等于 $1/(1 - R_1R_2)$,故:

$$Q_{1-2} = \frac{E_1A_2 - E_2A_1}{1 - R_1R_2} = \frac{E_1A_2 - E_2A_1}{1 - (1 - A_1)(1 - A_2)} = \frac{E_1A_2 - E_2A_1}{A_1 + A_2 - A_1A_2} \qquad (4-80)$$

再将式(4 - 78)和式(4 - 79)代入式(4 - 80),得:

$$Q_{1-2} = \frac{C_0}{\dfrac{1}{\varepsilon_1} + \dfrac{1}{\varepsilon_2} - 1}S\left[\left(\frac{T_1}{100}\right)^4 - \left(\frac{T_2}{100}\right)^4\right] = C_{1-2}S\left[\left(\frac{T_1}{100}\right)^4 - \left(\frac{T_2}{100}\right)^4\right] \qquad (4-81)$$

式中　C_{1-2}——总辐射系数,W/(m² · K⁴)。

当两壁面的大小与其距离相比不够大时,一壁面发出的辐射能可能只有一部分到达另一壁面。为校正此影响,引入几何因素(角因素)ϕ。于是式(4 - 81)成为:

$$Q_{1-2} = C_{1-2}\varphi S\left[\left(\frac{T_1}{100}\right)^4 - \left(\frac{T_2}{100}\right)^4\right] \qquad (4-82)$$

总辐射系数 C_{1-2} 及角系数 ϕ 的数值需由物体黑度、形状、距离和相互位置而定。表 4 - 9 所示为几种简单情况下的角系数和总辐射系数的确定方法。

表 4 - 9　　　　　　　　角系数和总辐射系数的计算方法

序号	辐射情况	面积 S	角系数 ϕ	总辐射系数 C_{1-2}
1	极大的两平行面	S_1 或 S_2	1	$\dfrac{C_0}{\dfrac{1}{\varepsilon_1} + \dfrac{1}{\varepsilon_2} - 1}$
2	面积有限的两相等平行面	S_1	< 1	$\varepsilon_1 \cdot \varepsilon_2 \cdot C_0$
3	很大的物体 2 包住物体 1	S_1	1	$\varepsilon_1 \cdot C_0$
4	物体 2 恰好包住物体 1 $S_2 \approx S_1$	S_1	1	$\dfrac{C_0}{\dfrac{1}{\varepsilon_1} + \dfrac{1}{\varepsilon_2} - 1}$
5	在 3、4 两种情况之间	S_1	1	$\dfrac{C_0}{\dfrac{1}{\varepsilon_1} + \dfrac{S_1}{S_2}\left(\dfrac{1}{\varepsilon_2} - 1\right)}$

从表4-9可以看出,当两个面积有限的两相等平行面相互辐射时,其辐射热交换的角系数 <1,具体的数值由图4-12确定。

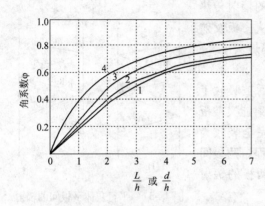

图4-12 平行面间直接辐射热交换的角系数

图4-12的横坐标符号中 L 和 d 代表平行面的边长(长方形用短的边长)和直径,h 为两平行面之间的距离。各条曲线适用于不同形状的辐射面。1为圆盘形,2为正方形,3长方形(边之比为2:1),4为长方形(狭长)。

[例4-9]有一外径为0.1m的表面已被氧化的生铁管,其温度为400℃,插入一截面为0.2m×0.2m的耐火砖烟道中。烟道内壁温度为1000℃。试求管与耐火砖壁间每米管长热辐射的热量。

解: $Q_{1-2} = C_{1-2}\varphi S_1 \left[\left(\dfrac{T_1}{100} \right)^4 - \left(\dfrac{T_2}{100} \right)^4 \right]$

每米铁管外表面积 $\quad S_1 = \pi dL = 3.14 \times 0.1 \times 1 = 0.314 (\text{m}^2)$

每米耐火砖内表面积 $\quad S_2 = 4 \times 0.2 \times 1 = 0.8 (\text{m}^2)$

查表得:生铁管 $\varepsilon_1 = 0.7$　耐火砖 $\varepsilon_2 = 0.85$

生铁管被烟道所包围,角系数 ϕ 及总辐射系数 C_{1-2} 属于表4-9中序号5的情况,故 $\phi = 1$。

$$C_{1-2} = \frac{C_0}{\dfrac{1}{\varepsilon_1} + \dfrac{S_1}{S_2} \left(\dfrac{1}{\varepsilon_2} - 1 \right)} = \frac{5.669}{\dfrac{1}{0.7} + \dfrac{0.314}{0.8} \times \left(\dfrac{1}{0.85} - 1 \right)} = 3.71 [\text{W}/(\text{m}^2 \cdot \text{K}^4)]$$

$$Q = 3.71 \times 1 \times 0.314 \times \left[\left(\frac{273 + 400}{100} \right)^4 - \left(\frac{273 + 1000}{100} \right)^4 \right] = -28.2 [\text{kW}]$$

负号表示生铁管从耐火砖烟道壁吸收热量。

[例4-10]车间内有一高为0.5m,宽为0.5m的铸铁炉门,其温度为800℃,室内温度为30℃。试求:(1)每小时由炉门辐射而散失的热量;(2)若在炉门前100mm处同等大小的已氧化的铝板作为隔热屏,则散热可减少若干。

解:(1)未用铝板作为隔热屏时,铸铁炉门为四壁所包围,$\phi = 1$,$C_{1-2} = \varepsilon_1 C_0$。由表4-8查得 $\varepsilon_1 = 0.78$,于是有:$C_{1-2} = \varepsilon_1 C_0 = 0.78 \times 5.669 = 4.42 [\text{W}/(\text{m}^2 \cdot \text{K}^4)]$

炉门辐射散失的热量为:

$$Q = C_{1-2}\varphi S_1 \left[\left(\frac{T_1}{100} \right)^4 - \left(\frac{T_2}{100} \right)^4 \right] = 4.42 \times 1 \times 0.5 \times 0.5 \times \left[\left(\frac{273 + 800}{100} \right)^4 - \left(\frac{273 + 30}{100} \right)^4 \right] = 14554 (\text{W})$$

(2)放置铝板后,炉门的辐射散热量可视为炉门对铝板的辐射传热量,也等于铝板对周围的辐射散热量,依然用下标1表示炉门,下标3表示铝板,下标2表示铝板与四周有:

$$Q_{1-3} = C_{1-3}\varphi_{1-3} S_1 \left[\left(\frac{T_1}{100} \right)^4 - \left(\frac{T_3}{100} \right)^4 \right]$$

$$Q_{3-2} = C_{3-2}\varphi_{3-2} S_3 \left[\left(\frac{T_3}{100} \right)^4 - \left(\frac{T_2}{100} \right)^4 \right]$$

$$Q_{1-3} = Q_{3-2}$$

先考虑炉门对铝板的辐射传热量。因 $S_1 = S_3$,由表4-9查得 $C_{1-3} = \varepsilon_1 \varepsilon_3 C_0$,并由表4-

8 查得 $\varepsilon_1 = 0.78$，$\varepsilon_3 = 0.15$。得：

$$C_{1-3} = 0.78 \times 0.15 \times 5.669 = 0.663 [W/(m^2 \cdot K^4)]$$

又因 $\dfrac{L}{h} = \dfrac{500}{100} = 5$，从图 4-12 中查得 $\phi_{1-3} = 0.64$，所以有：

$$Q_{1-3} = 0.663 \times 0.64 \times 0.025 \times \left[\left(\frac{273+800}{100} \right)^4 - \left(\frac{T_3}{100} \right)^4 \right]$$

再考虑铝板对四周的辐射传热量。由于 $S_2 > > S_3$，由表 4-9 得：

$$\phi_{3-2} = 1 \quad C_{3-2} = \varepsilon_3 C_0 = 0.15 \times 5.669 = 0.85 [W/(m^2 \cdot K^4)]$$

于是有

$$Q_{3-2} = 0.85 \times 1 \times 0.025 \times \left[\left(\frac{T_3}{100} \right)^4 - \left(\frac{273+30}{100} \right)^4 \right]$$

由 $Q_{1-3} = Q_{3-2}$，可解出： $T_3 = 818K$

将 T_3 的值代回前面的式子，得到放置铝板之后炉门的辐射散热量为：

$$Q_{1-3} = 0.663 \times 0.64 \times 0.025 \times \left[\left(\frac{273+800}{100} \right)^4 - \left(\frac{818}{100} \right)^4 \right] = 1405 (W)$$

为原来散热量的

$$\frac{1405}{14554} \times 100\% = 9.6\%$$

由上述的计算可见，设置隔热挡板是减少辐射散热量的有效方法。

五、高温设备的热损失

许多工业设备的外壁温度大于周围环境的大气温度，这些设备的表面以对流和辐射两种形式向环境大气散失热量。这些散失的热量等于对流传热与辐射传热两部分之和，分别计算出对流与辐射散失的热量便可求得总的散热量。

对流散失的热量：

$$Q_c = \alpha_c S_w (t_w - t) \tag{4-83}$$

辐射散失的热量：

$$Q_R = C_{1-2} \varphi S_w \left[\left(\frac{T_w}{100} \right)^4 - \left(\frac{T}{100} \right)^4 \right] \tag{4-84}$$

令 $\phi = 1$，将式（4-84）写成对流传热速率方程式：

$$Q_R = C_{1-2} \varphi S_w \left[\left(\frac{T_w}{100} \right)^4 - \left(\frac{T}{100} \right)^4 \right] \frac{t_w - t}{t_w - t} = \alpha_R S_w (t_w - t) \tag{4-85}$$

$$\alpha_R = \frac{C_{1-2} \left[\left(\frac{T_w}{100} \right)^4 - \left(\frac{T}{100} \right)^4 \right]}{t_w - t} \tag{4-86}$$

式中　α_c——空气的对流传热系数，$W/(m^2 \cdot K)$；

$\quad\quad \alpha_R$——辐射传热系数，$W/(m^2 \cdot K)$；

$\quad T_w$、t_w——设备外壁的热力学温度和摄氏温度，K 和℃；

$\quad\quad T$、t——周围环境的热力学温度和摄氏温度，K 和℃；

$\quad\quad S_w$——设备外壁面积，即散热的表面积，m^2。

壁面总的散热量为：$Q = Q_c + Q_R = (\alpha_c + \alpha_R) S_w (t_w - t) = \alpha_T S_w (t_w - t)$ $\qquad$ (4-87)

式中　α_T——对流－辐射联合传热系数，$\alpha_T = \alpha_c + \alpha_R$，$W/(m^2 \cdot K)$。

对于有保温层的设备，管道等外壁对周围环境散热的联合传热系数可用下列近似公式

估算:

(1)空气自然对流,且当 $t_w < 150℃$ 时,

平壁保温层外: $\qquad \alpha_T = 9.8 + 0.07(t_w - t)$ $\qquad\qquad$ (4-88)

管道及圆筒壁保温层外: $\qquad \alpha_T = 9.4 + 0.052(t_w - t)$ $\qquad\qquad$ (4-89)

(2)空气沿粗糙壁面强制对流

空气速度 $u \leqslant 5m/s$ 时 $\qquad \alpha_T = 6.2 + 4.2u$ $\qquad\qquad$ (4-90)

空气速度 $u > 5m/s$ 时 $\qquad \alpha_T = 7.8u^{0.78}$ $\qquad\qquad$ (4-91)

第五节　稳态传热过程的计算

实际的传热过程往往不是以单一的传热方式进行的,而是两种或三种传热方式的联合过程。例如,在上一节中所讨论的高温设备的热损失,实际上是对流和辐射的联合传热过程;间壁式换热器的换热过程,则是对流与热传导的联合传热过程。下面主要讨论间壁式换热器的换热过程。

一、稳态传热过程的计算方法

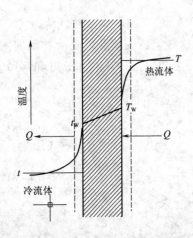

图4-13　固体壁两侧的流体传热

(一)间壁式换热器的传热方程

在生产过程中,冷热流体间的热传递多数是在间壁式的设备中进行的,它们间的热传递是对流与热传导的组合过程。图4-13所示为一固体壁面两侧冷热流体间的传热过程,T 代表高温流体的主体温度,t 代表低温流体的主体温度,T_w 和 t_w 则分别代表高温侧和低温侧的壁面温度。可见,两流体通过固体壁的传热包括了以下过程:

(1)高温流体以对流传热的形式将热量传给固体壁面;

(2)热量从固体壁高温的一侧以热传导的形式传递到低温的一侧;

(3)热量从低温一侧的固体壁面以对流传热的形式传递给低温流体。

由前面的讨论得知,高温流体一侧的对流传热量:

$$Q_1 = \alpha_1 S_1 (T - T_w) \qquad\qquad (4-92)$$

通过固体壁传导的热量:

$$Q_2 = \frac{\lambda S_m}{b}(T_w - t_w) \qquad\qquad (4-93)$$

低温流体一侧的对流传热量:

$$Q_3 = \alpha_2 S_2 (t_w - t) \qquad\qquad (4-94)$$

对于稳态传热,有: $\qquad\qquad Q_1 = Q_2 = Q_3 = Q \qquad\qquad (4-95)$

式中　α_1、α_2——高、低温流体的对流传热系数,$W/(m^2 \cdot K)$;

S_1、S_2——高、低温流体侧传热面积，m^2；

S_m——固体壁两侧的对数平均面积，m^2。

对式（4 – 92）、式（4 – 93）、式（4 – 94）进行整理并相加，得：

$$Q = \frac{T - t}{\frac{1}{\alpha_1 S_1} + \frac{b}{\lambda S_m} + \frac{1}{\alpha_2 S_2}}$$ （4 – 96）

将式（4 – 96）写成传热基本方程式：

$$Q = KS\Delta t$$ （4 – 97）

比较式（4 – 96）和式（4 – 97），有：

$$\frac{1}{KS} = \frac{1}{\alpha_1 S_1} + \frac{b}{\lambda S_m} + \frac{1}{\alpha_2 S_2}$$ （4 – 98）

式（4 – 98）表明，冷热两流体通过间壁进行传热的总热阻是串联的两个对流传热热阻与一个导热热阻之和。式中的 K 称为总传热系数，K 值的大小反映了设备的传热性能的高低。如果分别以 S_1、S_2、S_m 代表式（4 – 97）和式（4 – 98）中的 S，则可以得到以不同面积基准表示的总传热系数表达式。

当传热面为平面时，有 $S_1 = S_2 = S_m = S$，则有：

$$\frac{1}{K} = \frac{1}{\alpha_1} + \frac{b}{\lambda} + \frac{1}{\alpha_2}$$ （4 – 99）

或

$$K = \frac{1}{\frac{1}{\alpha_1} + \frac{b}{\lambda} + \frac{1}{\alpha_2}}$$ （4 – 100）

当传热面为管壁，但管壁较薄或管径较大时，即当 $d_外/d_内 < 2$ 时，可以近似取 $S_1 \approx S_2 \approx S_m$，即薄圆筒壁可以近似当成平壁计算。

当 $d_外/d_内 > 2$ 时，总传热系数与面积的选取有关。一般以管子的外表面积为基准进行计算，少数情况下以管子的内表面积作基准。而管壁的热阻一般较小，很少将其取为基准。

（二）污垢热阻

换热器经过一段时间的运行之后，流体介质中的可沉积物会在传热面上生成积垢层，有时传热面还会被流体腐蚀而形成垢层。

假设某传热面（近似有 $S_1 = S_2 = S_m = S$）在经过了一段时间的运行之后，在低温流体一侧的传热面上生成了厚度为 b' 的污垢层，垢层的热导率为 λ'，那么总热阻的表达式比式（4 – 100）多了一项积垢层的热阻，即：

$$\frac{1}{KS} = \frac{1}{\alpha_1 S} + \frac{b}{\lambda S} + \frac{b'}{\lambda' S} + \frac{1}{\alpha_2 S}$$ （4 – 101）

或

$$\frac{1}{K} = \frac{1}{\alpha_1} + \frac{b}{\lambda} + \frac{b'}{\lambda'} + \frac{1}{\alpha_2}$$ （4 – 102）

由于污垢层的热导率很小，因此即使污垢层的厚度不大，其热阻也很大，结果会导致总热阻明显增加。据资料介绍，锅炉水垢的热导率大约为 $0.6 \sim 2.3 W/(m \cdot K)$，甘蔗糖厂煮糖罐积垢的热导率大约为 $1.1 \sim 2.2 W/(m \cdot K)$。所以当这些垢层存在时，其热阻远大于金属壁的热阻。

事实上，污垢层的厚度是难于准确估计的，工程上在计算换热器的传热系数时，通常是选用污垢热阻的经验数值 R_s，见表 4 – 10。表 4 – 10 的数值仅仅是通常情况下流体污垢热阻的大致数值。如果换热器运行的时间太长,未能及时清洗,则真正的热阻会大大超过表中所列的数值。

表 4-10　　　　　　　　　　　　　　不同流体污垢的大致数值

流体种类	污垢热阻 $R[(m^2 \cdot K)/W]$	流体种类	污垢热阻 $R[(m^2 \cdot K)/W]$
水($u<1m/s,t<50℃$)		蒸气	
海水	0.0001	有机蒸气	0.0002
河水	0.0006	水蒸气(不含油)	0.0001
井水	0.00058	水蒸气废气(含油)	0.0002
蒸馏水	0.0001	制冷剂蒸气(含油)	0.0004
锅炉给水	0.00026	气体	
未处理的凉水塔用水	0.00058	空气	0.0003
经处理的凉水塔用水	0.00026	天然气	0.002
多泥沙的水	0.0006	压缩气体	0.0004
盐水	0.0004	焦炉气	0.002

高温流体一侧也会产生污垢。如果以 R_f 代表两侧污垢热阻之和,则式(4-102)可改写成:

$$\frac{1}{K} = \frac{1}{\alpha_1} + \frac{b}{\lambda} + R_f + \frac{1}{\alpha_2} \tag{4-103}$$

[例4-11]在列管式的换热器中用冷却水将某工艺气体从180℃冷却到60℃,气体走壳程,对流传热系数为40W/($m^2 \cdot K$)。冷却水走管程,对流传热系数为3000W/($m^2 \cdot K$)。换热管束由$\varphi25mm×2.5mm$的钢管组成,钢材的热导率为45W/($m \cdot K$)。若视为平面壁传热处理,气体侧的污垢热阻为$0.0004m^2 \cdot K/W$,水侧的污垢热阻为$0.00058m^2 \cdot K/W$。问换热器的总传热系数是多少?

解:气体对流传热的热阻 $R_1 = \dfrac{1}{\alpha_1} = \dfrac{1}{40} = 0.025 \ (m^2 \cdot K/W)$

冷却水对流传热的热阻$R_2 = \dfrac{1}{\alpha_2} = \dfrac{1}{3000} = 0.00033 \ (m^2 \cdot K/W)$

管壁导热热阻　　　$R = \dfrac{b}{\lambda} = \dfrac{0.0025}{45} = 0.000056 \ (m^2 \cdot K/W)$

总传热系数为:

$$K = \frac{1}{\dfrac{1}{\alpha_1} + R_{s1} + \dfrac{b}{\lambda} + R_{s2} + \dfrac{1}{\alpha_2}} = \frac{1}{0.025 + 0.0004 + 0.000056 + 0.00058 + 0.00033} = 37.92 \ [W/(m^2 \cdot K)]$$

要注意的是,随着污垢的增加,它对传热的影响会越来越大。因此,制定合理的定期清洗制度,将污垢的热阻限制在一个允许的数值之内是非常重要的。

[例4-12]在上例中,如果将冷却水的对流传热系数提高1倍,换热器的总传热系数有多大的变化?若冷却水的对流传热系数不变,而将工艺气体的对流传热系数提高1倍,总传热系数的变化又是多少?

解:(1)若冷却水的对流传热系数提高到6000W/(m²·K),其热阻 R_2 为:

$$R_2 = \frac{1}{\alpha_2} = \frac{1}{6000} = 0.000165 \ (\text{m}^2 \cdot \text{K/W})$$

$$K = \frac{1}{0.025 + 0.0004 + 0.000056 + 0.00058 + 0.000165} = 38.2 \ [\text{W}/(\text{m}^2 \cdot \text{K})]$$

总传热系数增加的百分数 $\dfrac{38.2 - 37.92}{37.92} \times 100\% = 0.7\%$

(2)若气体的对流传热系数提高到80W/(m²·K),其单位热阻 R_1 为:

$$R_1 = \frac{1}{\alpha_1} = \frac{1}{80} = 0.0125 \ (\text{m}^2 \cdot \text{K/W})$$

$$K = \frac{1}{0.0125 + 0.0004 + 0.000056 + 0.00058 + 0.00033} = 72.11 \ [\text{W}/(\text{m}^2 \cdot \text{K})]$$

总传热系数增加的百分数

$$\frac{72.11 - 37.92}{37.92} \times 100\% = 90.2\%$$

从例题的计算可见,由于冷却水对流传热的热阻比气体对流传热的热阻小,所以它不是主要热阻,其传热系数提高1倍对总传热系数的变化没有什么影响,只有0.7%。而由于气体的传热热阻是主要的热阻,其传热系数提高1倍使总传热系数提高了90.2%。这说明,改善传热的关键是准确判断和减少传热过程的主要热阻。

导热速率方程和对流传热速率方程是进行换热器传热计算的基本依据。根据前面介绍的知识,间壁式换热器的传热量可以用式(4-97)表示,如果传热温差不是常数,则用平均传热温差 Δt_m 代替式(4-97)中的 Δt,即:

$$Q = KS\Delta t_m \tag{4-104}$$

对于壁面没有污垢的单层间壁式换热器,其 KS 可以由式(4-98)表示,即:

$$\frac{1}{KS} = \frac{1}{\alpha_1 S_1} + \frac{b}{\lambda S_m} + \frac{1}{\alpha_2 S_2}$$

如果传热面上的某侧出现污垢,则上式的右边应加上一项污垢的导热热阻,如果换热面的两侧都出现污垢,则上式的右边应加上两项污垢的导热热阻。当间壁为平面时,无疑有 $S_1 = S_m = S_2$。当间壁为圆管壁时,如果管壁较薄或管径较大时,即当 $d_{外}/d_{内} < 2$ 时,也可以近似取 $S_1 = S_2 = S_m = S$。这时若传热壁面无污垢,有:

$$\frac{1}{K} = \frac{1}{\alpha_1} + \frac{b}{\lambda} + \frac{1}{\alpha_2}$$

总传热系数 K 是评价换热器性能的一个重要的参数,也是对换热器进行计算的依据。

(三)热负荷

换热器的传热量又称换热器的热负荷。如果换热器的保温良好,热损失可以忽略时,根据热量守恒原理,单位时间内热流体的放热量等于冷流体的吸热量,即:

$$Q = q_{m,h}(T_1 - T_2) = q_{m,c}(h_2 - h_1) \tag{4-105}$$

式中 $q_{m,h}$——流体的质量流量,kg/s;

h——流体的比焓,kJ/kg。

下标 h 和 c 分别表示热流体和冷流体,1 和 2 则分别表示进口和出口。若两流体均无相变,则可用流体的平均比热容来计算换热器的比焓:

$$Q = q_{m,h}c_{ph}(T_1 - T_2) = q_{m,c}c_{pc}(t_2 - t_1) \tag{4-106}$$

式中　c_p——流体的定压比热容,kJ/(kg·K);

　　　t——冷流体的温度,K 或℃;

　　　T——热流体的温度,K 或℃。

　　在实际的换热过程中,经常遇到流体发生相变的情形,这时的热负荷 Q 可以用下式表示:

$$Q = wr \tag{4-107}$$

式中　r——流体的气化潜热。

　　若发生相变的是热流体,一般只考虑流体放出的潜热,而不考虑流体冷凝成饱和液体后温度的进一步降低。

(四)总传热系数

　　前面已经介绍了总传热系数 K 的表达式,但实际上 K 的计算是很困难的,必须先计算出对流传热系数 α,而对流传热系数 α 的计算则要知道流体的物性参数、流动状态。同时,传热面两侧的壁温也难于准确测定。如果存在污垢层,K 值的计算就变得更为复杂。因此,工业换热器的总传热系数 K 通常是由实验确定。对于不同类型和不同介质的换热器,许多专业书籍和手册中均有必要的参考数值。表4-11所示为列管式换热器的总传热系数的参考数值。

　　对已有的换热器,可以通过测定有关的数据,如设备尺寸、流体的流量和温度等,然后由传热的基本方程式计算 K 值。这样得到的总传热系数 K 是最为可靠的。但是,只有在其使用与所测情况相一致的场合(包括设备类型、尺寸、物料性质、流动状况等)下才准确。若使用情况与测定情况相近,所测 K 值仍有一定的参考价值。

表4-11　　　　　　　列管式换热器总传热系数的参考数值

冷流体	热流体	总传热系数 $K/[\mathrm{W}/(\mathrm{m}\cdot\mathrm{K})]$
水	水	850~1700
水	气体	17~280
水	水蒸气冷凝	1420~4250
气体	水蒸气冷凝	30~300
糖汁	水蒸气冷凝	800~1100
糖浆($u=0.9$m/s)	水蒸气冷凝	550~800

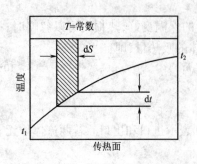

图4-14　一侧为恒温的传热温差变化

(五)平均传热温差

　　传热温差 Δt_m 是指冷、热流体间的温度差。在加热的过程中,加热器中冷、热流体的温度随加热器位置的不同而变,相应地 Δt_m 也在变化。下面分几种不同的情况进行讨论。

　　1.一侧为恒温流体的平均传热温差

　　用饱和水蒸气对冷流体加热就属于这种情形。由于冷流体在入口处的温度最低,在出口处的温度最高,传热温差沿传热面不断变化,如图4-14所示。图中,

T 代表饱和水蒸气的温度, t 代表冷流体的温度, 冷流体在入口处的温度为 t_1, 在出口处的温度为 t_2。取微元传热面积 $\mathrm{d}S$, 该处的传热温差为 $(T-t)$, 单位时间内的冷流体量为 q_{mc}, 冷流体流经 $\mathrm{d}S$ 面积时所吸收的热量为 $\mathrm{d}Q$, 同时温度变化为 $\mathrm{d}t$。根据热量衡算以及传热基本方程式, 可以写出微分式:

$$\mathrm{d}Q = q_{mc}c_{pc}\mathrm{d}t = K(T-t)\mathrm{d}S \tag{4-108}$$

即:

$$\frac{\mathrm{d}t}{T-t} = \frac{K}{q_{mc}c_{pc}}\mathrm{d}S \tag{4-109}$$

将式(4-109)沿整个换热面积分, 得:

$$\int_{t}^{t_2}\frac{\mathrm{d}t}{T-t} = \frac{K}{q_{mc}c_{pc}}\int_{0}^{S}\mathrm{d}S$$

$$\ln\frac{T-t_1}{T-t_2} = \frac{KS}{q_{mc}c_{pc}} \tag{4-110}$$

移项得:

$$q_{mc}c_{pc} = KS\frac{1}{\ln\dfrac{T-t_1}{T-t_2}} \tag{4-111}$$

将式(4-111)的两边都乘以 (t_2-t_1) 并整理, 得到:

$$q_{mc}c_{pc}(t_2-t_1) = KS\frac{(T-t_1)-(T-t_2)}{\ln\dfrac{T-t_1}{T-t_2}} = Q \tag{4-112}$$

将式(4-112)与式(4-104)相比较, 可知:

$$\Delta t_{\mathrm{m}} = \frac{(T-t_1)-(T-t_2)}{\ln\dfrac{T-t_1}{T-t_2}} \tag{4-113}$$

Δt_{m} 称为对数平均温度差, 如果将冷流体入口处的温差 $(T-t_1)$ 记为 Δt_1, 出口处的温差 $(T-t_2)$ 记为 Δt_2, 则式(4-109)可以写为:

$$\Delta t_{\mathrm{m}} = \frac{\Delta t_1-\Delta t_2}{\ln\dfrac{\Delta t_1}{\Delta t_2}} \tag{4-114}$$

在工程计算中, 若 $\Delta t_1/\Delta t_2 \leqslant 2$, 可以用算术平均温差 $\Delta t_{\mathrm{m}} = (\Delta t_1+\Delta t_2)/2$ 代替对数平均温差, 误差不超过 4%。式(4-114)中, Δt_1 和 Δt_2 相互调换位置不影响计算结果。

2. 两侧为变温流体作并流或逆流的平均传热温差

当热流体的温度不恒定时, 换热器中, 间壁两侧的流体温度在不同的位置都不一样。若两流体的相互流向不同, 对传热的温差也不相同。当两流体的流动方向相同称为并流, 相反则称为逆流。不管是并流还是逆流, 都可以导出与式(4-114)完全相同的结果。

[例4-13]在一列管式换热器中, 用冷却水可将热流体从 $90^{\circ}\mathrm{C}$ 冷却到 $65^{\circ}\mathrm{C}$, 冷却水进口温度为 $25^{\circ}\mathrm{C}$, 出口温度为 $60^{\circ}\mathrm{C}$, 试分别计算两流体作逆流和并流时的平均温度差, 并对计算结果进行比较。

解:逆流时 冷流体入口端传热温差: $65-25=40(^{\circ}\mathrm{C})$

冷流体出口端传热温差: $90-60=30(^{\circ}\mathrm{C})$

所以

$$\Delta t_{\mathrm{m}} = \frac{\Delta t_1-\Delta t_2}{\ln\dfrac{\Delta t_1}{\Delta t_2}} = \frac{40-30}{\ln\dfrac{40}{30}} = 34.8(^{\circ}\mathrm{C})$$

并流时 冷流体入口端传热温差: $90-25=65(^{\circ}\mathrm{C})$

冷流体出口端传热温差:$65 - 60 = 5(℃)$

所以

$$\Delta t_{\mathrm{m}} = \frac{\Delta t_1 - \Delta t_2}{\ln \dfrac{\Delta t_1}{\Delta t_2}} = \frac{65 - 5}{\ln \dfrac{65}{5}} = 23.4 \, (℃)$$

由比较可知,在冷、热流体的初终温度相同的条件下,逆流的平均温差较并流的为大。因此,在换热器的热负荷 Q 及总传热系数 K 相同及换热介质流量一定的条件下,采用逆流操作,可以节省传热面积,从而减少设备费用;若传热面积一定时,可减少换热介质的流量,从而降低操作费用,因此工业上多采用逆流操作。

3. 两侧为变温流体作错流或折流的平均传热温差

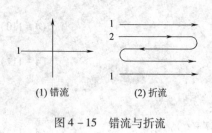

(1)错流   (2)折流

图 4 – 15   错流与折流

为了强化传热,列管式换热器的管程或壳程常采用多程。因此,流体会经过两次或多次折流后流出换热器。这使换热器内流体的流动形式偏离了简单的逆流或并流,而是作比较复杂的多程流动或相互垂直的交叉流动,如图 4 – 15 所示,在图 4 – 15(1)中,两种流体的流向互相垂直,称为错流;在图 4 – 15(2)中,一流体沿一个方向流动,另一流体反复折流,称为简单折流。若两种流体均作折流,或即有折流又有错流,则称为复杂折流或混合流。

两流体呈错流或折流流动时,平均温差 Δt_{m} 的计算比较复杂。为了便于计算,通常将解析结果以图表的形式表达出来,然后通过算图进行计算。其基本思路是先按逆流计算对数平均温度差,然后再乘以考虑流动方向的校正因数,即:

$$\Delta t_{\mathrm{m}} = \phi_{\Delta t} \Delta t_{\mathrm{m}}' \tag{4 – 115}$$

式中 $\Delta t_{\mathrm{m}}'$——按逆流计算的对数平均温度差,K 或 ℃;

$\phi_{\Delta t}$——温度差校正系数。

图 4 – 16 所示为温度差校正系数算图,其中(1)、(2)、(3)、(4)分别适用于单壳程、二壳程、三壳程和四壳程,壳程内的管程可以是 2、4、6 或 8 程,(5)适用于错流。对于其它复杂流动的温度差校正系数 $\phi_{\Delta t}$,可以从有关的传热手册或书籍中查取。校正系数 $\phi_{\Delta t}$ 恒小于 1,这是由于逆流和并流共存的缘故。

具体的确定步骤如下:

(1)根据冷、热流体的进出口温度,算出纯逆流条件下的对数平均温度差 $\Delta t'_{\mathrm{m}}$;

(2)按下式计算因子 R 和 P:

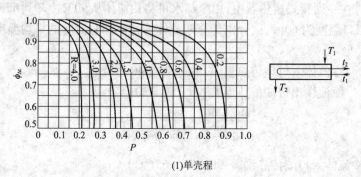

(1)单壳程

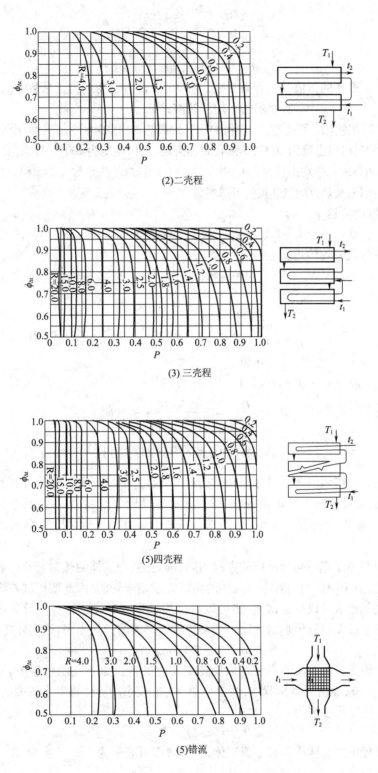

(2)二壳程

(3) 三壳程

(5)四壳程

(5)错流

图 4 – 16 对数平均温度差校正系数

$$R = \frac{T_1 - T_2}{t_2 - t_1} = \frac{热流体的温降}{冷流体的温升} \qquad (4-116)$$

$$P = \frac{t_2 - t_1}{T_1 - t_1} = \frac{冷流体的温升}{两流体的最初温度差} \qquad (4-117)$$

（3）根据 R 和 P 的数值及壳程数，从图 4-16 中查出温度差校正系数 $\phi_{\Delta t}$；

（4）由式（4-115）计算所要求的平均传热温差 Δt_m。

［例 4-14］拟使用一单壳程、二管程的列管式换热器，用冷水冷却热油，冷水在管程流动，进口温度为 15℃，出口温度为 40℃，热油在壳程流动，进口温度为 100℃，要求出口温度为 50℃，热油的流量为 2.0kg/s，平均比热容为 1.92kJ/（kg·K），若总传热系数 K 为 500W/（m²·K），试求换热器所需的面积，换热器的散热损失可忽略。

解：换热器的传热量为：

$$Q = q_{mh}c_{ph}(T_1 - T_2) = 2.0 \times 1.92 \times 10^3 \times (100 - 50) = 1.92 \times 10^5 (W)$$

逆流时的对数平均传热温差：

$$\Delta t'_m = \frac{\Delta t_2 - \Delta t_1}{\ln \frac{\Delta t_2}{\Delta t_1}} = \frac{(100 - 40) - (50 - 15)}{\ln \frac{100 - 40}{50 - 15}} = \frac{25}{\ln \frac{60}{35}} = 46.4(℃)$$

$$R = \frac{T_1 - T_2}{t_1 - t_2} = \frac{100 - 50}{40 - 15} = 2.0 \quad P = \frac{t_2 - t_1}{T_1 - t_1} = \frac{40 - 15}{100 - 15} = 0.294$$

从图 4-16（1）中查得，$\phi_{\Delta t} = 0.88$

所以，$\Delta t_m = \phi_{\Delta t} \Delta t_m' = 0.88 \times 46.4 = 40.8(℃)$

换热器所需面积：

$$S = \frac{Q}{K \cdot \Delta t_m} = \frac{1.92 \times 10^5}{500 \times 40.8} = 9.4(m^2)$$

二、稳态传热过程的操作型计算

工业上遇到的传热问题可以分为两大类：一类是已知生产任务，要求完成此任务所需的传热面积，藉此设计或选用换热设备，这类问题称为设计型问题；另一类是已知换热器的面积和结构参数，而生产任务发生变化，要求任务变化后的生产效果，这类问题称为操作型问题。

求解设计型和操作型问题所用的方程相同，都是热、冷流体的热量衡算方程加上传热速率方程。但是，由于操作型问题中两流体的出口温度是未知的，因此要用试差法计算。

应用传热单元法可以避免试差，还可以对传热过程进行优化计算。首先定义传热效率为实际传热量与最大可能传热量之比。如果忽略换热器的散热损失，则实际传热量为：

$$Q = q_{mh}c_{ph}(T_1 - T_2) = q_{mc}c_{pc}(t_2 - t_1) \qquad (4-118)$$

最大可能传热量应为流体发生最大温差变化时的传热量。在换热器中，最大可能的温差变化为 $(T_1 - t_1)$，而由热量衡算知，两流体中 Wc_p 值较小的流体将发生较大的温度变化，因此最大可能传热量可以表示为：

$$Q_{max} = (q_m c_p)_{min}(T_1 - t_1) \qquad (4-119)$$

将 $q_m c_p$ 值较小的流体称为最小值流体，传热效率可表示为：

当热流体为最小值流体时，

$$\varepsilon = \frac{q_{mh}c_{ph}(T_1 - T_2)}{q_{mh}c_{ph}(T_1 - t_1)} = \frac{(T_1 - T_2)}{(T_1 - t_1)} \qquad (4-120)$$

当冷流体为最小值流体时，

$$\varepsilon = \frac{q_{mc}c_{pc}(t_2 - t_1)}{q_{mc}c_{pc}(T_1 - t_1)} = \frac{(t_2 - t_1)}{(T_1 - t_1)} \tag{4-121}$$

若将定压比热容和总传热系数均作为常数，则由热量衡算和传热速率方程得：

$$dQ = -q_{mh}c_{ph}dT = q_{mc}c_{pc}dt = K(T-t)dS \tag{4-122}$$

如果热流体为最小值流体，则由上式得：

$$-q_{mh}c_{ph}dT = K(T-t)dS \tag{4-123}$$

分离变量后积分得：

$$\int_{T_2}^{T_1} \frac{dT}{T-t} = \frac{KS}{q_{mh}c_{ph}} = NTU \tag{4-124}$$

上式中的积分称为传热单元数，从上式可以看出，其值与两流体的出口温度无关，可以由式(4-124)直接计算。

如果冷流体为最小值流体，则由式(4-122)得：

$$q_{mc}c_{pc}dt = K(T-t)dS \tag{4-125}$$

分离变量后积分得：
$$\int_{t_1}^{t_2} \frac{dt}{T-t} = \frac{KS}{q_{mc}c_{pc}} = NTU \tag{4-126}$$

式(4-126)中的积分也称为传热单元数，也可直接计算。计得传热单元数后，利用传热单元数与传热效率间的关系，可以求出传热效率，进一步求出两流体之一的出口温度，最后用热量衡算方程求得另一流体的出口温度。

逆流传热时传热单元数与传热效率间的关系为：

$$\varepsilon = \frac{1 - \exp[(NTU)(1-R)]}{R - \exp[(NTU)(1-R)]} \tag{4-127}$$

式中
$$R = (q_m c_p)_{\min} / (q_m c_p)_{\max} \tag{4-128}$$

为最小值流体与最大值流体的质量流量和定压比热容乘积之比。

并流传热时传热单元数与传热效率间的关系为：

$$\varepsilon = \frac{1 - \exp[-(NTU)(1+R)]}{1+R} \tag{4-129}$$

若有一流体发生相变，则其(Wc_p)值趋于无穷大，式(4-127)和式(4-129)均成为：

$$\varepsilon = 1 - \exp[-(NTU)] \tag{4-130}$$

若两流体的(Wc_p)值相等，即$R=1$，则逆流时有：

$$\varepsilon = NTU/(1+NTU) \tag{4-131}$$

并流时有：
$$\varepsilon = \frac{1 - \exp[-2(NTU)]}{2} \tag{4-132}$$

在折流和其它流动时，传热效率与传热单元数之间的关系更为复杂一些，已经绘成图供查取。

第六节　非稳态传热过程

前面讨论的都是稳态的传热过程，在实际的生产过程中，也存在非稳态传热过程。在非稳态传热过程中，流体的温度随时间而变。解决这类问题的基本方程仍然是传热速率方程和热量衡算式。对于这类问题一般是要计算物料升温或冷却所需的时间，或规定加热或冷却的时间，计算所需的加热面积。

一、内热阻可以忽略的非稳态热传导

求解非稳态热传导的基本方程是傅立叶第二定律：

$$\frac{\partial t}{\partial \tau} = a\left(\frac{\partial^2 t}{\partial x^2} + \frac{\partial^2 t}{\partial y^2} + \frac{\partial^2 t}{\partial z^2}\right) \tag{4-27}$$

式(4-27)的求解取决于边界条件和初始条件。若物体的热导率很大，或内部导热热阻很小，而物体表面与周围流体之间的对流传热热阻又比较大，则可以认为物体的温度在任一时刻都是均匀的，即物体内部的热导率为无穷大，温度梯度为无穷小。此时物体的温度与空间坐标无关，而只是时间的函数。

设物体的密度为ρ，比热容为c_p，体积为V，表面积为S，初始时温度均匀为t_0，物体周围流体的主体温度为t_b，流体与物体表面间的对流传热系数为α。在时间$d\tau$内，温度变化为dt。根据热量衡算，物体的热容变化等于表面与物体间的对流传热量，即：

$$-\rho V c_p \frac{dt}{d\tau} = \alpha S(t - t_b) \tag{4-133}$$

积分得到：

$$\frac{t - t_b}{t_0 - t_b} = e^{-\frac{\alpha S \tau}{\rho V c_p}} \tag{4-134}$$

令：

$$T_c^* = \frac{t - t_b}{t_0 - t_b} \tag{4-135}$$

$$Bi = \frac{\alpha V}{S\lambda} \tag{4-136}$$

$$Fo = \frac{\lambda \tau S^2}{\rho c_p V^2} \tag{4-137}$$

则式(4-134)可以写成：

$$T_c^* = e^{-BiFo} \tag{4-138}$$

式中的Bi称为毕渥数，代表了导热热阻与对流传热热阻之比，实验表明，只有当Bi小于0.1时，才可以认为物体内部的热阻可以忽略不计，式(4-134)才成立。Fo称为傅立叶数，其物理意义为无量纲时间。T_c^*则为无量纲温度。

上述方法称为集总参数法，当$Bi < 0.1$时成立。

二、内部和表面的热阻均不能忽略的一维非稳态热传导

对一维非稳态热传导的一般情形，将式(4-27)简化得：

$$\frac{\partial t}{\partial \tau} = a\frac{\partial^2 t}{\partial x^2} \tag{4-139}$$

式中　a——热扩散率或导温系数，它等于$\lambda/(\rho c_p)$。

求解式(4-139)时的边界条件有三类：

(1)第一类边界条件　已知物体表面在任何时刻的温度分布；

(2)第二类边界条件　已知物体表面的导热通量；

(3)第三类边界条件　已知物体表面与流体间的对流传热速率。

第一类边界条件的求解相对而言容易一些，一般得到级数形式或误差函数的解析解，第三类边界条件的求解则复杂得多。以下先讨论平板的非稳态导热，继而讨论无限长圆柱体和圆球体的非稳态导热问题。

(一)无限大平板的非稳态导热

如图 4 - 17 所示,厚度为一定的固体壁面,假设其 y 与 z 方向的壁面完全绝热,因而只需考虑其 x 方向的热传导,可视为无限大平板的非稳态导热,其方程即为式(4 - 139)。

假设平板的厚度为 $2b$,其初始温度为 t_0,突然将其置于主体温度为 t_b 的流体中,两端面与流体间的对流传热系数 α 为已知,热流沿 x 方向,即沿着垂直于两端面的方向进行流动。在这种情况下,可以利用边界条件求出微分方程(4 - 139)的解,从而得到时间 τ、离中心平面距离 x 的位置以及温度 t 之间的关系。

将坐标平面取在平板的中心平面,用分离变量法可以求得分析解。其数学形式为:

$$T_c^* = f(Fo, Bi, x/b) \tag{4 - 140}$$

在工程应用中,因分析解的求取相当麻烦,一般将解绘成图 4 - 18,图中相关联的四个无量纲数群分别为:

无量纲温度

$$T_c^* = \frac{t - t_b}{t_0 - t_b} \tag{4 - 141}$$

相对热阻

$$m = \frac{\lambda}{\alpha b} \tag{4 - 142}$$

无量纲时间(傅立叶数)

$$Fo = \frac{a\tau}{b^2} \tag{4 - 143}$$

相对位置

$$n = \frac{x}{b} \tag{4 - 144}$$

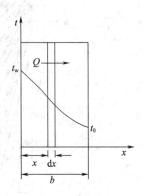

图 4 - 17 无限大平板的
非稳态热传导

图 4 - 18 的应用条件是:物体内部无热源、一维非稳态导热,物体的初始温度均为 t_0,物体的热导率 λ 为常数,第三类边界条件,物体界面温度随时间而变,流体介质的主体温度 t_b 为恒定。

[例 4 - 15] 一厚度为 46.2mm、温度为 278 K 的方块奶油由冷冻室移至 298 K 的环境中,奶油盛于容器中,除顶面与环境直接接触外,各侧面和底面均包在容器之内。设容器为绝热体,问:经 5h 后,奶油块的顶面、中心面和底面的温度各为多少?已知奶油的热导率 λ 为 0.197W/(m·K),比热容 c_p 为 2300 J/(kg·K),密度 ρ 为 998kg/m³,奶油表面与环境之间的对流传热系数 α 为 8.52W/(m²·K)。

解:由于奶油的底面为绝热面,所以 b 为奶油块的厚度,于是有:

$$b = 0.0462\text{m}$$

$$a = \frac{\lambda}{c_p \rho} = \frac{0.197}{2300 \times 998} = 8.58 \times 10^{-8} \ (\text{m}^2/\text{s})$$

对于顶面

$$x = 0.0462\text{m}$$

$$m = \frac{\lambda}{\alpha b} = \frac{0.197}{8.52 \times 0.0462} = 0.5$$

$$Fo = \frac{a\tau}{b^2} = \frac{5.85 \times 10^{-8} \times (5 \times 3600)}{0.0462^2} = 0.724$$

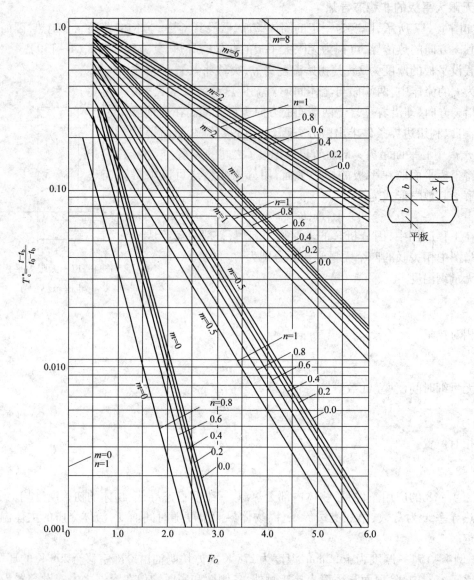

图 4 – 18 大平板物体非稳态导热算图

$$n = \frac{x}{b} = \frac{0.0462}{0.0462} = 1$$

由图 4 – 18 查得 $T_c^* = 0.2$

即： $$T_c^* = \frac{t - t_b}{t_0 - t_b} = \frac{t - 298}{278 - 298} = 0.20$$

计算得： $t = 294\ \mathrm{K}$

对于中心面， $x = 0.0231\mathrm{m}, n = \frac{x}{b} = \frac{0.0231}{0.0462} = 0.5$

另两个无量纲数群，m 和 Fo 不随 x 而变。查图 4 – 18 得：$T_c^* = 0.34$

计算得： $t = 291.2\ \mathrm{K}$

对于底面，$x = 0, n = 0$。由图 4 – 18 查得：$T_c^* = 0.46$

计算得：$\qquad\qquad\qquad\qquad\qquad\qquad t = 289$ K

(二)无限长圆柱体和球体的非稳态导热

　　这里讨论的依然是第三类边界条件的非稳态导热,图 4 – 19 和图 4 – 20 分别为无限长圆柱体和球体的非稳态导热的算图,它们的应用条件与图 4 – 18 相同。

　　如果圆柱体与周围的介质之间的传热只沿径向进行,而垂直于轴线的上下两个圆面为绝热,这类圆柱体的非稳态导热属于无限长的圆柱体的非稳态导热,实际上,细长物体可以作为无限长的圆柱体来处理。在无限长圆柱体的导热算图过程中,无量纲数群计算式(4 – 141)、式(4 – 142)和式(4 – 143)中的 b 代表圆柱的半径,式(4 – 144)中的 x 则代表距离圆心为 x 的圆筒表面。在球体的计算中,b 代表圆球的半径,x 则代表距离球心 x 的圆球面。

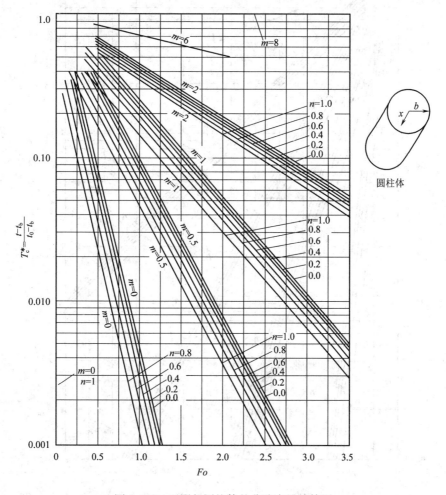

图 4 – 19　无限长圆柱体的非稳态导热算图

　　[例 4 – 16]初温为 20℃,直径为 40mm 的香肠,放进 90℃的热水中加热,已知香肠的热导率 $\lambda = 0.84 \mathrm{W/(m \cdot K)}$,比热容 $c_p = 2.52$ kJ/(kg · K),密度 $\rho = 1200 \mathrm{kg/m^3}$。热水对香肠的对流传热系数 $\alpha > 600 \mathrm{W/(m^2 \cdot K)}$。试求 10min 后香肠中心的温度。

　　解:香肠的导温系数　$a = \dfrac{\lambda}{c_p \rho} = \dfrac{0.84}{2520 \times 1200} = 2.78 \times 10^{-7} \mathrm{m^2/s}$

在香肠的中心处，$\quad x = 0, n = 0, m = \dfrac{\lambda}{\alpha b} = \dfrac{0.84}{600 \times 0.02} = 0.07$

$$Fo = \frac{a\tau}{b^2} = \frac{(2.78 \times 10^{-7}) \times (10 \times 60)}{0.02^2} = 0.417$$

以 $n = 0, Fo = 0.417$，以及近似取 $m = 0$，由图 4-19 查得：$T_c{}^* = 0.11$

即：$\quad T_c{}^* = \dfrac{t - t_b}{t_0 - t_b} = \dfrac{t - (273 + 90)}{(273 + 20) - (273 + 90)} = 0.11$

计算得香肠中心温度：$t = 355.3\ K = 82.3\ ℃$

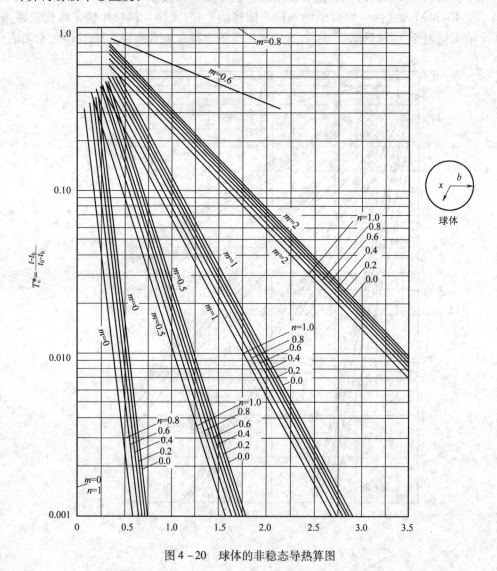

图 4-20　球体的非稳态导热算图

三、内部和表面的热阻均不能忽略的多维非稳态热传导

上面讨论的非稳态导热仅局限于一维的问题，但在许多的实际问题中，常遇到二维或多维的非稳态导热的问题。下面讨论第三类边界条件下的多维非稳态导热。

图 4 - 21 表示一个半径为 R,高度为 $2b$ 的短圆柱体,它实际上可以视为一个半径为 R 的无限长的圆柱体与一厚度为 $2b$ 的无限大平板相交的公共部分。若短圆柱体的侧面、底面及顶面均非绝热面,当它被置放于主体温度 t_b 为恒定的流体介质中时,热量不仅从短圆柱体的侧面沿着径向朝中心轴线传递,而且也从上下两平面沿轴线方向半厚度的平面传递。这是一个二维导热的问题。

以 x 表示离圆心轴线的距离,y 表示距离中厚度平面的距离,则在时刻 τ,位置为 (x,y) 处的无因次温度 $T_c^*(x,y,\tau)$ 可以表示为两个一维导热的无量纲温度 T_b^* 的乘积,即:

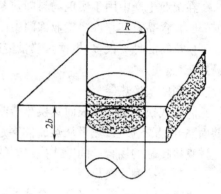

$$T_c^*(x,y,\tau) = T_c^*(x,\tau) \times T_c^*(y,\tau) \quad (4-145)$$

也就是说,首先把二维的导热问题化为两个一维的导热问题进行处理,分别得到两个一维导热的无量纲温度 T_c^*。再将两个一维导热的无量纲温度的乘积作为二维的无量纲温度 T_c^* 的解。对于三维的导热问题的处理,也采用相同的方法。

图 4 - 21　短圆柱体的非稳态导热

同理,如果对于一个短的方柱,它的非稳态导热在三维的空间方向均发生。因此,在时刻 τ,位置为 (x,y,z) 处的无量纲温度 $T_c^*(x,y,z,\tau)$ 可以表示为三个一维导热的无量纲温度 T_c^* 的乘积,即:

$$T_c^*(x,y,z,\tau) = T_c^*(x,\tau) T_c^*(y,\tau) T_c^*(z,\tau) \tag{4-146}$$

四、流体的间歇式换热

以间歇操作的夹套式换热器为例讨论最简单的情况。夹套内通入饱和蒸汽加热釜内的液体,因此,热流体的温度 T 保持不变。釜内设有搅拌器,使釜内的液体充分混合,因而液体的温度保持均匀一致,但随时间而变。假设釜内液体质量为 G,定压比热容为 c_p,加热釜内的有效传热面积(按釜内液料高度计算传热面积)为 S,液体的初温为 t_1,要求加热到终温为 t_2。求所需加热的时间。

对于加热过程中任意微元时间间隔 $d\tau$,根据传热速率方程与热量方程可得:

$$dQ = mc_p dT = KS(T-t)d\tau$$

故有:

$$d\tau = \frac{mc_p}{KS}\frac{dt}{(T-t)} \tag{4-147}$$

积分可得加热所需的时间 τ:

$$\tau = \int_{T_1}^{T_2} \frac{mc_p}{KS}\frac{dt}{(T-t)} \tag{4-148}$$

通常在加热过程中,液体的物性会发生变化,传热系数 K 也会变化,如果它们的变化不大,为简化计算,可取 c_p 与 K 的平均值而将它们视为常数,则由式(4 - 148)可得:

$$\tau = \frac{mc_p}{KS}\ln\frac{T-t_1}{T-t_2} \tag{4-149}$$

第七节 换 热 器

一、换热器的种类

在工业生产中用于实现物料间热量传递的设备称为换热设备,即换热器。换热器是化工、动力、食品及其它许多工业部门中广泛采用的一种通用设备。

换热器的种类很多,根据其热量传递方法的不同,可以分为三种形式,即间壁式、直接接触式、蓄热式。

1. 间壁式换热器

间壁式换热器又称表面式换热器或间接式换热器。在这类换热器中,冷、热流体被固体壁面隔开,互不接触,热量从热流体穿过壁面传给冷流体。该类换热器适用于冷、热流体不允许直接接触的场合。间壁式换热器的应用广泛,形式繁多。将在后面作重点介绍。

2. 直接接触式换热器

直接接触式换热器又称混合式换热器。在此类换热器中,冷、热流体相互接触,相互混合传递热量。该类换热器结构简单,传热效率高,适用于冷、热流体允许直接接触和混合的场合。常见的设备有凉水塔、洗涤塔、文氏管及喷射冷凝器等。

3. 蓄热式换热器

蓄热式换热器又称回流式换热器或蓄热器。此类换热器是借助于热容量较大的固体蓄热体,将热量由热流体传给冷流体。当蓄热体与热流体接触时,从热流体处接收热量,蓄热体温度升高后,再与冷流体接触,将热量传给冷流体,蓄热体温度下降,从而达到换热的目的。此类换热器结构简单,可耐高温,常用于高温气体热量的回收或冷却。其缺点是设备的体积庞大,且不能完全避免两种流体的混合。

二、间壁式换热器

工业上最为常见的换热器是间壁式换热器,根据结构的特点,间壁式的换热器可以分为管壳式换热器和紧凑式换热器。管壳式换热器包括了广泛使用的列管式换热器以及夹套式、套管式、蛇管式等类型的换热器。其中,列管式换热器被作为一种传统的标准换热设备,在许多工业部门均被大量采用。列管式换热器的特点是结构牢固,能承受高温高压,换热表面清洗方便,制造工艺成熟,选材范围广泛,适应性强及处理能力大等,这使得它在各种换热设备的竞相发展中得以继续存在下来。

紧凑式换热器主要包括螺旋板式换热器、板式换热器等。螺旋板式换热器具有流体流动的压力损失小、传热效率较高的特点。但是和其它类型的换热器相比,这种换热器在积垢形成之后,清洗很不方便。近二十年来,另一种结构更为紧凑、传热效率更高的板式换热器已发展成了一种重要工业换热设备。这种换热器除了结构更加紧凑、传热效率更高的特点之外,它的传热面积的调整非常方便。但是,其密封周边比较长,密封的难度较高。

下面介绍几种常见的间壁式换热器。

(一)夹套式换热器

夹套式换热器主要是用于反应器的加热或冷却,如图 4-22 所示。它将反应器的筒体

制成夹套,将加热剂或冷却剂通入夹套内,通过夹套的
间壁与反应器内的物料进行换热。在用蒸汽进行加热
时,蒸汽由上部的连接管通入夹套内,冷凝水由下部连
接管排出,当冷却时,冷却水从下部进入,由上部流出,
为了提高器内一侧的对流传热系数,可在器内设置搅拌
器,使容器内的流体呈强制对流。

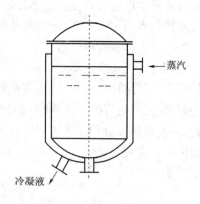

图4-22 夹套式换热器

(二)蛇管式换热器

1. 浸入式蛇管式换热器

蛇管式换热器以蛇管作为换热表面。蛇管可以有
不同的形状,图4-23就是其中的两种。将蛇管浸没在
容器之中,便构成了浸入式蛇管式换热器。当管内通入
蒸汽作为加热介质时,蒸汽应从蛇管的顶部通入,冷凝
水从蛇管的底部经疏水器排出。当管内通入流体作为加热或冷却介质时,流体应从蛇管的
底部通入,从顶部排出。

蛇管式换热器的优点是结构简单,能承
受高压,缺点是管外流体的对流传热系数较
小。为强化传热,可在容器内安装搅拌器,以
增加管外对流传热系数。

2. 喷淋式蛇管换热器

喷淋式蛇管换热器通常用作冷却器,如
图4-24所示,它是成排地固定在钢架上的
蛇管。被冷却的流体在管内流动,冷却水由
管上方的喷淋装置均匀喷洒在蛇管表面而流

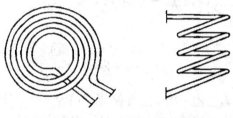

图4-23 蛇管的形状

下,最后收集于排管的底盘内。喷淋式换热器的最大优点是便于检修和清洗,对冷却水的水
质要求不高。其缺点是占地面积大,冷却水的消耗量也较大。

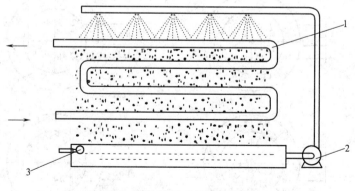

图4-24 喷淋式蛇管换热器
1—换热管 2—泵 3—控制阀

(三)列管式换热器

列管式换热器是把管子按一定排列方式固定在管板上,而管板则安装在壳体内。因此,

203

这种换热器也称为管壳式换热器。列管式换热器有单管程和多管程之分。常见的多程列管
式换热器有固定管板式、带膨胀节的固定管板式、浮头式、U 形管式等几种。

1. 固定管板式换热器

固定管板式换热器的结构如图 4 – 25 所示,它由壳体、管束、封头、管板、折流挡板等部
件组成。其结构特点是,两块管板焊于壳体的两端,管束两端固定在管板上。整个换热器分
为两部分,换热管内的通道和两端相贯通处称为管程,换热管外的通道及其相贯通处称为壳
程。冷、热流体分别在管程和壳程中连续流动,流经管程的流体称为管程流体,流经壳程的
流体称为壳程流体。

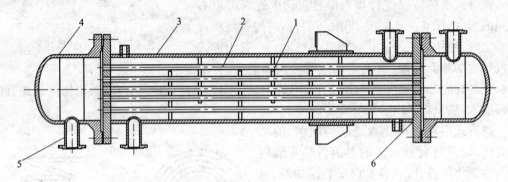

图 4 – 25　固定管板式换热器
1—折流挡板　2—管束　3—壳体　4—封头　5—接管　6—管板

若流体一次通过管程,称为单管程。当换热器的传热面积较大,所需的管子较多时,为
了提高流体的流速,强化传热,常将换热管子平均分为若干组,使流体在各组管束内依次往
返多次,这称为多管程。多程换热器的程数一般为偶数,在上下管箱中安装有特殊形状的分
程隔板,把管箱分成若干个分室,从而把管子分成若干个管程。分程隔板的形式有多种,其
中以辐射状隔板与垂直状隔板较为常用,如图 4 – 26 所示。

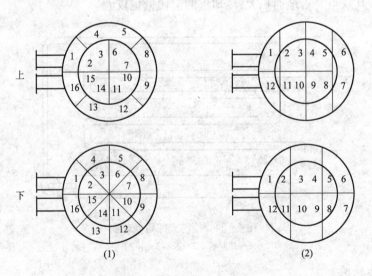

图 4 – 26　换热器的分程隔板
(1)辐射状隔板(16 程)　(2)垂直状隔板(12 程)

壳程流体的流动属于流体在管外的流动,由对流传热分析可知,当流体垂直于管束流动时对流传热系数较大,因此在管外装折流板或称挡板。常用的折流板有弓形和盘环形两种,如图4-27所示,折流挡板同时还起中间支架的作用。

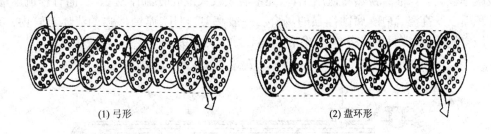

(1) 弓形　　　　　　　　　　　　　　(2) 盘环形

图4-27　折流挡板

固定管板式换热器的优点是结构简单、紧凑。每根换热管都可以进行更换,且管内清洗方便。其缺点是壳程不能进行机械清洗。当换热管与壳体的温差较大(大于50℃)时,需在壳体上设置膨胀节,壳程的压强受膨胀节强度的限制而不能太高。固定管板式换热器适用于壳方流体清洁且不易结垢,两流体温差不大或温差较大但壳体压强不高的场合。

2. 浮头式换热器

浮头式换热器的结构如图4-28所示。其特点是两端的管板之一不与壳体连接,管子可在壳体内轴向自由伸缩,自由伸缩端称为浮头。浮头换热器的优点是当换热管与壳体有温差存在,壳体或换热管膨胀时,互不约束,不会产生温差应力;管束可从壳体内抽出,便于管内与管间的清洗。其缺点是结构复杂,用材量大,造价高。浮头盖与浮头板之间如果密封不严,易发生内漏,造成冷、热流体的混合。

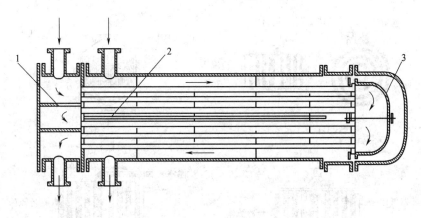

图4-28　浮头式换热器
1—管程隔板　2—壳程隔板　3—浮头

3. U形管式换热器

U形管式换热器的结构如图4-29所示。其结构特点是只有一块管板,换热管为U形,管子的两端固定在同一管板之上。管束可以自由伸缩,当壳体与换热管有温差时,不会产生温差应力。U形管换热器的优点是结构简单,只有一块管板,密封面少,运行可靠,造价低;管束可以抽出,管间清洗方便。其缺点就是管内的清洗比较困难;由于管子需要一定的弯曲半径,故管板的利用效率低;管束最内层的管距大,壳程易短路;内层管子坏了不能更换,因而报废率较高。U形管换热器适用于管、壳壁温差较大或壳程流体易积垢,而管程流体清洁不易积垢以及高温、高压、腐蚀性强的场合。一般高温、高压、腐蚀性强的流体走管内,可以使高压空间减少,密封易解决,并可节省材料和减少热损失。

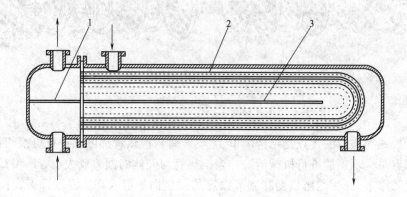

图 4 - 29 U形管式换热器

1—管程隔板 2—U形管 3—壳程隔板

(四)螺旋板式换热器

螺旋板式换热器如图 4 - 30 所示,它是由两张间隔一定距离的平行薄金属板卷制而成。两张金属板形成两个同心的螺旋形通道,两板之间焊有定距柱以维持通道间距,在螺旋板的两侧焊有盖板。冷、热流体分别流经两条通道,通过薄板壁进行热交换。

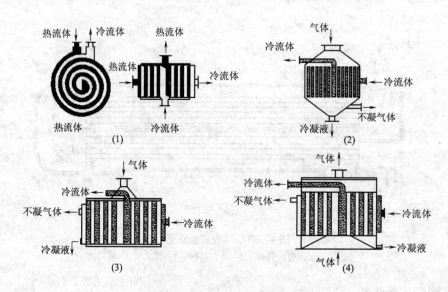

图 4 - 30 螺旋板式换热器

常用的螺旋板式换热器根据流动方式的不同分为四种。

1. Ⅰ型螺旋板式换热器

两个螺旋通道的两侧完全焊接密封,为不可拆结构,如图4-30(1)所示。换热器中两流体均作螺旋流动,通常冷流体由外周流向中心,热流体从中心流向外周,呈完全逆流流动。此类换热器主要用于液体与液体间的换热。

2. Ⅱ型螺旋板式换热器

一条螺旋通道的两侧为密封,另一通道的两侧是敞开的,如图4-30(2)所示。换热器中一流体沿螺旋通道流动,而另一流体沿换热器的轴线流动。此类换热器适用于两流体流量差别很大的场合,常用作冷却器、气体冷却器等。

3. Ⅲ型螺旋板式换热器

Ⅲ型螺旋板式换热器的结构如图4-30(3)所示,换热器中一流体作螺旋流动,另一流体作兼有轴向和螺旋两者组合的流动。该结构适用于蒸汽冷凝。

4. G型螺旋板式换热器

G型螺旋板式换热器的结构如图4-30(4)所示,该结构又称塔上型,常被安装在塔顶作为冷凝器。采用立式安装,下部有法兰与塔顶法兰相连接。蒸汽由下部进入中心管上升至顶盖折回,然后沿轴向从上至下流经螺旋通道被冷却。

螺旋板式换热器的优点是:螺旋通道中的流体由于惯性离心力的作用和定距柱的干扰,在较低的雷诺数下即可达到湍流,并且允许采用较高的流速,故传热系数较大;由于流速较高,又有惯性离心力的作用,流体中的悬浮物不易沉积下来,故不易积垢和堵塞;由于流体的流程长和两流体可完全逆流,故换热器可在较小的温差下操作;结构紧凑,单位体积的传热面积约为列管式换热器的3倍。其缺点是:操作温度和压力不宜太高,对于侧面密封的螺旋通道,如出现积垢,则难于清除。

(五)板式换热器

板式换热器是以波纹板为传热面的高效换热器。板式加热器主要由板片、密封垫片、压紧板及螺杆等部件组成,如图4-31所示。板片用挂钩挂在支撑杆上,每两板之间有密封垫片,板块之间形成一条狭窄的介质通道。整个装置由两端的压紧盖板压紧,以达到密封。端盖上有冷热流体的进出管接口。

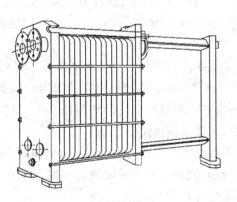

图4-31 板式换热器

板式换热器的基本元件是传热板片。板片的厚度一般只有0.5~3mm。由于其刚度不够,因此,需将其冲压成具有各种波纹或半球形的突出表面,以增强其刚度。同时,由于这种特殊的表面结构,流经板面的流体即使在较低的流速下也能够产生强烈的湍流,从而大大地强化了传热的过程。为了进一步提高板片的传热效率,各国的制造厂家对板片的结构进行了许多研究,从而设计出了各种不同形式的板片,其种类不下数十种。

图 4-32 所示是一种较有代表性的板片形式。每个板片的四个角各开有一个小孔,作为流体的流动通道。小孔的周边及板片的周围均冲有密封槽,以放置密封垫片,作密封之用。板面上有不同的波纹,板片的材料为不锈钢或钛钢,以提高其化学稳定性。并不是所有板片的四个角都一定冲有小孔,没有冲孔的位置称为盲孔(用实心圆表示)。是否需要盲孔,盲孔的位置应该在什么地方,这要视对流体流动路径的要求来确定。

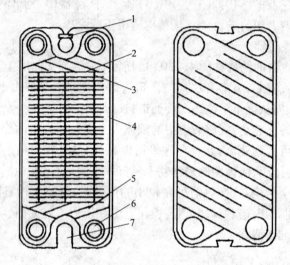

图 4-32　板式换热器的两种板片
1—挂钩　2—波纹　3—触点　4—密封槽　5—导流槽　6—角孔　7—定位缺口

板式换热器中流体的流程指流体的流动路线,设计者可以根据用户对流体流程的要求来设计板式换热器,用户也可以根据自己的要求选用板式换热器。通常,在两块板面之间的流体流动的方向是"对角流"。如果在板片上留有盲孔,则可以使流体的流动折向,使流体可以有多种不同的流程。

板式换热器的优点是非常紧凑,占空间小,传热系数高,加热面积容易调整而且价格相对便宜。每立方米的板式加热器的体积大约可以安装 $250m^2$ 以上的加热面积,而在列管式加热器中,每立方米体积所安装的加热面积只有 $50 \sim 150m^2$。而且,板式加热器可以很方便地通过添加或减少板片数目来调节换热面积。

影响板式加热器传热系数的主要因素是波纹板的结构和流体的流动速度。介质的速度愈高,传热系数也愈高。但板式换热器中介质的流速一般控制在 $0.3 \sim 0.6m/s$。其传热系数一般比列管式加热器高 $2 \sim 4$ 倍。

板式加热器的主要缺点是密封的周边较长,密封难度大,由于在使用的过程中需要拆卸和清洗,比较容易产生泄漏。此外,板式加热器允许的操作压强较低,一般不超过 $2.5MPa$;同时操作温度也不能太高,若采用丁腈橡胶为密封垫圈,允许操作温度在 $150℃$ 以下。

(六)板翅式换热器

板翅式换热器是一种更为高效、紧凑、轻巧的换热器,过去由于制造成本较高,仅用于宇航、电子、原子能等少数部门。现已逐步应用到其它的工业部门。

板翅式换热器的结构形式很多,但基本结构元件相同,即在两块平行的金属板之间,夹入波纹状或其它形状的金属翅片,将两侧面封死,即成为一个换热基本元件。将各基本元件进行不同的叠积和适当的排列,并用钎焊固定,便可制成并流、逆流或错流的板束,其结构如图4-33所示。然后再将带有流体进出口的集流箱焊接到板束上,就成为板翅式换热器。

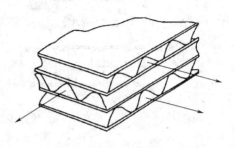

图4-33 板翅式换热器的板束

除了上述介绍的换热器之外,还有其它一些类型的换热器,如其它结构的板式换热器、热管换热器等,这里不再一一介绍。

三、传热过程的强化

传热速率方程揭示了换热器的传热速率 Q 与传热系数 K、平均传热温差 Δt_m 以及传热面积 S 之间的关系。根据此方程,要使 Q 增大,增加 K、Δt_m 以及传热面积 S 都可以得到这个效果。工艺设计和生产实践就是从这些方面去进行传热过程的强化的。

(一)增大传热面积或采用高效传热管

增大传热面积,虽然可以提高换热器的传热速率,但增大传热面积不能靠增大换热器的尺寸来实现,而应该从设备的结构入手,提高单位体积的传热面积。如采用小直径的加热管,或采用翅片管、螺纹管、波纹管来代替光滑管,这些做法不但可以增大传热面积,而且还使流体的流动状态发生变化或使传热壁面上的层流边界层的厚度降低,从而使换热器的传热性能得到相应的改善。现介绍几种主要的类型:

(1)翅片面 用翅片来扩大传热面面积并促进流体的湍动从而提高传热效率,是人们在改进传热面的过程中最早推出的方法之一。翅化面的种类和形式很多,用材广泛,制造工艺多样。翅片管式换热器、板翅式换热器均属于此类。翅片结构通常用于传热面两侧传热系数小的场合,对气体换热尤为有效。

(2)异形表面 用轧制、冲压、打扁或爆炸等方法将传热面制造成各种凹凸形、波纹形扁平状等,使流道截面的形状和大小均发生变化。这不仅使传热表面有所增加,还使流体在流道中的流动形状不断改变,增加扰动,减少边界层的厚度,从而促使传热强化。图4-34是常见的异形传热管。据实验研究,使用横纹槽管和螺旋槽管可以提高总传热系数50%以上。

(3)多孔物质结构 将细小的金属颗粒烧结于传热表面或通过机械加工形成多孔的传热面。表面烧结制成的多孔层厚度一般为0.25~1mm,空隙率为50%~65%,孔径为1~150μm。这种多孔表面,不仅增大了传热面积,而且还改善了换热状况,对于沸腾的传热过程的强化特别有效。国内外的许多学者对多孔表面强化沸腾传热的机理进行了大量的研究,认为多孔表面传热的高效性主要是多孔层隧道内的液膜蒸发的结果。

(4)采用小直径管 在管式换热器的设计中,减少管子直径,可增加单位体积的传热面积,因为管径减少,相同体积内可以布置更多的传热面,使换热器的结构更加紧凑。据推算,

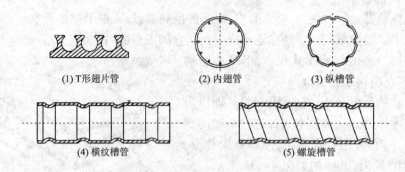

图 4-34 强化传热管的形式

在壳径为 1m 以下的列管式换热器中,把换热管直径由 φ25mm 改为 φ19mm,传热面可增加 35% 以上。另一方面,减少管径后,使管内湍流换热的层流底层减薄,有利于传热的强化。

应予指出,上述的方法可以提高单位体积的传热面积,使传热过程得到强化。但同时由于流道的变化,会使流动的阻力有所增加,故设计时应综合比较,全面考虑。

(二)增大平均传热温差

增大平均传热温差,可以提高传热器的传热效率。平均温度差的大小主要取决于两流体的温度条件及两流体在换热器中的流动形式。一般说来,物料的温度由生产工艺来决定,不能随意变动。而加热介质或冷却介质的温度由于所选介质不同,可以有很大的差异。例如,在化工中常用的加热介质是饱和蒸汽,若提高蒸汽的压强就可以提高蒸汽的温度,从而提高平均温度差。但需指出的是,提高介质的温度必须考虑到技术上的可行性和经济上的合理性。另外,采用逆流操作或增加列管式换热器的壳程数可以得到较大的平均温度差。

(三)提高总传热系数

增大总传热系数,就是要减少传热过程的各项热阻。首先要判断主要的热阻在何处,只有减小主要热阻,才能对总传热系数的增加有显著的作用。例如,对于用蒸汽冷凝加热空气的传热,冷凝对流传热系数比空气强制对流传热系数大得多,以至于总传热系数约等于空气对流传热系数。因此只有设法增加空气对流传热系数,才能强化传热。一般说来,在金属材料的换热器中,由于金属材料有较高的,所以它不会成为主要的热阻。

污垢的热阻是一个可变的因素,在换热器刚刚投入使用时,污垢的热阻很小,不会成为主要的矛盾,但随着时间的推移,传热壁面上的污垢逐步增加,当传热面上的污垢积累到一定程度时,它便成为主要的热阻。当污垢成为主要热阻时,则需要及时清洗换热器。

在换热器的运作过程中设法降低积垢的形成速率,也是强化传热过程的一个途径。在污垢没有成为主要热阻之前,传热的主要阻力是金属壁面两侧的对流传热的阻力,如果两侧的热阻相当,应同时考虑如何减少两侧的热阻;但如果其中一侧的对流传热系数远大于另一侧的对流传热系数,假如 $\alpha_1 \gg \alpha_2$,那就应设法增大 α_2 的数值,即采取措施降低该侧的热阻。

强化传热的方法可以从以下几方面来考虑。

1.提高流体的流速

从有关流体对流传热系数的讨论中知道,对流传热系数与流体流动的雷诺准数成正比。

当流体在直管内强制湍流时,其对流传热系数与流体流速的 0.8 次方成正比。当流体在圆形直管内强制层流时,其对流传热系数与流体流速的 0.33 次方成正比。可见,提高流体的流速,可以使流体的湍动程度加剧,从而减少传热边界层中层流底层的厚度,减少对流传热的热阻,提高对流传热系数。例如,增加列管式换热器的管程数或壳程的挡板数,可以提高流体的流速。

同时,提高流体的流速可以增加流体对壁面的剪切力,减缓壁面上积垢的形成速率,延长换热器的运行周期。

2. 增强流体的扰动

增强流体的扰动,可以使层流底层的厚度减薄,减少对流传热的热阻。例如,采用异形管或在管内加装麻花铁、螺旋圈或金属卷片等添加物,均可提高流体的对流传热系数。

3. 采用短管换热器

采用短管换热器能强化对流传热,其原理在于流动入口段有较好的传热性能,该段由于进出口的扰动,层流底层很薄,对流传热系数较高。

4. 减缓积垢的形成和及时清除积垢

为了减缓积垢的形成,可增加流体的流速,加强流体的扰动;为了便于清除垢层,应让易积垢的流体走管程,或采用可拆式的换热器结构,定期进行清垢和检修。

本章主要符号

A——吸收率	D——透过率
E_b——黑体辐射力,W	K——总传热系数,W/(m^2·K)
L——长度,m	Q——热流量,W
R——反射率	S——面积,m^2
T——热流体的温度,K 或 ℃	V——体积,m^3
q_m——流体的质量流量,kg/s	a——热扩散率或导温系数,m^2/s
b——厚度,m	c_p——定压比热容,J/(kg·K)
d——直径,m	g——重力加速度,m/s^2
h——流体的比焓,J/kg	l——特征尺寸,m
l——长度,m	r——半径,m
r——汽化潜热,J/kg	t——冷流体的温度,K 或 ℃
u——流速,m/s	Δt_m——对数平均温度差,K 或 ℃
α——对流传热系数,W/(m^2·K)	β——体积膨胀系数,1/K
ε——黑度	λ——热导率,W/(m·K)
μ——黏度,Pa·s	ρ——密度,kg/m^3
τ——时间,s	Bi——比渥数
Fo——傅立叶数	Gr——格拉斯霍夫数
Nu——努塞尔数	Pr——普兰特数
Re——雷诺数	$T_c{}^*$——量纲为 1 温度,K 或 ℃

本 章 习 题

习题4－1 对于水分含量不低于40%的食品,温度在0～100℃时,其热扩散率可以用同温下水分和其他干物质的热扩散率的加权平均法来计算。根据经验,干物质的热扩散率约为$88.5\times10^{-9}\text{m}^2/\text{s}$。根据此法,试计算牛肉的热扩散率。已知牛肉含蛋白质10%,磷脂6%,糖2%及少量多种无机盐,其余为水分。

习题4－2 燃烧炉的平面壁是由一层耐火砖与一层普通砖所砌成,两层的厚度均为100mm,操作稳定后测得耐火砖内壁表面温度为700℃,普通砖外壁表面温度为130℃,已知耐火砖的热导率λ_1为0.93W/(m·K),普通砖的热导率λ_2为0.58W/(m·K),问耐火砖与普通砖的接触面的温度是多少?

习题4－3 在第4－2题中,如果在普通砖的外表面再敷上一层厚度为40mm的85%的氧化镁,以减少外壁面的散热损失。氧化镁层的热导率λ为0.081W/(m·K),操作稳定后测得耐火砖内壁表面温度为740℃,氧化镁的外表面温度为90℃,问每小时每平方米壁面的热损失减少了多少?

习题4－4 某蒸汽管外径为51mm,壁厚1.5mm,管材热导率λ_1为46W/(m·K),管外包有厚度为30mm的绝热材料,绝热材料的热导率λ_2为0.1246W/(m·K),管子内表面温度为175℃,绝热层外表面温度为45℃,求每小时每米管长的散热损失。

习题4－5 某蒸汽管道外包有两层热导率不同而厚度相同的保温层。设外层的平均直径(按对数平均值计)为内层的2倍,其热导率也为内层的2倍。若将两保温层对调,其它条件不变,问每米管长的热损失将改变多少?

习题4－6 某蒸汽管道的外径为219mm,外表面温度为120℃。管道外包一层厚100mm的保温层,保温层表面温度为30℃。保温材料的热导率可用:$\lambda=0.52+0.0008t$表示。试求:(1)单位长度管长的热损失;(2)若按平均温度计算热导率,求保温层内的温度分布。

习题4－7 水以1.5m/s的流速在长为3m,直径为$\phi27\text{mm}\times2.5\text{mm}$的管内从20℃被加热到40℃。试求水与管壁之间的对流传热系数。如果将水的流速提高到2.2m/s,并近似假设水的热力性质不变,水与管壁之间的对流传热系数大约又是多少?

习题4－8 在套管换热器中将水从25℃加热至80℃,水在内管中流动,水与管壁间的对流传热系数为2000W/(m²·K)。若改为加热相同流量的大豆油,试求对流传热系数。设两种情况下流体均呈湍流流动,两流体在定性温度下的物性:

流体	$\rho/(\text{kg}/\text{m}^3)$	$\mu/(\text{mPa}\cdot\text{s})$	$c_p/[\text{kJ}\cdot/(\text{kg}\cdot\text{K})]$	$\lambda/[\text{W}/(\text{m}\cdot\text{K})]$
水	1000	0.54	4.17	0.65
豆油	892	7.2	2.01	0.15

习题4－9 冷却水以错流方式流过管子外侧,以冷却管内的牛乳。水流速度为0.5m/s,管子外径为20mm。如果水的平均温度为15℃,管外壁温度为80℃,试求管壁对冷却水的对流传热系数。

习题4－10 将粗碎的番茄通过管子从温度20℃加热至75℃。管子内径为60mm,表面温度保持105℃。番茄流量为1300 kg/h。已知物性数据是: $\rho = 1050\text{kg/m}^3$; $c_p = 3.98$ kJ/(kg·K); $\mu = 2.15\text{mPa·s}$ (47.5℃时), 1.2mPa·s (105℃时); $\lambda = 0.61\text{W/(m·K)}$。试求对流传热系数。

习题 4-11 脱脂牛奶流过 $\varphi32\text{mm} \times 3.5\text{mm}$ 的不锈钢管,被管外水蒸气加热。某处管壁温度为70℃,蒸汽冷凝温度为110℃,管子系水平放置。求换热器第一排管子的该处的对流传热系数。

习题 4-12 热水在水平管中流过,管子长3m,外径50mm,外壁温度50℃,管子周围空气温度10℃,试求管外自然对流所引起的热损失。

习题 4-13 试计算某蒸煮锅的垂直侧壁对周围的热损失。锅子直径为0.9m,高为1.2m。其外部有绝缘层,外表面温度为49℃,空气温度为15℃。

习题 4-14 用常压饱和蒸汽在直立的列管换热器内加热糖汁,蒸汽在管外冷凝。管直径为 $\phi25\text{mm} \times 2.5\text{mm}$,长2m,列管外表面平均温度可取为94℃,蒸汽流量为720kg/h,试按冷凝要求估算列管的根数。设换热器的热损失可忽略。

习题 4-15 试求外径为70mm,长度为3m的钢管在表面温度为227℃时的辐射热损失。假定:(1)该钢管处于很大的砖屋内,砖壁面的温度为27℃;(2)该钢管处于断面为 $0.3\text{m} \times 0.3\text{m}$ 的砖槽内,若砖壁面的温度为57℃。

习题 4-16 两平行的大平板,放在空气中,相距5mm。一平板的黑度为0.15,温度为350K;另一平板的黑度为0.05,温度为300 K。若将第一块板加涂层,使其黑度变为0.025,试计算由此引起的辐射传热热流密度改变的百分率。

习题 4-17 试估算烤炉内向一块面包辐射传递的净热量。已知炉温为175℃,面包的黑度为0.85,表面积为 645cm^2 ,表面温度为100℃。估算时可认为一块面包的表面积与炉壁面积相比,相对很小。

习题 4-18 在果汁预热器中,参加换热的热水进口温度为98℃,出口温度为75℃。果汁的进口温度为5℃,出口温度为65℃。求两种流体顺流和逆流时的平均温度差,并将两者作比较。

习题 4-19 香蕉浆在管外单程管内双程的列管换热器中用热水加热,热水在管外。香蕉浆的流量为500kg/h,比热容为3.66kJ/(kg·K),从进口初温16℃加热至75℃。热水的流量为1000kg/h,进口温度为95℃。换热器的平均传热系数 $K = 60\text{W/(m}^2 \cdot \text{K)}$ 。求换热器传热面积。

习题 4-20 某列管式换热器用100℃的饱和蒸汽对液体进行加热,将液体从25℃加热到60℃,问换热器的平均传热温差是多少?

习题 4-21 某列管式换热器的传热面积为 60m^2 (近似认为换热管的内外表面积相等),用80℃的饱和水蒸气每小时将60t的糖汁从25℃升温到50℃,若糖汁的比热容 c_p 为4.0kJ/(kg·K),问:换热器的总传热系数是多少?若运行了一段时间之后,管程壁面上产生了污垢,使总传热系数下降为 $500\text{W/(m}^2 \cdot \text{K)}$,问这时污垢的热阻 b/λ 的数值是多少?

习题 4-22 一两壳程的列管式换热器使用汽凝水对冷水加热,入口汽凝水的温度为95℃,出口汽凝水的温度为50℃,冷水在入口处的温度为25℃,在出口处的温度为50℃,求该换热器的平均传热温差。

习题 4-23 牛乳在 $\varphi32mm \times 3.5mm$ 的不锈钢管中流过,外面用蒸汽加热。不锈钢的热导率为 $17.5W/(m \cdot K)$,管内牛乳的对流传热系数为 $500W/(m^2 \cdot K)$,管外蒸汽的传热系数为 $8000W/(m^2 \cdot K)$。试求总热阻和传热系数 K。如管内有 $0.5mm$ 的有机污垢层,其热导率为 $1.5W/(m \cdot K)$,求热阻增加的百分数。

习题 4-24 一列管换热器由 40 根 $\phi25mm \times 2.5mm$ 的管子组成。用饱和蒸汽加热糖汁,溶液在管内流动,已知蒸汽冷凝的对流传热系数为 $10000W/(m^2 \cdot K)$,管内糖汁的对流传热系数为 $2000W/(m^2 \cdot K)$,忽略管壁及污垢热阻,求基于外表面的传热系数。若采取措施使:(1)冷凝对流传热系数增加 20%;(2)管内糖汁对流传热系数增加 20%。求两种情况下总传热系数分别增加多少?

习题 4-25 一单程列管换热器由 25 根 $\phi19mm \times 2mm$,长 4m 的管子组成。温度为 $120℃$ 的饱和蒸汽在壳侧冷凝(冷凝液为饱和液体),以加热管内的植物油,将油从 $20℃$ 加热至 $85℃$,若换热器的传热负荷为 125 kW,蒸汽冷凝对流传热系数为 $10000W/(m^2 \cdot K)$,油侧垢层热阻为 $0.0005m^2 \cdot K/W$,管壁热阻和蒸汽侧垢层热阻可忽略,试求管内油侧对流传热系数。若将油的流速加倍,此时换热器的总传热系数为原来的 1.75 倍,油的物性不变,试求油的出口温度。

习题 4-26 在一逆流套管换热器中冷、热流体进行热交换。两流体进、出口温度分别为 $t_1 = 20℃$,$t_2 = 85℃$,$T_1 = 100℃$,$T_2 = 70℃$。若将冷流体流量加倍,设总传热系数不变,忽略热损失,试求两流体的出口温度和传热量的变化。

习题 4-27 试求通过面包炉砖墙的热损失 $q(W/m^2)$,并求出内外墙面温度。已知:墙砖厚 250mm,热导率 $0.7W/(m \cdot K)$,炉内烟气温度 $250℃$,对流传热系数 $23W/(m^2 \cdot K)$,炉外空气温度 $30℃$,对流传热系数 $9.3W/(m^2 \cdot K)$。

习题 4-28 用饱和蒸汽将空气从 $20℃$ 加热至 $90℃$。饱和蒸汽压强为 200kPa,现空气流量增加 20%,但要求进出口温度不变,问蒸汽压强应提高至何值方能完成任务?设管壁和污垢热阻均可忽略。

习题 4-29 水在列管式换热器的管内被加热,设 $Re > 10^4$。若忽略物性变化,试估算下列情况下对流传热系数 α 的变化:(1)管径不变,流量加倍;(2)管径减为原来的一半,流量不变;(3)管径、流量均不变,管程数加倍。

习题 4-30 某种蔬菜叶子,厚度为 $0.8 \times 10^{-3}m$,其初温为 $20℃$,将其泡在 $90℃$ 的热水中。假定浸泡一开始,叶子表面温度即为此温度。试求经 1s 后,菜叶的中心面和离表面 $80\mu m$ 处达到什么温度。已知菜叶的热扩散率为 $15 \times 10^{-8}m^2/s$。

习题 4-31 直径 10cm,高 6.5cm 的罐头,内装固体食品。其比热容为 $3.75kJ/(kg \cdot K)$,密度 $1040kg/m^3$,导热系数 $1.5W/(m \cdot K)$,初温为 $70℃$。放入 $120℃$ 杀菌锅内加热,蒸汽对罐头的表面传热系数为 $8000W/(m^2 \cdot K)$。试分别预测 30、60、90min 后,罐头的中心温度。

习题 4-32 直径 6mm 的豌豆,其初温为 $10℃$。在常压下,快速投入蒸汽中,假定表面温度瞬时即达蒸汽温度。问中心温度达到 $90℃$ 时需要多少时间?豌豆的热扩散率约等于水,平均值为 $0.16 \times 10^{-6}m^2/s$。

习题 4-33 某间歇式加热釜内被液体质量为 1500kg,定压比热容 c_p 为 $3.6kJ/(kg \cdot K)$,加热釜内的传热面积为 $2m^2$,液体的初温为 $20℃$,要求加热到终温为 $80℃$。用于加热的饱和蒸汽温度为110℃,釜内设有搅拌器。若换热器的总传热系数 K 为1300W/(m²·K)(视为常数),求所需加热的时间。

习题4－34　带有搅拌器的牛乳加热槽内有20℃的牛乳200kg,槽内有传热面积0.5m²的蛇管。今以120℃的蒸汽通入蛇管进行加热,试求牛奶的升温规律(即温度随时间的变化关系)。假定传热系数为460W/(m²·K)。

第五章　以热量传递为特征的单元操作

蒸发、结晶和杀菌都是食品工业中大量应用的单元操作,它们的共同特征是传热。

蒸发是典型的传热过程。在许多场合,蒸发系统的热量经济性成为整个生产流程的关键因素。结晶可以用多种方式实现,但应用最广泛的是蒸发结晶法,因此结晶设备在很大程度上与蒸发设备相似。杀菌也有多种方法,但加热杀菌仍是主要的杀菌方法。

前一章讨论的有关传热的知识即在这几个以传热为特征的单元操作上体现出其应用价值。

第一节　蒸　发

将含有不挥发溶质的溶液加热沸腾,使其中的挥发性溶剂部分汽化,从而将溶液浓缩的过程称为蒸发。蒸发操作是一种分离操作,广泛应用于化工、轻工、制药和食品等许多工业中溶剂为挥发性而溶质为非挥发性的场合。工业上蒸发有以下几种主要的目的:

①制取浓溶液产品,如各种果汁、牛乳的浓缩;

②溶质的分离制取,将溶液不断蒸发,使之达到并维持一定的过饱和度,让溶质不断地结晶析出,如蔗糖生产的结晶过程;也可以让蒸发浓缩的溶液冷却,使溶质结晶析出而分离出来,如蔗糖生产的助晶过程;

③纯净溶剂的制取,此时蒸发所得的产品是溶剂,如海水蒸发制取淡水。

工业上被蒸发的溶液多为水溶液,所以本节的讨论仅限于水溶液的蒸发。原则上,水溶液的蒸发原理和设备对其它液体的蒸发也是适用的。

一、概　述

(一)蒸发的基本过程

蒸发是溶液不断吸收热量而沸腾、水分(溶剂)不断汽化的过程,所以蒸发器首先是一个加热器,工业上大多使用蒸汽为加热的热源,其优点是加热剂的温度保持恒定,可以避免蒸发时因局部过热而导致的物料品质下降。这样,蒸发的传热就是一侧为蒸汽冷凝,另一侧为溶液沸腾的恒温差传热过程。

蒸发器主要的组成部分是加热室和分离室。加热室是蒸发器中冷、热流体进行热交换的场所,列管式的加热室也被称为汽鼓。而水分汽化产生二次蒸汽的场所则为分离室,也称为汁汽室。为了保证蒸发的正常进行,必须连续不断地将二次蒸汽抽走,以维持二次蒸汽压强及溶液温度的稳定,最常用的方法是将二次蒸汽冷凝。为了防止蒸发过程所产生的微小液滴随二次蒸汽被抽走,在分离室的顶部二次蒸汽的出口处装有除沫器,进一步进行汽液分离。如图 5-1 所示。

从蒸发器抽出的二次蒸汽经过冷凝器冷凝,随冷凝水从冷凝器的尾管排出。如果蒸发室内为真空,则冷凝器内残留的不凝气进入真空泵。也可以用水喷射冷凝器来抽真空,水喷射冷凝器可以起真空泵和冷凝器的双重作用。在水喷射冷凝器中,高速的水射流起到了抽吸的作用。同时,二次蒸汽在与水流的接触时迅速冷凝下来,形成真空。

(二)压力蒸发、常压蒸发和真空蒸发

通常根据二次蒸汽的压强将蒸发分为压力蒸发、常压蒸发和真空蒸发。压力蒸发所产生的二次蒸汽的温度较高,可以被再次利用而有利于节能。常压蒸发的二次蒸汽的压强等于或略大于常压。对于一些热敏性的物料,为了保证产品的质量,必须采用真空蒸发,使物料的沸点相应降低。真空蒸发的特点如下:

①在加热蒸汽温度不变的情况下,真空蒸发使物料的沸点下降,从而加大了传热的温差;

②由于物料的沸点降低,可以利用低温低压的蒸汽作为热源,有利于节能;

③低温防止了热敏性物料的变性和分解,但增大了溶液的黏度,使传热系数降低。

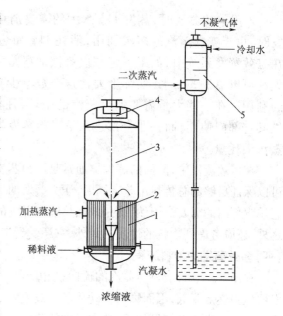

图5-1　蒸发过程

1—加热室　2—中央循环管　3—二次蒸汽室
4—除沫器　5—冷凝器

(三)单效蒸发和多效蒸发

根据是否有两个或两个以上的蒸发器(罐)的串联使用,蒸发流程又分为单效蒸发和多效蒸发。单效蒸发是指蒸发器的加热蒸汽只使用一次,即是说,蒸发所产生的二次蒸汽不再作为另外的蒸发器的热源,图5-1所示的流程就是单效蒸发。多效蒸发则是两个或两个以上的蒸发器的串联使用,加热蒸汽最先进入的蒸发器称为第一效蒸发器,而以第一效蒸发器的二次蒸汽为加热蒸汽的蒸发器则称为第二效蒸发器。并流加料时,离开第一效蒸发器的料液在压差的作用下自行流入第二效蒸发器被继续浓缩;依次类推,末效蒸发器的二次蒸汽则进入冷凝器。图5-2所示为三效并流蒸发的流程图。

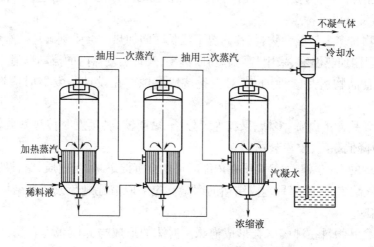

图5-2　三效并流蒸发流程

采用单效蒸发时,蒸发1kg水大约需要消耗1kg加热蒸汽。按此推理,使用多效蒸发时,由于二次蒸汽的多次利用,消耗1kg加热蒸汽所能蒸发的水量成倍增加。例如,在三效蒸发系统中,如果不将二次蒸汽抽离蒸发系统用于其它用途,消耗1kg加热蒸汽大约可以蒸发3kg水(实际上要比这个数字少)。可见多效蒸发使热能得到了更为有效的利用。在一些大量需要加热蒸汽的工厂,往往蒸发器产生的二次蒸汽会被部分抽出供其它部门使用,而并非全部进入下一效蒸发器的加热室,这样可以进一步降低全厂的蒸汽消耗量。

在多效蒸发中,前面的蒸发器通常是压力蒸发,而后面的蒸发器通常为真空蒸发。这样可以保证足够的总传热温差。同时,压力蒸发的二次蒸汽有较高的温度,以确保能够满足其它用汽部门的需要。当然,第一效加热蒸汽温度的选定,除了应考虑如何更有效地利用热能之外,还应考虑到物料的性质。此外,它还受到工厂动力设备配置的制约。

(四)多效蒸发的加料流程

在图5-2中,液料与蒸汽的流向是相同的,称之为并流加料法。并流加料的优点是蒸发器压强逐效降低,因而物料自动从前一效流入下一效。同时由于沸点逐效降低,料液在进入下一效时产生自蒸发作用,节省了加热蒸汽。并流加料的缺点是末效的溶液浓度最高,温度最低,因而黏度高,传热系数大为下降。

对于高黏度的物料,可以采用逆流加料法,使料液的流动方向与蒸汽的流动方向相反。此时加热蒸汽进入第一效,料液则进入末效。逆流加料不仅没有自蒸发,而且要用泵将物料从后一效送入前一效。

此外,对于易结晶的物料,还可以采用平流加料法。蒸汽流向不变,物料则平行加入到每一效,各效排出的浓缩液集中在一起,成为产品。

食品工业上常用的加料法是并流加料法,下面讨论的均为并流加料法。对于逆流加料法的蒸发过程,其原理和计算方法均相同。

(五)食品工业蒸发的特点

蒸发是食品工业应用较广泛的分离单元操作,由于食品工业处理的多为生物物料,比一般化学工业上的物料更为复杂,在设计和使用蒸发器时必须充分考虑这一特征。一般而言,食品物料的蒸发有以下特点:

(1)食品物料多为热敏性物料,在高温下或长时间加热时会受到破坏。避免物料被热破坏的措施有:限制加热温度、采用"高温短时"蒸发、改善蒸发器内的流动以消除死角等。

(2)某些食品物料是酸性的,会对设备造成腐蚀。在设计蒸发器时应选择耐腐蚀的材料。

(3)许多食品含蛋白质、多糖、果胶等大分子,黏度较高,蒸发时传热系数较低。加入表面活性剂可以降低黏度,改善蒸发。

(4)食品中的 Ca^{2+}、Mg^{2+} 等离子在浓缩时可能会沉淀下来,蛋白质、糖、果胶等物质受热过度时会变性、结焦,这些都是造成结垢的因素。应采取措施避免或减缓结垢,产生了结垢后也应及时清除。

(5)某些食品物料在沸腾时会形成泡沫。泡沫的形成与界面张力有关,可以使用消泡剂,也可以采用机械装置消除泡沫。

二、蒸 发 设 备

工业上使用的蒸发器很多,主要有循环式蒸发器和膜式蒸发器两大类。

(一)循环式蒸发器

循环式蒸发器的特点是溶液在蒸发器内作循环流动。根据蒸发器结构的不同及循环的强制与否,循环式蒸发器又有内循环和外循环,自然循环和强制循环等不同形式。

1.中央循环管式(标准式)蒸发器

标准式蒸发器是具有一中央降液管的自然循环蒸发器,其结构如图5-3所示。主要由加热室(汽鼓)、汁汽室、上封头、下封头、除沫器(雾沫分离器)及进出汁装置等构成。

加热室是蒸发器的主要部件。它由上下两块管板、加热管、中央降液管及外壳构成。汽鼓构成了蒸发罐的加热面,起传递热量的作用。外壳上安装有进汽管,加热室下方近管板处有汽凝水排出接管。在加热室的适当部位装有不凝气排除管,以排除加热蒸汽中的不凝气,维持蒸发器有较高的传热系数。标准式蒸发器的加热管长度为2~3m。汽鼓中间有一粗管,称为降液管或中央循环管。蒸发时,由于料液受热程度不同形成了密度差,自加热管内上升,而从降液管下降。下降的料液部分从出汁管排出,部分则与入料混合,再由加热管上升而循环流动,以增加传热效能。

加热室上方的空间部分称为分离室。因为二次蒸汽也被称为汁汽,所以分离室也称为汁汽室。汁汽室是一个直立圆筒,内部是空的,它的主要作用是让从加热管中喷出的料液与二次蒸汽分离。汁汽(二次蒸汽)向上进入除沫器,液料则重新落入加热室。在汁汽室正面的不同高度上,安装有几个视镜,以便在蒸发时观察罐内料液的液面及沸腾

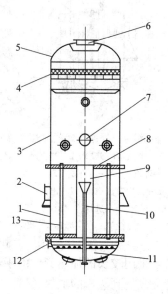

图5-3 标准式蒸发器
1—加热室(汽鼓) 2—进汽口
3—汁汽室 4—除沫器
5—顶盖 6—二次蒸汽出口
7—视镜 8—罐板 9—降液管
10—出汁管 11—底盖
12—进汁管 13—加热管

情况。分离室开有方形的人孔,作为清洗和维修时的工作人员的进出通道。

汁汽室上方是一个除沫器,其作用是把汁汽夹带的微小液滴或雾沫分离出来。回收的雾沫沿回流管回流,除去雾沫的汁汽则经顶盖的出汽口排出。

蒸发器底部的封头安装有入料的分配装置与出汁管,并设有人孔,在加热室与汁汽室的适当位置安装有温度计与压力计。

标准式蒸发器的结构比较简单,制造容易,操作与积垢的清除都较方便,有较高的传热效能。同时,由于有料液循环,有一定的缓冲作用,即使来汁稍有波动,影响也不大。

2.外循环式蒸发器

在标准式蒸发器中,中央降液管占了较大的面积,影响了布管的紧凑性。为了能在整个管板上布置管子,将降液管移至罐体之外,便形成了外循环式的蒸发器。

外循环蒸发器如图5-4所示。加热室的直径比汁汽室稍小。加热室的蒸汽从周边进

入,即在加热室外壳的上方开有长方形汽隙,外面包以环形蒸汽通道。这样,进入汽鼓的蒸汽在汽鼓内的分布较为均匀。

外循环管有两根,其上端与位于加热室顶部外周的集汁环连接。但两循环管的进汁口位置不相同,一根较高,另一根较低。较低的那根下部接一分配器,该分配器有一漏斗与出汁管相连接,在分配器底部有管路与蒸发器的底部相通。而较高的一根循环管,则直接与罐底的进汁口相接。这样布置,既可保证出汁的要求,又能满足循环的需要。由于外循环管位于加热室外,没有受热,因此循环管的总截面积可以比中央降液管的截面小些。

不凝气排除管安装在汽鼓中央,由于是周边进汽,不凝气体大部分集中于加热室中心部分,因此,不凝气的排除比较完全。

在这种蒸发器中,加热面积相同时,汽鼓直径比标准式的小,结构较紧凑,底部容积也较小,这就相对地缩短了物料在蒸发器内的停留时间。料液的进出口装置合理,入料不会与出料相混。

3. 外加热式蒸发器

外加热式蒸发器的结构如图 5-5 所示,它也属于自然循环式的蒸发器,其特点是将加热室与分离室分开,以便于清洗和更换管子。同时,这种结构有利于降低蒸发器的总高度,所以可采用较长的加热管。由于这种蒸发器的加热管较长(管长与管径比为 50~100),循环管又没受到蒸汽的加热,循环的推动力大,料液的循环速度也较大,可达 1.5m/s。这种较高的循环速度提高了传热系数,也有利于阻缓积垢的形成。

4. 强制循环蒸发器

自然循环蒸发器由于循环的推动力有限,液料的循环速度一般较低,不宜用以处理高黏度、易结垢及有结晶析出的料液。对于这类料液的蒸发,可采用如图 5-6 所示的强制循环

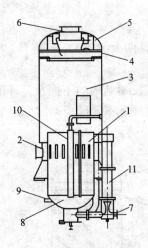

图 5-4 外循环式蒸发器

1—加热室(汽鼓) 2—进汽环
3—汁汽室 4—除沫器 5—顶盖
6—二次蒸汽出口 7—出汁管
8—底盖 9—进汁管 10—不凝
气排除管 11—循环管

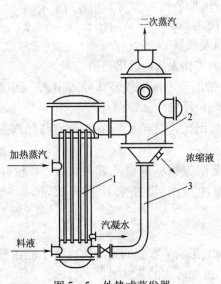

图 5-5 外热式蒸发器

1—加热管 2—分离室 3—循环管

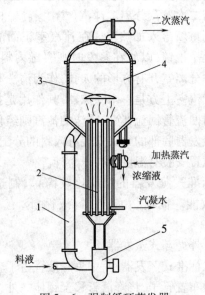

图 5-6 强制循环蒸发器

1—循环管 2—加热管 3—挡板 4—分离室 5—循环泵

蒸发器。这种蒸发器的循环泵安置在加热室的下面,将新加入蒸发器的料液及循环料液一起送进加热室。在加热室上方的分离室中安置一块挡板,这有利于对二次蒸汽中的液滴的分离和回收。

料液的循环速度的大小可以通过调节泵的流量来控制,一般的循环速度在 2.5m/s 以上。

(二)膜式蒸发器

膜式蒸发器的特点是料液在加热面上成膜状流动。膜式蒸发器种类很多,结构各不相同,但根据液膜的流动方向,可以把膜式蒸发器分为升膜式蒸发器、降膜式蒸发器和升 - 降膜蒸发器等。

膜式蒸发器的管子比较长,尤其是降膜式蒸发器,短的为 7 ~ 9m,长的达 12m 以上。膜式蒸发器的主要优点是传热系数高,因此它可以在较小的传热温差之下运行。而且,一般料液一次通过加热室便可达到要求的浓度,大大缩短了料液在蒸发器内停留的时间。

1. 升膜式蒸发器

升膜式蒸发器的结构如图 5 - 7 所示,其加热室由数根垂直的长管组成,通常加热管直径为 25 ~ 50mm,管长与管径之比为 100 ~ 150。料液经预热后,由蒸发器的底部进入,加热蒸汽在管外冷凝。料液受热沸腾后迅速气化,产生的二次蒸汽在管内高速上升,带动液体在管内壁成膜状向上流动,上升的液膜因受热而不断蒸发,故料液自蒸发器的底部上升至顶部的过程中逐渐被浓缩。浓缩液进入分离室与二次蒸汽分离后,由分离室的底部排出。

常压下加热管出口处的二次蒸汽的流速不应小于 10m/s,一般为 20 ~ 50m/s。减压操作时,这个速度会更高。足够的二次蒸汽上升速度,才能带动液体成膜状向上流动。升膜式蒸发器的总传热系数比一般的循环式蒸发器高 30% 左右。

由于升膜式蒸发器没有回流循环,所以对入料的均衡性要求较高,如果入料不均或瞬间停止入料,容易因缺液而出现管子上部的干壁现象。为了保证蒸发器具有高的传热系数以及管子内能产生足够的蒸汽,入料前的料液应先加热到沸点甚至超过沸点。

2. 降膜式蒸发器

降膜式蒸发器的结构如图 5 - 8 所示。它的料液由蒸发器的顶部进入,液膜在自身重力的作用下沿管内壁呈膜状下流,沿途不断被蒸发浓缩。汽液混合物由加热管底部进入分离室,经汽液分离后,浓缩液由分离室的底部排出。

为了使料液能在内管壁面上均匀成膜,在每根管子的顶部均需设置液体布膜装置。布膜装置的种类很多,图 5 - 9 所示为其中的三种。图 5 - 9(1)中,液体通过齿缝沿加热管的内壁面成膜状下降;图 5 - 9(2)中,布膜装置的下部为圆锥体,锥体的底面内凹,以免沿斜锥面流下的料液在底面中央集聚。而图 5 - 9(3)中的布膜装置是一个开有螺旋槽的圆柱体,液体沿沟槽旋转下流而均匀分布在管壁上。

降膜式蒸发器可以处理浓度、黏度较高的溶液,但不适用于蒸发易结晶或易结垢的溶液。降膜式蒸发器在运作的过程中,必须保证管壁有一定的湿润程度,以免管子的下端出现烘干的现象,影响产品的质量。管子的湿润程度可以用周边湿润值 z 来表示,这个数值是指单位时间内、管子底端的单位长度所流过的料液量。例如,对于制糖厂来说,所推荐的降膜式蒸发器的周边湿润值 z 为 $0.8 ~ 1.4 \mathrm{m}^3/(\mathrm{m} \cdot \mathrm{h})$。

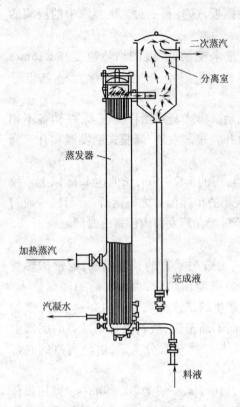

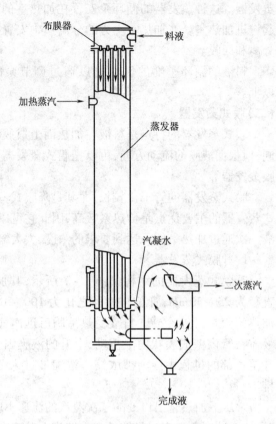

图5-7 升膜式蒸发器　　　　　图5-8 降膜式蒸发器

3. 板式蒸发器

板式蒸发器是一种传热效率更高的蒸发设备,这种蒸发器(图5-10)可以看成是一个板式加热器和一个汽液分离器的组合,它实际上是一种升降膜式的蒸发器。蒸发器由若干板块组成,每两块板块间构成一条流体通道,加热蒸汽(包括气凝水)的通道与液料的通道一一相间。料液从其中一条板间的通道以升膜的形式上升,再从一通道以降膜的形式下降。板片下方的矩形孔组成了一矩形的汽液混合物通道。料液及二次蒸汽从降膜通道进入这一矩形通道,并由此流入一外接的汽液分离室。

由于这种蒸发器有很高的传热系数,需要的温差小,料液的流速快,停留时间短,故很适合于处理热敏性的物料。

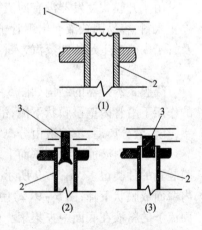

图5-9 降膜式蒸发器的布膜器
1—液面 2—加热管
3—布膜装置

(三) 蒸发器的附属设备

蒸发器的主要附属设备有除沫器和冷凝器。

1. 除沫器

除沫器俗称为捕汁器,它用于回收二次蒸汽所夹带的雾沫和微小液滴,图5-11所示是其中的几种类型,它们安置在蒸发器的顶部。也可以在蒸发器的外部设置除沫器。

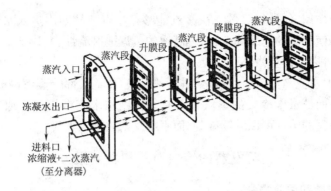

图 5-10　板式蒸发器

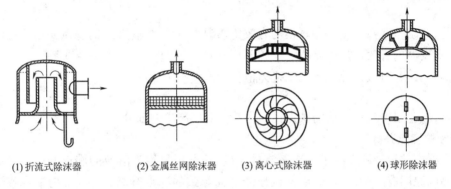

(1)折流式除沫器　　(2)金属丝网除沫器　　(3)离心式除沫器　　(4)球形除沫器

图 5-11　除沫器

2.冷凝器和真空装置

冷凝器的作用是将二次蒸汽冷凝成水,然后排出。在负压操作时,冷凝器通常与真空装置连用(如水环式真空泵,往复式真空泵)、二次蒸汽离开蒸发器后,先进入冷凝器冷凝成水,残留的不凝气再由真空泵抽走。

以冷水作为冷却剂,冷凝器分为直接接触式冷凝器和间壁式冷凝器。冷却水与二次蒸汽直接接触的冷凝效率很高,但当二次蒸汽为有价值的产品需要回收,或会严重污染冷却水时,应采用间壁式冷凝器。

图 5-12 所示的水喷射器既是抽真空的喷射泵,同时也是一个冷凝器,故也称为水喷射冷凝器。水喷射冷凝器由水室、喷嘴、喷嘴座板、汽室、喉管与尾管构成。除喷嘴、喷嘴座板及喉管等用铸铁制造外,其余部分都是用钢管和钢板卷制而成。操作时,具有一定压强的冷却水从水室经喷嘴以很高的速度(一般在 15m/s 以上)经多个喷嘴射出,射流经过一段距离之后,聚合于一个焦点上。由于喷射水流的速度很高,因而在蒸发器的分离室形成了负压,起到了

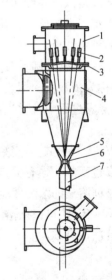

图 5-12　水喷射器
1—水室　2—喷嘴　3—喷嘴座板
4—汽室　5—喉管　6—喉部　7—尾管

对二次蒸汽的抽吸作用,使被抽吸的二次蒸汽能够经过汽环从四周进入水喷射冷凝器的汽室。汽环的作用是使蒸汽的速度降低,以免高速的蒸汽把射流冲歪,影响聚焦。如果蒸汽的流速不是太高,也可以不设置汽环。

在汽室中,喷射水流与蒸汽直接接触,进行热交换,使绝大部分蒸汽冷凝成水,从而获得了一定的真空度。而少量未冷凝的蒸汽和不凝气体则被水流携带一并通过水喷射器的喉部,进入尾管,未冷凝的蒸汽可以继续冷凝,而不凝气则被排入大气。

三、蒸发器的传热温差和温差损失

(一)蒸发器的总温差和温差损失

在蒸发操作过程中,通常测定的是蒸发器的加热蒸汽温度 t 和二次蒸汽的温度 t',这两者的温差称为总温差 $\Delta t'$。即

$$\Delta t' = t - t' \tag{5-1}$$

但是,总温差并不是蒸发器真正的有效传热温差 Δt_m,溶液真正的沸点要高于二次蒸汽的温度,蒸发器的有效传热温差 Δt_m 要小于总温差。

总温差 $\Delta t'$ 与有效传热温差 Δt_m 之差值称为温差损失 Δ:

$$\Delta t_m = \Delta t' - \Delta \tag{5-2}$$

显然,温差损失就是溶液的沸点比二次蒸汽温度高出的部分。

(二)溶液的沸点升高

蒸发器内的溶液沸点高于二次蒸汽的温度,这种现象称为溶液的沸点升高。造成溶液沸点升高的原因有两个,一是溶液蒸汽压降低而导致的沸点升高 Δ'(也称为浓度效应沸点升高),二是由于液体静压头引起的沸点升高 Δ''。即:

$$\Delta = \Delta' + \Delta'' \tag{5-3}$$

1.溶液蒸汽压降低而导致的沸点升高 Δ'

由于难挥发溶质的存在,使溶液的蒸汽压降低,从而导致沸点升高,这是含不挥发溶质的溶液的重要性质之一。一般而言,非电解质溶液的沸点升高远小于电解质溶液的沸点升高。对于稀溶液,其沸点升高与蒸汽压降低、冰点下降及渗透压等性质仅与溶质分子的数目有关,故称为依数性。用热力学的有关方法来计算稀溶液的沸点升高可以得到很准确的结果,但在蒸发过程中,往往溶液的浓度较高,使用上述的计算方法误差较大,实践中常用以下两种方法。

(1)吉辛科公式 溶液蒸汽压降低引起的沸点升高除了与溶液的种类、浓度有关之外,还与蒸发过程的压强有关,其数值一般需由实验测定。表 5-1 列出的是在 0.1MPa 下不同浓度的蔗糖溶液的浓度效应沸点升高数值。由于一般手册很难查到非常压下的溶液沸点升高的数值。因此,可以从溶液在常压下的沸点升高 Δ'_0 出发,应用式(5-4)近似计算非常压下的溶液沸点升高:

$$\Delta' = f\Delta'_0 \tag{5-4}$$

式中 f——校正系数,其值为:

$$f = \frac{0.0162 \times (273 + t')^2}{r} \tag{5-5}$$

式中 r——操作压强下水的汽化潜热,kJ/kg。

表 5 – 1   **0.1MPa 下不同浓度蔗糖溶液的沸点升高 Δ'_0**

浓度/%	0	10	20	30	40	50	60	70
沸点升高/℃	0	0.1	0.3	0.7	1.2	2.0	3.3	5.4

[例 5 – 1]已知蒸发器中的蔗糖溶液质量浓度为 50%,蒸发的操作压强(绝对)为 70kPa,相应的水的沸点(二次蒸汽温度)为 90℃。问该溶液浓度效应的沸点升高是多少?

解:由饱和蒸汽性质表查得,在压强(绝对)为 70kPa 时,水的汽化热 r 为 2283kJ/kg,则校正系数 f 为:

$$f = \frac{0.0162 \times (273 + 90)^2}{2283} = 0.935$$

由表 5 – 1 得,1 大气压下 50% 的蔗糖溶液的浓度效应沸点升高值 Δ'_0 为 2℃,于是有:

$$\Delta' = f\Delta'_0 = 0.935 \times 2 = 1.87(℃)$$

(2)杜林法则　该法则认为:某溶液在两个不同压强下的沸点之差,与另一液体(称为标准液体)在此两个不同压强下的沸点之差的比值为一常数,即:

$$\frac{t_A - t_A^0}{t_w - t_w^0} = k \tag{5 – 6}$$

常用水作为标准液体,因为水的数据较齐全。若能测得或从手册上查得某溶液在两个不同压强下的沸点,即可用上式求出 k 值,进而求取该溶液在其它压强下的沸点。

2. 液体静压效应的沸点升高 Δ''

由于液层内部的压强高于液面上的压强,故溶液内部的沸点高于表面的沸点,两者之差就是液体静压效应的沸点升高 Δ''。根据静力学方程,液层内的压强分布为线性。故平均静压强位于总液层静止高度的 1/2 处。如果以液层表面的压强为 p,记液层高度 1/2 处的压强为 p_m,有:

$$p_m = p + \frac{\rho g H}{2} \tag{5 – 7}$$

式中 ρ——液体的密度,kg/m³;

      H——总液层高度,m。

分别由压强 p 和 p_m 查取水的相应沸点为 t 和 t_m,则静压效应的沸点升高 Δ'' 近似为:

$$\Delta'' = t_m - t \tag{5 – 8}$$

在应用式(5 – 7)时,如果总液层高度 H 使用沸腾液层的高度,那么相应的液体密度 ρ 则应为汽液混合物的平均密度。对于水溶液,可以使用式(5 – 9)计算其静压效应的沸点升高值。

$$\Delta'' = \frac{3816.44}{18.3036 - \ln(0.0075 \times p_m)} - 227.03 - t' \tag{5 – 9}$$

式中符号的意义与式(5 – 7)、式(5 – 8)相同,注意,式(5 – 9)只适用于水溶液。

在式(5 – 7)和式(5 – 9)中,p_m 的计算需要知道操作压强 p,如果不知道操作压强 p 而只知道该压强下的饱和水蒸气的温度 t',则可以由下式求得水蒸气的饱和压强 p:

$$p = 133.3 e^{\left[18.3036 - 3816.44/(227.03 + t')\right]} \tag{5 – 10}$$

[例 5 – 2]某食品厂用标准式蒸发器浓缩果汁。已知蒸发器内的果汁密度为 1100kg/m³,蒸发产生的二次蒸汽的温度为 75℃。假设器内果汁的静止液位在加热管的 1m 处,试求静压效应

的沸点升高 Δ''。

$\text{解}: p = 133.3 e^{[18.3036 - 3816.44/(227.03 + 75)]} = 38568(\text{Pa})$

$$p_m = p + \frac{H\rho g}{2} = 38568 + \frac{1 \times 1100 \times 9.81}{2} = 38568 + 5395.5 = 43963.5(\text{Pa})$$

$$\Delta'' = \frac{3816.44}{18.3036 - \ln(0.0075 \times p_m)} - 227.03 - T' = \frac{3816.44}{18.3036 - \ln(0.0075 \times 43963.5)} - 227.03 - 75 = 3.15(\text{℃})$$

[例 5 - 3]糖厂多效蒸发系统的末效蒸发器内的糖浆平均浓度为 60%,糖浆密度为 1260kg/m³,该效蒸发器的二次蒸汽温度为 76℃,加热蒸汽温度为 92℃,蒸发器内的液位在静止时盖过的加热管长度为 1m。若已知蒸发器的总传热系数为 900W/(m² · K),蒸发器的传热面积为 750m²。试问该蒸发器的传热速率是多少?

解:蒸发器的总温差　　　　　　　　$\Delta t' = 92 - 76 = 16(\text{℃})$

由表 5 - 1 查得,在 1 大气压下,浓度为 60% 蔗糖溶液的浓度效应沸点升高为 3.3℃,查水和水蒸气的性质表得知,76℃水的汽化热 r 为 2319kJ/kg,则:

$$f = \frac{0.0162 \times (273 + 76)^2}{2319} = 0.85$$

于是有　　　　　　　　　　$\Delta' = f\Delta'_0 = 0.85 \times 3.3 = 2.8(\text{℃})$

$$p = 133.3 e^{[18.3036 - 3816.44/(227.03 + 76)]} = 40211(\text{Pa})$$

$$p_m = p + \frac{H\rho g}{2} = 40211 + \frac{1 \times 1260 \times 9.81}{2} = 40211 + 6180 = 46391(\text{Pa})$$

$$\Delta'' = \frac{3816.44}{18.3036 - \ln(0.0075 \times 46391)} - 227.03 - T' = \frac{3816.44}{18.3036 - \ln 347.93} - 227.03 - 76 = 3.47(\text{℃})$$

$$\Delta t_m = \Delta t' - \Delta' - \Delta'' = 16 - 2.8 - 3.47 = 9.73(\text{℃})$$

$$Q = KS\Delta t_m = 900 \times 750 \times 9.73 = 6.57 \times 10^6(\text{W})$$

在多效蒸发的情形,还需考虑蒸汽从前效流到后效时由于流动阻力造成的温差损失。例如,在外置式的汽液分离器中测量二次蒸汽的温度时,所得的数值会由于流动的摩擦而低于蒸发压强下的饱和蒸汽温度。管道摩擦的温差损失通常取 1 ~ 1.5℃。

在多效蒸发系统中,第一效蒸发器的加热温度与末效蒸发器的二次蒸汽温度之差为总温差,而总的温差损失除了各效蒸发器的浓度效应和静压效应的沸点升高之外,还应包括二次蒸汽从前效到后效间流动的摩擦损失。总温差减去总温差损失为总有效温差。

四、单效蒸发计算

在设计蒸发器时,计算的核心内容是:蒸发水量、加热蒸汽量和加热面积,这些问题分别用物料衡算、热量衡算和传热速率方程解决。

(一)物料衡算

物料衡算可以求出蒸发水量。图 5 - 13 为单效蒸发的物料流程图。对溶质作物料衡算得:

$$Fw_0 = (F - W)w_1 \qquad (5 - 11)$$
$$W = F(1 - w_0/w_1) \qquad (5 - 12)$$

(二)热量衡算

热量衡算可以求出加热蒸汽消耗量。设加热蒸汽在加

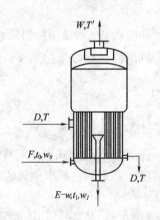

图 5 - 13 单效蒸发的物料流程

热室内释放出的热量为其潜热 r,从图 5 - 13 中可知,进入和离开蒸发器的热流有(一般认为离开蒸发器的溶液浓度与蒸发器内的溶液浓度相同):

加热蒸汽带入的热量 Dr

原料液带入的热量 Fh_0

完成液带走的热量 $(F - W)h_1$

二次蒸汽带走的热量 WH'

热量损失 Q_L

于是热量衡算为:

$$Dr + Fh_0 = (F - W)h_1 + WH' + Q_L \tag{5-13}$$

从而:

$$D = \frac{(F - W)h_1 - Fh_0 + WH' + Q_L}{r} \tag{5-14}$$

上式中溶液的比焓 h 除与溶液的性质和温度有关外,还与浓度有关,可以从手册查取,对大部分有机溶液,可忽略稀释热,近似认为溶液的比热容由溶剂的比热容和溶质的比热容按浓度加成而得,则:

$$c_{p0} = c_{pw}(1 - w_0) + c_{pB}w_0 = c_{pw} - (c_{pw} - c_{pB})w_0 \tag{5-15}$$

$$c_{p1} = c_{pw}(1 - w_1) + c_{pB}w_1 = c_{pw} - (c_{pw} - c_{pB})w_1 \tag{5-16}$$

代入式(5 - 12)消去 w_1,整理得:

$$(F - W)c_{p1} = Fc_{p0} - Wc_{pw} \tag{5-17}$$

将式(5 - 17)代入式(5 - 14),并考虑到 $h' - c_{pw}t_1 \approx r'$,整理得:

$$D = \frac{Fc_{p0}(t_1 - t_0) + Wr' + Q_L}{r} \tag{5-18}$$

式(5 - 18)即加热蒸汽消耗量的计算公式。从公式可以看出,加热蒸汽放出的热量用于三个方面:将料液从 t_0 加热到沸点,将溶剂汽化,以及弥补热损失。如果忽略热损失,并且采用沸点进料($t_0 = t_1$),则得:

$$D = W \times (r'/r) \tag{5-19}$$

水的汽化热随温度(或压强)的改变不大,即 $r \approx r'$,从而 $D \approx W$,这就是每 1kg 蒸汽可以蒸发 1kg 水这一假设的由来。考虑到热损失等原因,实际的 D/W 值约为 1.1。

(三)传热速率

由传热速率方程得到蒸发器的加热面积为:

$$S = \frac{Q}{K\Delta t_m} = \frac{Dr}{K(T - t_1)} \tag{5-20}$$

传热系数 K 的计算已在传热一章中讨论,其中沸腾对流传热系数的计算大多采用经验公式。表 5 - 2 列出了常见的 K 值范围,可供参考:

表 5 - 2   常见的蒸发器 K 值范围

蒸发器型式	$K/[\mathrm{W}/(\mathrm{m}^2 \cdot \mathrm{K})]$	蒸发器型式	$K/[\mathrm{W}/(\mathrm{m}^2 \cdot \mathrm{K})]$
蛇管式	1000 ~2000	降膜式	1200 ~3500
中央循环管式(自然循环)	600 ~2500	外热式(自然循环)	1200 ~5000
中央循环管式(强制循环)	1200 ~5000	外热式(强制循环)	1200 ~6000
升膜式	1200 ~6000	刮板式	600 ~2000

五、多效蒸发计算

图 5 – 14 为多效蒸发系统的物料流程图（图中画出三效）。多效蒸发计算的内容与单效蒸发基本相同，所用的方法也大体相同。

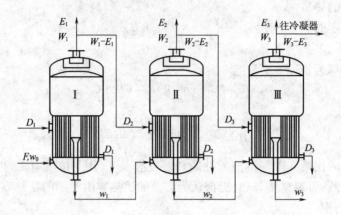

图 5 – 14　多效蒸发流程

设：

D_i——第 i 效蒸发器的加热蒸汽量，kg/s；

E_i——第 i 效蒸发器抽出的二次蒸汽量，kg/s；

r_i——第 i 效蒸发器的加热蒸汽潜热，J/kg；

T_i——第 i 效蒸发器的加热蒸汽温度，K 或℃；

W_i——第 i 效蒸发器的蒸发水量，kg/s；

H'_i——第 i 效蒸发器的二次蒸汽比焓，J/kg；

t_i——第 i 效蒸发器的溶液沸点，K 或℃。

先作溶质的物料衡算：

$$Fw_0 = (F - W_1)w_1 = (F - W_1 - W_2)w_2 = \cdots = (F - W_1 - W_2 - \cdots - W_n)w_n = (F - W)w_n$$

所以有：

$$w_1 = \frac{Fw_0}{F - W_1} \tag{5 – 21}$$

$$w_2 = \frac{Fw_0}{F - W_1 - W_2} \tag{5 – 22}$$

$$\cdots\cdots$$

$$w_n = \frac{Fw_0}{F - W} \tag{5 – 23}$$

由式（5 – 22）得：

$$W = F\left(1 - \frac{w_0}{w_n}\right) \tag{5 – 24}$$

式中 W 为各效蒸发水量之和，也就是总蒸发水量。从式（5 – 24）可以算出总蒸发水量，从式（5 – 21）~式（5 – 23）诸式可以求出各效的浓度。由式（5 – 24）可知，多效蒸发的蒸发能力与单效蒸发相同。

忽略热损失,对第一效作热量衡算:

$$D_1 r_1 = W_1 H'_1 + (Fc_{p0} - W_1 c_{pw}) t_1 - Fc_{p0} t_0 \qquad (5-25)$$

即:

$$W_1 = \frac{r_1}{H'_1 - c_{pw} t_1} D_1 + Fc_{p0} \frac{t_0 - t_1}{H'_1 - c_{pw} t_1} \qquad (5-26)$$

同理对第二效有:

$$W_2 = \frac{r_2}{H'_2 - c_{pw} t_2} D_2 + (Fc_{p0} - W_1 c_{pw}) \frac{t_1 - t_2}{H'_2 - c_{pw} t_2} \qquad (5-27)$$

写成一般式:

$$W_i = \frac{r_i}{H'_i - c_{pw} t_i} D_i + (Fc_{p0} - W_1 c_{pw} - \cdots - W_{i-1} c_{pw}) \frac{t_{i-1} - t_i}{H'_i - c_{pw} t_i} \qquad (5-28)$$

为进一步简化,令:

$$\alpha_i = \frac{r_i}{H'_i - c_{pw} t_i} \approx \frac{r_i}{r'_i} \qquad (5-29)$$

为蒸发系数,其意义为1kg加热蒸汽所能产生的二次蒸汽量,与式(5-19)相同,它的值略小于1,一般为$0.95 \sim 0.99$。

再定义:

$$\beta_i = \frac{t_{i-1} - t_i}{H'_i - c_{pw} t_i} \approx \frac{t_{i-1} - t_i}{r'_i} \qquad (5-30)$$

为自蒸发系数,代表自蒸发效应,可以理解为自蒸发产生的二次蒸汽量。

式(5-28)表示了各效的二次蒸汽产生量,如果考虑热损失,可以将其右端乘以一略小于1的系数η_i,称为热能利用系数。这样,式(5-28)变为:

$$W_i = [\alpha_i D_i + (Fc_{p0} - W_1 c_{pw} - \cdots - W_{i-1} c_{pw}) \beta_i] \eta_i \qquad (5-31)$$

式(5-31)在形式上是线性的,实际上是非线性的。在多效蒸发系统中,各效排出的二次蒸汽往往还要抽出一部分作它用,因此还应考虑以下线性衡算方程:

$$D_i = W_{i-1} - E_{i-1} \qquad (5-32)$$

式(5-28)和式(5-32)联立即可算出多效蒸发系统中各效的加热蒸汽量和蒸发水量等。在具体应用时,可以用解线性方程组的各种方法,也可以用下述简化方法。

先由第一效得:

$$W_1 = a_1 D_1 + b_1 \qquad (5-33)$$

注意到W_1是D_1的线性函数。再由第二效:

$$W_2 = [\alpha_2 D_2 + (Fc_{p0} - W_1 c_{pw}) \beta_2] \eta_2 \qquad (5-34)$$

及:

$$D_2 = W_1 - E_1 = a_1 D_1 + b_1 \qquad (5-35)$$

得到:

$$W_2 = a_2 D_1 + b_2 \qquad (5-36)$$

注意到W_2也是D_1的线性函数。依此类推,各效的蒸发水量均为D_1的线性函数。将此n个方程相加,即得:

$$W = D_1 \sum a_i + \sum b_i \qquad (5-37)$$

于是:

$$D_1 = (W - \sum b_i) / \sum a_i \qquad (5-38)$$

求出D_1后,代回式(5-27)即得各效蒸发水量,代回式(5-32)即得各效加热蒸汽量。

多效蒸发系统是一个自平衡系统,其中的各物理量互相制约。只要总蒸发量、加热蒸汽压强和末效二次蒸汽压强一定,则其余物理量即不能任意指定。而从上面的分析知道,要求得 D_1,必须知道各效的沸点,而沸点又与二次蒸汽压强、溶液浓度等有关。这样,多效蒸发计算一般要采用试差法,具体的计算步骤如下:

①根据生产任务,由式(5-23)计算总蒸发水量;

②由式(5-20)~式(5-23)计算各效的浓度,此时必须假设各效的蒸发水量。可以用等蒸发水量假设(即设各效的蒸发水量)相等、1kg 汽蒸发 1kg 水的假设或经验数据;

③估算各效的压强,可以用等压差分配假设(即各效的压降相等)或经验分布;

④由各效的浓度、蒸发室压强等条件计算各效的沸点,从而求出总有效温差;

⑤求各效的蒸发系数、自蒸发系数,并由式(5-31)和式(5-32)求出各效的加热蒸汽量、蒸发水量;

⑥选定各效的传热系数,计算有效温差分布,一般采用等蒸发面积的分配方案,即各效的加热面积相等,以便使各效设备可以通用,此时有:

$$\Delta t_{mi} = Q_i / K_i \qquad (5-39)$$

应用合比定理:

$$\frac{\Delta t_{mi}}{\sum \Delta t_{mi}} = \frac{Q_i / K_i}{\sum (Q_i / K_i)} \qquad (5-40)$$

可以算出各效的有效温差,式中 $\sum \Delta t_{mi}$ 为总有效温差;

⑦根据算出的蒸发水量重新计算各效的浓度,然后从最后一效开始,逐效往前推算各效的沸点;

⑧重复以上⑤~⑦步骤,直至前后二次计算得到的结果之差符合计算精度要求为止。最后用传热方程计算加热面积。

[例5-4]某食品厂每小时要将 50t 浓度为 11% 的桃浆浓缩到浓度为 42%,采用三效蒸发,三个蒸发器的面积分别为 500m²,500m² 和 400m²,第一效蒸发器的饱和加热蒸汽温度为 103℃,三效的总传热系数分别为 2200W/(m²·K),1800W/(m²·K),1100W/(m²·K);假设各效蒸发器的浓度沸点升高分别为 0.5℃,0.8℃,1.0℃;静压效应的沸点升高分别为 1.5℃,2.2℃,3.0℃。蒸汽过效的管路摩擦温差损失取 1.0℃。每小时从第一、二效蒸发器分别抽用二次蒸汽量为 5t,6t,第三效蒸发器的二次蒸汽全部进入冷凝。假设沸点进料,忽略料液过效的自蒸发,并设蒸发 1kg 水需要 1.1kg 蒸汽。求各效蒸发器的有效温度差和末效蒸发器的二次蒸汽温度。

解:(1) $W = F(1 - w_0 / w_3) = 50000 \times (1 - 0.11/0.42)/3600 = 10.25 \,(\text{kg/s})$

(2) $E_1 = 5000/3600 \text{kg/s}, E_2 = 6000/3600 \text{kg/s}$。作物料衡算:

$D_1 = 1.1 W_1$ $W_1 = E_1 + D_2$ $D_2 = 1.1 W_2$

$W_2 = E_2 + D_3$ $D_3 = 1.1 W_3$ $W = W_1 + W_2 + W_3 = E_1 + 2.1 E_2 + 3.31 W_3$

$10.25 = 5000/3600 + 2.1 \times 6000/3600 + 3 \times W_3$

$W_3 = 1.62 \text{kg/s}$ $W_2 = 3.45 \text{kg/s}$ $W_1 = 5.18 \text{kg/s}$

$D_3 = 1.78 \text{kg/s}$ $D_2 = 3.79 \text{kg/s}$ $D_1 = 5.70 \text{kg/s}$

(3)第一效的加热蒸汽温度为 103℃,查得相应的汽化热为 2250.6kJ/kg,由传热速率方程,有效传热温差为:

$$\Delta t_{m1} = \frac{D_1 r_1}{K_1 S_1} = \frac{5.7 \times 2250.6 \times 1000}{2200 \times 500} = 11.7(\text{℃})$$

第一效的温差损失：　　　　　$\Delta_1 = \Delta_1' + \Delta_1'' = 0.5 + 1.5 = 2(\text{℃})$

第一效的二次蒸汽温度：　　　$T_1' = 103 - 11.7 - 2 = 89.3(\text{℃})$

第二效加热蒸汽温度：　　　　　$T_2 = T_1' - 1 = 88.3\text{℃}$

查得相应的汽化热为2287.2kJ/kg。

$$\Delta t_{m2} = \frac{D_2 r_2}{K_2 S_2} = \frac{3.79 \times 2287.2 \times 1000}{1800 \times 500} = 9.6(\text{℃})$$

第二效的温差损失：　　　　　　$\Delta_2 = 0.8 + 2.2 = 3(\text{℃})$

第二效二次蒸汽温度：　　　　$T_2' = 88.3 - 9.6 - 3 = 75.7(\text{℃})$

第二效加热蒸汽温度：　　　　　$T_3 = 75.7 - 1 = 74.7\text{℃}$

查得相应的汽化热为2320.2kJ/kg。

$$\Delta t_{m3} = \frac{D_3 r_3}{K_3 S_3} = \frac{1.78 \times 2320.2 \times 1000}{1100 \times 400} = 9.4(\text{℃})$$

第三效的温差损失：　　　　　　$\Delta_3 = 1 + 3 = 4(\text{℃})$

第三效的二次蒸汽的温度：$T_3' = 74.7 - 9.4 - 4 = 61.3(\text{℃})$

[例5-5]某糖厂拟采用四效蒸发每小时将120t浓度为16%的稀糖汁浓缩到浓度为60%,第一效蒸发器的加热蒸汽温度为130℃,每效蒸发器抽用的二次蒸汽量分别为:第一效抽14000kg/h,第二效抽20000kg/h,第三效抽4000kg/h,沸点进料,末效绝对压强为0.02MPa。各效的总传热系数可分别取为2900W/($m^2 \cdot K$),2100W/($m^2 \cdot K$),900W/($m^2 \cdot K$),500W/($m^2 \cdot K$);各效的蒸气压降低沸点升高分别为0.3℃,0.5℃,1.0℃,2.3℃;各效的静压沸点升高分别为1.4℃,2.0℃,3.9℃,10.6℃。求:(1)该蒸发系统的耗汽量;(2)各效传热面积。糖液的比热容为3.784kJ/($kg \cdot K$),热损失可忽略不计,效间蒸汽流动造成的温度损失可忽略不计,蒸汽的潜热可用经验公式:$r = 2491.675 - 2.3085T' + 0.001633T'^2 - 1.889 \times 10^{-5} T'^3$ 表示。

解:(1)求总蒸发水量 $W = F(1 - w_0/w_4) = 120000 \times (1 - 0.16/0.6) = 88000(\text{kg/h})$

(2)试算

按 $D/W = 1$ 估算各效蒸发水量

$$W_4 = (W - E_1 - 2E_2 - 3E_3)/4 = 5500(\text{kg/h})$$
$$W_3 = W_4 + E_3 = 9500(\text{kg/h})$$
$$W_2 = W_3 + E_2 = 29500(\text{kg/h})$$
$$W_1 = W_2 + E_1 = 43500(\text{kg/h})$$

用式(5-21)~式(5-23)计算各效浓度;

按等压差分配估算各效压强;

用式(5-10)计算各效二次蒸汽温度,然后计算沸点;

用题中的经验公式计算各效加热蒸汽和二次蒸汽的潜热;

将潜热加上显热即得蒸汽的焓($H = r + c_{pw}t$);

由式(5-31)和式(5-32)求出各效的加热蒸汽量、蒸发水量;最后得附表1。

附表1

效数	1	2	3	4
浓度 $w/\%$	25.10	40.85	51.20	60.00
压强 p/MPa	0.2076	0.1451	0.0825	0.0020
二次蒸汽温度 $T'/℃$	121.4	110.4	94.4	60.1
加热蒸汽温度 $T/℃$	130.0	121.4	110.4	94.4
沸点升高 $\Delta/℃$	1.7	2.5	4.9	12.9
沸点 $t/℃$	123.1	112.9	99.3	73.0
加热蒸汽潜热 $r/(\mathrm{kJ/kg})$	2178	2202	2231	2273
二次蒸汽潜热 $r'/(\mathrm{kJ/kg})$	2202	2231	2273	2355
加热蒸汽焓 $H/(\mathrm{kJ/kg})$	2722	2710	2694	2668
二次蒸汽焓 $H'/(\mathrm{kJ/kg})$	2710	2694	2668	2606
α	0.992	0.991	0.991	0.988
β	0.000	0.005	0.006	0.011
a	0.992	0.965	0.906	0.758
b	0	-11784.7	-28447.4	-24940.4
加热蒸汽量 $D/(\mathrm{kg/h})$	42299	27974	9016	5882
蒸发水量 $W/(\mathrm{kg/h})$	41974	29016	9882	7128
Q/K	8823	8147	6209	7426
$\Delta t_\mathrm{m}/℃$	13.8	12.8	9.7	11.6

（3）第一次核算

根据试算结果，取其蒸发水量的数据，重新进行物料衡算得：

$$w_1 = 24.61\% \qquad w_2 = 39.18\% \qquad w_3 = 49.07\% \qquad w_4 = 60.00\%$$

从末效开始往前推算，末效的沸点为定值，故：$t_4 = 73.0℃$

$$T_4 = t_4 + \Delta t_{m4} = 73.0 + 11.6 = 84.6(℃) = T'_3$$
$$t_3 = T'_3 + \Delta_3 = 84.6 + 4.9 = 89.5(℃)$$
$$T_3 = t_3 + \Delta t_{m3} = 89.5 + 9.7 = 99.2(℃) = T'_2$$
$$t_2 = T'_2 + \Delta_2 = 99.2 + 2.5 = 101.7(℃)$$
$$T_2 = t_2 + \Delta t_{m2} = 101.7 + 12.8 = 114.5(℃) = T'_1$$
$$t_1 = T'_1 + \Delta_1 = 114.5 + 1.7 = 116.2(℃)$$
$$T_1 = t_1 + \Delta t_{m1} = 116.2 + 13.8 = 130.0(℃)$$

重新计算蒸汽的汽化热和焓，再重复以上计算，得附表2。

附表2

效数	1	2	3	4
浓度 $w/\%$	24.61	39.18	49.07	60.00
二次蒸汽温度 $T'/℃$	114.5	99.2	84.6	60.1

续表

效数	1	2	3	4
加热蒸汽温度 T/℃	130.0	114.5	99.2	84.6
沸点 t/℃	116.2	101.7	89.5	73.0
α	0.984	0.987	0.993	0.998
β	0.000	0.006	0.005	0.007
a	0.984	0.945	0.895	0.808
b	0	-10899.7	-28000.9	-27511.1
加热蒸汽量 D/(kg/h)	42523	27838	9267	6042
蒸发水量 W/(kg/h)	41838	29267	10042	6853
Q/K	8869.8	8176.2	6464.9	7709.4
Δt_m/℃	13.6	12.6	9.9	11.8
温差相对误差/%	1.45	1.62	2.07	1.77
蒸发水量相对误差/%	0.33	0.87	1.62	3.87

　　计算误差实际上已经足够小,唯末效的误差稍大。可重复第(3)步的核算,最终得到如附表3的结果。根据传热速率方程得到传热面积为651m²。

附表3

效数	1	2	3	4
浓度 w/%	24.57	39.26	49.41	60.00
二次蒸汽温度 T'/℃	114.7	99.6	84.8	60.1
加热蒸汽温度 T/℃	130.0	114.7	99.6	84.8
沸点 t/℃	116.4	102.1	89.7	73.0
α	0.984	0.987	0.993	0.998
β	0.000	0.006	0.005	0.007
a	0.984	0.945	0.895	0.807
b	0	-10941.8	-27993.1	-27439.5
加热蒸汽量 D/(kg/h)	42519	27844	9255	6041
蒸发水量 W/(kg/h)	41844	29255	10041	6861
Q/K	8869.0	8176.1	6453.2	7706.1
Δt_m/℃	13.6	12.6	9.9	11.8
温差相对误差/%	0.00	0.00	0.01	0.01
蒸发水量相对误差/%	0.00	0.00	0.00	0.00
传热面积 S/m²	651	651	651	651

六、蒸发系统的经济性

　　蒸发是耗能很高的操作,因此对蒸发过程经济性的研究已成为蒸发操作的必须内容。

提高蒸发操作经济性的主要措施是采用多效蒸发,增加蒸发的效数可以节省加热蒸汽,从而提高过程的经济性。但是,并不是效数越多越好,以下是多效蒸发的效数选择中应考虑的因素。

(一)效数与蒸汽耗用量的关系

式(5-18)指出,蒸发 1kg 水大约需要 1kg 蒸汽,但实际上这个数字要大于 1,一般为 1.1左右。随着效数的增加,D/W 值与理想值间的差异也增加。表 5-3 是 D/W 的实际值和理想值与效数间的关系,从表可以看出,五效以上时经济性的增加很慢,实际上六效蒸发已属少见。

表 5-3 D/W 值与效数间的关系

	单效	双效	三效	四效	五效
$(D/W)_{min}$	1.1	0.57	0.4	0.3	0.27
$(D/W)_{理想值}$	1	0.5	0.33	0.25	0.2

实际上,多效蒸发对热能经济性的提高是有代价的。采用多效蒸发并没有提高蒸发系统的生产能力,而只是节省了加热蒸汽,其代价是设备投资的增加。由于热能经济性的增加并不随效数的增加而呈线性增加,但设备投资则成线性关系,故不能无限制地增加效数。

(二)蒸发系统的有效温差

蒸发系统可能提供的温差与加热蒸汽的参数和末效真空度有关。加热蒸汽的温度选择要考虑物料的热敏性,对于热敏性高的物料,第一效蒸发器的加热温度和料液的沸腾温度都受到限制。末效真空度也不能太高。效数增加,总的温差损失加大,总有效温差就相应减小,各蒸发器的有效温差也减小。如果有效温差太小,会影响蒸发器内的物料循环,进而使总传热系数降低。

(三)二次蒸汽的抽取

抽用二次蒸汽是一项有利于节省用汽的措施。抽用二次蒸汽减少了其它用汽部门直接使用锅炉出来的生蒸汽或减压蒸汽的数量,因而能够节省蒸汽。理论上,当蒸发系统的全部二次蒸汽均被抽用时(末效蒸发器没有二次蒸汽进入冷凝器),全厂工艺过程的汽耗量最小,蒸发系统的汽耗量为零。这并不意味着蒸发系统没有消耗能量,因为送进蒸发系统的是高品位的蒸汽,而从蒸发系统抽用的二次蒸汽却是低品位的蒸汽,虽然它们的数量相同,但所具有的有效能不同。可见,在讨论蒸发系统的热力经济时,仅仅考虑蒸汽的"量"是不够的,还应该考虑它的"质",应该进行有效能分析,通过比较有效能的消耗来评价蒸发系统的经济性。

(四)蒸汽再压缩

从提高有效能利用率的角度出发,假如将低品位的蒸汽压缩,提高其品位,则将大大提高蒸发系统的热能经济性。蒸汽再压缩就是根据这一原理而发展的技术。

蒸汽再压缩的方法有喷射压缩、机械压缩和热泵压缩三种。喷射压缩器的原理实际上就是利用文丘里管,使高压蒸汽(称工作蒸汽)以高速通过文丘里管,在喉部形成低压,将低压二次蒸汽吸入,混合成中压蒸汽。实际上是使有效能位较高的蒸汽与有效能位较低的蒸汽混合,成为有效能位中等的蒸汽,可以直接作为蒸发系统的加热蒸汽。

机械压缩是将低压二次蒸汽用透平式或其它压缩机压缩,成为高压蒸汽。它消耗的是机械能,但不需要高压蒸汽,适用于电力供应充足的地区。

若蒸发在低温下进行,二次蒸汽的比容较大,直接压缩就不经济。此时可以采用热泵压缩,即将蒸发与制冷循环结合起来。以氨为工作介质,高温、高压的氨蒸气作为蒸发器的加热介质在加热室内冷凝,使溶液蒸发,生成二次蒸汽。冷凝后的高压液氨经膨胀阀降温后进入表面冷凝器,在其中与二次蒸汽接触,吸收热量,自身气化成低压氨蒸气,然后再用压缩机压缩到高温高压,完成一个工作循环。这样的热泵再压缩称为直接热泵蒸发器。也可以用水作制冷剂,用热水作为蒸发器的热源,这样的热泵再压缩称为间接热泵蒸发器。

第二节 结 晶

固体物质以晶体状态从蒸汽、液体熔化物或溶液中析出的过程称为结晶。结晶过程可分为溶液结晶、熔融结晶、升华结晶和沉淀结晶四类。本节讨论的是溶液结晶。

结晶过程的特点是能够获得高纯度的产品,而且由于结晶热一般只有汽化热的 $1/3 \sim 1/10$,故能耗较低。

结晶在食品工业上的应用有如下几种场合:

(1)从水溶液中结晶。这里有两种情况,一是将结晶作为获得纯净固体的一种物理分离手段,例如制造葡萄糖;另一种是必须控制结晶的场合,如蜂蜜中的糖分,冰淇淋中的乳糖等。

(2)稀溶液中水的冻结。这种情形主要用以浓缩溶质,称为冷冻浓缩,将在别处讨论。

(3)控制结晶过程使制品获得某些流变学特性。例如,人造奶油和巧克力中脂肪的结晶,以及甜炼乳和某些糖果中的结晶控制等。

一、结晶的原理

(一)晶体的分类

晶体是化学均一、具有规则形状的固体,是质点按一定点阵排列而成的。组成空间点阵结构的基本单位称为晶胞,它是组成晶体的最小基本单元。晶体结构是质点在空间晶格上对称排列的结果。如果结晶时没有其它干扰,得到的晶体应具有明显的晶角和平滑的晶面外形。同种晶体有大有小,与之相对应的晶面、晶边也有大小差异,但由对应晶面所构成的晶面角却是一样的,因此晶面角是物质的特征之一。

考虑某一晶胞,选取三个坐标轴作为晶轴,分别记为 x,y 和 z 轴,三条晶轴的长度分别记为 a,b 和 c。三个坐标面即为晶轴面,晶轴的交角称为晶轴角,其中 y 轴和 z 轴间的晶轴角记为 α,z 轴和 x 轴间的晶轴角记为 β,x 轴和 y 轴间的晶轴角记为 γ。根据 $a,b,c,\alpha,\beta,\gamma$ 这六个参数的组合,可将晶体分为以下七类(见图 5-15):

①立方晶系:$a=b=c,\alpha=\beta=\gamma=90°$;

②四方晶系:$a=b\neq c,\alpha=\beta=\gamma=90°$;

③六方晶系:$a=b\neq c,\alpha=\beta=90°,\gamma=120°$;

④正交晶系:$a\neq b\neq c,\alpha=\beta=\gamma=90°$;

⑤单斜晶系:$a\neq b\neq c,\alpha=\beta=90°\neq\beta$;

⑥三斜晶系：$a \neq b \neq c, \alpha \neq \beta \neq \gamma \neq 90°$；

⑦三方晶系：$a = b = c, \alpha = \beta = \gamma \neq 90°$。

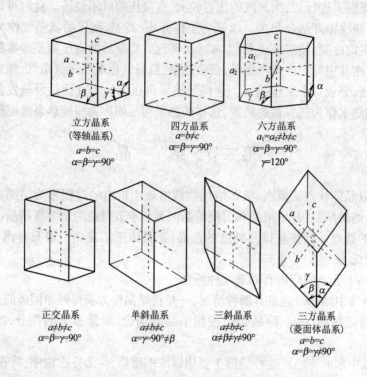

立方晶系
(等轴晶系)
$a=b=c$
$\alpha=\beta=\gamma=90°$

四方晶系
$a=b\neq c$
$\alpha=\beta=\gamma=90°$

六方晶系
$a_1=a_2\neq c$
$\alpha=\beta=\gamma=90°$
$\gamma=120°$

正交晶系
$a\neq b\neq c$
$\alpha=\beta=\gamma=90°$

单斜晶系
$a\neq b\neq c$
$\alpha=\gamma=90°\neq\beta$

三斜晶系
$a\neq b\neq c$
$\alpha\neq\beta\neq\gamma\neq90°$

三方晶系
(菱面体晶系)
$a=b=c$
$\alpha=\beta=\gamma\neq90°$

图 5 - 15   七种晶系的晶胞形状

(二) 晶体的形状

在理想条件下,晶体的长大保持相似性。图 5 - 16 所示为晶体的成长情形,图中每个多边形代表晶体在不同时间的外形。显然这些多边形是相似的,联结多边形顶点的虚线相交于某一中心点,此点即为结晶中心点(也即原始晶核的位置)。任一晶面的成长速度指的是该晶面沿其法向方向离结晶中心移动的速度。由此可见,除晶形为正多面体外,一般晶体各晶面的成长速度是不一样的。

结晶时,晶体外形常因环境条件的不同而发生改变。影响或改变晶面成长速度的因素有溶剂的种类、溶液的pH、过饱和度、温度、搅拌速度、磁场强度及杂质等。

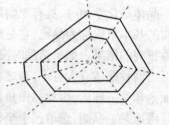

图 5 - 16   晶体的成长

(三) 溶解度与过饱和度

在一定的温度下,溶质在溶剂中的溶解能力称为溶质的溶解度。溶质在溶液中的浓度高于溶解度是结晶的必要条件,但不是充分条件,是否结晶还要受其它因素的影响。溶质浓度与饱和溶解度之差称为过饱和度,它是结晶传质的推动力。

一定物质在一定溶剂中的溶解度主要是温度的函数,压强的影响一般可以忽略不计。

因此,溶解度数据可用溶解度对温度所标绘的曲线来表示,该曲线称为溶解度曲线。图 5-17 为一些物质的溶解度曲线。从图中可以看出,多数物质的溶解度随温度的增加而增加,也有一些物质的溶解度呈相反的变化趋势,另外有些物质的溶解度曲线存在折点。

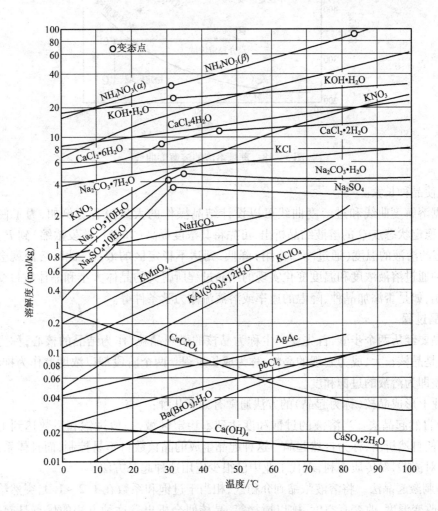

图 5-17 某些物质的溶解度曲线

以温度为横坐标,浓度为纵坐标,可以绘出溶解度曲线,如图 5-18 所示为蔗糖的溶解度曲线。实际溶液的状态在图上为一点,根据此点的位置及其变化轨迹,可以判断溶液内的过程方向。

把不饱和溶液用冷却浓缩方法使其略呈过饱和状态,一般并无结晶析出。只有到达某种程度的过饱和状态,才析出晶体。这个界限就是图 5-18 所示的过溶度曲线。过溶度曲线不像溶解度曲线具有确定的再现性,它受很多条件的影响而发生变化。溶解度曲线和过溶度曲线将不同浓度溶液分成三个区域:在溶解度曲线以下的部分为稳定区域,此区域内溶液的状态是稳定的;在过溶度曲线上方的部分为不稳定区域,在此区域内溶液会自发起晶;在两曲线之间的部分为介稳区域(或亚稳定区域),此区域内的溶液若不加入晶种或不受其它外界条件刺激,则将在相当长的时间内保持其过饱和状态;若加入晶种,则溶质便在晶种

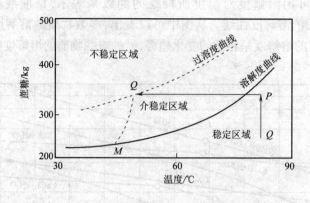

图 5 – 18　蔗糖溶液的溶解度曲线

上析出,使晶种长大。

根据溶解度曲线和过溶度曲线可以设计结晶操作的大致过程。例如,为了使处于图 5 – 18 中稳定状态点 Q 的溶液结晶析出,可先将其浓度提高(如通过蒸发浓缩)到 P 点,再将 P 点状态的溶液的温度(通过冷却作用)降低,到达不稳定区的 Q' 点,此时溶液就会析出晶体。这种通过溶液浓度和温度变化实现的结晶过程所得到的晶体大小和晶体数目受诸种因素的影响,如是否添加晶种、降温的速率或溶液流体力学条件等。

(四)结晶过程

结晶要经历两个步骤,首先要产生称为晶核的微观晶粒,作为结晶的核心,称为成核过程;其次是晶核长大,成为宏观的晶粒,称为成长过程。两个阶段都以浓度差作为推动力,这一浓度差即为溶液的过饱和度。

工业上形成晶核(称为起晶)的方法通常有如下几种:

(1)自然起晶法　当溶液的过饱和度达到不稳定区域,一般过饱和系数达到 1.4 以上时,晶核便自然析出,称为自然起晶。这种起晶生成的晶核数目不易控制,而且体系浓度高,黏度大,对流差,对传质不利,现代工业中已很少应用这种起晶方法。

(2)刺激起晶法　将溶液浓缩到介稳区,相当于过饱和系数在 1.2~1.3,突然给予一个刺激,如改变温度、改变真空度、施以搅拌等,晶核便会析出。这种方法的优点是起晶快,晶粒整齐;缺点是仍不易控制晶核数目和大小。

(3)晶种起晶法　将溶液的过饱和系数保持在介稳区,投入一定大小和数量的晶种细粉,溶液中的过量溶质便在晶种表面上析出,最后长成晶体。这种起晶法可得到大小相同的晶体。

一般又可以将起晶过程分为一次起晶法和二次起晶法。一次起晶指系统中没有晶体存在时的起晶,二次起晶指系统中已有晶体时的起晶。

(五)晶核的形成

溶液中产生晶核的必要条件是晶核的自由能低于溶解状态的溶质的自由能。在平衡状态下的饱和溶液中,溶质和晶体具有同样的自由能,因此不可能以有限速度产生晶核,只有在过饱和溶液中,溶质的自由能才有可能大于结晶的自由能。

溶液中形成晶核的自由能变化可分为两部分。一部分是表面积充分大时形成结晶的自由能变化,其值为负值,且与晶核质量成正比,如图 5 - 19 中的 F_2 线。另一部分相当于晶核的表面能,是增大表面积所需的能量,此项自由能变化为正值,与晶核表面积成正比,如图中的 F_1 线。形成晶核所发生的自由能变化为 F_1、F_2 之和,即图中的 F 线。由图可知,F 线具有极大值,对应于此极大值的晶核半径 r_c 称为临界半径。在此极大值左方,即当晶核半径小于 r_c 时,晶核半径越大,形成晶核所需的能量也越多,已形成的晶核也还有重新溶解的趋势。当粒径超过 r_c 之后,晶核半径越大,形成晶核所需的能量越小,此时的晶核才是稳定的晶核。

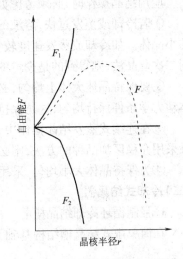

图 5 - 19　晶核直径与自由能变化

(六)晶体的成长

　　晶体的成长过程包含热量传递和物质传递两个方面。溶质从溶液中结晶析出时,一般要放出结晶热,是传热过程;溶质从溶液主体向晶面上析出的过程则是传质过程。在大多数情况下,传热可以忽略不计,而将晶体成长主要视为传质过程。

　　晶体成长的速率受溶质向晶面的扩散和晶面上的晶析反应控制。这两种作用构成了结晶过程的双重阻力。当扩散阻力为控制因素时,增加固体和溶液之间的相对速度就会促进晶体的成长。但相对速度增加至一定限度后,扩散阻力转为次要因素,而表面反应居于支配地位。此时再继续增加速度便无明显效果。温度对晶体成长速度也有影响,一般温度高时促进表面反应,所以往往常温时为表面反应控制,而高温时转入扩散控制。

　　在工业结晶操作中,最终晶体数量和粒度可用结晶条件来控制。当溶液过饱和度低时,晶核形成受抑制,已形成的晶核则可长成为大晶体。反之,过饱和度高时,晶核形成不断发生,而已形成的晶核则只能成为小晶体。

二、结晶方法与设备

(一)工业结晶方法与设备分类

　　实践中常把在溶液中产生过饱和度的方式作为结晶方法与结晶设备分类的依据。按此法分类,结晶方法主要有以下三大类:

　　(1)直接冷却法　直接冷却结晶法是用冷却方式造成溶液过饱和度的结晶方法,这类结晶法无明显蒸发作用,是一种不除去溶剂的方法,所用的设备称为冷却式结晶器。

　　(2)蒸发浓缩法　以蒸发方式造成过饱和溶液的结晶方法称为蒸发浓缩法,所用的设备称为蒸发式结晶器。

　　(3)绝热蒸发法　绝热蒸发法也称真空结晶法,它使溶剂在真空下闪急蒸发而绝热冷却,其实质是同时结合蒸发和冷却两种作用造成溶液过饱和,所用的设备称为真空式结晶器。

　　选择过饱和度产生的方法要根据结晶物质溶解度与温度的关系以及一次操作中所要求的产量而定。通常,单纯冷却法用于溶质溶解度随温度而降低的情形;单纯蒸发法用于溶质溶解度不随温度而变或随之而增加的情形。采用此两法,结晶器内部均需设置传热面。绝热蒸发利用闪急蒸发原理,溶液在蒸发浓缩的同时受到冷却,溶液的过饱和度通过调节真空度得以控制。

应用结晶操作时,必须考虑如下几方面的问题:

①若冷却或蒸发过快,溶液的过饱和度过高,就会形成过多的晶核,这样得到的是大量的小晶体。如冷却或蒸发速度较慢,溶液处于过饱和度较低的介稳区,此时若加入晶种或采用二次起晶法,则得到的是少量的大晶体。

②要保持晶体大体上均匀,必须进行充分搅拌。搅拌的作用是使溶液的温度、浓度和流体动力学条件保持均匀,这是保持晶体大小均匀的必须操作条件。

③在连续式蒸发结晶操作中,可利用内部分级方法保证卸出大小符合要求的晶体。如果采用介稳区加晶种的方法,则必须有控制晶体成长时间的措施,实现晶粒控制。

④为保持晶体大小均匀,采用冷却法时应力求冷却均匀,尽可能保持过饱和度不变。

(二)冷却式结晶器

1.强制循环冷却结晶槽

在简单敞式结晶槽结构基础上,设置供冷却剂对溶液进行冷却的换热结构和循环机构,

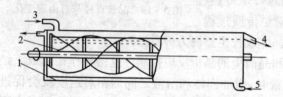

便成了强制循环冷却式结晶器。采用强制循环方法,可维持溶液的温度和流动条件均匀一致,晶体成长较为均一,且不易形成晶粒聚结。

图5-20所示为连续式敞口搅拌结晶槽,是一种广泛使用的结晶设备。这种设备的器底为半圆形的敞口长槽,槽外表面有冷却水夹套,冷却水的流动方向与溶液前进方向相反,槽内有沿全长安装的带

图5-20　连续式敞口搅拌结晶槽

1—冷却夹套　2—搅拌桨　3—溶液进口
4—晶体和母液出口　5—冷却水入口

式搅拌器。为了扫除附在传热面上的晶体,可在搅拌器上装钢丝刷。连续操作时,最好控制溶液恰好在进口处开始形成晶核,晶核悬浮在溶液中,随溶液前进而成长,最后由末端排出。

2.旋转刮板式连续搅拌结晶器

旋转刮板式连续搅拌结晶器主要用于冰淇淋的结晶以及人造奶油的增塑,见图5-21,

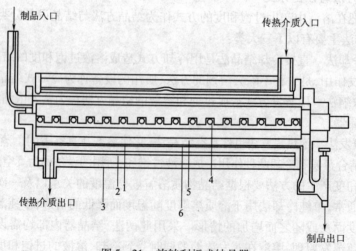

图5-21　旋转刮板式结晶器

1—传热介质　2—绝热层　3—钢板盖　4—刮板　5—制品通道　6—传热管

实际上是一种内装旋转刮板的夹套换热器。物料受刮板推动后沿内壁向前运动,冷却剂在套管间流动。因为冰淇淋是部分冻结状态的食品,要求所含冰晶粒度细小,制品组织柔润,所以结晶时,要求形成晶核的速度快。这种条件可在刮板式设备中获得。冰淇淋混合料在设备中受到快速冷却产生大量晶核,加之机械搅拌加速冷却,且造成二次起晶条件,从而离开换热器的冻制品可呈塑性状态。

3. 冷却式连续分级结晶器

冷却式连续分级结晶器采用泵作为强制循环动力,图5-22所示的结晶器是一种典型。这种结晶器是连续操作的设备,由结晶罐、外部冷却器及循环泵所组成。

结晶罐为密闭式,其上装有加料管。罐底为碟形,装有出口管供成长完全的晶体和母液排出。有的设备上还装有溢流容器,它的作用是取出过量的极小晶粒,也有将加料管直接连接于循环泵的吸入管路上。由于循环泵吸入管末端位于结晶罐顶部,而又恰好在加料管入口的位置,所以循环泵所抽吸的是一部分罐内溶液和一部分加料液,并将它们均匀混合。混合液经冷却器冷却后被送至结晶罐,从伸入到器底附近的出口管流出。外部冷却器为壳管式,由强制循环迫使冷却剂流经壳间。

操作中,结晶罐内为含悬浮晶体的溶液,循环泵连续地将经过冷却器成为过饱和的溶液送入罐内,超出饱和的那一部分溶质即沉积于晶体之上,并使晶体长大。此过饱和溶液在穿过罐内悬浮液层上升时,过饱和度逐渐降低。正常情况下,溶液到达顶部,过饱和度即完全消除。从冷却器来的溶液状态维持在介稳区域内,所以晶体成长速度适中,罐内因二次起晶不断形成新晶核。操作中,过饱和溶液的循环量要比罐内物质多得多。

从结晶器排出的晶体必须是成长完全的晶体,其粒度范围不能过宽。当结晶罐内溶液以一定的速度向上流动,晶体就按其大小悬浮在不同的高度,起着大小分级的作用。所以最后排出的晶体的大小,在一定程度上决定于罐溶液的流动速度。溢流容器的作用是取出过小的晶核和晶体,减小细晶粒数量,维持必要的晶核数目。

4. Cerny 直接冷却结晶器

Cerny 直接冷却结晶器是一种直接接触式的连续冷却结晶器,其结构如图5-23所示。

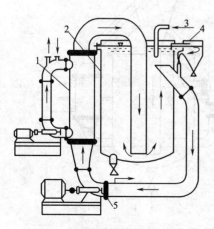

图 5-22　冷却式连续结晶器
1—冷却器　2—结晶罐　3—加料管
4—溢流槽　5—循环泵

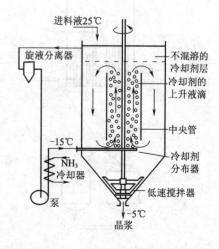

图 5-23　Cerny 直接冷却结晶器

由于与溶液直接接触,所以冷却剂应与溶液不相溶,其密度小于溶液密度。冷却剂在氨蒸发冷却器中被冷却到 – 15℃以后,从中央管的下部引入结晶器,并被分散成液滴,在溶液中缓慢上升,同时吸收热量。在顶部聚集,溢流流出,经旋风分离器分离后再进入氨冷却器。

若冷却剂与溶液部分互溶,甚至完全互溶,则两者间必须有较大的相对挥发度,或其它物性差异,以便于用精馏等方法将两者分离。

(三)蒸发式结晶器

蒸发式结晶器利用蒸发作用来排除溶液中的溶剂,使溶质结晶析出,它是组合蒸发和结晶两种操作的设备。

1.标准式自然循环结晶蒸发器

最简单的蒸发结晶器通常就是标准式自然循环型的蒸发器。一般在真空下操作,分两阶段以间歇方式进行。最初以小量热溶液在真空下蒸发至饱和。然后突然增加真空度,使温度下降,起晶立即发生。接着,逐渐引入更多的料液,在原蒸发温度下进行养晶,直至蒸发器液位高出管子,最后排出全部物料。这种设备与一般标准式蒸发器的区别在于,由于含晶体的悬浮液黏度高,自然循环困难,故蒸发器的器底都做成有利于循环的结构形式,同时下降管或加热管都要比一般蒸发器的大,且加料应与器内溶液有良好的混合。为改善循环,采用悬筐式结构更为有利,见图5 – 24。

2.蒸发式连续结晶器

如同冷却式连续结晶器一样,蒸发式结晶器也可以设计成具有特殊的建立和解除溶液过饱和度以及晶体分级的系统。如图5 – 25所示,它是由下述几部分组成:结晶罐,外部管式加热器,汽化器以及循环泵。

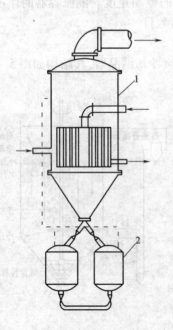

图5 – 24　结晶蒸发器

1—悬筐式蒸发器　2—晶析器

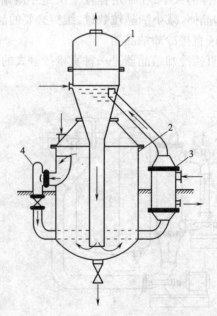

图5 – 25　蒸发式连续结晶器

1—汽化器　2—结晶罐　3—加热器　4—循环泵

结晶罐上装有加料管,锥形罐底有出料管以排除成长完全的晶体和母液。料管也有直接与循环泵的吸入管相连的。循环泵吸入罐内部分溶液并与加料液混合。混合液则被送进管式加热器加热后,从汽化器内液面下方附近进入。外部加热器用蒸汽加热,汽化器直接置于结晶罐上方,其锥底有排料管伸入结晶罐内部而与器底靠近。

这种设备的主要操作原理完全和冷却式连续结晶器相类似,唯建立溶液过饱和靠的是汽化器内的蒸发浓缩作用。浓缩后的过饱和溶液进入结晶罐内遇晶体悬浮液,过饱和度逐渐解除,此后又需再加热汽化才能重新获得过饱和。

(四)蒸发冷却式结晶器

蒸发冷却式结晶器又称真空结晶器。在这种设备中,溶液过饱和的建立是由绝热蒸发完成的。其原始简单的形式为一密闭容器,由冷凝器及蒸汽喷射器维持真空度。加入容器的热饱和溶液,其温度远比结晶器内压强下所对应的沸点高。器内保持一定量的晶体悬浮液,并在其上方提供充分的空间供蒸汽排出和回收雾沫夹带。由于高温溶液进入闪急蒸发室,温度自动下降并放出显热以供水分汽化,所以过饱和度的建立靠冷却和蒸发两种作用建立。真空结晶器的理论得率正比于加料浓度与器内平衡温度下的溶解度之差。

1. 连续式真空结晶器

图 5-26 所示为连续式真空结晶器,该设备带有晶糊分离系统,晶糊循环采用低扬程循环泵,从结晶锥形器底的下降管流出,而后向上流经竖管加热器并返回结晶器。被加热的液流进入位于结晶液面下方附近的切向入口管,使晶糊获得旋流,加速闪蒸,使晶糊与二次蒸汽保持平衡。在这种设备中,晶体的成长时间等于晶糊的体积除以体积流量所得之商。

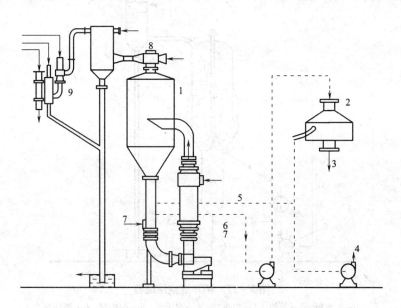

图 5-26 真空结晶器

1—闪蒸室 2—离心机 3—结晶制品出口 4—母液排出 5—母液循环
6—晶糊 7—料液入口 8—升压泵 9—真空系统

图中设备的真空度由蒸汽喷射器和冷凝器维持。一般蒸发温度不太低时,二次蒸汽可直接导入冷凝器。但蒸发温度过低,所产生的二次蒸汽不能直接为普通冷却水所冷凝时,可在结晶器与冷凝器之间设置蒸汽喷射升压泵以抽出二次蒸汽,并经压缩提高温度之后再进入冷凝器。

连续式真空结晶器也可将几效串联,进行多效操作。

2. DTB 结晶器

真空结晶器的主要优点是,由于器内所进行的是绝热蒸发,故内部不需设置传热面,所以也就不存在传热面结垢和腐蚀等问题,而且结晶器本身构造简单。但这种结晶器也有其局限性,主要是在真空下器内溶液因静压效应所引起的沸点变化问题。如果料液从离液面某一深度处进入,在该处并不立即发生闪急蒸发,蒸发冷却仅发生在液面附近处。这样进料口不发生闪急蒸发虽有利于控制晶核形成,但料液可能在过饱和度未解除前即取短路而排出。同时液层表面附近发生闪蒸形成了浓度梯度和温度梯度,且晶体似有向器底沉淀的倾向。因此,这种结晶器如无适当搅拌措施,浓度和温度就很不均衡,晶体也不能很好地悬浮,从而也不会有良好的操作效果。

针对上述存在的问题,出现一种更为有效的真空结晶器,称为导筒折流板式真空结晶器(DTB 结晶器),如图 5 – 27 所示。这种结晶器内部装有搅拌器导筒以及为除去细晶粒而设置的折流板。导筒内安装旋桨式搅拌器,强制料液在筒内作自下而上而在筒外折成自上而下循环的可控制运动。除了内循环系统外,整个设备尚有外循环系统。内外循环系统均可单独调节。导筒折流板式结晶器器底所设的淘洗器,用于对晶体大小进行分级。

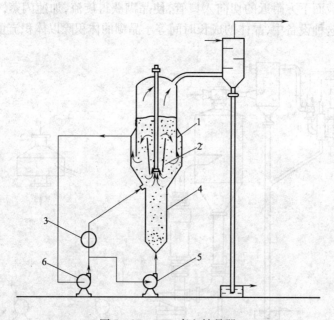

图 5 – 27　DTB 真空结晶器

1—折流板　2—导筒　3—加热器　4—淘洗器　5—淘洗泵　6—循环泵

结晶器上部的细粒沉降区的工作原理与淘洗器的原理相似。由锥形器底的扩大部分和圆筒形器身的延长部分(挡板)构成沉降区环隙。在此区内,同样由于母液向上流动,细粒与粗粒将随流随分,细粒从沉降区顶部带出,排出的液流虽含有数目众多的细晶核,但固体量仍不多。整个结晶器内,由于除去了大量的清液,晶糊密度大为增加,晶体所占的体积百分数可达到 30% ~ 50%。

第三节　热　杀　菌

食品杀菌的方式很多,热杀菌是其中最常用的一种。

热杀菌是以杀灭微生物为主要目的的热处理形式,根据要杀灭的微生物的种类不同,热杀菌可分为巴氏杀菌和灭菌。巴氏杀菌可以使食品中的酶失活,并破坏食品中的热敏性微生物和致病菌,酸性食品(pH≤4.6)中出现的常见腐败菌在巴氏杀菌中也可以被杀死,但巴氏杀菌无法杀死抗热性能强的腐败菌。灭菌是较为强烈的热处理形式,通常是将食品加热到较高的温度并保持一段时间。它能够杀死所有的致病菌和腐败菌以及绝大部分的微生物。在低酸性食品中,常见的腐败菌,如嗜热菌、嗜温厌氧菌等,具有更高的耐热性,可以在灭菌的过程中被杀死,达到"商业无菌"的要求。"商业无菌"并非真正的完全无菌,只是食品中不含致病菌,残存的处于休眠的非致病菌在正常的食品贮存条件下不能生长繁殖。

在考虑具体的杀菌条件时,通常以某种具有代表性的微生物作为杀菌对象,以这种对象菌的死亡情况来反映杀菌的程度。

一、微生物的耐热性

(一) 热致死速率曲线

食品中的微生物受热会致死,其致死速率一般遵循一级反应动力学的机理,即:

$$\frac{dc}{d\tau} = -kc \tag{5-41}$$

式中　c——活态微生物浓度;

　　　k——反应速率常数。

在时间为 τ_1 时,活态微生物的浓度为 c_1,时间变化到 τ_2 时,活态微生物的浓度为 c_2,将式(5-41)改写:

$$\int_{c_1}^{c_2} \frac{dc}{c} = -k \int_{\tau_1}^{\tau_2} d\tau$$

积分得:

$$\ln c_2 - \ln c_1 = -k(\tau_2 - \tau_1) \tag{5-42}$$

即:

$$\frac{\lg c_2 - \lg c_1}{\tau_2 - \tau_1} = -\frac{k}{2.303} \tag{5-43}$$

若以微生物浓度的自然对数为纵坐标,以热处理时间为横坐标,得到的是一条斜率为 $-k/2.303$ 的直线,称为加热致死曲线,见图 5-28。

从图 5-28 可见,微生物的活菌数每减少 90%(纵坐标从 $\lg 10^{n+1}$ 下降到 $\lg 10^n$),即每减少 1 个数量级,对应的时间变化量是相同的,这一时间称为 D 值。D 值的定义就是在一定的环境中,一定的温度条件下,将全部对象菌的 90% 杀灭所需要的时间。将这个关系代入到式(5-43)中,得:

$$D = \frac{2.303}{k} \tag{5-44}$$

D 值的大小与细菌种类有关,细菌的耐热性越强,在相同温度下的 D 值就越大。D 值也与温度有关,在 121.1℃下测定的 D 值通常以 $D_{121.1℃}$ 表示。

(二)加热致死时间曲线

加热致死时间是指在某一恒定的温度下,将食品中某种微生物活菌全部杀死所需要的时间。

若温度 t_a 和温度 $t_b(t_a > t_b)$ 对应的杀菌致死时间为 τ_a 和 $\tau_b(\tau_a < \tau_b)$,定义 Z 为致死时间的自然对数变化值为 1 时所对应的杀菌温度变化量,即:

$$Z = \frac{t_a - t_b}{\ln \tau_b - \ln \tau_a} \tag{5-45}$$

或:

$$\ln \frac{\tau_b}{\tau_a} = \frac{t_a - t_b}{Z} \tag{5-46}$$

图 5-29 是加热致死时间与加热温度间的关系曲线,称为加热致死时间曲线。在不同杀菌温度下杀菌致死的时间也不同,从图中的标注可以看到,当致死时间变化为原来的 10%时(这时致死时间的自然对数变化值为 1),对应的杀菌温度变化量为 Z。这就是说,如果杀菌温度提高一个 Z 值,则杀菌的致死时间仅为原来的十分之一。反之,如果杀菌温度减少了一个 Z 值,则杀菌的致死时间为原来的 10 倍。

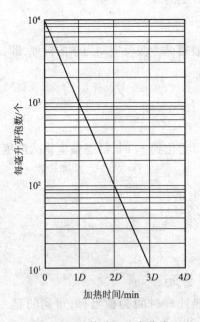

图 5-28 热致死速率曲线

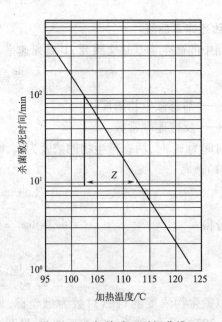

图 5-29 加热致死时间曲线

(三)热力递减时间和 12D 概念

在一定的加热温度下将原始的微生物活菌数减少到 10^{-n} 或 $1/10^n$ 所需要的时间称为热力递减时间,根据 D 值的定义,有:

$$\tau_n = nD \tag{5-47}$$

当 $n = 1$ 时,$\tau_1 = D$。τ_n 的数值同样随温度的升高而减少。在实际的杀菌中,就罐头而言,人们经过试验,确定一个 n 值,将 nD 视为达到商业无菌的理论杀菌值 F。对于不同的对象菌,所选择的 n 值不同。由于不同温度下的 D 值不同,因此相应的杀菌值 F 也不同。一般将标准杀菌条件下(121.1℃)的杀菌值记为 F_0。

12D 概念是在罐头工业中对加热过程的杀菌值的要求,它要求加热过程应使最耐热的肉毒梭状芽孢杆菌的芽孢存活概率仅为 10^{-12},因为肉毒杆菌芽孢在 pH4.6 以下并不发芽和产生毒素,所以这个概念通常只用于描述 pH4.6 以上的各类罐头食品。对肉毒梭状芽孢杆菌,其 $D_{121.1℃}$ 值为 0.21min,其理论杀菌值 F_0 为:

$$F_0 = 12 \times D_{121.1℃} = 12 \times 0.21 = 2.52(\text{min})$$

对某些罐装食品,F_0 值设定在 6~8min 更为安全。

二、罐装食品的传热

罐头在被加热过程中,其内部的传热方式有热传导、对流或传导和对流结合三种。由于罐头内部存在温度梯度,不同位置的温度往往不同。通常,人们选择罐内温度变化最慢的点用于评价罐内食品的受热程度,这一点称为冷点。加热时,冷点的温度是罐内的最低点;冷却时,冷点的温度是罐内温度的最高点。

如果罐内的传热形式为热传导,那么冷点的位置在罐头的几何中心的位置,如图 5 – 30(a)所示。固态的、黏稠性高的食品和加热或冷却过程不能流动的食品罐头属于传导传热型的罐头。流态食品在温差的影响下,罐内的食品出现密度差,形成了液体的对流,使冷点位置下降到几何中心位置之下。如图 5 – 30(b)所示。

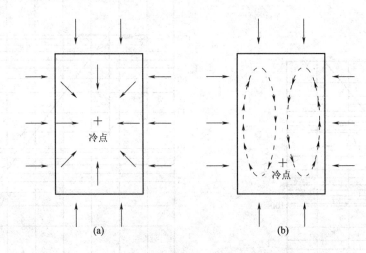

图 5 – 30 传导和对流时罐头的冷点位置

对导热与对流结合的罐头,其冷点在上述的两个点之间,最好是通过实际测定来确定。一些专业书和手册也给出一些常见罐头的冷点位置,可供参考。为了强化罐装食品的传热,可以让罐头在加热过程中上下翻转或罐头轴心旋转,如使用旋转式的杀菌设备。

罐装食品在加热或冷却过程中的温度变化,可以通过在半对数坐标上描述冷点温度 t_p 与杀菌锅内热介质温度 t_h 之差(或冷点温度与冷介质温度 t_c 之差)对加热时间的关系曲线来表示。为了方便,将加热曲线的半对数坐标翻转了 180°。

图 5-31 是典型的简单型加热曲线,纵坐标的左边表示冷点温度,右边表示杀菌锅与冷点间的温度差。从曲线看到,冷点的温度经一段时间的缓慢变化后,才进入直线变化阶段。随着时间的推移,冷点的温度不断上升,与杀菌锅的温差越来越小。

如果食品在杀菌初期是以对流的形式传热,由于物性的变化,后阶段则以导热的形式传热,这就产了转折型的加热曲线,见图 5-32。典型的冷却曲线见图 5-33。

传热曲线穿越一个对数周期所需要的时间定义为 f,对简单型的加热曲线记为 f_h,对转折型加热曲线,转折前依然记为 f_h,转后记为 f_2,对冷却曲线则记为 f_c。显然,f 是反映传热特性的重要特征参数,f 值越小,传热的速率越快;f 值越大,传热的速率越慢。

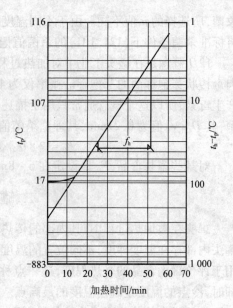

图 5-31 简单型加热曲线

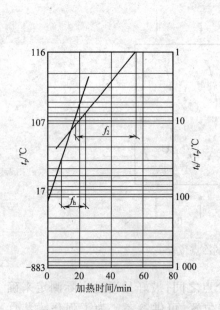

图 5-32 转折型加热曲线

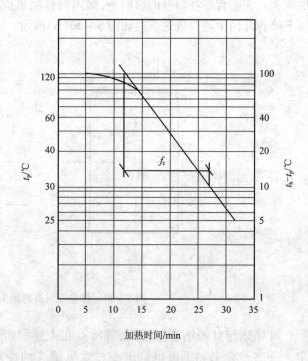

图 5-33 典型的冷却曲线

三、热杀菌时间的计算

在罐装食品中,通常选择一定的杀菌值 F 作为商业无菌的杀菌条件。如果以温度为 t 时的 F 值和 121.1℃时的 F_0 代替式(5-46)中的热杀菌致死时间,则有:

$$\lg \frac{F}{F_0} = \frac{121.1 - t}{Z} \tag{5-48}$$

由上式得:

$$\frac{F}{F_0} = 10^{\frac{121.1-t}{z}} \tag{5-49}$$

$$F = F_0 \times 10^{\frac{121.1-t}{z}} \tag{5-50}$$

在确定了标准杀菌条件下的杀菌值 F_0 后,式(5-48)可用于计算不同杀菌条件下的杀菌值 F。若温度 t 下的杀菌值为 F,热杀菌处理时间为 τ,那么,把 τ/F 称为部分致死量,用符号 A 表示。例如,如果在某一温度下的 $F = 16$,在这个温度下的热处理时间为 $4\min$,那么,这一过程的部分致死量为 $A = 4/16 = 0.25(25\%)$。微分形式为:

$$dA = \frac{d\tau}{F} \tag{5-51}$$

积分式为:

$$A = \int_0^\tau \frac{1}{F} d\tau \tag{5-52}$$

各个温度段的部分致死量 A 的累加达到 1(100%),意味着热处理的程度基本上已达到将全部细菌杀死(商业灭菌)的程度。

将式(5-50)代入式(5-52)并重新整理,有:

$$AF_0 = \int_0^\tau \frac{1}{10^{\frac{121.1-T}{z}}} d\tau \tag{5-53}$$

式中,AF_0 的数值实际上等价于标准条件下(121.1℃)的杀菌时间。若 $AF_0 \geqslant F_0$,便达到商业无菌的要求。在杀菌过程中升温阶段后的杀菌阶段,食品的温度 t 可以看成为常数,但在升温和降温的过程中,温度 t 是一个与时间 τ 有关的变量,如果能将 t 表示为时间 τ 的函数,代入式(5-49)和式(5-50),或代入式(5-52),通过计算便可以知道杀菌的致死量是否达到 100%,或者可以将温度 t 下杀菌的时间折换为标准条件下(121.1℃)的杀菌时间。

记 $10^{\frac{121.1-t_i}{z}} = F_i$,它表示 F_0 为 1(min)、温度为 t_i 时的 F 值。换句话说,F_i 表示在温度 t_i 下达到相当于在标准杀菌条件(121.1℃)下处理1min的杀菌效果所需的时间。其倒数为 $L_i = 1/F_i$,称为致死率,它表示在 t_i 温度下处理1min的杀菌效果相当于在标准杀菌条件(121.1℃)下处理1min 的杀菌效果的效率值。

记 AF_0 为 F,称为杀菌值。于是,式(5-53)可表示为:

$$F' = \int_0^\tau \frac{1}{F_i} d\tau = \int_0^\tau L_i d\tau \tag{5-54}$$

F_i 和 L_i 的计算是很简单的,但为了方便,也有人将不同温度 t 下和不同 Z 值时的 F_i 和 L_i 制成了数表,便于查询。

[例5-6]已知某罐装食品在标准温度下(121.1℃)杀菌的热力致死时间 F_0 为5min,假设该罐装食品初温为30℃,在杀菌的升温阶段的温度变化是每分钟升温5℃,18min 后温度达到120℃,在这个温度下保持6min后以每分钟下降6℃的速率降温至30℃。问这个过程的杀菌值能否达到商业无菌的杀菌条件(选择 Z 值为 6 为计算依据)。

解:升温阶段的时间为18min,温度的表达式为:$t = 30 + 5\tau$;

恒温阶段的时间为 6min，$t = 120℃$；

降温阶段的时间为 15min，温度的表达式为：$t = 120 - 6\tau$。

根据式(5 - 53)，有：

$$AF_0 = \int_0^{18} \frac{1}{10^{\frac{121.1-(30+5\tau)}{6}}} d\tau + \int_0^6 \frac{1}{10^{\frac{121.1-120}{6}}} d\tau + \int_0^{15} \frac{1}{10^{\frac{121.1-(120-6\tau)}{6}}} d\tau$$

计算过程结果如下：$AF_0 = 0.521 \times 0.656 + 6 \times 0.656 + 0.434 \times 0.656 = 4.56$

因为 $AF_0 < F_0$，所以达不到商业无菌所需的致死时间。

本章主要符号

D——加热蒸汽量，kg/s　　　　　　　E——抽出二次蒸汽量，kg/s

F——料液量，kg/s　　　　　　　　　F——杀菌值，min

h——加热蒸汽比焓，J/kg　　　　　　h'——二次蒸汽比焓，J/kg

K——传热系数，W/(m²·K)　　　　　Q——热流量，W

R——通用气体常数，8.314J/(mol·K)　S——过饱和系数

S——面积，m²　　　　　　　　　　　S——晶糊流量，kg/s

T——加热蒸汽温度，K 或℃　　　　　T——二次蒸汽温度，K 或℃

V——体积，m³　　　　　　　　　　　W——蒸发水量，kg/s

Z——致死时间的自然对数变化值为 1 时所对应的杀菌温度变化量，K 或℃

c_p——比热容，J/(kg/K)　　　　　　　h——溶液比焓，J/kg

k——反应速率常数　　　　　　　　　m——质量，kg

p——压强，Pa　　　　　　　　　　　r——汽化潜热，kJ/kg

r——半径，m　　　　　　　　　　　t——沸点温度，K 或℃

w——质量浓度，%　　　　　　　　　Δ——温差损失，K 或℃

Δ'——蒸汽压降低导致的沸点升高，K 或℃　Δ''——静压效应的沸点升高，K 或℃

α——蒸发系数　　　　　　　　　　　β——自蒸发系数

η——热能利用系数　　　　　　　　　ρ——密度，kg/m³

σ——界面张力，N/m　　　　　　　　τ——时间，s

本章习题

习题 5 - 1　试估算固形物含量为 30% 的番茄酱在常压和 720mmHg 真空度下蒸发时的沸点升高，番茄酱的沸点升高数据可参考糖溶液，忽略静压引起的沸点升高，大气压强取 760mmHg。

习题 5 - 2　上题中若加热管长度为 4m，则沸点升高又为多少？计算时番茄酱的密度可近似取为 1000kg/m³。

习题 5 - 3　在单效真空蒸发器内，每小时将 1500kg 牛乳从浓度 15% 浓缩到 50%。已知进料的平均比热容为 3.90kJ/(kg·K)，温度 80℃，加热蒸汽表压为 1×10^5 Pa，出料温度 60℃，蒸发器传热系数为 1160W/(m²K)，热损失可取为 5%。试求：(1)水分蒸发量和成品

量;(2)加热蒸汽消耗量;(3)蒸发器传热面积。

习题 5 - 4 在某次试验研究中,桃浆以 65kg/h 的流量进入连续真空蒸发器内进行浓缩,进料温度为 16℃,固溶物含量为 10.9%,产品排出温度为 40℃,固溶物含量为 40%,二次蒸汽在间壁式冷凝器中冷凝,离开冷凝器的汽凝水温度为 38℃。试求:(1)产品和凝结水的流量;(2)采用 121℃蒸汽供热时的蒸汽消耗量(热损失不计);(3)若冷却水进冷凝水时温度为 21℃,离开时为 29.5℃,求其流量。桃浆进料比热容可取为 3.9 kJ/(kg·K),冷却水比热容可取为 4.187kJ/(kg·K)。

习题 5 - 5 用某真空蒸发器浓缩含大量蛋白质的食品溶液,当加热管子表面洁净时,传热系数为 1400W/(m²·K),当操作一段时间后,形成了厚 0.5mm 的垢层,问蒸发器的生产能力将发生什么变化?污垢的热导率可取为 0.2W/(m·K)。

习题 5 - 6 对某糖类真空蒸发器的传热系数进行实际测定,蒸发器内料液浓度为 50%,密度 1220kg/m³,加热蒸汽的压强为 2×10⁵Pa,分离室内真空度 600mmHg,大气压强可取为 760mmHg,蒸发器内液层深度为 2.8m,沸点进料,经 3h 试验后得蒸发的水分量为 2.7×10⁴kg。已知蒸发器传热面积为 100m²,假定热损失为总传热量的 2%,试求传热系数。

习题 5 - 7 在双效顺流蒸发器中浓缩脱脂牛乳。进乳固体含量为 10%,温度为 55℃,第一效中沸点为 77℃,第二效中沸点为 68.5℃,末效排出浓奶的固体含量为 30%,假设固形物的比热容为 2kJ/(kg·K),试近似估算离开第一效牛乳的固体含量。(提示:以 100kg 进料为基准,作第二效的热量衡算)。沸点升高可忽略。

习题 5 - 8 如上题,所有条件均相同,唯采用逆流操作,且第一效加热蒸汽温度 100℃。求由末效流入第一效料液中的固体含量。

习题 5 - 9 用双效顺流蒸发某热敏食品,加热蒸汽温度为 110℃,冷凝器的冷凝温度为 40℃,一切温差损失均忽略不计,且规定料液最高允许温度为 65℃,假定两效的传热系数相等,试估算两效传热面积之比(可设等蒸发量分布及 1kg 蒸汽蒸发 1kg 水)。

习题 5 - 10 同上题,若用等面积原则设计两效设备,试问是否合理?又如果第二效采取改善循环的措施,提高了传热系数,使它为第一效传热系数的 2 倍,问等面积设计原则是否合理?

习题 5 - 11 在双效顺流蒸发器内蒸发 1t/h,浓度为 10% 的某溶液,溶液浓度在第一效内为 15%,在第二效内为 30%。第一效内沸点为 108℃,第二效内沸点为 75℃,第二效二次蒸汽的绝对压强为 30kPa,设 15% 溶液的比热容为 3.559kJ/(kg·K),问料液由第一效进入第二效时自蒸发的水分量是多少?此水分量占总水分蒸发量的百分之几?

习题 5 - 12 试设计计算一双效逆流蒸发器以浓缩番茄汁,要求浓度从 4.20% 浓缩到 28%,原料被预热至最高温 60℃后进料。原料处理量为每天 100 t(每天按 20h 计),所用的加热蒸汽压强为 120kPa(绝对),冷凝器的真空度选用 700mmHg,第一效用强制循环,传热系数为 1800W/(m²·K),第二效用自然循环,传热系数为 900W/(m²·K),试计算蒸发量、加热蒸汽消耗量和传热面积。(忽略温差损失,比热容中可忽略固体比热容)

习题 5 - 13 某厂拟采用三效蒸发将浓度为 6% 的番茄汁浓缩到 30%,处理的稀量番茄汁为每小时 10t,第一效的二次蒸汽抽用量为每小时 1t,第二效的二次蒸汽抽用量为每小时 0.8t,第三效的二次蒸汽全部进入冷凝器。设 1kg 蒸汽可蒸发 1kg 水。问:(1)蒸发系统每小时总蒸发水量是多少？（2）消耗的蒸汽量是多少？（3）若第一、二效的二次蒸汽抽用量均每小时增加 0.2t,所消耗的蒸汽量减少多少？

习题 5 – 14　某糖厂采用四效蒸发将干固物浓度为 16% 的清糖汁浓缩到 60%,处理量为 120t/h,蒸发器的传热面积分别为 1000m²,1200m²,700m²,700m²。第一效蒸发器的加热蒸汽温度为 132℃,第一效蒸发器的二次蒸汽温度为 120℃。第一效的沸点升高为 3℃。各效蒸发器二次蒸汽被抽用的数量为 $E_1 = 14400kg/h$, $E_2 = 19500kg/h$, $E_3 = 4000kg/h$。设 1kg 蒸汽可蒸发 1kg 水。问:（1）蒸发系统的耗汽量是多少？（2）各效的蒸发水量是多少？（3）第一效的总传热系数是多少？

第六章　微分传质单元操作

在食品工业中以相际传质为特征的单元操作应用很广泛,如吸收、空气调节(增湿与减湿)、吸附、浸取(浸沥)、干燥、蒸馏等。这些单元操作所涉及的传质过程多属相际传质过程,即由一个相到另一个相的转移,其机理既有共性又有特性,甚为复杂。虽经多年研究,使理论逐步进展,但还远没有达到完善的程度,故常用"模型"一词来表达某种理论。

在食品工业中广泛应用的各种分离操作大多属于传质分离操作。本章讨论的三种传质单元操作——吸收、吸附和离子交换,通常都是在所谓微分接触式设备内进行的。这类设备的外壳通常为圆筒形容器,容器内由填料、吸附剂或树脂组成床层,一相或两相流体在流过床层的同时实现相际传质,浓度呈连续变化,故有微分接触式设备之称。设备的相似性决定了它们在计算、操作上具有许多共同点。

第一节　传质基础

物质在相际的转移属于质量传递过程。质量传递是自然界和科技领域中普遍存在的现象,它与动量传递和热量传递统称"三传过程"。由于物质的传递过程大多是依靠扩散过程(分子扩散和涡流扩散)来进行的,因此质量传递过程常称为扩散过程。当物系中某组分存在浓度梯度时,将发生该组分由高浓度区向低浓度区的扩散过程,质量传递的推动力是浓度梯度或浓度差。质量传递是均相混合物分离的理论依据。

一、基本概念

(一)混合物组成的表示

在多组分系统中,各组分的组成有不同的表示方法,常用的有以下几种。

1. 质量浓度与物质的量浓度

单位体积混合物中某组分的质量称为该组分的质量浓度。组分 A 的质量浓度 ρ_A 就是其质量 m_A 与体积 V 之比:

$$\rho_A = m_A/V \tag{6-1}$$

单位体积混合物中某组分的物质的量称为该组分的物质的量浓度,简称浓度。组分 A 的物质的量浓度 c_A 是其物质的量 n_A 与体积 V 之比:

$$c_A = n_A/V \tag{6-2}$$

质量浓度与物质的量浓度间的关系为:

$$c_A = \rho_A/M_A \tag{6-3}$$

式中　M_A——组分 A 的摩尔质量,kg/kmol。

2. 质量分数与摩尔分数

混合物中某组分的质量 m_A 与混合物总质量 m_T 之比称为该组分的质量分数 w_A。组分 A 的质量分数定义式为:

$$w_A = m_A/m_T \tag{6-4}$$

若混合物由 N 个组分组成,则有:

$$\sum_{i=1}^{N} w_i = 1 \tag{6-5}$$

混合物中某组分的物质的量 n_A 与混合物总物质的量 n_T 之比称为该组分的摩尔分数 x_A。组分 A 的摩尔分数定义式为:

$$x_A = n_A/n_T \tag{6-6}$$

设混合物由 N 个组分组成,则有:

$$\sum_{i=1}^{N} x_i = 1 \tag{6-7}$$

式(6-5)和式(6-7)均称为归一方程。

当混合物为气液两相体系时,常以 x 表示液相中的摩尔分数,y 表示气相中的摩尔分数。质量分数与摩尔分数的互换关系为:

$$x_A = \frac{\dfrac{w_A}{M_A}}{\sum_{i=1}^{N} \dfrac{w_i}{M_i}} \tag{6-8}$$

$$w_A = \frac{x_A M_A}{\sum_{i=1}^{N} x_i M_i} \tag{6-9}$$

3. 质量比与摩尔比

混合物中某组分质量与惰性组分质量的比值称为该组分的质量比。若混合物中除组分 A 外,其余为惰性组分,则组分 A 的质量比定义为:

$$W_A = m_A/(m - m_A) \tag{6-10}$$

质量比与质量分数的关系为:

$$W_A = w_A/(1 - w_A) \tag{6-11}$$

同理,混合物中某组分物质的量与惰性组分物质的量之比称为该组分的摩尔比。若混合物中除组分 A 外,其余为惰性组分,则组分 A 的摩尔比定义为:

$$X_A = n_A/(n - n_A) \tag{6-12}$$

摩尔比与摩尔分数的关系为:

$$X_A = x_A/(1 - x_A) \tag{6-13}$$

同样,当混合物为气液两相体系时,常以 X 表示液相中的摩尔比,Y 表示气相中的摩尔比。

质量比和摩尔比不存在归一关系。

[例6-1]在蒸馏塔中将含乙醇 5%(体积分数,下同)的乙醇-水溶液蒸馏,得到含乙醇 95% 的产品。试分别用质量分数、摩尔分数、质量比和摩尔比表示进料和产品的浓度。纯乙醇的密度可取为 $800kg/m^3$,水的密度取 $1000kg/m^3$。

解:(1)质量分数

$$w_F = \frac{0.05 \times 800}{0.05 \times 800 + 0.95 \times 1000} = 0.0404 \qquad w_D = \frac{0.95 \times 800}{0.95 \times 800 + 0.05 \times 1000} = 0.938$$

(2)摩尔分数

$$x_F = \frac{\dfrac{0.0404}{46}}{\dfrac{0.0404}{46} + \dfrac{0.9596}{18}} = 0.0162 \qquad x_D = \frac{\dfrac{0.938}{46}}{\dfrac{0.938}{46} + \dfrac{0.062}{18}} = 0.855$$

（3）质量比

$$W_F = w_F / (1 - w_F) = 0.0404 / 0.9596 = 0.0421 \qquad W_D = 0.938 / 0.062 = 15.13$$

（4）摩尔比

$$X_F = x_F / (1 - x_F) = 0.0162 / 0.9838 = 0.0165 \qquad X_D = 0.855 / 0.145 = 5.896$$

4. 气体的总压与组分的分压

对于气体混合物，其组成还常常用总压和分压表示。根据道尔顿分压定律，总压 p_T 与组分分压 p_A 的关系为：

$$y_A = p_A / p_T \tag{6-14}$$

以上各种混合物组成的表示方法，需根据过程计算时使用上的方便而选择，同时需要掌握各种组成表示方法之间的换算，换算的要点是取一定量的混合物作为基准，然后根据组成的定义作换算。

（二）相平衡与推动力

组分在两相间的平衡是平衡分离过程的热力学基础，平衡时组分在两相中的组成关系称为组分在两相间的平衡关系或相平衡关系。相平衡关系的表达通常是以一相的浓度为横坐标，另一相的浓度为纵坐标，将平衡关系表达为一条曲线。由于浓度的表达可以有各种方法，相应地相平衡的表达也有各种方法，但原理是相同的。

两相的组成在相图上表示为一点，根据此点的位置可以判断传质的方向。例如在 20℃ 下 NH_3 在水和空气间的平衡关系如图 6-1 中的曲线所示。当气相中 NH_3 的分压为 4.23kPa 时，水中 NH_3 的平衡组成为 0.05（质量比）。若气、液两相中 NH_3 的组成为此值时，NH_3 在两相间达平衡，NH_3 在两相间不会再发生净的传递。空气中的 O_2 和 N_2 在水中的溶解度很小，可以看成它们在水中的浓度为零。若使 NH_3 分压为 4.23kPa 的含 NH_3 空气与氨组成为 0.02（质量比）的氨水接触，NH_3 在两相间不呈平衡，水中氨的组成低于平衡组成 0.05，氨就向水中传递，这个过程称为吸收过程，过程的推动力为体系实际状态与平

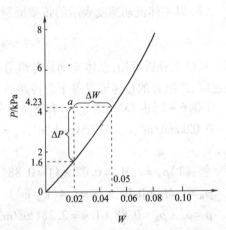

图 6-1　NH_3 在空气与水两相间的平衡关系

衡状态间的差距，可以用含氨空气与氨水组成的两相体系的状态点 a 与平衡线的水平距离表示：

$$\Delta W = 0.05 - 0.02 \tag{6-15}$$

也可以用 a 点与平衡线的垂直距离表示：

$$\Delta p = 4.23 - 1.6 \tag{6-16}$$

式中　1.6kPa——与组成为 0.02 的氨水呈平衡的气体中氨的分压。

不难看出，如果两相组成点位于平衡线的下方，传质将向相反方向进行，这一过程称为

解吸,是吸收的逆过程,也是一种分离过程。总之,混合物中诸组分在两相间平衡时的分配不同为它们的分离提供了可能性,是分离操作的热力学依据。

(三)传质速度与传质通量

在多组分系统的传质过程中,各组分以不同的速度运动。一方面,由于系统内浓度的不均匀而导致了组分的传递即分子扩散,另一方面混合物本身亦处于运动之中。设混合物相对于任一静止平面的移动速度为 u(摩尔基准),该速度也称为主体流动速度,某组分 A 的扩散速度(即相对速度)为 u_{DA},则该组分相对于静止平面的实际移动速度(即绝对速度)为:

$$u_A = u + u_{DA} \tag{6-17}$$

单位时间通过垂直于传质方向上单位面积的物质量称为传质通量,它又等于传质速度与浓度的乘积。根据传质速度的表示方法不同和浓度单位的不同,相应地传质通量有不同的表达形式,以下以物质的量浓度为例讨论。

(1)以绝对速度表示的传质通量等于绝对速度与浓度的乘积

$$N_A = c_A u_A \tag{6-18}$$

混合物的总通量为:

$$N = \sum N_i = c_T u \tag{6-19}$$

式中 c_T——总浓度,$kmol/m^3$。

因此得:

$$u = \frac{\sum N_i}{c_T} = \frac{\sum c_i u_i}{c_T} \tag{6-20}$$

(2)以扩散速度表示的传质通量等于扩散速度与浓度的乘积

$$J_A = c_A u_{DA} \tag{6-21}$$

(3)以主体流动速度表示的传质通量等于主体流动速度与浓度的乘积

$$c_A u = c_A \frac{\sum N_i}{c_T} = x_A \sum N_i = x_A N \tag{6-22}$$

从以上分析可知,总体流动是各组分并行的传递运动,各组分具有相同的传递方向和传递速度,某组分的传递通量等于总传递通量乘以该组分的摩尔分数。

[例6-2]由 CO_2(组分 A)和 N_2(组分 B)组成的二元系统中发生一维稳态扩散。已知:$c_A = 0.02kmol/m^3$,$c_B = 0.05kmol/m^3$,$u_A = 0.002m/s$,$u_B = 0.003m/s$。求:(1)u,u_{DA};(2)N_A,N_B,N。

解:(1)$\rho_A = c_A M_A = 0.02 \times 44 = 0.88(kg/m^3)$

$\rho_B = c_B M_B = 0.05 \times 28 = 1.4(kg/m^3)$

$\rho = \rho_A + \rho_B = 0.88 + 1.4 = 2.28(kg/m^3)$

$c_T = c_A + c_B = 0.02 + 0.05 = 0.07(kmol/m^3)$

$u = (\rho_A u_A + \rho_B u_B)/\rho = (0.88 \times 0.002 + 1.4 \times 0.003)/2.28 = 2.614 \times 10^{-3}(m/s)$

$u_{DA} = (c_A u_A + c_B u_B)/c_T = (0.02 \times 0.002 + 0.05 \times 0.003)/0.07 = 2.714 \times 10^{-3}(m/s)$

(2)$N_A = c_A u_A = 0.02 \times 0.002 = 4 \times 10^{-5}[kmol/(m^2 \cdot s)]$

$N_B = c_B u_B = 0.05 \times 0.003 = 1.5 \times 10^{-4}[kmol/(m^2 \cdot s)]$

$N = N_A + N_B = 4 \times 10^{-5} + 1.5 \times 10^{-4} = 1.9 \times 10^{-4}[kmol/(m^2 \cdot s)]$

二、传质微分方程

在多组分系统中,当进行多维、非稳态、伴有化学反应的传质时,必须用传质微分方程才能全面描述此情况下的传质过程。多组分传质微分方程的推导原则与单组分连续性方程的推导相同,即进行微分质量衡算,故多组分系统的传质微分方程,亦称为多组分系统的连续性方程。

考察组分 A 在由 A 和 B 组成的两组分流动混合物中进行质量传递的状况。针对一个固定平面而言的质量通量,一方面是由分子扩散所产生;另一方面也由总体流动所产生;此外,如果同时伴有化学反应,还需考虑组分 A 由化学反应的生成(或消耗)。采用欧拉方法,在流动体系中取一边长分别为 dx、dy 和 dz 的流体微元,以此微元为控制体,作组分 A 的微分质量衡算。

将以上诸项合并可得组分 A 的微分质量衡算式如下:

$$\frac{\partial(c_A u_x)}{\partial x} + \frac{\partial(c_A u_y)}{\partial y} + \frac{\partial(c_A u_z)}{\partial z} + \frac{\partial c_A}{\partial \tau} + \frac{\partial J_{Ax}}{\partial x} + \frac{\partial J_{Ay}}{\partial y} + \frac{\partial J_{Az}}{\partial z} - R_A = 0 \tag{6-23}$$

式中 R_A——单位体积中组分 A 生成的速率。

由于 c_A 的随体导数为:

$$\frac{Dc_A}{D\tau} = \frac{\partial c_A}{\partial \tau} + u_x \frac{\partial c_A}{\partial x} + u_y \frac{\partial c_A}{\partial y} + u_z \frac{\partial c_A}{\partial z} \tag{6-24}$$

将式(6-23)头三项展开,代入式(6-24),可得:

$$c_A \left(\frac{\partial u_x}{\partial x} + \frac{\partial u_y}{\partial y} + \frac{\partial u_z}{\partial z} \right) + \frac{Dc_A}{D\tau} + \frac{\partial J_{Ax}}{\partial x} + \frac{\partial J_{Ay}}{\partial y} + \frac{\partial J_{Az}}{\partial z} - R_A = 0 \tag{6-25}$$

描述分子扩散的通量或速率的方程为费克(Fick)第一定律,其数学表达式为:

$$J_A = -D_{AB} \frac{dc_A}{dz} \tag{6-26}$$

若只有两组分的分子扩散,则可根据费克第一定律写出:

$$J_{Ax} = -D_{AB} \times \partial c_A / \partial x \tag{6-27a}$$

$$J_{Ay} = -D_{AB} \times \partial c_A / \partial y \tag{6-27b}$$

$$J_{Az} = -D_{AB} \times \partial c_A / \partial z \tag{6-27c}$$

将式(6-27)分别对 x、y、z 求偏导数,得:

$$\frac{\partial J_{Ax}}{\partial x} = -D_{AB} \frac{\partial^2 c_A}{\partial x^2} \tag{6-28a}$$

$$\frac{\partial J_{Ay}}{\partial y} = -D_{AB} \frac{\partial^2 c_A}{\partial y^2} \tag{6-28b}$$

$$\frac{\partial J_{Az}}{\partial z} = -D_{AB} \frac{\partial^2 c_A}{\partial z^2} \tag{6-28c}$$

将式(6-28)代入式(6-25)中,可得:

$$c_A \left(\frac{\partial u_x}{\partial x} + \frac{\partial u_y}{\partial y} + \frac{\partial u_z}{\partial z} \right) + \frac{Dc_A}{D\tau} = D_{AB} \left(\frac{\partial^2 c_A}{\partial x^2} + \frac{\partial^2 c_A}{\partial y^2} + \frac{\partial^2 c_A}{\partial z^2} \right) + R_A \tag{6-29}$$

式(6-29)即为通用的传质微分方程的形式。若混合物的总摩尔浓度为常数,则式(6-29)可简化为:

$$\frac{Dc_A}{D\tau} = D_{AB} \left(\frac{\partial^2 c_A}{\partial x^2} + \frac{\partial^2 c_A}{\partial y^2} + \frac{\partial^2 c_A}{\partial z^2} \right) + R_A \tag{6-30}$$

式(6-30)即为两组分系统的传质微分方程,适用于两组分混合物的总摩尔浓度为常数,有分子扩散并伴有化学反应的非稳态三维传质过程,其中随体导数中的流体速度为摩尔速度。

对于固体或停滞流体的分子扩散过程，u 为零；若系统内不发生化学反应，$R_A = 0$，则式（6-30）可进一步简化为：

$$\frac{\partial c_A}{\partial \tau} = D\left(\frac{\partial^2 c_A}{\partial x^2} + \frac{\partial^2 c_A}{\partial y^2} + \frac{\partial^2 c_A}{\partial z^2}\right) \tag{6-31}$$

式（6-31）为无化学反应时的分子传质微分方程，又称费克第二定律，适用于总浓度 c 不变时，在固体或停滞流体中进行分子传质的场合。

在稳态下进行分子扩散时，由于 c_A 不是时间的函数，式（6-31）又可进一步化简为：

$$\frac{\partial^2 c_A}{\partial x^2} + \frac{\partial^2 c_A}{\partial y^2} + \frac{\partial^2 c_A}{\partial z^2} = 0 \tag{6-32}$$

式（6-32）为两组分系统中进行分子扩散时，以组分 A 摩尔浓度表示的拉普拉斯方程，它与导热中以温度 t 表示的拉普拉斯方程类似。

三、分 子 扩 散

与热量传递中的导热和对流传热类似，质量传递的方式亦分为分子传质和对流传质两种。

分子传质又称为分子扩散，简称为扩散，它是由分子的无规则热运动而形成的物质传递现象。按扩散介质的不同，分子扩散可分为气体中的扩散、液体中的扩散及固体中的扩散等几种类型，其中对气体中的稳态扩散研究比较深入，有关的理论和模型比较接近实际，而液体和固体中的扩散则相对比较复杂。按过程是否稳态，扩散又可分为稳态扩散和非稳态扩散，前者指某一位置上的浓度等物理量均不随时间而变化的过程，后者则是各物理量随时间而变的过程。工业上的连续过程一般按稳态过程处理。

（一）稳态分子扩散的通量

设有一容器，如图6-2所示，用一块隔板将它分为左右两室，两室中分别充入温度及压强相同，而浓度不同的 A、B 两种气体，左室中组分 A 的浓度高于右室，而组分 B 的浓度低于

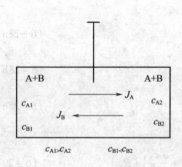

右室。当隔板抽出后，由于气体分子的无规则热运动，左室中的 A、B 分子会进入右室，同时，右室中的 A、B 分子亦会进入左室。左右两室交换的分子数虽相等，但因左室 A 的浓度高于右室，故在同一时间内 A 分子进入右室较多而返回左室较少。同理，B 分子进入左室较多返回右室较少，其净结果必然是物质 A 自左向右传递，而物质 B 自右向左传递，即两种物质各自向其浓度降低的方向传递。

图6-2　分子扩散现象

上述扩散过程将一直进行到整个容器中 A、B 两种物质的浓度完全均匀为止。此时通过任一截面物质 A、B 的净扩散通量为零，但扩散仍在进行，只是左、右两方向物质的扩散通量相等，系统处于动态扩散平衡中。

描述分子扩散的通量或速率的方程为费克第一定律，以摩尔为基准的数学表达式为：

$$J_A = -D_{AB}\frac{dc_A}{dz} \tag{6-26}$$

及

$$J_B = -D_{BA}\frac{dc_B}{dz} \tag{6-33}$$

式中　　　J_A、J_B——组分 A、B 的摩尔扩散通量,$kmol/(m^2 \cdot s)$;

dc_A/dz、dc_B/dz——组分 A、B 在扩散方向的浓度梯度,$kmol/m^4$;

　　　　　D_{AB}——组分 A 在组分 B 中的扩散系数,m^2/s;

　　　　　D_{BA}——组分 B 在组分 A 中的扩散系数,m^2/s。

　　式(6-26)和式(6-33)表示在总摩尔浓度不变的情况下,由于组分 A、B 的浓度梯度所引起的分子传质通量,负号表明扩散方向与梯度方向相反,即分子扩散朝着浓度降低的方向进行。

　　对于两组分扩散系统,由于 $J_A = -J_B$,故得:

$$D_{AB} = D_{BA} \tag{6-34}$$

　　故下文中对两组分系统,其扩散系数均简写为 D。

　　费克第一定律只适用于由于分子无规则热运动而引起的扩散过程,其传递的速度即为扩散速度。实际上,在分子扩散的同时,还经常伴有流体的主体流动。如用液体吸收气体混合物中溶质组分的过程,设二元气体混合物由 A、B 组成,其中 A 为溶质,可溶解于液体中,而 B 不能在液体中溶解。这样,组分 A 可以通过气液相界面进入液相,而组分 B 不能进入液相。由于 A 分子不断通过相界面进入液相,在相界面的气相一侧会留下“空穴”,使气相总浓度下降,混合气体便会自动地向界面运动以作补充,这样就发生了 A、B 两种分子并行向相界面的运动,即混合物的主体流动。显然,通过气液相界面组分 A 的通量应等于由于分子扩散所形成的组分 A 的通量与由于主体流动所形成的组分 A 的通量的和,如图6-3所示。

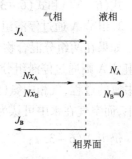

图 6-3　吸收过程各通量的关系

　　若在扩散的同时伴有混合物的主体流动,则物质实际传递的通量除分子扩散通量外,还应考虑由于主体流动而形成的通量。由式(6-18)及式(6-26),此通量为:

$$N_A = -D\frac{dc_A}{dz} + x_A(N_A + N_B) \tag{6-35}$$

式(6-35)为费克第一定律的普遍表达形式,由此可得出以下结论:

$$组分的实际传质通量 = 分子扩散通量 + 主体流动通量$$

(二)气体中的稳态分子扩散

　　在涉及传质的单元操作中,分子扩散有两种形式,即双向扩散(等分子反向扩散)和单向扩散(一组分通过另一停滞组分的扩散)。

　　1. 等分子反向扩散

　　设由 A、B 两组分组成的二元混合物中,组分 A、B 进行反方向扩散,若系统的总压和温度维持不变,则两组分的扩散通量相等,称为等分子反向扩散。等分子反向扩散的情况多在蒸馏等操作中遇到。对于等分子反向扩散,若有 1mol 的 A 组分通过与扩散方向垂直的某平面扩散,则同时必有 1mol 的 B 组分由反方向通过该平面扩散。

　　由式(6-35):　　　　　　　　$N_A = -D\frac{dc_A}{dz} + x_A(N_A + N_B)$

　　对于等分子反方向扩散,$N_A = -N_B$,因此得:

$$N_A = J_A = -D\frac{dc_A}{dz} \qquad (6-36)$$

在系统中取 z_1 和 z_2 两个平面,设组分 A、B 在平面 z_1 处的浓度为 c_{A1} 和 c_{B1},在 z_2 处的浓度为 c_{A2} 和 c_{B2},且 $c_{A1} > c_{A2}$、$c_{B1} < c_{B2}$,而系统的总浓度 c_T 恒定。将式(6-36)分离变量并积分:

$$N_A\int_{z_1}^{z_2}dz = -D\int_{c_{A1}}^{c_{A2}}dc_A$$

得:
$$N_A = \frac{D}{\Delta z}(c_{A1} - c_{A2}) \qquad (6-37)$$

其中　$\Delta z = z_2 - z_1$。

当扩散系统处于低压时,气相可按理想气体处理,于是:
$$c_A = p_A/RT$$

将上述关系代入式(6-37)中,得:
$$N_A = J_A = \frac{D}{RT\Delta z}(p_{A1} - p_{A2}) \qquad (6-38)$$

式(6-37)和式(6-38)即为 A、B 两组分作等分子反向稳态扩散时的扩散通量表达式。

2. 组分 A 通过停滞组分 B 的扩散

如果在两组分混合物中,组分 B 不能通过某平面,则该组分为不扩散组分或停滞组分,而组分 A 则通过停滞组分 B 进行扩散。该扩散过程多在吸收操作中遇到,例如用水吸收空气中氨的过程,气相中氨(组分 A)通过不扩散的空气(组分 B)扩散至气液相界面,然后溶于水中,而空气在水中可认为是不溶解的,故它并不能通过气液相界面,而是"停滞"不动的。

仍由式(6-35):
$$N_A = -D\frac{dc_A}{dz} + x_A(N_A + N_B)$$

组分 B 为不扩散组分,$N_B = 0$,因此得:
$$N_A = -D\frac{dc_A}{dz} + x_A N_A = -D\frac{dc_A}{dz} + \frac{c_A}{c_T}N_A$$

整理得:
$$N_A = -\frac{Dc}{c_T - c_A}\frac{dc_A}{dz} \qquad (6-39)$$

在系统中取 z_1 和 z_2 两个平面,仍设组分 A、B 在平面 z_1 处的浓度为 c_{A1} 和 c_{B1},z_2 处的浓度为 c_{A2} 和 c_{B2},且 $c_{A1} > c_{A2}$、$c_{B1} < c_{B2}$,且系统的总浓度 c_T 恒定。将式(6-39)分离变量并积分:

$$N_A\int_{z_1}^{z_2}dz = -Dc_T\int_{c_{A1}}^{c_{A2}}\frac{dc_A}{c_T - c_A}$$

得:
$$N_A = \frac{Dc_T}{\Delta z}\ln\frac{c_T - c_{A2}}{c_T - c_{A1}} \qquad (6-40)$$

或:
$$N_A = \frac{Dp}{RT\Delta z}\ln\frac{p - p_{A2}}{p - p_{A1}} \qquad (6-41)$$

式(6-40)、式(6-41)即为组分 A 通过停滞组分 B 的稳态扩散时的扩散通量表达式。

将式(6-41)进一步变形:

由于扩散过程中总压 p_T 不变,故得:$p_{B2} = p_T - p_{A2}$,$p_{B1} = p_T - p_{A1}$

因此:
$$p_{B2} - p_{B1} = p_{A1} - p_{A2}$$

于是：

$$N_A = \frac{Dp_T(p_{A1} - p_{A2})}{RT\Delta z(p_{B2} - p_{B1})}\ln\frac{p_{B2}}{p_{B1}}$$

令：

$$p_{BM} = \frac{p_{B2} - p_{B1}}{\ln\dfrac{p_{B2}}{p_{B1}}}$$

p_{BM} 为组分 B 的对数平均分压。据此得：

$$N_A = \frac{Dp_T}{RT\Delta z p_{BM}}(p_{A1} - p_{A2}) \tag{6-42}$$

比较式(6-38)与式(6-42)可得：

$$N_A = J_A\frac{p_T}{p_{BM}} \tag{6-43}$$

p_T/p_{BM} 反映了主体流动对传质速率的影响,称为"漂流因数"。因 $p_T > p_{BM}$,所以漂流因数 $p_T/p_{BM} > 1$,这表明由于有主体流动而使物质 A 的传递速率较之单纯的分子扩散要大一些。当混合气体中组分 A 的浓度很低时,$p_{BM} \approx p_T$,因而 $p_T/p_{BM} \approx 1$,式(6-42)即可简化为式(6-38)。

[例6-3]一直立的小玻璃管,底端密封,内有丙酮,液面离上端管口 10mm。上端有一股空气缓缓流过,如附图所示。5h 后,管内液面降到离管口 19mm。管内液体的温度为 20℃,大气压为 100kPa,丙酮的蒸气压为 24kPa。求丙酮在空气中的扩散系数。丙酮的密度为 790kg/m³。

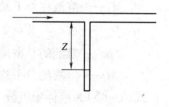

解:丙酮的气化速率为:$N_A = \dfrac{Dp_T}{RTz}\ln\dfrac{p_{B2}}{p_{B1}}$

式中的静止空气层厚度 z 为变量,即液面到管口的距离。

例6-3　附图

另一方面,丙酮的气化速率又可以表示为:$N_A = \dfrac{\rho_L}{M}\dfrac{\mathrm{d}z}{\mathrm{d}\tau}$

故有：

$$\frac{Dp_T}{RTz}\ln\frac{p_{B2}}{p_{B1}} = \frac{\rho_L}{M}\frac{\mathrm{d}z}{\mathrm{d}\tau}$$

即：

$$\frac{M}{\rho_L}\frac{Dp_T}{RT}\ln\frac{p_{B2}}{p_{B1}}\int_0^\tau \mathrm{d}\tau = \int_{z_1}^{z_2} z\mathrm{d}z$$

解得：

$$\frac{M}{\rho_L}\frac{Dp_T}{RT}\tau\ln\frac{p_{B2}}{p_{B1}} = \frac{1}{2}(z_2^2 - z_1^2)$$

代入:$M = 58$kg/kmol,$\rho_L = 790$kg/m³,$R = 8.314$kJ/(kmol·K),$T = 293$ K,$p_T = 100$kPa,$p_{B1} = 100 - 24 = 76$kPa,$p_{B2} = 100 - 0 = 100$kPa,$z_1 = 0.01$m,$z_2 = 0.019$m,$\tau = 5\times3600 = 18000$s。

$$D = \frac{\rho_L RT}{2\tau p_T M\ln(p_{B2}/p_{B1})}(z_2^2 - z_1^2)$$

$$= 790\times8.314\times10^3\times293\times(0.019^2 - 0.01^2)/[2\times18000\times100\times10^3\times58\times\ln(100/76)]$$

$$= 8.77\times10^{-6}(\mathrm{m^2/s})$$

(三)液体中的稳态分子扩散

从以上讨论可以看出,气体中的分子扩散速率正比于扩散系数和浓度差,这一结论对于液体中的分子扩散也是成立的。但是,液体分子远较气体分子密集,分子之间距离较近,扩散物质 A 的分子运动时很容易与邻近液体 B 的分子相碰撞,故液体中扩散系数比气体中小得多。但另一方面,液体中的浓度差又可以远高于气体,总的结果是液体中的分子扩散速率低于气体中的分子扩散速率。

稳态扩散时,组分 A 在液体中的扩散通量仍可用费克第一定律来描述,当存在主体流动时,扩散通量方程式(6-35)为:

$$N_A = -D\frac{dc_A}{dz} + \frac{c_A}{c_T}(N_A + N_B) \qquad (6-35)$$

与气体中的扩散不同的是,在稳态扩散时,气体的扩散系数 D 及总浓度 c_T 均为常数,故式(6-35)求解很方便;而液体中的扩散则复杂得多,组分 A 的扩散系数随浓度而变,且总浓度在整个液相中也并非到处保持一致。由于目前液体中的扩散理论还不够成熟,故采取简化的方法,将式(6-35)中的扩散系数用平均扩散系数代替,仍用符号 D 表示;总浓度 c_T 取平均值,即有:

$$D = (D_1 + D_2)/2 \qquad (6-44)$$

$$c_T = \left(\frac{\rho}{M}\right)_{av} = \frac{1}{2}\left(\frac{\rho_1}{M_1} + \frac{\rho_2}{M_2}\right) \qquad (6-45)$$

式中　$\rho_1 \text{、} \rho_2$——溶液在点 1 及点 2 处的平均密度,kg/m^3;

$M_1 \text{、} M_2$——溶液在点 1 及点 2 处的平均摩尔质量,$kg/kmol$;

$D_1 \text{、} D_2$——在点 1 及点 2 处,组分 A 在溶剂 B 中的扩散系数,m^2/s;

ρ——溶液的总密度,kg/m^3;

M——溶液的总平均摩尔质量,$kg/kmol$。

式(6-45)为液体中组分 A 在组分 B 中进行稳态扩散时扩散通量方程的一般形式。与气体扩散情况一样,液体扩散也有常见的两种情况,即组分 A 与组分 B 的等分子反方向扩散及组分 A 通过停滞组分 B 的扩散。

1. 等分子反向扩散

液体中的等分子反向扩散发生在摩尔潜热相等的二元混合物蒸馏时的液相中,此时,易挥发组分 A 向气-液相界面方向扩散,而难挥发组分 B 则向液相主体的方向扩散。与气体中的等分子反方向扩散求解过程类似,可解出液体中进行等分子反方向扩散时的扩散通量方程为:

$$N_A = J_A = D(c_{A1} - c_{A2})/\Delta z \qquad (6-46)$$

2. 组分 A 通过停滞组分 B 的扩散

溶质 A 在停滞的溶剂 B 中的扩散是液体扩散中最重要的方式,在吸收和萃取等操作中都会遇到。例如,用苯甲酸的水溶液与苯接触时,苯甲酸(A)会通过水(B)向相界面扩散,再越过相界面进入苯相中,在相界面处,水不扩散,故 $N_B = 0$。与气体中的组分 A 通过停滞组分 B 的扩散求解过程类似,可解出液体中组分 A 通过停滞组分 B 的扩散通量方程为:

$$N_A = \frac{Dc_T}{\Delta z}\ln\frac{c_T - c_{A2}}{c_T - c_{A1}} \qquad (6-47)$$

或:

$$N_A = \frac{Dc_T}{\Delta z c_{BM}}(c_{A1} - c_{A2}) \qquad (6-48)$$

式中　c_{BM}——停滞组分 B 的对数平均浓度,由下式定义:

$$c_{BM} = \frac{c_{B2} - c_{B1}}{\ln \frac{c_{B2}}{c_{B1}}} \tag{6-49}$$

当液体为稀溶液时，$c_T / c_{BM} \approx 1$，于是式(6-48)可简化为：

$$N_A = \frac{D}{\Delta z}(c_{A1} - c_{A2}) \tag{6-50}$$

[例6-4]在293K下用某有机溶剂萃取乙醇-水混合溶液中的丙酮。水与有机溶剂互不相溶,乙醇则溶于有机溶剂,且可看作是通过一层厚度为2mm的停滞液膜扩散。在此液膜的一侧,乙醇的质量分数为0.18。在膜的另一侧,乙醇的质量分数为0.08。溶液的平均密度可取为980kg/m³,乙醇-水的扩散系数为7.5×10^{-10} m²/s。试求乙醇的扩散通量。

解：$x_{A1} = \dfrac{\dfrac{18}{46}}{\dfrac{18}{46} + \dfrac{82}{18}} = 0.0791$ $x_{A2} = \dfrac{\dfrac{8}{46}}{\dfrac{8}{46} + \dfrac{92}{18}} = 0.0329$

$M_1 = 0.0791 \times 46 + 0.9209 \times 18 = 20.215$ $M_2 = 0.0329 \times 46 + 0.9671 \times 18 = 18.921$

$c_T = \dfrac{\rho}{2}\left(\dfrac{1}{M_1} + \dfrac{1}{M_2}\right) = \dfrac{980}{2}\left(\dfrac{1}{20.215} + \dfrac{1}{18.921}\right) = 50.14\,(\text{kmol/m}^3)$

$x_{B1} = 1 - x_{A1} = 0.9209$ $x_{B2} = 1 - x_{A2} = 0.9671$

$x_{BM} = \dfrac{0.9671 - 0.9209}{\ln \dfrac{0.9671}{0.9209}} = 0.9418$

$N_A = D c_T (c_{A1} - c_{A2}) / \Delta z c_{Bm} = D c_T (x_{A1} - x_{A2}) / \Delta z x_{Bm}$

$\quad = 7.5 \times 10^{-10} \times 50.14 \times (0.0791 - 0.0329) / (0.002 \times 0.9418) = 9.22 \times 10^{-7} [\text{kmol}/(\text{m}^2 \cdot \text{s})]$

(四)固体中的稳态扩散

传质单元操作中经常遇到固体中的扩散,包括气体和液体在固体内的分子扩散,例如固-液浸取、固体物料的干燥、固体催化剂的吸附、固体膜片分离流体的膜分离等过程,均属固体中的扩散。根据固体的结构,可以将固体中的扩散分为与固体内部结构基本无关的普通扩散和多孔固体中的扩散两大类。而对于多孔固体中的扩散,又可以根据固体中孔隙的直径和分子运动平均自由程的相对大小分为普通扩散和纽特逊扩散两种。

1. 与固体内部结构无关的稳态扩散

当流体或扩散溶质溶解于固体中,并形成均匀的溶液,此种扩散即为与固体内部结构无关的扩散。在处理这类扩散问题时,一般将固体按均匀物质处理,不涉及固体内部的实际结构。例如在浸出过程中,固体含有大量水分,溶质通过水溶液进行的扩散;又如氢气或氧气透过橡胶的扩散等。这类扩散过程的机理较为复杂,并且因物系而异,但其扩散方式与物质在流体内的扩散方式类似,仍遵循费克第一定律,其通用的表达形式仍为：

$$N_A = -D \frac{dc_A}{dz} + \frac{c_A}{c_T}(N_A + N_B) \tag{6-35}$$

由于固体扩散中组分 A 的浓度一般都很低,c_A/c 值很小,故可忽略,则溶质 A 在相距$(z_2 - z_1)$的两个平面之间进行稳态扩散时,积分可得：

$$N_A = \frac{D}{z_2 - z_1}(c_{A1} - c_{A2}) \tag{6-51}$$

式(6-51)只适用于扩散面积相等的平行平面间的稳态扩散。若扩散积不等时,例如组分通过柱形面或球形面的扩散,沿半径方向上的表面积是不相等的,在此种情况下,可采用平均面积作为传质面积。

2. 多孔固体中的稳态扩散

在多孔固体中充满了空隙或孔道,扩散物质在孔道内进行扩散,其扩散通量除与扩散物质本身的性质有关外,还与孔道的尺寸密切相关。因此,按扩散物质分子运动的平均自由程 λ 与孔道直径 d 的关系,常将多孔固体中的扩散分为费克型扩散、纽特逊扩散及过渡区扩散等几种类型。

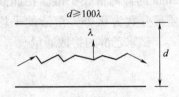

图 6-4　多孔固体中的费克型扩散

(1)费克型扩散　如图 6-4 所示,当固体内部孔道的直径 d 远大于流体分子运动的平均自由程 λ(一般 $d \geqslant 100\lambda$)时,则扩散时扩散分子之间的碰撞机会远大于分子与壁面之间的碰撞,扩散仍遵循费克定律,故称此种多孔固体中的扩散为费克型扩散。

由分子运动学说可知,压强越高,密度越大,分子自由程越小。高压下的气体和常压下的液体,由于其密度较大,因而分子自由程很小,故密度大的气体和液体在多孔固体中扩散时,一般发生费克型扩散。多孔固体中费克型扩散的扩散通量方程可用下式表达:

$$N_A = \frac{D_p}{z_2 - z_1}(c_{A1} - c_{A2}) \tag{6-52}$$

式(6-52)中的 D_p 称为"有效扩散系数",它不等于组分在液体中的扩散系数 D。其值与固体的结构有关,一般的处理方法是对 D 进行校正。图 6-5 为典型的多孔固体示意图。假设在边界 1 处组分 A 的浓度为 c_{A1},边界 2 处组分 A 的浓度为 c_{A2},且 $c_{A1} > c_{A2}$,则 A 组分将由边界 1 向边界 2 处扩散。在扩散过程中,A 分子通过的路径是曲折的,其长度大于 $(z_1 - z_2)$。用一经验方程表示,取曲折路径为 $(z_1 - z_2)$ 的 τ 倍,τ 称为曲折因数,则式(6-52)中的 $(z_1 - z_2)$ 应以 $\tau(z_1 - z_2)$ 来代替。另一方面,组分在多孔固体内扩散时,扩散面积为孔道的截面积而非固体介质的总截面积。设固体的空隙率为 ε,则需用 ε 校正扩散面积的影响。综合以上两个方面的因素,可得 D 与 D_p 的关系如下:

$$D_p = \varepsilon D/\tau \tag{6-53}$$

将式(6-53)代入式(6-52)得:

$$N_A = \frac{D\varepsilon}{\tau(z_2 - z_1)}(c_{A1} - c_{A2}) \tag{6-54}$$

式(6-54)即为多孔固体中进行费克型扩散的扩散通量方程。

(2)纽特逊扩散　如图 6-6 所示,当固体内部孔道的直径 d 小于气体分子运动的平均自

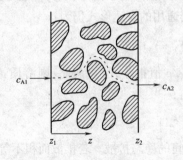

图 6-5　多孔固体示意图

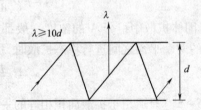

图 6-6　多孔固体中的纽特逊扩散

由程 λ 的 $1/10$ 时,则气体分子与孔道壁面之间的碰撞机会将多于分子与分子之间的碰撞机会。此时扩散的特征是分子间的碰撞不占主要地位,而分子与孔道壁面的碰撞成为主要因素,因此不遵从费克定律。纽特逊扩散的主要阻力是分子与孔道壁间的碰撞阻力,而分子间的碰撞阻力则可以忽略不计。根据气体分子运动学说,纽特逊扩散可用下式描述:

$$N_A = -\frac{d_p}{3}u_A\frac{dc_A}{dz} \tag{6-55}$$

式中　d_p——孔道的平均直径;

　　　u_A——A 分子的平均速度。

由下式给出:

$$u_A = \sqrt{\frac{8RT}{\pi M_A}} \tag{6-56}$$

在实践中常定义纽特逊扩散系数 D_{kA} 为:

$$D_{kA} = d_p u_A / 3 \tag{6-57}$$

将式(6-56)代入上式得:

$$D_{kA} = 48.5 d_p \sqrt{\frac{T}{M_A}} \tag{6-58}$$

上式说明 D_{kA} 与总压 p_T 无关,也与组分 B 无关。引入纽特逊扩散系数 D_{kA} 后,扩散方程可简化为:

$$N_A = -D_{kA}\frac{dc_A}{dz} \tag{6-59}$$

积分得到:

$$N_A = \frac{D_{kA}}{z_2 - z_1}(c_{A1} - c_{A2}) \tag{6-60}$$

或

$$N_A = \frac{D_{kA}}{RT(z_2 - z_1)}(p_{A1} - P_{A2}) \tag{6-61}$$

式(6-60)和式(6-61)的数学形式与计算费克扩散的方程完全一致。

实践中用纽特逊数 Kn 来判别是否纽特逊扩散,其定义为:

$$Kn = \lambda / d_p \tag{6-62}$$

Kn 越大,式(6-60)就越准确。一般 Kn 的值应大于 10,此时用式(6-60)计算扩散通量的误差在 10% 以内。

(3)过渡区扩散　如图 6-7 所示,当固体内部孔道的直径 d 与流体分子运动的平均自由程 λ 相差不大时,则气体分子间的碰撞以及分子与孔道壁面之间的碰撞同时存在,两种阻力并存而且其大小在相似的数量级。此时既有费克型扩散,也有纽特逊扩散,两种扩散影响同样重要,均不能忽略。此种扩散称为过渡区扩散。

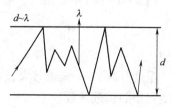

图 6-7　多孔固体中的过渡区扩散

过渡区扩散的通量方程可根据推动力叠加的原则进行推导,推导结果为:

$$N_A = -D_{NA}\frac{dc_A}{dz} \tag{6-63}$$

或

$$N_A = -D_{NA}\frac{p_T}{RT}\frac{dx_A}{dz} \tag{6-64}$$

式中

$$D_{NA} = \frac{1}{\dfrac{1 - \alpha x_A}{D} + \dfrac{1}{D_{kA}}}$$ (6-65)

$$\alpha = \frac{N_A + N_B}{N_A}$$ (6-66)

D_{NA}称为过渡区扩散系数。

在$z = z_1$，$x_A = x_{A1}$及$z = z_2$，$x_A = x_{A2}$范围内积分：

$$\frac{N_A RT}{p} \int_{z_1}^{z_2} dz = - \int_{x_{A1}}^{x_{A2}} \frac{dx_A}{\dfrac{1 - \alpha x_A}{D} + \dfrac{1}{D_{kA}}}$$

得：

$$N_A = \frac{Dp}{\alpha RT(z_2 - z_1)} \ln \frac{1 - \alpha x_{A2} + \dfrac{D}{D_{kA}}}{1 - \alpha x_{A1} + \dfrac{D}{D_{kA}}}$$ (6-67)

式(6-67)即为求算过渡区扩散通量的方程，当$0.01 \leqslant K_n \leqslant 10$时适用。

(五)扩散系数

扩散系数D是物质的一种传递性质，其值受温度、压力和混合物中组分含量的影响，同一组分在不同的混合物中其扩散系数也不一样。在需要确切了解某一物系的扩散系数时，一般应通过实验测定。常见物质的扩散系数可在手册中查到，某些计算扩散系数的半经验公式也可用作大致的估计。

1.气体中的扩散系数

若将气体混合物的分子视作性质相同的弹性刚性小球体，分子热运动使这些小球相互间作无规则的碰撞，不再考虑其它的作用力。在此简化条件下，经分子运动论的理论推导与实验修正，获得如下计算气体扩散系数的半经验式：

$$D = \frac{1.517 \times 10^{-4} T^{1.81} (1/M_A + 1/M_B)^{0.5}}{p(T_{CA} T_{CB})^{0.1405} (V_{CA}^{0.4} + V_{CB}^{0.4})^2} \, m^2/s$$ (6-68)

式中　T_{CA}、T_{CB}——组分 A、B 的临界温度，K；

　　　V_{CA}、V_{CB}——组分 A、B 的临界体积，cm^3/mol。

物质的临界温度和临界体积可在一般理化手册中查到。当$p < 0.5$ MPa 时，扩散系数的数值与组分 A 的浓度无关，此时根据上式可较准确地估计气体的扩散系数D。

由式(6-68)不难推出扩散系数与温度、压强的关系为：

$$D = D_0 \left(\frac{T}{T_0} \right)^{1.81} \left(\frac{p_0}{p} \right)$$ (6-69)

式中　D_0——T_0、p_0状态下的扩散系数。

温度升高，分子动能较大；压强降低，分子间距加大，两者均使扩散系数增加。几种物质在空气中的扩散系数列于表6-1。

2.液体中的扩散系数

组分在液体中的扩散系数比在气体中小得多，一般说来，气体的扩散系数约为液体的10^5倍。但组分在液体中的浓度较气体大，因此，组分在气相中的扩散速率约为液相中的100倍。此外，液体中组分的浓度对扩散系数有较显著的影响，一般手册中所载的数据均为稀溶液中的扩散系数。电解质在溶液中将离解为离子，其扩散比分子扩散快。

液体的扩散理论及实验均不及气体完善，估计液体扩散系数的计算式也不及气体可靠。

表 6 – 1　　　　　　　　　　　气体的扩散系数(101.3kPa)

物系	T/K	D/(cm²/s)	物系	T/K	D/(cm²/s)
空气 – 氨	273	0.198	空气 – 水	298	0.260
空气 – 苯	298	0.0962	氢 – 氨	293	0.849
空气 – 二氧化碳	273	0.136	氢 – 氧	273	0.697
空气 – 二硫化碳	273	0.0883	氮 – 氨	293	0.241
空气 – 氯	273	0.124	氮 – 乙烯	298	0.163
空气 – 乙醇	298	0.132	氮 – 氢	288	0.743
空气 – 乙醚	293	0.0896	氮 – 氧	273	0.181
空气 – 甲醇	298	0.162	氧 – 氨	293	0.253
空气 – 汞	614	0.473	氧 – 苯	293	0.0939
空气 – 氧	273	0.175	氧 – 苯乙烯	293	0.182
空气 – 二氧化硫	273	0.122			

当扩散组分为低摩尔质量的非电解质时,其在稀溶液中的扩散系数可按下式估计:

$$D = \frac{7.4 \times 10^{-12}(\alpha M_B)^{0.5}T}{\mu V_A^{0.6}}(m^2/s) \qquad (6-70)$$

式中　M_B——溶剂 B 的摩尔质量,kg/kmol;

　　　V_A——组分 A 在常沸点下的摩尔体积,cm³/mol;

　　　α——溶剂的缔合因子。某些溶剂的缔合因子为:水 $\alpha = 2.6$,甲醇 $\alpha = 1.9$,乙醇 $\alpha = 1.5$,苯、乙醚等非缔合溶剂 $\alpha = 1.0$。

液体的扩散系数与温度、黏度的关系为:

$$D = D_0 \frac{T\mu_0}{T_0\mu} \qquad (6-71)$$

表 6 – 2 列出几种物质在水中的扩散系数。

表 6 – 2　　　　　　　　　几种物质在水中的扩散系数值(20℃)

物质	D/(m²/s)	物质	D/(m²/s)	物质	D/(m²/s)
乳糖	4.3×10^{-10}	甘露醇	5.8×10^{-10}	二氧化碳	1.77×10^{-9}
麦芽糖	4.3×10^{-10}	甘油	7.2×10^{-10}	氯	1.22×10^{-9}
葡萄糖	6.0×10^{-10}	氨基甲酸酯	9.2×10^{-10}	氧	1.8×10^{-9}
棉子糖	3.7×10^{-10}	醋酸	1.9×10^{-9}	氨	1.76×10^{-9}
蔗糖	4.5×10^{-10}	氯化钠	1.35×10^{-9}	氮	1.64×10^{-9}

3. 固体中的扩散系数

目前还不能精确计算固体中的扩散系数,这是由于有关固体中扩散的理论研究得还不够充分。在工程实际中多采用 D 的实验数据,若缺乏实验数据,则由实验进行测定。固体中的扩散系数实验数据可从有关资料中查得,一些常见气体、液体和固体在固体中的扩散系数

D 值列于表 6 – 3 中。

表 6 – 3 固体中扩散系数 D

溶质 A	固体 B	温度/K	扩散系数 $D/(\text{m}^2/\text{s})$
He	SiO_2	293	$(2.4 \sim 5.5) \times 10^{-14}$
Hg	Fe	293	2.59×10^{-13}
Al	Cu	293	1.3×10^{-34}
Bi	Pb	293	1.10×10^{-20}
Hg	Pb	293	2.50×10^{-19}
Sb	Ag	293	3.51×10^{-25}
Cd	Cu	293	2.71×10^{-19}

四、对流传质(扩散)

(一)对流扩散机理

以上讨论了由浓度梯度引起的分子扩散。分子扩散只有在固体、静止或层流流动的流体内才会单独发生。在分离操作过程中,流体多处于运动状态。为强化传质过程,常常使流体作激烈的湍流。在湍流流体中,由于存在大大小小的旋涡运动,而引起各部位流体间的剧烈混合。因此,除了分子扩散以外,还存在由流体微团的宏观运动而产生的物质传递,这种由流体运动引起的物质传递称为对流传质。

凭借流体质点的湍动和旋涡来传递物质的现象称为涡流扩散。在湍流流体中,虽然有强烈的涡流扩散,但分子扩散是时刻存在的。但涡流扩散的通量远大于分子扩散的通量,一般可忽略分子扩散的影响。

对涡流扩散,其扩散通量表达式为:

$$J_{Ae} = -D_e \frac{dc_A}{dz} \tag{6-72}$$

式中 D_e 称为涡流扩散系数,与涡流黏度一样,与流体的性质无关,而与湍动的强度、流道中的位置、壁面粗糙度等因素有关。

对流传质是指壁面与运动流体之间,或两个有限互溶的运动流体之间的质量传递,是湍流主体与相界面之间的涡流扩散与分子扩散两种传质作用的总和。描述对流传质的基本方程与描述对流传热的基本方程即牛顿冷却定律类似,可采用下式表述:

$$G_A = N_A S = k_c S \Delta c_A \tag{6-73}$$

式中 G_A——对流传质速率,kmol/s;

N_A——对流传质的摩尔通量,kmol/$(\text{m}^2 \cdot \text{s})$;

S——传质面积,m^2;

Δc_A——组分 A 在界面处的浓度与流体主体浓度之差,kmol/m^3;

k_c——对流传质系数,m/s。

式(6 – 73)称为对流传质速率方程。由于组成有不同的表达方式,故对流传质速率方程亦有不同的表达形式。

与对流传热相似,对流传质根据流体流动发生的原因不同,可分为强制对流传质和自然对流传质两类。在传质单元操作过程中,流体一般是在强制状态下流动,属强制对流传质。强制对流传质又分为层流传质和湍流传质两种情况。工程上为了强化传质速率,多采用强制湍流传质过程。

对流传质按流体的作用方式又可分两类,一类是流体作用于固体壁面,即流体与固体壁面间的传质,譬如水流过可溶性固体壁面,溶质自固体壁面向水中传递;另一类是一种流体作用于另一种流体,两流体通过相界面进行传质,即相际间的传质,譬如用水吸收混于空气中的氨气,氨向水中的传递。下面以流体强制湍流流过固体壁面时的传质过程为例,探讨对流传质的机理。对于有固定相界面的相际间传质,其传质机理与之相似。

当流体以湍流流过固体壁面时,在壁面附近形成湍流边界层。湍流边界层又分为层流内层、缓冲层和湍流主体三部分。这三部分的传质机理是不同的。在层流内层中,流体沿着壁面平行流动,在与流向相垂直的方向上,只有分子的无规则热运动,故壁面与流体之间的质量传递是以分子扩散形式进行的。在缓冲层中,流体既有沿壁面方向的层流流动,又有旋涡运动,故该层内的质量传递既有分子扩散,也有涡流扩散,两者的作用同样重要,必须同时考虑它们的影响。在湍流主体中,发生强烈的旋涡运动,在此层中,虽然分子扩散与涡流扩散同时存在,但涡流扩散远远大于分子扩散,故分子扩散的影响可忽略不计。

由于各层传质机理的不同,浓度分布必然不同。在层流内层,由于仅靠分子扩散进行传质,故其中的浓度梯度必然很大,浓度分布曲线很陡,近似为一直线,此时可用费克第一定律进行求解,较为方便。在湍流中心,由于旋涡进行强烈的混合,其中浓度梯度必然很小,浓度分布曲线较为平坦。而在缓冲层内,既有分子扩散,又有涡流扩散,其浓度梯度介于层流内层与湍流中心之间,浓度分布曲线也介于二者之间。典型的浓度分布曲线如图6-8所示。

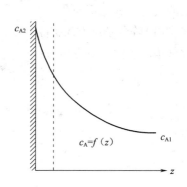

图6-8　流体与壁面之间的浓度分布

仿照流动边界层和传热边界层的概念,将壁面附近具有较大浓度梯度的区域称为浓度边界层或传质边界层,浓度边界层的发展过程与传热边界层是一致的。

由式(6-73)可见,求算对流传质速率的关键在于确定对流传质系数k_c。但k_c的确定是一项复杂的问题,它与流体的性质、壁面的几何形状和粗糙度、流体的速度等因素有关,一般很难确定。

(二)相际间的对流传质模型

前已述及,计算对流传质速率的关键是确定对流传质系数,而目前尚无令人满意的方法从理论上求解对流传质系数。实际生产中为使问题简化,先对对流传质过程作一定的假定,根据假定建立描述对流传质的数学模型,即为对流传质模型。求解对流传质模型,即可得出对流传质系数。迄今为止,研究者们已提出了一些对流传质模型,其中最具代表性的是双膜模型、溶质渗透模型和表面更新模型。

1. 双膜模型

双膜模型又称停滞膜模型或双阻力模型,由惠特曼于1923年提出,为最早提出的一种

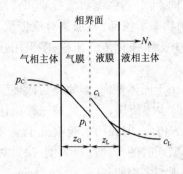

图 6-9 双膜模型示意图

传质模型。双膜模型把两流体间的对流传质过程描述成如图 6-9 所示的模式,其要点如下:

① 在气液两相间存在着稳定的相界面,界面两侧各有一层很薄的停滞膜,溶质 A 经过两膜层的传质方式为分子扩散,传质的阻力集中在此两层膜内;

② 在气液相界面处,气液两相处于平衡状态;

③ 在两层停滞膜以外的气液两相主体中,由于流体的强烈湍动,各处浓度均匀一致。

双膜模型把复杂的相际传质过程归结为两层流体停滞膜内的分子扩散过程,依此模型,在相界面处及两相主体中均无传质阻力,整个相际传质过程的阻力全部集中在两层停滞膜层内。因此,双膜模型又称为双阻力模型。

双膜模型中的停滞膜并不等同于边界层,它是一层假想的膜,如图 6-9 中的虚线所示。而边界层是实际存在的,如图中的实线所示。可以认为假想膜实际上是将边界层的浓度侧形简化成由一条斜线和一条水平线组成的形状。

根据双膜模型,在停滞膜层内进行分子传质。由于分子传质的方式不同,故对流传质系数的表达形式也不同。

(1)等分子反方向扩散 设在停滞膜层内 A、B 两组分作等分子反方向扩散,组分 A 通过气膜的扩散通量方程为:

$$N_A = \frac{D}{RTz_G}(p_{Ab} - p_{Ai}) \tag{6-74}$$

又:

则:

$$N_A = k_G^0(p_{Ab} - p_{Ai}) \tag{6-75}$$

$$k_G^0 = \frac{D}{RTz_G} \tag{6-76}$$

式中 k_G^0——气膜对流传质系数,上标"0"表示在气膜内进行等分子反方向扩散。

式(6-76)即为用双膜模型导出的对流传质系数计算式,由该式可见,对流传质系数 k_G^0 可通过分子扩散系数 D 和气膜厚度 z_G 计算,气膜厚度 z_G 即为模型参数。

同理,组分 A 通过液膜的扩散通量方程为:

$$N_A = \frac{D}{z_L}(c_{Ai} - c_{Ab}) \tag{6-77}$$

又

则:

$$N_A = k_L^0(c_{Ai} - c_{Ab}) \tag{6-78}$$

$$k_L^0 = \frac{D}{z_L} \tag{6-79}$$

式中 k_L^0——液膜对流传质系数,上标"0"表示在液膜内进行等分子反方向扩散。

液膜厚度 z_L 亦为模型参数。

(2)组分 A 通过停滞组分 B 的扩散 设在停滞膜层内组分 A 通过停滞组分 B 扩散,组分 A 通过气膜的扩散通量方程为：

$$N_A = \frac{Dp_T}{RTz_G p_{BM}}(p_{Ab} - p_{Ai}) \tag{6-80}$$

又

$$N_A = k_G(p_{Ab} - p_{Ai}) \tag{6-81}$$

则：

$$k_G = \frac{Dp_T}{RTz_G p_{BM}} \tag{6-82}$$

式中　k_G——气膜内进行组分 A 通过停滞组分 B 扩散时的对流传质系数。

同理，组分 A 通过液膜的扩散通量方程为：

$$N_A = \frac{Dc_T}{z_L c_{BM}}(c_{Ai} - c_{Ab}) \tag{6-83}$$

又

$$N_A = k_L(c_{Ai} - c_{Ab}) \tag{6-84}$$

则

$$k_L = \frac{Dc_T}{z_L c_{BM}} \tag{6-85}$$

式中　k_L——液膜内进行组分 A 通过停滞组分 B 扩散时的对流传质系数。

由以上方程可看出，对流传质速率方程可以写成如下通用形式：

对流传质通量 = 对流传质系数 × 浓度差

因浓度的表示有各种不同的方法，相应地对流传质速率方程就具有不同的形式，与之相对应，对流传质系数亦有多种形式。

双膜模型为传质模型奠定了初步的基础。其重要结论是，对流传质系数与扩散系数的一次方成正比，即 $k_c \propto D$。用该模型描述具有固定相界面的系统及速度不高的两流体间的传质过程，与实际情况大体符合，按此模型所确定的传质速率关系，至今仍是传质设备设计的主要依据。但是，该模型对传质机理假定显然过于简单，因此对许多传质设备，特别是不存在固定相界面的传质设备，双膜模型并不能反映传质的真实情况。例如，对填料塔这样具有较高传质效率的传质设备而言，k_c 并不与 D 的一次方成正比。众所周知，流动情况和流体物性均对传质速率产生重要的影响，双膜理论将这些影响归于虚拟停滞膜的厚度中，但是双膜理论本身并不能给出此厚度的计算方法，因此这一理论对传质系数的求取作用不大，实践中还是用实验测定的方法来确定传质系数。

2. 溶质渗透模型

双膜理论的要点之一是两相之间存在一个稳定的相界面，而在许多实际传质设备中，由于气液两相在高度湍动状况下互相接触，不可能存在一个稳定的相界面，从而也不会存在两个稳定的停滞膜层，这样双膜理论就显然无法正确描述这些设备内的传质过程。为了更准确地描述相际传质过程的机理，希格比于 1935 年提出了溶质渗透模型，该模型最大的特点是，它是一个非稳态模型。

希格比认为在液膜内进行稳态扩散是不可能的，因为在鼓泡塔、喷洒塔和填料塔这样的工业传质设备中，气液两相的接触时间很短，不会形成稳定的相界面，故应根据不稳定扩散模型来处理这类问题。溶质渗透模型的基本要点如下：

（1）液面是由无数微小的流体单元所组成，当气液两相处于湍流状态相互接触时，液相主体中的某些流体微元从主体向界面运动，至界面便停滞下来，停留一段很短的时间后又回到流体主体中。在界面停留时即与气体接触，发生传质。在气液未接触前（$\theta \leq 0$），流体单元中溶质的浓度即为液相主体的浓度（$c_A = c_{A0}$）。接触开始后（$\theta > 0$），发生不稳定扩散，在相界面处$(z=0)$很快达到与气相平衡的状态$(c_A=c_{Ai})$。随着接触时间的延长,溶质 A 通过不稳态扩散方式不断地向流体微元中渗透,时间越长,渗透越深。但由于流体单元在界面处暴露的时间是有限的,经过 θ_c 时间后,旧的流体微元即被新的流体微元所置换而回到液相主体中去,同时即将溶质带到液相主体。因液相主体处于高度湍流状态,故在流体深处$(z=z_b)$,仍保持原来的主体浓度$(c_A=c_{A0})$。

(2)流体微元不断进行交换,每批流体微元在界面暴露的时间 θ_c 都是一样的。

按照溶质渗透模型,溶质 A 在流体单元内进行的是一维不稳态扩散过程。设系统内无化学反应,则可用分子传质微分方程(费克第二定律)计算,结果得到的平均传质通量 N_{Am} 为:

$$N_{Am}=\frac{2\ (c_{Ai}-c_{A0})}{\tau_c}=2\ (c_{Ai}-c_{A0})\sqrt{\frac{D}{\pi\tau_c}} \qquad (6-86)$$

平均传质系数为:

$$k_{cm}=\sqrt{\frac{D}{\pi\tau_c}} \qquad (6-87)$$

由式(6-87)可看出,对流传质系数 k_{cm} 可通过分子扩散系数 D 和暴露时间 τ_c 计算,暴露时间 τ_c 即为模型参数。此外,传质系数 k_{cm} 与分子扩散系数 D 的平方根成正比,该结论已由施伍德等人在填料塔及短湿壁塔中的实验数据所证实。

与双膜理论相比,溶质渗透模型对气液间对流传质过程的描述更准确,与实验结果也更接近(实验表明传质系数与扩散系数的 $0.5\sim1$ 次方成正比,较公认的幂次方是 2/3)。但该模型的模型参数 θ_c 求算同样较为困难。它与流体性质、流动情况和体系几何形状有关,一般也是用实验测定的方法确定,使这一理论的应用受到一定的限制。

3. 表面更新模型

丹克沃茨于 1951 年对希格比的溶质渗透模型进行了修正,形成表面更新模型,又称为渗透-表面更新模型。

该模型同样认为溶质向液相内部的传质为非稳态分子扩散过程,但它认为表面上的流体微元不可能有相同的暴露时间,而是有不同的暴露时间,整个液体表面是由具有不同暴露时间(或称"年龄")的液体微元所构成。整个表面上的平均传质通量是各微元在传质上所占份额之和。为此,丹克沃茨提出了年龄分布的概念,即界面上各种不同年龄的液面微元都存在,只是年龄越大者,占据的比例越小。丹克沃茨假定,不论界面上液体微元暴露时间多长,被置换的概率是均等的,即更新频率与年龄无关。单位时间内表面被置换的分率称为表面更新率,用符号 S 表示。经推导得到平均传质通量为:

$$N_{Am}=(c_{Ai}-c_{A0})\sqrt{DS} \qquad (6-88)$$

平均传质系数为:

$$k_{cm}=\sqrt{DS} \qquad (6-89)$$

由式(6-89)可见,对流传质系数 k_{cm} 可通过分子扩散系数 D 和表面更新率 S 计算,表面更新率 S 即为模型参数。显然,由表面更新模型得出的传质系数与扩散系数之间的关系与溶质渗透模型是一致的,即 $k_c\propto\sqrt{D}$。

表面更新模型实际上是溶质渗透模型的修正。就准确性而言,应当优于溶质渗透模型。但是它仍留下了一个难以确定的模型参数,即表面更新率 S,因此仍然没有解决实用问题。

这一模型参数与流体动力学条件及系统的几何形状有关,可以用实验方法测定,一般认为其测定比溶质渗透模型中的参数 τ_t 要容易一些。

综上所述,对流传质模型的建立,不仅使对流传质系数的确定得以简化,还可据此对传质过程及设备进行分析,确定适宜的操作条件,并对设备的强化、新型高效设备的开发等作出指导。但是由于工程上应用的传质设备类型繁多,传质机理又极其复杂,所以至今尚未建立一种普遍化的比较完善的传质模型。

五、流动中的传递与相似类比

为了强化传质过程,在工业传质设备中多采用湍流操作。对于湍流传质问题,由于其机理的复杂性,尚不能用分析方法求解,可以用类比的方法或由经验公式计算对流传质系数。运用质量传递与动量传递、热量传递之间的相似性(亦称类似性),可以求解湍流传质系数。

(一)动量、热量与质量传递之间的相似性

动量传递、热量传递和质量传递简称为"三传"。牛顿流体层流时的动量传递速率用牛顿黏性定律表示,静止物体中的热传导速率用傅立叶定律表示,分子扩散速率则用费克定律表示。对一维传递,可写成如下形式:

$$\tau = -\nu \frac{\mathrm{d}\,(\rho u)}{\mathrm{d}z} \tag{6-90}$$

$$q = -a \frac{\mathrm{d}\,(c_p \rho t)}{\mathrm{d}z} \tag{6-91}$$

$$J_A = -D \frac{\mathrm{d}c_A}{\mathrm{d}z} \tag{6-92}$$

上述三式除具有数学形式上的相似以外,其比例系数 ν、a、D 还具有相同的单位 $\mathrm{m^2/s}$。显然,动量、热量和质量三种传递过程之间存在许多相似之处,如:传递机理的相似,传递的数学模型(包括数学表达式及边界条件)相似;数学模型的求解方法及求解结果相似等。根据三传的相似性,对三种传递过程进行类比和分析,建立一些物理量间的定量关系,该过程即为三传类比。探讨三传类比,不仅在理论上有意义,而且具有实用价值。它一方面将有利于进一步了解三传的机理,另一方面在缺乏传热和传质数据时,只要满足一定的条件,可以用流体力学实验来代替传热或传质实验,也可由一已知传递过程的系数求其它传递过程的系数。

由于动量、热量和质量传递还存在各自特性,所以类比方法具有局限性,一般需满足以下几个条件:

①物性参数可视为常数或取平均值;

②无内热源;

③无辐射传热;

④无边界层分离,无形体阻力;

⑤传质速率很低,速度场不受传质的影响。

(二)雷诺类比

1874 年,雷诺通过理论分析,首先提出了三传类比概念。雷诺认为,当湍流流体与壁面间进行动量、热量和质量传递时,湍流中心一直延伸到壁面,故雷诺类比为单层模型:

$$\frac{f}{2} = \frac{\alpha}{\rho c_p u} = \frac{k_c^0}{u} \qquad (6-93a)$$

即：

$$f/2 = St = St' \qquad (6-93b)$$

式中　St'——传质的斯坦顿数,它与传热的斯坦顿数 St 相对应。

式(6-93)即为湍流情况下,动量、热量和质量传递的雷诺类比表达式。

根据对流动的研究,雷诺类比把整个边界层作为湍流区处理,显然是不符合实际的。只有当 $Pr=1$ 及 $Sc=1$ 时,才可把湍流区一直延伸到壁面,用简化的单层模型来描述整个边界层。

(三)普兰德—泰勒类比

工程上显然很少遇到 $Pr=1$ 和 $Sc=1$ 的情况,因此雷诺类比的应用就受到很大的局限。它最大的缺点是它假设湍流一直延伸到壁面。为此,普兰德-泰勒对雷诺类比进行了修正,提出了双层模型,即湍流边界层由湍流主体和层流内层组成。根据双层模型,普兰德-泰勒导出以下类比关系式:

动量和热量传递类比:

$$\alpha = \frac{(f/2)\rho c_p u}{1 + 5\sqrt{f/2}(Pr-1)} \qquad (6-94a)$$

或:

$$St = \frac{\alpha}{\rho c_p u} = \frac{f/2}{1 + 5\sqrt{f/2}(Pr-1)} \qquad (6-94b)$$

动量和质量传递类比:

$$k_c^0 = \frac{(f/2)u}{1 + 5\sqrt{f/2}(Sc-1)} \qquad (6-95a)$$

或:

$$St' = \frac{k_c^0}{u} = \frac{f/2}{1 + 5\sqrt{f/2}(Sc-1)} \qquad (6-95b)$$

式中　u——圆管的主体流速。

由式(6-94)和式(6-95)可看出,当 $Pr=Sc=1$ 时,则两式可简化为式(6-93),回到雷诺类比。对于 $Pr=Sc=0.5\sim2.0$ 的介质而言,普兰德-泰勒类比与实验结果相当吻合。

(四)冯·卡门类比

普兰德-泰勒类比虽考虑了层流内层的影响,对雷诺类比进行了修正,但由于未考虑到湍流边界层中缓冲层的影响,故与实际仍不十分吻合。卡门进一步作了修正,他认为湍流边界层由湍流主体、缓冲层、层流内层组成,提出了三层模型。根据三层模型,卡门导出以下类比关系式:

$$\alpha = \frac{(f/2)\rho c_p u}{1 + 5\sqrt{f/2}\{(Pr-1) + \ln[(1+5Pr)/6]\}} \qquad (6-96a)$$

或:

$$St = \frac{\alpha}{\rho c_p u}\frac{f/2}{1 + 5\sqrt{f/2}\{(Pr-1) + \ln[(1+5Pr)/6]\}} \qquad (6-96b)$$

动量和质量传递类比：

$$k_c^0 = \frac{(f/2)u}{1 + 5\sqrt{f/2}\{(Sc-1) + \ln[(1+5Sc)/6]\}}$$ (6-97a)

或：

$$St' = \frac{k_c^0}{u} = \frac{f/2}{1 + 5\sqrt{f/2}\{(Sc-1) + \ln[(1+5Sc)/6]\}}$$ (6-97b)

卡门类比在推导过程中所根据的是光滑管的速度侧形方程,但它也适用于粗糙管,对于后者仅需将式中的摩擦系数 f 用粗糙管的 f 代替即可。但对于 Pr、Sc 极小的流体,如液态金属,该式则不适用。

(五)契尔顿-柯尔本类比

契尔顿-柯尔本采用实验方法,关联了对流传热系数与范宁摩擦因子、对流传质系数与范宁摩擦因子之间的关系,得到了以实验为基础的类比关系式,又称为 j 因数类比法。

对于动量传递与热量传递的类比,契尔顿-柯尔本类比为：

$$\frac{Nu}{RePr^{1/3}} = \frac{Nu}{RePr}Pr^{2/3} = StPr^{2/3} = j_H$$ (6-98a)

即：

$$j_H = f/2$$ (6-99a)

式中　j_H——传热 j 因子。

类似地,对于动量传递与质量传递类比,当流体在管内湍流传质时,有：

$$\frac{Sh}{ReSc^{1/3}} = \frac{Sh}{ReSc}Sc^{2/3} = St'Sc^{2/3} = j_D$$ (6-98b)

故有：

$$jD = f/2$$ (6-99b)

式中　j_D——传质 j 因子。

联系式(6-98)和式(6-99)即得动量、热量和质量传递的契尔顿—柯尔本的广义类比式：

$$j_H = j_D = f/2$$ (6-100)

式(6-100)的适用范围为：$0.6 < Pr < 100$，$0.6 < Sc < 2500$。当 $Pr = 1(Sc = 1)$ 时,契尔顿—柯尔本类比式也变为雷诺类比式。

应予指出,式(6-100)是在无形体阻力条件下得出的,如果系统内有形体阻力存在,则有：

$$j_H = j_D \neq f/2$$ (6-101)

第二节　吸　　收

一、概　　述

用适当的液体与混合气体接触,使混合气体中的一个或几个组分溶解于液体,从而实现原混合气体组分的分离,这种利用各组分溶解度不同而分离气体混合物的操作称为吸收。混合气体中能够溶解的组分称为吸收物质或溶质,以 A 表示;不被溶解的组分称为惰性组分或载体,以 B 表示;吸收操作所用的溶剂称为吸收剂,以 S 表示。吸收操作所得到的溶液称为吸收液或溶液,其成分为溶剂 S 和溶质 A;排出的气体称为吸收尾气,其主要成分除惰性气体 B 外,还含有未溶解的溶质 A。吸收过程通常在吸收塔中进行。

在食品工业中气体吸收主要用来达到以下几种目的:

①回收或捕获气体混合物中的有用物质。例如挥发性香精如苹果芳香物质的回收、通气发酵中氧气的吸收等;

②除去工艺气体中的有害成分,使气体净化,以便进一步加工处理;或除去工业放空尾气中的有害物质,以保护环境;

③制备某种气体的溶液,以获取产品。例如清凉饮料的充(碳酸)气、化学工业中用水吸收氯化氢以制取盐酸以及用水吸收甲醛以制备福尔马林溶液等。

吸收操作的分类可按以下几种方法区分:

(1)物理吸收与化学吸收 在吸收过程中,如果溶质与溶剂之间不发生显著的化学反应,可以把吸收过程看成是气体溶质单纯地溶解于液相溶剂的物理过程,称为物理吸收。相反,如果在吸收过程中气体溶质与溶剂(或其中的活泼组分)发生显著的化学反应,则称为化学吸收。

(2)单组分吸收与多组分吸收 若混合气体中只有一个组分进入液相,其余组分不溶于吸收剂,这种吸收过程称为单组分吸收。若在吸收过程中,混合气中进入液相的气体溶质不止一种,这样的吸收称为多组分吸收。

(3)等温吸收与非等温吸收 气体溶质溶解于液体时,常常伴随有热效应,当发生化学反应时还会有反应热,其结果是使液相的温度逐渐升高,这样的吸收称为非等温吸收。若吸收过程的热效应很小,或被吸收的组分在气相中的组成很低而吸收剂用量又相对较大,或虽然热效应较大,但吸收设备的散热效果很好,能及时移出吸收过程所产生的热量,液相的温度变化并不显著,这种吸收称为等温吸收。

吸收操作的逆过程称为脱吸或解吸。当气相中溶质的实际分压高于与液相成平衡的溶质分压时,溶质便由气相向液相转移,即发生吸收过程。反之,当气相中溶质的实际分压低于与液相成平衡的溶质分压时,溶质便由液相向气相转移,即发生脱吸过程,即吸收的逆过程。脱吸与吸收的原理相似,对于脱吸的处理可以仿照吸收过程进行。

本节主要讨论低浓度、单组分、等温、物理吸收的原理与计算。

二、气体吸收的平衡关系

(一)气体在液体中的溶解度

在一定条件下使气体与液体相接触,气体即溶于液体中。经过相当长时间的接触后,气液两相将趋于平衡。达到平衡时气液两相组成将保持恒定不变,此时的溶解度称为平衡溶解度。它表示吸收过程所能达到的极限。平衡溶解度的大小与物系、温度、压强有关,通常用实验方法测定。图 6-10 为几种气体在水中的溶解度曲线。

溶于液体中的气体必产生一定的分压,分压的大小表示溶质回到气相的能力大小。当溶质产生的分压与气相中溶质的分压相等时,气液两相即达平衡。因此,气体混合物中某一组分可被吸收的程度,不但与该组分在混合气体中的分压有关,也与它溶解后产生的分压有关。

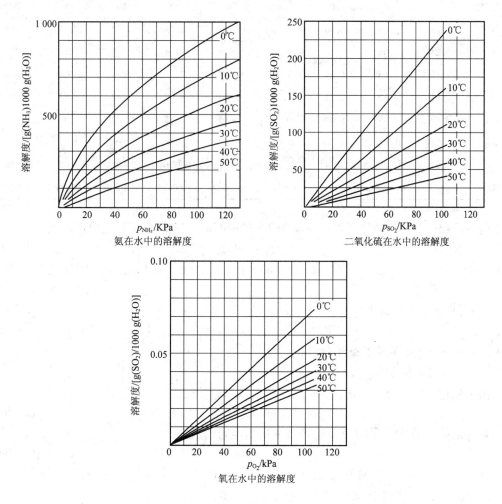

图 6 – 10 几种气体在水中的溶解度曲线

气体在液体中的平衡溶解度与气相总压和温度有关。但在总压不超过 500kPa 的情况下,可以认为与总压无关。另一方面,溶解度随温度的升高而减小。因此在不少吸收操作中,在进入吸收器的液体管路上装设冷却器,以维持较低的温度。

(二)亨利定律

在一定温度下,稀溶液上方的气体溶质平衡分压与该溶质在液相中的浓度间存在一定的关系,即平衡关系。当浓度较低时,在一定的范围内平衡关系为线性关系,即亨利定律:

$$p_e = Ex \qquad (6 – 102)$$

式中　p_e——溶质在气相中的平衡分压,Pa;

　　　x——溶质在液相中的摩尔分数;

　　　E——亨利系数,其单位与压强的单位相同,其值与温度有关。温度愈高,亨利系数的值愈大,表 6 – 4 列出了某些气体水溶液的亨利系数值。

表 6-4				某些气体水溶液的亨利系数值				（单位：10^9Pa）
温度/℃	0	10	20	30	40	50	60	70	80
H_2	5.85	6.43	6.90	7.36	7.59	7.73	7.73	7.70	7.63
N_2	5.24	6.75	8.12	9.34	10.7	11.6	12.4	12.9	13.0
空气	4.45	5.65	6.84	7.95	8.96	9.75	10.4	10.8	11.0
O_2	2.62	3.36	4.13	4.89	5.51	6.05	6.47	6.83	7.07
CO	3.57	4.48	5.43	6.28	7.05	7.71	8.32	8.57	8.57
CO_2	0.0748	0.107	0.146	0.191	0.239	0.290	0.350		
Cl_2	0.0270	0.0405	0.0544	0.0677	0.0810	0.0914	0.0985	0.101	0.0985
SO_2	0.00169	0.00248	0.0036	0.00492	0.0067	0.00883	0.0113	0.014	0.0172

若将液相中的溶质浓度以物质的量浓度 c(kmol/m^3)表示，则亨利定律可写成：

$$p_e = c/H \qquad (6-103)$$

式中　H——溶解度系数，单位为 kmol/(m^3·Pa)。式(6-103)是亨利定律的又一表达形式。

此外，亨利定律还可表达为：

$$y_e = mx \qquad (6-104)$$

式中　y_e——气相中溶质的摩尔分数；

m——相平衡常数。

由道尔顿分压定律可推得：

$$m = E/p_T \qquad (6-105)$$

对低浓度下的吸收，由于 $Y \approx y$，式(6-104)也可写成：

$$Y_e = mX \qquad (6-106)$$

[例6-5]含有30%（体积分数）CO_2 的某种混合气体与水接触，系统温度为30℃，总压为101.3kPa。试求液相中 CO_2 的平衡浓度 c_e(kmol/m^3)。

解：以 p_{CO_2} 代表 CO_2 在气相中的分压，则由分压定律可知：

$$p_{CO_2} = p_T y = 101.3 \times 0.3 = 30.39\text{kPa}$$

在本题范围内亨利定律适用。设溶液密度为 ρ，则1m^3 溶液中所含的 CO_2 为 $c$kmol，而溶剂水为 $\dfrac{\rho - cM_{CO_2}}{M_{H_2O}}$kmol（$M$ 为摩尔质量）。于是：

$$x = \frac{c}{c + \dfrac{\rho - cM_{CO_2}}{M_{H_2O}}} = \frac{cM_{H_2O}}{\rho + c(M_{H_2O} - M_{CO_2})}$$

因 CO_2 为难溶于水的气体，溶液浓度甚低，故 $\rho \approx 1000$kg/m^3，且上式可简化为：

$$x = cM_{H_2O}/\rho$$

代入亨利定律得：

$$p_e = EcM_{H_2O}/\rho$$

故

$$c_e = \frac{\rho p}{EM_{H_2O}} = \frac{1000 \times 30.39}{1.91 \times 10^5 \times 18} = 8.84 \times 10^{-3}(\text{kmol/m}^3)$$

上式计算中，E 值取表(6-4)中数据 0.191×10^9Pa，即 1.91×10^5kPa。

(三)吸收剂的选择

吸收剂性能的优劣往往成为决定吸收操作效果是否良好的关键。在选择吸收剂时,应注意考虑以下几个方面的问题:

(1)溶解度 吸收剂对于溶质组分应具有较大的溶解度,这样可以提高吸收速率并减少吸收剂的耗用量。当吸收剂与溶质组分间有化学反应发生时,溶解度可以大大提高,但若要循环使用吸收剂,则化学反应必须是可逆的;对于物理吸收也应选择其溶解度随着操作条件改变而有显著差异的吸收剂,以便回收。

(2)选择性 吸收剂要在对溶质组分有良好吸收能力的同时,对混合气体中的其他组分都基本上不吸或吸收甚微,否则不能实现有效的分离。

(3)挥发度 操作温度下吸收剂的蒸气压要低,因为离开吸收设备的气体往往为吸收剂蒸气所饱和。吸收剂的挥发度愈高,其损失量便愈大。

(4)黏度 操作温度下吸收剂的黏度要低,这样可以改善吸收塔内的流动状况,从而提高吸收速率,且有助于降低泵的功耗,还能减小传热阻力。

(5)其他 吸收剂还应尽可能无毒性,无腐蚀性,不易燃,不发泡,冰点低,价廉易得,并具有化学稳定性。

三、吸收速率方程

要计算完成指定吸收任务所需设备的尺寸,或核算混合气体通过指定设备所能达到的吸收程度,都需知道吸收速率。吸收速率指单位传质面积上单位时间内吸收的溶质量。表示吸收速率与吸收推动力之间关系的数学式即为吸收速率方程式。

对于吸收速率方程,也可写成"速率 = 推动力/阻力"的形式,其中的推动力为浓度差,吸收阻力的倒数称为吸收系数。因此吸收速率又可写成"吸收速率 = 吸收系数 × 推动力"的形式。

在稳定操作的吸收设备内的任一部位上,相界面两侧的气、液膜层中的传质速率应是相同的,否则会在相界面处有溶质积累。因此,其中任一侧有效膜中的传质速率都能代表该部位上的吸收速率。单独根据气膜或液膜的推动力及阻力写出的速率关系式称为气膜或液膜吸收速率关系式,相应的吸收系数称为吸收膜系数或表面吸收系数,用 k 表示。而用总推动力表示的速率关系式称气相或液相吸收速率方程式,相应的吸收系数称总吸收系数,用 K 表示。

(一)吸收速率方程式

根据双膜理论,溶质 A 穿过气膜的吸收速率方程式为:

$$N_A = k_G(p - p_i) \tag{6-107}$$

式中 k_G——气膜吸收系数,$kmol/(m^2 \cdot s \cdot kPa)$;

p——溶质 A 在气相主体的分压,kPa;

p_i——溶质 A 在相界面处的分压,kPa。

而溶质 A 穿过液膜的吸收速率方程式则为:

$$N_A = k_L(c_i - c) \tag{6-108}$$

式中 k_L——液膜吸收系数,m/s;

c——溶质 A 在气相主体的物质的量浓度,$kmol/m^3$;

c_i——溶质 A 在相界面处的物质的量浓度,$kmol/m^3$。

对于稳定操作,应有:

$$N_A = k_G(p - p_i) = k_L(c_i - c) \tag{6-109}$$

双膜理论认为相界面上气液两相成平衡。若组分 A 在两相中的平衡关系符合亨利定律,则有:

$$c_i = Hp_i, c = Hp_e, c_e = Hp$$

代入式(6-109)并整理可得:

$$N_A = \frac{1}{\dfrac{1}{k_G} + \dfrac{1}{Hk_L}}(p - p_e) \tag{6-110}$$

令:

$$K_G = \frac{1}{\dfrac{1}{k_G} + \dfrac{1}{Hk_L}}$$

则式(6-110)为:

$$N_A = K_G(p - p_e) \tag{6-111}$$

式中 k_G——气相总吸收系数,$kmol/(m^2 \cdot s \cdot kPa)$。

同理有:

$$N_A = \frac{1}{\dfrac{H}{k_G} + \dfrac{1}{k_L}}(c_e - c) = K_L(c_e - c) \tag{6-112}$$

式中 K_L——液相总吸收系数,$kmol/(m^2 \cdot s \cdot kmol/m^3)$ 或 m/s。

式(6-111)和(6-112)就是以总分压差或总浓度差为推动力的吸收速率方程式。气相、液相总吸收系数的倒数即为总阻力,它等于气膜阻力和液膜阻力之和,即:

$$\frac{1}{K_G} = \frac{1}{k_G} + \frac{1}{Hk_L} \tag{6-113}$$

$$\frac{1}{K_L} = \frac{H}{k_G} + \frac{1}{k_L} \tag{6-114}$$

若用摩尔分数表示浓度,则气膜推动力可写为$(y - y_i)$,液膜推动力可写为$(y_i - y)$,气相总推动力为$(y - y_e)$,液相总推动力为$(x_e - x)$。而在低浓度吸收中,可以近似用摩尔比代替摩尔分数,仿照上面的方法又可写出吸收速率方程式:

$$N_A = k_Y(Y - Y_i) = k_X(X_i - X) = K_Y(Y - Y_e) = K_X(X_e - X) \tag{6-115}$$

式中 k_Y——以$(Y - Y_i)$为推动力的液膜表面吸收系数,$kmol/(m^2 \cdot s)$;

k_X——以$(X_i - X)$为推动力的液膜表面吸收系数,$kmol/(m^2 \cdot s)$;

K_Y——以$(Y - Y_e)$为总推动力的气相总吸收系数,$kmol/(m^2 \cdot s)$;

K_X——以$(X_e - X)$为总推动力的液相总吸收系数,$kmol/(m^2 \cdot s)$;

 Y——溶质 A 在气相主体的摩尔分数;

Y_i——溶质 A 在相界面处的气相摩尔分数;

Y_e——与液相组成 x 平衡的溶质 A 的气相平衡摩尔分数;

 X——溶质 A 在液相主体的摩尔分数;

X_i——溶质 A 在相界面处的液相摩尔分数;

X_e——与气相组成 y 平衡的溶质 A 的液相平衡摩尔分数。

按以上方法,同理可得吸收总阻力和气膜阻力、液膜阻力间的关系为:

$$\frac{1}{K_Y} = \frac{1}{k_Y} + \frac{m}{k_X} \tag{6-116}$$

$$\frac{1}{K_X} = \frac{1}{k_X} + \frac{1}{mk_Y} \tag{6-117}$$

两种推动力表示法中的吸收系数间的关系为:

$$K_Y = K_G p_T \tag{6-118}$$

$$K_X = K_L c_T \tag{6-119}$$

以摩尔分数表示的吸收速率方程与式(6-115)相似,只需将 Y 换成 y 即可。

对于易溶气体,H 值很大,$1/(Hk_L) \ll 1/k_G$,此时传质阻力中的绝大部分存在于气膜中,所以 $K_G \approx k_G$,这种情况称为气膜控制。相反地,对于难溶气体,H 值很小,$H/k_G \ll 1/k_L$,此时传质阻力中的绝大部分存在于液膜中,因此 $K_L \approx k_L$,这种情况称为液膜控制。

在吸收操作中,正确地分析和比较两膜层内的传质阻力,正如在传热操作中正确地分析和比较各层热阻一样,对于强化吸收操作有着重要的指导意义。

(二)吸收系数

吸收速率方程式中的吸收系数与传热速率方程式中的传热系数地位相当。若没有准确可靠的吸收系数数据,则所有涉及吸收速率问题的计算方法与公式都将失去其价值。吸收系数的数值受很多因素的影响,其中较重要的因素是气液两相(特别是两相界面)的流体动力学状态以及两相流体的理化性质等。科研人员已在这方面进行了大量的实验工作,并提出了许多特征数关联式。但是,由于目前关于自由界面的传质机理尚未十分清楚,所以以各种理论为依据的传质系数关联式还与实际相差甚远,不如传热系数关联式成熟。在进行具体的吸收设计计算时,一般须通过实验取得吸收系数数据,或直接获取实际生产中的吸收系数数据。

四、低浓度气体吸收的计算

从传质角度看,吸收与脱吸只是推动力和传质方向相反,两者常用的设备相同,计算的原则也有很多共同之处。本节以填料吸收塔为主阐明其计算方法。

(一)物料衡算和操作线方程

工业吸收操作大多在填料吸收塔内进行。塔内充以填料,构成填料层,它是实现气液接触的有效部位。填料提供了气液接触表面,液体在填料表面流过,润湿填料并在填料表面形成液膜;气体则在填料间隙所形成的曲折通道中流动。通常采用逆流操作,如图6-11所示,被处理的气体从底部往上升,吸收剂则从上方借重力作用喷淋而下。这样的操作方式与逆流换热相似,可以获得较大的传质平均推动力,从而获得较高的分离效率。在这样的设备中,气液两相是连续接触的,两相的浓度变化也是连续的,故称为微分接触式传质设备。

在操作中,惰性气相的流量保持不变,纯吸收剂的流量也保持不变。设:V 为惰性气体的摩尔流量,kmol/s;L 为纯吸收剂的摩尔流量,kmol/s;Y、Y_1、Y_2 分别为填料层内任意截面、底部和顶部的气相组成;X、X_1、X_2 分别为填料层内任意截面、底部和顶部的液相组成。取任意截面处的微分高度 dz,对此微分体积作溶质物料衡算,可得:

$$VdY = LdX \tag{6-120}$$

在稳定操作条件下,由底部至任一截面处进行积分,得:

$$V(Y_1 - Y) = L(X_1 - X) \tag{6-121}$$

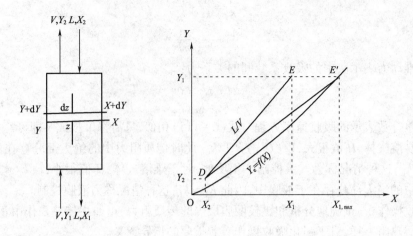

图 6-11　逆流吸收塔的物料衡算

或：
$$Y = \frac{L}{V}X + \left(Y_1 - \frac{L}{V}X_1\right) = \frac{L}{V}(X - X_1) + Y_1 \quad\quad (6-122)$$

此即气体吸收操作线方程，它表示吸收塔塔内任意截面处两相浓度之间的关系。由于 V 和 L 均为定值，故操作线为通过点 (X_1, Y_1) 的直线方程，其斜率为 L/V，称为液气比，反映了单位气体处理量所耗用的吸收剂量的大小。在图 6-11 中，DE 线即为操作线，而 OE' 线则为平衡线。若系统符合亨利定律，则 OE' 平衡线应为通过原点的直线。

若将微分式 (6-120) 从底部至顶部进行积分，则得全塔物料衡算式：
$$V(Y_1 - Y_2) = L(X_1 - X_2) \quad\quad (6-123)$$

或：
$$\frac{L}{V} = \frac{Y_1 - Y_2}{X_1 - X_2} \qu\quad (6-124)$$

说明操作线也通过点 (X_2, Y_2)。由此可见，将表示底部和顶部气液相浓度的两状态点 (X_1, Y_1)、(X_2, Y_2) 相连，即得气体吸收操作线。

(二) 吸收剂用量的确定

吸收操作线仅取决于两相流体的流量以及吸收塔底部（或顶部）的两相流体组成，而与两相平衡关系、吸收塔的形式、相际接触情况及操作条件（温度、压强）等因素无关。

气液平衡线则与操作线不同，它是表示气液平衡关系的曲线，表明了吸收过程所能达到的极限。如图 6-12 所示，在液相浓度为 X 的截面上，气相浓度为 Y，而与液相成平衡的气相浓度为 Y_e。实际上吸收的推动力即为操作线与平衡线之间的距离 $\Delta Y = Y - Y_e$。

通常在吸收操作中，气相进、出口浓度 Y_1、Y_2 和吸收剂进口组成 X_2 由生产任务和工艺要求所规定。在操作点 D 确定的条件下，E 点位置将随着操作线的斜率 (L/V) 而变化，换言之，E 点随吸收剂用量而变化。L 越小，底部排出液的浓度就越高，此时传质平均推动力 ΔY_m 或 ΔX_m 就相应降低，吸收就越困难，从而就需要有更长的两相接触时间和更高的传质设备。当 L 小到某一值时，操作线与平衡线相交（或相切），在交点或切点处传质推动力 $\Delta Y = 0$、$\Delta X = 0$，此处吸收操作停止。这时吸收剂的量最小，排出液的浓度最高，相应所需的传质设备高度为无穷大。

通常实际溶剂用量为最小用量的 1.2 ~ 2.0 倍，即：

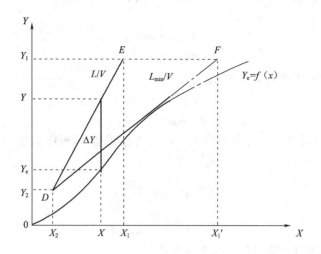

图 6 – 12　液气比的确定

$$L = (1.2 \sim 2.0)L_{min} \tag{6 – 125}$$

最小液气比可用图解法求出。如果平衡曲线符合图 6 – 11 所示的一般情况，则从水平线 $Y = Y_1$ 与平衡线的交点 E' 可读出 $X_{1,max}$ 的数值，然后用下式计算最小液气比：

$$\left(\frac{L}{V}\right)_{min} = \frac{Y_1 - Y_2}{X_{1,max} - X_2} \tag{6 – 126}$$

如果平衡线呈现如图 6 – 12 所示的形状，则应过点 D 作平衡线的切线，从水平线 $Y = Y_1$ 与此线的交点 F 读出其横坐标 X_1'，然后在式（6 – 124）或（6 – 125）中用 X_1' 代替 $X_{1,max}$，求得 $(L/V)_{min}$ 或 L_{min} 的值。

若平衡关系符合亨利定律，则可直接用 Y_1/m 代替 $X_{1,max}$ 算出最少吸收剂用量：

$$L_{min} = V\frac{Y_1 - Y_2}{\dfrac{Y_1}{m} - X_2} \tag{6 – 127}$$

必须指出，为了保持填料表面能被液体充分润湿，还应考虑到单位塔截面积上的液体流量不应小于某一最低允许值。如果按式（6 – 125）算出的吸收剂用量不能满足充分润湿填料的起码要求，则应采用更大的液气比。

（三）填料层高度的计算

多数工业吸收操作中混合气体的溶质浓度均不高（例如在 5% ~ 10% 以下），属于低浓度吸收，本节讨论的就是这种情形。

1. 填料层高度的基本计算式

填料层的高度必须保证系统有足够的气液接触面积，并能满足分离任务的需要。在填料吸收塔中，气、液相浓度沿塔高不断变化，前面介绍的传质速率方程式只能用于塔的某一横截面，不能直接用于全塔。

对如图 6 – 11 所示的稳态逆流吸收塔，其横截面积为 Ω，单位体积填料所提供的有效接触面积为 a。在与流动方向垂直的方向上，取一微元塔段 dz，其中的接触面积为 $a\Omega dz$。若该微元处的局部传质速率为 N_A，则单位时间内在此微元塔段内传递的溶质量为 $N_A a\Omega dz$。

以该微元段为系统作物料衡算,则传递的溶质量等于气相中溶质浓度的降低或液相中溶质浓度的增加,即:

$$V dY = N_A a \Omega dz \qquad (6-128)$$

或:

$$L dX = N_A a \Omega dz \qquad (6-129)$$

将吸收速率方程式代入上两式,得:

$$V dY = K_Y a \Omega (Y - Y_e) dz \qquad (6-130)$$

及:

$$L dX = K_X a \Omega (X_e - X) dz \qquad (6-131)$$

根据低浓度吸收的特点,传质系数 K_Y 和 K_X 变化较小,可视作常数。于是可将上两式沿塔高积分,得到:

$$Z = \frac{V}{K_Y a \Omega} \int_{Y_2}^{Y_1} \frac{dY}{Y - Y_e} \qquad (6-132)$$

及:

$$Z = \frac{L}{K_X a \Omega} \int_{X_2}^{X_1} \frac{dX}{X_e - X} \qquad (6-133)$$

以上两式是低浓度吸收过程的基本方程式。

上两式中 a 称为有效比表面积,它总小于单位体积填料层中固体表面积(称为比表面积)。这是因为只有被流动的液体所覆盖的填料表面才能提供气、液接触的有效面积。所以 a 值不仅与填料的形状、尺寸及充填状况有关,而且受流体物性及流动状况的影响。a 的数值很难测定,故常将它与吸收系数的乘积视为一体,作为一个完整的物理量看待,这个乘积称为"体积吸收系数"。例如 $K_Y a$ 和 $K_X a$ 分别称为气相总体积吸收系数及液相总体积吸收系数,其单位均为 $kmol/(m^3 \cdot s)$。

2. 传质单元高度和传质单元数

式(6-132)及式(6-133)都是由两个数群相乘而成的,其中数群 $\frac{V}{K_Y a \Omega}$ 或 $\frac{L}{K_X a \Omega}$ 的单位为 m,可理解为由过程条件所决定的某种单元高度。$\frac{V}{K_Y a \Omega}$ 称为"气相总传质单元高度",以 H_{OG} 表示,即:

$$H_{OG} = \frac{V}{K_Y a \Omega} \qquad (6-134)$$

另一数群为一积分,积分得到一个无量纲的数值,可认为它代表所需填料层高度 Z 相当于气相总传质单元高度 H_{OG} 的倍数,此倍数称为"气相总传质单元数",以 N_{OG} 表示,即:

$$N_{OG} = \int_{Y_2}^{Y_1} \frac{dY}{Y - Y_e} \qquad (6-135)$$

于是,式(6-130)可写成:

$$Z = H_{OG} N_{OG} \qquad (6-136)$$

同理,式(6-133)可写成:

$$Z = H_{OL} N_{OL} \qquad (6-137)$$

式中　H_{OL}——液相总传质单元高度,m;

　　　N_{OL}——液相总传质单元数。

若用气膜或液膜阻力表示吸收速率,得到的式子形式相同,可以写出如下通式,即:

填料层高度 = 传质单元高度 × 传质单元数

对于传质单元高度的物理意义,可通过如下分析加以理解。以气相总传质单元高度

H_{OG}为例,假定某吸收过程所需的填料层高度恰好等于一个气相总传质单元高度,如图6-13(1)所示,即:$Z = H_{OG}$。

由式(6-136)可知,此情况下:

$$N_{OG} = \int_{Y_2}^{Y_1} \frac{dY}{Y - Y_e} = 1$$

在整个填料层中,吸收推动力$(Y - Y_e)$虽是变量,但总可找到某一平均值$(Y - Y_e)_m$用来代替积分式中的$(Y - Y_e)$而不改变积分值,即:

$$N_{OG} = \int_{Y_2}^{Y_1} \frac{dY}{Y - Y_e} = \int_{Y_2}^{Y_1} \frac{dY}{(Y - Y_e)_m} = 1$$

于是可将$(Y - Y_e)_m$作为常数提到积分号之外,得出:

$$N_{OG} = \frac{1}{(Y - Y_e)_m} \int_{Y_2}^{Y_1} dY = \frac{Y_1 - Y_2}{(Y - Y_e)_m} = 1$$

即:

$$(Y - Y_e)_m = Y_1 - Y_2$$

由此可见,如果气体流经一段填料层后的浓度变化$(Y_1 - Y_2)$恰好等于此段填料层内以气相浓度差表示的总推动力的平均值$(Y - Y_e)_m$[见图6-13(2)],那么这段填料层的高度就是一个气相总传质单元高度。

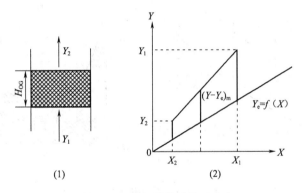

图6-13　气相总传质单元高度

传质单元高度H_{OG}、H_{OL}的大小是由过程条件所决定的。因为:

$$H_{OG} = \frac{V}{K_Y a \Omega} \qquad H_{OL} = \frac{L}{K_X a \Omega}$$

以上两式中,除去单位塔截面上气体和液体的摩尔流量V/A、L/A外,就是体积吸收系数$K_Y a$、$K_X a$,它反映了传质阻力的大小、填料性能的优劣及润湿情况的好坏。吸收过程的传质阻力越大,填料层的有效比表面越小,每个传质单元所相当的填料层高度就越大。

传质单元数N_{OG}、N_{OL}反映了吸收过程的难易程度。任务所要求的气体浓度变化越大,过程的平均推动力越小,则意味着过程难度越大,此时所需的传质单元数也就越大。

引入传质单元的概念不仅有助于分析和理解填料层高度的基本计算式,并且对于每种填料而言,传质单元高度的变化幅度并不大。若能从有关资料中查得或根据经验公式算出传质单元高度的数据,用来估算完成指定吸收任务所需的填料层高度就较方便。

3. 传质单元数的求法

下面介绍几种求传质单元数常用的方法。计算填料层高度时,可根据平衡关系的不同情况选择使用。

（1）图解积分法 图解积分法是直接根据定积分的几何意义引出的一种计算传质单元数的方法,它普遍适用于各种平衡关系,特别适用于平衡线为曲线的情况。

仍以气相总传质单元数 N_{OG} 的计算为例。由式(6 - 135)可以看到,被积函数 $\dfrac{1}{Y - Y_e}$ 中有 Y 与 Y_e 两个变量,其中 Y_e 与 X_e 间为相平衡关系,而任一横截面上的 X 与 Y 之间又存在着操作关系。所以只要有了相平衡方程及操作线方程,亦即有了 $Y - X$ 图上的平衡线及操作线,便可由任一 Y 值求出相应截面上的推动力 $(Y - Y_e)$,继而求出 $\dfrac{1}{Y - Y_e}$ 的值。再将 $\dfrac{1}{Y - Y_e}$ 与 Y 的对应数值进行标绘,所得函数曲线与 $Y = Y_1$、$Y = Y_2$ 及 $\dfrac{1}{Y - Y_e} = 0$ 三条直线之间所包围的面积,便是定积分 $\displaystyle\int_{Y_2}^{Y_1} \dfrac{\mathrm{d}Y}{Y - Y_e}$ 的值,也就是气相总传质单元数 N_{OG}(见图6 - 14)。

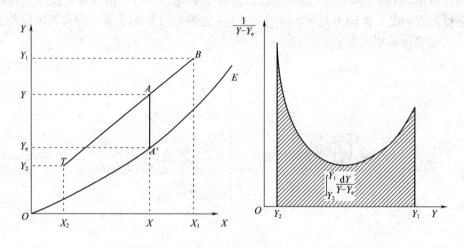

图6 - 14 图解积分求 N_{OG}

若用图解积分法求液相总传质单元数 N_{OL} 或其他形式的传质单元数(如 N_G、N_L),其方法和步骤与此相同。

（2）吸收因数法 对于相平衡关系服从亨利定律,即平衡线为一通过原点的直线这一简单情况,可将相平衡关系和操作线方程代入 $\displaystyle\int_{Y_2}^{Y_1} \dfrac{\mathrm{d}Y}{Y - Y_e}$ 中,然后直接积分。积分结果可整理为:

$$N_{OG} = \frac{1}{1 - S}\ln\left[(1 - S)\frac{Y_1 - Y_{2e}}{Y_2 - Y_{2e}} + S\right] \tag{6 - 138}$$

式中 $1/A = mV/L = S$,S 称为解吸因数,A 称为吸收因数。

同理可以推出液相总传质单元数为:

$$N_{OL} = \frac{1}{1 - A}\ln\left[(1 - A)\frac{Y_1 - Y_{2e}}{Y_1 - Y_{1e}} + A\right] \tag{6 - 139}$$

此式多用于脱吸操作的计算。

（3）对数平均推动力法 对上述解析式再加以分析研究,还可获得由吸收塔顶、塔底两端面上的吸收推动力求算传质单元数的另一种解析式：

因为：

$$S = \frac{mV}{L} = \frac{Y_{1e} - Y_{2e}}{X_1 - X_2} \cdot \frac{X_1 - X_2}{Y_1 - Y_2} = \frac{Y_{1e} - Y_{2e}}{Y_1 - Y_2}$$

所以：

$$1 - S = \frac{(Y_1 - Y_{1e}) - (Y_2 - Y_{2e})}{Y_1 - Y_2} = \frac{\Delta Y_1 - \Delta Y_2}{Y_1 - Y_2} \tag{6-140}$$

将此式代入式(6-138)，得到：

$$N_{OG} = \frac{1}{\dfrac{\Delta Y_1 - \Delta Y_2}{Y_1 - Y_2}} \ln \left[\left(\frac{\Delta Y_1 - \Delta Y_2}{Y_1 - Y_2} \right) \frac{Y_1 - Y_{2e}}{Y_2 - Y_{2e}} + \frac{Y_{1e} - Y_{2e}}{Y_1 - Y_2} \right]$$

$$= \frac{Y_1 - Y_2}{\Delta Y_1 - \Delta Y_2} \ln \left[\frac{(Y_1 - Y_{1e}) - (Y_2 - Y_{2e})}{Y_1 - Y_2} \frac{Y_1 - Y_{2e}}{Y_2 - Y_{2e}} + \frac{Y_{1e} - Y_{2e}}{Y_1 - Y_2} \right]$$

由上式可以推得：

$$N_{OG} = \frac{Y_1 - Y_2}{\Delta Y_1 - \Delta Y_2} \ln \frac{\Delta Y_1}{\Delta Y_2} \tag{6-141}$$

或写成：

$$N_{OG} = \frac{Y_1 - Y_2}{\dfrac{\Delta Y_1 - \Delta Y_2}{\ln \dfrac{\Delta Y_1}{\Delta Y_2}}} = \frac{Y_1 - Y_2}{\Delta Y_m} \tag{6-142}$$

式中

$$\Delta Y_m = \frac{\Delta Y_1 - \Delta Y_2}{\ln \dfrac{\Delta Y_1}{\Delta Y_2}} = \frac{(Y_1 - Y_{1e}) - (Y_2 - Y_{2e})}{\ln \dfrac{Y_1 - Y_{1e}}{Y_2 - Y_{2e}}} \tag{6-143}$$

ΔY_m 是塔顶与塔底两截面上吸收推动力 ΔY_1 与 ΔY_2 的对数平均值，称为对数平均推动力。同理，从式(6-139)出发可导出关于液相总传质单元数 N_{OL} 的相应解析式：

$$N_{OL} = \frac{X_1 - X_2}{\Delta X_m} \tag{6-144}$$

式中

$$\Delta X_m = \frac{\Delta X_1 - \Delta X_2}{\ln \dfrac{\Delta X_1}{\Delta X_2}} = \frac{(X_{1e} - X_1) - (X_{2e} - X_2)}{\ln \dfrac{X_{1e} - X_1}{X_{2e} - X_2}} \tag{6-145}$$

由式(6-142)及式(6-144)可知，传质单元数是全塔范围内某相浓度的变化与按该相浓度差计算的对数平均推动力的比值。当 $1/2 < \Delta Y_1/\Delta Y_2 < 2$ 或 $1/2 < \Delta X_1/\Delta X_2 < 2$ 时，相应的对数平均推动力也可用算术平均推动力代替而不会带来大的误差。

综上所述，传质单元数的不同求法各有其特点及适用场合。对于低浓度吸收，只要在过程所涉及的浓度范围内平衡线为直线，便可用吸收因数法或对数平均推动力法。两者实质是相同的，在应用条件上并无任何差别。当平衡线为曲线时，则宜用图解积分法。此法是求传质单元数最基本的普遍方法，它不仅适用于低浓度气体吸收的计算，而且适用于高浓度气体吸收及非等温吸收等复杂情况下传质单元数的计算。

[例6-6]某油脂工厂用清水吸收空气中的丙酮。空气中含丙酮1%(摩尔分数)，要求回收率不低于99%。若吸收剂用量为最小用量的1.5倍，操作条件下平衡关系为 $Y_e = 2.5X$。试分别用对数平均推动力法和吸收因数法计算总传质单元数。

解:(1)对数平均推动力法

$$y_1 = 0.01 \qquad Y_1 = \frac{y_1}{1-y_1} = \frac{0.01}{1-0.01} = 0.0101$$

$$Y_2 = Y_1(1-\eta) = 0.0101 \times (1-0.99) = 1.0 \times 10^{-4}$$

$$X_2 = 0 \qquad \left(\frac{L}{V}\right)_{min} = \frac{Y_1 - Y_2}{\frac{Y_1}{m} - X_2} = m\frac{Y_1 - Y_2}{Y_1} = m\eta = 2.5 \times 0.99 = 2.475$$

$$\frac{L}{V} = 1.5\left(\frac{L}{V}\right)_{min} = 1.5 \times 2.475 = 3.7125$$

由

$$\frac{L}{V} = \frac{Y_1 - Y_2}{X_1 - X_2} = \frac{0.0101 - 1.0 \times 10^{-4}}{X_1 - 0} = 3.7125$$

得

$$X_1 = 2.694 \times 10^{-3}$$

$$Y_{1e} = mX_1 = 2.5 \times 2.694 \times 10^{-3} = 6.735 \times 10^{-3}$$

$$\Delta Y_1 = Y_1 - Y_{1e} = 0.0101 - 6.735 \times 10^{-3} = 3.365 \times 10^{-3}$$

$$Y_{2e} = mX_2 = 0 \qquad \Delta Y_2 = Y_2 - Y_{2e} = 1.0 \times 10^{-4}$$

$$\Delta Y_m = \frac{\Delta Y_1 - \Delta Y_2}{\ln\frac{\Delta Y_1}{\Delta Y_2}} = \frac{3.365 \times 10^{-3} - 1.0 \times 10^{-4}}{\ln\frac{3.365 \times 10^{-3}}{1.0 \times 10^{-4}}} = 9.286 \times 10^{-4}$$

$$N_{OG} = \frac{Y_1 - Y_2}{\Delta Y_m} = \frac{0.0101 - 1.0 \times 10^{-4}}{9.286 \times 10^{-4}} = 10.77$$

(2)吸收因数法

$$S = mV/L = 2.5/3.7125 = 0.673$$

$$N_{OG} = \frac{1}{1-S}\ln\left[(1-S)\frac{Y_1 - Y_{2e}}{Y_2 - Y_{2e}} + S\right] = \frac{1}{1-0.673}\ln\left[(1-0.673)\frac{0.0101 - 0}{1.0 \times 10^{-4} - 0} + 0.673\right] = 10.76$$

两者所得结果相同。

[例6-7]在填料塔内用清水逆流吸收空气与氨混合气中的氨。单位塔截面积的混合气体质量流量为 0.35kg/(m² · s),进塔气体浓度 $Y_1 = 0.03$,回收率 $\eta = 0.98$,平衡关系为 $Y_e = 0.92X$,体积吸收系数为 $K_Y a = 0.043 kmol/(m^3 \cdot s)$,操作液气比为最小液气比的 1.2 倍。试求塔底液相浓度及填料层高度 Z。

解:(1)进口气体摩尔质量 $M_m = 29 \times 0.97 + 17 \times 0.03 = 28.64 [(kg/kmol)]$

则混合气体摩尔量为 $0.35/28.64 = 0.0122 [kmol/(m^2 \cdot s)]$

$$Y_1 = 0.03 \qquad y_1 = \frac{Y_1}{1+Y_1} = \frac{0.03}{1+0.03} = 0.029$$

$$V/\Omega = 0.0122(1-0.029) = 0.01185 [kmol/(m^2 \cdot s)]$$

$$Y_2 = Y_1(1-\eta) = 0.03 \times (1-0.98) = 6.0 \times 10^{-4}$$

$$X_2 = 0 \qquad 而\left(\frac{L}{V}\right)_{min} = \frac{Y_1 - Y_2}{\frac{Y_1}{m} - X_2} = m\frac{Y_1 - Y_2}{Y_1} = m\eta$$

$$L/V = 1.2(L/V)_{min} = 1.2m\eta = 1.2 \times 0.92 \times 0.98 = 1.082$$

由于 $\qquad Y_1 - Y_2 = L(X_1 - X_2)/V$

即 $\qquad 0.03 - 6 \times 10^{-4} = 1.082(X_1 - 0) \qquad X_1 = 0.0272$

(2)$H_{OG} = V/K_Y a\Omega = 0.01185/0.043 = 0.2276(m) \qquad S = mV/L = 0.92/1.082 = 0.85$

$$N_{OG} = \frac{1}{1-S} \ln \left[(1-S) \frac{Y_1 - Y_{2e}}{Y_2 - Y_{2e}} + S \right] = \frac{1}{1-0.85} \ln \left[(1-0.85) \frac{0.03}{6 \times 10^{-4}} + 0.85 \right] = 14.15$$

$$Z = H_{OG} N_{OG} = 0.276 \times 14.15 = 3.905 (m)$$

第三节 填 料 塔

　　吸收设备的作用在于建立和不断更新两相接触表面,使之具有尽可能大的接触表面积和尽可能好的流体力学条件,以利于提高吸收速率,减小设备的尺寸。同时,气体通过设备的阻力要小,以节省动力消耗。对食品的吸收(或脱吸)而言,设备还必须能耐腐蚀并符合卫生要求。工业上广泛应用的吸收设备是填料塔,故本节主要介绍填料塔。

一、填料塔的结构与填料

(一)填料塔的结构与操作

　　填料塔为一直立式圆筒,内有填料,乱堆或整砌在支承板上(图6-15)。气体从底部送入,液体在塔顶经过分布器淋洒到填料层表面上。液体在填料层中有倾向塔壁流动的趋势,故填料层较高时常将其分成数段,两段之间设液体再分布器。液体在填料表面分散成薄膜,经填料间的缝隙下流,亦可能成液滴落下。填料层内气、液两相一般呈逆流接触,两相的组成沿塔高连续改变。

(二)填料类型

　　填料的作用是液相分散造型的支撑体,为气、液两相提供充分的接触面,并为强化其湍动程度创造条件,以利于传质。它们应能使气、液接触面大,性质系数高,同时通量大而阻力小,所以要求填料层空隙率高,比表面积大,表面润湿性能好,并且在结构上还要有利于两相密切接触,促进湍动。制造填料的材料又要有耐腐蚀性,并具有一定的机械强度,现将工业中一些常用填料的特点说明如下(参见图6-16)。

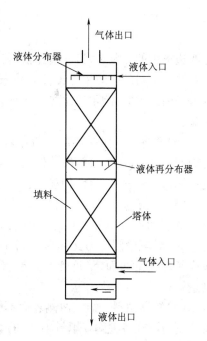

图6-15　填料塔的结构

　　(1)拉西环　拉西环为高与直径相等的圆环,常用直径为25～75mm的陶瓷环,壁厚2.5～9.5mm。亦有小至6mm,大至150mm的,但少用。若用金属环,则壁厚为0.8～1.6mm。填料多乱堆在塔内,称散装。直径大的可用整装,以降低阻力和减小液体流向塔壁的趋势。拉西环构造简单,但气体通过能力低,阻力也大,液体到达环内部比较困难,因而润湿不充分,传质效果差,故近年来使用渐少。但此种填料出现早,研究得充分,性能数据累积也丰富,故常用来作为比较其它填料性能优劣的标准。

　　(2)鲍尔环　鲍尔环的构造相当于在拉西环的壁面上开一排或二排方形孔,开孔时只断

图 6-16　几种填料的形状

开四边形中的三条边,另一边保留,使原来的材料片呈舌状弯入环内,这些舌片在环中心几乎对接。填料的空隙率与比表面并未因而增加,但堆成层后,气、液流通舒畅,有利于气、液进入环内。因此,鲍尔环比之拉西环,其气体通过能力与体积传质系数都有显著提高,阻力也减少。

(3)阶梯环　阶梯环是一端有喇叭口的开孔环形填料,环高与直径之比略小于1,环内有筋,起加固与增大接触面的作用。喇叭口能防止填料并列靠紧,使空隙率提高,并使表面更易暴露。材料多为金属或塑料。

(4)弧鞍填料　这是出现较早的一种鞍形填料,形如马鞍,常用者大小25～50mm。弧鞍的表面不分内外,全部敞开,液体在两侧表面分布同样均匀。它的另一特点是堆放在塔内时,对塔壁侧压力比环形填料小。但由于两侧表面构形相同,堆放时填料容易叠合,减少了暴露的表面,最近已渐为改善的弧鞍即所谓矩鞍填料所代替。弧鞍填料多用陶瓷制造。

(5)矩鞍填料　矩鞍两侧表面不能叠合,且较耐压力,构形简单,加工比弧鞍方便,多用陶瓷制造。在各种陶瓷填料中,它的水力学性能和传质性能都较优越。

用金属制的矩鞍,于鞍的背部冲出两条狭带,弯成环形筋,筋上又冲出四个小爪弯入环内。它兼有鞍形填料液体分布均匀与开孔填料通量大,阻力小的优点,故又称鞍环或环矩鞍。

(6)波纹板及波纹网　波纹填料是一种整砌结构的新型高效填料。由许多片波纹薄板叠成,相邻两板反向靠叠,形成直径略小于塔径的圆饼,高40～60mm。若干薄饼再重叠,放入塔内,形成填料层。

波纹填料具有很大的比表面积,相邻两板的波纹相互垂直,使气、液两相不断改变方向,传质效率大为提高,气体流动阻力也小。但不适于处理黏度高、易聚合或有沉淀物的物料,成本也较高。

波纹填料有实体与网体两种。实体波纹填料又称板波纹填料,由陶瓷、金属或塑料制成。网体波纹填料由金属丝网制成,如 θ 网环。其比表面积可高达 $700\text{m}^2/\text{m}^3$,而气体的流动阻力很小。

(三)填料的特性及其数据

填料特性是表示填料性能的物理量,其中重要的有以下几种:

(1)比表面积　单位体积填料的表面积,用 σ 表示,单位 m^2/m^3。比表面积大,则能提供的相接触面积大。同一种填料其尺寸愈小,则比表面积愈大。

(2)空隙率　为单位体积填料的空隙体积,用 ε 表示,无因次。空隙率大则气体通过时的阻力小,因而流量可以增大。

(3)填料因子　由前面两项组合而成,定义为 σ/ε^3,单位 $1/\text{m}$,是表示填料阻力及液泛条件的重要参数之一。按干填料算出的 σ/ε^3 值不能确切地表示填料淋湿后的水力学性能,故把在有液体淋洒的条件下实测的相应数值称为填料因子,以 ϕ 表示,单位亦为 $1/\text{m}$。ϕ 值愈小,则阻力愈小,发生液泛时的气流速度高,水力学性能好。

表 6-5 列出几种常用填料的主要尺寸及其特性数据。

表 6-5　　　　　　　　　常用填料的特性

填料类别及名义尺寸/mm	实际尺寸/mm	σ/m^{-1}	ε	堆积密度/(kg/m^3)	$(\sigma/\varepsilon^3)/\text{m}^{-1}$	ϕ/m^{-1}
陶瓷拉西环(散装)	高×厚					
16	16×2	305	0.73	730	784	940
25	25×2.5	190	0.78	505	400	450
40	40×4.5	126	0.75	577	305	350
50	50×4.5	93	0.81	457	177	205
陶瓷拉西环(整装)	高×厚					
50	50×4.5	124	0.72	673	339	—
80	80×9.5	102	0.57	962	564	—
100	100×13	65	0.72	930	172	—
钢拉西环(散装)	高×厚					
25	25×0.8	220	0.92	640	290	390
35	35×1	150	0.93	570	190	260
50	50×1	110	0.95	430	130	175
钢鲍尔环	高×厚					
25	25×0.6	209	0.94	480	252	160
38	38×0.8	150	0.95	379	152	92
50	50×0.9	110	0.95	355	120	66

续表

填料类别及名义尺寸/mm	实际尺寸/mm	σ/m^{-1}	ε	堆积密度/ （kg/m³）	$(\sigma/\varepsilon^3)/m^{-1}$	ϕ/m^{-1}
塑料鲍尔环						
25	–	209	0.90	72.6	287	170
38	–	130	0.91	67.7	173	105
50	–	103	0.91	67.7	137	82
钢阶梯环	厚度					
No. 1	0.55	230	0.95	433	–	111
No. 2	0.7	164	0.95	400	–	72
No. 3	0.9	105	0.96	353	–	46
塑料阶梯环						
No. 1	–	197	0.92	64	–	98
No. 2	–	118	0.93	56	–	49
No. 3	–	79	0.95	43	–	26
陶瓷弧鞍						
25	–	252	0.96	725	–	360
38	–	164	0.75	612	–	213
50	–	106	0.72	645	–	148
陶瓷矩鞍	厚度					
25	3.3	258	0.755	548	–	320
38	5	197	0.81	483	–	170
50	7	120	0.79	532	–	130
钢环矩鞍						
25#	–	–	0.967	–	–	135
40#	–	–	0.973	–	–	89
50#	–	–	0.978	–	–	59

注：阶梯环 No. 1、No. 2、No. 3 与钢环矩鞍 25#、40#、50#各大致相当于名义尺寸 25、38（或 40）、50mm。

（四）填料塔附件

填料塔内除充填填料外，还需安装一些必要的附件，主要有以下几种。

（1）填料支承板　填料支承板既要具备一定的机械强度以承受填料层及其上面所持液体的重量，又要留出一定空隙供气、液流通。一般要求支承板的自由截面积与塔截面积之比大于填料层的空隙率。

最简单的支承装置是用扁钢条制作的搁栅或开孔的金属板。栅的间隙或板的孔径如果过大，容易使填料落下，此时可于支承上先铺一层尺寸较大的同类填料。

（2）液体淋洒装置　液体淋洒不良就不能在填料表面散布均匀，甚至出现沟流现象，严重降低填料表面有效利用率。要做到液体开始分布良好，对于直径 1m 以内的塔，淋洒点按正方形排列时两点的间距应为 8～15cm；对于直径大于 1m 的塔，淋洒点数大致可按 $(5D)^2$ 设置。因液体在填料层中趋于流向塔壁，故淋洒到填料层顶部的液体，落到塔壁附近（距壁面为 5%～10% 塔径处）不得超过 10%。

常用的淋洒装置有莲蓬式喷洒器、盘式分布器、溢流槽等。喷洒器在塔内可设一个或多个，器内的液体在压力作用下从许多小孔中喷出。盘式分布器为底部装有许多垂直短管的线盘，盘上的液体可通过短管口溢流而下。溢流槽为直接搁在填料层顶的若干线槽，槽的边沿有许多缺口，液体从缺口溢流到填料层顶。

（3）液体再分布器　液体再分布器的作用是将流到塔壁近旁的液体重新汇集并引向中央区域。乱堆的填料，实际上形成固定床，其中近器壁处的流动阻力较小，因此液体有趋向器壁流动的趋势。当填料层较高时，便应将塔分成几段，段与段之间设液体再分布器。最简单的形式为截锥式，如图 6-17（1）

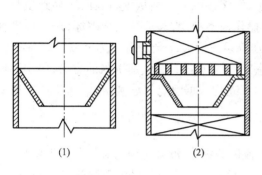

图 6-17　截锥式液体再分布器

所示。当需要分段卸出填料时，可采用图 6-17（2）的装置，在再分布器上安装支承板。

二、填料塔的流体力学性能

（一）气体通过填料层的压强降

压强降是填料塔设计中的重要参数，一方面其大小决定了塔的动力消耗，另一方面选择合理的气速与确定塔径直接相关。为表达方便起见，气体的流速以其体积流量与塔截面积之比表示，称为空塔气速。液体流速亦用同样方法表示，为喷淋密度，单位都是 m/s 或 $m^3/(m^2 \cdot s)$。把不同喷淋密度下的单位高度填料层的压强降 $\Delta p/z$ 与空塔气速 u 间的实测数据标绘在双对数坐标纸上，即得如图 6-18 所示的曲线族。

当喷淋密度 $L_0 = 0$ 即气体通过干填料层流动时，$\Delta p/z - u$ 关系为一直线，其斜率为 1.8～2.0，与湍流时通过管道的压降－流速关系相仿。当喷淋密度 $L_0 \neq 0$ 时，压降－流速关系变成折线，且存在两个转折点。下转折点称"载点"，上转折点称"泛点"。不同喷淋密度下的压降－流速关系曲线大致平行。

当气体速度在载点以下时，液体向下的流动与气速几乎无关，而由于填料表面液层

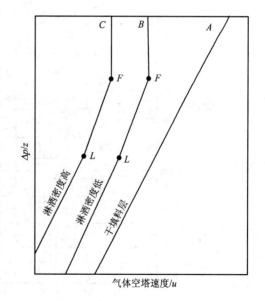

图 6-18　填料层的 $\Delta p - u$ 关系

的存在,使气体流动截面减小,压降增大,故曲线位于干填料层的压降－流速曲线上方。此时单位体积填料层持有的液体体积即持液量保持不变。随着气速的加大,当气速超过载点以后,气、液间的摩擦力开始阻碍液体下流,使持液量增加,称为"拦液"现象。拦液现象发生后,$\Delta p/z - u$ 关系曲线的斜率大于 2。

如果气速进一步增大,直至泛点气速,气量的增加使持液量很大,直至使液相成为连续相,气相成为分散相,气体以气泡形成穿过液层,气液接触的表面从填料表面转移到填料层的空隙中。气流把大量的液体带出塔顶,塔的操作极不稳定,甚至被完全破坏,这一现象称为液泛。在压降－气速关系曲线上,过泛点后压降迅速增大,甚至几乎成垂直线。

因此,泛点代表了填料塔操作时气速的上限。而载点虽具有气速下限的意义,但实际操作中此转折常不明显。通常填料塔的适宜操作气速均根据泛点气速确定,因而泛点气速的求取十分重要。

(二)泛点气速的确定

影响泛点气速的因素很多,如填料的特性、流体的物性、液气比等均对其有重要影响。

工程设计中广泛采用埃克特(Eckert)通用关联图来计算填料塔的压强降和泛点气速。

此图见图 6－19,其横坐标为 $\dfrac{W_L}{W_V}\left(\dfrac{\rho_V}{\rho_L}\right)^{0.5}$,其中 W_L、W_V 分别为液相和气相的质量流量,kg/s;

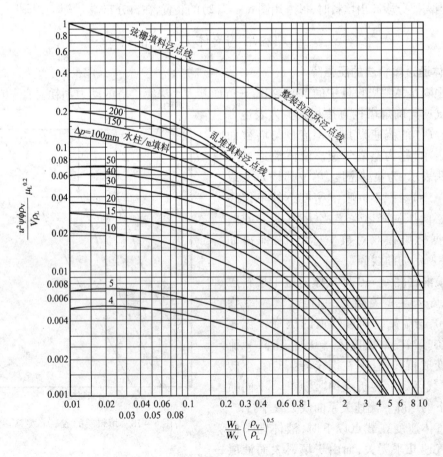

图 6－19　填料塔泛点、压降通用关联图

ρ_L、ρ_V 分别为两相的密度，kg/m^3。纵坐标为 $\dfrac{u^2 \psi \phi \rho_V}{V \rho_L} \mu_L^{0.2}$，其中 ψ 为水密度与液体密度之比，φ 为填料因子，$1/m$；μ_L 为液体黏度，$mPa \cdot s$；u 为空塔气速，m/s。

图 6-19 中最上方的三条线分别为弦栅填料、整装拉西环及散装(乱堆)填料的泛点线，与泛点线相对应的纵坐标中的气速即为泛点气速。由两相流量和密度可算出横坐标值，再根据横坐标值在泛点线上求得一点，由该点的纵坐标值即可求出泛点气速。操作气速通常取泛点气速的 50% ~ 80%。确定了操作气速后，即可根据体积流量公式求出塔径。

图 6-19 还可用来求取气体通过填料层的压强降。由两相流量和密度求得横坐标值，又由实际气速、流量和物性求得纵坐标值，由此两坐标值可确定图上的一点，再由图中的 $\Delta p/z$ 曲线族即可求出压强降。

(三)润湿性能

填料塔中气液两相的传质是在填料表面流动的液膜上进行的，为使塔操作良好，必须使填料表面维持一定的液膜，即保持润湿。这样，塔内液体的喷淋密度不能低于某一极限值。此极限值称为最小喷淋密度，在最小喷淋密度下填料维持最小润湿速率，两者间的关系为：

$$u_{min} = (L_W)_{min} \sigma \qquad (6-146)$$

式中　σ——填料的比表面积，m^2/m^3；

$(L_W)_{min}$——最小润湿速率，$m^3/(m \cdot s)$；

u_{min}——最小喷淋密度，$m^3/(m^2 \cdot s)$。

润湿速率是喷淋密度与填料比表面积之比，又可理解为液体体积流量与填料周边长度之比。对直径不超过 75mm 的拉西环和其它填料，可取最小润湿速率为 $2.22 \times 10^{-5} m^3/(m \cdot s)$。对直径大于 75mm 的环形填料，应取最小润湿速率为 $3.33 \times 10^{-6} m^3/(m \cdot s)$。

有人提出按填料材质来确定最小润湿速率的方法，见表 6-6，可供参考。

表 6-6　　　　　　　　　　最小润湿速率的参考值

填料材质	最小润湿速率/$[m^3/(m \cdot s)]$	填料材质	最小润湿速率/$[m^3/(m \cdot s)]$
未上釉的陶瓷	1.39×10^{-4}	未处理过的光亮金属表面	8.33×10^{-4}
氧化了的金属	1.94×10^{-4}	聚氯乙烯	9.72×10^{-4}
经表面处理过的金属	2.78×10^{-4}	聚丙烯	1.11×10^{-3}

实际操作时采用的喷淋密度应大于最小喷淋密度。若喷淋密度过小，可采用液体再循环的方法加大液体流量，也可减小塔径，或适当增加填料层高度。

在液泛以前，即使喷淋密度已大于最小喷淋密度，填料表面也不可能全部润湿，故单位体积填料层的润湿面积常小于比表面积。

被润湿的表面并非都是有效传质表面。填料接触点处液体不流动，局部传质推动力就可能降为零，这部分表面就不起作用。只有填料表面被流动的液体润湿时方为有效传质面积。

第四节　吸　　附

吸附在食品工业中的应用由来已久，常用来除去液体食品中的少量杂质。例如:动植物油的脱臭、糖液的脱色,都是应用吸附进行分离的实例。糖厂在清净工艺中利用新生碳酸钙吸附糖汁中的杂质,提高糖汁的纯度,从而生产白糖,则是应用吸附的大型工业实践。近年来,吸附的应用日益广泛,用净水器中的活性炭除去水中的异味和微量杂质,用大孔径吸附树脂分离精制甜菊苷,都是吸附在工业上应用的实例。

一、吸附的基本概念

(一)吸附的原理

吸附过程是使流动相与多孔固体颗粒接触,使流动相中一种或多种组分被吸附于固体颗粒表面,以达到分离的过程,属于传质分离过程的一种。在吸附过程中,固体颗粒称为吸附剂,被吸附在固体颗粒表面上的物质则称吸附质。多孔介质的比表面积常达 $500 \sim 1000m^2/g$。流动相可以是气体或液体,而气体吸附在食品工业中应用较少,故本节主要讨论液体吸附。

吸附过程多发生在多孔介质的孔壁或粒子内部的特定部位,分离的机理是不同分子间在相对分子质量、分子形状或分子极性方面的差别使某些分子比其它分子更牢固地依附在壁上。在许多情况下可以达到相当完全的分离。

在气-固吸附中,从空气和其它气体的混合物中吸附气体时,一般空气不被吸附。而在液-固吸附中,通常溶剂本身也被吸附。在电解质溶液中还可能吸附离子。因此,液体吸附远比气体吸附复杂。

由于电场的作用,离子很容易被带异性电荷的吸附剂所吸附,这种吸附称为极性吸附。在极性吸附中,吸附剂与溶液之间还发生离子交换,称为交换吸附。这些现象使溶液中的吸附过程变得十分复杂。

固体物质表面之所以有吸附能力,是由于处在相界面上的分子受到的吸引力不平衡。这一不平衡使表面分子具有与内部分子不同的性质。内部分子所受的分子吸力在各方向上是相等的,而表面分子所受的吸力不相等。如果吸力的合力指向相的内部,则相表面便表现出收缩的能力,能够吸附与它接触的另一相中的分子。这种由分子间的引力引起的吸附称为物理吸附。由于分子间的引力又称范德华力,故物理吸附又称范德华吸附。

物理吸附可以在吸附剂的表面形成单分子或多分子的吸附质层。由于吸附剂与吸附质之间不发生化学反应,因此物理吸附无选择性。除表面的状况外,吸附剂本身的性质不起作用。物理吸附过程很快,相际平衡在瞬间完成。吸附时放出热量,称为吸附热,其数量级与凝固热相同,一般不大。在物理吸附中,吸附极易从固体表面解吸(特别是在升温时),而不改变原来的性状。因此,物理吸附一般是可逆的。

如果吸附剂与吸附质之间发生某种作用,生成某种结合物,就称为化学吸附,或活性吸附。化学吸附生成的结合物是一种表面吸附物,仍留在晶格上。化学吸附时,吸附质在吸附剂表面形成一单分子薄层,吸附进行得很慢,达到平衡所需的时间很长。化学吸附发生需要活化能,即以温度、光的作用为活化条件。化学吸附的吸附热比物理吸附大得多,接近一般化学反应热。化学吸附有选择性,结合物的结合力强,解吸过程相当困难,一般是不可逆的。

本节只讨论物理吸附。

(二)吸附剂

吸附过程是一种表面过程,为了增大吸附容量,作为吸附剂的固体颗粒要具有很大的比表面积。因此,常用具有多孔结构的固体颗粒来作为吸附剂。工业上常用的吸附剂有两大类,一类是将天然矿物适当加工后制得的,如活性白土、硅藻土、凹凸棒等;另一类是人工合成的,如活性炭、硅胶、分子筛、吸附树脂等。前者价廉易得,一般不回收;后者性能好,常常要求回收。下面分别介绍它们的结构和性能。

1. 硅胶

硅胶($SiO_2 \cdot nH_2O$)是一种具有微孔结构的固体颗粒。用酸处理硅酸钠的水溶液,生成凝胶,再经水洗、干燥,便制成硅胶。控制制造过程的条件,可以得到结构不同的产品,具有不同的比表面积、堆积密度、孔径等吸附性能。硅胶是一种极性吸附剂,常用作气体或液体的干燥脱水。

硅胶按孔径可分为:孔径为 1～2nm 的细孔硅胶、孔径为 2～4nm 的中孔硅胶、孔径为 4～5nm 的粗孔硅胶和孔径超过 10nm 的特粗孔硅胶。

2. 活性氧化铝

活性氧化铝又称活性矾土,是由氧化铝加热脱水制得的一种具有吸附和催化性能的多孔大表面氧化铝,它广泛用于炼油、橡胶、化肥、石油化工中作为吸附剂、催化剂和载体。

作为一种多孔性的吸附剂,它不仅具有相当大的比表面积($200～400m^2/g$),而且具有很高的机械强度和物化稳定性,且耐高温、抗腐蚀,但不宜在强酸、强碱条件下使用。

3. 活性炭

活性炭由有机物质(如:木、煤、果核、果壳等)经炭化和活化制得。活化的方法有两种,一种是在 900℃ 下用水蒸气或空气活化,这样制得的活性炭多用于气体吸附;另一种是用 $ZnCl_2$ 等药剂活化,这样制得的活性炭多用于溶液的脱色精制。由于活性炭的强吸附能力及其表面有足够的化学稳定性和良好的机械强度,使它在化工、国防、环保、食品工业得到广泛的应用。

活性炭比表面积巨大,可达 $1200～1600m^2/g$,按外形分类有粒状活性炭和粉状活性炭两类。

4. 硅藻土

硅藻土是由统称为硅藻的单细胞藻类死亡以后的硅酸盐遗骸形成的,其本质是含水的无定形 SiO_2,并含有少量 Fe_2O_3、MgO、Al_2O_3 及有机杂质,外观一般呈浅黄色或浅灰色,优质的呈白色,质软,多孔而轻。硅藻土的多孔结构使它成为一种良好吸附剂,在食品、化工生产中常用来作助滤剂及脱色剂。

5. 各种活性土

白土、酸性白土、铁钒土等统称为活性土,由天然矿物在 80～110℃ 下用硫酸活化制得。实际上活化前的矿物本来就具有脱色能力,经活化后吸附能力大为提高,常用于油脂的脱色。

6. 分子筛

分子筛是一种人工合成的高效选择性吸附剂,主要用于干燥、纯化和分离气体或液体混合物。分子筛是以 SiO_2 和 Al_2O_3 为主要成分的结晶铝硅酸盐,其晶体中有许多一定大小的空穴,空穴之间有许多直径相同的孔(又称"窗口")相连。由于分子筛能将比其孔径小的分子吸附到空穴内部,而把比孔径大的分子排斥在其空穴外面,起到筛分分子的作用,所以得名分子筛。分子筛的组成物质有 Na_2O、Al_2O_3、SiO_2,因三者含量的比例不同,故有不同类型的分子筛。

分子筛具有高效吸附特性,同时还具有选择性吸附能力,它可以根据分子大小不同和形状不同进行选择性吸附,也可以根据分子极性、不饱和度和极化率不同进行选择性吸附。正是由于分子筛对气体的吸附有高度的选择性,所以它是分离混合物的理想吸附剂。

7. 吸附树脂

吸附树脂是高分子物质如纤维素、淀粉、木质素、甲壳素等经交联反应,引进官能团制得的,其性能由孔径、骨架结构、官能团性质等因素决定,是一类性能优良的吸附剂,目前的主要缺点是价格高。

工业上对吸附剂的要求主要是吸附量(单位质量吸附剂所能吸附的物质量)和吸附选择性两条,具体的物理化学性质中最重要的是比表面积,其次是松密度、平均孔径等,表 6 – 7 列出了常用吸附剂的性能。

表 6 – 7		常用吸附剂的性能			
吸附剂	松密度/(kg/m³)	相对密度	比表面积/(m²/g)	平均孔径/10^{-10} m	再生温度/℃
活性炭	400 ~ 540	0.7 ~ 0.9	500 ~ 800	12 ~ 32	105 ~ 120
硅胶	610 ~ 780	0.7 ~ 1.3	600	10 ~ 40	150 ~ 180
活性氧化铝	750 ~ 850	1.5 ~ 1.7	200 ~ 350	40 ~ 100	170 ~ 300
活性铁钒土	800 ~ 950	1.5 ~ 1.7	150 ~ 230	33 ~ 43	180 ~ 300
骨炭	660	1.5	110	51	550 ~ 600
分子筛	700	1.1	500 ~ 750	4.5	150 ~ 300

二、吸附分离理论

(一)吸附平衡

吸附是两相之间的传质过程。在一定温度下,吸附剂与流体经过充分长时间的接触后,吸附质在两相中的浓度不再变化,吸附达到了平衡。平衡时吸附质在两相中的浓度间存在一定关系,即平衡关系。等温下的吸附平衡关系称为吸附等温线。

1. 气 – 固吸附等温线

不同吸附体系的吸附等温线形状很不一样。当外界条件(温度、压强)固定时,吸附剂和吸附质分子的特性是影响界面吸附的根本因素。由于吸附剂和吸附质品种繁多,因此吸附行为也十分复杂,下面列举一些基本的气 – 固吸附规律:

(1)极性吸附剂易于吸附极性吸附质,非极性吸附剂易于吸附非极性吸附质;

(2)吸附质分子的结构越复杂,沸点越高,则越容易被吸附;

(3)酸性吸附剂易吸附碱性吸附质,反之亦然;

(4)吸附剂的孔隙大小不仅影响吸附速率,而且直接影响吸附量的大小。

对于单组分气体在固体上的吸附,Langmuir 提出了著名的吸附理论,其主要假设为:①固体表面均匀;②吸附质在固体上形成单分子层;③吸附质分子间无相互作用。在这些假设下,吸附等温线方程为:

$$q_e/q_m = Kp/(1 + Kp) \tag{6 – 147}$$

式中　q_e——平衡吸附量,kg 吸附质/kg 吸附剂;

　　q_m——固体表面满覆盖时的最大吸附量,kg 吸附质/kg 吸附剂;

　　K——吸附平衡常数;

　　p——平衡压强,Pa。

实验表明,Langmuir 方程只适用于比较简单的单组分吸附。

在某些情况下,吸附是多分子层的,如果将上述第②条假设改为吸附可以是多分子层,但层间的分子力为范德华力,并进一步假设第一层的吸附热为物理吸附热,第二层以上为液化热,则可导出 BET 方程:

$$\frac{q_e}{q_m} = \frac{bp}{(p^0 - p)\left[1 + (b-1)p/p^0\right]} \qquad (6-148)$$

式中　q_m——第一层满覆盖时的吸附量,kg 吸附质/kg 吸附剂;

　　p^0——实验温度下的饱和蒸汽压,Pa。

BET 方程的使用范围比 Langmuir 方程宽一些,但仍不能包括所有的情况。

2. 液 – 固吸附等温线

液 – 固吸附的机理更复杂,其吸附理论的研究仍处于初始阶段。与气 – 固吸附不同的是,溶剂也被吸附。因此,要考虑三种作用力:界面上固体与溶质之间的作用力,固体与溶剂之间的作用力及在溶液中溶质与溶剂之间的作用力。在固体和溶液接触当中,溶液中的吸附是溶质和溶剂分子争夺表面的净结果,若固体表面上的溶质浓度比溶液内部的大,就是正吸附,否则就是负吸附。

影响液 – 固吸附的因素有温度、溶液的浓度和吸附剂的结构性能。此外,溶质和溶剂的性质对吸附也产生影响,如果溶液中的溶质为电解质,与溶质为非电解质的吸附机理就完全不同。一般而言,溶质的溶解度越小,吸附量越大;温度越高,吸附量越小。

以液相的浓度 ρ 为横坐标,吸附量 q 为纵坐标,在平衡情况下作吸附等温线,其形状有如图 6 – 20 所示的几种情况。

在稀溶液中,可以仿照亨利定律,认为平衡时两相浓度间为线性关系,如图中的直线 4,其吸附平衡关系为:

$$q_e = E\rho \qquad (6-149)$$

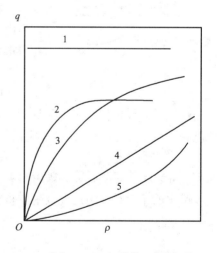

图 6 – 20　吸附等温线

式中　E——平衡常数,m^3/kg 吸附剂;

　　ρ——液相浓度,kg 吸附质/m^3。

图 6 – 20 中的曲线 3 称为促进吸附,可以在较低的液相浓度下得到较高的吸附量,实际上就是 Langmuir 方程:

$$q_e/q_m = K\rho/(1 + K\rho) \qquad (6-150)$$

当 $K\rho \gg 1$ 时,吸附等温线的形状即图中的曲线 2,称为强烈促进吸附,可以用弗罗因德利希(Freundlich)方程描述:

$$q_e = E\rho^{1/n} \qquad (6-151)$$

n 的值与温度有关,一般当 n 在 $2 \sim 10$ 时,吸附易于进行;而当 n 小于 0.5 时,吸附有困难。式($6-151$)在双对数坐标中为一直线,可据此求常数 E 和 n。

强烈促进吸附的极端例子是不可逆吸附,即图 $6-20$ 中的曲线 1,吸附等温线几乎为一水平线。

当 $K \ll 1$ 时,吸附等温线几乎为一直线,即为线性吸附。

图 $6-20$ 中的曲线 5 为非促进吸附,比较少见。

吸附是一放热过程,但在液体吸附中,吸附热的释放一般并不能显著改变体系的温度,因此可以作等温吸附处理。

(二)吸附速率

1. 吸附过程

如果不涉及吸附过程的分子动力学原理,可以认为吸附过程按如图 $6-21$ 所示的三步进行:

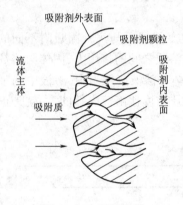

①吸附质通过扩散传递到吸附剂颗粒的外表面,简称外扩散;

②吸附质从吸附剂颗粒的外表面通过颗粒上的微孔进入颗粒内部表面,简称内扩散;

③在吸附剂颗粒内表面上的吸附质被吸附。

在物理吸附过程中,在固体颗粒表面上的吸附过程很快,阻力甚小,吸附速率一般由前面两步所决定。

在大多数情况下,内扩散的速率较外扩散慢,吸附过程为内扩散控制。也有的情况下,外扩散速率比内扩散速率慢得多,吸附速度由外扩散速率决定,称为外扩散控制。

图 $6-21$　吸附机理

2. 外扩散传质速率方程

吸附速率定义为单位时间内单位体积吸附剂所吸附的吸附质质量。设单位体积吸附剂的表面积为 a,液相主体浓度为 ρ（kg 吸附质/m³）,界面上浓度为 ρ_i（kg 吸附质/m³）,则稳定操作条件下的吸附通量为:

$$N = k_L a(\rho - \rho_i) \qquad (6-152)$$

式中　k_L——外扩散传质系数,m/s。

吸附的结果是吸附剂上吸附质量的增加,若吸附剂的松密度为 ρ_a（kg/m³）,则:

$$N = \rho_a \frac{\mathrm{d}q}{\mathrm{d}\tau}$$

故有:

$$\rho_a \frac{\mathrm{d}q}{\mathrm{d}\tau} = k_L a(\rho - \rho_i) \qquad (6-153)$$

3. 内扩散传质速率方程

吸附质从固体颗粒表面上的微孔向吸附剂内表面扩散（即内扩散）的过程非常复杂,它与固体颗粒表面的微孔结构有关。仿照上面的方法,把内扩散过程处理成从外表面向颗粒内的传质过程,有:

$$\rho_a \frac{\mathrm{d}q}{\mathrm{d}\tau} = k_S a(q_i - q) \qquad (6-154)$$

式中　k_S——固体内扩散的传质系数,kg/(m² · s);

q_i——固体外表面上的吸附质含量,kg 吸附质/kg 吸附剂;

q——固体内部的吸附质含量,kg 吸附质/kg 吸附剂。

k_S 与固体颗粒的微孔结构、吸附质的物性以及吸附过程持续的时间等因素有关,其数值一般由实验测定。实际上,固体粒子内的扩散是一个非稳定过程。应用一维的费克第二定律,对球性粒子可得到 k_S 的平均有效值:

$$k_S \approx \frac{10D_i}{Ed_p} \tag{6-155}$$

式中　D_i——固体内扩散系数,m²/s;

d_p——固体粒子的直径,m。

4. 总传质速率方程

与吸收过程的双膜理论类似,可以假设在固体表面上无吸附阻力,则 ρ_i 与 q_i 成平衡关系,由此推导出总吸附速率方程。如果用式(6-149)表示平衡关系,则有:

$$q_e = E\rho \tag{6-156}$$

$$q_i = E\rho_i \tag{6-157}$$

将式(6-149)和式(6-157)代入式(6-154),得:

$$\frac{\rho_a}{k_S a E}\frac{dq}{d\tau} = \rho_i - \rho \tag{6-158}$$

将式(6-153)改写成:

$$\frac{\rho_a}{k_L a}\frac{dq}{d\tau} = \rho - \rho_i \tag{6-159}$$

两式相加,整理得:

$$\rho_a \frac{dq}{d\tau} = \frac{\rho - \rho_e}{\dfrac{1}{Ek_S a} + \dfrac{1}{k_L a}} = K_L a(\rho - \rho_e) \tag{6-160}$$

式中

$$\frac{1}{K_L a} = \frac{1}{Ek_S a} + \frac{1}{k_L a} \tag{6-161}$$

$K_L a$ 称为总体积传质系数,单位为 1/s,其倒数表示吸附总阻力,它等于液相传质阻力与固相传质阻力之和。

在液相传质阻力 $1/k_L a$ 与固相传质阻力 $1/(Ek_S a)$ 中,何者为控制因素取决于两者之比。由理论推导可得:

$$\varepsilon = \frac{k_S a E}{k_L a} = \frac{2\pi^2 D_i}{3k_L d_p} \tag{6-162}$$

当 ε 小于 0.01 时,吸附为内部扩散控制;ε 大于 10 时,吸附为外部扩散控制。大多数液体吸附属内部扩散控制。

由于吸附过程的复杂性,以上理论只能作定性分析,难以用作定量计算。吸附设备的设计多凭经验或在相似条件下做实验的结果而定。

三、吸 附 计 算

吸附计算分为单组分吸附和多组分吸附,这里仅限于介绍单组分吸附计算。

(一)分级接触式吸附

将体积为 V,浓度为 ρ_0 的溶液与质量为 m 的吸附剂混合,经一定时间后完成吸附。此时溶液浓度为 ρ,吸附剂的吸附量从 q_0 变为 q(一般 $q_0 = 0$),则由吸附质的物料衡算得:

$$m(q - q_0) = V(\rho_0 - \rho) \tag{6-163}$$

在 $q-\rho$ 图上,此式为一直线,称为操作线,它位于平衡线的下方。其斜率为 $-V/m$,如图 6-22 所示。操作线和平衡线的交点表示吸附达到平衡时的最大吸附量 q_1 和溶液的最低浓度 ρ_1。

设 $q_0 = 0$,且平衡线满足弗罗因德利希方程,则得:

$$\left(\frac{\rho}{\rho_0}\right)^{1/n} = \frac{V\rho_0^{1-1/n}}{mE}\left(\frac{\rho_0 - \rho_1}{\rho_0}\right) \tag{6-164}$$

上式不仅可用于计算平衡后溶液的浓度,而且可以用不同吸附剂量作试验,推算出 n 值。

将吸附剂分小批与溶液作用,即多级错流接触,可以在同样的吸附率下节省吸附剂用量。如图 6-23 所示。例如在二级的情况下,由物料衡算得:

$$m_1(q_1 - q_0) = V(\rho_0 - \rho_1) \tag{6-165}$$

$$m_2(q_2 - q_0) = V(\rho_1 - \rho_2) \tag{6-166}$$

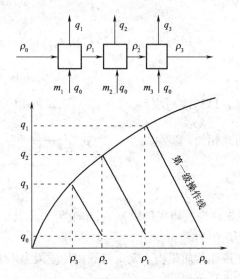

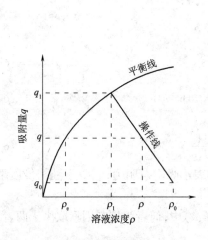

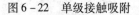

图 6-22　单级接触吸附　　　　　图 6-23　多级错流吸附

若 $q_0 = 0$,且平衡关系满足弗罗因德利希方程,则有:

$$\frac{m_1}{V} = \frac{\rho_0 - \rho_1}{E\rho_1^{1/n}} \tag{6-167}$$

$$\frac{m_2}{V} = \frac{\rho_1 - \rho_2}{E\rho_2^{1/n}} \tag{6-168}$$

吸附剂总用量为:

$$\frac{m_1 + m_2}{V} = \frac{\rho_0 - \rho_1}{E\rho_1^{1/n}} + \frac{\rho_1 - \rho_2}{E\rho_2^{1/n}} \tag{6-169}$$

将上式求导并令 $\mathrm{d}(m_1 + m_2)/\mathrm{d}\rho_1 = 0$,可得当 ρ_1 满足下式时吸附剂用量最少:

$$\left(\frac{\rho}{\rho_0}\right)^{1/n} - \frac{1}{n}\frac{\rho_0}{\rho_1} = 1 - \frac{1}{n} \tag{6-170}$$

若用图6-24所示的多级逆流接触吸附,则可以进一步节省吸附剂用量。用同样的方法可得操作线方程为:

$$m(q_1 - q_{i+1}) = V(\rho_0 - \rho_i) \tag{6-171}$$

其中 i 为级数。当此操作线与平衡线相交时,交点就对应于最小吸附剂用量,类似于吸收中的最小吸收剂用量。

(二)连续逆流吸附

较大型的工业吸附装置多采用类似于填料吸收塔的微分接触式设备。将吸附剂置于带筛网的栅条支撑之上,形成颗粒床层。与填料吸收塔的不同之处在于:吸收塔中的填料只起提供气-液接触表面的作用,而吸附塔中的吸附剂本身参与传质。如果使液体自上而下流动,吸附剂自下而上移动,就成为逆流操作。

如图6-25所示,溶液的流量为 $q_V(\mathrm{m^3/s})$,吸附剂流量为 $q_m(\mathrm{kg/s})$,进入塔的溶液浓度为 ρ_2,离开塔的溶液浓度为 ρ_1,入塔吸附剂的吸附量为 q_1,离开塔的吸附剂的吸附量为 q_2。在塔的某一截面处,溶液浓度为 ρ,吸附剂的吸附量为 q,将从塔顶起至此截面间的床层列为衡算范围,由吸附质的物料衡算得:

$$q_m(q_2 - q_1) = q_V(\rho_1 - \rho_2) \tag{6-172}$$

这就是操作线方程,如图6-26所示。用与吸收操作中相同的方法可以确定最小吸附剂用量。

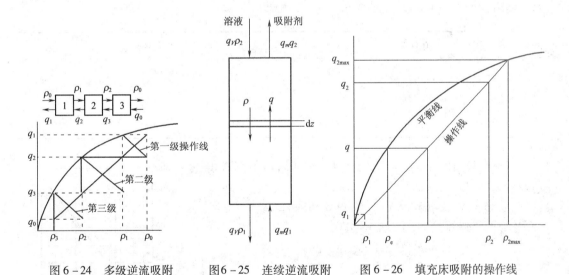

图6-24　多级逆流吸附　　　图6-25　连续逆流吸附　　　图6-26　填充床吸附的操作线

对微元高度填充床作物料衡算得:

$$q_V \mathrm{d}\rho = q_m \mathrm{d}q \tag{6-173}$$

以 A 为塔面积,则有:

$$\rho_a A \mathrm{d}z = q_m \mathrm{d}t \tag{6-174}$$

应用吸附速率方程式(6-160),与上式一同代入式(6-172),整理后得:

$$q_V \mathrm{d}\rho = K_L a(\rho - \rho_e) A \mathrm{d}z \tag{6-175}$$

积分后得:

$$Z = \frac{q_V}{K_L a \Lambda} \int_{\rho_t}^{\rho_3} \frac{\mathrm{d}\rho}{\rho} \cdot \frac{1}{\rho_e} = H_{OL} N_{OL} \qquad (6-176)$$

N_{OL} 即传质单元数,H_{OL} 为传质单元高度。它们的计算方法与吸收操作中的方法相似。

[例6-8]在糖液的吸附脱色中常用色值表示色素的量,并假设色值与色素的量成正比。今有色值4.42的原料糖液,拟用活性炭吸附脱色至色值达0.22。用不同量的活性炭作脱色试验,结果见附表。其中 δ 表示溶液中单位固形物量的活性炭用量(kg活性炭/kg固形物),η 表示脱色率(即色值的相对变化)。假定吸附符合弗罗因德利希方程,试计算用一次接触吸附和两级错流接触吸附法的活性炭用量。

附表

活性炭用量=100δ	0.3	0.4	0.5	0.6	0.7
脱色率 η/%	66.9	72.9	75.4	77.9	80.2

解:(1)一次接触法

由 δ 的定义知,$\delta = m/V\rho_s$,ρ_s 为糖液中固形物量,代入式(6-164),得:

$$\left(\frac{\rho_1}{\rho_0}\right)^{1/n} \frac{\rho_0^{1-1/n}}{E\rho_s} \cdot \frac{\rho_0 - \rho_1}{\delta \rho_0} = k'\left(\frac{1}{\delta} - \frac{\rho_1}{\delta \rho_0}\right)$$

式中 k' 为常数。显然 $(\rho_1/\rho_0) \sim [1/\delta - \rho_1/(\delta \rho_0)]$ 有函数关系,用题中给的数据作双对数坐标图,得 $1/n = 1.3$,计算过程见下表(见附图):

δ	0.003	0.004	0.005	0.006	0.007
$\eta = 1 - \rho_1/\rho_0$	66.9	72.9	75.4	77.9	80.2
ρ_1/ρ_0	0.331	0.271	0.246	0.221	0.198
$1/\delta - \rho_1/(\delta \rho_0)$	223	182	151	130	114

当一次吸附时,$\rho_1/\rho_0 = 0.22/4.42 = 0.05$,由附图查得 $\rho_0 \rho_1/(\delta \rho_0) = 19.5$,从而:

$$\delta = (1 - \rho_1/\rho_0)/19.5 = 0.95/19.5 = 0.49 \text{kg/kg}$$

(2)两级错流接触,由式(6-170):

$$\left(\frac{\rho_1 \rho_0}{\rho_0 \rho_2}\right)^{1/n} - \frac{1}{n}\frac{\rho_0}{\rho_1} = 1 - \frac{1}{n}$$

用试差法解得 $m_1/m_0 = 0.202$

又因 $\rho_2/\rho_0 = 0.05$,故得 $\rho_2/\rho_1 = 0.248$

查附图,第一级 $\rho_1/\rho_0 = 0.202$,$(\rho_0 - \rho_1)/(\rho_0 \delta_1) = 114$,$\delta_1 = 0.007 \text{kg/kg}$

第二级 $\rho_2/\rho_1 = 0.248$,$(\rho_1 - \rho_2)/(\rho_1 \delta_2) = 151$,$\delta_2 = 0.00498 \text{kg/kg}$

∴ $\delta_1 + \delta_2 = 0.012 \text{kg/kg}$

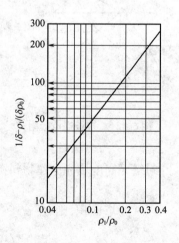

例6-8 附图

四、吸附设备

(一)吸附的操作方式

吸附分离过程一般包括三个步骤:

①使溶液与吸附剂接触,完成吸附过程;

②将吸附后的溶液与吸附剂分开;

③进行吸附剂的再生或更换吸附剂。

吸附剂的再生实际上是解吸过程,其原理和计算方法与吸附类似。

液体吸附的方法有两种,第一种即上文讨论的分级接触法,又称接触过滤法。在搅拌容器内使吸附剂和溶液均匀混合,促使吸附的进行。然后用过滤方法使吸附后的溶液与吸附剂分离。第二种即上文讨论的微分接触法,又称渗滤法。溶液在重力或加压作用下流过吸附剂床层。生产中选用何法取决于温度、固液比及操作是否方便。

吸附剂的选择首先根据溶液而定。吸附剂因具特制的表面,或适用于水溶液,或适用于有机溶液。在选择吸附剂时,除考虑吸附能力外,对吸附剂使用后的持液量,用接触过滤法时的过滤速率,用渗滤法时的操作压降等均应加以考虑。根据经济价值,吸附剂使用后有的直接废弃,有的则经洗涤后用热处理活化再生,循环使用。不过通常吸附剂不宜多次再生。

(二)接触过滤吸附设备

整套设备包括混合桶、料泵、压滤机和贮桶,如图 6 - 27 所示。

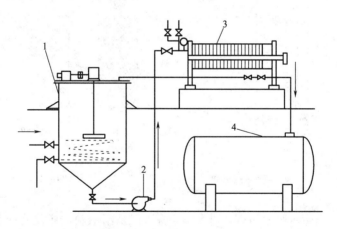

图 6 - 27　接触过滤吸附设备

1—混合桶　2—料泵　3—压滤机　4—贮桶

在混合桶中要求吸附剂颗粒悬浮,与液体充分接触。为减少内扩散阻力,增大固液接触表面,一般使用细颗粒的吸附剂,要求通过 200 目或更细的筛,并在桶内维持良好的搅拌。物料在桶中的停留时间取决于物系达到平衡的快慢。

操作温度愈高,液体黏度愈低,扩散速度愈快,对增加吸附速率是有利的。另一方面,温度高时对吸附平衡不利。但吸附速率的增加通常可抵消对平衡的不良影响。

这种设备常用于液体吸附,如油脂的脱色。吸附后的吸附剂一般不再回收,因为一方面吸附质为大分子物质,脱吸比较困难;另一方面吸附剂价廉易得,不必要回收。

(三)固定床吸附设备

逆流微分式接触从理论上说是最经济的选择,但在具体实现方面有相当的困难,工业上应用较多的是固定床吸附设备。如图 6 - 28,吸附柱柱身为圆筒形,吸附剂从上端孔口装入,下方用上覆金属筛网或滤布的栅条支撑。待吸附的溶液从上方加入,吸附后的溶液从下方排出,进入过滤器,滤去吸附剂细粒。当吸附剂被饱和后,从下方的卸出口将其排出,再重新装填,开始下一个循环。

在这种设备中,实际上吸附为不稳定过程,吸附只在床层的一部分区域内进行。其余部分,或者已达到平衡,或者尚未开始吸附。这一吸附正在进行的区域称为吸附区(或吸附带)。它在床层内是逐渐移动的,在其前端吸附刚刚开始,在其后端吸附已达饱和。而在吸附区内,吸附剂的吸附量以及溶液的浓度随位置而变化,如图 6 - 29 所示。随着吸附区逐渐向出口端移动,吸附区内吸附量分布曲线和浓度分布曲线一般作平行移动。当吸附区前端到达床层出口端时,流出的溶液中出现未被吸附的吸附质,此时称为转效点,或透过点。

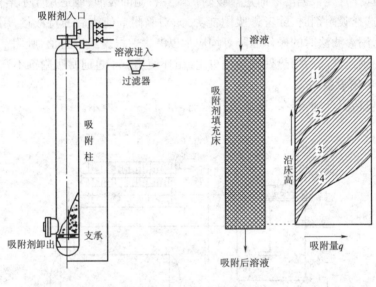

图 6 - 28　固定床吸附设备　　　　　图 6 - 29　吸附透过曲线

尽管严格而言固定床吸附过程属非稳定过程,但从溶液流动角度看仍具有稳定操作的一些特点,故有半连续操作之称。在计算上仍可采用传质单元法。

饱和的吸附剂需要再生(脱吸)。为使吸附操作连续进行,可以用两个吸附器轮换操作。如果体系吸附速率较慢,溶液达到透过点时,很大一部分吸附剂未达饱和,利用率很低,可以将两个或两个以上吸附器串联使用,构成串联流程。如果要求处理的流体量很大时,也可以采用并联流程。

(四)移动床吸附设备

从理论上看,使吸附剂与溶液成逆向流动的移动床有显著的优点,但实际上要使固体颗粒均匀移动、连续进出和循环输送,技术上有不少困难。

1.流化床吸附

解决固体颗粒输送困难的办法之一是采用流态化技术。如果是气 - 固吸附,则可以利用被吸附的气体将吸附剂颗粒流态化,图 6 – 30 即为流化床 – 移动床组合吸附装置。装置的吸附段相当于一段多层筛板塔,气体通过筛孔向上流动,在吸附的同时将吸附剂颗粒流态化。流化的粒子通过板上的降液管向下流,在装置的下段于自下而上流动的蒸汽逆流接触,进行解吸。解吸后的颗粒用携带气体提升到装置顶部,重新开始吸附操作。

已有将此技术成功地用于生产的实例。然而在实践中发现吸附剂粒子在流动过程中易磨损和破碎,造成损失。此外,液 – 固流态化的成本相对高一些。所以,这一技术未被广泛采用。

2. 模拟移动床吸附

近年来有一些公司如美国的 UOP 公司和 AST 公司等开发了一种模拟流动床装置,如图 6 – 31 所示。将吸附剂仍做成垂直的固定床,分成若干小段,均匀分布于一圆周上。每段的上下端设接口,接口与一分配头相连,类似于转筒式连续过滤机的分配头。当接口与料液管、产品管分别联接时,即为吸附过程;当接口与再生剂联接时,即为再生过程。由旋转阀或分配头控制接口位置的移动。这样就把许多个固定床模拟成移动床,实现了连续操作。

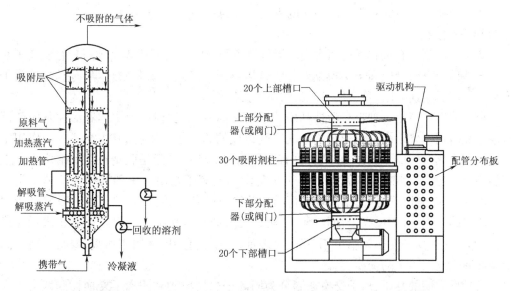

图6 – 30　流化床 – 移动床组合吸附装置　　　图 6 – 31　模拟移动床吸附装置

第五节　离子交换

在溶液中进行吸附时,不仅可以吸附中性分子,还可以吸附离子,被吸附的离子如果与吸附剂中的可交换离子进行交换,发生离子间的交换反应,则称为离子交换过程。离子交换过程在许多方面与吸附过程相似,可看作是一种特殊的吸附过程。

自从 20 世纪 30 年代人们合成了离子交换树脂以来,离子交换的应用发展很快。目前在食品工业中有以下几方面的应用:

(1)工艺用水(如果汁、啤酒等工业)的制备、锅炉给水的软化、纯水的制备,统称为水处理;

（2）制品的提纯精制，如蔗糖、葡萄糖、甜菊糖苷以及甘油、柠檬酸的精制等；

（3）制品的分离，主要用于蛋白质、氨基酸、核酸、维生素等的分离。

一、离子交换的基本概念

（一）离子交换反应

离子交换是利用离子交换剂进行分离的过程。离子交换剂是一种带有可交换离子的不溶性固体。带有可交换的阳离子的交换剂称为阳离子交换剂，带有可交换的阴离子的交换剂称为阴离子交换剂。从结构上看，离子交换剂由一个固定的极大的带电基团和另一个可置换的离子组成，习惯上用 R 表示极大的基团或骨架。典型的阳离子交换反应为：

$$Ca^{2+} + Na_2R \Longleftrightarrow CaR + 2Na^+$$

典型的阴离子交换反应为：

$$SO_4^{2-} + RCl_2 \Longleftrightarrow RSO_4 + 2Cl^-$$

离子交换是可逆过程。离子交换的逆反应称为再生，实际上再生也是离子交换反应。利用这一特性，离子交换剂可重复多次使用。

离子交换与一般的吸附过程最大的不同之处为：它是一个化学计量过程。

（二）离子交换树脂

离子交换剂分有机和无机两大类。无机离子交换剂的典型代表是沸石。有机离子交换剂又分碳质和有机合成离子交换剂两种。碳质离子交换剂主要是磺化煤，有机合成离子交换剂又称离子交换树脂，是应用最广泛的离子交换剂。

离子交换树脂是一种带有活性基团的不溶性高分子化合物，由本体和活性基团两部分组成。交换剂本体是高分子化合物和交联剂组成的高分子共聚物，其中交联剂的作用主要是使高分子化合物成为固体，并使其具有网状结构。活性基团是联结在网状结构骨架上的官能团，活性基团上带有可游离的离子，正是游离的离子与溶液中的同种电荷离子发生交换。习惯上将与被交换的离子同种电荷的离子称为反离子，例如活性基团—SO_3H，其中 H^+ 是可游离的阳离子，即反离子，而—SO_3—则和交换剂本体联结在一起。若用 R 表示交换剂本体，那么这种离子交换树脂可用 RSO_3H 表示，其中只有 H^+ 才可以游离，参与交换。离子交换实际上是反离子的交换。

按活性基团的性质，离子交换树脂分为阳离子交换树脂和阴离子交换树脂两大类。每一类中又分为强型和弱型两种。

1. 阳离子交换树脂

这一类树脂的活性基团是酸性基团，反离子为阳离子，故可以与溶液中的阳离子发生交换。按活性基团酸性的强弱分强酸性和弱酸性阳离子交换树脂两种。

带有磺酸基活性基团的交换树脂是强酸性阳离子交换树脂。交换剂本体最常见者为苯乙烯－二乙烯苯的共聚体。磺酸基的酸性相当于硫酸、盐酸等无机酸。这种树脂对酸、碱及各种溶剂都较稳定，可以在 $pH = 12$ 的强碱溶液中工作。

带有羧酸基、酚基活性基团的交换树脂是弱酸性阳离子交换树脂，其中用得较多的是含羧酸基的树脂。这种树脂在水中的解离能力较低，因而交换速度慢，交换能力弱，只能用于中性和碱性介质中。这样，这种树脂不能将中性盐分开，与 Cl^-、SO_4^{2-} 等离子不起反应，而仅与 HCO_3^- 等盐类反应。它的优点是本体能结合较多的羧酸基，故交换容量大，而且容易再生,再生效率高,再生剂耗量少,较为经济。

2. 阴离子交换树脂

这类树脂的活性基团为碱性基团,反离子为阴离子,也有强碱性和弱碱性阴离子交换树脂两种。

带季胺基的交换树脂为强碱性阴离子交换树脂。其碱性相当于一般的季胺碱。在酸性、中性、碱性介质中都可应用。

带伯胺仲胺等活性基团的交换树脂属弱碱性阴离子交换树脂。它们只能与强酸离子如 SO_4^{2-}、Cl^- 等交换。对水溶液的 pH 也有严格的要求,只能用于中性和酸性介质中。它们与弱酸性阳离子交换树脂一样具有交换容量大、再生容易的优点。

根据树脂的物理结构,离子交换树脂又分为凝胶型和大孔型两类。凝胶型树脂为外观透明的均相高分子凝胶结构,没有毛细孔,通道是分子链间的间隙,称为凝胶孔,孔径在 3nm以下。大孔型树脂具有与一般吸附剂一样的毛细孔,孔径从几微米到几千微米,这类树脂的孔隙结构较稳定。

3. 离子交换树脂的性能

从外观看,离子交换树脂是透明的物质,其颜色有白、黑、黄等数种。一般而言,颜色对性能的关系不大。树脂一般为球形。球状树脂的比表面积大,利于交换,形成的床层填充状况好,流量均匀,液体通过树脂床的压降也小。

离子交换树脂可看成是具有不溶性基团的多价酸或碱,它具有一般酸、碱反应的性质,有进行离子交换、催化和形成络盐的作用。阳离子交换树脂带的活性基团是酸性的,故树脂有酸的性质。各种活性基团的酸性强弱次序如下:

$$—SO_3H \quad > \quad —PO_3H_2 \approx —PO_2H_2 \quad > —COOH > —OH > \;\; \langle\!\!\bigcirc\!\!\rangle\!\!—OH$$

类似地,阴离子交换树脂的碱性强弱次序为:

$$\equiv NOH \quad > \left\{ \begin{array}{l} —NH_2 \\ =NH \\ \equiv N \end{array} \right.$$

根据离子交换反应,溶液中反离子浓度的增加会影响交换反应的平衡。换言之,降低溶液的 pH 会抑制阳离子交换树脂活性基团的解离;提高 pH 会抑制阴离子交换树脂活性基团的解离。这种抑制作用对酸(碱)性强的树脂影响较小,对酸(碱)性弱的树脂影响较大。

离子交换树脂的物理化学性质中较重要的有以下一些性质:

(1)交联度　树脂的骨架用交联剂联成一个巨大且可以与热固性塑料相比拟的分子网,这种交联的程度称交联度。交联度用合成时所用单体中交联剂的质量分数来表示,是树脂的商品规格之一。

交联度与许多物理化学性质有关。一般交联度大的树脂空隙率小,含水率高,密度大,选择性好,机械强度高,稳定性好,但交换速度慢,交换容量小。

(2)粒度　树脂粒度一般为 16 ~ 50 目,即直径 0.3 ~ 1.2mm。粒度与离子交换速度、树脂床中流速分布的均匀性、液体流动时的压降及反洗时树脂的流失等均有关。

(3)含水率　树脂的含水率可以间接地反映交联度的大小。树脂含水率是在树脂充分膨胀情况下测定的,一般为 50% 左右。

（4）密度 树脂在水中充分膨胀以后树脂本身的密度称为湿真密度,它对交换反洗强度的大小和混合床再生前分层的好坏影响很大。一般阳离子交换树脂的湿真密度为 $1300kg/m^3$ 左右,阴离子交换树脂的湿真密度为 $1100kg/m^3$ 左右。

湿树脂的质量与床层体积之比称为树脂的视密度或松密度,它也就是树脂的装载密度,可用以计算装填交换柱所需树脂的量。阳离子交换树脂的视密度为 $700\sim850kg/m^3$,阴离子交换树脂的视密度为 $600\sim750kg/m^3$。

（5）溶胀性 离子交换树脂在水中由于溶剂化作用而体积增大,称为溶胀。溶胀率通常按干树脂所吸取的水的百分率表示,它与含水率有一定的关联。

（6）交换选择性 同一种树脂对溶液中各种不同离子的交换优先次序不同,这就是树脂的交换选择性。交换选择性与溶液的温度、离子浓度密切相关。在常温、低浓度下,阳离子交换树脂对金属离子的选择性规律是:离子价越高,被交换的能力越强;碱金属和碱土金属的原子序数越大,被交换的能力越强。上述规律可以写成:

$$Fe^{3+} > Al^{3+} > Ca^{2+} > Mg^{2+} > K^+ > Na^+ > Li^+$$

这一规律对 H^+ 有特殊性,它被交换的性质与活性基团酸性的强弱有关。

阴离子交换树脂的选择性规律是:

$$PO_4^{3-} > SO_4^{2-} > NO_3^- > Cl^- > HCO_3^- > HSiO_3^-$$

同样,OH^- 也有特殊性。

（7）交换容量 离子交换树脂的交换容量指其交换能力的大小,用单位质量干树脂或单位体积湿树脂所能交换的一价离子的量表示,有 3 种定义:

①理论交换容量:指树脂活性基团中所有可交换离子全部被交换时的交换容量,也就是交换基团的总量,可以用滴定法测定。例如,以苯乙烯 – 二乙烯苯聚合物为骨架的树脂,当所有的苯基上均连接磺酸基时,理论交换容量为 $5.4mmol/gH^+$。

②工作交换容量:指实际工作时的交换容量,它与交换条件有关,但总小于理论交换容量。离子浓度、交换速度、树脂层的高度、树脂粒度、活性基团形式等均影响工作交换容量。

③有效交换容量或再生交换容量:指再生后树脂的交换容量,它也小于理论交换容量。

二、离子交换理论

（一）离子交换平衡

离子交换过程是树脂上可交换离子与溶液中同性电荷离子起置换反应的过程。这是一个可逆过程,当达到平衡时,各离子浓度在树脂相和溶液相中存在一分配。这一分配由树脂对各种离子亲和力的大小以及其他许多因素决定,一般而言与下列因素有关:

1. 交换离子的性质

在稀溶液中,离子电荷愈大,树脂吸附该离子的能力就愈强。例如,二价离子比一价离子更易被吸附。大离子被吸附的能力较强,但交换容量低。蛋白质则不能通过树脂结构,仅被吸附在树脂表面。水合能力大的离子,其吸附能力也强。

2. 树脂的性质

即树脂的交换选择性,树脂的交联度对选择性也有显著影响。

3. 溶液的性质

主要是溶液中交换离子总浓度和非交换离子或溶质的性质等。

离子交换达到平衡后,溶液中离子浓度和树脂中离子浓度均不再变化。若以 c' 表示液相中离子浓度(mol/m^3),q' 表示树脂中离子浓度(mol/kg);则 c' 和 q' 之间存在一定关系。由于液相中总的离子浓度 c'_0 和离子交换树脂的交换容量 q'_0 均为一常数,因此习惯上以无量纲浓度表示两相中的浓度:

$$x = c'/c'_0 \tag{6-177}$$

$$y = q'/q'_0 \tag{6-178}$$

在一定实验条件下测定数据,以 y 对 x 作图,得到的曲线称为离子交换等温线,其意义与吸附等温线相似。

若 A、B 两种离子在液相中的浓度分别为 x_A 和 x_B,在树脂相中浓度分别为 y_A 和 y_B,则定义:

$$K_{AB} = \frac{y_A}{y_B} \frac{x_B}{x_A} \tag{6-179}$$

为选择性系数,它表示了树脂对两种离子的相对亲和力,并决定了分离的难易程度。

当溶液中存在多种离子时,为比较各离子间的相对选择性,就要用一种特定的离子作为比较基准。例如,酚醛树脂以铵离子为基准对一系列阳离子的选择性大小次序和苯乙烯磺酸型树脂以 H^+ 离子为基准对阳离子的选择性大小次序见表6-8。

表6-8　　　　　　　　　　　　　　　树脂对阳离子的选择性系数

酚醛树脂	选择性系数	苯乙烯磺化树脂	选择性系数
Li^+—NH_4^+	0.40	Na^+ – H^+	1.33
H^+—NH_4^+	0.47	NH_4^+—H^+	1.56
Na^+—NH_4^+	0.67	Ag^+—H^+	5.4
K^+—NH_4^+	1.0	Ti^+—H^+	5.3
Rb^+—NH_4^+	1.7		
Cs^+—NH_4^+	2.4		
Ag^+—NH_4^+	3.2		
Ti^+—NH_4^+	10		

有许多理论可借以推断离子交换平衡。例如吸附平衡理论、顿南(Donnan)膜理论和质量作用定律等。下面介绍以顿南膜理论推断的离子交换平衡。

假设有一强酸树脂浸没在 NaCl 溶液中,树脂活性基团上的 H^+ 将解离,水分将扩散进入树脂中,Na^+ 和 Cl^- 也将扩散进入树脂。当达到平衡时,Na^+ 和 H^+ 在两相间存在一定的分配关系。顿南理论认为,平衡的条件是任一离子在两相中的化学势相等,这一平衡即被称为顿南膜平衡。某离子 i 的化学势可写成:

$$\mu_1 = \mu_i^0 + RT\ln a_i \tag{6-180}$$

式中　μ_i^0——参考态的化学势;

　　　R——通用气体常数;

　　　T——热力学温度;

　　　a_i——活度。

由于树脂和溶液均应保持电中性,由上式可得:

$$(a_{Na^+})_R (a_{Cl^-})_R = (a_{Na^+})_L (a_{Cl^-})_L \tag{6-181}$$

$$(a_{H^+})_R (a_{Cl^-})_R = (a_{H^+})_L (a_{Cl^-})_L \tag{6-182}$$

故有:

$$\frac{(a_{Na^+})_R (a_{H^+})_L}{(a_{H^+})_R (a_{Na^+})_L} = 1 \tag{6-183}$$

下标 R 表示树脂,L 表示溶液。

上式表示,在平衡状态下,两相中两种阳离子的活度比相等,这一关系仅适用于树脂交联度不高而溶液浓度较低的情形。

活度与浓度间关系为:

$$a_i = \gamma_i c'_i \tag{6-184}$$

式中 γ_i——活度因子(又称活度系数)。

将此关系代入式(6-183)中,并令:

$$\frac{\gamma_{(H^+)_R} \gamma_{(Na^+)_L}}{\gamma_{(Na^+)_R} \gamma_{(H^+)_L}} = K_{AB} \tag{6-185}$$

即得到:

$$\frac{(c'_{Na^+})_R (c'_{H^+})_L}{(c'_{H^+})_R (c'_{Na^+})_L} = K_{AB} \tag{6-186}$$

而树脂相中浓度可用 q' 表示,再将上式左边的分子、分母同时除以 q'_0、c'_0,就得到:

$$K_{AB} = \frac{y_{Na^+}}{y_{H^+}} \frac{x_{H^+}}{x_{Na^+}} \tag{6-187}$$

与式(6-183)完全相同。在只有两种反离子的情形,因:

$$y_{Na^+} + y_{H^+} = 1 \tag{6-188}$$

$$x_{Na^+} + x_{H^+} = 1 \tag{6-189}$$

故有:

$$\frac{y}{1-y} = K_{AB} \frac{x}{1-x} \tag{6-190}$$

这就是离子交换等温线方程,注意此式仅适用于等价离子交换。对于不等价离子交换,例如二价离子和一价离子的交换,据同样原理得:

$$\frac{y}{(1-y)^2} = \frac{K_{AB} q'_0 \rho_a}{c'_0} \frac{x}{(1-x)^2} \tag{6-191}$$

此时选择性还与 q'_0、c'_0 有关。

(二)离子交换过程机理

离子交换过程的机理与吸附过程的机理有相似之处,也有其本身的特点。吸附过程包含三步,而离子交换过程则包含五步。它们依次为:

(1)交换离子 A 从溶液主体中扩散到树脂表面;

(2)交换离子 A 从外表面经颗粒中的微孔扩散到活性基团上;

(3)交换离子 A 在活性基团上发生交换反应、置换 B(反离子);

(4)被交换下来的反离子 B 从树脂内经微孔扩散到外表面;

(5)反离子 B 从外表面扩散到溶液主体。

上述各步骤均会影响离子交换的速率,但实际上只有最慢的一步或几步才是控制总速率的因素。一般而言,交换反应是很快的,所以整个交换过程的快慢取决于其余四步。

　　离子交换动力学问题之一在于找出在什么条件下是内扩散控制,什么条件下是外扩散控制。实验结果表明,一般情况下稀溶液中交换为外部扩散控制,浓溶液中交换为内部扩散控制,理由是外部扩散速率与反离子浓度有关。溶液中反离子浓度越高,外扩散速率就越高。但内部扩散速率则几乎不受反离子浓度影响。因此,在浓溶液中易发生内部扩散控制。离子交换动力学的主要特征之一,就是在低浓度范围内,增加浓度可以提高交换速率,直至达到某一极限浓度,此后再提高浓度也不再对交换速率产生影响。

　　流体力学条件对离子交换速率的影响与此类似。增强树脂和液体间的相对运动,可提高外扩散速率,但内扩散速率则不受影响。因此,任何离子交换系统,如果不在内部扩散控制范围内,则增加两相相对运动可以强化交换速率。但这种强化达到一定限度后过程就可能转为内部扩散控制。此时若继续增加相对运动,就无助于交换速率的提高。

　　树脂直径也影响交换速率。直径增大时,内、外扩散速率都将下降,但外扩散速率与树脂直径的一次方成反比,而内扩散速率则与树脂直径的平方成反比。所以,大颗粒树脂利于内部扩散控制,小颗粒树脂利于外部扩散控制。

　　可以用 Helfferich 准则判别控制步骤:

　　内扩散控制:

$$\frac{c'_R \overline{D} \delta_L}{c' D r_0}\left(5 + \frac{2}{K_{AB}}\right) \ll 1 \tag{6-192}$$

　　外扩散控制:

$$\frac{c'_R \overline{D} \delta_L}{c' D r_0}\left(5 + \frac{2}{K_{AB}}\right) \gg 1 \tag{6-193}$$

式中　c'_R——活性基团在离子交换树脂中的浓度,它等于其物质的量浓度(mol/m^3)乘以离子价数;

　　　δ_L——液膜厚度,一般为 $10^{-5} \sim 10^{-4}$ m;

　　　$\overline{D}$——颗粒内离子的有效相互扩散系数;

　　　D——溶液中离子的相互扩散系数;

　　　r_0——颗粒半径。

　　在上面的准则中 $\overline{D}$ 和 D 可由 A、B 离子的自扩散系数求其调和平均值,如:

$$\overline{D} = \frac{\overline{D}_A - \overline{D}_B(z_A + z_B)}{z_A \overline{D}_A + z_B \overline{D}_B} \tag{6-194}$$

式中　z_A、z_B——两种离子的价数。

　　δ_L 可用下列经验式估算:

$$\delta_L = 0.2 r_0 / (1 + 70 u r_0) \tag{6-195}$$

式中　u——流体的空床速度。

(三)离子交换速率

　　1.外扩散速率

　　离子交换外扩散速率式与吸附的外扩散速率式相似。所不同的是,吸附属吸附质的单向扩散,离子交换如为等价交换,则为两离子的等离子逆向扩散。对离子 A,可沿用吸附中相应的速率式:

$$\rho_a \frac{\mathrm{d}q'}{\mathrm{d}\tau} = k_L a(c' - c_i') \qquad (6-196)$$

或

$$\frac{\mathrm{d}q'}{\mathrm{d}\tau} = k_L S(c' - c_i') \qquad (6-197)$$

式中　S——单位质量树脂的表面积。

固定床离子交换的 $k_L a$ 值可用下式计算：

$$Sh = 1.17 Re^{0.585} Sc^{1/3} \qquad (6-198)$$

式中　$Sh = k_L a d_p / \mu$——溶液在交换柱中传质的 Sh 数；

$Re = d_p u \rho / \mu$——溶液在交换柱中流动的 Re 数；

$Sc = \mu / \rho D$——溶液的 Sc 数，表示物性对传质的影响。

对低浓度水溶液中的离子交换，Sc、ρ、μ 大体为常数，故有：

$$k_L \propto u^{1-0.415} \qquad (6-199)$$

2. 内扩散速率

在多孔性颗粒内，具有大量毛细孔，孔内充满液体，离子在孔内扩散，决定扩散速率的是毛细孔内扩散系数 $\overline{D}$，一般 $\overline{D}$ 比液体中扩散系数 D 小得多，$\overline{D}/D$ 在 $0.1 \sim 0.2$ 范围内。$\overline{D}$ 依树脂种类和交联度而异，随离子水化半径的增大而减小，又随离子电荷的增加而下降。

参照吸附的相应公式，内扩散速率为：

$$\rho_a \frac{\mathrm{d}q}{\mathrm{d}\tau} = k_S a(q_i' - q_i) \qquad (6-200)$$

或

$$\frac{\mathrm{d}q}{\mathrm{d}\tau} = k_S S(q_i' - q_i) \qquad (6-201)$$

若颗粒为直径 d_p 的圆球，树脂相内浓度分布为线性，$q' - c'$ 平衡线的斜率为 E_m，则由几何关系得：

$$S = 6/(d_p \rho_a) \qquad (6-202)$$

且有：

$$k_S = \frac{2\pi^2 \overline{D}}{3 E_m d_p} \qquad (6-203)$$

可见 $k_S S$ 与 d_p^2 成反比。为减小内扩散阻力，减小颗粒直径是有效的方法。

式（6-155）也可以用来计算 k_S：

$$k_S \approx \frac{10 \overline{D}}{E_m d_p} \qquad (6-155)$$

3. 总传质速率和总传质系数

以 y、x 代替 q'、c' 表示浓度，式（6-197）和式（6-201）分别变为：

$$\frac{\mathrm{d}y}{\mathrm{d}\tau} = \frac{c_0'}{q_0'} k_L S(x - x_i) \qquad (6-204)$$

$$\frac{\mathrm{d}y}{\mathrm{d}\tau} = k_S S(y_i - y) \qquad (6-205)$$

设：①等单价交换；②两相浓度分布为直线；③界面上为平衡，则得：

$$\frac{\mathrm{d}y}{\mathrm{d}\tau} = \frac{x - x_e}{\dfrac{q'_0}{c'_0}\dfrac{1}{k_L S} + \dfrac{1}{E_m}\dfrac{1}{k_S S}} = \frac{x - x_e}{\dfrac{q'_0}{c'_0}\dfrac{1}{K_L S}} \tag{6-206}$$

而：

$$\frac{1}{K_L S} = \frac{1}{k_L S} + \frac{c'_0}{q'_0}\frac{1}{E_m k_S S} \tag{6-207}$$

式中　E_m——$y-x$ 平衡线的斜率；

K_L——液相总传质系数。

当溶液总浓度 c'_0 趋于 0 时，$K_L S$ 趋于 $k_L S$，即稀溶液离子交换为外部扩散控制。

三、离子交换操作与设备

(一)交换柱内的操作循环

离子交换操作通常在交换柱内进行。目前用得最多的是固定床操作。溶液由上而下通过树脂床，进床溶液称流入液，出床的溶液称流出液。离子交换循环主要包括两个步骤，第一步为交换阶段或"吸附"阶段，第二步为再生或淋洗阶段。再生是将交换柱恢复到交换前的状态，即除去所吸附的离子。

1. 交换阶段

以离子交换制取纯水为例。当水中只含一种盐类(如 $CaCl_2$)时，水中钙离子先和上层树脂层进行交换。此时交换柱内只有一定厚度的树脂层在进行交换，情况与吸附相似，此层称为交换区。交换区的高度取决于原水的含盐量和水通过树脂层的流速，一般为 100～150mm。随着过程的继续进行，交换区逐渐向下推移。一般而言，交换区是较窄的，交换区的浓度变化是很快的，交换区向下移动的速度则比液体流速小得多。当交换区的下缘抵达树脂层底部时，从底部出来的流出液中就含有未交换的钙离子，此时称系统到达漏点。为了保证流出液的质量，一般不等出现漏点即停止工作，而在下部留有一定厚度的保护层。当交换区移动进入保护层时，交换柱就停止工作而进行再生。

固定床高度 Z 和离子交换区移动速度 u_G 的计算与吸附类似，即：

$$Z = \frac{q_V}{K_L a \Omega \left(1 + \dfrac{\varepsilon}{\rho_a E_m}\right)} \int_{c'_1}^{c'_2} \frac{\mathrm{d}c'}{c' - c'_e} = H_{OL} N_{OL} \tag{6-208}$$

$$u_G = \frac{u_L c'_2}{\rho_a q'_2 + \varepsilon c'_2} = \frac{u_L}{\rho_a E_m + \varepsilon} \tag{6-209}$$

移动床也有类似的公式。

通常在实用上交换区高度的定义是：在此区域内溶液浓度从 95% c'_2 降至 5% c'_2。

根据上述原理，离子交换有两种不同类型的操作：一是提纯，它包括一种或一种以上溶质与溶剂的分离；二是色层分离，它包括两种以上溶质的相互分离。

2. 再生阶段

交换柱内树脂失效后，在再生之前必须进行短时间的强烈反洗。反洗的主要目的是：①松动压紧的树脂层，使床层膨胀，利于下一步树脂的再生；②清除截留在树脂层内的悬浮物和有机杂质以提高流速，降低压损，充分发挥树脂的交换容量；③如果是混合床，反洗兼有使阴、阳交换树脂分层的作用；④冲走细小的树脂细粉，以免影响水流畅通。

树脂床层经反洗后即可进行再生(或淋洗)。再生方法主要有酸碱再生法及电解再生法两种。酸碱再生法的原理是将一定浓度的酸、碱溶液加入失效的树脂,利用酸、碱中的 H^+ 或 OH^- 离子,将饱和树脂中所吸附的阳离子或阴离子置换下来。这种酸、碱溶液通常称为再生剂。酸碱再生法是目前应用最广泛的一种方法。电解再生法的原理与上法基本相同,不同的是利用电场作用将水解离为 H^+ 和 OH^- 以代替酸、碱的 H^+ 和 OH^-。

再生过程实质上是交换过程的逆过程。由于过程中各种因素的影响,完全恢复树脂的交换容量是不可能的。因此,树脂再生后,交换容量都会降低。影响树脂再生程度的因素很多,例如树脂的种类、再生剂的种类、浓度、耗量、流速、温度等。其中以再生剂耗量的影响最为重要。再生剂的耗量是指一定体积(或质量)失效树脂的交换容量恢复到一定程度时所消耗的再生剂的总量,通常用 kmol/L 或 kmol/kg 为单位来表示。由于离子反应具有可逆性,从理论上说,所消耗的再生剂量(mol)只要与吸附离子量(mol)相等,树脂便可完全再生。这个耗量称为理论消耗量。但实际上,由于许多原因,再生剂消耗量要比理论耗量大好几倍。主要原因是:①交换离子和被交换离子活性上的差异;②交换反应的可逆性;③再生剂在溶液中不能全部解离;④再生方法不当。

经再生后的树脂层,以洗涤水进行正洗,排出树脂层中残留的再生剂后,交换操作循环即行结束,树脂就可供下一循环使用。

(二)固定床离子交换装置

工业上离子交换操作可分为固定床式、半连续移动床式和流动床式操作。

固定床离子交换柱内的树脂是处于静止状态,而被处理的溶液则在交换柱内不断流动。固定床离子交换方式由于设备简单,管理方便,仍是目前食品工业上占优势的离子交换法,广泛用于食品工业用水的处理、溶液的精制、溶液中有用成分的回收等。固定床法的缺点是:树脂交换容量利用率低,再生费用大。另外,流速提高时溶液流动损失增加很快,不利于提高流速和生产能力。

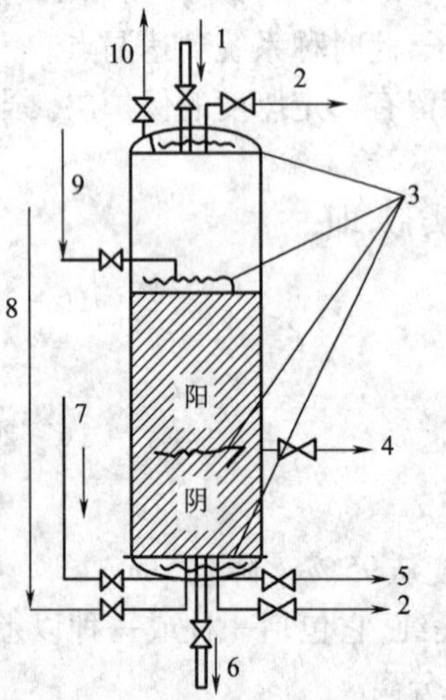

固定床交换柱可分阳离子交换柱、阴离子交换柱及混合离子交换柱。后者是将阳、阴两种离子交换树脂按一定比例混合后充填而成的交换柱,俗称混合床。

在食品工业中,混合床式离子交换装置有用于糖液的脱盐精制,除去其中含有的阳、阴离子等杂质,见图 6－32。混合床式装置具有设备少、装置集中、便于操作等优点。缺点是树脂交换容量利用率低,树脂磨损率大,在柱内分层再生时,操作要求较严密。

固定床系统除上述单床式外,尚有将阳、阴交换柱串联使用者,称为复床系统,或将复床和混合床串联使用者,称为复－混床系统。

(三)半连续移动床离子交换装置

图 6－33 所示为这种装置的一例,适用于水的软化。它的基本原理是:将树脂输送到不同的设备中分别完成交换、再生及清洗等过程,即交换、再生及清洗同时在不同设

图 6－32　混合床蔗糖脱盐系统
1—原液　2—废水　3—分配器
4—废液　5—水　6—精制液
7—压缩空气　8—HCl 再生剂
9—NaOH 再生剂　10—放空

备内进行。交换柱经过充分交换的一部分树脂层,在选定的交换周期里,从交换柱下部排出,移到再生柱进行再生,再生好的树脂借水压输送到清洗柱进行清洗,洗净后再返回交换柱上部,补充到交换柱内。

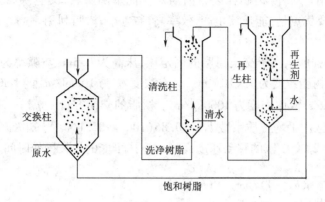

图 6-33 半连续移动床水处理装置

移动床用于水处理时的主要优点是生产相同水量所需树脂体积仅为固定床的1/2~2/3,从而节约了投资,再生剂利用率及树脂饱和程度高,因而再生剂用量少,处理水的纯度高,质量均匀。其缺点是设备数量较多,管理较为复杂。

(四)流动床离子交换装置

流动床离子交换装置是连续逆流式的交换装置。其特点是交换的进行是完全连续的。装置中的树脂和被处理的液体以及再生均完全处于流动的状态。

图 6-34 为一种用于水处理的压力式流动床离子交换装置。

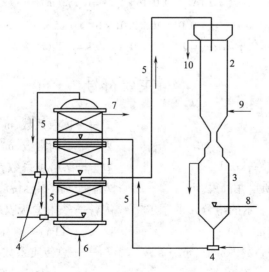

图 6-34 压力式流动床水处理装置

1—交换塔 2—再生塔 3—洗涤塔 4—喷射塔 5—树脂 6—进水 7—出水 8—洗涤水
9—再生液 10—再生废液

压力式流动床交换装置由交换柱和再生清洗柱组成。交换柱为三室式,每室树脂与水成顺流,而对整个交换柱来说则为逆流。再生和洗涤共用一柱。水、再生液与树脂均成逆流。从树脂层看,装置内的树脂在不断地运动,但它又在装置内形成稳定的交换层,具有固定床离子交换的作用。另外,树脂在装置内与水顺流呈沸腾状,又有沸腾式离子交换的作用。这种装置的主要优点是:能连续生产,效率高,装置小,树脂利用率高。缺点是树脂磨损较大。

[例6-9]有一强酸氢离子交换树脂的固定床,床高为0.5m,空隙率为0.35,床层截面积为$6.2 \times 10^{-4} m^2$,树脂粒度为7×10^{-4}m。今有浓度c_0'为$10mol/m^3$的NaCl溶液从床顶进入,流量为0.0062kg/s,液体密度为$1000kg/m^3$。树脂的交换容量$\rho_a q_0' = 2.01 \times 10^3 mol/m^3$,$Na^+ - H^+$系统交换区内平均传质系数$k_L a = 0.86(100u_L) 0.5 l/s$。已知$K_{AB} = 1.58$,试计算:(1)交换区的高度;(2)交换区的移动速度;(3)固定床可能的最长操作时间。

解:(1) $y = \dfrac{q'}{q_0'} = \dfrac{K_{AB}x}{1 + (K_{AB} - 1)x} = \dfrac{K_{AB}c'_e}{c'_{0e} + (K_{AB} - 1)c'_e}$

又操作线方程为: $q'/q_0' = c'/c_0'$

二式联立消去q'/q_0':

$$c'_e = \frac{c'_0 c'}{K_{AB}c'_0 - (K_{AB} - 1)c'} = \frac{10c'}{1.58 \times 10 - 0.58c'} = \frac{10c'}{15.8 - 0.58c'}$$

$$N_{OL} = \int_{0.5}^{9.5} \frac{dc'}{c' - c'_e} = \int_{0.5}^{9.5} \frac{15.8 - 0.58c'}{5.8c' - 0.58c'^2} dc' = \int_{0.5}^{9.5} \frac{2.72}{c'} dc' + \int_{0.5}^{9.5} \frac{1}{5.8 - 0.58c'} dc' = 13.1$$

体积流量: $\qquad q_v = q_m/\rho = 0.0062/1000 = 6.2 \times 10^{-6} (m^3/s)$

$$u_L = q_v/\Omega = 6.2 \times 10^{-6}/(6.2 \times 10^{-4}) = 0.01 (m/s)$$

$$K_L a = 0.86 \times (100u_L)^{0.5} = 0.86 \times 1^{0.5} = 0.86 (1/s)$$

$$H_{OL} = q_v/K_L a \Omega = u_L/K_L a = 0.01/0.86 = 0.0116 (m)$$

$$Z = H_{OL} N_{OL} = 0.0116 \times 13.1 = 0.152 (m)$$

(2) $\qquad u_G = u_L c'_0/(\rho_a q'0 + \varepsilon c'_0) = 0.01 \times 10/(2.01 \times 10^3 + 0.35 \times 10) = 5 \times 10^{-5} (m/s)$

(3) $\qquad \tau = H/u_G = 0.5/(5 \times 10^{-5}) = 10^4 s = 2.78 (h)$

本章主要符号

A——吸收因数

E——亨利系数,Pa

G_A——对流传质速率,kmol/s

H_{OG}——气相总传质单元高度,m

J_A——以扩散速度表示的组分A的摩尔通量,kmol/$(m^2 \cdot s)$

K_L——液相总吸收系数,kmol/$(m^2 \cdot s \cdot kmol/m^3)$或m/s

L——纯吸收剂的摩尔流量,kmol/s

M——摩尔质量,kg/kmol

N_{OG}——气相总传质单元数

D——扩散系数,m^2/s

E——平衡常数,m^3/kg

H——溶解度系数,kmol/$(m^3 \cdot Pa)$

H_{OL}——液相总传质单元高度,m

K_G——气相总吸收系数,kmol/$(m^2 \cdot s \cdot kPa)$

K_L——总传质系数,m/s

K_X, K_Y——总吸收系数,kmol/$(m^2 \cdot s)$

L——长度,m

N_A——吸收速率,kmol/$(m^2 \cdot s)$

N_{OL}——液相总传质单元数

S——解吸因数

S——传质面积,m^2

V——体积,m^3

W——组分的质量比

Y——气相中的摩尔比

a——单位体积填料的有效接触面积,m^2/m^3

c——物质的量浓度,$kmol/m^3$

k_G——气膜表面吸收系数,$kmol/(m^2 \cdot s \cdot kPa)$

k_L——外扩散传质系数,m/s

k_S——固体内扩散的传质系数,$kg/(m^2 \cdot s)$

j_H——传热 j 因子

k_L^0——液膜对流传质系数,m/s

m——质量,kg

q——吸附量,kg 吸附质/kg 吸附剂

q'_0——离子交换树脂的交换容量,mol/kg

q_m——质量流量,kg/s

u——速度,m/s

x——在液相中的摩尔分数

z——离子价数

ΔY_m——对数平均推动力

α——分离系数

ε——床层空隙率

μ——黏度,$Pa \cdot s$

v——运动黏度,m^2/s

τ——时间,s

Nu——努塞尔特数

Re——雷诺数

S——单位质量树脂的表面积,m^2/kg

T——热力学温度,K

V——惰性气体的摩尔流量,$kmol/s$

X——液相中的摩尔比

Z——床层高度,m

a——单位体积吸附剂的表面积,m^2/m^3

d——直径,m

k_L——液膜表面吸收系数,$kmol/(m^2 \cdot s \cdot kmol/m^3)$ 或 m/s

j_D——传质 j 因子

k_G^0——气膜对流传质系数,$mol/(m^2 \cdot s \cdot Pa)$

m——相平衡常数

p——压强,Pa

q'——树脂中离子浓度,mol/kg

q_V——体积流量,m^3/s

r——半径,m

w_A——质量分数

y——气相中的摩尔分数

z_G——气膜厚度,m

Ω——截面积,m^2

δ——单位固形物量的活性炭用量,kg 活性炭/kg 固形物

μ_i——离子 i 的化学势,J/mol

ρ——密度,kg/m^3

Kn——纽特逊数,$Kn = \lambda/d_p$

Pr——普兰德数

Sc——施密特数

本 章 习 题

习题 6-1　乙醇水溶液中含乙醇的质量分数为 30%,计算以摩尔分数表示的浓度。又空气中氮的体积分数为 79%,氧为 21%,计算以质量分数表示的氧气浓度以及空气的平均相对分子质量。

习题 6-2　一浅盘内有 4mm 厚的水,在 30℃气温下逐渐蒸发至大气中。设扩散通过一层厚 5mm 的静止空气膜层进行。在膜层外水蒸气的分压可视作零。扩散系数为 $2.73 \times 10^{-5} m^2/s$,大气压强为 101.3kPa,求蒸干水层所需时间。

习题 6-3　一盘内有 30℃的水,通过一层静止空气膜层逐渐蒸发至大气中。空气中的水蒸气分压为 30℃水的饱和蒸汽压的 60%,水蒸气在空气中的扩散系数为 $2.73 \times 10^{-5} m^2/s$,大气

压强为 100kPa。如果盘中的水每小时减少 1.4mm，求：(1) 气相传质系数 k_C (2) 气膜的有效厚度。

习题 6-4 应用几种类比式分别计算空气、水及油三种流体在光滑圆管内流动且 $Re = 10^5$ 时 Nu 的值，并与用常用关联式的计算结果比较。流体温度为 38℃，管壁温度为 66℃，常压，物性数据如下表，其中未指明温度者系在 38℃ 下的值。

流体	$\lambda/[W/(m \cdot K)]$	$c_p/[kJ/(kg \cdot K)]$	$\rho/(kg/m)$	$\mu_{38}/(mPa \cdot s)$	$\mu_{66}/(mPa \cdot s)$
空气	0.027	1.05	1.14	0.018	0.0195
水	0.63	4.19	993	0.681	0.429
油	0.13	1.95	900	2.5	1.65

习题 6-5 在 25℃ 下，CO_2 在水中吸收平衡的亨利系数为 1.6×10^3 atm，如果水面上 CO_2 的分压为 2atm，计算在这种状态下，CO_2 在水中的溶解度（质量分数）。

习题 6-6 含 NH_3 3%（体积分数）的混合气体，在填料中为水所吸收。试求氨溶液的最大浓度。塔内绝对压强为 2atm。在操作条件下，气液平衡关系为：$p_e = 2000x$

式中 p——气相中氨的分压，mmHg；

x——液相中氨的摩尔分数。

习题 6-7 测得当含氢 20%（体积分数）的气体混合物在 30℃ 和 10^5 Pa 下与水接触达平衡时每 100kg 水溶解 3×10^{-2} g 氢，求亨利系数 E、相平衡常数 m 和溶解度常数 H。

习题 6-8 已知气液两相主体浓度分别为 $y = 0.05, x = 0.002$。在温度为 20℃、压强为 100kPa 时的平衡关系为 $y_e = 20x$，求分别用气、液相摩尔分数表示的总传质推动力。若压强提高到 200kPa，温度不变，问总传质推动力有何变化？

习题 6-9 已知某吸收系统的气液平衡关系符合亨利定律 $Y_e = mX$，$k_Y = 1.39 \times 10^{-3}$ kmol/$(m^2 \cdot s)$，$k_X = 1.11 \times 10^{-2}$ kmol/$(m^2 \cdot s)$。当 $m = 1$ 与 $m = 1000$ 时，分别求气相传质阻力在总阻力中所占的比例。

习题 6-10 在吸收塔内用水吸收混于空气中的甲醇，操作温度为 27℃，压强 101.3kPa。稳定操作状况下塔内某截面上的气相甲醇分压为 5kPa，液相中甲醇浓度为 2.11kmol/m^3。试算出该截面上的吸收速率。已知溶解度系数 $H = 1.955$ kmol/$(m^3 \cdot kPa)$，总吸收系数 $K_G = 1.122 \times 10^{-5}$ kmol/$(m^2 \cdot s \cdot kPa)$。

习题 6-11 在某吸收塔中用清水处理含 SO_2 的混合气体。进塔气体中含 SO_2 18%（质量分数），其余为惰性气体。混合气的相对分子质量取为 28。吸收剂用量比最小用量大 65%，要求每小时从混合气中吸收 2000kg 的 SO_2。在操作条件下，气液平衡关系为 $Y_e = 26.7X$。试计算每小时吸收剂用量为多少。

习题 6-12 一逆流解吸塔的进塔液体流量为 100kmol/h，含溶质 5%（摩尔比，下同）。要求解吸后液体含溶质 0.1%，进塔气体中不含溶质，出塔气体含溶质 1%。求所需的气体量。

习题 6-13 试画出下列吸收流程的操作线。

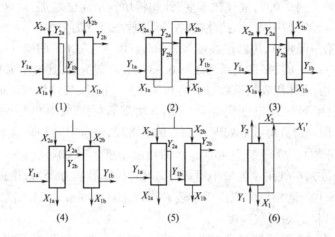

(1)　　　　　(2)　　　　　(3)

(4)　　　　　(5)　　　　　(6)

习题 6 – 14　用纯水除去气体混合物中有害物质。若进口气体含 6% 的有害物质,要求吸收率为 90%,惰性气体和纯吸收剂的流率分别为 32kmol/(m²·h) 和 24kmol/(m²·h),且液体流量是最小流量的 1.5 倍。如果该系统此时服从亨利定律并测得气相传质单元高度 $H_{OG} = 0.471m$。该塔在常压下操作。试求出塔的液相浓度和塔高。

习题 6 – 15　今有连续式逆流操作的填料吸收塔,用清水吸收原料气中的甲醇。已知处理气量为 1000m³/h,原料气中含甲醇 100g/m³,吸收后水中含甲醇量等于与进料气体相平衡时浓度的 67%。设在标准状况下操作,吸收的平衡式取为 $Y_e = 1.15X$,甲醇的回收率为 98%,$K_Y = 0.5kmol/(m²·h)$,塔内填料的有效表面积为 190m²/m³,塔内气体的空塔流速为 0.5m/s。试求:(1)水的用量;(2)塔径;(3)填料层高度。

习题 6 – 16　一逆流操作的吸收塔,填料层高度为 3m。操作压强为 101.3kPa,温度为 20℃,用清水吸收空气 – A 混合气体中的 A 组分。混合气体流量为 20kmol/(m²·h),其中含 A6%(体积分数),要求吸收率为 98%,清水流量为 40kmol/(m²·h)。操作条件下的平衡关系为 $Y_e = 0.8X$。试估算在塔径、吸收率及其它操作条件均不变时,操作压强增加一倍,此时所需的填料层高度将如何变化?

习题 6 – 17　用逆流操作的填料塔除去混合气体中的有害组分。惰性气体流量为 0.00703kmol/(m²·s),进气浓度 0.05(摩尔分数,下同),要求出口气体浓度 0.0005。平衡关系为 $Y_e = 0.9X$。已知 $k_Ya \propto V^{0.7}$,k_Xa 与 V 无关。$k_Xa = 0.85kmol/(m³·s)$,$K_Ya = 0.044kmol/(m³·s)$。求 k_Ya 和 H_{OG}。若惰性气体流量增大 50%,问 k_Ya 和 H_{OG} 变为多少?

习题 6 – 18　一个正在操作的逆流吸收塔,$Y_1 = 0.05$,$X_2 = 0.001$,$m = 2$,当 $V/L = 0.25$ 时 $Y_2 = 0.005$。若维持 Y_1、X_2 和 V/L 不变,L 降低 20%,设系统属气膜控制,$k_Ya \propto V^{0.7}$,问 Y_2 和 X_1 有何变化?

习题 6 – 19　用纯水吸收空气中的氨,气体流量为 0.02kmol/(m²s),$Y_1 = 0.05$,要求回收率不小于 95%,出口溶液浓度 X_1 不小于 0.05,已知平衡关系为 $Y_e = 0.95X$。试计算:(1)逆流操作,$K_Ya = 0.02kmol/(m³·s)$ 时,所需的填料层高度应为多少?(2)用部分吸收剂循环,新鲜吸收剂与维持量之比 $L/L_R = 20$,气体流速和 K_Ya 不变,问所需的填料层高度变为多少?

习题 6 – 20　某填料吸收塔,用清水吸收混合气体中有害组分。塔的填料层高度为 10m,平衡关系为 $Y_e = 1.5X$,正常情况下测得 $Y_1 = 0.02$,$Y_2 = 0.004$,$X_1 = 0.008$,求传质单元高度。今欲使 Y_2 减少到 0.002,液气比不变,计划将填料层高度增加,应增加多少? 又若将加高部分改为另一个塔,另用等量的清水吸收,问排放浓度变为多少?

习题 6-21 有一吸收塔,填料层高度为 2.5m,可以从含氨 6% 的空气中回收 97% 的氨。气体流率为 620kg/(m^2·h),平衡关系为 $Y_e = 0.9X$。吸收剂为水,其流率为 900kg/(m^2·h)。若气体流率增加一倍,设体积吸收系数与 V 的 0.7 次方成正比,气体流率增加不会导致液泛,问:(1)若保持回收率不变,塔高变化多少? (2)若塔高不变,回收率变为多少?

习题 6-22 用一逆流解吸塔处理含 CO_2 的水溶液,使水中的 CO_2 含量从 8×10^{-5} 降低到 2×10^{-6}(摩尔分数)。处理量为 40t/h,水的喷淋密度为 8000kg/(m^2·h),进塔空气含 CO_2 0.1%(体积分数),空气用量为最小用量的 20 倍,操作温度为 25℃,压强为 100kPa,此时亨利系数 $E = 1.6 \times 10^5$,液相总体积传质系数 $K_x a = 800$ kmol/(m^3·h)。试求:(1)空气用量(按 25℃ 下体积计);(2)填料层高度。

习题 6-23 用水在逆流填料塔中吸收空气中的丙酮。空气流量 100kmol/h,其中含丙酮 5%(体积,下同),要求除去 98% 的丙酮。今有两股吸收剂,一股是清水,从塔顶喷淋而下;另一股是回收循环使用的吸收液,其中含丙酮 0.1%,在相应浓度处加入。两股吸收剂流量之比 $L_1/L_2 = 2:8$,吸收液出塔浓度为 3%。平衡关系为 $Y_e = 0.95X$,$H_{OG} = 0.7$m。求:(1)吸收剂用量;(2)所需的填料层高度;(3)第二股吸收剂的加入位置。

习题 6-24 在 9 个 500mL 三角形烧瓶中各加入 250mL 含农药的溶液,再往其中 8 个瓶中加入不同量的粉末活性炭,第 9 个瓶为空的,盖好瓶口后在 25℃ 下摇动足够长时间以达吸附平衡,然后分离出上清液,8 个其中农药浓度,结果如下:

活性炭加入量/mg	1005	835	640	411	391	298	290	253	0
农药浓度/(μg/L)	58.2	87.3	116.4	300	407	786	902	2940	5150

试求出弗里因德里希公式中的参数。

习题 6-25 在 80℃ 用活性炭处理含原糖 48%(质量分数)的溶液,使其脱色,由实验测得平衡数据如下:

活性炭用量/(kg 活性炭/kg 糖)	0	0.005	0.01	0.015	0.02	0.03
脱色百分率/%	0	47	70	83	90	95

原糖液的色素浓度可定为 20,要求脱色后残留色素定为原始含量的 2.5%。试计算:(1)弗里因德里希公式中的参数;(2)若用单级操作,则若处理 1000kg 溶液需用多少千克活性炭;(3)若用两级错流操作,则每处理 1000kg 溶液需用活性炭的最小量是多少;(4)若用两级逆流操作,则每处理 1000kg 溶液需用多少千克活性炭。

第七章 多级分离操作

前一章讨论的几个分离操作通常在微分接触式设备中进行,本章将讨论几个通常多在分级接触式设备中进行的分离操作——蒸馏、萃取和浸取。

分级接触式设备的特点是物料在其中的浓度呈阶梯式变化,就传质过程的机理而言,相平衡关系和传质速率仍是两个关键问题。对于前者,一般在分级接触式操作的模型中引入理论级的概念,即假设该级各相接触后达到平衡。对于后者,即传质速率问题,则避而将其间接转化为级效率的确定。尽管描述传质的定律仍然有效,但级效率的确定大多采用经验或半经验的方法,这主要是由于现有的理论尚不足以准确地计算级效率。

应当指出,就分离操作本身而言,并不限于在某一类设备中进行。吸收、吸附和离子交换也可以在分级接触式设备中进行,蒸馏和浸取也可在填料塔内进行。因此,将这些操作作现述的分类并不意味着将它们局限于某一类设备内操作,而是通过典型设备中分离操作的共同特点来重点介绍和讨论常用的两大类处理分离问题的方法,即前章已介绍的传质单元法和本章将要介绍的理论级法。

第一节 蒸 馏

蒸馏是分离液体混合物的一种重要方法。蒸馏分离的基础是根据液体混合物中各组分的挥发度差异,通过加热的方法使混合物形成气液两相,各组分在两相中浓度不同,从而实现混合物的分离。

蒸馏是分离混合物最常用的,也是最早工业化的方法,原因之一是混合物中各组分挥发度不同这一性质具有很大的普遍性;原因之二是原料混合物通过能量交换即可直接得到产品,而不必像吸收、吸附那样需要加入某种介质(溶剂或吸附剂),还需要将所提取的物质与介质分离。这样,蒸馏过程的流程一般比较简单。不过,一般说来蒸馏的能耗较大,降低能耗是改进蒸馏过程的主要方向。

蒸馏可以按不同方法分类。按操作原理来分可分为水蒸气蒸馏、简单蒸馏、平衡蒸馏、精馏、分子蒸馏和各种特殊蒸馏;按操作方式来分可分为间歇蒸馏和连续蒸馏;按操作压强来分可分为常压蒸馏、加压蒸馏和真空(减压)蒸馏;按液体混合物中所含组分数目来分则可分为双组分蒸馏和多组分蒸馏。

尽管有以上所列各种蒸馏方法,但它们所遵循的气液相平衡关系是相同的。气液相平衡是分析蒸馏操作原理和进行蒸馏计算的基础。在诸种蒸馏方法中,以两组分连续精馏为基本方法,也是本节讨论的重点。

一、双组分系统的气液平衡

在蒸馏操作中,各组分均有一定的挥发性,故在液相和气相中均有各组分存在。如果蒸馏系统中仅含两种组分,即称为两组分系统或二元系统。

（一）相律和拉乌尔定律

1. 相律

相律表示平衡物系中自由度数、相数及独立组分数间的关系，是研究相平衡的基本规律：

$$自由度数 = 独立组分数 - 相数 + 2 \tag{7-1}$$

对两组分的气液平衡，其组分数为 2，相数为 2，故由相律可知该平衡物系的自由度数为 2。由于气液平衡中可以变化的参数有四个，即温度 t、压强 p、一组分在液相和气相中的组成 x 和 y（另一组分的组成不独立），因此在 t、p、x 和 y 四个变量中，任意规定其中两个变量，此平衡物系的状态也就唯一地确定了。

2. 拉乌尔定律

为研究问题方便，人们提出了"理想溶液"的假定。所谓理想溶液，是指各组分相同分子间的作用力和不同分子间的作用力完全相同的溶液。由于分子间作用力相同，因此当各组分形成溶液时，没有体积变化，也没有热效应。理想溶液与理想气体一样，实际上并不存在。一些由性质相似、分子大小又接近的物质形成的溶液可近似看作理想溶液。

理想溶液的气液平衡关系服从拉乌尔定律，即：

$$p_A = p_A^0 x_A \tag{7-2}$$

$$p_B = p_B^0 x_B = p_B^0 (1 - x_A) \tag{7-3}$$

式中　p——溶液上方的平衡分压，Pa；

　　　p^0——同温度下纯组分的饱和蒸汽压，Pa；

　　　x——溶液中组分的摩尔分数。

纯组分的饱和蒸汽压与温度的关系通常可表示成如下的经验式：

$$\ln p^0 = A - \frac{B}{T + C} \tag{7-4}$$

式（7-4）称为安托因方程，T 为温度，A、B、C 为该组分的安托因常数。常用液体的 A、B、C 值可由手册查得。饱和蒸汽压数据也可从手册中查得。

当溶液沸腾时，其上方的总压等于各组分的平衡分压之和，即：

$$p_T = p_A + p_B \tag{7-5}$$

联立式（7-2）和式（7-5）得：

$$x_A = \frac{p_T - p_B^0}{p_A^0 - p_B^0} \tag{7-6}$$

若气相可视为理想气体，遵循道尔顿分压定律，则：

$$y_A = p_A / p_T \tag{7-7}$$

于是：

$$y_A = p_A^0 x_A / p_T \tag{7-8}$$

式（7-6）和式（7-8）为理想物系的气液平衡关系式。对任一两组分理想溶液，利用一定温度下纯组分的饱和蒸汽压数据，即可求得该温度下平衡时气、液相组成。反之，若已知一相组成，也可求得与之平衡的另一相组成和温度，但一般需用试差法计算。

为简单起见，常略去上式中的下标，以 x 表示液相中易挥发组分的摩尔分数，以 y 表示气相中易挥发组分的摩尔分数。

（二）两组分理想溶液的气液平衡相图

1. $t - x - y$ 图

从相律可知,两组分体系的气液平衡可以用一定压强下的 $t - x$（或 y）图表示。

由式（7-6）和式（7-7）可知,对理想物系,当外压恒定时,对给定的温度值,就有相应的 p_A 和 p_B 值,从而有相应的 y 和 x 值。由此可以以 x 或 y 为横坐标,t 为纵坐标,绘成气液平衡相图,即 $t - x - y$ 图。

图 7-1 为理想溶液在常压下的 $t - x - y$ 图。图中有两条线,上曲线为 $t - y$ 线,称为饱和蒸汽线。下曲线为 $t - x$ 线,称饱和液体线。此两曲线将图分为三个区域。饱和液体线以下的区域为液相区,代表未沸腾的液体。饱和蒸汽线以上的区域为过热蒸汽区,代表过热蒸汽。两曲线之间的区域为两相区,代表气液两相共存的状态。

设在常压下将组成为 x_1,温度为 t_1（图中 A 点）的混合液加热,当温度达到 t_2（J 点）时出现第一个气泡,溶液开始沸腾的温度称为泡点,气泡的组成为 y_1（P 点）。若继续加热至温度 t_3（E 点）,则为气液两相共存,液相组成为 x_2（F 点）,气相组成为 y_2（G 点）。很明显,气相组成大于液相组成。再继续加热至温度 t_4（H 点）时,液相完全汽化,t_4 称为露点。当液相完全汽化以后,气相组成 y_3 与混合液的最初组成 x_1 相同。若再加热,例如至 t_5（B 点）,则成为过热蒸汽,其组成仍不变。

2. $y - x$ 图

蒸馏计算中经常使用恒定总压下的 $y - x$ 图。将图 7-1 中不同温度下所对应的各组 x 和 y 数据以 x 为横坐标,y 为纵坐标标绘,就绘得 $y - x$ 图,如图 7-2 所示。图中对角线 $y = x$ 为辅助线。由于大多数溶液在两相达到平衡时,易挥发组分在气相中的浓度 y 总是大于它在液相中的浓度 x,所以平衡线总是位于对角线上方。平衡线偏离对角线愈远,表示该溶液愈易分离。

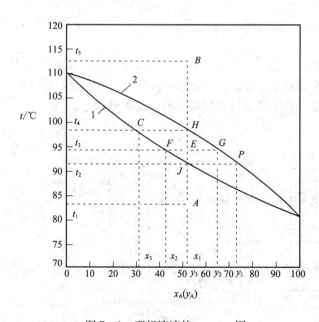

图 7-1　理想溶液的 $t - x - y$ 图

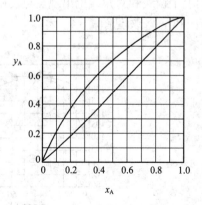

图 7-2　理想溶液的 $y - x$ 图

总压对平衡曲线的影响不大。若总压变化范围为 20%～30%,则 $y - x$ 平衡线的变动不超过 2%。因此,在总压变化不大时,外压的影响可忽略。但 $t-x-y$ 线随压强变化较大,可见,蒸馏计算使用 $y-x$ 图较 $t-x-y$ 图更为方便。

(三)两组分非理想系统的气液平衡相图

实际溶液与理想溶液间有一定的差别。当此差别不大时,$t-x-y$ 图和 $y-x$ 图上的平衡线形状与理想溶液的相仿。当此差别较大时,则可能出现恒沸组成。非理想溶液可分为两类,一类为正偏差溶液,另一类为负偏差溶液。

正偏差溶液组分的蒸汽压高于理想溶液,相异分子间的吸引力小于相同分子间的吸引力。这样,沸点较理想溶液低。当正偏差较大时,$t-x-y$ 图上出现一最低点,称为最低恒沸点。恒沸点对应的混合液称恒沸混合液,乙醇 – 水体系是具有最低恒沸点的典型例子。在大气压下,乙醇水溶液的恒沸点温度为 $78.15℃$,对应的组成为 89.4%,其 $t-x-y$ 图和 $y-x$ 图如图 7 – 3 所示。在 $y-x$ 图上,恒沸点为平衡线与对角线的交点。

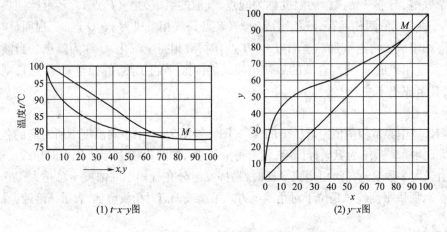

(1) $t-x-y$图　　　　　　　(2) $y-x$图

图 7 – 3　乙醇 – 水体系的气液平衡相图

负偏差溶液则正好相反。相异分子间的吸引力大于相同分子间的吸引力,其沸点较理想溶液高。当负偏差较大时,$t-x-y$ 图上出现一最高点,称为最高恒沸点。相应地,在 $y-x$ 图上平衡线和对角线也出现交点。硝酸 – 水体系是具有最高恒沸点的典型例子。其 $t-x-y$ 图和 $y-x$ 图见图 7 – 4。

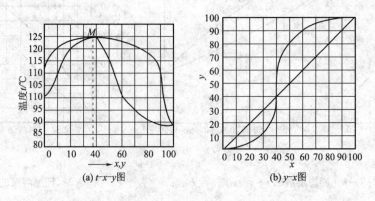

(a) $t-x-y$图　　　　　　　(b) $y-x$图

图 7 – 4　硝酸 – 水体系的气液平衡相图

(四)相对挥发度

蒸馏分离的依据是组分间挥发性的差异。一般而言,沸点愈低的组分,挥发性愈强。然而沸点仅反映纯组分的挥发性,而在两组分体系中,另一组分的存在会影响组分的挥发性。因此,应把组分在气相中的分压与其在液相中的平衡浓度联系起来,方可对组分的挥发性作比较,由此引出了"挥发度"的概念。

某组分的挥发度定义为它在气相中的分压与其在液相中的平衡浓度之比:

$$v_A = p_A/x_A \tag{7-9}$$
$$v_B = p_B/x_B \tag{7-10}$$

溶液中易挥发组分的挥发度对难挥发组分的挥发度之比,称为相对挥发度,以 α 表示:

$$\alpha = \frac{v_A}{v_B} = \frac{p_A/x_A}{p_B/x_B} \tag{7-11}$$

若液相为理想溶液,应用拉乌尔定律得:

$$\alpha = \frac{p_A^0}{p_B^0} \tag{7-12}$$

对于两组分溶液,当总压不高时,由式(7-11)和道尔顿分压定律可得:

$$\alpha = \frac{py_A/x_A}{py_B/x_B} = \frac{y_A x_B}{y_B x_A} = \frac{y_A(1-x_A)}{(1-y_A)x_A}$$

略去下标后得:

$$\frac{y}{1-y} = \alpha \frac{x}{1-x}$$

整理后得:

$$y = \frac{\alpha x}{1+(\alpha-1)x} \tag{7-13}$$

式(7-13)即理想溶液的平衡线方程,它是一条双曲线。

相对挥发度可用以判断某混合物能否用蒸馏方法分离和分离的难易程度。当用易挥发组分的浓度表示 y 和 x 时,$\alpha \geq 1$。α 越大,混合物越易用蒸馏方法分离,当 $\alpha = 1$ 时,两组分的挥发度相等,由式(7-13)知 $y = x$,即混合物不能用普通蒸馏方法分离。

一般而言,相对挥发度是温度、压强和浓度的函数。在多种情况下 α 随温度的升高而略有减小。当压强增加时,沸点也随之增高,故 α 也有减小。不过,在多数工业应用中 α 的变化不大。在精馏塔中,常取塔底和塔顶温度下相对挥发度的几何平均值作为整个塔中物系的相对挥发度。

二、平衡蒸馏与简单蒸馏

(一)平衡蒸馏

将一定组分的液体加热至泡点以上,使其部分汽化,或将一定组分的蒸汽冷却至露点以下,使其部分冷凝,便形成气-液两相,两相达到平衡,然后将两相分离。此过程的结果是易挥发组分在气相中富集,难挥发组分在液相中富集。这一过程称为平衡蒸馏,又称闪蒸。

图7-5为平衡蒸馏装置流程图,料液先在加热器中被加热到高于操作压强下沸点的温度,然

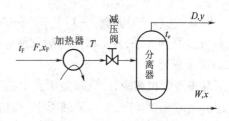

图7-5　平衡蒸馏装置

后经减压阀减压后进入分离器。在分离器中部分汽化,汽化所需热量由液体的显热提供。平衡的气液两相在分离器内分离,分别由顶部和底部排出,即为产品。

平衡蒸馏计算的基本工具是物料衡算、热量衡算和平衡关系。

1. 物料衡算

由总物料衡算和易挥发组分的衡算得:

$$F = D + W \tag{7-14}$$

$$Fx_F = Dx_D + Wx_W \tag{7-15}$$

式中 F、x_F——原料液的量(mol/s)和摩尔分数;

D、x_D——顶部产品的量(mol/s)和摩尔分数;

W、x_W——底部产品的量(mol/s)和摩尔分数。

联立上两式,得:$x_D = (1 - \dfrac{F}{D})x_w + \dfrac{F}{D}x_F$

定义 $q = W/F$ 为液化率,即 1kmol 料液所得到的液相量(kmol)。$(1 - q)$ 即汽化率。将此关系代入式(7-15),得:

$$x_D = \frac{q}{q-1}x_w - \frac{x_F}{q-1} \tag{7-16}$$

式(7-16)为一直线方程,斜率为 $\dfrac{q}{q-1}$,且过点 (x_F, x_F)。

2. 平衡关系

x_D 和 x_W 互成平衡,两者间关系即为气液平衡关系,故有:

$$x_D = f(x_W) \tag{7-17}$$

及

$$t = \phi(x_W) \tag{7-18}$$

对理想体系可用式(7-13)代替式(7-17)。

3. 热量衡算

设闪蒸时的平衡温度(即分离器中温度)为 t,料液被加热到 t_0,则料液温度下降放出的热量为 $Fc_{p,m}(t_0 - t)$,汽化所需的热量为 Dr。此处 $c_{p,m}$ 为料液的摩尔定压热容,r 为料液的摩尔汽化潜热。忽略热损失时,有:

$$Fc_{p,m}(t_0 - t) = Dr \tag{7-19}$$

按 1kmol 料液计,则上式为:

$$t_0 = t + \frac{(1-q)r}{c_{p,m}} \tag{7-20}$$

联立式(7-16)、式(7-17)、式(7-18)和式(7-20),即可进行闪蒸计算。一般是已知 F、x_F、q 及平衡关系,要求取闪蒸后气液组成。

(二)简单蒸馏

简单蒸馏也称微分蒸馏,是历史上最早应用的蒸馏方法,流程如图 7-6 所示。将易挥发组分组成 x_F 的料液放入蒸馏釜中,加热至料液的泡点,溶液汽化,汽化得到的气体组成为 y_0,将它引入冷凝器,冷凝成馏出液,放入容器。显然馏出液中易挥发组分的组成高于料液。与此同时蒸馏釜中的液体(称为釜液)继续受热汽化。因为前面馏出蒸汽中易挥发组分的含量高,所以随着釜液不断汽化,其中易挥发组分的含量不断降低,因此釜液的组成与温度沿饱和液体线移动,相应地馏出蒸气的组成沿饱和蒸气线移动,其中的易挥发组分的含量也不断降低。在蒸馏的某一时刻釜液的组成与温度如 M 点所示。此时馏出气体的组成如 M 点所示,显然 y 小于 y_0。此过程进行到釜液组成降低到预定值 x_E 为止,或者到馏出液中易挥发组分的含量降低到预定值为止。因为简单蒸馏馏出液中易挥发组分的含量先高后低,不断变化,为了分别收集不同浓度的馏出液,可以设置若干个分割馏出液的容器。

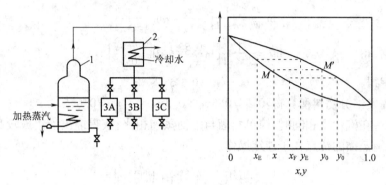

图 7-6　简单蒸馏

1—蒸馏釜　2—冷凝器　3A、3B、3C—馏出液容器

简单蒸馏为非稳态过程,系统的温度和浓度均随时间而变。在每一瞬间气液两相成平衡,但得到的产品的总组成并不与剩余的液体平衡。

简单蒸馏是间歇操作的,故料液量 F、终了时剩余的釜液量 W、某时刻釜中的料液量 L 都是以 kmol 为单位的批量,而非流量。设某一时刻 τ 时,釜中的料液量为 L,釜液组成为 x,经微分时间 $d\tau$ 后,釜液量从 L 减少到 $L-dL$,组成从 x 降到 $x-dx$,$d\tau$ 时间的馏出液量为 dL,其组成为 y,y 与 x 成平衡,则由易挥发组分的物料衡算,得:

$$Lx = (L-dL)(x-dx) + ydL$$

略去高价微分,分离变量后得:

$$\frac{dL}{L} = \frac{dx}{y-x} \tag{7-21}$$

根据开始时釜液量为 F,釜液组成为 x_F,终了时釜液量为 W,组成为 x_W,积分后得:

$$\ln\frac{F}{W} = \int_{x_W}^{x_F} \frac{dx}{y-x} \tag{7-22}$$

右边的积分项有赖于气-液平衡关系,若相对挥发度 α 接近于常数,则可将式(7-13)代入积分得:

$$\ln\frac{F}{W} = \frac{1}{\alpha-1}\left[\ln\frac{x_F}{x_W} + \alpha\ln\frac{1-x_W}{1-x_F}\right] \tag{7-23}$$

从而可由物料衡算得出馏出液的平均组成 $\bar{x}_D$:

$$\bar{x}_D = \frac{Fx_F - Wx_W}{F-W} \tag{7-24}$$

[例7-1]分离含易挥发组分50%的二元理想溶液,已知相对挥发度为2.5,要求汽化率为50%,试比较闪蒸和简单蒸馏两种操作方式下的馏出液组成。

解:(1)闪蒸时,由 $W/F = 0.5$,知 $D/F = 0.5$。由易挥发组分的物料衡算式:

$$x_F = \frac{Dx_D}{F} + \frac{Wx_W}{F}$$

和气液平衡关系：
$$x_D = \frac{\alpha x_W}{1 + (1 - \alpha) x_W}$$

代入数据后得：
$$0.5 = 0.5 x_D + 0.5 x_W \qquad x_D = \frac{2.5 x_W}{1 + 1.5 x_W}$$

解得：
$$x_W = 0.387 \qquad x_D = 0.613$$

（2）简单蒸馏时

$$\ln \frac{F}{W} = \frac{1}{\alpha - 1} \left[\ln \frac{x_F}{x_W} + \alpha \ln \frac{1 - x_W}{1 - x_F} \right]$$

代入数据，得：
$$\ln 2 = \frac{1}{2.5 - 1} \left[\ln \frac{0.5}{x_W} + 2.5 \ln \frac{1 - x_W}{0.5} \right]$$

用试差解得：
$$x_W = 0.345$$

再由易挥发组分物料衡算得：$0.5 = 0.5 x_D + 0.5 x_W \qquad x_D = 0.655$

由此可见，在汽化率相同时，简单蒸馏与平衡蒸馏相比，获得馏出液组成较高，即分离效果较好，但平衡蒸馏的优点在于连续操作。

三、两组分连续精馏原理

平衡蒸馏和简单蒸馏只能使混合物得到部分分离，原因是混合物仅经历一次部分汽化或部分冷凝（或称单级分离）。欲使两组分完全分离，则必须采用多级分离法。

设想一个三级分离过程如图 7 - 7 所示。原料液组成为 x_F，加入第一级进行部分汽化，所得气相产品的组成为 y_1。此气相产品经冷凝器冷凝后进入第二级进行同样的部分汽化处理。此时处理所得气相的组成为 y_2。显然，y_2 必大于 y_1。上述过程若依此继续进行，部分汽化次数（即级数）愈多，所得蒸气的组成便愈高，最后可得近乎纯态的易挥发组分。同理，若将以第一级分离器所得的液相产品为基础依次向下经加热器加热后进入下一级进行多次部分汽化和分离，那么级数愈多，得到液相产品的组成 x 愈低，最后可得到近乎纯态的难挥发组分。图 7 - 7 中没有画出这部分的情况。

上述气液相组成的变化情况可以从图 7 - 8 中清晰地看到。因此，同时多次地进行部分汽化和部分冷凝是使混合液得以充分分离的必要条件。

不难看出，图 7 - 7 所示的流程在工业上不可行，原因如下：

①分离过程中得到许多中间馏分，如组成为 x_2 及 x_3 的液相产品没有利用，因此最后产品的收率就很低。

②设备庞杂，能量消耗大。

从图 7 - 8 不难看出，从下到上，各级温度逐级降低，气相组成和液相组成逐级升高。换言之，某一级的 t、x、y 三参数值分别介于其上、下两级相应参数值的中间。这便得到启示，对某一级而言，可以利用上一级的液相中间产品返回到此级，并与下一级上升的气相进行直接混合换热，以代替原来外加的冷凝器和汽化器的间壁式换热，使气、液两相达平衡状态。工业精馏塔就是基于这样的设想来实现的，图 7 - 9 所示便是这种方案的模型。

将每一级中间产品返回到下一级并省却中间换热器，不仅可提高产品的收率，而且是过程得以连续稳定进行的必不可少的条件。

对于最上的一级，必须设法从外部引入液相回流，这可利用图中所示的上部冷凝系统来实现。最上一级排出的气相，经冷凝器完全冷凝后，一部分作为产品排出，一部分作为回流返入最上一级。

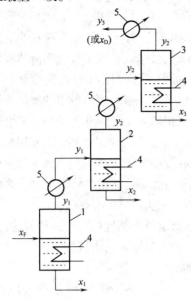

图 7-7 多次部分汽化的分离示意图
1、2、3—分离器 4—加热器 5—冷凝器

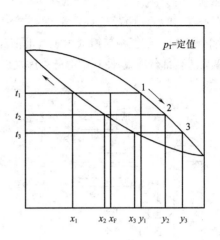

图 7-8 多次部分汽化的 $t-x-y$ 图

对于最下的一级,由于无来自下方的气相,故不能省却加热汽化器。有加热才能产生排出气相。此加热器称为再沸器。这也是精馏操作得以稳定进行的必要条件。

在工业上,上述过程是在精馏塔内实现的。典型的精馏塔是板式塔。它是一个直立的圆筒体,塔内装有若干层塔板,图 7-10 为筛板精馏塔中任意层板上的操作情况,通常从塔顶往下对塔板编号。

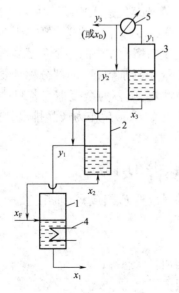

图 7-9 无中间产品、中间加热器和冷凝器的多次
部分汽化(冷凝)分离示意图
1、2、3—分离器 4—加热器 5—冷凝器

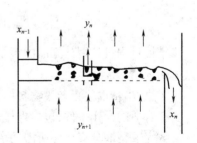

图 7-10 筛板塔的操作情况

331

塔板上开有许多小孔,由下一层板(如第 $n+1$ 层板)上升的蒸汽通过板上小孔上升,而上一层板(如第 $n-1$ 层板)上的液体通过溢流管下降到第 n 层板上。在第 n 层板上,气、液两相密切接触,进行热和质的交换。设进入第 n 层板的气相的组成和温度分别为 y_{n+1} 和 t_{n+1};液相的组成和温度分别为 x_{n-1} 和 t_{n-1},两者互不平衡,即 $t_{n+1}>t_{n-1}$,$x_{n-1}>x_{n+1,e}$,$x_{n+1,e}$ 为与 y_{n+1} 成平衡的液相组成。因此组成为 y_{n+1} 的气相与组成为 x_{n-1} 的液相在第 n 层板上接触时,由于存在温度差和浓度差,气相就要进行部分冷凝,使其中部分难挥发组分转入液相中;而气相冷凝时放出的潜热传给液相,使液相部分汽化,其中部分易挥发组分转入气相中。总的结果是使离开第 n 层板的液相中易挥发组分的浓度较进入该板的液相浓度为低,而离开的气相中易挥发组分的浓度又较进入的为高,即 $x_n<x_{n-1}$,$y_n>y_{n+1}$。精馏塔的每层板上都进行着上述相似的过程。只要塔内有足够多的塔板层数,就可使混合液达到所要求的分离程度。

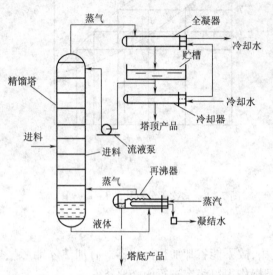

图 7 – 11 连续精馏操作流程

一个完整的精馏塔还包括塔底再沸器(或在塔底安装加热管)、塔顶冷凝器及其它附属设备,图 7 – 11 即为典型的连续精馏流程图。

原料液送入精馏塔的进料板,在进料板上与自塔上部下降的回流液体汇合后,逐板溢流,最后流入塔底再沸器中。在每层板上,回流液体与上升蒸气互相接触,进行热和质的传递过程。操作时,连续地从再沸器取出部分液体作为塔底产品(釜残液),部分液体汽化,产生上升蒸气,依次通过各层塔板。塔顶蒸气进入冷凝器中被全部冷凝,并将部分冷凝液用泵送回塔顶作为回流液体,其余部分经冷却器后被送出作为塔顶产品(馏出液)。回流液量与塔顶馏出液量之比称为回流比,是精馏操作中的一个重要参数。

在加料板以上的部分称为精馏段,加料板以下(包括加料板)的部分称为提馏段。塔顶冷凝器若将蒸气全部冷凝成液体,再将部分液体回流,则称为全凝器。若只将蒸气部分冷凝,液体回流,而气体在另一冷凝冷却器内全部冷凝冷却,最后作为产品排出,则该冷凝器称为分凝器。

四、两组分连续精馏塔的计算

精馏过程设计型计算的内容是根据欲分离的料液量 F、组成 x_F 和指定的分离要求,确定以下诸项:

①进、出精馏装置各股物料的量和组成;

②合适的操作条件,包括操作压强、回流比和加料状态等;

③完成精馏分离任务所需的塔板数和加料板位置;

④精馏塔的类型,确定塔径、塔高及塔的其他参数(结构和操作);

⑤冷凝器和再沸器的设计计算。

(一)理论板的概念及恒摩尔流假定

当气、液两相在某一块板上经过充分的传热和传质,使离开此板的气、液两相互成平衡,而且塔板上的液相组成均匀时,这块板即称为理论板。一块理论板的分离作用相当于一次平衡蒸馏,因此有时也称为理论级。实际上,由于塔板上气液间接触面积和接触时间是有限的,因此在任何型式的塔板上气液两相难以达到平衡状态,也就是说理论板是不存在的。理论板仅是作为衡量实际板分离效率的依据和标准。在蒸馏设计计算中,通常先求得理论板数,然后用塔板效率加以校正,即求得实际板数。因此,引入理论板的概念对精馏过程的分析和计算是十分有用的。

前述对平衡蒸馏的计算方法可以用于理论板的计算,但计算较为复杂。为简化计算,通常采用恒摩尔流假定。对理论板以物质的量为基准作物料衡算和热量衡算,假设各组分的摩尔汽化潜热相等,气液接触时因温度不同而交换的显热可以忽略,塔设备保温良好,热损失可以忽略,即可得出结论:精馏段内各板的上升蒸汽摩尔流量和下降液体摩尔流量分别相等。若以 V 表示上升蒸汽流量,L 表示下降液体流量,单位均为 kmol/s,则有:

$$V_1 = V_2 = V_3 = \cdots = V_n = V \tag{7-25}$$
$$L_1 = L_2 = L_3 = \cdots = L_n = L \tag{7-26}$$

恒摩尔流假定也适用于提馏段,但两段的上升蒸汽流量不一定相等,下降液体流量也不一定相等,故用 V' 和 L' 分别表示提馏段的上升蒸汽和下降液体流量,单位也是 kmol/s。同样有:

$$V_1' = V_2' = V_3' = \cdots = V_m' = V' \tag{7-27}$$
$$L_1' = L_2' = L_3' = \cdots = L_m' = L' \tag{7-28}$$

多数化学性质相似的组分形成的体系基本上能满足上述条件。若无特别说明,以后所述的精馏过程均认为可用恒摩尔流假设。

(二)物料衡算和操作线方程

1. 全塔物料衡算

如图 7-12 所示,以整个精馏塔作为衡算系统,可以写出:

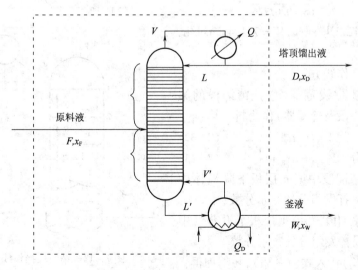

图 7-12　精馏塔的物料衡算

总物料

$$F = D + W \qquad\qquad (7-29)$$

易挥发组分

$$Fx_F = Dx_D + Wx_W \qquad\qquad (7-30)$$

式中　F、D、W——原料液、塔顶产品(馏出液)、塔底产品(釜残液)的流量,kmol/s;

　　　x_F、x_D、x_W——原料液、塔顶产品、塔底产品中易挥发组分的摩尔分数。

料液流量 F 和组成 x_F 一般是已知的。为解上述方程,须再指定两个参数,通常是由生产要求来确定分离要求。分离要求可以用不同形式表示,例如:

(1)规定馏出液与釜残液的组成 x_D 和 x_W;

(2)有用组分,例如易挥发组分在馏出液中的组成 x_D 和它的回收率 η,其定义为馏出液中易挥发组分的量与其在料液中易挥发组分的量之比:

$$\eta = \frac{Dx_D}{Fx_F} \qquad\qquad (7-31)$$

(3)馏出液组成 x_D 和采出率 D/F。

[例7-2]每小时将 15000kg 含乙醇9%(质量分数,下同)水溶液在连续精馏塔中进行分离。要求釜残液中含乙醇不高于1%,塔顶馏出液中乙醇的回收率为90%,求馏出液、釜残液的流量和组成(以摩尔流量和摩尔分数表示)。

解:$x_F = \dfrac{\dfrac{9}{46}}{\dfrac{9}{46}+\dfrac{91}{18}} = 0.03726 \qquad x_W = \dfrac{\dfrac{1}{46}}{\dfrac{1}{46}+\dfrac{99}{18}} = 0.003937$

$$F = \frac{15000 \times 0.09}{46} + \frac{15000 \times 0.91}{18} = 787.68(\text{kmol/h})$$

将题给数据代入全塔物料衡算式得:

$$787.68 = D + W$$
$$787.68 \times 0.03726 = Dx_D + Wx_W$$

$$0.90 = \frac{Dx_D}{787.68 \times 0.03726}$$

解得:$D = 42.22$kmol/h,$W = 754.46$kmol/h,$x_D = 0.626$。

2. 精馏段操作线方程

按图7-13虚线范围(包括精馏段的第 $n+1$ 层板以上塔段及冷凝器)作物料衡算:

总物料　　　$V = D + L$　　　　$(7-32)$

易挥发组分　$Vy_{n+1} = Dx_D + Lx_n$　　$(7-33)$

式中　x_n——精馏段中第 n 层板下降液体中易挥发组分的摩尔分数;

　　　y_{n+1}——精馏段第 $n+1$ 层板上升蒸气中易挥发组分的摩尔分数。

将式(7-32)代入式(7-33),并整理得:

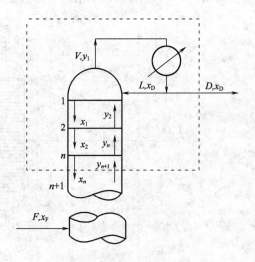

图7-13　精馏段操作线的推导

$$y_{n+1} = \frac{L}{L+D}x_n + \frac{D}{L+D}x_D \tag{7-34}$$

上式右边的分子及分母同除以 D,令 $R = L/D$,代入上式得:

$$y_{n+1} = \frac{R}{R+1}x_n + \frac{x_D}{R+1} \tag{7-35}$$

式中的 R 即回流比。根据恒摩尔流假定,L 为定值,且在稳定操作时 D 及 x_D 为定值,故 R 也是常量,其值一般由设计者选定。R 值的确定将在后面讨论。

式(7-34)与式(7-35)均称为精馏段操作线方程,表示在一定操作条件下,精馏段内自任意第 n 层板下降的液相组成 x_n 与其相邻的下一层板(第 $n+1$ 层板)上升气相组成 y_{n+1} 之间的关系。式(7-35)在 $y-x$ 直角坐标图上为直线,其斜率为 $R/(R+1)$,截距为 $x_D/(R+1)$。

3. 提馏段操作线方程

按图 7-14 虚线范围(包括提馏段第 m 层板以下塔段及再沸器)作物料衡算:

总物料 $\qquad\qquad L' = V' + W \tag{7-36}$

易挥发组分 $\qquad L'x'_m = V'y'_{m+1} + Wx_W \tag{7-37}$

式中　x'_m——提馏段第 m 层板下降液体中易挥发组分的摩尔分数;

y'_{m+1}——提馏段第 $m+1$ 层板上升蒸气中易挥发组分的摩尔分数。

将式(7-36)代入式(7-37),整理得:

$$y'_{m+1} = \frac{L'}{L'-W}x'_m - \frac{W}{L'-W}x_W \tag{7-38}$$

式(7-38)称为提馏段操作线方程式。此式表示在一定操作条件下,提馏段内任意第 m 层板下降液体组成 x'_m 与从第 $m+1$ 层板上升的蒸气组成 y'_{m+1} 之间的关系。在 $y-x$ 图上也是一条直线。欲确定其位置,必须求出 L' 和 V' 的值。而 L' 和 V' 的值与进料热状态有关,可通过对加料板作物料和热量衡算求得。

(三)加料板衡算与进料热状态的影响

图 7-15 表示加料板上的物流情况。加料板的位置总是在板上物料组成与进料组成最接近的地方。以 H 表示焓值,可列出物料和热量衡算式如下:

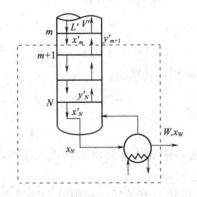
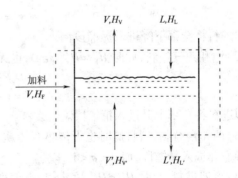

图 7-14　提馏段操作线的推导　　　图 7-15　加料板的物料和热量衡算

物料衡算

$$F + L + V' = V + L' \tag{7-39}$$

热量衡算

$$FH_F + LH_L + V'H_{V'} = VH_V + L'H_{L'} \tag{7-40}$$

板上各股物料间除 F 外,温度较接近,都是饱和态。故可取 $H_V \approx H_{V'}$,$H_L \approx H_{L'}$,将此关系式代入(7-40)整理得:

$$(V - V')H_V = FH_F - (L' - L)H_L \tag{7-41}$$

将式(7-39)改写成:

$$V - V' = F + L - L' \tag{7-42}$$

代入式(7-41)整理得:

$$\frac{H_V - H_F}{H_V - H_L} = \frac{L' - L}{F} \tag{7-43}$$

令

$$q = \frac{H_V - H_F}{H_V - H_L} = \frac{L' - L}{F} \tag{7-44}$$

即得:

$$L' = L + qF \tag{7-45}$$

从而有:

$$V' = V + (q - 1)F \tag{7-46}$$

这样就建立了 $L' - L$,$V' - V$ 间的关系。

现在分析一下 q 的含义。$H_V - H_F$ 为将 1kmol 进料加热到饱和蒸气所需的热量。$H_V - H_L$ 为 1kmol 物料的汽化潜热,若进料温度为 t_F,相应的饱和温度为 t_s,料液的摩尔汽化潜热为 r_c,摩尔比热容为 $c_{p,m}$,则:

$$q = \frac{r_c + c_{p,m}(t_s - t_F)}{r_c} \tag{7-47}$$

因此,q 值可理解为进料中液流下降的百分数。实际上,进料可能是下列五种状态之一:饱和液体、饱和蒸气、两相混合物、温度低于饱和温度的冷液和过热蒸气。根据热状态的不同,$L' - L$,$V' - V$ 间关系也不同。

(1)饱和液体进料,此时 $H_F = H_L$,$q = 1$,无传热但有传质,从而有:

$$L' = L + F \tag{7-48}$$
$$V' = V \tag{7-49}$$

即进料将全部下降进入提馏段。

(2)饱和蒸气进料,此时 $H_F = H_V$,$q = 0$,也无传热但有传质,有:

$$L' = L \tag{7-50}$$
$$V' = V - F \tag{7-51}$$

即进料将全部上升进入精馏段。

(3)两相混合物进料,此时也无传热有传质。进料中液体部分将下降进入提馏段,气相部分将上升进入精馏段,而 $0 < q < 1$。

(4)冷液进料,此时 $H_F < H_L$,故 $q > 1$,此时既有传热又有传质。必须首先将进料加热到泡点,这部分热量必然来自上升蒸气 V' 的部分冷凝。结果是不仅进料全部下降,V' 中亦有部分被冷凝为液体后一同下降。q 值采用式(7-47)计算。

(5)过热蒸气进料,此时 $H_F > H_V$,故 $q < 0$,也是既有传热又有传质。必须首先将过热蒸气冷却到饱和状态,这部分热量使精馏段下降的液流 L 中的一部分汽化。结果是不仅进料

全部上升,L 中亦有部分被加热汽化成饱和蒸气后一同上升。q 值仍用式(7-47)计算。

将式(7-46)代入提馏段操作线方程式,可得:

$$y'_{m+1} = \frac{L + qF}{L + qF - W}x'_m - \frac{W}{L + qF - W}x_w \qquad (7-52)$$

(四)理论板数的求法

理论板数的求取是连续精馏过程设计的基础。其要点是离开理论板的气液两相达到平衡,因此反复应用平衡线和操作线方程就可以求出理论板数。求取理论板数的已知条件是:原料组成 x_F,进料热状态 q,操作回流比 R 和要求达到的分离程度 x_D,x_W。

1. 逐板计算法

从塔顶开始计算。如果塔顶是全凝器,则从塔最上一层板(第 1 层板)上升的蒸气在冷凝器中被全部冷凝,因此有 $y_1 = x_D$。由于离开任意一层理论板的气液两相是互成平衡的,故可用气液平衡方程由 y_1 求算 x_1。由于从下一层板上升的蒸汽组成 y_2 与 x_1 符合操作线方程,故可用精馏段操作线方程式由 x_1 求得 y_2。然后从 y_2 出发,再用平衡方程求 x_2,又用操作线方程求 y_3。如此重复计算,直到 $x_n \le x_q$ 为止,x_q 为两操作线交点的横坐标。第 n 层板即为加料板。精馏段的理论板数即为 $(n-1)$。在两操作线交点以下,改用提馏段操作线方程式和平衡方程,用同样的方法计算,直到 $x'_m \le x_w$ 为止。一般再沸器的气液两相视为平衡,再沸器相当于一层理论板。故提馏段的理论板数即为 $(m-1)$。

2. 图解法

图解法的原理与逐板计算法完全相同,只不过是用 $y-x$ 图上的平衡线和操作线分别代替平衡方程和操作线方程而已。图解法的准确性稍差,但因其简便而被广泛采用。

图解法求理论板数的步骤如下(见图7-16)。

(1)由已知的平衡关系在 $y-x$ 图上绘出平衡线和对角线。

(2)作精馏段操作线。由式(7-35)知此线过 $a(x_D,x_D)$ 和 $b[0,x_D/(R+1)]$ 两点,故只需在对角线上确定 a,在 y 轴上定出 b 点,连接两点即得精馏段操作线。

(3)作提馏段操作线。由式(7-38)知此线过 $c(x_w,x_w)$ 点,欲作直线应求出斜

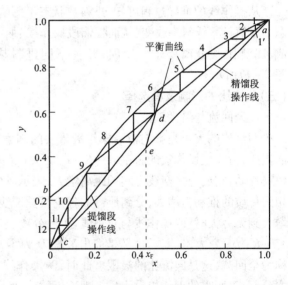

图 7-16　理论板数的图解法

率或另一点。由斜率 $\dfrac{L + qF}{L + qF - W}$ 作图不甚方便,且不准确,故通常先找出精馏段和提馏段两操作线的交点。

将式(7-33)和式(7-37)略去下标,即得到:

$$Vy = Dx_D + Lx$$

$$L'x = V'y + Wx_w$$

两式联立,即得到两操作线交点的轨迹方程:

$$y = \frac{q}{q-1}x - \frac{x_F}{q-1} \qquad (7-53)$$

式(7-53)称为 q 线方程。它也是直线,其斜率为 $q/(q-1)$,且过点 $e(x_F, x_F)$。故只要在对角线上定出 e 点 (x_F, x_F),再由斜率 $q/(q-1)$ 即可作出 q 线,并确定 q 线与精馏段操作线的交点 d。它也就是精馏段和提馏段两操作线的交点。连接 c、d 两点即得提馏段操作线。

(4)从 a 点开始作水平线,与平衡线交于 1 点。点 1 的坐标为 (x_1, y_1),表示气液两相成平衡,即第一块理论板。再由 1 点开始作垂直线与精馏段操作线交 1′点,坐标为 (x_1, y_2)。再从 1′点开始作水平线交平衡线于 2 点,它代表第二块理论板。如此重复作梯级,直至跨过 d 点后,改在平衡线和提馏段操作线之间作梯级,直至最后一个梯级的垂直线达到或小于 x_W 为止。总的梯级数即为所求的理论板数(包括再沸器),而跨过 d 点的梯级即为加料板。

3. 实际板数

理论板数 N_T(不包括再沸器)与实际板数 N_P 之比称为塔的效率,用 E_T 表示,故有:

$$N_P = N_T/E_T \qquad (7-54)$$

应当指出,用图解法求得的总梯级数并不等于 N_T。再沸器一般视作一块理论板,应扣除。此外,若塔顶为分凝器,也视作一块理论板,也应扣除。

4. 进料热状态的影响

从操作线的推导过程可知,进料热状态不影响精馏段操作线的位置,但不同的进料热状态下 q 值及 q 线斜率改变,从而提馏段操作线、加料板的位置和理论板数随之变化。进料组成、回流比及分离要求一定时,几种不同进料热状态下 q 线和提馏段操作线的位置如图7-17所示。

(五)回流比的影响及其选择

1. 全回流与最少理论板数

回流比的大小是影响精馏操作最重要的因素。对于一定的料液组成和分离要求,增加回流比,精馏段操作线的斜率 $R/(R+1)$ 增大(见图7-18),精馏段和提馏段操作线均向对角线移动,它们与平衡线之间的距离增大,表示塔内气、液两相离开平衡状态的距离增大,两相间传质的推动力增大,分离所需的理论板数减少。显然,R 愈大,所需理论板数愈少,当 R 增大到无穷大时,两操作线与对角线重合,分离所需理论板数最少。

R 为无穷大,其实际含义是馏出液量 D 为零,即上升蒸汽在冷凝器中冷凝后全部回流,称为全回流,这是回流比的极限。此时,两操作线均与对角线重合,全塔无精馏段和提馏段之分,分离所需的理论板数为最少理论板数。

全回流时 D 为零,一般 F 和 W 也均为零,既无进料也无出料,在生产上并无意义。全回流只用于测定全塔效率、实验研究和塔的开工初期。

对于理想物系,当在塔顶和塔底的组成范围内相对挥发度 α 变化不大时,平衡线方程为:

$$y = \frac{\alpha_m x}{1 + (\alpha_m - 1)x} \qquad (7-13)$$

此处 α_m 为塔顶、塔低相对挥发度的几何平均值:

$$\alpha_m = \sqrt{\alpha_{顶} \alpha_{底}} \qquad (7-55)$$

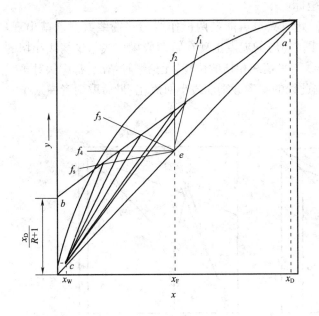

图 7 – 17　进料热状态对 q 线的影响

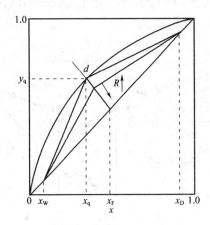

图 7 – 18　回流比的影响

因操作线与对角线重合,故操作线方程为:

$$y = x \tag{7-56}$$

交替应用此两方程,即可推得计算最少理论板数的芬斯克方程:

$$N_{\min} + 1 = \frac{\lg\left[\left(\dfrac{x_D}{1-x_D}\right)\left(\dfrac{1-x_W}{x_W}\right)\right]}{\lg\alpha_m} \tag{7-57}$$

求最少理论板数亦可用梯级法,只要在平衡线与对角线之间绘梯级即可。

2. 最小回流比

对于一定的料液和分离要求,减少回流比,精馏段操作线的斜率变小(见图 7 – 18),精馏段操作线向远离对角线的方向移动,操作线与平衡线间的距离减小,分离所需的理论板数增大。当 R 减小到某一数值,两操作线的交点 d 落到平衡线上时,无论多少梯级都不能跨过交点 d,这意味着分离所需的板数为无穷多,此时的 R 值叫做最小回流比,并用 $R_{\min}$ 表示,此时操作线与平衡线的交点 d 称为夹点,其附近区称为夹紧区。

最小回流比 $R_{\min}$ 是对于一定料液,为了达到一定的分离要求所需回流比的最小值。正常操作时,实际回流比必须大于最小回流比。

最小回流比的确定根据平衡线的情况与分离要求,有两种情况:

(1)平衡线上凸,无拐点　对于这种情况,夹点总是出现在两操作线与平衡线的共交点,即 d 点落在平衡线上。此时精馏段操作线的斜率为:

$$\frac{R_{\min}}{R_{\min} + 1} = \frac{x_D - y_q}{x_D - x_q}$$

从上式可知:

$$R_{\min} = \frac{x_D - y_q}{y_q - x_q} \tag{7-58}$$

式中　x_q、y_q——q 线与平衡线的交点坐标。

（2）平衡线上有下凹部分，有拐点　此时夹点可能在两操作线与平衡线共交前就出现。有两种可能出现的情况，见图 7-19。图中（1）的夹点出现在精馏段操作线与平衡线相切的位置，（2）的夹点则出现在提馏段操作线与平衡线相切的位置，无论哪种情况，都应从对角线上 x_D 和 x_W 点出发作平衡线的切线，据此线的斜率分别求最小回流比，最后取两者中最小者作为 R_{min}。

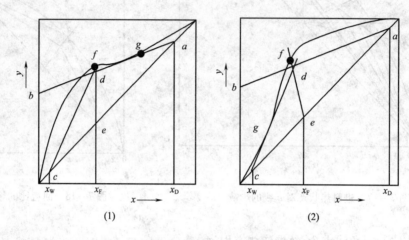

图 7-19　最小回流比的确定

3. 适宜回流比的选择

适宜回流比应根据经济核算确定，精馏过程的费用包括操作费与设备费两方面。操作费用主要为再沸器中加热蒸汽（或其它加热介质）的消耗量和冷凝器中冷却水（或其它冷却介质）的消耗量。在加料量和产量一定的条件下，再沸器蒸出的上升蒸气 V' 和冷凝器中需冷凝的蒸气量 V 均取决于回流比 R：

$$V = L + D = (R+1)D$$
$$V' = V + (q-1)F = (R+1)D + (q-1)F$$

随着 R 的增加，V 与 V' 均增大，加热蒸汽与冷却水的消耗量均增加，操作费用增加。操作费与 R 的关系大致如图 7-20 中曲线 2 所示。精馏装置的设备包括精馏塔、再沸器和冷凝器。回流比对设备费用的影响如图 7-20 中曲线 1 所示。当回流比为最小回流比时，需无穷多块理论板，精馏塔需无穷高，故设备费用为无穷大。增大回流比，最初使所需理论板数急剧减少，所需塔板数很快减少，故设备费用很快降低。随着 R 进一步增大，所需理论板数减少的趋势减慢；而同时由于 R 增加，上升蒸汽量 V 与 V' 增大，精馏塔直径需加大，再沸器和冷凝器的热负荷增大，所需传热面积增加；由于这几部分费用增加，所以随 R 增加，设备费减少的趋势减慢。最后，随 R 增加，再沸器与冷凝器增大和精馏塔塔径增加使设备费增加的因素超过理论板数减少使造价降低的因素，设备费随 R 的增加而增加。

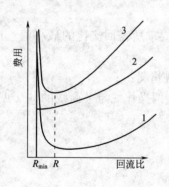

图 7-20　适宜回流比的选取

总费用为设备费与操作费之和,它与 R 的关系如图 $7-20$ 中曲线 3 所示,曲线 3 上最低点相应的回流比为最佳回流比 R。

最佳回流比的数值与很多因素有关,根据生产数据统计,一般操作回流比范围为:

$$R = (1.1 \sim 2)R_{min} \qquad (7-59)$$

上述考虑的是一般原则,实际回流比还应视具体情况选定。例如,对于难分离的混合液应选用较大的回流比,又如为了减少加热蒸气消耗量,就应采用较小回流比。

[例 $7-3$]常压下连续精馏含乙醇 30% 和水 70% 的混合液。于 20℃ 下进料,每小时处理料液 4000kg,产品含乙醇不低于 90%,残液含乙醇 3%(以上均为质量分数),操作回流比为最小回流比的 1.8 倍,全塔平均效率为 70%,求:(1)每小时馏出液量和釜液量;(2)实际回流比;(3)实际塔板数(100kPa 下乙醇 – 水系统的平衡数据见附表)。

附表

$t/℃$	$x/\%$	$y/\%$	$t/℃$	$x/\%$	$y/\%$
100	0	0	79.8	50.79	65.64
95.5	1.90	17.00	79.7	51.98	65.99
89	7.21	38.91	79.3	57.32	68.41
86.7	9.66	43.75	78.74	67.63	73.85
85.3	12.38	47.04	—	70	75.40
84.1	16.61	50.89	78.41	74.72	78.15
82.7	23.37	54.45	—	80	82.08
82.3	26.08	55.80	—	85	85.82
81.5	32.73	58.26	78.15	89.43	89.43
80.7	39.65	61.22			

解:(1)组成换算: $x_F = \dfrac{30/46}{(30/46 + 70/18)} = 0.144$

$$x_D = \frac{90/46}{(90/46 + 10/18)} = 0.779 \qquad x_W = \frac{3/46}{(3/46 + 97/18)} = 0.012$$

料液的平均摩尔质量　$M_F = 0.144 \times 46 + 0.856 \times 18 = 22(\text{kg/kmol})$

进料摩尔流量:　　　　　　　$F = 4000/22 = 181.8(\text{kmol/h})$

全塔物料衡算:　　　　　　　$D + W = 181.8$

　　　　　　　　　　$0.779D + 0.012W = 181.8 \times 0.144$

联立解得:　　　　　　$D = 31.3\text{kmol/h}, W = 150.5\text{kmol/h}$

(2)根据所给平衡数据,作乙醇 – 水系统的平衡线,如本题附图所示。在图上找出 $x_D = 0.779$,作垂直线与对角线交于 a 点,从 a 点作平衡线的切线 aa',量出切线的斜率为 0.47,故最小回流比:

$$\frac{R_{min}}{R_{min} + 1} = 0.47$$

即: $R_{min} = 0.89$

实际回流比：

$$R = 1.8R_{min} = 1.8 \times 0.89 = 1.6$$

（3）在图上先作精馏段操作线，其截距为 $\dfrac{x_D}{R+1} = \dfrac{0.779}{1.6+1} = 0.3$，连 y 轴上坐标为 0.3 的点和对角线上 a 点，即得精馏段操作线。

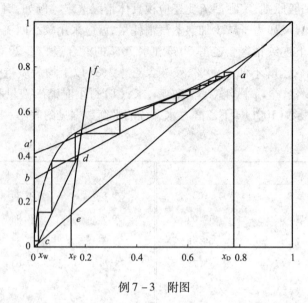

例 7 - 3　附图

从附表平衡数据查得进料浓度下泡点 $t_s = 84.5℃$，在此温度下乙醇的汽化潜热为 879kJ/kg，水的汽化潜热为 2302kJ/kg。

故　　$r_c = x_F r_A M_A + (1 - x_F) r_B M_B = 0.144 \times 879 \times 46 + 0.856 \times 2302 \times 18 = 41300(kJ/kmol)$

平均温度 $t_m = (20 + 84.5)/2 = 52.3℃$，查得该温度下乙醇比热容 2.89kJ/(kg·K)，水的比热容 4.18kJ/(kg·K)。

故　$c_{p,m} = x_F c_{p,A} M_A + (1 - x_F) c_{p,B} M_B = 0.144 \times 2.89 \times 46 + 0.856 \times 4.18 \times 18 = 83.5[kJ/(kmol·K)]$

$$q = \frac{r_c + c_{p,m}(t_s - t_F)}{r_c} = \frac{41300 + 83.5 \times (84.5 - 20)}{41300} = 1.13$$

先在 $y - x$ 图横轴上定出 $x_F = 0.144$ 作垂直线交对角线于 e 点，过 e 点作斜率为 $q/(q-1) = 8.69$ 的直线，即为 q 线，此线与精馏段操作线交于 d 点。再在横轴上定出 $x_W = 0.012$，作垂直线交对角线于 b 点，连 bd 即得提馏段操作线。最后在两操作线与平衡线之间作梯级得理论板数为 11（包括釜），加料板在第 9 块板上。

实际板数：

$$N_P = N_T/E_T = 14$$

（六）理论板数的捷算法

当需要对完成一定分离任务所需的理论板数进行快速估算，以研究理论板数与回流比等操作参数的关系，进行技术经济分析时，可以采用理论板数的简捷算法。这一算法不仅适用于二元体系，也可以用于多元体系。

对回流比的影响分析指出，全回流对应于最少理论板数 N_{min}，最小回流比 R_{min} 对应于无穷多的理论板数，这是两个极限。前人通过大量的计算和实验，总结出吉利兰图，如图 7 - 21 所示，图的横坐标为 $(R - R_{min})/(R + 1)$，纵坐标为 $(N - N_{min})/(N + 2)$，其中的理论板数 N 不含再沸器。

从图 7 – 21 中看出,当回流比趋于最小回流比时,纵坐标接近于 1,即 N 趋于无穷;当全回流时,横坐标趋于 1,纵坐标趋于零,即 $N = N_{\min}$。

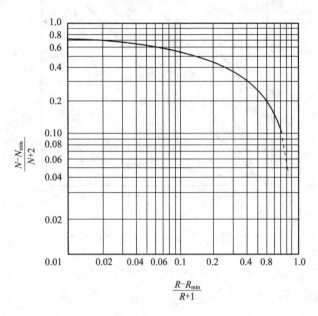

图 7 – 21　吉利兰图

吉利兰图中的曲线在 $0.01 < X < 0.9$ 的范围内可以表为:

$$Y = 0.545827 - 0.591422X + 0.002743/X \tag{7-60}$$

式中　$X = (R - R_{\min})/(R + 1)$,$Y = (N - N_{\min})/(N + 2)$。

简捷法求理论板数的步骤是:

①按设计条件确定 $R_{\min}$ 和 $N_{\min}$;

②选择回流比 R;

③计算 X,从图中查得 Y(或用公式计算),最后得到理论板数 N。

用精馏段的最小理论板数 $N_{\min 1}$ 代替 $N_{\min}$,用同样的方法可以求出加料板位置。

(七)精馏特例

1. 直接蒸汽加热

若难挥发组分为水,则塔底釜液几乎是纯水,此时可以省却再沸器,直接将蒸汽通入塔釜,称为直接蒸汽加热。

为计算方便,设蒸汽为饱和蒸汽,并按恒摩尔流处理,流程见图 7 – 22。

直接蒸汽加热时理论板数的计算方法与间接蒸汽加热时相同。精馏段的情况与间接蒸汽加热没有不同,因此精馏段操作线不变。q 线的作法也相同。但提馏段多了一股物流,用同样的方法对图 7 – 22 中的提馏段作衡算时,得到:

总物料衡算　　　　　　　　　　$L' + V_0 = V' + W$ 　　　　　　　　　(7 – 61)

易挥发组分衡算　　　　　　$L'x'_m + V_0 y_0 = V'y'_{m+1} + Wx_W$ 　　　　　(7 – 62)

由恒摩尔流假设,$V' = V_0$,$L' = W$,一般 $y_0 = 0$,因此式(7 – 61)可写成:

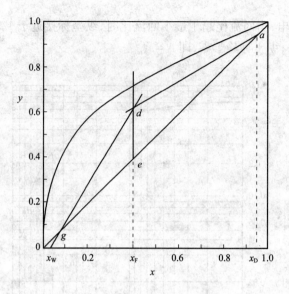

图 7 - 22　直接蒸汽加热的连续精馏塔

$$W'x'_m = V'y'_{m+1} + Wx_W \tag{7-63}$$

由此得提馏段操作线：

$$y'_{m+1} = \frac{W}{V_0}x'_m - \frac{W}{V_0}x_W \tag{7-64}$$

它与式(7-38)不同之处在于它不过对角线上(x_W, x_W)点，而是过横轴上$(x_W, 0)$点。此线与精馏段操作线的交点轨迹仍是 q 线。用作图法求取理论板数时，只需用横轴上 g 点代替 c 点，就可以作出提馏段操作线，如图 7-23 所示。

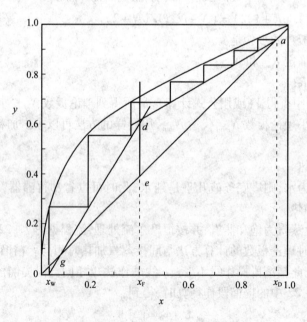

图 7 - 23　直接蒸汽加热时理论板数的求取

直接蒸汽加热时,如果 x_F、x_D、x_W 均与间接蒸汽加热相同,塔釜排出的液体量必然增加,它将带走少量的易挥发组分,从而使易挥发组分的回收率降低。若要保持易挥发组分的回收率,则釜液组成必然比间接蒸汽加热时低,因此所需的理论板数将略有增加。此外,塔釜不能起一块理论板的作用。

2. 多侧线塔

在工业生产中,有时需要将组分相同但浓度不同的几股物流分离,有时又需要不同浓度的产品。在前一种情况下,应设置若干进料口,将物流在相应浓度的位置加入。在后一种情况下,可以在塔的不同位置上开设出料口。这两种情况均构成多侧线塔(进、出口均为侧线)。

若精馏塔有 i 个侧线,则全塔可分成 $(i+1)$ 段,每一段都有操作线。操作线的推导方法都是用物料衡算。在 $y-x$ 图上作出这些操作线后,仍用梯级法求取理论板数。此时,相邻两段的操作线的交点仍用操作线方程联立的方法获得,各股进料的 q 线方程与单股进料时相同。

对多侧线塔,在确定最小回流比时应注意正确判断夹点的位置。例如对双进料口的塔,夹点可能在Ⅰ—Ⅱ两段操作线的交点,也可能在Ⅱ—Ⅲ两段操作线的交点,应分别求对应的最小回流比,取其大者作为设计依据。对非正常平衡线,夹点也可能在塔中部的某个位置。

3. 间歇精馏

间歇精馏又称分批精馏,是小批量生产时采用的操作方法。与连续精馏相同之处在于保留了回流,不同之处在于料液一次性加入塔内,逐渐加热汽化,塔顶冷凝液部分回流,其余作为产品。显然,这是非稳态操作。由于没有物料的连续加入,间歇精馏只有精馏段,因此只有一条操作线。

间歇精馏通常有两种操作方式,一是馏出液组成保持恒定,回流比不断加大;二是回流比保持恒定,馏出液组成逐渐降低。计算方法是:先按基准状态进行设计型计算,确定理论板数;然后作操作型计算,求取有关参数。

(1)回流比恒定的间歇精馏　在回流比恒定的间歇精馏中,釜液和馏出液的组成均不断下降,直到釜液组成降至规定值,即停止操作。由于回流比恒定,因此操作线斜率不变,操作线不断下移。

计算时,以釜液的初始组成 x_F 为基准,其对应的馏出液组成为 x_{D1},由此确定最小回流比:

$$R_{\min} = \frac{x_{D1} - y_F}{y_F - x_F} \tag{7-65}$$

操作回流比取最小回流比的 $1.1 \sim 2$ 倍。确定 R 后,可作出初始操作线,然后作梯级,得到理论板数。如图 7-24 所示,图中表示需要 3 块理论板。

然后在馏出液的初始和终了组成的范围内,任意选若干 x_D 值,过点 (x_D, x_D) 作一系列斜率为 $R/(R+1)$ 的直线,即为对应于 x_D 的操作线。在每条操作线上作梯级,梯级数等于理论级数,即得到对应的 x_W 值,如图 7-24,这样建立 $x_D - x_W$ 关系。

与简单蒸馏相似,作微分物料衡算,得到釜液和馏出液量:

$$\ln \frac{F}{W_e} = \int_{x_{We}}^{x_F} \frac{dx_W}{x_D - x_W} \tag{7-66}$$

式中　W_e——与组成 x_{We} 相对应的釜液量。

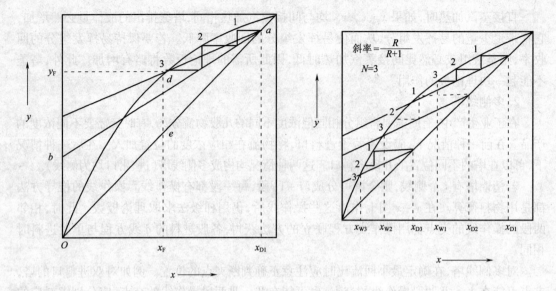

图 7 - 24 恒回流比间歇精馏

式(7-66)的积分须在前面建立的 $x_D - x_W$ 关系基础上进行。

最后用总物料衡算得到馏出液的平均组成:

$$x_{Dm} = \frac{Fx_F - Wx_W}{F - W} \tag{7-67}$$

(2)馏出液组成恒定的间歇精馏 在馏出液组成恒定的间歇精馏中,须不断增加回流比。各操作线均过 (x_D, x_D) 点,但斜率逐渐增大。

计算时,以馏出液组成为 x_D 和釜液的最终组成 x_{We} 为基准确定最小回流比:

$$R_{min} = \frac{x_D - y_{We}}{y_{We} - x_{We}} \tag{7-68}$$

操作回流比取最小回流比的 1.1 ~ 2 倍,初始时回流比可取小些。由 x_D、x_{W1} 和 R_e,作梯级得到理论板数。如图 7-25,图中表示需要 4 块理论板。

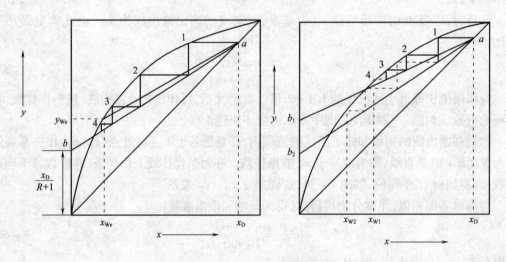

图 7 - 25 恒组成间歇精馏

若确定某一 x_{W1} 值,先假设一 R 值。作操作线,然后作梯级,若梯级数等于理论级数,即 R 值成立,否则修正后再试,这样建立 $x_{\mathrm{D}} - x_{\mathrm{W}}$ 关系。

作微分物料衡算得到对应釜液组成 x_{W} 时的汽化总量:

$$V = \int_0^V \mathrm{d}V = F(x_{\mathrm{D}} - x_{\mathrm{F}}) \int_{x_{\mathrm{W}}}^{x_{\mathrm{F}}} \frac{R+1}{(x_{\mathrm{D}} - x_{\mathrm{W}})^2} \mathrm{d}x_{\mathrm{W}} \tag{7-69}$$

第二节　板　式　塔

一、板式塔的结构

板式塔是分级接触式的气液传质设备。其主体为一圆筒形的壳体,内装有按一定间距放置的水平塔板。液体借重力作用由上层塔板经降液管流至下层塔板,横向流过塔板后又进入降液管。如此逐板流下,最终由塔底排出。气体由塔底靠压强差逐板向上流,最终由塔顶流出。因此,从宏观看,气液两相呈逆流流动,但在每一块塔板上,则呈错流流动。气液两相的浓度则呈阶梯式变化。

板式塔的空塔速度较高,生产能力大。加上板式塔具有塔板效率稳定、操作弹性大、造价低、维修方便的优点,因而在生产上得到广泛的应用。除大量用于蒸馏和萃取操作外,还可用于吸收等操作。

板式塔一般是根据塔板结构分类的,有泡罩塔、浮阀塔、筛板塔、穿流多孔板塔、舌形塔、浮动舌形塔和网孔板塔等多种塔板,目前国内外主要使用的塔型是筛板塔和浮阀塔。下面简要介绍几种主要板式塔。

(一)泡罩塔

泡罩塔在工业上应用已有100多年的历史,它是最早的气液传质设备之一。随着工业技术的发展,泡罩塔已逐步被浮阀塔和筛板塔取代。

泡罩塔板上开有若干孔,孔上焊有升气短管,在升气管上覆以边缘开有齿缝的泡罩。板上靠有一定高度的溢流堰维持一定的液层,齿缝浸没于液层中形成液封。气流从升气管上升,在通过齿缝时被分散成细小的气泡,穿过液层上升,借此实现气液两相间的传质,见图 7-26。

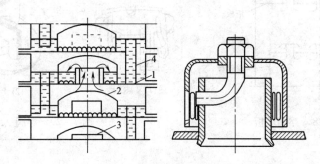

图 7-26　泡罩塔板
1—塔板　2—泡罩　3—蒸汽通道　4—溢流管

泡罩塔的优点是操作弹性大,塔板不易堵塞。但结构复杂,造价高,气相压降大,生产能力一般不大。

(二)筛板塔

筛板塔也是一种有多年历史的塔型,如图7-27所示。塔板上开有许多均匀分布的小孔,称为筛孔,孔径一般为3~8mm,筛孔在塔板上排成正三角形。塔板上还装有溢流管,液体沿溢流管下流。溢流管上端高出塔板一定高度,以维持板上有一定高度的液层,称为溢流堰。溢流管的下端伸入下层塔板上的液体中,形成液封,使上升蒸汽不能由溢流管通过。在正常操作时,通过筛孔的上升气流,应能阻止液体通过筛孔向下泄漏,液体只能通过溢流管逐板下流。

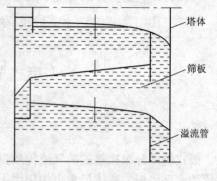

图7-27 筛板塔板

筛板塔的优点是:结构简单,塔板的造价在板式塔中为最低,仅为泡罩塔的20%~50%,生产能力和板效率比泡罩塔高,压强降小,液面落差也较小。缺点是操作弹性小,筛孔小时容易堵塞,近年来采用大孔径(孔径为10~25mm)筛板,可避免堵塞,而且由于气速的提高,生产能力增大。

(三)浮阀塔

浮阀塔是20世纪50年代初期出现的一种板式塔,由于它兼有泡罩塔和筛板塔的优点,目前,已成为国内应用最广泛的塔型。

浮阀塔板(图7-28)的结构特点是在塔板上开有若干大孔(标准孔径为39mm),孔上装有能上下浮动的阀称浮阀。阀片上连三个阀腿,插入孔后将阀腿底脚弯转,以限制阀片的开度,同时起固定阀片的作用。浮阀是标准化元件,有盘形和条形两大类。盘形浮阀又有多种,按支架型式分为两种,一种是十字架型,一种是V型,如图7-29所示。表7-1列出了几种常用浮阀的基本参数。

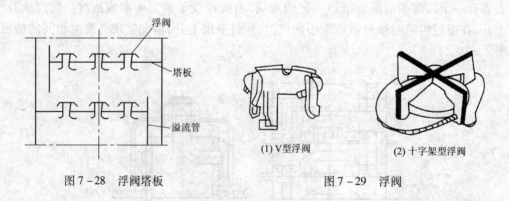

图7-28 浮阀塔板

(1)V型浮阀   (2)十字架型浮阀

图7-29 浮阀

浮阀塔的操作和泡罩塔的操作一样,塔内上升蒸汽自气孔上升,顶开浮阀,穿过环形缝隙,以水平方向吹入液层,形成泡沫。随着气量的增加,浮阀的开度在一定范围内自动调节,使气速稳定,从而使塔能在相当宽的范围内稳定操作。塔板上的液体沿降液管下流经各层塔板后,最终流入塔釜。

表 7 – 1 常用浮阀的基本参数

形式	F1 型(重阀)	V – 4 型	T 型
阀孔直径/mm	39	39	39
阀片直径/mm	48	48	50
阀片厚度/mm	2	1.5	2
最大开度/mm	8.5	8.5	8
静止开度/mm	2.5	2.5	1 ~ 2
阀质量/g	32 ~ 34	25 ~ 26	30 ~ 32

浮阀塔的优点为:

①生产能力大,比泡罩塔大 20% ~ 40%,与筛板塔相近;

②操作弹性大,由于阀片可以自由升降以适应气量的变化,气缝速度近乎不变,能在较宽的范围内保持高的分离效率;

③板效率高;

④压降较小,液面落差小;

⑤塔板结构简单,安装容易,制造费用为泡罩塔板的 60% ~ 80%,为筛板塔的 120% ~ 130%;

⑥对物料的适应性比筛板塔强,能处理较脏且黏的物料。

(四)喷射型塔板

以上几种塔板工作时,板上气液两相间都是以鼓泡或泡沫状态接触的,气体的速度因而不能太高,否则将造成严重的液沫夹带现象,使传质效率下降。这样塔板的生产能力就受到一定的限制。近年来研制开发出的喷射型塔板,则是以喷射形式接触的,气体的速度因而可以较高,从而提高了生产能力。

1. 舌型塔板

图 7 – 30 所示的塔板为舌形塔板,在板上冲出舌形孔,然后使舌片向液体出口侧张开,与板面间成一定的角度。操作时,上升的气流沿舌片喷出,其速度可达 20 ~ 30m/s,液体被气流喷射到液层上方,再流入降液管。

舌型塔板的优点是气速高,生产能力大;气液成并流流动,液面落差小,压降低;板上返混现象较少,因此板效率较高。但塔的操作弹性小,且存在气相夹带现象。

2. 浮舌塔板

浮舌塔板(图 7 – 31)结合了浮阀塔板和舌型塔板的优点,将舌片做成像浮阀一样可以上下浮动的部件,具有处理能力大、压降低、弹性大的优点,特别适用于热敏性物料的减压蒸馏。

以上介绍的是几种常用塔板,其它各种塔板还有很多,新的塔板还在不断研究开发之中。对于一个具体的分离过程,应根据处理物系的性质、分离要求、塔板性能等因素综合考虑,选择合适的塔板。对一种塔板的评价,主要是根据其技术性能,具体而言有以下一些指标:

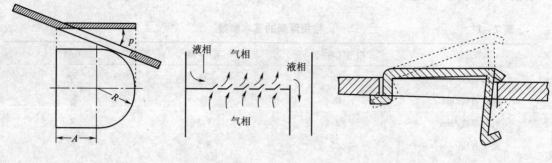

图 7 – 30　舌型塔板　　　　　　　　　　　图 7 – 31　浮舌塔板

①生产能力,即单位截面上气体和液体的通量;

②塔板效率;

③操作弹性;

④气体通过塔板时的压降。

此外还应考虑结构、制造成本、维修等因素。表 7 – 2 对常用的几种工业塔板的性能作了比较,以供参考。

表 7 – 2　　　　　　　　　　　　常用工业塔板的性能比较

类型	相对生产能力	相对塔板效率	操作弹性	压降	结构	相对成本
泡罩塔板	1.0	1.0	中	高	复杂	1.0
筛板	1.2～1.4	1.1	低	低	简单	0.4～0.5
浮阀塔板	1.2～1.3	1.1～1.2	大	中	一般	0.7～0.8
舌形塔板	1.3～1.5	1.1	小	低	简单	0.5～0.6

二、板 效 率

理论板的概念是假设离开板的气液两相成平衡,这实际上意味着两相接触时间为无限长。实际生产中接触时间总是有限的,离开塔板的气液两相达不到平衡。因此实际塔板的分离效果总是小于理论板的分离效果。实际塔板的分离效果接近理论板的分离效果的程度用板效率表示。板效率有三种表示方式:点效率、单板效率与全塔效率。

单板效率 E_M 又称为默弗里板效率,它用蒸气(或液体)经过一块实际塔板时的组成变化与此板为理论板时的组成变化之比值表示,第 n 块实际塔板的单板效率可以分别用气相单板效率 E_{MV} 或液相单板效率 E_{ML} 表示:

$$E_{MV} = \frac{y_n - y_{n+1}}{y_{ne} - y_{n+1}} \tag{7 – 70}$$

$$E_{ML} = \frac{x_{n-1} - x_n}{x_{n-1} - x_{ne}} \tag{7 – 71}$$

式中　y_{ne}——与从第 n 块板流出的液体成平衡的蒸气组成;

　　　x_{ne}——与从第 n 块板上升的蒸汽成平衡的液体组成。

　　单板效率需由实验测定。同一块塔板的 E_{MV} 和 E_{ML} 一般并不相等,只有当操作线与平衡线平行时两者才相等。

　　全塔效率 E_T 又称总板效率,它是全塔各层塔板的平均效率,但不是各板单板效率的平均值。它也由实验测定,其测定方法为:对于一定的塔,即一定实际板数 N_P,在一定的操作压强 p、进料热状态 q 和回流比 R 下,测出馏出液 x_D 和釜残液 x_W,根据这些数据,求出达到此分离要求所需的理论板数 N_T(不包括再沸器),从而算出全塔效率。

　　同一塔内各板的板效率通常并不相等,即使各板的效率相等,在数值上也不等于全塔效率。这是因为两者定义的基准不同,全塔效率是以所需的理论板为基准定义的,而板效率是以单板的增浓程度为基准定义的。

　　如果将板效率定义中的浓度改为某点的浓度,则得到点效率的定义。点效率与板效率的不同在于板效率是以某板上的平均浓度定义的,只有当板上液体完全混合,或塔径很小时,两者在数值上才相等。

　　目前对板效率和全塔效率均以实验测定为,在设计计算时也有一些经验公式和图表供参考。对全塔效率,比较典型的估算方法是奥康奈尔法,见图 7 - 32。图中的曲线可关联为以下方程:

$$E_T = 0.49(\alpha_m \mu_L)^{-0.245} \qquad (7-72)$$

式中　α_m——塔顶、塔底平均温度下的相对挥发度;

　　　　μ_L——塔顶、塔底平均温度下的液相黏度,mPa·s。

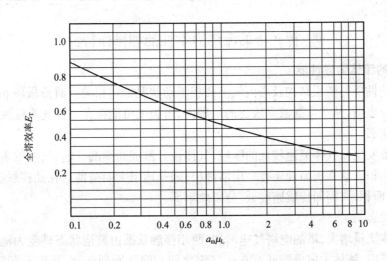

图 7 - 32　全塔效率关联图

三、塔径和塔高计算

(一)塔径

　　板式塔的塔径由体积流量公式确定:

$$D_T = \sqrt{\frac{4q_{V_g}}{\pi u}} \qquad (7-73)$$

式中　D_T——精馏塔内径,m;

q_{Vg}——塔内上升蒸汽的体积流量，m^3/s；

u——塔内允许的蒸汽空塔速度，m/s。

式(7-73)中的蒸气体积流量由生产能力决定，因进料状态而不同，而且必须将 kmol/s 换算成 m^3/s。蒸气空塔速度 u 与塔板型式、结构、尺寸、体系物性及操作条件等因素有关。首先根据流体力学性能确定液泛气速 u_{max}（有关液泛的概念在下文中讨论），然后取 $u = (0.6 \sim 0.8)u_{max}$。过低的蒸气空塔速度不仅使塔的造价增加，而且会降低传质效率。

在计算塔径时必须对精馏段与提馏段分别计算，然后根据算出塔径的差异大小，再作处理。如塔径相差不大，可取相同塔径；若塔径相差甚大，那么取不同的塔径。算出的塔径要圆整至符合标准系列的尺寸。

(二)塔高

板式塔的塔高取决于实际板数和板间距。对一定物系，一定操作条件及分离要求，由前节的方法求出所需理论板层数后，即可算出实际塔板数 N_P。然后根据生产能力、操作弹性等因素选取板间距 H_T，一般板间距在 0.2~0.6m，常用的简单方法是根据塔径选取板间距，见表 7-3。

表7-3	板间距选取的参考数值					
塔径 D/m	0.3~0.5	0.5~0.8	0.8~1.6	1.6~2.0	2.0~2.4	>2.4
板间距 H_T/mm	0.2~0.3	0.3~0.35	0.35~0.45	0.45~0.6	0.5~0.8	>0.6

四、板式塔的流体力学性能和操作特性

(一)板式塔的流体力学性能

板式塔的性能与塔板结构及塔内气液两相流动状况密切相关。对筛板塔和浮阀塔的生产实践和研究表明，从严重漏液到液泛的范围内，塔板上可能存在三种气液接触状况：

1. 鼓泡状态

鼓泡状态发生在气体流速较低的区域，气体被分散成断续的气泡，气泡的表面积即为两相间的传质面积。紧靠板面处还有一层清液层，随气速增大而减薄。在此接触状态下，湍动程度小，传质面积小，因而传质速度低，分离效率低。

2. 泡沫状态

随着气体流量增大，塔的空塔气速增加，两相接触状态由鼓泡状态转变为泡沫状态。此时气泡已连成串，液体大多成膜状存在于气泡之间。泡沫剧烈湍动，气泡不断破裂和生成，为传质创造了良好条件，是工业塔板上重要的气液接触状态之一。

3. 喷射状态

在某适当的气体流量范围和合适的筛孔直径、开孔率下，筛孔或阀孔中吹出的高速气流使液体喷散成液滴，液体从连续相变为分散相，而气体变成了连续相。在这种状态下的两相间传质面积为液滴群表面积。液体流经一块塔板经受多次聚合和分散，为传质创造了良好条件，也是工业塔板上一种重要的气液接触状态。在此状态下，处理能力大，但雾沫夹带较严重，对操作不利。为控制雾沫夹带，可适当增加板间距。

实际上，气液两相的负荷（即体积流量）有一定的限制范围。超出此范围，塔便不能正常操作。塔板上的不正常操作现象有以下几种：

（1）严重漏液　对板面上开有通气孔的塔，当上升气体流速较小时，上升气体通过开孔处的阻力和克服液体表面张力所形成的压强降不足以抵消塔板上液层的重力，液体会从塔板上开孔处往下漏，这种现象称为漏液。

造成漏液的主要原因是气速太小和板面上液面落差所引起的气流分布不均。气液两相逆流接触时，少量的漏液是难免的，漏液量低于液体流量的 10% 应属正常操作范围。当漏液量超过液体流量的 10% 时为严重漏液。严重漏液会使塔板上建立不起液层，从而导致板效率严重下降，在设计和操作时应特别注意防止。

（2）严重液沫夹带　在气流上升穿过塔板上液层时，将板上液滴带入上层塔板的现象称为液沫夹带。气体通过板上液层时，必然将部分液体分散成大小不等的液滴。这些液滴随气流往上运动，有可能被夹带到上层塔板。产生液沫夹带有两种情况：一种是小液滴的沉降速度较小，来不及沉降下来；另一种是液滴具有一定的向上初速度，以至来不及沉降而被带到上层塔板。对前一种情况，增大板间距并不能完全避免，因为总会有微小的液滴。对后一种情况，增大板间距可以有效地减少之。总体而言，板间距和空塔速度是影响液沫夹带量的两个主要因素。

为维持正常操作，应将液沫夹带量限制在一定范围。一般允许的夹带量为 0.1kg（液）/kg（气）以下。

（3）气泡夹带　在一定结构的塔板上，由于液体流量过大，使溢流管内的液体的溢流速度过大，溢流管中液体所夹带的气泡来不及从管中脱出而被夹带到下一层塔板，这种现象称为气泡夹带。气泡夹带本质上是一种返混，即与正常传质方向相反的流动，因而不利于传质。

从总量上看，气泡夹带量占气体总量的比例一般很小，对传质带来的危害并不很大。但气泡夹带降低了降液管内的泡沫层平均密度，使降液管的通过能力减小，严重时还会破坏塔的正常操作。

（4）液泛　当塔板上液体流量过大，上升气速又很高时，液体被气体夹带到上一层塔板上的量猛增，使塔板间充满了气、液混合物，最终使整个塔内都充满液体，这种现象称为夹带液泛。另一种情况是降液管设计太小，流动阻力过大，或因其他原因使降液管局部地区堵塞而变窄，使液体不能通过降液管向下流，液体在塔板上积累而充满整个板间，这种液泛常称为溢流液泛。当出现液泛时，塔板压降迅速上升，全塔操作被破坏，甚至会发生严重的设备事故。刚出现液泛时的空塔速度 u_{max} 为全塔的操作极限速度。为避免液泛发生，实际空塔速度应小于此极限速度，一般取 $u = (0.6 \sim 0.8) u_{max}$。

（二）板式塔的负荷性能图和操作弹性

对一定的塔板结构，处理固定物系时，其操作状况随气液两相负荷而改变。欲维持正常操作，须将气液负荷的波动限制在一定范围内。通常以液相负荷为横坐标，气相负荷为纵坐标，标绘各种极限条件下的 $V_S - L_S$ 关系曲线，得到负荷性能图，如图 7-33 所示。

图中 V 为气相流量，L 为液相流量，塔板的气液流量在图上为一点，称为操作点。线 1 为雾沫夹带线，通常以 0.1kg（液）/kg（气）的雾沫夹带量为依据作出。如果操作点位于线 1 以外，即表示雾沫加带量过大。

线 2 为液泛线，根据液泛发生的条件确定。若操作点位于该线的右上方，即表示将发生液泛。

线 3 为液相负荷上限线，是一条垂直线。当液相流量大于此线时，液体在降液管内的停留时间将会太短，气泡夹带将大量发生，以至产生降液管液泛。

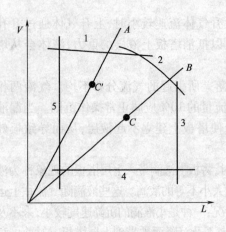

图 7-33 塔板负荷性能图

线 4 为漏液线,根据漏液点气速确定。

线 5 为液相负荷下限线,也是垂直线。当液相流量小于此线时,板上液体量将不足以形成均匀的液层,导致板效率大大下降。

由此五条线包围的区域即为塔的适宜操作范围。当精馏在恒回流比下操作时,V/L 为定值,操作点将沿经过原点,斜率为 V/L 的直线移动。该直线与操作区外缘有两个交点,表示塔的上下操作极限,此两极限之比即定义为塔的操作弹性。当操作点位于操作范围区域中央时,表示塔的操作弹性大。从图中可见 C 点明显优于 C' 点。负荷性能图的具体作法可参阅有关书籍。

当物系一定时,负荷性能图完全由塔板的结构尺寸决定。因此,在设计塔设备时,必须作负荷性能图,并调节塔的结构尺寸使操作点位于图中央,以达到高的操作弹性。对现有塔的操作,负荷性能图有助于分析塔的操作情况,对生产的调节和设备的改造均有一定的指导意义。

第三节　液-液萃取

液-液萃取是分离均相液体混合物的又一种单元操作。原料液中含有溶质 A 和原溶剂 B(B 也称为稀释剂),为使 A 和 B 分离,将某种选定的、与原溶剂不相溶的溶剂(称为萃取剂)S 加入到混合液中,溶质 A 在溶剂 S 中应有较大的溶解度,而 B 与 S 的互溶度则越小越好。经过充分的接触后,溶质 A 即转移到溶剂 S 中。然后利用 B 和 S 的密度差将两相分开,得到两个液相:以溶剂 S 为主的液相称萃取相 E,以原溶剂 B 为主的液相称萃余相 R。萃取相中的溶质需要分离,溶剂应回收循环使用,因此将 E、R 两相分别脱除溶剂,得到的两相分别称为萃取液 E′ 和萃余液 R′,而脱除溶剂的方法一般是用蒸馏、蒸发等操作。

由上可知,萃取操作并未直接达到分离的目的,必须与蒸馏、吸收等操作组合,方能完成分离任务。这样,萃取的费用应包括:

(1)萃取设备的投资和运转费用;

(2)溶剂的损耗;

(3)萃取后分离回收设备的投资和运转费用(包括能耗)。

相比之下,多数情况下萃取不如蒸馏经济。但在下列情况下萃取操作显示出其经济上和技术上的优越性:沸点十分接近的混合物的分离、恒沸液的分离、热敏性物料的分离等。

液-液萃取在食品工业上应用并不很多,主要用于提取与大量其他物质混杂在一起的少量挥发性较小的物质。同时,因液-液萃取可在低温下进行,故特别适用于热敏性物料的提取,如维生素、生物碱或色素的提取,油脂的精炼等。

一、液-液萃取相平衡过程与三元相图

液-液萃取涉及互不相溶的两个液相,被萃取的溶质从一相转移到另一相中,故属于传

质过程。萃取的基本依据是溶质 A 在溶剂 S 和稀释剂 B 中的溶解度差异,亦即 A 在萃取相和萃余相中的分配。因此,分配平衡(或称溶解平衡)是分析萃取过程的基础。

(一)组成在三角形相图上的表示

萃取过程至少涉及三个组分,一般用三角形相图表示三组分混合物的组成。常用的是等边三角形或等腰直角三角形相图,其中以直角三角形最为简便,如图 7 - 34 所示。一般用质量分数表示组成,也可用摩尔分数。在三角形相图中,三个顶点分别表示三种纯组分。任一边上的某一点则表示一个二元混合物。一般以 B 为原点,S 和 A 的浓度沿轴的正向增加,与常用的直角坐标一致。如 AB 边上的 E 点表示 A、B 二元混合物,其中 A 占 40%,B 则占60%。三角形内的某一点代表一个三元混合物。如在图 7 - 34 所示的直角三角形相图中,M 点代表一个三元混合物,其中含 S30%,含 A30%,则含 B 必为 1 - 30% - 30% = 40%。读法是先在两直角边上分别读 A 和 S 的组成,B 的组成则用 $x_A + x_B + x_S = 1$ 关系式求得。

另一种表示组成的方法是用 $x - y$ 坐标系,其中 x 为萃余相中溶质 A 的质量分数,y 为萃取相中溶质 A 的质量分数。对于 B 和 S 互不相溶的体系,还常用 $X - Y$ 坐标系,其中 X 为萃余相中溶质 A 与原溶剂 B 的质量比,Y 为萃取相中溶质 A 与溶剂 S 的质量比。

(二)液 - 液相平衡关系在三角形相图上的表示

根据各组分的互溶性,可将三元物系分为三种情况:

①溶质 A 可溶解于 B 和 S 中,但 B 与 S 完全不互溶;

②溶质 A 可溶解于 B 和 S 中,B 与 S 则部分互溶,形成一对平衡液相;

③组分 A、B 可完全互溶,但 B 和 S 形成一对以上平衡液相。

其中第(3)种情况会给萃取操作带来诸多不便,是应避免的。第(1)种情况属于理想的情形,但较少见。生产实践中广泛遇到的是第(2)种情况。

1.溶解度曲线和联结线

在一定温度下,B 和 S 为部分互溶,这两相的组成如图 7 - 35 中 N、L 两点所示。对于由 A、B、S 三元组成的体系,当静置相当长的时间以后,即分成两个平衡的液相,其组成由图中

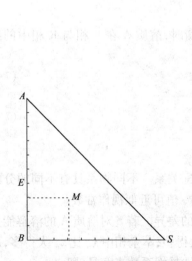

图 7 - 34　组成在三角形相图上的表示

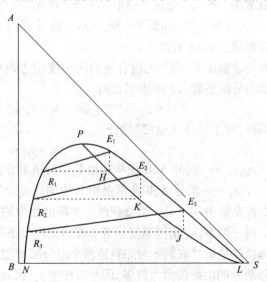

图 7 - 35　溶解度曲线和联结线

的 R、E 两点表示,称为共轭液相。三元体系的初始组成不同,共轭液相的组成也不相同。将一系列代表共轭液相组成的点连起来,成为一条曲线,即为在实验温度下该三元物系的溶解度曲线,而连接一对共轭液相组成点的直线称为联结线或平衡线。

溶解度曲线将三角形内部分为两个区域。曲线以内的区域为两相区,以外的区域为单相区。平衡时三元物系的组成点位于两相区内时,该物系就分成两个共轭液相。显然,萃取操作只能在两相区进行。

一定温度下同一物系的联结线倾斜方向一般是一致的,但联结线互不平行。少数情况下联结线的倾斜方向会改变。

2. 辅助曲线和临界混溶点

一定温度下,三元物系的溶解度曲线和联结线是根据实验数据来标绘的,使用时若要求与已知相成平衡的另一相的数据,常借助辅助曲线(也称共轭曲线)。如图 7-35,通过已知点 R_1、R_2、…等分别作底边 BS 的平行线,再通过相应联结线上 E_1、E_2、…等分别作直角边 AB 的平行线,各线分别相交于点 J、K、…,联结这些交点所得的曲线即为辅助曲线。辅助曲线与溶解度曲线的交点 P,表明通过该点的联结线为无限短,相当于这一系统的临界状态,称点 P 为临界混溶点。由于联结线通常都具有一定的斜率,因而临界混溶点一般不在溶解度曲线的顶点。

(三)分配曲线、分配系数和选择性系数

相平衡关系也可以在 $x-y$ 直角坐标中表示。在 $x-y$ 直角坐标中,用 x_A 表示萃余相的组成,y_A 表示萃取相的组成,三角形相图中的一条平衡线在直角坐标中就成为一个点,把这些点联结起来,就成为一条曲线,称为分配曲线,如图 7-36 所示。临界混溶点的位置则位于 $y=x$ 直线上。

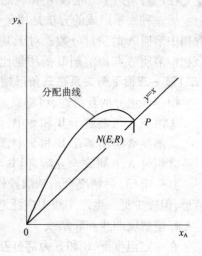

图 7-36 分配曲线

在一定温度下,当三元混合液的两个液相达到平衡时,溶质 A 在 E 相与 R 相中的组成之比称为分配系数,以 k_A 表示,即:

$$k_A = y_A / x_A \tag{7-74}$$

同样,对于组分 B 也可写出:

$$k_B = y_B / x_B \tag{7-75}$$

式中　y_A、y_B——组分 A、B 在萃取相 E 中的质量分数;

　　　x_A、x_B——组分 A、B 在萃余相 R 中的质量分数。

分配系数表达了某一组分在两个平衡液相中的分配关系。不同物系具有不同的分配系数值。同一物系,k_A 值随温度而变。在恒定温度下的 k_A 值可近似视作常数。

选择性是指萃取剂 S 对原料液两个组分溶解能力的差异。若 S 对溶质 A 的溶解能力比对稀释剂 B 的溶解能力大得多,即萃取相中 y_A 比 y_B 大得多,萃余相中 x_B 比 x_A 大得多,那么这种萃取剂的选择性就好。萃取剂的选择性好坏可用选择性系数来衡量,即:

$$\alpha = (y_A / y_B) / (x_A / x_B) = k_A / k_B \tag{7-76}$$

选择性系数类似于蒸馏中的相对挥发度。一般情况下,B 在萃余相中浓度总是比在萃取相中的高,即 $x_B/y_B>1$,所以萃取操作中 α 值均应大于 1。α 值愈大越有利于组分的分离;若 $\alpha=1$ 时,则有 $y_B/y_A=x_B/x_A$ 或 $k_A=k_B$,萃取相和萃余相在脱溶剂 S 后将具有相同的组成,且等于原料液组成,故无分离能力,说明所选择的溶剂是不适宜的。萃取剂的选择性高,对于一定的分离任务,可减少萃取剂用量,降低回收溶剂的能量消耗,并且可获得高纯度产品。若 $\alpha<1$,萃取还是可以进行的,但将非常困难,说明溶剂的选择不当。

(四)温度对相平衡关系的影响

一般来说,物系的温度升高,溶质在溶剂中的溶解度加大,即互溶度增加,使两相区的面积减小。反之温度降低使两相区面积增大。因而,温度明显地影响溶解度曲线的形状、联结线的斜率和两相区的面积,从而影响分配系数及选择性系数。图 7－37 表示了有一对组分互溶物系,在三个温度($T_1<T_2<T_3$)下的溶解度曲线和联结线。

(五)杠杆规则

共轭相 E 和 R 的量,可以从相图中求取。如图 7－38 所示。设三角形相图内任一点 M 表示 E 相和 R 相混合后混合液的总组成,M 点称为和点,而 E 点和 R 点则称为差点。且 E、M、R 三点在一条直线上,各液相的质量间的关系可用杠杆规则来描述,即 E 相和 R 相的质量比为:

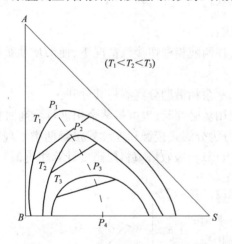

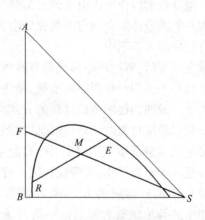

图 7－37　温度对溶解度的影响　　　　图 7－38　杠杆规则的应用

$$\frac{E}{R}=\frac{\overline{MR}}{\overline{ME}} \tag{7-77}$$

若上述三元混合物(M 点)是由一双组分(A 和 B)混合物(F 点)与组分 S 混合而成,则此双组分混合物的质量与组分 S 的质量之比应为:

$$\frac{S}{F}=\frac{\overline{MF}}{\overline{MS}} \tag{7-78}$$

(六)萃取剂的选择

萃取剂的选择是萃取操作的关键,它对萃取产品的产量、质量和过程的经济性产生直接的影响。一般而言,应从以下方面考虑:

1. 萃取剂的选择性

前已述及,选择性好坏或选择性系数愈大,对萃取愈有利。

2. 萃取剂 S 与稀释剂 B 的互溶度

组分 B 和 S 的互溶度愈小,则两相区面积愈大,可能得到的萃取液的浓度愈高,愈有利于萃取分离。

3. 萃取剂回收的难易与经济性

萃取剂的回收常采用蒸馏,其难易直接影响萃取操作的费用,在很大程度上决定萃取过程的经济性。故要求萃取剂 S 与原料液中组分的相对挥发度要大,不应形成恒沸物。若所选溶剂是物系中挥发度大者,则溶剂 S 的汽化热要小。

4. 萃取剂的其它物性

所选萃取剂与原料液应有较大的密度差。在萃取过程中密度差大的,两相可迅速分离,从而可提高设备的生产能力。另外,两液相的界面张力对分离效果也有重要影响。界面张力较大者有利于分层,界面张力小的有利混合,易形成乳化,分离困难。故界面张力要适当。此外,萃取剂应具有较低黏度和凝固点,具有化学稳定性和热稳定性,对设备腐蚀小,来源方便,价格低等。

一般情况下,一种溶剂不可能同时满足所有要求,一定要结合生产实际情况,抓住主要矛盾,合理地选择。

二、液-液萃取过程的计算

液-液萃取的操作流程由下列三部分组成:

①被萃取的液体混合物与溶剂充分混合,在两液相密切接触情况下,使溶质从被处理的液体混合物中溶入溶剂中;

②萃取结束后,将过程中形成的萃取相和萃余相借助分离器将其分开;

③萃取相经溶剂回收器回收溶剂,循环使用。必要时,也可将萃余相进行溶剂回收。

其中液-液两相接触传质过程的方式可分为分级式接触和连续式接触两类。现主要讨论分级式接触萃取过程的计算(连续式接触的计算与吸收塔填料层高度计算相类似)。

在分级式接触萃取过程计算中,无论是单级萃取操作还是多级萃取操作,均假设各级为理论级(又称理想级),即离开每级的 E 相和 R 相互为平衡。萃取操作中的理论级概念和蒸馏中的理论板相当。一个实际级的分离能力达不到一个理论级,两者的差异用级效率校正。

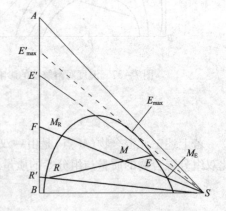

图 7 - 39　单级萃取的图解法

(一) 单级萃取

单级萃取的过程比较简单。将一定量的溶剂加入到料液中,充分混合,经一定时间后,体系分成两相,然后将它们分离,分别得到萃取相和萃余相。

操作可以连续进行,也可以间歇进行,间歇操作时,各股物料的量以千克表示;连续操作时,以质量流量 kg/s 表示。为简便起见,以 y 表示萃取相中溶质 A 的浓度,x 表示萃余相中溶质 A 的浓度。

进行萃取操作时,原料液 F 为被萃取的混合液,组成点为图 7 - 39 中 F 点。萃取时加溶剂 S 于原料液中,表示总组成的 M 点可根据原料液和溶剂的量按杠杆规则确定。

由于 M 点位于两相区内,故当原料液和溶剂充分混合并静置后,可使之分为两液相 E 和 R,两相互成平衡,E 和 R 两点可根据通过 M 点及辅助曲线、溶解度曲线来确定。

若将萃取相和萃余相中的溶剂分别加以回收,则当完全脱除溶剂 S 之后,可在 AB 边上分别得到含两组分的萃取液 E′和萃余液 R′。由图可见,组分 A 和组分 B 得到了一定的分离。

一般地,料液量 F 及其组成 x_F 和物系的相平衡数据为已知,且规定了萃余相的浓度 x,要求的是溶剂用量、萃取相的量和组成及萃余相的量。这些可通过物料衡算进行计算,萃取计算中常用的方法是图解法。

如图 7 – 39 所示,先根据料液组成和所要达到的萃余相组成确定 F 和 R 点,过 R 点作联结线,得与之平衡的萃取相组成点 E。连结 F 和 S,与联结线交于点 M。最后连接 SR、SE,并分别延长交 AB 边于 R′和 E′。从 R′、E′点可读出萃余液、萃取液的组成,从 E 点可读出萃取相的组成,从 M 点可得到和点的组成。

作总物料衡算,得:

$$F + S = E + R = M \tag{7 – 79}$$

由杠杆规则可求得各流股的量:

$$S = F \times MF/MS \tag{7 – 80}$$

$$E = M \times MR/ER \tag{7 – 81}$$

$$E' = F \times R'F/R'E' \tag{7 – 82}$$

也可结合溶质物料衡算进行计算:

$$Fx_F = Ey_E + Rx_R = E'y_E' + R'x_R' = Mx_M \tag{7 – 83}$$

故有:

$$E = M(x_M - x_R)/(y_E - x_R) \tag{7 – 84}$$

$$E' = F(x_F - x_R')/(y_E' - x_R') \tag{7 – 85}$$

若从 S 点作溶解度曲线的切线,此切线与 AB 边相交于 E'_{max} 点。此 E'_{max} 点即为在一定操作条件下所获得的含组分 A 最高的萃取液的组成点。

在实际生产中,由于溶剂循环使用,其中会含有少量的 A 和 B。此时计算的原则和方法仍然适用,仅在相图中表示溶剂组成的 S′点位置略向三角形内移动一点而已。

(二)多级错流萃取

单级萃取能达到的分离程度是有限的。若要求的分离程度较高,可以采用多级错流萃取。图 7 – 40 为三级错流萃取的流程图。操作时每级都加入新鲜溶剂,前级的萃余相作为后级的料液。这种操作方式的传质推动力大,只要级数足够多,最终可得到溶质组成很低的萃余相。

在设计计算中通常已知 F、x_F 及各级萃取剂的用量 S,规定最终萃余相的组成 x_n,要求计算理论级数。常用的计算方法是图解法,见图 7 – 41。实际上是单级萃取图解的多次重复,联结线数即为所需的理论级数。

总溶剂用量为各级溶剂用量之和,各级溶剂用量可以相等也可以不等,但对完成一定分离任务而言,只有各级溶剂用量相等时所需的溶剂用量才为最少。

[例 7 – 4]25℃时丙酮 – 水 – 三氯乙烷系统的溶解度和联结线数据见本题附表。今以三氯乙烷为萃取剂在三级错流萃取装置中萃取丙酮,料液量为 500kg/h,其中含丙酮 40%

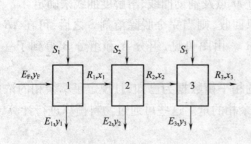

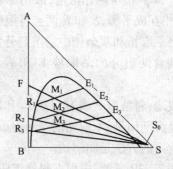

图 7-40　三级错流萃取流程　　　　图 7-41　三级错流萃取的三角形相图图解法

（质量分数，下同），各级溶剂用量相等，均为料液量的 50%。试求丙酮的回收率。

附表1　　　　　　　　　　　　　　　　溶解度数据　　　　　　　　　　　　　　　单位:%

三氯乙烷	水	丙酮	三氯乙烷	水	丙酮
99.89	0.11	0	38.31	6.84	54.85
94.73	0.26	5.01	31.67	9.78	58.55
90.11	0.36	9.53	24.04	15.37	60.59
79.58	0.76	19.66	15.39	26.28	58.33
70.36	1.43	28.21	9.63	35.38	54.99
64.17	1.87	33.96	4.35	48.47	47.18
60.06	2.11	37.83	2.18	55.97	41.85
54.88	2.98	42.14	1.02	71.80	27.18
48.78	4.01	47.21	0.44	99.56	0

附表2　　　　　　　　　　　　　　　　联结线数据　　　　　　　　　　　　　　　单位:%

水相中丙酮	5.96	10.0	14.0	19.1	21.0	27.0	35.0
三氯乙烷相中丙酮	8.75	15.0	21.0	27.7	32.0	40.5	48.0

解:由题中给的数据在等腰直角三角形相图上作溶解度曲线和辅助线(见本题附图)。

各级加入的溶剂量为 $S = 0.5F = 0.5 \times 500 = 250 (\text{kg/h})$，由 F 和 S 的量用杠杆规则定出代表混合液组成的 M_1 点。用试差法作过 M_1 点的联结线，从而求出 R_1、E_1 的量。由杠杆规则:

$$M_1 = F + S = 500 + 250 = 750 (\text{kg/h})$$

$$R_1 = M_1 \times E_1 M_1 / E_1 R_1 = 750 \times 33/67 = 369.4 (\text{kg/h})$$

重复以上计算步骤，得:

$$M_2 = R_1 + S = 369.4 + 250 = 619.4 (\text{kg/h})$$

$$R_2 = M_2 \times E_2 M_2 / E_2 R_2 = 619.4 \times 43/83 = 321 (\text{kg/h})$$

同理
$$M_3 = 321 + 250 = 571(\text{kg}/\text{h})$$
$$R_3 = 571 \times 48/92 = 298(\text{kg}/\text{h})$$

由图读得
$$x_3 = 3.5\%$$

故丙酮的回收率:

$$\eta_A = (Fx_F - R_3 x_3)/Fx_F = (500 \times 0.4 - 298 \times 0.035)/(500 \times 0.4) = 0.948$$

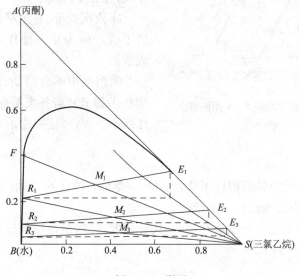

例 7 - 4　附图

如果萃取剂 S 与稀释剂 B 互不相溶,则用直角坐标图进行计算更为方便。

设每一级加入的溶剂量相等,则各级萃取相中 S 的量和萃余相中 B 的量均为常数。萃取相只含 A、S 两种组分,萃余相只含 A、B 两种组分,此时可仿照吸收中的组成表示方法用质量比 Y（kgA/kgS）和 X（kgA/kgB）分别表示两相的浓度,而在 $Y - X$ 坐标图上的平衡关系称为分配曲线,参见图 7 - 42。

对图 7 - 42 中第一级作 A 的衡算得:

$$BX_F + SY_S = BX_1 + SY_1$$

整理得:

$$Y_1 = -\frac{B}{S}X_1 + \left(\frac{B}{S}X_F + Y_S\right) \qquad (7-86)$$

同理,对第 n 级有:

$$Y_n = -\frac{B}{S}X_n + \left(\frac{B}{S}X_{n-1} + Y_S\right) \qquad (7-87)$$

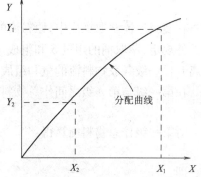

图 7 - 42　$Y - X$ 坐标中的分配曲线

上式为离开任一级的两相组成间的关系,称为操作线方程。其斜率 $-B/S$ 为常数,且过点(X_{n-1}, Y_S)。又由理论级假设,$Y_n \sim X_n$ 间成平衡,故(X_n, Y_n)点必位于分配曲线上。由此可得到图解步骤如下(见图 7 - 43):

①在直角坐标上作出分配曲线;

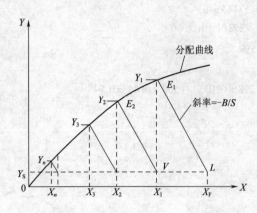

图7-43 多级错流萃取的 Y-X 图图解法

②据 X_F 和 Y_S 定出 L 点,从 L 点出发作斜率为 $-B/S$ 的直线即操作线,交分配曲线于 V,该点坐标即为(X_1,Y_1);

③过 L 作垂直线与 $Y=Y_S$ 水平线交于 V 点,过 V 点作斜率 $-B/S$ 的直线,为第二级操作线,交分配曲线于 E_2;

④依次类推,直至萃余相组成 X_n 等于或低于指定值为止。操作线的数目即为理论级数。

若溶剂中不含溶质,则 $Y_S=0,L,V$ 等点均在 X 轴上。若各级溶剂用量不等。则各操作线不平行,可逐级由溶剂量作操作线方程,其余作法相同。

(三)多级逆流萃取

多级错流萃取的缺点是溶剂耗用量大,且各级萃取相浓度不等,给下一步的分离带来困难,多级逆流萃取可以克服这两个缺点。

多级逆流接触萃取操作一般是连续的,其分离效率高,溶剂用量较少,故在工业中得到广泛的应用。如图7-44所示。

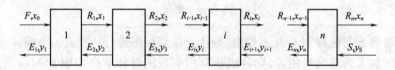

图7-44 多级逆流萃取流程

在多级逆流萃取操作中,原料液的流量 F 和组成 x_F、最终萃余相中溶质组成 x_n 均由工艺条件规定,萃取剂的用量 S 和组成 y_S 由经济权衡而选定,要求计算萃取所需的理论级数和离开任一级各股物料流的量和组成。

在第一级与第 n 级之间作总物料衡算得:

$$F + S = R_n + E_1 \qquad (7-88)$$

对第一级作总物料衡算得:

$$F + E_2 = R_1 + E_1$$

即

$$F - E_1 = R_1 - E_2 \qquad (7-89)$$

对第二级作总物料衡算得:

$$R_1 + E_3 = R_2 + E_2$$

即

$$R_1 - E_2 = R_2 - E_3 \qquad (7-90)$$

依次类推,对第 n 级作总物料衡算:

$$R_{n-1} + S = R_n + E_n$$

即

$$R_{n-1} - E_n = R_n - S \qquad (7-91)$$

由上面各式可得出:

$$F - E_1 = R_1 - E_2 = \cdots = R_i - E_{i+1} = \cdots = R_{n-1} - E_n = \Delta \tag{7-92}$$

式(7-92)表明离开任意级的萃余相 R_i 与进入该级的萃取相 E_{i+1} 流量之差 Δ 为常数。Δ 可视为通过每一级的"净流量"。Δ 是虚拟量,其组成也可在三角形相图上用点 Δ 表示。Δ 点为各操作线的共有点,称为操作点。显然,Δ 点分别为 F 与 E_1、R_1 与 E_2、R_2 与 E_3、$\cdots$、R_{n-1} 与 E_n、R_n 与 S 诸流股的差点,故可任意延长两操作线,其交点即为 Δ 点。通常由 FE_1 与 SR_n 的延长线交点来确定 Δ 点的位置。

由此得图解方法如下(见图7-45):

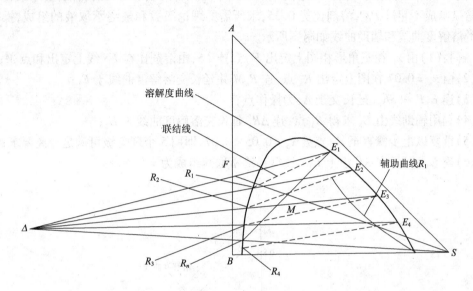

图7-45 多级逆流萃取的三角形相图图解法

①根据工艺要求选择合适的萃取剂,确定适宜的操作条件。根据操作条件下的平衡数据在三角形坐标图上绘出溶解度曲线和辅助曲线;

②根据原料和萃取剂的组成在图上定出 F 和 S 两点位置(图中是采用纯溶剂),再由溶剂比 S/F 在 FS 连线上定出和点 M 的位置;

③由规定的最终萃余相组成 x_n 在相图上确定 R_n 点,联点 R_n、M 并延长 R_nM 与溶解度曲线交于 E_1 点,此点即为离开第一级的萃取相组成点;

④连 FE_1,R_nS,分别延长交于一点,即 Δ 点;

⑤作过 E_1 的平衡线,得与之平衡的 R_1 点;

⑥连 ΔR_1,延长交溶解度曲线于 E_2;

⑦作过 E_2 的平衡线,得 R_2 点;

⑧重复⑤~⑥步骤,直至萃余相组成等于或低于 x_n 为止。由此得理论级数。

根据杠杆规则,可以计算最终萃取相及萃余相的流量。

Δ 点的位置与联结线斜率、料液流量 F 和组成 x_F、萃取剂用量 S 及组成 y_S、最终萃余相组成 x_n 等因素有关。

多级萃取操作与吸收操作有最小液气比一样,也有一个最小溶剂比和最小溶剂用量 S_{min}。S_{min} 是溶剂用量的最低极限值,操作时如果所用的萃取剂量小于 S_{min},则无论用多少理论级也达不到规定的萃取要求。实际所用的萃取剂用量必须大于最小溶剂用量。溶剂用量少,所需理论级数多,设备费用大;反之溶剂用量大,所需理论级数少,萃取设备费用低,但溶剂回收设备大,回收溶剂所消耗的热量多,操作费用高。所以,需要根据萃取和溶剂回收两部分的设备费和操作费进行经济核算,以确定适宜的萃取剂用量。

由三角形相图看出,S_s/F 值愈小,操作线和联结线的斜率愈接近,所需的理论级数愈多,当萃取剂的用量减小至 S_{min} 时,将会出现某一操作线和联结线相重合的情况,此时所需的理论级数为无穷多,S_{min} 的值可由杠杆规则求得。

[例 7 – 5]用纯溶剂 S 在多级逆流萃取装置中处理含溶质 A30% 的料液,要求最终萃余相中溶质组成不超过 7%,溶剂比为 0.35,求所需的理论级数和最终萃取液的组成,操作条件下的溶解度曲线和辅助曲线如附图所示。

[解]:(1)由 x_F 在三角形相图上定出 F 点,连 FS,由溶剂比在 FS 线上定出和点 M;

(2)由 $x_n = 0.07$ 在图上定出 R_n 点,连 R_nM 并延长交溶解度曲线于 E_1;

(3)连 E_1F 和 SR_n,延长交于 Δ,为操作点;

(4)利用辅助线由 E_1 求得 R_1 点,连 ΔR_1 延长交溶解度曲线于 E_2;

(5)重复以上步骤直至 R_5 点处 $x_5 = 0.05 < 0.07$,即用 5 个理论级可满足分离要求;

(6)连 E_1S 延长交 AB 边上 E_1',读得最终萃取液组成为 $x_1' = 0.87$。

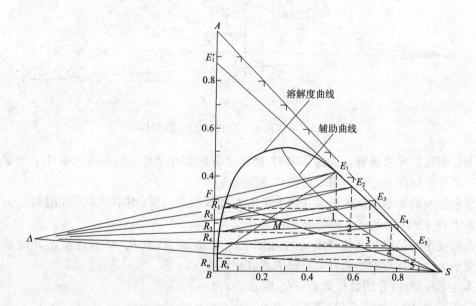

例 7 – 5 附图

当 B 和 S 完全不互溶时,多级逆流萃取的计算与脱吸十分相似,在图 7 – 46 中的第一级至第 i 级之间对溶质 A 作衡算得:

$$BX_F + SY_{i+1} = SY_1 + BX_i \tag{7-93}$$

$$Y_{i+1} = \frac{B}{S}X_i + \left(Y_1 - \frac{B}{S}X_F\right) \tag{7-94}$$

这就是多级逆流萃取的操作线方程。操作线是一条直线,斜率为 B/S。两端点为 (X_F, Y_1) 和 (X_n, Y_S)。若 $Y_S = 0$,则下端点为 $(X_n, 0)$,由此得图解法:

(1)在 $Y – X$ 图上作出分配曲线;

（2）作操作线,由于 X_F、Y_S 为已知,Y_1 或 X_n 由分离要求规定其中之一,另一组成可由总物料衡算萃取,故可作出 $J(X_F、Y_1)$ 和 $D(X_n、Y_S)$ 两点,连两点得操作线;

（3）自 J 点起在平衡线和操作线间作梯级,梯级数即为理论级数。

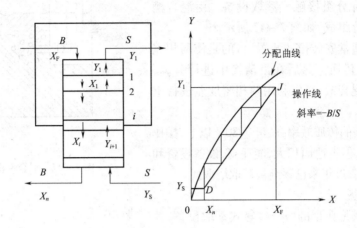

图 7 - 46　多级逆流萃取的直角坐标图解法

若分配曲线为通过原点的直线,则萃取因子 $A = KS/B$ 为常数(K 为分配曲线的斜率)。可仿照脱吸过程计算用下式求出理论级数:

$$N_T = \frac{1}{\ln A}\ln\left[\left(1 - \frac{1}{A}\right)\frac{X_F - \dfrac{Y_S}{K}}{X_n - \dfrac{Y_S}{K}} + \frac{1}{A}\right] \tag{7-95}$$

（四）微分逆流萃取

逆流萃取也可以在微分接触式设备内进行。原料液和溶剂在塔内作逆向流动,同时进行传质,两相的组成沿塔高方向连续变化,在塔顶和塔底完成两相的分离。

塔式萃取设备计算的目的是确定塔径和塔高两个基本尺寸。塔径取决于两液相的流量和适宜的操作速度。而塔高的计算有两种方法:理论级当量高度法和传质单元法。

1. 理论级当量高度法

理论级当量高度是指相当于一个理论级萃取效果的塔段高度,用 HETS 表示。这样,塔高就等于理论级数与 HETS 的乘积。

HETS 是衡量传质效率的指标,其值与设备型式、物系性质和操作条件有关,一般用实验测定,也可参考文献中的关联式。

2. 传质单元法

塔高也可以用传质单元高度和传质单元数的乘积来计算。传质单元数反映萃取的分离要求,可用图解积分等方法计算。传质单元高度反映传质的难易程度,用实验测定或用关联式计算。

三、液 - 液萃取设备

萃取操作是两液相间的传质,由于两相间密度差和黏度均较小,故两相的混合和分离均比气 - 液两相传质困难得多。设备特性也和气 - 液传质设备有较大的差异。目前工业上采用的萃取设备已超过30种,下面仅介绍几种典型设备。

(一) 混合-澄清槽

混合-澄清槽是最早使用,且目前仍广泛用于工业生产的一种分级接触式萃取设备。由混合槽和澄清槽两部分组成,如图7-47所示。

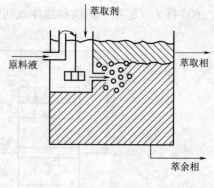

混合槽中通常安装搅拌装置,目的是使两相充分混合,以利于传质。然后在澄清槽中进行分离,对易于澄清的混合液,可以利用两相密度差进行重力沉降分离。

混合澄清槽的传质效率高,可达80%以上,操作方便,结构简单,但占地面积大,能耗高,设备投资和操作费用均较高,近年来已逐渐被萃取塔取代。

图7-47 混合-澄清槽

(二) 填料萃取塔

填料萃取塔是典型的微分接触式萃取设备,其结构与填料吸收塔大体相同,如图7-48所示。操作时,连续相充满于整个塔中,分散相以液滴状通过连续相。填料材质的选择,应能被连续相润湿而不被分散相润湿,以利于液滴的生成和稳定。在诸填料中,陶瓷易被水润湿,塑料和石墨易被有机相润湿,金属材料则需由实验测定。填料尺寸应小于塔径的1/10~1/8,但大于临界直径。

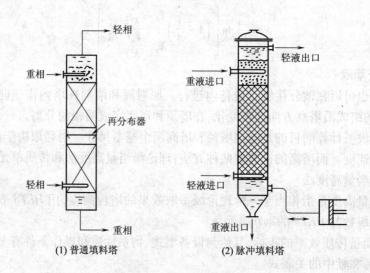

(1) 普通填料塔　　　　(2) 脉冲填料塔

图7-48 填料萃取塔

在普通填料塔内,两相靠密度差逆向流动,相对速度较小,界面湍动程度较低,从而限制了传质速率的进一步提高。为增加湍动程度,向填料提供外加的脉冲能量,就成为脉冲填料塔,如图7-48(2)所示。提供脉冲的方法,一般用往复泵,也可用压缩空气。

(三) 筛板萃取塔

筛板萃取塔也是常用的液-液传质设备之一。筛孔直径比气-液传质的筛板孔径小,一般为 3~6mm,孔距为孔径的 3~4 倍,板间距为 150~600mm。其结构如图 7-49 所示。

用于萃取的筛板塔与用于蒸馏的筛板塔结构相似。两相流动情况也是宏观上为逆流流动,而在每块塔板上为错流流动。轻液可以是分散相,也可以是连续相。在筛板塔内分散相流体多次分散和凝聚,筛板的存在又抑制了塔内的轴向返混,传质效率是比较高的,因而得到了广泛的应用。

脉冲筛板塔的原理与脉冲填料塔相同,如图 7-50 所示。产生脉冲的方法也有往复泵、隔膜泵、压缩空气等。脉冲振幅范围为 9~50mm,频率为 30~200min⁻¹。与气-液系统中用的筛板塔不同之处在于它没有溢流管。操作时,轻、重液相均穿过筛板面作逆流流动,分散相在筛板之间不分层。在塔的顶端和底部有较大的空间,以利于相间分离。

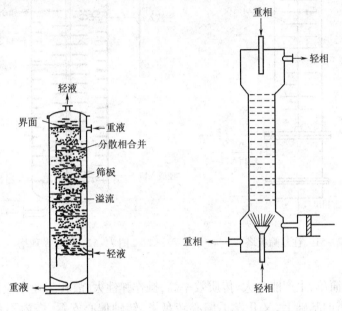

图 7-49 筛板萃取塔   图 7-50 脉冲筛板塔

脉冲筛板塔的效率与脉动的振幅和频率密切相关。在一定范围内,增加脉动的强度有助于提高塔效率。但是脉动太激烈会导致严重的轴向混合,反而降低传质效率。脉冲筛板塔是一种效率很高的萃取设备,但其允许通过能力较小,限制了它的应用。

往复筛板塔的原理与脉冲筛板塔相同,只是它将筛板固定在中心轴上,由塔顶的传动机构带动作上下往复运动,如图 7-51 所示。往复筛板塔的振幅一般为 3~5mm,频率可达 1000min⁻¹。在不发生液泛的前提下,频率愈高,塔效率愈高。往复筛板塔的传质效率高,流动阻力小,生产能力大,故在生产上应用日益广泛。

（四）转盘萃取塔

转盘萃取塔的基本结构如图 7-52 所示。在塔体内壁面按一定间距装若干个环形挡板,称固定环。固定环把塔内空间分隔成若干个分割开的空间。在中心轴上按同样间距装若干个转盘,每个转盘处于分割空间的中间。转盘的直径小于固定环的内径。操作时,转盘作高速旋转,对液体产生强烈的搅拌作用,增加了相际接触和液体湍动,固定环则可抑制返混。

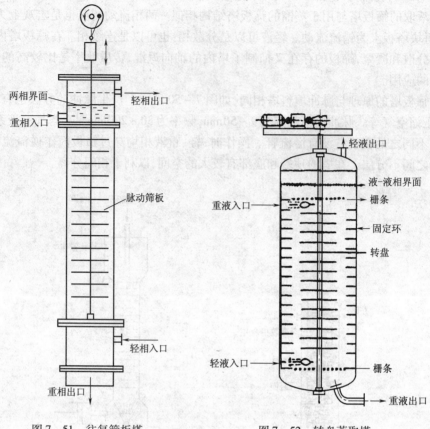

图 7 – 51　往复筛板塔　　　　　　　　图 7 – 52　转盘萃取塔

　　转盘塔结构简单,生产能力大,传质效率高,操作弹性大,故在工业中应用较广泛。近年来,在普通转盘塔的基础上,又开发了偏心转盘塔,转轴偏心安置,塔内不对称地设垂直挡板,分成混合区和澄清区。混合区内用水平挡板分割成许多小室,每个小室内的转盘起混合搅拌作用。

(五) 离心萃取器

　　离心萃取器是利用离心力使两相快速混合和分层的设备。它有多种型式,图 7 – 53 是

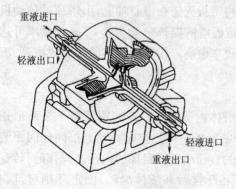

图 7 – 53　POD 离心萃取器

其中的一种,称 POD 离心萃取器,属于卧式微分接触设备。在外壳内有一螺旋形转子,转速高达 2000 ~ 5000r/min。轻相由外圈引入,重相由中心引入。在离心力作用下,重相由中心向外流,轻相由外圈向中部流,两相成逆向流动。最终,重相由螺旋最外层流出,轻相从中部流出。这种设备适于处理两相密度差很小,或易乳化的体系。

　　POD 离心萃取器的优点是结构紧凑,传质效率高,其理论级数可达 3 ~ 12,适用于两相密度差小,易乳化,难分相的物系。但它的结构复杂,制

造成本高,操作费用较高。

(六)萃取设备的特性与选择

萃取设备的种类较多,各有其特点。对于一特定的萃取过程,应从以下几个方面考虑,选择合适的设备:

(1)所需的理论级数 若理论级数不太多,则各种设备都是可以的。若级数较多,则可选择外加能量的设备,如往复筛板塔、转盘塔等。

(2)生产能力 各种设备的生产能力是不同的,如填料塔、脉冲塔的生产能力较小,混合澄清槽、筛板塔、离心萃取器的生产能力较大。

(3)物系的性质 对两相密度差较小、表面张力较大的物系,宜选用有外加能量的设备。

(4)其它 如物系的稳定性、起泡性、生产环境(厂房大小、能源供应等)均应考虑。

表7-4归纳了常见的一些萃取塔的适应性能,可供参考。

表7-4 萃取设备的选择

		喷洒塔	填料塔	筛板塔	转盘塔	往复筛板塔 振动筛板塔	离心萃取器	混合澄清槽
工艺条件	理论级数多	×	△	△	○	○	△	△
	处理量大	×	×	△	○	×	△	○
物系性质	两相流比大	×	×	×	△	△	○	○
	密度差小	×	×	×	△	△	○	○
	黏度高	×	×	×	△	△	○	○
	表面张力大	×	×	×	△	△	○	△
	腐蚀性强	○	○	○	△	△	×	×
	含固体悬浮物	○	×	×	○	△	×	△
设备费用	制造成本	○	○	△	○	△	×	△
	操作费用	○	○	○	△	△	×	△
	维修费用	○	○	○	△	△	×	△
安装场地	面积有限	○	○	○	○	○	○	×
	高度有限	×	×	×	△	△	○	○

注:○—适用,△—可以,×—不适用。

第四节 浸 取

液-液萃取是用溶剂将液体混合物中的溶质分离出来的操作。如果被处理的混合物为固体,则称为固-液萃取,也称浸取、浸出或浸沥。当溶剂为水,被分离的溶质为人们不希望要的组分时,则可称为洗涤。在食品工业中浸取尤为重要,因为食品工业的原料多呈固体状态,为了分离出其中的有用物质,或除去不需要的物质,多采用浸取操作。工业大规模上采用浸取操作的例子有油料种子和甜菜的浸取。此外,速溶咖啡、速溶茶、香料色素、植物蛋白、鱼油、肉汁和玉米淀粉等的制造都要应用浸取操作。

由于食品原料的多样性,其组织和成分也极复杂,而且原料质量又受品种、成熟度、气候、产地及贮藏条件的影响,特别是生物体特有的蛋白质、碳水化合物、脂肪、有机酸、酶等更要受到上述因素的影响。因此,浸取操作的原理就难于用理论来描述,许多问题的解决主要还是依靠经验或半经验的方法。

为了提高浸取速率,常须对原料作预处理。例如:大豆浸取前经加热、压片处理;甜菜在浸取前先切丝等。预处理的目的主要有二:一是减小物料的几何尺寸,以减小扩散距离,增大固体的表面积;二是将具有半透膜性质的会阻碍组分扩散的细胞壁膜破坏。机械处理和加热是最常用的两种预处理方法。

与液－液萃取不同的是,在浸取操作中,两相的分离较为容易。两相间的接触面积主要取决于固体物料的几何尺寸,当物料的几何尺寸较小时,固然可以增加比表面积,减小扩散距离,但同时必须考虑到液体在固体物料间隙内的流动,以及固体物料本身的机械强度。这些都是浸取设备设计和操作中必须重视的因素。

一、浸取平衡的表示

(一)浸取体系组成的表示

与液－液萃取相似,浸取体系通常可简化为一个三元物系,即溶质 A、溶剂 S 和惰性固体 B。为表示系统的组成,可参照液－液萃取,用直角三角形相图表示。仍以三角形的三个顶点表示纯组分,三条边分别表示二元系统,特别是 AS 边上的一点代表由溶质 A 和溶剂 S 构成的溶液的组成。

在三角形内的一点 M 表示三元物系的组成。将 M 点和 B 点相连并延长,与 AS 边相交于一点,此点即代表了溶液的组成。因此,三元物系可视作由某一溶液和一定量的惰性固体混合而成。

(二)平衡关系的表示

溶质 A 分布在固、液两相中,在固相中的溶质浓度和在液相中的溶质浓度间必然存在一定的平衡关系。浸取系统的平衡关系甚为复杂,其机理尚未搞清,按溶质 A 和溶剂 S 之间的溶解情况,可分成三类:

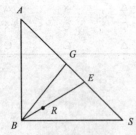

图 7－54 固－液系统在三角形
相图上的表示

(1)A 原来呈固态,则 A 在 S 中必有一饱和溶解度。设该饱和溶解度所代表的组成为图 7－54 中的 G 点,则 BG 线把相图分为两个区域,位于 BG 线下方的区域为不饱和区,A 与 S 量之比小于饱和溶解度,而位于 BG 线上方的区域则为饱和区。很明显,只有在不饱和区才能进行浸取。

(2)A 原来呈液态,且与 S 完全互溶,此时整个三角形均为不饱和区。

(3)A 原来呈液态,且与 S 部分互溶。此时相图上将出现两个不饱和区和一个饱和区。这是一种较复杂的情形。在实践中应避免,避免的方法是选择另一种溶剂。

在浸取操作中可以假定固体 B 与溶质 A 之间无物理和化学作用,而且溶质 A 的量相对于溶剂 S 的量而言未达饱和溶解度。这样,当固体与溶剂经过充分长时间的接触后,溶质完全溶解,固体空隙中液体的浓度将等于固体周围液体的浓度,液体的组成将不再随接触时间延长而改变,即达到了平衡。这样的接触级称为理论级或理想级。由此可见,在理论级中,液体浓度并未达到饱和溶解度,只是不再变化,这一点与液－液萃取是不同的。

浸取操作是在浸取器(或称萃取器)内进行的。固体物料与溶剂接触达一定时间后,由顶部排出的澄清液称为溢流,由底部排出的残渣称为底流。底流中除惰性固体之外,尚有固体内部的液体和外部的液体,所有随惰性固体一起排出的液体均被视为与固体依附在一起。如果此浸取器为一理论级,则底流液体中的溶质浓度必等于溢流中的溶质浓度。

如果固-液分离完全,则溢流中不含惰性固体。在三角形相图上,其组成点必位于AS边上,如图 7-54 中的 E 点。对于理论级,其底流可看作由一定量的惰性固体和夹带的与溢流同浓度的溶液混合而成,其组成点必位于BE联线上。设此点为 R,则 ER 就是平衡线或联结线。由杠杆规则知,点 E 及 R 的位置必满足如下的关系:

$$\overline{BR}/\overline{RE} = 惰性固体的持液量/惰性固体量 \tag{7-96}$$

如果固-液分离不够完全,则溢流中将含少量惰性固体。在三角形相图上的组成点将比图 7-54 中的 E 点稍向内一些,而不在于 AS 边上。但如果是理论级,其平衡线仍与溢流组成点与 B 点的联线重合,式(7-96)仍成立。

二、浸取操作的计算

(一)浸取操作方式

浸取操作通常采用三种基本方式,即单级间歇式、多级接触式和连续式。

单级间歇式操作使用简单的浸取罐,有每次都使用新鲜溶剂者,也有将浸取液从浓到稀分成若干组(一般 2~3 组)作为溶剂,按顺序分段进行浸取,最后阶段才使用新鲜溶剂。单级间歇式设备常用作中试或小规模生产。

多级接触式操作是将若干浸取罐组合成一定顺序,以逆流的方式使新鲜原料与最后的浓浸取液相接触,而大部分溶质已被浸取的物料则与新鲜溶剂相接触。这种操作法与上述单级间歇式的相同点是被浸取物料在浸取过程中并不移动,而仅溶剂作逆流流动。不同点是单级操作将此多次接触作用分阶段在同一设备上进行,而多级接触则是同时在不同的设备内进行。在这种操作中,固体在级间并不移动,而溶剂则顺序流过各级,当最后一级浸取终了时,新鲜溶剂必须从此级截断,并改为逆流流入前一级。为此,不仅需要更多的浸取罐以供洗涤、卸料和装料等操作,还需安装溶液和溶剂的总管以改变流动的方向,达到每一阶段组合一定浸取罐以进行逆流操作的目的。

连续式浸取操作是原料和溶剂同时作连续的运动,不仅溶剂(或溶液)作连续流动,固体也作连续的移动。

(二)浸取操作的计算方法概述

浸取操作计算的目的主要是确定:①浸取所需的时间;②浸取器的大小;③溶剂的需要量;④浸取器的级数。

浸取所需的时间决定于浸取的速率。在浸取过程中,固体中残留的溶质量与浸取时间存在一定的函数关系。由于浸取机理的复杂性,这一关系常凭实际经验来确定,因此浸取所需的必要时间也常取决于实际经验。

浸取器的大小通常也凭经验确定。浸取器的总容积可取其原料混合物和溶液所占的容积,加上所有附属设备(如搅拌器、蛇管等)所占的容积,此外,尚需留出 30% 的自由容积。

溶剂的需用量可根据物料浓度和分离要求,由物料衡算式求取。

在多级接触浸取中,浸取级数是重要的计算内容。多级浸取级数的计算建立在理论级数的基础之上。实际上由于接触时间不可能无限延长,惰性固体也不可能对浸取溶质毫无吸附作用,所以浸取也就不可能达到平衡。实际所需的级数 N_P 就要比理论级数 N_T 多。理论级数与实际级数之比,即为级效率。即:

$$\eta = N_T / N_P \tag{7-97}$$

级效率 η 一般由经验确定。

理论级数的计算方法主要有两种:三角形相图法和代数计算法。

(三)单级浸取

单级浸取过程与单级萃取相似。被浸取的原料与溶剂混合,原料组成点 F 位于 AB 边上,混合物组成点 M 位于 SF 连线上,其位置由溶剂对原料量之比决定,经充分长时间接触达到平衡后,分成溢流和底流,其组成点分别为 E、R 点,如图 7-55 所示。E 和 R 点均位于过 M 点的平衡线上,亦即 BM 连线上,R 点的位置与固体的持液量有关。

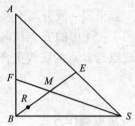

图 7-55 单级浸取

(四)多级逆流浸取

1. 多级逆流浸取的三角形图解法

工业浸取常常需要用多级才能完成,一般采用逆流浸取而不用错流浸取,因为错流浸取的溶剂用量多,浸取液的分离成本高。逆流浸取的流程如图 7-56 所示。所有物流均以总量表示,用 L_1',L_2',…,表示各级底流的总流量,用 V_1,V_2,…,表示各级溢流的总流量。

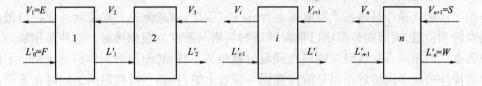

图 7-56 多级逆流浸取系统

设溢流中不含惰性固体,则溢流为溶质 A 和溶剂 S 的二元混合物,底流则为三元混合物。用 x' 表示底流中组分的质量分率,y 表示溢流中组分的质量分率,则作原料和底流中惰性固体的物料衡算可得各级的惰性固体流量为:

$$Fx_{FB} = L_1' x_{1B}' = L_2' x_{2B}' = \cdots = L_n' x_{nB}' \tag{7-98}$$

设单位质量惰性固体所持有的溶液量为 K_i,则从第一级排出的底流 L_1' 中的溶液量为 $K_1 L_1' x_{1B}'$,其所含的溶质 A 量则为 $y_{1A} \cdot K_1 L_1' x_{1B}'$,故 L_1' 中溶质 A 的分率为:

$$x_{1A}' = \frac{y_{1A} K_1 L_1' x_{1B}'}{K_1 L_1' x_{1B}' + L_1' x_{1B}'} = y_{1A} \frac{K_1}{1+K_1} \tag{7-99}$$

同理,对 L_2'、L_3' 等有:

$$x_{2A}' = y_{2A} \frac{K_2}{1+K_2} \tag{7-100}$$

$$x_{3A}' = y_{3A} \frac{K_3}{1+K_3} \tag{7-101}$$

......

$$x'_{iA} = y_{iA}\frac{K_i}{1+K_i} \tag{7-102}$$

而 L_1' 中惰性固体的质量分率则为:

$$x'_{1B} = \frac{L_1'x'_{1B}}{K_1L_1'x'_{1B}+L_1'x'_{1B}} = \frac{1}{1+K_1} \tag{7-103}$$

同理,对 L_2'、L_3' 等有:

$$x'_{2B} = \frac{1}{1+K_2} \tag{7-104}$$

$$x'_{iB} = \frac{1}{1+K_i} \tag{7-105}$$

恒底流的意义即为各级底流中惰性固体的持液量相等,故:

$$K_1 = K_2 = K_3 = K \tag{7-106}$$

此时有:

$$x'_{1B} = x'_{2B} = \cdots = x'_B = \frac{1}{1+K} \tag{7-107}$$

$$\frac{x'_{1A}}{y_{1A}} = \frac{x'_{2A}}{y_{2A}} = \cdots = \frac{x'_A}{y_A} = \frac{K}{1+K} \tag{7-108}$$

由此可知,恒底流情况下 $x_B' = $ 常数,从而 $x_A' + x_S' = $ 常数。换言之,底流组成在三角形相图上为一条平行于斜边的直线 mn。若将 B 和 mn 上任意一点 L' 相连并延长交斜边于 V,则点 V 分线段 BV 为 BL' 和 $L'V$ 两部分,线段 BL' 与 $L'V$ 的长度之比即为底流中溶液量与惰性固体量之比。由于底流中溶液的组成与溢流组成相同,故点 V 即代表溢流的组成,见图 7-57。

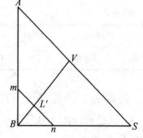

对变底流的情形,K 不等于常数,mn 也不是与 AS 边平行的直线。此时应当用实验方法求取各级的 K 值,连成底流曲线,如图 7-58 所示。

图 7-57　底流和溢流组成的表示

多级逆流浸取在三角形相图上的表示方法见图 7-59。由各级的物料衡算得如下关系:

$$E - F = V_2 - L_1' = V_3 - L_2' = \cdots = S - W = \Delta = 常数 \tag{7-109}$$

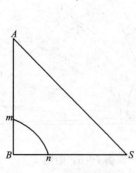

图 7-58　变底流曲线

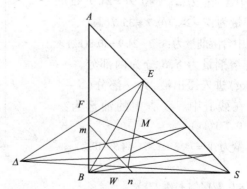

图 7-59　多级逆流浸取的三角形相图图解法

Δ 点代表线段 EF、$V_2L'_1$、$V_3L'_2$ 和 SW 的共同外分点,即操作点。作图方法与多级逆流萃取相似,先根据总物料衡算确定 F、S、E、W 4 个点,然后连结 EF 和 SW,其延长线的交点即为

操作点 Δ。然后联结 BW，延长得斜边上交点，将此交点和 Δ 点相连而成的直线与 mn 线相交于一点，再将此点和 B 相连并延长到斜边上得第二个交点。如此继续进行，直至斜边上交点跨过点 E 为止。也可采用相反的方法，从 BE 线开始求理论级数。

上述差点的关系式不仅对恒底流适用，对变底流同样也适用。

［例 7-6］用乙醚提取鱼肝中的鱼肝油，采用多级逆流浸取。经实验测定，粒状鱼肝所持的溶液量为溶液组成的函数，其数据见附表 1。已知新鲜鱼肝含油 25.7%，鱼肝油的回收率为 97%，最终浸取液含鱼肝油 70%，级效率为 70%。试求所需的浸取级数。

附表 1

y_A	0	0.1	0.2	0.3	0.4	0.5	0.6	0.672	0.765	0.81
K	0.205	0.242	0.286	0.339	0.405	0.489	0.600	0.650	0.700	0.720

解：(1)计算底流曲线

$$x_A' = y_A K/(1+K) \qquad x_B' = 1/(1+K)$$
$$x_S' = 1 - x_A' - x_B' = 1 - y_A K/(1+K) - 1/(1+K) = (1-y_A)K/(1+K)$$

计算结果见附表 2：

附表 2

x_A'	0	0.0195	0.0444	0.0760	0.115	0.164	0.224	0.264	0.325	0.338
x_S'	0.170	0.175	0.178	0.177	0.173	0.164	0.150	0.129	0.097	0.0795

按附表 2 的数据可绘出底流曲线，如附图所示。

(2)已知 $x_{FA}' = 0.257$，$y_{EA} = 0.7$，据此可作出 E、F 两点。

以 100kg 原料为基准，其中含鱼肝油量为 25.7kg，惰性固体量为 $100-25.7 = 74.3$kg，最终浸出液中含油量为：$25.7 \times 0.97 = 24.9$(kg)

浸出液量为：$E = 24.9/0.7 = 35.7$(kg)

浸出液中含溶剂量为：$35.7 - 24.9 = 10.8$(kg)

设新鲜溶剂量为 S，S 分为两部分，一部分(10.8kg)进入浸出液，另一部分($S-10.8$kg)留在残渣中。残渣中的油量为：$25.7 \times 0.03 = 0.771$(kg)

残渣总量为：$W = 74.3 + 0.771 + (S-10.8) = S + 64.271$

故 $x_{WA}' = 0.771/(S+64.271)$

$x_{WB}' = 74.3/(S+64.271)$

由两式消去 S，得：$x_{WA}'/x_{WB}' = 0.0103$

例 7-6 附图

在三角形相图的 BA 边上，取 $x' = 0.0103$ 的点，将此点与 S 点相连，连线与底流曲线的交点即为 W 点。

(3)连 EF 和 WS,分别延长,交于一点,即为 Δ 点。

作图得理论级数　　　　　　　　　$N_T = 5$

实际级数　　　　　　　　　$N_p = N_T/0.7 = 7.15$

应取 8 级。

2. 多级逆流浸取的代数计算法

恒底流时溢流中无固体,固体全在底流中,则底流中固体量及溶液量均保持不变,亦即底流总量保持不变。根据总物料衡算可知,溢流量亦保持不变。换言之,恒底流必然伴随恒溢流。此时理论浸取级数的计算可以用代数法。

对于如图 7 - 56 所示的 n 级浸取系统,设进入第一级的原料量为 F,各级的底流量以惰性固体所持的溶液量(即总量扣除惰性固体量)计为 L,以逆流方式进入末级的溶剂量为 S,逐级流动的溢流量为 V,则必有 $V = S$。

今取第 i 理论级分析,若以 y_i 表示离开第 i 级的溢流浓度(质量分数),x_i 表示离开第 i 级底流所持溶液的浓度。第 i 级的溶质衡算式为:

$$Vy_i + Lx_i = Vy_{i+1} + Lx_{i-1} \tag{7-110}$$

因为是理论级,故 $y_i = x_i, y_{i+1} = x_{i+1}$,并令:

$$a = V/L \tag{7-111}$$

恒底流时比值 a 为常数。式(7 - 110)变为:

$$x_{i-1} = (a+1)x_i - ax_{i+1} \tag{7-112}$$

对第 n 级(末级):

$$x_{n-1} = (a+1)x_n - ax_{n+1} \tag{7-113}$$

对第 $n-1$ 级:

$$x_{n-2} = (a+1)x_{n-1} - ax_n = (a+1)[(a+1)x_n - ax_{n+1}] - ax_n = (a^2+a+1)x_n - a(a+1)x_{n+1} \tag{7-114}$$

以此类推,对第二级:

$$x_1 = (a^{n-1} + a^{n-2} + \cdots + 1)x_n - a(a^{n-2} + a^{n-1} + \cdots + 1)x_{n+1}$$
$$= \frac{1-a^n}{1-a}x_n - a\frac{1-a^{n-1}}{1-a}x_{n+1} \tag{7-115}$$

对第一级,由于溢流量 $E \neq V$,底流的溶液量也不等于原料中所含的溶液量,故不可应用通式。对全系统进行物料衡算,得:

$$Ey_E + Lx_n = Fx_F + Vy_{n+1} \tag{7-116}$$

这里 F 指进料中的溶液量,x_F 指进料中的溶液组成。第一级的溢流/底流比不同于其他各级,令:

$$a_1 = E/L \tag{7-117}$$

由于:

$$y_E = x_1 \tag{7-118}$$

故有:

$$a_1 L\left[\frac{1-a^n}{1-a}x_n - a\frac{1-a^{n-1}}{1-a}x_{n+1}\right] + Lx_n = Fx_F + Vy_{n+1} \tag{7-119}$$

整理得:

$$Lx_n\left(a_1\frac{1-a^n}{1-a} + 1\right) - Vx_{n+1}\left(a_1\frac{1-a^{n-1}}{1-a} + 1\right) = Fx_F \tag{7-120}$$

两端除以 Lx_n 后经整理而得:

$$\frac{1}{R} = \left(1 + a_1 \frac{1 - a^n}{1 - a}\right) - \frac{y_{n+1}}{x_n}\left(a + a_1 \frac{a - a^n}{1 - a}\right) \qquad (7-121)$$

如果加入末级的溶剂中不含溶质,即 $y_{n+1} = 0$,则有:

$$\frac{1}{R} = 1 + a_1 \frac{1 - a^n}{1 - a} \qquad (7-122)$$

上两式中,$R = Lx_n/Fx_F$,其意义为残渣排走的溶质量与原料所含的溶质量之比,称为残留率或损失率;x_n 为残渣中溶液的浓度。

[例 7-7]设计一多级逆流浸取设备,以水为溶剂,每小时处理 4t 炒过的咖啡豆以制造速溶咖啡。咖啡中可溶物含量为 24%,含水量可忽略不计。离开浸取设备的浸取液中含可溶物 30%,要求浸取液中回收 95% 的可溶物。试确定:(1)每小时产生的浸取液量;(2)每小时所耗的水量;(3)若级效率为 70%,每吨惰性固体持液 1.7t,求浸取级数。

解:据题意,浸取液中可溶物量为:$4000 \times 0.24 \times 0.95 = 912(kg/h)$

残渣中可溶物量为: $4000 \times 0.24 \times 0.05 = 48(kg/h)$

浸取液量: $E = 912/0.3 = 3040(kg/h)$

底流中固体量: $4000 \times 0.76 = 3040(kg/h)$

底流中溶液量: $L = 4000 \times 0.76 \times 1.7 = 5168(kg/h)$

底流总量: $3040 + 5168 = 8208(kg/h)$

由总物料衡算: $S = V = E + W - F = 3040 + 8208 - 4000 = 7248(kg/h)$

$a = V/L = 7248/5168 = 1.40$

$a_1 = E/L = 3040/5168 = 0.588$

代入式(7-122)得: $1/0.05 = 1 + 0.588 \times (1 - 1.4^{N_T})/(1 - 1.4)$

解得: $N_T = 7.827$

实际级数:$N_p = 7.827/0.7 = 11.2$ 取 12 级

三、浸取传质机理与速率

(一)浸取传质的特点

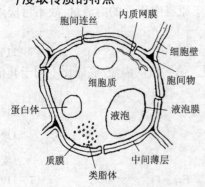

图 7-60 细胞的结构

浸取的原料可以分为无机原料和有机原料两大类,而食品工业上遇到的一般是动植物原料。这类原料的浸取有以下特点:

(1)它们是活的动植物细胞,其结构如图 7-60 所示。在细胞壁上有一层半透膜,阻止细胞内的物质向外渗透。如果被提取的物质位于细胞内部,例如从甜菜中提取糖时,糖即以溶液形式存在于细胞内的液泡中,则必须先将半透膜破坏,方能使细胞内的物质扩散出来。这就是预处理的作用。生产中常用的预处理方法除了机械破碎外,还有加热使蛋白质变性。

(2)原料中可浸取物质的含量高,则浸取的推动力就大,浸取速度就快。应指出的

图中标注:内质网膜、胞间连丝、细胞壁、细胞质、胞间物、蛋白体、液泡、液泡膜、质膜、类脂体、中间薄层

是,在复杂体系如动植物性原料的浸取中,溶质一般并不是单一的某化学组分,而是所有可溶于溶剂中的组分。因此,溶剂的种类和温度等操作条件也可能改变推动力的大小。

(3)在许多情况下,浸取过程的控制因素为溶质在固体物料内部的扩散,此时原料的形状和大小直接影响浸取速度。

(二)传质方程

浸取过程也就是溶质 A 从固相向溶剂相的传递过程,一般认为包括以下三个步骤:

①溶剂浸润,进入固体内,同时溶质溶解于溶剂中;

②溶解的溶质从固体内部液体中扩散到固体表面;

③溶质继续从固体表面通过液膜扩散,到达外部溶剂主体。

在通常的浸取条件下,第①步不是传质的控制因素,可以忽略。实际上,当原料为动、植物细胞这样的生物体时,溶质常常处于细胞内部的液体中,也就是说在浸取前固相内部已有一定量的液体存在。

若第③步为控制因素,则意味着浸取速率由溶质在固体表面的边界层中的扩散所决定,溶剂的流动状态将对浸取速率起重要的影响。

然而实践表明多数情况下第②步为控制因素,此时浸取速率主要由内部扩散所决定。内部扩散与许多因素有关。常把固体看成是一种多孔介质,在固体的微孔中存在溶液,把分子扩散理论应用于浸取操作的研究。

在浸取过程中,就每一片(块)固体而言,其内部的溶质浓度随浸取时间的延长而不断降低,故属于不稳定扩散过程,应该用费克第二定律描述:

$$\frac{\partial q}{\partial \tau} = D_i \left(\frac{\partial^2 q}{\partial x^2} + \frac{\partial^2 q}{\partial y^2} + \frac{\partial^2 q}{\partial z^2} \right) \tag{7-123}$$

式中　q——固体内部溶质的浓度,可以用各种表示法;

　　D_i——溶质在固体内部的扩散系数;

　　τ——浸取时间。

式(7-123)与热扩散方程一样,也仅在几何形状简单的几种情况下有解析解。

(三)平板扩散模型

设固体为无限大平板,内部空隙均匀,厚度均匀,仅两面与溶剂接触,内部毛细管极细,因而不受外部流动的骚扰,此时式(7-123)简化为一维方程:

$$\frac{\partial q}{\partial \tau} = D_i \frac{\partial^2 q}{\partial x^2} \tag{7-124}$$

谢伍德和钮门作如下假定:扩散沿垂直于两平面的方向进行;平板厚度均匀,浸取开始时,溶质在平板内分布均匀;溶剂中溶质浓度保持不变;扩散系数保持不变;固体表面的扩散阻力忽略不计。根据这些假定,浸取由内部扩散控制。在上述条件下积分,其解为:

$$E = \frac{8}{\pi^2} \sum_{n=0}^{\infty} \frac{1}{(2n+1)^2} \exp\left(-\frac{D_i (2n+1)^2 \pi^2 \tau}{l^2} \right) \tag{7-125}$$

式中　l——板的厚度;

　　E——萃余率,其定义如下:

$$E = \frac{q - q_\infty}{q_0 - q_\infty} \tag{7-126}$$

式(7-125)收敛很快,若无因次数群 $D_i\tau/l^2$ 充分大,则取第一项已足够精确。此时式(7-126)变为:

$$E = \frac{8}{\pi^2}\exp(-\frac{\pi^2 D_i\tau}{l^2}) \tag{7-127}$$

若将上述平板模型的结果用于正六面体,设三个方向的尺寸分别为 l_x、l_y、l_z,沿三个方向的扩散系数分别为 D_x、D_y、D_z,则按费克定律有:

$$\frac{\mathrm{d}q}{\mathrm{d}\tau} = D_x\frac{\partial^2 q}{\partial l_{x1}^2} + D_y\frac{\partial^2 q}{\partial l_y^2} + D_z\frac{\partial^2 q}{\partial l_z^2} \tag{7-128}$$

设三个方向的萃余率分别为 E_x、E_y、E_z,而总萃余率 $E = E_x E_y E_z$,可得:

$$E \approx \left(\frac{8}{\pi^2}\right)^3\exp\left[-\pi^2\tau\left(\frac{D_x}{l_x^2} + \frac{D_y}{l_y^2} + \frac{D_z}{l_z^2}\right)\right] \tag{7-129}$$

为简化起见,令:

$$k = \pi^2\left(\frac{D_x}{l_x^2} + \frac{D_y}{l_y^2} + \frac{D_z}{l_z^2}\right) \tag{7-130}$$

则式(7-129)为:

$$E \approx \left(\frac{8}{\pi^2}\right)^3\exp(-k\tau) \tag{7-131}$$

(四)浸取速度

浸取速度可用单位时间内从单位浸取接触面积上浸取的溶质量来定义。以平板浸取为例,将式(7-125)两边对时间进行微分得:

$$-\frac{\mathrm{d}q}{\mathrm{d}\tau} = \frac{8D_i(q - q_\infty)}{l^2}\sum_{n=0}^{\infty}\exp\left[-\frac{D_i(2n+1)^2\pi^2\tau}{l^2}\right] \tag{7-132}$$

设 ρ_B 为单位体积固体片状物中惰性固体的质量,则 $\rho_B q$ 为单位体积固体片状物中溶质的质量。同时,此片状物的比表面积为 $2/l$。据此,将上式两边乘以 $\rho_B l/2$,其左边即为浸取速度,即:

$$-\frac{\mathrm{d}m}{A\mathrm{d}\tau} = \frac{4\rho_B D_i(q - q_\infty)}{l}\sum_{n=0}^{\infty}\exp\left(-\frac{D_i(2n+1)^2\pi^2\tau}{l^2}\right) \tag{7-133}$$

式中　　m——惰性固体中溶质质量;

　　　　A——浸取接触面积。

式(7-133)表示浸取速率随时间 τ 的变化规律。

此外,也可将式(7-125)与式(7-133)结合消去 τ 后得到浸取速率随残留量 q 而变化的规律。将两式相除得:

$$-\frac{\mathrm{d}m}{A\mathrm{d}\tau} = \frac{\pi^2\rho_B D_i(q - q_\infty)}{2l} \cdot \frac{\sum\limits_{n=0}^{\infty}\exp\left[-(2n+1)^2\frac{\pi^2 D_i\tau}{l^2}\right]}{\sum\limits_{n=0}^{\infty}\frac{1}{(2n+1)}\exp\left[-(2n+1)\frac{\pi^2 D_i^2\tau}{l^2}\right]} \tag{7-134}$$

当浸取时间相当长时,上式右边第二个分式因子趋于1,于是有:

$$-\frac{\mathrm{d}m}{A\mathrm{d}\tau}=\frac{\pi^2\rho_{\mathrm{B}}D_{\mathrm{i}}}{2l}(q-q_\infty) \qquad (7-135)$$

或以残留量 q 表示得:

$$-\frac{\mathrm{d}q}{\mathrm{d}\tau}=\frac{\pi^2 D_{\mathrm{i}}}{l^2}(q-q_\infty)=k_{\mathrm{S}}(q-q_\infty) \qquad (7-136)$$

方程为速率 = 推动力/阻力的常见形式。

以上讨论的是浸取操作由内部扩散控制的场合。在一定的条件下,当内部扩散速率很快,外部扩散阻力成为有一定影响的因素时,则必须计及外部的阻力。从溶剂相一侧考虑,浸取速率式可写成:

$$-\frac{\mathrm{d}m}{A\mathrm{d}\tau}=k_{\mathrm{L}}(\rho_{\mathrm{i}}-\rho) \qquad (7-137)$$

在搅拌容器内进行浸取时,液相表面传质系数 k_{L} 受搅拌影响,可用如下特征数关联式来计算:

$\dfrac{d^2 N\rho}{\mu}<6700$ 时:

$$\frac{k_{\mathrm{L}}d}{D_{\mathrm{e}}}=2.7\times10^{-5}\left(\frac{d^2 N\rho}{\mu}\right)^{1.4}\left(\frac{\mu}{\rho D_{\mathrm{e}}}\right)^{0.5} \qquad (7-138)$$

$\dfrac{d^2 N\rho}{\mu}<6700$ 时:

$$\frac{k_{\mathrm{L}}d}{D_{\mathrm{e}}}=0.16\left(\frac{d^2 N\rho}{\mu}\right)^{0.62}\left(\frac{\mu}{\rho D_{\mathrm{e}}}\right)^{0.5} \qquad (7-139)$$

式中　　N——搅拌器转速,$1/\mathrm{s}$;

ρ——液体密度,$\mathrm{kg/m^3}$;

D_{e}——液相中外扩散系数,$\mathrm{m^2/s}$;

d——容器直径,m;

μ——液体黏度,$\mathrm{Pa\cdot s}$。

[例 7-8]将棉籽压成厚度为 0.406mm 的薄片后,以足量的己烷为溶剂,在 60℃下进行棉籽油的浸取实验,得到的数据见附表 1。根据以上数据,试求浸取速度式及浸取时间为 150min 时的浸取速度。

附表 1

浸取时间 τ/min	20	40	60	80	100	120
残油量 $q/(\mathrm{kg}\ 油/\mathrm{kg}\ 干固体)$	0.041	0.029	0.024	0.021	0.019	0.018

解:根据式(7-126)和式(7-127)得:

$$\frac{q-q_\infty}{q_{0-\infty}}\approx\frac{8}{\pi^2}\exp\left(-\frac{\pi^2 D\tau}{l^2}\right)$$

因溶剂为足量,故可认为 q_0 = 常数。又因 q_∞、l、D 均为常数,将上式两边微分得:

$$\frac{\mathrm{d}q}{\mathrm{d}\tau}=Be^{-k\tau} \quad 或 \quad \frac{\Delta q}{\Delta\tau}=Be^{-k\bar\tau}$$

计算结果见附表 2,绘在双对数坐标纸上见附图。

附表2

q	$\bar{\tau}$	Δq	$\Delta \tau$	$\Delta q/\Delta \tau$
20	0.041			
40	0.029	30	0.012	20	0.00060
60	0.024	50	0.005	20	0.00025
80	0.021	70	0.003	20	0.00015
100	0.019	90	0.002	20	0.00010
120	0.018	110	0.001	20	0.00005

用线性回归法求得截距：$\qquad B = 1.2 \times 10^3$

斜率：$\qquad k = 2.303 \times 0.0123 = 0.0283$

从而得浸取速度式：$\qquad -dq/d\tau = 0.0012\exp(-0.0283\tau)$

代入 $\tau = 150\text{min}$ 得所求的浸取速度为：$0.0012\exp(-0.0283 \times 150) = 1.72 \times 10^{-5} [\text{kg}$ 油/(kg 干固体·min)]

四、浸 取 设 备

浸取操作通常有三种基本方式：单级接触式、多级接触式和连续接触式。多级接触式操作可视作若干个单级的串联，从而实现连续操作。连续接触式操作一般指原料和溶剂作连续逆流流动或移动，而如何实现固体物料的移动，则为关键。就物料和溶剂间的接触情况而言，又有浸泡式、渗滤式和两者结合的接触方式之分。

(一)浸取罐

浸取罐又称固定床浸取器，早年曾用于甜菜的浸取，现多用于从树皮中浸取单宁酸、从树皮和种子中浸取药物，以及咖啡豆、油料种籽和茶叶的浸取等。这种设备一般是间歇操作的。图7-61为典型浸取罐的结构。罐主体为一圆筒形容器，底部装有假底以支持固体

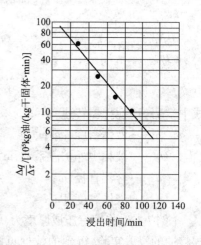

例7-8　附图

物料，溶剂则均匀地喷淋于固体物料床层上，整个浸取罐的结构类似于一填料塔。下部装有可开启的封盖。当浸取结束以后，打开封盖，可将物料排出。有时为增强浸取效果，还将下部排出的浸取液循环到上部。有的浸取罐下部装有加热系统，用以将挥发性溶剂蒸发，等于同时实现了溶剂回收。

(二)立式浸泡式浸取器

立式浸泡式浸取器又称塔式浸取器，图7-62为其结构示意图。浸取器由呈 U 形布置的三个螺旋输送器组成，由螺旋输送器实现物料的移动。物料在较低的塔的上方加入，被输送到下部，在水平方向移动一段距离后，再由另一垂直螺旋输送到较高的塔的上部排出。溶剂与物料成逆流流动。在浸取器内，物料浸没于溶剂中，故它属于浸泡式浸取设备。这类设备的优点是占地面积较小。油脂和制糖工业均有采用此类设备的实例。

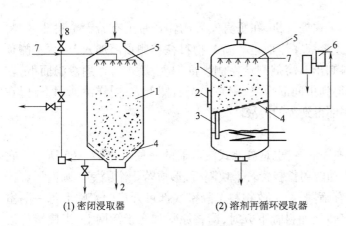

(1) 密闭浸取器　　　　(2) 溶剂再循环浸取器

图 7-61　浸取罐　　　　　　　　　图 7-62　立式浸泡式浸取器
1—物料　2—固体卸出口　3—溶液下降管　4—假底　　　　1—原料　2—残渣　3—溶剂　4—浸取液
5—溶剂再分配器　6—冷凝器　7—新鲜溶剂进口　8—洗液进口

(三) 卧式浸泡式浸取器

　　卧式浸泡式浸取器与立式浸泡式浸取器的不同在于它的螺旋输送器是水平放置的。典型的实例是糖厂的 DDS 浸取器,如图 7-63 所示。它用一双螺旋输送器来实现物料的移动。浸取器本身略带倾斜,与地面成 8°角,溶剂则借重力向下流动,双螺旋器有特殊的结构,使得每旋转一周时物料只前进 1~3 个螺距而非 1 个螺距。器身本身带夹套,便于加热,以维持一定的浸取温度。甜菜由较低的一端加入,被输送到较高的尾端后由一废粕轮排出。在操作时,须使浸取器中充满物料和溶剂。我国甜菜糖厂广泛使用这种浸取器。

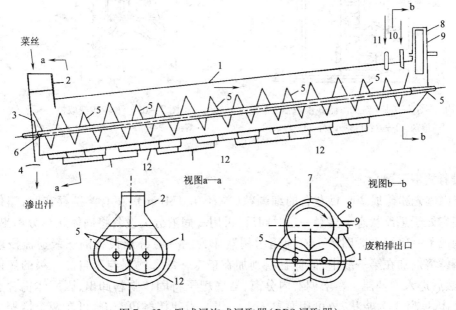

图 7-63　卧式浸泡式浸取器(DDS 浸取器)
1—外壳　2—进菜斗　3—篦子　4—提汁管　5—螺旋　6—密封填料函
7—联轴节　8—废粕轮　9—废粕轮外壳　10—水入口　11—压粕水入口　12—加热室

381

(四)立式渗滤式浸取器

如图 7-64 所示,实质上为一斗式提升机,在垂直安置的输送带上有若干个料斗,物料被置于料斗内,料斗底部有孔,可让溶液穿流而过。新鲜物料在右侧顶部加入,到达左侧顶部后料斗即翻转,将浸取后的物料卸出。溶剂则从左侧顶部加入,藉重力作用渗滤而下,在左侧与物料呈逆流接触。在底部得到中间混合液,用泵送至右侧上方,同样渗滤而下,但在右侧与物料呈并流接触,在右侧底部得到浓的溶液。

(五)平转式浸取器

平转式浸取器又称旋转隔室式浸取器,也是渗滤式浸取器的一种,如图 7-65 所示。它是在密封的圆筒形容器内,沿中心轴四周长装置若干块隔板,形成若干个隔室。圆筒形容器本身绕中心轴缓慢旋转。隔室内有筛网,网上放物料。隔室底部可开启。实际上每一隔室相当于一固定床浸取器,当空隔室转至加料管下方时,即将原料加入于筛网上,当旋转将近一周时,隔室底自动开启,残渣下落至器底,由螺旋输送器排出。在残渣快排出前加入新鲜溶剂,喷淋于床层上,至筛网下方均是。用泵送至前一个隔室的上方再作喷淋,这样形成逆流接触。在刚加入原料的隔室下方排出的即为浸取液。这种设备广泛应用于植物油的浸取,也用于甘蔗糖厂的取汁。

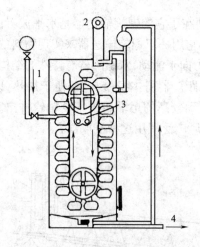

图 7-64 立式渗滤式浸取器
1—溶剂 2—原料 3—卸料 4—浸取器

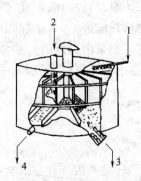

图 7-65 平转式浸取器
1—溶剂 2—原料 3—卸渣 4—浸取液

(六)搅拌式浸取器

将固体先粉碎成 200 目左右的细颗粒(粒径 0.074mm),在有溶剂存在时,略作搅拌就可使它处于悬浮状态。接触一定时间后,再用一固液分离设备将固体颗粒分离出来,这样就构成了一级浸取。图 7-66 为用增稠器作为固-液分离设备的三级逆流浸取示意图。新鲜溶剂加在第一级中,固体物料则加在最末一级。物料与来自前一级的液体相互接触,然后进入增稠器。在增稠器内分离,器底耙子将固体物料卸出,因固体仍含有相当量的液体,实际上为浆状,故可用泵打入下一级。为使接触更充分,可在两个增稠器之间安装一混合器。

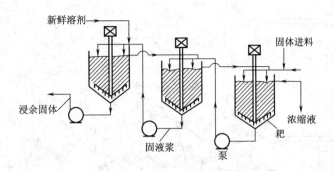

图 7 - 66　搅拌式浸取器

(七) 转筒式浸取器

转筒式浸取器是一种在甜菜糖厂应用较广的浸取器,称为 RT 渗出器。其结构如图 7 - 67 所示,主体为一卧式圆筒形容器,内壁上焊钢板,成为双头螺旋,当圆筒缓慢旋转时,物料即被从一端输送到另一端。汁则成逆向流动。整个设备的结构类似于转筒式干燥器。设计者在隔板的形状方面作了精心研究,使物料和汁的流动较符合浸取的要求。这种浸取器的浸取效率较高,操作弹性大。缺点是充填系数低,圆筒内大部分空间未被利用,而且占地面积大。

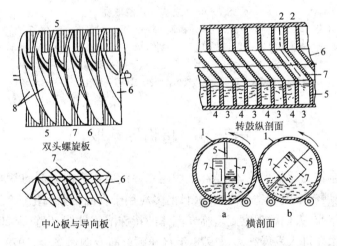

双头螺旋板

中心板与导向板

转鼓纵剖面

横剖面

图 7 - 67　转筒式浸取器

1—外壳　2—双头螺旋板　3、4—糖汁流　5—篦子　6—中心隔板　7—导向板　8—栅隔板

(八) 立式环式浸取器

立式环式浸取器的原理与平转式浸取器相同,只是将圆环直立,而隔板也相应地做成筛状,如图 7 - 68。其中最上部的几个隔室并没有起浸取作用,而是将物料进一步沥干。这种设备与平转式浸取器相比,占地面积较小。在油脂工业和制糖工业上均有应用。

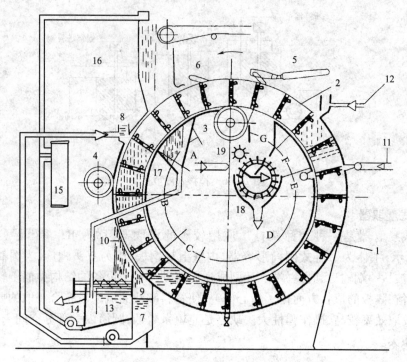

图 7 - 68　立式环式浸取器

1—外壳　2—圆环　3—托轮　4—平衡辊　5—液压传动器　6—棘轮　7—暂贮箱

8—喷嘴　9—溢流口　10—出汁口　11—脱水汁　12—渗漬水　13—热裂汁贮箱　14—泵

15—加热器　16—蔗丝入口　17—受汁槽　18—预压机　19—压榨辊

A—第一热裂区　B—第二热裂区　C、D、E、F—浸漬区　G—滤水区

第五节　超临界萃取

　　超临界萃取全称为超临界流体萃取,是用超临界流体作为萃取剂的萃取操作,这是一项在最近 20 多年发展起来的新型分离技术,目前多应用于食品工业和化学工业。

　　早在 100 多年前,人们就观察到超临界流体的特殊溶解性能,但直到 20 世纪 70 年代以后超临界萃取技术才进入发展高潮。1978 年召开了首届专题讨论会,1979 年首台工业装置投入运行,标志着超临界萃取技术开始进入工业应用。

　　超临界萃取之所以受到青睐,是由于它与传统的液 - 液萃取或浸取相比具有以下优点:萃取率高,产品质量高,萃取剂的分离回收较容易,选择性好。

　　不过,目前大型萃取装置尚不多见,其主要原因是投资和操作费用都比较高,人们对物质的超临界状态尚缺乏足够的认识,缺乏放大和设计所必需的工程数据。

一、超临界萃取的原理

(一)超临界流体的特性

　　纯物质的相图(图 7 - 69)上有三条线,把相图分为三个单相区,而三条线则分别代表

气 – 液、气 – 固和液 – 固两相间的平衡。其中的气 – 液平衡线是有限的,其终点称为临界点,它代表的压强和温度分别称为临界压强 p_c 和临界温度 T_c。当压强高于 p_c,温度高于 T_c 以后,即图 7 – 69 中阴影部分区域即称为超临界区域。从物理意义上说,p_c 是液体所能达到的最大蒸汽压。处于超临界区的物质称为超临界流体,它既不是液体,也不是气体,是一类特殊的流体。

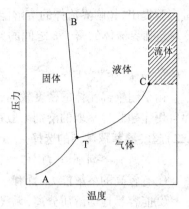

图 7 – 69　单组分的相图

物质在临界点的压强 p_c、温度 T_c 和密度 ρ_c 是物质的重要物性。迄今为止已测定了不少物质的临界点,其中对超临界萃取可能有意义的一些物质的临界性质如表 7 – 5 所示。

表 7 – 5　　一些物质的临界性质

物质	$T_c/℃$	p_c/MPa	$\rho_c/(kg/m^3)$	物质	$T_c/℃$	p_c/MPa	$\rho_c/(kg/m^3)$
甲烷	– 82.6	4.6	102	乙烷	32.2	4.58	203
丙烷	96.6	4.24	217	丁烷	152	3.75	228
戊烷	196.4	3.37	237	甲醇	239.4	8.09	272
乙烯	9.2	5.03	218	丙酮	234.9	4.7	278
苯	288.9	4.89	302	甲苯	318.5	4.11	292
氨	132.4	11.28	235	二氧化碳	31.1	7.38	468
二硫化碳	278.8	7.8	447	水	374.1	22.0	322

超临界流体的物性较为特殊,首先是物性与温度 T、压强 p 有关,其次是一些与传质有关的物性如密度 ρ、黏度 μ、扩散系数 D 等均介于液体和气体之间。表 7 – 6 将超临界流体的这些物性与气体、液体的相应值作了比较。从表中可以看出:

(1)超临界流体的密度接近于液体密度,而比气体密度高得多。另一方面,超临界流体是可压缩的,但其压缩性比气体小得多;

(2)超临界流体的扩散系数比气体的扩散系数小得多,但比液体的扩散系数又高得多;

(3)超临界流体的黏度接近于气体的黏度,而比液体黏度低得多。

表 7 – 6　　超临界流体的物性及与普通流体物性的比较

	$\rho/(kg/m^3)$	$D/(m^2/s)$	$\mu/(Pa \cdot s)$
气体(0.1MPa,15 ~ 30℃)	0.6 ~ 2	$(0.1 \sim 0.4) \times 10^{-4}$	$(0.1 \sim 0.3) \times 10^{-4}$
液体(0.1MPa,15 ~ 30℃)	600 ~ 1600	$(0.02 \sim 0.2) \times 10^{-8}$	$(0.02 \sim 0.3) \times 10^{-2}$
超临界流体 $p = p_c$ $T = T_c$	200 ~ 500	7×10^{-8}	$(0.1 \sim 0.3) \times 10^{-4}$
$p = 4p_c$ $T = T_c$	400 ~ 900	2×10^{-8}	$(0.3 \sim 0.9) \times 10^{-4}$

众所周知,当流体的扩散系数高、黏度低时,扩散阻力就小,对传质有利。另一方面,大

量实验提出,超临界流体的溶解能力与其密度相关,一般地,物质在超临界流体中的溶解度 C 与超临界流体的密度 ρ 之间的关系可表示为:

$$\ln C = m\ln \rho + k \tag{7-140}$$

其中的 m、k 为常数且 $m > 0$。

由于超临界流体的密度较高,故其溶解能力很强,这样,超临界流体很适于作为萃取剂,而且用作超临界萃取的溶剂一般在常温下都是气体,因而很容易用气化的方法回收溶剂。

(二)超临界萃取溶剂的选择

并非所有溶剂都适宜用作超临界萃取,超临界萃取对溶剂有以下要求:

①有较高的溶解能力,且有一定的亲水 – 亲油平衡;

②能容易地与溶质分离,无残留,不影响溶质品质;

③无毒,化学上为惰性,且稳定;

④来源丰富,价格便宜;

⑤纯度高。

在所有研究过的超临界的物质中,只有几种适于用作超临界萃取的溶剂:二氧化碳、乙烷、乙烯,以及一些含氟的氢化合物,其中最理想的溶剂是二氧化碳,它几乎满足上述所有要求,它的临界压强为 7.38MPa,临界温度为 31.16℃。目前几乎所有的超临界萃取操作均以二氧化碳为溶剂,它的主要特点是:

①易挥发,易于与溶质分离;

②黏度小,扩散系数高,有很高的传质速率;

③只有相对分子质量低于 500 的低分子化合物才易溶于二氧化碳;

④同系物中溶解度随相对分子质量的增加而降低;

⑤生物碱、类胡萝卜素、氨基酸、水果酸、氯仿和大多数无机盐不溶于二氧化碳。

(三)超临界萃取的操作区域

超临界区是一个很大的区域,而超临界流体的物性又与其参数 p、T 紧密相关,另一方面,超临界萃取的原料一般为一多元体系,能溶于溶剂的组分数远不止一个,可以用调节参数的方法来达到不同的生产目的,图 7 – 70 为二氧化碳的相图,在图中可以区分出三个区域:

(1)完全萃取区 完全萃取区在相图上位于压强、温度均较高的区域。理论上,最高温度取决于溶质的耐热性,最高压强取决于设备的强度。

如果生产目的是最大限度地提取溶质,那么就要求溶解尽可能高,根据溶解度与密度的关系可知,应当使 p、T 尽可能高,以增加溶剂的密度。超临界流体的密度主要取决于压强,而与温度的关系略小,而且一般当温度升高时密度反而降低。因此完全萃取区的温度一般只比临界温度略高。

(2)分馏区 如果生产目的除了将溶液溶

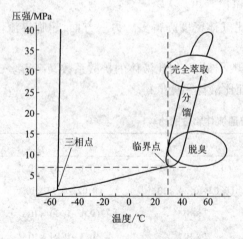

图 7 – 70 超临界萃取的操作区域

质萃取出以外,还要求将各溶质分开,那么就要仔细选择压强和温度。一般先在高压下进行完全萃取,把所有的溶质都萃取出来。然后使萃取相依次经过一系列压强和温度均在精密控制下的容器,借控制密度的方法控制溶解度,利用溶解度的差异使溶质逐一释放出来,达到分离的目的。有时还可加入某种夹带剂,可大大改变溶解度,帮助分离。这样的分离结果与分馏相似。

(3)脱臭区 如果生产目的只是分离易挥发溶质,那么对溶解度的要求相对而言就较低,操作条件较温和,操作点位于离临界温度和临界压强不太远的区域。在这个区域的典型应用实例是芳香化合物的提取。

二、超临界萃取的流程

(一)典型流程

图7-71为典型的超临界萃取流程。首先将溶剂压缩到超临界态,然后进行萃取。萃取相经膨胀阀减压,溶剂即汽化分离,剩余的物质就是溶质。汽化后的溶剂进入压缩机循环使用,必要时补充一些溶剂。

从图中可以看出,萃取设备在高压下操作,而且把溶剂压缩到超临界状态需耗大量能量,因此超临界萃取的投资和操作费用都较高。

固体物料一般在萃取器内形成固定床,超临界流体由上而下或由下而上流过床层,进行萃取。影响固体超临界萃取的主要工艺参数有:压强、温度、溶剂比和固体物料的形态。

超临界萃取的操作温度一般比临界温度高得不多,压强则常常比临界压强高得多,以增大密度或溶解度。当温度和压强确定以后,溶剂比就成为最重要的工艺参数。适宜溶剂

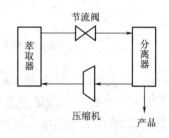

图7-71 超临界萃取流程

比的确定与浸取操作相似,都是一个最优化问题,而优化的目标函数往往是操作的总经济性。

固体物料的形态对超临界萃取的影响与浸取操作相同。

用超临界流体萃取液体时,可以采用常规液-液萃取用的塔设备进行连续操作,最常用的设备是填料塔。物料在塔的中段引入,整个塔的流程与二元精馏塔相似。

溶剂循环是超临界萃取的必需步骤。有两种循环方式:泵循环和压缩机循环。如图7-71所示的典型流程是采用压缩机循环的。溶剂萃取后,通过改变其压强的方法使其成为气态,从而与溶质分离。再由压缩机将其压缩至萃取压强,重新进入萃取器。

在泵循环方式中,溶剂与溶质分离后,调节其温度和压强,使其成为液体。然后用泵加压至萃取压强。这种循环方式的优点是投资低,流量调节好,当压强高于30MPa时能耗比压缩机循环小。但必须配备换热器和冷凝器,在低压萃取时需要额外的热能。而压缩机循环的优点是只需一个换热器,耗热能低。但流量控制困难,投资高。在压强低于30MPa时能耗较高。

(二)萃取-反萃取流程

典型流程在技术上较为成熟,因而在许多超临界萃取中得到应用。但在某些超临界萃取,特别是从咖啡豆中提取咖啡因的应用中,采用的是另一种流程,即萃取-反萃取流程。

　　萃取－反萃取流程如图7－72所示。先用水浸泡咖啡因,然后用超临界二氧化碳浸取。由于咖啡因在二氧化碳中的溶解度较小,故所用的溶剂比较高。浸取后并不用解压方法使二氧化碳气化,而是在一洗涤塔内用水洗涤,使咖啡因进入水相,即为反萃取。从洗涤塔排出的二氧化碳可循环使用。含咖啡因的水相经脱气后在一蒸馏塔内分离,在塔底得到产品咖啡因。

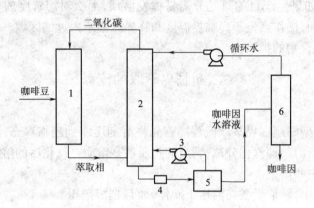

图7－72　超临界萃取咖啡豆的流程
1—萃取塔　2—洗涤塔　3—二氧化碳压缩机　4—膨胀阀　5—脱气器　6—蒸发器

　　这一流程用洗涤塔和蒸馏塔取代了将二氧化碳挥发,再将气体二氧化碳压缩至超临界状态的典型流程,目的是避免将大量气体二氧化碳反复压缩的耗能过程,其代价是洗涤塔和蒸馏塔的投资和蒸馏塔的能耗,以及将水加压的能耗。特别是洗涤塔,在高压下操作。从实践结果看,经济上还是合算的,可以将咖啡因含量降到0.02%以下,脱咖啡因后的产品在风味方面与未脱咖啡因的原料几乎无法辨别。

本章主要符号

$A = KS/B$——萃取因子

B——原溶剂或惰性固体的量或流量,kg 或 kg/s

D——直径,m

E——萃取相或最终溢流的量或流量,kg 或 kg/s

F——原料液流量,mol/s

K——单位质量惰性固体所持有的溶液量

L——底流量中的溶液量,kg/s

N——传质通量,kg/m² · s

R——通用气体常数,8.314J/(mol · K)

R——回流比

S——溶剂的量或流量,kg 或 kg/s

V——上升蒸气流量,kmol/s

W——塔底产品流量,mol/s

A——面积,m²

D——塔顶产品流量,mol/s

D——扩散系数,m²/s

E_M——默弗里板效率

H——摩尔比焓,kJ/kmol

L——下降液体流量,kmol/s

L'——底流的总流量,kg/s

R——萃余相或最终底流的量或流量,kg 或 kg/s

R——半径,m

T——热力学温度,K

V——溢流的总流量,kg/s

W——传质总量,kg/s

a——溢流/底流比	c——浓度,mol/m^3
$c_{p,m}$——摩尔定压热容,$kJ/(kmol \cdot K)$	d——容器直径,m
k——分配系数	k_L——液相表面传质系数
l——厚度,m	m——质量,kg
n——塔板数	n——单位体积内气体的物质的量,mol/m^3
p——压强,Pa	p^0——饱和蒸气压,Pa
q——液化率	q——热状态参数
q——固体内部溶质的浓度,kg 溶质/kg 惰性固体	q_V——体积流量,m^3/s
r——摩尔汽化潜热,$kJ/kmol$	r——半径,m
t——温度,℃ 或 K	u——速度,m/s
v——挥发度,Pa	x——萃余相或底流的质量分数
x——液相摩尔分数	y——萃取相或溢流的质量分数
y——气相摩尔分数	α——选择性系数
α——相对挥发度	ε——床层空隙率
η——级效率	μ——黏度,$Pa \cdot s$
ρ——密度,kg/m^3	τ——时间,s

本 章 习 题

习题 7-1　正庚烷(A)和正辛烷(B)的饱和蒸汽压数据如下:

$t/℃$	98.4	105.0	110.0	115.0	120.0	125.6
p_A^0/kPa	101.3	125.3	140.0	160.0	180.0	205.3
p_B^0/kPa	44.4	55.6	64.5	74.8	86.0	101.3

试在总压 101.3kPa 下计算气液平衡组成,并作出 $t-x-y$ 图。

习题 7-2　在常压下将某二元混合液其易挥发组分为 0.5(摩尔分数,下同),分别进行闪蒸和简单蒸馏,要求液化率相同均为 1/3,试分别求出釜液和馏出液组成,假设在操作范围内气液平衡关系可表示为:$y=0.5x+0.5$。

习题 7-3　在连续操作的常压精馏塔中分离乙醇水溶液,每小时于泡点下加入料液 3000kg,其中含乙醇 30%(质量分数,下同),要求塔顶产品中含乙醇 90%,塔底产品中含水 99%。试求:塔顶、塔底的产品量(分别用 kg/h,kmol/h 表示)。

习题 7-4　某精馏塔操作中,已知操作线方程为精馏段 $y=0.723x+0.263$,提馏段 $y=1.25x-0.0187$,若原料以饱和蒸汽进入精馏塔中,试求原料液、精馏段和釜残液的组成和回流比。

习题 7-5　用一连续精馏塔分离二元理想溶液,进料量为 100kmol/h,易挥发组分 $x_F=0.5$,泡点进料,塔顶产品 $x_D=0.95$,塔底釜液 $x_W=0.05$(皆为摩尔分数),操作回流比 $R=1.8$,该物系的平均相对挥发度 $\alpha=2.5$。求:(1)塔顶和塔底的产品量(kmol/h);(2)提馏段下降液体量(kmol/h);(3)分别写出精馏段和提馏段的操作线方程。

习题 7 - 6　在常压连续精馏塔中,分离某二元混合物。若原料为 20℃ 的冷料,其中含易挥发组分 0.44(摩尔分数,下同),其泡点温度为 93℃,塔顶馏出液组成 x_D 为 0.9,塔底釜残液的易挥发组分 x_W 为 0.1,物系的平均相对挥发度为 2.5,回流比为 2.0。试用图解法求理论板数和加料板位置。已知原料液的平均汽化潜热为 $r_m = 31900kJ/kmol$,比热容为 $c_p = 158kJ/(kmolK)$。若改为泡点进料,则所需理论板数和加料板位置有何变化? 从中可得出什么结论?

习题 7 - 7　某精馏塔分离易挥发组分和水的混合物,$F = 200kmol/h$,$x_F = 0.5$(摩尔分数,下同),加料为气液混合物,气液摩尔比为 2:3,塔底用饱和蒸汽直接加热,离开塔顶的气相经全凝器,冷凝量 1/2 作为回流液体,其余 1/2 作为产品,已知 $D = 90kmol/h$,$x_D = 0.9$,相对挥发度 $\alpha = 2$,试求:(1)塔底产品量 W 和塔底产品组成 x_W;(2)提馏段操作线方程式;(3)塔底最后一块理论板上升蒸气组成。

习题 7 - 8　在常压连续提馏塔中分离某理想溶液,$F = 100kmol/h$,$x_F = 0.5$,饱和液体进料,塔釜间接蒸汽加热,塔顶无回流,要求 $x_D = 0.7$,$x_W = 0.03$,平均相对挥发度 $\alpha = 3$(恒摩尔流假定成立)。求:(1)操作线方程;(2)塔顶易挥发组分的回收率。

习题 7 - 9　在常压精馏塔中分离苯 - 甲苯混合物,进料组成为 0.4(摩尔分数,下同),要求塔顶产品浓度为 0.95,系统的相对挥发度为 2.5。试分别求下列三种情况下的最小回流比:(1)饱和液体;(2)饱和蒸气;(3)气液两相混合物,气液的摩尔比为 1:2。

习题 7 - 10　在连续精馏塔中分离某理想溶液,易挥发组分组成 x_F 为 0.5(摩尔分数,下同),原料液于泡点下进入塔内,塔顶采用分凝器和全凝器,分凝器向塔内提供回流液,其组成为 0.88,全凝器提供组成为 0.95 的合格产品,塔顶馏出液中易挥发组分的回收率为 98%,若测得塔顶第一层理论板的液相组成为 0.79。试求:(1)操作回流比是最小回流比的多少倍?(2)若馏出液流量为 100kmol/h,则原料液流量为多少?

习题 7 - 11　在连续操作的板式精馏塔中分离某理想溶液,在全回流条件下测得相邻板上的液相组成分别为 0.28,0.41 和 0.57,已知该物系的相对挥发度 $\alpha = 2.5$。试求三层板中较低两层的单板效率(分别用气相板效率和液相板效率表示)。

习题 7 - 12　有两股二元溶液,摩尔流量比 $F_1:F_2 = 1:3$,浓度各为 0.5 和 0.2(易挥发组分摩尔分数,下同),拟在同一塔内分离,要求馏出液组成为 0.9,釜液组成为 0.05,两股物料均为泡点,回流比为 2.5。试比较以下两种操作方式所需的理论板数:(1)两股物料先混合,然后加入塔内;(2)两股物料各在适当位置分别加入塔内。平衡关系见下表:

x	0	0.1	0.2	0.3	0.4	0.5	0.6	0.7	0.8	1.0
y	0	0.217	0.382	0.517	0.625	0.714	0.785	0.854	0.909	1.0

习题 7 - 13　用常压连续精馏塔分离某理想溶液,相对挥发度为 2.5,泡点进料,料液含易挥发组分 0.5(摩尔分数,下同),要求 $x_D = 0.9$,$x_W = 0.1$,回流比为 2,塔顶气相用全凝器至 20℃ 后再回流,回流液泡点 83℃,比热容 140kJ/(kmol K),汽化热 $3.2 \times 10^4 kJ/kmol$。求所需理论板数。

习题 7 - 14　提馏塔是只有提馏段的塔,今有一含氨 5%(摩尔分数)的水溶液,在泡点下进入提馏塔顶部,以回收氨。塔顶气体冷凝后即为产品。要求回收 90% 的氨,塔釜间接加热,排出的釜液中含氨小于0.664%,已知操作范围内平衡关系可近似用 $y = 6.3x$ 表示。试求:(1)所需理论板数;(2)若该塔由若干块气相默弗里板效率均为0.45的实际板组成,问需几块实际塔板;(3)该塔的总效率。

习题7-15　在常压下以连续泡罩精馏塔分离甲醇-水混合液,料液中含甲醇30%,残液中含甲醇不高于2%,馏出液含甲醇95%(以上均为摩尔分数),已知:每小时得馏出液2000kg,采用的回流比为最小回流比的1.8倍,进料为饱和液体。试求:(1)板效率为40%时所需的塔板数及进料板位置;(2)加热蒸汽压力为1.5atm(表压)时的蒸汽消耗量;(3)塔的直径和高度。给出平衡数据如下,空塔速度取 $1m/s$ (x——液相中甲醇的摩尔分数,y——气相中甲醇的摩尔分数,t——温度)。

$t/℃$	x	y	$t/℃$	x	y
100	0	0	75.3	0.40	0.729
96.4	0.02	0.134	73.1	0.50	0.779
93.4	0.04	0.234	71.2	0.60	0.825
91.2	0.06	0.304	71.2	0.60	0.825
91.2	0.06	0.304	69.3	0.70	0.870
89.2	0.08	0.365	67.6	0.80	0.915
87.7	0.10	0.418	66.0	0.90	0.958
84.4	0.15	0.517	65.0	0.95	0.979
81.7	0.20	0.579	64.5	1.0	1.0
78.0	0.30	0.665			

习题7-16　在30℃时测得丙酮(A)-醋酸乙酯(B)-水(S)的平衡数据如下表(均以质量分数表示)。(1)在直角三角形坐标图上绘出溶解度曲线及辅助曲线;(2)已知混合液是由醋酸乙酯(B)20kg,丙酮(A)10kg,水(S)10kg组成,求两共轭相的组成及量。

丙酮(A)-醋酸乙酯(B)-水(S)平衡数据:

醋酸乙酯(萃余相)			水相(萃取相)		
丙酮/%	醋酸乙酯/%	水/%	丙酮/%	醋酸乙酯/%	水/%
0	96.5	3.5	0	7.4	92.6
4.8	91.0	4.2	3.2	8.4	88.5
9.4	85.6	5.0	6.0	8.0	86.0
13.5	80.5	5.0	9.5	8.3	82.2
16.6	77.2	6.2	12.8	9.2	78.0
20.0	73.0	7.0	14.8	9.8	75.4
22.4	70.0	7.6	17.5	10.2	72.3
27.8	62.0	10.2	21.2	11.8	67.0
32.6	51.0	13.4	26.4	15.0	58.6

习题7-17　在上题的物系中,若(1)当萃余相中 $x_A = 20\%$ 时,分配系数 k_A 和选择性系

数 β;(2)于 100kg 含 35% 丙酮的原料中加入多少千克的水才能使混合液开始分层;(3)要使(2)项的原料液处于两相区,最多能加入多少千克水;(4)由 12kg 醋酸乙酯和 8kg 水所构成的混合液中,尚需加入若干千克丙酮即可使此三元混合液成为均匀相混合液。

习题 7-18   在 25℃ 下用甲基异丁基甲酮(MIBK)从含丙酮 35%(质量分数)的水溶液中萃取丙酮,原料液的流量为 1500kg/h。试求:(1)当要求在单级萃取装置中获得最大组成的萃取液时,萃取剂的用量为若干 kg/h;(2)若将(1)求得的萃取剂用量分作二等分进行多级错流萃取,试求最终萃余相的流量和组成;(3)比较(1)和(2)两种操作方式中丙酮的回收率。

附:溶解度曲线数据(质量分数)

丙酮(A)	水(B)	MIBK(S)	丙酮(A)	水(B)	MIBK(S)
0	2.2	97.8	48.4	18.8	32.8
4.6	2.3	93.1	48.5	24.1	27.4
18.9	3.9	77.2	46.6	32.8	20.6
24.4	4.6	71.0	42.6	45.0	12.4
28.9	5.5	65.6	30.9	64.1	5.0
37.6	7.8	54.6	20.9	75.9	3.2
43.2	10.7	46.1	3.7	94.2	2.1
47.0	14.8	38.2	0	98.0	2.0

联结线数据(丙酮的质量分数)

水层	MIBK 层	水层	MIBK 层
5.58	10.66	29.5	40.0
11.83	18.0	32.0	42.5
15.35	25.5	36.0	45.5
20.6	30.5	38.0	47.0
23.8	35.3	41.5	48.0

习题 7-19   含 15%(质量分数)的醋酸水溶液,其量为 1200kg,在 25℃ 下用纯乙醚进行两级错流萃取,加入单级的乙醚量和该级处理之质量比为 1.5。试求各级萃取相和第二级萃余相的量,当蒸出乙醚后,求各级萃取液和第二级萃余液的组成。25℃ 下水－醋酸－乙醚系统的平衡数据如下:

水层			乙醚层		
水	醋酸	乙醚	水	醋酸	乙醚
93.0	0	6.7	2.3	0	97.7
88.0	5.1	6.9	3.6	3.8	92.6
84.0	8.8	7.2	5.0	7.3	87.3
78.2	13.8	8.0	7.2	12.5	80.3
72.1	18.4	9.5	10.4	18.1	71.5
65.0	23.1	11.9	15.1	23.6	61.3
55.7	27.9	16.4	23.6	28.7	47.7

习题 7-20 含 35%(质量分数)的醋酸水溶液,其量为 1200kg/h,用纯乙醚作萃取剂在 25℃下进行多级逆流萃取,萃取剂量为 2000kg/h,要求最终萃余相中醋酸组成不大于 7%,试用三角形坐标求出所需理论板数。平衡数据见上题。

习题 7-21 某甜菜制糖厂,以水为溶剂每小时处理 50t 甜菜片,甜菜含糖 12%,甜菜渣 40%,出口溶液含糖 15%,设浸出系统中,每一个浸出器内,溶液与甜菜片有充分时间达到平衡,而且每吨甜菜渣含溶液 3t,今拟回收甜菜片中含糖的 97%,问此系统需几个浸出器?

习题 7-22 在逆流设备中,将含油 20%(质量分数)的油籽进行浸出,离开末级的溢流含油量为 50%,从此溶液中回收得油 90%。若用某新鲜溶剂来浸出油籽,同时在底流中每 1kg 不溶性固体持有 0.5kg 溶液,试问在恒底流操作下所需的理论级数是多少(用三角形相图解)?

习题 7-23 在多级逆流接触设备中,以汽油为溶剂进行大豆浸出操作,以生产豆油。若大豆最初含油量为 18%,最后浸出液含油 40%,且原料中全部含油有 90% 被抽出,试计算必需的级数。假设在第一级混合器中,大豆所含的油全被溶出,又设每级均达平衡,且每级沉降分离的底流豆渣中持有相当一半固体量的溶液。

习题 7-24 洗涤是一种与浸出相类似的操作,它们主要的区别在于,洗涤中的惰性固体是有价值的物质,而溶剂多半是水,今有 50kg 新鲜的酪朊凝乳,当沉淀和沥水后,发现持有 60% 的溶液,且此溶液中含有 4.5% 乳糖,然后凝乳以水多次洗涤,除去大部分乳糖,若洗涤共进行 3 次,每次洗涤水用量为 90 L,试计算干燥后酪朊的残糖量,若采用一次洗涤法,要达到同样的残糖量,问要用多少洗涤水?假定每次洗涤和沥水后,凝乳的持水量均为 66%。

习题 7-25 棕榈仁含油 50%,对 1t 原料使用 1t 乙烷进行逆流接触浸出,假设残渣中油和溶剂的量与全量之比为常数 0.5。试问:(1) 为了使油的浓度减少到 1%(干基),必须的理论级数是多少;(2) 其他条件不变,若 1t 棕榈仁使用 2t 溶剂,需理论级多少;(3) 1t 原料仍使用 1t 溶剂,但残渣经压榨,且其组成点是溶液 25%、脱油干固体 75% 所代表的线,若达到同样的要求,求所需的级数。

第八章　干燥与空气调节

在食品工业中,为使产品具有良好的保藏性和节约运输费用,常常需要从湿固体原料、半成品和成品中除去水分,这种操作称为"去湿"。去湿的方法通常有三种:机械去湿、物理化学去湿(吸附去湿)和热能去湿。

机械去湿是利用压榨、沉降、过滤、离心分离等方法去除物料中的水分,这是一种能耗较低的去湿方法,但水分的去除有一定限度。

物理化学去湿是利用吸湿性物质进行吸附去湿。这种方法费用高,一般只用于少量水分去除或用于除去气体中的水分。

利用热能去湿是使物料中的水分汽化,并由惰性气体带走或抽真空抽走的方法,通常简称为干燥。狭义的干燥指从固体物料中将水汽化除去的过程,广义的干燥则还包括将溶液、浆料等液态物料中的水汽化并制得固体物料的过程。在食品工业中,为了使去湿操作经济而有效,经常先用过滤、离心分离和蒸发等方法除去物料中的大部分水分,然后再进行干燥。

干燥是食品工业中应用最广的单元操作之一。果蔬的干制,奶粉的制造,面包、饼干的焙烤,淀粉的制造以及酒糟、酵母、麦芽、砂糖等的干燥都是典型的例子。

干燥可分为常压干燥和真空干燥两类。前者采用热空气或烟道气作为干燥介质,将汽化的水分带走,后者则用真空泵将水蒸气抽吸除去。

欲使水分汽化,必须将物料加热。根据传热方式的不同,又有三种干燥方法:

(1)对流干燥(热风干燥)　以热空气为热源,藉对流传热将热量传给物料,同时又将汽化水分带走。一般热风干燥多在常压下进行,这种干燥方式在粮油、乳品工业中应用很广泛。

(2)传导干燥(接触干燥)　热能通过传热壁面以传导方式进入物料,使湿物料中水分汽化。热源可以是水蒸气、热水、热空气等。在常压下操作时,物体与气体间虽有热交换,但气体主要起载湿体作用。接触干燥也可在真空下进行。

(3)辐射干燥　利用红外线、微波等作为热源,将热量传给物料,此法与接触干燥的不同仅在于热源的不同。这种干燥方法又包含红外辐射干燥和微波干燥(介电加热干燥)。红外辐射干燥是经红外辐射器产生的辐射能以电磁波形式到达物料表面,被湿物料吸收并更新转化为热能,从而使其中水分汽化。微波干燥是将所要干燥的物料置于高频电场中,使湿物料中极性水分子在电场的高频交变作用下,发生剧烈旋转而产生类似摩擦的热效应,从而使物料加热干燥。

此外,食品工业中还常常应用两种干燥方法:一是喷雾干燥,用于液体的干燥;二是冷冻干燥(又称真空冷冻干燥或冷冻升华干燥),即物料冷冻后,其中水分被冻成冰,然后将物料置于真空状态中,使冰直接升华为水汽而除去水分,该法可以较好地保持食品的品质。这两种干燥方法在原理和方法上有其特殊性。

在上述几种干燥方式中,食品工业中应用最普遍的是对流干燥。本章主要讨论以热空气为介质去除水分的对流干燥。

空气调节涉及湿空气的性质。而湿空气的性质则是讨论干燥过程的基础,故将空气调节这一节亦列入本章。

第一节　湿空气的性质

在干燥操作中,与湿物料相接触的是作为干燥介质的热空气,称为湿空气。湿空气在干燥过程中既是载热体,又是载湿体,因此干燥是兼有传热和传质的过程。湿空气同一般气体混合物一样,具有各项状态参数。在干燥或空气调节操作过程中,这些状态参数随着过程的进行要发生一定的变化。了解和研究湿空气的状态变化,就可以了解和研究干燥过程,而首先应对湿空气的各种物理性质及状态参数加以说明。湿空气可以看成是干空气和水蒸气的混合物,在干燥过程中干空气的量保持不变,因此大多数物理参数是以干空气量为基准的。在通常的干燥操作中,总压强较低,干空气和水蒸气都可以作为理想气体处理。

一、湿空气的状态参数

(一)水蒸气分压 p

湿空气是水蒸气和干空气的混合物。如果将水蒸气和干空气都作为理想气体对待,则水蒸气的含量可以用其分压表示。根据道尔顿分压定律,湿空气的总压强 p_T 与水蒸气分压 p 及干空气的分压 p_a 有如下关系:

$$p_T = p + p_a \qquad (8-1)$$

以及

$$p/p_a = p/(p_T - p) = n_v/n_a \qquad (8-2)$$

式中　n_v——湿空气中水蒸气的物质的量,kmol;

　　　　n_a——湿空气中干空气的物质的量,kmol。

(二)湿度 H

湿度又称湿含量或绝对湿度,定义为单位质量干空气所带的水蒸气质量,即:

$$H = M_v n_v/(M_a n_a) = pM_v/[M_a(p_T - p)] = 0.622p/(p_T - p) \qquad (8-3)$$

式中　M_v——水蒸气的相对分子质量,取18;

　　　　M_a——干空气的相对分子质量,取29。

(三)相对湿度 φ

相对湿度定义为湿空气中水蒸气分压 p 与同温、同压下饱和空气中的水汽分压 p_s(也就是同温下水的饱和蒸汽压)之比,即:

$$\varphi = p/p_s \times 100\% \qquad (8-4)$$

当湿空气的相对湿度 $\varphi = 100\%$ 时,湿空气中的水汽已达饱和,水蒸气分压已达到饱和蒸汽压,这时的湿空气已不能再容纳水蒸气,也就不能再用作干燥介质,此状态的湿空气称为饱和湿空气,而绝对干空气的相对湿度 $\varphi = 0$。所以,相对湿度是湿空气饱和程度的标志。相对湿度越低,距饱和就越远,该湿空气容纳水蒸气的能力越强。显然,只有 $p < p_s$ 时,湿空气才能容纳从湿物料汽化的水分。

将式(8-4)代入式(8-3)得:

$$H = 0.622\varphi p_s/(p_T - \varphi p_s) \qquad (8-5)$$

由此得饱和空气的湿度为:

$$H_s = 0.622 p_s/(p_T - p_s) \tag{8-6}$$

[例 8-1]湿空气中水蒸气分压为 2.335kPa,总压为 101.3kPa,求湿空气温度 $t = 20℃$ 时的相对湿度 φ。若将湿空气加热到 50℃,求此时的 φ。

解:(1)查表得 $t = 20℃$ 时,水的饱和蒸汽压为 $p_s = 2.335$kPa

$$\varphi = p/p_s \times 100\% = 2.335/2.335 \times 100\% = 100\%$$

即湿空气已被水蒸气饱和,不能再用作干燥介质。

(2)查表得 $t = 50℃$ 时,$p_s = 12.34$kPa

$$\varphi = p/p_s \times 100\% = 2.335/12.34 \times 100\% = 18.92\%$$

计算表明,当湿空气温度升高后,φ 值减小,又可用做干燥介质。

(四)湿空气的比焓 h

湿空气的比焓(简称焓)是一个相对值,需取某一温度作为基准,一般规定 0℃ 时干空气和液态水的焓值为零。湿空气的焓等于单位质量的干空气的焓与其所带水蒸气的焓之和。

$$h = h_a + H h_v \tag{8-7}$$

式中 h_a——干空气的焓,kJ/kg 绝干气;

h_v——湿空气中水蒸气的焓,kJ/kg 水蒸气。

$$h_a = c_{p_a} t \tag{8-8}$$

$$h_v = r_0 + c_{p_v} t \tag{8-9}$$

式中 c_{p_a}——绝干空气的比热容;

c_{p_v}——水蒸气的比热容;

r_0——水在 0℃ 时的汽化潜热,2490 kJ/kg 水蒸气。

在常用的温度范围内,$c_{p_a} = 1.01$ kJ/(kg 绝干气℃),$c_{p_v} = 1.88$ kJ/(kg 水蒸气℃)。将式(8-8)和式(8-9)及相应数值代入式(8-7)中,得:

$$h = (1.01 + 1.88H)t + 2490H \tag{8-10}$$

(五)湿比热容 c_{pH}

简称为湿比热,表示单位质量干空气及所带的 H kg 水蒸气温度升高 1℃(K)所需的热量。由此定义得:

$$c_{pH} = c_{p_a} + c_{p_v} H = 1.01 + 1.88H \tag{8-11}$$

(六)湿比体积 v_H

湿比体积表示含单位质量干空气的湿空气所具有的体积,等于 1kg 干空气及其所带的 Hkg 水蒸气的体积之和,单位为 m^3 湿空气/kg 干空气。根据理想气体状态方程,在常压下湿比体积为:

$$v_H = \left(\frac{1}{29} + \frac{H}{18}\right) \times 22.4 \times \frac{273 + t}{273} \times \frac{1.013 \times 10^5}{p_T} = (0.772 + 1.244H) \times \frac{273 + t}{273} \times \frac{1.013 \times 10^5}{p_T} \tag{8-12}$$

(七)干球温度 t 和湿球温度 t_w

在湿空气中,用一般温度计测得的温度称为空气的干球温度,简称温度,即空气的真实温度,用 t 表示。

若用湿纱布包扎温度计的感温部分,纱布下端浸在水中,藉毛细管作用维持其处在湿润状态,就成为湿球温度计。将湿球温度计置于湿空气中,经一段时间达到稳定后,其读数称为湿球温度,用 t_w 表示。

湿球温度形成的原理如图 8 - 1 所示。设初始时水温和空气温度相等,但由于未饱和空气与水分之间存在湿度差,水分必然汽化,汽化所需的热量只能来自于水分本身,故水分温度必然下降。水温降低后,与空气间出现温度差,从而空气中热量又会向水分传递。经过一段时间后,过程达到稳定状态,由空气传给水分的热量等于水分汽化所需的热量,水温即维持不变。此温度即为空气的湿球温度。前

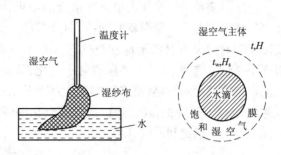

图 8 - 1 湿球温度的测定原理

面假设初始时水温与空气的温度相同,实际上,不论初始时温度如何,凡少量水与大量湿空气接触,都会使水温变化而达到稳定的空气湿球温度值,只不过达到稳定所需的时间不同而已。湿球温度亦是湿纱布中水的温度。

因湿空气的流量大,湿球表面汽化水量很少,可以认为湿空气在这一过程中,温度 t 和湿度 H 都不变。

湿球温度由湿空气的干球温度和湿度决定。湿度 H 越小,湿纱布中水分汽化越多,则汽化所需热量越大,湿球温度也就越低。相反,若湿空气已为饱和状态,则湿球温度与干球温度相等。

湿空气的湿球温度与温度和湿度之间的函数关系,可作如下推导:当达到稳定时,空气向纱布表面的传热速率为:

$$Q = \alpha S(t - t_w) \tag{8-13}$$

式中 α——对流传热系数,$W/(m^2 \cdot K)$;

S——接触面积,m^2。

同时,湿纱布表面水分汽化速率为:

$$N = k_H S(H_s - H) \tag{8-14}$$

式中 k_H——水气由湿表面向湿空气的传质系数,kg 水/$(m^2 \cdot s)$;

H_s——湿空气在 t_w 下的饱和湿度,kg 水蒸气/kg 绝干气;

H——湿空气的湿度,kg 水蒸气/kg 绝干气。

故水分汽化带入空气的传热速率为:

$$Q = k_H S(H_s - H) r_w \tag{8-15}$$

式中 r_w——t_w 下水的汽化潜热,kJ/kg。

当达到稳定时,由热量衡算得:

$$\alpha S(t - t_w) = k_H S(H_s - H) r_w \tag{8-16}$$

$$t_w = t - k_H r_w(H_s - H)/\alpha \tag{8-17}$$

式(8 - 17)即为湿空气的湿球温度与温度及湿度之间关系式。实验表明,一般情况下上式中的 k_H 和 α 均与空气速度的 0.8 次方成正比,故可以认为两者之比与气速无关。对于水 - 空气系统,α/k_H 约等于 1.09。只要 t、t_w 为一定值,则 H 亦必为一定值。

测定 t_w 时,空气的流速应大于 5m/s,以减少热辐射和热传导的影响。

(八) 绝热饱和温度 t_{as}

湿球温度是少量水与大量空气接触的结果,绝热饱和温度则是一定量湿空气与大量水接触的结果。在一个保温良好,既不向外界散失热量,也不从外界接受热量的饱和系统中,使温度为 t、湿度为 H 的不饱和空气与大量水密切接触,则将在两者之间产生传热和传质。由于空气是不饱和的,故水将向空气中汽化;又由于是在绝热条件下,所以汽化所需的热量只能取自空气中的显热,使空气的温度逐渐降低;同时,不饱和空气将逐渐被水饱和。当空气达到 $\varphi = 100\%$ 的饱和状态时,水分的汽化即停止,空气温度也不再下降。此时的温度称为湿空气的绝热饱和温度,以 t_{as} 表示。

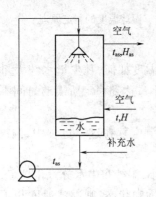

图 8 - 2   湿空气的绝热饱和过程

湿空气绝热饱和过程的特点,如图 8 - 2 所示,湿空气将自己的显热传递给水分,而水分又将此热量以潜热形式带回湿空气中。这样,虽然湿空气发生了温度与湿度的变化,但其热量在过程中基本不变,因此,这一过程可视为等焓过程。湿空气进入绝热系统时的焓为:

$$h = (1.01 + 1.88H)t + r_0H \qquad (8-18)$$

当湿空气经绝热饱和后,其焓值仍为 h,但温度和湿度均发生变化,达到饱和:

$$h = (1.01 + 1.88H_{as})t_{as} + r_0H_{as} \qquad (8-19)$$

由于 H 与 H_{as} 数值均很小,可近似认为湿空气的比热容不变,则:

$$1.01 + 1.88H = 1.01 + 1.88H_{as} = c_{pH}$$

整理得:

$$t_{as} = t - r_0(H_{as} - H)/c_{pH} \qquad (8-20)$$

由式(8 - 20)可知,绝热饱和温度是湿空气的干球温度和湿度的函数,它是湿空气在绝热冷却过程中所能达到的极限温度。

对于空气 - 水系统,当温度不太高,相对湿度不太低时,$\alpha/k_H \approx 1.09$ 与 c_{pH} 值十分接近,又 $r_0 \approx r_w$,故湿球温度和绝热饱和温度近似相等。而在别的系统,两者可以相差很大。

(九) 露点 t_d

将湿空气在总压和湿度保持不变的情况下冷却,当湿空气达到饱和时的温度即为露点,用 t_d 表示。若湿空气的温度降到露点以下,则所含超过饱和部分的水蒸气将以液态水的形式凝结出来。

设不饱和湿空气的温度为 t,湿度为 H,冷却至饱和状态时,露点温度为 t_d,空气中的水蒸气分压不变,但等于 t_d 下的饱和蒸汽压 p_{sd},而其饱和湿度 H_s 等于原湿度 H,则:

$$H = H_{sd} = 0.622p_{sd}/(p_T - p_{sd}) \qquad (8-21)$$

上式即为计算露点的公式。将湿空气的湿度 H 和总压 p_T 代入,可求得 p_{sd},再由水蒸气表查出 p_{sd} 对应的饱和温度,即为湿空气的露点。由此可知,湿空气的露点在总压一定时只与湿度有关,而与温度无关。

对空气 - 水系统,干球温度、绝热饱和温度、湿球温度和露点间的关系为:

不饱和空气:

$$t > t_w = t_{as} > t_d \qquad (8-22)$$

饱和空气：
$$t = t_w = t_{as} = t_d \qquad\qquad (8-23)$$

[例 8-2]已知湿空气的总压 $p_T = 1.013 \times 10^5 Pa$，相对湿度 $\varphi = 60\%$，干球温度 $t = 30℃$，试求：(1)湿度 H；(2)露点 t_d；(3)将上述情况湿空气在预热器内加热到 $100℃$ 时所需热量。已知湿空气的质量流量为 $100kg$ 绝干气/h。

解：已知 $p_T = 1.013 \times 10^5 Pa$，$\varphi = 60\%$，$t_0 = 30℃$，$L = 100kg$ 干空气/h，$t_1 = 100℃$，由饱和水蒸气表查得水在 $30℃$ 时蒸汽压 $p_{s0} = 4242 Pa$。

(1) $H_0 = 0.622\varphi p_s 0/(p_T - \varphi p_{s0}) = 0.622 \times 0.6 \times 4242/(1.013 \times 10^5 - 0.6 \times 4242) = 0.016$（kg 水气/kg 绝干气）

(2) $p_{sd} = p = \varphi p_s = 0.6 \times 4242 = 2545$（Pa）　　由饱和水蒸气表查得其对应的温度 $t_d = 21.4℃$

(3) $Q = Lc_{pH}(t_1 - t_0) = 100 \times (1.01 + 1.88 \times 0.016) \times (100 - 30) = 7280 kJ/h = 2.02$（kW）

[例 8-3]总压为 $1.013 \times 10^5 Pa$ 下湿空气的温度为 $30℃$，湿度为 $0.02403 kJ/kg$ 绝干气，试计算湿空气的露点、湿球温度、绝热饱和温度。

解：(1)由 $H = 0.622p/(p_T - p)$，可得：$p = Hp_T/(0.622 + H)$
$$p = 0.02403 \times 1.013 \times 10^5/(0.622 + 0.02403) = 3768 Pa$$
由 $p_{sd} = p = 3768 Pa$，查水蒸气表得对应的温度为 $27.5℃$，即为露点。

(2)湿球温度　　$t_w = t - k_H r_w(H_s - H)/\alpha$

由于 H_s 是 t_w 的函数，故用上式计算 t_w 时要用试差法，其计算步骤为：

①假设 $t_w = 28.4℃$。

②对空气-水系统，$\alpha/k_H \approx 1.09$。

③由水蒸气表查出 $28.4℃$ 水的汽化热 r_w 为 $2427.3 kJ/kg$。

④$28.4℃$ 时 $H_s(t = 28.4℃, p_s = 3870 Pa)$
$$H_s = 0.622 \times 3870/(1.013 \times 10^5 - 3870) = 0.02471（kg/kg 绝干气）$$
$$t_w = 30 - 2427.3 \times (0.02471 - 0.02403)/1.09 = 28.21（℃）$$

与假设的 $28.4℃$ 很接近，故假设正确。

(3)绝热饱和温度　　$t_{as} = t - r_0(H_{as} - H)/c_H$

由于 H_{as} 是 t_{as} 的函数，故计算时要用试差法。其计算步骤为：

①设 $t_{as} = 28.4℃$。

②$c_{pH} = 1.01 + 1.88 \times 0.02403 = 1.055[kJ/(kg \cdot K)]$
$$t_{as} = 30 - 2490 \times (0.02471 - 0.02403)/1.055 = 28.395（℃）$$

故假设 $t_{as} = 28.4℃$ 可以接受。

计算结果证明空气-水系统，$t_{as} = t_w$。

二、湿空气性质图

(一)空气的湿度图

将上述所得诸多表示湿空气参数的关系式作归纳，得到如下方程组：
$$H = 0.622p/(p_T - p) \qquad\qquad (8-3)$$
$$\varphi = p/p_s \times 100\% \qquad\qquad (8-4)$$

$$h = (1.01 + 1.88H)t + 2490H \tag{8-10}$$

$$t_{as} = t - r_0(H_{as} - H)/c_{p_H} \tag{8-20}$$

以上 4 个方程加上:

$$t_w = t_{as} \tag{8-24}$$

$$H_s = 0.622p_s/(p_T - p_s) \tag{8-25}$$

和饱和蒸汽压与温度的关系:

$$p_s = f(t) \tag{8-26}$$

共有 7 个方程,含 H、p、φ、p_s、h、t、t_w、t_{as}、H_{as} 等 9 个变量,因此理论上只要已知 2 个独立变量,就可以求得所有的参数。但是,由于其中含有非线性方程,而且式(8-26)一般是以表格形式给出的,因此将这些式子直接用于空调和干燥的计算,往往很繁杂。工程上为了方便起见,在固定总压不变的情况下,选择两个状态参数为坐标,将湿空气各个状态参数之间的关系绘成图,称为湿度图。用此图来查取各项参数,比较方便。

目前工程上广泛使用的湿度图有两种,一种是选择焓和湿度为坐标的湿焓图($H-h$图),另一种是选择温度和湿度为坐标的温湿图($t-H$图)。湿焓图对于两气体相混合以及进行物料衡算和热量衡算均较方便。本书拟采用此图,图 8-3 是总压等于 1.013×10^5 Pa 的湿空气的湿焓图。此图的纵坐标轴表示焓,横坐标轴表示湿度,两坐标轴倾斜成 135°,以避免各图线挤在一起,便于精确读取数据。

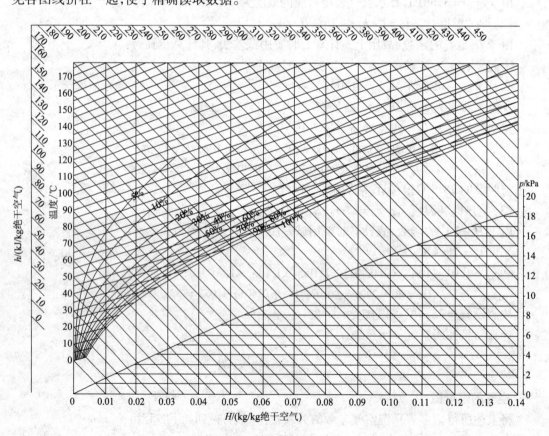

图 8-3 湿空气的性质图

图8-3包括下列图线：

1. 等焓线（等h线）

等焓线为平行于斜轴的一组直线，同一条线上的各点，虽然湿空气状态不同，但均具有相同的焓值。空气状态沿等h线变化的过程，为等焓过程。

2. 等湿度线（等H线）

等湿度线为平行于纵轴的一组直线，对于同一条湿度线而言，其上各点的湿度值均相同。空气状态沿等H线变化的过程称为等湿过程。

3. 等温线（等t线）

等温线为从纵轴出发，斜向右上方的一组直线，在同一条等温线上，各状态点的温度相同。图中画出从0℃到250℃范围内的等温线。

由式(8-10)可知：

$$h = 1.01t + (1.88t + 2490)H$$

因此，当t为一定值时，h与H为一直线关系，其斜率为$(1.88t + 2490)$。但是，在$H-h$图上，等温线并不互相平行。其斜率与温度有关，温度越高，斜率越大。

4. 等相对湿度线（等φ线）

等φ线是一组由坐标原点出发的曲线。同一条曲线上，各状态点的φ值相同。

由式(8-5)可知：

$$H = 0.622\varphi p_s / (p_T - \varphi p_s)$$

对于某一定值的φ，确定一个温度，就可查得一个对应的饱和水蒸气压，可由式(8-5)计算出相对应的H值。将许多(t, H)点连接起来，就成为等相对湿度线。图8-3中$\varphi = 100\%$的曲线为饱和相对湿度线，此时的空气已完全被水蒸气所饱和，在此线下方为过饱和区，湿空气呈雾状；在此线上方为不饱和区。显然，只有不饱和区的湿空气才可用作干燥介质。

5. 水蒸气分压线（p线）

由式(8-3)可得：

$$p = Hp_T / (0.622 + H)$$

当总压一定时，上式给出了水蒸气分压与湿度间的关系，它是为一条过原点的线，因H比0.622小得多，故近似于直线。为保持图面清晰，将此线绘于饱和相对湿度线的下方，而将坐标轴放在图的右边。

(二)湿度图的应用

湿度图中的任意一点均代表一个确定的湿空气状态，其温度、湿度、相对湿度、焓及水汽分压等均为定值。在应用此图查取有关数据时，常遇到以下情况：

(1)已知一个确定的状态点，查取各项状态参数。如图8-4所示，设A点为状态点，则：

①焓h：过A点作等焓线与纵轴交于B点，对

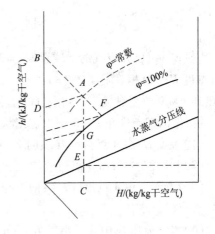

图8-4　由已知状态点查取湿空气的参数

应的值即为 A 点的焓值。

②湿度 H:过 A 点作等湿线,与水平轴交于 C 点,对应值即为 A 点的湿度值。

③干球温度 t:过 A 点沿等温线与纵轴交于 D 点,对应的温度值即为 A 点的干球温度。

④相对湿度 φ:过 A 点沿等相对湿度线找到对应的 φ 值,即为 A 点的相对湿度。

⑤水蒸气分压 p:由 A 点沿等湿度线向下交水蒸气分压线于 E 点,过 E 点水平向右,在图右侧纵轴上读出其水蒸气分压值。

⑥湿球温度 t_{w}(亦即绝热饱和温度 t_{s}):由 A 点沿等焓线向下与 $\varphi = 100\%$ 的等相对湿度线交于 F 点,对应的温度值即为 A 点的湿球温度。

⑦露点 t_{d}:过 A 点沿等湿度线向下与 $\varphi = 100\%$ 的等相对湿度线交于 G 点,对应的温度即为 A 点的露点温度。

(2)已知湿空气的两个相对独立的状态参数,在湿度图中确定湿空气的状态点。实际上是以上过程的逆过程,关键在于从两个独立的参数确定两条曲线的交点,即为状态点。

例如,已知下列条件来确定状态点:

①已知湿空气的干球温度 t 和湿球温度 t_{w},见图 8－5(1)。

②已知湿空气的干球温度 t 和露点 t_{d},见图 8－5(2)。

③已知湿空气的干球温度 t 和相对湿度 φ,见图 8－5(3)。

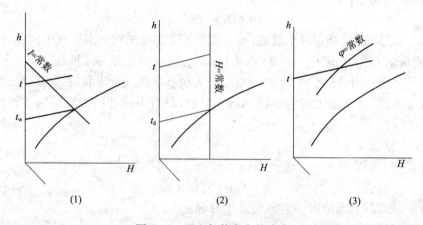

图 8－5 湿空气状态点的确定

[例 8－4]已知空气的干球温度 $t = 30℃$,湿球温度 $t_{\mathrm{w}} = 25℃$,总压为 $p = 0.1\mathrm{MPa}$。试求:(1)湿度 H;(2)相对湿度 φ;(3)露点 t_{d};(4)水蒸气分压 p;(5)将上述状态空气在预热器内加热到 $100℃$ 所需热量。已知空气流量为 $L = 100\mathrm{kg/h}$。

解:由已知条件在 $H－h$ 图上定出状态点 A 点。

(1)湿度 H:由 A 点沿等 H 线向下与水平辅助轴相交,得 $H = 0.021\mathrm{kg}$ 水/kg 绝干气。

(2)相对湿度 φ:由 A 点对应的等 φ 线查得 φ 值为 70%。

(3)露点 t_{d}:由 A 点沿等 H 线向下与 $\varphi = 100\%$ 的等 φ 线相交,查得对应的温度值,即 $t_{\mathrm{d}} = 23℃$。

(4)水气分压 p:由 A 点沿等 H 线向下与水蒸气分压线相交,查得该点的 $p = 3.20\mathrm{kPa}$。

(5)预热器提供热量 Q:

$$Q = L(h_1 - h_0)$$

由题意知 $t_0 = 30℃$，$t_1 = 100℃$，由图中过 A 点沿等焓线可查得 A 点的焓值 $h_0 = 83kJ/kg$ 绝干气。由于湿空气在被加热过程中，其湿度 H 不变，所以由 A 点沿等 H 线向上与 $t = 100℃$ 的等温线相交于 B 点，则此点即是加热后的状态点。由 B 点查得其焓值 $h_1 = 157kJ/kg$ 绝干气。则：

$$Q = 100 \times (157 - 83)/3600 = 2.06(kW)$$

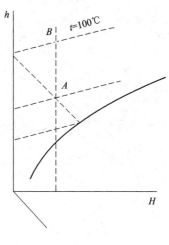

例 8 - 4　附图

三、湿空气的基本状态变化过程

空气的状态可因外来原因而引起变化，变化的发生可以是部分参数或全部参数。空气状态变化可分为若干基本过程。若能掌握这些简单基本过程在 $H - I$ 图上的表示法，则可用于分析工程实践上遇到的更为复杂的过程。

（一）间壁式加热和冷却过程

1. 间壁式加热和冷却

间壁式加热和冷却时，如果空气的温度变化范围在露点以上，则空气中的水分含量将始终保持不变，且始终为不饱和状态。由于水分含量不变，故为等湿过程，过程线为垂直线。若为加热，方向向上，空气的温度升高，焓值增加；若为冷却，方向向下，空气温度降低，焓减小。见图 8 -6。

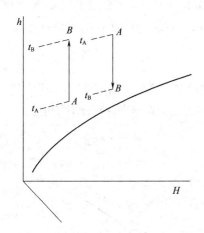

图 8 - 6　空气的间壁式加热和冷却

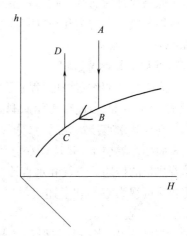

图 8 - 7　空气的间壁式冷却减湿

2. 间壁式冷却减温

上述间壁式冷却过程当进行至露点温度，空气即到达饱和状态，空气中水蒸气就开始在冷却壁面上凝结出来。而且，随着冷却不断进行，水分也不断析出，而温度则不断降低，但空气始终维持在饱和空气的状态，如图 8 -7 所示从 B 点变化到 C 点。

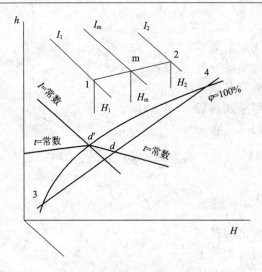

图 8-8　不同状态空气的混合

利用上述方法,如将凝结出来的水分设法除去,将所得的饱和空气再度加热到图 8-7 中的 D 点,则不恢复原有状态,而空气的湿度将小于原空气的湿度,达到了减湿的目的。

(二)不同状态空气的混合过程

如图 8-8 所示,设有状态不同的空气 1 和 2,对应的干空气量为 L_1 和 L_2,对应的状态为 (H_1, h_1) 和 (H_2, h_2)。此两空气混合后,其湿度 H_m 和焓 I_m 可按如下物料衡算和焓衡算来求取:

$$L_1 H_1 + L_2 H_2 = (L_1 + L_2) H_m \tag{8-27}$$
$$L_1 h_1 + L_2 h_2 = (L_1 + L_2) h_m \tag{8-28}$$

由上两式可得:

$$(H_2 - H_m)/(H_m - H_1) = (h_2 - h_m)/(h_m - h_1) = L_1/L_2 \tag{8-29}$$

可见,混合空气的状态点 m 将划分线段 1-2,使线段 2-m 与线段 1-m 的比等于 $L_1 : L_2$,这个关系即为杠杆规则。

由式(8-27)得:

$$H_m = (L_1 H_1 + L_2 H_2)/(L_1 + L_2) \tag{8-30}$$

由式(8-28)得:

$$h_m = (L_1 h_1 + L_2 h_2)/(L_1 + L_2) \tag{8-31}$$

如果混合后的空气状态点落入超饱和区(雾区),例如图中的 3-4 直线上的 d 点,则混合物将分成气态的饱和空气和液态的水两部分,前者的状态点应为过 d 点的等温线与 $\varphi = 100\%$ 线的交点 d'。

(三)绝热冷却增湿过程

湿空气的间壁式冷却过程通常为湿度不变的过程,而当冷却温度低于露点后,就发生空气的减湿。由此可见,欲使空气增湿,只有采用空气和水直接接触的混合式湿热交换时才有可能。

空气和水直接接触时,水分的传递发生在液态水表面的边界层上,并且在水分传递的同时,还伴随着热量的传递。空气和水直接接触时,空气状态的变化可视为空气和上述边界层内饱和空气的不断混合过程。

前已涉及,当空气与循环冷却水相接触时,水温将达到某一稳定的绝热饱和温度值。若空气(以点 A 表示)与温度为其绝热饱和温度的冷水(其表面的饱和空气以 B 点表示)相接触,由于水温在过程中不变,B 点的位置也固定不变,则空气不断混合过程就表现为空气状态从 A 点不断向 B 点移动。见图 8-9。

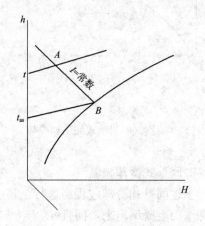

图 8-9　绝热冷却增湿过程

绝热饱和过程的进行,其结果一方面表现为空气的冷却,另一方面又表现为空气的增湿,故称为绝热冷却增湿过程。

[例 8 - 5]将含 9kg 干空气的湿空气($t_1 = 20℃$,$\varphi_1 = 80\%$)与含 3kg 干空气的湿空气($t_2 = 80℃$,$\varphi_2 = 30\%$)混合,求混合后空气的参数。

解:由 $H-h$ 图查得此两种空气的湿度和焓如下:$H_1 = 0.023kg/kg$ 干空气,$h_1 = 85kJ/kg$ 干空气,$H_2 = 0.103kg/kg$ 干空气,$h_2 = 350kJ/kg$ 干空气。然后按下法之一确定混合气的参数:

(1)用计算公式:

$$H_m = (L_1 H_1 + L_2 H_2)/(L_1 + L_2) = (9 × 0.023 + 3 × 0.103)/(9 + 3) = 0.043(kg/kg 干空气)$$

$$h_m = (L_1 h_1 + L_2 h_2)/(L_1 + L_2) = (9 × 85 + 3 × 350)/(9 + 3) = 151(kJ/kg 干空气)$$

(2)用作图法:在 $H-h$ 图上,联结 1、2 两状态点得一线段。根据 $L_2/L_1 = 1/3$ 的比例划分此线段,得分点,其读数为:

$$H_m = 0.042kg/kg 干空气,h_m = 150kJ/kg 干空气$$

[例 8 - 6]试将 $t_0 = 32℃$,$\varphi_0 = 65\%$ 的新鲜空气调节成温度 24℃,相对湿度 40% 的空气。所用方法是将空气经过喷水室以冷水冷却减湿达到饱和,然后在加热器内加热到 24℃,试求:(1)经调节后空气的湿含量;(2)设离开喷水室的空气与水进口的温度是相同的,求水的温度;(3)对每千克干空气而言,试求在喷水室内,水的蒸发量(或冷凝量);(4)求加热器所需的热量。

解:(1)新鲜空气状态点为 A($t_0 = 32℃$,$\varphi_0 = 65\%$),经调节后的空气状态点为 D($t_2 = 24℃$,$\varphi_2 = 40\%$),由 D 点可读出湿度 $H_2 = 0.0075kg/kg$ 绝干气,故经调节后空气的湿度为 0.0075kg/kg 绝干气。

(2)因喷水温度与经减湿后的空气(已达饱和)相同,同时该饱和空气的湿度即为 $H_1 = H_2 = 0.0075kg/kg$ 干空气,故其饱和空气的温度即为(t_2,φ_2)的露点温度。由图读出 $t_1 = 9.7℃$,即水温为 9.7℃。

(3)由点 A 读得新鲜空气的湿度 $H_0 = 0.0195kg/kg$ 绝干气。因 $H_2 < H_0$,故为减湿过程,即水气被冷凝。对每千克干空气的冷凝水量为 0.0195 - 0.0075 = 0.012(kg/kg 绝干气)

(4)由图读出 D 点焓为:$h_2 = 43.2kJ/kg$ 绝干气

由 $t_1 = 9.7℃$,$H_1 = 0.0075kg/kg$ 绝干气,读得

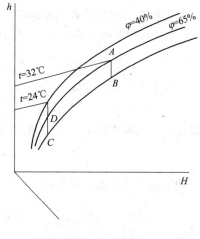

例 8 - 6 附图

$h_1 = 28.5kJ/kg$ 绝干气,故每千克干空气所需的加热量为 43.2 - 28.5 = 14.7(kJ/kg 绝干气)

第二节　干燥过程的衡算

一、湿物料的形态和含水量表示

(一)湿物料的形态

湿物料可按其外观形态的不同而分为下列几种:

①散粒状　如谷物、各种油料种籽；

②晶体　经过滤分离后的各种晶体，如葡萄糖、柠檬酸、盐等；

③块状　如马铃薯、胡萝卜、面包等；

④片状　如果蔬、肉片、葱、蒜片、饼干等；

⑤条状　马铃薯切条、刀豆、香肠等；

⑥膏糊状　如麦乳精、巧克力浆等；

⑦粉末状　淀粉、乳粉等；

⑧液态　包括各种溶液、悬浮液和乳浊液如牛乳、蛋液、果汁等。

湿物料又按其物理化学性质不同粗略分为如下两大类：

(1)含水分的液体　包括溶液如葡萄糖、味精等的水溶液及食品的浸出液，和胶体溶液如蛋白质胶体、果胶溶液等。

(2)含水分的固体　包括结晶质的固体如糖和食盐等，和胶质分散系如明胶、淀粉质物料等。

其中后一类是多见的。胶质固体又可分为三类：弹性胶体是典型的胶质固体，如明胶、洋菜、面团等。当除去水分后，这种物体将收缩，但保持其弹性；脆性胶体除去水分后变脆，干燥后可能转化为粉末，如木炭、陶瓷物料；第三类是胶质毛细孔物料，如谷物、面包，其毛细管壁具有弹性，干燥时收缩，干燥后变脆。

(二)湿物料中含水量的表示法

湿物料中含水分的数量实际是水分在湿物料中的浓度，通常用下面两种方法表达。

(1)湿基含水量 w 为水分在湿物料中的质量分数，即：

$$w = \frac{\text{水分质量}}{\text{湿物料的总质量}} \times 100\% \qquad (8-32)$$

工业上常用这种方法表示湿物料中的含水量。

(2)在干燥过程中，绝干物料的质量可视为不变，故常用湿物料中的水分与绝干物料的质量之比表示湿物料中水分的浓度，称为干基含水量，以 X 表示，按定义可写出：

$$X = \frac{\text{湿物料中水分质量}}{\text{湿物料中绝干料的质量}} \qquad (8-33)$$

两种浓度之间的关系为：

$$w = X/(1+X) \qquad (8-34)$$
$$X = w/(1-w) \qquad (8-35)$$

二、干燥系统的物料衡算

干燥器由预热室和干燥室两个主要部分组成。连续干燥过程是在空气和物料作相对运动状态下进行，可以以物料流量为基准进行计算。间歇干燥过程是分批进行的，计算基准可选用批量。对干燥系统作物料衡算，可算出水分蒸发量 W、干燥产品的质量和空气消耗量。

(一)水分蒸发量 W

设湿物料进入干燥器的质量流量为 G_1，湿基含水量为 w_1，干基含水量为 X_1。离开干燥器时，物料质量流量为 G_2，湿基含水量为 w_2，干基含水量为 X_2，而绝干物料的质量流量为 G_c，则对干燥前后的物料作绝干物料的衡算，得出以下两式可以计算水分蒸发量：

$$W = G_1 - G_2 = G_c(X_1 - X_2) \qquad (8-36)$$

$$W = G_1(w_1 - w_2)/(1 - w_2) = G_2(w_1 - w_2)/(1 - w_1) \qquad (8-37)$$

(二)干燥产品量 G_2

物料中的绝干物料量在干燥过程中保持不变。若不计损失,有:

$$G_1(1 - w_1) = G_2(1 - w_2)$$

即:
$$G_2 = G_1(1 - w_1)/(1 - w_2) \qquad (8-38)$$

(三)空气消耗量 L

对如图 8-10 所示的干燥器作水分的衡算,忽略损失,有:

$$LH_1 + G_cX_1 = LH_2 + G_cX_2$$

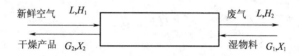

新鲜空气 L, H_1 废气 L, H_2

干燥产品 G_2, X_2 湿物料 G_1, X_1

图 8-10 连续干燥器的总物料衡算

故干空气消耗量为:

$$L = \frac{G_c(X_1 - X_2)}{H_2 - H_1} = \frac{W}{H_2 - H_1} \qquad (8-39)$$

或
$$l = \frac{L}{W} = \frac{1}{H_2 - H_1} \qquad (8-40)$$

式中 l——每蒸发 1kg 水分消耗的干空气量,称为单位空气消耗量。

而新鲜空气的质量流量为:

$$L' = L(1 + H_0) \qquad (8-41)$$

体积流量则为:

$$q_V = Lv_H \qquad (8-42)$$

三、干燥系统的热量衡算

图 8-11 为连续干燥器的物料和热量流程图。在此干燥系统中,进入系统的热流有以下几项:

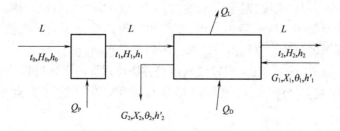

图 8-11 连续干燥器的物料和热量流程图

预热器供给的热量 Q_P

新鲜空气带入的热量 LH_0

湿物料带入的热量 $G_c h_1'$

向干燥室补充的热量 Q_D

离开干燥器的热流有:

废气带走的热量 LH_2

产品带走的热量 $G_c h'_2$

热损失(包括输送装置的热损失)Q_L

故热量衡算式为:

$$Q_p + LH_0 + G_c h'_1 + Q_D = LH_2 + G_c h'_2 + Q_L$$

干燥系统的热量消耗为:

$$Q = Q_p + Q_D = L(H_2 - H_0) + G_c(h'_2 - h'_1) + Q_L \tag{8-43}$$

而预热器的热量消耗为:

$$Q_p = L(H_1 - H_0) \tag{8-44}$$

干燥系统的热效率定义为:

$$\eta = \frac{蒸发水分所需的热量}{向干燥系统输入的总热量} \times 100\% \tag{8-45}$$

式中,蒸发水分所需的热量为:

$$Q_v = W(2490 + 1.88t_2) - 4.187\theta_1 W$$

由于物料中水分带入系统中的焓 $4.187\theta_1 W$ 很小,常可忽略,故:

$$\eta = \frac{W(2490 + 1.88t_2)}{Q} \times 100\% \tag{8-46}$$

实际上,水蒸气升温的焓 $1.88t_2$ 也小,而且大部分与水分带入系统中的焓 $4.187\theta_1 W$ 抵消,故可用:

$$\eta = \frac{2490W}{Q} \times 100\% \tag{8-47}$$

干燥系统的热效率愈高表示热利用率愈好。提高干燥系统热效率的途径有以下几条:

(1)提高热空气的入口温度,可以提高干燥热效率。但是必须注意物料的热敏性,即物料对温度的承受能力。例如干燥乳粉时,乳粉中酪蛋白极为热敏,进风温度过高,易发生焦粉。

(2)提高废气的出口湿度,降低其出口温度,可以提高干燥热效率。另一方面,出口湿度的提高会降低干燥过程的推动力,从而降低干燥速率。而若空气离开干燥器的温度过低,则有物料返潮的危险。一般来说,对于吸水性物料的干燥,空气出口温度应高些,而湿度则应低些,即相对湿度要低些。在实际生产中,空气出口温度应比进入干燥器时的湿球温度高 $20 \sim 50℃$,以保证干燥设备的空气出口端部分不致析出水滴。

(3)利用中间加热、分级干燥、内置换热器等方法可以提高干燥过程的热效率。

(4)用废气预热空气或物料,也可以提高热效率。但是应考虑此加热器的效率和成本。

(5)加强干燥设备的保温,减少热损失,也可以提高热效率。

四、空气通过干燥器的状态变化

在对干燥器进行物料和热量衡算时,必须确定空气离开干燥器时的状态。空气离开干燥器的状态与空气通过干燥器的状态变化有关。在 $H-h$ 图上分析空气在干燥器内的状态变化过程,对干燥器的设计和操作有指导意义。

将式(8-44)代入式(8-43),并将各项除以 W,整理得:

$$l(h_2 - h_1) = q_D - G_c(h'_2 - h'_1)/W - q_L$$

式中　q_L 和 q_D——按汽化1kg水分计的热损失和补充热量。

再将式(8-40)代入,得:

$$\varepsilon = (h_2 - h_1)/(H_2 - H_1) = q_D - G_c(h'_2 - h'_1)/W - q_L \qquad (8-48)$$

式中　ε——空气湿度每变化一个单位时空气焓的变化,是一个重要的参数。

上式等号右边各项可用 Σq 代表,实际上是干燥器内损失的热量与补充的热量的代数和。根据 ε 值的不同,可以把干燥过程分为等焓干燥过程和非等焓干燥过程两大类。

(一)等焓干燥过程

当 $\varepsilon = 0$ 时,$h_2 = h_1$,这样的过程称为等焓干燥过程。若忽略干燥器的热损失和物料进出的显热损失,也不向干燥器补充热量,则必有 $\Sigma q = 0$,故有时也称为绝热干燥过程。又由于实际操作中很难实现这种过程,故又有理想干燥过程之称。等焓干燥过程中空气状态的变化如图8-12中 ABC 线所示,其中 BC 为等焓线。

(二)非等焓干燥过程

实际干燥过程不可能是绝对绝热的。干燥器壁总有热量散失,物料和输送装置也要带走一些热量。而补充的热量很难正好弥补热量损失。因此,实际干燥过程中 ε 值一般不等于零。如果补充热量大于热量损失,则 $\varepsilon > 0$,$h_2 > h_1$,实际过程线位于等焓线上方。反之,如果补充热量小于热量损失,则 $\varepsilon < 0$,$h_2 < h_1$,实际过程线位于等焓线下方。多数情况下 $\varepsilon < 0$,如图8-13所示。只要求得 Σq 的值,就可算出 h_2 的值,从而由 h_2、H_2 确定空气出口状态点的位置,最后作出实际过程线。

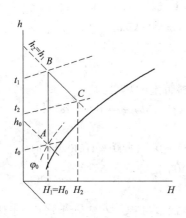

图8-12　等焓干燥过程

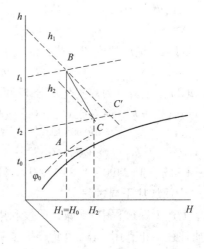

图8-13　非等焓干燥过程

[例8-7]喷雾干燥乳粉时所用的新鲜空气 $t_0 = 25℃$,$\varphi_0 = 80\%$,空气经预热至150℃后进入干燥室,排出废气的相对湿度 $\varphi_2 = 10\%$,设浓乳进入干燥室的温度为50℃,干燥器对外界的热损失为209kJ/kg水分,物料进出干燥器带入的热量为146kJ/kg水分,试求汽化1kg

水分所需的空气量。

解：$\varepsilon = [q_D - G_c(h'_2 - h'_1)]/(W - q_L) = 0 + 146 - 209 = -63(kJ/kg \text{ 水分})$

在 $H-h$ 图上先按 t_0、φ_0 作 A 点，读出 H_0、h_0 的值，再从 A 点出发作等 H 线直至与 $t=150℃$ 的等 t 线相交得 B 点，读出 h_1 的值，在从 B 点出发的等 H 线上任取一点，读出该点的湿度 H_2，由 $\varepsilon = (h_2 - h_1)/(H_2 - H_1)$，求得 h_2，然后由 H_2、h_2 定出辅助点，连 B 点与此辅助点，并延长交等 $\varphi(\varphi = 10\%)$ 线于 C，BC 线即为干燥器内空气状态变化过程，见附图。

从图中读得 $H_2 = 0.039kg/kg$ 干空气

$l = 1/(H_2 - H_1) = 1/(0.039 - 0.016) = 43.5kg(\text{干空气}/\text{kg 水分})$

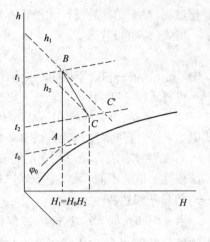

例 8 – 7　附图

[例 8 – 8] 某糖厂的干燥器生产能力为 4030kg/h(产品)。含水分 1.27% 的湿糖于 31℃下进入干燥器。产品含水分 0.18%，湿度为 36℃。新鲜空气温度为 20℃，湿球温度为 17℃，预热至 97℃后进入干燥器，自干燥器排出的废气温度 40℃，湿球温度为 32℃。已知产品含水量下平均比热容为 1.26kJ/(kg·K)。试求：(1)预热器的蒸汽消耗量(加热蒸汽绝压为 200kPa)；(2)干燥器的散热损失；(3)干燥器的热效率。

解：(1)每小时的汽化水分量

$W = G_2(w_1 - w_2)/(1 - w_1) = 4030 \times (0.0127 - 0.0018)/(1 - 0.0127) = 44.6kg/h$

由 $H-h$ 图得：$H_0 = 0.011kg/kg$ 绝干气，$H_2 = 0.028kg/kg$ 绝干气

故　　　　$L = W/(H_2 - H_0) = 44.6/(0.028 - 0.011) = 2620(\text{kg 绝干气}/h)$

又由 $H-h$ 图：$h_0 = 49.4kJ/kg$ 绝干气，$h_1 = 125kJ/kg$ 绝干气，$h_2 = 113kJ/kg$ 绝干气

故　　　　$Q_p = L(h_1 - h_0) = 2620 \times (125 - 49.4) = 198000(kJ/h)$

200kPa 绝压的饱和水蒸气的汽化潜热为 2204.6kJ/kg，故蒸汽消耗量为：

$D = 198000/2204.6 = 89.8(kg/h)$

(2)将进料分为被气化水分 W 和产品 G_2 两部分，则物料带走的热量为：

$G_c(h'_2 - h'_1) = G_2 c_{pm}(Q_2 - Q_1) - W c_{pw}Q_1 = 4030 \times 1.26 \times (36 - 31) - 44.6 \times 4.187 \times 31$
$= 19600(kJ/h)$

$Q_L = L(h_1 - h_2) + Q_D - G_c(h'_2 - h'_1) = 2620 \times (125 - 113) + 0 - 19600 = 11840(kJ/h)$

(3) $\eta = W(2490 + 1.88t_2)/Q_p = 44.6 \times (2490 + 1.88 \times 40)/198000 = 57.8\%$

(三)中间加热干燥过程

上述干燥过程中，干燥介质仅利用一次，是干燥操作的基本过程。在实际生产中，干燥介质往往不止利用一次，由此产生了基本过程的各种变型。中间加热干燥过程就是其中常用的一种。

这种干燥过程是将干燥器划分为若干区段，在区段之间设中间加热器，使通过干燥器的空气经数次加热，数次再利用，这样可使每次加热温度控制在不致对物料产生有害影响的范围内，这对于食品的干燥有特别的意义。图 8 – 14 表示这种操作的原理。

图中 $AB_1C_1B_2C_2B_3C$ 折线表示三段等焓干燥过程。如果不用三段干燥，则必须按 ABC

操作,空气的最高温度为 t_1 ,而分段干燥时进各段的
空气温度 $t_1' < t_1$,这是分段干燥的主要优点。但从
热能经济性看,中间加热干燥过程与基本干燥过程
完全相同。从过程的总衡算可知,空气进、出系统的
湿度没有改变,故干燥器的空气消耗量没有变化。
又空气进、出干燥器的焓也没有变化,故干燥器的热
能消耗也不变。

若每段为非等焓干燥过程,则可按每段的 ε 值
逐段画出实际干燥过程线,结论相同。

中间加热干燥过程中,各中间温度和相对湿度
的选择应按生产任务确定,应使这些参数与水分汽
化速度相协调。

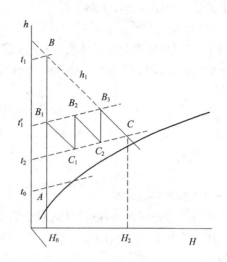

图 8 – 14　中间加热干燥过程

(四) 废气循环干燥过程

废气循环干燥过程是将废气部分循环到干燥器
内的操作。废气循环后,干燥的推动力也有所减少,
干燥速率下降,这样对某些物料的干燥比较有利。在食品工业中,废气循环干燥有着广泛的
应用,主要是由于以下几方面的因素:

(1)它可使进干燥室空气的湿度降低到物料干燥所允许的限度,减小了干燥室进、出口
之间的温度变化,从而保证了产品的质量。

(2)它可使进干燥室的空气湿度不致太低,以保证食品水分的缓和汽化。

(3)在经济性相同和排入大气的空气量相同的条件下,它可使空气以较大的速度流过干
燥室,以弥补因温度和湿度推动力的减小而引起干燥速度的降低。

(4)可以精确和灵敏地调节干燥室内的湿度和温度。

(5)因空气温度较低,故可减少热损失。

废气的循环有多种方法。废气可以在风机前与新鲜空气混合,可以在预热器前混合,也
可以在预热器后、干燥室前混合。废气的排空可以
在干燥室后,也可以在预热室前。但从过程的技术
性和经济性考虑,比较有实用意义的是以下两种
流程:

(1)废气在干燥室后排空,循环废气与新鲜空
气在风机前混合。干燥器排出状态为 t_2 、H_2 、φ_2 和
h_2 的废气分为两部分,一部分排入大气中,而另一
部分则重新回到干燥器中,同时再补充相当于排到
大气中的废气量的新鲜空气 t_0 、φ_0 、H_0 、h_0 ,新鲜空
气与废气混合后,就得到状态为 h_n 、H_n 、φ_n 、t_n 的混
合气。

当混合气通过预热器时,即被加热到温度 t_1 而
进入干燥器。由干燥器排出的混合气又重新分为
两部分,如此循环。图 8 – 15 中折线 AMB_1C 所代

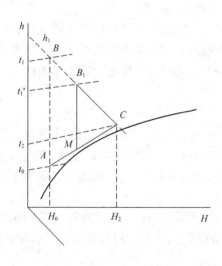

图 8 – 15　废气循环干燥过程

表的是这种废气循环等焓干燥过程。

（2）废气在干燥室后排空，循环废气与新鲜空气在预热器后混合。新鲜空气先加热到相当于 t_1 的温度，然后与循环废气混合，其参数变化到 B_1 点，然后进入干燥室。在 $H-h$ 图上，干燥过程用 ABB_1C 表示。如果是等焓干燥，则与无废气循环的过程线重合。

第三节　干燥动力学

一、物料中的水分

（一）湿物料中的水分

若将水蒸气视为理想气体，水分活度即湿物料中水的蒸汽压 p 与同温下纯水的饱和蒸汽压 p_s 之比。湿物料的水分活度是干燥的重要因素，而食品的水分活度又直接关系到食品的保藏性。通常当水分活度大于 0.95 时，微生物繁殖很快。而当水分活度低于此值时，微生物的繁殖明显受到抑制。一般认为当水分活度等于或低于 0.7 时，微生物的繁殖或其他生命活动几乎已停止。

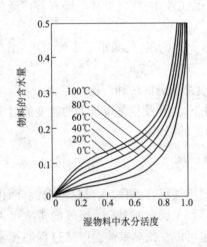

图 8-16　马铃薯的吸着等温线

物料的水分活度与含水量及温度有关。一定温度下水分活度与含水量的关系曲线称为吸着等温线。图 8-16 为马铃薯的吸着等温线。大分子亲水物质的吸着等温线呈 S 形。食品是由许多成分组成的，它的吸着等温线就是各成分等温线的平均结果，一般也是圆滑的 S 形。

水分活度不仅与食品保藏性有关，而且决定了干燥进行的方向和速率。当湿物料与一定温度和湿度的空气相接触时，湿物料是吸收水分还是排除水分取决于水分活度和空气相对湿度的相对大小。当水分活度大于空气的相对湿度时，物料将失水，失水后水分活度将降低。反之，如果水分活度小于空气的相对湿度，则物料将吸水，而且水分活度提高。达到平衡时，水分活度等于空气的相对湿度。吸着等温线尚不能用精确的方法计算，一般用实验方法测定。

（二）平衡水分和自由水分

当一定状态的空气与湿物料接触达到平衡后，物料中的含水量不再变化，这一含水量称为平衡水分或平衡湿度。表 8-1 列出了若干食品的平衡湿度。从表中可以看出，物料的平衡水分随物料种类而异。对大多数物料，温度对平衡水分的影响极小，平衡水分只取决于空气的相对湿度。

也可以如同图 8-17 那样标绘物料平衡水分与空气相对湿度间的关系曲线。从图中可以看出，当 $\varphi=0$ 时，各物料的平衡水分均为零，也就是说只有使湿物料与绝干空气接触，才能从理论上最后获得绝干物料。

表 8 – 1 若干食品的平衡水分

物料	空气相对湿度/%								
	10	20	30	40	50	60	70	80	90
面粉	2.20	3.90	5.05	6.90	8.50	10.08	12.60	15.80	19.00
白面包	1.00	2.00	3.10	4.60	6.50	8.50	11.40	13.90	18.90
通心粉	5.00	7.10	8.75	1.00	12.20	13.75	16.60	18.85	22.40
饼干	2.10	2.80	3.30	3.50	5.00	6.50	8.30	10.90	14.90
淀粉	2.20	3.80	5.20	6.40	7.40	8.30	9.20	10.60	12.70
明胶	—	1.60	2.80	3.80	4.90	6.10	7.60	9.30	11.40
苹果	—	—	5.00	—	11.00	8.00	25.00	40.00	60.00
小麦	—	—	9.30	—	—	13.00	—	—	24.00
裸麦	6.00	8.40	9.50	12.00	12.50	14.00	16.00	19.50	26.00
燕麦	4.60	7.00	8.60	10.00	11.60	13.60	15.00	18.00	22.50
大麦	6.00	8.50	9.60	10.60	12.00	14.00	16.00	20.00	29.00

如果干燥介质的温度和湿度保持不变,则相当于此状态下的物料平衡水分即为此物料可以干燥的限度。而物料水分中大于平衡水分的部分称为自由水分,即可以用干燥方法除去的水分。因此,为了提高自由水分,应尽量采用相对湿度低的空气。

(三)结合水分与非结合水分

物料中水分与物料的结合有如下三种方式:

(1)化学结合水,如晶体中的结晶水。这种水分不能用干燥方法去除。化学结合水的解离除去不应视为干燥过程。

(2)物化结合水,如吸附水分、渗透水分和结构水分。其中以吸附水分与物料的结合为最强。

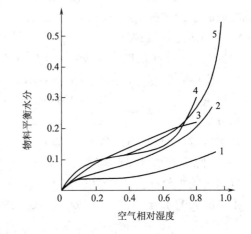

图 8 – 17　物料平衡水分与空气相对湿度间的关系
1—纤维素 20℃　2—蛋白质 25℃　3—马铃薯淀粉 25℃
4—牛肉 20℃　5—马铃薯 20℃

(3)机械结合水,如毛细管水分、孔隙中水分和表面湿润水分。其中以湿润水分与物料的结合力最强。

物料中水分与物料的结合力愈强,水分就愈难除去。反之,如结合力较小,则较易除去。因此,可以根据水分除去的难易,将水分分为非结合水分和结合水分。

非结合水分是指结合力极弱的水分,水分活度近似等于1,即这种水分所产生的蒸汽压和纯水在同温度下产生的蒸汽压相近。属于非结合水分的有上述机械结合水中表面湿润水分和孔隙中的水分。

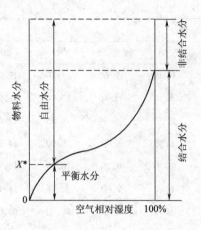

图 8 – 18 　物料中各种水分的意义

结合水分主要是物化结合的水分及机械结合中的毛细管水分,水分活度小于1。由于结合力使所产生的蒸汽压低于同温度纯水所产生的蒸汽压,结合水分中的吸附结合水多是胶体质点和其周围介质的界面上所吸住的水分。因胶体具有很大的表面,故胶体结构的吸附能力很强,吸附结合水很多,吸附水分与物料的结合力也极大。水分的吸附伴随着放热反应,称为水合热。渗透水分、结构水分与吸附水分不同,主要区别在于结合时无放热反应,且结合力较吸附水分为小。

上述各种物料中水分可由图 8 – 18 来表示它们的意义。

图中,平衡水分曲线与 φ =100% 纵线相交的交点以上的水分为非结合水分,交点以下的水分为结合水分。对一定相对湿度的空气,物料有对应的平衡水分,平衡水分以上的水分为自由水分。

[例 8 – 9]试求马铃薯在 20℃ 和 φ =60% 的空气中的平衡湿含量。今有湿含量 w_1 =79%(湿基)的马铃薯1t,问在上述干燥介质中进行干燥,可能除去的最大水分含量是多少?不能除去的水分含量是多少?

解:(1)求平衡湿含量

根据图 8 – 17 中的曲线 5,对于 φ =60% 查得平衡湿含量 X^* =0.15kg 水分/kg 干料。

(2)求干料量、水分总量和以干基表示的初湿度

干料量 $\qquad$ G_c = 1000 × (1 − 0.79) = 210 (kg/h)

水分量 $\qquad$ G_w = 1000 − 210 = 790 (kg/h)

初湿含量(干基) $\quad$ X_1 = 790/(1000 − 790) = 3.76 (kg 水分/kg 干料)

(3)可除去的水分和不能除去的水分

可除去的水分:G_{WR} = G_c(X_1 − X^*) = 210 × (3.76 − 0.15) = 758 (kg/h)

不可除去的水分: $\qquad$ G_{wf} = 790 − 758 = 32 (kg/h)

二、干燥机理

(一)干燥过程中的传热和传质

在对流干燥过程中,作为干燥介质的热空气将热能传到物料表面,再由表面传到物料内部,这是两步传热过程。水分从物料内部以液态或气态透过物料传递到表面,然后通过物料表面的气膜扩散到空气主体,这是两步传质过程。可见物料的干燥过程是传热和传质相结合的过程。它包含物料内部的传热传质和物料外部的传热传质。

1. 外部传热和传质

热空气作为干燥介质在干燥器中通常处于湍流状态,可以认为外部传热和传质的阻力都集中在称为气膜的边界层中,其厚度 δ 为 10^{-4} m 的数量级。图 8 – 19 表示出外部传热和传质。外部传热是对流传热,其热流密度为:

外部传质是对流传质,其推动力为物料表面水蒸气分压与空气中水蒸气分压之差。

2. 内部传热和传质

无论是对流干燥、传导干燥还是红外线干燥,固体物料内的传热都是热传导,遵从傅立叶定律。物料内部的传质机理比较复杂,可以是下面几种机理的一种或几种的结合:

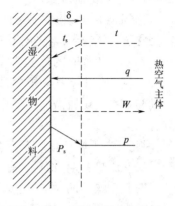

图 8-19 干燥的传热和传质

(1)液态扩散 在干燥过程中,一旦物料表面的含水量低于物料内部含水量,此含水量之差即作为传质推动力,使水分由物料内部向表面扩散。

(2)气态扩散 干燥进行到一定程度,当水的汽化面由物料表面逐渐移向内部,则由汽化面到物料表面的传质属气态扩散,其推动力为汽化面与物料表面之间的水蒸气压差。显然,物料内部的气态扩散因为要穿过食品组织,其阻力一般比外部扩散要大。

(3)毛细管流动 由颗粒或纤维组成的多孔性物料具有复杂的网状结构,孔穴之间由截面不同的毛细管孔道沟通,由表面张力引起的毛细管力可产生水分的毛细管流动,形成物料内的传质。

(4)热流动 物料表面的温度和物料内部温度之间会产生水的化学势差,推动水的流动,称为热流动。在传导干燥中,热流动有利于水分由物料内部向表面传递。但在对流干燥和红外线干燥中,热流动的作用是相反的。

(二)表面汽化控制和内部扩散控制

内部传质和外部传质是接连进行的,两步传质的速率一般不同,进行较慢一步的传质控制着干燥过程的速率。通常将外部传质控制称为表面汽化控制,内部传质控制称为内部扩散控制。

1. 表面汽化控制

如果外部传质(又称表面传质)的速率小于内部传质速率,则水分能迅速到达物料表面,使表面保持充分润湿,此时的干燥主要由外部扩散传质所控制。干燥为表面汽化控制时,强化干燥操作就必须集中强化外部的传热和传质。在对流干燥时,因物料表面充分润湿,表面温度近似等于空气的湿球温度,水分的汽化近似于纯水的汽化。此时,提高空气的温度、降低空气的相对湿度、改善空气与物料间的接触和流动状况,都有利用于提高干燥速率。在真空接触干燥中,提高干燥室的真空度也有利于传热和外部传质,可提高干燥速率。在传导干燥和辐射干燥中,物料表面温度不等于空气的湿球温度,而是取决于导热或辐射的强度。传热强度越高,物料表面水分的温度就越高,汽化速率就越快。此外,因湿空气仍为载湿体,故改善其与物料的接触与流动同样有助于提高干燥速率。

2. 内部扩散控制

如果外部传质速率大于内部传质速率,则内部水分来不及扩散到物料表面供汽化,此时的干燥为内部扩散控制。当干燥过程为内部扩散控制时,下列措施有助于强化干燥:减小料层厚度,或使空气与料层穿流接触,以缩短水分的内部扩散距离,从而减小内部扩散阻力;采用搅拌方法,使物料不断翻动,深层湿物料及时暴露于表面;采用接触干燥和微波干燥方法,使热流动有利于内部水分向表面传递。

在同一物料的整个干燥过程中,一般前阶段为表面汽化控制,后阶段为内部扩散控制。

(三)真空干燥的基本原理

真空干燥时,气相主要是低压水蒸气,其状态参数主要是真空度和温度,不能用 $H-h$ 图进行分析。真空干燥与热风干燥的主要区别如下:

(1)真空干燥时的总压很低;

(2)混合气中空气为极少量,主要是从设备缝隙处漏入的空气;

(3)物料干燥所需的热量由装在干燥器内部的接触传热面或辐射面提供,而非热空气提供。

因此真空干燥具有如下特点:

(1)在干燥初期,物料含有大量水分时,其温度低于或接近于该真空度下水的沸点;

(2)在干燥后期,物料温度逐渐升高,汽化强度逐渐下降,直至达到平衡;

(3)在一定的真空度下,水分汽化速度决定于通过板壁或辐射面向物料的传热;

(4)在一定的真空度下,恒速干燥阶段的干燥速度随加热蒸汽压强的增大和真空度的升高而增大。料温只与真空度有关而与气体的温度无关;

(5)由于废气量几乎为零,故真空干燥的单位蒸汽消耗量比常压干燥低。

三、干 燥 速 率

(一)干燥速率的定义

干燥速率定义为单位时间内单位干燥面积上的水分汽化量,用符号 u 表示,单位为 kg/$(m^2 \cdot s)$ 或 kg/$(m^2 \cdot h)$,其微分定义式为:

$$u = \frac{dW'}{Sd\tau} \tag{8-49}$$

式中　W'——间歇操作时的水分汽化量,以区别于连续操作时的水分汽化量 W;

　　　S——干燥面积;

　　　τ——干燥时间。

由上述定义式可以看出,干燥速率是干燥进行快慢的表征。

(二)影响干燥速率的因素

影响干燥速率的因素很多,对于对流干燥,主要有以下几方面:

①湿物料的性质与形状,包括物理结构、化学组成、形状大小、料层薄厚及水分结合方式;

②物料中的水分活度与湿度有关,因而影响干燥速率;

③物料的温度与水分的蒸汽压和扩散系数有关;

④干燥介质的温度越高,相对湿度越低,对增大干燥速率越有利;

⑤由边界层理论可知,干燥介质的流速越大,气膜越薄,越有利于增加干燥速率;

⑥介质与物料的接触状况,主要是指介质的流动方向。流动方向垂直于物料表面时,干燥速率最快。

对真空干燥,除湿物料的性质、形状、温度、湿度仍影响干燥速率外,影响传热的因素也影响干燥速率,主要有以下几方面:

①物料与加料板或辐射的靠紧程度,料盘的形状和材料等;

②加热蒸汽压强和辐射体的温度、功率;

③设备密封性和真空泵的性能。

(三)干燥曲线与干燥速率曲线

由于影响干燥的因素很多,所以只能通过实验来研究干燥动力学。根据实验时条件的不同,可分为恒定干燥和变动干燥两种情况。恒定干燥指干燥过程中热空气的温度、湿度以及它与物料的接触情况和相对流速均保持不变,或在真空干燥时保持传热条件和真空度恒定,否则就称为变动干燥。

1. 干燥曲线

在干燥实验中,首先测定物料量与干燥时间的关系,同时测定物料表面温度随时间变化的情况。再将物料在电热烘箱内烘干到恒重,得绝干物料量。然后将实验数据整理成物料干基含水量与干燥时间的关系曲线,称为干燥曲线,如图 8-20 所示。

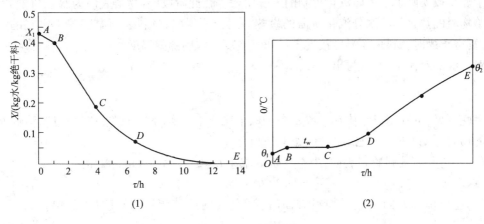

图 8-20　干燥曲线

在图 8-20 中,(1)表示湿物料水分的变化,(2)表示物料温度的变化。A 点表示湿物料初始水分为 X_1,物料温度为 θ_1,当物料在干燥器内与热空气接触后,表面温度由 θ_1 预热至 t_w,物料含水量下降至 X',$dX/d\tau$ 斜率逐渐增大。由 B 至 C 一段内 $dX/d\tau$ 斜率恒定,物料含水量随时间的变化成直线关系。物料表面温度保持在热空气的湿球温度 t_w,此时热空气传递给物料的显热等于水分自物料中汽化所吸收的潜热。从 C 点开始至 E 点物料温度由 t_w 升至 θ_2,$dX/d\tau$ 急剧下降,直至物料含水量降到平衡含水量 X^* 为止。

2. 干燥速率曲线

为进一步研究干燥速率变化的规律,将干燥曲线图(图 8-20)中的数据整理成干燥速率与干基含水量间的关系曲线,即干燥速率曲线,如图 8-21 所示。由干燥速率的定义可知,干燥速率即干燥曲线上某点处的斜率。

由图 8-21 可以看出,物料含水量由 X_1 至 X_c 的范围内,物料的干燥速率从 B 到

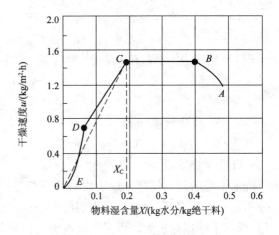

图 8-21　干燥速率曲线

C基本保持恒定,并随物料含水量的变化不大,这一阶段称为恒速干燥阶段。从A到B为物料预热段,此阶段所需时间很短,通常归并在恒速阶段内处理。物料中含水量低于X_C后,干燥速率下降,直至达到平衡含水量X^*时止,如图中CDE线段表示,称为降速干燥阶段。图中C点为恒速与降速阶段之分界点,称为临界点。该点的干燥速率仍等于恒速阶段的干燥速率u_c,与该点对应的物料含水量X_c称为临界含水量。

在恒速阶段与降速阶段内,物料干燥的机理和影响干燥速率的因素是各不相同的,下面分别讨论。

3. 恒速干燥阶段

由于是恒定干燥,空气状态不变,只要表面有足够的水分,则表面汽化速率不变。因此,恒速干燥阶段实际上是表面汽化控制的干燥阶段。在此阶段中,物料表面为水分所饱和,空气传给物料的热量等于水分汽化所需的潜热。对流干燥时,物料表面温度等于空气的湿球温度,真空干燥时物料表面温度接近于操作真空度下水的沸腾温度。

对一般的对流干燥,可写出:

$$\frac{\mathrm{d}W'}{S\mathrm{d}\tau} = k(H_s - H) = \frac{\alpha}{r_w}(t - t_w) \tag{8-50}$$

由此可见,可利用对流传热系数α来求取干燥速率。实用中根据热空气速度、流向及与物料的相对运动方向等条件,整理成如下经验公式:

(1)空气平行流过物料表面,当空气质量流速$\bar{L} = 0.7 \sim 8\mathrm{kg}/(\mathrm{m}^2 \cdot \mathrm{s})$时,

$$\alpha = 14.3(\bar{L})^{0.8} \ \mathrm{W}/(\mathrm{m}^2 \cdot \mathrm{K}) \tag{8-51}$$

(2)空气流动方向垂直于物料表面时,当空气的质量流速$\bar{L} = 1.1 \sim 5.6\mathrm{kg}/(\mathrm{m}^2 \cdot \mathrm{s})$时,则:

$$\alpha = 24.2(\bar{L})^{0.37} \ \mathrm{W}/(\mathrm{m}^2 \cdot \mathrm{K}) \tag{8-52}$$

(3)对于悬浮与气流中的固体颗粒,可按下式估算α:

$$Nu = 2 + 0.54 Re_r^{0.5} \tag{8-53}$$

式中　$Nu = \alpha d_p/\lambda_a$　　$Re_r = d_p u_t/v_a$

　　　d_p——颗粒直径,m;

　　　λ_a——空气的热导率,$\mathrm{W}/(\mathrm{m} \cdot \mathrm{K})$;

　　　u_t——颗粒的沉降速度,m/s;

　　　v_a——空气的运动黏度,m^2/s。

(4)流化干燥的对流传热系数,可按下式估算:

$$Nu = 4 \times 10^{-3} Re^{1.5} \tag{8-54}$$

式中　$Re = d_p u_a/v_a$

　　　u_a——流化气速,m/s。

其它符号与式(8-53)相同。

4. 降速干燥阶段

降速干燥阶段与恒速干燥阶段的情况相反,属于内部扩散控制。从内部扩散到表面的水分不足以润湿表面,物料表面出现已干的局部区域,同时表面温度逐渐上升。随着干燥的进行,局部干区逐渐扩大。由于干燥速率的计算是以总表面积S为依据的,虽然每单位润湿表面上的干燥速率并未降低,但是,以S为基准的干燥速率却已下降,此为降速第一阶段,又

称为不饱和表面干燥,如图 8-21 中 C 至 D 的范围。至 DE 时表面全部为干区,水分汽化的前沿平面由物料表面向内部移动,水分就在物料内层汽化,直至物料含水量达到平衡含水量,干燥进行停止。这一阶段称降速第二阶段。

由于物料的特性、水分结合方式及干燥情况不同,降速阶段干燥速率曲线的形状各不相同,图 8-22 为若干典型的降速干燥速率曲线。

图中直线 1 是具粗孔的物料如纸张、纸板等的典型降速干燥速率曲线。向上凸的曲线 2 为诸如织物、皮革等物料的干燥曲线。向下凹的曲线 3 为陶制物料的干燥速率曲线。这三类曲线都不存在第一和第二降速阶段之分。曲线 4 为黏土等物料的干燥速率曲线,曲线 5 为面包类物料的干燥速率曲线,这两类曲线有第一和第二降速段之分。这两个降速段的交点称为第二临界点,相当于水分在物料内部传递机理的

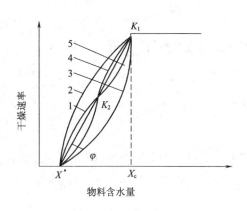

图 8-22 降速干燥速率曲线

转折点。对大多数物料而言,此点为排除吸附水分的开始,而在此之前主要为微毛细管水分的排除。

在食品工业中,物料的降速干燥最为常见。如新鲜水果、蔬菜、畜肉、鱼肉等加工制品以及果胶、明胶、酪蛋白等胶体物质的干燥均以降速阶段干燥为主。有时甚至无恒速段,此时干燥操作的强化须从改善内部扩散着眼。

(四)临界含水量

恒速干燥阶段和降速干燥阶段的转折点称为临界点,有时也称为第一临界点,以区别于降速阶段的第二临界点。它代表了表面汽化控制和内部扩散控制的转折点。临界点处物料的含水量称为临界含水量或临界湿含量。

临界含水量因物料的性质、厚度和干燥速率的不同而异。同一物料,如干燥速率增加,则临界含水量增大;在一定的干燥速率下,物料愈厚,则临界含水量愈高。临界含水量通常由实验测定,在缺乏实验数据的条件下,可按表 8-2 所举的数值范围大致估计。

表 8-2　　　　　　　　　　　　　　不同性质物料的临界湿度范围

物料特征	示例	临界湿度 X_C(kg 水分/kg 绝干料)
粗核无孔物料 >50 目	石英	3~5
晶体粒状,孔隙较少,粒度为 50~325 目	食盐	5~15
晶体、粒状、孔隙较小	谷氨酸结晶	15~25
粗纤维细粉和无定形、胶体状	醋酸纤维	25~50
细纤维、无定形和均匀状态的压紧物料、有机物的无机盐	淀粉、硬脂酸钙	50~100
胶体和凝胶状态,有机物和无机盐	动物胶、硬脂酸钙	100~3000

四、干燥时间计算

恒定干燥一般是间歇操作,故干燥时间是一重要的操作参数。若为热空气量比物料量

大得多的连续操作,可作为恒定干燥处理,其干燥时间即物料在干燥器内的停留时间。

(一)恒速阶段的干燥时间

因恒速阶段的干燥速率等于临界干燥速率 u_c,故可将式(8-49)改写成:

$$d\tau = -\frac{G'_c}{Su_c}dX$$

积分上式的边界条件为: $\tau = 0, X = X_1; \tau = \tau_1, X = X_c$。

得:

$$\int_0^{\tau 1} d\tau = -\frac{G'_c}{Su_c}\int_{X_1}^{X_c} dX$$

故:

$$\tau_1 = \frac{G'_c}{Su_c}(X_1 - X_c) \tag{8-55}$$

式中　G'_c——绝干物料量,因为是间歇操作,故有别于连续操作时的绝干物料质量流量 G_c。

临界点处的干燥速率 u_c 可从干燥速率曲线查得,也可用式(8-50)估算。

$$u_c = \frac{\alpha}{r_{t_w}}(t - t_w) \tag{8-56}$$

[例8-10]用盘架式干燥器作马铃薯的干燥实验。物料湿含量(湿基)在18min内从75%减至60%。料盘尺寸为600mm×900mm,装湿料4kg。空气的干、湿球温度分别为82℃和38℃。空气平行流过料盘,速度为4m/s,只在盘子上表面进行干燥。根据以往经验表明,在这样的条件下,干燥处于恒速阶段。试计算干燥速率,并估算若干球温度降至65℃,湿球温度不变,空气流速增加到6m/s,干燥时间和干燥速率变化多少?

解:(1)求干料量 G'_c,干基初湿含量 X_1,终湿含量 X_2

$$G'_c = 4 \times 25/100 = 1(kg) \qquad X_1 = w_1/(1 - w_1) = 0.75/(1 - 0.75) = 3.0(kg/kg \text{ 干料})$$

$$X_2 = w_2/(1 - w_2) = 0.66/(1 - 0.66) = 1.94(kg/kg \text{ 干料})$$

(2)求干燥速率。先算出水分去除量、干燥面积、干燥时间

$$W' = G'_c(X_1 - X_2) = 1 \times (3.0 - 1.94) = 1.06(kg)$$

$$S = 0.6 \times 0.9 = 0.54(m^2) \qquad \tau = 18min = 0.3h$$

因处于恒速阶段,故:

$$u = dW'/Sd\tau = W'/(S\tau) = 1.06/(0.54 \times 0.3) = 6.55 [kg/(m^2 \cdot h)]$$

(3)干燥情况发生变化时,恒速阶段的干燥速率也发生变化。

$$u = \alpha(t - t_w)/r_{tw} \qquad \alpha = 0.0737(\overline{L})^{0.8}$$

$$\frac{u'}{u} = \frac{\alpha'(t - t_w)'}{\alpha(t - t_w)} = \left(\frac{\overline{L}'}{\overline{L}}\right)^{0.8} \cdot \frac{(t - t_w)'}{(t - t_w)} = \left(\frac{6}{4}\right)^{0.8} \cdot \left(\frac{65 - 38}{82 - 38}\right) = 0.85$$

所以

$$u' = 0.85u = 0.85 \times 6.55 = 5.56[kg/(m^2 \cdot h)]$$

$$\tau' = W'/(Su') = 1.06/(5.56 \times 0.54) = 0.353(h) = 21.2min$$

(二)降速阶段的干燥时间

由于此阶段的干燥速率曲线形状不一,通常把降速段的干燥速率曲线简化为联结临界点和干燥极限点(含水量为平衡含水量,干燥速率为零)的直线。设临界含水量为 X_c,平衡含水量为 X^*,则有:

$$\frac{u - 0}{X - X^*} = \frac{u_c - 0}{X_c - X^*} = k_x \tag{8-57}$$

上式可以改为:

$$u = k_X(X - X^*) \tag{8-58}$$

故有：
$$\tau_2 = \int_0^{\tau_2} \mathrm{d}\tau = G'_c \int_{X_c}^{X_2} \frac{\mathrm{d}X}{u} = G'_c \int_{X_c}^{X_2} \frac{\mathrm{d}X}{k_X(X - X^*)}$$

积分得：
$$\tau_2 = \frac{G'_c}{Sk_x}\ln\frac{X_c - X^*}{X_2 - X^*} = \frac{G'_c}{S}\frac{X_c - X^*}{u_c}\ln\frac{X_c - X^*}{X_2 - X^*} \qquad (8-59)$$

式中　X_2——干燥终了时的含水量。若缺乏平衡含水量 X^* 的数据，则可设 $X^* = 0$。

(三)总干燥时间

将式(8-55)和式(8-59)相加即得总干燥时间：

$$\tau = \tau_1 + \tau_2 = \frac{G'_c}{Su_c}\left[(X_1 - X_c) + (X_c - X^*)\ln\frac{X_c - X^*}{X_2 - X^*}\right]$$

$$(8-60)$$

[例8-11]试验证明，以盘架式干燥器在恒定干燥情况下干燥梅子表现为降速干燥的特点，并已证实其干燥速率正比于物料的 $(X - X^*)$。今在一项试验中得知，初湿含量 68.7% 的梅子干燥到 46.2% 需 5h，干燥到 24.3% 需 12h，试估计物料的平衡含水量，并求干燥到 18% 所需干燥时间(以上均为湿基含水量)。

解：(1)将湿基含水量换算成干基含水量
$$X_1 = w_1/(1 - w_1) = 0.687/(1 - 0.687) = 2.20$$
$$X_2 = w_2/(1 - w_2) = 0.462/(1 - 0.462) = 0.86$$
$$X'_2 = w'_2/(1 - w'_2) = 0.243/(1 - 0.243) = 0.321$$
$$X''_2 = w''_2/(1 - w''_2) = 0.18/(1 - 0.18) = 0.22$$

(2)求平衡含水量 X^*
$$\tau_2 = \frac{G'_c}{S}\frac{X_c - X^*}{u_c}\ln\frac{X_c - X^*}{X_2 - X^*} = \frac{G'_c}{Sk_x}\ln\frac{X_c - X^*}{X_2 - X^*}$$

$$\frac{G'_c}{Sk_x}\ln\frac{X_1 - X^*}{X_2 - X^*} = \frac{G'_c}{Sk_x}\ln\frac{2.20 - X^*}{0.86 - X^*} = 5$$

$$\frac{G'_c}{Sk_x}\ln\frac{X_1 - X^*}{X'_2 - X^*} = \frac{G'_c}{Sk_x}\ln\frac{2.20 - X^*}{0.321 - X^*} = 12$$

用试差法求得：
$$X^* = 0.17$$
代回任一原式得：
$$G'/(Sk_x) = 4.62$$
(3)求干燥到 18% 的时间：
$$\tau_2 = \frac{G'_c}{Sk_x}\ln\frac{X_1 - X^*}{X''_2 - X^*} = 4.62\ln\frac{2.20 - 0.17}{0.22 - 0.17} = 17.1\ (\mathrm{h})$$

第四节　干　燥　设　备

一、干燥器的分类

由于被干燥的食品在形状、大小、含水量及热敏性等性质上的千差万别，故食品工业上可用的干燥器类型甚为繁多。干燥器有多种分类方法：可按操作压强分为常压干燥器和真空干燥器；可按操作方式分为连续式干燥器和间歇式干燥器；可按干燥介质和物料的相对运动方式分为并流、逆流和错流干燥器;也可按供热方式分为对流干燥器、传导干燥器、辐射干燥器和介电加热干燥器。

干燥器通常可按加热方式来分类,如表8-3。

表8-3 **常用干燥器的分类**

类　型	干　燥　器
对流干燥器	厢式干燥器、气流干燥器、沸腾干燥器、转筒干燥器、喷雾干燥器
传导干燥器	滚筒干燥器、真空盘架式干燥器
辐射干燥器	红外线干燥器
介电加热干燥器	微波干燥器

在食品干燥中,介质和物料的相对运动方向具有很重要的意义。它不仅影响食品干燥的速率,同时也影响产品的质量。在并流干燥器中,食品移动方向与介质流动方向一致,因而湿含量高的食品原料与温度最高、湿度最小的介质在进口端接触,此处干燥推动力最大;而在出口端则相反。所以并流干燥对湿含量较大时快速干燥不会引起裂纹或焦化现象的食品,干后不耐高温而易发生分解、氧化的食品以及干后吸潮性小的食品比较合适。并流干燥的缺点是:由于推动力沿物料移动方向逐渐变小,所以在干燥的最后阶段,干燥推动力变得很小,干燥速度很慢而影响生产能力。

在逆流干燥器中,食品移动的方向与干燥介质流动的方向相反,干燥器内各部分的干燥推动力比较均匀,适用于湿度大时不允许快速干燥以免发生龟裂现象的食品,干后吸湿性大的食品,干后能耐高温,不致发生分解、氧化的食品,以及要求过程速率大、时间短的干燥情形。逆流干燥的缺点是:入口处物料温度较低而干燥介质湿度很大。接触时,介质的水气会冷凝在物料上,使物料湿度增加,干燥时间增加,也影响生产能力。

在错流干燥器中,食品移动方向与介质流动方向垂直,食品表面各部分都与湿度小、温度高的介质相接触,所以干燥推动力很大。由于这个特点,它适用于在湿度高时或低时都能耐受快速干燥和高温的食品的干燥,以及要求过程速度大而允许介质和能量消耗大一些的干燥情况。

真空干燥器在食品工业中有广泛的用途。凡是含有丰富的色、香、味及营养成分而且有显著热敏性的食品以及要求具有良好复水性的食品,干燥时的温度和压强对质量均有密切的关系。真空干燥适用于处理在高温下易发生化学或物理变化的食品,在有氧存在的条件下易氧化的食品,和要求制品疏松、易碎和复水性好的食品。

真空干燥虽然在干燥的第一阶段物料可以保持在低温下,但在后期的第二阶段,料温可以升得很高。所以不加分析地笼统说真空干燥下物料必然是低温的说法是不正确的。因此,对于间歇式真空干燥器在干燥的第二阶段,可采取低温热源温度或提高真空度的办法来调节物料的温度,而对连续真空干燥设备,则必须对前后两个不同阶段分别调节。

下面介绍一些常用的干燥器。

二、对流干燥器

(一)厢式干燥器

厢式干燥器是常压间歇干燥器,小型的称烘箱,大型的称烘房。图8-23为典型厢式干燥器的构造。厢内有多层框架,料盘置于其上,也有的将物料放在框架小车上推入厢内,故又称盘架式干燥器。器内有供空气循环用的风机,引入新鲜空气,必要时可以与循环废气混合,并流过加热器加热,而后流经物料。空气流过物料有横流和穿流两种方式。横流式中,热空气在物料上方掠过,与物料进行湿交换和热交换。若框架层数多,可将其分成若干组,空气每流经一组料盘之后,就再加热一次以提高温度,如图8-23(1)所示,此即中间加热式干燥。在穿流式中,为了提高干燥速度,可将粒状、纤维状的物料铺放在有网眼的筛盘上,热空气垂直穿过物料层,空气通过筛盘的流速为0.3~1.2m/s,如图8-23(2)所示。为了回收废气中的热量,提高干燥器的热效率,在厢式干燥器中通常采用废气循环流程。新鲜空气的吸入口和废气的排出口由挡板进行调节。

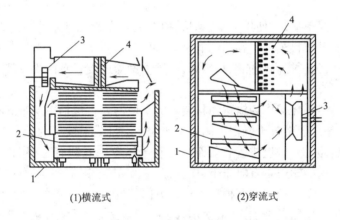

(1)横流式　　　　　　　　　　(2)穿流式

图8-23　厢式干燥器
1—干燥室　2—浅盘或料网　3—风机　4—加热器

厢式干燥器的优点是制造和维修方便,使用灵活性大。在食品工业中常用于处理需要长时间干燥的物料、数量不多的物料,以及需要有特殊干燥条件的物料,通常多用于散料如水果、蔬菜、香料等的干燥。厢式干燥器的主要缺点是干燥不均匀,控制困难,装卸劳动强度大,热能利用不经济。如用蒸汽加热,则每汽化1kg水分需2.5kg以上蒸汽。

(二)隧道式干燥器

隧道式干燥器又称洞道式干燥器,图8-24为其示意图。隧道宽度约1.8m,高度约1.8~2m,长度约12~18m,最长可达20~40m。大型隧道常用混凝土结构,小型的可用金属钢板结构。沿隧道底部铺设轨道供料车通行。隧道的两端进、出料车处设置有密封门。装有物料的料盘摆放在料车上,每层料盘之间有一定的间隙。当物料已干燥好的料车从隧道出口移出时,将另一台装有湿物料的料车从进料口推进干燥室。一条隧道最少容纳5~6车,多则可达15车。隧道式干燥器由风机将已预热的空气形成强大的气流在干燥室中流动,空气流速常为2.5~6m/s。根据料车相对空气流的运动方向,隧道式干燥器有顺流式、逆流式、混流式和横流式等。

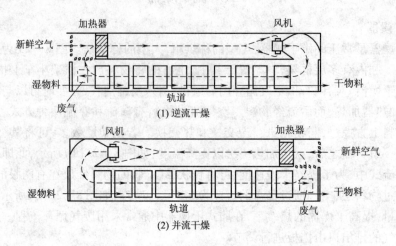

(1) 逆流干燥

(2) 并流干燥

图 8-24　洞道式干燥器

隧道式干燥器简单易行、使用灵活、适应性广,几乎各种大小和形状的块状食品都能放在隧道式干燥器的盘架料车上干燥。例如果干、果脯、蘑菇、葱头、叶菜等都可以放在这种干燥器中干燥。此外,为了提高热能的利用率,这种干燥器还设置有回收废气热能的机构。

(三) 带式干燥器

带式干燥器是使用环带作为输送物料装置的干燥器。它包括单层带式干燥器和多层带式干燥器,常用的是多层带式干燥器。图 8-25 为多层带式干燥器的示意图。它由干燥室、输送带、风机、加热器、提升机、排气管等组成。在干燥室中安装有三根上下平行的输送带,输送带呈环形。常用的输送带有帆布带、橡胶带、涂胶布带、钢带和钢丝网带,干燥介质可以穿流方式流过网带。上下相邻的两根环带运动方向相反,各层带子的速度可以相同,也可以不同。湿物料从最上层输送带加入,依次落入下一层输送带,干物料从下部卸出。干燥介质从设备的下方引入,自下而上从带子的侧面进入带子上方,与物料接触,并穿过输送带,废气由排气管排出。带式干燥器的特点如下:

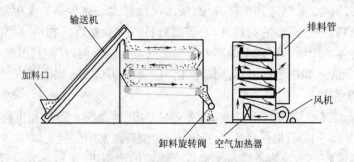

图 8-25　多层带式干燥器

(1) 被干燥的湿物料必须事先成为适当的分散状态,使空气能顺利通过带上的物料层;

(2) 由于有较大的物料表面暴露在干燥介质中,物料内部水分迁移的路程较短,并且物料和空气有着紧密的接触,故干燥速率较高;

（3）设备造价较高。为保证有效利用,通常将制品干燥至含水 10% ~ 15% 后,再移至别的干燥器中进行最后的干燥。

带式干燥器,特别是穿流带式干燥器具有干燥速度快的优点,在食品工业中的应用愈来愈广泛。苹果、胡萝卜、洋葱、马铃薯和甘薯等都可采用这种干燥器干燥。

带式干燥器适用于切片或切丁的果蔬的干燥,但不适于未去皮的梅子、葡萄等水果的干燥。

（四）涡轮干燥器

涡轮干燥器是利用干燥器中间安置的涡轮的作用,造成干燥器内部循环的热风,并与适当布置的加热器配合,达到中间加热或分段加热的目的。被干燥物料则在各种输送装置上围绕涡轮运动。根据输送装置形式的不同,有各种不同形式的涡轮干燥器。图 8 - 26 为螺旋带式涡轮干燥器,其物料输送装置是移动缓慢的螺旋形输送带,故可视为带式干燥器的一种变型。空气从载

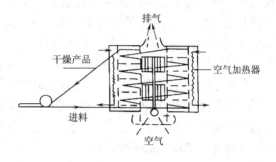

图 8 - 26　涡轮干燥器

物输送带的上表面掠过。这种干燥器的特点是占地面积小,即在相当小的地面上,容纳很大的运输装置(例如 $30m^2$ 的面积上可达 $700m^2$ 的表面)。这种干燥器适用于长时间干燥的物料。

（五）沸腾床干燥器

沸腾床干燥器是近年发展起来的一类新型干燥器,又称流化床干燥器。沸腾床干燥器的结构有单层圆筒型、多层圆筒型、卧式多室型、喷雾型、惰性粒子型、振动型、气流型等多种。图 8 - 27 为单层圆筒沸腾干燥器。这类干燥器的工作原理是将热空气以较高的速度湿物料床层,形成流化床。空气既是流化介质,又是干燥介质。被干燥固体颗粒物料在热气流中上下翻动,互相混合与碰撞,进行传热和传质,达到干燥的目的。经干燥后的颗粒由床侧出料口卸出。废气由顶部排出并经旋风分离器回收所夹带的粉尘。

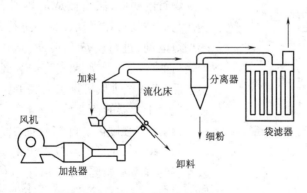

图 8 - 27　沸腾床干燥器

在沸腾床干燥器内,由于颗粒在热气流中处于剧烈的湍动中,因此传热和传质效率高。即使气体与颗粒间的表面传热系数不算很大,但由于气体与颗粒间的接触表面积很大,还是

可以具有很高的容积传热系数,大大地强化干燥。同时,沸腾干燥的效率也很高,在干燥非结合水分时可达60%～80%,干燥结合水分可达30%～50%。它与气流干燥相比,因气速较气流干燥时低,所以粒子的粉碎与设备的磨损也比较小。颗粒的停留时间可以由出料口控制,因此可以控制物料湿含量。当物料的干燥处于降速阶段时,采用沸腾干燥是有利的。它具有设备小、生产能力大、逗留时间可任意调节、装置结构简单、占地面积小、设备费用不高、物料易流动等优点。除了一些附属设备(如风机、加料器等)外无活动部分,因此维修费用较低。其主要缺点是操作控制比较复杂。另外由于颗粒在床中与气流高度混合,为了限制颗粒由出口带出,保证物料干燥均匀,须延长颗粒在床内停留的时间,因而就需要很高的沸腾床层,以致造成气流压降增大。这样,单层沸腾床只能用于容易干燥且要求不高的产品,对于要求干燥较均匀或干燥时间较长的产品,可采用多层沸腾干燥器。

沸腾床干燥器适宜于处理粉状且不易结块的物料。同时,由于物料在沸腾床内的停留时间可以任意调节,因而对于气流干燥或喷雾干燥后的物料中所含的结合水分需要经过较长时间的降速干燥时,更为合适。采用沸腾干燥的最优物料粒度范围为30μm～6mm。物料粒子直径小于20～40μm时,气流通过多孔分布极易产生局部沟流。粒径大于4～8mm时,又需要较高的流化速度,因而动力消耗以及物料的磨损都加大。被处理物料的含水量,对于粉状物料要求为2%～5%,颗粒物料则在10%～15%。

(六)气流干燥器

气流干燥器是利用高速的热气流将潮湿的粉粒状、块状物料分散成粒状而悬浮于气流中,一边与热气流并流输送,一边进行干燥。对潮湿状态仍能在气体中自由流动的颗粒物料如面粉、谷物、葡萄糖、食盐、味精、离子交换树脂、水杨酸、切成粒状或小块状的马铃薯、肉丁以及各种粒状食品,均可用气流干燥器进行干燥。粒径在0.5～0.7mm以下的物料,不论其初始湿含量如何,一般都能干燥至0.3%～0.5%的含水量。如要获得更低的含水量,需要在气流干燥器之后再设置一沸腾床干燥器。在乳、蛋加工工业中,有时将气流干燥器放在喷雾干燥器之后。

气流干燥器已有50年的历史,直管式用得最早,最多。如图8－28所示。被干燥物料经预热器加热后送入干燥管的底部,然后被从加热器送来的热空气吹起。气体与固体物料在流动过程中进行充分接触,并作剧烈的相对运动,进行传热和传质,从而达到干燥的目的。干燥后的产品由干燥器顶部送出,经分离器回收夹带的粉末后,废气经排风机排入大气中。

气流干燥器的特点是:

(1)干燥强度高。除接触面积大外,由于气速较高(一般达20～40m/s),空气涡流的高速搅动,使气－固边界层的气膜不断受冲刷,减小了传热和传质的阻力。如果以单位体积干燥管内的传热来考虑干燥速率,则容积传热系数可达2300～7000W/(m³·K),比转筒干燥器大20～30倍。

(2)干燥时间短。大多数物料的气流干燥只需

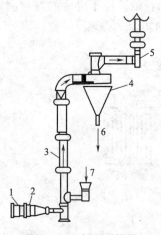

图8－28 气流干燥器

1—过滤器 2—预热器
3—气流干燥管 4—旋风分离器
5—风机 6—卸料口 7—进料口

0.5～2s,最长不超过5s。因为是并流操作,所以特别适宜于热敏性物料的干燥。

（3）由于干燥器具有很大的容积传热系数及温差,对于完成一定的传热量所需的干燥器体积可以大大地减小,即能实现小设备大生产的目的。

（4）由于干燥器散热面积小,所以热损失小,最多不超过5%,因而热效率高。干燥非结合水时热效率可达60%左右,干燥结合水时可达20%左右。

（5）可以省去专门的固体输送装置。因此,干燥器的活动部件少,结构简单,易建造,易维修,成本低。

（6）操作连续稳定。可以把干燥、粉碎、输送、包装等组合成一道工序。整个过程可在密闭条件下进行,减少物料飞扬,防止杂质污染,既改善了产品质量,又提高了回收率。

（7）适用性广,可用于各种粉状物料的干燥,粒子最大可达100mm,湿含量可达10%～40%。

其缺点是:

（1）由于全部产品由气流带出,因此分离器的负荷大。

（2）由于气速较高,粒子有一定的磨损,所以对晶形有一定要求的物料不宜采用。也不适宜用于需要在临界湿含量以下干燥的物料以及对管壁黏附性强的物料。

（3）由于气速大,全系统阻力很大,因而动力消耗大。

（4）最主要缺点是干燥管较长,一般在10m或10m以上。

（七）回转干燥器

回转干燥器又称转筒干燥器,属于常压干燥器,其主要组成部分是一与水平方向略微倾斜的回转圆筒,如图8－29所示。物料从较高的一端进入,随着圆筒的转动而移到较低的一端。转筒长度和直径之比通常为4～8。转筒外壳上装有两个轮箍,整个转筒的质量是通过轮箍传递到支承托轮上的,而且在托轮上滚动。转筒由齿轮传动,其转速一般为1～8r/min。转筒的倾斜度与长度有关,为0.5°～6°,物料愈不易干燥,其倾斜度愈小。

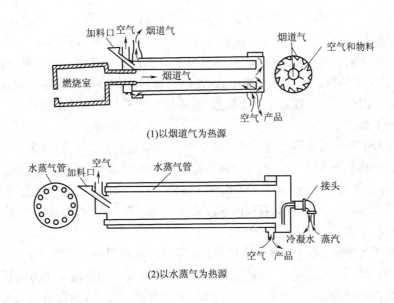

(1)以烟道气为热源

(2)以水蒸气为热源

图8－29　转筒干燥器

这种干燥器使用热空气或烟道气为干燥介质。物料和气体的流向可采用并流、逆流或并、逆流结合。流向选择主要决定于物料的性质和终湿度。为了使转筒内物料与干燥介质接触良好,在转筒内装有分散物料的装置,称为抄板。各种形式的抄板如图8-30所示。选用抄板的形式,主要根据物料的性质而定。

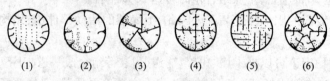

$$(1) \qquad (2) \qquad (3) \qquad (4) \qquad (5) \qquad (6)$$

图 8-30 各种抄板

(1)普遍的使用形式,利用抄板将颗粒状物料扬起,而后自由落下。

(2)弧形抄板,没有死角,适于容易黏附的物料。

(3)将回转圆筒的截面分割成几个部分,每回转一次可以形成几个下泻物料流,物料约占回转圆筒容积的15%。

(4)物料与热风之间的接触比(3)更好。

(5)适用于易破碎的脆性物料,物料占回转圆筒容积的25%。

(6)为(3)、(4)结构的进一步改进,适用于大型装置。

转筒干燥器的优点是机械化程度高、生产能力大、流体阻力小、对物料适应性较强、操作弹性大、操作方便、干燥均匀。缺点是体积较大,比较笨重,占地面积大,结构复杂。转筒干燥器不仅适用于散粒状物料的干燥,而且还可用于黏性膏糊状物料或含水量较高的物料的干燥。在食品工业上目前主要用于砂糖、粮食、甜菜废丝、发酵废糟等物料的干燥。

三、传导干燥器和辐射干燥器

(一)滚筒干燥器

滚筒干燥器是典型的传导干燥器。传导干燥器的热能供给主要靠导热。如果干燥在常压下进行,可采用空气来带走干燥所生成的水气;如在真空下进行,水气则靠抽真空和冷凝的方法除去。传导干燥器毋需加热大量空气,故单位热能耗用量远较热风干燥器为少。此外传导干燥可在无氧的情况下进行,故特别适用于对氧化敏感的食品的干燥。但传导干燥也有其缺点,被干燥物料的热导率一般很低,食品与加热面的接触又常常不很好,特别对松散料更是如此。因此传导干燥器适用于溶液、悬浮液和膏糊状固-液混合物的干燥,而不适用于松散料的干燥。

滚筒干燥器主要由可以转动的一个或两个中空的金属圆筒和加热剂(蒸汽或热水等)供应机构组成的加热系统、蒸汽及不凝性气体排除系统和加料、卸料等辅助机构组成。圆筒随水平轴转动,其内部由蒸汽、热水或其他载热体加热,圆筒壁即为接触传热壁面。当圆筒部分浸没在稠厚的悬浮液中,或者将稠厚的悬浮液喷洒到滚筒上面时,因滚筒的缓慢转动使物料呈薄膜状附着于滚筒的外表面而进行干燥。

滚筒内侧通入蒸汽,通过筒壁的热传导,滚筒表面温度可达100℃以上,常为150℃左右,使物料中的水分蒸发,汽化的水分与夹杂的粉尘随空气一道由滚筒上方的排气罩排出。当滚筒回转至3/4~7/8周时,物料即完成干燥,由卸料刮刀刮下,经螺旋输送机收集,送至卸料口。

滚筒直径一般为 0.5～1.5m,长度 1～3m,转速 1～3r/min,料厚为 0.1～1mm 时,转速可达 2～8r/min。被处理的湿物料含水量为 10%～80%,可干燥到 3%～4%,最低可达 0.5% 左右。热效率较高,可达 70%～90%。单位加热蒸汽消耗量为 $1.2～1.5kg_{汽}/kg_{水}$。传热系数为 $180～240W/(m^2 \cdot K)$。

滚筒干燥器可分为单滚筒干燥器和双滚筒干燥器,两者又有常压和真空之分。图 8-31 所示为常压单滚筒干燥器。滚筒在槽内回转,槽内的料液是利用泵从贮料槽送入。空气沿外壳的内面流过,流动方向与滚筒的旋转方向相反。已干燥的薄膜层用刮刀刮下,而后由螺旋输送器运走。图 8-32 所示为具有中央进料的双滚筒干燥器。

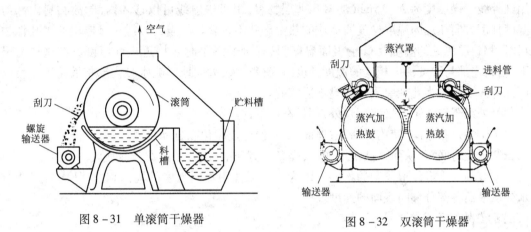

图 8-31 单滚筒干燥器

图 8-32 双滚筒干燥器

倘若料液因滚筒浸没而过热,则可采用洒溅滚子将料液从下面洒溅到滚筒上或采用双滚筒式。在双滚动干燥器中,湿物料用洒溅法由上面加入,干物料的厚度用改变两滚筒间空隙的方法来控制。

滚筒干燥器的优点是干燥速度快,热能利用经济。但这类干燥器仅限于液状、胶状或膏糊状的食品的干燥,这些物料在短时间(2～30s)内要能承受较高的温度。滚筒干燥器常用于牛奶、各种汤粉、淀粉、酵母、果汁、婴儿食品、豆浆及其他液状食品的干燥。滚筒干燥器不适用于处理含水量低的热敏物料。

(二)红外线干燥器

红外线干燥器是辐射干燥器的一种。图 8-33 为灯泡式红外线干燥器,为连续式的辐射干燥设备。在干燥器内,物料由输送带载送,经过红外线热源下方。干燥时间由输送带的移动速度来调节。当干燥热敏性高的食品时,采用短波灯泡,而干燥热敏性不太高的食品时,可用长波的辐射器。金属或陶瓷辐射干燥器的优点是对于由各种原料做成的不同形状制品的干燥效果相同,操作灵活,温度的任何改变可在几分钟内实现,而不必中断生产。而且辐射器结构简单、造价低、能量

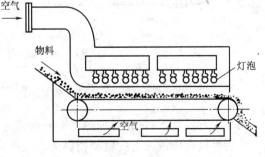

图 8-33 灯泡式红外线干燥器

消耗较少。因此这种红外线干燥器的应用比较广泛。

红外线干燥的最大优点是干燥速度快,比一般对流、传导的干燥速度快得多。这是由于红外线干燥时,传给物料的热量比对流干燥或传导干燥要大得多,甚至大几十倍,而且被干燥物料的分子直接把红外线辐射能转变成热能,中间不需通过任何媒介物。在辐射干燥中,一部分辐射线要透过毛细孔进入物料内部,其深度可达 0.1~0.2mm。辐射线一旦穿入毛细孔,由于孔壁的一系列反射,几乎全部被吸收。因此,红外线干燥具有很大的传热系数。但干燥速度不仅取决于传热速度,还取决于水分在物料内部移动的速度,故厚层物料和薄层物料用红外线干燥时存在着显著的差别。对于表面积大的薄层物料用红外线干燥尤为有利。用红外线干燥厚度为 2~15mm 的多孔薄层物料,由于辐射线可以透入内部,故物料内部与湿度梯度方向相反的温度梯度所造成的热湿导并不显著。但当红外线干燥厚层非多孔性物料时,物料层深处的温度将低于表面温度,只有干燥终了时才接近表面温度。在这种情况下,物料内部与湿度梯度相反的温度梯度将变得很大,大大地影响水分内部扩散速率。所以用红外线干燥非多孔性厚层物料是不适宜的。

红外线干燥除了干燥速度快外,还具有以下优点:

①干燥设备紧凑,使用灵活,占地面积小,便于连续化和自动化生产;

②干燥时间短,从而降低干燥成本,提高了劳动生产率,操作安全、简单;

③有利于干燥外形复杂的物料。因为它可以使用不同强度的局部辐射,从而可以调节水分从成品各部分移向表面的速度。

(三)远红外线干燥器

图 8-34 为鱼类的远红外干燥装置图。整个装置由以下三部分组成:预热装置,即在食品传送带上方带子进入端附近,上下相对地装有许多个内装辐射远红外线的预热装置;第一干燥室,位于预热装置后面的带子中部,由许多有热传导性能良好的辐射管所组成,该室具有向传送带上的食品喷射热风的吹出口,而在辐射管的外表面则涂有辐射远红外线的物质;第二干燥室,即在第一干燥室后面的传送带出口端附近装有的许多同样的远红外线加热器作为第二干燥室。

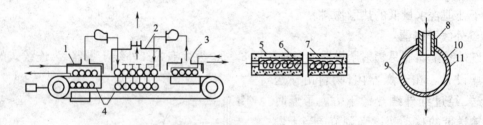

图 8-34 鱼类远红外干燥装置
1—预热装置 2—第一干燥室 3—第二干燥室 4—远红外加热器 5—陶瓷管
6—镍铬耐热合金丝 7—热辐射管 8—热风管 9—热风出口 10—涂料 11—钢性管

其干燥过程如下:首先对加热器 4 的镍铬电热丝通电,以加热陶瓷管 5,使其辐射远红外线。然后将放在传送带上的鱼类物料送入预热装置 1 的内部,利用上下对称安装的加热器 4 加热面开始干燥。

在此干燥过程中,远红外线不仅照射到鱼肉表面,而且还渗透到内部。不但能均匀地干燥,而且还具有使鱼肉中磷酸酶的活性降低的作用,因而鱼肉肌苷酸的生成量增加,改善了鱼类的风味。鱼通过预热后,进入第一干燥室。在第一干燥室内的辐射管7中,通入来自预热装置和第二干燥室的热风。利用此热风加热管子表面的涂料10,就能辐射出远红外线。利用此红外线,鱼类物料再一次被干燥。但由于在第一干燥室内,热风是由喷出口9喷出,因此把鱼类表面上生成的一层蒸汽附面层吹走,从而提高了远红外线的辐射效率。最后,鱼类进入第二干燥室3。但因此室仍与预热装置一样,也被远红外线照射,所以在加快干燥的同时,又增加了肌苷酸的生成量。

远红外线干燥的特点是:

①干燥速度快,生产效率高。干燥时间一般为近红外线的一半,为对流干燥的1/10。

②节约电源。远红外线的耗电量为近红外线干燥时的50%左右。如与对流干燥相比,效果更为明显。

③干燥产品质量较好。

④设备小,成本低。干燥烘道一般可缩短50%～90%。结构简单,易于制造和推广。

(四)高频干燥器

高频干燥器的原理是将需要干燥的物料置于高频电场中,借助高频电场的交变作用使物料加热脱水(或溶剂)以达到干燥的目的。经实践证明,高频干燥用于干燥厚而难干燥的物料是比较合适的。因在这种情况下,物料干燥时间受厚度的影响可以大大缓和。高频干燥的特点是:

①加热速度比其他加热方法快;

②局部过热减少,从而减少食品成分的破坏;

③操作干净且连续,易于控制;

④加热发生在食品内部某一深度,不存在食品表面的褐变。

缺点是这种干燥方法电能消耗太大,汽化1kg水分需要不少于2～3.5kWh的能量。因此,用该法干燥需除去大量水分的物料是不适宜的。此外,高频干燥器的结构及使用都比较复杂,设备及维修成本均高。

(五)微波干燥器

微波干燥器是利用微波加热器进行物料干燥的设备,实质上就是微波加热器在干燥操作上的具体应用,所以关键在于微波加热器的选择。微波加热器的选择包括频率以及加热器形式的选定。

(1)频率的选定 工作频率的选定主要取决于以下四个因素:

①加工物料的体积和厚度:由于微波穿透物料的深度与加工所用的频率、被加工物料的介电常数及介质损耗等有关,因此当物料至915MHz下的介电常数及介电损耗相差不大时,选用915MHz就可以获得较大的穿透深度,也就是说可以加工较厚及体积较大的物料。

②物料的含水量及介质损耗:一般而言,加工物料的含水量越大,其介质损耗也越大。而且频率越高时,其相应的介质损耗越大。因此,对于含有大量水分的物料可以用915MHz。但当含水量很低时,物料对915MHz的微波吸收较少,此时应选用2450MHz。但对有些物料,如0.1%浓度的食盐水溶液,915MHz的介质损耗反而比2450MHz高一倍。其他如牛肉亦有类似情况。因此,究竟选用什么频率,最好通过实验来确定。

③总生产量及成本：由于微波电子管的功率与频率有关，例如，频率为915MHz的磁控单管能得到30kW或60kW的功率，而2450MHz的磁控管只能获得5kW左右的功率，而且915MHz磁控管的工作频率一般比2450MHz高10%～20%。为了在2450MHz的频率上获得30kW以上的功率就必须用几个磁控管并联或采用价格较高的调速管。因此，在加工大批物料时，可选用915MHz，或者在开始烘干大量水分时选用915MHz，而后当含水量降至5%左右时，再选用2450MHz。这样，由于915MHz磁控管的工作效率较高，总的成本可以降低。

④设备体积：一般而言，2450MHz的磁控管及波导管均比915MHz小。因此，加热器尺寸2450MHz较915MHz为小。

（2）加热器型式的选择　加热器型式的选择取决于加工物料的形状、数量及工艺要求。例如被加热物料体积较大或形状复杂时，为了获得均匀加热，可采用隧道式谐振腔型加热器。对于薄片物料如饼干及快速面等，一般可用开槽波导或慢波结构的加热器。对于小批量生产或实验室样品试验，可以采用小型谐振腔型加热器。对于线状物料的干燥可以用开槽波导及脊形波导加热器。由于微波干燥耗电量较大，可以采用微波干燥与空气加热干燥联合使用。例如将物料含水量从80%干燥至2%，若采用热空气干燥法，则所需加热时间为微波加热时间的10倍，若将两种方法结合使用，先用热空气把水分降至20%左右，再用微波干燥降到2%，时间可缩短10h，又降低了费用（所需微波能量只有全部采用微波能量的1/4）。

微波技术在食品干燥上的应用越来越广泛，这是由于微波干燥方法与以前所述的各种方法比较，具有一系列的优点：

（1）干燥速度快，干燥时间短　由于微波能够深入到物料内部而不是依靠物料本身的热传导，因此，只需一般方法的1/10～1/100的时间就能完成整个加热和干燥的过程。

（2）产品质量高　由于加热时间短，因此，可以保存加工物料的色、香、味，并且维生素的破坏也较少。

（3）反应灵敏便于控制　用常规加热法不论是电热、蒸汽、热空气等，要达到一定温度需要预热一段时间，当发生故障或停止加热时，温度的下降又需要较长的时间。而利用微波加热时，开机几分钟即可正常运转。调整微波输出功率，物料加热情况立即随着改变。因此，便于自动化控制，节省人力。

（4）加热均匀　因为微波加热是从物质内部加热，因此可以避免一般加热干燥过程中容易引起的表面硬化及不均匀等现象。

（5）加热过程具有自动平衡性能　当频率和电场强度一定时，物料在干燥过程中对微波功率的吸收，主要决定于介质损耗因素的值。水的损耗因素比干物质大，故吸收能量多，水分蒸发快。因此，微波不会集中在已干的物质部分，避免了物质的过热现象，具有自动平衡性能，从而保证了物质原有的各种特性。

（6）热效率高，设备占地面积小　因微波加热干燥是内部加热，加热设备本身基本上可以说是不辐射热量的，故热损失较小，热效率可高达80%左右。同时避免了环境高温，改善了劳动条件。

四、干燥器的选择

首先应以被处理物料的物化性质、生化性质及其生产工艺为依据,确定合理的干燥方法。根据我国的实际情况,可将干燥器选型原则归结如下:

(1)产品的要求　例如在食品工业上,许多制品的干燥要求无菌、避免高温分解。此时设备选型主要从保证质量出发,其次才考虑设备费用和操作费用问题。

(2)材料的特性　例如颗粒状、滤饼状、浆状、物料湿度和水分结合方式以及是否为热敏性等。

(3)产量大小　如浆液状物料可用喷雾干燥或滚筒干燥,但产量大的一般用喷雾干燥,产量小的用滚筒干燥。

(4)劳动条件　有些干燥方法虽然经济,但劳动强度大,工人接触高温区,不利于生产连续化,这些干燥方法也就不宜采用。

(5)投资费用。

(6)占地面积和设备制造、维修、操作是否方便。

各种干燥器的选用可参考表8-4。

表8-4　　　　　　　　　　　　　干燥器的选择

干燥器分类	干燥器型式	溶液 牛奶、果汁萃取液	膏糊 麦乳精、淀粉浆、滤饼	颗粒状<100目 离心机滤饼	粒状、结晶>100目 结晶、切丁谷物	片状 肉类、水果蔬菜切片	块状 切块
对流 干燥器	厢式		*	*	*	*	*
	沸腾床(间歇)			*			
	洞道式		+		*	*	*
	带式		+	*	*	*	+
	涡轮式			*	*	*	
	沸腾床(连续)				*		
	气流式				*		
	回转式			+			+
	喷雾式(机械)	*					
	喷雾式(离心、气流)	*	+				
传导 干燥器	真空干燥器	+	*	*	*	*	
	回转式			*			
	真空带式	+	*	*			
	滚筒式	*	+				
辐射干燥 器及其它	红外线式			*	*	*	+
	高频式			*	*	*	+
	微波式			*	*	*	*
	真空冷冻		*	*	*	*	

注:*为适用;+为可用。

第五节 喷雾干燥

喷雾干燥是以单一工序将溶液、乳浊液、悬浮液或浆状物料加工成粉状干制品的一种干燥方法。它将液体通过雾化器的作用,喷成极细的雾状液滴,并依靠干燥介质(热空气、烟道气或惰性气体)与雾滴的均匀混合,进行热交换和质交换,使水分(或溶剂)汽化的过程。料液可以是溶液、乳状液、悬浮液或糊状物等,干燥成品可以是粉状、粒状、空心球或微胶囊等。喷雾干燥因具有一系列优点,因而在食品干燥中占有重要地位。

100多年来,喷雾干燥技术及设备一直占有重要位置,因它有其它干燥技术无法比拟的优点:

(1)干燥速率高,时间短 料液经雾化器雾化后,其比表面积瞬间增大若干倍,与热空气的接触面积增大,雾滴内部水分向外迁移的路径大大缩短,提高了传热传质的速率。例如,若平均直径以 $50\mu m$ 计,则每升液体可分散成146亿个微小雾滴,其总表面积达 $5400m^2$,有这样大的表面积与高温热介质接触,进行的热交换和质交换非常迅速,在 $5 \sim 35s$ 左右就可蒸发掉95% ~90%的水分。一般只需要几秒到几十秒就干燥完毕,具有瞬间干燥的特点。

(2)物料本身不承受高温 虽然喷雾干燥的热风温度比较高,但在接触雾滴时大部分热量都用于水分的蒸发,所以尾气温度并不高,绝大多数操作尾气温度都在 $70 \sim 110℃$,物料温度也不会超过周围热空气的湿球温度,对于一些热敏性物料也能保证其产品质量。

(3)产品质量好 如果对产品有特殊需要,还可以在干燥的同时制成微粒产品,即所谓的喷雾造粒,能够提高分散性、流动性和溶解性,还具有防尘作用,如果芯材和壁材选择得当,在干燥的同时能制成微胶囊,保持被干燥物料原有的风味和特色,还能提高贮存性能。

(4)生产过程简单 喷雾干燥通常可以使含湿率为40% ~60%的液体瞬间干燥成粉粒状产品,减少了蒸发、浓缩、过滤和粉碎等工序,缩短了生产流程,避免了在过多生产环节上的人力物力浪费。

(5)产品纯度高 由于干燥是在密闭的容器中进行的,杂质不会混入产品中,而且还改善了劳动条件,并能减少公害,保护环境。

(6)生产控制方便 喷雾干燥系统可以实现自动化操作,使产品质量稳定。

由于喷雾干燥具有上述优点,故特别适用于食品的干燥,主要用于下列食品的生产:

(1)乳、蛋制品 牛乳、冰淇淋、代乳粉、可可、蛋品等。

(2)糖类及粮食制品 葡萄糖、低聚糖、麦芽糊精、淀粉、啤酒、谷物、大豆、花生和向日葵等的植物蛋白粉。

(3)酵母制品 酵母粉、饲料、酵母。

(4)果蔬制品 番茄、辣椒、洋葱、大蒜、香蕉、杏子、柑橘、苹果、桃等的干粉制品和水解蛋白等。

(5)肉类、水产制品 血浆、鱼粉、鱼蛋白粉和肉精等。

(6)饮料和香料 速溶咖啡、速溶茶、可可粉、天然香料及合成香料等。

另一方面,喷雾干燥也有其缺点,主要有:

(1)热效率低 在进风温度低于150℃时,热容量系数较低,一般约25 ~100W/(m³·K),蒸发强度比较小,多数温度下约在 $2 \sim 5kg$ 水/(m³·h)左右,热效率比较低。

（2）设备庞大　喷雾干燥是容积式干燥器，占用面积和空间比较大，一次性投资较大，运转费用也较高。

（3）对分离设备要求高　干燥的过程是粉体漂浮在气体中，尾气中带出部分粉尘，对气固分离设备的要求比较高。

一、喷雾干燥原理

（一）喷雾干燥流程

图8-35为最常见的开式喷雾干燥流程图。料液由料液槽经过滤器2由料泵3送到雾化器8，被分散成无数细小雾滴。作为干燥介质的空气经空气过滤器4由风机5经加热器6加热，送到干燥塔10内。热空气经过空气分布器7，均匀地与雾化器喷出的雾滴相遇，经过热、质交换，雾滴迅速被干燥成产品进入塔底。已被降温增湿的空气经旋风分离器9等回收夹带的细微产品粒子后，由排风机排入大气中。

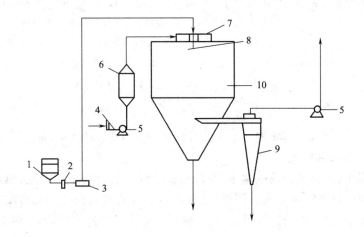

图8-35　喷雾干燥流程

1—料液槽　2—原料液过滤器　3—泵　4—空气过滤器　5—风机
6—空气加热器　7—空气分布器　8—雾化器　9—旋风分离器　10—干燥室

（二）喷雾干燥机理

喷雾干燥操作中，物料水分的蒸发大体也可分为恒速干燥阶段和降速干燥阶段，由于被分散后的雾滴比较小，所以各阶段经历的时间都很短。

喷雾干燥开始时是恒速干燥阶段。在这个阶段中，水分通过颗粒的扩散速率大于或等于蒸发速率。当水分通过颗粒的扩散速率不能再维持颗粒表面饱和时，扩散速率就会成为控制因素，从而进入降速阶段。根据干燥的推动力分析，在一定物料和一定雾化器形式下，要提高干燥速率，主要取决于两个方面：首先是进风温度，温度越高，推动力越大；另一方面是进风速度，干燥介质和液滴的相对速度愈大，愈能提高传热和传质效果，蒸发的水分能迅速从颗粒周围带走，表面得到不断更新，有利于强化干燥过程。

（三）物料衡算和热量衡算

喷雾干燥属于对流干燥，干燥过程衡算中讨论的物料衡算和热量衡算原则同样适用于喷雾干燥。在热量衡算中，喷雾干燥用于水分蒸发的耗热量相对较大，物料带入带出的热量及干燥器散热的净和一般可忽略不计,即 $\varepsilon = 0$。也就是说,一般喷雾干燥可作为等焓干燥过程处理。

[例 8-12]某厂乳粉车间采用压力式喷雾干燥,干燥塔热风温度为 145℃,排风相对湿度 10%。车间空气温度 24℃,相对湿度 60%。每小时喷浓缩乳 450kg,浓缩乳含固形物 46%,乳粉含水 2.5%。干燥过程为等焓干燥过程。(1)求每小时空气用量;(2)求加热器需表压 0.7MPa 的蒸汽量;(3)若空气加热的传热系数为 1200W/(m² · K),求所需换热面积。

解:查空气 $H-h$ 图,由 $t_0 = 24℃$,$\varphi_0 = 60\%$,查得 $H_0 = 0.012$kg/kg 干空气,$h_0 = 50$kJ/kg 干空气,$h_1 = 178$kJ/kg 干空气。因为等焓过程,由 $\varphi_2 = 10\%$ 曲线与等 H_1 线交点,查得 $H_2 = 0.035$kg/kg 干空气。

$$(1) W = G_1 \times (w_1 - w_2)/(1 - w_2) = 450 \times (0.54 - 0.025)/(1 - 0.025) = 238(\text{kg/h})$$
$$L = W/(H_2 - H_1) = 238/(0.035 - 0.012) = 10300(\text{kg/h})$$

(2)查饱和水蒸气表,压力 800kPa 时饱和温度 170.4℃,对应汽化热 $r = 2053$kJ/kg。
$$Q_p = L(h_1 - h_0) = 10300 \times (178 - 50) = 1.32 \times 10^6(\text{kJ/h})$$

蒸汽用量 $\qquad D = Q/r = 1.32 \times 10^6/2053 = 642(\text{kg/h})$

$$(3) \Delta t_1 = 170.4 - 24 = 146.4 (℃) \qquad \Delta t_2 = 170.4 - 145 = 25.4(℃)$$

$$\Delta t_m = \frac{\Delta t_1 - \Delta t_2}{\ln \dfrac{\Delta t_1}{\Delta t_2}} = \frac{146.4 - 25.4}{\ln \dfrac{146.4}{25.4}} = 69.1 (℃)$$

$$S = Q/K\Delta t_m = 1.32 \times 10^6 \times 10^3/(1200 \times 3600 \times 69.1) = 4.42(\text{m}^2)$$

(四)喷雾干燥的速率和时间

在喷雾干燥中,物料被分散成微小的雾滴,产生巨大的表面积。因此,热空气与物料雾滴间对流热的热流量将是很大的。同样,因雾化而形成的表面积很大和雾滴内的水分传递到表面的距离很短,都使传质进行得很快。这样,水分蒸发的速率 $dW/d\tau$ 很大,使干燥能在瞬间完成。

恒速阶段的干燥速率可按式(8-50)求算。式中的对流传热系数可由下式估算:
$$Nu = 2 + 0.6Re^{1/2}Pr^{1/3} \tag{8-61}$$
式中的定性尺寸为雾滴直径,定性温度为 $(t + t_w)/2$。

喷雾干燥的时间可用下式计算:
$$\tau = \frac{\rho_L r d_0^2}{8\lambda_a(t - t_w)} + \frac{\rho_P r d_c^2(x_c - x_e)}{12\lambda_a \Delta t} \tag{8-62}$$

式中 ρ_L, ρ_P——液体和固体产品的密度,kg/m³;

$\qquad r$——水的汽化热,J/kg;

$\quad d_0, d_c$——初始和临界点时的雾滴直径,m;

$\qquad \lambda_a$——空气的热导率,W/(m·K);

$\quad x_c, x_e$——物料临界和平均含水量,kg/kg 干空气;

$\qquad \Delta t$——空气与物料的平均温差,℃。

式(8-62)中右边的两项分别为恒速和降速阶段的干燥时间。

[例 8-13]用喷雾干燥方法生产乳粉,热空气温度为 120℃,湿度为 0.047kg/kg 干空气。浓乳滴的临界含水量为 45%(湿基),乳粉的平衡含水量为 4%(湿基)。乳粉的初始和

临界点时的直径分别为 $120\,\mu m$ 和 $45\,\mu m$，料液和产品密度分别为 $1000 kg/m^3$ 和 $1250 kg/m^3$，求干燥时间。

解：据 $t_1 = 120℃$，$H_1 = 0.047 kg/kg$ 干空气。在空气 $H-h$ 图上可查得 $t_w = 48℃$。由饱和水蒸气表查得对应此温度的汽化热 $r = 2380$ kJ/kg。由空气的物理性质表，查得 $120℃$ 的 $\lambda_a = 0.033 W/(m \cdot K)$。

空气与物料的温差，在降速阶段开始为 $(120-48)℃$，结束时为 0，因此：

$$\Delta t_m = [(120-48)+0]/2 = 36(℃)$$
$$X_c = 0.45/0.55 = 0.82(kg/kg \text{ 干料})$$
$$X_e = 0.04/0.96 = 0.042(kg/kg \text{ 干料})$$

将这些数据代入式（8-62），可得干燥时间：

$$
\begin{aligned}
\tau &= \frac{\rho L r d_0^2}{8\lambda_a(t-t_w)} + \frac{\rho_p r d_c^2(x_c - x_e)}{12\lambda_a \Delta t} \\
&= \frac{1000 \times 2.38 \times 10^6 \times (120 \times 10^{-6})^2}{8 \times 0.033 \times (120-48)} + \frac{1250 \times 2.38 \times 10^6 \times (45 \times 10^{-6})^2 \times (0.82-0.042)}{12 \times 0.033 \times 36} \\
&= 1.80 + 0.33 = 2.13(s)
\end{aligned}
$$

（五）液滴在喷雾干燥室中的干燥

喷雾干燥过程的第一步是液体的雾化，雾化后所产生的液滴还要在干燥室内与干燥介质进行接触，在接触过程中进行蒸发和干燥。

喷雾干燥室分厢式和塔式两大类，由于处理物料、受热温度和热风进入和出料方式不同，结构形式也很多。

厢式干燥室又称卧式干燥箱，用于水平方向的压力喷雾干燥。厢式干燥室有平底和斜底。前者用于处理量不大的场合，结构比较简单。干燥室的室底应有良好的保温层，以免干粉积露回潮。干燥室壳壁必须用绝热材料来保温。

塔式干燥室常称为干燥塔，新型喷雾干燥设备几乎都采用塔式结构。干燥塔的底部结构有锥形底、平底和斜底三种。对于吸湿性较强且有热塑性的物料如番茄粉，往往会造成干粉黏壁成团的现象，且不易回收，故必须具有塔壁冷却设施。

喷雾干燥室内热气流与雾滴的流动方向直接关系到产品质量以及粉末回收装置的负荷等，可分为并流、逆流和混合流三大类，目前乳粉、蛋粉、果汁粉等的生产绝大多数采用并流操作，其他两种操作很少采用。并流操作又分为三种，即水平并流式（此种流向仅适用于压力喷雾）、垂直下降并流式及垂直上升并流式。

垂直下降并流式不仅适用于压力喷雾，也适用于离心喷雾，热风与料液均自干燥室顶部进入，粉末沉降于底部，而废气则夹带粉末从靠近底部的排风管一起排至集粉装置。这种设计有利于微粒的干燥及制品的卸出，缺点是加重了回收装置的负担。垂直上升并流式仅适用于压力喷雾。

二、喷雾干燥装置系统

喷雾干燥系统的组成部分除了雾化器、干燥室之外，还有气体加热器供介质的加热，热风分配器供介质的均匀分布，风机供介质的输送以及分离设备供回收制品中的细粉。

开放式系统是国内外使用最普遍的装置系统。此外，为了满足物料性质、产品质量和卫生，以及防止公害等特殊的要求，还有封闭循环式、半封闭循环式和自惰循环式的特殊系统。

也有利用雾化器和雾化室结合干燥的其他辅助工艺操作,或满足某一特定用途而设计的喷雾系统,如喷雾冷却预冻、喷雾冷冻干燥、喷雾反应干燥、喷雾预浓缩、喷雾沸腾干燥、喷雾造粒干燥、无菌喷雾干燥等。

(一)喷雾干燥系统的组成

根据不同的物料或不同的产品要求,所设计出的喷雾干燥系统也有差别,但构成喷雾干燥系统的几个主要基本单元不变,图8-36为喷雾干燥器的基本流程。

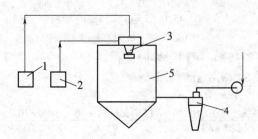

图8-36 喷雾干燥器的基本流程
1—供料系统 2—供热系统 3—雾化系统 4—气固分离系统 5—干燥器

1.供料系统

供料系统是将料液顺利输送到雾化器中,并能保证其正常雾化。根据所采用雾化器形式和物料性质的不同,供料的方式也不同,常用的供料泵有螺杆泵、计量泵、隔膜泵等,对于气流式雾化器,在供料的同时还要提供压缩空气以满足料液雾化所需要的能量。

2.供热系统

供热系统形式的选定与多方面因素有关,其中最主要因素还是料液的性质和产品的需要,供热设备主要有直接供热和间接换热两种形式。风机也是这个系统的一部分。

3.雾化系统

雾化系统是整个干燥系统的核心,目前常用的雾化器主要有三种基本形式:离心式、压力式、气流式,三种雾化器对料液的适应性不同,产品的粒度也有一定的差异。

4.干燥系统

干燥系统即各种不同形式的干燥器,干燥器的形式在一定程度上取决于雾化器的形式,也是喷雾干燥设计中的主要内容。

5.气固分离系统

雾滴被干燥除去水分(应该说是绝大部分水分)后形成了粉粒状产品,有一部分在干燥塔底部与气体分离排出干燥器(塔底出料式),另有一部分随尾气进入气固分离系统需要进一步分离,气固分离主要有干式分离和湿式分离两类。

(二)开放式喷雾干燥装置系统

开放式喷雾干燥系统指干燥介质在这个系统中只使用一次就排入大气,不再循环使用。图8-37所示即为开放式喷雾干燥系统。空气经过滤后由鼓风机送入加热器。加热后的热风由热风分配器均匀地送入喷雾干燥塔内。料液由供料泵(压力喷雾时为高压泵)送入雾化器,雾滴与热风接触即被迅速干燥。废气中夹带的粉末由分离器(旋风分离器或袋滤器)加以回收,经净化后的气体由排风机排入大气。系统中采用两台风机,可以使干燥室内保持一定的负压(100～300Pa)。食品工业中,乳粉、蛋粉和其他许多粉末制品的生产都采用这种系统。

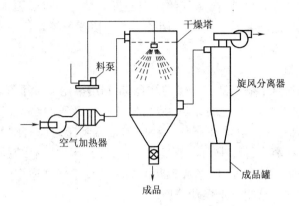

图8-37　开放式喷雾干燥系统

开放式喷雾干燥系统的特点是:设备结构简单、适用性强,不论压力喷雾、离心喷雾、气流喷雾都适用。该系统主要缺点是干燥介质消耗大。

(三)封闭循环式喷雾干燥系统

绝大多数喷雾干燥操作采用空气为介质而排废气于大气,但也有在某些场合下采用惰性气体如氮、二氧化碳等为干燥介质以代替空气者。此时惰性气体必须在系统中不断循环,反复使用。物料中液体或溶剂在干燥室中蒸发后为惰性气体所携带,并在冷凝器中加以分离,经分离后的惰性气体再回到干燥室,构成封闭式循环流动。有时为了节约惰性气体,回收有机溶剂和防止毒性物质污染大气,也有必要采用封闭循环干燥系统。这时,惰性气体是在一个严格密封的封闭回路中循环流动,与外界隔绝。从干燥室出来的带有粉粒的尾气,经除尘设备回收粉粒后,进入冷凝器,冷却剂可用水、盐水、氟利昂等。冷凝温度刚好在溶剂最高允许浓度的露点之下。除去溶剂的气体经风机升压后送入间接加热器加热,再送回干燥室使用。图8-38所示为封闭循环式喷雾干燥的典型系统。

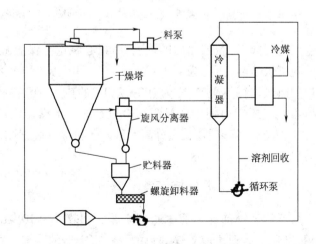

图8-38　封闭循环式喷雾干燥的系统

　　在封闭循环系统中,干燥介质经冷凝器后又要返回到干燥室,其温度和相对湿度均与干燥室内的情况有很大关系,故封闭循环干燥器为一动态系统,必须作专门研究,使装置有最优的生产能力和操作条件。另外,循环气体露点的影响是一个重要因素。气体中蒸汽含量与制品中挥发物质含量之间有其一定的平衡关系。为使残留挥发物质含量达到所需值,要求露点要尽可能低。

(四)喷雾沸腾干燥系统

　　喷雾沸腾干燥是喷雾干燥与沸腾干燥的结合,是利用雾化器将料液雾化,喷入颗粒作剧烈运动的沸腾床内,借助溶液本身的显热、结晶热及沸腾介质的热量,使水分蒸发、溶质结晶,物料干燥在一步内完成。溶液在雾化过程中尚未碰到床内原有颗粒前,已部分蒸发结晶,形成新的晶种,而在雾化过程中尚未蒸发的溶液,便与床中原有结晶接触而涂布于其表面,使颗粒长大,并一步得到干燥,即形成粒状产品。这种干燥器适用于能够喷雾的浓溶液或薄浆状物料。我国国内已用于干燥葡萄糖。

　　图 8-39 所示的装置系统具有体积小、装卸运输方便、连续生产、效率高等优点。它用于乳粉的生产,与同规模生产乳粉的一般喷雾干燥设备相比较,可节省生产车间面积 70% ~ 80%,节省钢材 5/6,节省投资费用 50%。

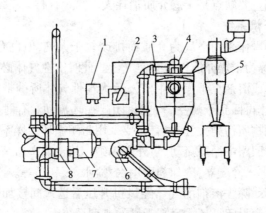

图 8-39　喷雾沸腾干燥系统

1—保温缸　2—高压泵　3—干燥塔　4—喷嘴　5—分离器　6—辅助风机　7—热风炉　8—鼓风机

　　该装置系统的生产过程如下:经浓缩后的浓乳,由离心泵送至保温缸待喷雾,高压泵将浓乳送至干燥器上的喷嘴供喷雾(压力为 $1.2 \times 10^5 \sim 1.5 \times 10^7$ Pa),空气经过滤后大部分由鼓风机抽去与热风炉的热风进行热交换,变为 $200 \sim 210$℃的热风,而后从干燥器顶部和下部沸腾床进入。沸腾所需空气还应由辅助风机吸入冷风补充。干燥器内的热风温度为 $80 \sim 85$℃,已干燥的乳粉被吹入旋风分离器内,经分离后落入乳粉桶。废气则从旋风分离器中央排气管排入大气。

三、喷　雾　器

　　喷雾器是喷雾干燥器的关键部件。液体通过喷雾器分散成为 $10 \sim 60\mu$m 的雾滴,提供了很大的蒸发表面积,以利于达到快速干燥的目的。对喷雾器的一般要求是,雾滴应均匀、结构简单、生产能力大、能量消耗低及操作容易等。常用的喷雾器有三种基本型式,即离心式喷雾器、压力式喷雾器和气流式喷雾器。

(一)离心式喷雾器

离心式喷雾器的操作原理是当料液被送到离心旋转的转盘上(见图8-40)时,由于转盘的离心力作用,料液在盘面上伸展成薄膜,并以不断增长的速度向盘的边缘运动。离开盘缘时,液膜便碎裂而雾化。离心式雾化器的液滴大小和喷雾均匀性主要取决于转盘圆周速度和液膜厚度,而液膜厚度又与溶液的处理量有关。当盘的圆周速度较小(小于50m/s时),得到的雾滴很不均匀,主要由一群粗雾滴和靠近盘处的一群细雾滴所组成。喷雾的不均匀性随盘速加快而缓减。圆周速度为60m/s时,就不会出现不均匀现象,所以这一圆周速度可作为设计盘速的最低参考值。通常转盘操作的圆周速度为90~140m/s。

影响离心喷雾液滴直径的因素有离心盘直径、盘型、转速、进液量、液体密度、黏度和表面张力等。

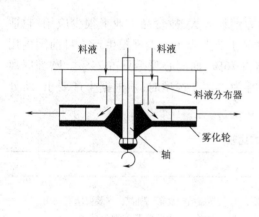

图8-40 离心式喷雾器

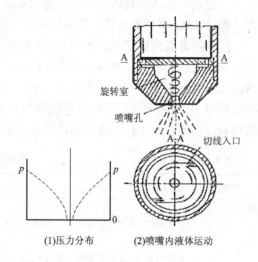

(1)压力分布　　(2)喷嘴内液体运动

图8-41 压力式喷雾器操作示意图

(二)压力式喷雾器

压力式喷雾器主要由液体切向入口,由液体旋转室、喷嘴孔等组成(见图8-41)。利用高压泵使获得很高压力(1960~19600kPa)的料液,从切线入口进入喷嘴的旋转室。液体在旋转室中获得高速旋转运动。根据旋转动量矩守恒定律,旋转速度与旋涡半径成反比。因此,愈靠近轴心,旋转速度愈大,因而其静压强愈低,结果在喷嘴中央形成一股压强等于大气压的空气旋流,而液体则变成绕空气心旋转的环形薄膜,液体静压能在喷嘴处转变为液膜向前运动的动能,液膜便从喷嘴喷出。然后液膜伸长变薄,最后分裂为小雾滴,这样形成的液雾为空心圆锥形。

(三)气流式喷雾器

气流式喷雾器是利用高速气流对液膜的摩擦分裂作用来实现雾化的。现以二流式喷嘴为例说明气流式喷嘴的工作原理,见图8-42。图中,中心管为料液通道,环隙为气体通道。当气、液两相在端面处接触时,由于气体从环隙喷出的速度很高,一般为200~340m/s,而液体流出的速度并不高(一般不超过2m/s),因此,在二流体之间存在着很大的相对速度,从而产生很大的摩擦力,使液料雾化。喷雾所用压缩空气的压强一般为0.3~0.7MPa。

气流式喷雾器按其两流体在两通道出口处的混合形式可分为内混合式和外混合式。内混合式的优点是能量转化率比外混合式高,即压缩空气所加的全部能量用于液体撕裂成液滴的利用率高。但内混合式在干燥工艺上应用不广,主要是温度高时,喷嘴很容易被未干的粉团所堵塞。外混合式喷雾就是溶液在溶液的出口处与压缩空气混合,以后被分散成细雾。因溶液和空气可以单独进行控制,所以雾化操作容易调节,而且比较稳定。

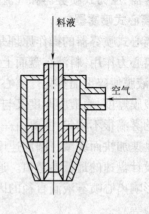

料液

空气

图8-42　二流式喷嘴

气流式喷雾器的具体结构型式有二流式喷嘴、三流式喷嘴、四流式喷嘴和旋转-气流杯型雾化器等。

三种喷雾器的比较见表8-5,气流式由于动力消耗太大,故食品工业上很少应用,它适用于小型设备。压力喷雾和离心喷雾在国内外食品工业上都用于大规模生产。目前国内用的以压力喷雾为主。如乳-蛋粉生产中压力喷雾占76%,而离心喷雾只占24%。欧洲以离心喷雾为主,而美国、日本、丹麦等国则以压力喷雾为主。在选型时,须根据生产要求,所处理物料的性质以及工厂各方面具体情况而定。

表8-5　　　　　　　　　　　　　三种喷雾器的比较

型式	优 点	缺 点
离心式	1. 操作简单、对物料性质适应性较强、适宜于高黏度物料的喷雾 2. 操作弹性大,在流量变化±25%时,对产品质量和粒度分布均无多大影响 3. 不易堵塞,操作压力低 4. 产品粒子呈球状、粒子外表规则、整齐	1. 喷雾器结构复杂,造价高,安装要求高 2. 仅适用于立式干燥器,且并流操作 3. 干燥器直径大 4. 制品松密度小
压力式	1. 喷嘴结构简单、维修方便 2. 可采用多喷嘴(1~12个)提高设备生产能力 3. 可用于并流、逆流、卧式或立式干燥器 4. 动力消耗低 5. 制品松密度大 6. 塔径较小	1. 喷嘴易堵塞、腐蚀和磨损 2. 不适宜处理高黏度的物料 3. 操作弹性小
气流式	1. 可制备粒径5μm以下的产品 2. 可处理黏度较大的物料 3. 塔径小 4. 并、逆流操作均适宜	1. 动力消耗小 2. 不适宜于大型设备 3. 粒子均匀性差

第六节　空气调节

空气调节主要指对车间、库房、实验室和居室等空间内空气的温、湿度进行调节,以满足人们生产、生活对空气环境质量的需求。概括地说,就是调节环境空气的状态使温度和湿度符合要求的操作称为空气调节。空气调节在现代食品加工中起着重要的作用。食品工业的许多原料、半成品及制品,在贮藏、加工和包装过程中,要求室内空气具有一定的温度和湿度。例如猪肉贮藏的空气温度为 $-2 \sim -1℃$,相对湿度为 $85\% \sim 90\%$;水果如菠萝的贮藏温度为 $+4℃$,相对湿度约 85%。不少吸湿性强的制品如乳粉、糖果、巧克力、可可、咖啡、麦乳精、番茄粉等,也要求包装车间有一定适宜的温度和湿度。在麦芽制造上,一定温度和湿度的空气则又是生产工艺的必要条件,因此,经常需要对加工环境的气温和湿度进行人工调节。

一、空气调节系统基本原理及类型

(一)空气调节的基本原理

空气调节主要是利用空气调节机将室外温度和湿度不符合工艺要求的空气进行处理,然后进入被调室,使室内空气的温度和湿度稳定地维持在规定的范围内,与此同时将被调室内的一部分空气作为废气不断地靠自然排风或用排风机排入大气,或者送回调节机重新处理后再用。空气调节的基本原理是根据室外空气的状态和被调环境空气的温度和湿度要求,由空调机对空气进行加热或冷却、增湿或去湿的操作,因此,空气调节是一种既有传热又有传质的操作过程。

(二)空气调节系统的类型

空调系统可有多种分类方法。若按空气调节机的型式可将空气调节系统分成集中式、半集中式和独立式三类。集中式空调系统即中央空调系统,由中央空气调节机、风机及风道等构成。空气调节机安装在被调室临近,经调节处理后的空气利用通风机经送风管送入被调室内。若被调室采用机械强制排风,则由排风机通过排风管道将室内废气排出室外。半集中式空调系统虽然也是集中送风,但每个局部被调室都有一个小型空调机,这种空调机的热水和冷水可集中提供。独立式空调系统一般由可移动的小型空调机提供局部的空气调节。本节主要讲述中央空调系统的空气调节原理。

中央空调系统按不同的工作条件和具体要求可有不同的结构形式。按照处理空气过程中使用循环空气的不同情况可有如下三种类型:直流式空调系统、一次回风式空调系统、二次回风式空调系统。

二、直流式空气调节

(一)直流式空气调节系统的基本原理

直流式空气调节系统是全部采用室外新鲜空气进行空调的系统。这种调节系统的主要设备是直流式空气调节机。

图8-43为直流式空气调节机的示意图。室外空气经过可以调节的联动多叶蝶阀3进入。这种蝶阀在结构上分两部分,并由同一驱动装置驱动。当阀的一部分向关闭方向转动时,另一部分则向开启的方向转动。因只有一部分阀叶装在一次空气加热器4的风道入口

上,故不论多叶蝶阀如何转动,通过蝶阀的风量可以认为不变,而流经一次加热器的风量则不同,借此以调节空气的加热量。一次空气加热器的加热量是靠输送热水或蒸汽的管道上的调节阀进行调节。若室外空气温度高到不需加热时,一次加热器即可停止工作。调节机的中部是喷射室,喷射室两端有挡水板,以防止水沫溅出。喷射室内有许多喷嘴经常喷雾,使空气不断被增湿。空气离开喷射室后,再度被二次加热器加热。二次加热器的后面有可调节的多叶蝶阀,输送热水或蒸汽的管道上也有调节阀,其作用与上述相似。空气在机内处理完毕后,由通风机经风道送入被调室。水的喷射由水泵进行,水泵的进水管装有三通调节阀,可以调节喷射水的温度。

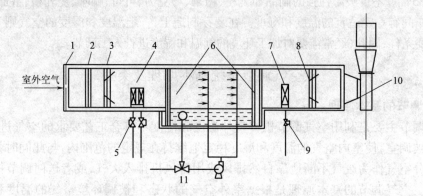

图 8 - 43　直流式空气调节机示意图

1—百叶窗　2—过滤器　3—联动多叶蝶阀　4—一次加热器　5—调节阀　6—喷射室

7—二次加热器　8—多叶蝶阀　9—调节阀　10—通风机　11—三通调节阀

(二)直流式空气调节系统的基本操作

如图 8 - 44 所示,设一年四季室外空气的平均参数是按照 $H - h$ 曲线(称为气象线)而变化的,而被调室的空气要求保持在点 3 的状态。先讨论图 8 - 44(1)上的情形,假定室外

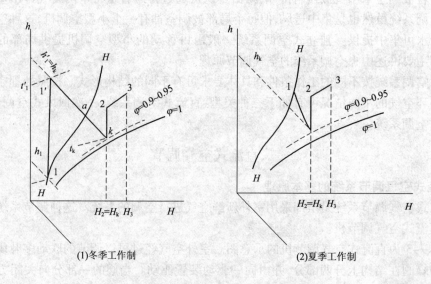

(1)冬季工作制　　　　　　　　　　　　(2)夏季工作制

图 8 - 44　直流式空气调节机的操作原理

空气状态位于气象线下方的点 1 处。这时,调节机通常按如下三个阶段将室外空气调节成被调室所需的空气参数,以维持被调室空气的给定参数值。

第一阶段:一次加热和绝热冷却阶段。首先利用一次加热器将抽入的参数为 (t_1, h_1) 的室外空气进行一次加热,使其状态沿等 H 线变化至参数为 (t'_1, h'_1) 的点 $1'$。这时空气焓的增加为:

$$h = h'_1 - h_1$$

然后以点 $1'$ 表示的空气进入喷射室进行绝热冷却。绝热冷却是利用循环冷却水,其温度稳定在绝热饱和温度 t_s 之下进行喷射而达到。所以可视为等焓增湿过程。空气在喷射室内被增湿至接近于饱和温度,相对湿度约为 $\varphi = 90\% \sim 95\%$。经过喷射后的空气状态表示为图中的 k 点,其温度为 t_k,焓值 $h_K = h'_1$,湿度为 H_k。以上为空气处理过程的第一阶段。

第二阶段:二次加热阶段。由喷射室出来的空气由二次加热器进行二次加热,加热过程为等湿过程,使空气状态由点 k 改变为点 2。点 2 所表示的空气状态为 $h_2, t_2, H_2 = H_k$。此过程空气热焓的增加为:

$$h = h_2 - h_k$$

此过程为空气处理第二阶段。

第三阶段:被调室中混合平衡阶段。经二次加热后以状态点 2 表示的空气进入被调室内,此空气即与室内空气进行混合平衡。进气、排气的热量和水分量必须与室内生产过程所发生的热量和水分量保持物料平衡和热量平衡。混合平衡后,保持室内稳定的空气状态,进气状态即变为室内空气的状态。如果空调系统经过正确设计并能正常工作,则此过程使点 2 的空气状态改变到点 3 所表示的被调室内的空气状态。

如果室外气象条件发生变化,空气状态从点 1 沿 $h - h$ 线向上移动。由图可知,焓增量 Δh 将逐渐减少,直至达到气象线与 h_k = 常数线交点 a 为止。热焓增量的减小意味着一次加热负荷的减小。当 $\Delta h = 0$ 时,室外空气就不需要加热,可直接进入喷射室,此时一次加热器应停止工作。如果室外空气的状态再继续向 a 点上方移动,这时其热焓量大于 h_k,或者说其绝热饱和温度已超出图上的 t_k,此时空气调节机应转入另一种工作方式。在空气调节上,室外空气状态位于 a 点以上时的另一种调节方式称为夏季工作制。而上述的调节方式则称为冬季工作制。

夏季工作制下空调的第一阶段是将图 8 - 44(2) 上点 1 的室外空气状态改变为点 k 的空气状态,然后按与冬季工作制同样的第二、第三阶段的方式进行,使空气状态点 1 改变到空气状态 3。在这种情况下,为使空气状态点改变到状态点 k 就不能采用冬季工作制下的绝热冷却方法,而应采用冷却水使喷射室空气降温,并使其状态改变为点 k 的状态。采用冷却水使空气降温所需的冷量可以 $\Delta h = h_1 - h_k$ 表示。

直流式空气调节系统一般用于被调节室内的空气含有有毒气体或有关安全的粉尘的情况下,这时室内废气不能再循环使用。

三、回风式空气调节

(一)一次回风式空气调节系统

1. 一次回风空气调节系统的基本原理

在一次回风式空气调节系统中,被调室的废气不是全部排入大气,其中一部分将通过回风道引回到调节机的进口,与室外新鲜空气混合后循环使用。由于被调室内空气参数值经常接近于给定值,所以在冬季时,利用温度较高的循环气与低温室外空气混合,可代替或部分代替一次加热器的作用,从而可以节约一次加热所耗用的热量。在夏季时,利用温度较低的循环空气与高温室外空气混合,可节约降低空气温度所耗用的冷量。图 8 - 45 所示为一次回风空气调节机的示意图。从图中可看出,这种空调机具有与被调室排风系统相连接的一次回风管道。为了便于一次回风与室外空气相混合,在喷射室前有一混合室,混合室前装混合蝶阀,这个混合蝶阀的作用与前述多叶蝶阀作用相似。

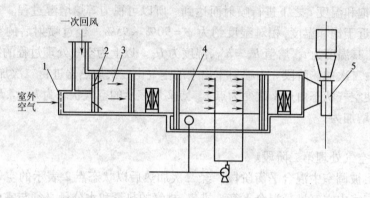

图 8 - 45　一次回风式空调系统
1—百叶窗　2—混合蝶阀　3—混合室　4—喷射室　5—通风机

在一次回风式空调系统中,从被调室返回的循环空气被抽入一次加热器前的混合室内。在此混合室内,根据室外空气参数变化情况,按适当比例使内外空气混合。然后,再经一次加热后进入喷射室。故一次回风空调系统的特点在于:

（1）进入调节机的室外新鲜空气只占全部送风量的一部分;

（2）进入喷射室的空气湿含量已不是新鲜空气的湿含量。以上两点是这种系统与直流式系统的主要区别。

2. 一次回风式空气调节系统的操作

如图 8 - 46 所示,通常达到进入喷射室前空气状况（即图上 d 点）有两种办法:

（1）先将状态点 1 的室外空气由一次加热至 $1'$ 的状态,然后与点 3 所表示的循环空气相混合,达到混合后状态点 d,最后进入喷射室;

（2）先将状态点 1 的室外空气与点 3 所表示的循环空气相混合,再将混合状态点为 e 的混合空气经一次加热达到状态点 d,最后进入喷射室。

上述两法,途径不一,效果相同。但后一法可防止因室外空气突然降温时引起一次加热器结冰而损坏。

在采用一次回风的空气调节中,为了节约

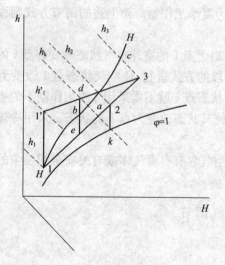

图 8 - 46　一次回风式空气调节机工作示意图

热量或冷量,总希望尽可能利用最大量的循环空气。但是实际上对循环空气的利用有限制,因过量反复使用循环空气对卫生有害,所以卫生标准规定了送风量中室外空气量最少应占的百分数。此最小百分数以 $m\%$ 表示。

一次回风式空调系统的四种工作制如下:

第一种工作制:当室外空气热焓量 h_1 低于 h'_1 时,即其状态点在气象线上 $1-b$ 线段范围内时,引入空调机的室外空气量按最小百分数保持不变,经一次加热后使其状态点落在 $h_k =$ 常数线上。此后操作完全与直流式冬季工作制相同。故第一种工作制的特点是:①抽入室外空气量不便;②一次加热器应投入工作;③喷射室中进行的是绝热冷却;④一次加热器的耗热量随室外空气状态点向 b 点趋近而逐渐减少,而状态点到达 b 点时,室外空气与循环空气混合后的状态点恰好落在 $h_k =$ 常数线上,故无需一次加热,一次加热器可停止工作。

第二种工作制:当室外空气热焓量在 $h'_1 - h_k$ 范围内时,只要利用一定数量的循环空气与室外空气混合就足以得到热焓量为 h_k 的空气。并且室外空气所占的百分数肯定大于 $m\%$。故第二种工作制的特点是:①一次加热器停止工作;②室外空气量所占的百分数视室外空气状态不同而变;③喷射室中进行的仍是绝热冷却;④室外空气所占的百分数随其状态点从 b 向 a 移动而逐渐由最小值 $m\%$ 开始增大,直至状态到达 a 点,室外空气毋需与循环空气混合,其本身焓值即等于 h_k。

第三种工作制:室外空气热焓量在 $h_k - h_3$ 的范围时,其热焓量已大于 H_k,所以需要用冷水冷却(不是绝热冷却)才能使喷射室内空气达到 k 点的状态。同时由于这时室外空气焓都低于循环空气焓 H_3,为了最大限度节约耗冷量,应使送风全部采用室外空气,停止废气循环。第三种工作制的特点是:①停止废气循环,全部采用室外空气送风;②一次加热器停止工作;③喷射室内用冷却水进行降温;④喷射室耗冷量随室外空气状态点从 a 向 c 移动而逐渐增加。

第四种工作制:当室外空气热焓量增加到大于循环空气的热焓量 h_3 时,如果送风中多用室外空气,必将多耗冷量。因此,室外空气在总送风量中又保持 $m\%$,这点与第一种工作制相似。但喷射室的工作情况与第三种工作制相似。

(二)二次回风式空气调节系统

图 8-47 所示为麦乳精粉碎、贮藏、包装室所采用的二次回风式空气调节系统。这种类型的空调系统中循环空气不仅引回到空调机喷射室前面与室外空气混合,而且还引回喷射室后面与从喷射室出来的空气相混合。后一部分混合的目的在于代替或部分代替二次加热器的作用,从而节约二次加热所耗用的热量。这种系统除了有二次回风管道和调节一次和二次回风量的碟阀以外,其余设备均与一次回风式相似。

二次回风式空调机的操作原理示于图 8-48 中。图中 $1-1'-d-a-k-2-3$ 表示前述一次回风空调系统空气状态的变化路线。对于一次回风式和直流式空调操作,空气状态必经 k 点,而且点 k 空气再经二次加热到点 2 状态,然后到被调室改变为点 3 状态,这是它们的共同点。但在二次回风式空调中,情况就不是这样。二次回风式中的状态点 2 不是借点 k 空气的二次加热达到,而是将点 3 和点 k' 的空气混合,然后将混合点 $2'$ 的空气经二次加热而得点 2,这样就节约了二次加热量。在这种空调中,喷射室中的绝热冷却不是在 $H_k =$ 常数线上进行,而是在 $H'_k =$ 常数线上进行,同时 h'_k 必小于 h_k 喷射室的工作从 k 移向 k'。

二次回风式空调系统也可以有四种工作制。对应于此四种工作制的空气焓变化范围

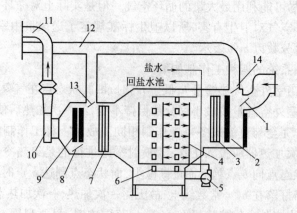

图 8 - 47　二次回风式空气调节系统

1—进风蝶阀　2—过滤器　3—分风板　4—喷嘴　5—冷却水循环泵　6—表面冷却器　7—挡水板
8—旁通阀　9—翅片加热器　10—风机　11—通风管　12—回风管　13—二次回风阀　14——次回风阀

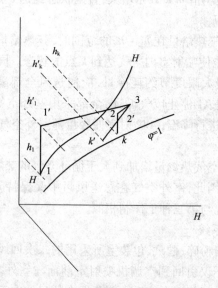

图 8 - 48　二次回风空气调节系统原理

为:第一种工作制为 $h < h'$;第二种工作制为 $h' \sim h'_k$;第三种工作制为 $h'_k \sim h_3$;第四种工作制为 $h > H_3$。关于这四种工作制的详细说明及其特点从略。

本章主要符号

D——蒸汽消耗量,kg/s　　　　　G——湿物料进入干燥器的质量流量,kg/s

H——湿度,kg/kg 干空气　　　　H——高度,m

h——空气的焓,kJ/kg 干空气　　h'——物料的焓,kJ/kg

L——干空气流量,kg/s　　　　　N——水分汽化速率,kg/s

Q——传热速率,W $\qquad$ S——面积,m^2

W——水分汽化量,kg/s $\qquad$ W'——间歇操作时的水分汽化量,kg

X——干基含水量 $\qquad$ b——宽度,m

c_H——湿比热容,kJ/(kg 干空气·K) $\qquad$ c_p——比热容,kJ/(kg·K)

d_p——直径,m $\qquad$ h——高度,m

l——汽化单位质量水分消耗的干空气质量 $\qquad$ n——物质的量,kmol

p——压强,Pa $\qquad$ q——汽化 1kg 水分的热量,J/kg

q_m——质量流量,kg/s $\qquad$ q_V——体积流量,m^3/s

r——汽化潜热,kJ/kg; $\qquad$ t——空气的温度,℃

u——干燥速率,kg/(m^2·s) $\qquad$ u_a——流化气速,m/s

v_H——湿比体积,m^3/kg 干空气 $\qquad$ w——湿基含水量

Δt_m——平均温度差,℃ $\qquad$ α——对流传热系数,W/(m^2·K)

η——干燥系统的热效率 $\qquad$ φ——相对湿度

λ_a——空气的热导率,W/(m·K) $\qquad$ μ——黏度,Pa·s

θ——物料的温度,℃ $\qquad$ ρ——密度,kg/m^3

σ——表面张力,N/m $\qquad$ τ——干燥时间,s

本章习题

习题 8-1　已知湿空气的总压强为 101.3kPa,温度为 30℃,湿度为 0.024kg/kg 绝干空气,试计算其相对湿度、露点、绝热饱和温度、焓和空气中水汽的分压。

习题 8-2　已知湿空气的温度为 50℃,总压强为 100kPa,湿球温度为 30℃,试计算该湿空气以下各参数:(1)湿度;(2)相对湿度;(3)露点;(4)焓;(5)湿比热容。

习题 8-3　若常压下某湿空气为 20℃,湿度 0.014673kg/kg 绝干空气,试求:(1)湿空气的相对湿度;(2)湿空气的比体积;(3)湿空气的比定压热容;(4)湿空气的质量焓。若将上述空气加热到 50℃,再分别求上述各项。

习题 8-4　将质量流量 0.9kg 干空气/s 的湿空气 A($t_A = 20℃$,$\varphi_A = 0.80$)与质量流量 0.3kg 干空气/s 的湿空气 B($t_B = 80℃$,$\varphi_B = 0.3$)混合,求混合后空气的状态参量。

习题 8-5　调节干燥需要的空气状态,操作过程如下:先将空气(A 点)等湿冷却到饱和,然后沿饱和线到 B 点,再加热到 C 点。已知状态 A:$t_A = 30℃$,$t_d = 20℃$,$q_v = 500m^3/h$ 湿空气;状态 B:通过冷凝器后,空气中的水分除去 2kg/h;状态 C:通过加热器后,空气的温度 $t_B = 60℃$,干燥器在常压、绝热条件下进行。水在不同温度下的饱和蒸汽压如下表:

T/℃	10	15	20	30	40	50	60
p_s/kPa	1.2263	1.7069	2.3348	4.2477	7.3771	12.3410	19.9241

试求:(1)作空气状态变化图;(2)经过冷凝器后空气的温度和湿度;(3)经过加热器后空气的相对湿度。

习题 8-6　在一常压转筒干燥器中,将其物料从(湿基)含水量 4.0% 干燥到 0.5%,干

燥产品流量为 600kg/h,空气进预热器前 $t_0 = 25℃$,相对湿度 $\varphi_0 = 55\%$,经过预热器加热到 $t_1 = 85℃$ 后再进入干燥器,出干燥器时 $t_2 = 30℃$。物料进干燥器时 $\theta_1 = 24℃$,出干燥器时 $\theta_2 = 60℃$,绝干物料的定压比热容为 $0.52kJ/(kg$ 绝干物料·K)。假设干燥器的热损失为 18000kJ/h,(25℃时水的饱和蒸汽压 $= 3.168kPa$)。试求:(1)绝干空气的质量流量;(2)在单位时间内预热器中的传热量。

习题 8-7 用回转干燥器干燥湿糖,进料湿糖湿基含水量为 1.28%,温度为 31℃。每小时生产湿基含水量为 0.18% 的产品 4000kg,出料温度 36℃。所用空气的温度为 20℃,湿球温度为 17℃,经加热器加热至 97℃ 后进入干燥室,排除干燥室的空气温度为 40℃,湿球温度为 32℃。已知产品的比热容为 1.26kJ/(kg·K)。试求:(1)水分蒸发量;(2)空气消耗量;(3)加热器所用表压 100kPa 的加热蒸汽消耗量;(4)干燥器的散热损失;(5)干燥器的热效率。

习题 8-8 某糖厂有一干燥器干燥砂糖结晶,每小时处理湿物料 1000kg,干燥操作使物料的湿基含水量由 40% 减至 5%。干燥介质是空气,初温为 293K,相对湿度为 60%,经预热器加热至 393K 后进入干燥器。设空气离开干燥器时的温度为 313K,并假设已达到 80% 饱和。试求:(1)水分蒸发量;(2)空气消耗量和单位空气消耗量;(3)干燥收率为 95% 时的产品量;(4)如鼓风机装在新鲜空气进口处,鼓风机的风量应为多少?

习题 8-9 在常压连续干燥器中将物料自含水量 50% 干燥至 6%(均为湿基),采用废气循环操作,循环比为 0.8,混合在预热器并经预热器预热,且为等焓增湿干燥过程。已知新鲜空气的状态 $t_0 = 25℃$,$H_0 = 0.005kg$ 水/kg 绝干空气,废气的状况为 $t_2 = 38℃$,$H_2 = 0.034kg$ 水/kg 绝干空气,求每小时干燥 1000kg 湿物料所需的新鲜空气量及预热器的传热量。预热器的热损失不计。

习题 8-10 某种颗粒状物料放在宽 1200mm 的金属传送带上进行干燥,空气以 2m/s 的速度垂直吹过物料层。空气预热到平均温度 75℃,平均湿度为 0.018kg 水蒸气/kg 干空气。试求表面蒸发阶段每小时从每米长的传送带上蒸发的水分量。

习题 8-11 温度 66℃,湿含量为 0.01kg 水蒸气/kg 干空气的空气以 4.0m/s 的流速平行流过料盘中的湿物料表面,试估算恒速干燥阶段的干燥速率。

习题 8-12 湿物料在恒定干燥条件下在 5h 内由干基含水量 35% 降至 10%。如果物料的平衡含水量为 4%(干基),临界含水量为 14%(干基),求在同样的干燥条件下,将物料干燥到干基含水量 6% 需多少时间?

习题 8-13 将 1000kg(以绝干物料计)某板状物料在恒定干燥条件下进行干燥。干燥面积为 $55m^2$,其初始含水量为 0.15kg/kg 绝干物料,最终含水量为 $2.5 \times 10^{-2}kg/kg$ 绝干物料,在热空气流速为 0.8m/s 情况下,其初始干燥速度为 $3.6 \times 10^{-4}kg/(m^2 \cdot s)$,临界含水量为 0.125kg/kg 绝干物料,平衡含水量为 $5 \times 10^{-3}kg/kg$ 绝干物料。设传质系数 k_x 与热空气流速的 0.8 次方成正比。试求:(1)此物料干燥时间是多少?(2)在同样条件下,欲将此物料最终含水量降低到 $1.5 \times 10^{-2}kg/kg$ 绝干物料,其干燥时间为多少?(3)欲将热空气流速提高到 4m/s 时,最终含水量仍为 $2.5 \times 10^{-2}kg/kg$ 绝干物料,其干燥时间为多少?

习题 8-14 某板状物料的干燥速率与所含水分成比例,其关系可用下式表示:$-dX/d\tau = KX$ 设在某一干燥条件下,此物料在 30min 后,自初重 66kg 减至 50kg。如欲将此物料在同一条件下,自原含水量干燥到原含水量的 50% 的水分需多长时间?已知此物料的绝干物料质量为 45kg。

习题 8-15　采用干燥器对某种盐类结晶进行干燥,一昼夜将 10t 湿物料由最初湿含量 10% 干燥至最终湿含量 1%(以上均为湿基)。热空气的温度为 100℃,相对湿度为 5%,以逆流方式通入干燥器。空气离开干燥器时的温度为 65℃,相对湿度为 25%。试求:(1)每小时原湿空气用量;(2)产品量;(3)如干燥器的截面积为圆形,要求热空气进入干燥器的线速度为 0.4m/s,试求干燥器的直径。在 65℃ 时,空气中的水气分压为 187.5mmHg。

习题 8-16　有一逆流操作的转筒干燥器,筒径 1.2m,筒长 7m,用于干燥湿基含水量为 3% 的晶体,干燥后产品的湿基含水量为 0.2%。干燥器的生产能力为 1800kg 产品/h。冷空气为 $t_0 = 293K$, $\varphi_0 = 60\%$,流经预热器(器内加热蒸汽的饱和温度为 383K)后被加热至 363K,然后送入干燥器。空气离开干燥器的温度为 328K。晶体物料在干燥器中其温度由 293K 升至 333K 而排出,绝对干料的比热为 1.26kJ/(kg·K)。试求:(1)蒸发水分量;(2)空气消耗量及出口时的湿度;(3)预热器中加热蒸汽的消耗量(设热损失为 10%);(4)干燥器中各项热量的分配、干燥器的热效率和干燥效率。

习题 8-17　今有一气流干燥器,将 1200kg/h 的湿木屑从含水量 30% 干燥到 15%(均为湿基)。木屑的平均直径为 0.428mm,绝干木屑的真实密度为 703kg/m³;其比热为 1.36kJ/(kg·K),湿木屑进入干燥器的温度为 293K,由实验测定木屑的临界含水量为 20%;平衡含水量为 4.2%(均为干基)。干燥介质为高温烟道气,气体进口温度为 673K;湿度为 3.0×10^{-2} kg 水蒸气/kg 干气。试计算气流干燥器的直径和高度。

习题 8-18　在一单层圆筒形连续操作的沸腾床干燥器中,将 2000kg 绝干物料/h 的球形颗粒状物料,从含水量 6% 干燥至 0.3%(以上均为干基)。物料平均直径为 0.5mm,密度为 1500kg/m³,颗粒床层的表观密度为 700kg/m³,物料的临界含水量为 2%,平衡水分近似为零。绝热物料的比热为 1.26kJ/(kg·K)。空气预热到 100℃,湿含量为 0.02kg/kg 干空气进入干燥器,静止床层物料高度取为 0.15m,试求干燥器的直径与物料在床层中的平均停留时间。

习题 8-19　在干燥器内将湿物料自含水量 50% 干燥至含水量 6%(以上均为湿基),用空气作干燥介质。新鲜空气的温度为 298K,湿度为 0.195kg 水蒸气/kg 干空气。从干燥器排出的废气温度为 333K,湿度为 0.041kg 水蒸气/kg 干空气。设空气在干燥器内状况的变化为等焓过程。试求下列三种操作方式中,每干燥 1000kg/h 湿物料所需的新鲜空气量及所消耗的热量。(1)空气在预热器内一次加热到必要的温度后送入干燥器;(2)空气在预热器内只加热到 373K,在干燥器中温度降至 333K 时,再用中间加热器加热到 373K 继续进行干燥。(3)采用部分废气循环操作,新鲜空气量与废气量的比例为 20:80 的混合气体作为干燥介质,混合气体在预热器内一次加热到必要的温度后送入。

习题 8-20　某物料的干燥速率曲线如图 8-21 所示,今欲将物料由 0.50kg 水/kg 干物料干燥到 0.06kg 水/kg 干物料。已知绝干物料量为 200kg,干燥面积为 0.04m²/kg 干物料。试求干燥时间。

习题 8-21　假设外界气温为 35℃,相对湿度为 70%,由于气温过高且湿度太大,而需进行空调。若使室温达到 20℃,相对湿度为 45%,试求冷却器带走多少热量、空调后的湿空气含湿量降低多少及加热器加入多少热量。

第九章 膜分离过程

大多数传质分离过程的分离基础是被分离组分在两个不同相中的分配,这类分离过程被称为平衡分离过程,如蒸馏、吸收、萃取等。人们对这类分离的研究是比较充分的,理论方面也比较成熟。另外还有一类分离过程,是靠不同组分在某种推动力(如压差、电动势差、浓度差)的推动下通过某种介质(如半透膜)的速率不同而达到分离的,这类分离过程称为速率分离过程。各种膜分离过程、热扩散、气体扩散均属这一类分离过程,其中膜分离过程近年来的发展尤为迅速。

本章介绍几种已在工业上应用的膜分离操作。

第一节 膜分离过程概论

一、膜分离过程的特点

(一)膜和膜分离的概念

借助于膜而实现分离的过程称为膜分离过程。与其他分离过程相比,膜分离过程是一种较简单的过程,其分离条件温和,流程简单,能耗较低,因而近年来备受工程技术人员的青睐。

膜分离技术的基础是具有分离性能的膜。按照膜科学的定义,广义的膜是为两相之间的一个不连续区间,这个区间用以区别相界面。这个区间的三维量度中的一维(厚度)与其余两维(长和宽)相比要小得多。工业上应用最多的是固相膜,占99%以上。

早在1748年,人们就发现了半透膜和渗透现象。20世纪60年代研制成了可实用的反渗透膜和超滤膜,并发展了相应的理论,使反渗透和超滤的通量大幅度增加,达到有工业应用意义的水平,从此膜分离技术真正走向工业化。由于膜分离过程一般在常温或温度不太高的条件下操作,既节约能耗,又适用于热敏性物料的处理,因而在食品、医药和生物制品工业中备受欢迎。

膜技术的未来发展大致可以分为两个分支,一是已在工业上应用的技术的进一步完善,二是新技术的开发。目前已在工业上应用的膜过程有:渗析、气体渗透、电渗析、微滤、超滤、纳滤、反渗透、渗透汽化等。这些技术今后的改善方向主要是从膜的选择性、设备的比产值、操作的可靠性等方面着手。目前尚在实验室阶段的膜分离技术主要有膜溶剂萃取、膜气体吸收、膜蒸馏、膜反应器以及膜过程与其它过程的组合分离流程等。

(二)膜分离过程的效率

分离过程的效率一般用产品组成之间的比例关系表示。常用来表示分离效率的指标有两种:一是组分在两相中的浓度之比,常用选择性系数表示,例如相对挥发度就是选择性系数的一种形式;二是某组分在经过分离后的两股物流中的分配比例,常用截留率表示。与平衡分离过程相比,速率分离过程的选择性系数的求取要困难得多,因此多用截留率表示分离的效率。在一个工业流程中,一般是选取一个或少数关键组分,用它们的截留率来代表整个流程的分离性能。

选择性系数或截留率只是表示了分离的质的方面。一个分离操作或分离流程的分离效果还应当用一个或几个表示分离后物流流量的物理量来表征。这一流量通常是用通量,即单位时间内单位分离面积上的流量来表示。在工业实践中也有用处理能力表示的,但它没有同时指出设备的几何尺寸,因而是不完整的。

在大多数膜分离操作中,截留率和通量是表征过程的两个最重要指标。

(三)几种重要的膜分离过程

目前已经在工业上成功地应用的膜分离过程有:

(1)渗析　将一张半透膜置于两种溶液之间,溶液中的大分子被膜截留,而小分子溶质透过膜进行交换,称为透析或渗析。透析可以看作是在浓度梯度作用下,溶质通过膜进入另一侧的溶液,从而与原溶液分离的过程,其推动力为浓度差。目前多用于医疗中,典型的实例是肾透析和血液透析。

(2)气体渗透　又称气体膜分离,是利用混合气体中各组分在压力下通过膜的速度不同而使混合气体分离的操作,最重要的应用是空气中氧气和氮气的分离。目前世界上已有 20 多家公司生产膜法气体分离装置,应用于石油、化工、天然气生产等领域。

(3)电渗析　电渗析是 20 世纪 50 年代发展起来的膜分离过程,它以电位差为推动力,利用离子交换膜的选择透过性,从溶液中脱除或富集电解质。电渗析的选择性主要取决于离子交换膜。电渗析主要的应用有海水和苦咸水的脱盐、电解质的浓缩、电解质与非常电解质的分离等。

(4)微滤　当过滤分离的粒子直径为 $0.1\mu m$ 数量级时,称为微滤。在此数量级可以截留的粒子有:淀粉、细菌、血液细胞等。微滤的推动力为膜两侧的压差,与常规过滤相同。微滤是较早应用的膜技术之一。

(5)超滤　当孔径进一步减小至为 $10^{-7} \sim 10^{-9}m$ 数量级时,即称为超滤。超滤可用于截留 DNA、病毒、蛋白质等。实际中不再用粒径或孔径来表征其分离性能,而是用"切割分子量"MWCO(Molecular Weight Cut Off)。一般超滤膜的 MWCO 值为 1000 ~ 100000。超滤的推动力也是压差。超滤所用的膜材料与微滤大体相同。

(6)纳滤　一般认为用于分离比超滤更小的粒子或分子,其推动力也是压差。这是一项较新的技术,一般认为是介于超滤和反渗透之间的操作,其主要的应用是较小的分子间的分离。

(7)反渗透　在溶液侧施加超过渗透压的压强,使溶剂分子(主要是水)通过半透膜而与溶液分离。反渗透的推动力也是压差,且其值比超滤大得多。典型的应用是海水和苦咸水的淡化,进一步的应用包括溶液的浓缩等。

(8)渗透汽化　利用混合液中各组分在通过特定膜时的速率不同而实现分离,组分在通过膜的同时发生相变成为气体。渗透汽化的推动力是化学势差。目前主要用于分离恒沸物和沸点十分接近的体系。

任何膜过程要在工业上应用必须具备选择性好和效率高这两个条件。在这两者中,选择性是第一位的,因为效率低可以通过加大膜面积来弥补,而选择性低则只能通过采用多级过程来弥补,一般而言其竞争力是很低的。

二、膜的结构、材料和特性

(一)膜的分类和结构

膜的种类很多,很难用一种方法进行分类。最常用的分类方法是按结构分类,其次是按作用机理分。下面介绍几种常见的膜。

1. 多孔膜

多孔膜又称微孔膜,具有多孔性的结构,膜内的孔形成通道,孔道可以是倾斜或弯曲的,从而形成类似于滤布的过滤介质。常见孔径为 $0.05 \sim 20\mu m$。工业上多用作微滤膜或用作复合膜的支撑层。图 9 – 1 是 Millipore 公司生产的一种多孔膜的放大照片。

2. 致密膜

致密膜又称均质膜,为一层均匀的薄膜,无多孔性结构,而类似于一团纤维。当物质通过均质膜时,其透过速率主要取决于扩散速率,因此渗透通量一般较低。目前均质膜用于微滤和超滤已较少见,而多用于其他膜分离过程如气体分离、渗透汽化、电渗析等。离子交换膜和液膜也属于致密膜。图 9 – 2 是 Millipore 公司生产的一种致密膜的放大照片。

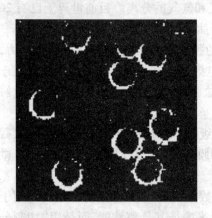

图 9 – 1　Millipore 公司生产的多孔膜

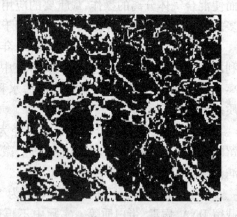

图 9 – 2　Millipore 公司生产的致密膜

3. 不对称膜

不对称膜是目前应用较广的一类膜。它由两层不同结构的薄层组成,上面一层很薄,厚度仅 $0.1 \sim 1\mu m$,称作表层或皮层或活性层,其孔径较小,起截留粒子的作用。下面一层较厚些,厚度约 $100 \sim 200\mu m$,其孔径较大,称为支撑层,起增加膜的强度的作用。由于孔径比皮层大得多,故其本身无分离作用,对滤液流动的阻力也很小,一般可忽略不计。真正起分离作用的是皮层,由于它很薄,阻力较小,有助于增加滤液的流量。

不对称膜具有通量高、机械强度又好的优点,在同样的压差下,其通量可比同样厚度的对称膜高 $10 \sim 100$ 倍。因此在超滤和反渗透中应用甚广。

4. 复合膜

复合膜的结构与不对称膜相同,原则上它属于不对称膜的一种,但多数人将它单独列为一类。它与不对称膜的区别在于,不对称膜的皮层和支撑层是用同一种材料制成的,而复合膜的皮层和支撑层则是用不同材料制成的。它是又一类应用最广的膜,其应用范围与不对称膜基本相同。

图 9 – 3 比较了致密膜、不对称膜和复合膜。其中复合膜是一种无机膜,实际上复合膜的结构与不对称膜大体上是相同的。

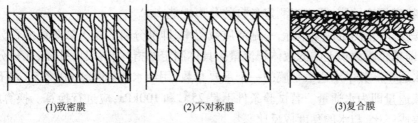

(1)致密膜　　　　　　　(2)不对称膜　　　　　　　(3)复合膜

图 9 – 3　致密膜、不对称膜和复合膜的比较

(二)常见膜材料

膜可以分为有机高分子膜和无机膜两大类。

醋酸纤维素是研究较早的一类膜材料,也是人们对其性能了解最多的一类。其特点为:滤液流量高、截留性能又好;原料来源丰富,价格低廉,又是一种生物可降解材料;耐 pH 范围窄,仅能耐 pH2 ~ 8;不耐高温,最好在低于 30℃ 下使用,不利于提高流率;易被细菌和酶降解,耐氯性也不强,长时间作用只能耐 1mg/L 的游离氯;有明显的压密效应,在长时间的施压下膜结构会变得紧密而使流率下降。

除了醋酸纤维素外,其他纤维素衍生物也是常用的膜材料,它们的性能大体相似。

为了克服纤维素类材料的缺点,人们尝试了许多有机高分子聚合物,聚砜就是其中的一种。聚砜膜的特点是:滤液流量高和截留性能都较好;耐 pH 范围较宽,达 pH1 ~ 13;耐温性能较好,能在高达 75℃ 下使用;耐氯性强,短时间作用能耐 200mg/L 的游离氯,长时间作用能耐 50mg/L 的游离氯;耐压不高,一般不高于 0.17MPa。

除聚砜外,许多有机高分子材料也能用于制膜,它们在耐 pH 范围和耐高温方面均优于醋酸纤维素,机械强度也高。

脂肪族聚酰胺(尼龙 6 和尼龙 66)耐强碱性中等,不耐强酸,耐油性好,耐温度能力中等,多用作反渗透膜和气体分离膜的支撑底布,超细尼龙纤维的不织布可直接用于微滤。

聚砜酰胺性能与脂肪族聚酰胺相似,多用作微滤膜和超滤膜。

聚芳香酰胺广泛用作反渗透膜,其脱盐率可达 99.5%,唯一缺点是不耐氯。

聚酯的强度高,尺寸稳定性好,耐热、耐溶剂和化学品的性能优良,广泛用作支撑层。

聚丙烯腈是重要性仅次于醋酸纤维素和聚砜的微滤和超滤膜材料,也用作渗透汽化膜的底膜。其性能与聚砜相似,但水通量大于聚砜膜。

聚偏氟乙烯和聚四氟乙烯耐酸、碱、有机溶剂的性能均为优良,并能耐高温,可经受 138℃ 的蒸汽消毒。不易堵塞,易清洗,是食品、医药、生物等工业的理想膜材料。由于其强疏水性,可用于膜蒸馏和膜吸收等过程。缺点是强度和耐压性较差。

无机膜是一类较新的膜,与有机膜相比具有一些突出的优点:化学稳定性好,能耐强酸、强碱、化学溶剂和强氧化剂;热稳定性好,能在高温下长时间操作;机械强度高,使用寿命长。无机膜材料有特种钢、玻璃、碳、陶瓷四大类,其中以陶瓷膜的应用最广,碳膜次之,金属膜多用于微滤,也有试制成超滤膜的,但其成本太高,且不易冲洗。常用的陶瓷材料有氧化硅、氧化铝、氧化锆等。

(三)膜性能的表示

膜的性能是用一系列的试验测定的。对所有的膜均应当测定:化学稳定性,包括耐酸、碱、化学溶剂的性能及与其它化学物质的相容性;耐热性;机械强度;耐生物降解的性能。此外,对各种特定用途的膜,还应当测定各自的分离性能。

对微滤膜,着重测定两项指标,一是溶质截留率,即被分离的粒子被截留的百分数;二是滤液通量,即单位膜面积上的滤液体积流量。具体测定的指标有:表面孔径、孔径分布、孔的百分率和水通量。其中水通量是膜的一个重要参数,用纯水在25℃,100kPa压差下作试验,测得的滤液通量即为水通量。若试验条件不是25℃和100kPa,应进行换算。换算时假设水通量与压差成正比,与水的黏度成反比。

对超滤膜,测定内容与微滤膜相似,但改用切割分子量表征膜的分离性能。具体方法是用一系列球形分子配成溶液后作试验,把被截留90%～95%的分子的相对分子质量作为切割分子量。同时测定溶质截留率,也是用球形分子配成溶液后作试验,测定其截留率。

对反渗透膜,从原理上讲也是测定溶质截留率和滤液通量,但测定的指标不同:

①纯水渗透系数即单位时间、单位面积、单位压差下纯水的通量,相当于微滤和超滤中的水通量,测定方法相同,但压差大得多。

②溶质渗透系数为膜两侧无流动时溶质的渗透性。

③反映系数为膜两侧无流动时一侧渗透压与另一侧外压之比,它表示膜的完美程度。

④脱盐率为盐被脱除的百分率,也是表征膜的完美程度的参数,相当于微滤膜和超滤膜的截留率。用水溶液做试验可测得脱盐率,此参数在工业上应用十分广泛。

对荷电膜,一般需测定:含水率、交换容量、膜电阻和膜电位。

三、膜分离设备

(一)膜过程的流动特征

与其它分离过程相比,膜分离过程中流体流动的最主要特征是切向流动。所谓切向流动,是指料液在与膜表面成切向的方向上流动。以过滤为例,常规过滤中料液是在与膜垂直(与膜表面成法向)的方向流入,而切向过滤则在与膜平行的方向上流动。如图9－4所示,在常规过滤中,被截留的粒子在过滤介质上形成滤饼层。随着过滤的进行,滤饼层不断增厚,过滤阻力也不断增加,导致滤液通量不断下降(若过滤压差维持不变)。而在切向过滤

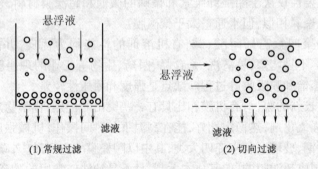

(1) 常规过滤　　　　　　　(2) 切向过滤

图9－4　常规过滤与切向过滤的比较

中,大部分粒子被料液带走,在膜表面只留下薄薄的一层粒子,过滤阻力就大为减小。切向流动的一个直接结果是分离过程实际上都是增浓过程,得到的只是两股浓度不同的物料,并不能将物料完全分离。因此,在考虑膜分离的工业应用时,必须同时考虑两股物流的处理,而不能简单地只取一股物料作为产品。

(二)管式膜分离设备

用一根多孔材料管,在其表面(内、外表面均可)涂膜,就成为管式膜。如果膜在管的内壁,就称为内压式膜;如果膜在管的外壁,就称为外压式膜。管的直径为 6~24mm 不等。为提高装填密度,将许多根管并联装在一套筒中,成为一个管式膜组件,其结构类似于列管式换热器。国外的管式膜组件多用内压式,其优点是流动场的计算和放大比较成熟,有关圆直管内流动的理论和计算均较可靠。国内的管式膜组件在 20 世纪 80~90 年代常用外压式。90 年代后期以来,国内用于过滤的膜组件逐渐趋向于用中空纤维和螺旋式组件,管式组件的使用减少。

图 9-5 是管式微滤膜组件的结构,类似于列管式换热器,在一个外壳内可以装 100 多根管,管本身是无机不对称膜管,直径 6~8mm。两头的管板用橡胶制成,利用其弹性达到密封,更换管子时可以很方便地抽出。

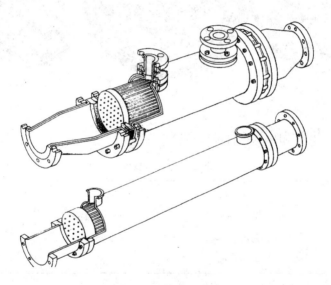

图 9-5　管式微滤膜

六角形柱式管(图 9-6)则为另一种形式,柱内含 19 根管道。膜是内压式的,管径仅 4~6mm。柱本身就是多空支撑层,还要装在一根不锈钢管内,制成组件。

管式膜的特点为:管内流动为湍流(Re 可大于 10^4),边界层厚度较小,放大可靠;料液一般不需预处理,甚至可处理含少量小粒子的物料;对堵塞不敏感,拆卸和清洗也容易;如果某一根管子损坏,可以方便地更换;装填密度不高,约为 $80m^2/m^3$,因此设备体积较大;由于流速高,因而能耗较高;设备的死体积较大,不利于提高浓缩比。

由于管式膜的单位体积的膜面积较小,在很大程度上影响其应用。但是管式膜组件的优点也是显著的。而且无机膜一般都是管式的,其应用远未被淘汰。

无机膜的机械强度很高,即使支撑管的壁厚只有 1.5mm,也足以承受 5MPa 以上的压

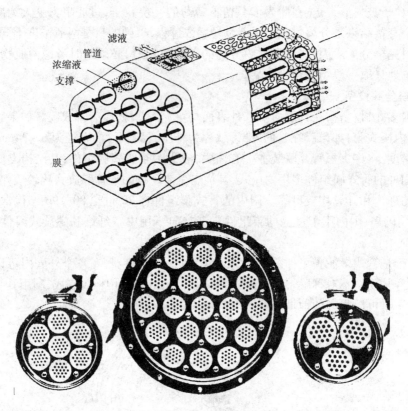

图9-6 六角形柱管式膜组件

强。表9-1列出了几种无机膜组件的一般特性。

表9-1 无机膜组件的一般特性

膜材料	氧化铝	氧化锆	氧化锆/氧化铝
孔径	$0.2 \sim 5\mu m$	$0.005 \sim 0.1\mu m$	$0.02 \sim 0.1\mu m$
最大操作压差	>0.84MPa	>0.84MPa	>0.84MPa
水通量/$[L/(m^2 \cdot h)]$	2000	100	850

(三)中空纤维式膜分离设备

管式膜组件的缺点是单位体积的膜面积比较小,改善的途径是尽量减小管的直径,由此产生了中空纤维膜组件。中空纤维的管径0.19~1.25mm,一般不是复合膜,但可以是不对称膜,可以把它看成直径很细的管式膜。中空纤维膜多用于反渗透、超滤和气体渗透。从流动的观点看,管式、毛细管式和中空纤维式膜组件属于同一类。图9-7为Romicon公司的中空纤维膜,直径0.51~1.1mm,为内压式膜,用于超滤。

中空纤维膜组件的特点为:结构紧凑,装填密度可高达$10000m^2/m^3$,特别适用于通量较小的膜分离过程;单位膜面积的制造费用低;剪切速率高,边界层薄;由于管径很细,料液的流动一般为层流,Re值一般为500~2000;不适于处理带粒子的料液,也不能黏度过高,料液一般要先经预处理,以除去小粒子;对堵塞较敏感;不能单独更换单根管

图 9-7　中空纤维膜

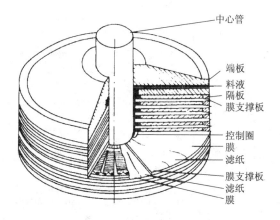

图 9-8　平板式膜组件的结构

子,只能更换整个膜组件。

（四）平板式膜分离设备

将平板状的膜覆盖在支撑层上或支撑盘上,再将平盘以适当的方式组合叠装在一起,形成类似于板框压滤机的结构,就成为平板式膜组件。平板式膜是开发研究和工业应用较早的一类膜,文献中可以找到许多专用于平板式膜组件的传质系数关联式。平板式膜组件中的物料流向与板框式过滤机十分相似。图 9-8 是典型的平板式组件。

平板式膜组件的特点是:每两片膜之间的渗透物是被单独引出的,可以分别观察各板上渗透物的流动情况,并取样分析,必要时可以通过关闭个别膜组件来消除操作故障,以免使整个装置停止运转;剪切速率高,流动边界层薄,但 Re 数并不大,一般为层流;膜的更换和清洗均较容易,对堵塞不很敏感;装填密度高于管式膜组件,但不算很高,低于 $400\text{m}^2/\text{m}^3$;流体流动的转折较多,阻力损失较大。

（五）螺旋式膜分离设备

将两片平板膜叠合,中间夹一层多孔网状织品,形成一个膜袋。然后将膜袋绕一多孔中心轴卷成螺旋,中心轴即为滤液收集管,就形成了螺旋式膜组件,类似于螺旋式换热器。原料液从端面进入,沿轴向流过组件,滤液则按螺旋形流入收集管,整体结构如图 9-9 所示。

螺旋式膜组件是一种较新的组件。最初它是为反渗透开发的,后来也应用于超滤和气体渗透。

螺旋式膜组件的特点为:料液在其间沿螺旋路径流动,由于离心力的作用,即使 Re 数不太大(约 100)时也已呈湍流;结构紧凑,装填密度高达 $1000\text{m}^2/\text{m}^3$;能耗较低;结构简单,造价低廉;清洗较难,也不能部分更换膜,这一点和中空纤维膜组件相同。

进料浓度对组件的操作有影响,浓度较高时可采用预过滤或较厚的间隔材料,以增加流

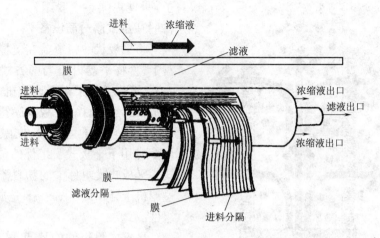

图 9-9　螺旋式膜组件的结构

道高度,促进湍流。流速对回收率(截留率)和通量都有影响。以聚砜膜为例,当流速较小,例如低于 0.02m/s 时,膜的去除率随流速的增加而提高。流速高于 0.04m/s 时,对去除率影响不大。通量随温度的增加而增加,一般规律是温度每上升 1℃,通量增加 1%,但温度鲜有超过 40℃ 者。

(六)膜组件的选用

各种膜组件各有自己的优点和缺点。目前应用较多的膜组件是管式、中空纤维式、板式和螺旋式组件。表 9-2 对这四种组件作了较详细的比较。

表 9-2　　　　　　　　　　　　　　　　　　四种膜组件的比较

	管式	板式	中空纤维式	螺旋式
流动形态	湍流	层流	层流	湍流
抗污染性	很好	好	很差	中等
膜清洗难易	(内压)易(外压)难	易	(内压)较易(外压)难	难
膜更换方式	膜或组件	膜	组件	组件
膜更换难易	(内压)费时(外压)易	易	—	—
膜更换成本	中	低	较高	较高
预处理成本	低	低	高	高
能耗/通量	高	中	中	低
工程放大	易	难	中	中
装填密度(m^2/m^3)	33~330	160~500	16000~30000	650~1600
压降	低	中等	高	中等
要求泵流量	大	中	小	小

第二节　超滤与微滤

一、超滤与微滤的过程特征

(一)微滤和超滤的分离范围

微滤和超滤可视为用孔径很小的膜作为介质进行过滤的过程。微滤、超滤和反渗透都是以压差为推动力的液相分离操作,但是它们的分离范围各不相同,图9-10比较了这三种以压差为推动力的膜分离过程。

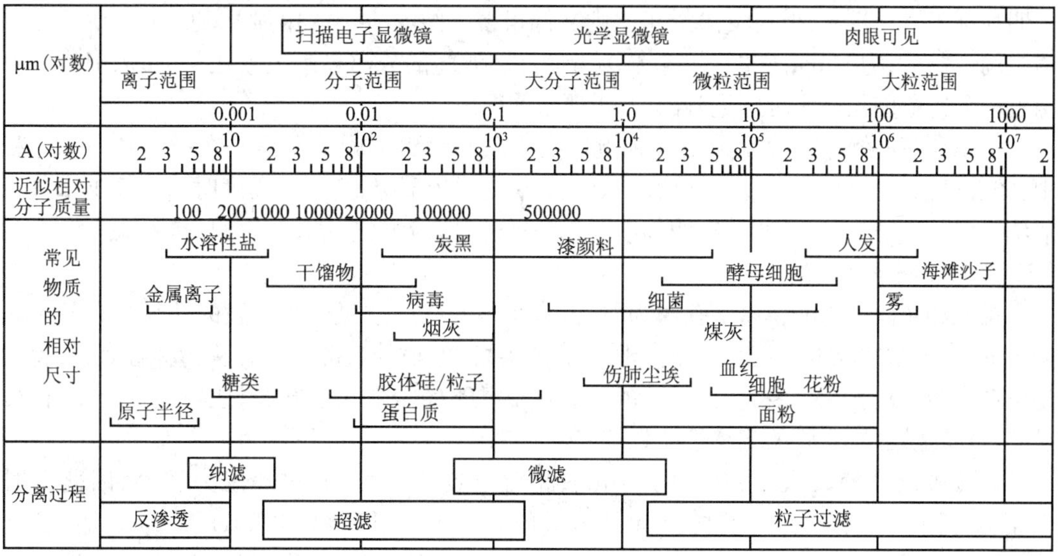

			扫描电子显微镜		光学显微镜		肉眼可见	
μm(对数)	离子范围	分子范围		大分子范围		微粒范围		大粒范围
	0.001	0.01	0.1		1.0	10	100	1000
A(对数)	2 3 5 8	10 2 3 5 8	10² 2 3 5 8	10³ 2 3 5 8	10⁴ 2 3 5 8	10⁵ 2 3 5 8	10⁶ 2 3 5 8	10⁷ 2
近似相对分子质量	100 200 1000	10000 20000	100000	500000				
常见物质的相对尺寸	水溶性盐 金属离子 原子半径 糖类	干馏物 糖类	炭黑 病毒 烟灰 胶体硅/粒子 蛋白质	漆颜料	酵母细胞 细菌 伤肺尘埃 煤灰	人发 雾 血红细胞 花粉 面粉	海滩沙子	
分离过程	纳滤 反渗透	超滤	微滤		粒子过滤			

注:1Å=0.1nm。

图9-10　压差推动的膜分离过程的分类

微滤和超滤多数情况下用于液体分离,也可用于气体分离,例如空气中细菌的去除。微滤可以处理含细小粒子的溶液,截留更小的粒子,直至 0.1μm 的数量级,例如烟灰、细菌、漆、酵母细胞、淀粉、血红细胞、花粉等。超滤可截留的粒子则更小,实际上已是大分子。因此不再使用粒径的概念,而是用被截留分子的相对分子质量 MWCO 来表征超滤膜的分离性能。一般认为超滤的 MWCO 范围为 5000~100000,也有认为其下限为 1000 的。可分离的粒子或者分子包括病毒、蛋白质、多糖、胶粒等。反渗透可以将所有的溶质截留,只允许水分子通过。这样理论上反渗透的 MWCO 值应为 18。近年来有人将反渗透与超滤之间的分子的分离归为一类新的操作,并称之为纳滤,其 MWCO 值为 100~5000(或 1000),纳滤也是以压差为推动力的液相分离操作。

以上的区分只是定性的,实际上 MWCO 还与分子形状有关。习惯上用球形分子配成溶液进行实验来确定 MWCO,但实际分子的形状不一定是球形的,因此膜生产商给出的 MWCO 值在很大程度上只有参考意义。

从机理上说,微滤和超滤的机理基本相同,属筛分过程,被归为一类操作。而纳滤和反渗透则不再具有筛分的意义。因此习惯上将微滤和超滤放在一起研究,且以超滤为主要讨论对象。

(二)微滤和超滤的操作特点

一般认为微滤和超滤的机理与常规过程相同,但由于被截留的粒子很小,已不可能是不可压缩的刚性粒子,因而与常规过滤相比表现为较大的不同。

常规过滤一般是深床过滤,微滤和超滤则通常采用切向过滤,仅有时微滤也采用类似于传统过滤的所谓死端式过滤。这是因为一般情况下微滤和超滤的滤液流量较小,必须使料液循环通过膜,以维持一定的流速,同时避免在膜处形成厚的粒子层,以减小过滤阻力。

在微滤和超滤中,作为推动力的压强差比常规过滤大,一般不可能用真空过滤。微滤常用的压强差为 $0.1 \sim 0.3MPa$,超滤常用的压强差为 $0.1 \sim 0.5MPa$,最大可达 $1MPa$。此压强差明显高于常规过滤,但与反渗透相比则又低得多。纳滤所用的压强差则介于超滤和反渗透之间,常见值为 $1MPa$ 左右。一般认为微滤和超滤间的分离界限大致在 $0.1\mu m$,但实际上两者的分离范围往往是有所重叠的,并无严格的界限。

微滤和超滤操作的温度上限原则上取决于膜和物料的耐热程度。在微滤和超滤过程中,随着过滤的进行,膜孔逐渐被堵塞,导致滤液流量的下降,到一定程度时必须停下来进行清洗。因此,严格而言微滤和超滤都不能算是真正意义上的连续过程,而只是间歇过程。

(三)微滤和超滤所用的膜

微滤和超滤所用的膜以多孔膜为主,大多是不对称膜或复合膜。膜的孔径分布并不是均匀的,在正常情况下呈正态分布。正态分布曲线的峰值处对应的孔径称为标称直径,也就是生产商给出的孔径。由此可见,膜的分离性能并不完全取决于孔径,还与孔径分布有关。显然,分布范围越窄,膜的分离性能就越好。

微滤膜的孔径较大,为 $0.08 \sim 10\mu m$,相对于超滤而言,其过滤阻力较小,因此有时也用对称膜。常用的有机膜材料有聚丙烯(PP)、聚四氟乙烯(PTFE)、纤维素酯、聚酰胺、聚砜(PS)、聚偏氟乙烯(PVDF)等,无机膜材料则有氧化铝、氧化锆、不锈钢、碳纤维等。

超滤膜一般都是不对称膜或复合膜,膜材料与微滤膜大致相同,其 MWCO 值为 $1000 \sim 100000$,以能截留 $90\% \sim 95\%$ 的分子的相对分子质量表示,然而它只是一个参考值。

二、微滤和超滤的数学模型

(一)边界层和浓差极化

膜是一个固定壁面,流体在膜上流过时形成了边界层。流动又伴随着传质过程,因此在流动边界层上还叠加浓度边界层。浓度边界层与速度边界层独立发展,但又互相影响。一般情况下浓度边界层比速度边界层薄,入口段长度也比速度边界层的入口段长。当浓度边界层充分建立以后,在膜附近即形成稳定的浓度分布。如图 9-11 所示,对流流动把料液带到膜表面,滤液通过膜流出,其中也可能含有一些粒子或大分子,常称之为溶质。大部分溶质则被膜截留,必然在膜表面积聚,使表面的溶质浓度 c_w 高于主体溶液内的浓度 c_B。根据 Fick 定律,溶质将从膜表面向主体溶液扩散,直至最终形成稳定的浓度分布。这一现象称为浓差极化。

从原理上说,浓差极化是可逆的。只要膜两侧的压差撤除,浓差极化层(即浓度边界层)

即消失。在短期内施加压差时,浓差极化层将重新建立。在实践中有时观察到不可逆的浓差极化层,主要是膜孔被部分堵塞所致。

浓差极化是不可避免的,它的直接后果是滤液通量的下降。在某些情况下,浓差极化层是传质的主要阻力。

(二)过滤曲线

对于微滤和超滤操作,衡量分离过程的指标主要有截留率和过滤能力两项。前者主要由膜的性能决定,后者除与膜的特性有关外,还与操作条件有关。若固定操作条件,测定滤液的通量 J,可以得到通量 J 随时间 τ 变化的曲线,称为过滤曲线或动力学曲线,如图 9 - 12 所示。过滤曲线的位置与操作条件有关,但其形状大体不变。可以大致将过滤曲线分为三个区域:

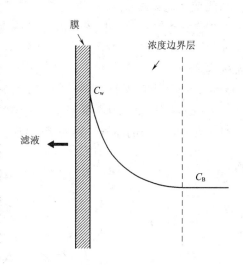

图 9 - 11　边界层中的传质和浓差极化

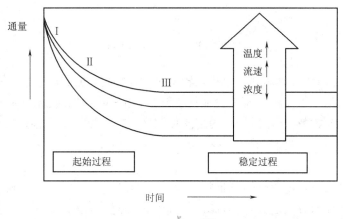

图 9 - 12　过滤曲线

Ⅰ区为通量快速下降的区域。在这段时间里过滤很不稳定,边界层开始建立,膜上的粒子层也刚刚开始形成,通量的下降主要是由于膜上形成粒子层。Ⅰ区历时很短,不超过 1min。

Ⅱ区为通量显著下降的区域。此时边界层继续发展,膜的堵塞开始出现,有时在膜上形成覆盖层(又称胶层)。Ⅱ区历时略长,一般为几分钟或十几分钟。它也是不稳定的。

Ⅲ区为稳定过滤区,此时边界层已充分建立。如果粒子层的存在未造成膜的堵塞,也没有形成不可逆的覆盖层,那么通量至少在理论上是稳定的。不过,实际上膜的堵塞或多或少会存在,且逐渐加重。由于覆盖层的形成,而且慢慢转化成不可逆的,通量还是会逐渐下降。如果通量下降过于明显,说明不可逆覆盖层已经形成,膜分离过程的经济性大为下降,必须停下来,对膜进行清洗,或者改变操作技术参数。从实用角度分析,稳定过滤时间至少应有 6~8h。

(三)压差－通量曲线

在微滤和超滤操作中,影响通量的因素很多,如进料浓度、料液流速、温度、压差、体系物性等。从速率＝推动力/阻力这一现象学方程分析,首先考虑增加推动力,即压差来增大通量。

固定温度、料液浓度、料液流速(流量)等参数,研究通量 J 与压差 Δp 之间的关系,得到一条 $J－\Delta p$ 曲线,如图9－13所示。图中的直线为以水作试验时测得的水通量,曲线族为过滤实际物料时测得的曲线。料液流速越高,温度越高,或料液浓度越低,曲线的位置就越高。

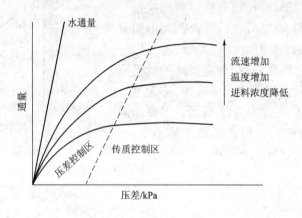

图9－13　通量－压差曲线

图中的虚线把曲线分成两部分。压差较低时,滤液通量随压差的增加而显著增加,初始时成正比例关系,这个区域称为压差控制区。随后,当压差增加时,滤液通量增加的速度逐渐减慢,直至趋于某常数,这个区域称为传质控制区。在传质控制区,通量稳定在某一数值,此数值与物系性质、料液流速、温度等操作参数有关。

(四)多孔模型

在压差控制区,可以用多孔模型描述微滤或超滤过程。这种模型将膜看作为一层多孔介质,将膜过程视作筛分或过滤过程,滤液的流动为通过直径相当于孔径、长度相当于膜厚的管道流动。由于孔径很小,通过膜的流动总是层流。根据哈根－泊谡叶方程,牛顿型流体通过圆直管作稳态层流时 $\Delta p－u$ 的关系为:

$$\Delta p = 32uL\mu/d^2 \tag{9-1}$$

将此式用于膜孔内的流动,通过一个孔的流速为:

$$u = d^2 \Delta p/(32\delta\mu) \tag{9-2}$$

设膜面积为 S,在此面积内有 n 个孔,则体积流量为:

$$q_V = \pi und^2/4 \tag{9-3}$$

空隙率为:

$$\varepsilon = \pi nd^2/(4S) \tag{9-4}$$

通量为:

$$J = q_V/S = u\varepsilon \tag{9-5}$$

故:

$$J = d^2\varepsilon\Delta p/(32\delta\mu) = K_1\Delta p/\mu \tag{9-6}$$

这个式子最重要的特征是 $J \propto \Delta p$，及 $J \propto 1/\mu$。其中的比例常数只由膜的特性决定，可以用水作实验测定。如欲增加通量，最有效的方法是增加压差 Δp，其次是提高温度以降低黏度。从模型的数学特征可以看出，层流模型适用于压差较低的场合。

（五）扩散模型

层流模型只考虑膜内的流动，没有考虑膜外边界层的传质阻力，实际上隐含着忽略边界层阻力的假设。在传质控制区，滤液通过浓差极化层的流动阻力成为主要阻力，此时层流模型不再适用，而应从浓差极化着手建立模型。

如图 9-11 所示，在膜表面附近存在着浓差极化层，主体溶液中的溶质浓度为 c_B，膜表面上溶质浓度为 c_w，滤液中溶质浓度为 c_p。从浓差极化层内，划出从膜表面开始到任意距离 x 处的平行面之间的空间为衡算范围，作物料衡算。设 x 处平行面上溶质浓度为 c，浓度梯度为 dc/dx，则由主体溶液扩散进入此控制体的溶质通量为：

$$J'_s = Jc \tag{9-7}$$

随滤液排出的溶质通量为：

$$J_s = Jc_p \tag{9-8}$$

由浓度差引起的溶质反向扩散通量为（不考虑方向）：

$$J''_s = D dc/dx \tag{9-9}$$

后两项均为离开此控制体的流通量。稳定时有：

$$Jc = Jc_p + D dc/dx \tag{9-10}$$

当 $x = 0$ 时，$c = c_w$；$x = \delta_c$ 时，$c = c_B$，积分得：

$$J = (D/\delta_c)\ln[(c_w - c_p)/(c_B - c_p)] = k\ln[(c_w - c_p)/(c_B - c_p)] \tag{9-11}$$

如果溶质被完全截留，则 $c_p = 0$，上式简化成：

$$J = (D/\delta_c)\ln(c_w/c_B) = k\ln(c_w/c_B) \tag{9-12}$$

式(9-11)和式(9-12)中的 k 即传质系数。它不仅与扩散系数有关，也与浓度边界厚度 δ_c 有关。由此可知，流动形态对 J 有显著影响。当流动充分发展后，D 和 δ_c 均不随时间而变，故 J 与 Δp 无关。欲使滤液通量增加，必须设法增大传质系数 k。而要使 k 增加，可增加温度，或改善流体力学条件，减少边界层厚度。

当溶质的亲水性很强时，常常在膜上形成一层覆盖层，又称胶层。胶层的浓度只取决于被过滤的物料的性质。覆盖层的存在大大增加了传质阻力。由于浓差极化是可逆的，故理论上覆盖层的存在也是可逆的。实际上它常常不能完全去除，甚至在清洗时也很难将其完全去除。

式(9-11)将滤液通量的计算归结为传质系数 k 的求取。目前最常用的计算方法是采用特征数方程。微滤和超滤中的传质属于强制对流传质，故特征数方程为：

$$Sh = A_1 Re^{B1} Sc^{B2} \tag{9-13}$$

式中的 $Sh = kd_h/D$ 为谢伍德数，其意义为对流传质与分子传质之比，或流道尺寸与边界层厚度之比。$Sc = \mu/(D\rho)$ 称为施密特（Schmidt）数，它反映了物性的影响，表示动量传递与质量传递之比。$Re = ud_h\rho/\mu$ 为雷诺数，其中 d_h 为特征尺寸，表示惯性力与黏力之比。

关于式(9-13)中各参数的值，文献中有许多报道。下面二式是最常用的：

当 $Re > 4000$ 时流动为湍流，此时可用：

$$Sh = 0.023Re^{0.8}Sc^{0.33} \tag{9-14}$$

当 $Re < 1800$ 时流动为层流,最常见的情形是速度边界层已充分发展,浓度边界层尚未充分发展,此时可用:

$$Sh = 1.86(ReScd_h/L)^{0.33} \tag{9-15}$$

L 为流道长,定性尺寸 d_h 不是孔径,而是由设备决定的一个特征尺寸,因此 Re 完全可以达到湍流。

实际上,式(9-13)中 A_1、B_1、B_2 三个常数不仅与流态有关,也与设备的几何尺寸甚至物系有关,表 9-3 列出了一些常见的值。

表 9-3		一些情况下常数 A_1、B_1、B_2 的值			
物系	膜	流态	A_1	B_1	B_2
大豆浸出液	HF15-43-XM50	层流	0.18	0.47	0.33
脱脂牛乳	HF15-43-XM50	层流	0.087	0.64	0.33
聚乙二醇	管式	湍流	—	0.875	0.25
BSA-蔗糖	搅拌室	湍流	0.15	0.47	0.33
BSA	盘式	湍流	0.6	0.5	0.33

(六)覆盖层模型或阻力模型

直接应用过程速率=推动力/阻力这一方程,那么推动力应是 Δp,阻力有:边界层阻力、覆盖层阻力、膜阻力和膜上垢层阻力。故有:

$$J = \Delta p / \sum R = \Delta p/(R_m + R_g + R_{BL} + R'_g) \tag{9-16}$$

在四项阻力中,膜阻力 R_m 和膜上垢层阻力 R_g 为膜的特性,可合并为 R'_m。边界层阻力 R_{BL} 和覆盖层阻力 R'_g 取决于物系和操作条件如压差、流速、温度等,可合并为 R_p。R_p 的值与 Δp 有关,用一经验方程关联:

$$R_p = \varphi \Delta p \tag{9-17}$$

从而得:

$$J = \Delta p/(R'_m + \varphi \Delta p) \tag{9-18}$$

这个模型的优点是不再区分压差控制区和传质控制区,而用一个统一的方程来关联 J 和 Δp,而且可以定性地观察:

当 Δp 较小时,$\varphi \Delta p \ll R'_m$,$J \propto \Delta p$

当 Δp 较大时,$\varphi \Delta p \gg R'_m$,$J \approx$ 常数

这个模型的缺点是 R'_m 和 φ 都较难确定。表 9-4 列出了一些经验数据,其中 R_m 的单位为 s^2/cm^2,Δp 的单位为 g/cm^2,J 的单位为 $cm^3/cm^2 s$。

表 9-4		R_m 的经验数据	
膜	$R_m/(10^{-7}s^2/cm^2)$	膜	$R_m/(10^{-7}s^2/cm^2)$
Amicon 膜		DDS 膜	
P1-43	4.7	800	20
P2-43	4.7	600	12.5

续表

膜	$R_{m}/(10^{-7}s^{2}/cm^{2})$	膜	$R_{m}/(10^{-7}s^{2}/cm^{2})$
P5 – 20	1.43	500	5.1
P5 – 43	2.83	GR61P	9.0
P10 – 8	1.09	GR60P	5.1
P10 – 20	1.28	FS60P	9.0
P10 – 43	1.41		
P30 – 43	1.41	Abcor 膜	
X50 – 8	0.58	HFA – 180	3.03
X50 – 20	0.55	HFD – 180	1.89
P50 – 43	0.94	PCI 膜	
P100 – 20	0.60	T5/A	9.45
P100 – 43	0.64	T6/8	8.42

[例9－1]在50℃下超滤牛乳,物性常数为:$\rho = 1030kg/m^{3}$,$\mu = 0.8mPa \cdot s$,$D = 7 \times 10^{-7}cm^{2}/s$。牛奶含蛋白质 $c_{B} = 31g/L$,c_{G} 值为220g/L。滤液中蛋白质含量可忽略不计。已知超滤过程为传质控制。试根据下列数据计算中空纤维和管式膜组件的通量。

	直径 d_{h}/cm	长度 L/cm	纤维根数或管数	流速 $u_{0}/(m/s)$	压差 $\Delta p/MPa$
中空纤维	0.11	63.5	660	1	0.9
圆管	1.25	240	18	2	2

解:(1)中空纤维膜

$$Re = d_{h}u_{0}\rho/\mu = 0.0011 \times 1 \times 1030/0.0008 = 1416 \qquad 为层流$$

$$Sc = \mu/(\rho D) = 0.0008/(1030 \times 7 \times 10^{-11}) = 11096 \gg 1 \qquad 故 x_{c} 很长$$

$$Sh = 1.86(ReScd_{h}/l)^{1/3} = 1.86 \times (1416 \times 11096 \times 0.0011/0.635)^{1/3} = 54.08$$

$$k = ShD/d_{h} = 54.08 \times 7 \times 10^{-11}/0.0011 = 3.44 \times 10^{-6}m^{3}/(m^{2}s)$$

$$J = k\ln(c_{w}/c_{B}) = 3.44 \times 10^{-6}\ln(22/3.1) = 6.74 \times 10^{-6} m^{3}/(m^{2} \cdot s) \quad 即24.3L/(m^{2} \cdot h)$$

(2)圆管

$$Re = d_{h}u_{0}\rho/\mu = 0.0125 \times 2 \times 1030/0.0008 = 32188 \qquad 为湍流$$

$$Sh = 0.023Re^{0.8}Sc^{0.33} = 0.023 \times 32188^{0.8} \times 11096^{0.33} = 2002$$

$$k = ShD/d_{h} = 2002 \times 7 \times 10^{-11}/0.0125 = 1.12 \times 10^{-5} m^{3}/(m^{2} \cdot s) = 40.3L/(m^{2} \cdot h)$$

$$J = 40.3\ln(22/3.1) = 79 L/(m^{2} \cdot h)$$

不妨计算一下两种装置的过滤面积:

中空纤维膜: $\qquad S = 660 \times \pi \times 0.0011 \times 0.635 = 1.45m^{2}$

管式膜: $\qquad S = 18 \times \pi \times 0.0125 \times 2.4 = 1.70m^{2}$

三、微滤和超滤的操作

(一)微滤和超滤的操作方式

工业上常用的微滤、超滤操作方式有以下几种:

1. 单级间歇操作

单级间歇操作方式如图 9-14 所示。料液一次性加入到料液槽中,滤液排出,浓缩液则全部循环。由于料液流过膜组件时有压力损失,导致温度升高。为维持恒温,可以在循环回路中加一换热器。为了减轻浓差极化的影响,在膜组件内必须保持较高的料液流速。这样,料液在器内的停留时间变短,一次通过达不到要求的滤液量,所以必须让料液循环。

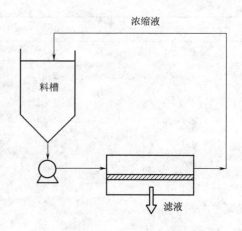

图 9-14 单级间歇操作

这是一种非稳态操作,当处理量不大时,多采用这种间歇操作。泵既提供料液流动的能量,又提供透过液流动的压差。随着过滤的进行,料液浓度逐渐增高,滤液量逐渐减少,浓缩比逐渐增加。

对给定的料液量而言,这是浓缩最快的操作方式,所需的膜面积也最小,其平均通量可用下式计算:

$$J_{av} = J_f + 0.33(J_i - J_f) \tag{9-19}$$

式中 J_i——初始通量;

J_f——终了通量。

2. 单级连续操作

单级连续操作是在单级间歇操作基础上引申出来的,见图 9-15。将一部分液体浓缩排

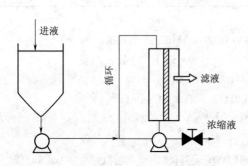

图 9-15 单级连续操作

出作为产品,同时连续进料与回流混合,进行循环。一般配备两台泵,一台为循环泵,用于提供浓缩液循环流动所需的能量,其流量较大,常用离心泵;另一台料泵提供压差,其流量较小,与滤液流量相对应,一般采用正位移泵。由于料液流速高,摩擦损失也大,在循环回路中常加一换热器。

单级连续操作方式的特点是组件内料液的浓度等于浓缩液的浓度,因此过滤始终在高浓度下进行,从而滤液通量较低,所需的膜面积也较大。适用于处理量较大而膜的堵塞又不严重的场合。由于膜的堵塞逐渐严重,通量会逐渐下降,因而它并不是严格意义上的连续操作。

3. 多级连续操作

为了克服单级连续操作的弱点,可以采用多级连续操作,如图 9-16 所示,将若干个单级串联起来。这样,只有最后一级在高浓度下进行,前面几级则在较低的浓度下进行,故平均滤液通量较高,所需的膜面积低于单级连续操作而高于间歇操作。这种操作方式适用于大批量工业生产。

[例 9-2]对脱脂牛奶进行超滤,得通量-浓度关系如附图所示。今在 50℃ 下以 1.1m/s

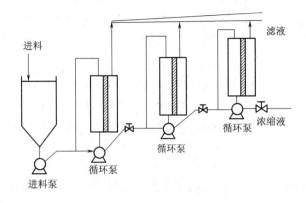

图 9 - 16　多级连续操作

的流速过滤,要求浓缩 5 倍,浓缩液流量为 1000L/h。求下列条件下所需的膜面积和多级操作时的最佳级数:(1)间歇操作;(2)单级连续操作;(3)多级连续操作。已知进料含固形物 8%,过滤结束时固形物含量为 20%。

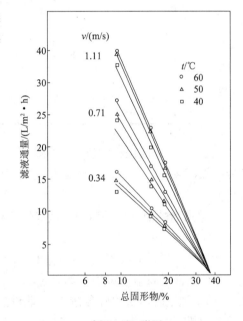

例 9 - 2　附图

解:(1)间歇操作

在图上读得,当固形物含量 8%,流速 1.1m/s,50℃时,$J_i = 40\text{L}/(\text{m}^2 \cdot \text{h})$

固形物含量 20%,流速 1.1m/s,50℃时,$J_f = 17\text{L}/(\text{m}^2 \cdot \text{h})$

$$J_{av} = J_f + 0.33(J_i - J_f) = 17 + 0.33(40 - 17)$$
$$= 24.6[\text{L}/(\text{m}^2 \cdot \text{h})]$$

进料流量　$q_{VF} = 5 \times 1000 = 5000(\text{L}/\text{h})$

滤液流量　$q_{VP} = 4000(\text{L}/\text{h})$

膜面积　$S = 4000/24.6 = 162.6(\text{m}^2)$

(2)单级连续操作

系统将在 VCR = 5 即固形物含量 20% 的高浓度下操作,故:

滤液通量　$J = 17\text{L}/(\text{m}^2 \cdot \text{h})$

膜面积　$S = 4000/17 = 235.3\text{m}^2$

(3)多级连续操作

由于各级浓度未知,故要用试差法解。可先假设各级的膜面积相等,假设采用三级,从(1)可知膜面积至少为 162.6m²,即每级约 55m²。已知第三级在 20% 下操作,$J_3 = 17\text{L}/(\text{m}^2 \cdot \text{h})$,那么其流量为:

$$q_{VP_3} = J_3 A_3 = 17 \times 55 = 935(\text{L}/\text{h})$$

再设第二级 VCR = 3,第一级 VCR = 1.5,从图中查得,$J_2 = 22\text{L}/(\text{m}^2 \cdot \text{h})$,$J_1 = 29\text{L}/(\text{m}^2 \cdot \text{h})$(由物料平衡求浓度)。

$$q_{VP_2} = J_2 A_2 = 22 \times 55 = 1210(\text{L}/\text{h})$$

$$q_{VP_1} = J_1 A_1 = 29 \times 55 = 1595(\text{L}/\text{h})$$

$$\sum q_{VP} = 3740(\text{L}/\text{h})$$

比 4000L/h 小,于是应增加膜面积。设为 58.8m^2,

$$q_{VP_1} = J_1 A_1 = 29 \times 58.8 = 1705.2(\text{L}/\text{h})$$

$$q_{VP_2} = J_2 A_2 = 22 \times 58.8 = 1293.6(\text{L}/\text{h})$$

$$q_{VP_3} = J_3 A_3 = 17 \times 58.8 = 999.6(\text{L}/\text{h})$$

$$\Delta q_{VP} = 3958.4\text{L}/\text{h} \approx 4000(\text{L}/\text{h})$$

总膜面积 $\qquad\qquad S = 58.8 \times 3 = 176.4(\text{m}^2)$

以上仅对三级的情况作了计算,题目要求最佳级数。因此,对级数为 2,4,5 时的情况作同样计算,结果见下表:

	VCR_1	J_1	VCR_2	J_2	VCR_3	J_3	VCR_4	J_4	VCR_5	J_5	A
单级	5	17									235.3
二级	2	26	5	17							186
三级	1.5	29	3	22	5	17					176.4
四级	1.5	29	2	26	3	22	5	17			170.8
五级	1.5	29	2	26	2	22	4	20	5	17	170.5
间歇	1～5	24.6									162.6

从表中知,总膜面积的极限为间歇操作时的膜面积。级数增加时,膜面积减少,但越来越慢。然而泵送及其它辅助投资却正比于级数。因此,采用四级以上已无意义,以三级为最佳。

(二)影响通量的因素和提高滤液通量的措施

1. 压差的影响

从压差–通量曲线可知,尽管微滤和超滤的推动力是膜两侧的压差,但提高压差并不一定总能使滤液通量显著增加。如果过滤已在传质控制区,增加压差不仅不能使滤液通量增加,反而增加了膜堵塞的机会,此时只能设法以减少浓度边界层厚度来增加滤液通量。而减少浓度边界层厚度,则可借助提高料液流速、在料液侧安装搅拌装置等方法。

2. 进料浓度的影响

根据扩散模型,通量 J 随进料浓度 c_B 的增加呈指数型降低,这一规律与湍流程度和温度无关。而当 $c_B = c_w$ 时,通量 J 将降为零,由此可测定 c_w:作 $J - c_B$ 直线,各线交于一点,即为 c_w。实践中不易达到 $J = 0$,而多用外推法作图。据经验,当黏度达 $0.1 \sim 0.3\text{Pa} \cdot \text{s}$ 时超滤已达极限,即通量已很小。图 9-17 是用丁二烯乳浆、明胶、人体球蛋白、电泳漆等作试验的结果,从图中可以看出,$J - \ln c_B$ 间的线性关系很好。

表 9-5 列出了一些物料的 c_w 值。

3. 温度的影响

无论是在压差控制区还是在传质控制区,提高操作温度都可以使液体黏度降低,扩散系数增大,从而使滤液通量增加。当然,必须以膜的耐温能力为限。

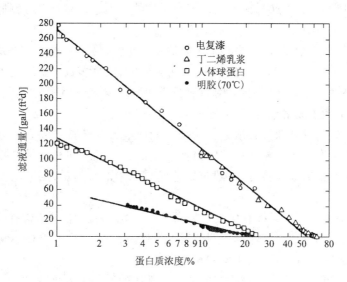

图9–17　进料浓度对超滤通量的影响

表9–5　　　　　　　　　　　　　　　　某些物料的 c_w 值

物料	c_w	物料	c_w
脱脂牛奶	20% ~25% 蛋白质	全牛乳(含脂肪3.5%)	9% ~11% 蛋白质
大豆浸出液	10% 蛋白质	聚乙二醇20M	8%
酸乳清	30% 蛋白质	免疫球蛋白	19%
血红蛋白	45% 蛋白质	明胶	20% ~30% 蛋白质
蛋白	4% 蛋白质	人血	28.7% 蛋白

在压差控制区,提高温度的影响主要体现在黏度的降低上。在 20 ~ 50℃ 范围内,服从 Arrhenius 方程,其中的活化能约为14236kJ/mol,这意味着欲使通量加倍,须将温度提高35 ~ 40℃。在传质控制区, $k \propto D^{0.67}$,而又与 $(\mu/\rho)^n$ 成反比, n 值在层流时为 0 ~ 0.16,湍流时为 0.47,而 D 与 T 间的关系符合 Stokes – Einstein 方程:

$$D\mu/T = 常数 \qquad (9-20)$$

一般蛋白质在水中的扩散系数增量为(3% ~3.5%)/℃,由此可见温度的影响很大。例如电泳漆的超滤,通量与温度几乎成正比关系。

4. 湍流程度的影响

提高湍流程度可使边界层厚度减薄,使传质系数增加,这是提高通量的有效途径。从这一点考虑,管式膜和螺旋式膜有其优越性。为提高湍流程度,也可以在膜的一侧安装湍流元件。

当膜的长度较短时,在料液入口段,由于速度和浓度边界层均未充分建立,边界层的厚度较薄,从而滤液通量有所增加,可见短的膜组件较为有利。根据同样的道理,有时采取在膜的两侧施加周期性反向压差脉冲的方法,搅乱边界层,可以起到增加通量的效果。

(三)膜的堵塞和清洗

膜堵塞的机理是一些小粒子在膜内积累,或在膜表面沉积,甚至形成另一层"膜",增大了传质阻力。由堵塞引起的通量减少通常是不可逆的。因此,当堵塞发展到一定程度时,必须停止过滤,对膜进行清洗。

导致膜堵塞的因素很多,最主要的是溶质的强亲水性、易沉淀离子特别是钙离子的存在以及操作压差过高等。实际上,膜的堵塞是不可避免的,而且多数情况下是不可逆的。很难建立堵塞的数学模型或总结出普遍适用的规律或理论,一般是在实践中判断何时进行清洗。几乎所有的溶质都能造成堵塞,大分子更易堵。

当堵塞发展到一定程度时,必须进行清洗。如何进行清洗常常成为膜分离操作的关键因素,应当根据膜堵塞的原因来选择清洗方法。用清水进行反向冲洗是清除膜表面松散杂质的方法,它不会对膜造成损害,但一般难以达到过滤前的水通量,因为它不能清除膜内的堵塞。

酸清洗是清除无机物和某些有机胶体如果胶的有效方法。常用的酸有盐酸、柠檬酸、草酸等。配成溶液的 pH 依膜材料而定,例如对 CA 膜为 3 ~ 4,对 PS、PAN、PVDF 膜为 1 ~ 2。用泵循环或浸泡时间不宜过长,以 0.5 ~ 1h 为宜。

碱化学清洗是蛋白质等有机物的有效方法。常用的碱是氢氧化钠,配成溶液的 pH 也依膜材料而定,对 CA 膜为 8 左右,对耐腐蚀的膜为 12。也用泵循环或浸泡 0.5 ~ 1h。

氧化剂清洗可起清除污垢和杀菌的作用。常用的氧化剂有 H_2O_2、NaClO 等,配成 1% ~ 3% 溶液使用。

针对堵塞的物质用酶清洗是有效的方法。常用的酶有蛋白酶、脂肪酶、果胶酶等。配成 0.5% ~ 1.5% 溶液,用泵循环或浸泡,温度依酶的作用特性而定。

无论是用酸、碱、氧化剂或酶清洗,都要在清洗后再用清水清洗,使 pH 恢复中性。一般而言,清洗后应能恢复 90% 以上的初始水通量。

比较而言,无机膜的清洗手段较多,因为它能承受强酸、强碱、各种化学试剂和高温,在用化学法清洗时可以有更大的选择余地。而且,一般造成堵塞的多为有机物质,在难以找到适当的溶剂时,可以考虑用强氧化剂在高温下将其破坏,以使膜恢复水通量。

第三节 反 渗 透

一、反渗透原理

(一)渗透压与反渗透现象

能够让溶液中一种或几种组分通过而其它组分不能通过的选择性膜称为半透膜。如图 9 - 18 所示,用这样的半透膜将纯溶剂(水)与溶液隔开,溶剂分子会从纯溶剂侧经半透膜渗透到溶液侧,这种现象称为渗透。由于溶质分子不能通过半透膜向溶剂侧渗透,故溶液侧的压强上升。渗透一直进行到溶液侧的压强高到足以使溶剂分子不再渗透为止,此时达平衡。平衡时膜两侧的压差称为渗透压。如果在溶液侧施加大于渗透压的压强,则溶剂分子将从溶液侧向溶剂侧渗透,这一过程的传质方向与浓差扩散的方向相反,故称为反渗透。

如果半透膜两侧的是两种不同浓度的溶液,则同样存在渗透现象,其方向是从稀溶液侧向浓溶液侧渗透。在浓溶液侧施加大于两溶液渗透压之差的压强,则也会发生反渗透。反

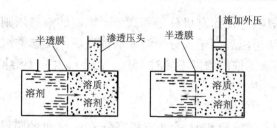

图 9 - 18　反渗透的原理

渗透的推动力为膜两侧的压差减去两侧溶液的渗透压差,即 $\Delta p - \Delta \pi$。因此渗透压的计算是反渗透过程计算的第一步。

根据热力学理论,渗透压的热力学定义为:

$$\Pi = - RT\ln a_w / V_m \tag{9-21}$$

式中　Π——渗透压,Pa;

R——通用气体常数,J/(mol·K);

T——热力学温度,K;

a_w——水分活度;

V_m——摩尔体积,m³/mol。

水分活度 a_w 可用下式计算:

$$a_w = f_w x_w \tag{9-22}$$

式中　f_w——活度因子;

x_w——摩尔分数。

若溶液为理想溶液,则 $f_w = 1$。对稀溶液有:

$$\ln x_w = \ln(1 - \sum x_{si}) \approx - \sum x_{si} = - \sum c_{si} V_m \tag{9-23}$$

式中　x_{si}——溶质 i 的摩尔分数;

c_{si}——溶质 i 的体积质量浓度。

将式(9-23)代入式(9-21),得:

$$\Pi = RT \sum c_{si} \tag{9-24}$$

此式称范霍夫方程,它只适用于理想溶液。对实际溶液,可引入校正因子 φ:

$$\Pi = \varphi RT \sum c_{si} \tag{9-25}$$

实际上,在等温条件下,许多物质的水溶液的渗透压近似地与其摩尔分数成正比:

$$\Pi = B x_{si} \tag{9-26}$$

表 9 - 6 列出了 25℃下一些物质的水溶液的 B 值。

表 9 - 6　　　　　　　　　　　　　　　25℃下某些水溶液的 B 值

溶质	B/Pa	溶质	B/Pa	溶质	B/Pa
尿素	13.7	甘油	14.3	蔗糖	14.4
NH_4Cl	25.1	KNO_3	24.0	KCl	25.4
Na_2CO_3	25.0	NaCl	25.8	$Ca(NO_3)_2$	34.5
$CaCl_2$	37.3	$Mg(NO_3)_2$	37.0	$MgCl_2$	37.5

一般水溶液的渗透压较大，而有机分子和高分子溶液的渗透压则较小。在同样的质量浓度下，小分子溶液的渗透压远高于大分子溶液的渗透压。反渗透浓缩的限度主要取决于渗透压。一般小分子溶液的浓缩浓度不超过15%（质量），大分子溶液不超过20%，以免渗透压过高。

（二）反渗透所用的膜

反渗透膜用的材料与超滤膜相似，全为有机高分子膜，常见的膜材料有两大类：

1. 纤维素

纤维素是开发最早的膜材料，具备高透水率、高脱盐率和良好的成膜性能。醋酸纤维素可溶于丙酮、吡啶、二甲基酰胺、四氯乙烷等，适用 pH3～8，耐游离氯 2.1mg/L。三醋酸纤维素适用 pH2～9，耐游离氯 5mg/L。纤维素膜对溶质的脱除有以下规律：

①离子电荷愈大，脱除就愈容易；

②对碱金属的卤化物，元素位置愈在周期表下方，脱除愈不容易。无机酸则相反；

③硝酸盐、高氯酸盐、氰化物、硫氰酸盐与氯化物、铵盐、钠盐均不易脱除；

④许多低相对分子质量非电解质，包括某些气体溶液、弱酸和有机分子不易脱除；

⑤对有机物的脱除作用次序为：醛＞醇＞胺＞酸。同系物的脱除率随其相对分子质量的增加而增大，异构体的次序为：叔＞异＞仲＞伯；

⑥对相对分子质量大于 150 的组分一般均能很好地脱除；

⑦对钠盐的脱除效果好，对苯基化合物的脱除率很差。

2. 聚酰胺

主要是芳香酰胺，这是又一大类反渗透膜。它的透水性和脱盐率均较好，机械强度高，耐高温、耐压实，适用 pH 范围 3～11，比醋酸纤维素膜宽，耐生物降解，对操作压强的要求低，但不耐氧化，对游离氯敏感，仅 0.1mg/L，抗污染的能力差。

近年来，不对称膜和复合膜逐渐在反渗透膜市场上占据了主要位置。

（三）影响反渗透操作的因素

1. 回收率

回收率定义为渗透液流量与进料流量之比，它实际上也就是浓缩比。为了节省能量，希望在尽可能高的回收率下操作，以节约上游的投资费用。然而，过高的回收率将使渗透液的含盐量增加，通量下降，并导致膜的污染或浓缩液中产生沉淀，这些都是对膜分离不利的。

2. 温度

温度对水通量和渗透压均有影响。由渗透压的计算公式可知，温度升高时渗透压也增加，这会使通量下降。另一方面，温度升高时液体的黏度下降，使通量上升。总的来说，温度升高时通量是增加的。一个经验规律是水温每升高 1℃，膜的产水量增加 3%。

3. 压密效应

反渗透操作所用的压差比微滤和超滤高得多，这样对膜就产生了压密问题。多数反渗透组件的压差限度为 8MPa，某些垫套式组件的压差限度可在 20MPa 下使用。就目前膜的技术水平而言，考虑到压密因素，施加更高的压差是不适宜的。

纤维素膜易受水解作用，醋酸纤维素在水中本身是不稳定的。水解产生酸和醇，此反应在酸性和碱性条件下均会加速，因而存在一个反应速率最低的 pH，实践证明此 pH 在 4.5

左右。

4. 膜的耐氯性

在用反渗透进行海水淡化时,原水必须用氯进行预处理,这样就产生了膜的耐氯性问题。实际上,制造商们一直在致力于生产耐氯性高的膜。

5. 抗氧化性

臭氧是最强的氧化剂,没有一种膜对臭氧是稳定的。同样条件下聚酰胺膜对臭氧比醋酸纤维素膜更敏感。对水中的溶解氧,某些膜也是很敏感的。解决的办法是加入大约 $60mg/kg$ 的亚硫酸氢钠。

6. 有机溶剂

有机溶剂也会损坏膜,特别是醋酸纤维素膜。用有机溶剂浸泡后,有些膜的水通量增大,有些膜的水通量减小,但截留率总是大为降低。有机溶剂对膜的作用与时间、浓度等因素有关。

(四)反渗透设备

反渗透膜组件的结构与超滤膜组件相同,也有管式、平板式、中空纤维式和螺旋式四种。研制最早的膜是平板膜,目前应用最广的则是中空纤维式和螺旋式膜,因为这两种膜组件单位体积的膜面积较大,而反渗透的渗透通量一般较低,常常需要较大的膜面积,采用这两种膜组件可使设备的体积不致过分庞大。在目前的反渗透膜组件市场上,螺旋式组件的销售量占74%,中空纤维组件占26%,管式和板式组件已逐渐退出市场。反渗透的设备和操作方式也与超滤大体相同。

反渗透操作对原料有一定的要求。为了保护反渗透膜,料液中的微小粒子必须预先除去。因此,反渗透前一般有一预处理工序,常用的预处理方法是微滤或超滤。

二、描述反渗透的数学模型

(一)通过浓差极化层的传递

反渗透的传质过程与超滤相似,可分为从溶液主体通过浓差极化层传递到膜表面和在膜内的传递两步。至于不对称膜或复合膜的支撑层,一般认为其阻力不构成传质的主要阻力,可以忽略不计。

与超滤一样,反渗透也存在浓差极化,而且渗透压的影响不可忽视。浓差极化现象是反渗透过程中必须加以考虑的。其数学处理与描述传质控制区的超滤的处理方法相同,计算滤液通量的公式为:

$$J = (D/\delta_c)\ln[(c_w - c_p)/(c_B - c_p)] = k\ln[(c_w - c_p)/(c_B - c_p)] \qquad (9-27)$$

关于传质系数 k 的计算,与超滤过程采用的特征数关联式相同,然而有两点必须注意:

(1)反渗透一般用于截留小分子盐类,而不是易于形成胶质层的亲水高分子,因此在膜表面不会形成胶质层。但膜表面上的溶质浓度 c_w 常常不是常数。

(2)在推导式(9-27)时只考虑与膜表面相垂直的方向上的一维传质,未考虑与膜平行的方向上的传质,实际上与膜平行的方向上的流动往往不可忽略。关于二维传质,对其研究不多,一般认为与相应的一维传质相比,传质系数 k 的值要高一些。

计算传质系数的特征数方程很多,下面是常见的几个:

层流下

$$Sh = 1.86 (ReScd_h/L)^{1/3} \tag{9-28}$$

湍流下　　短流道　　管式膜

$$Sh = 0.276Re^{0.58}(Scd_h/L)^{1/3} \tag{9-29}$$

板式膜

$$Sh = 0.44Re^{7/12}(Scd_h/L)^{1/3} \tag{9-30}$$

长流道

$$Sh = 0.023Re^{0.8}Sc^{1/3} \tag{9-31}$$

(二)膜内的传递——优先吸附毛细管流动模型

优先吸附毛细管流动模型是 Sourirajan 等人在 20 世纪 60 年代初提出的,主要适用于多孔膜。这一模型认为反渗透的分离机理部分由表面现象所控制,部分为流动现象所支配。对膜有两个基本要求,首先它的表面有适宜的化学性质,见图 9-19,当水溶液与亲水的膜接触时,膜优先吸附水分子,而排斥溶质——盐分子,从而在膜表面存在一层纯水层。这层纯水层排斥溶质,因此溶质被截留。纯水层与主体溶液间存在浓度差。对膜的第二个要求是膜有适宜的孔径和孔数。在压差作用下,水分子通过膜表面的毛细管流出,成为滤液。经研究知,纯水层的厚度约为 2 个水分子。

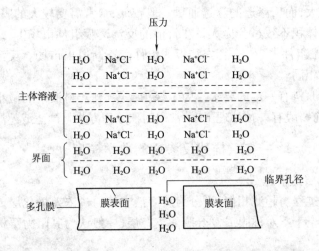

图 9-19　优先吸附毛细管流动模型

根据这一理论,膜表面必须优先吸附水,才能在表面形成纯水层。纯水层厚度约为两个分子的厚度。膜表面的孔还必须有适宜的孔径,据研究,当孔径为吸附水层厚度的 2 倍时,能获得最大的分离效果和最高的渗透通量,这一孔径称为临界孔径。

(三)膜内的传递——溶解－扩散模型

这种模型将膜看作是一种液体,渗透物溶解于其中,并在浓度梯度的作用下进行质量传递。整个传递过程分为三步:

①溶质与水溶解于膜中;

②溶质和水在化学势梯度的推动下,在膜内扩散;

③溶质和水在膜的下游侧解吸。

溶质和水在膜中的溶解度可以是不同的,在膜内的扩散速率也可以是不同的,这样就会

产生分离的效果。对于水的扩散,引用费克第一定律:

$$J_w = -D_w dc_w/dz \tag{9-32}$$

假设水在膜内的溶解服从 Henry 定律,根据化学位和活度的关系,在等温情况下,可推得:

$$J_w = \frac{D_w c_w V_w}{RT\delta}(\Delta p - \Delta\Pi) = A(\Delta p - \Delta\Pi) \tag{9-33}$$

式(9-33)中的 A 称为渗透系数,它只与膜的特性和温度有关。这个公式中的 $(\Delta p - \Delta\Pi)$ 可视作有效压差。

类似地,对于溶质的渗透有:

$$J_s = B(c_s - c) \tag{9-34}$$

溶解-扩散模型并不限于在反渗透中应用,它比较适用于均质膜中的扩散过程,是目前最流行的模型之一。它不仅可用于反渗透,也可用于其他均质膜分离过程,如渗透汽化等。其缺点是未考虑膜材料和膜结构对扩散的影响。

纯水渗透系数 A 是一个只与膜结构有关的量,溶质渗透系数 B 则与溶质的性质、膜材料的性质和膜的结构有关。常用的方法是用已知浓度的溶液进行反渗透实验,测出 A 和 B 的值。求得的 A 值可直接应用于其它溶液,B 值则只能用于实验所用的溶质(一般用 NaCl),必须经过推算方可用于其它溶质。

第四节　电　渗　析

一、电渗析过程原理

(一)电渗析过程的原理

电渗析是在直流电场作用下,电解质溶液中的离子选择性地通过离子交换膜,从而得到分离的过程。它是一种特殊的膜分离操作。所使用的膜只允许一种电荷的离子通过而将另一种电荷的离子截留,称为离子交换膜。由于电荷有正、负两种,离子交换膜也有两种。只允许阳离子通过的膜称为阳离子交换膜,简称阳膜,只允许阴离子通过的膜称为阴离子交换膜,简称阴膜。

常规电渗析器如图9-20所示。

在电渗析器内两种膜成对交替平行排列,膜间空间构成一个个小室,两端加上电极,施加电场,电场方向与膜平面垂直。含盐料液均匀地分布于各室中,在电场作用下,溶液中的离子发生迁移。有两种隔室,分别产生不同的离子迁移效果。一种隔室是左边为阳膜,右边为阴膜。假设电场方向是从左向右。在此情况下,此隔室内的阳离子便向阴极移动,遇到右边的阴膜,被截留。阴离子往

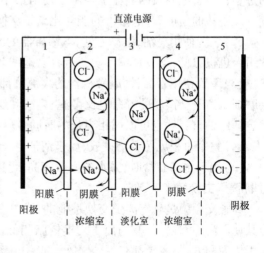

图9-20　电渗析过程

阳极移动,遇到左边的阳膜也被截留。而相邻两侧室中,左室内阳离子可以通过阳膜进入此室。右室内阴离子也可以通过阴膜进入此室。这样,此室的离子浓度增加,故称为浓缩室。另一种隔室是左边为阴膜,右边为阳膜。在此室的阴、阳离子都可以分别通过阴、阳膜进入相邻的室,而相邻室内的离子则不能进入此室。这样,室内离子浓度降低,故称为淡化室。由于两种膜交替排列,浓室和淡室也是交替存在的。若将两股物流分别引出,就成为电渗析分离的两股产品。

电渗析膜是荷电膜。与膜带的电荷性相同的离子称为同名离子,与膜带的电荷性相反的离子称为反离子。反离子的迁移方向与浓度梯度的方向是相反的,它是电渗析中的主要传递过程。

(二)电极反应

在电渗析的过程中,阳极和阴极上所发生的反应分别是氧化反应和还原反应。以 NaCl 水溶液的电渗析为例,其电极反应为:

阳极:
$$2OH^- - 2e \rightarrow [O] + H_2O$$
$$Cl^- - e \rightarrow [Cl]$$
$$H^+ + Cl^- \rightarrow HCl$$

阴极:
$$2H^+ + 2e \rightarrow H_2$$
$$Na^+ + OH^- \rightarrow NaOH$$

结果是,在阳极产生 O_2、Cl_2,在阴极产生 H_2。新生态的 O_2 和 Cl_2 对阳极会产生强烈腐蚀。而且,阳极室中水呈酸性,阴极室中水呈碱性。若水中有 Ca^{2+}、Mg^{2+} 等离子,会与 OH^- 离子形成沉淀,集积在阴极上。当溶液中有杂质时,还会发生副反应。为了移走气体和可能的反应产物,同时维持 pH,保护电极,引入一股水流冲洗电极,称为极水。

(三)电渗析过程的特点

电渗析是在电场作用下产生分离的,这是一种特殊的膜过程,因为它涉及电场的作用。电渗析过程具有以下特点:

(1)从能耗的角度看,首先因为电渗析过程无相变,从热力学可知,其能耗要低于有相变的过程;其次,电渗析的能耗主要用于使溶液中的电解质离子发生迁移,因而正比于溶液浓度。从脱盐的角度看,电渗析的能耗比离子交换低得多。

(2)装置使用灵活,维修方便,电渗析器的结构为板框式,很容易叠加组合,串联和并联的组合也很方便,可以在单台设备上容易地调节产水量和脱盐率。

(3)装置使用寿命长,电渗析器的大部分部件是用高分子材料制成,绝缘好,耐腐蚀,不会磨损。离子交换膜的寿命也比微滤、超滤和反渗透膜长得多。唯一易损坏的部件是电极,但选择好的材料后也可以用相当长的时间。

(4)整个过程无污染物排放,属于清洁生产过程。

(5)用于水的脱盐时,原水的回收率高,可以节约水源,减少动力消耗,节省预处理费用。

(四)离子交换膜

离子交换膜是具有离子交换性能的、由高分子材料制成的薄膜(也有无机离子交换膜,但其使用尚不普遍)。它与离子交换树脂相似,都是在高分子骨架上连接一个活性基团,但作用机理和方式、效果都有不同之处。当前市场上离子交换膜种类繁多,也没有统一的分类方法。一般按膜的宏观结构分为三大类:

（1）非均相离子交换膜　由粉末状的离子交换树脂加黏合剂混炼、拉片、加网热压而成。树脂分散在黏合剂中，因而其化学结构是不均匀的。由于黏合剂是绝缘材料，因此它的膜电阻大一些，选择透过性也差一些，但制作容易，机械强度较高，价格也较便宜。随着均相离子交换膜的推广，非均相离子交换膜的生产曾经大为减少。但近年来又趋活跃。

（2）均相离子交换膜　均相离子交换膜系将活性基团引入一惰性支持物中制成。它没有异相结构，本身是均匀的。其化学结构均匀，孔隙小，膜电阻小，不易渗漏，电化学性能优良，在生产中应用广泛。但制作复杂，机械强度较低。

（3）半均相离子交换膜　也是将活性基团引入高分子支持物制成的，但两者不形成化学结合。其性能介于均相离子交换膜和非均相离子交换膜之间。

对离子交换膜的要求是：

①有良好的选择透过性：实际上此项性能不可能达到100%，通常在90%以上，最高可达99%；

②膜电阻低：膜电阻应小于溶液电阻。若膜电阻太大，则由膜本身引起的电压降相当大，减小了电流密度，对分离不利；

③有足够的化学稳定性和机械强度；

④有适当的孔隙度。

二、电渗析中的传递

(一) 基本概念

1. 法拉第定律

法拉第定律是电化学中的基本定律。内容如下：

（1）电流通过电解质溶液时，在电极上参与反应的物质的量正比于电流和通电时间，即正比于通过溶液的电量；

（2）每通过96500C的电量，在任一电极上发生得（失）1mol电子的反应，参与此反应的物质的量亦为1mol。

将 $F = 96500C/mol$ 称为法拉第常数，它表示为1mol电子的电量。

2. 离子的迁移

电解质溶液中的离子在电场力的推动下移动。在一维情形下，可以用类似于菲克定律的一阶微分方程来描述离子 i 在电场力推动下的迁移速度：

$$u_i = - K_i dE/dx \tag{9-35}$$

式中　dE/dx——电位梯度。

当 $dE/dx = 1$ V/cm 时，某离子在一定溶剂中的迁移速度称为该离子的淌度。淌度并不等于式（9-35）中的 K_i，而是等于 K_i 除以离子价数 Z_i 的商：

$$m_i = K_i/Z_i \tag{9-36}$$

离子淌度和扩散系数间的关系可用能斯特 - 爱因斯坦方程描述：

$$m_i = D_i F Z_i/(RT) \tag{9-37}$$

3. 迁移数

某离子 i 在溶液中的迁移数定义为该离子传递的电流与总电流之比：

$$t_i = J_i Z_i/(\sum J_i Z_i) \tag{9-38}$$

式中　J_i——离子 i 在电场中迁移的通量。

某离子在膜内的迁移数等于该离子在膜内的迁移通量与全部离子在膜内的迁移通量之比,也等于该离子迁移所带的电量的分率。

4. 膜的选择性和电阻

膜的选择透过度为反离子在膜内的迁移数比在自由溶液中的迁移数增加的倍数。所谓反离子,是指与膜的固定活性基团所带的电荷相反的离子。一般的电渗析过程就是指反离子的迁移过程。

$$P = (膜中反离子迁移数 - 自由溶液中反离子迁移数)/(1 - 自由溶液中反离子迁移数) \quad (9-39)$$

如果膜的选择性为 100% ,那么通过膜的电流全由反离子承担,也就是说膜中反离子迁移数 $=1$,从而 $P=1$ 。如果膜无选择性,那么反离子在膜内的迁移数等于它在溶液中的迁移数,从而 $P=0$ 。实际膜的 P 值介于 0 和 1 之间,一般要求离子交换膜的 P 值大于 85% ,反离子的迁移数大于 0.9。

膜电阻是离子交换膜的一个重要特性参数。文献中有不少计算溶液电阻或电导的方法,但对膜电阻仍以实测为主要手段。在实际电渗析操作中,常希望膜电阻越小越好。影响膜电阻的因素有:

(1)膜固定基团的浓度和性质。固定基团浓度越高,电阻就越小。固定基团为强酸或强碱时,可解离基团较易解离,外部溶液的 pH 对电阻的影响就小些。

(2)膜外溶液浓度越高,由 Donnan 膜平衡理论可知,扩散入膜的离子浓度就越高,因而使电阻降低。不过,这一降低是由同名离子参与导电所致,因而是所不希望的。

(3)从膜的结构看,均相膜的电阻小于非均相膜,主要是后者结构中的黏合剂是不导电的。

(4)温度升高时,电阻也减少。

(二)双电层理论

关于离子交换膜的传递机理,提出过不少理论。较著名的有双电层理论和膜平衡理论。

双电层理论是由 Sollner 于 1949 年提出的,通常用于解释电极置于溶液中时所发生的现象。它认为当离子交换膜浸没于电解质溶液中后,在溶剂 – 水的作用下,其活性基团发生解离,离子进入溶液中,使膜表面带电荷。以磺酸型阳膜为例,其活性基团为—SO_3H。发生解离后,H^+ 进入溶液,H^+ 离子即为反离子,使膜表面带负电荷。由于电场的吸引力,在膜附近形成双电层。紧靠膜的一层为紧密层,紧密层外为扩散层,扩散层外才是溶液主体。紧密层和扩散层实际上相当于浓度边界层。这样,膜对反离子有吸附作用,反离子就可以通过膜。而溶液中的同名离子(此处为阴离子)则被排斥而不能通过膜,从而产生了离子选择性。类似地,对季铵型阴膜,其活性基团为—$N(CH_3)_3OH$,进入溶液的离子为 OH^-,膜表面带正电,对溶液中的阴离子有吸引力。可以推论,膜中活性基团数越多,膜对反离子的吸引力就越强,膜的选择性就越高。

(三)Donnan 膜平衡理论

膜平衡理论是由 Donnan 提出的,早期用于描述离子交换树脂与电解质溶液间的平衡,借用此理论同样可以解释离子交换膜与溶液间的离子平衡。根据 Donnan 膜平衡理论,当达到平衡时,某离子在膜内的化学位与它在溶液中的化学势相等,这一平衡即 Donnan 膜平衡。由于活性基团的解离,使膜内活性基团带电,吸引了溶液中的反离子,这些离子在膜内的浓度大于它在溶液中的浓度。而同名离子在膜内的浓度则小于它在溶液中的浓度,这就产生了选择性。

仍以钠型阳膜与 NaCl 溶液形成的体系为例。RCO_3^- 是固定的,而膜上 Na^+ 和溶液中 Na^+、Cl^- 都可以移动,达到平衡时化学势相等。根据质量作用定律,膜内外扩散离子浓度之积相等,加上膜和溶液的电中性条件,可以推导出,平衡时膜内、外电解质离子浓度的分配是不相等的,平衡时膜内反离子浓度大于溶液中反离子浓度,同名离子浓度小于溶液中同名离子浓度。这说明阳膜对阳离子、阴膜对阴离子有选择透过性。当膜内固定基团浓度足够高时,平衡态下膜具有很好的选择透过性,几乎达 100%。但任何膜都不可能达到 100% 的选择透过性,因为总有一部分同名离子渗透入膜内。而且,膜的选择透过性是随膜外溶液浓度的下降而提高的。这些结论与双电层理论的结论相同。

(四)能斯特 – 普朗克扩散学说

能斯特 – 普朗克学说从分析电渗析中的传递过程入手,建立起描述传递过程的方程。

电渗析中的主要传递过程是反离子的迁移。除此之外,电渗析中还存在着其他传递过程,如上文提到的同名离子迁移、浓差扩散、水的渗透、水的电渗透、机械渗漏等。除了渗漏外,电渗析中的迁移过程可归为三类:对流扩散、分子扩散和电迁移。可分别写出描述这三类迁移的方程。

一维情况下,离子 i 在 x 方向上的对流传质通量可以用下式描述:

$$J_{ic} = c_i u_x \tag{9-40}$$

式中　J_{ic} —— i 离子的对流扩散通量,$kmol/(m^2 \cdot s)$;

　　c_i —— 溶液中 i 离子的浓度,$kmol/m^3$;

　　u_x —— 在 x 方向上的流体的流速,m/s。

在化学势梯度作用下,离子 i 在 x 方向上的分子扩散传质速率为:

$$J_{id} = -c_i m'_i \mathrm{d}\mu_i/\mathrm{d}x \tag{9-41}$$

式中　m'_i —— 扩散淌度,$m^2 mol/(J \cdot s)$;

　　μ_i —— 化学势,J/mol。

正负离子的电迁移传质速率分别为:

$$J_+ = -c_+ m_+ \mathrm{d}E/\mathrm{d}x \tag{9-42}$$

$$J_- = -c_- m_- \mathrm{d}E/\mathrm{d}x \tag{9-43}$$

对理想溶液:

$$m_+ = D_+ FZ_+/(RT) \tag{9-44}$$

$$m_- = D_- FZ_-/(RT) \tag{9-45}$$

故有:

$$J_+ = -(c_+ D_+ FZ_+/RT)\mathrm{d}E/\mathrm{d}x \tag{9-46}$$

$$J_- = -(c_- D_- FZ_-/RT)\mathrm{d}E/\mathrm{d}x \tag{9-47}$$

或写成:

$$J_{ie} = -(c_i D_i FZ_i/RT)\mathrm{d}E/\mathrm{d}x \tag{9-48}$$

三种作用下的 i 离子总传质速率为:

$$J = J_{ie} + J_{id} + J_{ie} = -D_i\{\mathrm{d}c_i/\mathrm{d}x + c_i \mathrm{d}\ln f_i/\mathrm{d}x + [c_i FZ_i/(RT)]\mathrm{d}E/\mathrm{d}x\} + c_i u_x \tag{9-49}$$

对理想溶液:

$$J = - D_i \{ dc_i/dx + [c_i FZ_i /(RT)] dE/dx \} + c_i u_x \qquad (9-50)$$

上式就是一维的能斯特 – 普朗克方程,加上电中性条件和稳态条件联立求解,就可以求出传质速率。

以上描述的是溶液中的传质。对膜内的传质有类似的方程,但一般只考虑一维的情形。将式(9 – 50)应用于膜内,加上连续性方程、稳定条件、各离子的通量与电流密度间的关系和电中性条件,即构成描述电渗析传递过程的基本方程,理论上求其解即可计算电渗析过程,但实际上求解并不容易,难于在工业中应用。

(五)电渗析中的浓差极化

电渗析过程中的浓差极化不同于超滤或反渗透,它是电流密度超过在界面上进行稳定传质的电流密度时在界面上发生的,产生的条件是迁移离子在膜表面上的浓度接近耗竭,故称为耗竭极化,也有的书上称为初级极化。

设电解质 $A^+ B^-$ 溶液流经用阴膜隔开的电渗析器两室,膜两侧的浓度分布如图 9 – 21 所示。BC 和 XY 为扩散层厚度,B^- 离子从左向右通过溶液边界层的电迁移通量为:

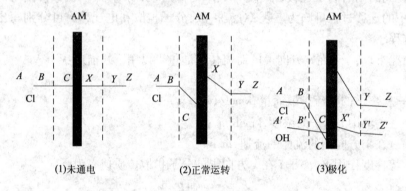

图 9 – 21　电渗析过程中的浓差极化

$$J_{-e} = t_- i/FZ \qquad (9-51)$$

在膜内的电迁移通量为:

$$\overline{J_{-e}} = \overline{t_-} \frac{i}{ZF} \qquad (9-52)$$

阳离子通过溶液边界层的电迁移通量为:

$$J_{+e} = t_+ i/(FZ) \qquad (9-53)$$

在膜内的电迁移通量为:

$$\overline{J_{+e}} = \overline{t_+} \frac{i}{ZF} \qquad (9-54)$$

由于 $\overline{t_-} > t_-, \overline{t_+} < t_+$,所以左侧 B^- 离子的浓度是低的,右侧 A^+ 离子的浓度则是高的。这样,左侧溶液中 B^- 将向扩散层(耗竭层)扩散,右侧溶液中 A^+ 将从扩散层(富集层)向溶液扩散。为保持电中性,A^+ 或 B^- 离子也同时扩散,形成膜两侧的浓度边界层。

湍流主体中无浓度梯度和速度梯度。湍流边界层中分子扩散不起显著作用。层流内层中分子扩散传递的动量大于湍流脉动所传递的动量。但由于液体的扩散系数比运动黏度小1000 倍,以至由残余的湍流脉动所传递的物质量仍远大于分子扩散的传质量。但在最靠近膜表面的扩散层,分子扩散占主导地位。当 $Re \gg 1$,$Sc \gg 1$ 时,传质阻力几乎全集中在扩散层内。无论如何加强湍流,分子扩散层始终存在。

可以证明,扩散层中浓度分布为线性。扩散层中离子的扩散通量为:

$$J_{+d} = -D dc_+ / dx \tag{9-55}$$

$$J_{-d} = -D dc_- / dx \tag{9-56}$$

在稳定情况下,溶液内由于电迁移作用通过边界层的离子通量与由于浓度梯度通过边界层的扩散通量之和应等于离子通过膜的通量,亦即总的离子通量,故:

$$\overline{t_-} \frac{i}{ZF} = t_- \frac{i}{ZF} - D \frac{dc_-}{dx} \tag{9-57}$$

设溶液中 $A^+ B^-$ 浓度为 c_0,膜表面上浓度为 c_1,左侧扩散层厚 δ,由于浓度分布为线性,故:

$$\frac{dc_-}{dx} = \frac{c_0 - c_1}{\delta} \tag{9-58}$$

代入式(9-57):

$$c_1 = c_0 - (\overline{t_-} - t_-) \frac{i\delta}{ZDF} \tag{9-59}$$

从式(9-59)看出,i 越大,c_1 就越小。当电流很大时,c_1 将趋于零。此时将没有足够的离子来传递电流,在膜界面处将产生水分子的解离,产生 H^+ 和 OH^- 离子来传递电流,使膜两侧 pH 发生很大的变化,这是一种极端情况,称为"极化",它不同于超滤和反渗透中的"浓差极化"。这一极化现象对电渗析不利,表现在:

(1)H^+ 离子将通过阳膜,另一侧 OH^- 离子将通过阴膜进入浓室,冲淡了浓室,降低了分离效率;

(2)阳膜处将有 OH^- 离子积累,使膜表面呈碱性。当溶液中存在 Ca^{2+}、Mg^{2+} 等离子时将形成沉淀;

(3)极化时膜电阻、溶液电阻将大大增加,使操作电压增加或电流下降,从而降低了分离效率;

(4)溶液 pH 将发生很大变化,使膜受到腐蚀。

为避免极化现象的产生,把 $c_1 = 0$ 时的电流密度称为极限电流密度,并将它作为操作的极限。一般取操作电流密度为极限电流密度的80%左右。

在式(9-59)中令 $c_1 = 0$,得极限电流密度计算式如下:

$$i_{lim} = \frac{ZFDc_0}{(\overline{t_-} - t_-)\delta} \tag{9-60}$$

(六)极限电流密度

在实践中,i_{lim} 是用小型试验确定的。最常用的方法是施加不同电压测电流,然后以 V/I 对 $1/I$ 作图,图上的转折点即代表了 i_{lim},除以膜面积便得 i_{lim}(图9-22)。

根据式(9-59),可以找出影响 i_{lim} 的因素:

(1)c_0 越高,i_{lim} 就越高。这里的 c_0 是淡化室内的溶液主体浓度。在膜对数很高,脱盐率高时,c_0 的值并不高,这就导致 i_{lim} 的降低。从式(9-58)还可看出,要达到100%的脱盐率是不可能的。如果工艺上要求很高的脱盐率,宜用多级操作;

(2)扩散系数较高时,i_{lim} 也较高。在不影响物料稳定性和膜的耐受力的前提下,提高操作温度是有利的；

（3）可以用减少 δ 的方法来增加 i_{lim}，这实际上是流体力学问题，应当设法减少边界层的厚度，办法是增加湍流。但同时应考虑到湍流程度增加后摩擦阻力也会大大增加；

（4）膜的性质的影响体现在迁移数上，实验指出膜的性质对 i_{lim} 影响不大；

（5）温度的升高不仅使扩散系数增加，还使黏度下降，使湍流程度增加，同时使溶液的电阻下降，这些都对电渗析有利。

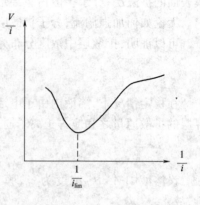

图 9 - 22　极限电流密度的确定

三、电渗析装置

（一）电渗析器的构造

电渗析器主要由离子交换膜、隔板、电极和夹紧装置组成，整体结构类似于板式换热器（图 9 - 23），电渗析器两端为端框，框上固定有电极、极水孔道和进料、浓液和淡液孔道。端框较厚、较坚固，便于加压以夹紧元件。电极内表面成凹形，与膜贴紧时即形成电极冲洗室。相邻两膜之间有隔板，隔板边缘有垫片。当膜与隔板夹紧时即形成浓室或淡室。隔板、膜、垫片及端框上的孔对齐贴紧后即形成孔道。

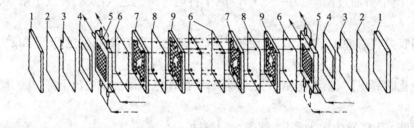

图 9 - 23　电渗析器的构造

1—压紧板　2—垫板　3—电极　4—垫圈　5—导水、极水板
6—阳膜　7—淡水隔板框　8—阴膜　9—淡水隔板框

1. 隔板和隔网

隔板的作用是支撑和分隔，同时形成水流通道。隔网一般附在隔板上，其作用是增加湍流，还可减小流动阻力。也有用无网隔板的。隔板用绝缘、非吸湿材料制成，具化学稳定性，耐酸、碱，且较经济，目前一般用硬聚氯乙烯或聚丙烯塑料板。隔板厚度应尽量小，以减少水层厚度，降低水层电阻，一般厚度为 0.5 ～ 2.5mm。在隔板上开有流槽，水在流动时应形成良好的湍流。

隔板有回流式和直流式两种（图 9 - 24）。回流式隔板又称长流程隔板，水的流程长，湍流程度高，脱盐率高，但流动阻力也大。隔板中常加各种形式的隔网，以增加湍流程度。

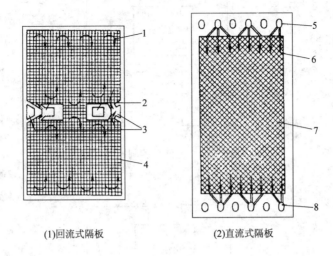

(1)回流式隔板　　　　　　　　　(2)直流式隔板

图9-24　回流式隔板和直流式隔板

1、6—料液流道　2、5—进水孔　3、8—出水孔　4、7—隔网

2.电极

电极应有良好的化学和电化学稳定性。最好既能耐阳极氧化,又能耐阴极还原。这样,同一种材料既可作阳极,又可作阴极。电极应有良好的导电性能和机械性能。电极对电极反应的过电位应较低,以降低能耗。此外,电极应轻便,价格又不太贵。常用的电极材料有二氧化钌、石墨、不锈钢、钛镀铂、二氧化铝、银-氧化银和铅等。在生产中应根据溶液的特性选择电极材料。

(二)电渗析器的组装

一个电渗析器由许多对膜组成,常常含有几十乃至几百对膜。膜对之间的组合方式有串联、并联等。

由一张阳膜、一对阴膜和相应的隔板组成的一个浓缩室和一个淡化室是一个最基本的单元,称为一对膜。若干对膜组装在一起,称为一个膜堆。

一对电极之间的膜堆称为一级。一个装置可以有若干级,电极对数就是级数。浓缩室、淡化室流向一致的膜堆称为一段。水流方向每改变一次,段数就增加1。为了提高脱盐率,可以采用段与段、级与级及台与台串联的安装方案。

(三)电渗析器的操作方式

电渗析器的操作方式有以下三种。

1.间歇操作

如图9-25所示,用两个贮槽,料液一次性加入两贮槽内,然后开始操作,使浓室和淡室排出的物流分别流入两个贮槽,反复循环直到产品浓度符合要求为止。

间歇操作适用于小批量生产,它比较灵活,除盐率高,进料浓度的波动不会影响操作;但生产能力相对较低,控制系统复杂,投资相对较高。

2.单级连续操作

这是一种连续操作,如图9-26所示。由于一般淡室产品的流量大于浓室产品的流量,

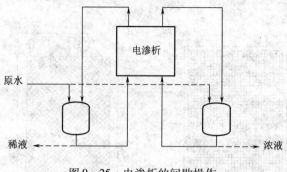

图 9－25　电渗析的间歇操作

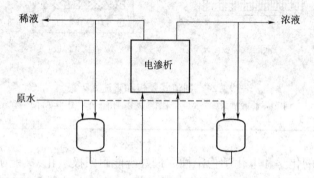

图 9－26　电渗析的单级连续操作

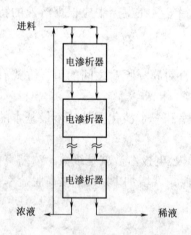

图 9－27　电渗析的多级连续操作

故应将料液大部分引入淡液槽,小部分引入浓液槽,两者流量比与浓缩比相对应,两种产品也分别循环。

单级连续操作适用于中等生产能力的情形。连续生产的生产能力较高,这种操作方式较稳定,除盐率也高,对进料流量和组成的波动还比较容易适应;但循环流量大,管路复杂,能耗也高。

3.多级连续操作

将若干个单级连续操作串联,就成为多级连续操作,如图 9－27 所示。串联后,淡室流量大,可以不循环,浓室则应循环,以增加流速,加强传质。

这种操作方式生产能力高,能耗低,管路和容器的投资也较少;但对进料流量和组成的波动较敏感,其除盐率取决于流量。

四、电渗析计算

（一）操作参数的确定

1.极限电流密度

最可靠的方法是做小型试验,确定极限电流密度。也有人提出了一些经验关联式,最常用的是:

$$i_{lim} = ku^n c_m^m \tag{9-61}$$

式中　c_m——淡水进出口浓度的对数平均值；

　　　u——淡水的流速；

　　n,m——指数，一般 $n = 0.5 \sim 0.8$，$m = 0.95 \sim 1.00$。

对于定型的设备，在一定的范围内，k、n、m 均为定值，可在一定设备上测定，然后推广使用。k、n、m 的值与原水的性质也有关，使用时须注意。

水温也有影响，可用一校正系数 f 归纳，其值可用下式计算：

$$f = 0.987^{25-t} \tag{9-62}$$

式中　t——实际水温，℃。

2. 操作电流密度

严格而言，在不超过极限电流密度的前提下，应由经济核算确定操作电流，核算时应考虑操作费用、电费和设备折旧等因素。若缺乏进行详细核算的数据，则可将极限电流密度的 80% 左右作为操作电流密度。极限电流密度与流动条件有关，因此在放大时应满足流体力学相似的条件。

(二)膜面积计算

实际迁移量与由法拉第定律求得的理论迁移量之间是有区别的，两者的偏离程度用电流效率衡量，即：

$$\eta = q_V(c_1 - c_2)F/nI \tag{9-63}$$

式中　q_V——处理量，m^3/s；

　　c_1，c_2——原料液和淡液的浓度，mol/m^3；

　　　n——膜对数；

　　　I——电流，A。

总的脱盐量为：

$$G = q_V(c_1 - c_2) \tag{9-64}$$

每平方米每对膜的脱盐量为：

$$i\eta/F \tag{9-65}$$

设膜的面积利用率为 β，则每种膜的面积为：

$$S = q_V(c_1 - c_2)F/(i\eta\beta) \tag{9-66}$$

设每张膜的面积为 S_B，则膜的张数为：

$$N = S/S_B \tag{9-67}$$

因有两种膜，故膜总面积为 $2S$。

第五节　渗透汽化

一、渗透汽化原理

(一)概述

渗透汽化又称渗透蒸发，是利用膜对液体混合物中各组分的溶解与扩散性能的不同而实现分离的过程。当液体混合物与渗透汽化膜接触时，混合物中的组分在通过膜的同时发生汽化。在膜下游侧排出的气相的组成与液体混合物的组成不同,也就是说某一个或几个组分优先通过膜,这就是渗透汽化现象。

渗透汽化的出现相对较晚。1917 年纽约州立大学的 Kober 首次描述了水通过火棉胶的渗透汽化,并首先使用 Pervaporation 这个词。但直到 20 世纪 70 年代,渗透汽化的发展一直很缓慢。70 年代的石油危机促使人们寻找能耗低的均相液体分离技术,以取代有效能利用率不到 10% 的精馏。渗透汽化因而很快发展起来,并被认为是唯一可能在将来取代精馏的技术。德国 GFT 公司在 70 年代末开发出了性能良好的聚乙烯醇 – 聚丙烯腈复合膜,1982 年在巴西建立了第一个乙醇脱水制无水乙醇的小型工业装置,1989 年在法国建成了世界上首台工业渗透汽化装置。

(二)渗透汽化用的膜

最初研制的渗透汽化膜是均质膜。这种膜较厚,渗透通量小,难以有工业价值。目前工业上应用的是不对称膜或复合膜。膜材料有醋酸纤维素、聚丙烯腈、聚乙二醇、聚酯等,也出现了无机膜。用于渗透汽化的膜可分为三大类:优先透水膜、优先透有机物膜和有机物分离膜。

1. 优先透水膜(亲水膜)

亲水膜是目前研究最多的一类膜,其代表性应用是有机混合物的脱水,此时优先渗透组分为水。既然膜是亲水性的,其优先通过的组分必然是极性组分,其活性层是亲水性的聚合物。主要有以下几种膜:

(1)非离子型亲水聚合物膜　亲水基团可以是聚乙烯醇(PVA)、聚羟基甲撑(PHM)、甲氧基甲基尼龙 – 3、交联聚甲基丙烯酸酯等。

(2)离子型亲水聚合物膜　又分为阳离子聚合物和阴离子聚合物两类。前者有壳聚糖、聚烯丙基铵氯化物等,后者有 CMC、磺化聚乙烯、藻朊酸等。

(3)将亲水基团引入疏水膜中制成的膜　可以用共聚、接枝、共混等方法实现,一般情况下分离系数不很高,但某些试验达到了 1000～2000 的分离系数。

(4)聚电解质膜　这是一类较新的膜,从试验看效果不错,但其耐久性尚待进一步检验。

2. 优先透有机物膜(疏水膜)

与亲水膜相反,疏水膜的优先渗透组分为有机组分。这类膜没有标准膜,大多数情况下要根据具体的应用开发、研制专门的膜,特别是对纯有机物的分离而言。研究较多的有有机硅聚合物,它对醇、酯、酚、酮、卤代烃、芳香烃、吡啶等有良好的吸附选择性,但通量和分离系数均比亲水膜分离乙醇水溶液时的结果差一些。其它包括含氟聚合物(对卤代烃、乙醇、丙酮、芳香烃有良好的选择性)、纤维素衍生物和丁腈橡胶、丁苯橡胶、聚乙烯聚氨基甲酸乙酯等都有良好的选择性。

与亲水膜相比,目前疏水膜达到的分离系数和渗透通量都较低,需要安装较大的膜面积,还需要较高的冷凝费用。从经济角度考虑,大规模工业化地应用渗透汽化从废水中分离有机物仅在特殊情况下才有意义。

3. 有机物分离膜

这类膜更没有标准膜,仍要根据具体的应用开发、研制专门的膜。研究较多的有醇/醚分离膜、芳烃/烷烃分离膜、同分异构体的分离膜、芳烃/醇分离膜、烯烃/烷烃分离膜、直链烃/支链烃分离膜等。

　　渗透汽化膜组件的形式,应用最广的是 GFT 公司的平板膜组件,此外也有螺旋式和毛细管式膜组件。

(三)渗透汽化的操作方法

　　渗透汽化的推动力是化学势差,具体表现为膜两侧的分压差。根据实现分压差的方式,有以下几种操作方法:

　　(1)将渗透物冷凝,在渗透物侧维持低压。但是,实际操作中很难避免不凝结气体进入系统,而且蒸汽从膜到冷凝器只能通过分子扩散和对流,其传递速率很低。因此难以单纯用冷凝法维持低压。

　　(2)冷凝和抽真空结合,真空泵可以抽去不凝结气体,同时使蒸汽产生主体流动。这是最常用的方法。

　　(3)在渗透物侧抽真空。这也是最常用的方法,其优点是避免了在低温下将蒸汽冷凝这一既需要低温源,又耗能的操作,最适合用于渗透物不需回收的场合。

　　(4)用一种载气吹扫渗透侧,将透过的组分带走。然后将吹扫气冷凝,可以使透过组分冷凝,载气循环使用;或使载气冷凝,以回收透过组分;如果透过组分的价值不大,也可直接将吹扫气放空。

(四)渗透汽化的特点

　　作为一种膜分离技术,渗透汽化分离的最大优点是能耗低。相比之下,精馏操作中两组分被反复地部分汽化和部分冷凝,操作的能量利用率仅 10% 左右。

　　渗透汽化的另一个优点是分离系数大,分离效率高。渗透汽化分离的选择性可用选择性系数(也称分离系数)表示:

$$\alpha_{AB} = (y_A/x_A)(x_B/y_B) \tag{9-68}$$

　　只要针对原料物系选择适当的膜材料和组件,可以使渗透汽化的分离系数达几十、几百甚至几千,这是常规蒸馏难以达到的。相比之下,典型的、比较接近于理想体系的苯 – 甲苯体系,其分离系数只有 2.5 左右。这样,渗透汽化往往只用单级就可以达到分离效果。

　　渗透汽化的分离不受气 – 液平衡的限制,而主要受渗透速率的控制,因而可以分离常规蒸馏不能分离的体系。

　　渗透汽化过程简单,操作方便,无污染,易于放大。这些都是渗透汽化的优点。

　　从原理上说,渗透汽化的汽化和冷凝都需要能量,再加上抽真空也需要能耗,但与蒸馏相比,其能耗要小得多。实际上,由于渗透物的流量一般较小,上述三项能耗都不会大。

　　渗透汽化的组分汽化所需的热量只能来自料液自身温度的降低。因此在系统中必须安装加热单元,膜组件与热交换器之间成串联。

　　渗透汽化的通量较小,一般只有 $1000g/(m^2 \cdot h)$,选择性高的膜常常更低,只有 $100g/(m^2 \cdot h)$,甚至更低。这样,渗透汽化在目前仍难以作为大规模的分离手段。加上目前渗透汽化膜仍较贵,整个系统又必须带有加热单元、冷凝单元和抽真空单元,而且冷凝温度较低,使得渗透汽化的总费用仍较高。所有这些特点都决定了渗透汽化的适用范围为:

　　(1)从混合物中分离出少量物质即可得到产品的场合;

　　(2)恒沸物的分离,若一组分的含量比另一组分高得多,则用渗透汽化可直接得到产品,若两组分的含量接近,则可将渗透汽化与精馏组合进行分离;

　　(3)沸点十分接近的物系的分离;

(4)与反应过程组合应用。

(五)影响渗透汽化的因素

1. 膜材料与结构

膜材料与结构是影响渗透汽化过程的最关键因素,目前已有许多热力学和物理化学模型可用于预测渗透通量。

2. 温度

温度升高时,扩散系数也增大。膜表面浓度与溶液浓度之比称溶解度常数或分配系数,其值也是随温度的升高而增大的。温度对选择性系数的影响不大,一般可忽略不计。化学势随温度的升高而增大,从而使渗透汽化的推动力增大。总的来说,渗透通量随温度的升高而增加。

3. 进料浓度

易渗透组分浓度增大时,成分在膜中的溶解度和扩散系数均增大,故渗透通量增加。

4. 压强

液相侧压强对溶解度的影响不大,故对渗透汽化的影响不大,所以通常液相侧为常压。气相侧的压强直接与推动力大小有关。一般当易渗透组分为易挥发组分时,选择性系数随压强的升高而增大。而当易渗透组分为难挥发组分时,选择性系数随压强的升高而减少。

二、渗透汽化中的传递

(一)渗透汽化中的相平衡

目前对渗透汽化的分离机理还有争论,但无论是哪一种机理,从宏观上看,料液和透过物之间的平衡关系与常规的气 - 液平衡关系有很大的不同,主要表现为两方面:

(1)对于在常规气 - 液平衡中存在恒沸物的体系,例如水 - 乙醇体系和苯 - 环己烷体系,用渗透汽化膜处理时,渗透相和渗余相之间不存在这样的"恒沸点",换言之,恒沸点消失了。这说明可以直接制得纯组分。

(2)对于在常规气 - 液平衡中平衡线与对角线十分接近的体系,如苯 - 环己烷体系,用渗透汽化膜处理时,表示渗透相和渗余相之间浓度关系的"平衡线"与对角线之间的距离加大,说明分离变得容易了。

总之,对于原来平衡线有恒沸点或平衡线与对角线十分接近的体系,恒沸点消失,平衡线与对角线之间的距离变大,说明分离较容易进行。

(二)渗透汽化的传递机理

渗透汽化是兼有传热和传质的过程,通常用溶解 - 扩散模型来描述通过膜的传递,整个传质过程由五步组成:

①组分从料液主体通过边界层传递,达到膜表面,这是对流传质问题;

②组分在膜表面被吸附,也可以认为是膜与液体混合物接触后发生溶解或膜发生溶胀,各组分在液体和膜之间进行分配。各组分对膜可以有不同的溶解度,从而产生了选择性吸附;

③组分在膜内向下游侧扩散,这是分子扩散;

④组分达到下游侧后,在下游侧解吸;

⑤组分离开下游侧排出。

　　分离的选择性可以来自于膜对各组分吸附能力的不同,或各组分在膜内扩散速率的不同。在第一种情况下,浓度梯度将集中于膜靠料液的一侧。在后一种情况下,浓度梯度将集中于膜内。目前尚无可靠的实验根据支持以上两种假设中的一种。

　　在以上各步中,最慢的一步为控制因素。第④步解吸的速率是很快的,其阻力可以忽略不计。第⑤步也是快的,因为抽真空或加载气时都存在气体的主体流动。因此,对渗透汽化的研究集中在第②、③两步。而由于渗透汽化过程包含汽化,汽化在何处发生也是研究的重要内容之一。这方面的研究与热力学密切相关。

(三)单组分在膜内的渗透

　　纯组分的渗透汽化无分离作用,以纯组分为进料进行渗透汽化试验只用于研究组分在膜内的扩散。可以用费克定律描述组分在膜内的扩散:

$$J = -D dc_m/dx \qquad (9-69)$$

　　研究气体在膜上吸附和解吸时的情况可以确定此函数关系。当气体离汽化点愈近时,膜的溶胀程度愈高,扩散系数很快增大。Néel 等人推荐用指数型的经验方程来表达此函数关系:

$$D = D° \exp(\gamma c_m) \qquad (9-70)$$

式中　$D°$ 和 γ 是两个参数,代表了组分 – 膜体系的特性。将式(9-70)代入式(9-69),考虑到稳定操作时渗透通量为常数,积分得到:

$$J = (D°/\gamma\delta)[\exp(\gamma c_{m1}) - \exp(\gamma c_{m2})] \qquad (9-71)$$

式中　δ——膜厚;

　c_{m1}、c_{m2}——膜两侧的浓度。

　　设渗出相一侧为真空,那么可认为 $c_{m2} \approx 0$,从而有:

$$J = (D°/\gamma\delta)[\exp(\gamma c_{m1}) - 1] \qquad (9-72)$$

　　式中,$D°$ 为极限扩散系数,它表征了膜对研究的组分的渗透能力。参数 γ 则表示溶胀效应的强度,γ 越大,D 增加得越快。可以由溶胀实验测得 c_{m1},由吸附动力学实验测 $D°$ 和 γ 值。例如,用聚乙烯醇膜分别对水和乙醇作实验,在25℃下得到:

对水　　　　　　　$D°_w = 10^{-12}$ m²/s　　　　　　$\gamma_w = 15$

对乙醇　　　　　　$D°_{Et} = 10^{-14}$ m²/s　　　　　$\gamma_{Et} = 9$

同温下水的扩散系数为 2.5×10^{-9} m²/s。由此可见:

(1)膜对渗透是有阻力的,$D°_w$ 比同温下的扩散系数小得多。

(2)γ_w 和 γ_B 值为同一数量级。从而可推定,膜的溶胀对两组分产生的效应差不多。

(3)$D°_w$ 比 $D°_{Et}$ 大得多。如果用聚乙烯醇膜处理水 – 乙醇体系,则在渗出相中水的浓度将比乙醇高,即水优先通过膜。

　　这样,可以初步得出结论:是 $D°$ 决定了膜的分离选择性,即是扩散速率的不同决定了渗透汽化的选择性。但这一结论只能是部分的,因为以上分析只是对单组分的渗透而言,没有考虑两组分之间的作用;而且经许多实验发现,γ 值还是可以在 1 ~ 90 变化,说明溶胀还是起一定作用的。

　　进一步的研究表明,假如 γ 值较大,即溶胀程度较高,可以认为膜与溶液接触后形成两层,一层为溶胀了的膜,其行为像一层黏度很高的凝胶,渗透物的扩散系数只是由于黏度增高而降低。另一层为未溶胀、实际上是干的膜,在此层中由于膜下游侧浓度较低,组分的扩

散系数趋于 $D°$,其值只取决于高分子组分体系的特性。在用聚乙烯膜处理水 – 乙醇体系的例子中,正是这层干层决定了膜的选择性,而溶胀层起的作用则较小。

(四)两组分的渗透

两组分同时通过膜时,组分间会发生相互作用,情况相当复杂,至今尚未有令人满意的模型。常用的方法是以浓度梯度表示推动力,由费克定律计算通量,并在确定扩散系数时考虑两组分间的互相影响,得到下面的数学模型:

$$D_A = D°_A (\gamma_{AA} c_{mA} + \gamma_{AB} c_{mB}) \tag{9 – 73}$$

$$D_B = D°_B (\gamma_{BB} c_{mB} + \gamma_{BA} c_{mA}) \tag{9 – 74}$$

式中　γ_{AA}、γ_{BB}——组分本身的溶胀效应;

　　　γ_{AB}、γ_{BA}——一组分对另一组分的影响;

　　　$D°_A$、$D°_B$——两组分各自的极限渗透参数,代表了组分本身的渗透能力,解以上方程组就得到传质通量。

本章主要符号

A——纯水渗透系数,$mol/(m^2 \cdot s \cdot Pa)$　　　D——扩散系数,m^2/s

E——电位,V　　　F——法拉第常数,$= 96500C/mol$

G——脱盐量,mol/s　　　I——电流,A

J——通量,$m^3/(m^2 \cdot s)$　　　K——溶质分配系数

L——管长,m　　　M——离子淌度

N——孔数　　　P——功率,W

P——膜的选择透过度　　　R——通用气体常数,$J/(mol \cdot K)$

S——面积,m^2　　　T——热力学温度,K

c——浓度,mol/m^3　　　c_p——定压比热容,$J/(kg \cdot K)$ 或 $J/(mol \cdot K)$

d——孔径,m　　　i——电流密度,A/m^2

k——传质系数,$m^3/(m^2 \cdot s)$　　　m'——扩散淌度,$m^2 mol/(J \cdot s)$

n——膜对数　　　p——压强,Pa

q_V——体积流量,m^3/s　　　t——迁移数

u——流速,m/s　　　x——摩尔分数

y——摩尔分数　　　Π——渗透压,Pa

α——分离系数　　　β——面积利用率

δ——膜厚,m　　　ε——空隙率

γ——溶胀系数　　　η——电流效率

μ——黏度,$Pa \cdot s$　　　ρ——密度,kg/m^3

τ——时间,s　　　Re——雷诺数(Renolds),$= u d_h \rho/\mu$

Sc——施密特(Schmidt)数,$= \mu/(D\rho)$　　　Sh——谢伍德(Sherwood)数,$= k d_h/D$

本 章 习 题

习题 9 – 1　对 XM100A 超滤膜进行测定,测得其平均孔径为 $1.75 \times 10^{-8} m$,每立方厘米

上有孔 3×10^9 个,皮层厚 $0.2\mu m$。试估算膜的开孔率及在 $100kPa$ 压差、$20℃$ 下的水通量。

习题 9-2 在 $5℃$ 下超滤乳清,要求浓缩 5 倍。料液流速 $1.1m/s$ 时,进料浓度下的通量为 $40L/(m^2 \cdot h)$,浓缩比为 5 时通量降为 $17L/(m^2 \cdot h)$。要求每小时生产 $1000L$ 浓缩液。求两种情况下所需的膜面积:(1)单级间歇操作;(2)单级连续操作。

习题 9-3 有某糖汁反渗透试验装置,糖汁平均浓度 11.5%,采用的试验压强为 $5000kPa$,测得透水通量为 $32L/(m^2 \cdot h)$,透过液中含糖 0.33%。试计算反渗透膜的透水系数及脱除率。已知糖液在 11.5% 下渗透压为 $827kPa$,在 0.33% 下渗透压可忽略不计。

习题 9-4 用连续电渗析器处理含盐 $13mol/m^3$ 的原水。电渗析器具有 60 对膜,隔板尺寸为 $800mm \times 1600mm$,膜的有效面积系数为 73%,操作电压为 $150V$,电流 $17A$,原水处理量为 $3.1t/h$,经处理后水的含盐量为 $3mol/m^3$。试计算:(1)电流密度;(2)电流效率;(3)单位耗电量。

习题 9-5 有某提取柠檬酸的装置,电渗析器具有 120 对膜,每一隔板有流槽 8 程,总长度 $8.56m$,宽 $52mm$。用 $220V$ 电压操作,在 $11h$ 内共处理原液 $2m^3$,原液含电解质总浓度 $930mol/m^3$,经电渗析后残液浓度 $143mol/m^3$,平均电流为 $39.4A$。试计算:(1)电流密度;(2)电流效率;(3)单位耗电量。

习题 9-6 装有 60 对膜的某电渗析器,对平均含盐量 $4.45mol/m^3$ 的原水进行电渗析极限电流的测定,以确定水的流速(或流量)对极限电流的关系。测得结果如下:

极限电压 V/V	119	123	141	134	161	160
极限电流 A/A	11.1	11.9	12.8	13.0	14.1	14.2
流速 $u/(m/s)$	0.07	0.07	0.08	0.08	0.10	0.10
流量 $q_{mh}/(t/h)$	21.4	22.4	24.0	24.4	30.0	30.6

试根据以上数据作出极限电流与流量关系曲线,以定出计算极限电流的方程式。

第十章 冷冻过程

制冷是以消耗机械功或其他能量为代价,利用制冷剂物理状态改变时产生的冷效应获得低温的操作过程。产生低温的方法很多,现代工业已经可以用人工制冷方法产生几乎任何低温。在人工制冷法中,以机械压缩循环制冷法最为常用。此外,低温液化气制冷在食品冷冻中也有一定的地位。

食品工业广泛涉及冷冻过程,主要的应用涉及以下几个方面:

(1)速冻食品、冷冻食品的加工;

(2)食品的冻藏;

(3)食品的特殊加工,如冷冻浓缩、冷冻干燥等;

(4)食品生产车间或食品保藏室的空气调节。

第一节 冷冻的原理

一、制冷的基本原理

(一)制冷循环

现代食品工业中所应用的冷源都是人工制冷得到的。一般的人工制冷方式,根据制冷剂状态变化,可以分为液化制冷、升华制冷和蒸发制冷三类,习惯上又将利用压缩机、冷凝器等构成的制冷循环实现的蒸发式制冷称为机械制冷,而将其他的制冷方式称为非机械制冷。食品工业中应用最广的是机械制冷系统,但非机械制冷方式也有一定的应用。

制冷的基本原理如图 10 – 1 所示,制冷剂在低温低压液体状态时吸热,成为低温低压蒸汽,蒸汽在压缩机作用下成为高温高压气体,此高温高压气被冷却后成为高压低温液体,高压低温液体经过膨胀阀后变成低压低温液体,这样周而复始,构成了制冷循环。

在制冷装置中不断循环流动以实现制冷的工作物质称为制冷剂或简称工质。在制冷循环中,制冷剂经过若干过程以后,回复到原来的状态,其内能的变化必为零。根据热力学第一定律,体系对外的热交换等于对外的功交换,即体系循环的净热等于净功。

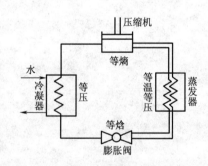

图 10 – 1 制冷循环原理

热力学第二定律表明,热力循环的热效率不可能达到100%。最高的热效率由卡诺循环给出,它由两个可逆等温过程和两个可逆绝热过程组成。若热源的温度为 T_1,冷源的温度为 T_2,则卡诺循环的热效率为:

$$\eta = 1 - T_2/T_1 \tag{10 – 1}$$

习惯上用压 – 容图和温 – 熵图来分析热力循环。一个循环在图上用一条封闭曲线表示,曲线所围成的面积分别表示循环的净功和净热。在这样的图上,如果顺时针进行循环,即从热源吸取热量,将此热量的一部分变成功,其余放给冷源,这样工作的机械称为热机。如果逆方向进行循环,工质将从冷源吸取热量,并和外功一起放给热源,这样的机械就是制冷机。由于逆卡诺循环的四个过程都是可逆过程,所以它是理想的制冷循环。实际制冷循环,如图 10 - 1 所示的循环,不可能按逆卡诺循环进行,但常常将逆卡诺循环作为实际制冷循环完善程度的比较标准。

(二)制冷能力和制冷系数

制冷能力也称为制冷量,是指在一定的操作条件(即一定的制冷剂蒸发温度、冷凝温度,过冷温度)下,单位质量制冷剂从被冷冻物取出的热量,以 q 表示,单位为 W。在相同条件下,同一种制冷剂的制冷能力与压缩机的大小、转数、效率及其它因素有关。由于制冷能力用 W 表示时,其数值很高,因此经常用冷冻吨来表示。1 冷冻吨(1R. T)相当于在 24h 内将 1t 0℃的水冷冻成同温度冰所放出的热量。

逆卡诺循环的制冷量为:

$$Q_0 = T_c(S_2 - S_3) = T_c(S_1 - S_4) \tag{10-2}$$

可见理想制冷循环的制冷量与热源温度无关,但与冷源温度有关。冷源温度越高,理想制冷量越大。

制冷系数的定义为某一循环的制冷量与循环所消耗的热量之比,它是评价制冷循环经济性的一项指标。对于逆卡诺循环,制冷系数为:

$$\varepsilon_0 = \frac{q_0}{q_h - q_0} = \frac{T_c(S_1 - S_4)}{T_h(S_1 - S_4) - T_c(S_1 - S_4)} = \frac{T_c}{T_h - T_c} \tag{10-3}$$

在同样的热源和冷源温度范围内工作的制冷机,其制冷系数必小于逆卡诺循环的制冷系数。

(三)制冷剂和载冷剂

制冷剂是实现制冷不可缺少的物质,理想的制冷剂应具备以下性质:

(1)在大气压下的沸点要低;

(2)单位容积的制冷能力要大;

(3)汽化潜热大;

(4)临界温度要高,至少高于冷却水的温度;

(5)在蒸发器内的压强最好与大气压接近或稍高于大气压,在冷凝器内的压强又不过高,这样空气就不会渗入系统,制冷剂也不会渗出;

(6)不会燃烧和爆炸,无腐蚀性,无毒,无刺激味,价格低廉。

常用的制冷剂有:氨、水、二氧化硫、二氧化碳、氟利昂等,其中氟利昂的性能优良,曾被广泛应用,但由于它会造成环境污染,近年来已被逐渐淘汰。

在工业中,需要进行冷冻加工的场所往往较大,或进行冷冻作业的机台数较多,将制冷剂直接送往各处便不经济,因此采用间接制冷过程。所谓间接制冷是用低价物质作媒介载体实现制冷装置与耗冷场所或机台间的热交换,这种工作物质称载冷剂,它起着将制冷装置制冷剂在蒸发器内所产生的冷量传递给被冷却物体或工作场所的媒介作用。载冷剂也称冷媒或二次冷媒。它将从被冷物体吸取的热量送至制冷装置传递给制冷剂,自身重新降温循环使用,参见图 10 - 2。

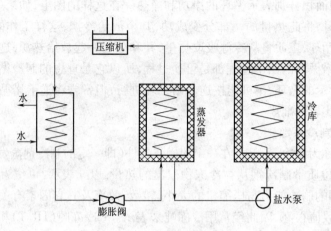

图 10-2　间接蒸发制冷原理

常用的载冷剂有空气、水和盐水及有机物水溶液。选择载冷剂一般应考虑冰点低、比热大、无金属腐蚀性、化学上稳定、价格低及容易获取等因素。作为食品业用的载冷剂,往往还须具备无味、无臭、无色和无毒的条件。

用空气作载冷剂虽然有较多优点,但由于它的比热容小,所以食品冷藏中或冷冻加工中,空气作为冷媒一般只在经换热降温后直接与食品接触时使用。

水虽然有比热容大的优点,但是它的冰点高,所以仅能用作制取 0℃ 以上冷量的载冷剂。如果要制取低于 0℃ 的冷量,可采用盐水或有机溶液作为载冷剂。

氯化钠、氯化钙及氯化镁的水溶液通常称为冷冻盐水。食品工业中最广泛使用的冷冻盐水是氯化钠水溶液。有机溶液载冷剂中,最有代表性的两种载冷剂是乙二醇和丙二醇的水溶液。表 10-1 所列为一些载冷剂的冰点温度。

表 10-1			一些载冷剂的冰点温度		
载冷剂	水溶液浓度/%	冰点温度/℃	载冷剂	水溶液浓度/%	冰点温度/℃
氯化钠溶液	22.4	-21.2	氯化钙溶液	29.9	-55
氯化镁溶液	20.6	-33.6	甲醇	78.26	-139.6
乙二醇	93.5	-118.3	丙二醇	60.0	-60.0
乙二醇	60.0	-46.0	甘油	66.7	-44.4

二、常用制冷方法

(一)空气压缩式制冷

这是较早的一种制冷方法。以空气为制冷剂,先将空气绝热压缩,然后在风压下用冷却水冷却。再使空气在膨胀机中绝热膨胀,其温度继续降低。然后空气通过制冷器(吸热器)在等压下吸热,温度回升到原来的温度,完成一个循环。与逆卡诺循环相比,这一循环用两个等压过程取代了两个等温过程。

由于空气的热容量小,所以参与循环的空气量大,动力消耗高;另外当温度降到零度以下时还会生成冰霜,因此空气压缩制冷在现代工业中已被其它方法所取代。

(二)蒸汽压缩式制冷

这是应用最广泛的一种制冷方法,其原理如图 10 – 3 所示。这种方法主要利用制冷剂相变的热效应来传递热量,压缩机吸入的是湿蒸汽,将它压缩成高压的干饱和蒸汽,然后排入冷凝器用冷却水使其冷凝成饱和液体,这是等温等压过程。饱和液体在膨胀机中绝热膨胀,成为低温低压液体,然后在蒸发器内进行等温等压蒸发,又回到原来状态,同时吸收热量。由于利用了等温相变过程,因此理想的蒸汽压缩循环在 $T – S$ 图上是与逆卡诺循环相同的矩形封闭线。

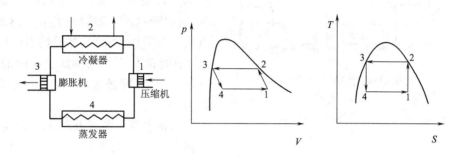

图 10 – 3 蒸汽压缩式制冷

(三)吸收式制冷

吸收式制冷与压缩式制冷的区别在于它用热能代替机械能进行工作。吸收式制冷系统使用两种工质,一种是制冷剂,另一种是吸收剂,它吸收制冷剂而生成溶液。要求吸收剂的沸点要远高于制冷剂的沸点,这样,当将溶液加热时,产生的气相中必然是制冷剂的浓度高。常用的制冷剂是氨,吸收剂是水。近年来广泛采用的是溴化锂 – 水的组合,其中溴化锂为吸收剂,水为制冷剂。

如图 10 –4 所示,点划线左边部分即为普通的蒸汽压缩式制冷,右边部分则相当于蒸汽压缩制冷中的压缩机,其工作原理如下:

从蒸发器出来的低温低压氨蒸气进入吸收器,用低压的稀溶液吸收,生成浓溶液。浓溶液用泵升压,再经过换热器加热,然后进入发生器。在发生器内将高温高压的氨蒸发出来,剩余的稀溶液回到吸收器。高温高压的氨蒸气在精馏器内用冷却水冷却,增浓后的蒸汽进入左边的冷凝器,稀溶液又回到发生器。这样,右边部分起了蒸汽压缩循环中压缩机的作用。

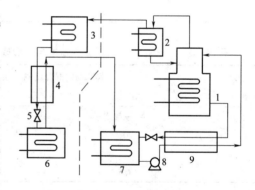

图 10 –4 吸收式制冷

1—发生器 2—精馏器 3—冷凝器
4—过冷器 5—膨胀阀 6—蒸发器
7—吸收器 8—升压泵 9—换热器

(四)蒸汽喷射式制冷

蒸汽喷射式制冷是用高压水蒸气通过喷射器造成低压,使蒸发器维持在此低压。同时将温度高于蒸发器内饱和温度的水喷入蒸发器,水即会蒸发,同时从剩余的水中吸热,使水

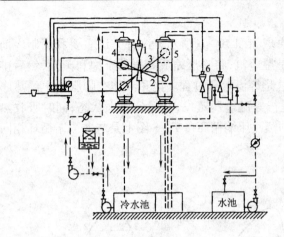

图 10-5　蒸汽喷射式制冷

1——效主喷射器　2—二效主喷射器　3—三效主喷射器

4—蒸发器　5—主冷凝器　6—两级喷射泵

温下降。蒸发出的蒸汽则被从喷射器中抽出,而进入后面的主冷凝器中冷凝,另外用真空泵排出不凝结气体。整个流程如图10-5所示。

(五)融解和溶解制冷

固体吸热后变为液体称为融解,固体溶于溶质称为溶解,这两种状态变化都可以利用来制造冷量。例如,1kg 冰融解成水,可以吸收 334.94kJ 的热量。这种制冷方式有局限性,主要是冰的熔点(冰点)决定了用冰融化不能获得低于零度的温度,其次是冰本身必须由另一种制冷操作获得。

若将水与食盐或其他无机盐类混合,则混合物的熔点将随盐浓度的增加而降低,产生 0℃ 以下的低温。这种水、冰与盐类的混合物,称为起寒剂。冰水盐混合物所得到的低温因盐与水的比例不同而异,见表 10-2。如果需要更低温度,可使用其他盐类,如氯化钙、氯化氨、硝酸钠等与食盐形成复式混合物,见表 10-3。

表 10-2　　　　　　　　食盐-冰混合比与最低温度

混合物的配合比(冰:食盐)	最低温度/℃	混合物的配合比(冰:食盐)	最低温度/℃
100:0	0	85:15	-11.6
95:5	-2.8	80:20	-16.6
90:10	-6.6	75:25	-21.1

表 10-3　　　　　　　各种盐类与冰形成复式混合物后的温度

起寒剂的混合比例/(质量%)					最低温度/℃
$CaCl_2$	NH_4Cl	$NaNO_3$	NaCl	碎冰	
58.8	—	—	—	41.2	-54.9
—	20	—	—	80.0	-15.4
—	—	20.5	21.8	57.7	-25.5
—	17.5	—	19.7	62.7	-25.0

(六)固体升华制冷

固体吸热后直接变成气体称为升华。在制冷中已经应用的主要是固态二氧化碳,即"干冰"。这种干冰在 $1.01 \times 10^5 Pa$ 下的升华温度为 -78.5℃,每千克干冰变成气体时,约吸收573.59kJ 热量。

二氧化碳在其三相点压强 0.52MPa、温度 -56.5℃ 时处于固体与气体共存状态。如果转置于大气压中,固体二氧化碳将直接升华为气体。在温度为 -78.9℃ 时二氧化碳的升华潜热为573.6kJ/kg。升华后的低温二氧化碳与高温食品相接触,即可进行冷冻。

(七)液化气体制冷

液化气体制冷本质上属于蒸发制冷。它利用低沸点液化气体物质直接与食品接触,吸取食品热量使其冻结,而自身蒸发成气体。这种制冷方式能获得的温度可低达 -73℃以下,因而适用于一些要求速冻的场合。另外,由于此法使用后液化气体不再回收,选用时要注意成本。

液氮是最常用的液体直接制冷剂。在常压下液氮的蒸发温度为 -196℃,可吸收蒸发潜热199.3kJ/kg。其潜热虽然不大,但其蒸发温度与0℃的温差很大,蒸发后气体升温还可吸收相当量的显热。因此每千克液氮蒸发后温度升到0℃,共可吸收396.1kJ/kg的热量,约可使1kg水分冻结。

除液氮以外,其他可用来制冷的液化气体有:液化石油气、氟利昂 -12、液氮二甲醚、液态一氧化二氮等。但是液化气体制冷方法不及机械制冷经济。

(八)低温制冷方法

制冷剂的液化是在冷凝器中用冷却剂冷却实现的。由于冷却剂的温度有限度,而且冷凝温度和蒸发温度之差又受到制冷效率的限制,所以制冷温度就不可能很低。如果要求获得更低的温度,就应采用进一步的方法。

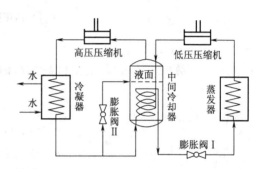

图10-6 双级压缩制冷循环

方法之一是采用多级压缩。在制冷循环中,蒸发温度越低,压缩比就越高。这时可采用多级压缩,以双级压缩较为常见。所谓双级压缩,是指在制冷循环的蒸发器与冷凝器之间设两个压缩机,并在两压缩机间再设一个中间冷却器。一般而言,当压缩比大于8时,采用双级压缩较为经济合理。对氨压缩机来说,当蒸发温度在 -25℃以下时,或冷蒸汽压强大于1.212×10^6Pa时,宜采用双级压缩制冷。双级压缩制冷循环的原理如图10-6所示。

在低压蒸发器内生成的低压蒸汽由低压压缩机压缩到中间压强,然后进入中间冷却器被部分制冷剂的蒸发吸热而冷却。而后,中间冷却器中的蒸汽进入高压压缩机,压缩后的高压蒸汽在冷凝器中被冷凝成液体,此液体一部分进入中间冷却器,与来自低压压缩机的蒸汽换热,然后进入低压膨胀阀;另一部分进入高压膨胀阀,然后再进入中间冷却器。

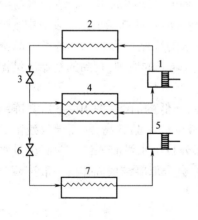

图10-7 两级串联制冷循环
1—高温压缩机 2—高温冷凝器
3—高温膨胀阀 4—中间换热器
5—低温压缩机 6—低温膨胀阀 7—低温蒸发器

这样的两级压缩制冷若用氨或氟利昂 -12作制冷剂,可达到 -25 ~ -70℃的低温。

另一种方法是采用串联制冷循环。图10-7是两级串联制冷循环示意图,图中的中间换热器对高温系统而言是蒸发器,对低温系统而言是冷凝器,用高温制冷剂产生的冷效应将沸点较低的低温制冷剂液化,从而降低了低温部分的冷凝温度。这样的两级串联制冷系统可以获得 -80 ~ -120℃的低温,极限情况下可达到 -210℃。

如果要求更低的温度,可以用气体节流膨胀或绝热膨胀的方法。

第二节 食品的冷冻

食品的低温保藏也称为食品的冷冻保藏,它分为两种类型,一类是食品的冷藏,另一类是食品的冻结。前者是将食品的温度下降到冻结点以上的某一合适温度,食品中的水分不冻结,达到使大多数食品能短期贮藏以及某些食品能长期贮藏的目的。后者是将食品的温度下降到冻结点以下的某一预定温度,使食品中绝大多数的水分形成冰结晶,达到使食品长期贮藏的目的。

一、食品的冷冻过程

(一) 食品的冻结曲线

水冻结成冰的一般过程是先降温过冷,而后在冰点温度下形成冰晶体,如图 10 - 8 所示。冰晶体不是一到0℃就形成,而是要先经过一个过冷过程,即水温要降到低于冰点温度才会出现从液态到固态的相转变。水在什么过冷温度下开始出现冰晶依不同条件而异,但一旦出现相变,水的温度便会马上回到冰点温度,在全部水冻结成冰以前,体系的温度维持在冰点不变。

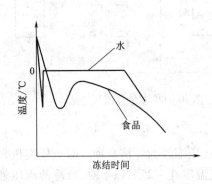

图 10 - 8 水和食品的冻结曲线

食品冻结过程是食品中自由水形成冰晶体的物理过程。食品中的水分以自由水和结合水两种形式存在。自由水是可以结冰的水分。结合水与固形物结合在一起,冷冻时不能冻结成冰。食品中水分的冻结过程大致与水的冻结过程相似。各类食品都有一个初始冻结温度,习惯称为食品的冰点。根据溶液冰点降低的原理,食品的初始冻结温度总是低于水的冰点。

食品在冻结时的温度 - 时间关系是一条温度不断降低的曲线(图 10 - 8),其冻结过程不是等温的,主要原因是随着冰不断从溶液析出,溶液浓度不断升高,从而导致残留溶液冰点不断下降。即使在温度远低于冰点情况下,仍有部分自由水没有冻结。含有少量水的未冻结的高浓度溶液,只有当温度降低到低共熔点时,才会全部凝结成固体。一般冻藏食品的温度仅为 -18℃左右,其中的水分实际上并未完全冻结。

(二) 水分结冰率与最大冰晶生成区

食品冻结过程中水分转化为冰晶体的程度常用水分结冰率 ψ 表示。水分结冰率也称冻结率或结冰率,它指的是食品冻结到一定温度时形成的冰晶体质量 m_i 与食品总水分(包括结冰水和液态水)质量之比,即:

$$\psi = m_i/(m_i + m_w) \tag{10-4}$$

水分结冰率与温度有关。冻结前为零,冻结过程中随着温度的降低而增加,当温度降到低共熔点或更低些时,其值达到最大值,即 100%。水分结冰率与食品温度间有以下近似关系:

$$\psi = (1 - t_r/t) \tag{10-5}$$

式中　t_r——食品的冰点,℃;

　　　t——低于冰点的食品温度,℃。

根据式(10-5),食品冻结时大部分水分是在靠近冰点的温度区域内形成冰晶体的。到后期,结冰率随温度变化程度不大。通常把水分结冰率变化最大的温度区域称为最大冰晶生成区,此温度区域对应的温度在 -1 ~ -5℃。

二、食品冻结中的物理性质

(一)食品热物理性质的估算

食品的热物理性质不仅与其含水量、组分、温度有关,而且还与食品的结构、水和组分的结合情况有关,一些食品组分的热物理性质列于表 10-4,更多的数据见附录或有关手册。

表 10-4　　　　　　　　　　　一些食品组分的热物理性质

组分	密度 $\rho/(\text{kg/m}^3)$	比热容 $c_p/[\text{kJ/(kg·K)}]$	热导率 $\lambda/[\text{W/(m·K)}]$
水	1000	4.182	0.60
碳水化合物	1550	1.42	0.58
蛋白质	1380	1.55	0.20
脂肪	930	1.67	0.18
空气	1.24	1.00	0.025
冰	917	2.11	2.24
矿物质	2400	0.84	

1. 密度的计算

Hsiek 提出用下式计算食品材料的密度 ρ:

$$\frac{1}{\rho} = \frac{w_w}{\rho_w} + \frac{w_s}{\rho_s} + \frac{w_i}{\rho_i} = \sum_i \frac{w_i}{\rho_i} \tag{10-6}$$

式中 w 表示组分的质量分数;各下标代表的组分为:w 表示未冻水;s 表示固体;i 表示冰。

如果食品中有明显的空隙率 ε,则用下式计算密度:

$$\frac{1}{\rho} = \varepsilon \sum_i \frac{w_i}{\rho_i} \tag{10-7}$$

2. 比热容的计算

当食品的温度高于初始冻结温度时,可以按其组成计算比热容:

$$c_p = 4.18 w_w + 1.711 w_p + 1.574 w_c + 1.928 w_f + 0.908 w_a \tag{10-8}$$

式中下标 w 表示水分;p 表示蛋白质;c 表示碳水化合物;f 表示脂肪;a 表示灰分。

如果不知道食品的组成,也可用下列的近似公式计算:

$$c_p = 1.470 + 2.72 w_w \tag{10-9}$$

若食品的温度低于冻结温度时,则用 Seibel 建议的式子估算冻结后比热容:

$$c_p = 0.837 + 1.256w_w \tag{10-10}$$

3. 热导率的计算

食品的温度高于初始冻结温度时的热导率:

$$\lambda = 0.58w_w + 0.155w_p + 0.25w_c + 0.16w_f + 0.135w_a \tag{10-11}$$

如果不清楚食品的详细组分,只知道水的质量分数,可用下列式子计算:

$$\lambda = 0.26 + 0.33w_w \tag{10-12}$$

食品材料往往不是均质材料,如果食品由两种组分组成,根据不同的情况(见图 10-9),按不同的方法计算热导率。

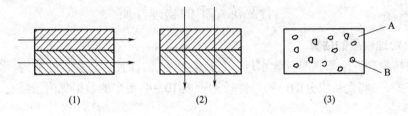

图 10-9　非均相食品计算热导率的三种情况

图 10-9(1)表示传热的方向与两组分系统的界面平行,其热导率为:

$$\lambda = v_1\lambda_1 + v_2\lambda_2 \tag{10-13}$$

式中　v_i、λ_i——第 i 组分的体积分数和热导率。

图 10-9(2)所示的传热方向与两组分系统的界面垂直,其热导率为:

$$\lambda = \left(\frac{v_1}{\lambda_1} + \frac{v_2}{\lambda_2} \right)^{-1} \tag{10-14}$$

图 10-9(3)所示的情况是组分 d 扩散与另一组分 c 中,其热导率为:

$$\lambda = \lambda_c \times \frac{1-c}{1-c(1-v_d)} \tag{10-15}$$

$$c = v_d^2 \left(1 - \frac{\lambda_d}{\lambda_c} \right) \tag{10-16}$$

0℃的冰的热导率远大于 0℃的水,所以冻结食品的热导率也远高于未冻结食品的热导率,Choi 和 Okos(1984 年)提出下面的计算式。

$$\lambda = \rho \sum_i \lambda_i \frac{v_i}{\rho_i} \tag{10-17}$$

(二)冻结对食品的影响

在冻结时,食品本身会发生一系列的物理、化学和质构方面的变化。

1. 物理性质的变化

(1)密度和内压　水在 0℃时冻结成冰时,体积约膨胀 9%。而冰进一步降温时,体积又会收缩(每下降 1℃,其体积收缩 0.001% ~ 0.005%)。一般情况下,水的冻结总是使密度变小。食品的冻结也有这种效应,而且密度的减小与食品的含水量成正比,图 10-10 即是冻草莓的密度与温度间的关系。冻结是从外向内进行的,食品外部先形成冰层。当内部水分因冻结而膨胀时,会受到外部冻结层的阻碍,于是产生内压,即所谓的冻结膨胀压。根据理论计算,冻结膨胀压的数值可达 8.59MPa。当内压超过外层冻结层的强度屈服限时,会使外层破裂,使内压消失。在采用温度较低的液氮进行冻结时,较厚的产品表面会出现龟裂,就是因内压而造成的。

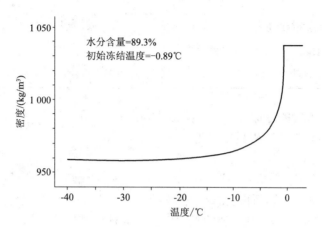

图 10－10　冻草莓的密度与温度间的关系

（2）比热容　冰的比热容是水的 1/2,因此冻结食品的比热容也会较未冻结时为小。由于食品冻结时水是逐渐变成冰的,因此食品冻结时的比热容不是一个定值。

（3）热导率　冰的热导率约为水的 4 倍,因此冻结食品的热导率也较未冻结时的大。同样,食品在冻结过程中,其热导率也不是定值。总的变化趋势是,随着冻结的进行,食品的热导率不断增大。

2. 质构的变化

冻结过程中,主要处于细胞间隙内的那些与亲水胶体结合较弱或以低浓度溶液状态存在的水分会首先形成冰晶体,并且存在一个细胞内水分向细胞间已形成的冰晶体迁移聚集的趋势,这种趋势将一直保持到温度降低到足以使细胞内汁液就地转化为冰晶为止。冻结过程进行得越慢,水分重新分布越显著。由于细胞内的水分向细胞间迁移,结果造成细胞内浓度的增加,其冰点进一步下降,于是水分外逸量又会再次增加。正是这样,细胞间隙的冰晶体颗粒就愈长愈大,破坏了食品组织,降低了冷冻食品的复原质量。冻结过程如果以较快速度完成,则上述的水分重新分布、造成组织破坏的程度将得到缓和。因为快速冻结时,组织内的热量迅速向外传递,从而细胞内的温度迅速下降,使细胞内的水分大多在原地冻结。这样可以形成既小又多的冰晶体,分布也较均匀,使冷冻食品解冻时最大程度地保持未冻食品的组织状态。

一般以冻藏为目的冻结宜用快速冻结手段,另一些冷冻作业中则要求将冻结速度控制在一般水平,如冷冻浓缩、冷冻干燥等。

三、食品冻结前的冷却

食品的冷却是冻藏的前处理,冷却本质上是传热问题。在冷却过程中,导热主要发生在食品的内部,对流主要发生在以气体和液体为冷却介质的冷却介质内部及食品表面与冷却介质之间,辐射发生在自然对流或流速较小的冷加工和冻藏中。几种常见冷却方式下的对流传热系数见表 10 – 5。

表 10 – 5   几种冷却方式的对流传热系数

冷却方式	$\alpha/[W/(m^2 \cdot K)]$	冷却方式	$\alpha/[W/(m^2 \cdot K)]$
空气微弱对流或微弱通风的库房	3 ~ 10	水自然对流	200 ~ 1000
空气流速小于 1.0m/s	17 ~ 23	液氮喷淋	1000 ~ 2000
空气流速大于 1.0m/s	29 ~ 34	液氮浸渍	5000

(一)毕渥数 $Bi < 0.1$ 时的冷却

在第四章已给出毕渥数 Bi 的定义为:

$$Bi = \alpha l/\lambda \tag{10 – 18}$$

式中特征尺寸 l 对大平板食品取厚度的一半,对圆球或圆柱状食品取半径。毕渥数反映了固体食品内部单位导热面积上的导热热阻与单位表面积上的对流传热热阻之比。当毕渥数 $Bi_i < 0.1$ 时,冷却过程的热传递的阻力主要是对流传热阻力,导热热阻可以忽略不计,可假设食品内部的温度分布与空间坐标无关,只是时间的函数。在第四章中已导出此时的计算公式:

$$\frac{t - t_b}{t_0 - t_b} = e^{-\frac{\alpha A\tau}{\rho V c_p}} \tag{10 – 19}$$

或:

$$T_c^* = e^{-BiFo} \tag{10 – 20}$$

[例 10 – 1]用 $t_b = 0℃$ 的空气冷却青豌豆。青豌豆的水分为 74%,初温 $t_0 = 25℃$,冷却终了的温度 $t = 3℃$,青豌豆可以看作半径 $R = 5mm$ 的球体,密度 $\rho = 950 \ kg/m^3$,求冷却所需的时间。

解:由式(10 – 7)计算得青豌豆的比热容 c_p 为 $3.483kJ/(kg \cdot K)$;由式(10 – 12)计算得热导率 λ 为 $0.504W/(m \cdot K)$;由表 10 – 5 取自然对流的对流传热系数 $10W/(m^2 \cdot K)$。

$$B_i = \frac{\alpha l}{\lambda} = \frac{10 \times 0.005}{0.504} = 0.0992 < 0.1$$

将青豌豆看作半径 $R = 5mm$ 的球体,则:$\dfrac{V}{A} = \dfrac{R}{3}$

$$\tau = -\frac{\rho c_p V}{\alpha A}\ln\frac{t - t_b}{t_0 - t_b} = -\frac{950 \times 3.483 \times 1000 \times 0.005}{10 \times 3}\ln\frac{3 - 0}{25 - 0} = 1169(s)$$

[例 10 – 2]某食品罐头高 0.05m,直径 0.05m,初始温度为 – 18℃,其热导率为 $2W/(m \cdot K)$,比热容为 $2510J/(kg \cdot K)$,密度为 $961kg/m^3$,空气对流传热系数为 $5.7 \ W/(m^2 \cdot K)$,现将罐头放在静止的空气中解冻,空气温度为 21℃,试计算半小时后的罐头温度。

解: $$B_i = \frac{\alpha l}{\lambda} = \frac{5.7 \times 0.025}{2} = 0.007 < 0.1$$

罐头体积 $$V = \frac{\pi \times 0.05^2}{4} \times 0.05 = 9.81 \times 10^{-5}(m^3)$$

罐头表面积 $$A = \pi \times 0.05 \times 0.05 + 2 \times \frac{\pi \times 0.05^2}{4} = 1.18 \times 10^{-2}(m^2)$$

故: $$\frac{\alpha A\tau}{c_p \rho V} = \frac{t - 21}{-18 - 21} = \frac{5.7 \times 1.18 \times 10^{-2} \times 1800}{2510 \times 961 \times 9.81 \times 10^{-5}} = -0.51$$

$$t = -2.4℃$$

(二)大平板食品的温度变化与冷却时间

1. $0.1 < Bi < 40$ 的情况

记大平板的厚度为 $2b$,由于大平板的两边均为冷却面,以 x 作为食品厚度方向的坐标,在中心平面处记为 $x = 0$, $x = \pm b$ 即为食品的两个侧表面。

如果用食品的平均温度 $\bar{t}$ 作为食品冷却的衡量指标,它与冷却所需时间的关系可以用下面的近似式描述:

$$\tau = 0.43 \frac{c_p \rho}{\lambda} b \left(2b + \frac{5.3\lambda}{\alpha}\right) \left(\lg \frac{t_0 - t_b}{t - t_b} + \lg \phi\right) \tag{10-21}$$

式中, $\phi = \dfrac{2\sin^2\mu}{\mu(\mu + \sin\mu\cos\mu)}$, μ 的数值由 Bi 决定,可从图 10-11 查取,在 Bi 非常大时, μ 的数值趋于 π。

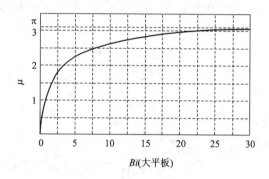

图 10-11 大平板食品的 μ 与 Bi 的关系

当 $Bi < 8$ 时,式(10-21)可以化简为:

$$\tau = 0.43 \frac{c_p \rho}{\lambda} b \left(2b + \frac{5.3\lambda}{\alpha}\right) \lg \frac{t_0 - t_b}{\bar{t} - t_b} \tag{10-22}$$

如果用食品的中心温度 t_c 作为食品冷却的衡量指标,则 t_c 与时间的关系式为:

$$\tau = 0.92 \frac{c_p \rho}{\lambda} b \times \left(b + 2.4 \frac{\lambda}{\alpha}\right) \lg \frac{t_0 - t_b}{t_c - t_b} + 0.1012 \frac{c_p \rho}{\lambda} b^2 \frac{b + 2.4 \frac{\lambda}{\alpha}}{b + 1.3 \frac{\lambda}{\alpha}} \tag{10-23}$$

2. $Bi > 40$ 的情况

当 $Bi > 40$ 时,可以忽略食品表面对流传热的阻力,食品表面的温度与冷却介质相等。若以食品的中心温度作为冷却的指标,近似的表达式为:

$$\tau = 9.2 \frac{c_p \rho}{\lambda} \left(\frac{b}{\pi}\right)^2 \left(\lg \frac{t_0 - t_b}{t_c - t_b} + \lg \frac{4}{\pi}\right) \tag{10-24}$$

[例 10-3]用 $t_b = -2℃$ 的空气冷却牛肉,牛肉的初始温度为 25℃,冷却终了的平均温度为 2℃,牛肉可近似作为厚度为 18cm 的大平板, $\rho = 960$ kg/m³,瘦牛肉(水分 75%)的 λ 为 0.506W/(m·K), $c_p = 3485$J/(kg·K),试求空气自然对流的冷却时间。若 $Bi > 40$,求牛肉中心达到 1℃ 需要的时间。

解:(1)取 $\alpha = 10$W/(m²·K),已知 $b = 0.09$m

$$Bi = \frac{\alpha b}{\lambda} = \frac{10 \times 0.09}{0.506} = 1.78 < 8$$

$$\tau = 0.43 \frac{3485 \times 960}{0.506} \times 0.09 \left(0.18 + \frac{5.3 \times 0.506}{10}\right) \ln \frac{25 - (-2)}{2 - (-2)} = 95103(\text{s}) = 26.4(\text{h})$$

(2)$Bi > 40$ 时　即 $\alpha > \dfrac{40\lambda}{b} = \dfrac{40 \times 0.506}{0.09} = 224 \left[\text{W}/(\text{m}^2 \cdot \text{K})\right]$

$$\tau = 9.2 \frac{3485 \times 960}{0.506} \left(\frac{0.09}{3.14}\right)^2 \left(\lg \frac{25 - (-2)}{1 - (-2)} + \lg \frac{4}{3.14}\right) = 52932(\text{s}) = 14.7(\text{h})$$

(三) 长圆柱食品的温度变化和冷却需要的时间

以长圆柱食品的平均温度 $\bar{t}$ 作为食品冷却的衡量指标,它与冷却所需时间的关系可以用下面的近似式描述:

$$\tau = 0.3565 \frac{c_p \rho}{\lambda} R \left(R + \frac{3.16\lambda}{\alpha}\right) \left(\lg \frac{t_0 - t_b}{t - t_b} + \lg \phi\right) \qquad (10-25)$$

式中,$\phi = \dfrac{4Bi^2}{\mu^2(\mu^2 + Bi^2)}$,$\mu$ 的数值可从图 10-12 查取,其数值不断趋于 2.4。

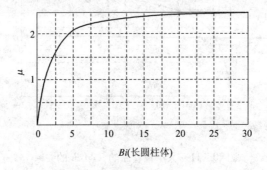

图 10-12　长圆柱食品的 μ 与 Bi 的关系

当 $Bi < 4$ 时,$\phi \approx 1$,式(10-25)简化为:

$$\tau = 0.3565 \frac{c_p \rho}{\lambda} R \left(R + \frac{3.16\lambda}{\alpha}\right) \left(\lg \frac{t_0 - t_b}{t - t_b}\right) \qquad (10-26)$$

式中,R 为长圆柱食品的半径,m。

若以长圆柱食品的中心温度来计算冷却时间,则有:

$$\tau = 0.3833 \frac{c_p \rho}{\lambda} R \left(R + 2.85 \frac{\lambda}{\alpha}\right) \left(\lg \frac{t_0 - t_b}{t_c - t_b}\right) + 0.0843 \frac{c_p \rho}{\lambda} R^2 \frac{R + 2.85 \frac{\lambda}{\alpha}}{R + 1.7 \frac{\lambda}{\alpha}} \qquad (10-27)$$

[例 10-4] 用 $t_b = -1\,℃$ 的海水冷却金枪鱼,设金枪鱼为半径 0.1m 的长圆柱,初始温度为 20℃,冷却结束时的鱼的平均温度为 3℃,鱼的密度为 1000kg/m³,含水率为 70%,比热容为 3430J/(kg·K)。试计算需要的冷却时间。

解:用公式计算热导率,得 $\lambda = 0.5\text{W}/(\text{m} \cdot \text{K})$。取水的自然对流传热系数,$\alpha = 500\text{W}/(\text{m}^2 \cdot \text{K})$。

$$Bi = \frac{\alpha R}{\lambda} = \frac{500 \times 0.1}{0.5} = 100 > 4$$

$$\tau = 0.3565 \frac{3430 \times 1000}{0.5} 0.1 \left(0.1 + \frac{3.16 \times 0.5}{500} \right) \left[\lg \frac{20 - (-1)}{3 - (-1)} + \lg \frac{4 \times 100^2}{2.4^2 (2.4^2 + 100^2)} \right]$$
$$= 14260 (s) = 4 (h)$$

（四）球状食品的温度变化和冷却需要的时间

以球状食品的平均温度 $\bar{t}$ 作为食品冷却的衡量指标，它与冷却所需时间的关系可以用下面的近似式描述：

$$\tau = 0.1955 \frac{c_p \rho}{\lambda} R \left(R + 3.85 \frac{\lambda}{\alpha} \right) \left(\lg \frac{t_0 - t_b}{\bar{t} - t_b} + \lg \phi \right) \tag{10-28}$$

式中，$\phi = \dfrac{6Bi^2}{\mu^2 (\mu^2 + Bi^2 - Bi)}$，$\mu$ 的值可从图 10 - 13 查取，Bi 非常大时，μ 趋于 π。

当 $Bi < 4$ 时，$\phi \approx 1$，上式可简化为：

$$\tau = 0.1955 \frac{c_p \rho}{\lambda} R \left(R + 3.85 \frac{\lambda}{\alpha} \right) \left(\lg \frac{t_0 - t_b}{\bar{t} - t_b} \right) \tag{10-29}$$

若以圆球食品的中心温度来计算冷却时间，则有：

$$\tau = 0.2233 \frac{c_p \rho}{\lambda} R \left(R + 3.2 \frac{\lambda}{\alpha} \right) \left(\lg \frac{t_0 - t_b}{t_c - t_b} \right) + 0.0737 \frac{c_p \rho}{\lambda} R^2 \frac{R + 3.2 \frac{\lambda}{\alpha}}{R + 2.1 \frac{\lambda}{\alpha}} \tag{10-30}$$

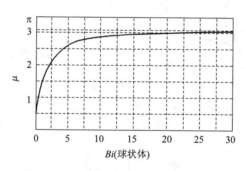

图 10 - 13　球状体食品的 μ 与 Bi 的关系

［例 10 - 5］用温度为 0℃，流速为 1m/s 的冷空气冷却苹果，苹果的初始温度为 25℃，密度为 950kg/m³，比热容为 3.55kJ/(kg·K)，苹果可看成半径为 0.04m 的圆球体，对流传热系数为 12W/(m²·K)，苹果的热导率为 0.76W/(m·K)。试分别求苹果的平均温度和中心温度达到 3℃所需要的冷却时间。

解：$Bi = \dfrac{12 \times 0.04}{0.76} = 0.63 < 4$

平均温度为 3℃所需要的冷却时间：

$$\tau = 0.1955 \frac{3550 \times 950}{0.76} 0.04 \left(0.04 + 3.85 \frac{0.76}{12} \right) \left(\lg \frac{25 - 0}{3 - 0} \right) = 9069 (s) = 2.52h$$

中心温度为 3℃所需要的冷却时间：

$$\tau = 0.2233 \frac{3550 \times 950}{0.76} 0.04 \left(0.04 + 3.2 \frac{0.76}{12} \right) \left(\lg \frac{25 - 0}{3 - 0} \right) +$$

$$0.0737 \frac{3550 \times 950}{0.76} (0.04)^2 \frac{0.04 + 3.2 \frac{0.76}{12}}{0.04 + 2.1 \frac{0.76}{12}} = 10328 (s) = 2.87h$$

(五)短圆柱、立方体的冷却时间

大平板、长圆柱及球状体的食品的冷却过程的描述同样可以用第四章所述的方法处理。短圆柱体可以看成为是一长圆柱体和一大平板的垂直切割而成,食品与冷却介质的热交换分别从半径方向和轴线方向同时进行;立方体则为三个大平板相互垂直切割而成,其热交换则从三个相互垂直的方向进行。有关利用这些图的计算方法,这里不再赘述。

[例10-6]用 $t_b = -2℃$ 的空气冷却牛肉块,肉块 x、y、z 三个方向长度分别为300、200和180mm,牛肉块的初始温度为25℃,冷却终了的平均温度为2℃,牛肉块的密度 ρ 为960kg/m^3,比热容 c_p 为3485 J/(kg·K),热导率 λ 为0.506 W/(m·K),冷空气为自然对流,对流传热系数 α 为10 W/(m^2·K)。若冷却至牛肉块的平均时间为2℃,问时间需要多长?

解:x 方向上 $Bi = \dfrac{\alpha b}{\lambda} = \dfrac{10 \times 0.15}{0.506} = 2.96 < 8$,

$$\tau = 0.43 \frac{c_p \rho}{\lambda} b\left(2b + \frac{5.3\lambda}{\alpha}\right)\lg\left(\frac{t_0 - t_b}{\bar{t} - t_b}\right)_x = 0.43 \frac{3485 \times 960}{0.506} \times 0.15\left(0.3 + \frac{5.3 \times 0.506}{10}\right)\lg\left(\frac{t_0 - t_b}{\bar{t} - t_b}\right)_x$$

整理得:

$$\lg\left(\frac{t_0 - t_b}{\bar{t} - t_b}\right)_x = \frac{\tau}{242308}$$

同样的方法得到在 y 方向上,有:

$$\tau = 0.43 \frac{3485 \times 960}{0.506} \times 0.10\left(0.2 + \frac{5.3 \times 0.506}{10}\right)\lg\left(\frac{t_0 - t_b}{\bar{t} - t_b}\right)_y$$

整理得:

$$\lg\left(\frac{t_0 - t_b}{\bar{t} - t_b}\right)_y = \frac{\tau}{133056}$$

在 z 方向上,有:

$$\lg\left(\frac{t_0 - t_b}{\bar{t} - t_b}\right)_z = \frac{\tau}{114633}$$

三式相加:

$$\lg\left(\frac{t_0 - t_b}{\bar{t} - t_b}\right)_{x,y,z} = \frac{\tau}{242308} + \frac{\tau}{133056} + \frac{\tau}{114633}$$

即:

$$\lg\left[\frac{25 - (-2)}{2 - (-2)}\right] = \frac{4.93\tau}{242308} \qquad \tau = 40760 \text{ s} = 11.3\text{h}$$

四、食品的冻结

(一)冻结过程的传热与产品的温度分布

冷冻过程耦合了两个不稳定传热过程,即外部传热与内部传热过程。外部传热过程是食品与冷冻介质间的表面传热过程,因采用的冻结方式不同,又可分两种情形。冷冻介质(如冷空气)直接与食品接触时为对流传热,间接接触换热的场合(如接触式冷冻)情形则是一个热传导过程。冷冻过程的另一个传热过程是食品内部的非稳定热传导。

外部对流传热的推动力是食品与冷冻介质的温差,对流传热系数的大小是由冷冻介质的性质,流速和食品表面状态所决定的。内部传热的推动力是食品表层与内部的温差,影响因素有密度、比热和导热系数。

外部温差与内部温差在整个冻结过程不断发生着变化,变化的总趋势是逐渐缩小。但直至冷结操作结束也不会缩小到可以忽略。因此一般冷冻计算中采用的冻结终了温度通常是一个平均温度。此温度一般可取冻结结束时的食品表层温度与食品中心点温度的算术平均值(图10－14)。

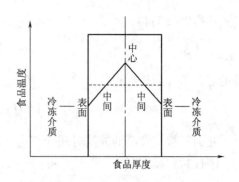

图 10 － 14　冻结食品的温度分布

(二)实际冻结速度及冻结时间

冻结速度的定义为从食品与冷冻介质相接触表面到温度中心点的距离与冻结时间的比。冻结时间是温度均匀食品的中心点温度从初温下降到一定程度低温所需的时间。冻结时间有公称冻结时间和有效冻结时间之分。温度均匀的食品,其中心点温度从0℃下降到比冰点低10℃时所需的时间称为公称冻结时间。温度均匀的食品,从 t_a 下降到某一平均温度所需的时间称为实际冻结时间。冻结终了时食品平均温度一般控制在 －18℃ 以下。对应于公称和有效冻结时间,也有公称冻结速度和有效冻结速度之分。

(三)冻结时间的预测

由于冻结时间与冻结速度成反比,而冻结速度与传热因素相关,所以任何形式的冻结时间预测式都包含传热因素。下面介绍的 Plank 方程是国际制冷学会推荐的冻结时间预测式。

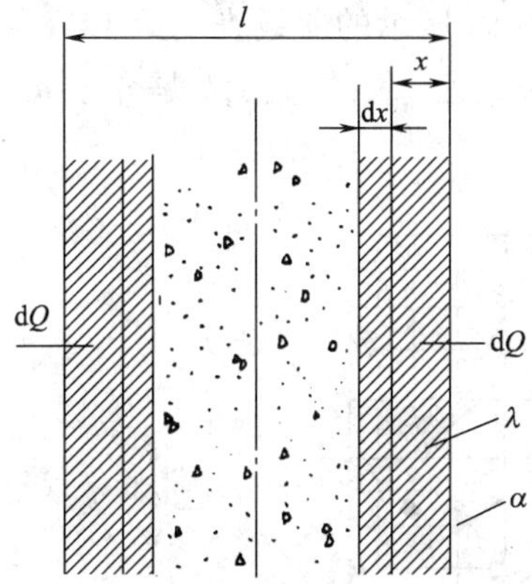

设厚度为 l 的平板状物品(图 10 － 15)预冷到0℃后,置于介质温度为 t 的环境中,物品温度降到冰点 t_p 时开始冻结。经一段时间后冻结层离中心已有 x 距离。又经 $d\tau$ 时间后冻层向内推进 dx 距离。对冻层厚度为 dx,表面积为 A,其放出的热量 dQ 为:

$$dQ = A\rho r_i dx \tag{10－31}$$

式中　ρ——密度,kg/m^3;

r_i——形成冰时的热量,J/kg。

此热量在 t_p 与 t 的温差作用下,经厚度为 x 的冻层在 $d\tau$ 时间内传至冷却介质,其传出的热量为:

$$dQ' = KA\Delta t d\tau \tag{10－32}$$

式中　$\Delta t = t_p - t$

因为放出的热量应该等于这一时间从内部传出的热量。因此:

$$dQ = dQ' \tag{10－33}$$

即:

$$A\rho r_i dx = KA\Delta t d\tau \tag{10－34}$$

从而:

$$d\tau / dx = \rho r_i / K\Delta t \tag{10－35}$$

K 为总传热系数,即:

图 10 － 15　平板状食品的冻结

$$K = 1/(1/\alpha + x/\lambda) \tag{10-36}$$

代入式(10-35)得：

$$d\tau = \frac{\rho r_i}{\Delta t}\left(\frac{1}{\alpha} + \frac{x}{\lambda}\right) \tag{10-37}$$

确定边界条件后进行积分：

$$\tau = \int_0^\tau d\tau = \int_0^{l/2} \frac{\rho r_i}{\Delta t}\left(\frac{1}{\alpha} + \frac{x}{\lambda}\right)dx = \frac{\rho r_i}{2\Delta t}\left(\frac{l}{\alpha} + \frac{l^2}{4\lambda}\right) \tag{10-38}$$

此为平板状食品的冻结时间计算式,对于圆柱状及球状食品其计算式分别为：

圆柱状食品：

$$\tau = \frac{\rho r_i}{4\Delta t}\left(\frac{d}{\alpha} + \frac{d^2}{4\lambda}\right) \tag{10-39}$$

球状食品：

$$\tau = \frac{\rho r_i}{6\Delta t}\left(\frac{d}{\alpha} + \frac{d^2}{4\lambda}\right) \tag{10-40}$$

将上述公式引入适当的系数就能得到适用三种几何形状的通用计算式：

$$\tau = \frac{\rho r_i}{\Delta t}\left(\frac{Px}{\alpha} + \frac{Rx^2}{\lambda}\right) \tag{10-41}$$

式中, P 和 R 为系数,与被冻物的几何形状有关：

板状食品	$P = 1/2$	$R = 1/8$
圆柱状食品	$P = 1/4$	$R = 1/16$
球状食品	$P = 1/6$	$R = 1/24$

对于方块或长方块食品,在使用上述方程时,用图 10-16 所示的曲线查出 P 和 R 值就较精确。图中 $\beta_1 = b/c$, $\beta_2 = a/c$, c 是块状食品的最短边长, a 是最长的边长, b 是介于 a 与 c 之间的边长。

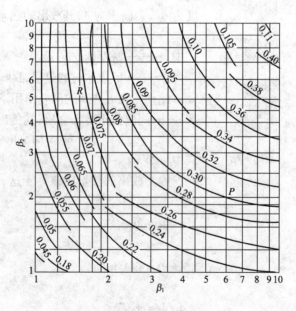

图 10-16 块状食品的 P 和 R 值

上述计算式只考虑形成冰时放出潜热所需的时间,而未考虑物品从初温到冻结点的时间。实际冰结时间往往并不把物品预冻到冻点温度再冻结。其次,计算式推导中冻结区内热导率 λ 值为常数,实际上随着冻层温度降低,冻结水量增加,冻层内热导率是变化的。再则传热情况是在两侧温度不变的稳定条件下进行的,实际冻结中两侧温差在变。为改进此计算式,出现了许多引进其他因素的计算式,但是计算却繁杂得多。因此尽管此式有局限性,但仍能满足实用估算要求。

为改进精度,可把计算式中的 r_i 用食品初终温时的焓差(ΔH)取代,则冻结时间计算式的最后形式为:

$$\tau = \frac{\rho \Delta H}{\Delta t}\left(\frac{Px}{\alpha} + \frac{Rx^2}{\lambda}\right) \tag{10-42}$$

式中 x——板状食品表示厚度,圆柱或球状表示直径。

上式即是 Plank 冻结时间预测方程,它是国际制冷学会推荐的冻结时间预测公式。

[例 10-7]在 $-30℃$ 的送风冻结器内,冻结外形为 $0.4m \times 0.3m \times 0.15m$ 的猪肉块。试计算该肉块初温35℃冻至终温 $-15℃$ 时所需时间。由有关手册上查得:$\Delta h = 305.65\text{kJ/kg}$,$\rho = 1050\text{kg/m}^3$,$t_p = -2.8℃$,$\lambda = 1.02\ \text{W/(m}^2 \cdot \text{K)}$,$t = -30℃$ 时,$\alpha = 13.76\ \text{W/(m}^2 \cdot \text{K)}$。

解:根据肉块外形求出 β_1 及 β_2:$\beta_1 = b/c = 0.30/0.15 = 2$,$\beta_2 = a/c = 0.4/0.15 = 2.66$;再利用图 10-16 找出 P 和 R 值得:$P = 0.27$,$R = 0.075$

将上述各值代入计算式:

$$\tau = \frac{\rho \Delta h}{\Delta t}\left(\frac{Px}{\alpha} + \frac{Rx^2}{\lambda}\right) = \frac{305.65 \times 10^3 \times 1050}{2.8(-30)}\left(\frac{0.27 \times 0.15}{13.76} + \frac{0.075 \times 0.15^2}{1.02}\right) = 54248(\text{s}) = 15.1(\text{h})$$

该肉块的冻结时间为15.1h。

冻结时间计算仅仅是估算食品开始冻结至水分冻结完毕这段时间,它并不包含食品降温到初始冻结温度的时间,也不包括冻结完毕后继续降温的时间。如果食品从冻结点以上的温度冷冻至冻结点以下的温度,必须分别计算冻结的时间以及冻结前后的冷却时间。由于食品冻结后的导热系数远高于冻结前的导热系数,所以,对于相同的放热量,冻结前的冷却时间要长得多。

五、食品冷冻的方法和装置

目前食品工业中采用的冻结方法大致可分成空气冷冻法、浸渍与液化气体冷冻法和接触冻结法三类。

在低温空气冷冻法中,食品在隧道式的冻结装置中与被送进隧道的冷空气接触,空气在制冷系统的蒸发器内被降温,再以自然对流或强制对流的方式与食品进行热交换。虽然空气的导热性能差,与食品间的换热系数也小,但其资源丰富,而且没有任何毒副作用,所以是一种应用最为广泛的冻结方式。

用流态化的方式冻结食品是一种高效的低温空气冷冻法,它适用于冻结球状、圆柱状、片状和块状颗粒食品。也是一种广泛应用的冷冻方式。

直接冷冻法是食品与制冷剂或载冷剂的直接接触,直接的方式有浸渍法、喷淋法。盐水浸渍冻结食品是一种常见的方法,主要用于冻结海鱼。盐水的比热容大,黏度小,价格低,是一种常用的载冷剂。载冷剂经制冷系统降温后,再用于食品的浸渍冻结。其它常用于浸渍冷冻的载冷剂有糖水、丙三醇等。

喷淋冻结既可以用载冷剂喷淋食品,也可以直接用制冷剂,液氮或液态的 CO_2 喷淋到要冻结的食品上。使用液氮或液态的 CO_2 喷淋时,由于液氮或液态的 CO_2 的正常沸点都很低($-196℃$ 和 $-78℃$),所以这种方法的冻结温度更低,常称为低温冻结或深度冻结,相应的装置称为低温液体冻结装置。其特点就是没有制冷循环系统。

间接冻结法是指食品与制冷剂或载冷剂的间接接触,如使用冻结平板的冻结方式。冻结平板为空心板,内腔为制冷剂的蒸发空间。由于制冷剂的蒸发吸热,使冷却板降温,使与冷却板直接接触的食品得到冻冻。冷却板的内腔也可以是载冷剂的通道,载冷剂由制冷系统降温之后,再通过冻结平板对食品间接降温。

衡量冷冻设备的一项主要指标是冷冻能力,它是指冷冻装置在一定的条件下,制冷剂从被冷冻的物体中所能取出的热量。对于相同的温度条件和相同的制冷剂而言,冷冻能力与冷冻机的大小,压缩机的转速和效率等因素有关,其单位通常以单位时间内所吸取的热量来表示。国外也有用"冷冻吨"表示的,1 冷冻吨表示每天将 1t 273.16K 的水凝结成同温度的冰所需取走的热量,其值为 $1.394 \times 10^7 J/h$ 。

(一)空气冻结法

空气冻结法是用空气作为载冷剂,接受来自制冷剂的冷量,将其传给食品的冻结方法。空气冻结法又可分为静止空气冻结法,送风冻结法和流化冻结法。尽管空气的导热性差,表面传热系数也小,从而冻结速度慢,但空气随处可得,对食品和机械材料无害,所用设备相对比较简单,因此仍然是目前应用最广的冻结方法。

食品直接于空气中冻结时,由于蒸汽压的影响,食品表面的水分会向空气中蒸发,随后又会在制冷系统的蒸发器(管)或载冷剂换热器(管)表面结霜,使热阻增加,所以凡是用空气作冷冻介质的场合,均需定期对蒸发器表面进行除霜。

增大风速能使表面传热系数提高,从而提高冻结速度。表 10-6 表示食品表面的风速与冻结速度之间的关系。与无风速比较,风速 1.5m/s 时冻结速度提高 1 倍,风速 3m/s 时提高近 3 倍,风速 5m/s 时提高近 4 倍,所以送风冻结是有利的。

表 10-6　　　　　　　　　风速与冻结速度的关系

风速/(m/s)	对流传热系数 $\alpha/[W/(m^2 \cdot K)]$	相对冻结速度
0	4.30	1
1.5	7.40	1.7
2	8.94	2.0
3	13.59	2.85
4	16.68	3.45
5	20.30	3.95
6	22.88	4.3

静止空气冻结装置是最原始的一种空气冻结装置,习惯上称为管架式或栅管式。其结构如图 10-17 所示。蒸发管做成架子状,其上放盘,盘中盛被冻物品。靠空气自然对流及

接触传导进行冻结,因而冻结速度慢。在静止空气冻结装置基础上再装风机使空气强制对流,就成了半送风冻结装置。冻品间风速在 1 ~ 2m/s 时,冻结速度是静止空气冻结时间的 2 倍,此装置构造简单,冻结食品的品质比静止空气冻结好,造价比送风冻结装置低。缺点是温度分布不均匀。

所谓送风冻结法,是用风机将风速为 3 ~ 4m/s 的空气直接吹向带有由散热翅片管构成的制冷蒸发器(或载冷剂换热器),使空气在风机、蒸发器和悬挂或架空的食品间强制循环,并且往往在空气循环路径上设导风构件。通过蒸发器的空气温度,可降低到 -35 ~ -40℃,然后再吹向食品。此法可进一步改善空气冻结速度慢的缺点。

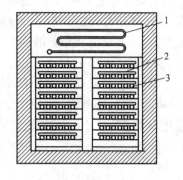

图 10 - 17 管架式静止空气冻结装置示意
1—顶管 2—冻结盘 3—蒸发管

送风式冻结装置可有不同型式,以适合不同食品种类的冻结之用。主要有隧道式、直线传送带式、螺旋带式等。这种冻结装置的总耗冷量比管架式高,它的基建费亦较高。由于风速高,因此食品干耗有所增大,另外往往还存在冷量在冻品中分配不匀的问题。

隧道式冻结装置有时也称为空气冻结室。由冻结室、蒸发器(也称冷风发生器)、风机风道和冻品输送装置四大部分构成。外面由绝热材料作隔热护围。风机沿隧道纵向配有数台,使风速在 3 ~ 5m/s 的空气在蒸发器和冻结室之间循环,冷风平行吹过食品的表面。冻品输送装置可以是托盘架小车,也可是悬挂式传输轨道。食品的进出大都为连续式。

传送带式连续冻结装置属连续送风式冻结装置。因传送带的结构形式和冷风与食品相对运动方向不同而可能有多种型式。冷风温度在 -40 ~ -35℃,流向可与食品垂直、平行顺向、平行逆向,也有使用侧向吹风的。典型的这类冻结装置有水平带式和螺旋带式冻结装置。

水平带式鼓风式冻结器的一般结构如图 10 - 18 所示。因冷风温度在冻结器内分配的不同,可以分为一段式和两段速冻装置,前者在整个器内的冷风只有一个,而后者有两个冷风温度区,物料在第一个温度区段完成快速冷却和表层冻结过程,在第二个温度区段完成深层冻结过程。整个冻结器只有一条传送带的称为单流程冻结器,有两条以上传送带的称为多流程冻结器。根据温度区段和流程的多少又可组合成不同性能的冻结器。继续将冷风速度提高,并与适当的结构配合,便可实现流化(悬浮冻结)速冻操作。因物料在冻结过程中的流化程度不同,流态化速冻装置又可分为半流态化和全流态化两种形式。

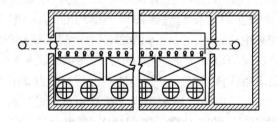 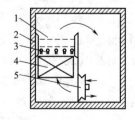

图 10 - 18 水平带式冻结器
1—传送带 2—导板 3—除霜水喷嘴 4—空气冷却器 5—风机

全流态化速冻装置中,一种是物料的流态化完全靠风力提供。物料在风力的作用下呈沸腾状,像流体一样自高位的进入,从低位排出。这种装置的动力消耗大,要求的风压高。操作方面,对原料密度和大小的均匀性要求精确。并一般只适用于小体积产品(如青豌豆、肉丁等)的冻结。从节能和速冻产品适应性方面考虑,又有所谓借助于机械辅助动作的全流态化速冻器,如往复振动床式和直线振动输送带式冻结器,物料在类冻结器中的运动的外力,除了风力以外,还有传送带传给物料的机械力(图10-19)。显然,这种装置使物料获得的流态化有别于化工中的流态化。与斜槽式流态化冻结装置相比,机械辅助式流态化冻结装置的品种适应性强,操作要求也要低些。

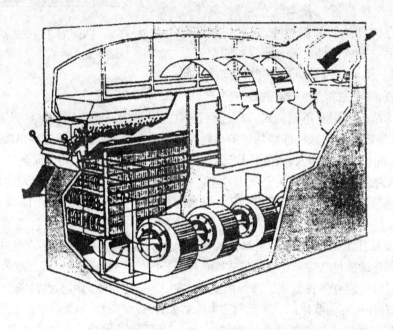

图10-19　往复振动流化速冻装置

半流态化冻结装置的结构与平带式送风冻结装置没有什么区别,只是传送带一般为不锈钢丝网,所用冷风速度更高而已。这种装置对物料大小及均匀性要求更低,因而适应性更广,如大到30mm以内的整个番茄都可以用这种速冻器进行冻结。

(二)浸渍冻结与液化气体冻结装置

1.浸渍冻结装置

食品浸渍于低温不冻液体中进行冻结的方法称为浸渍冻结法,供用此法冻结用的装置称为浸渍冻结装置。这种冻结装置的工作原理如图10-20所示。一般采用直接膨胀法,使不冻液降温,从而冻结浸在其中的食品。浸渍冻结较空气冻结法,能获得较大的对流传热系数。静止时,食盐水在食品表面的对流传热系数可达232.6W/(m^2·K),流动时,$\alpha = (232.6 + 1396u)$(其中u为食盐水的流速)。因此一般多使不冻液在食品表面流动。以前常用食盐水作不冻液,其不足是共晶点不够低。后来出现了温度更低的乙二醇和丙二醇的50%水溶液作冷冻介质,但此两者的对流传热系数不如食盐水大,丙二醇50%水溶液的对流传热系数为食盐水的一半,乙二醇50%水溶液则居于丙二醇50%水溶液与食盐水之间。

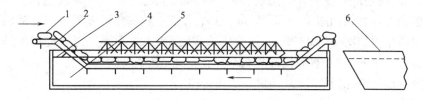

图 10 – 20　浸渍冻结器

1—食品　2—传送带　3—液面　4—池子　5—喷嘴　6—水浴

2. 液化气体冷冻装置

这种冻结法用液化气体作冷冻介质,冻结温度一般在 – 73℃以下。常用的工质有液氮、液态二氧化碳。这是一种不用冷冻机的冻结方法,其特点是工质不回收。这里介绍液氮冷冻装置。图 10 – 21 所示为典型的液氮食品冻结装置,其主体是一网带输送机,在其接近出口后段端上方,液态氮以雾状形式喷下,随后即气化。气化氮经抽风机抽送,再次吹向刚进入冻结器的高温食品,使其得到预冷却处理,提高了氮气的利用率。没有充分气化的液氮,则在下方得到收集,并由泵送回再次喷雾。

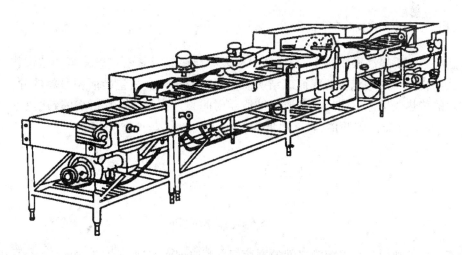

图 10 – 21　液氮冻结装置

液氮冻结装置在结构上有多种形式,大致可以分为全蒸发式、瀑布式和强风式三类。全蒸发式输送带末端将液氮喷雾,使之全部蒸发,在输送前端装置有风扇,将氮气吹向初入装置的食品,进行预冷。瀑布式设计的特点主要是使过量的液态与食品接触,不气化的液氮再由泵送回再次喷淋。强风式的设计特点是将输送带分成四个区,各区自成一个循环系统,每个液氮喷嘴的后方有一个强力风机,可将在输送带上已经蒸发的氮气再抽回并随同喷出的氮雾再吹向食品,以此实行强制循环。

液氮冻结方法设备简单,冻结速度比平板冻结器快 5 ~ 6 倍。由于冻结速度极快,在食品表面与中心产生极大的瞬时温差,造成食品龟裂,所以食品厚度一般小于 10cm。

(三)接触冻结装置

接触冻结法是使食品与两侧冷冻平板直接接触冻结的方法。冷冻平板通常是金属中空板,其间通以载冷剂或制冷剂。冻结装置依冷冻板的取向方式可分为横式和竖式两种。横式冻结装置的处理方式如图 10－22 所示。这种冻结装置适合于方形包装食品的冻结。立式冻结装置的结构如图 10－23 所示,适合于未包装鱼、肉之类不定形食品的冻结。操作时先将食品悬挂于冷冻板间,然后使冷冻板水平向靠近,夹紧其间的食品,使成平块状。这样可使食品紧密地与冷冻板接合,从而可以加速传热。

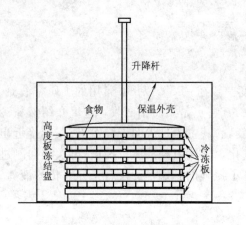

图 10－22 横式接触冻结装置

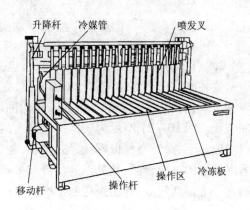

图 10－23 竖式接触冻结装置

接触冻结法要提高操作效率,需要使原料表面与冷冻板紧密接触才行。已包装的成盒食品,因为内部尚有部分空隙,因而冻结所需的时间较长。食品包装所用材料的种类不同,其所表现的传热效果也不同。就完成冻结所需时间长短而言,接触冻结法较送风冻结法快一倍(食品厚 15cm 时)到两倍(食品厚度为 10cm 时)。

第三节　冷　冻　浓　缩

一、冷冻浓缩的原理

冷冻浓缩是利用冰与水溶液之间的固液相平衡原理而实现分离的一种方法。采用冷冻浓缩时,溶液的浓度必须在一定范围内。当溶液浓度超过低共熔浓度时,过饱和溶液冷却的结果表现为溶质转化成晶体析出,此即结晶操作。这种操作不但不会提高溶液浓度,相反降低浓度。但是当溶液浓度低于低共熔浓度时,则冷却结果为溶剂(水分)成晶体析出,余下溶液的浓度就提高,此即冷冻浓缩的基本原理。

冷冻浓缩方法对热敏性食品的浓缩特别有利。由于溶液中水分的排除不是用加热蒸发的方法,所以可避免芳香物质因加热所造成的挥发损失。为了使操作时所形成的冰晶不混有溶质,分离时又不使冰晶夹带溶质,结晶操作要尽量避免局部过冷,分离操作要很好地加以控制。在这种情况下,冷冻浓缩就可以充分显示出它独特的优越性。对于含挥发性芳香物质的食品采用冷冻浓缩,产品品质将优于蒸发法和膜浓缩法。

冷冻浓缩的主要缺点是:

①冷冻浓缩过程本身没有杀菌灭酶作用,因此浓缩制品必须冻藏或再加热处理才能

保存;

②制品的浓度不仅受低共熔浓度限制,也受冰晶与浓缩液分离的难易程度影响。一般而言,浓度越高,黏度也越大,分离就越困难;

③过程中会造成不可避免的溶质损失,且成本高。

(一)冷冻浓缩中的相平衡

冷冻浓缩的固液相平衡不同于结晶之处在于:溶液的浓度必须低于低共熔浓度,且与溶液成平衡的固相为冰晶而不是溶质固体。

图 10 - 24 中的曲线 DE 为溶液的冰点曲线或冻结曲线。A 点代表浓度为 x_1 的溶液,D 点代表纯水($x = 0$),它们的温度都处于冰点。由图可见溶液的冰点低于纯水的冰点,此即溶液的冰点下降,以 ΔT_i 表示之。冰点下降现象的本质是溶液中水分化学势小于纯水的化学势所致。冰点下降的计算式为:

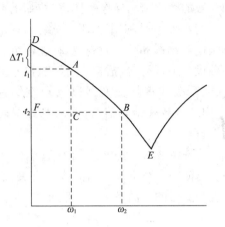

图 10 - 24　冷冻浓缩过程图示

$$\Delta T_i = - \frac{RT_0^2}{r_m}\ln(1 - w) \qquad (10 - 43)$$

式中　R——以质量为基准的通用气体常数,J/kg·K;

T_0——纯溶剂的冰点,K;

r_m——溶解热,J/kg。

对稀溶液有:

$$\Delta T_i = - \frac{RT_0^2}{r_m}w \qquad\qquad (10 - 44)$$

由于过程是等温等压的可逆过程,故:

$$r_m/T_0 = \Delta S \qquad\qquad (10 - 45)$$

结合溶液渗透压的计算式可以推得:

$$\Pi/\Delta T_i = \rho_w \Delta S \qquad\qquad (10 - 46)$$

式中　ΔS——水转化为冰时的熵变,J/K;

ρ_w——水的密度,kg/m^3;

$\Pi/\Delta T_i$——渗透压与冰点下降的比值,约为 1.2×10^6Pa/K。

若溶液继续冷却至 C 点,其温度为 t_2,此时溶液为过冷溶液,温差$(t_1 - t_2)$称为溶液的过冷度。过冷溶液是不稳定状态的溶液,它分为互成平衡的两个相,即浓缩液相和冰晶相。图中 B 点代表浓缩液,其浓度为 w_2,F 点代表冰晶。冰晶量与浓缩量之比符合杠杆法则,从而可以计算冷冻浓缩操作中的冰晶量和浓缩液量。

理论上,冷冻浓缩操作可继续进行直至到达低共熔点 E。但实际上,多数液体食品没有明显的低共熔点,而且在此点远未到达之前,浓缩液的黏度已经变得很高,其体积与冰晶相比甚小,此时就不可能将冰晶与浓缩液分开,可见冷冻浓缩操作在实践上是有限制的。

流体食品的冻结曲线是冷冻浓缩操作过程确定操作条件和进行物料衡算的依据。图 10 - 25 所示为若干流体食品的冻结曲线。例如,在浓度为 11%(质量分数)的苹果汁冷却到

−7.5℃的操作条件下,可以很方便地根据冻结曲线和杠杆法则,得知平衡时浓缩液浓度为40%,这时约有81.5%的水分作为冰晶游离析出。

(二)冷冻浓缩中的结晶过程

冷冻浓缩中的结晶为溶剂的结晶。同一般的溶质结晶操作一样,被浓缩的溶液中的水分也是利用冷却除去结晶热的方法使其结晶析出。冷冻浓缩过程可在多种设备中进行,包括管式、板式、搅拌夹套式、刮板式等热交换器以及真空结晶器、内冷转鼓式结晶器、带式冷却结晶器等设备。

冷冻浓缩中,要求冰晶有适当的大小。冰晶的大小不仅与结晶成本有关,而且也与此后的分离有关。一般而言,结晶操作的成本随晶体尺寸的增大而增加。然而,结晶操作与分离操作相比较,关键还在于分离。分离操作与生产能力紧密相关。分离操作需的费用以及因冰晶夹带所引起的溶质损失一般都随冰晶体尺寸的减小而大幅度增加。因此必须确定

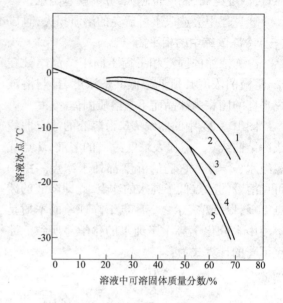

图 10 − 25　若干流体食品的冻结曲线
1—咖啡　2—蔗糖　3—苹果汁　4—葡萄糖　5—果糖

合理的晶体大小,使结晶和分离的成本降低,溶质损失减少。这个合理的冰晶大小称为最优冰晶尺寸。最优冰晶尺寸决定于结晶形式、结晶条件、分离器型式和浓缩液的价值等因素。浓缩液的价值愈高,要求溶质损失愈少,就要求有较大的晶体。

工业上冷冻浓缩过程的结晶有两种形式。一种是在管式、板式,转鼓式以及带式设备中进行的,称为层状结晶。另一种发生在搅拌的冰晶悬浮液中,称为悬浮冻结。这两种结晶形式在晶体成长上有显著的差别。

(1)层状冻结　层状冻结也称为规则冻结,晶层依次沉积在先前由同一溶液所形成的晶层之上,是一种单向的冻结。冰晶长成针状或棒状,带有垂直于冷却面的不规则断面。层状冻结有如下特点:

①随着冷冻浓缩的进行,溶液浓度逐渐增加,晶尖处溶液的过冷度逐渐降低,冻结速率或晶尖成长速度也随之降低,晶体直径逐渐增大;

②在溶液浓度不变的情形下,晶体平均直径与水分的分子扩散系数及溶液的黏度有关。水分扩散系数愈小,黏度愈大,则平均直径愈小;

③在平行的晶体之间存在着液层,此深层厚度与浓度有关。当溶液浓度低于20%时,浓度增加,厚度也增加。但当浓度大于20%时,则厚度将保持不变;

④水分冻结时,具有排斥溶质析出,保持冰晶纯净的现象,称为溶质脱除作用。这种脱除作用只有在极低的浓度下(例如1%)才明显发生。对于溶质浓度大于10%的溶液的单向冻结,如果非冻结液层的温度在冰点左右或略呈过冷状态,则冻结层解冻后的溶质浓度等于非冻结溶液的浓度。说明在这种场合下不发生溶质脱除的作用,因而也就不会生产冷冻浓

缩的效果;

⑤只有在极缓慢的冻结条件下,例如晶体成长速度为每天1cm或小于1cm的条件下,才有可能产生溶质脱除的现象。

(2)悬浮冻结　这种冻结是在受搅拌的冰晶悬浮液中进行的。关于悬浮冻结的晶核形成和晶体成长的动力学问题,已有广泛深入的研究。悬浮冻结如果是在连续操作的结晶内进行,则所产生的晶体粒度与溶液浓度、溶液主体过冷度、晶体在结晶器内停留时间等因素有关。以葡萄糖溶液所作的实验证明:

①提高溶液中溶质的浓度,冰晶的成长速率将降低,如图10-26(1)所示;

②在溶液过冷度的低值范围内,成长速率与溶液主体过冷度成正比;

③当晶体尺寸大于50mm时,成长速率不随晶体的大小而变;

④对于连续搅拌结晶槽生产的晶体,当溶液的主体过冷度和溶质浓度不变时,则平均晶体粒度与晶体在结晶器内的停留时间成正比;

⑤在连续搅拌结晶槽内,保持一定的结晶生产能力。但晶体颗粒在含量不同的情况下,晶体平均直径与晶体在器内的平均停留时间的关系是不同的。因此这种关系与加料的冷却方法有密切的联系,如图10-26(2)所示。

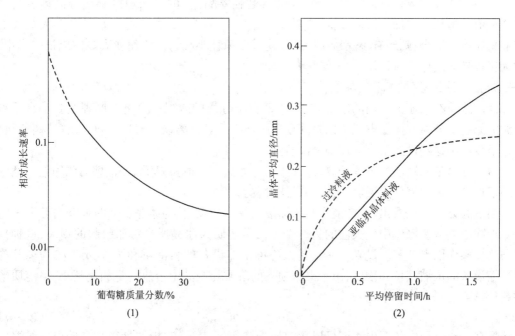

(1)　　　　　　　　　　(2)

图10-26　葡萄糖溶液冻结时冰晶的成长

在悬浮冻结过程中,晶核形成速率与溶质浓度成正比,并与溶液主体过冷度的平方成正比。由于结晶热一般不可能均匀地从整个悬浮液中除去,所以总存在着局部的点,其过冷度大于溶液主体的过冷度。在这些局部冷点处,晶核形成比溶液主体快得多,而晶体成长要慢一些。因此,提高搅拌速度,使温度均匀化,减少这种冷点的数目,对控制晶核形成过多是有利的。

如同溶质结晶一样,在冰晶晶核形成的情况下,也不是所有冷点所发生的晶核都能保存

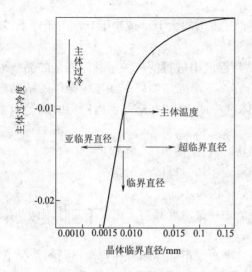

图 10 - 27　溶液主体过冷度与
晶体临界直径的关系

下来。严格而言,在一定浓度的溶液中,与晶体成平衡的温度(称为平衡温度)与晶体的大小有关,只有当晶体直径相当大时才等于溶液的冰点。小晶体的平衡温度比大晶体低,所以与小晶体成平衡的溶液,共过冷度要大些。在一定的溶液过冷度下,与溶液成平衡的晶体直径称为临界直径。对于各向同性的球形晶体,其平衡温度的降低与晶体直径的关系见图 10 - 27。

由此可见,在悬浮冻结操作中,若将小晶体悬浮液与大晶体悬浮液混合在一起,混合后的溶液主体温度将介于大、小晶体的平衡温度之间。由于此主体温度高于小晶体的平衡温度,小晶体就溶解,相反大晶体就会长大。而且,小晶体(亚临界晶体)的溶解速度和大晶体(超临界晶体)的成长速度都随着晶体本身的尺寸差值的增加而增加。因此,若冷点处所产生的小晶核立即从该处移出并与含大晶体的溶液主体均匀混合,则所有小晶核将溶解。这种以消耗小晶为代价而使大晶体成长的作用,常为工业悬冻结操作所采用。

(三)冰晶 - 浓缩液的分离

冷冻浓缩在工业上应用的成功与否,关键在于分离的效果。分离的原理主要是悬浮液过滤的原理。分离的操作方式可以是间歇式或连续式。分离设备有压滤机、过滤式离心机、洗涤塔以及由这些设备组合而成的分离装置。

对于冰晶 - 浓缩液的过滤分离,过滤床层为冰晶床(简称冰床),滤液即为浓缩液。通常浓缩液透过冰床的流动为层流,可应用过滤方程。

由过滤方程可以看出,生产能力与浓缩液的黏度成反比,与冰晶黏度的平方成正比。

冷冻浓缩分离操作中应关注的另一个方面是溶质为冰晶所携带而引起的损失,这种损失与许多操作因素有关。设 q_{mF}、w_F 为进入冷冻浓缩设备的料液量和浓度,q_{mP}、w_P 为离开冷冻浓缩设备的浓缩液量和浓度,由于夹带损失的溶质与制品中溶质的量相比甚小,由溶质的物料衡算可知:

$$q_{mP}/q_{mF} = w_F/w_P \tag{10-47}$$

又溶质在分离过程中的损失程度可以用溶质损失率 γ 表示,它指的是冰晶夹带损失的溶质量与原料液中原有溶质量之比。溶质损失率与浓缩比间有如下的近似关系:

$$\gamma = \frac{q_{mM}\beta w_P}{q_{mF}w_F} = \beta\frac{w_P}{w_F}\frac{q_{mF}-q_{mP}}{q_{mF}} = \beta\frac{w_P}{w_F}\Big(1-\frac{q_{mP}}{q_{mF}}\Big) \approx \beta\Big(\frac{w_P}{w_F}-1\Big) \tag{10-48}$$

式中　　q_{mM}——离开冷冻浓缩设备的冰晶量;

　　　　β——单位质量冰晶所夹带的浓缩液量。

由上式可见,损失率随浓缩比的增大而增加。

二、冷冻浓缩装置

冷冻浓缩操作包括了结晶和分离两个部分,因此冷冻浓缩装置系统主要也由结晶设备和分离设备两部分构成,分述如下。

(一)冷冻浓缩的结晶装置

冷冻浓缩用的结晶器有直接冷却式和间接冷却式的两种。直接冷却式可利用水分部分蒸发的方法,也可利用辅助冷媒(如丁烷)蒸发的方法。间接冷却式是利用间壁将冷媒与被加工料液隔开的方法。食品工业上所用的间接冷却式设备又可分为内冷式和外冷式两种。

(1)直接冷却式真空冻结器　在这种冻结器内,溶液在绝对压强2mmHg下沸腾,液温为 $-3℃$ 。在此情况下欲得1t冰晶,必须蒸去140kg水分。直接冷却法的优点是不必设置冷却面,但缺点是蒸发掉的部分芳香物质将随同蒸汽或惰性气体一起逸出而损失。直接冷却式真空结晶器所产生的低温水蒸气必须不断排除。为减小能耗,可将水蒸气从压强2mmHg压缩至7mmHg,以提高其温度,并利用冰晶作为冷却剂来冷凝这些水蒸气。大型真空结晶器有采用蒸汽喷射升压泵来压缩蒸汽的,能耗可降低到每排除1t水分耗电约8kW·h。

直接冷却法冻结装置已被广泛用于海水的脱盐,但迄今尚未用于液体食品的加工,主要是芳香物质的损失问题。但是这种冻结器若与适当的吸收器组合起来,可以显著减少芳香物质的损失。图10-28为带有芳香物回收的真空冻结装置。料液进入真空冻结器后,于2mmHg的绝对压强下蒸发冷却,部分水分即转化为冰晶。从冻结器出来的冰晶悬浮液经分离器分离后,浓缩液从吸收器上部进入,并从吸收器下部作为制品排出。另外,从冻结器出来的带芳香物的水蒸气先经冷凝器除去水分后,从下部进入吸收器,并从上部将惰性气体抽出。在吸收器内,浓缩液与含芳香物的惰性气体成逆流流动。若冷凝器温度并不过低,为进一步减少芳香物损失,可将离开第I吸收器的部分惰性气体返回冷凝器作再循环处理。

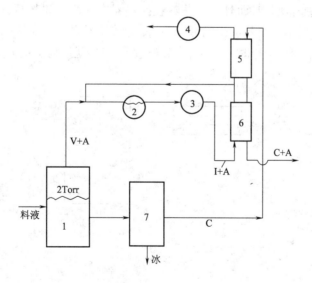

图10-28　带有芳香回收的真空结晶装置流程

1—真空结晶器　2—冷凝器　3—干式真空泵　4—湿式真空泵　5—吸收器Ⅱ

6—吸收器Ⅰ　7—冰晶分离器　V—水蒸气　A—芳香物　C—浓缩液　I—惰性气体

（2）内冷式结晶器　内冷式结晶器可分两种。一种是产生固化或近于固化悬浮液的结晶器,另一种是产生可泵送浆液的结晶器。

第一种结晶器的结晶原理属于层状冻结。由于预期厚晶层的固化,晶层可在原地进行洗涤或作为整个板晶或片晶移出后在别处加以分离。此法的优点是,即使稀溶液也可浓缩到40%以上,具有洗涤简单、方便的优点。但国内目前尚未采此法进行大规模生产。

第二种结晶器是采用结晶操作和分离操作分开的方法。它是由一个大型内冷却不锈钢转鼓和一个料槽所组成,转鼓在料槽转动,固化晶层由刮刀除去。因冰晶很细,故冰晶和浓缩液分离很困难。此法工业上常用于橙汁的生产。此法的另一种变型是将料液以喷雾形式喷溅到旋转缓慢的内冷却转鼓式转盘上,并且作为片冰而排出。

冷冻浓缩采用的大多数内冷式结晶器都是属于第二种结晶器,即产生可以泵送的悬浮液。在典型设备中,晶体悬浮液停留时间只有几分钟。由于停留时间短,故晶体粒度小,一般小于$50\mu m$,作为内冷式结晶器,刮板式换热器是第二种结晶器的典型运用之一。

（3）外冷式结晶器　外冷式结晶器有下述三种主要型式:

第一种型式要求料液先经过外部冷却器作过冷处理,过冷度可高达6℃,然后此过冷而含晶体的料液在结晶器内将"冷量"放出。为了减小冷却器内晶核形成和晶体成长发生变化,避免因此引起液体流动的堵塞,冷却器传热壁的接触液体部分必须高度抛光。使用这种型式的设备,可以制止结晶器内的局部过冷现象。

第二种外冷式结晶器的特点是全部悬浮液在结晶器和换热器之间进行再循环,晶体在换热器中的停留时间比在结晶器中短,故晶体主要是在结晶器内长大。

第三种外冷式结晶器如图10-29所示。这种结晶器具有如下特点:

①在外部热交换器中生成亚临界晶体。

②部分不含晶体的料液在结晶器与换热器之间进行再循环。换热器形式为刮板式。因热流大,故晶核形成非常剧烈,而且由于浆料在换热器中停留时间甚短,通常只有几秒钟时间,故所产生的晶体极小。当其进入结晶器后,即与结晶器内含大晶体的悬浮液均匀混合,在器内的停留时间至少有半小时,故小晶体溶解,其溶解热就消耗于供大晶体成长。

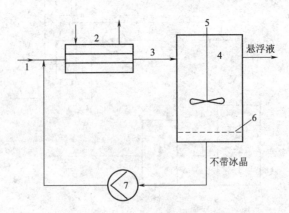

图10-29　外部冷却式结晶装置简图

1—料液　2—刮板式换热器　3—带亚临界晶体的料液

4—结晶器　5—搅拌器　6—滤板　7—循环泵

（二）冷冻浓缩的分离设备

冷冻浓缩的分离设备有压榨机、过滤式离心机和洗涤塔等。

通常采用的压榨机有水力活塞式压榨机和螺旋式压榨机。采用压榨法时,溶质损失决定于被压榨冰饼中夹带的溶液量。冰饼经压缩后,夹带的液体被紧紧地吸住,以致不能采用洗涤方法将它洗净。但压强高、压缩时间长时,可降低溶液的吸留量。例如压强达 10MPa 左右,且压缩时间很长时,吸留量可降至 0.05kg/kg。由于残留液量高,考虑到溶质损失率,压榨机只适用于浓缩比 w_P/w_F 接近于 1 时。

采用转鼓式离心机时,所得冰床的空隙率为 0.4～0.7。球形晶体冰床的空隙率最低,而树枝状晶体冰床的空隙率高。在离心力场中,部分空隙是干空的,冰饼中残液以两种形式被吸留,一是晶体和晶体之间因黏性力和毛细力而吸住液体,二是因黏性力使液体粘附于晶体表面。

采用离心机可以用洗涤水或将冰溶化后来洗涤冰饼,因此分离效果比用压榨法好。但洗涤水将稀释浓缩液。溶质损失率决定于晶体的大小和液体的黏度。即使采用冰饼洗涤,仍可高达 10%。采用离心机有一个严重的缺点,就是挥发性芳香物的损失,这是因为液体因旋转而被甩出来时要与大量空气密切接触的缘故。

分离操作也可以在洗涤塔内进行。在洗涤塔内,分离比较完全,而且没有稀释现象。因为操作时完全密闭且无顶部空隙,故可完全避免芳香物质的损失。洗涤塔的分离原理主要是利用纯冰熔解的水分来排代晶间残留的浓液,方法可用连续法或间歇法。间歇法只用于管内或板间生成的晶体进行原地洗涤。在连续式洗涤塔中,晶体相和液相作逆向移动,进行密切接触。如图 10－30 所示,从结晶器出来的晶体悬浮液从塔的下端进入,浓缩液从同一端经过滤器排出。因冰晶密度比浓缩液小,故冰晶就逐渐上浮到顶端。塔顶设有熔化器(加热器),使部分冰晶熔解。熔化后的水分即返行下流,与上浮冰晶逆流接触,洗去冰晶间浓缩液。这样晶体就沿着液相溶质浓度逐渐降低的方向移动,因而晶体随浮随洗,残留溶质愈来愈少。

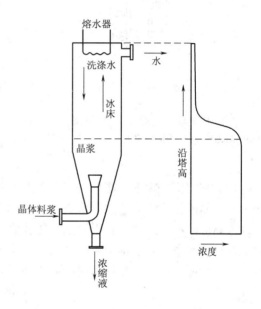

图 10－30　连续洗涤塔工作原理

洗涤塔有几种型式,主要区别在于晶体被迫沿塔移动的推动力的不同。按推动力的不同,洗涤塔可分为浮床式、螺旋推送式和活塞推送式三种型式。

（1）浮床洗涤塔　在浮床洗涤塔中,冰晶和液体作逆向相对运动的推动力是晶体和液体之间的密度差。浮床洗涤塔已广泛试用于海水脱盐工业盐水和冰的分离。

（2）螺旋洗涤塔　螺旋洗涤塔是以螺旋推送为两相相对运动的推动力。如图 10－31 所示,晶体悬浮液进入两同心圆筒的环隙内部,环隙内有螺旋在旋转。螺旋具有棱镜状断面,除了迫使冰晶沿塔体移动外,还有搅动晶体的作用。螺旋洗涤塔已广泛用于有机物系统的分离。

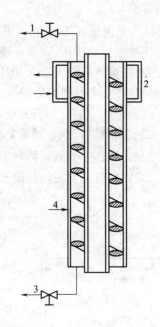

图 10 - 31　螺旋洗涤塔示意图
1—熔化水　2—熔冰器　3—浓缩液　4—料浆

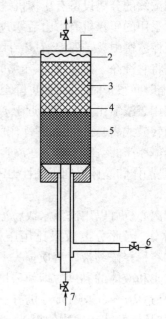

图 10 - 32　活塞床洗涤塔示意图
1—水　2—熔化器　3—冰晶在熔水中　4—洗涤前沿
5—冰晶在浓缩液中　6—浓缩液　7—来自结晶器的悬浮液

（3）活塞床洗涤塔　这种洗涤塔是以活塞的往复运动迫使冰床移动为推动力,见图 10 - 32。晶体悬浮液从塔的下端进入,由于挤压作用使晶体压紧成为结实而多孔的冰床。浓缩液离塔时经过滤器。利用活塞往复运动,冰床被迫移向塔的顶端,同时与洗涤液逆流接触。这种洗涤塔国外已用于液体食品的冷冻浓缩。在活塞床洗涤塔中,浓缩液未被稀释的床层区域和晶体已被洗净的床层区域之间,其距离只有几厘米。浓缩时,如排代稳定,离塔的冰晶熔化液中溶质浓度低于 10^{-6}。浓缩液排代是否完全根据下式来判断:

$$d_p^2/\mu_L > 10^{-6} \tag{10-49}$$

式中　d_p——晶体的平均直径,m;

　　　　μ_L——被洗涤水排代的液体的黏度, Pa·s。

（4）压榨机和洗涤塔的组合　将压榨机和洗涤塔组合起来作为冷冻浓缩的分离设备是一种最经济的办法。图 10 - 33 为这种组合的一个典型例子。离开结晶器的晶体悬浮液首先在压榨机中进行部分分离,分离出来还含有大量浓缩液的冰饼在混合器内和料液混合进行稀释后,送入洗涤塔进行完全的分离。在洗涤塔中,从混合悬浮液中分出纯冰和液体,液体进入结晶器中和

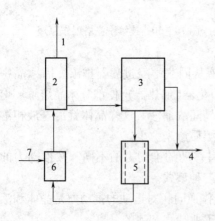

图 10 - 33　压榨机和洗涤塔的典型组合
1—冰　2—洗涤塔　3—结晶器材　4—浓缩液
5—压缩机　6—混合器　7—料液

来自压缩机的循环浓缩液进行混合。

压榨机和洗涤塔相结合有如下优点：

①可以用比较简单的洗涤代替复杂的洗涤塔，从而降低了成本；

②进洗涤塔的黏度由于浓度降低而显著降低，故洗涤塔的生产能力大提高。洗涤塔的生产能力近似正比于 $d_p2/\mu L$；

③若离开结晶器的晶体悬浮液中的晶体平均直径过小，或液体黏度过高，不能满足判别式(10-49)的要求时，采用组合设备仍能获得完全的分离。

［例 10-8］采用压榨机和洗涤塔组合的设备进行蔗糖液的冷冻浓缩。进入系统的原料液为 1330kg/h，其浓度为 12.5%，要求浓缩液的浓度为 50%。已知离开洗涤塔进入结晶液体浓度为 24%。试求浓缩液量和冰晶量，并近似估计以组合设计代替单纯洗塔后生产能力的提高。假设浓度为 50% 的溶液的黏度为 0.5P，24% 溶液的黏度为 0.06P。

解：设从洗涤塔排出的冰晶为纯冰，夹带的溶质可忽略不计，则由溶质的物料衡算有：

$$q_{mF}w_F = q_{mP}w_P$$

故浓缩液量为：

$$q_{mP} = q_{mF}w_F/w_P = 1330 \times 0.125/0.50 = 333(kg/h)$$

冰晶量为：

$$q_{mG} = q_{mF} - q_{mP} = 1330 - 333 = 997(kg/h)$$

如果只用洗涤塔进行分离，则洗涤塔所分离的浓缩液即为终产品，浓度应为 50%。设组合式装置中洗涤塔的分离速率在料液浓度为 24% 时为 v，在 50% 时为 v'。假设其他操作条件相同，则两种浓度下混合液在洗涤塔的分离能力之比应近似等于它们黏度比的倒数：

$$v'/v = 0.5/0.06 = 8.33$$

即组合设备的生产能力是单独洗涤塔时生产能力的 8.33 倍。

第四节　冷冻干燥

冷冻干燥是使含水物质温度降至冰点以下，再使由水凝固的冰在较高真空度下直接升华而除去的干燥方法。因此，冷冻干燥又称真空冷冻干燥、冷冻升华干燥、分子干燥等。

冷冻干燥具有如下特点：

①冷冻干燥在低压低温下进行，可以保留新鲜食品的色、香、味及维生素 C 等营养物质，特别适用于热敏性食品以及易氧化食品的干燥；

②由于物料中水分存在的空间在水分升华以后基本维持不变，故干燥后制品不失原有的固体框架结构，保持原有的形状；

③升华时原来均匀地溶于水中的无机盐就地析出，避免了因物料内部水分向表面扩散时携带无机盐而造成的表面硬化现象，因此冷冻干燥制品复水后易恢复原有的性质和形状；

④升华所需的热可用常温或温度稍高的加热剂提供，热能利用的经济性好；干燥设备往往毋须绝热，甚至希望以导热性较好的材料制成，以利用外界的热量；

⑤操作是在高真空和低温下进行，需要有一整套高真空获得设备和制冷设备，故投资和操作费用都大，生产成本高。

冷冻干燥早期用于生物的脱水，并在医药、血液制品、各种疫苗等方面的应用中得到迅速发展。冷冻干燥在食品工业中的应用始于第二次世界大战以后。冷冻干燥的食品品质在许多方面优于普通干燥的食品,但在系统装备和操作费用方面较一般普通干燥法高。因此其应用范围与规模受到一定的约束。

一、冷冻干燥原理

(一)水的相图

物质的固、液、汽三态由一定的温度和压强条件所决定。物质的相态转变过程可用相图表示。图10－34为水的相图。图中 AB、AC、AD 三条曲线分别表示冰和水蒸气、冰和水、水和水蒸气两相共存时其压强和温度之间的关系,分别称为升华曲线、熔解曲线和气化曲线。此三条曲线将图分成三个区,分别称为固相区、液相区和气相区。箭头1、2、3分别表示冰升化成气、冰融化成水、水汽化成水蒸气的过程。三曲线交点 A 为固、液、气三相共存的状态点,称为三相点,其温度为0.01℃,压强为610Pa。

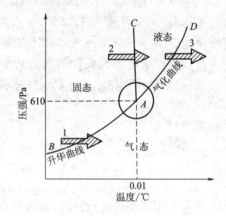

图10－34　水的相图

升华现象是物质从固态不经液态而直接转变为气态的现象。由图可知,冰的温度不同时,对应的饱和蒸汽压也不同,升华曲线是固态物质在温度低于三相点时温度的饱和蒸汽压曲线。只有在环境压强低于对应的冰的蒸汽压时,才会发生升华。冷冰升华干燥即基于此原理。

物质相态转变都需要放出或吸收相变潜热。升华相变的过程一般为吸热过程,冰的升华热为2840kJ/kg,约为熔融热和气化热之和。这一相变热称为升华热。

(二)冻结速率对冷冻干燥的影响

冷冻时形成的冰的结晶型式对冷冻干燥速率有直接影响。冰晶升华后留下的空隙是后续冰晶升华时水蒸气的逸出通道,慢冻时形成大而连续的六方晶体,冰晶在物料中形成网状的骨架结构。由于冰晶的升华,这种网状冰架空出形成网状通道,空隙大,水蒸气逸出的阻力小,因而制品干速度快;反之,速冻时形成的树枝形和不连续的球状冰晶通道小或者不连续,水蒸气靠扩散或渗透方能逸出,因而干燥速度慢。仅从干燥速率来说,以慢冻为好。但是慢速冻结对食品物料结构破坏较大,影响制品品质。因此应通过实验确定合适的冻结速度,使物料组织造成的破坏小,又能形成有利于以后升华传质的冰晶结构。

(三)冷冻干燥过程

食品物料冷冻干燥工艺过程可分为三步:物料的预冻、升华干燥和解吸干燥。

(1)物料的预冻　物料的预冻可以在干燥箱内进行,也可以先在干燥箱外进行,再将已预冻的物料移入干燥箱内。在冷冻干燥中,物料预冻的冻结速度同样非常重要,应通过实验确定合适的冻结速度,使物料组织造成的破坏小,又能形成有利于以后升华传质的冰晶结构。

(2)升华干燥　为使密封在干燥箱中的冻结物料进行较快的升华干燥,必须启动真空系统使干燥箱内达到并保持足够的真空度,并对物料精细供热。一般冷冻干燥采取的绝对压力为 0.2kPa 左右。供热常通过搁板进行,热从搁板通过物料底部传到物料的升华前沿,也从上面的搁板以辐射形式传到物料上部表面,再以热传导方式经已干层传到升华前沿。应控制热流量使供热仅转变为升华热而不使物料升温熔化。升华产生的大量水蒸气以及不凝气经冷阱除去大部分水蒸气后由其后的真空泵抽走。冷阱又称低温冷凝器,用氨、二氧化碳等制冷剂使其保持 $-40 \sim -50℃$ 的低温,水蒸气经过冷阱时,绝大部分在其表面形成凝霜,大大减轻了其后真空泵的负担。冷阱的低温使其内的水蒸气压低于干燥箱中的水蒸气压,形成水蒸气传递的推动力。

（3）解吸干燥　已结冰的水分在升华干燥阶段被除去后,物料仍含有 10% ~30% 的水分。为了保证冻干产品的安全贮藏,还应进一步干燥。残存的水分主要是结合水分,活度较低,为使其解吸汽化,应在真空条件下提高物料温度。一般在解吸干燥阶段采用 30~60℃ 的温度。待物料干燥到预期的含水量时,解除真空,取出产品。在大气压下对冷阱加热,将凝霜熔化排出,即可进行下一批物料的冷冻干燥。

（四）冷冻干燥中的传热和传质

图 10 – 35 所示为一冷冻干燥系统的基本构成,冷冻干燥时系统的低压由真空泵和低温冷凝器维持,而升华所需的热量则由与待干燥物料接触的加热板（或不与食品直接接触的其他加热元件）提供。

理论上,若达到平衡,一定温度下含冰晶食品中所有水分的蒸汽压必等于此温度下冰晶的蒸汽压。但研究证明,部分冻结的食品,其蒸汽分压低于同温度冰的蒸汽压。由低温冷凝器和真空泵系统所提供的干燥室的环境压强应低于此蒸汽压,这样在冷结食品与环境之间存在一个压强差。在这个压差的推动下,冻结食品的冰晶由外向内不断升华成为水蒸气,此升华的水蒸气向压强低的方向扩散,凝结在低温冷凝器的表面,而待干燥食品由冰晶升华形成的干燥层则自外向内推进。

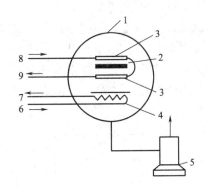

图 10 – 35　冷冻干燥机原理图

1—干燥室　2—产品　3—热板　4—冷凝器（冷阱）

5—真空系统　6—制冷剂进　7—制冷剂出

8—加热流体进　9—加热流体出

在理想情况下,物料升华干燥时的水分分布可用图 10 – 36（1）的曲线来表示。由图可见,冻结层与已干层之间有明显的界面。冰结层的水分含量为物料原水分含量 w_1,已干层的水分含量为 w_2。从冰结层到已干层的界面上,水分含量有突然的下降,并且已干层的水分含量主要取决于此层与外围蒸汽分压的平衡。实际上,这种理想状况并不存在。比较正确的表示法应如图中（2）所表示的。在两层之间存在一过渡层,在此层内并无冰晶存在,但水分含量仍明显高于已干层的物料最终水分含量。另外,在已干层内也多少还存在着湿度梯度。关于过渡层,深入的研究表明此层较薄,在工程分析上可忽略不计。

（1）理想条件下冷冻干燥中的传热和传质　冷冻干燥也是包括传热和传质的操作。在冷冻干燥时,若传给升华界面的热量等于从升华界面逸出的水蒸气升华时所需的热量,则升华界面的温度和压强均达到平衡,升华正常进行。若供给的热量不足,水的升华夺走了制品

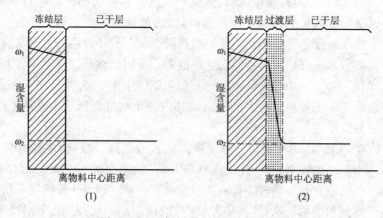

图 10 – 36　冷冻干燥物中的水分分布

自身的热量而使升华界面的温度降低;若逸出的水蒸气少于升华的水蒸气,多余的水蒸气聚集在升华界面使其压强增高,升华温度提高,最终将可能导致制品溶化。所以,冷冻干燥的升华速率一方面取决于提供给升华界面热量的多少;另一方面取决于从升华界面通过干燥层逸出水蒸气的快慢。

　　为分析方便,先考虑理想条件下的情形。图 10 – 37(1)表示维持定温 T_i 的平板冰,其对应蒸汽压为 p_i,其上方空间与低温冷凝器相连接。低温冷凝器内的温度为 T_c,其相应的压强 p_c 甚低,可以忽略。此外又假定从冰到低温冷凝器之间的蒸汽流动阻力忽略不计。在此理想情况下,根据气体分子撞击率作分析,可推知最大升华速率应正比于冰的蒸汽压 p_i 而反比于冰的热力学温度的平方根,故有:

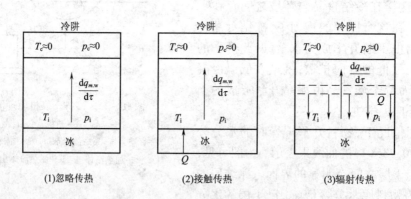

(1)忽略传热　　　　　(2)接触传热　　　　　(3)辐射传热

图 10 – 37　冷冻升华过程的图解表示

$$q_{m,\max} = \frac{K_0 A p_i}{\sqrt{T_i}}$$

$$(10 - 50)$$

式中　A——升华面积,m^2;

　　　T_i——冰的热力学温度,K;

　　　p_i——冰的蒸汽压,Pa;

　　　K_0——常数,取决于升华物质的相对分子质量;对于冰,在 SI 制中,$K_0 = 0.0184$。

　　在上述理想情况下,维持升华速率需要供给的升华热为:

$$Q = q_{m,\max} r_{\mathrm{m}} = \frac{K_0 A p_i r_{\mathrm{m}}}{\sqrt{T_i}} \tag{10-51}$$

式中　r_{m}——冰的升华热,kJ/kg。

设有一板状冰块,其温度为 $-9.4℃$,对应的蒸汽压约为 267Pa,则 1 m² 表面的升华速度应为：

$$q_{m,\max} = \frac{0.0184 \times 1 \times 267}{\sqrt{264}} = 0.303 \ (\mathrm{kg/s})$$

这样的升华速率需要供给的升华潜热等于：

$$Q = 2790 \times 0.303 = 845 (\mathrm{kJ/s})$$

上述热量可通过热传导方式供给,如图 10-37(2)所示。此时,为避免熔化,冰块的下表面温度应维持在 $T_{\mathrm{w}} < 273\mathrm{K}$。设冰的热导率为 λ_i,冰层厚度为 δ_i,则传热速率为：

$$Q = \lambda_i A (T_{\mathrm{w}} - T_i)/\delta_i \tag{10-52}$$

结合上两式就可以确定保证最高升华速率时的冰层厚度。

升华所需的热量也可通过如图 10-37(3)所示辐射方式来供给。图中辐射体的温度为 T_{R},如果辐射体与冰块之间为两平板之间的辐射换热,则传热速率为：

$$Q = \frac{\sigma_0 A (T_{\mathrm{R}}^4 - T_i^4)}{\frac{1}{\varepsilon_{\mathrm{R}}} + \frac{1}{\varepsilon_i} - 1} \tag{10-53}$$

(2)实际冷冻干燥中的传热和传质　上述所讨论的理想情形下的冷冻干燥升华速率只与蒸汽压有关。实际上,冷冻干燥也同时存在着传热和传质的阻力,见图 10-38。因此,考虑传热和传质阻力的实际升华速率可表示为：

$$q_{m,\max} = \frac{A(p_i' - p_0)}{R_i + R_{\mathrm{d}} + R_0} \tag{10-54}$$

式中　R_i——食品内部已干层的阻力；

R_{d}——食品与冷阱之间部分的阻力；

R_0——由式(10-51)所定义的表面升华的阻力；

p_i'——界面上冰的蒸汽压；

p_0——冷阱内靠真空泵维持的蒸汽分压。

同样,满足水分升华所需的热量为：

$$Q = q_{m,\max} r_{\mathrm{s}} = \frac{A(p_i' - p_0) r_{\mathrm{s}}}{R_i + R_{\mathrm{d}} + R_0} \tag{10-55}$$

冷冻升华中的传热和传质,因提供冻结食品水分升华所需热量的传递方向的不同(见图 10-38),可有如下三种代表性的基本情形：

(1)传热和传质沿同一途径,但方向相反,见图 10-38(1)；

(2)传热经过冻结层,而传质经过已干层,见图 10-38(2)；

(3)热量从冰的内部发生,而传质经过已干层,见图 10-38(3)。

在第一种情形下,被干燥物料的加热是通过向已干层辐射来进行,而内部冰结层的温度则取决于传热和传质的平衡。假定：(1)忽略端效应；(2)已干层表面达到并保持最大允许的温度值 T_{s}；(3)干燥室内的蒸汽压保持定值 p_{s}；(4)全部供热完全用于冰的升华。则任一时刻的热流量可表示为：

$$Q = \lambda_{\mathrm{d}} A (T_{\mathrm{s}} - T_i)/\delta_{\mathrm{d}} \tag{10-56}$$

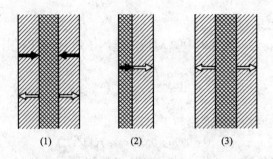

(1)   (2)   (3)

图 10 - 38　冷冻干燥中的传热和传质

式中　λ_d——已干层的热导率，$W/(m \cdot K)$；

　　　δ_d——已干层的厚度，m；

　　　T_s——已干层表面的最大允许的温度，K；

　　　T_i——冻结层的温度，K。

另外，升华速率可表示为：

$$dW/d\tau = k_d A(p_i - p_s)/\delta_d \qquad (10-57)$$

式中　k_d——已干层水气透过系数，$kg/(m \cdot s \cdot Pa)$；

　　　p_i——冻结层温度下的蒸汽压，Pa；

　　　p_s——已干层温度下的蒸汽压，Pa。

同时，对于给定的物料层，若在冻结和已干层界附近的物料湿度从初值 X_0 降至 X_f，则升华速率与界面内退缩速度之间有如下关系：

$$dW/d\tau = A\rho_a (X_0 - X_f) d\delta_d/d\tau \qquad (10-58)$$

式中　ρ_a——已干层内固体的松密度，kg/m^3；

　　　X_0, X_f——物料的初、终湿度，kg 水分/kg 干料。

联立式(10-56)和式(10-57)，可得：

$$k_d(p_i' - p_s)r_s = \lambda_d(T_s - T_i) \qquad (10-59)$$

联立式(10-56)～式(10-58)，并积分之，可得干燥时间：

$$\tau_d = \frac{\delta^2 \rho_a (X_0 - X_f)}{2K_d(p_i' - p_0)} = \frac{\delta^2 \rho_a (X_0 - X_f)r_s}{2\lambda_d(T_s - T_i)} \qquad (10-60)$$

式中　τ_d——干燥时间，s；

　　　δ——料层厚度，m。

在第二种情形下，热量通过冻结层传递，水分通过已干层扩散。若忽略端效应不计，则水蒸气的传递速率式与第一种情形一样，但传热过程则与第一种情形有别，主要是通过冻结层的传递，且传递的热量恰好用于冰的升华，对已干层的温度不产生影响。故有：

$$Q = \lambda_d A(T_w - T_i)/\delta_i \qquad (10-61)$$

式中　λ_d——冻结层的热导率，$W/(m \cdot K)$；

　　　δ_i——冻结层的厚度，m；

　　　T_w——与冻结层相接触的壁温，K。

在这种情形下，随着干燥的进行，传热和传质的难易程度要发生变化，因已干层越来越厚,故传质愈来愈困难,相反因冻结层愈来愈薄,故传热愈来愈易。

　　第三种情形是利用微波加热作为冷冻干燥的热源,热量发生在物料的内部。在理论上,使用微波产生快速干燥,因为热量不靠物料内部的温度梯度来传递,同时冻结层温度可维持在接近最高允许的温度,而不必给界面留有过余的温度。该情形下的干燥时间仍与式(10-60)同。

二、冷冻干燥装置

　　含水物料冷冻干燥是在真空冷冻干燥设备中实现的,根据所要进行冷冻干燥的原料性质、冻干产品的要求与用途等的不同,可用相应的不同类型的冷冻干燥装置。

(一)冷冻干燥装置的主要构成

　　一个完整的冷冻干燥系统包括制冷系统、真空系统、加热系统和干燥系统等,从其使用目的来分,可分为预冻系统、供热系统、蒸汽和不凝结气体排除系统、以及物料预处理系统等。这些构成系统一般都以冷冻干燥箱体为核心连在一起。现将冷冻干燥上的主要系统和结构部分分述如下;

　　(1)预冻系统　应用最多的预冻手段属鼓风式和接触式冻结法。鼓风式冻结一般在冷冻干燥主机外的速冻设施或装置中完成,以提高主系统的工作效率。接触冻结一般就在冷冻干燥室物料搁板上实现。工业生产中,为了提高冷冻干燥的使用效率,多数将搁板架做成活动的小车,这样也可使物料在干燥箱外部实现预接触式预冻。

　　对于液态物料,也可用真空喷雾冻结法进行预冻,将液体物料从喷嘴中呈雾状喷到一空腔内。当容器是真空时,由于一部分水气的蒸发使得其余部分的物料降温而得到冻结。这种方法可使料液连续在真空室内预冻,使喷雾预冻室与升华干燥室相连构成完全连续式冷冻干燥机。

　　物料预冻的好坏直接影响冷冻干燥产品的品质。为了得到良好的冻结效果,冻结必须具备如下的条件和技术:(1)应避免物料因冻结而引起破坏和损害;(2)解除共晶混合液(即低共熔混合液)的过冷度,确定低共熔温度以及防止冻结层熔解;(3)控制冻结过程的条件,使生成的纯冰晶的形状、大小和排列适当,以利于干燥的进行,又可以获得质量好的多孔性制品;(4)冻结体的形状要好。

　　(2)供热系统　供热系统主要提供冻结制品水分不断升华所需的热量,其次是间歇性地提供低温凝结器(冷阱)积霜熔化所需的熔解热。供给升华热时应保证传热速率,使冻结层表面达到尽可能高的蒸汽压,但又不致熔化,所以热源温度应根据传热速率来决定。

　　冷冻干燥系统中提供物料中水分升华热的传热方式主要采用传导和辐射两种。一般采用的热源有电流、煤气、石油、天然气和煤等,所使用的载热体有水、水蒸气、矿物油、乙二醇等。另外也有用热蒸汽与水混合后作供热的。

　　(3)蒸汽和不凝结气体的排除系统　干燥过程中升华的水分必须不断而迅速地排除。若直接采用真空泵抽吸,则在高真空度下蒸汽的体积很大,真空泵的负荷太重,故一般情况下多采用低温冷凝器(冷阱)。物料中升华的水蒸气所在冷阱中大部分结霜除去后,还有部分的水蒸气和不凝结气体必须通过真空泵抽走。这样就构成了冷阱-真空泵的组合系统。在这种系统中,真空泵可视为冷阱的前级泵。冷阱-真空泵的抽气系统一般被认为是冷冻升华干燥的标准系统。除上述真空系统外,尚有:中间增压泵-水力喷射泵,中间增压泵-

水环泵,水蒸气喷射泵 – 水力喷射泵,水蒸气喷射泵 – 水环泵等系统。

(4)低温冷凝器　低温冷凝器是升华水蒸气凝结成霜的场所,低温冷媒在凝结器内通过,水气在它们的表面凝结成霜。它总是处于干燥箱(更确切地说是冷冻干燥物料)与真空泵之间,水气的凝结靠的是箱内食品物料表面与水气凝结器之间的温差而形成的压差作为推动,故水气凝结器冷凝表面的温度要比干燥箱的低。它可以放在干燥箱内,也可以用一管道与干燥箱相连。

低温冷凝器的结构型式多种多样。按筒体内凝结面的形状分,低温冷凝器可分为列管式、螺旋管式、盘管式、板式等。低温冷凝器的外形一般呈圆筒状,并且总有一大一小的两个管口,串在干燥箱与真空泵之间。

低温冷凝器内一般都应有足够的捕水面积。由于冰是热的不良导体,当捕水量一定时,捕水面积越小,则结冰厚度越厚,冰温提高。冰层厚时,冷阱的金属材料耗用量小,但制冷机的运行费用高。冰层薄时情况正好相反。目前国内所设计的冰层厚度都比较薄,一般为4~6mm。最佳冰层厚度应根据技术经济指标来确定。冷阱的结构应便于水蒸气的流动,但又不能产生短路。水气凝结器内水蒸气的流动阻力要小,否则会使容器内压强升高。

(5)干燥箱　干燥箱是冷冻干燥装置中重要部件之一,它是一个真空密闭箱体,其内部结构因处理的物料状态和系统操作方式不同而有差异,包括物料承载(传送)装置和加热结构件。如果冻结也在箱内进行,则载料用搁板同时也是冷冻板,有的系统也将冷阱设在其内。

在间歇式或半连续式干燥箱中有固定搁板架或可移动的搁板架车(箱内有轨道);连续操作式干燥箱中的结构有水平传送散状预冻物的输送带,自上而下垂直传送预冻料的多层转盘和传送块状预冻物的料盘传送装置等。

在干燥机(或干燥室外)进行的连续式冷冻干燥系统中预冻,往往搁板不再需要有制冷作用,甚至根本不用搁板。这时只需要起加热作用的加热(搁)板或板状加热器。此板状结构大致与上述的搁板相同,只是不再设制冷剂或载冷剂通道而已。辐射加热板一般固定安装在干燥箱内,根据使用的场所不同,可与料层呈水平向安装,也可与料层呈垂直向安置。

(二)冷冻干燥装置的型式

冷冻干燥装置按操作的连续性可分为间歇式、连续式和半连续式三类,其中在食品工业中以间歇式和半连续式的装置应用最多。

1.间歇式冷冻干燥装置

间歇式冷冻干燥装置有许多适合食品生产的特点,故绝大多数的食品冷冻干燥装置均采用这种形式。间歇式装置的优点在于:(1)适应多品种小产量的生产特别是季节性强的食品生产;(2)单机操作,如一台设备发生故障,不会影响其他设备的正常运行;(3)便于设备的加热制造和维修保养;(4)便于控制物料干燥时不同阶段的加热温度和真空度的要求。其缺点是:(1)由于装料、卸料、启动等预备操作所占用的时间,故设备利用率低;(2)要满足一定的产量要求,往往需要多台的单机,并要配备相应的附属系统,这样设备投资费用就增加。

间歇式冷冻干燥装置中的干燥箱与一般的真空干燥箱相似,属盘式。干燥箱有各种形状,多数为圆筒形。盘架可为固定式,也可作成小车出入干燥箱,料盘置于各层加热板上。如为辐射加热方式,则料盘置辐射加热板之间。物料可于箱外预冻而后装入箱内,或在箱内直接进行预冻。后者干燥箱必须与制冷系统相连接,参见图 10 – 39。

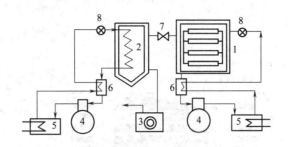

图 10 – 39　间歇式冷冻干燥装置

1—干燥箱　2—冷阱　3—真空泵　4—制冷压缩机

5—冷凝器　6—热交换器　7—冷阱进口阀　8—膨胀阀

2. 多箱间歇式和隧道式冷冻干燥装置

针对间歇式设备生产能力低,设备利用率不高等缺点,在向连续化过渡的过程中,出现了多箱式及半连续隧道式等设备。多箱间歇式设备是由一组干燥箱构成,使每两箱的操作周期互相错开而搭叠。这样在同一系统中,各箱的加热板加热、水汽凝结器供冷以及真空抽气均利用同一的集中系统,但每箱则可单独控制。同时这种装置也可用于不同品种的同时生产,提高了设备操作的灵活性,见图 10 – 40。

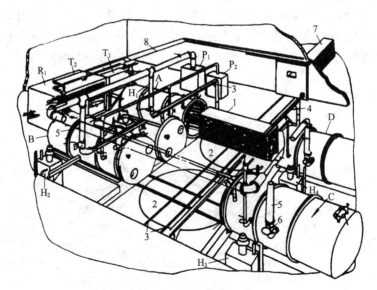

图 10 – 40　多箱间歇式冷冻干燥装置

A、B、C、D—干燥箱　P_1、P_2—真空泵　R_1—冷凝器

H_1、H_2、H_3、H_4—分加热器　1—载物车　2—地面导轨转盘　3—地面导轨　4—空中导轨

5—通 P_1、P_2 的管路　6—阀门　7—制冷剂入口管路(主管、分管)　8—制冷剂出口主管、分管

半连续隧道式冷冻干燥器如图 10 – 41 所示。升华干燥过程是在大型隧道式真空箱内进行的,料盘以间歇方式通过隧道一端的大型真空密封门进入箱内,以同样方式从另一端卸

出。这样隧道式干燥器具有设备利用率高的优点,但不能同时生产不同的品种,且转换生产另一品种的灵活性小。

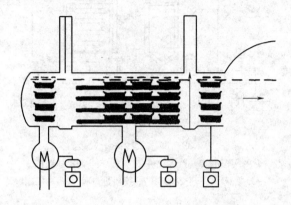

图 10 - 41　隧道式半连续冷冻干燥装置

3. 连续式冷冻干燥装置

连续式冷冻干燥装置是从进料到出料连续进行操作的装置。它的优点在于:(1)处理能力大;(2)设备利用率高;(3)便于实现生产的自动化;(4)劳动强度低。缺点是:(1)不适合于多品种小批量的生产;(2)在干燥的不同阶段,虽可控制在不同的温度下进行,但不能控制在不同真空度下进行;(3)设备复杂、庞大,制造精度要求高,且投资费用大。

连续式冷冻干燥装置有多种。图 10 - 42 为一种在浅盘中进行干燥的连续干器。所用料盘为简单的平盘,制品装成薄层。采用辐射加热法,辐射热由水平的加热板产生,加热板又分成不同温度的若干区段。每一浅盘在每一温度区域停留一定时间,这样可缩短干燥总时间。

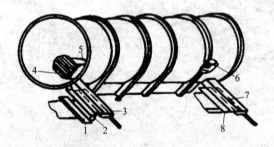

图 10 - 42　连续式冷冻干燥装置

1,2—进料口　3—密封门　4—进口升降器　5—加热板
6—出口升降器　7—出口密封室　8—出口

图 10 - 43 所示为另一种称为塔盘式的连续冷冻干燥装置。这种装置可使不用浅盘预冻的颗粒物料得到连续冻干处理,就连续化程度上说,它比上一种的要高,如图所示。经预冻的颗粒制品从顶部进料口 1 加到顶部的圆形加热板上,干燥器的中央轴 4 上装有带铲的搅拌器。旋转时,铲子搅动物料,不断使物料向中心方向移动,一直移至加热板内缘而落入第二块板上。在下一块上,铲子迫使物料不断向加热板外方移动(板的内缘为封闭态),直至

从加热板边缘落下到直径较大的第三块加热板上,此板与顶板相同。如此物料逐板下落,直到从最低一块加热板掉落,并从出口 10 卸出。这种干燥器加热板的温度可固定于不同的数值,使冷冻干燥按一种适当的温度程序来进行。

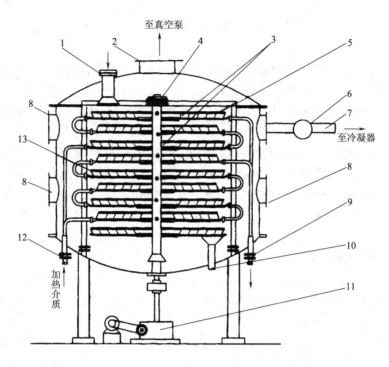

图 10－43　塔盘式连续冷冻干燥机

1—进料口　2—抽真空接口　3—加热板内缘落料孔　4—中央转轴　5—搅拌器
6—增压泵　7—冷阱接口　8—维修、观察入口　9—加热介质出口　10—出料口
11—电机变速器　12—加热介质入口　13—加热板

本章主要符号

A——面积,m^2

K——传热系数,$W/(m^2 \cdot K)$

Q——热量,J

S——熵,J/K

X——湿度,kg 水分$/kg$ 干料

d——直径,m

p——压强,Pa

q——单位质量热量,J/kg

t——温度,K

w——质量分数,kg/kg

α——对流传热系数,$W/(m^2 \cdot K)$

h——焓,kJ/kg

m——质量,kg

R——通用气体常数,$J/(kg \cdot K)$

T——热力学温度,K

c_p——比热容,$kJ/(kg \cdot K)$

l——厚度,m

q——制冷能力,W

q_m—质量流量,kg/s

r_i——潜热,kJ/kg

x——距离,m

ε_0——制冷系数

ε——黑度 η——热效率

λ——热导率,W/(m·K) μ——黏度,Pa·s

ρ——密度,kg/m³ τ——时间,s

本 章 习 题

习题 10-1　一球形食品在隧道式送风冷冻器内被 -15℃ 的冷空气冷冻。食品的初始温度为10℃,直径0.07m,密度1000kg/m³,水分含量70%。初始冻结温度为 -1.25℃,熔融热为250kJ/kg,冷冻后食品的热导率为1.2W/(m·K)。表面对流传热系数为50W/(m²·K)。计算冷冻时间。

习题 10-2　含水74.5%,长1m,宽0.6m,厚0.25m的瘦牛肉块在送风式冷冻器内被 -30℃ 空气冷冻。表面对流传热系数为30W/(m²·K),牛肉初始温度为5℃,初始冰点为1.75℃,熔融热为248.25kJ/kg。冻牛肉的热导率为1.5W/(m·K),密度1050kg/m³。计算将牛肉降温到 -10℃所需时间。

习题 10-3　食品含水82%,干物质比热容为2kJ/(kg·K),试估算此食品的比热容。水的比热容可取0℃以下的值。

习题 10-4　5cm 厚的牛肉在 -30℃ 的房间内被冷冻。产品含水73%,密度970kg/m³。冻牛肉比热容为1.1W/(m·K)。初始冰点为 -1.75℃,熔融热为250kJ/kg,表面对热传热系数为5W/(m²·K)。用 Plank 方程估计其冷冻时间。

习题 10-5　将部分冷冻的冰淇淋放入包装物内继续冷冻。包装物尺寸为8cm×10cm×20cm,送风式冷冻器的表面对流传热系数为50W/(m²·K)。产品放入包装物时的温度为 -5℃,密度700kg/m³。冷空气温度 -25℃。冻结产品热导率为12W/(m·K),比热容为1.9kJ/(kg·K),熔融热为100kJ/kg。试计算冷冻时间。

习题 10-6　尺寸为1m×0.25m×0.6m 的瘦牛肉放在放 -30℃ 的自然对流冷冻装置中冷冻,已知牛肉的含水率为47.5%,初始冻结温度为 -1.75℃,冻结后密度为1050kg/m³,冻结后牛肉的热导率为1.108W/(m·K),熔融热为300kJ/kg,自然对流传热系数为18.7W/(m²·K),求冻结所需的时间。

附　录

一、单　位　换　算

1. 质量

kg	美吨	英吨	lb	oz
1	1.102×10^{-3}	9.840×10^{-4}	2.205	35.27
907.4	1	0.8929	2000	32000
1016	1.120	1	2240	35840
0.4535	4.998×10^{-4}	4.463×10^{-4}	1	16
0.02834	3.125×10^{-5}	2.789×10^{-5}	0.0625	1

2. 长度

m	in	ft	yd
1	39.37	3.281	1.094
0.0254	1	0.07333	0.02778
0.3048	12	1	0.3333
0.9144	36	3	1

3. 力

N	kgf	lbf	dyn
1	0.102	0.2248	1×10^5
9.807	1	2.205	9.807×10^5
4.448	0.4536	1	4.448×10^5
1×10^{-5}	1.02×10^{-6}	2.248×10^{-6}	1

4. 压强

Pa	Torr(mmHg)	atm	kgf/cm^2	lbf/in^2
1	7.501×10^{-3}	9.807×10^{-6}	1.02×10^{-5}	1.45×10^{-4}
133.3	1	1.312×10^{-3}	1.36×10^{-3}	1.934×10^{-2}
1.013×10^5	760	1	1.033	14.697
9.807×10^4	735.6	0.9678	1	14.22
6.895×10^3	51.71	0.068	0.0703	1

5. 黏度

Pa · s	P	cP	lbf/(ft · s)	kgf · s/m²
1	10	1000	0.672	0.102
0.1	1	100	0.0672	0.0102
0.001	0.01	1	6.72×10^{-4}	1.02×10^{-4}
1.488	14.88	1488	1	0.1519
9.807	98.07	9807	6.59	1

6. 能量

J	kgf · m	kW · h	hp · h	kcal	Btu
1	0.102	2.778×10^{-7}	3.777×10^{-7}	2.389×10^{-4}	9.485×10^{-4}
9.807	1	2.724×10^{-6}	3.649×10^{-6}	2.341×10^{-3}	9.296×10^{-3}
3.6×10^6	3.671×10^5	1	1.36	860	3412
2.685×10^6	2.741×10^5	0.7461	1	641.6	2546
4.187×10^3	427.2	1.163×10^{-3}	1.558×10^{-3}	1	3.968
1.055×10^3	107.6	2.93×10^{-4}	3.927×10^{-4}	0.252	1

7. 比热容

kJ/(kg · K)	kcal/(kg · ℃)	Btu/(lb · F)
1	0.2389	0.2389
4.187	1	1

8. 热导率

W/(m · K)	kcal/(m · h · ℃)	Btu/(ft · h · F)
1	0.86	0.5779
1.163	1	0.672
1.73	1.488	1

9. 传热系数

W/(m² · K)	kcal/(m² · h · ℃)	Btu/(ft² · h · F)
1	0.86	0.176
1.163	1	0.2048
5.678	4.882	1

10. 温度

$$℃ = 5 \times (F - 32)/9 = K - 273.2$$

$$F = 9℃/5 + 32 = 9 \times (K - 273.2)/5 + 32$$
$$K = ℃ + 273.2 = 5 \times (F - 32)/9 + 273.2$$

二、物 性 数 据

1. 某些气体的重要物理性质

名称	标态下密度 $\rho/(kg/m^3)$	比热容 $c_p/$ [kJ/(kg·K)]	黏度 $\mu \times 10^5/$ (Pa·s)	汽化热 $r/$ (kJ/kg)	热导率 $\lambda/$ [W/(m·K)]	临界温度 $t_c/℃$	临界压强 p_c/kPa
空气	1.293	1.009	1.73	197	0.0244	−140.7	3768.4
氧	1.429	0.653	2.03	213	0.0240	−118.8	5036.6
氮	1.251	0.745	1.70	199.2	0.0228	−147.1	3392.5
氢	0.0899	10.13	0.842	454.2	0.163	−239.9	1296.6
氦	0.1785	3.18	1.88	19.5	0.144	−268.0	228.94
氯	3.217	0.355	1.29	305	0.0072	144.0	7708.9
氨	0.771	0.67	0.918	1373	0.0215	132.4	11295
一氧化碳	1.250	0.754	1.66	211	0.0226	−140.2	3497.9
二氧化碳	1.976	0.653	1.37	574	0.0137	31.1	7384.8
硫化氢	1.539	0.804	1.166	548	0.0131	100.4	19136
甲烷	0.717	1.70	1.03	511	0.0300	−82.15	4619.3
乙烷	1.357	1.44	0.850	486	0.0180	32.1	4948.5
丙烷	2.020	1.65	0.795	427	0.0148	95.6	4355.0
正丁烷	2.673	1.73	0.810	386	0.0135	152	3798.8
正戊烷	—	1.57	0.874	151	0.0128	197.1	3342.9
乙烯	1.261	1.222	0.935	481	0.0164	9.7	5135.9
丙烯	1.914	2.436	0.835	440	—	91.4	4599.0
乙炔	1.171	1.352	0.935	829	0.0184	35.7	6240.0
氯甲烷	2.303	0.582	0.989	406	0.0085	148	6685.8
苯	—	1.139	0.72	394	0.0088	288.5	4832.0
二氧化硫	2.927	0.502	1.17	394	0.0077	157.5	7879.1
二氧化氮	—	0.315	—	712	0.0400	158.2	10130

2. 干空气的物理性质 $(p_T = 101.3kPa)$

温度 $t/℃$	密度 $\rho/(kg/m^3)$	比热容 $c_p/$ [kJ/(kg·K)]	热导率 $\lambda \times 10^2/$ [W/(m·K)]	黏度 $\mu \times 10^5/$ (Pa·s)	Pr
−50	1.584	1.013	2.035	1.46	0.728
−40	1.515	1.013	2.117	1.52	0.728
−30	1.453	1.013	2.198	1.57	0.723

续表

温度 $t/℃$	密度 $\rho/(kg/m^3)$	比热容 $c_p/$ $[kJ/(kg \cdot K)]$	热导率 $\lambda \times 10^2/$ $[W/(m \cdot K)]$	黏度 $\mu \times 10^5/$ $(Pa \cdot s)$	Pr
-20	1.395	1.009	2.279	1.62	0.716
-10	1.342	1.009	2.360	1.67	0.712
0	1.293	1.005	2.442	1.72	0.707
10	1.247	1.005	2.512	1.77	0.705
20	1.205	1.005	2.593	1.81	0.703
30	1.165	1.005	2.675	1.86	0.701
40	1.128	1.005	2.756	1.91	0.699
50	1.093	1.005	2.826	1.96	0.698
60	1.060	1.005	2.896	2.01	0.696
70	1.029	1.009	2.966	2.06	0.694
80	1.000	1.009	3.047	2.11	0.692
90	0.972	1.009	3.128	2.15	0.690
100	0.946	1.009	3.210	2.19	0.688
120	0.898	1.009	3.338	2.29	0.686
140	0.854	1.013	3.489	2.37	0.684
160	0.815	1.017	3.640	2.45	0.682
180	0.779	1.022	3.780	2.53	0.681
200	0.746	1.026	3.931	2.60	0.680
250	0.674	1.038	4.288	2.74	0.677
300	0.615	1.048	4.605	2.97	0.674
350	0.566	1.059	4.908	3.14	0.676
400	0.524	1.068	5.210	3.31	0.678
500	0.456	1.093	5.745	3.62	0.687
600	0.404	1.114	6.222	3.91	0.699
700	0.362	1.135	6.711	4.18	0.706
800	0.329	1.156	7.176	4.43	0.713
900	0.301	1.172	7.630	4.67	0.717
1000	0.277	1.185	8.041	4.90	0.719
1100	0.257	1.197	8.502	5.12	0.722
1200	0.239	1.206	9.153	5.35	0.724

3. 水的物理性质

温度 t/℃	密度 ρ/ (kg/m)	焓 H/ (kJ/kg)	比定压热容 c_p/ $[kJ/(kg \cdot K)]$	热导率 $\lambda \times 10^2$/ $[W/(m \cdot K)]$	黏度 μ/ $(mPa \cdot s)$	体积膨胀系数 $\alpha_v \times 10^4/K^{-1}$	表面张力 $\sigma \times 10^2/(N/m)$
0	999.9	0	4.212	55.08	1.788	-0.63	75.61
10	999.7	42.04	4.191	57.41	1.306	0.73	74.14
20	998.2	83.90	4.183	59.85	1.004	1.82	72.67
30	995.7	125.69	4.174	61.71	0.801	3.21	71.20
40	992.2	165.71	4.174	63.33	0.653	3.87	69.63
50	988.1	209.30	4.174	64.73	0.549	4.49	67.67
60	983.2	211.12	4.178	65.89	0.470	5.11	66.20
70	977.8	292.99	4.167	66.70	0.406	5.70	64.33
80	971.8	334.94	4.195	67.40	0.355	6.32	62.57
90	965.3	376.98	4.208	67.98	0.315	6.95	60.71
100	958.4	419.19	4.220	68.21	0.282	7.52	58.84
110	951.0	461.34	4.233	68.44	0.259	8.08	56.88
120	943.1	503.67	4.250	68.56	0.237	8.64	54.82
130	934.8	546.38	4.266	68.56	0.218	9.17	52.86
140	926.1	589.08	4.287	68.44	0.201	9.72	50.70
150	917.0	632.20	4.312	68.38	0.186	10.3	48.64
160	907.4	675.33	4.346	68.27	0.174	10.7	46.6
170	897.3	719.29	4.379	67.92	0.163	11.3	45.3
180	886.9	763.25	4.417	67.45	0.153	11.9	42.3
190	876.0	807.63	4.460	66.99	0.144	12.6	40.0
200	863.0	852.43	4.505	66.29	0.136	13.3	37.7
250	799.0	1085.64	4.844	61.76	0.110	18.1	26.2
300	712.5	1344.80	5.736	53.96	0.091	29.2	14.4

4. 水在不同温度下的黏度

温度 t/℃	黏度 μ/ $(mPa \cdot s)$	温度 t/℃	黏度 μ/ $(mPa \cdot s)$	温度 t/℃	黏度 μ/ $(mPa \cdot s)$	温度 t/℃	黏度 μ/ $(mPa \cdot s)$
0	1.792	25	0.897	50	0.549	75	0.380
1	1.731	26	0.874	51	0.540	76	0.375
2	1.673	27	0.855	52	0.532	77	0.370
3	1.619	28	0.836	53	0.523	78	0.367
4	1.567	29	0.818	54	0.515	79	0.361
5	1.519	30	0.801	55	0.506	80	0.357

续表

温度 t/℃	黏度 μ/ (mPa·s)	温度 t/℃	黏度 μ/ (mPa·s)	温度 t/℃	黏度 μ/ (mPa·s)	温度 t/℃	黏度 μ/ (mPa·s)
6	1.473	31	0.784	56	0.499	81	0.352
7	1.428	32	0.768	57	0.491	82	0.348
8	1.386	33	0.752	58	0.483	83	0.344
9	1.346	34	0.737	59	0.476	84	0.340
10	1.308	35	0.723	60	0.469	85	0.336
11	1.271	36	0.709	61	0.462	86	0.332
12	1.236	37	0.695	62	0.455	87	0.328
13	1.203	38	0.681	63	0.448	88	0.324
14	1.171	39	0.669	64	0.442	89	0.320
15	1.140	40	0.656	65	0.436	90	0.317
16	1.111	41	0.644	66	0.429	91	0.313
17	1.083	42	0.632	67	0.423	92	0.310
18	1.056	43	0.621	68	0.417	93	0.306
19	1.030	44	0.610	69	0.412	94	0.303
20	1.005	45	0.599	70	0.406	95	0.299
21	0.981	46	0.588	71	0.401	96	0.296
22	0.958	47	0.578	72	0.401	97	0.293
23	0.936	48	0.568	73	0.390	98	0.290
24	0.914	49	0.559	74	0.385	99	0.287

5. 饱和水蒸气表(以压强为准)

压强 p/Pa	温度 t/℃	蒸汽比体积 v/ (m³/kg)	焓 h/(kJ/kg)		汽化热 r/(kJ/kg)
			液体	气体	
1000	6.3	129.37	26.48	2503.1	2476.8
1500	12.5	88.26	52.26	2515.3	2463.0
2000	17.0	67.29	71.21	2524.2	2452.9
2500	20.9	54.47	87.45	2531.8	2444.3
3000	23.5	45.52	98.38	2536.8	2438.4
3500	26.1	39.45	109.30	2541.8	2432.5
4000	28.7	34.88	120.23	2546.8	2426.6
4500	30.8	33.06	129.00	2550.9	2421.9
5000	32.4	28.27	135.69	2554.0	2418.3
6000	35.6	23.81	149.06	2560.1	2411.0

续表

压强 p/Pa	温度 t/℃	蒸汽比体积 v/ (m^3/kg)	焓 h/(kJ/kg)		汽化热 r/(kJ/kg)
			液体	气体	
7000	38.8	20.56	162.44	2566.3	2403.8
8000	41.3	18.13	172.73	2571.0	2398.2
9000	43.3	16.24	181.16	2574.8	2393.6
1×10^4	45.3	14.71	189.59	2578.5	2388.9
1.5×10^4	53.5	10.04	224.03	2594.0	2370.0
2×10^4	60.1	7.65	251.51	2606.4	2354.9
3×10^4	66.5	5.24	288.77	2622.4	2333.7
4×10^4	75.0	4.00	315.93	2634.1	2312.2
5×10^4	81.2	3.25	339.80	2644.3	2304.5
6×10^4	85.6	2.74	358.21	2652.1	2393.9
7×10^4	89.9	2.37	376.61	2659.8	2283.2
8×10^4	93.2	2.09	390.08	2665.3	2275.3
9×10^4	96.4	1.87	403.49	2670.8	2267.4
1×10^5	99.6	1.70	416.90	2676.3	2259.5
1.21×10^5	104.5	1.43	437.51	2684.3	2246.8
1.4×10^5	109.2	1.24	457.67	2692.1	2234.4
1.6×10^5	113.0	1.21	473.88	2698.1	2224.2
1.8×10^5	116.6	0.988	489.32	2703.7	2214.3
2×10^5	120.2	0.887	493.71	2709.2	2204.6
2.5×10^5	127.2	0.719	534.39	2719.7	2185.4
3×10^5	133.3	0.606	560.38	2728.5	2168.1
3.5×10^5	138.8	0.524	583.76	2736.1	2152.3
4×10^5	143.4	0.463	603.61	2742.2	2138.5
4.5×10^5	147.7	0.414	622.42	2747.8	2125.4
5×10^5	151.7	0.375	639.59	2752.8	2113.2
6×10^5	158.7	0.316	670.22	2761.4	2091.1
7×10^5	164.7	0.273	696.27	2767.8	2071.5
8×10^5	170.4	0.240	720.96	2773.7	2052.7
9×10^5	175.1	0.215	741.82	2778.1	2036.2
1×10^6	179.9	0.194	762.68	2782.5	2019.7
1.1×10^6	180.2	0.177	780.34	2785.5	2005.1
1.2×10^6	187.8	0.166	797.92	2788.5	1990.6
1.3×10^6	191.5	0.151	814.25	2790.9	1976.7

续表

压强 p/Pa	温度 t/℃	蒸汽比体积 v/ (m^3/kg)	焓 h/(kJ/kg)		汽化热 r/(kJ/kg)
			液体	气体	
1.4×10^6	194.8	0.141	829.06	2792.4	1963.7
1.5×10^6	198.2	0.132	843.86	2794.5	1950.7
1.6×10^6	201.3	0.124	857.77	2796.0	1938.2
1.7×10^6	204.1	0.117	870.58	2797.1	1926.5
1.8×10^6	206.9	0.110	883.39	2798.1	1914.8
1.9×10^6	209.8	0.105	896.21	2799.2	1903.0
2×10^6	212.2	0.0997	907.32	2799.7	1892.4
3×10^6	233.7	0.0666	1005.4	2798.9	1793.5
4×10^6	250.3	0.0498	1082.9	2789.8	1706.8
5×10^6	263.8	0.0394	1146.9	2776.2	1629.2
6×10^6	275.4	0.0324	1203.2	2759.5	1556.3
7×10^6	285.7	0.0273	1253.2	2740.8	1487.6
8×10^6	294.8	0.0235	1299.2	2720.5	1403.7
9×10^6	303.2	0.0205	1343.5	2699.1	1356.6
1×10^7	310.9	0.0180	1384.0	2677.1	1293.1
1.2×10^7	324.5	0.0142	1463.4	2631.2	1167.7
1.4×10^7	336.5	0.0115	1567.9	2583.2	1043.4
1.6×10^7	347.2	0.00927	1615.8	2531.1	915.4
1.8×10^7	356.9	0.00744	1699.8	2466.0	766.1
2×10^7	365.6	0.00566	1817.8	2364.2	544.9

6. 饱和水蒸气表(以温度为准)

温度 t/℃	压强 p/Pa	蒸汽密度 ρ/ (kg/m^3)	焓 h/(kJ/kg)		汽化热 r/(kJ/kg)
			液体	气体	
0	0.6082	0.00484	0	2491.1	2491.1
5	0.8730	0.00680	20.94	2500.8	2479.9
10	1.2263	0.00940	41.87	2510.4	2468.5
15	1.7068	0.01283	62.80	2520.5	2457.7
20	2.3346	0.01719	83.74	2530.1	2446.3
25	3.1684	0.02304	104.67	2539.7	2435.0
30	4.2474	0.03036	125.60	2549.3	2423.7

续表

温度 t/℃	压强 p/Pa	蒸汽密度 ρ/ (kg/m^3)	焓 h/（kJ/kg）		汽化热 r/（kJ/kg）
			液体	气体	
35	5.6207	0.03960	146.54	2559.0	2412.4
40	7.3766	0.05114	167.47	2568.6	2401.1
45	9.5837	0.06543	188.41	2577.8	2389.4
50	12.340	0.0830	209.34	2587.4	2378.1
55	15.743	0.1043	230.27	2596.7	2366.4
60	19.923	0.1301	251.21	2606.3	2355.1
65	25.014	0.1611	272.14	2615.5	2343.4
70	31.164	0.1979	293.08	2624.3	2331.2
75	38.551	0.2416	314.01	2633.5	2319.5
80	47.379	0.2929	334.94	2642.3	2307.8
85	57.875	0.3531	355.88	2651.1	2295.2
90	70.136	0.4229	376.81	2659.9	2283.1
95	84.556	0.5039	397.75	2668.7	2270.9
100	101.33	0.5970	418.68	2677.0	2258.4
105	120.85	0.7036	440.03	2685.0	2245.4
110	143.11	0.8254	460.97	2693.4	2232.0
115	169.11	0.9635	482.32	2701.3	2219.0
120	198.64	1.119	503.67	2708.9	2205.2
125	232.19	1.296	525.02	2716.4	2191.8
130	270.25	1.494	546.38	2723.9	2177.6
135	313.11	1.715	567.73	2731.0	2163.3
140	361.47	1.962	589.08	2737.7	2148.7
145	415.72	2.238	610.85	2744.4	2134.0
150	476.24	2.543	632.21	2750.7	2118.5
160	618.28	3.252	675.75	2762.9	2076.1
170	792.59	4.113	719.29	2773.3	2054.0
180	1003.5	5.145	763.25	2782.5	2019.3
190	1255.6	6.378	807.64	2790.1	1982.4
200	1554.77	7.840	852.01	2795.5	1943.5
210	1927.72	9.567	897.23	2799.3	1902.5
220	2320.88	11.60	942.45	2801.0	1858.5
230	2798.59	13.98	988.50	2800.1	1811.6

续表

温度 t/℃	压强 p/Pa	蒸汽密度 ρ/ (kg/m³)	焓 h/(kJ/kg)		汽化热 r/(kJ/kg)
			液体	气体	
240	3347.91	16.76	1034.56	2796.8	1761.8
250	3977.67	20.01	1081.45	2790.1	1708.6
260	4693.75	23.82	1128.76	2780.9	1651.7
270	5503.99	28.27	1176.91	2768.3	1591.4
280	6417.24	33.47	1225.48	2752.0	1526.5
290	7443.29	39.60	1274.76	2732.3	1457.4
300	8592.94	46.93	1025.54	2708.0	1382.5
310	9877.96	55.59	1378.71	2680.0	1301.3
320	11300.3	65.95	1436.07	2648.2	1212.1
330	12879.6	78.53	1446.78	2610.5	1116.2
340	14615.8	93.98	1562.93	2568.6	1005.7
350	16538.5	113.2	1636.20	2516.7	880.5
360	18667.1	129.6	1729.15	2442.6	713.0
370	21040.9	171.0	1888.25	2301.9	411.1
374	22070.9	322.6	2098.0	2098.0	0

7. 冰的蒸汽压

温度 t/℃	蒸汽压 p/Pa	温度 t/℃	蒸汽压 p/Pa	温度 t/℃	蒸汽压 p/Pa
-80	0.05332	-23	77.314	-11	237.941
-70	0.25860	-22	85.312	-10	259.935
-60	1.07706	-21	93.976	-9	284.062
-50	3.93902	-20	103.441	-8	310.056
-40	12.8767	-19	113.838	-7	338.182
-30	30.1105	-18	125.169	-6	368.574
-29	42.256	-17	137.432	-5	401.633
-28	46.788	-16	150.896	-4	437.224
-27	51.854	-15	165.425	-3	475.614
-26	57.319	-14	181.421	-2	517.880
-25	63.451	-13	198.617	-1	562.127
-24	70.116	-12	217.546	0	610.381

8. 101.3kPa 下气体黏度线图

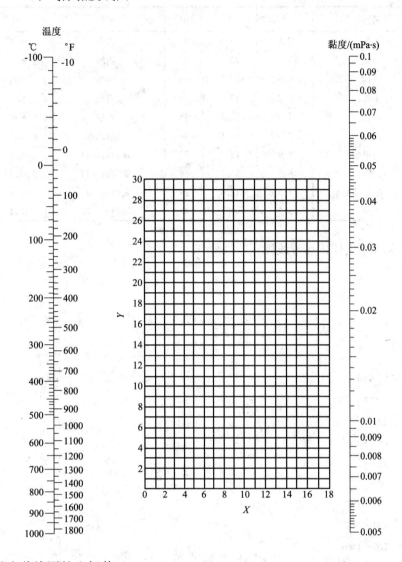

气体黏度共线图的坐标值：

序号	名称	X	Y	序号	名称	X	Y
1	空气	11.0	20.0	11	二氧化硫	9.6	17.0
2	氧	11.0	21.3	12	二硫化碳	8.0	16.0
3	氮	10.6	20.0	13	一氧化二氮	8.8	19.0
4	氢	11.2	12.4	14	一氧化氮	10.9	20.5
5	$3H_2 + 1N_2$	11.2	17.2	15	氟	7.3	23.8
6	水蒸气	8.0	16.0	16	氯	9.0	18.4
7	二氧化碳	9.5	18.7	17	氯化氢	8.8	18.7
8	一氧化碳	11.0	20.0	18	甲烷	9.9	15.5
9	氨	8.4	16.0	19	乙烷	9.1	14.5
10	硫化氢	8.6	18.0	20	乙烯	9.5	15.1

续表

序号	名称	X	Y	序号	名称	X	Y
21	乙炔	9.8	14.9	31	乙醇	9.2	14.2
22	丙烷	9.7	12.9	32	丙醇	8.4	13.4
23	丙烯	9.0	13.8	33	醋酸	7.7	14.3
24	丁烯	9.2	13.7	34	丙酮	8.9	13.0
25	戊烷	7.0	12.8	35	乙醚	8.9	13.0
26	己烷	8.6	11.8	36	醋酸乙酯	8.5	13.2
27	三氯甲烷	8.9	15.7	37	氟利昂－11	10.6	15.1
28	苯	8.5	13.2	38	氟利昂－12	11.1	16.0
29	甲苯	8.6	12.4	39	氟利昂－21	10.8	15.3
30	甲醇	8.5	15.6	40	氟利昂－22	10.1	17.0

9.101.3kPa 下气体比热容线图

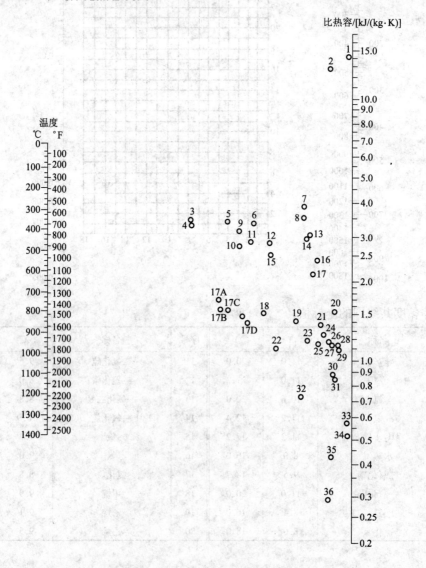

气体比热容线图的编号：

编号	气体	温度范围/K	编号	气体	温度范围/K
1	氢	273～873	18	二氧化碳	273～673
2	氢	873～1673	19	硫化氢	273～973
3	乙烷	273～473	20	氟化氢	273～1673
4	乙烯	273～473	21	硫化氢	973～1673
5	甲烷	273～573	22	二氧化硫	273～673
6	甲烷	573～973	23	氧	273～773
7	甲烷	973～1673	24	二氧化碳	673～1673
8	乙烷	873～1673	25	一氧化氮	273～973
9	乙烷	473～873	26	一氧化碳	273～1673
10	乙炔	273～473	26	氮	273～1673
11	乙烯	473～873	27	空气	273～1673
12	氨	273～873	28	一氧化氮	973～1673
13	乙烯	873～1673	29	氧	773～1673
14	氨	873～1673	30	氯化氢	273～1673
15	乙炔	473～673	31	二氧化硫	673～1673
16	乙炔	673～1673	32	氯	273～473
17	水	273～1673	33	硫	573～1673
17A	氟利昂－22	273～473	34	氯	473～1673
17B	氟利昂－11	273～473	35	溴化氢	273～1673
17C	氟利昂－21	273～473	36	碘化氢	273～1673
17D	氟利昂－113	273～473			

10. 常用气体的热导率图

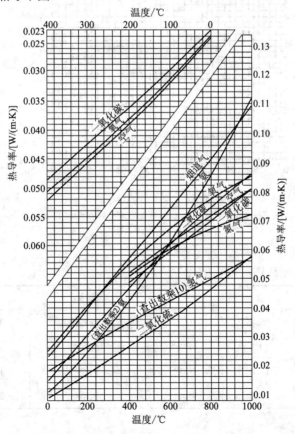

11. 有机液体的相对密度线图

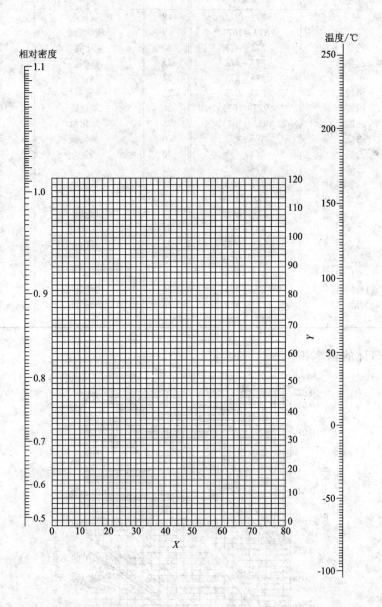

有机液体相对密度线图的坐标值：

液体	X	Y	液体	X	Y
乙炔	20.8	10.1	甲酸乙酯	37.6	68.4
乙烷	10.8	4.4	甲酸丙酯	33.8	66.7
乙烯	17.0	3.5	丙烷	14.2	12.2
乙醇	24.2	48.6	丙酮	26.1	47.8

续表

液体	X	Y	液体	X	Y
乙醚	22.8	35.8	丙醇	23.8	50.8
乙丙醚	20.0	37.0	丙酸	35.0	83.5
乙硫醇	32.0	55.5	丙酸甲酯	36.5	68.3
乙硫醚	25.7	55.3	丙酸乙酯	32.1	63.9
二乙胺	17.8	33.5	戊烷	12.6	22.6
二氧化碳	78.6	45.4	异戊烷	13.5	22.5
异丁烷	13.7	16.5	辛烷	12.7	32.5
丁酸	31.3	78.7	庚烷	12.6	29.8
丁酸甲酯	31.5	65.5	苯	32.7	63.0
异丁酸	31.5	75.9	苯酚	35.7	103.8
丁酸异甲酯	33.0	64.1	苯胺	33.5	92.5
十一烷	14.4	39.2	氟苯	41.9	86.7
十二烷	14.3	41.4	癸烷	16.0	38.2
十三烷	15.3	42.4	氨	22.4	24.6
十四烷	15.8	43.3	氯乙烷	42.7	62.4
三乙胺	17.9	37.0	氯甲烷	52.3	62.9
三氯化磷	38.0	22.1	氯苯	41.7	105.0
己烷	13.5	27.0	氰丙烷	20.1	44.6
壬烷	16.2	36.5	氰甲烷	27.8	44.9
六氢吡啶	27.5	60.0	环己烷	19.6	44.0
甲乙醚	25.0	34.4	醋酸	40.6	93.5
甲醇	25.8	49.1	醋酸甲酯	40.1	70.3
甲硫醇	37.3	59.6	醋酸乙酯	35.0	65.0
甲硫醚	31.9	57.4	醋酸丙酯	33.0	65.5
甲醚	27.2	30.1	甲苯	27.0	61.0
甲酸甲酯	46.4	74.6	异戊醇	20.5	52.0

12. 液体黏度线图

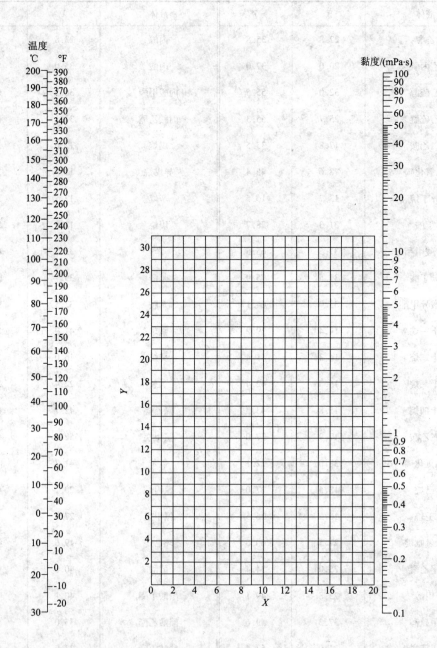

液体黏度线图的坐标值:

液体	X	Y	液体	X	Y
水	10.2	13.0	乙苯	13.2	11.5
盐水(25% NaCl)	10.2	16.6	氯苯	12.3	12.4
盐水(25% CaCl$_2$)	6.6	15.9	硝基苯	10.6	16.2

续表

液体	X	Y	液体	X	Y
氨	12.6	2.2	苯胺	8.1	18.7
氨水(26%)	10.1	13.9	酚	6.9	20.8
二氧化碳	11.6	0.3	联苯	12.0	18.3
二氧化硫	15.2	7.1	萘	7.9	18.1
二硫化碳	16.1	7.5	甲醇(100%)	12.4	10.5
溴	14.2	18.2	甲醇(90%)	12.3	11.8
汞	18.4	16.4	甲醇(40%)	7.8	15.5
硫酸(110%)	7.2	27.4	乙醇(100%)	10.5	13.8
硫酸(100%)	8.0	25.1	乙醇(95%)	9.8	14.3
硫酸(98%)	7.0	24.8	乙醇(40%)	6.5	16.6
硫酸(60%)	10.2	21.3	乙二醇	6.0	23.6
硝酸(95%)	12.8	13.8	甘油	2.0	30.0
硝酸(60%)	10.8	17.0	甘油	6.9	19.6
盐酸(31.5%)	13.0	16.6	乙醚	14.5	5.3
氢氧化钠(50%)	3.2	25.8	乙醛	15.2	14.8
戊烷	14.9	5.2	丙酮	14.5	7.2
己烷	14.7	7.0	甲酸	10.7	15.8
庚烷	14.1	8.4	醋酸(100%)	12.1	14.2
辛烷	13.7	10.0	醋酸(70%)	9.5	17.0
三氯甲烷	14.4	10.2	醋酸酐	12.7	12.8
四氯化碳	12.7	13.1	醋酸乙酯	13.7	9.1
二氯乙烷	13.2	12.2	醋酸戊酯	11.8	12.5
苯	12.5	10.9	氟利昂－11	14.4	9.0
甲苯	13.7	10.4	氟利昂－12	16.8	5.6
邻二甲苯	13.5	12.1	氟利昂－21	15.7	7.5
间二甲苯	13.9	10.6	氟利昂－22	17.2	4.7
对二甲苯	13.9	10.9	煤油	10.2	16.9

13. 液体比热容线图

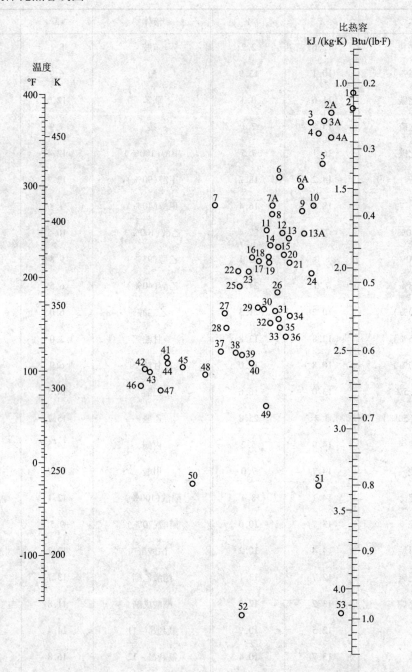

液体比热容线图的编号：

编号	名称	温度范围/℃	编号	名称	温度范围/℃
1	溴乙烷	5 ~ 25	3	过氯乙烯	−30 ~ 140
2	二氧化碳	−100 ~ 25	3A	氟利昂 − 113	−20 ~ 70
2A	氟利昂 − 11	−20 ~ 70	4	三氯甲烷	0 ~ 50
3	四氯化碳	10 ~ 60	4A	氟利昂 − 21	−20 ~ 70

续表

编号	名称	温度范围/℃	编号	名称	温度范围/℃
5	二氯甲烷	−40 ~ 50	27	苯甲基醇	−20 ~ 30
6	氟利昂 − 12	−40 ~ 15	28	庚烷	0 ~ 60
6A	二氯乙烷	−30 ~ 60	29	醋酸	0 ~ 80
7	碘乙烷	0 ~ 100	30	苯胺	0 ~ 130
7A	氟利昂 − 22	−20 ~ 60	31	异丙醚	−80 ~ 200
8	氯苯	0 ~ 100	32	丙酮	20 ~ 50
9	硫酸	10 ~ 45	33	辛烷	−50 ~ 25
10	苯甲基氯	−30 ~ 30	34	壬烷	−50 ~ 25
11	二氧化硫	−20 ~ 100	35	己烷	−80 ~ 20
12	硝基苯	0 ~ 100	36	乙醚	−100 ~ 25
13	氯乙烷	−30 ~ 40	37	戊醇	−50 ~ 25
13A	氯甲烷	−80 ~ 20	38	甘油	−40 ~ 20
14	萘	90 ~ 200	39	乙二醇	−40 ~ 200
15	联苯	80 ~ 120	40	甲醇	−40 ~ 20
16	联苯醚	0 ~ 200	41	异戊醇	10 ~ 100
16	联苯 − 联苯醚	0 ~ 200	42	乙醇	30 ~ 80
17	对二甲苯	0 ~ 100	43	异丁醇	0 ~ 100
18	间二甲苯	0 ~ 100	44	丁醇	0 ~ 100
19	邻二甲苯	0 ~ 100	45	丙醇	−20 ~ 100
20	吡啶	−40 ~ 15	46	乙醇	20 ~ 80
21	癸烷	−80 ~ 25	47	异丙醇	20 ~ 50
22	二苯基甲烷	30 ~ 100	48	盐酸	20 ~ 100
23	苯	10 ~ 80	49	盐水(25% CaCl₂)	−40 ~ 20
23	甲苯	0 ~ 60	50	乙醇	20 ~ 80
24	醋酸乙酯	−50 ~ 25	51	盐水(25% NaCl)	−40 ~ 20
25	乙苯	0 ~ 100	52	氨	−70 ~ 50
26	醋酸戊酯	−20 ~ 70	53	水	10 ~ 200

14. 某些液体的热导率

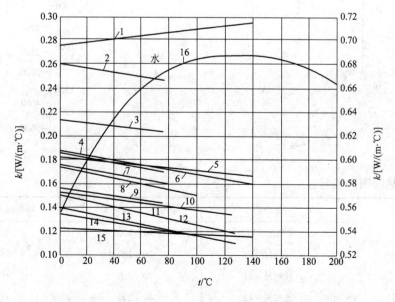

1—无水甘油　2—甲酸　3—甲醇　4—乙醇　5—蓖麻油　6—苯胺　7—醋酸　8—丙酮　9—丁醇
10—硝基苯　11—异丙醇　12—苯　13—甲苯　14—二甲苯　15—凡士林油　16—水(用右坐标)

15. 液体汽化潜热线图

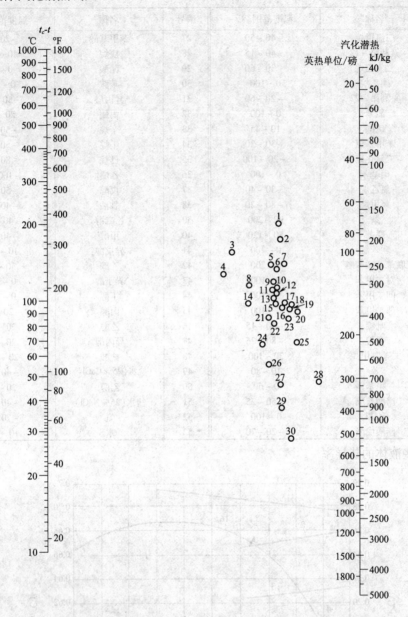

汽化潜热线图的编号：

编号	化合物	范围$(t_c - t)$/℃	临界温度 t_c/℃
1	氟利昂－113	90~250	214
2	四氯化碳	30~250	283
2	氟利昂－11	70~250	198
2	氟利昂－12	40~200	111
3	联苯	175~400	527

续表

编号	化合物	范围$(t_c - t)/℃$	临界温度 $t_c/℃$
4	二硫化碳	140～275	273
5	氟利昂-21	70～250	178
6	氟利昂-22	50～170	96
7	三氯甲烷	140～275	263
8	二氯甲烷	150～250	216
9	辛烷	30～300	296
10	庚烷	20～300	267
11	己烷	50～225	235
12	戊烷	20～200	197
13	苯	10～400	289
13	乙醚	10～400	194
14	二氧化硫	90～160	157
15	异丁烷	80～200	134
16	丁烷	90～200	153
17	氯乙烷	100～250	187
18	醋酸	100～225	321
19	一氧化二氮	25～150	36
20	氯甲烷	70～250	143
21	二氧化碳	10～100	31
22	丙酮	120～210	235
23	丙烷	40～200	96
24	丙醇	20～200	264
25	乙烷	25～150	32
26	乙醇	20～140	243
27	甲醇	40～250	240
28	乙醇	140～300	243
29	氨	50～200	133
30	水	10～500	374

16. 一些食品的热导率

食品名称	$\lambda/[W/(m \cdot K)]$	食品名称	$\lambda/[W/(m \cdot K)]$	食品名称	$\lambda/[W/(m \cdot K)]$
苹果汁	0.559	黄油	0.197	鲜鱼	0.431
梨汁	0.550	花生油	0.168	猪肉	1.298

续表

食品名称	$\lambda/[W/(m \cdot K)]$	食品名称	$\lambda/[W/(m \cdot K)]$	食品名称	$\lambda/[W/(m \cdot K)]$
草莓	1.125	人造黄油	0.233	香肠	0.410
苹果酱	0.692	炼乳	0.536	火鸡	1.088
葡萄	0.398	浓缩牛乳	0.505	小牛肉	0.891
橘子	1.296	脱脂牛乳	0.538	燕麦	0.064
胡萝卜	1.263	奶粉	0.419	马铃薯	1.090
南瓜	0.502	蛋类	0.291	牛肉	0.556
蜂蜜	0.502	小麦	0.163		

17. 各种食品的冰点

食品名称	含水量 $w/\%$	冰点 $t_i/℃$	食品名称	含水量 $w/\%$	冰点 $t_i/℃$
牛肉	72	$-2.7 \sim -1.7$	椰子	83	-2.8
猪肉	$35 \sim 72$	$-2.7 \sim -1.7$	柠檬	89	-2.1
羊肉	$60 \sim 70$	-1.7	橘子	90	-2.2
家禽	74	-1.7	青刀豆	88.9	-1.3
鲜鱼	73	$-2 \sim -1$	龙须菜	94	-2
对虾	76	-2.0	甜菜	72	-2
牛乳	87	-2.8	卷心菜	91	-0.5
蛋	70	-2.2	胡萝卜	83	-1.7
兔肉	60	-1.7	芹菜	94	-1.2
苹果	85	-2	黄瓜	96.4	-0.8
杏子	85.4	-2	韭菜	88.2	-1.4
香蕉	75	-1.7	洋葱	87.5	-1
樱桃	82	-4.5	青豌豆	74	-1.1
葡萄	82	-4	马铃薯	77.8	-1.8
柑橘	86	-2.2	南瓜	90.5	-1
桃子	86.9	-1.5	萝卜	93.6	-2.2
梨	83	-2	菠菜	93.7	-0.9
菠萝	85.3	-1.2	番茄	94	-0.9
李子	86	-2.2	芦笋	93	-2.2
杨梅	90	-1.3	茄子	92.7	$-1.6 \sim -0.9$
西瓜	92.1	-1.6	蘑菇	91.1	-1.8
甜瓜	92.7	-1.7	青椒	92.4	$-1.9 \sim -1.1$
草莓	90.0	-1.17	甜玉米	73.9	$-1.7 \sim -1.1$

18. 一些食品的比定压热容

食品名称	含水量 w/%	c_{pi}/[kJ/(kg·K)]	食品名称	含水量 w/%	c_{pi}/[kJ/(kg·K)]
肉汤	—	3.098	鲜蘑菇	90	3.936
豌豆汤	—	4.103	干蘑菇	30	2.345
马铃薯汤	88	3.956	洋葱	80～90	3.601～3.894
油炸鱼	60	3.015	荷兰芹	65～95	3.182～3.894
植物油		1.465～1.884	干豌豆	14	1.842
可可	—	1.842	马铃薯	75	3.517
脱脂牛乳	91	3.999	菠菜	85～90	3.852
面包	44～45	2.784	鲜浆果	84～90	3.726～4.103
炼乳	60～70	3.266	鲜水果	75～92	3.350～3.768
面粉	12～13.5	1.842	干水果	30	2.094
通心粉	12～13.5	1.842	肥牛肉	51	2.889
麦片粥	—	3.224～3.768	瘦牛肉	72	3.433
大米	10.5～13.5	1.800	鹅	52	2.931
蛋白	87	3.852	肾	—	3.601
蛋黄	48	2.805	羊肉	90	3.894
洋蓟	90	3.894	鲜腊肠	72	3.433
大葱	92	3.978	小牛排	72	3.433
小扁豆	12	1.842	鹿肉	70	3.391

19. 糖溶液物性的经验拟合式

（1）密度

$$\rho = 1005.6 - 0.2473t + 3.726x - 2.0315 \times 10^{-3}t^2 - 1.8453 \times 10^{-3}tx + 0.01809x^2 \, (\text{kg/m}^3)$$

（2）常压下的沸点升高

$$\Delta = \exp(-2.9954 + 0.10877x - 1.0813 \times 10^{-3}x^2 + 6.7381 \times 10^{-3}x^3) \, (\text{℃})$$

（3）热导率

$$\lambda = 0.56817 + 1.6544 \times 10^{-3}t - 3.1275 \times 10^{-3}x - 6.8327 \times 10^{-6}tx -$$
$$4.2345 \times 10^{-6}t^2 + 2.3545 \times 10^{-7}x^2 \, [\text{W/(m·K)}]$$

（4）比热容

$$c_p = 4.186 + 2.681 \times 10^{-5}t - 0.02509x + 7.357 \times 10^{-5}tx - 1.564 \times 10^{-7}t^2 - 4.136 \times 10^{-7}x^2 \, [\text{kJ/(kg·K)}]$$

（5）表面张力

$$\sigma = 72.673 + 0.03693x + 3.5223 \times 10^{-3}x^2 - 4.1485 \times 10^{-5}x^3 + 1.0032 \times 10^{-9}x^4 \, (\text{N/m})$$

以上诸式中，t——温度，℃；x——糖的质量分数，%

20. 冷冻盐水的物性
（1）氯化钙溶液

浓度 w/%	相对密度	冻结温度 t_i/℃	0℃下比定压热容 c_p/[kJ/(kg·K)]	黏度 μ/(mPa·s)				
				−30℃	−20℃	−10℃	0℃	20℃
0.1	1.00	0.0	4.199	—	—	—	1.77	1.03
20.9	1.19	−19.2	3.043	—	—		3.28	2.00
21.9	1.20	−21.2	3.001	—	8.61	—	3.44	2.11
22.8	2.21	−23.2	2.964	—	9.02	—	3.62	2.23
23.8	1.22	−25.7	2.930	—	9.48	—	3.82	2.35
24.7	1.23	−28.3	2.897	—	10.00	—	4.02	2.48
25.7	1.24	−31.2	2.867	14.81	10.57	—	4.26	2.63
26.6	1.25	−34.6	2.838	15.89	11.17	—	4.52	2.78
27.5	1.26	−38.6	2.809	17.17	11.85	—	4.81	2.93
28.4	1.27	−43.6	2.780	19.03	12.69	—	5.12	3.14
29.4	1.28	−50.1	2.754	21.29	13.79	—	5.49	3.40
29.9	1.286	−55.0	2.738	22.56	14.39	—	5.69	3.52

（2）氯化钠溶液

浓度 w/%	相对密度	冻结温度 t_i/℃	0℃下比定压热容 c_p/[kJ/(kg·K)]	黏度 μ/(mPa·s)				
				−30℃	−20℃	−10℃	0℃	20℃
0.1	1.00	0.0	4.190	—	—	—	1.77	1.03
13.6	1.10	−9.8	3.587	—	—	—	2.15	1.23
14.9	1.11	−11.0	3.550	—	—	3.35	2.24	1.27
16.2	1.12	−12.2	3.512	—	—	3.49	2.32	1.31
17.5	1.13	−13.6	3.474	—	—	3.68	2.43	1.37
18.8	1.14	−15.1	3.441	—	—	3.87	2.56	1.43
20.0	1.15	−16.6	3.407	—	—	4.08	2.69	1.49
21.2	1.16	−18.2	3.374	—	—	4.31	2.83	1.55
22.4	1.17	−20.0	3.340	—	6.87	4.51	2.96	1.62
23.1	1.175	−21.2	3.324	—	7.04	4.71	3.04	1.67

21. 无机盐水溶液在常压下的沸点

溶液的质量分数/%

温度/℃	101	102	103	104	105	107	110	115	120	125	140	160	180	200	220	240	260	280	300	340
$CaCl_2$	5.66	10.31	14.16	17.36	20.00	24.24	29.33	35.68	40.83	45.80	57.89	68.94	75.86							
KOH	4.49	8.51	11.97	14.82	17.01	20.88	25.65	31.97	36.51	40.23	48.05	54.89	60.41	64.91	68.73	72.46	75.76	78.95	81.63	86.18
KCl	8.42	14.31	18.96	23.02	26.57	32.02	(近于108.5℃)													
K_2CO_3	10.31	18.37	24.24	28.57	32.24	37.69	43.97	50.86	56.04	60.40	66.94									
KNO_3	13.19	23.66	32.23	39.20	45.10	54.65	65.34	79.53												
$MgCl_2$	4.67	8.42	11.66	14.31	16.59	20.32	24.41	29.48	33.07	36.02	38.61									
$MgSO_4$	14.31	22.78	28.31	32.23	35.32	42.86	(近于108℃)													
NaOH	4.12	7.40	10.15	12.51	14.53	18.32	23.08	26.31	33.77	37.58	48.32	60.13	69.97	77.53	84.03	88.89	93.02	95.92	98.47	
NaCl	6.19	11.03	14.67	17.69	20.32	25.09	28.92													
$NaNO_3$	8.26	15.61	21.87	27.53	32.43	40.47	49.87	60.94	68.94											
Na_2SO_4	15.26	24.81	30.73	31.83		(近于103.2℃)														
Na_2CO_3	9.42	17.22	23.72	29.18	33.86															
$CuSO_4$	26.95	39.98	40.83	44.47	45.12	(近于104.2℃)														
$ZnSO_4$	20.00	31.22	37.89	42.92	46.15															
NH_4NO_3	9.09	16.66	23.08	29.08	34.21	42.53	51.92	63.24	71.26	77.11	87.09	93.20	96.00	97.61	98.84	100				
NH_4Cl	6.10	11.35	15.96	19.80	22.89	28.37	35.98	46.95												
$(NH_4)_2SO_4$	13.34	23.14	30.65	36.71	41.79	49.73	49.77	53.55		(近于108.2℃)										

22. 常用固体材料的重要性质

名　　称	密度 $\rho/(kg/m^3)$	热导率 $\lambda/[W/(m \cdot K)]$	比热容 $c_p/[kJ/(kg \cdot K)]$
钢	7850	45.4	0.46
不锈钢	7900	17.4	0.50
铸铁	7220	62.8	0.50
铜	8800	383.8	0.41
青铜	8000	64.0	0.38
铝	2670	203.5	0.92
镍	9000	58.2	0.46
铅	11400	34.9	0.13
黄铜	8600	85.5	0.38
酚醛	1250~1300	0.13~0.25	1.26~1.67
脲醛	1400~1500	0.30~1.09	1.26~1.67
聚氯乙烯	1380~1400	0.16~0.59	1.84
聚苯乙烯	1050~1070	0.08~0.29	1.34
低压聚乙烯	940	0.29~1.05	2.55
高压聚乙烯	920	0.26~0.92	2.22
有机玻璃	1180~1190	0.14~0.20	—
干砂	1500~1700	0.45~0.58	0.80
黏土	1600~1800	0.47~0.53	0.75
锅炉炉渣	700~1100	0.19~0.30	—
黏土砖	1600~1900	0.47~0.67	0.92
耐火砖	1840	1.05(800~1100℃)	0.88~1.00
多孔绝缘砖	600~1400	0.16~0.37	—
混凝土	2000~2400	1.28~1.55	0.84
松木	500~600	0.07~0.10	2.72(0~100℃)
软木	100~300	0.04~0.06	0.96
石棉板	170	0.12	0.82
石棉水泥板	1600~1900	0.35	—
玻璃	2500	0.74	0.67
耐酸陶瓷制品	2200~2300	0.93~1.05	0.75~0.80
耐酸砖和板	2100~2400	—	—
橡胶	1200	0.16	1.38
耐酸搪瓷	2300~2700	0.99~1.05	0.84~1.3
冰	900	2.33	2.11

23. 某些食品的堆装密度

食品名称	堆装密度 $\rho_{ap}/(kg/m^3)$	食品名称	堆装密度 $\rho_{ap}/(kg/m^3)$
辣椒	200 ~ 300	玉米	680 ~ 770
茄子	330 ~ 430	花生粒	500 ~ 630
番茄	580 ~ 630	大豆	700 ~ 770
洋葱	490 ~ 520	蚕豆	670 ~ 800
胡萝卜	560 ~ 590	马铃薯	650 ~ 750
桃子	590 ~ 690	地瓜	640
蘑菇	450 ~ 500	甜菜	600 ~ 770
刀豆	640 ~ 650	面粉	700
豌豆	700 ~ 770		

24. 某些固体材料的黑度

材料	$t/℃$	ε
表面磨光的铝	225 ~ 575	0.039 ~ 0.057
表面未磨光的铝	26	0.055
表面磨光的铁	425 ~ 1020	0.144 ~ 0.377
金刚砂冷加工后的铁	20	0.242
氧化后的铁	100	0.736
氧化后表面光滑的铁	125 ~ 525	0.78 ~ 0.82
未加工处理的铸铁	925 ~ 1115	0.87 ~ 0.95
表面磨光的铸铁	770 ~ 1040	0.52 ~ 0.56
研磨后的钢板	940 ~ 1100	0.55 ~ 0.61
表面有一层有光泽氧化物的钢板	25	0.82
经刮面加工的生铁	830 ~ 990	0.60 ~ 0.70
氧化铁	500 ~ 1200	0.85 ~ 0.95
无光泽的黄铜板	50 ~ 360	0.22
氧化铜	800 ~ 1100	0.66 ~ 0.84
铬	100 ~ 1000	0.08 ~ 0.26
有光泽的镀锌铁板	28	0.228
已氧化的灰色镀锌铁板	24	0.276
石棉纸板	24	0.96
石棉纸	40 ~ 370	0.93 ~ 0.945
水	0 ~ 100	0.95 ~ 0.963
石膏	20	0.903
表面粗糙、基本完整的红砖	20	0.93

续表

材料	$t/℃$	ε
表面粗糙、未上釉的硅砖	100	0.80
表面粗糙、上釉的硅砖	1100	0.85
上釉的黏土耐火砖	1100	0.75
耐火砖	—	0.8~0.9
涂在铁板上的光泽的黑漆	25	0.875
无光泽的黑漆	40~95	0.96~0.98
白漆	40~95	0.80~0.95
平整的玻璃	22	0.937
烟尘、发光的煤尘	95~270	0.952
上釉的瓷器	22	0.924

25. 壁面污垢热阻 $R \times 10^4 / (m^2 \cdot K/W)$

(1) 冷却水

加热流体温度/℃	<115		115~205	
水的温度/℃	<25		>25	
水的流速/(m/s)	<1	>1	<1	>1
海水	0.8598	0.8598	1.7197	1.7197
自来水、井水、湖水、软化锅炉水	1.7197	1.7197	3.4394	3.4394
蒸馏水	0.8598	0.8598	0.8598	0.8598
硬水	5.1590	5.1590	8.598	8.598
河水	5.1590	3.4394	6.8788	5.1590

(2) 工业用气体

气体	$R \times 10^4 / (m^2 \cdot K/W)$	气体	$R \times 10^4 / (m^2 \cdot K/W)$
有机化合物	0.8598	溶剂蒸气	1.7197
水蒸气	0.8598	天然气	1.7197
空气	3.4394	焦炉气	1.7197

(3) 工业用液体

液体	$R \times 10^4 / (m^2 \cdot K/W)$	气体	$R \times 10^4 / (m^2 \cdot K/W)$
有机化合物	1.7197	熔盐	0.8598
盐水	1.7197	植物油	5.1590

三、型号、规格、规范

1. 流体输送用无缝钢管规格（摘自 GB/T 8163—2008）

外径/mm	壁厚/mm
16	3,3.5,4,4.5,5,5.5
20	1.5,2,2.5,3,3.5,4,5,6
25	2,2.2,2.5,3,3.5,4,4.5,5,5.5,6,7
30	1.5,2,2.5,3,3.5,4,4.5,5,5.5,6,7,8,10
32	1.5,2,2.5,3,3.5,4,4.5,5,5.5,6,7,8,10
38	1.2,2,2.2,2.5,3,3.5,4,4.5,4.7,5.5,6,7,8,9,10
40	1.5,2,2.5,3,3.5,4,4.5,5,5.5,6,6.5,7,8,9,10
45	1.5,1.8,2,2.5,3,3.5,4,4.5,5,6,7,7.5,8,8.5,9,10,11,12
50	1.5,2,2.5,3,3.5,4,4.5,5,6,7,8,9,10,11,12
60	2,3,3.5,3.8,4,4.5,5,5.5,6,6.5,7,9
76	3,3.5,4,4.5,5,5.5,6,7,8,9,10,12
89	4,4.5,5,5.5,6,6.5,7,7.5,8,9,10,11,12,12.5,13,14
95	4,4.5,5,5.5,6,7,8,9,10,11,12.5,14,16
108	4,4.5,5,5.5,6,6.5,7,8,9,10,11,12,12.5,14,16,20
114	4,4.5,5,5.5,6,7,8,9,10,11,12.5,13,14,15,16
121	4,4.5,5,5.5,6,7,8,8.8,10,11,12.5,14.2,16,18,20
127	4,4.5,5,5.5,6,7,7.5,8,9,10,11,12.5,14,16,18,20
133	4.5,5,5.5,6,7,8,9,10,11,12.5,14,16,18,20
140	5,6,7,8,10,12,14,16,18,20
159	4.5,5,5.5,6,7,8,9,10,12,12.5,14,16
168	5.5,6,6.5,7,8,9,9.5,10,11,12,13,14,16,18,19,20
219	6,6.5,7,8,9,10,11,12,13,14,15,16,17,18
273	6.5,7,8,9,9.5,10,11,12,13,14,15,16,18,20
325	7,8,8.5,9,10,11,12,13,14,15,16,17,18,20
356	8,9,9.5,10,11,12,13,14,15,16,18,19
377	8,9,9.5,10,11,12,13,14,20
406	8,9,9.5,10,11,12,13,14,16,17,18
426	8,9,9.5,10,11,12,13,14,15,16,17,18
457	9,9.5,10,11,12,13,14,15
480	9,9.5,10,11,12,14
508	9,9.5,10,11,12,13,14,15
530	9,10,11,12,13,14,15
560	9,10,11,12,13
610	10,11,12,12.5,13,14

2. IS 型单级单吸离心泵

型号	转速 n/ (r/min)	流量		扬程 H/m	效率/%	功率 P/kW		需汽蚀余量 (NPSH)$_T$/m	质量(泵/底座)/kg
		m³/h	L/s			轴功率	电机功率		
IS50 - 32 - 125	2900	7.5	2.08	22	47	0.96	2.2	2.0	32/46
		12.5	3.47	20	60	1.13		2.0	
		15	4.17	18.5	60	1.26		2.5	
	1450	3.75	1.04	5.4	43	0.13	0.55	2.0	32/28
		6.3	1.75	5	54	0.16		2.0	
		7.5	2.08	4.6	55	0.17		2.5	
IS50 - 32 - 160	2900	7.5	2.08	34.3	44	1.59	3	2.0	50/46
		12.5	3.47	32	54	2.02		2.0	
		15	4.17	29.6	56	2.16		2.5	
	1450	3.75	1.04	13.1	35	0.25	0.55	2.0	50/38
		6.3	1.75	12.5	48	0.29		2.0	
		7.5	2.08	12	49	0.31		2.5	
IS50 - 32 - 200	2900	7.5	2.08	82	38	2.82	5.5	2.0	52/66
		12.5	3.47	80	49	3.54		2.0	
		15	4.17	78.5	51	3.95		2.5	
	1450	3.75	1.04	20.5	33	0.41	0.75	2.0	52/38
		6.3	1.75	20	42	0.51		2.0	
		7.5	2.08	19.5	44	0.56		2.5	
IS50 - 32 - 250	2900	7.5	2.08	21.8	23.5	5.87	11	2.0	88/110
		12.5	3.47	20	38	7.16		2.0	
		15	4.17	18.5	41	7.83		2.5	
	1450	3.75	1.04	5.35	23	0.91	1.5	2.0	88/64
		6.3	1.75	5	32	1.07		2.0	
		7.5	2.08	4.7	35	1.14		2.5	
IS65 - 50 - 125	2900	15	4.17	21.8	58	1.54	3	2.0	50/41
		25	6.94	20	69	1.97		2.0	
		30	8.33	18.5	68	2.22		2.5	
	1450	7.5	2.08	5.35	53	0.21	0.55	2.0	50/38
		12.5	3.47	5	64	0.27		2.0	
		15	4.17	4.7	65	0.30		2.5	
IS65 - 50 - 160	2900	15	4.17	35	54	2.65	5.5	2.0	51/66
		25	6.94	32	65	3.35		2.0	
		30	8.33	30	66	3.71		2.5	
	1450	7.5	2.08	8.8	50	0.36	0.75	2.0	51/38
		12.5	3.47	8	60	0.45		2.0	
		15	4.17	7.2	60	0.49		2.5	

续表

型号	转速 n/ (r/min)	流　量		扬程 H/m	效率/%	功率 P/kW		需汽蚀余量 (NPSH)$_T$/m	质量(泵/ 底座)/kg
		m³/h	L/s			轴功率	电机功率		
IS65-40-200	2900	15	4.17	53	49	4.42	7.5	2.0	62/66
		25	6.94	50	60	5.67		2.0	
		30	8.33	47	61	6.29		2.5	
	1450	7.5	2.08	13.2	43	0.63	1.1	2.0	62/46
		12.5	3.47	12.5	55	0.77		2.0	
		15	4.17	11.8	57	0.85		2.5	
IS65-40-250	2900	15	4.17	82	37	9.05	15	2.0	82/110
		25	6.94	80	50	10.89		2.0	
		30	8.33	78	53	12.02		2.5	
	1450	7.5	2.08	21	35	1.23	2.2	2.0	82/67
		12.5	3.47	20	46	1.48		2.0	
		15	4.17	19.4	48	1.65		2.5	
IS65-40-315	2900	15	4.17	127	28	18.50	30	2.5	152/110
		25	6.94	125	40	21.30		2.5	
		30	8.33	123	44	22.80		3.0	
	1450	7.5	2.08	32.2	25	6.63	4	2.5	152/67
		12.5	3.47	32	37	2.94		2.5	
		15	4.17	31.7	41	3.16		3.0	
IS80-65-125	2900	30	8.33	22.5	64	2.87	5.5	2.5	44/46
		50	13.89	20	75	3.63		2.5	
		60	16.67	18	74	3.98		3.0	
	1450	15	4.17	5.6	55	0.42	0.75	2.5	44/38
		25	6.94	5	71	0.48		2.5	
		30	8.33	4.5	72	0.51		3.0	
IS80-65-160	2900	30	8.33	36	61	4.82	7.5	2.5	48/66
		50	13.89	32	73	5.97		2.5	
		60	16.67	29	72	6.59		3.0	
	1450	15	4.17	9	55	0.67	1.5	2.5	48/46
		25	6.94	8	69	0.79		2.5	
		30	8.33	7.2	68	0.86		3.0	
IS80-50-200	2900	30	8.33	53	55	7.87	15	2.5	64/124
		50	13.89	50	69	9.87		2.5	
		60	16.67	47	71	10.80		3.0	
	1450	15	4.17	13.2	51	1.06	2.2	2.5	64/46
		25	6.94	12.5	65	1.31		2.5	
		30	8.33	11.8	67	1.44		3.0	

续表

型号	转速 n/ (r/min)	流 量		扬程 H/m	效率/%	功率 P/kW		需汽蚀余量 (NPSH)_T/m	质量(泵/底座)/kg
		m³/h	L/s			轴功率	电机功率		
IS80-50-250	2900	30	8.33	84	52	13.20	22	2.5	90/110
		50	13.89	80	63	17.30		2.5	
		60	16.67	75	64	19.20		3.0	
	1450	15	4.17	21	49	1.75	3	2.5	90/64
		25	6.94	20	60	2.27		2.5	
		30	8.33	18.8	61	2.52		3.0	
IS80-50-315	2900	30	8.33	128	41	25.50	37	2.5	125/160
		50	13.89	125	54	31.50		2.5	
		60	16.67	123	57	35.30		3.0	
	1450	15	4.17	32.5	39	3.40	5.5	2.5	125/66
		25	6.94	32	52	4.19		2.5	
		30	8.33	31.5	56	4.60		3.0	
IS100-80-125	2900	60	16.67	24	67	5.86	11	4.0	49/64
		100	27.78	20	78	7.00		4.5	
		120	33.33	16.5	74	7.28		5.0	
	1450	30	8.33	6	64	0.77	1	2.5	49/46
		50	13.89	5	75	0.91		2.5	
		60	16.67	4	71	0.92		3.0	
IS100-80-160	2900	60	16.67	36	70	8.42	15	3.5	69/110
		100	27.78	32	78	11.20		4.0	
		120	33.33	28	75	12.20		5.0	
	1450	30	8.33	9.2	67	1.12	2.2	2.0	69/64
		50	13.89	8	75	1.45		2.5	
		60	16.67	6.8	71	1.57		3.5	
IS100-65-200	2900	60	16.67	54	65	13.60	22	3.0	81/110
		100	27.78	50	76	17.90		3.6	
		120	33.33	47	77	19.90		4.8	
	1450	30	8.33	13.5	60	1.84	4	2.0	81/64
		50	13.89	12.5	73	2.33		2.0	
		60	16.67	11.8	74	2.61		2.5	
IS100-65-250	2900	60	16.67	87	61	23.40	37	3.5	90/160
		100	27.78	80	72	30.00		3.8	
		120	33.33	74.5	73	33.30		4.8	
	1450	30	8.33	21.3	55	3.16	5.5	2.0	90/66
		50	13.89	20	68	4.00		2.0	
		60	16.67	19	70	4.44		2.5	

续表

| 型号 | 转速 n/(r/min) | 流 量 | | 扬程 H/m | 效率/% | 功率 P/kW | | 需汽蚀余量 $(NPSH)_T$/m | 质量(泵/底座)/kg |
		m³/h	L/s			轴功率	电机功率		
IS100－65－315	2900	60	16.67	133	55	39.60	75	3.0	180/295
		100	27.78	125	66	51.60		3.6	
		120	33.33	118	67	57.50		4.2	
	1450	30	8.33	34	51	5.44	11	2.0	180/112
		50	13.89	32	63	6.92		2.0	
		60	16.67	30	64	7.67		2.5	
IS125－100－200	2900	120	33.33	57.5	67	28.00	45	4.5	108/160
		200	55.56	50	81	33.60		4.5	
		240	66.67	44.5	80	36.40		5.0	
	1450	60	16.67	14.5	62	3.83	7.5	2.5	108/66
		100	27.78	12.5	76	4.48		2.5	
		120	33.33	11	75	4.79		3.0	
IS125－100－250	2900	120	33.33	87	66	43.00	75	3.8	166/295
		200	55.56	80	78	55.90		4.2	
		240	66.67	72	75	62.80		5.0	
	1450	60	16.67	21.5	63	5.59	11	2.5	166/112
		100	27.78	20	76	7.17		2.5	
		120	33.33	18.5	77	7.84		3.0	
IS125－100－315	2900	120	33.33	132.5	60	72.10	110	4.5	189/330
		200	55.56	125	75	90.80		4.5	
		240	66.67	120	77	101.90		5.0	
	1450	60	16.67	33.5	58	9.40	15	2.5	189/160
		100	27.78	32	73	11.90		2.5	
		120	33.33	30.5	74	13.50		3.0	
IS125－100－400	1450	60	16.67	52	53	16.10	30	2.5	205/233
		100	27.78	50	65	21.00		2.5	
		120	33.33	48.5	67	23.60		3.0	
IS150－125－250	1450	120	33.33	22.5	71	10.40	18.5	3.0	758/158
		200	55.56	20	81	13.50		3.0	
		240	66.67	17.5	78	14.70		3.5	
IS150－125－315	1450	120	33.33	34	70	15.90	30	2.5	192/233
		200	55.56	32	79	22.10		2.5	
		240	66.67	29	80	23.70		3.0	
IS150－125－400	1450	120	33.33	53	62	27.90	45	2.0	223/233
		200	55.56	50	75	36.30		2.8	
		240	66.67	46	74	40.60		3.5	

续表

| 型号 | 转速 $n/$
(r/min) | 流　　量 | | 扬程
H/m | 效率/% | 功率 P/kW | | 需汽蚀余量
$(NPSH)_T/m$ | 质量(泵/
底座)/kg |
		m^3/h	L/s			轴功率	电机功率		
IS200 – 150 – 250	1450	240	66.67	20			37		203/233
		400	111.11		82	26.60			
		460	127.78						
IS200 – 150 – 315	1450	240	66.67	37	70	34.60	55	3.0	262/295
		400	111.11	32	82	42.50		3.5	
		460	127.78	28.5	80	44.60		4.0	
IS200 – 150 – 400	1450	240	66.67	55	74	48.60	90	3.0	295/298
		400	111.11	50	81	67.20		3.8	
		460	127.78	48	76	74.20		4.5	

3.4 – 72 – 11 型离心通风机性能表(部分)

机号	转速 $n/($ r/min$)$	全风压 p/Pa	流量 $q_V/($ $m^3/h)$	效率 $\eta/\%$	功率 P/kW
6C	2240	2433	15800	91	14.1
	2000	1942	14100	91	10.0
	1800	1569	12700	91	7.3
	1250	755	8800	91	2.53
	1000	677	7030	91	1.39
	800	294	5610	91	0.73
8C	1800	2796	29900	91	30.8
	1250	1344	20800	91	10.3
	1000	863	16600	91	5.52
	630	343	10480	91	1.51
10C	1250	2227	41300	94.3	32.7
	1000	1422	32700	94.3	16.5
	800	912	26130	94.3	8.5
	500	353	16390	94.3	2.3
6D	1250	1020	10200	91	4
	960	441	6720	91	1.32
8D	1450	1962	20130	89.5	1.42
	730	491	10150	89.5	2.06
16B	900	2943	121000	94.3	127
20B	710	2845	186300	94.3	190

4. 空气压缩机规格

型号	型式	冷却方式	排气量 $q_V/(\mathrm{m^3/h})$	压强 $p \times 10^{-5}/\mathrm{Pa}$	转速 $n/(\mathrm{r/min})$	活塞行程 S/mm	电机功率 P/kW
3L－20/35	L 型	水	1200	3.4	480	200	100
V0.6/7	移动式	风	36	6.9	1450	55	5.5
A0.6/7	固定立式	水	36	6.9	450	100	5.5
A0.9/8	固定立式	水	54	7.8	650	100	7.5
3W1.6/10	移动式	风	96	9.8	1460	70	13
1V－3/8	固定式	风	180	7.8	690	110	22
1V－3/8－1	V 型	水	180	7.8	980	110	22
1W－3/7A	固定 YV 型	风	180	6.9	980	110	20
VY－6/7	固定 V 型	风	360	6.9	1500	112	40
2W－1/7B	移动 W 型	风	360	6.9	1200	110	44.2
2V－6/8	固定立式	风	360	7.8	980	110	40
YV－6/8	移动 W 型	风	540	6.9	1050	127	—
3L－10/8	固定 L 型	水	600	7.8	480	200	75
4L－20/8	固定 L 型	水	1200	7.8	400	240	130
2L35－20/8	L 型	水	1200	7.8	730	140	130
5L－40/8	固定 L 型	水	2400	7.8	428	240	250

5. 旋风分离器的生产能力 $(\mathrm{m^3/h})$

(1) CLT/A 型旋风分离器

型　号	圆筒直径 D/mm	入口气速 $u_i/(\mathrm{m/s})$		
		12	15	18
		压降 $\Delta p/\mathrm{Pa}$		
		755	1187	1707
CLT/A－1.5	150	170	210	200
CLT/A－2.0	200	300	370	440
CLT/A－2.5	250	400	580	690
CLT/A－3.0	300	670	830	1000
CLT/A－3.5	350	910	1140	1360
CLT/A－4.0	400	1180	1480	1780
CLT/A－4.5	450	1500	1870	2250
CLT/A－5.0	500	1860	2320	2780
CLT/A－5.5	550	2240	2800	3360
CLT/A－6.0	600	2670	3340	4000

续表

型　号	圆筒直径 D/mm	入口气速 u_i/(m/s)		
		12	15	18
		压降 Δp/Pa		
		755	1187	1707
CLT/A – 6.5	650	3130	3920	4700
CLT/A – 7.0	700	3630	4540	5440
CLT/A – 7.5	750	4170	5210	6250
CLT/A – 8.0	800	4750	5940	7130

(2)CLT/B 型旋风分离器

型　号	圆筒直径 D/mm	入口气速 u_i/(m/s)		
		12	16	20
		压降 Δp/Pa		
		142	687	1128
CLT/B – 3.0	300	700	930	1160
CLT/B – 4.2	420	1350	1800	2250
CLT/B – 5.4	540	2200	2950	3700
CLT/B – 7.0	700	3800	5100	6350
CLT/B – 8.2	820	5200	6900	8650
CLT/B – 9.4	940	6800	9000	11300
CLT/B – 10.6	1060	8550	11400	14300

(3)扩散型旋风分离器

型　号	圆筒直径 D/mm	入口气速 u_i/(m/s)			
		14	16	18	20
		压降 Δp/Pa			
		785	1030	1324	1570
1	250	820	920	1050	1170
2	300	1170	1380	1500	1670
3	370	1790	2000	2210	2500
4	455	2620	3000	3380	3760
5	525	3500	4000	4500	5000
6	585	4380	5000	5630	6250
7	645	5250	6000	6750	7500
8	695	6130	7000	7870	8740

6. 固定管板式热交换器（摘自 JB/T4714、4715—1992）

(1) 管径 19mm，管心距 25mm

公称直径 D_N/mm	公称压强 p_N/MPa	管程数 N	管数 n	中心排管数	管程流通面积 A_1/m²	计算换热面积 A/m²（管长 L/m）					
						1.5	2.0	3.0	4.5	6.0	9.0
159	1.60	1	15	5	0.0027	1.3	1.7	2.6	—	—	—
219	2.50	1	33	7	0.0058	2.8	3.7	5.7	—	—	—
273	4.00	1	65	9	0.0115	5.4	7.4	11.3	17.1	22.9	—
	6.40	2	56	8	0.0049	4.7	6.4	9.7	14.7	19.7	—
325		1	99	11	0.0175	8.3	11.2	17.1	26.0	34.9	—
		2	88	10	0.0078	7.4	10.0	15.2	23.1	31.0	—
		4	68	11	0.0030	5.7	7.7	11.8	17.9	23.9	—
400	0.60	1	174	14	0.0307	14.5	19.7	30.1	45.7	61.3	—
		2	164	15	0.0145	13.7	18.6	28.4	43.1	57.8	—
		4	146	14	0.0065	12.2	16.6	25.3	38.3	51.4	—
450		1	237	17	0.0419	19.8	26.9	41.0	62.2	83.5	—
		2	220	16	0.0194	18.4	25.0	38.1	57.8	77.5	—
	1.00	4	200	16	0.0088	16.7	22.7	34.6	52.5	70.4	—
500		1	275	19	0.0486	—	31.2	47.6	72.2	96.8	—
		2	256	18	0.0226	—	29.0	44.3	67.2	90.2	—
	1.60	4	222	18	0.0098	—	25.2	38.4	58.3	78.2	—
600		1	430	22	0.0760	—	48.8	74.4	112.9	151.4	—
		2	416	23	0.0368	—	47.2	72.0	109.3	146.5	—
	2.50	4	370	22	0.0163	—	42.0	64.0	97.2	130.3	—
		6	360	20	0.0106	—	40.8	62.3	94.5	126.8	—

续表

公称直径 D_N/mm	公称压强 p_N/MPa	管程数 N	管数 n	中心排管数	管程流通面积 A_1/m²	计算换热面积 A_i/m²　管长 L/m					
						1.5	2.0	3.0	4.5	6.0	9.0
700	4.00	1	607	27	0.1073	—	—	105.1	159.4	213.8	—
		2	574	27	0.0507	—	—	99.4	150.8	202.1	—
		4	542	27	0.0239	—	—	93.8	142.3	190.9	—
		6	518	24	0.0153	—	—	89.7	136.0	182.4	—
800	0.60	1	797	31	0.1408	—	—	138.0	209.3	280.7	—
	1.00	2	776	31	0.0686	—	—	134.3	203.8	273.3	—
	1.60	4	722	31	0.0319	—	—	125.0	189.8	254.3	—
	2.50	6	710	30	0.029	—	—	122.9	186.5	250.0	—
900	4.00	1	1009	35	0.1783	—	—	174.7	265.0	355.3	536.0
		2	988	35	0.0873	—	—	171.0	259.5	347.9	524.9
		4	938	35	0.0414	—	—	162.4	246.4	330.3	498.3
		6	914	34	0.0269	—	—	158.2	240.0	321.9	485.6
1000	0.60	1	1267	39	0.2239	—	—	219.3	332.8	446.2	673.3
	1.00	2	1234	39	0.1090	—	—	213.6	324.1	434.6	655.6
	1.60	4	1186	39	0.0524	—	—	205.3	311.5	417.7	630.1
	2.50	6	1148	38	0.0338	—	—	198.7	301.5	404.3	609.9
1100	4.00	1	1501	43	0.2652	—	—	—	394.2	528.6	797.4
		2	1470	43	0.1299	—	—	—	386.1	517.7	780.9
		4	1450	43	0.0641	—	—	—	380.8	510.6	770.3
		6	1380	42	0.0406	—	—	—	362.4	486.0	733.1

（2）管径 25mm，管心距 32mm

公称直径 D_N/mm	公称压强 p_N/MPa	管程数 N	管数 n	中心排管数	管程流通面积 A_1/m²		计算换热面积 A/m²　管长 L/m					
					φ25×2	φ25×2.5	1.5	2.0	3.0	4.5	6.0	9.0
159	1.60	1	11	3	0.0038	0.0035	1.2	1.6	2.5	—	—	—
219	2.50	1	25	5	0.0087	0.0079	2.7	3.7	5.7	—	—	—
273	4.00	1	38	6	0.0132	0.0119	4.2	5.7	8.7	13.1	17.6	—
	6.40	2	32	7	0.0055	0.0050	3.5	4.8	7.3	11.7	14.8	—
325		1	57	9	0.0197	0.0179	6.3	8.5	13.0	19.7	26.4	—
		2	56	9	0.0097	0.0088	7.4	8.4	12.7	19.3	25.9	—
		4	40	9	0.0035	0.0031	6.2	6.0	9.1	13.8	18.5	—
400	0.60	1	98	12	0.0339	0.0308	10.8	14.6	22.3	33.8	45.4	—
	1.00	2	94	11	0.0163	0.0148	10.3	14.0	21.4	32.5	43.5	—
	1.60	4	76	11	0.0066	0.0060	8.4	11.3	17.3	26.3	35.2	—
450	2.50	1	135	13	0.0468	0.0424	14.8	20.1	30.7	46.6	62.5	—
	4.00	2	126	12	0.0218	0.0198	13.9	18.8	28.7	43.5	58.4	—
		4	106	13	0.0092	0.0083	11.7	15.8	24.1	36.6	49.1	—
500	1.60	1	174	14	0.0603	0.0546	—	26.0	39.6	60.1	80.6	—
		2	164	15	0.0284	0.0257	—	24.5	37.3	56.6	76.0	—
		4	144	15	0.0125	0.0113	—	21.4	32.8	49.7	66.7	—
600	1.60	1	245	17	0.0849	0.0769	—	36.5	55.8	84.6	113.5	—
	2.50	2	232	16	0.0402	0.0364	—	34.6	52.8	80.1	107.5	—
		4	222	17	0.0192	0.0174	—	33.1	50.5	76.7	102.8	—
		6	216	16	0.0125	0.0113	—	32.2	49.2	74.6	100.0	—

续表

公称直径 D_N/mm	公称压强 p_N/MPa	管程数 N	管数 n	中心排管数	管程流通面积 A_i/m²		计算换热面积 A/m²　管长 L/m					
					$\phi25\times2$	$\phi25\times2.5$	1.5	2.0	3.0	4.5	6.0	9.0
700	4.00	1	355	21	0.1230	0.1115	—	—	—	122.6	164.4	—
		2	342	21	0.0592	0.0537	—	—	—	118.1	158.4	—
		4	322	21	0.0279	0.0253	—	—	—	111.2	149.1	—
		6	304	20	0.0175	0.0159	—	—	—	105.0	140.8	—
800		1	467	23	0.1618	0.1466	—	—	106.3	161.3	216.3	—
		2	450	23	0.0779	0.0707	—	—	102.4	155.4	208.5	—
		4	442	23	0.0383	0.0347	—	—	100.6	152.7	204.7	—
	0.60	6	430	24	0.0248	0.0225	—	—	97.9	148.5	119.2	—
900	1.60	1	605	27	0.2095	0.1900	—	—	137.8	209.0	280.2	422.7
		2	588	27	0.1018	0.0923	—	—	133.9	203.1	272.3	410.8
		4	554	27	0.0480	0.0435	—	—	126.1	191.4	256.6	387.1
		6	538	26	0.0311	0.0282	—	—	122.5	185.8	249.2	375.9
1000	2.50	1	749	30	0.2594	0.2352	—	—	170.5	258.7	346.9	523.3
		2	742	29	0.1285	0.1165	—	—	168.9	256.3	343.7	518.4
		4	710	30	0.0615	0.0557	—	—	161.6	245.2	328.8	496.0
		6	698	30	0.0403	0.0365	—	—	158.9	241.1	323.3	487.7
1100	4.00	1	931	33	0.3225	0.2933	—	—	—	321.6	431.2	650.4
		2	894	33	0.1548	0.1404	—	—	—	308.8	414.1	624.6
		4	848	33	0.0734	0.0666	—	—	—	292.9	392.8	592.5
		6	830	32	0.0479	0.0434	—	—	—	286.7	384.4	579.9

注：(1)管子为正三角形排列。(2)括号内的公称直径不推荐使用。

7. 浮头式热交换器

公称直径 D_N/mm	管程数 N	管数 n 管径 d/mm 19	管数 n 管径 d/mm 25	中心排管数 管径 d/mm 19	中心排管数 管径 d/mm 25	管程流通面积 A_1/m² φ19×2	管程流通面积 A_1/m² φ25×2	管程流通面积 A_1/m² φ25×2.5	计算换热面积 A/m² $L=3$m 19	$L=3$m 25	$L=4.5$m 19	$L=4.5$m 25	$L=6$m 19	$L=6$m 25	$L=9$m 19	$L=9$m 25
325	2	60	32	7	5	0.0053	0.0055	0.0050	10.5	7.4	15.8	11.1	—	—	—	—
	4	52	28	6	4	0.0023	0.0024	0.0022	9.1	6.4	13.7	9.7	—	—	—	—
426	2	120	74	8	7	0.0106	0.0126	0.0116	20.9	16.9	31.6	25.6	42.3	34.4	—	—
400	4	108	68	9	6	0.0048	0.0059	0.0053	18.8	15.6	28.4	23.6	38.1	31.6	—	—
500	2	206	124	11	8	0.0182	0.0215	0.0194	35.7	28.3	54.1	42.8	72.5	57.4	—	—
	4	192	116	10	9	0.0085	0.0100	0.0091	33.2	26.4	50.4	40.1	67.6	53.7	—	—
600	2	324	198	14	11	0.0286	0.0343	0.0311	55.8	44.9	84.8	68.2	113.9	91.5	—	—
	4	308	188	14	10	0.0136	0.0163	0.0148	53.1	42.6	80.7	64.8	108.2	86.9	—	—
	6	284	158	14	10	0.0083	0.0091	0.0083	48.9	35.8	74.4	54.4	99.8	73.1	—	—
700	2	468	268	16	13	0.0414	0.0464	0.0421	80.6	60.6	122.2	92.1	164.1	123.7	—	—
	4	448	256	17	12	0.0198	0.0222	0.0201	76.9	57.8	117.0	87.9	157.1	118.1	—	—
	6	382	224	15	10	0.0112	0.0129	0.0116	65.6	50.6	99.8	76.9	133.9	103.4	—	—
800	2	610	366	19	15	0.0539	0.0634	0.0575	—	—	158.9	125.4	213.5	168.5	—	—
	4	588	352	18	14	0.0260	0.0305	0.0276	—	—	153.2	120.6	205.8	162.1	—	—
	6	518	316	16	14	0.0152	0.0182	0.0165	—	—	134.9	108.3	181.3	145.5	—	—
900	2	800	472	22	17	0.0707	0.0817	0.0741	—	—	207.6	161.2	279.2	216.8	—	—
	4	776	456	21	16	0.0343	0.0395	0.0353	—	—	201.4	155.7	270.8	209.4	—	—
	6	720	426	21	16	0.0212	0.0246	0.0223	—	—	186.9	145.5	251.3	195.6	—	—
1000	2	1006	606	24	19	0.0890	0.105	0.0952	—	—	260.6	206.6	350.6	277.9	—	—
	4	980	588	23	18	0.0433	0.0509	0.0462	—	—	253.9	200.4	341.6	269.7	—	—

续表

公称直径 D_N/mm	管程数 N	管数 n 管径 d/mm 19	管数 n 管径 d/mm 25	中心排管数 管径 d/mm 19	中心排管数 管径 d/mm 25	管程流通面积 A_1/m² φ19×2	管程流通面积 A_1/m² φ25×2	管程流通面积 A_1/m² φ25×2.5	L=3m 19	L=3m 25	L=4.5m 19	L=4.5m 25	L=6m 19	L=6m 25	L=9m 19	L=9m 25
1100	6	892	564	21	18	0.0262	0.0326	0.0295	—	—	231.1	192.2	311.0	258.7	—	—
	2	1240	736	27	21	0.1100	0.1270	0.1160	—	—	320.3	250.2	431.3	336.8	—	—
	4	1212	716	26	20	0.0536	0.0620	0.0562	—	—	313.1	243.4	421.6	217.7	—	—
	6	1120	692	24	20	0.0329	0.0399	0.0362	—	—	289.3	235.2	389.6	316.7	—	—
1200	2	1452	880	28	22	0.1290	0.1520	0.1380	—	—	374.4	298.6	504.3	402.2	764.2	609.4
	4	1424	860	28	22	0.0629	0.0745	0.0675	—	—	367.2	291.8	494.6	393.1	749.5	595.6
	6	1348	828	27	21	0.0396	0.0478	0.0434	—	—	347.6	208.9	468.2	373.4	709.5	573.4
1300	4	1700	1024	31	24	0.0751	0.0887	0.0804	—	—	—	—	589.3	467.1	—	—
	6	1616	972	29	24	0.0476	0.0560	0.0509	—	—	—	—	650.2	443.3	—	—

8. 冷凝器规格

型号	D_g/mm	公称压强 p/MPa	管程数 N	壳程数 N_i	管长 L/m	管径 d/mm	公称换热面积 A_g/m²	计算换热面积 A/m²	设备质量 m/kg
FL$_A$400-25-25-2	400	2.5	2	1	3	19	25	23.7	1300
FL$_B$400-15-25-2						25	15	16.5	1250
FL$_A$500-40-25-2	500	2.5	2	1	3	19	40	39.0	2000
FL$_B$500-30-25-2						25	30	32.0	2000
FL$_A$500-80-25-2	500	2.5	2	1	6	19	80	79.0	3100
FL$_B$500-65-25-2						25	65	65.0	2000
FL$_A$500-80-25-4	500	2.5	4	1	6	19	80	79.0	3100

型号									
FL$_B$500-65-25-4						25	65	65	3100
FL$_A$600-130-16-2	600	1.6	2	1	6	19	130	131	3100
FL$_B$600-95-16-2						25	95	97.0	3100
FL$_A$600-130-16-4	600	1.6	4	1	6	19	130	131	4100
FL$_B$600-95-16-4						25	95	97.0	4000
FL$_A$600-130-25-2	600	2.5	2	1	6	19	130	131	4500
FL$_B$600-95-25-2						25	95	97.0	4350
FL$_A$600-130-25-4	600	2.5	4	1	6	19	130	131	4500
FL$_B$600-95-25-4						25	95	97	4350
FL$_A$700-185-16-2	700	1.6	2	1	6	19	185	187	5500
FL$_B$700-135-16-2						25	135	135	5250
FL$_A$700-185-16-4	700	1.6	4	1	6	19	185	187	5500
FL$_B$700-135-16-4						25	135	135	5250
FL$_A$700-185-25-2	700	2.5	2	1	6	19	185	187	5800
FL$_B$700-135-25-2						25	135	135	5550
FL$_A$700-185-25-4	700	2.5	4	1	6	19	185	187	5800
FL$_B$700-135-25-4						25	135	135	5550
FL$_A$800-240-16-2	800	1.6	2	1	6	19	245	246	7100
FL$_B$800-185-16-2						25	180	182	6850
FL$_A$800-245-16-4	800	1.6	4	1	6	19	245	246	7100
FL$_B$800-180-16-4						25	180	182	6850

续表

型号	D_g/mm	公称压强 p/MPa	管程数 N	壳程数 N_i	管长 L/m	管径 d/mm	公称换热面积 A_g/m^2	计算换热面积 A/m^2	设备质量 m/kg
$FL_A800-245-25-2$	800	2.5	2	1	6	19	245	246	7800
$FL_B800-180-25-2$	800	2.5	4	1	6	25	180	182	7550
$FL_A800-245-25-4$	800	2.5	4	1	6	19	245	246	7800
$FL_B800-180-25-4$	900	1.6	4	1	6	25	180	182	7550
$FL_A900-325-16-4$	900	2.5	4	1	6	19	325	325	8500
$FL_B900-225-16-4$	900		4	1	6	25	225	224	7900
$FL_A900-325-25-4$	1000	1.6	4	1	6	19	325	325	8900
$FL_B900-225-25-4$	1100	1.6	4	1	6	25	225	224	8300
$FL_A1000-410-16-4$	1200	1.6	4	1	6	19	410	412	10500
$FL_B1000-285-16-4$	800	1.0	2	1	6	25	285	285	10050
$FL_A1100-500-16-4$	800	1.0	4	1	6	19	500	5002	12800
$FL_B1100-365-16-4$	900	1.0	4	1	6	25	365	366	12300
$FL_A1200-600-16-4$	1000	1.0	4	1	6	19	600	604	14900
$FL_B1200-430-16-4$	1100	1.0	4	1	6	25	430	430	13700
$FL_B800-180-10-2$	1200	1.0	2	1	6	25	180	182	6600
$FL_B800-180-10-4$			4	1	6	25	180	182	6600
$FL_B900-225-10-4$			4	1	6	25	225	224	7500
$FL_B1000-285-10-4III$			4	1	6	25	285	285	9400
$FL_B1100-365-10-4III$			4	1	6	25	365	366	11900
$FL_B1200-430-10-4III$			4	1	6	25	430	430	13500